卢嘉锡 总主编

中国科学技术史

化 学 卷

赵匡华 周嘉华 著

科学出版社

2005

内 容 简 介

本书通过对中国古代陶瓷、冶金、炼丹术与医药、盐硝矾加工、酿造、制糖、染色等与化学有密切关系工艺的化学内容，全面勾画出了中国古代化学的基本面貌和发展历史，并对它们的内涵作了深入的揭示和评述。就其起源、发展、具体内容和化学成就，以及反映出的化学思想进行了系统的、严谨的考证和阐解，尤其对化学的原始形式——炼丹术，从其历史发展、思想与理论、术语考释、金丹考辨、设备方法和化学成就等方面做了全面论述，成为目前对这一领域做出全面阐解和评述的唯一专著。本书不仅是研究中国古代科技史的一部重要著作，而且对研究中国古代的哲学、传统文化也有重要参考价值。

本书适合于科技史、哲学与宗教学者、文物与考古工作者、中国传统文化研究者、综合性与师范类化学系教师与研究生参考。

图书在版编目（CIP）数据

中国科学技术史：化学卷/卢嘉锡总主编；赵匡华，周嘉华著．-北京：科学出版社，1998.8

ISBN 978-7-03-006159-1

Ⅰ．中…　Ⅱ．①卢…　②赵…　③周…　Ⅲ．①技术史-中国　②化学史-中国　Ⅳ．N092

中国版本图书馆 CIP 数据核字（97）第 15738 号

科 学 出 版 社 出版

北京东黄城根北街 16 号

邮政编码：100717

http://www.sciencep.com

北京厚诚则铭印刷科技有限公司印刷

科学出版社发行　各地新华书店经销

*

1998 年 8 月第　一　版　开本：787×1092 1/16

2025 年 4 月第八次印刷　印张：44 1/4

字数：1 098 000

定价：**265.00** 元

（如有印装质量问题，我社负责调换）

《中国科学技术史》的组织机构和人员

总　序

　　中国有悠久的历史和灿烂的文化,是世界文明不可或缺的组成部分,为世界文明做出了重要的贡献,这已是世所公认的事实。

　　科学技术是人类文明的重要组成部分,是支撑文明大厦的主要基干,是推动文明发展的重要动力,古今中外莫不如此。如果说中国古代文明是一棵根深叶茂的参天大树,中国古代的科学技术便是缀满枝头的奇花异果,为中国古代文明增添斑斓的色彩和浓郁的芳香,又为世界科学技术园地增添了盎然生机。这是自上世纪末、本世纪初以来,中外许多学者用现代科学方法进行认真的研究之后,为我国描绘的一幅真切可信的景象。

　　中国古代科学技术蕴藏在汗牛充栋的典籍之中,凝聚于物化了的、丰富多姿的文物之中,融化在至今仍具有生命力的诸多科学技术活动之中,需要下一番发掘、整理、研究的功夫,才能揭示它的博大精深的真实面貌。为此,中国学者已经发表了数百种专著和万篇以上的论文,从不同学科领域和审视角度,对中国科学技术史作了大量的、精到的阐述。国外学者亦有佳作问世,其中英国李约瑟(J. Needham)博士穷毕生精力编著的《中国科学技术史》(拟出7卷34册),日本薮内清教授主编的一套中国科学技术史著作,均为宏篇巨著。关于中国科学技术史的研究,已是硕果累累,成为世界瞩目的研究领域。

　　中国科学技术史的研究,包涵一系列层面:科学技术的辉煌成就及其弱点;科学家、发明家的聪明才智、优秀品德及其局限性;科学技术的内部结构与体系特征;科学思想、科学方法以及科学技术政策、教育与管理的优劣成败;中外科学技术的接触、交流与融合;中外科学技术的比较;科学技术发生、发展的历史过程;科学技术与社会政治、经济、思想、文化之间的有机联系和相互作用;科学技术发展的规律性以及经验与教训,等等。总之,要回答下列一些问题:中国古代有过什么样的科学技术?其价值、作用与影响如何?又走过怎样的发展道路?在世界科学技术史中占有怎样的地位?为什么会这样,以及给我们什么样的启示?还要论述中国科学技术的来龙去脉,前因后果,展示一幅真实可靠、有血有肉、发人深思的历史画卷。

　　据我所知,编著一部系统、完整的中国科学技术史的大型著作,从本世纪50年代开始,就是中国科学技术史工作者的愿望与努力目标,但由于各种原因,未能如愿,以致在这一方面显然落后于国外同行。不过,中国学者对祖国科学技术史的研究不仅具有极大的热情与兴趣,而且是作为一项事业与无可推卸的社会责任,代代相承地进行着不懈的工作。他们从业余到专业,从少数人发展到数百人,从分散研究到有组织的活动,从个别学科到科学技术的各领域,逐次发展,日臻成熟,在资料积累、研究准备、人才培养和队伍建设等方面,奠定了深厚而又广大的基础。

　　本世纪80年代末,中国科学院自然科学史研究所审时度势,正式提出了由中国学者编著《中国科学技术史》的宏大计划,随即得到众多中国著名科学家的热情支持和大力推动,得到中国科学院领导的高度重视。经过充分的论证和筹划,1991年这项计划被正式列为中国科学院"八五"计划的重点课题,遂使中国学者的宿愿变为现实,指日可待。作为一名科技工作者,我对此感到由衷的高兴,并能为此尽绵薄之力,感到十分荣幸。

　　《中国科学技术史》计分30卷,每卷60至100万字不等,包括以下三类:

　　通史类(5)卷:

《通史卷》、《科学思想史卷》、《中外科学技术交流史卷》、《人物卷》、《科学技术教育、机构与管理卷》。

分科专史类(19卷)：

《数学卷》、《物理学卷》、《化学卷》、《天文学卷》、《地学卷》、《生物学卷》、《农学卷》、《医学卷》、《水利卷》、《机械卷》、《建筑卷》、《桥梁技术卷》、《矿冶卷》、《纺织卷》、《陶瓷卷》、《造纸与印刷卷》、《交通卷》、《军事技术卷》、《计量科学卷》。

工具书类(6卷)：

《科学技术史词典卷》、《科学技术史典籍概要卷》(一)、(二)、《科学技术史图录卷》、《科学技术年表卷》、《科学技术史论著索引卷》。

这是一项全面系统的、结构合理的重大学术工程。各卷分可独立成书，合可成为一个有机的整体。其中有综合概括的整体论述，有分门别类的纵深描写，有可供检索的基本素材，经纬交错，斐然成章。这是一项基础性的文化建设工程，可以弥补中国文化史研究的不足，具有重要的现实意义。

诚如李约瑟博士在 1988 年所说："关于中国和中国文化在古代和中世纪科学、技术和医学史上的作用，在过去 30 年间，经历过一场名副其实的新知识和新理解的爆炸"（中译本李约瑟《中国科学技术史》作者序），而 1988 年至今的情形更是如此。在 20 世纪行将结束的时候，对所有这些知识和理解作一次新的归纳、总结与提高，理应是中国科学技术史工作者义不容辞的责任。应该说，我们在启动这项重大学术工程时，是处在很高的起点上，这既是十分有利的基础条件，同时也自然面对更高的社会期望，所以这是一项充满了机遇与挑战的工作。这是中国科学界的一大盛事，有著名科学家组成的顾问团为之出谋献策，有中国科学院自然科学史研究所和全国相关单位的专家通力合作，共襄盛举，同构华章，当不会辜负社会的期望。

中国古代科学技术是祖先留给我们的一份丰厚的科学遗产，它已经表明中国人在研究自然并用于造福人类方面，很早而且在相当长的时间内就已雄居于世界先进民族之林，这当然是值得我们自豪的巨大源泉，而近三百年来，中国科学技术落后于世界科学技术发展的潮流，这也是不可否认的事实，自然是值得我们深省的重大问题。理性地认识这部兴盛与衰落、成功与失败、精华与糟粕共存的中国科学技术发展史，引以为鉴，温故知新，既不陶醉于古代的辉煌，又不沉沦于近代的落伍，克服民族沙文主义和虚无主义，清醒地、满怀热情地弘扬我国优秀的科学技术传统，自觉地和主动地缩短同国际先进科学技术的差距，攀登世界科学技术的高峰，这些就是我们从中国科学技术史全面深入的回顾与反思中引出的正确结论。

许多人曾经预言说，即将来临的 21 世纪是太平洋的世纪。中国是太平洋区域的一个国家，为迎接未来世纪的挑战，中国人应该也有能力再创辉煌，包括在科学技术领域做出更大的贡献。我们真诚地希望这一预言成真，并为此贡献我们的力量。圆满地完成这部《中国科学技术史》的编著任务，正是我们为之尽心尽力的具体工作。

卢嘉锡

1996 年 10 月 20 日

目　录

第一章　绪　　论

中国古代先民通过观察、生活体验和生产劳作,逐步接触到各种化学变化(自然发生的及人为的),并慢慢学会利用这种现象,依靠这种力量来创造新事物,改善并丰富了自己的物质生活条件,而且在此过程中也加深了对化学现象的理解,取得了早期的化学知识。在中华民族5000年的文明史中,他们在化学世界中究竟涉猎了哪些领域?通过化学手段取得了哪些物质成果?又在化学概念上(包括古代物质观)做过什么探讨?有过哪些思考和设想?对他们的这些活动我们又应如何加以评价?就构成了中国古代化学史研究诸多方面的课题。而在这项研究中,结合中国社会发展的特色又可采取哪些有效的研究方法,也曾引起化学史学者的很大兴趣和广泛的试探。经过70多年的努力,可以说在这些方面已经基本上取得了共识。

一　中国古代化学史的轮廓

化学是自然科学中的重要基础学科之一。它是一门研究物质的性质、组成、结构、变化的科学。但这个目的是在17世纪以后才逐步明确起来的,而作为一门独立的学科,在18世纪末到19世纪初才奠定了基础,19世纪以后才逐步传入我国。所以在古代,化学并没有成为一个专门的学科,当然更没有现代化学科学研究的模式,人们只是通过观察和生活经验、生产劳作,在与自然界打交道的过程中,先是偶然接触到了一些化学变化,逐渐了解它,掌握了它的一些规律,于是利用它,并在利用它的过程中,又逐步加深了对它的理解,并又进一步更自觉地扩大对它的利用。所以,古代的化学就是人类利用化学变化,运用化学常识来创造物质力量的一种活动,以取得能源、提高生产技能、加工制作化学产品,改善物质生活条件。因此,古代化学往往又称作古代工艺化学或古代实用化学。在那时,对化学变化的利用,其意图、目的大致可分为两个方面:其一是创造新物质或加工改善天然物质,取得对人类生活有某种实用价值的产品,例如陶瓷、钢铁、纸张、各种合金、丹剂等就是自然界原本并不存在,而是人类通过不断总结经验,用化学手段制造出来的;酒、糖、盐、硝、医药、染料、香料、皮革则是人们通过对天然物料进行化学(或物理化学)加工取得的。其二是利用伴随着化学变化而同时发生的某种作用和力量(即释放出的能量),例如燃烧柴薪、煤炭、石油可以获得大量热能,可用来烧煮食物、取暖照明或再用于化学加工;又如火药的爆炸反应可以产生巨大而迅猛的威力,既可用来杀伤敌人,又可用来爆破,从事开矿修路。总之,所谓古代的化学成就,概括地说就是那时的人类在这两个方面利用化学变化所获取的物质成果、所做出的创造发明以及总结到的技术经验和早期的化学知识,当然也包括在此过程中所萌生的化学思想。

在古代时,人们在试图广泛利用化学变化,期望达到某种目的时候,也难免走错了路,出现"此路不通"的情况,例如某些方术之士曾试图利用化学手段修炼出可令人长生不死的丹药,人工制造出黄金白银,而兴起过炼丹术活动。最后当然失败了,目标未能实现,但是这种"误入歧途"也并非就是一事无成、完全徒劳,倒也得到了某些有益的教训和意外的收获,例如长生仙丹没能合成,但制造出了许多化学药剂,却是一些驱病疗疾的良药,大大丰富了医药宝库,并推动了医药化学的发展;而且还创造发明了一些化学实验的方法和设备,观察到了很多化学变化。特别是他们付出了很大代价后,发明了火药,成为中国的四大发明之一。这项意外的收获及其以后的发展对人类社会的进步起了难以估量的巨大推动作用。至于炼金术,当然用化学方法是不能成功的,但是在古代的这项活动中,却发明了不少合金的炼制技艺,并且对近代化学元素概念的建立则从反面起到了启蒙作用。所以,对古代的化学活动要历史地、实事求是地、辩证地来观察和思考。

在全世界,无论是在哪个古代文明发源地,人类有意识地利用化学变化,都是从火的利用开始的。最初时,人类曾分别从火山爆发和雷电引发的森林火灾当中取得了火种。有了它,使人类在严寒中得到了温暖;在黑暗中有了照明;在茹毛饮血的生活中逐步得到了可口的烧烤食物,提高了营养,减少了疾病的发生;面对野兽的威胁,也有了强有力的防御武器。可见火的利用对原始人类的进步具有深远、重大的意义。但那时人类还只是火的看管者,而不是造火者。后来,他们逐步学了钻木取火,或者击石取火,才真正成为火的驾驭者。中国各地区,各民族的祖先大约分别在距今 150 万年到 50 万年前的时候,或早或晚地开始利用了火。例如西南地区的古元谋人可能在距今 170 万年前就利用了火;① 又如生活在今陕西省蓝田县的古蓝田人可能在距今 80～100 万年前也利用了火。② 而在距今约 40～50 万年前,生活在华北地区旧石器时代的"北京中国猿人"[Sinanthropus pekinensis,原意应为"北京中国人",现已改称为"北京直立人"(Homoecrectus pekinensis)]已有了较多的用火经验。在他们曾生活过的今北京市周口店龙骨山的洞穴中,竟有厚度达 6 米的灰烬层,其中有被烧焦的石头和动物骨头,还有紫荆木炭。虽然目前还无法证明"北京人"已能人工取火,但他们显然学会了保存火种的方法。③

大约在距今 1 万年到 7000 年的时候,我们的祖先在使用火经历了几十万年后,摸索到了烧陶的技术。这种技术在新石器时代后期,即距今 6000～3000 年的期间里,在广大地区内又有了很大的进步。由原始、低级到高级,逐步发展出了红陶、灰陶、黑陶、彩陶、白陶和硬陶等众多的品种,而且研究出了建造不同形式的陶窑的方法,表明已对运用火候有了相当丰富的经验。这种人工的制品可算是人类用化学手段制造出的第一种自然界不存在的物料。他们烧制出了陶制的贮水器、提水器、贮粮器、煮食器以及砖瓦、水管等等,推动了农业的发展,开始过起了比较安稳的定居生活。

在新石器时代的后期,即相当于夏代,我们的祖先又逐步学会利用谷芽(蘖)来酿造食酒,即开始利用自然界的发酵化学过程。在夏代后期到早商时期,我国先民又逐步摸索到利用陶质坩埚和木炭烧炼孔雀石类的铜矿石,冶炼出了红铜和青铜以及金属铅和锡,步入了使用金属的时代。在殷商和西周早期,青铜时代发展到了鼎盛时期,懂得了用金属铜与铅、锡搭配熔炼青铜合金,并开始探讨其配比与合金性能之间的关系。大约在此同时,酿造工艺又有了重大进步,发

---

　① 1965 年 5 月,中国地质科学院在云南元谋县上那蚌村附近发现了古元谋人的遗址,据古地磁断代,年代为距今 170 万年,其中有炭屑和烧焦的骨头,被认为是当时元谋人用火的痕迹。参看《中国大百科全书·考古卷》第 632～633 页,中国大百科全书出版社,1986 年。

　② 中国科学院古脊椎动物与古人类研究所在 1963 和 1964 年分别于蓝田县西北的陈家窝和县东的公王岭发现了古蓝田人的化石及其生活遗址,并发现了用火遗迹——炭屑。地质年代分别在距今 65 万年和 75～100 万年。参看《中国大百科全书·考古卷》第 265～266 页。中国大百科全书出版社,1986 年。

　③ 参看《中国大百科全书·考古卷》第 37～39 页。

明了曲蘖,即用发芽同时发霉的谷物作"引子"来催化蒸熟或碎裂的谷物使之转化出酒。

西周时期,冶铁技术取得了初步成功,而且同时出现了块炼铁和生铁两个金属铁品种,并很快就能根据它们的不同特性,分别找到了它们合理的用途。到战国时期已有一些钢制兵器出现了。也在这段时期,由制陶经验又发展出了原始的瓷器和具有中国古代特色的铅基玻璃(大概是从冶金工艺中得到的启发)。在酿造方面,不仅有了酿酒的完整技术规程,造醋、制酱、做酪等发酵食品工艺也都取得了成功。而用粮食制作饴糖的工艺在这时也问世了。

在汉代,冶铁工艺有了大发展,铁器工具和兵器已几乎完全取代了青铜器。而且也在这个时期,中国古代炼钢技艺也奠定了基础,多种炼钢工艺,如渗炭炼钢、生铁固体脱炭炼钢、炒钢等等工艺纷纷出现。在陶瓷的发展中,又发明了以金属氧化物着色的、以氧化铅为碱基的彩色釉陶,瓷器的质量则已全面达到了"瓷"的标准。这时在医药方面,利用天然矿物为药剂的经验已经有了相当多的积累,已有多种本草著述问世。特别是一些方士开始试图通过升炼矿物药来人工制造长生不死的仙丹,外丹黄白术便正式出现了。这种技艺也正是利用化学反应人工合成无机药物的开始。而随着染织业的发展,染工们这时则开始对某些天然染料进行适当的化学加工和提纯。在这个时期,中国古代的四大发明之一——造纸术也出现了。最初可能是在"漂絮"(漂洗丝绵)的过程中逐步取得了造纸的经验。[①]西汉时大概已经有了用丝絮、碎麻纤维压制成型的原始"纸"。到了东汉时,通过切断、化浆、抄造等工序制成的纸在蔡伦的研究、主持下正式大量生产了。[②]

两晋和南北朝时期,炼丹术无论在技艺和"理论"上都有了长足的进展,为后世的发展奠定了基础。炼钢技术也有了进一步的发展。特别令人感兴趣的是出现了灌钢(又叫团钢)工艺。酿造化学工艺则已进入成熟时期,分别适用于大江南北的各种制曲工艺都已经取得了完整的经验。

在唐宋时期,社会出现了较长时期的相对稳定,经济的发展和繁荣,以及国内各族间、中国与外域间的商业、文化交流,促进了以上各种与化学有关的工艺,都得到了全面的大发展。各种颜色的建筑釉陶(琉璃)广泛用于宫殿、庙宇的建筑;瑰丽的唐三彩风靡一时,而且至今盛名不衰;各地区各具特色的瓷品百花齐放,那些幽雅瑰丽的瓷器已蜚声中外,竟成为中国古代文明和民族艺术的象征。炼丹术在这时达到了鼎盛时期,很多合成无机药物,如灵砂、铅丹、轻粉、粉霜问世,并进入医药行列;原始火药从丹房进入了军器制作工场,引起了兵器史上的一场革命;一些金黄和银白的合金,如鍮铜、丹阳银、各种铅锡合金被炼制了出来;利用金属铁来置换出石胆、曾青中铜成分的经验,也已经从炼丹术的金属嬗变试验发展成了有相当大规模的水法炼铜工艺,它可以说是世界水法冶金的先声。唐代时还从印度学习来了先进的蔗糖加工的经验,掌握了制作优质糖霜(冰糖)和砂糖的技艺。在这个时期,利用矾类的媒染工艺也有了很大的发展,而且在漂洗工艺中又出现了利用猪胰、豆荚制作的洗涤剂——澡豆。

元明时期,中国瓷品中大量出现了各色的彩釉瓷和彩绘瓷,使制瓷工艺登上了更高的境界。在此时期的冶金工艺中,最杰出的成就当算倭铅(金属锌)的试炼成功以及随后锌黄铜的大量生产。

清代时,欧洲的化学制剂逐步输入我国,一些化学书籍也陆续被翻译成中文。即近代化学

---

①　参看袁翰青:"造纸在我国的起源和发展",见《中国化学史论文集》第106页,三联书店,1956年。

②　参看《科技日报》1987年9月9日第1版。

知识开始在我国传播。

在中国古代,熬胶鞣皮、香料提纯、石油和天然气的利用、动植物中药物成分的提取、造墨髹漆、乳酪和豆腐的点制、油脂制烛等等工艺中多少也有一些化学变化和化学加工,这些工艺中的操作则与其他化学工艺中的操作也多有相似而可互相借鉴的地方,所以一些化学史家也往往把这些工艺史放在化学史中来讨论。[①] 但其化学内容相当有限,那些工匠更很少关心其工艺中的道理,知其然而不究其所以然,因此它们对丰富当时人们的化学知识,提高人们对化学现象的了解,没有起过多大的作用。

中国古代也曾有一些思想家对宇宙、物质、生命现象进行过探讨。他们通过观察、综合分析和思辩,想对物质的组成、本原、发展的动因和规律,找到一点答案,于是发展了不少有关的见解。特别是在春秋战国时期,对这个课题的讨论格外热烈,诸子百家大都有过议论。关于物质的基本组成,多数人似乎主张归结为一个本原,即持一元论的观点,《易经》把这个本原称之为"太极",谓:"易有太极,是生两仪(天地),两仪生四象,四象生八卦。"李耳的《老子道德经》里则名之为"道",谓:"道生一,一生二,二生三,三生万物。万物负阴而抱阳,冲气以为和。"《管子·内业》篇,则把这个本原归结为"精气",东汉时王充则进一步发挥了这种见解,把"五行说"发展为"元气说",认为自然界万物都是由物质性的精气所构成,谓"天地含气,万物自生。"[②] 西汉刘安主撰的《淮南子·天文训》则进一步发挥了"道"的观点,把万物本原归结为混沌状态的"太昭",谓:"天地未形,冯冯翼翼,洞洞漏漏,故曰太昭。道始于虚霩,虚霩生宇宙,宇宙生气。气有涯垠,清阳者薄靡而为天,重浊者凝滞而为地。"[③] 与刘安同时代的董仲舒(前179—前104?)在其所著《春秋繁露》一书里,则把最基本的物质称为"元",谓"万物于一而系之元也","春秋变一谓之元","故元者为万物之本"。[④] 在这些学说中,除"精气论"外,至于"太极"、"道"、"太昭"、"元"等等的概念都很虚幻飘渺,令人捉摸不定。这些说法在后世也只是少数思想家、宗教学者曾继续再去品味、思考,而对中国传统文化并没产生多大影响,也很少试图用这些观点,对具体事物加以分析说明,对中国古代的科技和各种生产工艺更没产生什么明显的作用。在中国古代的自然观中,对传统文化和科学技术影响巨大、深远的则是阴阳和五行学说。这两个学说最初都是很朴素、很直观的,是以对大自然的观察和生活、生产的实际体验为基础,概括、总结出来的,并没有神秘、玄奥的色彩(第五章对这两个学说的起源、发展和内涵将有系统的论述)。它们大概兴起于殷商、周初的时期。经过春秋战国时期的发展,又融汇了诸子的一些观点,在秦汉之际则发展成为一个庞大的、包罗万象的、囊括宇宙万物与一切事物的哲学思想体系。而且两个学说逐步交融,相辅相成,而构成了我国传统文化、哲学理论中关于物质观的主导思想,影响到了各个学科的发展,甚至渗透到生活的诸多方面。其中,阴阳学说强调宇宙中各种事物的对立统一关系,以阴、阳两种基本属性和力量的此长彼消、此进彼退、两性交媾、相互制约来说明各种事物的发生、发展、变化、更迭、繁衍;五行学说则把木、火、土、金、水五要素的属性分别附会在各种事物上,并以它们邻相生,间相胜的关系来说明各种事物间相生、相胜的关系,以说明事物的发展、更迭与嬗变。在五行学说的发展过程中,固然曾有人试图把金、木、水、火、土五种生

---

①　参看李乔苹:《中国化学史》上册,台湾商务印书馆,1975 年再增订版。

②　见王充著《论衡·谈天论》,上海人民出版社,1974 年。

③　参看陈广忠译注《淮南子译注》第 101 页,吉林文史出版社,1990 年。

④　见汉·董仲舒《春秋繁露·重政》第 33 页下,上海古籍出版社影印浙江书局本,1989 年。

活所最必需的物质资料抽象为构成各种物质的五种基本要素,来说明万物的基本组成,例如《国语·郑语》便援引了周太史史伯对桓公(周厉王之子,周宣王之弟,名友,宣王封他在郑)论兴衰的一段文字,谓:"夫和实生物,同则不继。以他平他谓之和,故能丰长而物归之;若以同裨同,尽乃弃矣。故先王以土与金木水火杂,以成百物。"① 就有点像"万物五要素"的味道。但这种思想在以后并没有发展下去,也没有得到发挥和运用,所以也没有形成一种有影响的化学思想。由于阴阳-五行学说在中国古代实用化学中只在炼丹术和医药化学中有过强烈的反映,甚至成为基本的指导思想,因此,我们把它放在与炼丹术化学有关的篇章中去论述,并只讨论它们在该项活动中所起到的指导作用,而没有作为中国化学史的专门一章来介绍。再者,我们也是因为考虑到,若把阴阳-五行学说局限为化学思想来讨论是不恰当的,它的内涵和覆盖面要远远超过这个范畴。

在中国古代的哲学中,讨论物质构造的学说极少。曾引起科学史家们普遍注意的是《墨子·经下》中的一段话:"非半弗䣅则不动,说在端。"接下来又有几句简短的说明:"䣅必半,毋与非半,不可䣅也。"② 这几句话的意思是说:要分割就得要那物体本身有可分为两半的条件,如果没有分为两半的条件,那就不能分割了。③ 还有,"端"是无法再截断的。这些话过于简短,难以让人体会墨子的确切想法,所以有人把《墨经》里的"端"解释为相当于今几何学中的"点";有的人认为,"从化学史的立场看,《墨经》里的'端'字具有现代原子学说的雏形"。④ 这些说法是可以让人接受的。不过也只能说是"原子论"的雏形和萌芽,或者说这种议论如果针对物质的内部构造继续探讨下去可能会演进为物质的原子概念。但当时这些见解的深度远不能和古希腊哲学家德谟克利特(Democritus,约公元前460~约前370)的古代原子论相比拟。⑤ 而且很遗憾,有关这一课题的探讨在春秋战国以后就没有再继续下去。

以上的描述就是中国古代化学的一个粗线条的轮廓,它是中国古代灿烂文明的一个重要组成部分,也是中国传统文化中的一个重要方面,值得敬重,值得颂扬,值得以酣墨重彩加以论述。这些成就使中国古代的实用化学在一个相当长的历史时期(至少在明代以前)走在了世界的前列。但不少化学史学者也注意到,面对中国古代科技发展的历史又会使人感到,从整体上来看"中国古代虽有发明却少进步,只知道创造却没有改良,百般如此,化工也不例外。"⑥ 这话固然有些绝对化了,有失全面,但这种倾向确实明显存在。于是,这个弱点又常引起科学史学者的深思,去探讨中国古代科技普遍未能发展为近代科学的内在原因,以汲取其中的教训,检讨其中的消极因素及其对后世的影响。当然,中国漫长的封建制度对生产力和生产关系发展、进步的桎梏是造成这一状况的根本原因,但还需要再做一些更具体的分析,把探讨引向深入。对此,几十年来已经有一些学者发表了颇有启发性、很耐人深思的意见。例如李乔苹认为"西人常学、术并重,学愈进则术愈精,中国就只知其术,却不注意到其学,所以很少进步和改良。"⑦ 有

---

① 对这段文字的理解可参读薛安勤等注释《国语译注》第668~672页,吉林文史出版社,1991年;张子高:《中国化学史稿(古代之部)》第60页,科学出版社,1964年。

② 见《墨子》第78和84页,上海古籍出版社影印浙江书局本,1989年。

③ 据张子高《中国化学史稿(古代之部)》第64~65页,科学出版社,1964年。

④ 见袁翰青著《中国化学史论文集》第163页。

⑤ 参看赵匡华著《化学通史》第24~25页,高等教育出版社,1990年。

⑥ 参看李乔苹著《中国化学史》上册第4页。

⑦ 参看李乔苹著《中国化学史》上册第4页。

不少人更进一步指出造成这种情况的原因,认为在中国长期的封建社会中儒家思想占着统治地位,攻读儒家经典是进身仕途的阶梯,而儒学所关心的主要是社会的治理和稳定,虽然他们也关心能给社会带来安定的科技与生产的发展,如天文、数学、地理、医学、农学等等,但他们对从事科技活动的广大工匠阶级和他们的劳动则采取轻视的态度,把工艺技术视为不足道的雕虫之技,甚至把"雕制诡物"、"造作奇器"斥为治国之巨蠹,[①] 因此明代科学家宋应星(1587~1666?)在撰著工艺百科全书《天工开物》之后,慨然叹曰:"丐大业文人弃掷案头,此书于功名进取毫不相关也。"[②] 所以历来关心工艺科技的知识分子相当少,杰出的如宋应星者如凤毛麟角。而广大的劳作工匠,一般则文化知识水平低下,生活贫困,即使欲穷究技术之原理,也力不从心了。还有学者认为:古代的中国虽然是个多民族国家,但文化先进的主要是活动于中原的华夏民族,中国古代文化可以说基本是以华夏文化为主体,它基本上始终处在一统天下的地位;在古代中国的文化发展中虽不时也有外域文化的传入,但究竟很有限,所以文化的发展基本上是处于一个较封闭的体系中进行的,较少得到外来文化的滋养,也少受到外来先进文化的冲击,这对中国古代科技文化的发展显然是不利的,是个应引起反思的弱点。以上这些意见,无疑都值得重视,而这个问题更有待进一步探讨。

二　关于中国古代化学史的研究方法

我国学者对祖国古代化学的研究大约是从本世纪 20 年代开始的。[③] 当时,例如章鸿钊(1877~1951)、王琎(1888~1966)、梁津等探讨了中国古代金属化学。[④][⑤][⑥][⑦][⑧] 其后,30 年代到40 年代初,例如曹元宇(1897~1988)、黄素封等探讨了中国炼丹术的内容,[⑨][⑩][⑪] 陈文熙、章鸿钊分别对中国古代冶炼黄铜的原料"炉甘石"进行了辨析。[⑫][⑬] 此后,逐步有一些中国古代化学史的系统专著或长篇专题论文问世。例如 1940 年李乔苹的《中国化学史》第一版问世;[⑭] 1956年袁翰青的《中国化学史论文集》出版;[⑮] 1954 年冯家昇经十余年的考证,完成了其《火药的发

---

① 《新唐书·柳泽传》(卷一百十二):"唐开元中,周庆立造奇器以进,柳泽上书曰:'庆立雕制诡物,造作奇器,用淫巧为珍玩,以滴怪为异宝,乃治国之巨蠹,明王所宜严刊者也。'"中华书局校订标点本第 13 册总第 4176 页,1975 年。

② 见宋应星著《天工开物·卷序》,明崇祯十年刊本,上海古籍出版社《中国古代版画丛刊》第 3 册,1988 年。

③ 中国古代就有一些带有工艺史性质的资料书,如《世本》、《格致镜源》、《事物原会》等等。但其中很多内容是转相抄录的传说,还有许多显然是想象的。有一定参考价值,不过可靠性不大,得严加辨析。这里讲的是用近代科学观点来研究中国古代化学史。

④ 王琎,中国古代金属化合物之化学,科学,5(2),1920 年。

⑤ 章鸿钊,中国用锌起源,科学,8(3),1923 年。

⑥ 章鸿钊,再述中国用锌的起源,科学,9(9),1925 年。

⑦ 王琎,五铢钱化学成分及古代应用锌、锡、镴考,科学,8(8),1923 年。

⑧ 梁津,周代合金成分考,科学,9(9),1925。

⑨ 曹元宇,中国古代金丹家的设备和方法,科学,11(1),1933 年。

⑩ 曹元宇,葛洪以前的金丹史略,学艺,14 卷 2、3 号,1935 年。

⑪ 黄素封,我国炼丹术考证,中华医学杂志,31(1,2),1945 年。

⑫ 陈文熙,炉甘石 Tutty 铺石铺锑,学艺,12 卷 7 号(1933 年)、13 卷 3 号(1934 年)。

⑬ 章鸿钊,对陈文熙氏《炉甘石 Tutty 铺石铺锑》一文之商榷,学艺,12 卷 10 号(1933 年)。

⑭ 李乔苹著,中国化学史,商务印书馆,1940 年。

⑮ 袁翰青著,中国化学史论文集,三联书店出版,1956 年。

明和西传》的大作；①1964年张子高(1886～1976)编著的《中国化学史稿(古代之部)》与读者见面；②1983年陈国符经40余年研究、考证中国炼丹术的专著《道藏源流续考》在台北出版。③这些论文和专著中虽有一些实验室工作，但基本上是依靠对古代典籍、历史文献的检索、考证和诠释，并再据现代科学知识对其内涵进行分析，给予阐明。这种研究方法，不仅对中国古代化学史，即使是对整个中国古代科技史，无论是过去和现在，无疑都是最基本的方法。因为我国的文明历史源远流长，持续不间断地发展，为世界文明古国之冠，所流传下来的古代典籍、文献、资料浩如烟海，虽历遭战火兵燹和禁毁佚散很多，但基本上还算系统完整。这是研究中国古代科学文明极有利的条件，必须珍视，并努力钻研、发掘。上述学者在这方面已做出了很重要的成绩，取得了许多重要成果，作出了表率，为中国古代化学史的研究奠定了基础。

　　但是研究中国古代化学史若仅限于对古代文献的考证则又有相当大的局限性，也往往会遇到很多困难。其一，中国古代留下来的典籍虽然卷帙千万，但记录、探讨科技、工艺的著述则比例甚小，这是由于在长期的封建制度下，以儒学为正统，工艺技术被卑视，正如王琎所说："儒家之书侈言政治、人伦、道德，于天然现象漠不注意；……我国工匠率为不学无术者流，于文艺皆知其然而不知其所以然，即知其所以然矣，又不尚著作。且中国皆理以文传，文以人传，工匠在古代之社会与文学中，皆不占紧要之地位，其著作必久为人所摒弃。"④所以中国古籍中有关化学工艺的记载既少又相当分散，罕有专史和专著问世。其二，中国古代的道家，亦如王琎所言："研究天然现象较儒家为勤，故于化学方面亦略有发明。唯其宗旨在于长生致富之说，迷惑世人，故其人缺少科学精神，不肯以简易之言论解说天然界之真理，好为隐约之语以耸人听闻，于是即真有发明亦为荒谬之说所蒙蔽而不可覩矣。"这是事实，道教中的炼丹术虽然可以说是化学的一种原始形式，不少丹经、丹诀保留在《道藏》大丛书中，但语言诡密难通，科学记录与迷信说教交织混杂，又充斥一些编造的神仙故事，把历史弄得颠三倒四，难怪在30、40年代有些中外学者费了不小力气研究《参同契》、《抱朴子》和《列仙全传》，但收效甚微。其三，中国古代的一些著作家总喜欢把工艺制作方面的一些创造发明归功于某一个人，而且往往推崇在一些圣人贤达身上，各农工行业也都要拥戴出一位行业神作为先师。以后，这些说法就世代相传下来，成了"历史"，可靠性当然是很差的，我们就以《世本》⑤的一段说法为例：

　　　　伏羲作琴；女娲作笙簧；颛顼命飞龙氏铸洪钟，声振而远；句芒(伏羲臣)作罗(网罟)；隶首(黄帝史)作算数；沮诵苍颉(黄帝之史官)作书；黄帝作旃冕；伯余(黄帝臣)作衣裳；夷(黄帝次妃肜鱼氏之子夷鼓)作鼓；尹寿(黄帝臣)作镜；蚩尤以金作兵器；巫咸(神农时人)作铜鼓；共鼓、货狄(并黄帝臣)作舟；垂(神农之臣)作耒耜；挥(黄帝臣)作弓；牟夷(黄帝臣)作矢；雍父(黄帝臣)作杵臼；奚仲(为夏掌车服大夫)作车；宿沙(黄帝臣，一说炎帝之诸侯)作煮盐；化益(尧臣)作井；少康(黄帝时人)作秫酒；帝女令仪狄始作酒醪；昆吾(桀臣)作陶；桀作瓦屋；燧人作火。

这些说法显然都不足以作为中国科技史研究的依据。其四，中国古代流传下来的典籍，后人托名前人的伪作(或叫依托之作)甚多，稍有不慎，往往引起考证上的失误。因此研读时一定要很

　　① 冯家昇著，火药的发明和西传，华东人民出版社，1954年。
　　② 张子高著，中国化学史稿(古代之部)，科学出版社，1964年。
　　③ 陈国符著，道藏源流续考，台湾明文书局出版，1983年。
　　④ 王琎，中国古代金属原质之化学，科学，5(6)，1920年。
　　⑤ 《世本》据说是战国时代的史学家所著，也有人认为是汉·刘向编写。见《丛书集成》初编史地类，总第3699册。

慎重辨别其著述的真实年代,其内容的来源,努力作出具有历史真实性的判断。① 其五,专门记叙或包含有科技、工艺内容的古籍,其作者几乎无例外地都是属于古代士大夫阶层或文人学士,他们固然对自然界勤于观察,对工艺奇巧有浓厚的兴趣,但对相关的劳作多不躬亲实践,因此考察、观测、记录往往不准确,不全面,道听途说的成分也不少;更由于当时他们不可能有近代科学知识,对观察到的事物往往会有误会的、片面的理解。所以我们对那些即使是很严肃的考察、访问的记录,固然不可不信,但也不可完全相信。更何况又有许多是讲得不明不白、难以深究的描述,只能给人一个"大概"、"可能"的印象,而难于据以作出明确的结论。

　　所以早在 20 年代,我国最早的几位研究科技史的学者就努力扩展中国古代化学史的研究方法,希望从更多的途径,寻求到更多的历史信息和考证依据。其中被运用得最早、最普遍的要算对出土文物的理化检测,因为通过这种研究可以对古代的各种工艺产品,特别是经久不腐的陶瓷、金属,取得有关原料成分、制作配方、加工工艺过程诸方面的重要信息,而且根据遗址、墓葬的时间和地点,对这些产品的制作年代、生产地区作出可靠的判断。例如早在 1923 年,章鸿钊曾根据一些古币的金属成分检测报告,对中国用锌的历史提出过颇有新意的见解。② 又如,很多冶金史家、化学史家为了探讨《考工记》中记载的"六齐",曾对先秦的青铜器曾作了大量的、相当系统的检测;③ 再如,从 30 年代以来历经 50 多年,周仁和他的同事们对中国古名窑陶瓷品的成分、原料、工艺做了大量的理化研究,成绩卓著。④ 总之,从 40 年代以后这种研究方法在冶金史、陶瓷史研究中就相当普遍了。近三十年来,一方面由于基本建设的大发展,有大批文物出土,对它们的保护、鉴定和研究,又受到普遍重视;另一方面,由于科学技术的进步,各类具有特殊性能的测试仪器问世,除了过去传统的化学分析、金相检验外,原子发射光谱与原子吸收光谱分析、红外光谱分析、粉末结晶 X 射线衍射分析、X 射线荧光分析、中子活化分析、电子探针显微分析、光电子能谱、穆斯堡尔谱分析、热分析等已相当普遍地被运用于古代陶瓷、金属的研究,因此测试内容和可获取到的信息更广泛了,准确性更高了。所以随着这些研究方法的物质基础和技术条件得到显著改善,几十年来成果丰硕。例如杨宽的《中国古代冶铁技术发展史》⑤、中国科学院上海硅酸盐研究所编写出版的《中国古陶瓷研究》⑥ 中国硅酸盐学会编纂的《中国古陶瓷论文集》⑦、原北京钢铁学院(今北京科学技术大学)冶金史研究室编著的《中国冶金史论文集》⑧及华觉明等著《中国冶铸史论集》⑨可以说都集中反映了运用这些方法的研究成果。此外,考古研究所和李仲达等系统地对商周青铜器合金成分做了非常系统的检测;⑩⑪赵匡华等对中国历代古钱的金属成分也做了相当完整、系统的分析、检验;⑫ 其他有关论文不胜枚

①　参看张心澂编著《伪书通考》上册,商务印书馆,1957 年。
②　参看章鸿钊:"中国用锌起源"、"再述中国的用锌起源"。
③　参看周始民:"《考工记》六齐成分的研究",《化学通报》1978 年第 3 期。
④　参看周仁等著《中国古陶瓷研究论文集》,轻工业出版社,1983 年。
⑤　杨宽著,中国古代冶铁技术发展史,上海人民出版社,1983 年。
⑥　中国科学院硅酸盐研究所编,中国古陶瓷研究,科学出版社,1987 年。
⑦　中国硅酸盐学会编,中国古陶瓷论文集,文物出版社,1982 年。
⑧　北京钢铁学院冶金史研究室编著,中国冶金史论文集(两集)内部发行,1986 年和 1994 年。
⑨　华觉明等著,中国冶铸史论集,文物出版社,1986 年。
⑩　考古研究所,殷墟金属器物成分的检测报告,考古学集刊,1982 年第 2 集,中国社会科学出版社。
⑪　李仲达等,商周青铜容器合金成分考察——兼论钟鼎之齐的形成,(研究论文)。
⑫　见《自然科学史研究》5(3),5(4),7(1),11(1),11(4),12(3)。

举,分散见于《冶金学报》、《考古学报》、《自然科学史研究》等刊物上。

化学史研究中再一种研究方法是在历史文献资料调查、考证,并作出初步判断的基础上,在实验室中进一步加以模拟试验的考察。当然,模拟试验的条件和药物用料很难与历史上的实际情况完全符合,所以其结论有时只能作为一个参考。但是只要运用得当,实验设计得尽可能周密,在大多数情况下它较过去那种传统的考证与推理方法要更加科学、更加令人信服。这种方法并不是近年才提出来的,早在1920年,张準(即张子高)与其学生张江树就曾对《本草纲目》中的"轻粉方"进行了模拟试验,判断了这个配方所得的药物确为纯净的氯化亚汞。① 可是这种方法在当时并未引起人们的关注。但近十余年则越来越引起化学史家的兴趣,并取得了很好的成绩。

这种方法首先更多地是在研究中国炼丹术化学中开展起来的。这是因为:其一,化学史家们开始克服偏见,正视到炼丹术中的科学内容,认识到古代真正有意识地进行以变革物质为目的的活动是那些虔诚的方士(不是江湖骗子)所从事的炼丹、制药活动,它是近代化学的前身,那里蕴藏着大量的化学内涵,很有发掘的价值;其二,炼丹术活动原是秘密进行的,那些炼丹术著述语言诡秘玄奥,各派说教也不一致,使他们所炼制的丹药和接触的化学反应究竟是些什么,常令人感到茫然;其三,炼丹术及古代医药化学中所用原料药物品种繁多,又都是天然矿物,组成复杂,收集的又是升炼产物(很可能是混合物),所以其成分往往不容易推测,即使作一些估计也常难以令人信服。因此,要解决这些问题,进行合理的模拟试验是必要的。例如赵匡华和他的同事们自1982年以来在这方面完成了一系列研究课题,他们通过模拟试验并结合现代检测手段确证了唐代炼丹术中的丹阳银确为砷白铜;② 分辨了历代诸多氯化汞丹方的产物;③ 肯定了唐人孙思邈和宋代炼丹家曾制得了"彩色金"(二硫化锡结晶);④ 系统地对历代丹经中制造药金、药银(人造金银)的"要诀"进行了考证和模拟试验,证明其中一些确可获得黄色或银白色的金属;⑤ 还对著名的东汉"五毒方"进行了试验研究,辨明了其实际产物(Hg_2SO_4 及少量 As_2O_3)。⑥ 此外,王奎克、郑同、赵匡华等分别用模拟试验论证了中国历代炼丹家取得单质砷的实际情况;⑦⑧⑨⑩ 孟乃昌(1934~1992)对汉代丹经《三十六水法》进行了模拟试验,驳斥了硝石-醋构成的混合溶剂可以溶解黄金、丹砂、雄黄等的无稽之谈;⑪⑫ 1987年张秉伦等完成了"秋石"的模拟试验与理化检测,"⑬ 引起了科技史界的广泛兴趣。因为英国科技史家李约瑟(J.

① 参看王琎等著《中国古代金属化学与金丹术》第17页,科学技术出版社,1957年。
② 赵匡华等,我国金丹术中砷白铜的源流与验证,自然科学史研究,2(1),1983年。
③ 赵匡华等,关于中国炼丹术与医药化学中制轻粉、粉霜诸方的实验研究,自然科学史研究,2(3),1983年。
④ 赵匡华、张惠珍,中国金丹术中的彩色金及其实验研究,自然科学史研究,5(1),1986年。
⑤ 赵匡华、张惠珍,中国古代炼丹术中诸药金、药银的考释与模拟实验研究,自然科学史研究,6(2),1987年。
⑥ 同⑤。
⑦ 王奎克等,砷的历史在中国,自然科学史研究,1(2),1982年。
⑧ 郑同等,单质砷炼制史的实验研究,自然科学史研究,1(2),1982年。
⑨ 赵匡华等,关于我国取得单质砷的进一步证和实验研究,自然科学史研究,3(2),1984年。
⑩ 赵匡华等,中国炼丹家最早发现元素砷,化学通报,(10),1985年。
⑪ 孟乃昌,中国炼丹术"金液"丹的模拟实验研究,自然科学史研究,4(2),1985年。
⑫ 孟乃昌等,中国炼丹术水法模拟实验研究,自然科学史研究,5(3),1980年。
⑬ 张秉伦、孙毅霖,"秋石方"模拟试验及其研究,自然科学史研究,7(2),1988年。

Needham)和鲁桂珍从1963年来连续发表文章,提出宋代沈括(1031～1095)的《苏沈良方》[①]中的"秋石"可能是相对较纯净的甾体性激素,[②]这个见解一时轰动了世界科学史界。其后刘广定则连续发表三篇文章,以现代有机化学知识对李约瑟的见解提出质疑,[③]于是张秉伦等以相当严谨周密的模拟实验来分辨这项争论,结果令人信服地证明了刘广定的见解是正确的,沈括得到的"秋石"只是以氯化钠为主的无机盐混合物,并不含性激素,于是使这一问题的讨论告一段落。

这种方法不久后也推广到更多的研究课题中,孙淑云等用模拟试验论证了山东胶县龙山文化时期出现的锌黄铜是由于利用了铜锌共生矿石来冶炼,而偶然得到的;[④]马肇曾等通过模拟试验对秦始皇陶俑坑出土的青铜镞表面黑色防腐镀层的实施手段作出了比较合理的解释;[⑤]丁憕、杨硕等则对宋初曾公亮《武经总要》[⑥]中所记载的三种火药的实际性能和威力,通过模拟试验,进行了评估。[⑦]总之,这些成果表明该种研究方法不仅行之有效(当然在一定范围内),而且完全必要。不仅往往可以弥补文献考证工作的不足,而且也可帮助我们对古代文献记载作出确切的理解和是非的判断。

在中国古代化学史(甚至整个中国古代科技史)研究中,开展对传统化学工艺的社会调查是非常必要、非常有益的。这项工作虽然至今做得尚不多,且有一定困难,但是它可能取得的收获往往会远远超过一般人的预料;而且这项工作也迫在眉睫,刻不容缓。这种方法的可行性在于我国是一个历史悠久、幅员广阔,各地区经济、文化发展很不平衡的多民族国家。在沿海、中原的大城市中,古代传统的工艺可能早已为基于现代科技的机械化、自动化生产所取代,但在边远或文化闭塞的地区,则上百年、几百年甚至上千年前的某些化学工艺在古老式的作坊中还可能继续生存着、运行着。到那些地方去"取经",往往可以弥补历史文献记载的某些空白,或帮助我们对古籍中某些含糊不清的记述,做出明晰的诠释。早在本世纪50年代,徐采栋就曾经做过实地考察,了解到当时滇、黔、湘西等地所采用的篾箩灶、葫芦灶及土圈灶诸法的升炼水银工艺,[⑧]还是属于古老的,"下火上凝"式的方法,在其他地区则早已淘汰了。据考证,这种方式和灶器在那里至少已有300多年的历史,即这些地区仍保留着明代中期的生产面貌。[⑨]丘亮辉也曾指出:"我们曾经到农村和边远山区的古矿冶遗址、遗迹进行调查研究,取得了不少冶金史的重要资料。例如1977年到浙江一带调查著名的龙泉剑生产情况,对其锻造过程和精湛的淬火加工工艺有了较深刻的了解。同时在附近地区还看到木炭炼铁、炒钢、锻造和热处理等土法技

---

① 沈括、苏轼,苏沈良方,见《丛书集成初编》总第1434册。

② Lu Gwei-Djen and Joseph Needham,《Nature》(200,1047—8(1963);Idem,《Med. Hist. 》,8,101—121(1964);Idem《Japanese studies in the History of Science》,5,150(1960);Idem,《Endeavour》,27,130—132(1968);J. Needham,《Clerks and Craftsman in China and the West》pp,249—315(1970).

③ 刘广定,人尿中所得"秋石"为性激素说之检讨,"补谈秋石与水尿"、"三谈秋石",台湾《科学月刊》12(5,6,8),1981年。

④ 孙淑云等,中国早期铜器的初步研究,考古学报,1981年第3期。

⑤ 马肇曾,韩汝玢等,秦始皇陶俑坑出土的铜镞表面氧化层的研究,自然科学史研究,2(4),1983年。

⑥ 见台湾商务印书馆影印《四库全书》珍本藏书《武经总要》第5册。

⑦ 丁憕、杨硕,古代火药配方的实验研究,杨硕"硕士论文",原北京工业学院(今北京理工大学),1987年。

⑧ 徐采栋著,《炼汞学》,第45～54页,冶金工业出版社,1960年。

⑨ 赵匡华,我国古代抽砂炼汞的演进及其化学成就,自然科学史研究,3(1),1984年。

术,增进了对古代冶金技术的理解。[①] 近年来用调查研究的方法取得的最精彩的收获,大概要算对中国传统炼锌术的阐明了。关于传统炼锌工艺,科学史界都很熟悉,《天工开物》是流传至今最早记载炼锌工艺的书。但是其记载有明显失误,也有含糊不清的地方,尤其是对那个关键设备"泥罐"的内部结构没有说明,以致今人有不同猜测。[②③]但是在滇东北、黔西一带的村寨中至今还保留着传统法炼锌的作坊。1983和1986年胡文龙、韩汝玢和许笠等先后到过贵州省章赫县麻姑铅锌矿区进行实地考察,看到了那里的炼锌工艺与《天工开物》的记载相差无几,而炼锌反应罐的内部结构便一目了然了。[④] 我们还可以再举出一个生动的例子:白广美在1962年曾赴川北云阳和川东巫溪调查,看到那里至今仍分别保留着从汉代和宋代遗传下来的盐井,而生产方式居然存留着宋代的形式,到了那里犹如亲临了千年前的境地。[⑤]

不过,这种研究方法是利用我国独特的条件,随着时间的推移,这样的机会将急剧地减少。

三　中国古代化学史料的检索

研究中国古代化学史既然主要得依靠对古代历史文献典籍的研读、考证和诠释,并据现代科学知识对其记载进行分析,给予阐明,辨析真伪(可信程度),那么研究者就 必须对古代流传下来的、浩如烟海的典籍,对于经史子集各包括哪些类别的著作,有个大致的了解。对此,现在已经有了不少的书专门介绍这方面的知识。本丛书中《中国科学技术史——科技典籍卷》会做出相当全面的介绍,所以这里就不再赘述。另一方面,要检索中国古代化学史料又到哪些类别的书中寻找,也应大致有个线索。因为在中国古代既然没有化学这个学科,当然不可能有化学史和化学工艺方面的专门著作(中国古代就有天文、算学、农学、医学、医药方面的专门著作),而化学工艺的范围又非常广阔,所以有关资料极其分散,可以说经史子集里都有关于化学或有关其工艺的史料,但又往往是孤言片语,极为简略,有的则只不过是隐约地透露了一些信息,而今人则要善于捕捉才行。所以刚起步涉猎这项研究领域的人常会感到茫然无措。因此,在这里我们把以往化学史学者们已浏览过而又有所收益的一些图书,适当总结编辑一下,摘要介绍出来做为阅读的经验交流。当然不可能讲得很全面,就算是抛石探路罢。

(一)中国古代经籍史书类

这里所言经籍是指13部儒家经典,即宋代以后所尊的"十三经"。[⑥] 其中为化学史学者感兴趣的是《周易》、《尚书》、《周礼》、《诗经》、《礼记》、《春秋左传》和《尔雅》。《周易》的易说对中国传统文化的各方面都有深远的影响,它也谈到了万物的源起,阐发了阴阳学说,构成中国古代

①　丘亮辉,试谈冶金史的研究方法,《中国冶金史论文集》208～211页,北京钢铁学院内部发行,1986年。

②　杨维增,蒸馏法炼锌史考,化学通报,1981年第3期。

③　何堂坤,从《天工开物》所记炼锌术之管见,化学通报,1984年第7期。

④　胡文龙等,从传统法炼锌看我国古代炼锌术,化学通报,1984年第7期。又可参看许笠:"贵州省章赫县妈姑地区传统炼锌工艺考察",自然科学史研究,5(4),1986年。

⑤　白广美,中国古代盐井考,自然科学史研究4(2),1985年;"川东、北井盐考察报告",自然科学史研究7(3),1988年。

⑥　"十三经"指《毛诗》、《书经》(《尚书》)、《周易》、《礼记》、《周礼》、《仪礼》、《春秋公羊传》、《春秋谷梁传》、《春秋左传》、《孝经》、《论语》、《尔雅》、《孟子》。可阅读1935年国学整理社出版的《影印阮刻十三经注疏》,上海世界书局发行。

物质观的主体思想。在《尚书》中,例如"洪范"章提到了五行学说的原始形式。在《周礼》中,例如"天官冢宰"、"地官司徒"诸篇都提到了周代宫廷中的染色、漂洗、酿酒、医药;《冬官·考工记》则描述了青铜的冶炼和配比、染料与颜料的施用;丝帛的练洗;也谈到了制陶工艺。这些都是早期化学工艺的重要内容。《诗经》虽然是一部民歌集,但我们从中可以得到一些先秦时期染色、漂洗、酿酒、制饴、冶金等早期日用化学的信息(顺便一提,我们从《楚辞》中也可以得到这类信息)。《礼记》则谈到了周代宫廷中酿酒的几个主要环节。在《春秋左传》中,例如提到了晋国生铁铸造刑鼎之事。至于《尔雅》虽为解释词义的书,但却是考证先秦名物的重要依据。

正史中的"二十五史",篇帙浩繁,有关科技史的资料极为分散。但大体上可以说绝大部分集中在"食货志"中。历代"食货志"(《史记》称"平準书")都记述了各代衣食日用、货币理财、户口田制、通商惠工以及一切有关国计民生的要政,因此与古代化学有关的各项工艺,在"食货志"中都有相当多而较系统的反映,记载比较可靠,所以科技史的学者对历代食货志必须研读。

"二十五史"外,所谓"十通"①中的《通志》(南宋·郑樵撰)及《续通志》(清乾隆时官修,后经纪昀等校订)也是一部正史类的重要典籍,是综合了历代史料而撰成的通史,内容丰富,也较可靠,其中"食货"、"医方"、"道家"诸卷,很值得化学史学者研究。"十通"中的《通典》(唐·杜佑撰)及《续通典》(亦系清乾隆时官修,后经纪昀等校订)虽主旨在于记载历代典章制度的沿革,但也不妨作为史书来读,其中"食货门"对科技资料也不乏记载。"十通"中的四部《文献通考》(先有宋元之际马端临所撰《文献通考》,后有明·王圻撰《续文献通考》,清乾隆时又官修《清朝文献通考》,近人刘锦藻再撰《清朝续文献通考》)也是记载历代(自上古直至清代)典章制度的沿革,它除因袭《通典》外,兼采经史、会要、传记、奏疏、论议及其他文献,所以较《通典》内容更为翔实、丰富,其中"钱币"、"土贡"、"国用"、"物异"诸门也都值得重视。

在编年体例的史书中,当然最应注意研读的是北宋时司马光所撰的《资治通鉴》②以及其后宋人李焘所撰《续资治通鉴长编》③和清人毕沅所撰《续资治通鉴》④。他们除取材于纪传体的官修正史外,也注意汲取野史、传记、文集、谱录中的资料,其记载虽然以政治、军事为主,也略记及经济与文化,常可弥补正史之不足。

以官方档案为基础的典籍中还应提到"会要",它们分别汇编了各朝的经济、政治制度及其沿革、变迁,也都值得翻阅。最早是唐·苏冕所撰九朝的"会要"。后经续修,再经宋·王溥增补而成《唐会要》⑤。其后,宋·徐天麟所撰《西汉会要》、《东汉会要》⑥问世。及至清代,徐松又辑《宋会要辑稿》⑦。这是科学史界较重视的几部。《元典章》和明清两代的《会典》虽然专记制度、法令,不详叙史实,但也值得查阅,尤其是徐溥等所撰《明会典》⑧很值得检读。在《会要》、《会典》类典籍中,其中尤以《宋会要》篇幅最大,内容最富,多有《宋史》及宋代其他史料所未采录的材料。其中"食货门"则是研究宋代科技的重要史料,例如关于胆水炼铜的记载,十分珍贵。为

① 见 1935 年商务印书馆出版之"十通"。
② 宋·司马光撰《资治通鉴》,1935 年国学整理社出版,世界书局发行,中华书局刊印本,1956 年。
③ 宋·李焘撰《续资治通鉴长编》,清·黄以周辑补,上海古籍出版社影印浙江书局本,1986 年。
④ 清·毕沅撰《续资治通鉴》,1935 年国学整理社出版,世界书局发行,中华书局刊印本,1977 年。
⑤ 《唐会要》有 1955 年中华书局刊印本。
⑥ 《西汉会要》有 1955 年中华书局刊印本;《东汉会要》有 1978 年上海古籍出版社刊印本。
⑦ 清·徐松辑《宋会要辑稿》1957 年中华书局据 1936 年北平图书馆影印本复刊本。
⑧ 明·徐溥等撰《明会典》,见商务印书馆《万有文库》第二集第 141 种。

了配合《宋会要》的研读,宋·李心传所撰《建炎以来朝野杂记》[①] 和《建炎以来系年要录》也值得参考。

阅读纪事本末类和杂史类史籍,或许偶尔也会有所收获,例如《明史纪事本末》[②] 中(卷五十二)的〈世宗崇道教〉详细记载了嘉靖中金丹术回光返照的情景;《战国策》提到了韩国制造的锋利剑戟(可能是早期的钢制品);《国语》提到了"五行"的要素说等等。但总的来说,检阅这类史书工作面大而收获往往甚微。

(二)中国古代工艺技术著述类

中国古代记述工艺技术的综合性图书,自《考工记》之后,唯见明人宋应星的《天工开物》(图 1-1)。[③] 这部巨著内容可谓包罗万象,从农作物的种植技术(曰"乃粒")开始,以后分别对纺织(曰"乃服")、染色(曰"彰施")、粮食加工(曰"粹精")、食盐加工(曰"作咸")、制糖(曰"甘嗜")、陶瓷(曰"陶埏")、冶金-铸造(曰"冶铸")、车船(曰"舟车")、金属器件加工及铜合金冶炼(曰"锤锻")、矿石开采与加工(曰"燔石")、榨油(曰"膏液")、造纸(曰"杀青")、五金开采与冶炼(曰"五金")、兵器(曰"佳兵")、朱墨(曰"丹青")以及制麴(曰"曲蘖")等十八项生产部门的技术工艺,分别作了详细的说明,其中不乏创见,这是宋氏实地调查、广泛实践、敏锐观察、细致分析的成果。本书附图 123 幅,图文并茂,学术水平之高即使在当时世界工艺技术的专著行列中也居于领先地位。几十年来,化学史界对它反复钻研,不断核证,至今仍屡有收益。

除综合性工艺技术专著外,中国历代还出现了一些基本上属于专门行业性的工艺著作。例如后魏人贾思勰所著《齐民要术》就是一部很完整的,叙述当时北方农林牧副的农业全书,其中有关"制曲"、"染料"、"造饧"等章节都是化学史学者很感兴趣的;又如宋人王灼的《糖

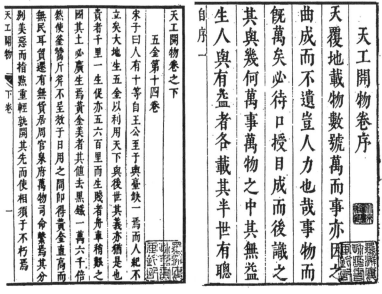

图 1-1 《天工开物》(崇祯十年初刊本)

霜谱》叙述了四川冰糖工艺的源起和工艺,虽然篇幅不大,但却是研究中国制糖史的必读要籍。然而这类著述,数目极为有限,与中国古代各种工艺技术的发展水平和成就很不相称,应该说

① 宋·李心传,《建炎以来朝野杂记》,见《丛书集成初篇》社会科学类总第 0836—0841 册;宋·李心传《建炎以来系年要录》见《丛书集成初编》史地类总第 3861—3878 册;中华书局刊印本,1956 年。

② 明·谷应泰《明史纪事本末》,有 1977 年中华书局刊印本。

③ 见《中国古代版画丛刊》本(明崇祯十年刊李氏墨海楼藏书),上海古籍出版社,1988 年;另见《喜咏轩丛书》本。

这反映了儒家的偏见,他们把"记述农工技术之书,视为奇技淫巧,不齿人口,迫使知识分子闭门谈儒家经书",[①] 致使工艺学著作"寥若晨星"。

中国历代还有一些"博物"学著述,内容十分庞杂,有的记载异境奇物,琐闻杂事,乃至神仙方术;有的则专注于"珠玉犀象,凡可珍可玩之物,即为之纪其名称,考其出产"。另外还有一类所谓"居家必备"的家庭工艺小百科全书,则多属消闲怡情养性的参考书,"以求饮食卫性,服饰华躬,器用日给、百药防虞",其内容更加广泛,大致包括文房博古,饮馔汤茗、医方百药、艺术戏剧、推测历命、营造吉凶、花草栽培、房中秘药、染色洗练、花笺蜡香、禽畜饲养。这几类书中却常有化学史料以及与化学小工艺有关的内容,读之既可丰富知识见闻,又常会有科学史上的意外收获。

以上这几类书,我们择要举例如下,以供选读参考:

书 名	著 者	参 考 版 本
天工开物	明·宋应星	"明崇祯十年李氏墨海楼藏书"本(见 1958 年上海古籍出版社出版郑振铎编:《中国古代版画丛刊》影印本;《喜咏轩丛书》刊刻本
熬波图	元·陈椿	《四库全书》本,史部政书类;《上海掌故丛书》第二集
颐堂先生糖霜谱	宋·王灼	《楝亭藏书十二种》本;《四库全书》本子部谱录类;《丛书集成》初编应用科学类,总第 1478 册
麴本草	宋·田锡(托名)	《说郛》本(宛委山堂本)卷九十四
北山酒经	宋·朱肱	《知不足斋丛书》本,第十二集;《四库全书》本(子部谱录类)
营造法式	宋·李诫	《四库全书》本(史部政书类);1989 年中国书店影印线装本(一函八册)
陶说	清·朱琰	《龙威秘书》本,第五集;《美术丛书》本二集第七集;《说库》本(浙江古籍出版社影印本下册)
南窑笔记	清·□□	《美术丛书》本,四集第一辑
琉璃志	清·孙廷铨	《美术丛书》本,初集第九辑;《昭代丛书》本,别集
墨娥小录	元末或明初	明隆庆五年吴氏聚好堂刻本,1959 年中国书店影印本
多能鄙事	明·刘基(疑托名)	1917 年上海荣华书局钞刊本
居家必用事类全书	元·□□	书目文献出版社影印朝鲜刻本;台湾中文出版社影印日本松柏堂翻刻之和刻本(日本宽文十三年,即 1673 年)
遵生八笺	明·高濂(万历十九年,即 1591 年撰)	书目文献出版社影印明万历雅尚斋高濂自刻本;1992 年巴蜀书社出版《遵生八笺》
博物志	晋·张华	《四库备要》本(子部小说家);《丛书集成》初编·自然科学类,总第 1342 册;1980 年中华书局范宁校正本
续博物志	宋·李石	《丛书集成》初编·自然科学类总第 1343 册
格物粗谈	宋·苏轼	《学海类编》本(集余五);《丛书集成》初编·自然科学类,总第 1344 册

---

① 见丘亮辉主编《〈天工开物〉研究》第 5 页钱临照语,中国科学技术出版社,1988 年。

书名	著者	参考版本
物类相感志	宋·苏轼	《宝颜堂秘笈》本(广集);《丛书集成》初编自然科学类,总第 1344 册
清异录	宋·陶谷	《宝颜堂秘笈》本(1922 年文明书局印行);《唐宋丛书》本
席上腐谈	宋·俞琰	《丛书集成》初编·总类,总第 0322 册
新增格古要论	明·曹昭 明·王佐　补	1987 年北京中国书店影印本;《丛书集成》初编艺术类,总第 1555 册;《惜阴轩丛书》本(第九函)
博物要览	明·谷应泰	《丛书集成》初编艺术类,总第 1560 册
黔书	清·田雯	《粤雅堂丛书》本(三编第二十五集);《丛书集成》初编·史地类,总第 3182～3183 册
物理小识	清·方以智	《四库全书》本(子部杂家类);1926 年商务印书馆《万有文库》本(第二集第 543 册)

(三)中国本草及方剂著录

历代本草学专著不仅阐述了当时所用各种矿、植、动物性药物的形态、药性、主治病症、产地、采集季候、加工炮制方法,而且也往往论及它们的某些化学性质和化学加工(主要是矿物药),所以这类书也是古代化学知识的一个重要宝库。魏时吴普等辑述的《神农本草经》是流传至今的第一部中药学典籍,那里就已经谈到了丹砂、朴消、石胆、空青、硫黄、铅丹等的某些化学性质。自汉代炼丹术兴起以后,开始出现一些用矿物加工炼制成的药物;也陆续有一些用几种矿物合炼的、属人工合成的"丹"问世,而且它们很快从丹房走进药房,被利用来疗疾治病(许多方士兼行医道)。侯后,一些医士在研习药物炮制加工的同时,也开始从事矿物药的升炼与合成,而这类经验也随之逐渐被收录于本草专著,即增添了医药化学的内容。大约是从宋代开始,各种本草专著开始出现这类记载。从此《本草》也就成为古代医药化学的著述了,必然也就成为我们今天研究古代化学的重要典籍。

唐代以后,还有大量的方剂著录问世,也很值得化学史学者去浏览一下,偶尔也可以从中得到一些对研究化学史有启发、有重要参考价值的资料。

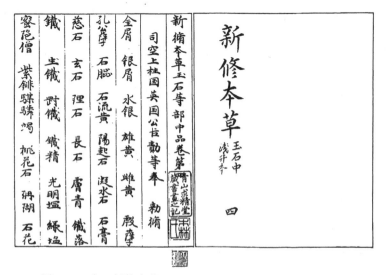

图 1-2　《唐·新修本草》(日本天平钞本,森立之氏旧藏,上虞罗继祖珍藏)

在此,我们从研究化学史的目的出发,试撮要推荐如下本草、医方典籍,以供有志于此者参考:

书　名	辑、撰者	成书年代	参　考　版　本
神农本草经	魏·吴普述,清·孙星衍、孙冯翼辑	约在东汉	《问经堂丛书》本;《丛书集成》本,初编总第1428~1429册;1963年人民卫生出版社校点本
名医别录	梁·陶弘景辑	约在萧齐永明间,即483~493年	1986年人民卫生出版社尚志钧辑校本
本草经集注	梁·陶弘景撰	建武元年,即494年	1955年上海群联出版社辑复本
唐·新修本草	唐·苏敬等修撰	唐显庆四年,即656年	1981年安徽科学技术出版社尚志钧辑校本;1981年上海古籍出版社据后书钞阁罗继祖藏日本森氏旧藏《新修本草》影印本(图1-2)
图经本草	宋·苏颂撰	宋嘉祐六年,即1061年	1988年福建科学技术出版社出版胡乃长等辑复本
重修政和经史证类备用本草	宋·唐慎微著,后经宋·寇宗奭衍义,金·张存惠重订	宋·元祐元年,即1086年	1959年人民卫生出版社影印金·张存惠晦明轩刊刻本
本草衍义	宋·寇宗奭撰	宋·政和六年,1116年	明《明正统道藏》涵芬楼影印本洞神部灵图类总第536~550册;《丛书集成》本,初编应用科学类总第1430册
本草品汇精要	明·刘文泰撰	明弘治十八年,即1505年	1937年商务印书馆排印本;1982年人民卫生出版社重印本
本草纲目	明·李时珍著	明万历六年,即1578年	有1593年胡承龙刻金陵本;1603年夏良心序刊江西本;1885年张绍棠味古斋重校刊本;1977年人民卫生出版社校点本
本草乘雅半偈	明·卢之颐蓼参	明崇祯十六年,即1643年	清初月枢阁刊本;《四库全书》(子部医家类)本;1986年人民卫生出版社校点本
本草从新	清·吴仪洛撰	清乾隆二十二年,即1757年	光绪丙戌江左书林刊本;扫叶山房刻本;1985年中国书店影印扫叶山房本
本草纲目拾遗	清·赵学敏撰	清乾隆二十九年,即1765年	清·张绍棠刻本;1955年商务印书馆排印本;1963年人民卫生出版社刊本
本草求真	清·黄宫绣撰	清乾隆三十八年,即1773年	1959年上海科学技术出版社刊本
肘后备急方	晋·葛洪原著　梁·陶弘景、金·杨用道增补	东晋时期	1959年人民卫生出版社影印明万历年中刻本
备急千金要方	唐·孙思邈撰	唐永徽三年,即652年	1955年人民卫生出版社据日本江户医学刻本的影印本
备急千金翼方	唐·孙思邈撰	唐永淳元年,即682年	1955年人民卫生出版社据日本大德丁未梅溪书院刻本的影印本
外台秘要	唐·王焘撰	唐天宝十一年,即752年	1958年人民卫生出版社据歙西槐塘经余居藏板影印本
医心方	[日本]丹波康赖撰	和历永观二年,即宋太平兴国九年,984年	1955年人民卫生出版社据日本浅仓屋藏板影印本;1993年华夏出版社翟双庆、张瑞贤等点校本
太平圣惠方	宋·王怀隐撰	宋淳化三年,即992年	1958年人民卫生出版社刊印本
苏沈良方	宋·苏轼、沈括合撰(合刊)		《丛书集成》初编总第1434册;1956年人民卫生出版社影印本

续表

书　名	辑、撰者	成书年代	参　考　版　本
太平惠民和剂局方	宋·陈师文撰	宋大观四年，即 1110 年	1959 年人民卫生出版社刊印本
普济方	明·朱橚撰	明永乐四年，即 1406 年	1958 年人民卫生出版社据《四库全书》铅印本
外科正宗	明·陈实功撰	明万历四十五年，即 1617 年	1956 年人民卫生出版社影印本
外科大成	清·祁坤撰	清康熙四年，即 1665 年	1957 年人民卫生出版社铅印本
疡医大全	清·顾世澄纂辑	清乾隆二十五年，即 1760 年	二酉堂藏板

（四）中国古代的某些类书

在中国古籍中有一类被归纳为"类书"，由于其体例是采集群书加以类分，因以得名。首先，我国历代的封建王朝曾经屡次运用政府的力量组织人力，搜检皇家藏书，编纂成巨型类书，内容包罗万象，广征博引，把天文地理、典章制度、礼乐文艺、宗教方术、珍宝五金、器物工艺、动植矿物、乃至鬼神妖异等等历来有关的记载、论述加以汇总、然后再分部门、细目地加以编排。例如著名的《艺文类聚》、《册府元龟》、《太平御览》（图 1-3）就是这种类书。其次，也有一些私人编

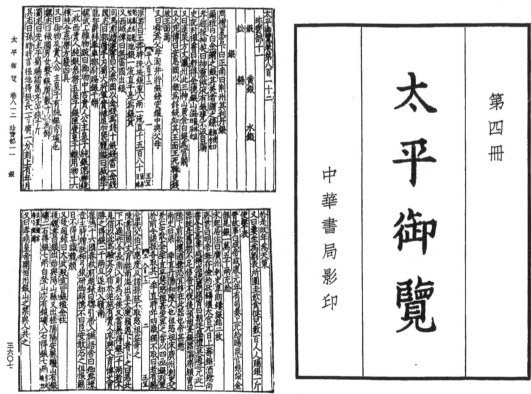

图 1-3　《太平御览》

（中华书局影印宋本）

辑的类书，内容当然比较狭窄，篇幅也小，往往只论及某个或某几个领域，但多有独到之处，例如《格致镜原》、《事物纪原》就属此类。据类书的性质，其内容当然也就涵盖了各种事物源起以及人们对它的认识过程，所以从这些类书中往往可以相当简捷、系统地检索到各个历史时期对

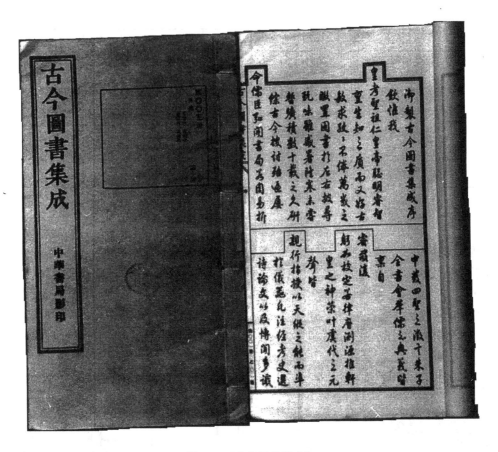

图 1-4 《古今图书集成》

某些天然物质及化学工艺产品的认识;而且还可以找到某些早已佚散之典籍、著述的片断文字。因此它们就成为化学史研究的重要参考文献。但应注意到,这些记载中相当一部分是传说,有的甚至充满神话的色彩,必须认真加以分辨和进一步考证。

最后,我们得着重提出《古今图书集成》(图 1-4)。它是清康熙中由陈梦雷等原辑,蒋廷锡重辑的一部大型类书。雍正四年(1726)以铜活字排印(原仅印 64 部)。全书达 1 万卷,分 6 篇,32 典,6109 部,可以说是中国历代类书中内容最广博、完整,区分最详晰,查阅起来最简便的一部,其中尤其值得科技史学者检阅的是博物编艺术(农部、圃部、渔部、医部、木部)、神异、禽虫、草木四典和经济编中的食货、考工二典。每典又各分为若干部、每部先汇考,次总论,有图表、列传、艺文、纪事、杂录、外编等项目,可以使读者在很短的时间里就可以对每一部所记述的事物有一个相当完整的历史性了解。1934 年 10 月中华书局影印了这部大型类书,致使我们在当今较大的图书馆中都可以阅读到它。此外,1957 年台湾中华书局编辑部将《古今图书集成》的食货典共 360 卷抽出,加以整理付梓,出版了《中国历代食货典》,还增辑了清顺治、康熙以后各朝有关食货的记载,致使与当今关系更接近、更密切的有清一代经济史,亦备详于此籍之中。它总共 89 部,"搜罗宏博,文彩富穰,洵称巨制,庶几为中国历代食货之全书焉"(引该书提要)。

下页我们试列举一些化学史界普遍感兴趣,也容易找到的类书。

书　　　名	辑　纂　者	参考版本
艺文类聚	唐·欧阳洵等	《四库全书》本(子部类书类);1981 年上海古籍出版社刊印本,汪绍楹校
北堂书钞	唐·虞世南	《四库全书》本(子部类书类);光绪年校影宋原本,清·孔广陶校注
初学记	唐·徐坚等	《四库全书》本(子部类书类);1962 年中华书局刊印本
太平御览	宋·李昉等	1960 年中华书局缩印 1935 年商务影宋本《太平御览》
事类赋	宋·吴淑	《四库全书》本(子部类书类);清乾隆二十九年(1764)剑光阁刊本,华麟祥校刊
事物纪原	宋·高承	《惜阴轩丛书》本,第十一函;《丛书集成》本,初编语文学类,总第 1209～1212 册
物原*	明·罗颀	《续知不足斋丛书》本,第二集;《丛书集成》初编总类,总第 182 册
古今事物考	明·王三聘	《格致丛书》本;《丛书集成》初编语文学类总第 1216～1217 册;1987 上海书店影印 1937 年商务印书馆铅印本
格致镜原	清·陈元龙	1989 年广陵古籍刻印社影印雍正十三年刊本
事物原会*	清·王汲	《丛书集成》初编艺术类总第 1555 册;1987 年北京中国书店影印本
事林广记	南宋·陈元靓	1990 年上海古籍出版社影印日本长泽规矩也编《和刻本类书集成》第一集影印《事林广记》;1963 年中国书店影印元至顺间建安椿庄书院刻本《新编纂图增类群书类要事林广记》
《古今图书集成》	清·陈梦雷等原辑,蒋廷锡重辑	1934 年中华书局影印雍正四年排印本

　*《物原》与《事物原会》非类书类,但内容与《事物纪原》属一类,暂列于此,以便研读。

(五)中国古代笔记小说类

　　笔记是随笔记录见闻或读书所得的短文,古今含义大致相同;至于小说,现代人是指那些有人物、有情节、以散文语言为表现手段,广泛反映社会生活的文字作品。在古代,小说的含义却是很广的,许多文人、著作家把纪事录言、发议论判是非的文字、街谈巷语、道听途说的记载以及神话传说、民间故事的组合描写都称之为小说。篇幅则以短为长,要求言简意赅。所以古代小说范围极广。明·胡应麟《少室山房笔丛》[①]把小说分为六类:志怪、传奇、杂录、丛谈、辩订、箴规。清乾隆间纪昀在《四库全书总目提要》中把"小说"概括为三派,其一叙述杂事,其二记录异闻,其三缀辑琐语。可见很难把古代的笔记与小说严格区别开来。

　　由于笔记小说大都是历代文人学者遨游知识海洋之所得,内容涉及诸子百家、文学艺术、历史地理、天文历算、博物技艺、医药卫生、典章制度、金石考据、社会风尚、人物传记及宫廷琐记,所以它为后人提供了一个内容相当丰富的、广泛涉及我国历史文化知识的宝库。因此在这些文字中时常闪现出一些古代科技的火花,偶尔也会出现一些篇幅可观、内容完整的科技史料。例如宋人何薳所撰《春渚纪闻》专辟一卷记录宋代市井中黄白术士的点金活动;明人陆容所撰《菽园杂记》十分翔实地记载了当时(正统至弘治年间)两浙的煮海熬盐生产及龙泉县的发矿炼银、风炉烹铜、青瓷烧造、薰蒸韶粉等等工艺。所以,古代笔记小说这个领域很值得研究科技史的学者下一番功夫去涉猎、浏览,往往会有意外的收获。

　　由于历代笔记小说数量很大,又相当分散,检阅起来很不方便,过去已有不少人试着将众多笔记作品集于一箧,刊行于世。元·陶宗仪可谓是最早的创导者,他刊行了《说郛》[②],但可惜所收录的笔记小说,多割裂破碎,已非全豹,学术价值大受影响。1983 年江苏广陵古籍刻印社

---

　①　明·胡应麟:《少室山房笔丛》见《明清笔记丛刊》、《四库全书》子部杂家类。

　②　明·陶宗仪:《说郛》见《说郛三种》,上海古籍出版社,1988 年。

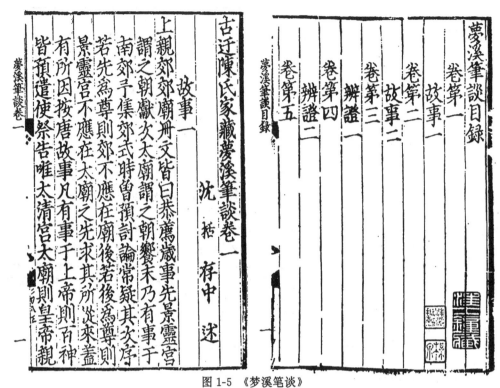

图 1-5　《梦溪笔谈》

（元大德九年陈仁子东山书院刻）

重新刊行了原上海进步书局石印线装本的《笔记小说大观》，并详加补漏订误，共 35 册，收录务求完本，自晋至有清一代，共收 225 种，确可谓洋洋大观。近人王文濡又辑《说库》[①] 共收录历代笔记小说 170 种，上起汉代、下迄明清，皆取善本，而且所收与《笔记小说大观》几无重复，所以也十分可贵。于是浙江古籍出版社在 1986 年复根据文明书局石印本（1915 年出版）影印刊行。有了这两部大丛书，极大地方便了读者。

　　下面我们列出几部古代笔记小说推荐给化学史研究者，因为至少它们确已给有关学者提供过了一些中国古代的化学史料。当然，更多的资料还有待今后的进一步发掘。

书　名	撰　者	参考版本
西京杂记	晋·葛洪	《笔记小说大观》第 1 册
拾遗记	晋·王嘉	1981 年中华书局齐治平校注本
荆楚岁时记	梁·宗懔	1985 年湖北人民出版社谭麟译注本
岭表异录	唐·刘恂	《说库》上册
酉阳杂俎	唐·段成式	《说库》上册；1981 年中华书局方南生点校本
茅亭客话	宋·黄休复	《说库》上册
梦溪笔谈（图 1-5）	宋·沈括	《说库》上册；1987 年上海古籍出版社胡道静校注本；《元刊梦溪笔谈》，1975 年文物出版社影印本
铁围山丛谈	宋·蔡絛	《说库》上册
桂海虞衡志	宋·范成大	《说库》上册；1986 年四川民族出版社胡起望辑佚校注本

①　王文濡辑《说库》，浙江古籍出版社据文明书局石印本影印，1986 年。

书　名	撰　者	参　考　版　本
太平广记 （亦属类书）	宋·李昉等	《笔记小说大观》第3、4、5册；1961年中华书局刊印十册本
猗觉寮杂记	宋·朱翌	《笔记小记大观》第6册
龙川略志	宋·苏轼	《笔记小说大观》第7册；1982年中华书局俞宗宪点校本
东坡志林	宋·苏轼	《笔记小说大观》第7册；1981年中华书局王松龄点校本
岭外代答	宋·周去非	《笔记小说大观》第7册
游宦纪闻	宋·张世南	《笔记小说大观》第7册
云麓漫钞	宋·赵彦卫	《笔记小说大观》第6册
容斋三笔 （四笔、五笔）	宋·洪迈	《笔记小说大观》第6册；1959年商务印书馆重印《万有文库》本
梦梁录	宋·吴自牧	《笔记小说大观》第7册
春渚纪闻	朱·何薳	1983年中华书局张明华点校本
泊宅编	宋·方勺	1983年中华书局杨沛藻点校本
墨庄漫录	宋·张邦基	《笔记小说大观》第7册
九国志	宋·路振	《笔记小说大观》第10册
夷坚志	金·元好问	《笔记小说大观》第2册
续夷坚志	金·元好问	《笔记小说大观》第10册
长物志	明·文震亨	《说库》上册
菽园杂记	明·陆容	1985年中华书局佚之点校本
考槃馀事	明·屠隆	《说库》下册
涌幢小品	明·朱国祯	《笔记小说大观》第13册；1959年中华书局刊印本
广阳杂记	清·张献廷	《笔记小说大观》第16册；1957年中华书局汪北平标点本
竹叶亭杂记	清·姚元之	1982年中华书局李解民点校本
二十二史劄记	清·赵翼	上海文瑞楼书局刊本；1984年中华书局王树民校订本
岭南杂记	清·吴震方	《丛书集成》初编史地类第3129册
南越笔记	清·李调元	《丛书集成》初编史地类第3125～3127册

（六）中国古代的方志

　　方志是记述地方情况的史志，即以地方为单位的历史与人文地理。有全国性的总志和地方性的州、郡、府、县志两类，其所述包括"地理之沿革、疆域之广袤、政治之消长、经济之隆替、风俗之良窳、教育之盛衰、交通之修阻，与遗献之多寡。"[①]有的则增人物、艺文。其起源很早，内容不断充实。如《尚书·禹贡》便记载方域、山川、土质、物产、贡赋；《山海经》[②]记载山川、形势、土性、怪异、古迹、物产，都已具有总志的性质。早期的地方性的方志有吴·顾启期的《娄地志》[③]、晋、常璩的《华阳国志》[④]等。唐宋时期地方志的修纂有了较大的发展，体例也日臻完善，如唐·

---

① 见朱士嘉撰《中国地方志综录》自序，商务印书馆，1935年。
② 《山海经》，见1979年上海古籍出版社袁珂校注本。
③ 《隋书·经籍志》著录《娄地记》一卷，三国吴·顾启期撰，惜已不传。
④ 晋·常璩《华阳国志》，见1984年巴蜀书社刘琳校注本，1987年上海古籍出版社任乃强校注本。

李泰的《括地志》①、唐·李吉甫的《元和郡县志》②、宋·乐史的《太平寰宇记》③、宋·王存的《元丰九域志》④、宋·王象之的《舆地纪胜》⑤ 不仅是历史学者、地理学者的必读要籍，也早已引起科学史学者的注意，并常要检阅的。元明清三代由官方主持修纂的《大元一统治》⑥、《明一统志》⑦、《大清一统志》⑧ 都以宏伟见称，其中有关各地矿产资源的记载相当完整，也早为科技史家所利用。

　　自明代以后，以省为单位的称"通志"，以州为单位的称"州志"，以府为单位的称"府志"，以县为单位的称"县志"。各州县已普遍修纂，所记经济，则有户口、田赋、物产、关税；记社会者则有风俗、方言、寺观、祥异；记文献者则有人物、艺文、金石、古迹。不仅内容丰富，而且其材料又直接取之于档案、函札、碑碣，乃至实地调查，所以往往比正史不仅详尽具体，而且可靠性更大。各地方志中的物产、风俗、艺文等篇，多有地方科技的实录，其中诸如记载矿物开采、金属冶炼、陶瓷烧造、糖酒制作、饮食加工的篇卷就是化学史学者大可利用的部分。1937 年章鸿钊辑著《古矿录》⑨ 就是专门从方志中辑录有关的史料。

　　方志发展到清末民初，数量已极庞大。据 1934 年方志学家李士嘉所言："国内外公私藏书家采访所及者已五十处，搜罗方志 5832 种，93237 卷。……然尚未敢云详也。"为了使研究者"得识其书(方志)名与其庋藏之所在"，于是他在该年编著成《中国地方志综录》，为后人检索、整理、研究中国方志奠定了基础。

　　近年来各省、市、自治区、县都非常重视地方志的建设，著述更丰，大规模的方志整理、研究工作也已开展起来。⑩ 化学史研究的学者应该密切关注、协助这方面的工作，并从中进行科技史料的系统发掘工作。

(七)中国古代外丹黄白术的丹经与丹诀

　　这类著述不是文人学士等"局外人"一般地讲述或议论炼丹术活动的那种文字，而是炼丹师讲解、传授外丹、黄白术理论、原料、方法、设备以及各种丹药的升炼操作步骤(即丹诀)的专著。显然，研究中国炼丹术化学时必须认真钻研这类经书要诀。这类书流传至今的相对来说数量不很多，而且很容易检索，因为它们几乎全部被收录在明正统年间辑纂刊印的《道藏》⑪ 中，更集中在其"洞神部众术类"里(即涵芬楼影印本《道藏》中编目由"兴上"至"盛"的 22 册，即总第 582 至 603 册)。

(赵匡华)

① 唐·李泰《括地志》，见 1980 年中华书局贺次君辑校本。
② 唐·李吉甫《元和郡县志》，见 1983 年中华书局贺次君点校本。
③ 宋·乐史《太平寰宇记》，见清光绪八年金陵书局刻本、1980 年台北文海出版社影印宋·遵义黎氏校刊本。
④ 宋·王存《元丰九域志》，见 1984 年中华书局魏嵩山等点校本。
⑤ 宋·王象之《舆地纪胜》，台北文海出版社据清粤雅堂校刻本影印，1971 年。
⑥ 《元一统志》元·孛兰肹等，见 1966 年中华书局赵万里校辑本。
⑦ 明·李贤等撰《明一统志》，四库全书·史部地理类；三秦出版社据天顺司礼监原刻刻印本影印，1990 年。
⑧ 《大清一统志》见商务印书馆《四部丛刊续编》子目。
⑨ 章鸿钊遗著《古矿录》，1954 年地质出版社出版。
⑩ 例如自 1986 年书目文献出版社已陆续出版了由丁世良、赵放主编的《中国地方志民俗资料汇编》(分华北、东北、西北、西南、中南、华东六卷)。我们热盼《中国地方志科技资料(或物产资料)汇编》早日问世。
⑪ 见 1926 年上海涵芬楼影印北京白云观藏《正统道藏》。

第二章　中国古代的陶瓷化学及其工艺

原始人最初使用的工具大多是用天然材料或将天然材料经简单加工制成的。如木器、石器、骨器、贝壳及兽皮制品等。而自从掌握了火,特别是学会人工取火之后,原始人逐渐摆脱了茹毛饮血的生活方式。随着文明的发展,对各种烹饪器、饮食器、储存器以及某些生产工具的需求,更促使人们去寻找新的工具材料。大约在1万年以前,人们发现某些粘土容易塑造成型,而且经过焙烧后变得十分坚硬,并且基本上不透水,用这种材料加工成的器皿可以代替部分木、石、骨制的器具,这就是陶器。它是人类掌握的第一种人工材料的制品,也是人类利用化学手段创造的第一种自然界不存在的新物质。

一　陶器的发明及其历史意义

(一)陶器的历史意义

陶器的出现是人类跨入新石器时代的重要标志。陶制器皿由于赋形随意,制作简单,较之石制、木制、骨制的器具,不仅加工较容易,原料又比比皆是,取材方便,资源丰富,所以陶制器皿具有极好的发展条件。陶制的容器和饮食器使食品的储存和食用,特别是水和液态食品的储备和饮用提供了新的方法。陶制烹饪器和陶制的炉灶使熟食的方法进一步突破了单一的烧烤形式,而可更方便地采用煮、蒸等技艺,不仅丰富了人们的饮食内容,而且使食物营养更容易被人吸收,促进了人类智力的发展。再者,陶制的塑像,也曾经是某些原始人拜物崇神的偶像。总之陶器的使用和发展极大地改变了原始社会的生产方式和生活面貌,促进了原始人从采集、渔猎为主的生活向以农业为基础的经济生活过渡。陶器遂成为人们日常生活不可缺少的用具,使人类的定居生活更加稳定。从此陶器的生产和发展同人类的生活、生产密切相联,在人类社会文明的进程中发挥了积极的影响。此外,它又为酿造术和冶金术的发明,准备了物质条件。

陶器的出现是人类认识自然、改造自然过程中取得的首批重要成果。因为陶器的烧成与石器、木器、骨器的加工不一样,后者只是改变了自然物的形状,而没有改变它的本质。前者则是以自然物为原料,通过高温化学反应而创制出的新材料,不但改变了自然物的形态,而且也改变了它的本质。陶器的烧制一般的过程是选择好制陶的粘土,将其用水湿润成具有一定可塑性的粘土,再将其塑造成一定形状,干燥后用火加热到一定温度,使之烧结成为坚固的陶器。由柔软的粘土通过自然力变成了坚硬的陶器,这是一种质的变化。用现代的科学术语来说,制陶即是以粘土为原料,粘土是由某些岩石的风化产物,如云母、石英、长石、高岭土、多水高岭土、方解石以及铁质、有机物所组成,在800℃以上温度烧成时,粘土发生一系列复杂的化学变化,包括失去结晶水、晶形转变、固相反应,以及低共熔玻璃相的产生等。低共熔玻璃相的产生使松散的粘土颗粒团聚在一起,从而使制品变得更加致密并具有一定的强度。所以从广义上来说,陶器的烧成是一种化学过程,是人类历史上最早从事的一项化工生产。

粘土中最主要的化学成分是氧化硅和氧化铝及多种金属(钙、镁、铁、钾、钠等)氧化物。所以陶器属于硅酸盐制品中的一种。它具有耐火、抗氧化、不易腐蚀、不溶于水等一系列重要性能,在通常的自然环境中,大多可以长久地保存下来,因而在许多有背景的地域的地层中,即史前时代人类的聚居遗址中往往留存有许多陶器及其碎片。通过对出土陶器及陶片的研究,可以追溯古代社会,特别是史前文化和新石器时代某些部族的存在及其物质文化水平。陶器的创制和发展是古代灿烂文化的组成部分,博物馆往往通过它来展示古代社会的文明。在考古学上,往往把陶器作为衡量文化性质的重要因素之一;同时考古工作者又把陶器作为考察判断墓葬及其它出土文物文化性质的依据。由此可见古陶器的研究具有很高的学术价值,它不仅是古代科技史研究的内容,同时也是文化史和社会史研究中的重要实物。

古陶器所具有的科技内涵、文化因素及艺术鉴赏价值,使人们很早就开始了对它的收藏和研究,著述不少。但过去人们大多侧重于器物外观、造型特征的考察和审美。及至近代,人们才进一步采用现代的科学实验技术对陶器或陶片进行了从成分到内部微观结构的研究。研究内容和手段的发展,无疑扩展了人们对古陶器科学内涵及其烧制工艺的了解,对有关资料的积累和分析使人们对中国陶瓷及其工艺发展的历程有了一个更清晰的认识。

(二)关于陶器发明的探讨

关于陶器的发明,中国古代文献中曾有过多种记述。例如老子·《道德经》谓:"埏埴以为器,当其无有,器之用。"[①] 这可能是最早的言陶文献。一些史书皆称,三皇作陶,始教民烹饪而后制器皿。《古史考》说:"神农对食穀,加米于烧石之上食之。黄帝时有釜甑。"[②] 宋人高承所撰《事物纪原》[③]谓:"《周书》曰:神农作陶。《尸子》曰:夏桀臣昆吾作陶。《吕氏春秋》亦曰:昆吾作陶。高诱云:昆吾,高阳后,吴回黎陆终之子,为夏伯,制作陶冶,埏埴为器也。然黄帝时有宁封人为陶正,则陶始于炎帝明矣。"《周礼·考工记》谓:"有虞氏上陶。"[④]众说纷纭。古人大多是根据传说或推测,提出了自己的看法。为了迎合当时人们崇敬祖先和能工巧匠的心理,他们又极力把陶器的发明归于某些传奇式的理想人物,例如燧人氏、神农、轩辕、有虞氏、宁封、昆吾等。对这些文献所申述的观点,只要作认真的分析,不难辨其谬误之处。

燧人氏即传说中发明钻木取火之人。制陶、冶金必须依赖火,这是事实,但是掌握了取火的方法绝不意味着掌握了制陶技术,钻木取火和制陶是两码事。神农(一说即炎帝)是传说中农耕技术的创造者。尽管农耕技术的发展和制陶术的出现有一定的联系,但是并不能在农耕技术和制陶术间划一等号。传说炎帝是善于利用火力的人,但据此绝不足以推论制陶始于神农或炎帝。轩辕氏即黄帝,是传说中4600年前原始社会父系氏族社会的一位首领,他继神农氏之后而治天下。黄帝时设陶正这一官职,只能说明陶器的发明肯定在黄帝时期之前,制陶术在当时已有相当发展,初具规模,并可能已成为原始氏族社会的一项公益生产部门。有虞氏即三皇(尧、舜、禹)之中的虞舜。《世本》称舜始陶,肯定与考古资料不符。至于昆吾作陶只能理解为昆吾可能是当时某个善于制陶的部落。总之,通过古代文献资料去探讨史前时期陶器的发明,并不是

---

① 李耳:《道德经》上卷11章,《诸子集成》第三册,中华书局,1954年。

② 蜀汉·谯周撰:《古史考》第二十五篇,清·章宗源辑本。

③ 宋·高承撰:《事物纪原》卷九,《丛书集成》初编,第1209～1212册,第327页。

④ 《周礼·考工记》,见《十三经注疏·周礼注疏》卷三十九,1935年世界书局发行本,第268页。

一种妥当的途径。当代科学地研究陶器的起源主要依靠考古发掘的资料和对出土陶器及陶片的科学检测。例如1947年美国化学家利比(W.F.Libby,1908～ 　)发明了利用C-14在死亡的生物物质及其他物质内衰变成氮而测定年龄的方法,可以用来推算古陶片的烧成年代。又如1957年德国物理学家穆斯堡尔(R.L.Mössbauer,1929～ 　)发明了利用能产生γ射线共振吸收的核过程穆斯堡尔谱分析法,可以用来分析古陶瓷的烧造火候、推算烧造年代。这些科学的手段部分地克服了缺乏文字记载的困难,使人们研究古陶器能获得较科学的结论。

根据科学的推算,陶器的出现在世界上至少已有近万年的历史。首先,早期人类在生活常识中就已认识到粘土掺入水后具有可塑性。旧石器时代晚期的人就已能用粘土制作动物塑像就足以证明这一事实。在长期用火的实践中,古人又进而认识到成型的粘土经火烤烧后变得坚硬。而认识到粘土的可塑性、耐火性和烧结性则是陶器发明的先决条件。陶器究竟是怎样发明的?因为最早的一些陶器,由于烧烤温度不够高,烧结程度较差,在地下近万年,早已老化破碎,人们已不易找到。但是从科学推理和对尚存的一些原始部落社会的实地考察,不少人采纳了恩格斯在《家庭·私有制·国家起源》中提出的一种说法:"可以证明,在许多地方,也许是在一切地方,陶器的制造都是由于在编制的或木制的容器上涂上粘土使之能够耐火而产生的。在这样做时,人们不久便发现,成型的粘土不要内部容器,也可以用于这个目的。"① 恩格斯的这本著作是据美国社会学家路易斯·亨利·摩尔根(L.H.Morgan,1818～1881)的研究成果而写成的。摩尔根在他的名著《古代社会》中,根据他在美洲搜集到的有关制陶术起源的实地调查资料,提出了:"陶器则给人类带来了便于烹煮食物的耐用器皿。在没有陶器以前,人们烹煮食物的方法很笨拙,其方法是:把食物放在涂着粘土的筐子里,或放在铺着兽皮的土坑里,然后再用烧热的石头投入,把食物弄熟。"② 他在该书的注释中还提到:"戈盖于17世纪最先提醒大家注意陶器发明的过程。他(指戈盖)说:'人们先将粘土涂在这样一些容易着火的容器之上以免被烧毁,以至后来他们发现单用粘土本身即可达到这种目的。于是世界上便出现了制陶术了。'戈盖还提到,1503年游历南美洲东南海岸的龚奈维耶船长,他见到了土著家里木制的器皿,甚至煮沸食物的壶罐,都涂着足有一指厚的粘土,以防止被火烧焚。在美国土著中最早的陶器似乎是用灯火草或柳枝作框架涂泥制成的,到了器皿本身坚固以后就把模子烧掉。"③ 以上资料的讨论可以得到这样的结论:摩尔根、恩格斯关于制陶术的起源的看法是可信的,也是较科学的。但鉴于世界许多民族和某些部族的共同体是独立发明制陶术的,各有自己的经验,我们认为发明的过程未必也不大可能都遵循相同的模式。

总之,陶器的发明与其他大多数早期发明一样,不可能是出于一人一时,而是古代先民经过多少代的实践,通过不断的加工、改进而出现的。

(三)中国最早的陶器

由于生活、生产对陶器的需求,制陶术发明后便得到较快的发展,陶器遂成为新石器时代一种广泛应用的器皿,被后人视为新石器时代的一个突出的特征。在中国有充分的证据可以说明陶器的发明、发展也经历了一个漫长的历程。据目前已掌握的考古资料,可以断定中国陶器

---

① 恩格斯,家庭·私有制·国家起源,《马克思、恩格斯选集》第4卷19页,人民出版社,1972年。
② 摩尔根,古代社会第13页,商务印书馆,1977年。
③ 摩尔根,古代社会第16页,商务印书馆,1977年。

的制作至少已有 8000 年以上的历史了,1977 年在河南新郑裴李岗、1976 年在河北武安磁山分别出土的陶器是黄河流域前仰韶文化的代表遗存之一,据 C-14 断代,距今已有七八千年。

在江西万年仙人洞,在广西桂林甑皮岩出土的陶器,则属于华南地区新石器时代较早的遗存,经过 C-14 断代,仙人洞下层的遗存为公元前 6875±240 年,甑皮岩为公元前 4000±90 年。经 1973 年和 1978 年两次发掘的浙江余姚河姆渡文化遗址代表了长江下游地区新石器时代的早期文化,其年代约在公元前 4720±200 年。那里发掘出了相当多的陶器。这些不完整的资料足以表明陶器的制作在中国至少已有 8000 年以上的历史了。

裴李岗文化是前仰韶文化的一个代表,是中国黄河流域新石器时代早期文化的一个典型。从已发现的近百处的遗址来看,它东达河北南部与华北平原相接,西到渭水流域,南到陕南汉水一带。前仰韶文化诸氏族部落均以发达的采集、狩猎经济为主,并从事原始的农业,过着相对稳定的定居聚落生活。从遗存中可以看到,陶器的品类少,形制简单,薄厚不匀,质地松脆,火候不匀。以泥质红陶为主,夹砂红陶次之。制坯方法为手制、模制兼用。部分陶器有明显的模制痕迹。根据发掘者的观察,从压印的篦纹可以推断,当初制陶坯时外部可能有陶模,制作时先在外模中铺以绳网,然后在模内敷泥做成陶坯。由于绳网起着隔离模子与陶坯的作用,这样使陶坯干后易于从模中脱出。工艺尚较原始。器物组合为炊器、饮食器、水器以及储藏器,特别是已普遍用三足、圈足。纹饰以线纹、篦点纹、划纹、绳纹、乳钉纹为多。从内在质地来看,其中的细泥红陶断面相当细致,颗粒度也小,不像普通砖瓦那样含有很多空洞,这说明当时的人们已认识到原料要经选择;采用的制陶原料可能是一种经挑选的颗粒较细的易熔粘土。夹砂红陶与泥质红陶不一样,在原料中有意识地掺入了细砂,当时可能已认识到陶器若用做烧灼器,须具有较好的耐冷热急变的性能。从陶片的外表来看,裴李岗的陶器大都采用直接手捏法,部分已采用泥条盘筑法成型。至于焙烧方法,部分还是采用覆烧技术,火候掌握不准,色杂而且有斑点;少数则已在陶窑中烧成,因在发掘中曾发现一座横穴窑。烧成温度约在 900℃左右。

磁山文化为前仰韶文化的又一代表遗存。已发掘出的陶器能复原的约有 477 件,大部分是夹砂红褐陶,也有泥质红陶。陶坯都是手制的,用泥条盘筑法或手捏法。陶器表面以素面为多,纹饰有绳纹、编织纹、篦纹、划纹,晚期的则多了乳钉纹、指甲纹。器皿有盂、盘、三足钵、双耳小罐、直口深腹罐、杯、豆、漏斗形器和陶支垫。后期增添了碗、圆足罐等。烧成温度与裴李岗的大致相近,其制陶工艺大概也与裴李岗相差不远。而令人注目的是,在磁山文化的遗址中还发现了个别的彩陶,显示出它是仰韶文化的先驱。

江西万年仙人洞遗址出土的陶器全部为粗陶,质地粗松,所搀入的石英颗粒大小不等;都是手制,胎壁厚薄不匀,内壁凹凸不平。胎色以红褐色为主,但是往往在一块陶片上出现了红、灰、黑多种颜色,这可能是由于烧成时温度、气氛控制不匀所致。陶片内外壁都饰以绳纹,有些在绳纹上还加划方格纹或圆圈纹,也有的加涂朱色;发掘出来的完整陶器较少,拼凑起来,大抵都是一些器形简单的圆形罐类。据测试,它们的烧成温度较低,约在 680℃左右。桂林甑皮岩出土的陶器,情况大致与万年仙人洞的相近。

在浙江余姚河姆渡遗址的第四文化层中,发掘出来的生活用具主要是陶器。却以夹炭黑陶为主,夹砂黑陶次之。器皿种类主要是圆底器和平底器,圆足器少见,未见三足器。器形有釜、盘、罐、钵、盆、豆等,器表的装饰有拍印的绳纹、刻划的几何图形及少数动植物图象。陶器基本上是手制,既有泥条盘筑的,又有手捏的。有些器物不仅外表有纹饰,而且胎心内也有绳纹,这表明可能为了加固器物防止松散开裂,而曾压挤过内壁。对这类古黑陶器,中国科学院上海硅酸盐研究所的古陶瓷专家在研究了它们的化学成分、显微结构、烧成温度及物理性能后指出，这些距今六七千年的陶器具有前所未见的鲜明特征：①出土的夹炭黑陶是在绢云母质粘土中有意识地掺和了炭化的稻壳和植物茎叶而制成的。至于为什么要加入这些炭化后的植物，可能是为了减少粘土的粘性和因干燥收缩和烧成收缩而导致的开裂。这就是说，中国先民在东南沿海地区使用大量炭屑作为掺和料比采用加砂的方法要早，即更原始些；②无论是夹炭黑陶，还是夹砂黑陶，其含铁量都非常低（1.5%～1.8%），这种情况是其他地区新石器时期各种陶器所没有的（除白陶外），也是河姆渡其他文化层的陶器所未见。这可能和当地富产较纯的绢云母质粘土有关；③这些陶器的烧失量较大，最大者可达13.42%，这是由于含有炭和有机质的结果。

上述的陶器陈述，是迄今为止发现的中国最早陶器的典型代表。相信通过考古工作者的努力，我们还会掌握更丰富的早期陶器的资料。

二　新石器时期的陶器和制陶术的主要成就

由于生产力发展的不平衡，以及各地区某些自然条件或因素的差异，不同地区生产陶器的历史进度以及在器形、质地及烧制工艺诸方面都会有所差异、各具特色。但是随着社会由母系氏族社会到父系氏族社会，从"三皇五帝"到夏商周，各地区的陶器生产都在扩大，在发展。就以黄河流域为例，裴李岗、磁山等前仰韶文化最初生产的是细泥红陶、夹砂红陶，到了仰韶文化又增添了灰陶、彩陶；发展到龙山文化，黑陶、白陶又成为别具特色的新品种。在此过程中品种在增加，器形在变化，工艺在提高。但地区条件的不同，发展的模式也不尽雷同。例如属长江流域河姆渡文化的陶器初始却以夹炭黑陶为主，以后才依次发展成灰陶、红陶。发展过程当中，夹炭陶逐渐减少，夹砂陶逐渐增多。不过尽管各地区制作的陶器品种不同，演进的模式也不尽一样，但是存在这样一个基本情况：新石器时期，中国大地上最常见的陶器是红陶、灰陶及黑陶。它们分别又包括泥质和夹砂两类。若按地域文化来叙述上述陶器的发展、演进及工艺的提高，势必显得很繁琐零乱，而且内容重叠，我们则拟以制陶化学的眼光，按陶器的种类审视它们的科学内涵和制作成就。

（一）红陶、灰陶与黑陶

自新石器时代早期出现陶器之后，陶器的生产在广阔的地区得到普及和发展，技术水平也有所提高。这种没有釉的多孔陶器在中国史前社会大约曾经使用了长达5000年之久，而没有本质的变化，直到商代原始瓷器的出现，才开始有了重大突破。在这一漫长的历史中，人们最常使用的陶器是红陶、灰陶及黑陶的各种器皿。所以，在新石器时代的遗址中出土最多的器物也是它们。

现已掌握的出土遗存的资料表明，黄河流域新石器时代分属各种地域文化的陶器情况如下：裴李岗文化的陶器以红陶为主，有泥质和夹砂两类；磁山文化的陶器绝大多数是夹砂红褐陶，其次为泥质红陶。这两类陶器，虽然有显著的不同，但是两者的陶质、成型方法和烧成温度却是很相近的。继承它们的是仰韶文化（约为公元前4500～前2500年）时期的陶器，其时制陶业已相当发达，从各地发现的窑址来看，大都集中地分布在村落附近，生产的陶器以细泥红陶和夹砂红陶为主，灰陶还比较少见，黑陶则更为罕见。从仰韶文化晚期的个别遗址中曾发现过少量近似的白陶，可能是采用了不纯的瓷土烧制的。在仰韶文化基础上发展起来的中原地区龙山文化(约为公元前 2300～前 1800 年),其制陶业以灰陶为主,与仰韶文化时期以红陶为主的情况有所不同。据分析,这一变化与陶窑结构的改进和烧陶技术的提高有关。早期龙山文化的陶器以灰陶为主,也有少量红陶和黑陶。到了龙山文化晚期,虽然仍以灰陶为主,但是红陶已占据一定的比例,尤其是黑陶,数量有明显增加。黄河上游的马家窑文化(约为公元前 3200～前 1700 年),陶器以泥质红陶为主,彩陶显得格外发达。继马家窑文化之后的齐家文化(约为公元前 1900～前 1600 年),陶器则以泥质红陶和夹砂红陶并重。分布在黄河下游的山东、江苏北部一带的大汶口文化(约为公元前 4000～前 2200 年),早期以红陶为主,晚期种类增多,灰陶、黑陶比例显著上升,并出现了白陶。大汶口文化的彩陶虽然不多,但是颇有特色,许多陶器都挂着一层陶衣,所以陶色比较多样,有红、灰、青灰、褐、黄、黑、白等。其中黑陶的胎色多呈红或灰色,所以实质上是挂了一层黑色陶衣的红陶或灰陶,故俗称黑皮陶。继大汶口文化之后发展起来的是山东龙山文化(约为公元前 2000～前 1500 年)。山东龙山文化陶器的最大特点是以黑陶为主,灰陶不多,红陶、黄陶、白陶也只是少量。黑陶有细泥、泥质、夹砂三类。其中以细泥薄壁黑陶的制作水平最高。它的胎壁厚有的仅 0.5～1.0 毫米左右,采用精细粘土制成,烧成前又经打磨,在烧成中有意让炭黑掺入胎体,所以通体乌黑发亮,故又称蛋壳黑陶。它是山东龙山文化最有代表性的产品,体现了当时高超的制陶工艺。

长江中游地区新石器时代的代表性地域文化是大溪文化(约为公元前 3800～前 2400 年)和屈家岭文化(约为公元前 2600～前 2200 年)。大溪文化的陶器以红陶为主,也有一定数量的灰陶和黑陶。在个别遗址中也曾发现有白陶。屈家岭文化的制陶业已经具有较高的水平,它早期的陶器,黑陶占较大的比例,红陶不多。晚期则以灰陶为主,黑陶、红陶次之,此外还有彩陶和半绘陶。最有特色的是薄胎彩陶。它的胎壁有的仅 1 毫米左右,故有蛋壳彩陶之称。

在长江下游地区,河姆渡文化(约为公元前 4400～前 3400 年)、马家浜文化(约在公元前 3700～前 2700 年)和良渚文化(约在公元前 2800～前 1900 年)是三个具有继承关系的新石器地域文化。河姆渡文化的陶器,如上文所说,早期以夹炭黑陶为主,夹砂黑陶次之;后来夹砂灰陶、泥质灰陶及黑衣陶、夹砂红陶逐渐增加;到了晚期,夹砂红陶激增,夹砂灰陶次之,夹炭黑陶进一步减少。马家浜文化的陶器以夹砂红陶为主,并有部分泥质红陶、灰陶以及少量黑陶和黑衣陶。陶中的搀和料,早期主要用砂粒,晚期多用草屑、谷壳和少量的介壳末。良渚文化的陶器以泥质黑陶最具代表性,但是它们的绝大部分又属于灰胎黑衣陶,且黑陶衣较易脱落;薄胎黑陶仅是少数;此外还有泥质灰陶和夹砂红陶。

东南地区新石器时代的遗址也很多,虽然它们在文化特色上不像黄河流域、长江流域那么清晰,但是并不难看出它们代表着不同时代或不同类型的文化遗址。在早期,大多以粗红陶为主,例如上文已提及的江西万年仙人洞遗址、广西桂林甑皮岩遗址、广东英德青塘遗址出土的陶器。到了晚期,陶器质地的种类明显增多,除了粗红陶、粗灰陶之外,还有泥质红陶、灰陶和黑陶,烧成温度已明显地提高到 900～1000℃左右,装饰逐渐减少,素面陶大量存在,并开始出现几何印纹陶。

云贵川所处的西南地区也广泛地分布着新石器时代的文化遗址。出土的陶器,早期大都是夹砂粗陶,多为灰褐色,红色次之,晚期增加泥质红陶和灰陶,黑陶少见。

东北、内蒙古、宁夏、甘肃等北方草原地区,广泛分布着以细石器为代表的新石器文化遗存。发掘出的陶器由于时间和地域的不同而有一定的差异。那些以农业经济为主的定居聚落地区,陶器丰富,形制也有较多变化;那些以渔猎游牧经济为主的聚落地区则陶器稀少,质地也较粗糙。仅辽宁境内,就有三个性质比较接近的遗址可作为代表:沈阳北陵新乐遗址(约在公元前4700～前4200年)的陶器以粗红陶为多,黑陶少量,泥质红陶少见;年代相当于仰韶文化中、晚期的赤峰红山文化,其陶器主要有粗红陶和泥质红陶两种;巴林左旗富河沟门遗址(约在公元前2800±100年)的陶器主要是夹砂粗陶,以红褐色为多,灰褐色次之,泥质红陶少见。

综观上述各地新石器时代遗址出土的陶器状况,不难看到,在辽阔的中华大地上,同属新石器时代的不同地域文化的遗存中,陶器的质地、种类及其发展进程都不一样:黄河流域的陶器以红陶为主,逐渐增添灰陶、黑陶及彩陶;长江下游地区则由夹炭黑陶出发,逐渐演进为灰陶、红陶;华南地区陶器由粗红陶逐步发展到红陶、灰陶、黑陶,并出现印纹硬陶。这些千差万别的现象,只能反映出各地的先民都是根据自己的经济生活形态,靠当地资源状况,就地取材,因地制宜地生产自己所需的陶器,制陶工艺的掌握和提高基本上是凭借自己的实践经验独立发展起来的,发展的途径各有特色,发展速度的差别也较大。

尽管各地用于制陶的原料不可能是相同的,但是它们大都是采用含钙量低的铁质易熔粘土为主要原料。这类粘土分布很广,有一个重要的共同特点是含铁量较高。因为铁的氧化物是陶器的主要呈色元素,所以在烧成中,因气氛和操作技艺不同,可以分别生产出红陶、灰陶或黑陶。一般来说,在氧化气氛中烧出的陶器是以红色 Fe_2O_3 着色的红陶;在还原气氛中烧成的是以黑色 FeO 着色的灰陶;若在烧成后期的还原气氛中,让游离的炭黑均匀分布于陶胎中,便会制造出黑陶。但事实上人们经常看到的则是由于气氛掌握不好,而烧出来呈杂色的陶器,器表红灰颜色共存,也有的内红外灰、内红外黑、内灰外黑的。所以各地陶器种类的演变,主要在于制陶技艺的差异,特别是烧陶技术和烧成气氛的掌握,当然也还与各地区先民对陶色的爱好兴趣不同有关。所以并不意味着灰陶的质地就一定优于红陶,或黑陶一定比灰陶强。尽管各地不同时期生产的陶器种类比例不同,但是有一点是共同的,即陶器种类都是由单一向多样化发展;制陶的技艺和烧成温度都在提高和发展。

(二)红、灰、黑陶的制作工艺及其科学内涵

对于我国新石器时代的陶器,考古工作者、古陶瓷专家曾作过大量的分析研究。表2-1仅列出部分有关的化学分析数据。

从以上分析数据来看,制陶的原料是经过选择的,尽管各地资源状况不一样,先民还是根据自己的经验选择那些含杂质少,粘性大的易熔粘土为原料。就以黄河流域新石器制陶工艺为例。制陶的原料包括粘土和搀和料,以粘土为主。粘土加水和成泥料,泥料应具有相当的可塑性和凝胶性。所谓可塑性是指在外力作用下可发生显著形变而不断裂的性质;所谓凝胶性即在外力作用下或在干燥过程中,坯体不易开裂的性质。对粘土这两点性能的认识是制陶术产生的前提。在旧石器时代晚期人们大概已有一些感性认识,这种初浅的认识在以后的实践中巩固和加深。根据现代的科学知识可知,可塑性和凝胶性都取决于粘土中 Al_2O_3,SiO_2 的某些盐类胶体物质及 Fe,Ca,Mg,Na,K 等的氧化物所生成的电解质盐类间的合理配比。即与粘土的化学组成和化学结构有关。另外可塑性也依赖于粘土的颗粒粗细。一般来说,粉砂质粘土由于含有较多的粗颗粒,可塑性就较差,坯体在成型过程中易开裂,只有经反复拍打或滚压后才能消除裂纹。黄河流域的普通黄土,一是杂质多、砂粒多,二是氧化钙含量较高,所以可塑性较差,很难手工成型。而先民所选择的红土、沉积土、黑土或其他颗粒较细的粘土,可塑性较好,都是制陶的可用原料。粘土中氧化铝含量高,可塑性会增强,但是它要求的烧结温度也较高。粘土中氧

表2-1　我国新石器时代陶器的化学组成(%)、烧成温度(℃)和物理性能(%)⁴⁾

顺序	样品(片)	出土地点	文化性质	SiO₂	Al₂O₃	Fe₂O₃	TiO₂	CaO	MgO	K₂O	Na₂O	MnO	P₂O₅	烧失	总量	烧成温度	吸水率	孔隙度
		黄河流域																
1	红陶	河南新郑裴李岗	新石器早期													960±20		
2	红陶	河南新郑裴李岗	新石器早期	57.43	17.11	7.31	0.96	1.55	1.96	1.33	2.24		4.07	6.19	100.15	950±20		
3	夹砂红陶	河南新郑裴李岗	新石器早期													900±20		
4	红陶	河北武安磁山	新石器早期	59.43	21.41	3.97	0.53	0.85	2.95	0.98	5.31			4.34	99.77	880		
5	红陶	河北武安磁山	新石器早期	62.98	17.11	5.49	0.67	2.42	2.61	2.81	1.62			3.59	99.30	930		
6	红陶	河北武安磁山	新石器早期	49.68	19.48	8.45	1.16	2.01	1.67	2.93	0.93		3.08	9.89	99.28	700左右		
7	夹砂红陶	河北武安磁山	新石器早期													850左右		
8	陶坯	河南洛阳	仰韶文化	60.22	17.07	6.99	0.79	1.02	2.57	3.21	1.14	0.03		6.72	99.76			
9	红陶	河南登封双庙沟	仰韶文化	57.13	18.40	5.60	0.63	3.90	0.47	5.54	0.64			0.96	93.27	900	6.62	
10	红陶	陕西宝鸡北首岭	仰韶文化	67.21	16.64	5.97	0.97	1.09	2.00	3.50	1.18	0.18	0.17	0.17	99.08			
11	彩陶	陕西西安半坡	仰韶文化	67.08	16.07	6.40	0.80	1.67	1.75	3.00	1.04	0.09		1.47	99.37			
12	夹砂红陶	陕西西安半坡	仰韶文化	61.90	19.13	8.37	0.99	2.61	3.10	3.21	0.57	0.11			99.99			
13	夹砂灰陶	陕西西安半坡	仰韶文化	63.43	17.73	6.91	1.19	3.17	2.03	3.48	1.86	0.15			99.95			
14	彩陶	河南陕县庙底沟	仰韶文化	60.47	15.79	5.98	0.74	6.87	3.45	3.30	1.17			1.75	99.52	950~1000		
15	彩陶	河南陕县庙底沟	仰韶文化	50.87	16.63	6.61	0.87	14.13	5.26	3.01	0.81			2.09	100.28	900		
16	红陶	河南渑池仰韶村	仰韶文化	66.50	16.56	6.24	0.88	2.28	2.28	2.98	0.69	0.06		1.43	97.67			
17	红陶	河南渑池仰韶村	仰韶文化	67.00	14.80	8.80	0.80	1.60	1.30	2.80	1.00			1.8	99.90			
18	黑衣灰陶	山西平陆盘南	早期龙山文化	67.44	15.09	3.53	0.67		2.90	2.98	1.92			5.09	99.62	840	6.93	
19	灰陶	河南安阳后岗	龙山文化	66.32	14.90	5.94	0.84	2.78	1.76	2.24	1.02			4.02	99.82	1000		
20	黑陶	河南安阳后岗	龙山文化	67.98	13.97	6.13	0.79	2.34	2.38	2.73	1.35	0.05		1.52	99.24			
21	灰陶	河南渑池仰韶村	龙山文化	67.10	16.61	6.23	0.89	2.01	2.33	2.79	1.30	0.04		1.95	101.25			
22	灰红陶	河南渑池仰韶村	龙山文化	67.72	17.30	6.22	0.90	1.48	2.37	2.79	0.76	0.07		1.78	101.39			

续表

顺序	样品（片）	出土地点	文化性质	SiO₂	Al₂O₃	Fe₂O₃	TiO₂	CaO	MgO	K₂O	Na₂O	MnO	P₂O₅	烧失	总量	烧成温度	吸水率	孔隙度
23	红陶	陕西长安客省庄	龙山文化	66.21	15.49	5.77	0.77	1.85	3.39	3.24	2.45	0.08		1.08	100.33	1000±50		25
24	绿陶	山西夏县东下冯	龙山文化	57.37	14.77	6.37	0.87	12.53	2.98	2.67	1.29	0.10	0.30	0.29	99.54			
25	彩陶	甘肃天水西山坪	马家窑文化	59.64	16.44	6.22	1.05	7.21	3.46	2.84	1.07			2.48	100.41	900～1000		
26	彩陶	甘肃甘谷西四十里铺	马家窑文化	57.20	13.56	5.28	0.71	12.36	1.76	2.94	1.17			4.91	99.89	900～1050		
27	彩陶	甘肃临洮辛店	马家窑文化	54.92	17.47	6.17	0.75	9.28	3.18	3.59	0.69	0.23		3.39	99.67			
28	彩陶	青海乐都柳湾	马家窑文化（半山）	58.44	16.30	4.28	0.63	7.33	2.40	2.91	1.83			6.36	100.48	800	9.20	
29	红陶	青海乐都柳湾	马家窑文化（马厂）	56.80	15.93	4.70	0.97	6.02	3.70	3.51	2.03			5.64	99.30	760	9.85	
30	夹砂红陶	青海乐都柳湾	马家窑文化（马厂）	62.34	16.87	3.77	0.62	5.37	3.22	3.86	2.40			1.13	99.58	1020	8.17	
31	红陶	甘肃和政齐家坪	齐家文化	65.16	13.10	5.50	0.69	9.26	0.44	3.39	1.15			1.17	99.86	1020～1100		
32	夹砂红陶	甘肃和政齐家坪	齐家文化	62.42	17.16	6.38	0.84	1.84	2.66	4.13	1.42			2.81	99.66	800～900		
33	红陶	山东兖州王因	大汶口文化	49.05	21.29	7.45	1.24	2.34	2.26	2.19	1.38	0.14	6.66	5.65	99.65	1000左右		
34	白陶	山东泰安大汶口	大汶口文化	66.24	25.30	2.42	1.05	1.54	0.44	1.61	0.28			1.74	100.62	900		
35	红陶	山东日照两城镇	山东龙山文化	61.11	18.26	4.89	0.81	2.70	1.34	1.55	2.42	0.11		6.97	100.16	950±20		33
36	黑陶	山东日照两城镇	山东龙山文化	49.48	27.75	1.71	1.09	5.33	6.15	1.79	0.44			5.91	99.65	800～900		
37	白陶	山东章丘城子崖	山东龙山文化	63.03	29.51	1.59	1.47	0.74	0.82	1.48	0.18	0.03		1.45	100.30			
38	白陶	山东章丘城子崖	山东龙山文化	63.57	15.20	5.99	0.92	2.65	2.43	2.77	1.62	0.07		5.39	100.61	1000左右		15
39	黑陶	山东章丘城子崖	山东龙山文化															
40	黑陶	山东胶县三里河	山东龙山文化	65.53	13.77	4.94	0.79	2.05	1.41	2.98	2.13	0.07	0.69	未测	94.36			
		长江 流域																
41	彩陶	四川巫山大溪	大溪文化	69.50	17.86	3.11	0.95	0.29	0.98	2.89	0.92			3.19	99.69	830	9.28	
42	夹砂红陶	四川巫山大溪	大溪文化	51.87	13.10	4.76	0.64	10.19	2.45	2.43	1.47			12.58	99.49	750	5.60	
43	黑陶	四川巫山大溪	大溪文化	57.20	19.98	1.70	0.79	1.62	4.65	2.73	1.17			10.05	99.89	780	7.33	
44	灰陶	四川巫山大溪	大溪文化	66.31	16.86	4.98	0.96	1.70	1.53	2.08	1.13			4.51	100.06	810	7.40	

续表

顺序	样品(片)	出土地点	文化性质	SiO$_2$	Al$_2$O$_3$	Fe$_2$O$_3$	TiO$_2$	CaO	MgO	K$_2$O	Na$_2$O	MnO	P$_2$O$_5$	烧失	总量	烧成温度	吸水率	孔隙度
45	红陶	湖北宜都红花套(下层)	大溪文化	62.27	18.60	5.13	0.94	3.70	0.45	1.75	0.50			6.33	99.67	600~700		
46	白陶	湖南澧县梦溪	大溪文化	70.35	20.04	1.63	1.10		0.80	3.57	0.48			2.39	100.33	880	11.74	
47	彩陶	湖北郧县青龙泉	屈家岭文化	67.12	18.08	4.56		1.54	1.60	2.63	1.19			3.06	99.78	900左右		
48	灰陶	湖北郧县青龙泉	屈家岭文化	67.54	17.16	6.60	0.92	1.85	1.32	2.37	0.65			1.17	99.58	900左右		
49	夹炭黑陶	浙江余姚河姆渡(4)	河姆渡文化	60.88	17.18	1.44	0.68	1.44	1.00	2.18	1.40	0.06	0.30	13.42	99.98	850~900	16.77	38.29
50	夹炭黑陶	浙江余姚河姆渡(4)	河姆渡文化	64.63	17.97	1.42	0.82	1.19	0.86	2.27	1.17	0.04	0.19	9.08	99.64	800~850	19.71	32.82
51	夹炭黑陶	浙江余姚河姆渡(4)	河姆渡文化	67.44	15.40	1.63	0.77	0.88	0.66	3.39	1.31	0.04	0.41	8.74	100.67	880~930	18.84	28.28
52	夹炭黑陶	浙江余姚河姆渡(3)	河姆渡文化	57.75	17.31	4.13	0.89	2.01	0.79	1.96	0.76	0.14	2.13	12.58	100.42	830~870	25.37	39.23
53	夹砂灰陶	浙江余姚河姆渡(3)	河姆渡文化	63.01	16.58	3.97	0.75	1.54	0.89	2.41	1.05	0.11	2.33	7.50	100.14	800~850	10.54	21.37
54	红陶	浙江余姚河姆渡(2)	马家浜文化	55.77	19.05	5.93	0.98	1.29	1.77	2.77	0.98	0.07	4.79	6.53	99.93	800~850	15.71	31.12
55	灰陶	浙江余姚河姆渡(2)	马家浜文化	61.23	16.22	3.62	0.86	1.68	1.53	2.78	1.33	0.09	3.43	7.27	100.04	800~850	18.17	31.97
56	灰陶	浙江余姚河姆渡(1)	马家浜文化	55.64	20.33	10.00	1.28	0.63	1.77	2.40	0.67	0.07	3.59	3.75	99.95	950~1000		
57	夹砂红陶	浙江余姚河姆渡(1)	马家浜文化	65.20	14.78	5.04	0.67	0.87	0.68	2.53	1.05	0.04	3.24	6.49	100.59	900~950	16.07	33.18
58	红陶	上海青浦崧泽	马家浜文化	55.98	16.70	5.49	0.83	1.53	2.77	2.75	1.08			12.44	99.57	760		
59	红陶	上海青浦崧泽	马家浜文化	63.27	18.06	7.07	1.08	1.06	2.20	3.26	0.80			2.11	99.83			
60	灰陶	上海青浦崧泽	马家浜文化	63.28	20.82	5.28	1.01	0.53	2.65	3.26	1.22			2.38	100.43	810		
61	灰陶	上海青浦崧泽	马家浜文化	64.79	18.85	6.65	1.03	0.65	2.03	3.27	1.10		0.34	1.35	100.11	990±20		
62	灰陶	上海金山亭林	良渚文化	54.09	21.34	9.45	1.29	1.14	2.36	2.71	0.80	0.08	3.21	3.98	100.45	940±20		
		其他地区																
63	夹砂灰陶	江西万年仙人洞(下层)	新石器时代	70.80	15.85	1.90	0.52	0.10	1.65	2.93	0.56			5.41	99.72			
64	红陶	江西万年仙人洞(上层)	新石器时代	70.10	18.81	3.30	0.84		1.13	1.96	0.43			2.55	100.12	920	10.40	
65	红陶	江西修水跑马岭	新石器时代	50.14	29.38	4.16	1.26	1.40	0.10	2.39	0.23			10.55	99.61	800~900		
66	夹砂灰陶	江西修水跑马岭	新石器时代	66.11	19.00	4.02	0.72	0.38	1.09	2.03	0.20			6.87	100.42	600~700		

续表

顺序	样品(片)	出土地点	文化性质	SiO₂	Al₂O₃	Fe₂O₃	TiO₂	CaO	MgO	K₂O	Na₂O	MnO	P₂O₅	烧失	总量	烧成温度	吸水率	孔隙度
67	灰陶	广东曲江石峡	石峡文化	56.64	22.09	3.52	0.93	2.43	0.99	2.98	0.23		2.94	7.05	99.80	1000		
68	灰陶	广东曲江石峡	石峡文化	60.86	20.18	2.98	0.94	0.28	0.86	2.85	0.20		3.81	6.87	99.83	900~1000		
69	陶片	广东南海西樵山	新石器时代	68.04	16.38	2.80	0.76	0.23		2.41	0.76			8.47	99.85	930	10.68	
70	夹砂红陶	广东翁源青塘	新石器时代	59.39	23.85	3.24	1.02	1.98	0.95	0.65	0.63			8.50	100.21	680	14.35	
71	夹砂红陶	广西桂林甑皮岩(3)	新石器时代	50.70	20.19	6.05	1.18		5.73	0.78	0.60			14.15	99.38	680	9.34	
72	灰陶	福建闽侯县石山(下层)	昙石山文化	65.67	22.51	4.15	1.28	微量	1.25	2.96	0.58			1.44	99.84	900~1000		
73	细砂灰陶	福建闽侯县石山(下层)	昙石山文化	52.52	19.88	9.14	1.16	0.56	1.20	1.30	1.29			7.71	94.76	950~1100		
74	红陶	云南元谋大墩子	新石器时代	54.02	20.28	12.79	2.12	0.45	1.71	3.23	0.34			4.66	99.60	900		
75	红陶	云南元谋大墩子	新石器时代	64.60	20.71	4.48	0.89	0.66	2.37	2.22	2.30			1.81	100.04	900		
76	夹砂红陶	西藏林芝云星	新石器时代	55.87	16.72	5.39	0.75	7.54	3.52	1.59	2.07			6.18	99.63	600		
77	红陶	辽宁沈阳北陵	与细石器共存	61.27	15.98	6.49	1.48	1.37	0.90	4.18	2.16	0.07	2.05	未测	95.95			
78	红陶	辽宁赤峰水泉	红山文化	65.91	13.07	4.52	0.73	4.95	2.71	3.19	0.91			3.43	99.42	600左右		
79	红陶	辽宁赤峰水泉	红山文化	62.68	14.92	5.76	0.84	6.30	2.00	2.46	1.28			3.75	99.99	900~1000		
80	细砂灰陶	内蒙巴林左旗富河沟门	与细石器共存	66.60	15.36	3.78		3.08	1.00	2.92	2.35			5.52	100.61	700~800		
81	夹砂灰陶	新疆吐鲁番喀拉和卓	与细石器共存	65.61	17.06	5.18	0.72	1.15	1.99	3.27	2.73			2.91	100.62	790	5.14	

注:1)表中数据 1、2、3、6、7、49、50、51、52、53、54、55、56、57 由中国科学院上海硅酸盐研究所所测;4、5、9、18、28、29、30、41、42、43、44、46、58、60、64、69、70、71、81 由唐山市陶瓷工业公司研究所所测;14、15、19、25、26、31、32、34、37、45、47、48、63、65、66、67、68、72、73、74、75、76、78、79、80 由湖南醴陵陶瓷研究所所测;8、10、11、12、13、16、17、20、21、22、23、24、27、33、35、36、38、39、40、59、61、62、77 见《考古》1978 年 3 期,185~188 页。

2)两城镇黑陶(本表顺序号 36,原资料编号 38,原资料序号 39,减子崖白陶(本表顺序号 47)及黑陶(本表顺序号 46A)见《考古学报》1964 年 1 期,21~22 页,均为薄胎。

3)张下冯的陶片样品(本表顺序号 24),原测定资料称为绿陶。西樵山的陶片样品(本表顺序号 69),原测定资料未注明陶色。

4)本表摘自中国硅酸盐学会编,冯先铭等主编,中国陶瓷史,第 47~50 页。

化钙含量高,由于它起助熔作用,在较高温度下,又会造成坯体变形,而不利于烧陶。

淘洗工序能除去粘土中的粗大砂粒,可显著提高粘土的凝胶性和可塑性,这也是先民在实践中逐步认识到的。根据实物考察和模拟实验,先民在新石器时期最初选来用以制陶的粘土可能是某些河边的冲积黄土,这些沉积土经过天然的淘洗一般较细,砂粒杂质较少。有人曾经直接采用黄河边上的冲积土,烧成的红陶与仰韶文化的泥质红陶极少差别。但因为制陶一般都得就地取材,制陶又不可能都在河边,因此人们很自然地便发展起了人工淘洗工艺。例如裴李岗文化的遗址中就已发现淘洗池;另外,涂刷陶衣所用的泥浆,其粘土肯定是经过淘洗的。人们还会发现,在淘洗过程中,部分的粗颗粒由于水的浸润而会碎裂变细,同时淘洗后的粘土经过陈放一段时间后,粘土的可塑性会有所提高,因此陈化又逐步成为粘土淘洗后的又一工序。一方面,陈腐时间加长,可塑性会提高;但是若时间过长也会因水分蒸发过多,又可能导致可塑性下降。由此人们起初从朦胧地知道可塑性与水分有关,发展到认识粘土可塑性与湿润的程度有关。具有适宜的含水量是泥料体现可塑性的必要条件。先民掌握含水量的方法当然只是凭经验,用手捏泥条,既不粘手,又不开裂,并感到有一定的韧性,即是适当了。从陶瓷工艺学来讲,可塑性只发生在某一最适宜的含水量范围。陈化过程的实质是粘土中一些固态的成分在水的作用下,变成饱含结晶水的凝胶体,凝胶体的存在是可塑性的化学物质基础。总之,识别并选择粘土,再用淘洗、陈化的方法来提高粘土的可塑性,是新石器时期先民在制陶技术中取得的第一项科技成就。

为了解决一般易熔粘土在干燥和烧成过程中的开裂问题,特别是提高成品的耐热急变性能,先民很早就掌握了往粘土中分别加入适量的砂粒、石灰粒、稻草末和碎陶末等搀和料。在新石器时代早期,甚至更早,人们在制作泥器时,为防止开裂,就有意地在粘土中掺入植物的叶茎。当泥胚进一步被烧成陶器时,这些植物叶茎也被炭化,在实践中他们逐渐认识到这些搀和料提高了陶器的耐热急变性能。所以在制作陶质加热器(如炊具)时,人们就更有意识地加入植物叶茎或其炭化物作为制陶的搀和料。浙江余姚河姆渡的夹炭黑陶就是在粘土中搀入叶茎和稻壳所烧成的。河姆渡遗址中出土的夹砂陶产生于夹炭陶之后,这可能表明在长江下游地区的先民,采用植物叶茎、稻壳作为搀和料比利用砂粒要早。而采用砂粒较之叶茎、稻壳效果更好,这是稍后才认识到的。因为当陶器烧成温度有明显提高以后,特别是那些经常要在火中烧烤的炊具,炭化的植物叶茎或稻壳会进一步被燃烧氧化掉,最后形成陶胎结构中的空洞,这当然会影响陶器的使用质量。所以在新石器时代时,更多见的搀和料是砂粒。在黄河流域,夹砂陶的出现就较早,使用也较普遍。总的来说,新石器时代的陶器大部分是加入搀和料的,不过搀和量有所不同,作为炊器的釜、鼎、鬲等,一般地说搀和料的加入量就较高,有的甚至达到30%左右。搀和料以砂粒为主,除少量砂粒为粘土所固有外,大部分都是有意搀入的。搀和料的利用则是制陶技术中取得的另一项科技成就。

选择好制陶的原料,并将粘土、搀和料混合加工成待用的泥条后,成型是制陶过程中又一重要工序。人的双手是最灵巧的,但是制陶完全靠手捏成型,显然要受到很大制约,特别是制作大、中型陶器并欲使陶器十分规整时就遇到很大困难。模制法虽适合制造某些特殊器形,但也有一些麻烦。所以在新石器时代,人们大多已采用了泥条圈筑法或泥条盘筑法。所谓泥条圈筑是先将坯泥制成泥条,然后圈起来,再把泥坯圈一层层叠上去,粘合后并将里外抹平制成器型。泥条盘筑法是采用一根长泥条连续盘旋向上筑造,然后里外抹平成型(图2-1)。这两种方法实质上并没有太大差异,它们是最常见的,延续时间很长,至今在我国某些偏远地区仍在采用的制作陶坯的方法。

图 2-1　泥条盘筑法制陶
(摘自《简明.中国历史图册》)[①]

古代制坯最初可能是放在木板、竹席或篮筐上,便于移动和操作。也有的还垫上树叶。后来发明了慢轮.慢轮是一种用脚或其它动力转动的圆盘,泥料在转动的圆盘上用泥条圈筑法制成毛坯,稍干后再进行整形、拍打.于是陶坯的形状就变得圆正规矩,器壁厚薄均匀,质地密实,同时外壁还可能呈现出拍打器具所带来的纹饰。由于采用慢轮制坯,陶坯无论在质量上,还是在加工效率上都有很大提高。这种整形技术会在局部,甚至在整个器壁上留下轮纹。通过观察和分析,仰韶文化时期的陶器大都器形圆正规矩,壁厚均匀,在陶器口沿或器壁上常看到明显的轮纹。这清楚地表明,在仰韶文化中期,人们已掌握了慢轮修整的方法(图 2-2)。慢轮的使用是陶瓷工艺史上一项有深远意义的成就。它是后世陶瓷生产中辘轳车的鼻祖。辘轳车在我国陶瓷生产中已沿用了 5000 多年之久,迄今仍在使用。

为了增加陶器的美观,陶工们在陶坯烧成之前,常用鹅卵石或骨器之类对陶坯表面进行碾压摩擦,使它显得光滑。这样做,与拍打效果一样,也会促使陶质更加致密,减少开裂。同时烧成后,陶器表面会有光亮。这种表面研光的陶器,最早已见于裴李岗文化和磁山文化中,仰韶文化中已是多见;在龙山文化和其它许多较晚地域文化中则已广为流行。

表面修饰的另一种方法是在陶器表面挂上一层陶衣。其方法是用粒度较细的粘土加水制成泥浆,施于半干的陶坯表面。烧成后陶器表面就有一层陶衣。若采用了含氧化铁较多的粘土制浆,陶衣就呈红色或棕色,若采用氧化铁含量较低,并配入含碱性熔剂(如方解石)的瓷土,陶衣就呈白色。施加陶衣既可以使陶器显得光洁美观,同时也可蔽盖某些陶胎上的疵点,便于上彩。施加陶衣的方法似乎在仰韶文化时开始流行,仰韶的彩陶大多挂有陶衣。这种装饰方法其后则导致了釉的发明。

陶器在施用釉之前,众多的陶器表面都有纹饰。施加纹饰的工序既能加固陶坯,又能增添美观。不同种类的纹饰往往又体现了某种文化的特征,所以考古工作者十分重视出土陶器的纹饰。从目前掌握的资料来看,施加纹饰的方法大体上有以下几种:①压印,例如绳纹,它是在细木棒上用绳子缠绕成中间粗两端尖的纺锤状工具,用来在陶坯上压印出成排、整齐的绳纹。绳纹是一种比较原始的纹饰,从早期的磁山文化开始,几乎流行于整个新石器时代的各个地域文

---

①　中国历史博物馆编,简明中国历史图册,第 1 册,"原始社会部分",天津人民美术出版社,1978 年。

图 2-2　慢轮制陶示意图
（摘自《简明中国历史图册》）

化中。②拍印，在木板或陶板上刻出条形、方格或几何形的阴纹，用它拍印陶坯，则出现各种印纹。拍印时要用砾石或陶块垫襯在陶坯内部，以防变形，并借以加固陶坯。这种方法初现于仰韶文化，一直流行到商周。③刻纹，用细木棒为工具，在陶坯上划成弦纹、几何形纹饰或戳印成点状纹。④彩绘，在已经磨光的陶坯上进行彩绘（详见下文）。⑤附加堆纹，即在陶器表面粘附上泥条或泥饼，既有装饰作用，又可起到加固陶壁的作用（参看图 2-3）。

　　成型、晾干的陶坯必须在一定温度下再经烧烤，才能成为实用的陶器。烧陶技术和火候的掌握是陶器生产中最重要的一环，同时也是衡量制陶工艺水平的一个重要标志。制陶过程的化学变化就是在这一阶段完成的。

　　最原始的烧陶方法还不是利用陶窑，这是可以肯定的。不仅从文献上可以得知历史上无窑烧陶的一些情况，而且 1977 年中国硅酸盐学会曾组织一些专家学者对今云南省西双版纳州一些少数民族居住地区的原始制陶工艺进行了调研，也充分印证了从无窑烧陶到有窑烧陶的发展历程；平地露天堆烧——→一次性泥质薄壳封烧——→竖穴窑或横穴窑烧陶。①

　　调研中看到的"平地露天堆烧"是先将陶坯置于铺在地上的木柴上面，点火烤干，趁坯体还热，就在陶坯周围架起木柴垒成锥状，利用下面的炭火继续点燃架起的木柴。从点火烘烤到最后烧成，约需两小时。最高温度可达 900℃。木炭烧完后，立即把陶器挑出，趁热用虫胶涂抹口沿，使其坚固耐用。酒坛则通体表外都要涂抹，这样做还有防渗漏的作用。若用稻草、碎木片为燃料，则须在烧成过程中，当某部位稻草烧尽而陶坯外露时，应随时添加稻草。平地堆烧法的特点是升温快，烧成时间短。缺点是保温不好，温度不均衡，热效率低，有些坯体难免时有生烧现象。

────────────

　　①　参看程朱海、张福康等：云南省西双版纳傣族和西盟佤族原始制陶工艺考察报告，《中国古陶瓷研究》第 27～34 页，科学出版社，1987 年。

图 2-3　河南郑州二里岗商代中期陶器纹饰
1. 圆圈纹；2. 漩涡纹；3、4、5. 云雷纹；6. 四瓣及轮焰纹；7、10. 曲折纹；
8. 方格纹；9. 方圈四瓣纹；11、12. 回纹
（摘自《中国陶瓷史》）

　　一次性泥质薄壳封烧，是先在地面铺上一层木柴等燃料作窑床，接着把预先烘干的陶坯小心地放置其上，四周和顶部再围堆上柴草，外面再用稠泥浆抹上一层，使柴草外面有一层厚约 1 厘米的泥皮，从而形成了"泥质薄壳窑"。点火后，用棍子在窑顶上戳几个洞，以便出烟之需。这种烧陶方法较之平地堆烧，保温较好，通过调整窑顶的出烟孔以及将贴近地面的窑皮掀起，即可调节窑内温度，烧成温度可达 800～900℃。消耗的燃料显著地较平地堆烧要少。
　　但制陶发展到新石器时代时最常见的烧陶方式已是采用横穴窑或竖穴窑了。据对迄今已发现的新石器时代 200 多处窑址的研究，除了早期的陶窑显得不够规整外，它们基本上都属于

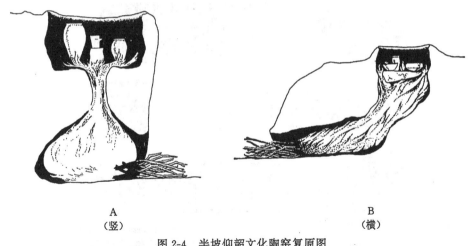

A
（竖）

B
（横）

图 2-4　半坡仰韶文化陶窑复原图
A. 横穴窑；B. 竖穴窑
（摘自冯光铭等主编《中国陶瓷史》）

横穴窑和竖穴窑。横穴窑与竖穴窑在结构上有所不同。仰韶文化的早、中期似乎横穴窑较为普遍，并且具有一定代表性。以西安半坡的横穴窑为例，它的火膛位于窑室的前方，是一个略呈穹形的筒形甬道，后部有三条大火道倾斜而上，火焰由此通过火眼到达窑室。窑室平面略呈圆形，直径约 1 米左右，窑壁的上部往里收缩，火眼均匀分布于窑室四周。较之裴李岗文化的横穴窑，火膛、窑室几乎在同一水平上，已有明显的进步。竖穴窑是一种较横穴窑略为进步的窑。它的窑室位于火膛正上方，火膛为口小底大的袋形坑，有数股火道与窑室相通。半坡遗址的竖穴窑，结构还较原始，火道就是采取垂直的形式。但稍后的发展是窑室不再直接位于火膛上，火焰则通过倾斜的火道进入窑室。窑室底部呈"北"字形的沟状火道或在火道上修连多火眼的窑算。火膛、窑室相对位置的变化，火道、火眼的增加及其在窑内的均匀分布，都是为了便于火焰进入窑室，提高窑室的温度。这种竖穴窑的结构为后来龙山文化所继承。据对出土的、可能是在上述陶窑中烧成的陶器的测试，它们的烧成温度一般在 900～1050℃之间。上述陶窑的窑壁上部往里收缩，可以推测当时利用这种结构可能用植物茎杆涂抹封顶，既保持窑内温度，又利于空气的进入。

　　新石器时代的上述诸种陶窑，早期的大多是就地挖穴而成；后期的部分陶窑，其窑室已高出地面，因而只是部分挖穴而就。这些窑中从火膛所产生的火焰经过火道、火孔进入窑室，自顶口排出，火焰流向从下而上，所以属升焰窑。但不能控制进入窑室的空气量，火焰温度当然也就较低，因此陶器的烧成温度在 1000℃以下。若火焰中还含有大量剩余的氧气，那么烧成气氛为氧化气氛，陶坯中的铁呈高价状态（Fe_2O_3），故烧成的陶器呈现黄红色，所以产品为红陶或褐陶。如若烧柴过多，火焰中有大量的游离烟存在，或在烧成后期用植物茎杆把窑顶口封住，又再喷水（初时的目的大概是为了迅速降下窑温，以取出烧成产品），陶坯中的铁被还原成低价状态（FeO），产品就会呈灰色或黑色。

　　陶窑的发展及其窑温的提高，对于冶金术的产生也有着直接启发和推动。

(三)彩陶、蛋壳陶的工艺及其科学内涵

我国目前所知的最早彩陶是属于前仰韶文化中、晚期的白家文化和北首岭早期文化(7800～7100 年前)[①]。这时期的彩陶一般都还较原始粗糙,往往只是在碗、钵等红陶器的口沿内外,涂抹一条红色的宽条纹或折波纹。据观察分析,在彩陶产生之前,陶器的遍体往往装饰着交错拍印的绳纹,后来为了方便饮食,在口沿内外抹平一道宽 15～20 毫米的光面。再过些时候,人们才知道在这条光面上施加红彩。虽然仅仅是一条简单的红彩,也体现了先人的智慧和审美观。这种彩绘的出现并不偶然,早在二三万年前的旧石器时代,人们已知采用赭石(主要成分是 Fe_2O_3)来涂身、纹身或在岩洞上绘画。当人们有了陶器后,遂将这种色纹装饰运用于陶器表面,也是很自然的。红色在远古人的意识中,是一种具有神秘性的色彩。作为颜料的赭石又易取得,而且用于绘图记事,可能还有特殊的意义。所以最初的彩陶还可能为某种原始宗教仪式或行为而采用。

彩陶的出现是新石器时代文化的一个重要进展,它不仅标志着人类文化意识的发展,同时也标志着制陶工艺进入一个新水平。而且陶器表面彩绘上的艺术图案,不仅反映了早期人类的审美意识,也是史前人类生活内容的真实写照。

仰韶文化是因 1921 年首次在河南渑池县仰韶村发现史前人类遗址而得名,是中国新石器晚期遗存的一个典型。仰韶文化的制陶业已经相当发达。细泥彩陶是仰韶文化陶器中的姣姣者。它代表当时制陶的最高水平。考古学上也常将仰韶文化称为彩陶文化,再次体现彩陶在整个仰韶文化中的重要地位。

彩陶制作经过近千年的发展,仰韶的彩陶具有独特的造型,表面呈红色,表里磨光,同时描绘着美丽的图案。通过对出土彩陶的分析和复原模拟实验,使今天的人们对彩陶的制作已有了一个大致的了解。首先选择可塑性和操作性能较好的粘土,例如红土、沉积土、黑土等,经粉碎,剔除杂质后,加水搅合,再经陈化而得到较纯、较细的泥料。通过分析出土的彩陶片,表明其泥质比后来的上等陶器,质地并不逊色。大部分仰韶彩陶的制作已采取慢轮修整,所以外型圆正规矩。陶坯在彩绘之前,大都先浸入过极细的泥浆中,挂上一层陶衣,烘干后再用已加工好的天然颜料涂绘于陶坯表面。烧成后,彩绘一般不易脱落。彩绘以黑色为主,兼用红色,有时也用白色。据分析,黑色颜料是含铁锰较高的铁锰矿粉;红色颜料主要用赭石粉,即赤铁矿粉;白色可能是一种掺入了方解石粉的白色瓷土。根据考古发现,仰韶彩陶主要在竖穴窑中烧成,烧成温度普遍地已达到了 950℃。

山东龙山文化是黄河下游地区原始父系氏族社会晚期的一个典型地域文化。制陶技术较之仰韶文化有了新的发展,充分体现了其技术水平的典型产品是薄壳黑陶。它的胎壁很薄,一般仅 0.5～1.0 毫米 ,有的口沿竟薄到 0.1 毫米。它通体乌黑,表面光滑如釉(图 2-6)。它的化学组成和一般黑陶并无显著差别,但是它的制作确实有高超的成型技术和特殊的烧成工艺。据分析,这些薄壳黑陶无疑都是在陶轮上成型的,只有熟练地采用轮制,才能获得如此壁薄、对称性极好的陶坯。烧陶大都是在经改进的竖穴窑中进行,烧成温度约为 1000℃左右。在烧成即将完成时,从窑口喷水,利用熏烟法进行掺炭是其特殊的技巧。

在对出土的黑陶片进行加热失重的测试中,反映加热失重的曲线出现了两个特殊的峰:一

① 　参看石兴邦:"前仰韶文化的发现及其意义",《中国考古学研究》,科学出版社,1986 年。

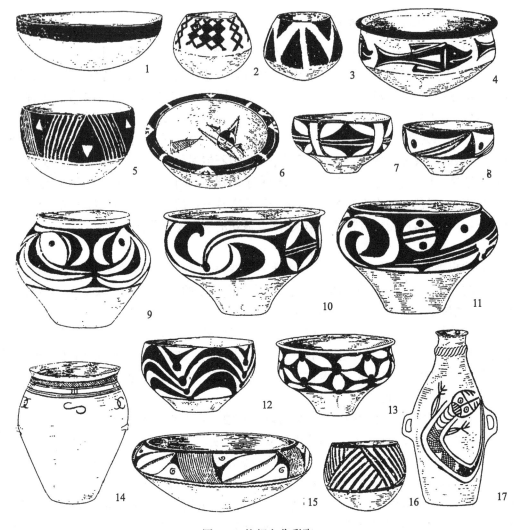

图 2-5　仰韶文化彩陶

半坡类型：1. 钵(1/8)；2、3. 罐(1/6)；4. 盆(1/8)；5. 钵(1/6)；6. 盆(1/10)；庙底沟类型：7、8. 碗(1/6)；
9. 罐(1/6)；10. 盆(1/8)；11. 盆(1/6)；12. 碗(1/6)；13. 盆(1/6)；17. 瓶(1/8)；后岗类型：
16. 钵(1/6)；大司空村类型：15. 盆(1/6)；秦王寨类型：14. 罐(1/6)　（1～6. 陕西西安半坡；7～13. 河南
陕县庙底沟；14. 河南成皋秦王寨；15. 河北磁县界段营；16. 河南安阳后岗；17. 甘肃甘谷西坪）

（摘自《中国陶瓷史》）

是在 100℃左右，显然是失水的结果；另一个在 350℃左右，据分析应是炭素被烧掉而形成的峰。

山东日照市附近的萝花前村，迄今仍有人在制造薄壳黑陶，而且与龙山文化的工艺颇多相似。对我们了解当年的龙山文化黑陶工艺很有启发。他们生产黑陶的方法是：在陶坯成形后不久，坯体还处于半干时，用鹅卵石对器壁进行砑磨，如此的加工会产生光泽。在烧成即将结束时，用泥封闭窑顶和窑门，并在窑顶上徐徐喷水，使之渗入窑中，导致窑内浓烟弥漫，从而把陶器熏黑。这种黑陶使用时间愈久，表面就愈显得光亮。砑磨的作用在于使坯体表面高低不平的结构被填平补齐，并使其中云母等片状矿物平行于坯体表面而排列起来，这就减少了光线的散射，增加了光线的平行反射而出现光泽。

又由于渗炭的结果,薄壳黑陶坯体的孔隙度比红陶、灰陶显著下降,加上表面光亮如釉,显得朴实典雅,历来深受人们喜爱。自古至今一直成为人们收藏的、有相当鉴赏价值的艺术陈列品。但由于这种黑陶壁薄,质地较脆,容易破损,所以倒没有多大实用价值。

　　在长江中游地区的屈家岭文化也生产过一种蛋壳陶——薄壳彩陶。它与薄壳黑陶有如同工异曲。它的壁厚约在1毫米左右,主要器形为杯和碗,胎色橙黄,表面施有陶衣,呈灰、黑、黑灰、红、橙红等色,绘以黑彩或橙黄彩。它在成型工艺上与薄壳黑陶很相近;当然,在后期加工上显然有差异。黑陶是靠烟熏渗炭,而彩陶是彩绘。

(四)白陶、印纹硬陶的工艺及其科学内涵

　　白陶是指表里和胎质通体都呈白色的一种陶器(图2-7)。白陶与灰陶、红陶类中的各种泥质陶、夹砂陶比较,颜色不同,主要是因为两者所用的土质原料有很大区别。白陶的出现在陶器发展史上是十分引人注目的。迄今为止的考古资料表明,在中国黄河、长江流域的新石器时代中期,都已出现白陶。

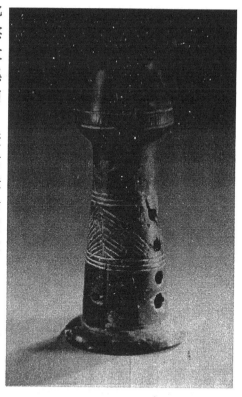

图 2-6　龙山文化黑陶
(摘自《新中国出土文物》,外文出版社,1972年)

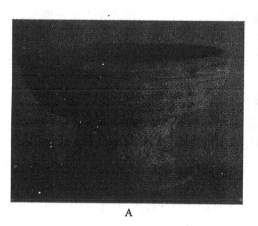

A

B

图 2-7　商代白陶
(摘自《中国古陶瓷鉴赏》及《中国陶瓷》)

　　在长江下游新发现的新石器时代文化遗址,年代与河姆渡文化相近的浙江桐乡罗家角文化遗址中,曾发现少量白陶。在长江中游地区的新石器文化遗址,年代相当于中原仰韶文化中晚期的四川巫山大溪文化遗址中,也出现过少量白陶。在黄河流域,仰韶文化晚期遗址中也开

始出现白陶。到了大汶口文化和龙山文化时期白陶已比较流行。白陶器基本上是手制,后来逐渐采用泥条盘筑和轮制。据科技史工作者的分析,上述遗址出土的白陶的化学组成如表 2-2 所示。

表 2-2　新石器文化遗址部分白陶的化学组成[1]

时期	名称	SiO₂	Al₂O₃	TiO₂	P₂O₅	K₂O	Na₂O	CaO	MgO	Fe₂O₃	MnO	烧失
罗家角文化	白　陶	52.13	5.53	0.40	3.88	0.18	0.12	9.49	19.62	1.98	0.09	6.38
	灰白陶	51.70	8.29	0.34	4.38	0.50	0.11	7.91	16.25	3.12	0.13	6.74
	灰白陶	54.34	6.47	0.29	3.41	0.81	0.10	7.75	17.04	3.76	0.11	6.21
	白　陶	59.08	8.20	0.45	1.10	0.72	0.11	7.48	18.94	3.32	0.05	1.44
	白　陶	58.25	6.35	0.28	0.57	0.47	0.16	9.39	21.48	2.01	0.04	0.94
大溪文化	白　陶	66.46	3.68	0.01	0.17	0.15	0.04	0.37	23.97	1.64	0.03	3.45
	白　陶	69.71	22.12	1.00	0.06	3.08	0.13	0.21	0.81	1.54	0.01	1.27
大汶口文化	白陶	66.24	25.30	1.05		1.61	0.28	1.54	0.44	2.42		1.74
城子崖龙山文化	白　陶	49.48	27.75	1.09		1.79	0.44	5.33	6.15	1.71		5.91
	白　陶	63.03	29.51	1.47		1.48	0.18	0.74	0.82	1.59	0.03	1.45

　　[1]罗家角文化白陶和大溪文化的白陶分析数据摘自张福康:"中国新石器时代制陶术的主要成就",《中国古代陶瓷科学技术成就》,上海科技出版社,1985 年。

　　大汶口文化,龙山文化白陶的分析数据摘自《中国陶瓷史》。

　　白陶的共同特点是氧化铁含量比一般陶土低得多,而 Al₂O₃ 的含量明显地高,因而烧后呈白色。但经进一步分析后还认识到:罗家角文化的白陶和大溪文化中的部分白陶则是用镁质易熔粘土制造。这种粘土是某些富含 MgO 的矿物,例如辉石、角闪石、绿泥石或滑石的风化产物,其化学组成的特点是 MgO 的含量高达 15%～24%,Al₂O₃ 含量只有 4%～8%,Fe₂O₃ 含量也较低,约为 1.6%～3.8%。这类粘土加热到 1100℃ 以上,就会产生大量玻璃相,使制品变形,甚至于软塌,因此这类粘土不能用作制瓷原料,这类白陶与瓷器的发明似乎也就没有直接的联系。大溪文化的另一部分白陶则系用与瓷石成分相近的粘土(人们习称为瓷土)或高岭土制成;大汶口文化和龙山文化的白陶原料基本上都是高铝质粘土和高岭土。高铝质粘土和高岭土都是制瓷的重要原料,但是它们还不能单独使用,必须要配入其他物料,找到合适的配方,才能烧结成瓷。发现和试用高铝质粘土、高岭土和瓷土在陶瓷史上具有重要意义,尤其是瓷土的使用,因为瓷土本身含有构成瓷器所需的一切成分,单独使用它就能烧成瓷器。以上考古研究表明,中国是世界上最早使用瓷土和高岭土的国家。瓷土的发现和使用为瓷器的发明准备了物质和技术条件。

　　由于原料中含 Al₂O₃ 较高的缘故,白陶的烧成温度也较高,至少得在 1000℃ 左右。烧成的白陶大都坚硬、细致,加上艺术的装饰,显得更加素洁美观。在当时,白陶制品成为珍贵的工艺品,并大多被统治阶级所占有,生前享用,死后随葬。商代,特别在殷商时期是白陶的高度发展时期,但是到了西周,由于印纹硬陶及原始瓷的大量生产和使用,白陶器就逐渐少见了。

　　相当于中原龙山文化后期,或者说是在东南沿海地区的新石器时代晚期,在江南和东南沿海一带出现一种以几何印纹为特征的陶器。后人称它们为印纹陶。由于质地、花纹和烧制温度的不同,它大致上可以分为印纹硬陶和印纹软陶。前者烧成火候较高,胎体多呈灰色,纹饰有方格纹、回纹、编织纹、云雷纹、米纹等,器类有罐、𤭛、尊、簋、豆、盘、杯、盂等。后者有泥质和细砂两类,烧成温度较低,胎呈红褐、灰白或灰色,纹饰比较粗疏,有绳纹、波纹、格纹、编织纹、圈纹等,器形与硬陶相近。软陶、硬陶的软硬仅是就质地区别而言,两者的本质差异则在于制作它们的原料。印纹软陶实际上与中原地区的红陶、灰陶相差不大,是采用一般制陶粘土,没有什么特色。印纹硬陶就不同于一般灰陶、红陶了,在其化学组成上,所含的酸性氧化物,例如 SiO_2,Al_2O_3 相对增加了,碱性氧化物,例如 CaO,MgO,Na_2O,K_2O 等相对减少了。酸性氧化物成分多,粘土的烧结温度就要高。致使硬陶的烧成温度高达 1100℃以上,在这一高温下烧成的硬陶,质地坚实,击之能发出较清脆的声响,吸水率也显著下降,一般不到 1%(而灰陶的吸水率平均在 15% 左右),而且表面往往呈现有玻璃釉的光泽。到了商代,印纹硬陶开始大量生产,并流传到中原广大地区。由于印纹硬陶外型美观,质地细腻,坚硬耐用,遂成为深受欢迎的陶

图 2-8　春秋时期硬陶兽形耳罐
(摘自《中国陶瓷史》)

器品种。与此同时,烧制印纹硬陶的技艺经验也得到传播推广。在长江中下游地区也开始烧制印纹硬陶。西周是印纹硬陶发展的兴盛时期,在长江中下游今江苏、浙江、江西等地的许多西周遗址和墓葬中,都有众多的印纹硬陶出土。

古陶瓷专家们对出土印纹硬陶的研究发现,其化学组成基本上和同期的原始瓷器相近,在胎质化学组成的分布图上,印纹硬陶和原始瓷器的化学组成是交织在一起的。不同的是印纹硬陶所含的 Fe_2O_3 较原始瓷器要高,所以胎质呈棕褐色。从考古发掘出的材料来看,商周时期的印纹硬陶往往同期的原始瓷器共同出土,而且两者器表的纹饰几乎雷同,特别在浙江绍兴、萧山的春秋战国时期的窑址中,还发现印纹硬陶和原始瓷器在同一窑中烧制的事实。上述资料清楚地表明印纹硬陶和原始瓷器之间有着密切的联系。

三　从原始瓷器到成熟瓷器

瓷器是中国古代的伟大发明,并成为中国古代文明的象征。然而关于中国瓷的起源,即中国瓷器究竟在什么时候发明的? 过去有多种说法,争论十分热烈,相持不下。对同一器皿,有人说是瓷,另有人称它为陶;似乎从古代到近代,陶与瓷之间并没有一个严格的界限,甚至很多人把陶与瓷视为同一概念。例如清代朱琰的《陶说》,人们都公认它是中国陶瓷史中一本重要的专著,在此书中,有"于是乎戗金、镂银、琢石、髹漆、螺甸、竹木、匏蠡诸作,无不以陶为之,仿效而有"的话。[①] 这里的"陶"字,确切地说应是"瓷"字,这种把陶与瓷当作同义词的话,在该书中还有多处。在唐英的《陶冶图说》、蓝浦的《景德镇陶录》也是如此。既然陶与瓷的概念被混淆,那么瓷器的发明就难有定论了。

本世纪 70 年代后期,在众多考古新发现的基础上,陶瓷史学术界就中国瓷器的发明历史,

---

① 　清·朱琰:《陶说》卷一,"说今·饶州窑"。

更具体地说,就是对什么是陶、什么是瓷展开了热烈的讨论。开始时认识上有很大分歧。有人根据郑州商代遗址出土的一件带釉的灰白色尊,断定在 3300 年前的商代已有瓷器;[①] 有人甚至认为,采用瓷土烧制的白陶可认为是最早的瓷器;[②] 又有人根据江浙等东南沿海地区发现众多的青釉器,认为在魏晋时期中国始有瓷器;[③]还有人根据近代瓷器才具有的关于硬度、烧结瓷化程度、白度、透明度等的物理性能指标,主张唐代的白瓷才能算是真正的瓷器。[④]由于占有的资料不同,认识根据不同,所以出现了这样的局面。若仔细地推敲上述这些观点,不难发现产生这些歧见的原因在于人们对古代瓷器的衡量标准有一定的差异,也可以说是对瓷器的涵义理解不同。为此,考古界、历史界、陶瓷技术界就上述的歧见独立或合作地展开了深入的探讨,并多次举行学术交流会相互进行商榷,对有关问题的看法逐渐趋于一致,并对中国陶瓷史上的若干重大问题,如陶与瓷的关系、发明瓷器的时间及陶瓷发展的规律有了较科学的认识。

(一)瓷器的定义及其内涵

今天的"瓷"字,虽已见于今本东汉许慎的《说文解字》,但是《说文解字》中的"瓷"字是宋人徐铉奉勅补入的。表明起码在许慎生活的东汉时期还没有瓷字。1972 年长沙马王堆一号汉墓出土了一批胎质坚硬、外表挂有青釉的罐,罐中分别装有笋、梅之类食品。已故的古文字学家唐兰在研究了同时出土的遗策时,考释了竹简上的"资"字,指出"资"即指这类青釉硬罐,"资"字应是今天的"瓷"字。[③]这种说法已被多数考古工作者和陶瓷史研究者所接受。但是也有人提出质疑,既然西汉初期的贵族已把这类青釉器称作资——瓷,而且在东汉以后,这类青釉器曾大量生产,为什么司马迁的《史记》、班固的《汉书》及许慎的《说文解字》一类有权威性的著作都没有相应的反映? 这个问题值得深入研究。

在中国比较可靠的传世典籍中,"瓷"的使用首先见于晋代潘岳(247～300 年)的"笙赋",[④]谓"披黄包以授甘,倾缥瓷以酌酾"。不但有"瓷"字,而且还是"缥瓷"之词语。东汉许慎的《说文解字》解释"缥"字时说:"缥,帛青白色",所谓缥瓷应是指晋代的青瓷。唐人张戬的《考声》谓:"瓷,瓦类也,加以药面而色泽光也"。[⑤]宋人丁度的《集韵》称:"瓷、瓾,陶器之致坚者"。[⑥]尽管他们对"瓷"下的定义并不确切,但至少可以判断当时已有可与瓦、陶在质地上相区别的一类器物存在。通常的情况是,记载往往落后于实际,在古代当某一事物被众多文人墨客记载于有关著作中时,这种物品往往已经过了一个相当长的发展,并已得到社会上一定程度的认可,也只有在这种情况下,才能使某一专用词语为社会广大群众所接受,并得以广泛使用。晋代吕忱所编的《字林》正式收入瓷字,正表明这一点。

以后的词书也曾给"瓷"下过定义,尽管定义并不贴切,但是它们却表明一类物品的存在。从古代众多的词书来看,对于瓷的科学定义及其内涵的认识,甚至对于陶和瓷的区别,在古代人们的认识上并没有取得很大的进展,更谈不上从本质上加以解决。可以说,直到近代科学家

---

①　参看安金槐:"对于我国瓷器起源问题的初步探讨",《中国古陶瓷论文集》第 103 页,文物出版社,1982 年。

②　参看李辉柄:"略谈瓷器的起源及陶与瓷的关系",《文物》1978 年第 3 期。这篇文章部分地反映了 1977 年中国陶瓷史编写工作会议上的讨论情况。

③　参看唐兰:"长沙马王堆汉轪侯妻辛追墓出土随葬遗策考释",《文史》第十辑。

④　晋·潘岳:"笙赋",见梁·萧统编《昭明文选》第十八卷,1977 年中华书局影印本第 261 页。

⑤　唐·张戬:《考声》,(民国)尤璋辑,《小学蒐佚》下编。

⑥　宋·丁度:《集韵》,《四库全书》经部,小学类;《四部备要》经部小学。

表2-3　商周时期各地印纹硬陶的化学组成[1]）

编号	出土地点时代品名	化学组成　（Wt%）										烧失	总量	分子式
		SiO_2	Al_2O_3	Fe_2O_3	TiO_2	CaO	MgO	K_2O	Na_2O	MnO	P_2O_5			
Sh17	湖南宁乡黄村商代印纹硬陶片	71.24	19.19	3.03	0.97	0.53	0.74	2.41	0.80	0.03	痕迹	0.89	99.92	$0.53R_xO_y \cdot Al_2O_3 \cdot 6.30SiO_2$
Sh6	江西吴城商代印纹陶片	71.93	19.38	3.06	0.98	0.54	0.75	2.43	0.90	0.03			100.00	$0.45R_xO_y \cdot Al_2O_3 \cdot 4.88SiO_2$
Sh5	殷墟商代硬陶片	66.52	23.17	4.39	1.45	0.20	1.01	2.90	0.20				99.84	
		71.66	18.60	3.66	0.85	0.68	0.83	2.26	1.06	0.02		1.16		
ZhJ2(3)	浙江江山肯盘山商代印纹陶片	71.96	18.68	3.68	0.85	0.68	0.83	2.25	1.06	0.02			100.00	$0.59R_xO_y \cdot Al_2O_3 \cdot 6.55SiO_2$
		69.77	21.17	4.73	1.35	0.11	0.42	1.00	0.16	0.02	0.06		100.08	$0.35R_xO_y \cdot Al_2O_3 \cdot 5.59SiO_2$
ZhJ6	浙江江山肯盂山商代印纹陶片	79.21	13.06	6.01	1.38	0.12	0.78	0.14	0.09	0.01			100.27	$0.61R_xO_y \cdot Al_2O_3 \cdot 10.29SiO_2$
ZS15	浙江江山峡口商代印纹陶片	65.36	24.58	5.98	1.19	0.40	0.18	1.50	0.56	0.02			99.88	$0.42R_xO_y \cdot Al_2O_3 \cdot 4.51SiO_2$
ZhJ7	浙江江山肯盘山商代印纹陶片	71.81	18.67	5.61	1.31	0.17	0.49	1.54	0.26	0.02			99.16	$0.48R_xO_y \cdot Al_2O_3 \cdot 6.53SiO_2$
ZS6	浙江江山肯盘山商代印纹陶片	70.08	21.15	5.20	1.33	0.21	0.57	0.47	0.09	0.02	0.04		101.00	$0.36R_xO_y \cdot Al_2O_3 \cdot 5.62SiO_2$
ZS7	浙江江山沅口商代印纹陶片	71.36	18.08	5.15	1.02	0.40	0.49	3.45	0.98	0.02	0.07		99.37	$0.66R_xO_y \cdot Al_2O_3 \cdot 6.70SiO_2$
ZS9	浙江江山鸟里山商代印纹陶片	64.53	21.84	8.76	1.12	0.39	0.94	1.34	0.38	0.02	0.05		99.49	$0.56R_xO_y \cdot Al_2O_3 \cdot 5.01SiO_2$
ZZ16	浙江江山地山岗西周印纹陶片	64.40	21.26	9.35	1.23	0.28	0.81	1.63	0.46	0.03	0.04		99.01	$0.60R_xO_y \cdot Al_2O_3 \cdot 5.14SiO_2$
ZZ17	浙江江山淤头西周印纹陶片	73.96	16.27	5.05	1.08	0.29	0.40	1.37	0.49	0.03	0.07		99.39	$0.52R_xO_y \cdot Al_2O_3 \cdot 7.71SiO_2$
ZZ18	浙江江山玉村春秋印纹陶片	70.34	18.35	4.67	0.96	0.58	0.94	2.37	1.15	0.03	0.13		100.18	$0.67R_xO_y \cdot Al_2O_3 \cdot 6.58SiO_2$
Y18	浙江绍兴富盛战国印纹硬陶片	68.59	18.84	7.14	1.10	0.30	0.91	0.37	0.72	0.08	0.13	1.36	100.30	$0.68R_xO_y \cdot Al_2O_3 \cdot 6.18SiO_2$
H1	江苏宜兴水渡汉纹硬陶片	69.05	18.72	6.74	1.13	0.34	0.75	1.52	0.51	0.05	0.13		100.00	$0.58R_xO_y \cdot Al_2O_3 \cdot 6.24SiO_2$
		69.79	18.92	6.81	1.14	0.34	0.76	1.54	0.52	0.05	0.13		100.00	$0.58R_xO_y \cdot Al_2O_3 \cdot 6.24SiO_2$

1）摘自李家治："原始瓷的形成和发展"，《中国古代陶瓷科学技术成就》第142页，上海科技出版社，1985。

对陶瓷这类无机材料进行深入研究后,人们才有可能为陶、瓷分别下个确切的科学定义。很显然,由于历史的局限,缺乏科学知识的目光,长期困扰了古人对陶与瓷的区别,造成了诸如《陶记》、《陶说》、《陶录》、《陶雅》等一大批古代陶瓷著作,或以陶代瓷,或以"陶"囊括了瓷。总之,由于概念上的长期混淆,使今人很难从古代文献典籍来准确地叙述瓷器的发明和中国陶瓷史。这里不是说古代典籍文献不重要,不需要参考,而是说不能单独依靠它来对一些陶瓷的学术问题作出判断,这就促使人们必须采用新的途径和方法。从目前的情况来看,通过考古发掘和对古代遗存物的科学测试,是研究和认识中国陶瓷发展演进的更重要的途径。近几十年来,正是通过这种研究,使我们对中国陶瓷史,包括瓷器的定义和内涵有了新的认识。

过去曾有人以现代精细白瓷的标准来衡量我国古代瓷器,认为达到:"青如天、明如镜、薄如纸、声如磬"的瓷器才符合瓷器的标准。但是在中国古代,情况完全不是这样,传统上对瓷器的要求有一种重釉轻胎的倾向,致使瓷胎的瓷化程度并不与时代的发展成正比关系。所以套用现代白瓷的标准来衡量古代瓷器,这不仅缺乏历史唯物主义观点,同时也就势必将中国一大批古代名瓷排斥到瓷器范畴之外。所以我们对中国古代瓷器标准既要有一定高度的科学标准,又要考虑到中国陶瓷发展的历史状况。任何事物都有一个从低级到高级、从简单到复杂的发展过程,陶瓷的发展也同样经历了这个过程。瓷器的出现绝不是突然发生的,而是制陶技术发展到一定阶段的必然产物。有人认为陶与瓷是两种质地不同的器物,所以陶是陶,瓷是瓷,瓷的发明与陶无关。[①] 这种说法显然违背了客观实际,也不符合自然界物质普遍存在,普遍联系的规律。陶器和瓷器既是不同质的物品,又是相互关联,密切联系的两种物类。正是在长期的制陶实践中,人们逐渐认识了瓷土、高岭土等的特性,掌握了釉的配制和高温烧成技术,才为瓷器的出现准备了物质和技术条件;反过来,瓷器的生产也为陶器的演进和进一步发展开创了新的局面。事实上,中国瓷器的发明和发展几乎经历了 1500 年后才从原始的形态发展到充分成熟的阶段。

目前陶瓷界和陶瓷史界对瓷的标准已基本上取得了共识,认为瓷应该具备以下三个基本条件。

(1)对原料组成的要求主要表现在:原料中的 SiO_2 和 Al_2O_3 含量要提高,Fe_2O_3 含量要降低,使胎色呈白色。即基本上采用的是瓷土或高岭土。

(2)经过 1200℃ 以上的高温烧成,胎质烧结致密,吸水率很低(少于 1%),击之发出清脆的金石声。

(3)器表施有在高温下烧成的玻璃釉,胎釉结合牢固,厚薄均匀。

三者之中,原料是瓷器形成的内在因素,烧成温度和施釉是瓷器形成的外部条件,三者都是不可缺少的,必须同时兼备。

下面我们就根据这些条件为准则来考察中国瓷器的发明和发展。

(二)原始瓷器及其研究

本世纪 70 年代,古陶瓷研究学者对那些出现在商周时期,长期被称为青釉器或青釉硬陶的器物进行了认真的研究,认为它们基本上具备了作为瓷器的三项基本条件,因而可以把它们叫作原始瓷器。下面是这项研究的概况。

---

① 参看李辉柄:"略谈瓷器的起源及陶与瓷的关系",《文物》,1978 年,第 3 期。

在商代中期的遗址和墓葬中,出现一种带有青灰色、青黄色或青绿色釉的器皿,随后的周代遗存中又有更多的这类发现。它分布很广,包括黄河中、下游地区的今陕西、河南、河北、山东、山西和长江中、下游的今湖北、江西、安徽、江苏、浙江等地区。这类青釉器的器表内外敷有一层厚薄不匀的玻璃釉,但还较原始,胎釉结合不牢,易剥落。胎以灰白色为主,也有呈较深的灰或褐色,多数质地坚密,有的断口还呈现玻璃态光泽。殷商及西周早期的这类器物,其成型工艺多为泥条盘筑;到春秋晚期已发展为轮制拉坯成型。多数器表还拍有印纹饰,器形以尊、罍、钵、罐、瓮、豆、碗等为主。

鉴于这类青釉器在胎的组成上与陶器有较本质的差别:所用的原料基本上接近瓷土;表面上有一层以 CaO 为助熔剂的灰釉;烧成温度已高达 1200℃ 左右,所以考古学家和陶瓷史专家通过系统的研究和认真的讨论,较一致地同意把这类青釉器定名为原始瓷器或原始青瓷。即它初步地、基本上满足了瓷的"三要素",表明它们是陶器向瓷器过渡的产品。在这项研究中,著名的古陶瓷专家李家治和他的同事们作了大量的测试和研究,帮助人们对原始瓷器有了科学的认识,同时解决了中国陶瓷史一个很关键性的问题。

李家治等人采集了自商代中期至春秋战国的原始瓷器的标本 40 多件,进行了测试,有关胎、釉的化学成分如表 2-4 和表 2-5 所示。

根据两表中所列的数据,可以了解到原始瓷器的胎体中,SiO_2 的含量都在 75% 左右,Al_2O_3 的含量也在 15% 左右,两项加起来在 90% 左右。瓷土或高岭土的主要成分是硅酸铝,[①] 所以 SiO_2 和 Al_2O_3 的含量当然比较高。对照表 2-1,在一般陶器的化学组成中 SiO_2 含量在 70% 以下,加上 Al_2O_3,其总量也仅在 80% 左右。这些数据表明,原始瓷器胎体所用的原料已摆脱了制陶所用的易熔粘土,而采用了瓷土或高岭土。原始瓷器的胎体中,CaO,MgO 等碱性氧化物的含量明显下降,大都在 1% 以下,而一般陶器中,大都在 3% 以上;原始瓷器的胎体中,Fe_2O_3 的含量一般小于 3%,而一般陶器的约在 6% 左右,所以原始瓷器的胎体较白。由于原始瓷器胎体中酸性氧化物含量增加,碱性氧化物含量明显减少,所以要求在较高温度下,即 1200℃ 左右才能烧结。烧结后,质地坚硬致密,开口的气孔大大减少,所以吸水率明显降低。这就使原始瓷器在质地上明显不同于一般陶器而接近于瓷。

原始瓷器内外有一层玻璃釉。据测定表明它是以 CaO 为助熔剂的石灰釉。石灰釉的熔点约在 800℃ 左右,所以属高温釉。它以 FeO 为呈色剂,所以呈淡青绿或青黄色。这项发明很可能是人们在有意配制白色陶衣泥浆(以求美观)的实践中,偶然发现并逐渐认识到方解石粉或石灰具有成釉作用,而某些含氧化铁的易熔粘土具有着色作用,在还原气氛中烧成后呈青色。这一经验的取得直接导致了石灰釉的发明。即在易熔的粘土中掺入一定量的方解石粉或石灰就配成了石灰釉浆。表 2-5 中所列的 19 个商周时期原始瓷釉的 RO% 平均值约在 14%,Fe_2O_3+TiO_2 的含量在 2%~5% 之间,可以说明灰釉浆的原料来源。

烧成温度的提高是原始瓷器出现的重要条件。对上述商周时期原始瓷器的测定,表明它们的烧成温度都已达到 1200℃ 左右,烧成气氛多数为弱还原焰,有的为弱氧化焰。根据考古发掘资料可知,商周时期的烧窑技术有了很大提高。原始瓷器的烧成温度之所以能达到 1200℃ 左右,显然它们中的多数是在已有烟囱的陶窑中烧成的。及至战国时期出现了龙窑和圆窑,结构

---

① 高岭土是一种粘土矿物,理论组成按氧化物可写成 $Al_2O_3 \cdot 2SiO_2 \cdot 2H_2O$。按重量%大约为 $46.53SiO_2 \cdot 39.49Al_2O_3 \cdot 13.98H_2O$。瓷土的组成是高岭土、石英、长石的加合物。

表2-4　商周时期各地原始瓷胎的化学成分[1]

编号	出土地点时代品名	化学组成　(Wt%)												分子式
		SiO$_2$	Al$_2$O$_3$	Fe$_2$O$_3$	TiO$_2$	CaO	MgO	K$_2$O	Na$_2$O	MnO	P$_2$O$_5$	烧失	总量	
Sh8	郑州二里岗商代原始瓷片	76.38	14.91	2.27	0.91	0.67	1.18	2.06	0.79	0.09			99.32	0.70R$_x$O$_y$·Al$_2$O$_3$·8.71SiO$_2$
Sh9	江西吴城商代原始瓷片	73.34	18.00	2.79	1.11	0.33	0.89	2.30	0.50				99.66	0.50R$_x$O$_y$·Al$_2$O$_3$·6.93SiO$_2$
Sh10	殷墟商代原始瓷片	76.18	17.13	2.02	0.77	0.51	0.85	2.17	0.78			1.02	101.44	0.53R$_x$O$_y$·Al$_2$O$_3$·7.53SiO$_2$
		76.00	17.10	2.02	0.77	0.51	0.85	2.15	0.78	0.10			101.19	
Sh12	河北藁城商代酱色釉原始瓷片	73.16	18.05	3.52	1.02	0.29	1.00	2.49	0.52	0.02	痕迹	痕迹	100.07	0.56R$_x$O$_y$·Al$_2$O$_3$·6.88SiO$_2$
Sh13	湖北黄陂盘龙城商代黄色釉原始瓷片	82.49	11.51	1.61	1.10	0.33	0.50	0.90	0.13	0.01	0.57	1.32	100.47	0.52R$_x$O$_y$·Al$_2$O$_3$·12.14SiO$_2$
		83.19	11.60	1.62	1.11	0.33	0.51	0.91	0.13	0.01	0.58		99.99	
Sh14	江西清江吴城商代酱灰色釉原始瓷片	78.74	13.92	2.08	1.33	0.36	0.57	1.65	0.38	0.02	0.11	0.79	99.95	0.54R$_x$O$_y$·Al$_2$O$_3$·9.50SiO$_2$
		79.40	14.04	2.10	1.34	0.36	0.57	1.66	0.38	0.02	0.11		100.01	
Sh15	广东饶平商代酱色釉原始瓷片	67.30	26.04	2.88	1.91	0.23	0.16	0.66	0.04	0.01	0.08	1.44	100.75	0.23R$_x$O$_y$·Al$_2$O$_3$·4.39SiO$_2$
		67.77	26.22	2.90	1.92	0.23	0.16	0.66	0.04	0.01	0.08		99.99	
Sh16	河南商代青灰色釉原始瓷片	71.97	19.75	1.66	0.85	0.30	0.37	3.88	0.54	0.03	痕迹	0.78	100.43	0.45R$_x$O$_y$·Al$_2$O$_3$·6.19SiO$_2$
		72.22	19.82	1.97	0.85	0.30	0.37	3.89	0.54	0.03			99.99	
ZhJ3	浙江江山乌里山商代青釉原始瓷片	76.56	17.16	1.94	0.93	0.18	0.55	3.24	0.12	0.01	0.02	0.60	100.59	0.44R$_x$O$_y$·Al$_2$O$_3$·7.57SiO$_2$
HZH1	河南郑州商代青釉原始瓷片	79.10	15.06	1.60	0.99	0.20	0.42	1.87	0.24	0.01	0.06		99.55	0.41R$_x$O$_y$·Al$_2$O$_3$·8.91SiO$_2$
HZH2	河南洛阳西周青釉黄褐原始瓷片	73.95	18.03	1.86	0.87	0.25	0.34	3.39	0.56	0.01	0.07		99.33	0.46R$_x$O$_y$·Al$_2$O$_3$·6.96SiO$_2$
ZHJ4(1)	浙江江山地山岗西周青釉原始瓷片	75.11	17.10	1.99	0.81	0.08	0.45	2.73	0.22	0.01	0.18	1.01	100.99	0.50R$_x$O$_y$·Al$_2$O$_3$·7.46SiO$_2$
		76.11	17.33	2.01	0.82	0.08	0.45	2.76	0.22	0.01	0.18		99.97	
ZHJ4(2)	浙江江山地山岗西周青釉原始瓷片	78.88	15.73	1.78	1.16	0.08	0.47	2.51	0.15	0.02	0.06		100.84	0.44R$_x$O$_y$·Al$_2$O$_3$·8.51SiO$_2$
ZHJ4(3)	浙江江山地山岗西周青釉原始瓷片	72.08	21.00	2.08	0.80	0.18	0.44	3.32	0.37	0.02	0.03		100.32	0.38R$_x$O$_y$·Al$_2$O$_3$·5.82SiO$_2$
ZHJ5	浙江江山大麦山西周青釉原始瓷片	76.15	17.43	1.90	0.97	0.25	0.33	2.94	0.54	0.02	0.05	0.38	100.96	0.47R$_x$O$_y$·Al$_2$O$_3$·7.41SiO$_2$

续表

编号	出土地点时代品名	化学组成 (Wt%)											总量	分子式
		SiO_2	Al_2O_3	Fe_2O_3	TiO_2	CaO	MgO	K_2O	Na_2O	MnO	P_2O_5	烧失		
ZH3	陕西张家坡西周原始瓷片	72.36	19.32	1.64	0.83	1.03	0.45	3.75	1.04	0.07			100.42	$0.57R_xO_y \cdot Al_2O_3 \cdot 6.37SiO_2$
ZH4	陕西张家坡西周原始瓷片	75.46	17.55	1.48	1.13	0.41	0.95	2.75	0.23	0.03			99.99	$0.51R_xO_y \cdot Al_2O_3 \cdot 7.30SiO_2$
ZH5	陕西张家坡西周原始瓷片	76.16	14.40	2.88	1.59	1.21	0.47	2.86	0.65	0.05			100.27	$0.80R_xO_y \cdot Al_2O_3 \cdot 8.99SiO_2$
ZH8	北京房山西周青釉豆足原始瓷片	75.95	16.76	2.05	0.74	0.26	0.52	2.36	0.19	0.02	痕迹	1.19	100.04	$0.41R_xO_y \cdot Al_2O_3 \cdot 7.71SiO_2$
ZH9	陕西扶风周原西周青灰色釉原始瓷片	78.48	14.41	1.54	0.92	0.12	0.29	3.58	0.21	0.01	0.06	0.98	99.02	$0.52R_xO_y \cdot Al_2O_3 \cdot 9.26SiO_2$
ZH10	浙江德清皇坟山西周青灰色釉原始瓷片	79.51	13.34	2.06	1.11	0.25	0.65	1.79	0.46	0.02	痕迹		100.17	$0.55R_xO_y \cdot Al_2O_3 \cdot 10.11SiO_2$
M-668	河南洛阳北窑西周青绿色釉原始瓷片	75.15	16.25	1.35	0.90	0.42	0.28	4.32	0.65	0.03			100.30	$0.57R_xO_y \cdot Al_2O_3 \cdot 7.85SiO_2$
M-37	河南洛阳北窑西周褐绿色釉原始瓷片	72.78	18.65	1.71	0.67	0.27	0.57	3.42	0.82	0.03		1.27	100.19	$0.48R_xO_y \cdot Al_2O_3 \cdot 6.62SiO_2$
M-250	河南洛阳北窑西周黄绿色釉原始瓷片	73.52	18.43	1.58	0.90	0.43	0.43	3.67	0.68	0.05		0.54	100.23	$0.50R_xO_y \cdot Al_2O_3 \cdot 6.83SiO_2$
M-198	河南洛阳北窑西周青色釉原始瓷片	77.61	16.74	1.22	1.10	0.27	0.47	2.58	0.17	0.06			100.22	$0.45R_xO_y \cdot Al_2O_3 \cdot 8.06SiO_2$
M-32:5	河南洛阳北窑西周青釉原始瓷片	75.33	18.58	1.34	1.00	0.20	0.42	3.05	0.35	0.03		0.11	100.41	$0.40R_xO_y \cdot Al_2O_3 \cdot 7.00SiO_2$
1:67	安徽屯溪西周青釉原始瓷片	71.95	19.28	1.83	1.11	1.48	0.51	3.24	0.57	0.03			100.00	$0.57R_xO_y \cdot Al_2O_3 \cdot 6.33SiO_2$
tI201	安徽屯溪东周青釉原始瓷片	71.86	19.40	0.99	0.59	0.32	0.31	3.84	0.77	0.05	0.04	1.11	99.28	$0.57R_xO_y \cdot Al_2O_3 \cdot 6.33SiO_2$
Zh11	浙江萧山茅湾里东周青灰色釉原始瓷片	79.50	13.69	1.68	0.70	0.38	0.45	2.50	0.73	0.02	痕迹	0.65	100.30	
Zh12	浙江绍兴富盛窑东周青灰色原始瓷片	79.78	13.74	1.69	0.70	0.38	0.45	2.51	0.73	0.02			100.00	
Y1G	浙江绍兴富盛窑东周原始瓷片	76.15	15.19	2.12	1.18	0.41	0.61	2.30	0.76	0.02	0.10	1.10	99.94	$0.58R_xO_y \cdot Al_2O_3 \cdot 8.49SiO_2$
SY-31	浙江上虞东周黄绿色原始瓷片	75.73	15.54	2.34	1.09	0.47	0.63	2.43	0.69	0.03	0.09		99.04	$0.59R_xO_y \cdot Al_2O_3 \cdot 8.27SiO_2$
Zh7	江苏宜兴涧㠇东周原始瓷片	76.75	16.28	2.02	1.23	0.40	0.25	2.85	0.35	0.07		1.17	100.20	$0.49R_xO_y \cdot Al_2O_3 \cdot 8.00SiO_2$
Zh2	山西侯马东周浅黄色釉原始瓷片	78.81	14.15	1.97	1.25	1.00	1.13	1.36	0.55	0.04			100.48	$0.71R_xO_y \cdot Al_2O_3 \cdot 9.44SiO_2$

表2-5　商周时期各地质原始瓷釉的化学成分[1]

编号	出土地点时代品名	化学组成 (Wt%)												R2O	Fe2O3+TiO2	RO	助熔剂及着色剂总量
		SiO_2	Al_2O_3	Fe_2O_3	TiO_2	CaO	MgO	K_2O	Na_2O	MnO	P_2O_5	烧失	总量	R_2O	$Fe_2O_3+TiO_2$	RO	
Sh12	河北藁城商代酱色釉			5.31		6.49	0.15	2.29	0.96	0.14				3.25	5.31	6.04	15.20
Sh15	广东饶平商代酱色釉		15.99	5.20	0.98	8.85	2.61	2.41	0.13	0.13				2.54	6.18	11.46	20.18
Sh20	河南郑州商代青灰色釉	60.79	16.89	4.42	0.94	10.60	2.13	2.37	0.26	0.41			98.81	2.63	5.36	12.73	20.72
HZh1	河南郑州商代青灰色釉	62.85	12.56	2.13	0.78	12.70	2.38	3.84	0.46	0.29	0.69			4.30	2.91	15.08	22.29
Sh16	河南晚商青灰色釉	58.96	15.47	1.66	0.62	13.06	2.01	4.75	1.07	0.44			98.04	4.82	2.28	15.07	22.17
M216	河南商周青灰色釉	64.74	16.60	1.94		9.51	1.84	3.82	0.28	0.38			99.11	4.10	1.94	11.35	17.39
HZH2	河南洛阳西周青黄色釉	48.38	12.40	2.52	0.41	22.73	2.38	2.89	0.73	0.26	1.31			3.62	2.93	25.11	31.66
M-668	河南洛阳西周青绿色釉		13.49	3.06	1.41	18.42	3.86	2.98	0.81	0.52				3.79	4.47	22.28	30.54
M-37	河南洛阳西周褐绿色釉		14.53	3.80	1.41	17.94		2.84	1.13	0.76				3.97	5.21	17.94	27.12
M-250	河南洛阳西周黄绿色釉		17.08	3.76	1.43	16.73	0.94	3.25	1.01	0.93				4.26	5.19	17.67	27.12
M-198	河南洛阳西周青绿色釉		14.80	2.26	1.57	12.95	2.09	2.90	0.52	0.54				3.42	3.83	15.04	22.29
M-325	河南洛阳西周青绿色釉		15.68	2.03	1.37	11.75	2.28	3.80	1.07	0.58				4.87	3.40	14.03	22.30
Zh10	浙江德清西周青灰色釉		11.71	3.35	0.73	9.93	2.47	5.11	1.34	0.24				6.45	4.08	12.40	22.93
ZhJ4(1)	浙江江山西周青釉	67.57	15.61	2.07	0.57	7.32	1.36	3.17	0.30	0.29				3.47	2.64	8.68	14.79
ZhJ4(2)	浙江江山西周青釉	66.26	15.05	1.84	0.97	10.07	1.62	3.74	0.42	0.52				4.16	2.81	11.69	18.66
ZhJ4(3)	浙江江山西周青釉	54.35	21.44	2.23	0.73	13.86	2.12	3.70	0.57	0.39				4.27	2.96	15.98	23.21
ZhJ5	浙江江山西周青釉	61.08	19.35	3.11	0.91	7.33	0.95	3.30	0.70	0.02				4.00	4.02	8.28	16.30
SY-31	浙江上虞东周黄绿色釉			2.64		10.94	1.17	2.38	0.49	0.25				2.87	2.64	12.11	17.62
37G	山西侯马东周青釉			2.21		15.71	0.32	1.26	0.79					2.05	2.21	16.03	20.29

1)表2-4,2-5摘自李家治"原始瓷的形成和发展",《中国古代陶瓷科学技术成就》第134—135页,上海科学技术出版社,1985年。

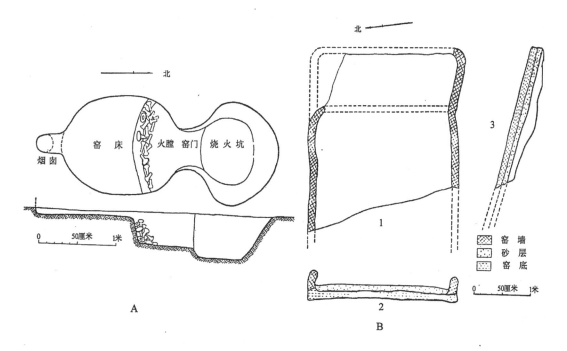

图 2-9　战国时期的陶窑
A. 战国陶窑平、剖面图；B. 战国龙窑平、剖面图
1. 平面图；2. 横断面图；3. 南壁侧视图
（摘自《中国陶瓷史》）

的改进和发展，不仅提高了陶器的烧成温度，也便于烧窑气氛的控制，这当然有利于具有较稳定釉色的原始瓷器的烧成。

再从原始瓷的显微结构来考察，原始瓷胎中的石英颗粒大小不一，还有一定量的莫来石①和相当比例的玻璃相，并有一定量的气孔。可见其矿物结构上与泥质陶器有着本质的区别。原始瓷釉的显微结构比较简单，一般多已完全熔为玻璃，非常透明，除少数小气泡和极少量残留石英外，几乎别无它物。

综观原始瓷器，可以肯定它在本质上已区别于陶而接近瓷。但无论在原料、成型、施釉和烧成方面还比较原始，处处可以见到它继承制陶工艺的痕迹。有些原始瓷器的原料中也混有多量的大颗粒的石英砂，这表明显然也与生产夹砂陶的经验有关；有些原始瓷器外表也拍有印纹饰，内壁留有抵手的凹窝，显然与印纹陶的工艺有关。原始瓷的釉层一般较薄，又时常是厚薄不匀，有的还有流釉现象或凝聚斑。原始瓷胎的气孔率随着烧结程度的不同而变动，一般在百分之几，少数也有达到百分之几十的，即大于瓷器而小于陶器。原始瓷器的抗弯强度一般为 200～400 公斤力/厘米²，虽然小于标准瓷器，但比泥质陶的 80～90 公斤力/厘米² 要强得多。从这些指标可以清楚看到原始瓷器正是从陶到瓷的初级阶段并具有原始性的特征。

原始瓷器是陶向瓷过渡的产物，那么究竟是由哪种陶过渡而来！过去曾有人认为原始瓷器由白陶演进而来，理由是白陶也是以高岭土或瓷土为原料。其实并不尽然。前文在介绍白陶时

---

① 莫来石是煅烧后的普通陶瓷中含有的一种最重要的 $SiO_2-Al_2O_3$ 的二元体系矿物晶体，它的化学组成在 $3Al_2O_3 \cdot 2SiO_2$ 与 $2Al_2O_3 \cdot SiO_2$ 之间波动。

已指出,像长江流域罗家角遗址中出土的白陶都是采用镁质易熔粘土烧制的;大溪文化中的部分白陶也是采用这种原料,这种粘土加热到 1100℃ 以上,会产生大量玻璃相,使制品变形甚至熔融,因此它不能用作制瓷原料。另外一些白陶确实是由瓷土或高岭土烧制的,但是至今尚未有很充分的资料证实白陶与原始瓷器有着直接的联系。从考古发掘中可以看到的是,印纹硬陶出现在原始瓷器之前,在浙江、江西、湖南、福建一些商代遗址中,往往发现印纹硬陶和原始瓷器共同出土,两者器表的纹饰又多相同,有些地方还发现两者甚至在同一窑址内出现。因此从考古资料来看,认为原始瓷器应是由印纹硬陶发展而来似乎更为确切。

再从表 2-3 所列的商周时期各地印纹硬陶的化学组成来看,从它们的显微结构及工艺来看,这一关系更为清晰。印纹陶中 SiO_2 含量较一般陶器高,个别的达到了 72%,但多数低于 70%,而不像原始瓷普遍高达 75%;印纹硬陶中碱性氧化物含量,特别是 CaO 和 MgO 的含量较一般陶器有所降低,与原始瓷器相差不多,但是 Fe_2O_3 的含量明显高于原始瓷,所以胎色棕褐。印纹硬陶的烧成温度也达到了 1200℃,与原始瓷持平,但比陶器高得多;从显微结构来看,印纹硬陶既不同于原始瓷,也不同于陶器,而是介于两者之间。以上情况表明,印纹硬陶无论在化学成分、显微结构诸方面,确是介于原始瓷器和陶器之间,所以认为原始瓷器是在印纹硬陶工艺中孕育出来的见解是比较令人信服的。

原始瓷器的出现是中国陶瓷史上一件大事,对它系统、深入的研究是十分重要的。这些研究成果不仅在中国考古界、陶瓷界引起了高度的重视,同时在国际上也产生了强烈的反响。

(三)成熟青瓷的出现及其发展

从出土的商代中期的原始瓷器来看,它们的确具备了瓷器的基本条件,应属于瓷器的范畴,但是它们无论在原料加工、釉层观感 ,还是烧成工艺上,相对于真正的瓷器仍有一定差距,表现出它的原始性。由原始瓷器到成熟瓷器的这步提高,现在看来似乎很简易,然而在古代却整整经历了近 1500 年的演进。

从各地出土的原始瓷器来看,商代后期较商代中期有了一定的发展,西周原始瓷的烧造技术在商代后期的基础上又有了新的提高,出产地区也明显扩大,即这种经验在迅速推广。特别是春秋晚期、战国初期,江浙一带的原始瓷器,胎质更为细腻,大多数器皿都改由轮制成型,因而器形规整,胎壁减薄,厚薄均匀;铁和钛的氧化物含量很低;外部所施青釉,已经十分接近成熟的瓷器。可以说在江南地区,原始瓷器的发展已到了鼎盛时期,从出土的实物看,其烧成和使用的数量可能约占同期陶器总数的一半。

在战国时期,吴越争战不息,加之楚灭越,秦统一中国的连年战争,吴越等地的经济文化遭到了严重的破坏,烧制印纹硬陶和原始瓷器的作坊不是被迫停烧,就是遭到彻底破坏,造成原吴越地区印纹硬陶和原始瓷器生产的突然中断,所以在战国后期的墓葬中几乎消失。幸而广东、湖南部分地区的印纹硬陶、原始瓷器的生产仍在继续。但是该地区生产的原始瓷器较之以往吴越地区生产的原始瓷,无论在成型、装饰,还是胎釉工艺上都有明显的区别和落后。

秦汉时期,原始瓷器的生产得到部分恢复。这时期的原始瓷器与战国初期的原始瓷又有些差别,主要表现在原料成分上。从少量经过测试的标本来看,西汉原始瓷器的胎料中, Al_2O_3, Fe_2O_3 含量相对较高,前者达 17.23%,后者是 2.97%。坯胎中 Al_2O_3 的增加,本是好事,但是它要求在更高温度中烧成,烧成后会有较多的莫来石晶体生成,从而提高了瓷器的机械强度,减少变形。但是窑内温度若达不到它所需的要求时,不仅不能产生上述效果,反而会使烧结程度下降，坯体疏松。氧化铁的增加，则加深了胎体的颜色。正因为原料上这一差别，致使秦汉时期的原始瓷器出现明显的两极分化。少数烧成温度比较高的产品，胎骨致密，击之有铿锵声；多数是烧成温度达不到要求的产品，胎质粗松，存在大量气孔，吸水率高，呈灰色或深灰色，远不如战国初期的原始瓷器。另外从秦汉原始瓷器的断面来看，能看到较多的砂粒，说明原料的粉碎、淘洗和坯泥揉拍的操作都不如战国初期那么精细。从釉方面来看，秦汉原始瓷器的釉层较厚，釉色较深，而且上釉的方法变为刷釉，差别的存在是很明显的。

实践出真知，勤劳的陶瓷工匠总是在不断总结经验，继承发扬好的，改进淘汰差的。原始瓷器的生产逐渐又在越地复苏。发展到东汉晚期，工艺技术成熟的瓷器终于出现了。

根据考古资料，在浙江上虞、宁波、慈溪、永嘉等地先后发现了汉代瓷窑的遗址。同时在浙江、江西、江苏、河南、河北、安徽、湖南、湖北等一些有确凿年代可考的东汉墓葬或遗址中发现了众多的青釉器。[①] 这些青釉器较之原始瓷器在质地和加工工艺上已有明显的提高，从而引起了人们的重视和深入研究。

中国科学院上海硅酸盐研究所的陶瓷专家在浙江文物部门的支持下，曾对东汉晚期窑址出土的青釉器标本及窑址附近的瓷石样品作了测试分析。[②] 例如在对上虞县上浦乡小仙坛东汉晚期窑址的调研中，注意到被分析的瓷片与窑址附近的瓷石，两者的化学成分十分接近，表明当时瓷窑是就地取材。由于以当地瓷石作原料，并经一定工序的筛选加工，所以该窑制品具有较好的瓷化程序，其气孔率在 0.5% 以下，透光性较好，0.8 微米的薄片已微显透光；胎质致密，吸水率仅 0.28%，当在 1260～1310℃ 之间的高温中烧成；器表通体施釉，釉质光润，釉层较原始瓷器明显增厚，釉层透明，有淡雅清澈之感；胎釉结合紧密牢固。据检测，釉仍然是石灰釉，含 CaO 在 15% 以上，在还原气氛中烧成。再根据显微镜观察和 X 射线分析，可以看到在瓷胎中残留的石英颗粒较细，分布均匀，石英周围有明显的熔蚀边缘，棱角都已圆纯，说明烧成温度较高。长石残骸中发育较好的莫来石到处可见，偶而可见玻璃中的二次莫来石。玻璃态物质也较多，还有少量闭口气孔。总体上来看，瓷胎的显微结构与近代瓷质基本相同。瓷釉内已无残留石英，其它结晶亦不多见，釉泡大而少，因此釉层很透明。胎釉交界处可见多量的斜长石晶体自胎向釉伸展，从而形成一个成分交织的反应层，使得胎釉结合牢固，故极少剥釉现象。

这些科学的检测报告明确地表明，上述东汉晚期的瓷器已达到了近代瓷器的标准，也就是说，至迟在东汉晚期，中国已烧制出成熟的青瓷，完成了由原始瓷器向瓷器的过渡。

这些成熟的青瓷是在什么样的技术环境下生产的呢？对此古陶瓷专家曾做了进一步探讨。[③] 从东汉瓷窑遗址的周围环境来看，大多有较充足的水力资源，加上汉代已普遍采用脚踏碓和水碓的情况，可以判定汉代有可能已采用水碓来粉碎瓷石，以提高坯土的细度。在上虞东汉窑址中还发现了陶车上的构件——瓷质轴顶碗，从这一构件可以推测当时已有相当进步的陶车及熟练的拉坯技术。根据对瓷釉的化学分析，表明瓷釉配方已有进步，施釉方法又由刷釉改回为浸釉，从而使釉层厚而均匀。最重要的进步还表现在窑炉结构的改进和烧窑技术的提高。根据对上虞、宁波、永嘉、温州等地东汉瓷窑遗址的考察，发现当时普遍使用的是龙窑，而且

① 参看中国硅酸盐学会主编：《中国陶瓷史》第 127 页，文物出版社，1982 年。

② 参看李家治："我国瓷器出现时期的研究"，《硅酸盐学报》，1978 年，第 3 期。

③ 参见李家治："我国瓷器出现时期的研究"，《硅酸盐学报》1978 年第 3 期；郭演仪等："我国历代南北方青瓷的研究"，《硅酸盐学报》1980 年第 3 期。

这种龙窑较战国时期的龙窑有很大改进(图 2-10)。这种长方形的龙窑一般都是因地制宜地在山坡上修筑,窑身前后有一个相当大的落差,从而形成一定程度的自然抽风,不必另筑烟囱。这种窑炉一般比较低矮,窑体的发展在于延伸窑室的长度,窑体明显较战国时的长。这不仅增加了装烧量,还使流动的火焰延长了在窑内滞留时间,有利于窑温的提高和均匀分布。这种龙窑具有升温快,又能迅速冷却的特点,恰好适宜青瓷对烧成工艺的要求,因此该时期窑炉结构的改进、窑温的提高创造了成熟青瓷出现的必要条件。

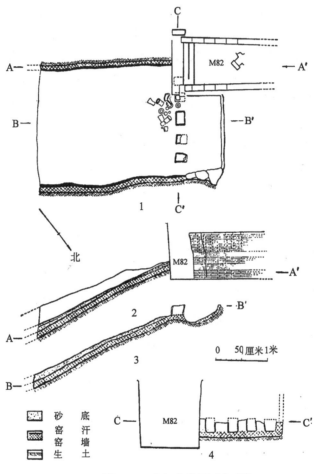

图 2-10　东汉龙窑平、剖面图
1. 平面图;2. 西墙侧视图;3. 纵剖面图;4. 横断面图
(摘自《中国陶瓷史》)

　　就在浙江上虞、宁波等地东汉晚期的窑址中发掘出了成熟青瓷的同时,人们还发现一些黑釉瓷器在这些窑址中出土。此外在湖北、江苏、安徽等地的东汉墓葬中也曾出土过黑釉瓷器。这些黑釉瓷器的坯泥一般加工不精,胎骨不如青瓷细腻,器形也较简单,以壶、罐、瓿、罍等大件日用器物为多。它们的造型和纹饰与青瓷相同。根据研究,[①] 这种黑釉瓷的胎体中含 SiO_2 高达 $73\%\sim76\%$;Al_2O_3 含量稍低,约 $15\%\sim18\%$;Fe_2O_3 含量为 $2.3\%\sim2.8\%$。原料当是烧结温度

① 国家建材总局建材研究院,我国古代黑釉瓷的初步研究,硅酸盐学报,1973 年第 3 期。

较低的瓷土，故能在 1200～1240℃ 温度下充分烧结。胎外敷一层石灰釉，含 CaO 达 16％。由于釉中 Fe_2O_3 含量高达 4％～5％，烧成时，炉内气氛又属氧化性，所以釉色呈黑色或绿褐色。器表施釉一般不到底，器底和与器壁近处多露出深紫的胎色，釉层厚薄不匀，常常出现一条条蜡泪痕，在器表低凹处又会聚集着较厚的釉层。由此可见，黑釉瓷器的烧制在当时已达到一定水平，已成为另一类特色的瓷器。同时也看到，当时黑釉瓷在用料、加工和釉的配制和施釉等工序上要求并不严格，显示出粗放和原始的风格。黑釉瓷的烧制是汉代瓷业发展的又一项成就。它应导源于酱色的原始瓷，是它的发展和提高。

黑釉瓷和青瓷一样，大多是在龙窑中烧成，甚至常在同一瓷窑中烧成。它们最主要的区别在于，无论是胎或釉，黑釉瓷中的 Fe_2O_3 含量都较高。若用近代精细瓷器的标准来衡量，黑釉瓷的差距是明显的。但是黑釉瓷能利用深色釉来覆盖粗糙、灰黑的胎体，因此这种处理方法为扩大生产瓷器的原料提供了一条可参考的途径。这种乌黑发亮的黑釉瓷器从感观上也相当美观大方，所以黑釉瓷又体现了中国古代陶瓷艺术美的又一风格。

东晋时期，浙江的德清窑以烧造黑釉瓷而著名。德清窑是黑瓷、青瓷兼烧的瓷窑，以生产黑瓷为主。由于采用红色粘土（含 Fe_2O_3 和 TiO_2 较高）或在瓷土中有意地掺入了适量的紫金土（紫金土由石英、长石、含铁云母及其他含铁矿物组成，含铁量一般达 3％～5％，高者达 15％，所以黑釉瓷胎中 Fe_2O_3 含量为 3％，TiO_2 含量为 1％左右），胎色多呈砖红、紫色或浅褐色。釉仍然是石灰釉，主要着色剂是 Fe_2O_3，含量高达 8％，烧成的釉层较厚，其上等的产品，釉面滋润，色黑如漆，釉光闪烁，可与漆器媲美。这些黑釉瓷器在当时深受人们喜爱，产品远销浙江、江苏许多地方，甚至到了遥远的四川。这种南方独盛的黑釉瓷，后来进一步获得发展。经过 100 年后，北方及许多地方也都开始烧造黑釉瓷了。黑釉瓷的烧造再次加深了人们对铁含量（在古代瓷工的心目中便是掺入多少红土）在呈色中的作用的认识。

四　中国传统玻璃的发明和发展[①]

玻璃和陶瓷都属于硅酸盐材料，所以尽管它们是质地不同的物料，却又有着密切的联系。例如釉在组成和结构上就接近玻璃。但原始瓷器和青瓷的釉是石灰釉，是以氧化钙为助熔剂的高温玻璃釉，而出现在汉代的釉陶，其釉却是以铅的氧化物为基本助熔剂，约在 700℃ 左右熔融的低温玻璃釉。有人认为中国汉代的低温铅釉陶，是由于外来的铅釉技术传入而产生的。据说，"这种碱金属硅酸釉早已在埃及发明，但长期没有传到埃及国外。自从混入铅变成容易使用的釉以后，才逐渐扩及到美索不达米亚、波斯和西域一带。"因此中国的铅釉"是在汉朝时经由西域传来的。"[②]事实上，中国铅釉的发明和发展，与中国传统的玻璃的源起和早期的工艺有着密切的联系。

中国古代传统玻璃的源起与早期工艺，至今仍缺少概念清晰、论据充分的说明。但庆幸的是近十几年来，考古、文物工作者们在湖南、湖北、安徽、河南、河北、四川、云南、广西、青海等广大地区发掘出了历代的各种类型，而且质料不同的玻璃制品，既有明确的出土地点，又有较确

---

① 赵匡华，试探中国古代玻璃的源流及炼丹术在其间的贡献，自然科学史研究，10(2)，1991 年。

② 参看叶喆民：《中国古陶瓷科学浅说》，轻工业出版社，1960 年。叶喆民先生在《中国陶瓷史纲要》（轻工业出版社，1989 年）中修正了自己的这一原始观点。

切的制作年代。特别是上海硅酸盐研究所、北京建筑材料科学研究院及一些博物馆的科技考古学者对这些玻璃用现代检测手段进行了分析，提出了很多内容翔实的化验报告，这些可贵的数据给我们以极大的启示，为我们进一步探讨我国玻璃的源流、采用的原料以及熔炼工艺提供了极重要的论证依据。

中国历代的玻璃按其化学组成，可以分为三大类型。其一是以 PbO 为基本助熔剂的铅基玻璃，它可以包括出土的 $PbO\text{-}BaO\text{-}SiO_2$，$PbO\text{-}SiO_2$ 和 $PbO\text{-}K_2O\text{-}SiO_2$ 三个体系和文献记载的 $PbO\text{-}K_2O\text{-}B_2O_3\text{-}SiO_2$ 体系。其二是以 K_2O 为基本助熔剂的钾基玻璃，它主要是 $K_2O\text{-}SiO_2$ 体系，唐代后又出现 $K_2O\text{-}CaO\text{-}SiO_2$ 体系。其三是以 $Na_2O\text{-}CaO$ 为基本助熔剂的钙钠玻璃，其基本组成是 $Na_2O\text{-}CaO\text{-}SiO_2$。

这三种类型的玻璃中最受到重视的是铅基玻璃，尤其是其中的 $PbO\text{-}BaO\text{-}SiO_2$ 玻璃。因为这类玻璃出现最早，又是在全世界早期玻璃中独具中国特色的。特别是湖南博物馆在长沙、衡阳、常德、湘乡、益阳、资兴等地的古墓中出土了大量战国、西汉时期的玻璃器，"主要是一些具有中国民族特色的礼器、具有中国文学和道德观念的印章，并且有中国民族装饰特点的纹饰及图案"[①]大都属于铅钡玻璃。令人信服地说明铅钡玻璃及其体系无疑是我国先民首创并独立发展起来的玻璃品种。因此，研究铅基玻璃的源流、制作工艺及相互继承关系对我国的玻璃史、科学技术史具有特别重要的意义。

钾基玻璃的来源似乎比较复杂。$K_2O\text{-}CaO\text{-}SiO_2$ 体系的玻璃在国外有所报道，但 $K_2O\text{-}SiO_2$ 玻璃似乎具有中国的特色。所以出土的这类玻璃中既可能有域外输入的，也可能有我国独创并独立发展起来的。因此，如何分辨它们，我国先民自己又曾做过哪些尝试，发明过什么独特的工艺，都很值得探讨。

在我国宋代以前的古籍中，谈及玻璃制作具体工艺的文字极少，而东汉王充在其《论衡·率性篇》中论证"人定胜天"时，曾以仿制玉石为例，特别指出："道人消烁五石，作五色之玉，比之真玉，光不殊别。"又说："随侯以药作珠精耀如真，道士之至教，知巧之意加也。"葛洪在阐发其"万物云云，何所不有，……有生最灵，莫过于人"的见解时，也举玻璃为例。可见中国古代的方士们不仅十分关心玻璃，而且下过一番工夫加以研制。这是因为早在战国时中国方士中就流行着"食黄金、饮珠玉"可以长生的说法，所以炼丹术兴起后试炼珠玉（即玻璃）也就成为炼丹术活动的内容之一。"随侯以药作珠"，大概就是方士所为。唐代方士赵耐庵在其《涌泉匮法》[②]谈到制作药金、药银时便提到："万法多门，乾汞则一，……有'关药'数种，有玻璃关、……"所谓"关"即俗说的所谓点化药，"玻璃关"大概就是黄丹、草木灰、硼砂、自然灰、硝石之类制作玻璃的助熔剂了。因此探讨中国玻璃的源流时，历代炼丹术的专著是必须研读的。

为了以科学检测的结果来论证中国传统玻璃的源流，现将多年来学术界对中国古玻璃的分析结果以及这些样品的出土地点、问世年代，按铅基玻璃和钾基玻璃两大类，分别辑录成表附于此（表 2-6），以便于参考和讨论。

———————————

　① 高至善：《湖南出土战国玻璃璧和剑饰的研究》，见《中国古玻璃研究》，中国建筑工业出版社，1986 年；周世荣：《湖南出土琉璃器的主要特点及其重要意义》，《考古》，1988 年第 6 期。

　② 参看《铅汞甲庚至宝集成》，见《道藏》洞神部众术类总第 595 册，涵芬楼影印；"一批早期中国玻璃的化学分析"，见《中国古玻璃研究》。

表2-6　历代铅基玻璃检测结果辑录

名　称	年　代	出土地点	SiO₂	Al₂O₃	Fe₂O₃	PbO	BaO	CaO	MgO	K₂O	Na₂O	CuO	MnO	SrO	其他	文献
谷纹琉璃璧	战国	湖南长沙	37.16	0.62	0.16	39.8	13.4	1.95	0.40	0.27	3.32	0.03				①
谷纹琉璃璧（绿）	战国	湖南长沙	38.30	1.67	0.22	41.53	10.37	2.75	0.41	0.34	3.07	0.73				①，②
料珠	战国	湖南长沙	43.69			25.08	5.92									③，④
琉璃璧	战国	湖南长沙	34.69	1.16	1.16	37.24	10.36	9.62	0.54		5.02					③，④
琉璃片（白）	战国楚	湖南长沙	39.0	0.9	0.2	28.3	大量	0.73	0.14	0.09	6.4	0.02				⑤
料珠	战国	河南洛阳	44.46	1.33	1.33	26.51	13.29	4.94	0.21	0.10	8.38					③，④
云涡纹琉璃璧（白）	战国	湖南衡阳	36.57	0.46	0.15	44.71	10.1	2.10		0.10	3.72	0.02				①，②
琉璃璧（绿）	战国	安徽寿县	32.26			41.14	13.57								Ag₂O=0.05	⑤
玻璃璧（深绿）	战国		36.0	0.2	0.2	48.50	13.0	0.01	0.08	0.17	1.96	0.84				⑥，⑦
琉璃璧（无色）	战国		36.8	0.28	0.14	42.6	17.4	0.46	0.15	0.16	1.87	0.02	0.003	0.10		⑧
月状琉璃器	战国		40.3	1.82	0.65	32.2	17.4	3.67	0.61	0.57	3.17	0.13		0.15		⑧
玻璃珠（黑）	战国		51.5	0.98	3.54	21.0	14.5	1.00	0.75	0.21	5.39	0.60	0.008	0.1		⑧
玻璃珠（蓝绿）	战国		41.4	0.89	0.27	37.4	9.71	1.37	0.58	0.16	5.94	2.07	0.004	0.1		⑧
玻璃珠（黑）	战国		37.3	1.19	7.35	37.5	9.40	1.89	0.61	0.37	3.75	0.42	0.01	0.05		⑧
玻璃珠（黑）	战国		41.7	1.90	5.04	34.5	10.1	2.92	0.53	0.63	2.02	0.35	0.036	0.1		⑧
玻璃珠（无色）	战国-西汉		51.3	0.46	0.10	28.3	11.4	0.37	1.52	0.084	6.12	0.01	0.002	0.3		⑧
玻璃珠（蓝）	战国-西汉		52.4	1.21	0.28	19.2	11.1	1.48	2.62	0.16	10.1	1.31	0.004	0.1		⑧
玻璃器（浅蓝）	战国-西汉		60.7	4.28	0.53	11.9	11.5	2.45	0.68	4.57	1.63	1.31	0.035	0.1		⑧
玻璃珠（深蓝）	战国-西汉		55.0	2.16	0.62	15.0	9.74	2.95	1.27	4.05	7.53	0.31	0.01	0.1		⑧
料珠（无色）	秦	河南洛阳	34.42	0.92	0.92	43.2	12.58	0.12	0.34	1.02	4.32	少量				③，⑥
料珠（蓝）	秦	河南洛阳	41.9	4.4	4.4	24.5	19.2	4.5		4.5	4.5					③，⑥
玻璃（白）	西汉	江苏扬州	38.44	0.11	0.08	38.59	18.80	0.16	0.08	0.06	2.11	0.002	<0.01	0.36		⑲
玻璃（白）	西汉	江苏扬州	36.19	0.15	0.06	38.64	19.90	0.18	0.08	0.06	2.24	0.004	<0.01	0.34		⑲
玻璃（白）	西汉	江苏扬州	36.03	0.08	0.07	42.43	18.74	0.17	0.08	0.08	2.02	0.002	<0.01	0.34		⑲
T形耳珰（绿）	西汉	青海大通	35.06	1.09	0.30	42.28	11.71	2.34	1.79	0.08		5.29	0.53			⑩
鼻塞（绿）	西汉	广西贵县	39.87			34.4	17.4	0.29			7.9					⑪
玻璃衣片（白）	西汉	江苏扬州	46.03	0.02	0.07	40.37	21.49	0.22	0.08	0.07	2.27					⑫

化学成分（重量%）

续表

名　称	年　代	出土地点	化学成分（重量%）												其他	文献
			SiO₂	Al₂O₃	Fe₂O₃	PbO	BaO	CaO	MgO	K₂O	Na₂O	CuO	MnO	SrO		
玻璃龙画屏（无色）	西汉		40.5	0.18	0.24	35.2	19.7	0.96	0.035	0.22	2.72	0.01	0.003	0.20	CoO=0.04	⑧
耳珰（蓝紫）	汉	甘肃酒泉	未测	1.42	0.48	21.62	10.50	3.16	1.40	0.51	9.30	0.09	0.33		Cl=1225	①
耳珰（绿）	东汉前期	青海大通	39.18	0.38	0.22	37.26	15.79	0.45	0.12		4.62	0.13				⑩
料珠（绿）	东汉	湖南常德	28.53	1.13	0.17	65.36		0.06	0.04	0.06	2.40	0.45			Cl=1.74	①,②
耳珰（墨绿）	东汉	广西昭平	55.04	1.9	0.315	22.28	8.28	2.67	2.24	0.27	5.1				CoO=0.04	③,⑪
耳珰（蓝）	东汉	青海大通	54.32	0.85	0.63	17.12	11.13	3.65	0.95	1.69	6.27				ClC=1.85	⑩
耳珰（蓝）	东汉后期	青海大通	45.85	1.66	0.14	27.25	12.93	0.77	2.16	0.34	9.31				Cl=1.28	⑩
陶绿釉	东汉		33.88	6.20	2.31	46.89						1.26					⑬
陶银釉	东汉		31.32	1.90	2.02	60.31											⑬
陶绿釉	东汉		29.91	0.81		65.45		0.94				2.60					⑭
耳珰（黑）	东汉	中国北方	27.9	0.26	8.21	61.9	0.01	0.88	0.01	0.16	0.22	0.06	0.005	0.01		⑧
玻璃（琥珀色）	隋唐		19.6	1.03	2.52	75.0		1.00	0.32	0.01	0.20	0.12	0.096			⑧
玻璃（浅绿）	隋唐		21.3	0.17	0.16	75.9	0.06	0.28	0.11	0.01	0.21	0.20	0.003			⑧
玻璃瓶（绿）	唐贞观	陕西三原	36.16	2.42		46.65		1.09	2.84	0.95	10.01					①,②
玻璃珠（绿）	唐咸亨	辽宁朝阳	26.08	1.61	0.26	68.51		0.18	0.09	0.06	0.29	0.41	0.02			①,③
玻璃瓶（黄）	唐	湖北郧县	30.49	0.47	0.33	64.29		0.20	0.30	0.27	0.31					③,⑮
玻璃珠（琥珀色）	唐		29.0		2.14	67.4		0.25	0.11	0.01	0.33	0.15	0.02			⑧
玻璃瓶（无色）	北宋	甘肃灵台县	36.32		0.16	50.31		0.13	0.1	10.09	0.29	0.13				①,⑯,㉑
玻璃葫芦（绿）	北宋太平兴国	河北定县	26.85		0.19	70.04		0.35	0.1	0.34	0.18					①,⑮,⑰
玻璃葡萄（黑褐）	北宋太平兴国	河北定县	36.93	1.11	4.13	45.93		0.36	0.08	8.45	0.08	1.44	0.02			①,③,⑰
玻璃蛋形器（红）	北宋咸平	河南密县	33.78	2.62	3.15	40.15		3.52	0.31	14.78	0.13	1.32				①,⑱
玻璃蛋形器（深黄）	北宋咸平	河南密县	31.66	2.22	4.39	41.57		3.35	0.30	13.75	0.11	0.4				①,③,⑱
玻璃鹈（浅绿）	北宋咸平	河南密县	未测		0.15	47.34		0.17	0.04	11.45	0.08	0.18				①,③,⑱
细颈瓶（翠绿）	北宋咸平	河南密县	39.97		0.29	38.12		3.29	0.43	11.95	0.15	2.0				①,⑱
玻璃葫芦（绿）	北宋咸平	河南密县	30.02	0.62	0.28	57.25		2.32	2.26	6.08	0.16	1.00				①,⑱
玻璃瓶（绿）	宋	安徽寿县	27.88	0.32	0.20	66.86		0.22	0.04	0.53	0.13	2.96				⑤
玻璃瓶（黄）	宋	安徽寿县	未测	0.44	1.77	67.83		0.33	0.07	0.6	0.21	0.40				⑤
玻璃（无色）	南宋-清初		44.2	0.31	2.60	36.0		0.34	0.05	16.6	0.22	0.01		0.12		⑧
玻璃（灰色）	清		40.0	0.17	0.15	48.5	0.10	0.27	0.12	10.6	0.25	0.01	0.025			⑧

表2-7　历代钾基玻璃检测结果辑录

名称	年代	出土地点	化学成分（重量%）													MnO/CoO	文献
			SiO$_2$	Al$_2$O$_3$	Fe$_2$O$_3$	CaO	MgO	K$_2$O	Na$_2$O	PbO	BaO	CuO	MnO	CoO	其他		
玻璃珠（蓝）	战国楚	湖南长沙	未测		1.4	0.6	0.2	15.1	0.8		0.6	0.3	1.4	0.04		34.5	③,⑤
圆玻璃珠（蓝）	西汉	青海大通	77.78	3.98	1.97	0.55	0.29	14.16	0.34			0.12	0.25		Cl=1.54		⑩
算珠状珠（蓝）	西汉	云南晋宁	77.87	未测	0.47	2.33		17.22					1.37	未测			⑨
六棱柱形珠（绿）	西汉	云南江川	81.36	2.70		1.80		14.27									⑨
算珠状珠（蓝）	西汉	广东广州	71.98	3.36	1.65	1.43	1.33	15.27	1.46			0.08	1.47	0.05		29.4	⑨
算珠状珠（蓝）	西汉	广东广州	71.70	4.81	1.57	0.69	0.42	16.38	0.35				1.42	0.03		49.6	⑨
算珠状珠（蓝）	西汉	广西合浦	74.71	2.96	1.35	0.61	0.28	15.52	0.18				1.70	0.063		27.0	⑨
特形玻璃珠（蓝）	西汉	广西合浦	76.9	2.56	1.36	1.42	0.23	14.90	0.73				1.85	0.073		25.6	⑨
算珠状珠（黑蓝）	西汉	湖南长沙	80.27	4.25	2.23			9.62					3.15	未测			⑨
料珠（蓝）	西汉	广西合浦	81.2	2.69	0.65	1.0	0.49	12.16	0.79				0.36				③,⑪
料珠（蓝）	西汉	广西合浦	78.22	2.56	1.28	1.45	0.27	13.81	0.41				1.85	未测			③,⑪
玻璃杯	西汉	广西贵县	77.50	4.03	0.77	0.76	0.69	15.83							Cl=0.1		③,⑪
玻璃杯（绿）	西汉	广西贵县	74.66	6.24	0.27	0.67	0.57	15.61	0.65						Cl=0.7		③,⑪
玻璃珠	西汉	广州大元岗	76.97	7.15	0.57	1.07	0.28	13.72	0.49								③,⑳
料片	西汉	（考古所藏）	72.75	1.98	1.98	3.47		18.58									③,④
玻璃杯	西汉	广西合浦	73.83	1.75	1.35	0.60	0.57	17.60									⑪
玻璃珠（蓝）	西汉	广西合浦	74.75	3.20	1.21	1.48	0.28	15.54	0.18				1.41				⑪
耳珰	东汉	甘肃酒泉	77.45	2.15	0.47	0.54	0.40	13.8	0.52			0.03	1.7	0.063		27.0	⑨
玻璃杯残片（绿）	东汉	广西贵县	76.28	3.28	0.60	0.03	0.47	15.43	0.27			0.01	0.81	0.04		20.4	⑨
玻璃杯（苹果绿）	东汉	广西贵县	74.94	4.16			0.15	15.99	0.16			1.24	0.01				⑨
耳珰（蓝）	东汉	广西贵县	78.11	3.32	1.25	1.18	0.68	13.76	1.56				1.52	未测			⑨
特形玻璃珠（绿）	东汉	广西昭平	83.93	2.39	1.12	2.15		11.03	1.38								⑨
珠（红）	东汉	广西昭平	65.9	4.13	2.14	1.42	2.83	15.88	2.48			2.37	0.22				⑨
玻璃龟（浅绿）	东汉	广西合浦	77.87	1.55	1.05			16.97						未测			⑨,⑪
耳珰（蓝）	东汉	甘肃酒泉	78.48	1.91				16.75					1.78	未测			⑨

续表

名称	年代	出土地点	SiO_2	Al_2O_3	Fe_2O_3	CaO	MgO	K_2O	Na_2O	PbO	BaO	CuO	MnO	CoO	其他	$\dfrac{MnO}{CoO}$	文献
玻璃珠(蓝)	东汉		未测		2.0	1.9	0.4	15.3	2.9	0.4		0.04	1.3	0.07		18.5	③⑤
玻璃杯(绿)	东汉	广西贵县	74.66	6.24	0.27	0.76	0.57	15.61	0.65						$Cl=0.75$		③⑳
玻璃珠	东汉	广西合浦	83.9	2.93		1.18		11.03	1.38						$Cl=0.46$		⑪
玻璃珠(绿)	东汉	广西合浦	65.9	4.13	1.12	2.15	2.83	15.88					0.22		$P_2O_5=1.92$		⑪
玻璃杯(绿青)	东汉	广西贵县	76.28	3.28	0.47	0.54	0.45	15.43	0.27			0.01			$Cl=0.1$		⑪
玻璃杯(蓝)	东汉	广西贵县	74.94	4.60	0.60	0.03	0.18	15.99	0.16			1.24	1.52		$P_2O_5=0.22$		⑪
玻璃(乳白)	唐		64.4	1.51	0.50	18.7	5.49	8.07	0.99	0.03	0.10		0.005		$P_2O_5=0.45$		⑧
玻璃(无色)	唐末		68.1	0.78	0.60	8.75	1.29	18.6	0.73	0.03	0.09				$SrO=0.02$		⑧
玻璃(浅蓝)	唐-清		67.4	1.49	0.42	8.36	0.31	20.2	0.72	0.03	0.01	0.56	0.01				⑧
玻璃(浅蓝)	明		68.7	0.70	0.23	7.71	0.17	15.6	0.05	5.21	0.01	1.35	0.002				⑧

注：①史美光，一批中国古代铅玻璃的研究，硅酸盐学报，5(1)，1986。
②陕西博物馆，唐李寿墓发掘简报，文物，1974年，第9期，第77页。
③干福熹，中国古玻璃化学组成的演变，中国建筑工业出版社，1986年。
④袁菊青，我国古玻璃工艺史中的制造玻璃问题，硅酸盐学会1957年度报告论文摘要，1957年。
⑤张福康，中国古玻璃的研究，硅酸盐学报，11(1)，1983。
⑥干福熹，我国古代玻璃的起源问题，硅酸盐学报，6(1~2)，1978。
⑦山崎一雄，10th International Congress on. Glass No. 9,15(1974)。
⑧R. H. Brill，一批中国古玻璃的化学分析，见中国古玻璃研究。
⑨史美光，一批中国汉墓出土钾玻璃的研究的研究，硅酸盐学报，14(3)，1986。
⑩史美光，青海大通县出土汉代玻璃的研究，1989年第二届科技考古研究，考古，1988年，第3期，第264页。
⑪黄启善，广西合浦县出土汉代玻璃制品的发现及其研究，见《中国古玻璃研究》。
⑫程朱海，扬州西汉墓玻璃衣片的研究，见《中国古玻璃研究》。
⑬中国硅酸盐学会主编，中国陶瓷史，文物出版社，1982年。
⑭家豪器，中国早期玻璃的玻璃器皿，考古学报1984年第2期，第12期。
⑮安家瑶，中国早期玻璃器皿(西汉-北宋)玻璃器皿，见《中国古玻璃研究》。
⑯秦家智，灵台合利石棺，文物，1983年，第2期第49页。
⑰定县博物馆，河北定县发现工座宋代塔基，文物，1972年，第8期，第39页。
⑱金戈，密县北宋塔基中的三彩玻璃塔和其它文物，文物，1972年，第10期，第63页。
⑲李家冶，扬州汉墓中出土的玻璃，见中国古玻璃研究。
⑳黄淼章，广州西汉 $PbO\text{-}BaO\text{-}SiO_2$ 系玻璃及其腐蚀层的研究，见中国古玻璃研究。
㉑建筑材料科学院，中国早期玻璃检验报告，考古学报，1984年，第4期，第451页。

(一)铅基玻璃的源流及其工艺的探讨

三种铅基玻璃的出现似乎有一个相当明显的先后顺序:PbO-BaO-SiO_2 玻璃出现并流行于战国和两汉时期,此后这类玻璃似乎就消声匿迹了。由于出土的地区相当广泛,所以不大可能是技术突然失传,最有可能的是为另一种更简易的或制品质量更高的工艺所取代。接着是 PbO-SiO_2 体系的玻璃出现并流行起来,这类玻璃大约出现于东汉时期,盛行于唐代;及至宋代以后,则大量出现了 PbO-K_2O-SiO_2 玻璃。由于这三类玻璃基本上既非同时出现,又没有平行发展,因此这个顺序正可以视为我国铅玻璃的源与流,或者说,可以作为我们探讨其源流的基点。

铅基玻璃的基本助熔剂无疑是 PbO,这种物质可以从焙烧我国最主要的铅矿石——方铅矿(PbS)直接得到,也可通过煎炼金属铅得到。PbO 与石英一起熔炼,在 $900℃$ 左右便可以生成玻璃。R. H. Brill 曾认为:由于"钡在玻璃中能产生一定混浊度,因此钡可能是中国玻璃制造者为获得像玉一样的玻璃而引入的。"[1] 但在战国时期,当玻璃刚刚发明之际,毫无化学知识的玻璃工匠居然就能意识到含钡矿物能产生这种效果,这实在难以想象;而且钡的矿物只有重晶石($BaSO_4$),这种矿石在中国古代的冶金、炼丹术及医药中从来没有被利用过,在中国古代的陶瓷胎体和釉料中也没有出现过 BaO 的成分,而战国时怎么会广泛利用过它,而后世又再没有露面呢?因此,它只可能是在早期玻璃工艺中原本含在铅原料中的,而后世这种原料不再利用了。

只要有基本的矿物学知识,都知道方铅矿,特别是在热液矿床中,经常与重晶石共生,或者说,重晶石在低温热液矿脉中经常与方铅矿共生。[2] 若利用这种共生矿,经过氧化焙烧,那么所得到的"煅矿灰"PbO 中便自然含有 BaO。根据目前考古发掘到的铅钡玻璃进行统计,绝大多数出于楚地湖南,而湖南自古是盛产铅的地区,据章鸿钊《古矿录》所辑《史记·货殖传》、《隋书》都记载:今长沙一带(即当时长沙郡)在唐代以前就是冶铅的中心之一。而现在已经查明,这一带又都有与方铅矿共生的重晶石矿,[3] 而长沙及新化的铅矿中也多有共生的重晶石成分。因此,以这类铅矿石焙烧后的煅灰为原料,熔炼出的玻璃便自然会是铅钡玻璃。

这里还得强调指出,古代铅钡玻璃的制作原料绝不可能是煎炒金属铅所得的黄丹(PbO 或 Pb_3O_4)或由金属铅制作的铅粉[$PbCO_3·Pb(OH)_2$],因为钡是一种化学性质极活泼的轻金属,在冶炼铅矿石时,重晶石不会被还原,必然存留在炼渣中,钡的成分不可能进入金属铅中,所以中国古代制造铅钡玻璃的原料也只可能是焙烧含钡方铅矿所得的煅灰 PbO。

我们可以设想,在春秋战国时期,氧化焙烧方铅矿必然是用陶质的坩锅、土釜或平敞的粘土炉子。当氧化铅生成后一旦与陶质坩、釜内壁的粘土成分接触,只要容器壁达到 $900℃$ 左右,就会在坩、釜壁上生成一层铅釉。对此,我们作过模拟试验,把方铅矿粉放在耐火砖的凹槽中以反射焰焙烧,当铅矿粉烧成黄色的氧化铅时,耐火砖槽壁上则已形成厚厚的一层褐色铅釉。所以我们有理由设想,战国时的冶铅工匠正是在焙烧铅矿石的过程中,发现了这种铅釉,从而受

---

① R. H. Brill:"一批早期中国玻璃的化学分析",见《中国古玻璃研究》。

② 高福裕主编:《矿物学》第 113、191 页,地质出版社,1985 年。

③ 参看高至善:"论我国春秋战国的玻璃器及有关问题",《文物》,1985 年,第 12 期;《湖南省志·地理志》,湖南人民出版社,1962 年。

到最初的启示。由于这种釉润滑光亮,敲击脱落下来后很像玉石,他们便会有意识地使用这种铅矿煅灰与粘土或石英砂一起熔炼,就成为中国最早的玻璃了。进一步又会发现,用石英砂炼制得到的玻璃质地润泽,光洁晶亮(因含有大量气泡,还不会很透明),于是便出现了正式的原始玻璃配方。如果所利用的铅矿石中含有重晶石的成分,那么炼得的玻璃显然就是铅钡玻璃了。如果铅矿石中含有少量铜(这是常见的),就会把玻璃染成绿或蓝色。鉴于湖南省是古代炼铅的主要地区之一,并广泛蕴藏着这类共生矿,楚国的冶炼业又极发达,所以战国时那里成为铅钡玻璃的发源地,并逐步成为制作铅钡玻璃的中心就是很自然的事了。

及至东汉时期,全国各地,也包括湖南地区出现了无钡 $PbO-SiO_2$ 体系的玻璃,而且自此以后铅钡玻璃就消失了。这种情况只能有一个解释,即制造玻璃的原料发生了改变,从原始时期的用铅矿煅灰进步为利用金属铅,从而断绝了矿石中钡进入玻璃的可能性。在东汉时,以金属铅制造黄丹与铅丹(Pb_3O_4 ,也可制玻璃)已经有两种工艺。较早的一种是用金属铅先制成铅粉,再在低温下焙烧;另一种是在铁锅中直接煎炒金属铅。关于铅粉的发明,战国时楚人宋玉的登徒子赋中就有形容美女"著粉太白,施朱太赤"的话,可见当时铅粉已作为化妆品。秦始皇陵中陶俑身上原有的白色颜料即为铅粉。[①] 西汉时中国炼丹术兴起,西汉末东汉初成书的现存最早丹经《黄帝九鼎神丹经》[②] 则提到"取胡粉烧之,令如金色",即明确指出将铅粉焙烧,可制得金黄色的黄丹。而东汉时炼丹家狐刚子所撰《粉图经》则几乎是介绍以金属铅煎炼铅丹的专著,[③]总之,到东汉时在医药、炼丹术和颜料中已广泛使用黄丹和铅丹,它已是常见易得的物质了。而当时的人没有现代化学知识,却简单地把乌黑闪亮的方铅矿石称为"生铅",而把用炭熔炼出来的金属铅称为"熟铅"。[④] 那么,既然焙炒"生铅"所得的铅灰可烧制玻璃,当然很自然地会试用煎炒"熟铅"所得的黄丹或铅丹烧炼玻璃了。由于黄丹、铅丹中不再含有铅矿中原有的众多矿物杂质,烧出来的玻璃当然更加光洁晶莹,更像玉石,而且熔炼温度也会降低,于是便逐步形成新的玻璃工艺。所以到了唐代用"生铅灰"炼制玻璃的工艺就完全被淘汰了。笔者还想指出,东汉时我国出现了以黄丹为原料烧制玻璃的工艺,还可能从另一途径得到启发,即我国炼丹术在西汉初兴起时,方士们对烧炼丹药所用的土釜有个带有迷信色彩的规定[⑤]:土釜必须以黄丹在釜内外涂布三分厚,烘干后才能使用。显然,这种土釜在炭火上焙烧"凡三十六天",表面必然会生成厚厚的一层半透明的黄色釉(因从土釜粘土中引进了 Fe_2O_3),甚至会流垂成珠(我们通过模拟试验已经证实),这就给方士们以黄丹、粘土(或石英砂)烧制玻璃的启示,我国东汉时发明低温铅釉陶大概也是由于直接受到了这种启示。那些道人又是很讲究"食金饮玉"的,用这种方法既然可制得人工玉,当然会引起他们的兴趣而着意去钻研了。这与东汉时"道士消烁五石,作五色之玉"的说法也相符合。

在我国古代文献中以黄丹炼制玻璃或琉璃的配方并不乏记载(但文字记载晚于工艺实践则是普遍存在的情况)。例如北宋仁宗时李诫奉敕撰《营造法式》,其中明确记述了琉璃的用料

① 李亚东,秦俑彩绘颜料及秦代颜料史考,考古与文物,1983 年,第 3 期。

② 见《道藏》洞神部众术类,总第 584~585 册。

③ 赵匡华,中国古代的铅化学,自然科学史研究,9(3),1990 年;又见《狐刚子及其对中国古代化学的卓越贡献》,3(3)(1984)。

④ 《丹方鉴源》,见《道藏》洞神部众术类,总第 596 册。

⑤ 赵匡华等,中国古代的铅化学,自然科学史研究,9(3),1990 年;又见《黄帝九鼎神丹经》,《道藏》洞神部众术类总第584~585 册;又见"中国古代炼丹术与医药学中的氧化汞",自然科学史研究,7(4),1988 年。

和配方：

　　　　每黄丹三斤，用铜末三两、洛河石一斤。

其中铜末是用来着色的。洛河石则是一种白石。例如北京门头沟产的洛河石中 SiO_2 占96.81％，可见它是一种相当纯净的石英石。[①]

　　我国唐代以后又曾直接以金属铅与石英熔炼来制作。这种工艺最先也是出自炼丹家之手。唐初医药与炼丹大师孙思邈所著炼丹术专著《太清丹经要诀》[②]中有"造玉泉眼药方"就是这样一种工艺。其原文摘要如下：

　　　　取水精（即石英）二两，末之。取铅成炼者（即'熟铅'）二斤，熔之。以此药（指水精

　　　末）丸如桐子大，投中，搅之为真白矣。

所得"真白"即"玉泉"。按"玉泉"原指玉石之精华。而孙氏所造"真白"、"玉泉"就是玻璃。此后该工艺曾推广到制造琉璃，《续资治通鉴长编》载："[北宋神宗]熙宁春正月壬申赐许州民贾士明钱五十万。先是修堵（指墙）宫观，皆用黄丹烧琉璃瓦，士明献瓦法，代以黑锡（即金属铅），颇省费，故赏之。"可见它是较使用黄丹更便宜的 PbO-SiO_2 玻璃配方。

　　到了唐代以后，全国各地则出现了 PbO-K_2O-SiO_2 体系的玻璃。从表2-7看，所列这类玻璃中 MgO、CaO 的含量相对于 K_2O 的量是极少的，相差悬殊，因此可以判断 K_2O 的引入不会是因为在制造这些玻璃时往原料中掺入了草木灰（此问题将在下文中详细论述）。其实，唐代后在铅玻璃中出现 K_2O 的原因是很容易在多种古籍中找到可靠的说明，就是制造铅丹、黄丹的工艺自唐代后从初始的炒铅法进步到硝石法或硝黄法，即以金属铅加硝石（KNO_3）或再加硫黄一起合炒制作。唐代中期炼丹术专著《丹房镜源》[③]最早记载了这种"硝黄法"：

　　　　凡造丹（铅丹），用铅一斤，硫二两，硝一两。先熔铅成汁，下醋点之，滚沸时下硫一

　　　小块，续下硝少许，沸定再点醋，依前下少许硝、黄，沸尽黄亦尽。炒为末，成黄丹。

显然，采用这种新工艺所得黄丹中必含大量 K_2SO_4，用以炼制的玻璃当然就属 PbO-K_2O-SiO_2 体系的了。其实，在唐代的某些琉璃、玻璃药方中，除黄丹外，有的还额外加硝石。在现存最早记载了琉璃配方的唐代丹经《金华玉液大丹》[④]中还有一个更有趣的"琉璃药"配方，黄丹、硝石外，更添了一味硼砂（$Na_2B_4O_7 \cdot 10H_2O$）：

　　　　琉璃药：用铅黄华半斤，加硝二两，硼（硼砂）二两，大[火]扇作汁。

依这个配方所制成的琉璃，不仅含有 K_2O，而且更有了 B_2O_3，即成为 PbO-K_2O-B_2O_3-SiO_2 体系了。但很遗憾，唐代时硼砂是远从西藏运销中原的（《丹方鉴原》[⑤]谓硼砂出果州，即今四川南充），路途艰险，交通阻隔不便，只有少数炼丹家使用，所以《金华玉液大丹》所试用过的琉璃配方，未能在中国推广，以至失传。

　　我国制作黄丹的工艺发展到明代又出现了"硝矾法"，即用硝石、明矾[$KAl(SO_4)_2 \cdot 12H_2O$]与金属铅合炒，在《本草纲目》中就有所记载。这一工艺也曾用于玻璃或琉璃的制作上。例如明代人托名刘基所撰的《多能鄙事》上记载的一种"炼琉璃方"就是属于这类配方：

　　　　黑锡（铅）四两、硝石三两、白矾二两、白石末二两。捣飞极细。以锅用炭火熔前三

① 杨根等，古代建筑琉璃釉色考略，自然科学史研究，3(4)，1984年。
② 宋·张君房《云笈七籤》卷七十一，齐鲁书社，1988年版，第400页。
③ 参看《铅汞甲庚至宝集成》，见《道藏》洞神部众术类，总第595册。
④ 见《道藏》洞神部众术类，总第590册。
⑤ 见《道藏》洞神部众术类，总第596册。

物(炼成黄丹),[与后]和之。

那么这种配方所炼出的琉璃,又会含有 Al_2O_3,于是出现了更复杂的铅钾玻璃。我们很遗憾未能搜集到明代琉璃或玻璃的检测报告,有待进一步搜寻物证。

总之,从我国铅玻璃的发展看,虽然陆续出现了 $PbO-BaO-SiO_2$,$PbO-SiO_2$,$PbO-K_2O-SiO_2$,$PbO-K_2O-B_2O_3-SiO_2$ 及 $PbO-K_2O-Al_2O_3-SiO_2$ 等众多的体系,但实质上,源与流的关系基本上是制作 PbO 的原料和加工工艺有所不同(硼砂玻璃例外,但未推广),即工艺不断进步和工效不断提高的过程。

(二)钾基玻璃的源起试探

首先,我们必须要探讨一下表 2-7 所列那些钾玻璃中 K_2O 成分是从什么原料中来的,这有助于分辨它们是"外来"的还是"自产"的。曾有人认为是来自草木灰[①],也就是说这些玻璃是以草木灰为助熔剂制作的。这个意见则值得商榷。固然一般草木灰中都含有 K_2CO_3,但各种植物灰中,除 K_2O,SiO_2 外,还都含有相当大量的 CaO 和 MgO,CaO 量一般是 K_2O 的 $1\sim4$ 倍,MgO 一般与 K_2O 量相当或更高(见表 2-8)。但从表 2-7 所列数据看,这批玻璃中 CaO,MgO 的量皆不足 K_2O 量的十分之一,相差极为悬殊(唐宋的两件样品例外),因此,认为是以草木灰为原料,难以令人置信。或者有人设想,所用原料是否可能是草木灰淋洗液经煎炼熬干所得的 K_2CO_3(当然就不含 CaO,MgO 了)。但采用这种物质制作玻璃既缺乏记载,实用上可能性也很小。只要有一些化学实验知识的人就知道,K_2CO_3 是极易潮解的,置于大气中片刻即化成糊状。因此现在都很少用作化学试剂,何况在古代,就更难保存和利用它来烧造玻璃了。至少在我国古代已知的医药和工艺中都没有用过它(只在炼丹术中偶尔制作、应用,称作"灰霜")。所以我们认为这批玻璃中的大量 K_2O 很可能是因为以硝石为原料而出现的。我国利用硝石也是很早的,从马王堆三号汉墓出土的帛书上所记载的战国医方里已有硝(消)石;《史记·扁鹊仓公列传》记载,西汉名医淳于意曾以它治病。中国炼丹术自始至终都广泛应用它,南朝著名炼丹家陶弘景更发明了以紫色火焰鉴别硝石与芒硝(硫酸钠)的科学方法。"[②]

正是基于以硝石为玻璃原料的看法,我们倾向于认为表 2-7 所列各种钾玻璃样品中至少有一部分甚至大部分是我国先民以自己的实践经验独创的配方,自己烧炼的,它们属于 K_2O-SiO_2 体系。现提出以下一些理由以供讨论:

第一,自 50 年代以来,在河南、陕西、山东的广大地区出土了许多属于西周时代的料珠,近年来经过多方的科学鉴定,探明它们是一些用石英砂粒以助溶剂烧结在一起的圆珠,玻璃相的组成属于 K_2O-SiO_2,个别属于 $K_2O-Na_2O-SiO_2$。[③] 所以当时所用的助溶剂很可能就是硝石(天然硝石中常混有硫酸钠)。固然这类料珠虽然不能算作玻璃,但从工艺上来说,可以认为是 K_2O-SiO_2 玻璃的先声或试炼制品。

---

① 后德俊,谈我国古代玻璃的几个问题,见《中国古玻璃研究》;安家瑶,中国早期的玻璃器皿,考古学报,1984 年第 12 期。

② 唐·苏敬:《新修本草》,安徽科学技术出版社,第 95 页,1981 年。

③ 张福康,中国古琉璃的研究,硅酸盐学报,11(1)(1983);后德俊,谈我国古代玻璃的几个问题,见《中国古玻璃研究》;王世雄,宝鸡、扶风出土的西周玻璃的鉴定与研究,见《中国古玻璃研究》。

表 2-8　各种中国草木灰的化学组成（重量％）[1]

名　称	SiO₂	Al₂O₃	Fe₂O₃	TiO₂	CaO	MgO	K₂O	Na₂O	MnO	P₂O₅	总计
松树灰	24.35	9.71	3.41		39.73	4.45	8.98	3.77	2.74	2.78	99.92
松叶灰	35.44	9.66	2.29		12.08	5.62	21.56	0.24	4.06		90.93
杉树枝叶灰	30.83	6.98	2.73		34.73	6.34	11.54	0.25	4.05		97.70
橡树灰	39.81	15.11	3.58		23.54	4.09	5.77	1.47	4.32	2.30	99.99
蛇母树灰	34.60	4.38	0.49		47.71	5.99	2.51	0.06	0.33	3.93	99.40
枹树灰	63.71	3.87	0.88		22.59	1.32	1.35	0.33	1.09	4.86	100.00
白杨灰	1.61		1.60		66.50	3.18	13.44			13.30	99.63
高粱杆灰	70.82	5.49	2.51		7.61	3.85	5.98	0.58	0.32	1.62	98.78
稻草灰	80.11	3.25	1.39		4.92	1.53	5.02	0.58	0.60	2.34	99.74
狼鸡草灰	55.02	19.32	1.67	0.30	8.59	7.44	4.81	0.56	1.36	0.92	99.99
稻谷壳灰	94.36	1.78	0.61		1.04		1.35	1.35			99.14
毛竹枝叶灰	60.02	0.76	0.36		5.94	2.78	25.56	0.10	0.89	2.95	99.37

1)摘自张福康，中国传统高温釉的起源，《中国古陶瓷研究》（论文集），科学出版社，1987 年，第 45 页。

表 2-9　各种钴土青料的化学成分（重量％）

名称	产地	SiO₂	Al₂O₃	Fe₂O₃	MnO	CaO	CuO	CoO	NiO	MgO	Na₂O	MnO/CoO	文献
钴土矿	中国浙江	18.31	19.01	6.99	30.12	0.16	0.10	1.86	0.36	0.20		16.1	①,②
珠明料	中国浙江	18.56	15.75	13.97	28.86			5.06	0.35			5.71	③
生青料	中国浙江	35.38	19.07	4.40	19.97	0.06		1.81	0.15	0.24	0.02	10.0	①
钴土矿	中国云南	28.97	32.81	6.58	19.36	0.66	0.58	4.46	0.05	少量	0.27	4.35	①,②
钴土矿	中国云南	37.46	4.75	1.65	27.50	0.60	0.44	5.50				5.00	④
钴土矿	中国云南	4.97	28.7	28.70	45.24			19.05				2.38	④
钴土矿	中国江西	37.91	18.68	4.65	20.03	0.33	0.16	1.26	0.19	0.48	0.11	15.9	①
生青料	中国江西	21.18	17.58	5.38	29.87	0.05		4.15	0.34	0.14	0.01	7.14	①
钴土矿	日本	7.23	7.21		12.57	3.84	6.24	45.89	6.96			0.28	④
钴土矿	日本	5.03	3.10	4.01	6.73	6.90		59.16	3.37			0.11	④
苏麻离青	西域	70.86	0.43	0.24				6.46				0	④
苏麻离青	西域	66.20	8.64	1.36				6.75				0	④

注：除表中所列化学成分外，其中浙江钴土矿还含 BaO 1.80％，TiO₂ 1.58％；云南钴土矿含 BaO 少量、K₂O 0.43％；江西钴土矿含 BaO 1.06％，K₂O 1.03％；日本钴土矿含 PbO 7.72％。

①陈尧成，历代青花瓷器和青花色料的研究，见中国硅酸盐学会编：《中国古陶瓷论文集》第 44 页，文物出版社，1982 年。

②周仁，景德镇瓷器的研究，中国科学院冶金陶瓷研究所专刊，科学出版社，1958 年。

③刘秉诚，《天工开物》中的"无名异"和"回青"试释，《自然科学史研究》，1(4)，1982 年。

④叶喆民，《中国古陶瓷科学浅说》第 21 页，轻工业出版社，1981 年。

第二,我国第一部本草专著《神农本草经》已指出:"朴消能化七十二种石。"所谓"七十二石",当然未必是实指 72 种,不过泛言其多,其中大部分应属于硅酸盐,当然会包括石英、石英砂类。这里的"朴消",孟乃昌已详尽论证过,乃是后世所指的"硝石"、"焰硝",即 KNO_3,而非 Na_2SO_4。[①] 据现代化学知识,也只有 KNO_3 具有熔解硅酸岩石的能力。而文中所谓"化"就是熔化、熔解之意。那么以硝石熔解石英就成为钾玻璃。可见从战国、西汉时期或从更早的时候,我国先民(大概主要是一些方士)已逐步有了以硝石消熔各类岩石的经验,西周料珠正可看成是这类实践的成果之一。所以在战国时期以后,完全可能造出了钾基玻璃。

第三,从玻璃器皿的型制上看,针对广西贵县从东汉墓出土的 $K_2O\text{-}SiO_2$ 玻璃高足杯、圆底杯腹部上所饰凸弦纹,黄启善指出[②]:"在我国先秦时期的陶、铜器上随时可见,在两广的汉代陶、铜器中也是常见的一种花纹装饰,因此这种花纹运用到玻璃器上是不足为奇的。"因此很多学者倾向于确认至少这批玻璃是中国所制的。

第四,表 2-7 所列的钾基玻璃中,有相当一批是以含 CoO 青料着色的蓝玻璃。而中国古代在陶瓷工艺中使用过两类青料,一种是从西域引入的,名叫"Smalt",译作苏麻离青,或苏勃泥青、佛头青,是以辉砷钴矿($CoAsS$)或砷钴矿($CoAs_2$)为原料,先烧成 CoO,然后将 CoO 熔化在 $Na_2CO_3\text{-}SiO_2$ 玻璃中(含 CoO 约 6%),因此是一种蓝玻璃料;另一种则是我国自产的钴土矿,其中含大量 MnO_2,在陶瓷行业中称作珠明料或画碗青。两者的最大差别则是含锰量悬殊,因此常以 MnO/CoO 的比值作参考来估计所用青料的来源(表 2-9)。若以表 2-7 中所载蓝玻璃的 MnO/CoO 值与表 2-9 对比,则这批玻璃似乎是采用国产青料。

第五,我国是使用硝石最早的国家。8 世纪以前西方似还不知使用硝石。唐代时我国炼丹术和医药经海路传入波斯和两河流域,硝石随之传到那里的各回教国。所以阿拉伯人称硝石为"中国雪",波斯人称它为"中国盐"[③]。因此,如果这批玻璃确实是以硝石为助熔剂制造的,那么就不大可能是西方制造或那里发明的配方,大概是我国先民独创的。

最后,我们想再举出一个有趣的、中国古老的以硝石制造玉石的配方,来说明我国在唐代初年甚至更早确曾以硝石来试炼玻璃。在孙思邈的《太清丹经要诀》[④]中有一个"造玉法",原文如下:

> 取大蛤蒲(蒲当为蒲嬴,蛤蚌之属,蛤蚌之壳的主要成分为 $CaCO_3$)捣为末,细研之,取一斤纳竹筒中,复纳硝石,密固之,纳左味(炼丹术中醋的隐名)中,二十日成水(成硝石与醋酸钙之混合物)。后取石英半斤,捣作末投筒中即凝,[以]好炭炭火,火之令赤,即成白玉。

当然,这样所制成的"白玉"是一种 $K_2O\text{-}CaO\text{-}SiO_2$ 玻璃。但又可说明,我国出土的钾钙玻璃(如表 2-7 所列唐宋时期的钾基玻璃)未必都是用草木灰作原料的,更未必都是外国运销来的。

总之,我国先民利用硝石作为制造玻璃、琉璃、人造玉石的助熔剂,很可能源远流长,完全有理由认为我国也曾独立创造过这项工艺,特别是那些 $K_2O\text{-}SiO_2$ 玻璃更具中国特色。

---

① 孟乃昌,汉唐消石名实考辨,自然科学史研究,2(2),1983 年。
② 黄启善,广西古代玻璃制品的发现及其研究,考古,1988 年,第 3 期第 264 页。
③ 冯家昇,火药的发明和西传,华东出版社,1954 年。
④ 宋·张君房:《云笈七签》卷七十一,齐鲁书社 1988 年版第 400 页。

五　建筑陶、低温铅釉陶与紫砂陶

原始瓷器是制陶工艺发展到一定水平的产物。由于它胎质致密,质地坚硬,基本不吸水,又因为它表面光滑美观,便于洗涤和使用,在储存液态食物时,不会因渗透而遭损失,因而很受欢迎,在商周时期得到较快的发展。主要产地也逐渐由长江以南部分地区扩展到南起广东,北至燕赵,东起海滨,西达陕西的广大地域。它迅速进入较富裕的家庭,取代了日用的陶器。瓷器的出现和生产,更加速了这种替代。这种情况必然要刺激陶器生产的推陈出新,研制新的品种和拓宽陶器的实用领域。建筑陶器、明器、釉陶器及后来的紫砂陶的出现和发展就是典型的事例。

(一)早期的建筑陶器

生产建筑陶器是在烧制日用陶器基础上发展起来的一项新兴手工业。目前已发现的最早建筑陶是商代早期的陶水管。在河南偃师二里头商代早期大型宫殿夯土基址内,曾发现埋设有相互套接的排水用的陶水管。它为泥质黑灰陶,胎质细腻坚硬,形制为一端粗一端稍细的圆筒形,管长约 42 厘米,粗端口径约 14.4 厘米,细端口径为 13.5 厘米,壁厚约 1.02 厘米,器表饰以细绳纹,系用泥条盘筑法制成。[①]同期类似的陶水管在郑州洛达庙遗址中也有出土。[②]商代中期的陶水管在郑州商代制陶手工业作坊遗址中曾出土过。[③] 商代后期的陶水管在河南安阳殷墟曾有不少发现,管形有了新的发展,除承袭商代前期的陶水管外,增加了一种两头相等的圆筒形和类似排水管中三通管的圆水管。[④]

西周是我国建筑用陶大发展的时期,创制了大型宫殿建筑用的板瓦、筒瓦和瓦当等陶制构件,改变了房屋长期使用草顶的状况,这是中国古代建筑史上一个重要的里程碑,为后来中国瓦顶房屋建筑奠定了基础。那时的筒瓦、板瓦和瓦当,都是泥质灰陶。先采用泥条盘筑成类似陶水管那样的圆筒形瓦坯,经过轮修和在器表拍印绳纹之后,再从圆筒形瓦坯内面,将它割成两半,即成一头宽一头窄的两个半圆形筒瓦。若用同样的方法,将制成的较粗大的圆筒形瓦坯切割成三等份,即三个一头宽一头窄的板瓦。瓦坯制成后,再在筒瓦的适当地方粘接上一或两个瓦钉或半圆形的瓦鼻。西周的筒瓦、板瓦在陕西扶风、岐山和长安"沣镐"一带的西周遗址中大量出土。[⑤]如扶风出土的一件筒瓦长 22.5 厘米,宽 13.5~12 厘米,厚约 1.2 厘米。另一筒瓦长约 45 厘米,中宽约 30 厘米,厚约 1.5 厘米。使用了这么大形制的筒瓦,可见西周时期房屋的建设规模是相当宏伟的。

春秋时期的建筑陶器在全国各地的不少遗址中都有出土,较西周更有新的发展和提高。开始出现长方形或方形的薄砖,筒瓦、板瓦的形制也有较大改进,即大多数去掉了瓦钉或瓦鼻,而是把瓦钉制成带有钉帽的单独瓦钉构件,同时在瓦的近头挖置一个小圆孔,以便用瓦钉插入,

---

①　中国科学院考古研究所二里头工作队,河南偃师二里头遗址发掘报告,考古 1965 年第 5 期;河南偃师二里头早商宫殿遗址发掘简报,考古,1974 年第 4 期。

②　河南省文物工作队,郑州洛达庙遗址发掘报告。

③　河南省文物工作队,郑州商代制陶遗址发掘报告。

④　中国社会科学院考古研究所安阳工作队,殷墟出土的陶水管道和石磬,考古,1976 年第 1 期。

⑤　陕西省文物管理委员会,陕西扶风、歧山周代遗址和墓葬调查发掘报告,考古,1963 年第 12 期;中国社会科学院考古研究所丰镐考古队,1961~1962 年陕西长安沣东试掘报告,考古,1963 年第 8 期。

而固定瓦于房顶铺设的泥上。这是一项重要的改进和发展。

到了战国时期，因各国都城大兴土木，增加了对建筑用陶的需求。板瓦、筒瓦、瓦当和瓦钉大量生产。板瓦仰置于屋面；筒瓦覆盖在两行板瓦之间，以防漏雨水；瓦钉使筒瓦固定，瓦当起装饰作用。至此中国特色的木构瓦房的屋顶设施已臻完备。

陶井的发明和使用是战国建筑用陶的又一成就。陶井一般由尺寸相等、直壁圆筒形的陶井圈叠置而成。一般来说，年代早的陶井圈，体高直径小；年代晚些的体矮直径大。井圈一般为泥质灰陶，有的含砂量较多，用泥条盘筑法制成。陶井圈的创造，为人们在土质不好或流砂地区打井创造了条件，对改善人们的饮水和农田灌溉都起了积极作用。

(二)秦俑及其彩绘

陶塑艺术在中国起源很早，通过古代的遗存可以追溯到新石器时代。用陶泥塑造一些仿生象生的陶俑，既表达了人们精神上的寄托，又是供人们鉴赏的艺术品。发展到春秋战国时期，一方面厚葬之风盛行，另一方面活人实物殉葬逐渐减少，大多以陶俑代之。因此这时期陶塑艺术得到了迅速发展。1974年考古工作者在陕西临潼秦始皇陵发现了规模之大使世人惊叹的秦俑坑。数目多达七千多件的巨型陶俑——兵马俑威武雄壮，神态如生地展现在人们面前。这一古代陶塑艺术的成果代表了陶塑艺术发展的一个高峰。

这些兵马俑到底是怎样烧造出来的？考古专家们进行了初步的研究。[①] 通过外貌观察、化学分析、物理性能测试(参看表2-10及2-11)，认识到：(1)秦代陶俑的原料是经过认真挑选、仔细粉碎的，它属于绢云母、伊利石为主的易熔粘土。这种粘土具有良好的可塑性，干燥收缩和烧成收缩都较小，不易开裂变形，烧成温度低，烧成范围广。(2)秦俑的制作采用模印分段成型，再粘接成整体的成型方法。采用这种方法是为了满足其大量制造的要求。为了避免因范模制造而出现制品完全雷同的现象，当时的陶工在范模成型的基础上，根据想象和需求，进一步通过捏塑、粘贴、刀刻、划纹等多种艺术手法加工，使制品形象各异，栩栩如生。(3)针对大型陶俑坯体在干燥和烧成中极易因受热收缩不匀而造成的坯体变形开裂，并最终可能导致报废，陶工们采取了某些有效的工艺手段，例如在陶俑的头部、陶马的腹部等适当部位留下出气孔，保证坯体在烧成过程中产生的气体可顺利排出。(4)秦陶俑的烧成温度约为900℃，前期采用氧化气氛，后期则施展手段使陶窑内产生大量游离的碳烟来熏烧制品，使其成灰色。总之，秦代时大型陶俑、陶马的烧制成功，表明当时制作复杂陶俑的工艺已很成熟。

从秦始皇陵出土的陶俑不仅造型生动，栩栩如生，而且还有精美的彩绘。这些兵马俑上的彩绘，虽然由于火焚烧和地下水的长期侵蚀，大部分已剥落，但是仅从部分残存的彩陶片来看，当年富丽堂皇的场面仍是可以想象的。人们不禁要问，这些彩绘运用的是什么颜料？这些颜料又是怎样制造和涂敷上去的？

经对发掘现场的实地考察，可以看到陶俑彩绘的颜料主要有红、绿、蓝、黄、紫、褐、白、黑等八种颜色，其间又有深浅浓淡的差异，所以实际上颜色的品种还可能多一些。通过对取样的光谱分析和X射线衍射分析，初步结论：[②] 丹砂(HgS)、铅丹、铅白、赭石、蓝铜矿〔$2CuCO_3 \cdot Cu(OH)_2$〕、孔雀石、木炭及雌黄(As_2S_3)，都是中国传统的绘画颜料，在陶瓷、油漆、化妆品等方面

---

① 参看周懋琰："秦始皇陵兵马俑初步研究"，《中国古陶瓷研究》，科学出版社，1987年。

② 参看李亚东："秦俑彩绘颜料及秦代颜料史考"，《考古与文物》1983年第3期。

大都曾有应用。而彩绘秦俑的出土表明我国的先民很早就大量生产和使用这些颜料，这在世界科技史上是不多见的。

在这几种颜料中，铅白〔$PbCO_3 \cdot Pb(OH)_2$〕、铅丹〔Pb_3O_4〕不是天然产品，而是人工制造的。它们是迄今为止中国发现的最早的人造颜料，也是世界上最早的颜料之一。

表 2-10　秦始皇陵墓兵马俑的外貌考察

名　称	年　代	出土地点	外　貌　观　察
陶俑	秦代	秦俑馆第一号坑	陶俑呈灰色，它们的颗粒组成较粗，并含有一定量的白色硬质粗颗粒
陶马	秦代	同上	陶马呈灰黑色，坯体的颗粒组成较粗，并包含有白色硬质颗粒及气孔

表 2-11　秦始皇陵墓兵马俑陶的化学组成[1]

编　号	化学成分 名称	SiO_2	Al_2O_3	Fe_2O_3	CaO	MgO	K_2O	Na_2O	TiO_2	IL
F-1	陶俑-1	66.36	16.57	6.08	2.06	2.27	3.26	1.47	0.72	0.74
F-2	陶俑-2	65.88	16.98	6.56	2.22	2.38	3.26	1.33	0.72	0.41
H-3	陶马-3	63.24	15.98	6.08	2.61	2.09	2.89	1.97	0.72	4.44

1)摘自周懋瑗："秦始皇陵兵马俑初步研究"，《中国古陶瓷研究》，科学出版社，1987。

这些颜料又是怎样涂绘在陶俑表面？经过仔细观察可以发现：①陶俑的断面颗粒细腻，几乎没有较大的砂粒，说明粘土是经过选择加工的。这样的泥质陶胎便于上彩。②在彩绘前，陶工对陶俑表面进行过预处理。其方法是在素烧前似乎上过一层较薄的陶衣，然后再经过研光加工，这样既提高了光洁度，又保持了一定的涩度。③陶俑素烧后，似乎又进行过一番化学物理方法的处理。研究中发现，在陶俑彩绘层下似乎有一层薄薄的像漆一样的物质附着在陶胎表面。根据我国的绘画传统，这一层可能就是起着粘合作用的明胶水(明胶水是用动物胶和明矾按一定比例配合，加水煮成的一种胶体溶液)。用明胶水涂布过的材料，滑涩相宜，吸水适度，着附颜料坚牢。

通过放大镜观察，可以看到秦俑颜料色泽鲜艳，颗粒细腻均匀，应是经过周密加工处理过的。据多方面的考察，中国传统上对颜料的加工，是十分考究的，一般经过选、研、漂、配四个步骤。选即精选原料，研即粉碎到一定细度，漂即用水漂洗筛选，配即将颜料与填料或其他颜料相配合，这种处理方法才能保证颜料具有较高的质量。这些工序可能在秦代已经初步施行了。

(三)汉代的铅釉陶

汉代的陶器在继承周、秦制陶工艺的基础上又有重大创新。根据考古发现的资料，在汉代的诸种陶器中，翠绿色和粟黄色的釉陶十分引人注目。它们既不是原始瓷器，又不是彩陶或硬陶的直接演进，而是一类崭新的铅釉陶。铅釉陶的烧制成功和铅釉的出现是陶瓷工艺发展中的一件大事，是汉代陶瓷工艺中最杰出的成就。

根据目前掌握的考古资料，铅釉陶首先出现在陕西的关中地区。在汉武帝时期的墓葬中尚属少见，而在汉宣帝(公元前73—前49)以后，铅釉陶逐渐多起来，在河南的许多地区有较多的发现。到了东汉时期，西至今甘肃，北达长城，东至今山东，南抵今湖南、江西都有铅釉陶的流传。这说明铅釉陶技术得到迅速的发展，流行地域已十分广阔。

　　铅釉陶不仅外观有着美丽的翠绿和艳黄,而且釉层清彻透明,釉面光泽明亮,表面平整光滑。这些优点无疑是非常诱人的。但是出土的铅釉陶却大多是丧葬用的明器,至今几乎没有发现实用器物。

　　铅釉与以氧化钙为助熔剂的石灰釉在化学组成上截然不同,它以铅的氧化物为基本助熔剂,以铁或铜为着色剂,大约在700℃左右即开始熔融,因此是一种低温釉。铜使釉色呈翠绿色,铁使釉呈黄褐或棕红色。铅釉的加工施敷一般来说比石灰釉要简单,烧成温度也较低,然而铅釉的使用在中国却比石灰釉晚了一千多年。这一时间的差距与人们对石灰和铅的认识有直接的关系。前面已指出中国铅釉的发明和发展与中国传统的玻璃源起和早期工艺有着密切联系。到了汉代,当人们已直接利用黄丹或铅丹或铅粉作为原料来制造玻璃时,陶工们很自然地联想到,能否将这些玻璃状的物质施用于陶器表面,以使陶器更加美观和具有防渗透的功能。于是他们借鉴于铅玻璃的生产工艺,将制玻璃的原料(黄丹、白石粉和微量孔雀石粉或赭土)涂布在已烧制好的素陶器表面,再经低温烧烤,便会在陶器表面获得一层美丽的绿色或黄色的铅釉。铅釉的发明可能就是这样起始的。

　　从墓葬中出土的汉代铅绿釉陶上,有时会看到有的釉陶表面有一层银白色具有金属光泽的物质。人们通常把它称作"银釉"。银釉究竟是怎么一回事?历来众说纷纭。有人曾设想这是由于棺墓中的朱红(丹砂)变成水银而粘附在陶器表面所致;也有人曾猜测是由于绿釉中的铅成分以金属铅的形态在釉面上析出所致。还有人认为这种釉的内部结构或许类似于云母,当属铅釉成分发生晶形转化而演变成具有与云母相似的物理性质。还有人曾推测,这种变化可能是由于铅釉中曾喷刷过一层银所致。

　　古陶瓷专家对此进行了一系列的专门研究,否定了上述种种猜测,明确指出:所谓银釉,实际上是铅绿釉表面的一层半透明衣,它极易用刀片刮下,衣的下面仍是铅绿釉。通过显微镜观察可以发现,这层衣呈层状结构,与云母结构颇相似,少则几层,多者可达20多层,每层厚度仅约3微米。经X射线衍射和岩相分析,表明这层薄衣属于非晶态均质体,在化学组成上,与它下面的铅绿釉基本相同。它在室温下的电阻率也与铅绿釉相同。由此可见它既不是金属铅的析出或刷银,也没有类似云母的结构。考虑到这类银釉大多出自比较潮湿的墓葬中,比较干燥的地方很少发现这种银釉制品,于是根据产生银釉的环境分析,古陶瓷专家进而认识到,这层衣当是一层沉积物,是铅绿釉在潮湿的环境中,由于长期遭受水和大气的侵蚀,溶蚀下来的物质连同水中可溶性的盐类在一定条件下,就在釉层表面和裂缝中凝聚、析出而产生的。这层沉积物与釉面的接触并不十分紧密,故水分仍能进入沉积物与釉面的空隙,继续对釉面进行溶蚀,时间长了,又会析出新的一层沉积物。这样反复进行下去,层次就不断增多,当沉积物达到一定厚度时,由于它对光线的干涉作用,就产生银白色的光泽。这就是银釉的秘密。[①] 总之,它并非当初陶工有意加工的创造。事实上,不仅墓葬中的铅绿釉陶会出现这种现象,在古代陪葬的唐三彩等其它低温铅绿釉陶上也曾出现过这种现象。

　　再对出现银釉的唐三彩进行考察,又可以进一步发现银釉的产生仅出现在铜绿铅釉的表面,而铁黄釉、钴蓝釉的表面都不会产生银釉。这一情况则表明铜绿铅釉易受水和大气的溶蚀,而铁黄铅釉、钴蓝铅釉则不易受到这种溶蚀,所以银釉的生成主要取决于釉,而不是胎。

---

　　① 　参看张福康、张志刚,中国历代低温色釉的研究,《硅酸盐学报》1978年第1,2期。

(四)建筑釉陶的出现和烧造

当铅釉陶器的化学稳定性和物理强度有了一定的提高后,它开始进入实用阶段。在这种实用的铅釉陶器中应用量最大的是建筑用釉陶器。

建筑釉陶又叫建筑琉璃,它是指用于建筑的铅釉陶制品,例如琉璃瓦、琉璃影壁。但要说明"琉璃"一词,最初是指天然的透明宝石,在西周时期出现了铅基玻璃,因它貌似宝石,所以也称琉璃。[①]其后又出现了有胎的铅釉陶器,于是又称它为琉璃器。自唐代以后,大量的玻璃自域外输入,于是把原来的人工无胎琉璃给予了专门的称谓,叫做"玻璃"、"玻瓅",而把有陶胎的铅釉陶称作琉璃,以示区别。"玻瓅"一词可能是外来语的音译。

我国的建筑琉璃从文献和考古发掘来看,大约最早开始于南北朝的北魏时期(386～534)。《北史》称:"琉璃(按指无胎琉璃,即古玻璃)制造久失传,太武时天竺国人商贩至京,自云能制造五色琉璃。于是采砺山石,于京师铸之,既成,光泽美于西方来者。乃诏为行殿,容百余人,光色映彻,观者见之,莫不惊骇,以为神明所作,自此中国琉璃才贱,人不复行之"。[②]此文对"琉璃"的描述不够明确,很可能是指玻璃而言。但清初陈元龙所撰《格致镜源》援引过《郡国志》的记载,谓"朔方太平城(在今内蒙古杭锦旗北)后魏穆帝造也,太极殿琉璃台及鸱尾悉以琉璃为之。"这里所言琉璃台及鸱尾无疑都是有陶胎的建筑琉璃。近年杨根等分析了北魏时期的山西永固堂和永固陵的灰白色建筑琉璃残块,结果表明是铅釉。[③]

到了唐代,在唐三彩出现的同时,以琉璃来装饰建筑已相当普遍,不乏记载。杜甫"越王楼歌"有"故城西北起高楼,碧瓦朱甍照城廓"之句;崔融"嵩高山启母庙碑铭"有"周施玳瑁之橼,遍复琉璃之瓦,赤玉为阶道,黄金作门"之语。关于这种建筑琉璃作品,唐人颜师古对《汉书》作注时说:"今法销冶石汁,加以众药,灌而成之。""今法"当指唐代,但他未说明原料配方。

北宋时,已有直接用金属铅和石英烧造建筑琉璃的做法,《续资治通鉴长篇》记载:"熙宁六年(1073年)春正月壬申赐许州民贾士明钱五十万。先是修堵宫观,皆用黄丹烧琉璃瓦,士明献瓦法,代以黑锡(按即铅),颇省钱费,故赏之。"宋元祐六年(1091)由李诫编修而成的《营造法式》为现存内容最丰富的古代建筑专著,该书卷十五最早记载了烧制建筑琉璃的工艺:"凡造琉璃等之制,药以黄丹、洛河石和铜末,用水调匀(冬月以汤),瓹瓦于背面,鸱兽之赖于安卓露明处(青棍同),并遍浇刷瓹瓦于仰面内中心。"文中所言河洛石是一种石英石。其釉料的配方是:"每黄丹三斤,用铜末三两,洛河石末一斤。"

宋代遗留至今最重要的琉璃建筑为开封"铁塔",它实际上是用铁黑色琉璃砖砌成,塔顶亦覆盖琉璃瓦,塔八稜,有十三级。初建于北宋庆历元年(1041),其黑釉可能是以铁锰矿粉为着色剂。

明初南京宫廷建筑所用的琉璃瓦是在南京聚宝山(南郊芙蓉山)设窑烧造的,据《大明会典》记载:"洪武二十六年定:凡在京营造,合用砖瓦,每岁于聚宝山置窑烧造。……如烧造琉璃

---

①　《汉书·西域传》:"罽宾国出虎魄璧流璃。"唐·颜师古注引《魏略》云:"大秦国出赤、白、黄、黑、青、绿、缥、绀、红、紫十种琉璃。"这里所言琉璃即指玻璃或宝石。

②　类似记载见于《魏书·西域传·大月氏》(卷一百零二),但言"大月氏商贩"而非"天竺国商贩"。

③　杨根等,古代建筑琉璃釉色考略,自然科学史研究,3(2),1984年。

砖所用白土,例于太平村(今安徽省当涂、芜湖一带)采取。"永乐后迁都北京,琉璃瓦主要改在北京的琉璃厂,后迁门头沟琉璃渠村烧造。明代的琉璃制作量超过了以前各个朝代,并有更大的发展。皇家的宫廷建筑、陵墓照壁、释道庙宇、佛塔、供器以及日用工艺品很多都用琉璃制品。现存大同市内在洪武九年建造的琉璃九龙壁是明初琉璃的代表作。它是一个以九条龙的浮雕和屋脊琉璃瓦、琉璃斗拱以及四周琉璃图案镶边组成的硫璃照壁;全长 45.5 米,高 8 米。从已发现的明代琉璃照壁、塔、建筑屋脊、鸱吻、建筑用瓦、香炉、狮子等琉璃制品看,明代的琉璃制作以山西地区为最兴盛,这与当时该地区寺庙建筑的发展分不开的。这些琉璃制品的釉色主要有黄、绿、紫、蓝、褐、黑几种。[①] 明初托名刘基所撰《多能鄙事》(卷五)中记载有"炼琉璃法",谓:

> 黑锡四两,硝石三两,白矾二两,白石末二两。石捣飞极细,以锅用炭熔前三物,
> 和之。欲红入朱,欲青入铜青,欲黄入雌黄,欲紫入代赭石,欲黑入杉末炭末,并搅匀,
> 令成色。用铁筒夹抽成条,白则不入他物。

这个琉璃配方,用料都很少,肯定是制作小型料器器件,而非制作建筑琉璃,所以只能作为参考。明末人宋应星《天工开物》(第七卷)则提到烧琉璃瓦,谓:

> 若皇家宫殿所用,大异于是。其制为琉璃瓦者,或为板片,或为宛筒,以圆竹
> 与斲木为模,逐片成造。其取土必取于太平府。造成,先装入琉璃窑内,每柴五千斤,
> 烧瓦百片。取出成色,以无名异、棕榈毛等煎汁涂染成绿黛;赭石、松香、蒲草等染成
> 黄。再入别窑,减杀薪火,逼成琉璃宝色。外省亲王殿与仙佛宫观间亦为之,但色料各
> 有。譬合采取,不必尽同。民居则有禁也。

可见这种琉璃瓦是两次烧成的。

张子正等曾对中国古代建筑陶瓷进行了初步研究,他们提供了一些从唐代迄明清时期琉璃釉的化学分析结果,摘录列入表 2-12 中,可供与上述琉璃釉配方进行对比研究。

表 2-12　历代玻璃釉料化学分析结果[1)]

品　　种	SiO_2	Al_2O_3	Fe_2O_3	TiO_2	CaO	MgO	K_2O	Na_2O	PbO	CuO	经验公式
唐代绿色琉璃瓦	✓	✓	✓		✓		✓		✓	✓	
北宋棕色琉璃瓦当	✓	✓	✓		✓		✓		✓		
北宋棕色琉璃瓦当	✓	✓	✓		✓	✓	✓		✓		
元代绿色琉璃瓦	34.22	4.25	0.32	0.05	0.51	0.08	1.90	0.17	56.88	2.28	$RO \cdot R_2O \cdot 0.14R_2O_3 \cdot 1.81RO_2$
明代绿色琉璃瓦	30.35	5.23	0.17	0.065	0.40	0.13	0.18	0.74	60.04	3.46	$RO \cdot R_2O \cdot 0.16R_2O_3 \cdot 1.5RO_2$
明代绿色琉璃瓦	45.51	3.52	0.37	0.05	0.66	0.14	7.38	4.27	34.73	3.35	$RO \cdot R_2O \cdot 0.1R_2O_3 \cdot 2.08RO_2$
清代蓝色琉璃脊饰	69.63	4.51	0.73	0.13	11.35	1.42	0.72	9.90	1.50	0.10	$RO \cdot R_2O \cdot 0.11R_2O_3 \cdot 2.55RO_2$
清代黄色琉璃瓦	35.74	5.48	2.98	0.23	0.46	0.32	0.67	0.39	53.57	0.06	$RO \cdot R_2O \cdot 0.27R_2O_3 \cdot 2.24RO_2$
明代绿色琉璃瓦	36.65	2.91	1.32	0.07	0.15	0.20	2.36	4.10	51.62	0.59	$RO \cdot R_2O \cdot 0.11R_2O_3 \cdot 1.75RO_2$
明代绿色琉璃瓦	24.58	4.50	4.57	0.15	0.46	0.10	0.24	0.35	59.86	4.44	$RO \cdot R_2O \cdot 0.21R_2O_3 \cdot 1.2RO_2$

1)摘自张子正等:"中国古建陶瓷的初步研究",《中国古陶瓷研究》第 118 页。

---

① 应指出,在明代中期以后,在晋南一带已盛行起称作"法华器"的一类釉陶器,广泛制作建筑琉璃和日用釉陶,其釉的配方中,用解池一带丰产的牙硝($Na_2SO_4 \cdot 10H_2O$)代替黄丹为助熔剂。以铜花为着色剂者称"法翠",以青钴料着色者称"法蓝"。这种山西特产琉璃器至今生产不衰。

（五）唐三彩陶器的科学内涵

唐三彩是唐代铅釉陶器的总称,包括陶质铅釉的生活用具和艺术品的俑类及明器。它工艺精湛,造型奇特,彩色深邃,变幻无穷,蜚声中外,是唐代陶瓷工艺出现高度发展的象征之一。它以白色粘土作胎,用含铜、铁、钴、锰等元素的矿物作釉料着色剂,以铅灰或炼铅的熔渣为助熔剂而配制成多种低温色釉料。釉色有深绿、翠绿、浅绿、蓝、黄、黑、白、赭、褐等,但以白、绿、黄三色为基色,所以名"唐三彩",它们实际上是一种多彩陶器。在烧成中,这些呈色的氧化物随着铅熔剂向四方扩散和流动,相互浸润,形成斑驳灿烂的色彩。唐三彩是汉代以来低温铅釉发展的结果,它也吸收了当时制瓷工艺的某些技艺,为宋代及以后多种低温色釉和釉上彩瓷的出现奠定了基础。唐三彩的绿釉仍是用氧化铜类矿石粉(孔雀石、蓝铜矿)着色的;黄釉和褐色釉是用赭石(主要成分为 Fe_2O_3)着色的;黑色釉是用铁锰矿粉着色的;特别应注意的是唐三彩的蓝釉,它是钴的氧化物(一种含钴软锰矿)的呈色结果,表明我国用钴于陶瓷釉始于唐代,使中国青花釉料的来源有了一个可以追溯的线索;白色釉是将无色透明釉覆盖在胎体表面化妆土上所造成的效果。

根据记载,1899 年修筑陇海铁路时,从洛阳唐墓中出土了一批唐三彩釉陶器,这才开始引起人们对唐三彩的重视。近几十年来,考古工作者在中国陕西、河南、长沙、常州、扬州等地的墓葬中发掘出大量的唐三彩釉陶器。例如 1972 年在陕西乾陵的懿德太子李重润和章怀太子李贤墓中发掘出的三彩釉陶器达 1600 多件。根据目前已掌握的考古资料,还没有看到唐高宗时期以前的三彩釉陶;最早的三彩釉陶是从唐代李凤墓(他死于 674 年)出土的。由此可推测三彩釉陶的生产大概始于唐高宗中期,在玄宗开元年间(713～741)达到极盛时期。由于唐代盛行厚葬,并且在唐代典章中有明文规定不同等级的官员死后随葬相应数量的明器。这就促使作为当时主要明器的三彩釉陶有了迅速的发展。三彩釉陶易碎不便于长途运输,所以当时的三彩釉陶的主要生产地就集中在唐代都城长安和东都洛阳及其附近。

根据对古窑址的考察和出土三彩釉陶的研究,考古学家已初步了解到当时三彩釉陶的制作工艺。大致的过程是:原料的选择大都是就地取材。唐三彩的胎体一般为白色,部分器物的胎体由于 Fe_2O_3 含量较高(1％左右),又在氧化气氛中烧成,故略为发红。通过对胎体化学成分的分析,表明制胎的坯泥与当地烧造瓷器的粘土相近,不同的是坯泥的加工远不如制瓷那么精细。三彩陶的釉固然是在汉代铅釉基础上发展而来的。但汉代的铅釉多为单色釉,大多是绿釉,偶尔有黄釉、褐釉,三彩陶的色彩则增加很多,呈色元素除铜、铁外又增加了钴,而且利用了同一元素的不同氧化态在不同环境中有不同呈色功能的许多配釉经验。三彩釉陶的成型工艺则几乎融会了当时陶瓷业、制漆器业、铸造业等多种手工艺的成型技巧,包括轮制、模制、雕塑及粘接,所以经过陶工的精雕细刻,生产出造型多样,形态逼真的陶塑。三彩釉陶的配釉和装饰手法更是丰富多彩,手法多达十几种。加上利用各种色调釉汁的流动、相互浸润,组成了变幻莫测,万紫千红的装饰图案和色彩。根据古窑址的调查和对出土三彩釉陶的分析,装烧三彩陶较少使用匣钵,所使用的窑具一般是平板、垫圈、三叉支钉等。三彩釉陶一般是二次烧成。第一次是素烧坯件,烧成温度约在 1000℃,所以素胎的烧结程度较差,因此唐三彩只能算是陶器,不属瓷器,第二次是釉烧,即在素烧后的坯件上挂釉,然后放在一般直焰窑中,在氧化气氛下烧成。温度一般在 800～850℃。

充做明器的三彩釉陶器,凡是与死者在世时生活接触所及的有关内容,例如建筑物、家具、生活日用品、禽畜、侍卫人役等无不仿制,器种繁多,这就使三彩釉陶器远比唐代任何手工业艺术部门的产品品种都要丰富。所以它能形象地反映唐代生活的许多侧面,不仅为后人了解、研究唐代的社会、经济、文化等提供了宝贵的形象资料,同时经唐代陶工高超技艺雕塑的艳丽多彩的唐三彩釉陶器也成为中国艺术宝库中的珍品。

(六)紫砂陶及其陶质特色

自从瓷器问世以后,一些小件陶器逐渐不为人们所重视。可是从宋代以后,当时在今日的"陶都"江苏宜兴生产出的一种名叫紫砂器的无釉细陶制品,有如异军崛起,誉满中外。

紫砂陶的闻名和久享盛誉首先是由于用紫砂制作的茶具具有独特的性能。饮茶原是中国人民相沿很久的传统嗜好,唐代以后饮茶之风大盛,那时著名诗人陆羽曾写了一本《茶经》,对茶叶的品种、烹茶的技巧、香茗的品赏及选用茶具都做了详细的描述。总之,当时的文人与士大夫们希望茶具能与名茶的三绝——色、香、味相配合。而自宜兴紫砂陶茶具问世,用它沏茶,茶味更醇,明人文震亨在《长物志》中说:"茶壶以砂者为上,盖既不夺香,又无熟汤气";还有人说只有这种茶具才"能发真茶之色香味"。更因为紫砂壶具有多孔性,器壁能吸收茶汁,时间一久,茶汁积成"茶锈",即使空壶以沸水注入,这种茶锈仍能散发出茶香。而且紫砂壶使用时间越久,越发光润,正如清人吴骞描述紫砂壶时所说:"壶若用久,涤拭日加",就会"自发闇然之光,入手可鉴"。再加之它还有耐骤热骤冷的应变性及低热传导的特性,所以冬天沸水注入无冷裂之虞,手提也不烫,保温性好。因此它成为别树一帜,交口皆碑的茶具。

此外,紫砂陶壶造型别致多姿,装饰更有独特的韵味。它往往将中国传统的绘画、文学、书法、篆刻诸般艺术与它自身的造型相结合,别具风格,象征出时代风貌。

紫砂陶除茶具和花盆外,还有各种文房雅玩,如花樽、菊盒、香盘、十锦杯等。用紫砂制成的动物如螃蟹、伏牛、神兽,更是形象逼真,栩栩如生,成为艺术珍品。外国人誉它为"红色瓷器"、"朱砂器"。

宜兴紫砂器之所以具有独特的性能,除工匠的聪明才智、精湛技艺外,在物质上说,要归功于宜兴当地所产的一种得天独厚的紫砂泥作为原料。紫砂泥有紫泥、红泥和绿泥三种基本泥料。紫泥的藏量较丰富,它是一种天然的五色陶土,深藏于岩石层下,夹杂于甲泥(硬角质泥层)之中,所以有"岩中岩"、"泥中泥"之称,刚开采出的紫砂泥堆放露天,经风化就会渐渐变松,用水调拌后具有很强的可塑性,据科学测定其可塑性指数可高达 17 左右,是一种高塑性粘土,属于高岭-石英-云母类型,其特点是质地细腻,含铁量特高,这是它烧成后呈紫红色的原因。紫砂器的烧成温度一般介于 1100~1200℃之间,须采用氧化气氛,烧成后的成品吸水率<2%,说明它的气孔率介于一般陶器与瓷器之间。

关于紫砂原料和古代紫砂陶器残片的化学组成的分析结果,我们摘录一些,列于表 2-13 中,以供参考。

紫砂陶的起源问题,众说纷纭。1976 年宜兴陶瓷公司在宜兴羊角山早期紫砂窑址收集到了大量古紫砂残片,可以看出早期紫砂器主要是壶罐两大类,胎质较粗糙,制作不甚精细,反映了这种紫砂器是刚从陶器中派生出来的原始状态,这种壶只能用来煮茶或煮水,而不是用于沏茶和几案陈设。从器形、装饰和成型手法各方面考察,它与北宋江南墓葬中常见的龙虎瓶极为相似,所以说明在北宋时就已大量烧造紫砂陶器了。北宋末年梅尧臣的诗句中有"小石冷泉留早味,紫泥新品流春华"以及"雪贮双砂罂,诗琢无玉瑕"等句,一般认为"紫泥新品"与"砂罂"就是指宜兴紫砂壶一类器物。表明北宋末年紫砂器已为嗜好品茶的文人所喜爱和赞美了。到了明代正德年间紫砂陶日趋成熟。据明人周高起所撰《阳羡茗壶系》记载,明正德嘉靖间的陶工供春(因他原姓龚,所以也叫龚春)是把紫砂器推进到一个新境界的最早的民间紫砂艺人。他本是宜兴吴氏颐山的书童,吴颐山曾读书于金沙寺中,寺内有一和尚好制陶器,于是供春得以从和尚学艺。他经刻苦钻研,精心构思,得以成为紫砂陶高手、一代名家。其作品"栗色闇闇,如古金铁,敦庞周正",极造型之美。从此供春之名大燥,遂与嘉定濮仲谦的刻竹,苏州陆子冈的雕玉,姜千里的螺甸器同广为明代文人所推崇。至万历年间已是百品竞新,名匠繁出,有紫砂四大名家(董翰、赵梁、元畅和时朋),使我国的紫砂器形成为独立的工艺体系,进入完全成熟的发展时期。清代紫砂工艺继续发展,例如嘉庆年间出了制壶名手杨彭年与金石书法家陈曼生合作的"曼生壶",赢得了"字依壶传,壶随字贵"的赞誉。

表 2-13　古紫砂残片和紫砂原料的化学组成[1]

成分(%)　试样	SiO_2	Al_2O_3	TiO_2	FeO	(总)Fe_2O_3	K_2O	Na_2O	CaO	MgO	MnO	Cr_2O_3
Y-1	62.50	25.91	1.32	1.38	7.75	1.36	0.07	0.43	1.36	0.10	0.02
Y-2	65.33	23.89	1.16	3.07	7.14	1.73	0.07	0.29	0.37	0.018	0.02
Y-3	64.94	24.08	1.23	5.44	8.24	1.28	0.07	0.26	0.35	0.013	0.02
Y-4	64.62	20.69	1.28	0.44	8.60	2.50	0.13	0.51	0.55	0.018	0.02
Y-5	71.01	17.28	1.28	0.14	7.22	1.70	0.07	0.26	0.41	0.019	0.02
Y-6	62.72	23.85	1.29	0.33	8.66	2.05	0.07	0.28	0.53	0.011	0.02
M-7	60.70	23.42	1.15	0.50	9.95	2.85	0.07	0.23	0.60	0.023	0.03
紫砂泥	58.39	20.12	1.08		8.38	3.38	0.06	0.25	0.57	0.01	
绿泥	58.32	24.13	1.07		1.91	2.01	0.07	0.41	0.46	0.006	

1)摘自孙荆、阮美玲、谷祖俊:"羊角山古窑紫砂残片的显微结构",《中国古陶瓷研究》,第89页;《中国陶瓷史》第394页。

六　"南青北白"的唐代瓷艺

隋末所开凿的大运河,沟通了疆域辽阔的李唐帝国南北之间的经济和文化的融合;唐代陆上、海上交通也很发达,丝绸之路促进了中外经济和文化的交流,唐代的政治、文化影响远远地跨出了国门。陶瓷和丝绸一样,既是商品,又是礼品,在国与国以及不同民族之间的交往中发挥了重要作用。这种经济、商品的交往无疑地又促进了陶瓷的发展。

人们通常用"南青北白"来概括唐代瓷业的特点。当时越窑青瓷和邢窑白瓷分别代表了南方和北方瓷业生产的最高水平。但是考古资料却告诉人们,在南方的诸窑中,虽然烧造青瓷占据了绝对的优势,然而黑瓷、花瓷也有一定的生产,在南方的唐代墓葬中也曾发现过数量相当可观的白瓷,这对南方瓷窑是否也曾烧制过白瓷发出了启示。至少有一点是事实,没有一定的技术准备和经验积累,五代时的昌南镇(今景德镇)是烧不出那么高质量白瓷的。而在北方诸窑中,兼烧青瓷、黑瓷、花瓷、黄瓷的瓷窑也相当多,有的甚至是专营青瓷或黑瓷、花瓷的烧造。这可能是当时北方的许多瓷窑历史还较短,并无陈规可以墨守,而是根据自己的资源、技术条件和审美观,敢于作各种新的尝试和探索,所以它们对釉色并不绝对偏好,而是青、白、黑、黄、绿、花,诸瓷并举,既崇尚素雅,又欣赏富丽,反映了一种进取风格和兼容并蓄的态度。这就造就了唐代瓷业在广大地区的振兴并导致了宋代瓷业的繁华。

唐代制瓷工艺中最重要的革新是开创并普遍地使用了匣钵装烧,使烧出的瓷器在质量上有了明显的提高。

(一)青瓷的演进

越窑是中国古代的名窑之一,其名最早见于唐代。陆羽在《茶经》中说:"碗,越州上,鼎州次,婺州次,岳州次,寿州、洪州次。或者以邢州处越州上,殊为不然。若邢瓷类银,越瓷类玉,邢不如越一也。若邢瓷类雪,则越瓷类冰,邢不如越二也。邢瓷白而茶色丹,越瓷青而茶色绿,邢瓷不如越三也。……瓯,越州上,口唇不卷,底卷而浅,受半升而已。越州瓷、岳瓷皆青,青则益茶,茶作红白之色,邢州瓷白,茶色红,寿州瓷黄,茶色紫,洪州瓷褐,茶色黑,悉不宜茶。"[①] 他以冰玉来描绘越窑青瓷釉的明澈晶洁。另一位唐代诗人陆龟蒙又曾以"九秋风露越窑开,夺得千峰翠色来"[②] 的诗句赞美越窑青瓷釉色的幽雅柔美。今浙江东北部的余姚、上虞、绍兴、诸暨一带,唐时皆属越州,故其窑称越窑。自从东汉后期在上虞等地烧制出成熟的青瓷以后,经三国、两晋及南朝,青瓷的烧制得到长足的进步。瓷窑的遗址在宁波、奉化、临海、萧山、余杭、湖州等地都有所发现,从而在我国古代诸种瓷品中率先形成了窑场众多,分布地区很广,产品风格一致的越窑青瓷体系。到了隋唐,青瓷的生产遂又遍及浙江各地。所以从严格的地域来说,越窑主要指唐时隶属越州的上虞、绍兴、余姚、萧山等的瓷窑,而广义的越窑青瓷系就概括了一个较长历史时期和广阔地区的瓷窑。

从三国、两晋到南朝,这时期的越窑青瓷,人们习称它们为早期越窑青瓷。这时期制瓷工艺有了很大提高,基本上摆脱了东汉晚期承袭陶器和原始瓷器的工艺传统,具有了自己的特点。在成型方法上,除轮制技术有了提高外,还采用了拍、镂、雕、堆和模制,能够生产方壶、槅、谷仓、扁壶、狮形烛台等各种形态独特的器物,品种繁多,样式新颖。茶具、酒具、餐具、文具、容器、盥洗器、灯具、卫生用瓷等样样齐备。瓷制品逐渐渗入到生活的各个方面,部分地代替了木器、漆器、竹器及金属制品,展示了瓷器的光辉前景。早期越窑青瓷随着工艺水平的发展,质量有明显提高。三国时期的青瓷胎质坚硬细腻,呈淡灰白,少数温度不足的,胎质较松,呈淡淡的土黄色。釉质纯净,以青色为主;釉层均匀;胎釉结合牢固。例如在南京赵士岗东吴墓出土的青瓷虎子和南京清凉山另一座东吴墓出土的一对青瓷羊,可以说是当时青瓷的代表作。两晋时期的青瓷较这两项作品又有进步,胎骨比前稍厚,胎色较深,呈灰或深灰色,釉层厚而匀,普遍呈青灰色。

综观早期越窑青瓷,胎质已致密坚硬,外施光滑发亮釉层,更有各种花纹的装饰,美观典雅,而且经久耐用,不沾污物,耐腐蚀,便于洗涤,必然愈发受到当时人们的喜爱。

对汉晋青瓷的研究结果表明,当时掌握青瓷工艺是很不容易的,青瓷的石灰釉中因含有$1\%\sim3\%$(至少$>0.8\%$)的FeO,才使釉色呈青绿色。这不仅要求配制釉药量要准确,含铁成分要适当,还必须严格掌握窑温和控制通风状况,若含铁过高($>5\%$)或通风量过大,使瓷品在氧化气氛中烧成,使釉中铁处于Fe_2O_3状态,那么都会使釉色变黄或甚至呈暗褐色。表2-14是西晋周处墓出土越窑青瓷釉和河北景县封氏墓(大约在北魏到隋初)出土青瓷釉化学成分的分析

---

① 唐·陆羽:《茶经》卷中,《百川学海》本。
② 唐·陆龟蒙诗"秘色越器",录自清·彭定求等修纂:《全唐诗》卷六二九第7216页,中华书局铅印本,1960年。

结果。

表 2-14　晋代青瓷釉的化学成分[1]

成分 样品	SiO₂	TiO₂	Al₂O₃	Fe₂O₃	CaO	MgO	K₂O	Na₂O	MnO	CuO	总数
周处墓出土青瓷釉	60.79	1.14	11.03	2.60	17.59	2.25	1.42	0.74	1.16	0.14	98.86
封氏墓出土青瓷釉	57.25	0.69	16.35	1.65	17.99	3.35	2.51	0.52	0.06		100.37

1)摘自《中国陶瓷史》第 165 页。

　　唐代瓷业虽然出现了南青北白的局面,但是青瓷在数量上远远高于白瓷,当时青瓷的最高水平是越窑青瓷。这类青瓷的原料加工和制作都很精细,瓷土曾经过认真的粉碎和淘洗,坯泥在成型前经过反复揉练,所以瓷胎细腻致密,不见分层现象,气孔也少,呈灰、淡灰或淡紫色。制作也很讲究,器形规整,特别到了唐末,坯体显著减薄减轻。釉层均匀,剥釉现象更为少见,一般呈青色,滋润而不透明,隐露精光,如冰似玉。晚唐时期制瓷工艺的最大进步是匣钵的使用和装窑技术的改进。在唐代中期以前,越窑还没有使用匣钵,坯件大多采用叠装,用明火烧成。碗、盘等坯件逐层叠装,器件内外留有窑具支烧痕迹,釉面难免有烟薰或粘附砂粒的缺陷。使用匣钵后,坯件在匣钵中叠装放置,不再重叠,损坏大为减少,也不易被污染,烧成的青瓷胎体细薄,釉面光滑,质量显著提高。

　　精美的越窑青瓷到了五代时期,其部分产区为钱氏吴越国宫廷所垄断,成为中国最早的官窑。其典型产品属于供奉之物,除供宫廷使用外,还作贡品,庶民不得使用,甚至官绅富贾也难得享用,显得十分神秘,故有"秘色瓷"之称。[1]后人评论它说:"其色如越器,而清亮过之"。根据考察,出土的秘色瓷的确质地细腻,原料经过精细处理,瓷胎呈浅灰或灰色,胎壁较薄,表面光滑,器形规整,口沿细薄,给人以轻巧之感。胎外通体施釉,薄而均匀,釉色有的纯青,有的青中带黄,滋润有光泽。吴越钱氏君王还使用金银来装饰秘色瓷,故有"金扣瓷器"、"金银饰陶器"、"金棱秘色瓷"的记载。这进而说明了秘色瓷装饰手法的多样化。

　　越窑青瓷在唐、五代声誉卓著,一直是御用贡品。据《册府元龟》、《宋会要辑稿》、《宋史》、《十国春秋》、《吴越备史补遗》及《宋两朝贡奉录》所载,宋立国之初,从开宝到太平兴国十年之间越窑贡奉青瓷竟达 17 万件之多。但是随着北方诸窑系的迅速崛起,定窑刻花白瓷的雅洁素净,耀州窑刻花青瓷的流畅线条都胜过越窑,加上北宋在汴京建立了官窑,越窑从此转向民间,大批熟练工匠走散,产品质量在竞争中逐渐落后,越窑衰落了。但是唐代越窑青瓷的突出成就在中国陶瓷史上占据一个重要位置,它为宋代北方诸窑系和南方龙泉窑的兴起提供了宝贵经验。

　　越窑青瓷虽然代表了当时青瓷制作的最高水平,但是陆羽在《茶经》中列举的鼎州、婺州、岳州、洪州诸窑烧造的瓷器也是当时的名瓷,它们也各有特色。

　　婺州窑在今浙江金华地区。它自西晋晚期开始使用红色粘土做坯料,烧成的瓷胎呈深紫色或深灰色。由于胎色深,故一般都先施用白色的化妆土后再施加瓷釉,釉面滋润柔和,釉色在青灰或青黄色中仍稍泛褐色。釉面时有开裂,开裂处往往有奶黄和奶白色结晶体析出,这是婺州窑青瓷的一个显著特点。按说这是一种缺陷,然而这一缺陷经一定技术处理后却为后来南宋官窑和龙泉窑所借鉴,生产出具有美丽开片纹的青瓷。婺州窑的历代产品均属民间用瓷,所以造

----

① 宋·曾慥《高斋漫录》;宋·周辉《清波杂志》卷五;元·陶宗仪《辍耕录》卷二九,都有关于秘色瓷的议论。

型风格实用大方,但器形单一缺少变化。

1952 年考古学者在今湖南湘阴县境内发现了岳州窑的遗址。因唐时湘阴隶属岳州,故称岳州窑。岳州窑窑场分布范围较宽,许多窑场内,唐、五代时期遗物堆积较厚,器物以盘、碗为主,还有壶、罐、瓶、钵等。墓葬出土和传世的岳州窑瓷品也很多,说明当时生产数量已相当可观。从出土的器物来看,其瓷胎一般较薄,胎骨灰白,不如越窑瓷品致密;釉色以豆绿色为主,还有米黄、虾黄及红棕色;釉层薄,但玻璃光泽较强,有细开片;胎釉结合不是很紧密,常出现剥釉现象。岳州窑工艺上进步的一个重要表现是它在烧成中已使用了匣钵和垫饼,后来垫饼又改为支钉支烧。技术上的这一进步使其质量达到了较高的水平,所以成为当时能与越窑相提并举的名窑。

(二)白瓷的出现和发展

过去许多人认为北方白瓷最早出现在隋代,而根据近 20 多年考古发掘的资料及其研究,表明北方白瓷实际上兴起于北朝,隋代的白瓷生产工艺已相当成熟。70 年代时考古专家在河南安阳发掘北齐武平六年(575)的范粹墓时,发现了一批白瓷,有碗、杯、三系缸、长颈瓶等,造型与北朝的青瓷大致相同。这批白瓷的胎料比较细白,没有上化妆土;釉层薄而滋润,釉色乳白。这批白瓷无论是胎或釉的白度,烧成硬度及吸水率,都不能用现代白瓷的标准来衡量。例如它的釉色基本上为乳白度,但仔细看又呈乳浊的淡青色,可见没有完全摆脱 FeO 的呈色干扰。即使与隋代白瓷相比,也可看出它们还不很成熟。

我国早期的白瓷,因为釉料中大都含有一定量的氧化铁,所以基本上仍属于青釉系统。两者的唯一区别仅在于原料中所含的 Fe_2O_3 的多寡,其他工序并无差异。只是在经过长期制瓷实践后,工匠们逐渐认识和掌握了 Fe_2O_3(实际上是赭土成分)的呈色作用和克服这种呈色干扰的途径,才能烧出白度越来越高的白瓷。显然,其关键是原料的选取。白瓷制造工艺又是在青瓷工艺基础上发展而来,因此早期的白瓷不可避免地出现泛青现象。事实上即使隋代的白瓷仍然还常有釉中泛青的现象。

白瓷的出现是中国陶瓷发展史上一个重要的里程碑,因为白瓷是一切创造彩绘瓷器的基础和先决条件,没有白瓷,就不会有以后的釉下彩、釉上彩、青花、五彩、斗彩、粉彩等彩绘瓷。所以白瓷的成功为制瓷业开拓了更广阔的道路。

到了隋代,白瓷的工艺有了明显的进步。这可以从已发现的较多实物得到印证。1959 年考古专家在河南安阳发掘了隋开皇十五年(595)的张盛墓,发现一批白瓷。这批白瓷较早期白瓷已有进步。后来又在西安郊区隋大业四年(608)的李静墓中出土了一批白瓷,胎釉中已看不到白中泛青或白中闪黄的现象。另外,在西安郭家滩隋墓中也出土了白瓷瓶;在姬威墓出土了白瓷盖罐;安徽亳县出土了隋大业三年(607)的白瓷。它们可以说代表了隋代白瓷的风貌,特别是在河南巩县不仅找到了隋唐烧造瓷器的窑址多处,还发现了大量的窑存堆积物。其中有些白瓷片胎白致密,釉色白净莹润,达到了精细白瓷的标准,可算是中国最早出现的精细白瓷。

白瓷的烧造技术发展到唐代已较成熟,北方烧造白瓷的窑址也在迅速增加。目前已在河北、河南、山西、陕西、安徽,甚至西南的四川都发现烧造白瓷的窑址,从而形成了唐代瓷器生产南青北白的局面。

尽管陆羽在《茶经》中褒青贬白,但当时邢窑的白瓷确居白瓷之首,风靡一时。《新唐书·地理志》记载:"邢州巨鹿郡土贡磁器。"唐人李肇在其《国史补》中说:"内丘白瓷瓯,端溪紫石砚,天下无贵贱通用之。"内丘就是指邢州。可见其知名度之高,生产规模之大。9世纪中叶,唐人段安节的《乐府杂录》[1]中记载,乐师郭道原曾"用越瓯、邢瓯十二,施加减水,以筋击之,其音妙于方响。"既然邢瓷能被当作乐器,叩击时所发金石之声可奏出美妙音乐,说明其胎骨坚实、致密,壁薄,质量很好。1980年在河北临城县的祁村、双井一带发现一唐代白瓷窑的遗址,遗存极丰富,有碗、盘、壶、盆等日用器皿,精工制作,有润滑如玉的触感;有些瓷胎致密,瓷釉光润,胎釉洁白如雪。经认真分析,专家们一致认为这一遗址就属于著名的唐代邢窑。它在窑址地点,器形种类,生产规模和瓷器质量各方面都与史书记载相符合。

对唐代邢窑和巩县窑瓷片的测试,加深了对唐代白瓷工艺水平的了解。从表2-15我们可以看到邢窑白瓷胎中SiO_2的含量一般在60%～65%之间;Al_2O_3含量一般高达28%～35%。化学组成的最大特点是Fe_2O_3,TiO_2,RO,R_2O的含量都非常低,$Fe_2O_3+TiO_2$总含量一般仅为1%左右,RO+R_2O含量一般在3%。瓷胎中Fe_2O_3含量低,决定了邢瓷的白度较高,据测其白度已超过了70%,约和景德镇清初瓷器的白度相当。可见古人赞誉邢窑白瓷具有似雪的白度并非虚夸之词。Al_2O_3含量高是北方白瓷的共同特点。从邢窑白瓷胎的显微结构中可以看到蠕虫状的高岭石残骸,表明它们普遍使用了高岭土作为制瓷原料。据测这类白瓷的烧成温度约在1260～1370℃,若结合其气孔率和吸水率(分别为0.81%和0.35%)来分析,其烧成温度应该高达1350℃左右。这显然与其中R_2O和RO含量较低也有关系。再考察釉的显微照片,可见胎釉交界处有明显的反应层,在靠近釉的一面,有很多长短不一的斜长石自胎向釉生长,这可能由于烧成温度高和胎内有较高的Al_2O_3,经高温焙烧后,有较多的Al_2O_3溶入釉内所致。而

表 2-15 邢窑、巩县窑白瓷胎的化学组成

地区	编号	时代和品名	化学组成(Wt%)										
			SiO_2	Al_2O_3	Fe_2O_3	TiO_2	CaO	MgO	K_2O	Na_2O	MnO	P_2O_5	烧失	总量
邢窑白瓷	HN1	唐代厚胎白釉瓷	67.64	28.52	0.75	0.39	0.61	0.74	0.75	0.20		0.05		99.65
	HN2	唐代薄胎白釉瓷	59.98	35.12	0.68	0.69	0.79	0.44	1.52	0.48	0.04	0.11		99.85
	HN3	唐代中胎白釉瓷	60.44	34.50	0.65	0.59	0.69	0.64	1.28	0.24	0.04	0.09		99.16
	HN4	唐代厚胎白釉瓷	64.24	28.61	2.59	0.87	0.61	0.63	1.84	0.18	0.01	0.10		99.68
	HN5	唐代中胎白釉瓷	62.85	32.36	0.61	0.57	1.11	0.71	1.32	0.62		0.05		100.20
	81-A495	唐代白釉瓷	59.91	34.79	0.62	0.38	0.66	1.01	0.69	1.02				99.08
	81-554	唐代白釉瓷	62.66	32.89	0.48	0.38	0.78	0.90	0.79	0.59				99.47
巩县白瓷	HG1	隋代厚胎影青釉瓷	67.73	26.78	0.59	1.31	0.39	0.41	2.11	0.50		0.04		99.86
	HG2	唐代中胎白釉瓷	63.06	30.27	1.30	1.20	0.47	0.49	2.00	0.50		0.06		99.35
	HG3	唐代垫饼	66.31	28.04	1.02	1.31	0.27	0.45	2.27	0.45		0.04		100.16
	HG4	唐代薄胎白釉瓷	53.41	37.15	0.65	0.80	0.55	0.41	5.05	2.10		0.04		100.16
	HG5	唐代中胎白釉瓷	66.46	28.01	0.50	1.23	0.23	0.37	1.80	0.44		0.06		99.10
	HG6	唐代厚胎白釉瓷	52.75	37.49	0.73	0.85	0.61	0.40	5.12	2.23		0.04		100.22

[1] 唐·段安节《乐府杂录》,见《丛书集成》初编·艺术类,总第1659册。

表 2-16　邢窑、巩县窑白瓷釉的化学组成1)

地区	编号	时代和品名	化学组成 Wt%											
			SiO_2	Al_2O_3	Fe_2O_3	TiO_2	CaO	MgO	K_2O	Na_2O	MnO	P_2O_5	烧失	总量
邢窑白瓷	HN1	唐代厚胎白釉瓷	68.26	18.40	0.77		7.91	2.48	1.08	0.45				99.35
	HN2	唐代薄胎白釉瓷	68.31	18.12	0.88	0.11	6.97	2.17	2.03	0.79	0.12			99.50
	HN3	唐代中胎白釉瓷	65.09	16.55	0.52	0.07	11.34	2.75	0.96	0.60	0.09			97.97
	HN4	唐代中胎白釉瓷	60.00	18.53	0.55	0.15	15.55	1.96	1.14	0.37	0.06			98.31
巩县白瓷	HG1	隋代厚胎青釉瓷	64.65	13.90	0.84	0.16	12.29	1.89	2.97	2.17				98.89
	HG2	唐代中胎白釉瓷	67.66	15.87	0.87	0.43	10.85	1.53	2.43	0.78				100.42
	HG4	唐代薄胎白釉瓷	62.51	17.03	0.74		10.36	1.07	4.07	2.14				98.10
	HG5	唐代中胎白釉瓷	62.87	17.85	0.78	0.32	12.18	2.03	1.74	1.03				98.80
	HG6	唐代厚胎白釉瓷	66.82	14.46	0.87		9.35	1.09	4.28	1.75				98.62
	HG7	唐代中胎白釉细瓷	69.99	17.04	0.47	0.33	3.30	4.14	2.86	2.79	0.12			101.04

1)摘自李家治、郭演仪："中国历代南北方著名白瓷"，《中国古代陶瓷科学技术成就》第 177,181 页，上海科学技术出版社，1985 年。

在某一些厚胎的白瓷片上可以看到，由于胎内 Fe_2O_3 含量相对稍高(2.59%)，而为了提高瓷器的白度，瓷工似乎曾特意在胎釉之间敷上了一层化妆土，其颗粒非常细，铁熔区极少。这种提高瓷器白度的技巧在唐代大概已普遍运用和掌握。邢窑精细白瓷的烧造，也采用了垫饼和匣钵，这项技术措施也保证了白瓷具有了类玉似雪的高质量。

唐代邢窑白瓷在工艺上所以能取得突出成就，固然主要取决于质地纯净(含铁低)的制瓷原料，以及结构合理、配套齐全的先进窑具和窑炉。但也仰赖了工匠的精工细作和熟练技巧。这些经验为此后北方白瓷的更大发展，特别是宋代定窑白瓷的崛起，奠定了技术基础。

唐代巩县的白瓷也有其独特的地方。分析表 2-15 和 2-16 所列的巩县白瓷的胎釉化学组成，可以发现如试样 HG4 和 HG6 的胎，SiO_2 含量相当低，约在 53%左右，Al_2O_3 含量非常高，约在 37%左右。这在南北各地的瓷胎配方中是少见的，按理这样配方的烧结温度至少在 1400℃以上。然而巩县瓷胎中 K_2O，Na_2O 含量也较高，达 7%左右，这在历代瓷胎中也属罕见。R_2O 的高含量就使这类瓷胎能在 1300℃左右的温度下仍可基本烧结。巩县白瓷胎中 Fe_2O_3 含量较低，约仅 0.5%～0.75%之间，所以胎质较白。巩县瓷釉中也同样含有较多的 R_2O，这显然有利于釉的烧成，Fe_2O_3 含量极低，所以具有较高的白度。

(三)青瓷的衍生品——黑釉瓷与黄釉瓷

在逐渐探究青瓷的呈色规律的过程中，瓷工们认识到在选料、配料中设法排除铁的呈色干扰，主要是选择铁少的瓷土，就可以烧得白瓷；相反，若在釉料中有意加重铁的成分，即添加适量的赭土，再加大焙烧时的通风就会烧成黑瓷。所以黑釉瓷实际上是青瓷工艺的衍生产品。在北方，当地所产的瓷土中含铁很少，所以先出现白瓷，青瓷的烧制经验则可能是从南方学来，所以黑瓷的生产也较晚。据目前掌握的资料，6 世纪北齐的墓葬中才有黑釉瓷的出现，比江南地区约晚了 300 多年。但是它的发展却很迅速，在今陕西、河南、山东等省所属的 7 个县发现了唐代北方烧造黑釉瓷的窑址。这些窑大多是在烧造青瓷或白瓷的同时兼烧黑瓷。工艺水平较北

表 2-17 东汉至唐某些黑釉瓷的胎釉化学组成[1]

标本号	年代	名称	出土地点		化 学 组 成													
					SiO$_2$	Al$_2$O$_3$	Fe$_2$O$_3$	FeO	TiO$_2$	CaO	MgO	K$_2$O	Na$_2$O	Cr$_2$O$_3$	MnO	CuO	CoO
2	东汉	黑釉片	浙江上虞	胎	75.51	15.76	2.62		1.11	0.37	0.66	3.23	1.05				
				釉	56.45	14.15	2.15	2.49	1.22	16.58	2.20	3.67	0.91	0.02	0.26	0.01	0.02
3	东汉	黑釉片	浙江上虞	胎	75.81	16.25	2.61		0.81	0.38	0.69	3.17	1.02				
				釉	56.13	13.81	1.87	3.08	0.97	16.40	2.02	3.79	1.09	0.02	0.30	0.01	0.03
141	东晋	黑釉器	浙江德清窑	胎	73.41	17.92	2.86		0.92	0.48	0.65	2.58	1.02	0.01			
				釉	52.10	11.25	4.62	3.16	0.93	22.99	1.63	1.80	0.72	0.02	0.19	0.01	0.02
142	东晋	黑釉片	浙江余杭窑	胎	74.60	16.80	2.77		0.93	0.46	0.78	2.28	1.10	0.01			
				釉	56.59	14.19	4.28	2.21	0.96	17.80	1.26	1.56	0.82	0.02	0.26	0.02	0.03
57	唐	黑釉片	河南巩县	胎	64.74	28.80	1.05		1.38	0.67	0.43	2.48	1.09				
				釉			2.80	1.12	1.32	5.26	1.57	3.19	1.56	0.02	0.08	0.02	0.03

1)摘自缪志达:"我国古代黑釉瓷的初步研究",《硅酸盐学报》1979 年第 3 期。

魏初期时已有了明显进步。1978 年,凌志达等人曾对中国南北方汉、唐黑瓷作过比较研究,对它们的化学分析结果如表 2-17 所示。

从他们的测定结果来看,唐代巩县(代表北方)的黑瓷,无论是胎或釉,其 SiO₂ 含量较南方的低,Al₂O₃ 含量较南方的高。这与该窑的青瓷、白瓷一样,是由于它采用了当地烧结温度较高的硬质粘土为原料。无论是南方还是北方的黑釉瓷中,其含铁量,尤其是釉中含铁量都高达 4% 以上,而白瓷釉中的含铁量从不超过 1%。所以在氧化性较强的气氛中烧成,其釉色呈黑褐色。

陆羽在《茶经》中指出:洪州窑,瓷褐,茶色黑。考察出土的洪州窑瓷器,它们的釉色的确多系棕褐色、黄褐色、酱紫色。应该说它不应属青瓷,而应接近于黑瓷。洪州在今江西丰城县,烧瓷始于南朝,盛于隋唐。其瓷造型朴实厚重,富于变化,胎质坚硬,胎色灰白,釉下大多施用化妆土衬底,所以烧成后釉面明亮,玻璃质感强,部分器物有开片现象。古陶瓷专家曾选取一些洪州窑瓷片对其进行胎釉化学组成分析,结果如表 2-18 和表 2-19 所示。

表 2-18　洪州窑胎的化学组成(%)①

No.	K₂O	Na₂O	CaO	MgO	MnO	Al₂O₃	Fe₂O₃	SiO₂	TiO₂	I. L
H-u-2	1.94	0.19	0.14	0.52	0.02	15.61	1.71	78.10	0.97	0.84
H-u-4	2.96	0.43	0.11	0.83	0.02	17.21	3.20	73.77	1.11	0.63
H-u-9	2.94	0.34	0.17	1.02	0.05	21.58	3.93	67.60	1.49	0.46
H-u-19	2.95	0.40	0.16	0.82	0.04	16.74	3.30	74.04	1.14	0.62

表 2-19　洪州窑釉的化学组成(%)¹⁾

No.	K₂O	Na₂O	CaO	MgO	MnO	Al₂O₃	FeO	SiO₂	TiO₂	P₂O₅
H-u-2	1.35	0.23	19.60	2.54	0.55	12.54	1.24	60.22	0.68	0.97
H-u-4	1.40	0.27	18.25	2.61	0.72	11.90	1.37	61.75	0.66	1.23
H-u-9	1.90	0.36	16.60	2.79	0.54	14.89	1.35	59.11	0.85	1.46
H-u-19	1.35	0.28	22.32	2.38	0.61	12.41	1.07	57.56	0.64	1.31

1)摘自陈显求:"唐代洪州窑青瓷的探讨",《中国古陶瓷研究》第 156 页。

综合表 2-18、表 2-19 的数据和对瓷片的综合考察,可以认为唐代洪州窑是利用当地粘土,其中含有一定量的长石和含铁质颇高的云母类矿物,所以在高温(超过 1250℃)烧成时产生玻璃相而使瓷胎有较好的瓷化,硬度也较高。为了改善施釉质量,该窑许多制品采用了化妆土。化妆土为高石英含量的瓷土。多数瓷片的化妆土层与釉无反应,两者的热膨胀系数又显著不同,所以会出现开片现象,甚至导致釉层易剥落。①

陆羽在《茶经》中又说:"寿州瓷黄,茶色紫"。既然寿州窑榜上有名,可见它的黄瓷在当时也有一定的声誉。其实唐代烧造黄瓷的除寿州窑外,还有安徽肖县的白土窑,河南密县窑、郏县窑,陕西铜川的玉华宫窑,山西的浑源窑,河北的曲阳窑。寿州窑在隋代主要是烧造青瓷,后来并不是因原料的改变,而是人们发现适当加大窑炉的通风量,青釉就变成黄釉,(若通风量进一步再加大,又会变成黑釉),因为黄釉是 FeⅢ 的呈色作用结果,当釉中铁处于 Fe₂O₃ 与 FeO 各

①　参看陈显求等:"唐代洪州窑青瓷的探讨",《中国古陶瓷研究》,科学出版社,1987。

半时,就会产生黄釉的效果。由此可见黄瓷无疑也是从青瓷系衍生而来。人各有所好,当掌握了釉的呈色规律后,瓷工们就可随意生产各种色釉瓷。所以上述瓷窑中许多都是既生产青瓷、白瓷又兼烧黑瓷、黄瓷。

七 窑系林立、推陈出新的宋代瓷艺

在唐、五代瓷业大发展、瓷艺显著进步的基础上,宋代瓷业出现一派繁荣。据考古发现,宋代瓷窑遗址遍布今全国 17 个省、自治区的 134 个市县。其瓷业虽然没有完全改变唐代“南青北白”的局面,但是各地瓷窑所生产的瓷器在造型、釉色及装饰上各有特色,形成了人们通常所说的六大窑系:定窑系、耀州窑系、钧窑系、磁州窑系、龙泉青瓷窑系和景德镇青白瓷窑系。市场的激烈竞争使各瓷窑系都创造出一批有特色的名瓷,争新斗艳。上述六大窑系都是民窑,产品主要满足社会各阶层人们的需求。此外还有专门为宫廷生产,产品一般不作为商品的官窑。官窑的工匠来自民窑,但往往集中了一批有才华绝技的工匠,所以烧出来的瓷器有许多属于精品,体现了当时制瓷工艺所达到的精湛水平。瓷业市场上繁花争艳的壮景足以反映宋代瓷业的发达兴旺。

下文我们摘要地从陶瓷科技史和陶瓷化学的角度,择宋瓷中别具特色的名瓷进行探讨。

(一)定窑的牙白瓷器

定窑是宋代著名的瓷窑之一,宋人笔记不乏记载,它的主要产品是白瓷。据考古发现,定窑的窑址在今河北曲阳县涧磁村及东西燕山村。曲阳县宋属定州,故定窑因地而得名。定窑烧白瓷是受邻近邢窑的影响,当时邢窑早已盛名满天下,定窑仿烧是很自然的。在晚唐时,它开始烧造瓷器。唐、五代时期烧制的白瓷在外观上与邢窑白瓷十分相似。到了北宋,定窑逐渐形成了自己独特的工艺技术,以大量烧制别具风格的刻花、印花白瓷而著称于世,开创了我国日用白瓷装饰的先声,影响极为深广。

根据对出土定窑瓷器的观察和测试,可以看到定窑的早期产品胎质较粗,呈灰黄色,略带褐色,铁斑甚密,而靠在胎釉之间敷一层化妆土来改善它的白度。到了五代,质量有所提高,胎质已呈致密细白,不再需要化妆土的遮掩,其釉色白里泛青,不次于近代的一般白瓷。北宋时定窑白瓷在釉色上略带牙黄,这主要是在氧化焰中烧成。釉薄而透明,胎上的印花、刻花明显透露,有的连胎色亦显现在外。表 2-20 描述了部分定窑白瓷的特征和化学组成。

从表中的分析数据来看,宋代定窑白瓷胎的 Al_2O_3 含量甚高,达 27%～31%,($K_2O +Na_2O$)含量为 1.5%～2.5%,MgO 为 0.5%～1.0%,CaO 为 1%～2%,大部分胎含 $Fe_2O_3 +TiO_2$ 在 1%～2%左右,可见瓷胎属于高铝质。据《曲阳县志》记载:“县境三面皆山,……灵山一带惟出煤矿,龙泉镇则宜瓷器,亦有滑石。”[①] 说明定窑的原料主要采用灵山土,灵山土为很纯净的高岭土,另外加入适量紫木节土、长石、石英以及少量方解石或白云石,可改善其操作性能并促使其烧结和致密。宋代定瓷釉中 SiO_2 较高,为 68%～73%,含 Al_2O_3 为 17%～20%,含 Fe_2O_3 在 1%左右,TiO_2 很低,但 MgO 含量达 2%左右,这表明釉中除配用粘土、石英外,很可能尚有意掺加了适量的白云石作助熔剂。更由于釉中引入了白云石粉,使釉呈现光亮和微带乳

---

① 见《曲阳县志》卷 11,第六条。滑石系指灵山一带所产的粘土制瓷原料。

白现象.因釉层特别薄,仅 0.05～0.1 毫米,瓷胎颜色完全可以透过釉面而显现出牙白的效果.根据显微结构,可以看到胎中存在大量莫来石,这可能是胎中少量助熔剂促进了莫来石的生成.由于它的大量存在,由其产生的散射效果也较容易显现出来,使白釉更为透亮.通过对样品分光反射率的测试,证明在五代以前,定窑是采用还原焰烧制,所以釉色白里泛青;宋代以后则采用氧化焰烧制,所以釉色白里泛黄.由于原料属高铝质,要求烧成温度较高.据测试,唐、五代、北宋的定窑白瓷烧成温度当在 1300℃ 左右,大部分瓷胎都烧结致密,气孔率一般在 1% 以下,吸水率低,抗弯强度在 600～750 公斤/厘米^2 之间.质量已接近现代白瓷.到了金代,由于制作粗糙,其烧成温度降为 1250℃,以致瓷胎气孔率也高达 7%,表明质量已下降.

表 2-20　定瓷样品的特征和化学组成[1]

时代与编号		特征	部位	氧化物含量(重量%)										
				SiO$_2$	Al$_2$O$_3$	Fe$_2$O$_3$	TiO$_2$	CaO	MgO	K$_2$O	Na$_2$O	MnO	P$_2$O$_5$	总计
早期定窑 DE-1		胎粗,有褐色黑斑,釉透明泛黄,化妆土层呈白色	胎	64.41	27.55	2.58	1.01	1.40	0.70	2.05	0.32			100.02
			釉	67.68	16.25	1.52	0.64	6.94	2.57	2.38	0.29	0.07		98.34
			化妆土层	58.18	30.07	1.14	1.02	3.17	0.79	2.00	0.27	0.03	0.18	96.85
唐	DT-1	质硬白色胎,釉呈白色泛青,无装饰,宽低足	胎	59.82	34.53	0.69	0.39	1.09	0.91	1.25	0.71	0.03		99.42
			釉	73.79	17.27	0.52	0.11	2.89	2.15	1.56	1.26	0.04		99.59
	DT-2		胎	59.79	29.95	0.93	0.40	4.82	0.87	1.72	1.11		0.10	99.69
			釉	71.57	16.18	0.77	0.00	5.72	1.74	2.29	1.22			99.49
五代 DW-1		胎白色质坚,釉透明,白色泛青	胎	61.23	32.90		0.58	3.36	0.92	1.25	0.13	0.02		100.98
			釉	74.57	17.53	0.54	0.17	2.74	2.33	2.03	0.62	0.02	0.17	100.72
宋	DS-1	胎细,牙白色,釉透明,白黑泛黄,刻花装饰	胎	62.05	31.03	0.88	0.53	2.16	1.07	1.01	0.75	0.04		99.52
			釉	72.14	17.52	0.75	0.19	3.92	2.32	1.97	0.48	0.03	0.32	99.64
	DS-2	同 DS-1,底部有"尚食局"标记	胎	65.63	28.22	1.04	0.86	1.00	0.70	1.77	0.55		0.07	99.84
			釉	68.90	20.02	1.06		3.77	2.09	2.40	0.36			98.60
	DS-3	同 DS-1	胎	65.72	27.34	1.00	1.07	1.51	0.46	2.05	0.23		0.04	99.42
			釉	70.60	18.50	0.97		3.79	2.06	2.43	0.28			98.63
金 DJ-1		胎呈牙白色,釉为透明泛黄,刻花装饰	胎	59.25	32.73	0.66	0.75	0.83	1.13	1.67	0.29	0.01		97.32
			釉	71.18	19.66	0.61	0.45	4.45	1.62	1.63	0.27			99.87

1)摘自李国桢、郭演仪:"历代定窑白瓷的研究"《中国古陶瓷研究》,科学出版社,1987.

　　宋代定窑白瓷除其釉色有独特风格外,新颖的装饰艺术也是使它闻名的重要因素.其装饰方法有三种:刻花、划花、印花.它吸取了越窑的浮雕技法,又以刻花结合篦状工具划刻复线来装饰图案,更增强了纹饰的立体感.印花装饰也具有线条细密、层次分明的特点,不仅美观,而且也提高了加工效率.此后定窑的装饰技巧被推广到其它名窑,促进了全国陶瓷装饰艺术的发展.

　　定窑在烧制工艺上的一项创造是采用覆烧的方法,即将盘、碗、碟之类器皿反扣地装入支圈式匣钵内烧成.这种方法达到密排套装的效果,不仅提高了窑室空间的利用率,既节约了燃料,还可防止器皿的变形.这种方法也很快被推广开来.但是覆烧工艺也有不足之处,器皿的边沿往往出现无釉的芒口.当时为了弥补这一缺陷,工匠们又创造了运用合金镶包边沿的方法,从而增添了新的装饰手段。

总之,从制造技术水平和装饰艺术来看,北宋定窑白瓷都属于高水准的,被列为宋代名窑之一,当之无愧。

(二)磁州窑的铁锈彩绘

磁州窑在宋代文献中不见记载。明代初期文献才开始提到,此后文献记载日渐增多。这是因为它是民间窑系,初时未受官方重视,一些文人对它的评论也不大公允。明人曹昭的《格古要论》说:"古磁器,出河南彰德府磁州,好者与定器相似,但无泪痕,亦有划花、锈花,素者价高于定器,新者不足论也。"其实磁州窑瓷器在装饰技巧上的创新和质朴豪迈的艺术风格,对制瓷工艺的发展产生过深远的影响,在中国瓷器装饰艺术上具有划时代的意义。

根据文献和考古发掘资料,磁州窑位于今河北邯郸的观台镇和彭城镇附近以及东艾口村、冶子镇一带。宋属磁州,故名之。磁州窑创始于北宋,但延续时间最久,在民窑系中也最著名。已发掘的几处遗址,出土了数以千计的瓷器,大多是日常生活必需的盘、盆、罐、碗、瓶、枕、壶、灯之类。品种除白釉、黑釉外,还有白釉画花、白釉剔花、白釉绿斑、白釉褐斑、白釉釉下黑彩、白釉釉下酱彩、白(黑)釉釉下黑(白)彩剔(划)花、白(酱)釉釉下酱(白)彩剔(划)花、珍珠地划花、绿釉釉下黑彩、白釉红绿彩和低温铅釉三彩等。其中以白釉釉下黑彩和白釉釉下酱彩的装饰为主流(图2-11)。磁州窑瓷器不仅装饰手法众多,而且绘画题材大多来源于民间生活,笔调简练,格调清新,表现出民间艺术所共有的乡土气息,形成了自己独特的风格。

磁州窑以白釉、白色化妆土、黑釉、黑色绘料(当地一种铁锰高含量的斑花石)、红色矾红色料以及黄、绿、蓝等玻璃釉为主要装饰材料,更通过画花、剔花、划花等工艺手段,创造出俗称所谓"铁锈花"的装饰,发展了刻、划花技艺,发明了红绿彩以及窑变黑釉等技艺,从而构成了磁州窑装饰艺术的多种特征。铁锈花是将中国民间绘画剪纸技巧开始运用于陶瓷装饰的一种创造,常见的有白地铁锈花,即在敷有白色化妆土的坯体上用

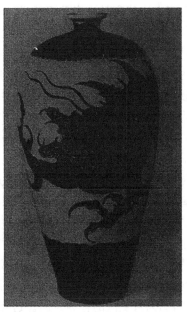

图 2-11　宋代磁州窑的"铁锈"彩绘
A. 白釉黑花"醉乡酒海"瓶;B. 白釉黑花龙纹瓶

斑花石色料绘画,敷釉料后烧成,由于烧成温度的高低不同,会在白地上呈现出黑花或酱色花,实际是一种釉下彩;黑釉铁锈花,即在已施黑釉的坯体上绘彩,烧成后呈现黑地褐彩;彩釉铁锈

花,即在敷有白色化妆土的坯体上绘花,经素烧后,再施各色玻璃釉,二次烧成,所以也属釉下彩;铁锈花加彩则是在白地铁锈花基础上,加上点画不同配比的斑花石和白化妆土的混合料,烧成后呈出黑花和不同深浅的酱彩。磁州窑的剔(刻)划装饰是在青瓷刻划技法基础上发展起来的,它通过剔、划、填等技巧,使纹样的局部与整体、纹饰与底色形成对比,更鲜明地反衬出纹样的形象,取得立体的美感效果。例如白釉剔花和黑釉剔花即是在已着白釉料或黑釉料的坯体上勾划出纹饰,然后将纹饰以外的地方剔去,使纹饰具有浮雕感,然后施以透明釉。烧成后,由于剔去了部分底子,于是在白釉上露出了黄褐的胎色,达到了烘托白色主题的纹饰而成为白釉剔花;或在黑釉上露出素白的胎色,达到了烘托黑色主题的纹饰而成为黑釉剔花。这类瓷是磁州窑中的高档品,其技艺后来为南宋时的建窑和吉州窑所继承(参看下文中的图 2-14)。红绿彩是一种釉上彩,它是在施白化妆土的素白瓷器上,加彩绘后再经低温烧烤而成。例如以矾红为绘料,绘出纹样,再点上绿、黄等玻璃釉彩,画红点绿,以红为主。它是我国最早的釉上彩,为宋以后的五彩瓷绘的出现奠定了基础。窑变黑釉则是采用当地含铁量较高的黄土为釉料,烧成后釉层一般呈黑褐色,但是由于施釉的厚薄、窑温的高低及火焰的气氛不同,还会产生赭褐、黑红、黑蓝、墨绿等多种色调,而且往往在同一炉窑内烧出多种色泽的瓷品,变化多端,耐人寻味。

磁州窑的制瓷工匠勇于探索,在工艺上广采博收,在工艺和装饰艺术上更是别具匠心,有许多创新,为后来彩瓷的发展提供很多经验和借鉴。如果说白瓷的烧制成功在陶瓷工艺发展具有划时代的意义,那末磁州窑在白瓷装饰上的探索为陶瓷工艺的发展开创了崭新的境界。

(三)钧瓷的窑变风采

钧窑在宋代文献中未见记载。清雍正年间编成的《河南通志》谓:"禹州瓷器出神垕山,山在州西六十里。"根据众多考古专家在本世纪 60～70 年代的相继努力,终于明确了钧窑在今河南禹县,瓷窑遗址遍及县内各地,已发现古窑址一百多处。1974～1975 年的发掘还证实在禹县八卦洞的宋代古窑址就是宋代烧造宫廷器的瓷窑。钧窑的早期历史尚不清楚,从发掘的资料来看,当地唐代的瓷窑已烧造出黑釉斑彩的壶和罐等。北宋是钧窑的鼎盛时期,它烧制的钧瓷部分成为专供宫廷使用的贡瓷(简称为官钧),此外大部分产品供民间使用(简称为宋钧)。金元时期,钧窑除继续生产传统的钧瓷外,还兼烧印花青瓷、白地黑花釉下彩及黑瓷,但在技术上已停滞不前。

传统钧瓷的独特之处在于它的釉是一种乳浊釉。由于釉内含有少量的铜,而铜又会处于不同的氧化态,因此烧出来的釉色丰富多彩,会有天青、天蓝、蓝灰、葱绿、灰绿、黑绿、红紫等多种色调,突破了纯色釉的范围。特别是它在瓷釉工艺中开创了以氧化铜为着色剂,而在还原气氛中烧制成功了铜红釉,为瓷釉着彩工艺开辟了新的境界;还有一种窑变彩釉,釉色红紫相映,有如蔚蓝天空中出现一片红色晚霞,构成了钧窑颜色釉瓷耀眼多彩的特色。

钧窑大部分产品的基本釉色是各种浓淡不一的蓝色乳光釉,蓝色较淡的称为天青,较深的为天蓝,比天青更淡的称为月白。这几种釉都具有荧光一般的幽雅光泽,其色调非常美。经进一步研究还会发现,早期的宋钧釉大都是均匀纯粹的天青色,虽属乳光釉,但无任何窑变现象。而官钧釉则大多是典型的窑变釉,这类釉在天青色或紫红色背景上密布着淡蓝至蓝白色的窑变流纹。对这种奇特的乳光现象、幽雅天蓝的形成、窑变机理与釉的化学组成及其烧成条件之间的关系,古陶瓷专家已作了系统的科学研究。下面是有关的一些测试结果(表 2-21)和一些初步的印象。

表2-21 古钧釉的化学组成（%）[1]

No.	年代及品名	SiO_2	Al_2O_3	Fe_2O_3	MgO	CaO	CuO	TiO_2	SnO_2	P_2O_5	K_2O	Na_2O	釉的分子式
1	早期宋钧	69.74	10.30	1.60	1.50	10.56	痕量	0.24		0.81	3.48	1.60	$R_2O \cdot RO \cdot 0.3853R_2O_3 \cdot 4.0382RO_2$
2	早期宋钧	69.44	10.80	1.66	1.24	9.66	痕量	0.24		0.79	3.42	1.52	$R_2O \cdot RO \cdot 0.4408R_2O_3 \cdot 4.4261RO_2$
3	早期宋钧	70.44	10.70	1.44	1.60	9.45	0.06	0.20		0.95	3.70	1.40	$R_2O \cdot RO \cdot 0.4222R_2O_3 \cdot 4.35RO_2$
4	早期宋钧	69.89	10.80	2.30	0.85	10.66	痕量	0.31		0.81	3.86	1.12	$R_2O \cdot RO \cdot 0.4452R_2O_3 \cdot 4.3182RO_2$
5	官钧	71.86	9.71	1.95	0.91	9.36	痕量	0.36	0.20	0.68	4.48	0.57	$R_2O \cdot RO \cdot 0.4367R_2O_3 \cdot 4.8802RO_2$
6	官钧	70.75	9.60	1.99	0.90	10.04	0.06	0.51	0.49	0.53	3.85	0.55	$R_2O \cdot RO \cdot 0.3649R_2O_3 \cdot 4.7268RO_2$
7	官钧月白釉	71.49	9.65	2.03	1.10	9.04	0.06	0.36	0.10	0.68	4.75	0.63	$R_2O \cdot RO \cdot 0.4313R_2O_3 \cdot 4.798RO_2$
8	官钧	70.45	9.65	2.53	0.83	9.60	0.45	0.42	0.40	0.58	4.86	0.72	$R_2O \cdot RO \cdot 0.4335R_2O_3 \cdot 4.6297RO_2$
9	官钧	71.07	9.75	2.35	0.83	9.46	0.11	0.42	0.15	0.55	4.74	0.65	$R_2O \cdot RO \cdot 0.4412R_2O_3 \cdot 4.7548RO_2$
10	官钧	70.45	9.50	2.16	0.95	9.52	0.40	0.37	0.91	0.68	4.28	0.52	$R_2O \cdot RO \cdot 0.4318R_2O_3 \cdot 4.7767RO_2$
11	官钧	70.59	9.51	2.16	1.05	9.73	0.13	0.36	0.53	0.63	4.45	0.55	$R_2O \cdot RO \cdot 0.4178R_2O_3 \cdot 4.6263RO_2$
12	官钧	70.44	9.50	2.30	1.00	10.55	0.26	0.40	0.49	0.63	3.86	0.67	$R_2O \cdot RO \cdot 0.4065R_2O_3 \cdot 4.4591RO_2$
13	官钧	70.50	9.54	2.31	1.10	10.84	0.09	0.31	0.10	0.57	3.64	0.59	$R_2O \cdot RO \cdot 0.4025R_2O_3 \cdot 4.3842RO_2$
14	官钧海棠红	70.29	9.9	2.72	0.75	10.80	0.19	0.40	0.32	0.58	3.82	0.48	$R_2O \cdot RO \cdot 0.4398R_2O_3 \cdot 4.5363RO_2$
15	元钧天青釉	69.9	10.45	1.36	0.65	10.91	—	0.39	—	0.82	4.90	0.78	$R_2O \cdot RO \cdot 0.4034R_2O_3 \cdot 4.2442RO_2$
16	元钧	69.76	10.40	2.28	0.50	10.66	0.30	0.42	0.32	0.72	4.10	0.51	$R_2O \cdot RO \cdot 0.4577R_2O_3 \cdot 4.6078RO_2$
17	元钧天蓝釉	73.60	9.40	1.09	0.70	8.82	痕量	0.20	—	0.74	3.14	1.40	$R_2O \cdot RO \cdot 0.4295R_2O_3 \cdot 5.3236RO_2$
18	元钧天蓝釉	69.29	10.20	2.23	0.75	11.81	—	0.53	—	0.58	4.48	0.86	$R_2O \cdot RO \cdot 0.3927R_2O_3 \cdot 3.99RO_2$
19	元钧天蓝釉	70.29	9.80	1.07	0.90	12.09	0.04	0.23	—	0.65	2.35	1.65	$R_2O \cdot RO \cdot 0.3554R_2O_3 \cdot 4.0529RO_2$

1)摘自杨文宪、汪玉玺:"从化学组成看铜红釉与古钧瓷",《中国古陶瓷研究》第226页。

(1)钧釉是一种乳光釉,即典型的两相分相釉。用复型电子显微镜可以看到在连续的玻璃相介质中悬浮着无数圆球状的小颗粒。这些小颗粒称为分散相。连续相是富含磷的玻璃,分散相为一种富含 SiO_2 的液滴状玻璃。分散相的颗粒介于 $40\sim200$ 纳米之间,相当于紫外光的波长,所以它会有选择地散射日光中波长较短的蓝、紫色光,从而使釉呈现美丽的蓝色乳光。

(2)幽雅的蓝色乳光还取决于釉层中分散相 SiO_2 液滴状玻璃颗粒的大小和密集程度,而恰当的分散相结构的形成是由釉中对分散相起促进作用的 P_2O_5 和起阻碍作用的 Al_2O_3 这两类氧化物的比率所决定。这就是说,P_2O_5 是促进钧釉分散相的最有效成分,Al_2O_3 是阻碍分散相形成的抑制成分。而当钧釉中 P_2O_5 含量较低,TiO_2 含量较高时,$P_2O_5+TiO_2/Al_2O_3$ 比就取代了 P_2O_5/Al_2O_3 比,成为控制分相结构和乳光效果的关键性化学参数。磷和钛含量不同是形成乳光艺术差别的重要原因。

(3)钧釉的铜红呈色取决于铜在釉中的存在形式(氧化态)和分散度。当在釉中的铜以胶态单质铜的状态存在,并有相近量的 SnO_2 时,便使釉呈现红色。钧釉的紫色则是由于红釉和蓝色乳光相交织衬托、互相呼应产生的视觉效果。钧釉的紫斑是由于在青蓝色的釉上有意着染上一些铜红釉所造成的。由此可见 CuO 的引入是在钧釉的素蓝之外增加了艳红色调的内因。

(4)分析早期的宋代钧瓷,其 Al_2O_3 含量在 $10.30\%\sim10.80\%$ 之间,SiO_2 含量在 $69.44\%\sim70.44\%$ 之间;SiO_2/Al_2O_3 比<7;而具有窑变特征的官钧,Al_2O_3 含量在 $9.50\%\sim9.75\%$ 之间,SiO_2 含量在 $70.44\%\sim71.49\%$ 之间,SiO_2/Al_2O_3 比>7。为何早期钧瓷是单色乳光釉,而官钧是窑变色釉,化学组成上的这点差异似乎也是一个重要的化学参数。所以低 Al_2O_3 含量($<10\%$)和高 SiO_2/Al_2O_3 比(>7)可能是获得良好窑变的一个重要因素。

(5)通过电子显微镜等手段可以看到,两相分相釉的乳光层下有一层不呈乳光蓝色的透明层。这是由于瓷品在烧成时,坯体中 Al_2O_3 向釉扩散阻止了这一层釉的分相,同时又因为釉底层的气泡向表面移动,而把部分透明层带入乳光层,于是形成了在外观上介于透明层和乳光层之间的斑状区,这就造成了分相结构的不均匀性。这种不均匀的分相结构在视觉上的反映即所谓的窑变观象。在部分窑变钧瓷釉中,由于新形成的局部斑状区内,含有较多的 Al_2O_3 和较少的助熔剂时,粘度变大,加上它所包围的气泡对其流动的阻碍作用,所以会在斑状区周围的釉区出现各种形态的流纹。这就是形成美丽的"蚯蚓走泥纹"的原因。

(6)除化学组成这一内因外,烧成温度、瓷窑气氛和冷却速率等也会对钧釉的分相结构和乳光效果产生影响。钧窑的烧成温度一般介于 $1250\sim1270℃$ 之间,须要采用还原气氛。还原作用的结果不仅使釉中氧化铜还原为胶态单质铜,还大大降低了釉中 Fe_2O_3 的含量。使铁处于 Fe 的状态,客观上帮助了分相过程得以顺利进行,这因为 Fe_2O_3 在玻璃的网状结构中所起的作用和 Al_2O_3 相似,即阻碍分相的进程。根据试验证明,同一钧釉在低温慢速情况下烧成,呈青蓝色的比率偏高,并产生极柔润的光泽。如在高温快速条件下烧成,则成品光亮,呈红紫色的比率提高。实际上,由于古代炉窑的结构所限,很难严格地把握住钧瓷的烧成条件,一般采取低温烧成,用延长烧成时间的工艺来促成液相的分相。正因为烧成条件较难掌握,加上当地的瓷土原料中一般 Al_2O_3 含量一般偏高,故不利于液相分离,这就造成古代烧成的钧瓷中上乘产品极少。

(四)龙泉青瓷的特色

龙泉窑在今浙江龙泉县境内,因地而得名。由于当地具备有瓷业发展得天独厚的自然资源，又因为浙江（越地）有着历史悠久的陶瓷生产的技术传统，于是在北宋初年，在越窑、婺窑、瓯窑的影响下，龙泉窑兴起，主要生产青瓷。赵宋南渡以后，在国内外市场的刺激下，龙泉窑在南宋中、晚期进入鼎盛时期，先后烧制出代表龙泉窑特色的粉青和梅子青釉瓷器，釉色葱翠如青梅，它被人誉之为青瓷釉色之美的顶峰。考古专家对龙泉古窑址进行了发掘，出土了大量瓷片，按其胎色可分为白胎、黑胎两类，以白胎为主，约占90%以上。所以白胎青瓷为龙泉青瓷的主流，黑胎青瓷则是仿南宋官窑的产品。从出土的遗物可看到，当时的器物及其造型是多种多样的，有各类盆、碟、碗、盏、壶等日用品，也有如水盂、水注、笔筒、笔架等文房用品，还有佛像、香炉等供祭奉用品和工艺品。

从本世纪50年代起，古陶瓷专家对当年的龙泉青瓷进行了系统的科学考察，对当年的龙泉青瓷，从原料到烧成工艺，从装饰到釉的特色取得了基本了解。龙泉窑制瓷的主要原料是当地盛产的瓷石、原生硬质粘土以及紫金土。瓷石由石英、绢云母和高岭石等矿物组成；原生硬质粘土由石英和高岭石等矿物组成；紫金土是一些含铁特别高（3%～5%）的粘土，系由长石、石英、含铁云母及赭土组成。用上述原料烧制成的胎属于石英-高岭-云母质瓷器。与景德镇瓷器在矿物组成上属于同一类型。表2-22列举了两宋龙泉青瓷胎和釉的化学组成。

由表2-22可见胎中含 Fe_2O_3 比较高，白胎中含2%左右，黑胎中含4%左右。因为当地瓷石中 Fe_2O_3 含量大多在1%以下，可以推测，在当时制胎的配方中，大概有意地加入了一定量的紫金土。其目的似乎是有意降低白度，使胎色白中带灰或呈灰黑色，以使釉色显得古朴典雅；另一目的在于使釉层较薄的器口和未被釉遮盖的器底形成类似于官窑的"紫口铁足"，而别有一番风韵。釉中的CaO含量高达13%～16%，助熔剂总量约达18%～22%，所以采用的釉虽仍属石灰釉，但这种釉高温时粘度低，易于流釉，因此釉层较薄。就显微结构而言，这种釉主要由玻璃相组成，气泡和未溶石英颗粒很少，因此透明度较高，釉面光泽明澈。色调绿中泛黄或黄中泛绿，釉面大多有开裂现象。到了南宋后期，釉中 K_2O，Na_2O 的含量又有所增加，表明这时期开始采用石灰碱釉（可能加入了草木灰）。石灰碱釉的特点是高温时粘度比较大，不易流釉，所以釉层可以厚些，加上釉层中含有大量小气泡和未溶的石英颗粒，导致进入釉层的光线发生强烈散射，使釉的外观不仅显得柔和淡雅，似有青玉之感，还获得一种别有风格的艺术效果。龙泉窑的粉青釉就是这样创造出来的。假若把釉层再加厚一点，烧成温度再提高一点，烧成时给予更强烈的还原气氛，就烧出了可与翡翠媲美的梅子青釉瓷。据测定梅子青釉中还原比值（Fe^{II}/Fe^{III}）约在10以上，而粉青釉中还原比则为2～3，所以有淡黄色调。

龙泉窑制瓷的成型仍然采用辘轳拉坯和模型方法为主，上釉则运用蘸釉法和荡釉法。上釉次数一般是二到四次，以达到釉层较厚的目的。装饰方法也有划花、篦纹、剔（刻）花、印花、贴花、填白等，此外开片和紫口铁足也成为龙泉窑常用的装饰技巧。据测试，龙泉青瓷的烧成温度一般在1180～1230℃之间，梅子青釉约在1250～1280℃之间。由此可见古代龙泉青瓷一般稍欠火候，所以胎质不很致密，产品介于生烧和微生烧之间。但是窑工更注意的是烧成过程中还原气氛的控制。明人陆容的《菽园杂记》就记载说：龙泉窑在烧成结束时，"要以泥封闭火门，俟火气绝而后启"。封火门的目的正是为了防止二次氧化，使青釉不致闪黄。

生产黑胎青瓷，特别是具有"开片"装饰的黑胎青瓷是龙泉窑的创举。黑胎由于其胎色黑灰如铁，又被称为"铁骨"胎，这是有意在坯料中加入紫金土的结果。开片是由于胎与釉的热膨胀系数相差较大，导致在烧成后开窑时的冷却过程中，釉表面出现许多裂痕而形成。这本来是工艺中一种缺陷，然而窑工们在开窑后，将草木灰抹入裂纹填平，致使釉面出现黑色碎冰裂纹，于

表2-22　两宋龙泉青瓷胎的化学组成[1]

编号	名　称	SiO_2	TiO_2	Al_2O_3	Fe_2O_3	CaO	MgO	K_2O	Na_2O	MnO	总量	分子式 $ROR_2O \cdot R_2O_3 \cdot RO_2$
NSL-2	北宋白胎青瓷	76.47	0.42	17.51	1.28	0.60	0.34	3.08	0.27	0.02	100.00	0.3136 : 1 : 7.0941
NSL-1	北宋晚期南宋早期白胎青瓷	74.23	0.42	18.68	2.27	0.54	0.59	2.77	0.48	0.02	100.00	0.314 : 1 : 6.272
SSL-1	南宋晚期白胎青瓷	67.82	0.22	23.93	2.10	痕迹	0.26	5.32	0.32	0.03	100.00	0.278 : 1 : 4.559
48	同上	68.90	0.18	23.46	1.35	0.51	0.29	4.61	0.49	0.07	99.80	0.308 : 1 : 4.81
S3-1	同上	70.95	痕迹	21.54	2.39	痕迹	0.06	4.54	0.43	0.04	99.95	0.254 : 1 : 5.244
S3-2	同上	69.76	痕迹	22.39	2.36	痕迹	0.39	4.42	0.75	0.05	100.12	0.301 : 1 : 5.021
S3-3	同上	73.93	0.39	18.36	2.43	0.31	0.67	3.16	0.22	0.15	99.62	0.314 : 1 : 6.316
YL-1	元代白胎青瓷	70.77	0.16	20.13	1.63	0.17	0.74	5.50	0.82	0.07	100.00	0.454 : 1 : 5.671
ML-1	明代白胎青瓷	70.18	0.19	20.47	1.71	0.16	0.29	6.02	0.97	0.10	100.00	0.432 : 1 : 5.525
S3-4	南宋黑胎青瓷	61.37	0.74	27.98	4.50	0.87	0.73	3.74	0.38	0.20	100.51	0.272 : 1 : 3.402
LK$_0$-1	同上	64.12	0.95	25.63	4.61	0.57	0.44	3.20	0.35	0.06	99.93	0.219 : 1 : 3.843
LK$_0$-2	同上	62.18	0.66	27.31	4.30	0.45	0.64	4.08	0.39	痕迹	100.01	0.230 : 1 : 3.535
LK$_0$-3	同上	63.79	0.63	25.54	4.07	0.76	0.51	4.34	0.26	痕迹	100.00	0.265 : 1 : 3.868
LK$_0$-4	同上	63.77	0.92	25.40	4.59	0.67	0.43	4.15	0.19	0.06	100.18	0.251 : 1 : 3.858
LK$_0$-5	同上	58.81	0.46	32.02	3.53	0.69	0.35	4.28	0.33	0.06	100.53	0.223 : 1 : 3.015
LK$_0$-7	同上	63.07	0.73	26.06	4.19	0.70	0.51	4.00	0.25	0.04	99.55	0.256 : 1 : 3.714
LK$_0$-8	同上	65.26	0.49	24.98	3.58	0.44	0.41	4.29	0.36	痕量	99.81	0.260 : 1 : 4.079
LK$_0$-9	同上	64.73	0.55	24.77	4.25	0.69	0.50	4.19	0.26	0.04	99.98	0.275 : 1 : 4.016

1) 摘自李家治："中国古代陶瓷科学技术成就"，上海科学技术出版社，1985年。

是变病态为美,别有风味。窑工们的这一发现后来却成为釉面的一种独特的装饰,也称为"百圾碎"、"蟹爪纹",深受人们喜爱。具有这种装饰的瓷器便专称为"碎器",成为龙泉窑的珍品(图2-12)。

(五)景德镇青白瓷崭露头角

根据古代文献记载,景德镇自汉代起开始生产陶器,唐代已生产瓷器。清·蓝浦的《景德镇陶录》说:"陶窑,唐初器也,土惟白壤,体稍薄,色素润。镇钟秀里人陶氏所烧造。"《邑志》云:"唐武德中,镇民陶玉者,载瓷入关中,称假玉器,且贡于朝,于是昌南镇瓷名天下"。又云:"霍窑,瓷色亦素,土墙赋,质薄,佳者莹缜如玉,为东山里人霍仲初所作,当时呼为霍器。"《邑志》又载:"唐武德四年,诏新平民霍仲初等,制器进御。"[①]可惜的是,陶窑、霍窑遗址至今仍未发现。唐代时,景德镇属饶州叫新平县,又名昌南,宋初名浮梁县。宋真宗赵恒景德年间(1004～1007)"置镇,始遣官制瓷贡京师,应官府之需,命陶工书建年'景德'于器"。[②]即在宋代景德年以前,该窑称饶州窑,以后才有人称它为景德镇窑。

宋代景德镇窑瓷业最重要的产品是青白瓷。它的釉色介于青白之间,青中显白,白中泛青,独具一格。人们又习称它为"影青瓷"。在江西景德镇地区以及全国各地的宋墓中都出土了这种青白瓷,表明当时它的产量大,器物种类也多,深受

图 2-12　南宋龙泉开片瓷

人们欢迎,而且还远销东亚、东南亚及阿拉伯和非洲。周仁等古陶瓷专家早在本世纪50年代就对景德镇的历代瓷器及其工艺进行深入研究。通过他们的工作使人们对景德镇的青白瓷有了较清楚的认识。下面将他们对唐宋时期一些景德镇的瓷器胎釉化学组成的分析结果摘引如表2-24,2-25所示。

从表2-24所列的数据来看,胎中 SiO_2 含量大多在75%左右,Al_2O_3 在16%～19%之间,可推测当时制胎的原料可能仅是瓷石一种,或掺用了极少量的高岭土(瓷石一般含有50%以上的石英)。加上烧成温度低,所以通过显微结构观察,能看到瓷胎中存在有大量颗粒粗大、棱角明显的石英残留。这种瓷胎的结构与一般的石英-长石-高岭土三组分的瓷器不同,它是由大量玻璃相基质、云母残骸、残留石英所组成,可以说是以瓷石为原料的我国南方古代精细瓷胎的典型代表。景德镇瓷釉历来是用所谓"釉果",即用风化较浅的瓷石掺以釉灰配制而成的。釉灰的原料主要成分为石灰石,经煅烧后,其中含 CaO 在90%左右。景德镇青白瓷釉中含 CaO 在10%～15%,仍属于石灰釉。它是一种典型的均相釉,其盐基性氧化物的含量>21%。釉中含氧化铁总量在0.7%～1.2%之间,但仅根据釉中铁的总含量是不能说明呈色的机理,因为决定影青釉色的因素很复杂,经深入的研究进一步发现,影青瓷所以带青蓝色调是由 Fe^{II} 离子和 Fe^{II}-O-Fe^{II} 原子团的浓度比起着决定性作用。若 $Fe^{II}/(Fe^{II}$-O-$Fe^{II})$ 低,釉色偏青;反

①　摘自清·蓝浦、郑廷桂:《景德镇陶录》卷五。

②　《江西通志》卷九三"经政略十一·陶政",清·光绪七年刊本。

表 2-23　两宋龙泉青瓷釉的化学组成[1]

编号	名　称	SiO_2	TiO_2	Al_2O_3	Fe_2O_3	CaO	MgO	K_2O	Na_2O	MnO	总量	分子式 $RO \cdot R_2O \cdot R_2O_3 \cdot RO_2$
FDL-1	北宋黄绿色青瓷釉	59.37	0.39	15.96	1.80	16.04	2.04	3.43	0.32	0.62	99.97	1：0.434：2.564
NSL-1	北宋晚期南宋早期黄绿色青瓷釉	63.25	0.23	16.82	1.42	13.00	1.09	3.26	0.57	0.43	100.07	1：0.564：3.418
SSL-1	南宋晚期淡粉青釉	69.16	痕迹	15.40	0.95	8.39	0.61	4.87	0.32	痕迹	99.70	1：0.703：5.176
48	同上	67.97	0.32	14.79	未测	9.07	0.72	4.43	未测	0.02		1：0.651：4.670
S3-1	南宋晚期粉青釉	65.63	痕迹	15.92	1.10	9.94	0.86	5.06	1.12	0.32	100.02	1：0.592：3.962
S3-2	南宋晚期青虾釉	65.73	0.10	14.58	2.30	9.74	0.92	4.94	1.27	0.20	99.78	1：0.577：4.009
S3-3	南宋晚期淡黄色青瓷釉	66.33	0.03	14.28	0.99	11.34	1.17	4.35	0.99	0.36	99.89	1：0.488：3.682
SSL-6	南宋晚朝粉青釉	68.63	0.12	14.32	1.01	10.02	0.32	4.31	1.08	0.12	99.93	1：0.578：4.501
SSL-7	南宋晚期梅子青釉	66.97	0.14	14.71	1.01	11.51	0.65	4.26	0.54	0.20	99.99	1：0.548：3.997
YL-1	元代黄绿色青瓷釉	67.41	0.18	16.74	1.51	6.83	0.63	5.49	1.16	0.45	100.40	1：0.787：5.087
ML-1	明代淡黄色青瓷釉	67.57	痕迹	15.00	1.44	6.28	1.72	6.48	1.14	0.14	99.77	1：0.639：4.598
S3-4	南宋晚期黑胎青瓷釉	65.31	痕迹	16.61	0.83	12.24	0.82	3.75	0.45	0.08	100.09	1：0.586：3.778
LK$_0$-1	同上	63.13	痕迹	15.26	0.98	16.18	0.32	3.39	0.41	0.03	99.70	1：0.458：3.086
LK$_0$-3	同上	65.67	0.25	15.88	1.03	12.11	0.85	4.24	0.22	0.03	100.28	1：0.568：3.832
LK$_0$-4	同上	63.35	0.12	14.42	1.03	16.66	0.86	3.97	0.28	0.11	100.80	1：0.399：2.879
LK$_0$-5	同上	66.07	痕迹	15.81	1.19	11.98	0.33	3.97	0.38	0.08	99.81	1：0.599：4.046
LK$_0$-7	同上	66.08	0.11	14.43	1.01	13.18	0.86	4.58	0.28	0.16	100.69	1：0.473：3.517
LK$_0$-9	同上	60.91	0.12	15.73	1.16	16.83	0.82	4.09	0.26	0.10	100.02	1：0.436：2.738

1）摘自李家治："中国古代陶瓷科学技术成就"，上海科学技术出版社，1985 年。

表 2-24　景德镇唐宋瓷器胎的化学组成

时代和品名	制造年代	胎的厚度(毫米)	氧化物含量(%)										氧化铁存在状态含量(%)	
			SiO_2	TiO_2	Al_2O_3	Fe_2O_3	CaO	MgO	K_2O	Na_2O	MnO	总数	Fe_2O_3	FeO
唐胜梅亭窑白碗碎片	618~907	3~4	77.48	—	16.93	0.77	0.80	0.51	2.63	0.35	0.14 0.10	99.58	0.31	0.43 0.57
唐胜梅亭窑白碗碎片	618~907	4~5	76.96	—	18.04	0.81	0.57	0.35	2.97	0.25	0.07	100.02	0.74	0.06
唐石虎湾窑白碗碎片	618~907	3~4	74.58	0.33	19.24	1.12	1.27	0.20	2.35	0.56	0.13	99.78	0.39	0.65
唐石虎湾窑白碗碎片	618~907	3~4	75.84	0.21	18.33	1.00	0.73	0.76	2.44	0.40	—	99.71	—	—
宋湖田窑影青碟碎片	960~1280	2~3	76.24	0.06	17.56	0.58	1.36	0.10	2.76	1.02	0.03	99.71	0.50	0.07
宋湖田窑影青碗碎片	960~1280	4~5	74.70	0.03	18.65	0.96	1.01	0.50	2.79	1.49	0.08	100.21	0.49	0.43
宋湘湖窑影青碗碎片	960~1280	4~5	75.41	0.35	18.15	0.81	0.96	0.63	2.95	0.46	0.09	99.81	—	0.75
宋湖田窑白碗碎片	960~1280	—	76.52	0.06	18.80	0.70	0.35	0.11	2.71	0.29	0.08	99.62	0.61	0.08
宋湘湖窑白碗碎片	1875~1908	3~5	75.92	—	18.53	0.71	0.76	0.30	2.99	0.49	0.05	99.75	0.51	0.18
宋湘湖窑厚沿口白碗碎片	1875~1908	2~3	77.39	痕量	17.54	0.63	0.54	0.35	2.85	0.21	0.12	99.63	0.50	0.12

表 2-25　景德镇唐宋瓷器釉的化学成分和分子式[1]

时代和品名	釉层厚度(毫米)	氧化物含量(%)											氧化铁存在状态含量(%)		分子式
		SiO_2	TiO_2	Al_2O_3	Fe_2O_3	CaO	MgO	K_2O	Na_2O	MnO	CuO	总数	Fe_2O_3	FeO	
唐胜梅亭窑白碗碎片	0.19	68.77	0.04	15.47	0.73	10.92	1.16	2.60	0.24	0.23	—	100.16	0.25	0.43	$RO \cdot R_2O \cdot 0.604R_2O_3 \cdot 4.421RO_2$
宋湖田窑影青碗碎片	0.25	66.68	痕量	14.30	0.99	14.87	0.26	2.06	1.22	0.10	—	100.48	0.51	0.43	$RO \cdot R_2O \cdot 0.465R_2O_3 \cdot 3.518RO_2$
宋湘湖窑影青碗碎片	0.97	67.26	0.12	17.08	0.93	10.05	1.90	2.27	0.31	0.15	—	100.07	0.15	0.71	$RO \cdot R_2O \cdot 0.673R_2O_3 \cdot 4.339RO_2$

1) 摘自周仁等著:《中国古陶瓷论文集》。

之,釉色偏黄。所以烧成过程中还原气氛的控制是青白瓷烧制成功的重要因素。

(六)黑釉瓷和结晶釉

在已发现的宋代瓷窑中,有三分之一的瓷窑烧造黑瓷。特别是其中一种黑釉碗盏,产量特别大,这与宋代盛行的"斗茶"风气有关。"斗茶"使饮茶者染上一种超出止渴作用的典雅风尚。黑釉就其釉色来说,并不雅观,但是经制瓷工匠的特殊加工后,釉面上烧出了丰富多彩的点缀,具有浓郁的乡土气息,从而深受欢迎,风行众多地区。黑釉的装饰大体有以下几种:

兔毫盏,盏身里外的黑釉上都有细长的条状白纹,细长的程度很像兔毛一样,并闪烁着银光色,所以叫"兔毛斑"、"玉毫"、"鹧鸪斑纹"。其产品以福建的建阳窑最著名。

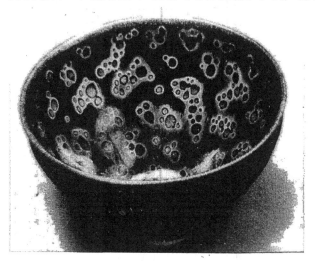

图 2-13　宋代建窑的结晶釉碗

油滴釉,黑釉面上可以看到许多具有银灰色金属光泽的大、小斑点,形似油滴,又很像黑夜天空上的繁星,大小不一,大的约可达数毫米,小的只有针尖大小,我国叫它为"油滴斑"、"鹧鸪斑",日本人也极喜爱它,称它为"天目釉"(图 2-13)。其产品在南北许多窑都曾有过生产,也以福建建阳窑最典型。

以上两种釉在现代陶瓷学中根据其生成机理,称为"结晶釉"。这两种瓷品是建窑的高档产品,极难烧制,出土及传世的极为罕见。

玳瑁釉,以黑、黄等色彩交织混合在一起,有如海龟的色调,宋代称这种瓷为玳瑁盏。这种釉应属于以黑釉为基调的花釉中的一种。它色调滋润,在当时以江西吉安永和窑的产品最著称。

剪纸漏花,是把当时民间的剪纸花式移植到黑釉茶盏而创造出来的黑底白花的瓷器装饰新手法。产地主要在南宋时期的江西吉安永和窑。

表 2-26　北宋建阳兔毫盏釉的化学组成(%)[1]

No.	编号	K_2O	Na_2O	CaO	MgO	MnO	Al_2O_3	Fe_2O_3	FeO	P_2O_5	TiO_2	SiO_2	总量
1	兔毫 77-水吉	3.11	0.11	5.55	1.56	0.56	18.79	6.64		0.97	0.64	62.02	99.95
2	兔毫 77JLT₂(2)	3.01	0.09	6.58	1.97	0.72	18.61	5.66		1.20	0.57	61.48	99.89
3	鹧鸪斑 77CT4(2)7	3.39	0.11	7.39	2.00	0.72	18.06	5.47		1.41	0.52	60.70	99.77
4	TB4	3.04	0.12	6.55	1.86	0.69	17.85	5.85	1.09	1.18	0.58	62.17	99.89
5	TO2	2.53	0.08	4.97	1.54	0.55	18.36	8.49	5.58	1.09	0.64	62.01	100.26
6	TS1	3.46	0.11	5.44	1.69	0.65	18.67	5.93	未分析	1.23	0.72	61.83	99.73
7	TY51	2.96	0.09	6.20	1.68	0.65	18.73	6.20	1.69	1.25	0.76	60.92	99.44
8	(新村陶釉)	5.71	0.15	7.36	2.72	0.77	16.69	5.13		0.54	0.76	60.19	100.02

1)摘自陈显求等:"建阳兔毫盏仿制品的结构本质",《中国古陶瓷研究》第 258 页。

A B

图 2-14 宋代黑釉剔花瓷瓶
A. 磁州窑产品；B. 吉州窑产品

表 2-27 北宋建阳兔毫盏胎的化学组成（%）[1]

编号胎色	K_2O	Na_2O	CaO	MgO	MnO	Al_2O_3	Fe_2O_3	TiO_2	SiO_2	I.L	总量（%）
77-水吉灰黑	2.32	0.03	0.06	0.47	0.11	17.73	9.71		68.61	0.43	99.47
77JLT$_2$(2)灰黑	2.17	0.02	0.05	0.44	0.07	23.56	7.61		64.84	0.13	98.89
77JLT$_4$(2)7 赤黑	2.60	0.02	0.04	0.53	0.08	24.09	8.11		63.62	0.67	99.76
TB4	2.17	0.07	0.04	0.46	0.08	22.25	8.80	1.61	64.77	0.36	100.61
TO2	2.51	0.06	0.16	0.44	0.09	23.10	9.65	1.10	63.30	0.64	100.41
TS1	2.69	0.06	0.14	0.52	0.12	23.18	8.19	1.56	63.11	0.64	100.21
TYTY51	2.38	0.10	0.01	0.45	0.07	23.62	8.25	1.13	63.76	0.23	100

1)摘自陈显求等："建阳兔毫盏仿制品的结构本质"，《中国古陶瓷研究》第258页。

　　黑釉剔花，是在胎坯上着以黑釉料（烧成前），再剔刻流畅的线条或图案，露出内部白色胎
体，以装饰黑釉瓷。这一手法在当时南北方的瓷窑都使用，风格因地而异（图2-14），产品以山
西雁北地区的最杰出。

　　以上两种装饰显然都是对北方磁州窑铁锈剔花装饰的继承和发扬。

　　黑釉印花，黑釉印花的装饰手段最早出现在定窑，以后许多窑都学习掌握了这种技法，其
中山西部分地区制瓷工匠吸取了定窑的装饰艺术的长处，又保留了本地区工艺特色而发展的
黑釉印花瓷器最引人注目。

　　总之，上述黑釉技艺及其装饰手段使黑釉瓷在宋代风行一时。各地的黑釉瓷虽然装饰手法
不同，但是它们在烧制工艺和形成机理有许多共同之处，人们对此进行了探讨，研究结果表明，

各种不同品种的黑釉都含有较高量的铁的氧化物,这些氧化铁无疑是黑釉的主要呈色剂。此外黑釉中还含有少量的 MnO,CuO,Cr_2O_3 等着色剂,虽然含量很低,但对色调变化有一定的影响。这些黑釉已基本上由石灰釉转变为石灰碱釉,即在石灰中掺入了杂木灰,釉层厚度也显著增加,由早期的 0.1～0.2 毫米增至后来的 1 毫米左右。釉色也由早期的深绿褐色或黑棕色逐渐变为乌黑色,光泽也有较大的改进。

在上述黑釉中,古今中外人们最感兴趣的是结晶釉,即兔毫釉和油滴釉。关于其胎釉的化学组成和形成机理,近年古陶瓷专家进行了深入的研究和讨论。

表 2-26、表 2-27 分别列举了部分宋代建阳兔毫盏胎、釉的化学组成。从中可以看到无论是胎或釉,Fe_2O_3 的含量都是很高的,这是因为加入了当地的一种红泥,其中 Fe_2O_3 含量达 11.87%,且其 Fe_2O_3 的颗粒也较粗大。从釉中 P_2O_5 含量大都>1%,K_2O 含量也较高的情况可推测其釉是一种石灰碱釉。兔毫釉实际上是在黑釉上所透出的黄棕色或铁锈色流纹。在显微镜下观察可以看到这种毫毛呈鱼鳞状结构,在毫毛两侧边缘上各有一道黑色粗杂纹,系由赤铁矿晶体构成。兔毫盏的胎中 Fe_2O_3 含量达 9% 以上,在高温烧成中,部分铁质会溶入釉中,这就更增加了釉中的铁质。在烧成中产生的气泡将釉中的铁质带到了釉面;当温度达到了 1300℃以上,釉层流动又致使富含铁质的部分流成条纹,冷却时在这流纹中便析出赤铁矿小晶体,这就形成了兔毫釉。油滴釉的形成也大致基于同样的机理。在显微镜下可以看到,油滴釉的釉面上那些银灰色金属光泽的小圆点,实际上是由一群密集的粒状或块状的赤铁矿小晶体所组成。可以判定油滴的形成是由于在烧成中,铁的氧化物在该处富集,冷却时则在局部形成过饱和状态,遂以赤铁矿和磁铁矿的形式从中析出晶体所致。釉层的厚度和釉的粘度对油滴的形成也有较大的影响,而且釉厚处油滴较大,釉薄处油滴较小,有时甚至不能形成油滴。另外油滴的形成与烧成温度有关,一般烧成温度的范围相当狭,一般在 1250～1350℃ 之间,[①]若控制不当,就很难得到满意的结果。所以在古代,这种釉的出现,开始时肯定它是很偶然的,以后也是极罕见的产品。[②]

宋代烧造黑釉瓷器最负盛名的窑是福建的建阳窑和江西的吉州窑。建阳窑烧造的"油滴"、"兔毫"黑釉瓷为众多文人所津津乐道。例如宋代大文豪苏轼的诗"送南屏谦师"写道:"道人晓出南屏山,来试点茶三昧手,勿惊午盏兔毛斑,打出春瓮鹅儿酒。"[③] 反映了建阳窑黑釉兔毛盏的盛誉。南宋时,福建泉州成为对外贸易的中心之一,建阳窑的黑釉瓷作为深受欢迎的商品,由此远销日本、东南亚、南亚、乃至欧洲。

八　中国古瓷峰颠的明清瓷艺

明清时期,景德镇以外的窑场先后衰落,各种具有特殊技能的制瓷工匠云集景德镇,造就成该镇的"工匠来八方,器成天下走"的繁荣局面。明代万历时人王世懋在介绍当时景德镇的景象时说:"万杵之声殷地,火光炸天,夜令人不能寝。戏呼之曰四时雷电镇。"[④]据考,在明嘉靖二

---

①　陈显求等,宋代建盏的科学研究,见《中国古陶瓷研究》第 247 页,科学出版社,1987 年。
②　陈显求等,建阳兔毫盏仿制品的结构本质,见《中国古陶瓷研究》第 258 页。
③　宋·苏轼:"送南屏谦师并引",《苏轼诗集》第 31 卷 1668 页,中华书局,1982 年。
④　明·王世懋:《二酉委谭》,《说郛续》卷十八,1988 年上海古籍出版社影印本第 853 页。

十一年(1522)时,在景德镇从事瓷业的人数已达到了十余万人。景德镇生产的瓷器不仅数量大,品种多,而且质量高,销路广。正如宋应星所说:"合并数郡,不敌江西饶郡产……若夫中华四裔,驰名猎取者,皆饶郡浮梁景德镇之产也。"[①] 景德镇先后生产的釉下彩青花瓷器,釉上彩五彩瓷器,斗彩瓷器、珐琅彩瓷器、粉彩瓷器以及各种多样的高低温色釉瓷器,代表着当时中国制瓷工艺的最高水平。景德镇生产的瓷器不仅要满足国内外市场的需求,更要担负着宫廷用瓷和赠外礼品瓷的重任,成为中国名符其实的瓷业生产中心——瓷都。

(一)最具民族特色的青花瓷器

青花瓷器是指应用所谓"青钴料"在瓷坯上绘画,然后着上透明高温釉,在高温下一次烧成,呈现蓝色花纹图案的釉下彩瓷器。这种瓷器的釉彩着色力强,发色鲜艳,呈色稳定,彩在釉里不易磨损模糊,加上白地蓝花有一种特殊的明净素雅之感,具有中国传统水墨画的效果。美观实用的特点使青花瓷器深受人们喜爱,从而获得迅速发展,逐渐成为景德镇瓷器生产的主流之一,远销国内外。

釉下彩绘和运用青钴料作为呈色剂是青花瓷器烧制的基本工艺要素。通过对这两个要素的考察,可以认为青花瓷器在中国烧制成功不是偶然的,而有一段相当长的发展历史。关于釉下彩绘技艺,早在唐代,长沙窑已曾采用含铜和铁的矿物为颜料,烧制成过釉下彩瓷器。到了北宋,这种釉下彩装饰方法为磁州窑所继承,创制了白地黑花釉下彩瓷器。随后这种方法为更多瓷窑所掌握。釉下彩的技法经历了400多年的发展,于是在元代出现了成熟的青花瓷器。运用青钴料作呈色剂在唐代已较普遍。唐三彩的蓝釉就是采用了青钴料,那么唐代似已应有青花瓷器。出土文物证实了这一推测,1975年在江苏扬州唐城遗址曾出土一件青花瓷枕的残片;另外在香港冯平山博物馆收藏着一件据说是1948年出土于河南洛阳的唐代白釉蓝彩的三足鍑(按无鍑字,可能自镴字演化而来,镴为金属质大口釜)。宋代的青花瓷片曾在浙江龙泉县金沙塔的塔基和绍兴县环翠塔塔基中发现,据测定它的 MnO/CoO 比为10.25,Fe_2O_3/CoO 比为0.61,与其他时期的青花瓷器不同。从它的外观来看,其青花色彩暗蓝,甚至带有一点黑色,初步推测它大概是采用含氧化锰很高的国产钴土矿。其烧成温度约在1270℃左右。

在唐宋青花瓷器烧制的经验基础上,元代景德镇的青花瓷器制作达到成熟的水平,并开始大量生产。近40年以来,在元代居住遗址、元代窖藏及元代墓葬中陆续出土了不少青花瓷器。它们的共同点是施淡青白色釉,而不是无色透明釉,青花的色泽带灰,而不是典型的深蓝色,纹饰也比较简单。据对景德镇元代青花瓷片的检测,可以发现它是在当地青白瓷的基础上发展而来,胎中 Al_2O_3 含量明显增加,表明当时制瓷胎料已开始采用瓷石加高岭土的二元配方,而不是只采用单一瓷石。元代青花瓷的釉层色白微青,光润透亮,釉中 CaO 含量减少,Na_2O,K_2O 成分相应增加,表明釉已由石灰釉向石灰碱釉过渡。使用的青花钴料既有进口料,又有国产料。此外,元代青花瓷器在胎釉方面尚普遍存在原料淘洗不细,制作较粗率的缺点,这里既有时代的烙印,又有原始的特征。

在明代的景德镇众多瓷器中,青花瓷器一跃占据了主流地位,它较元代有了较大的发展,不仅表现在数量上,更突出地体现在质量上。大多数明代的景德镇青花瓷器不仅胎质细腻洁白,釉层晶莹透亮,而且其青色浓艳,造型多样、纹饰优美而负盛名,使青花瓷器的生产迈入了

---

① 明·宋应星:《天工开物》第七卷〈陶埏〉。

图 2-15　元代青花追韩信瓶
（摘自华石：《中国陶瓷》）

一个黄金时代。明代的永乐（1403～1424）、宣德（1426～1435）、嘉靖（1522～1566）等年间都曾烧制出具有各自特色的青花瓷器，这与它们采用了不同的色料有直接的关系。永乐和宣德年间的产品所用青花的色料主要采用郑和等从南洋、伊斯兰国家带回的含锰低、含铁高的"苏麻离青"（一种含氧化钴的青料的译名），所以产生浓艳的青花，但时有黑斑出现。自宣德后期，由于进口青料的减少，于是多使用进口青料和国产青料相配合的混合料，在适当的烧成温度下，青花色彩变成柔和淡雅的蓝色，黑斑也少见。至成化、正德年间，由于已普遍单纯采用国产青料，加上正德初年的宁王叛乱，景德镇御器厂一度停产。这时期其他瓷窑的青花瓷的色调大多较淡浅或稍浓带灰。嘉靖年间，则又恢复使用了进口青料，并在使用进口和国产混合青料时对适当配比也有了更多的经验，所以烧出的青花呈现蓝中微泛红紫，浓重而鲜艳。万历中期以后，可能由于进口青料的中断而再度普遍改用国产青钴料。然而这时期的工匠对国产青钴料的加工使用已掌握了较丰富的经验，所以烧成的青花虽然没有嘉靖时那么浓

艳，但是蓝中微微泛灰，也颇有沉静之感。由上述史实可以窥见明代景德镇所烧造青花瓷器的变化和发展，所使用的青钴料原料及其加工技术则是这一变化的主要根据。

陶瓷专家周仁等曾对宣德间的青花大盘上的青花及白釉、瓷胎作过分析，其数据如表 2-28 所列。

由于瓷器上的青花分别与釉和胎熔合，刮下来的青花试样中，除青料外，必然还杂有部分釉和胎，因而所得的分析结果并非单是青料，而是这种混合物的化学成分。从分析数据来看，青花部分中氧化锰和氧化钴的含量差不多，而氧化铁较高。表 2-29 是分别产于浙江、云南的一种钴土矿的化学成分。由表可见国产钴土矿的成分中，氧化锰的含量要比氧化钴高达数倍乃至十余倍。对照之下，可以推测上述宣德青花大盘上的青花所采用的青钴料是进口青料。由于进口青料含锰不多，含铁量却很高（是属于含钴铁矿），所以在还原气氛中烧成的青花，其颜色是蓝中泛绿，深色的部分呈黑色，大的成黑斑，小的呈黑点是 Fe_2O_3 产生的效果。国产青料，矿物学上名钴土矿，产地分布颇广，名称也不统一。钴土矿实际上是由二氧化锰、氧化钴和其他氧化物所组成的复矿。从表 2-29 所列浙江、云南所产钴土矿成分看，可知二氧化锰含量高，而氧化钴的含量除云南部分矿高于 2% 以外，一般只在 2% 以下。一般未经炼制的钴土矿是不足以直接用作青料的，仅经一般加工的国产青料，呈色往往明显带灰。明代时的制瓷工匠还绝不可能了解到青花的主要着色剂为钴的氧化物，氧化钴用量过高，会使色泽易发紫黑，过低则不能显出青蓝色；钴土矿中氧化锰、氧化铁的含量多寡会对青花呈色造成很大的影响等等。但是他们却在实践中逐渐掌握了进口青料和国产青料的适当配比及进口青料和国产青料的深加工，从而

表 2-28 宣德青花大盘的化学分析[1]

氧化物	含 量(%)		
	青花部分	白釉	瓷胎
SiO_2	68.94	70.74	72.84
Al_2O_3	15.35	14.16	19.03
Fe_2O_3	2.17	0.97	0.60
TiO_2	痕量	—	0.28
MnO	0.25	0.07	0.01
CoO	0.24	—	—
CuO	0.025	—	—
CaO	5.98	6.79	0.75
MgO	0.97	1.36	0.30
Na_2O	2.84	2.76	3.11
K_2O	3.16	3.10	3.54
总计	99.93	99.95	100.46

[1]摘自周仁等:《中国古陶瓷研究论文集》第 80 页。

表 2-29 国产钴土矿化学成分[1]

原料编号	产地	色泽	化 学 成 分(%)														
			SiO_2	Al_2O_3	Fe_2O_3	BaO	MnO	TiO_2	CaO	CuO	CoO	NiO	MgO	K_2O	Na_2O	有效氧	烧失	总计
C_1	浙江	黑灰色	18.31	19.01	6.96	1.80	30.12	1.58	0.16	0.10	1.86	0.36	0.20	—	—	6.65	13.43	100.54
C_2	云南	淡绿色	28.97	32.81	6.58	少量	19.36	0.38	0.66	0.58	4.46	0.05	少量	0.43	0.24	4.37	1.40	100.29

[1]摘录自周仁等:《中国古陶瓷研究论文集》第 83 页。

烧出了高质量的青花瓷。他们在配制釉料中,还认识到钴土矿用多了,会使颜色泛紫(由于铁、锰氧化物的增加);若是矾土石用多了,则会使研磨加工变得困难(矾土石主要成分为氧化铝)。他们根据经验,对国产钴土矿采取了一系列富集挑选等加工手段。(明)宋应星在《天工开物》中就写道:"凡画碗青料,总一味无名异(漆匠煎油,亦用以收火色)。此物不生深土,浮生地面,深者掘下三尺即止,各省皆有之。亦辨认上料、中料、下料。用时先将炭火丛红煅过。上者出火成翠毛色,中者微青,下者近土褐。上者每斤煅出只得七两,中下者以次缩减。如上品细料及御器龙凤等,皆以上料画成,……凡饶镇所用,以衢、信两郡山中者为上料,名曰浙料,上高诸邑者为中,丰城诸处者为下也。凡使料煅过之后,以乳钵极研(其钵底留粗,不转锈),然后调画水。调研时色如皂,入火则成青碧色①。"朱琰在其《陶说》中写得更为详细:"其八曰采取青料:瓷器、青花、霁青、大釉,悉借青料,出浙江绍兴、金华二府所属诸山。采者入山得料,于溪流漂去浮土。其色黑黄、大而圆者为上青,名顶圆子。携至镇,埋窑地三日,取出重淘洗之,始出售。其江西、广东诸山产者,色薄不耐火,只可画粗器……白地青花,亦资青料。明宣德用苏泥勃青,嘉靖用回青。青非不佳,然产地太远,可得而不可继。"又说:"其九曰拣选青料:青料拣选,有料户专司

---

① 明·宋应星:《天工开物》第七卷〈陶埏〉。

其事。黑绿润泽,光色全者为上选。仿古雾青、青花细器用之。呈黑绿,而欠润泽[者],只供粗瓷。至[于]光色全无者,一切选弃。用青之法,画坯上,罩以釉水。入窑烧成,俱变青翠。若不罩釉,其色仍黑;火候稍过,所画青花亦多散漫。……按明用回青法:先敲青,用捶碎之。拣有朱砂斑者为上,有银星者为次,约可得十分之二。其奇零琐碎,碾之入水澄定,约可得二十分之一,所得亦甚少。选料不精,出器减色,故必属之料户专司。"[①]对钴土矿的淘洗、煅烧、拣选、磨细等加工,实际上是提高了青料中氧化钴的含量,部分地剔除了铁、锰氧化物的成分。色料的磨细程度不仅影响画工,就对显色来说也很重要,色料愈细,更能使颜色均匀调和;若色料中有过粗颗粒,在烧成中就可能出现黑斑。

正是在逐步认识、掌握青料的采集、加工的实践中,明代青花瓷器的发展经历了上述的曲折过程。到了清代康熙、雍正、乾隆时期,景德镇的御器厂仍主要采用浙江产的青料,烧出的青花瓷达到了纯蓝色,不再泛紫色,并有深浅层次分明的青花色调,即取得了比明代更高的工艺水平。清代康熙年间的青花瓷浓淡一致、层次分明,则是由于在着釉技术有了改进。明代青花瓷的浓淡层次,是瓷工用小毛笔在涂抹青料时,利用笔触青料的多寡来掌握;而清代的瓷工则已能熟练地运用浓淡不同的青料,调染出深浅有别的蓝色色阶。

(二)争新斗艳的斗彩瓷器和五彩瓷器

斗彩是指釉下青花和釉上彩色相结合的一种彩瓷工艺。斗彩这一名词不见于明代的文献记载,而首先出自清雍正年间成书的《南窑笔记》谓:"成、正、嘉、万俱有斗彩、五彩、填彩三种。先于坯上用青料画花鸟半体,复入彩料,凑其全体,名曰斗彩。填(彩)者,青料双钩花鸟、人物之类于坯胎,成后,复入彩炉填入五色,名曰填彩。五彩,则素瓷纯用彩料画填出者是也。"[②]

在唐宋的低温铅釉 $PbO\text{-}SiO_2$ 的基础上,明代时瓷工又添加硝石,将 K_2O 引入铅釉,发展为 $PbO\text{-}K_2O\text{-}SiO_2$ 三元系统的釉上彩料工艺。在明代以前,釉上彩和釉下彩工艺就都已出现,但是它们多是以单一色彩应用。在元代青花釉里红瓷器的启示下,宣德年间的制瓷工匠试着在已烧成的青花瓷器上,用铁红绘图,然后在一定温度下烧烤,从而创制出青花釉上红彩瓷器,这便是最初形式的斗彩瓷器。随后工匠们又创制出青花金银彩等斗彩新品种。成化年间(1465～1487)的斗彩已是釉下青花和釉上多种彩的结合,不是宣德年间的单一釉上红彩,而是至少三、四种色彩,有的多达六种以上。其施用的色彩有艳丽的鲜红、油红、鹅黄、杏黄、蜡黄、姜黄、水绿、叶子绿、松绿、孔雀绿、孔雀蓝、葡萄紫、赫紫等等。利用天然矿物配制出这么多的釉上彩,是成化时期制瓷工人的重要贡献。为后来的五彩、粉彩瓷器的发展奠定了基础。

在成化斗彩瓷器的图案中,青花是主色。它是先用青花勾画好图案的轮廓线,釉上色彩按青花规定的范围内填入,或用青花画好图案的一半,再用其他色彩填画另一半。有些图案则干脆基本上完全由青花来表现,其他色彩仅起点缀作用。到了嘉靖、万历年间,这种装饰绘画有了一个大变化,即图案是以红、淡绿、深绿、黄褐、紫及釉下蓝色交织绘成,彩色浓重,尤其突出红色,青花反而仅起蓝彩点缀作用。所以成化的斗彩瓷器的风格以疏雅取胜,而嘉靖、万历时的斗彩,人们习称为青花五彩瓷,它以浓艳为特色。青花五彩瓷器的出现表明釉上多彩的技艺有了明显的提高,同时也展现了彩瓷工艺发展的新阶段。

---

① 清·朱琰:《陶说》卷一〈说今〉,见清·王文濡辑:《说库》下册,浙江古籍出版社,1986 年。
② 清·佚名:《南窑笔记》,见《美术丛书》本。

　　明代的纯粹釉上五彩瓷，一般包括红、绿、黄、褐、紫诸色，大多以红色为主。实际上，凡有红彩等三色以上的彩瓷，虽不够五色，也叫做五彩；无红彩的，则叫素三彩。在中国古代，婚嫁、祝寿等喜庆，称荤事，一般用红色，大红大绿象征喜庆。丧葬等称素事，不得用红色，故素三彩也能得到发展。素三彩瓷器的发展，对于彩瓷工艺也是新的尝试。

　　及至清代，特别是在康熙年间(1662～1722)，五彩瓷器的工艺有了明显的发展。康熙五彩除红、绿、赭、紫等色外，更发展出了釉上蓝彩和黑彩，同时在五彩中加用了金彩。其蓝彩烧成的色调，其浓艳程度超过青花。黑彩具有黑漆的光泽，衬托在五彩的画面和周围花边中，加强了绘画的立体效果。金彩的运用也突破了明代嘉靖年间在矾红或霁蓝等上描金的单一手法。因此康熙五彩比明代的五彩更娇艳动人。明代时的五彩，由于色调不够丰富，故彩绘以釉下青花和釉上五彩相结合的斗彩为主流，康熙五彩则根本上改变了这一主流方向。釉上五彩一般是在高温烧成的素白瓷上进行彩绘，然后在彩炉中经低温烧烤而成。假若炉温过高，将出现颜色流动而破坏画面；假若温度过低，则釉彩就光泽不足，附着力差。所以明代的五彩时有光泽晦暗的现象，而康熙五彩大多已是彩色鲜艳，光泽清澈明亮。由此可见康熙时期的五彩瓷器把传统的釉上彩瓷工艺推向了高峰。

　　五彩瓷器的发展，除了必须掌握精细白瓷的烧制外，最重要的条件是彩料品种的增加和它的熟练运用。当时瓷工们常用的彩料有红、黄、绿、紫、蓝、黑、金等，并利用它们调配出许多浓淡和色调不同的彩色。对于这些彩料及其配制方法、呈色原理，古陶瓷专家曾作过系统研究，现在已有了较清晰的认识。

　　红彩有矾红、金红两大类。矾红的呈色剂是氧化铁(Fe_2O_3)，故又称铁红，是我国传统的红彩，始见于宋瓷。矾红是用青矾($FeSO_4 \cdot 7H_2O$)为原料，经煅烧、漂洗制成。在彩绘时需添加适量的铅粉和胶。矾红的色调与彩料的细度有关，粉料愈细，色调愈鲜艳。矾红彩的呈色还与烘烧温度和时间有关，如能掌握好，就得到鲜艳的红色，若温度过高或时间过长，会使部分氧化铁溶入底釉，而使红彩色调闪黄。金红是从国外传入的，始见于清康熙年间的珐琅彩。

　　黄彩有铁黄和锑黄两种。五彩中的黄彩是以氧化铁为着色剂的铁黄。铁黄铅釉彩始于汉代，唐三彩的黄彩就是铁黄铅釉。关于铁黄铅釉彩料的制法，清代时在景德镇居住了7年的法国传教士昂特雷科莱(P. d'Entrecolles，汉名殷弘绪)给教会的信(1722)中有过描述：“要制备黄料，就往一两铅釉料中调入三钱三分卵石粉和一分八厘不含铅粉的纯质红料，……如果调入二分半纯质红料，便会获得美丽的黄料。”[①] 这里的红料指矾红，黄料指铁黄。锑黄是采用以氧化锑为主要着色剂，为舶来品。康熙时曾用于珐琅彩，雍正时进一步用于粉彩。

　　绿彩由铜绿铅釉发展而来，铜是主要的着色元素。早在汉代出现的铅釉就是铜绿铅釉，以后一直沿用。它的配制方法是：“制备绿料时，往一两铅粉中添加三钱三分卵石粉和大约八分到一钱的铜花片。铜花片实际上就是炼铜矿时获得的铜矿(炼)渣，……以铜花片作绿料时，必须将其洗净，仔细分离出铜花片上的碎粒。如果混有杂质，就呈现不出纯的绿色[②]。”

　　传统的蓝彩是从钴蓝铅釉发展而来，最早见于唐三彩。初时，陶工直接采用天然的钴土矿作蓝釉或蓝彩的着色剂。而钴土矿的化学组成又因产地不同而差异很大，这种差异主要在于其中含有不同量的铁和锰，有时还含有少量的铜，从而造成呈色效果上的差别。在长期的实践中，

　　① 见“殷弘绪关于景德镇的两封信”，景德镇陶瓷馆文物资料组编印《陶瓷资料》1978年第1期。
　　② 见“殷弘绪关于景德镇的两封信”。

特别在配制青花釉料的经验中,瓷工们逐渐掌握了钴土矿的精选、富集和加工,配入适量的铅粉即获得较好的蓝彩料。

黑彩不同于黑釉。黑釉瓷的黑釉是高温石灰釉,主要呈色剂是铁、锰的混合氧化物。传统的釉上黑彩是低温铅釉,其主要着色剂除铁、锰氧化物外,还有钴和铜的氧化物。瓷工是利用钴土矿和铜花片配制而成。这种黑彩在化学组成上有两个特点:①K_2O,Na_2O含量极低,表明在配制中没有加硝石,而其它彩料(矾红除外)都要加硝石;②烧失量很大,竟达到14%～26%,根据文献记载,这是因为在配制中加入了一定量的牛皮胶作粘合剂。

至迟在宋代,定窑和建窑的瓷工开始用金箔来装饰瓷器,明代更是盛行,于是出现了金彩。清代改用金粉。其方法是,用毛笔将金粉绘于瓷釉表面,再在700～800℃温度下烧烤,金彩就烧牢于釉面,再用玛瑙棒来摩擦,使其发光。关于金粉的制备和使用方法,法国传教士殷弘绪是这样记载的:"想上金彩,就将金子磨碎,倒入瓷钵内,使之与水混合,直到水底出现一层金为止,[①]平时将其保持干燥。使用时取出一些,溶于适量的橡胶水里,再掺入铅粉。金粉与铅粉的配比为30:3,在瓷釉上着敷金彩与上一般色彩一样。"[②]这是一种直接将金粉描绘于瓷器的方法,不仅工艺复杂,而且耗金量大。清代后期,溶液金(俗称金水)的装饰方法传入我国,上述直接法不再使用。传入的金水系金的树脂酸盐,使用简单,耗金量低,而且外观效果也较好。

表 2-30 和表 2-31 就是古陶瓷专家对清代釉上彩料的分析结果。

表 2-30　清代釉上彩的光谱定性分析[1)]

名　　称		主要着色元素	主要熔剂	乳浊剂
清康熙五彩	蓝彩	Co	Pb	—
	黑彩	Fe,Co,Mn,Cu	Pb	—
清康熙青花五彩	黄彩	Fe	Pb	—
	蓝彩	Co	Pb	—
	绿彩	Cu	Pb	—
	矾红彩	Fe	Pb	—
清康熙珐琅彩	黄彩	Sb	Pb,B	—
	蓝彩	Co	Pb,B	As
	绿彩	Cu,Sb	Pb,B	As
	紫彩	Co,Fe,Mn,Au	Pb,B	As
	胭脂红	Au	Pb,B	As
	粉红	Au	Pb,B	As
	白彩	—	Pb,B	As
	黑线条	Fe,Co,Mn,Cu	Pb	—
清雍正粉彩	粉红	Au	Pb,K	As
	蓝彩	Co	Pb,K	As
	青绿彩	Cu,Sb	Pb,K	As
	黄彩	Sb	Pb	—
	黄绿彩	Cu,Sb	Pb,K	As

1)摘录自张福康:"中国传统低温色釉和釉上彩",《中国古代陶瓷科学技术成就》第 343 页。

---

①　这句话似乎有误,黄金是不能直接磨碎的。中国古代制作金粉的方法请参看本书第五章。
②　见"殷弘绪关于景德镇的两封信。"

表2-31　19世纪中叶中国釉上彩料的化学组成[1]

名称	SiO₂	PbO	H₃AsO₄	K₂O	Na₂O	Al₂O₃	Fe₂O₃	MnO	CoO	Sb₂O₃	CuO	CaO	MgO	H₂O	Au	未定	烧失	总量
矾红料(生红)	3.90					痕迹	95.00					痕迹	痕迹	1.00			0.10	100.00
矾红料(生红)	3.12					3.00	92.14					痕迹	痕迹	1.20			0.54	100.00
蓝色料	48.21	32.84		13.78		0.06	1.63	0.50	1.50		1.00	0.97	痕迹				0.00	100.49
蓝色料	46.40	30.89		13.20		0.15	1.50	0.62	1.60		0.96	0.85	痕迹				3.80	99.97
蓝色料	38.81	44.14		11.10		0.50	1.03	1.00	0.68		0.50	0.83	痕迹				0.65	99.24
蓝色料	37.20	42.18		13.39		0.50	1.06	1.00	0.50		0.15	0.64	痕迹				2.40	99.02
黄色料(生黄)	40.47	51.53	4.00	3.39	0.71	痕迹				3.66[2]	0.35	0.17		1.13				101.35
绿色料(翡翠)	37.50	44.13		10.00		痕迹					3.00	0.25					0.50	99.38
(茶蓝)	41.50	43.40		7.33			0.86				2.40	2.11					2.40	100.00
(山绿)	42.44	43.40		6.49			1.26				3.41	2.00					1.00	100.00
(粉绿)	36.80	51.04	0.50	4.23						2.01	0.51	1.74	0.05				2.50	100.50
(淡绿,带黄色)(生山绿)	41.20	49.05		3.96	0.60	0.17	0.05				5.05	0.12		0.67				100.87
头等白色料(玻璃白)	37.00	44.39	6.00	9.50	0.05	0.27	0.28				痕迹	0.75	痕迹	0.40			2.40	98.64
二等白色料(生常白)	37.50	50.94	5.00	3.43	0.34	0.15	0.30				痕迹	0.60	痕迹	0.50			1.00	98.76
牙白(亮白)	36.00	54.00	5.60	2.00	2.00		0.80						1.20				2.00	99.60
黑色料(粉料Ⅰ)	2.00	69.14		0.00	0.00	0.24	3.00	7.00			4.60	0.60					14.20	100.78
(乌金Ⅰ)	1.98	59.58			0.69	0.62		1.70			8.40	1.43					25.60	100.00
紫色料(青莲)	41.8	45.16				0.60			0.20		0.50	1.20	痕迹		0.20	8.34	2.00	100.00
胭脂红(生)	40.00	48.55		8.00		0.20	0.31				0.40	痕迹	0.05		0.20		1.21	98.92
胭脂红(细)	38.80	47.37		7.54		痕迹	0.30				0.40	痕迹	痕迹		0.25		3.60	98.26
顶红(生)	39.71	48.70		7.90		0.45	0.23				0.30	0.41	痕迹		0.20		1.19	99.09
顶红(细)	38.30	48.00		7.60		0.29	0.30				0.44	0.15	痕迹		0.30		3.20	98.58

1) 摘自张福康:"中国传统低温色釉和釉上彩",见李家治等著《中国古代陶瓷技术成就》,上海科学技术出版社,1985年。

2) 锑酸。

(三)中外合璧的珐琅彩和粉彩瓷器

借鉴于明代"景泰蓝"制作工艺,在清代康熙年间工匠们创造了在铜、玻璃、料器、瓷器的胎子上,用进口的各种珐琅彩料描绘装饰而生产出多种珐琅器,其中瓷胎画珐琅器就是珐琅彩瓷器,俗称"古月轩"瓷器。它专供皇宫内皇亲妃嫔们赏玩和宗教、祭祀场合中使用,是极名贵的宫廷御器。产量很少,传世品也很少,历来视为稀世珍宝(图 2-26)。

珐琅彩料最初施用于宜兴紫砂胎上作出彩饰,以后又用于素烧过的白瓷胎上进行各种花卉图案彩饰。据清宫档案记载当时将景德镇烧好的优质白瓷坯胎运至京城,由御用画师和高水平的工匠,用从西方进口的珐琅彩料作画,然后入炉烘烧。烧成的器物由于彩料较厚,花纹凸起,富有立体感,画面瑰丽。到了雍正时期,珐琅彩瓷制作技艺更趋精湛,在彩绘上已改变原先只绘花卉的单调格局,而是在瓷胎上彩绘花鸟、竹石、山水等画面,还配以书法极精的诗词。据说雍正亲自过问珐琅彩料、图案及器型。上有所好,下必趋之,因此造办处集中了最优秀的画师和工匠,不惜工本地生产珐琅彩瓷器。参与彩绘者均系著名画师,他们将中国传统的绘画技法与瓷器的装饰艺术结合起来,所以烧制的珐琅彩瓷多是艺术精品。雍正本人极喜水墨和青色山水,则促使这两种珐琅彩瓷更是精品迭出。乾隆时期的珐琅彩瓷,不仅有山水、花卉、风景等题材,还增加了人物,在画面表现形式上又有点仿西洋画的技法。

珐琅彩料品种很丰富,色泽也极鲜艳,有黄、蓝、绿、紫、胭脂红、粉红、白、黑等色。从表 2-30 所列的测定结果来看,珐琅彩与中国传统的彩料不一样,从化学组成来看,它有以下特点:
(1)中国传统的低温色釉和五彩,采用的是 $PbO-SiO_2$ 系统和 $PbO-K_2O-SiO_2$ 系统的基料,而珐琅彩则以 $PbO-B_2O_3-SiO_2$ 系统为基料。就是说珐琅彩中含有大量的氧化硼,所以其釉彩的呈色具有鲜艳、光润之感;(2)部分珐琅彩料中含有氧化砷(As_2O_3)。这是因为在彩料中,还添加了另一种白色彩料,既起调色作用,又呈乳浊之用。这种彩料在景德镇俗称为"玻璃白",它是在 $PbO-K_2O-SiO_2$ 基料中添加了 As_2O_3 而熔制成的;(3)珐琅彩的黄色颜料是以氧化锑为着色剂,它在色调上与中国传统的、以铁黄为色料的黄彩料有着明显的不同;(4)珐琅彩中的胭脂红,又名金红,是使胶体金粒子悬浮于铅硼熔剂而制成的胶态金,由于对日光有选择性吸收,故呈色略带紫红,极似胭脂。我国传统的红色颜料,在康熙以前,只有铁红一种。

珐琅彩料的加工,与中国传统彩料不同,而是搬用了"景泰蓝"彩料工艺。是先将起呈色作用的金属氧化物与低温铅釉料($SiO_2-PbO-B_2O_3$)一起粉碎、混合,熔融后倾入冷水中急冷成珐琅熔块,再经细磨而成已经呈色的各种珐琅粉彩料。使用时与胶混合,用毛笔蘸取在素瓷胎绘画。然后再入炉烘烧。

珐琅彩的引入和珐琅彩瓷的烧制都表明中国制瓷工匠在发展传统的制瓷工艺中是善于学习和吸收外来的先进技艺的。

在明、清的五彩瓷器的工艺基础上,受珐琅彩制作工艺的影响,制瓷工匠经过反复的摸索实践,在康熙年间创制出了粉彩瓷器,这是一种具有独特风格的釉上彩新品种。自清代康熙年间之后,粉彩瓷器逐步成为我国彩瓷产品装饰方式的主流。五彩瓷以线条来描绘,用色主要采用平涂,故一般缺少阴阳向背之感,也缺乏浓淡深浅之别。这一不足终为粉彩的技艺所克服。粉彩彩料的化学组成基本上是在 $PbO-K_2O-SiO_2$ 低温玻璃釉料中掺入一定量的金属氧化物(呈色剂)和含砷的白色彩料(玻璃白)配制成的。当彩绘后的瓷品在 750℃ 左右烧烤后,彩料中由于 As_2O_3 起乳浊作用,使色釉有一种不透明之感,即乳浊效果给人以"粉"的感觉,线条有浓淡深浅,色调秀丽柔和,既可使红彩变成粉红色;绿彩变成淡绿色;蓝彩变成淡蓝色,几乎所有的颜色都能被粉化;同时借助于改变玻璃白的加入量,更可以把同一彩色化成一系列不同深浅浓淡的色调,扩大了釉上彩的色调范围。使用粉彩可以采用国画中的渲染手法,即在绘画花朵、衣服皱褶、浪花等图像时,先施一层玻璃白,如同纸绘上的粉底一样,然后再在粉上渲染各色颜料,从而可以使烧出的人物、花鸟、山水等都有明暗、深浅和阴阳背向之分,形象栩栩如生。所以粉彩的运用把彩绘技术推向一个新的水平。初创时的粉彩瓷的画面,由于技艺尚在提炼,还有粗放之感。到了雍正时期,无论造型、胎釉和彩绘都有长足进步,粉彩的画面因已采用玻璃白粉打底的方法,中国传统绘画的渲染手法得以充分展现,加上烧成的温度、气氛掌握好,粉彩瓷不仅色彩丰富,而且更加娇艳,以淡雅柔丽而名重一时。

玻璃白实际上是一种乳白色的低温玻璃,它是用一种叫"白信石"的天然矿物(含氧化砷达99%以上)和铅熔块、硝石(KNO_3)配制熔炼而成。其化学组成参见表2-31。

图2-16　乾隆珐琅彩花卉纹瓶
(摘自华石:《中国陶瓷》)

九　古代陶瓷主要著述评介

中国漫长的封建社会,虽然留下了浩瀚的史料文献,但是其中涉及科学技术内容的极少,有关陶瓷的著述和资料同样也很贫乏。中国古代陶瓷技艺取得的辉煌成就是世人共碑,有目共睹的,然而古代陶瓷技艺的发展,主要是依靠陶瓷工匠的经验积累,师徒相传,而缺乏科学的指导和总结。众多的文人墨客虽然在他们的诗文中赞赏过陶瓷,但是他们大多没有深入生产实际,难以对陶瓷生产的技艺作如实的记载。这种状况直到明清才有一点转变,也就是说直到明清时期才有几部有关陶瓷技艺的专著问世。正因为这种情况,对中国陶瓷史的研究,主要得依靠考古发掘,依靠对出土的古代陶瓷实物的科学研究。上文已将这项研究的成果,作了概括的介绍,本节将主要评述古代的陶瓷文献。

(一)古代陶瓷著述、文献概况

古代文献中有关陶瓷的论著、文章很少,而且较分散。它们大多数散见于二十四史、政书、杂史、方志、类书、诗文集、笔记等,其中以笔记、杂说者为多。明清时期一些论述格致的书曾论及陶瓷,而陶瓷、陶瓷史的专著仅有数部而已。

正史类中,《新唐书》、《宋史》、《明史·地理志·贡陶》、《明史·食货志·烧造篇》、《清史稿·唐英传》等提供了当时陶瓷生产状况的一些资料。

政书类,如《唐六典》卷三、四有贡陶的内容。《唐会要》记述了当时明器的制度。《宋会要辑稿》记录了宋瓷外销的片段情况。《明会典》记述了曲阳、磁州、钧州等瓷窑的状况。《清会典事例》记录了有关烧造陶瓷的事项。《清续文献通考》记载了清末瓷业的状况。

杂史类中,例如唐·李肇的《国史补》描述了内丘瓷。

方志中关于陶瓷业情况的记载稍多一些。例如唐·李吉甫的《元和郡县志》记述了当地的贡陶。宋·祝穆的《方舆胜览》记述了瓯宁的兔毫盏。宋·乐史的《太平寰宇记》记载了杭州的陶瓮。从《大清一统志》可以查找到各地陶瓷生产的始末。许多省的《通志》、府、州、县志也同样有各地陶瓷业状况的记录。例如明·郭子章的《豫章书》(即江西总志),(明·嘉靖年间)周广的《江西省大志》及以后历次修纂的《江西通志》、《饶州府志》、《浮梁县志》都有景德镇瓷业状况的资料。明·承天贵的《汝州志》也有关于汝窑的论说。

类书中也有一些关于陶瓷的资料。例如,明·黄一正的《事物绀珠》、明·方以智的《通雅》、清·康熙年间纂成的《古今图书集成·经济汇编·考工典》等。

诗文集中,议论陶瓷的更是零散,其中较著名的有唐人陆羽的《茶经》、唐·杜甫《杜工部诗集》中对大邑瓷的描述、宋·苏轼《东坡诗集》对定瓷的描述、《全唐诗》中陆龟蒙等对越瓷的赞颂。

笔记杂说中论述陶瓷的内容相对来说较多,下面列举部分著作:唐·段安节《乐府杂录》、唐·苏鹗《杜阳杂编》、宋·周羽翀《三楚新录》、宋·曾慥《高斋漫录》、南宋·周辉《清波杂志》、宋·赵德麟《侯鲭录》、南宋·赵彦卫《云麓漫钞》、南宋·叶寘《坦斋笔衡》、南宋·周密《癸辛杂识》、南宋·陆游《老学庵笔记》和《斋居纪事》、宋·赵与时《宾退录》、宋·顾文荐《负暄杂录》、宋·朱彧《萍州可谈》、元·陆友《砚北杂志》、元·陶宗仪《辍耕录》、明·谢肇淛《五杂俎》、明·田艺蘅《留青日扎》、明·陈继行《妮古录》、明·沈德符《万历野获编》和《飞凫语略》、明·查慎行《人海记》、明·李日华《六砚斋笔记》、明·陈懋仁《泉南杂志》、明·徐应秋《玉芝堂谈荟》、明·陆容《菽园杂记》、明·陆深《春风堂随笔》、明·郎瑛《七修续稿》、明·王世懋《纪录汇编》、明·顾起元《说略》、明·王士性《广志绎》、清·王士禛《香祖笔记》和《池北偶谈》、清·宋荦《筠廊偶笔》、清·刘銮《五石瓠》、清·释大然《青原志略》、清·周亮工《闽小纪》、清·孙廷铨《颜山杂记》、清·施闰章《矩斋杂记》、清·李渔《闲情偶寄》、清·王棠《燕在阁知新录》、清·阮葵生《茶余客话》、清·叶梦珠《阅世编》等等。[①] 此外,宋·徐兢的《宣和奉使高丽图经》、宋·赵汝适的《诸蕃志》、元·汪大渊的《岛夷志略》、元·周达观的《真腊风土记》等也从中外交流角度介绍了中国的瓷器。

相对而言,比较翔实或比较系统地记载陶瓷业状况或陶瓷生产的著述有:元·蒋祈《陶记》、明·曹昭编、王佐增补《新编格古要论》、明·张应文《清秘藏》、明·文震亨《长物志》、明·周履靖《夷门广牍》、明·屠隆《考槃余事》、明·袁宏道《瓶史》、明·高濂《遵生八笺》、明·张谦德《瓶花谱》、明·谷应泰《博物要览》、明·周高起《阳羡名壶系》、明·宋应星《天工开物·陶埏篇》、清·唐英《陶冶图编次》、清·朱琰《陶说》、清·吴骞《阳羡名陶录》、清·吴允嘉《浮梁陶政志》、清·蓝浦编,郑廷桂补辑《景德镇陶录》。此外,日本的兰田奥玄宝所著的《茗壶图录》(1874 年)在中国陶瓷史上也占一席之地。下面选几部在中国陶瓷史研究中居于较重要地位的专著试作评述。

(二)古代主要陶瓷著述简介

1. 蒋祈:"陶记"

它是中国历史上第一篇专论陶瓷生产的文章,不仅记述了元代景德镇瓷业的建制、职官和

---

① 清华大学图书馆科技史研究组,中国科技史资料选编:陶瓷、琉璃、紫砂,清华大学出版社,1981 年。

税目;还记载了当时瓷窑的税制和窑炉结构;描述了当时的制胎、成型、装饰及焙烧工艺;还介绍了当时景德镇瓷器的内销市场及并存竞争的其它瓷窑。这些记载为中国陶瓷史,特别是景德镇瓷业史的研究提供了丰富、翔实的史料。文中多次介绍了瓷器销售的广阔市场和众多的瓷器品名,使人们对当时景德镇正在勃起的瓷业生产有了真切的了解。其时的景德镇已能根据不同地区市场的不同需求,而生产和销售不同的产品。从原料的产地、原料的加工处理到整个制瓷工艺的记述,可以知道当时制瓷作坊内部已有细密的分工,制瓷生产已非季节性,而是一年四季开工。文中造了个"𤭛"字表示坯户和窑户的相互合作,说明瓷业内部已分出专门生产瓷坯的坯户和专门烧瓷的窑户。该文还对当时名目繁多的赋税作了描述,反映了当时制瓷工匠所受到的盘剥以及工匠与封建统治者之间的尖锐矛盾。

据考证,"陶记"一文撰于元代英宗至治壬戌到泰定帝泰定乙丑年间(1322～1325)。后收录在《浮梁县志》中。《浮梁县志》的版本较多,目前较常见的有:康熙二十一年(1682)的《浮梁县志》,景德镇图书馆藏;乾隆七年(1742)的《浮梁县志》,藏北京图书馆;乾隆四十八年(1783)的《浮梁县志》,藏江西省图书馆;乾隆五十七年(1792)本,,藏南京大学图书馆;道光三年(1823)的《浮梁县志》在景德镇市图书馆可以看到。

2. 宋应星:《天工开物》

它是一部集中国古代农业、手工业技术成就的百科全书,是公认的世界文化宝库中的一部名著。它系统、翔实地记载了中国传统农业、手工业各部门在明代的状况。卷七"陶埏篇"主要介绍陶瓷技术。这卷分六段,内容包括陶瓷产品(包括砖瓦)的生产及其社会意义。第二、三段介绍了砖瓦的制造,从和泥、制坯到烧窑等各个工序都作了记录,特别撰述了琉璃砖瓦的制造。第四段介绍了罂瓮(陶瓶、陶瓮和陶缸等)的生产,不仅论述了陶瓷的烧制技术,还对陶瓷产地、原料、釉料及制法作了描述,特别对烧造小件陶器的瓶窑、烧大件陶器的缸窑(合起来即当时的龙窑)着重作了介绍。第五段较详细地陈述了白瓷及青瓷的烧造,首先指出,不同地方瓷器因窑而异,然后着重介绍景德镇的瓷器,说它远近闻名竞相争购。接着介绍了景德镇瓷土的来源、加工澄滤的过程、陶车的使用及成型方法、釉料及上釉的方法、装窑及烧窑过程。而着重介绍了青花颜料及其加工精选方法。最后一段表述了宋氏对窑变和回青的认识。宋应星指出:"共计一杯工力,过手七十二,方克成器,其中微细节目尚不能尽也。"说明瓷器生产中已存在细致的分工,同时也感叹瓷器来之不易。系统、翔实、准确而且满怀激情的陈述,反映了他对陶瓷生产的深切关注,如没有认真的调研更是不可能将制瓷工匠的精湛技艺作出如此科学的总结。《天工开物·陶埏卷》不仅为后人了解明代的陶瓷技艺留下了珍贵的史料,而书中那些形象生动、准确的附图(参看图2-17),可以使读者观其图,读其文,获得更大的收益。

《天工开物》自明崇祯十年(1637)初版问世以来,直到1986年,海内外共出版发行了33版,可见该书在科技史上的地位和对世界文化史的影响。

3. 唐英与《陶冶图编次》

它是一部描述清代景德镇瓷器生产过程的专著。作者唐英,字俊公,晚年自号蜗寄居士,隶满洲正白旗,康熙二十年(1682)农历5月5日生于沈阳。6岁起在乡塾读书,16岁时供役于清宫养心殿,即劳作于宫廷的手工艺品作坊。长达20多年的实践,使他熟练地掌握了许多手工艺品的制作技艺,成为养心殿的能工巧匠,深得康熙、雍正二帝的赏识。雍正元年(1723)被授予内务府员外郎。雍正五年,江西景德镇御器厂正式开工烧瓷,唐英作为内务府总管年希尧的助手,奉命兼驻厂协助陶务,直接负责御器厂烧造瓷器。因成绩卓著,乾隆二年(1737),他奉命接任年

图 2-17　《天工开物》所附制瓷图
（摘自《喜咏轩丛书》）

希尧的淮安关使,遥领总理陶务之职。直到乾隆二十一年(1756),中间除有两年在广东主持粤
海关工作外,他一直负责景德镇御器厂的瓷器烧制。近30年的陶务,使他成为一位陶瓷专家。
他初到御窑时,对物料、火候、古今瓷式还"茫然不知",然而他"聚精会神,苦心竭力,与工匠同
食息者三年",变成了对"物料、火候、生克变化之理,虽不敢谓全知,但也颇有得于抽添变通之
道","由向之唯诺于工匠之意旨"的外行变成了"今可出其意旨唯诺夫工匠矣"的内行。根据《陶
录》卷五,乾隆年间成书的《唐窑》(唐英所主持的瓷窑)说:"公深谙土脉火性,慎选诸料,所造俱

精莹纯全。又仿肖古名窑诸器,无不媲美;仿各种名釉,无不巧合,萃工呈能,无不盛备;又新制洋紫、法青、抹银、彩水墨、洋乌金、珐琅画法、洋彩乌金、黑地白花、黑地描金、天蓝、窑变等釉色器皿。土则白壤而填,体则厚薄惟腻,厂窑至此,集大成矣。"

唐英不仅组织烧造了精美的瓷器,而且对景德镇的制瓷工艺进行了科学的总结。《陶冶图编次》就是其中最重要的一本。雍正八年,唐英编出了《陶成图》。乾隆八年(1743)他又将它按顺序逐项加以说明,并请当时的名画家孙佑、周鲲、丁观鹏等绘图,书法家戴临书写,完成了《陶冶图编次》,又名《陶冶图说》,进呈乾隆皇帝御览。这本书共有图 20 幅,图文并茂,对采石、制泥、淘炼泥土、炼灰、配釉、成坯入窑、烧窑、洋彩、束草装桶等工序进行了科学、形象的记载。唐英的这一著作全文虽只有 4500 字,却是非常重要的历史文献,并流传到欧洲。

唐英还编撰了《陶成纪事》、《陶人心语》等著作,也是后人研究景德镇陶瓷史的重要参考图书。《陶冶图说》原文被收录在清乾隆四十八年(1783)的《浮梁县志》卷五〈物产志〉的"陶政篇"中。1936 年故宫博物院的郭葆昌曾在前景德镇厂署档册中见到《陶冶图说》的原稿。

4.《朱琰》:《陶说》

它可以说是我国第一部陶瓷史专著。该书凡六卷,卷一"说今",首先描绘了清代景德镇陶瓷业的兴盛面貌,然后按照唐英所著《陶冶图说》的图文,对制陶工艺列为 20 道工序,分别作了详细的讲解。卷二"说古",叙述了窑器的起源,首先推溯到神农时期,然后叙述了从唐代到元代的诸名窑及其产品。卷三"说明",论述了明代历朝官窑制度、烧造、窑器特点及制作方法。对采料、上役、制料、画染、堆琢、五彩、制匣、装窑、火候、开窑等事项逐一叙述。卷四至卷六"说器",叙述唐虞以来至明代各时期的窑器及其特点。

朱琰,字桐川,别号笠亭,出身于书香门第。乾隆三十一年(1766)科举获丙戌科进士,任命为直隶(今河北省)富平知县。但是他没有去赴任,而是跟随吴绍诗(当时出任江西巡抚),作了幕僚。朱琰依据自己"学而求其实用,有裨于国计民生者"的志向,在江西期间特别留意于名扬中外的江西瓷业。当他认识到陶瓷是日用必需品,前人没有专书介绍后,他抽暇仔细地考察了当时陶器的烧造工艺和花色众多的成品,特地探访了当地的许多老艺人,翻阅了江西方志和官府档册,研读了大量有关的古籍文献,特别是有关景德镇的资料,摘录旧说,附以按语,终于写出了这部"有裨民生实用,固非钟鼎彝器记录侈博者可比"的专著。

在书中,他十分详尽地说明了陶瓷生产的源流和各器物的制度,但又不图以博取胜,夸耀于世。他在旁证广引古文献之后,发表了自己的见解,作出了简要、中肯的论断。他论古窑器,必说明其特征以及鉴别真伪的方法。不仅给读者以深刻印象和正确认识,还给人留下难得的专业知识。作者不同于其他文人,不偏重于征文考献,而是侧重于实用。他不流连于往古,而是着重于近代和当代。据此他先"说今",而后"说古",就在他叙述古窑器时,仍没有忘记把重点放在明清两代有代表性的官窑瓷器及其制作方法。正因为作者的考证大体详明,立论大部确切,所以后人评价说:"先生详考新制,博采旧闻,一名一器,无不搜拾。为类四,为卷六,以视《格古(要论)》诸书,不啻一粟千囷也。"① 这一评价的确不是过誉溢美之词。

《陶说》的初刻本是清·乾隆三十九年(1774)鲍廷博本,收录于《知不足斋丛本》。乾隆四十七年(1782)、五十二年(1787)都有印本。此书深受欢迎,刻本渐多,有《翠琅玕馆丛书》、《美术丛书》、《龙威秘书》、《芋园丛书》、《说荟》、《说库》诸本,1914 年有铅字排印的单行本问世,1935 年

---

① 黄锡蕃:《陶说·跋》。

图 2-18　《陶冶图说》对制瓷的描绘

商务印书馆将其收入《万有文库》。喜爱中国古瓷的国外学者和收藏家也很重视此书,因此在1850 年便有法文节译本问世。1891 年出版了其英文全译本,1910 年牛津克莱伦顿出版社正式刊印。1977 年牛津大学出版社附加索引后再版。由此可见该书在世界文化史上也占一席之地。

　　5. 蓝浦、郑廷桂:《景德镇陶录》

　　它是作者论述景德镇陶瓷史和记录陶瓷制造工艺的较有系统的专著,凡十卷。卷一有当时的景德镇图,介绍了景德镇的地理环境和历史沿革及衙署、窑场的分布。同时以“陶成图”28 幅介绍了制瓷的过程。卷二叙述了清代御器厂的任务和历任官员,介绍了该厂所生产瓷器的品种。卷三内容为陶务条目,记载了瓷器生产的组合:六种窑,五类窑户,二十三个工种等,还记录了当时瓷器产品有 30 种,釉色(包括仿古的)有 36 种,各种釉料 16 种,陶彩 14 种。卷四内容为陶务方略,记述了瓷土、高岭土和釉的选择和加工,胎、釉的原料和配制,窑户的结构和组织。从原料产地、原料加工直到烧成瓷器后的销售都作了介绍。卷五记录了景德镇从南朝以来的诸窑及其产品。卷六、卷七记述了景德镇及景德镇以外,甚至外国的名窑及其产品。卷八、卷九摘录了从多种笔记小说中收集到的有关景德镇的陶瓷掌故,内容范围实际上超出了景德镇窑。卷十为"陶录余论",就陶瓷史和景德镇陶瓷技术中的若干问题发表了见解。总之,此书是继《陶说》之后,又一部博采文献,深入实际,总结制瓷工艺的,有学术、史料价值的陶瓷专著。

蓝浦作为生活在景德镇的学者,亲历目睹景德镇瓷业的繁荣景象,深叹无专著介绍,因此博考众家之说,实地考察当时之制,著写这部《陶录》,可惜只完成了六卷就病逝。其门生郑廷桂在广德友人刘克齐的支持下,将先师的遗作修定为八卷,加写了卷首图说和卷尾的"陶录余论",完璧十卷,终于在嘉庆二十年(1815)完成了这部著作。同年该书在景德镇刊印,同治九年(1870)重刻印行,有翼经堂等刻本。

6. 兰田奥玄宝:《茗壶图录》

它既是论述中国古陶瓷的名著,也是中日文化交流的结晶。兰田奥玄宝是日本著名的陶瓷艺术鉴赏家。明治之后,日本茶道盛行。中国宜兴生产的紫砂茶具在日本成为争购、收藏的宝物,其价甚至超越了银或锡制的茶具。兰田奥玄宝和他的好友苦心孤诣地珍藏了紫砂名匠所制的茶具 32 件。他请画家小林永耀将这些茶具一一绘图,并附记其尺寸、名目和特点,加上他对宜兴紫砂茶具的论述,就编成了这部《茗壶图录》。

兰田奥玄宝对宜兴紫砂器很有研究,在书中他对紫砂器的历史源流、式样、风格、泥色、款识、理趣及制作技巧都作了论述。在"源流"一节中,从明代金沙寺老僧和供春开始,到时大彬,到清代的陈曼生、瞿子冶,历数紫砂名家 40 多人;描述了 30 多种样式和多种泥色紫砂器;最难能可贵的是对紫砂茶具的创作思想作了精辟而又科学的论述。这些理论在我国史籍上不见记载。他认为茶具以紫砂者为最佳,谓"古(代)用金、银、锡、瓷,甚至玉,然皆不及紫砂壶";并指出茶具设计应注意"言体必推小,言流必推直","小则出于茗茶之便,直则出于注茶之快,便与快则主实用言之",颇有见地。

兰田奥玄宝对宜兴紫砂器的研究,获得了我国学者的敬慕,成为后人研究紫砂器和宜兴陶瓷史的重要文献。1911 年被收录于《美术丛书》第三集第三辑中。

近代的学者对中国陶瓷史或某一名窑也曾进行过系统的研究,先后出版了富蕴和的《古今瓷器源流考》(1921)、陈浏的《陶雅》(1906)、许之衡的《饮流斋说瓷》、刘子芬的《竹园陶说》(1925)、郭葆昌的《瓷器概说》(1934)、叶麟趾的《古今中外陶瓷汇编》(1934)、吴仁敬与辛安潮的《中国陶瓷史》(1935)、江思清的《景德镇瓷业史》(1936)。

参 考 文 献

原始文献

曹昭(明)著,舒敏(明)编.1939.新增格古要论,丛书集成本(第1554~1556册),上海:商务印书馆

丁度(宋)著.1986.集韵.文渊阁四库全书本(总第236册),台北:台湾商务印书馆

蒋祈(元)撰.1682.陶记,见浮梁县志(卷四),现藏景德镇图书馆

蓝浦(清)、郑廷桂(清)撰.1991.景德镇陶录,见《中国陶瓷名著汇编》,北京:中国书店

李耳(春秋)撰.1950.老子.诸子集成本(第三册),北京:中华书局

李日华(明)撰.1986.六研斋笔记.文渊阁四库全书本(第867册).台北:台湾商务印书馆

陆羽(唐)撰.1991.茶经.丛书集成本(第1479册).北京:中华书局

吕不韦(秦)撰,陈奇猷校释.1984.吕氏春秋.上海:学林出版社

罗颀(明)撰.1939.物原.丛书集成本(第182册).上海:商务印书馆

谷应泰(明)撰.1939.博物要览.丛书集成本(第1560册),上海:商务印书馆

宋应星(明)撰.1988.天工开物.上海:古籍出版社

苏敬(唐)等撰.尚志钧辑校.1981.唐·新修本草.合肥:安徽科技出版社

唐英(清)撰.1783.陶冶图编次.见浮梁县志·物产志(卷五),现藏景德镇图书馆

陶宗仪(元)撰.1939.辍耕录.丛书集成本(第218册),上海:商务印书馆

田艺蘅(明)撰.1939.留青日扎.丛书集成本(第2916册),上海:商务印书馆

屠隆(明)撰.1939.考槃余事.丛书集成本(第1559册),上海:商务印书馆

王世懋(明)撰.1988.二酉委谭.说郛三种本(卷十八),上海:上海古籍出版社

吴骞(清)撰.1991.阳羡名陶录.见《中国陶瓷名著汇编》,北京:中国书店

许慎(汉)撰,段玉裁(清)注.1981.说文解字.上海:上海古籍出版社

叶麟趾编.1934.古今中外陶瓷汇编.北平:奎文堂书庄

曾慥(宋)撰.1939.高斋漫录.丛书集成本(第2854册),上海:商务印书馆

朱琰(清)撰.傅振伦译注.1984.陶说.北京:轻工业出版社.

郑玄(汉)注.贾公彦疏.1935.周礼·考工记.阮刻十三经注疏本(国学整理社编辑),上海:世界书局

周辉(宋)撰.1984.清波杂志.笔记小说大观本(第二册),扬州:江苏广陵古籍刻印社

研究文献

陈万里著.1990.陈万里陶瓷考古文集.北京:紫禁城出版社.

江思清著.1936.景德镇瓷业史.上海:商务印书馆

李国桢、郭演仪编著.1988.中国名瓷工艺基础.上海:上海科学技术出版社

李家治、陈显求等著.1985.中国古代陶瓷科学技术成就.上海:上海科学技术出版社

李金庆、刘建业编著.1987.中国古建筑琉璃技术.北京:中国建筑工业出版社

李知宴著.1989.中国釉陶艺术.北京:轻工业出版社

轻工业陶瓷工业科学研究所编.1983.中国的瓷器(修订版).北京:轻工业出版社

吴仁敬、辛安潮著.1936.中国陶瓷史.上海:商务印书馆

熊寥著.1990.中国陶瓷与中国文化.杭州:浙江美术学院出版社

叶喆民著.1960.中国古陶瓷科学浅说.北京:轻工业出版社

叶喆民著.1989.中国陶瓷史纲要.北京:轻工业出版社

干福熹编著.1986.中国古玻璃研究.北京:中国建筑工业出版社

袁翰青著.1956.中国化学史论文集.北京:三联书店

张子高著.1964.中国化学史(古代部分).北京:科学出版社

赵匡华主编.1985.中国古代化学史研究.北京:北京大学出版社

中国硅酸盐学会编.1982.中国陶瓷史.北京:文物出版社

中国科学院上海硅酸盐研究所编.1987.中国古陶瓷研究.北京:科学出版社

周仁等著.1982.中国古陶瓷研究论文集.北京:轻工业出版社
周嘉华等著.1992.中国古代化学史略.石家庄:河北科学技术出版社

（周嘉华）

第三章　中国古代的冶金化学

　　我国先民在新石器时代的中后期，即距今大约 5000 年前的时候，用火已经有了丰富的经验，可以制作出质地很坚硬的红陶和黑陶，木石复合工具的发明和不断改进，更使他们的劳作效能有了很大的提高，这就为开采矿石、冶炼金属并进行熔铸创造了物质条件。而冶金的出现则把人类从野蛮的时代推向文明的殿堂，使社会的进步发生了一次重大的飞跃。所以冶金的发明是人类继烧陶之后，用化学手段来改造自然，创造物质财富的又一辉煌成就，为社会生产力和人类社会新纪元的开创，发挥了革命性的作用。

　　很可能是在新石器时代的初期，人们在不断改进石器和开采石料的劳动中就已发现了天然的红铜，并且已注意到它与一般岩石不同，质地柔韧，可以锤打成某种形状的小器物。这固然是利用金属的开端，但那时人们还没有"金属"的概念，只会简单地理解为有颜色各异、坚脆不同的岩石。对天然铜的加工，初时也不过是用质地坚硬的石头，如燧石、花岗石或石英石进行锤打，就其基本方式看，本质上与磨制骨针、制作钻孔石坠和凿雕普通石器并无太大差别。所以在那个时期，在人们心目中天然铜大概也不过只是被视作一种奇特的、不易碎裂的、有闪亮光泽的红色"石头"，而且采集到的数量也不会多，它在人们的生活中还起不到什么特殊作用，在人们对物质的认识上也未必能促成什么飞跃。[①]而人类从使用金属铜发展到熔铸金属和开采矿石、冶炼金属要经过一个漫长的岁月，也就是说铜器的起源和金属冶炼的出现应该加以区别，其间要经过一个相当长时间的发展。在我国，这个过渡时期甚至可能有几千年。即使从发明了金属冶炼，再进一步发展到金属在社会生活中发挥了重要作用、在生产中占据了主导地位，即进入到铜器时代，又需要一个很长时期，其间有一个铜石并用时期。在我国，这个时期大约也有 1000 多年之久。[①,②]

　　无论在中国，还是在其他一些古老的文明发源地区，在人们使用金属的历史上，几乎都是铜器先于铁器，这是一个普遍的规律，因为有以下几方面的原因：

　　（1）在自然界中有天然铜。人们在利用天然铜的过程中，最先了解到金属的一些性能，例如质地柔韧，可以锻打成型；在陶质器皿中可以加热熔化；进一步又发明了制作陶范、石范把它熔铸成型；在使用了一般时间后又会发现它生锈变绿，生成与自然界中的某些石头（孔雀石、蓝铜矿石）相似的物质，这就为熔炼金属铜准备了感性知识。而自然界中却没有天然铁，即使有一些极罕见的、从天外飞来的陨铁，但它外观更像石头，而且质地坚硬，在那个时代还很难通过锻打或熔铸使它成型，所以它也不大容易引起人们注意。

　　（2）在远古的技术条件下，炼铜比炼铁要容易，技术难度较小。从商代炼铜遗址看，当时炼铜用的燃料和还原剂是木炭；原料是孔雀石［主要成分为 $CuCO_3 \cdot Cu(OH)_2$］，它属于氧化铜类型的矿石，容易被炭还原，只需要 800℃ 左右的温度；铜的熔点又低，只有 1083℃。所

---

①　金正耀，中国金属文化史上的"红铜时期"问题，中国社会科学院研究生院学报，1987 年第 1 期 59～66 页。

②　李京华，夏商冶铜技术与铜器的起源，中国科学技术史学会第二届代表大会论文，1983 年。

以容易冶炼和熔铸，而且也容易在偶然中发生孔雀石还原为金属铜的化学转变，而被人们观察到并加以利用。而氧化铁矿石则较难还原，铁的熔点更高达1537℃，冶炼的难度相对就大得多了。因此，人类的冶炼技术普遍是先从利用孔雀石冶炼铜得到启发和取得经验，然后推广到利用其他矿石和冶炼其他金属。

（3）翠绿色的孔雀石比一般的铁矿石更加醒目，容易发现和识别。正像松绿石很早就受到人们的喜爱，而被采集来做装饰品一样，孔雀石可能很早也被人们从相同的目的出发而加以采集。所以，虽然在地球上铁矿石的储量远较铜矿丰富，分布也更普遍，但多数铁矿石与普通岩石对远古的人类来说，似乎难以区别。加之孔雀石中常有天然铜伴随出现，而人们拾取来的金属铜往往又会生成与孔雀石类似的铜锈，这就容易使人们产生由此及彼的联想，进而去探索使孔雀石转变为金属铜的途径。当然，对于炼铁发明较晚，这个原因未必是关键性的，因为我国先民很早也曾对红色的赤铁矿粉发生过兴趣。例如在50万年前，山顶洞人就曾采集过它，在他们的遗址中发现有赤铁矿粉，在他们的骨化石胸部放有赤铁矿块，这种做法可能是出于原始宗教的某种说教。① 在新石器时代的中期，人们已经广泛用赤铁矿粉绘制彩陶，它成为最早的矿物颜料。而且在新石器时代晚期的南京阴阳营遗址中还发现有人造的、用赤铁矿石磨制成的扁平式斧。② 所以，铁的冶炼之所以终究还是被推迟到冶铜之后，主要则是上述第二方面的原因，即铁矿石在篝火的作用下不会产生出金属来。然而铅和锡的冶炼所以较晚于铜，恐怕主要就是这方面的原因了。

一 冶铜的源起与青铜的冶炼

我国究竟什么时期出现冶铜技术，广泛制作铜器，古书上有过不少记载：《墨子·耕柱篇》说："昔者夏后（夏禹之子启）开使蜚廉，采金（铜）于山川，而陶铸之于昆吾。"③ 按"昆吾"为夏商之间的部落名，己姓，原居安邑（今山西运城），初封地在今河南濮阳。《管子·地数篇》说："修数十年而葛卢之山（按：在今山东胶县）发而出水，金（铜）从之，蚩尤受而制之，以为剑、铠、矛、戟"。④《史记》、《汉书》则说黄帝采首山铜，冶铸于荆山（在今湖北）下。西汉袁康所撰《越绝书》谓："禹穴之时以铜为兵，以凿伊阙，通龙门。……治为宫室。"⑤ 按"伊阙"在今洛阳市南。三国时蜀人谯周所撰《古史考》则说："燧人铸金为刀。"对此，宋·罗泌所纂《路史》注曰："陶冶之事始于燧人。"⑥ 明人罗颀所撰《物原》则说："轩辕始铸文鼎彝。"⑦ 然而这些都是根据某些传说或推测写出来的，因为在商代以前，还没有健全的文字（仅有原始的陶文或符号），所以没有文字记载为凭证，不足完全为据。而且把发明冶金的功绩归功于某一个人，当然也是不符合历史实际的，不过古人总喜欢这样说，是个

---

① 见贾兰波著《山顶洞人》，龙门联合书局，1951年，第25页。

② 见李仲钧："我国史前人类对矿物岩石认识的历史"，《科学通报》1975年第5期。

③ 见周·墨翟：《墨子·耕柱第四十六》（卷十一），上海古籍出版社《诸子百家丛书》本第92页，1989年。

④ 见《管子·地数第七十七》（卷二十三），上海古籍出版社《诸子百家丛书》本第213页，1989年。

⑤ 见汉·袁康撰《越绝书·越绝外传记宝剑第十三》（卷十一），商务印书馆1956年影印铁如意馆本，张宗祥校注，〈记宝剑第十三〉之第2页；或参看中华书局《四部备要》（史部）刊印本第29页下。

⑥ 见宋·罗泌纂《路史》，《四部备要》（史部）本〈前纪五·燧人氏〉第30页。

⑦ 见明·罗颀《物原》，《丛书集成》初编总第182册之第24页。

普遍的现象，不去信它就是了。然而这些著述都大致认为我国发明冶金是在公元前第三千纪，即距今 5000 年到 4000 年的新石器时代的晚期，也就是传说中的黄帝、颛顼、帝喾、尧、舜等圣贤所活动的五帝时代，[1][2] 这与目前据出土文物的考察所得出的结论，则大致相符。然而从发明冶铜到铸鼎彝，并用铜大量造兵器与工具、制作货币（即铸金为刀）则要经过一个很长的时期。事实上在夏代以前和夏代时期也还只能以铜铸造一些小件器物，所以上述那些著作对冶铜规模和铸造技术的发展进度，则估计得过快、过早了。

表 3-1　部分早期铜制品的检测结果

器物名称	出土地点	文化性质	化学成分（%）						材料
			Cu	Sn	Pb	Fe	Ag	Zn	
残铜片	陕西临潼姜寨	仰韶文化	65	少	少	少	无	25	黄铜
铜刀	甘肃东乡林家	马家窑文化	大	大	无	少	少		青铜
铜刀	甘肃永登连城	马厂文化	大	大	无	少	无		青铜
铜镜	甘肃广河齐家坪	齐家文化	大	无	少	无	无		红铜
铜斧	甘肃广河齐家坪	齐家文化	大	无	少	无	无		红铜
残铜片	甘肃永清大河庄	齐家文化	96.96	0.02	痕				红铜
铜环	甘肃永靖秦魏家	齐家文化	95	/	5				铅青铜
铜锥	甘肃武威皇娘娘台	齐家文化	99.63~99.87	0.1~0.3	≤0.03				红铜
铜锥	甘肃武威皇娘娘台	齐家文化	99.87	0.1	≤0.03				红铜
铜镜	青海贵南尕马台	齐家文化	90	10					青铜
铜锥	甘肃永靖秦魏家	齐家文化	大	中	中	无			青铜
铜斧	甘肃永靖秦魏家	齐家文化	大	无	少	微			红铜
铜尖	甘肃永靖秦魏家	齐家文化	大	少	少	无			红铜
铜饰	甘肃玉门清泉	火烧沟文化	大	中	无	无			青铜
铜管	甘肃玉门清泉	火烧沟文化	大	少	无	少			红铜
鼻环	甘肃玉门清泉	火烧沟文化	大	中	无	少			青铜
铜泡	甘肃玉门清泉	火烧沟文化	大	无	无	少	微		红铜
铜锤	甘肃玉门清泉	火烧沟文化	大	少	少	少	微		红铜
铜凿	山西夏县东下冯	东下冯文化	大	无	无	无			红铜
铜镞	山西夏县东下冯	东下冯文化	大	中	中	无			青铜
铜牌	河北唐山大城山	夏家店一期文化	99.3						红铜
铜牌	河北唐山大城山	夏家店一期文化	99.97	0.17					红铜
铜耳环	河北唐山小官庄	夏家店下层文化	大	中	微				青铜
铜锥	山东牟平照格庄	龙山文化晚期	大	中	微	少			青铜
铜锥	山东胶县三里河	龙山文化	大	2.12	2.74		22.8		黄铜
铜锥	山东胶县三里河	龙山文化	大	0.35	2.53	0.59	26.4		黄铜

为了考证冶金肇兴的年代，则要先设法判明、区分天然铜与原始冶金所得到的铜。对于这个问题，现在已经可以通过化学分析和金相分析来解决。天然铜的纯度是相当高的，一般只含微量的锡、铅、锑、镍等金属杂质，总量小于 0.5%；而用原始技术冶炼出的铜，往往不仅含有较多的与孔雀石共生的金属元素，如铅、锡、锌、铁等，而且由于冶炼温度不够高；铜

① 华觉明，论中国冶金术的起源，自然科学史研究，10（4），1991 年。
② 朱寿康，我国古代的炼铜技术，科技史文集，第 13 辑，6～10 页，上海科学技术出版社，1985 年。

与炼渣未能很好地分离，以致又会夹杂有相当多硅、钙、镁、铝等的氧化物。例如 1957～1958 年间，在单纯的齐家文化遗址甘肃武威皇娘娘台出土了一批小铜器，近 30 件，包括刀、锥、凿、镯及其他铜器碎片，经化学分析，其含铜量达 99％以上，其中不含熔渣夹杂物，多数是锻打成型的，也有个别是熔铸的，现在多数考古专家认为它们是天然铜的制品。从迄今出土的文物看，我国最早的一批原始冶铜器物是属于新石器时代中期的制品。例如 1973 年在临潼姜寨遗址出土过一些铜片，居然是含少量铅、锡的铜锌合金，含锌在 20％～26％。它原本被压在仰韶文化层之下，所以被认为至迟是仰韶晚期的制品，距今当有 6000 年之久；[①] 1975 年从甘肃东乡林家马家窑文化遗址出土了铜刀，用单范铸成的，是公元前 3000 年的制品；同年，在甘肃永登连城蒋家坪马厂文化遗址出土的残铜刀，年代是公元前 2300～2000 年，这两件器物都是青铜制品。[②,③] 此外，在甘肃齐家文化、火烧沟文化遗址、山东龙山文化遗址、山西东下冯文化遗址、河南偃师二里头文化遗址、内蒙古夏家店下层文化遗址都发现了冶炼的铜器物。1958 年在甘肃永靖县张家咀辛店文化遗址及山东诸城龙山文化遗址中不仅发现了红铜器碎片，并伴有铜炼渣和孔雀石。我们在表 3-1 中列出了一系列早期铜器的鉴定或化学分析的结果。它表明，在 4000 年前，在黄河的中、下游及青海、内蒙的广大地区已经普遍兴起了冶铜活动，所以冶铜的发明还要更早些。

目前已经发掘到一些早期的冶铜遗址。例如湖北大冶县西南的铜绿山冶铜遗址，春秋时属于楚国，遗留了大量古代的铜矿井和冶铜竖炉十余座（参看下节），经 C-14 测定早在 2700～2500 年前已开始采冶，[④] 但也有人认为那里开采铜矿可追溯到殷代小乙时期。[⑤] 在遗址的炼炉旁堆积着该矿区所产的孔雀石，湖北省地质博物馆内陈列的两块该地区产的巨型孔雀石标本，每块重竟达两吨，在 4 号炉炉缸底中部残留有粗铜一块，重 2.3 公斤，含铜 94％，铁 5.42％。又如广西北流县铜山岭冶铜遗址是一座自汉代至南朝时期持续采矿和冶炼的基地，遗址中尚存有不少当年所用的铜矿石，也都是孔雀石，其中一个样品的化学成分为 Cu 46.25％，Pb 2.05％，Fe 1.92％，Zn 1.24％，SiO_2 9.78％，Al_2O_3 0.33％，CaO 0.62％，MgO 0.33％，S 0.57％，V_2O_5 0.16％。[⑥] 更早在 1929 年，考古学家在河南安阳殷墟的炼铜遗址中也发现过孔雀石（安阳地区不产铜，当是从其他地方运去的），其中最重的一块达 18.8 公斤。[⑦] 总之，迄今为止，我们所得到的全部检测结果可以说明，我国在西周以前以及西周时期，孔雀石是唯一用来冶铜的矿物原料，即使到了汉代，至少对大多数地区来说，情况仍然如此。

那么当初人们是怎样在偶然中发现可以用红热的木炭从这种绿色矿石中还原出闪亮的金属铜呢？当然没有文字记载，只能做一些猜测。曾有人这样设想：有一些孔雀石矿裸露在地表，史前的人们一旦在其上升起篝火，矿石表面就可能转变成有金属光泽的铜，而引起他们的惊异，从而有意识地开始了冶铜的尝试。当然也还可以有其他的推测。世界上各地区、各民族发明冶铜的偶然机遇完全可能是多种多样的。

① 李京华，夏商冶铜技术与铜器的起源，中国科学技术史学会第二届代表大会论文，1983 年。
② 北京钢铁学院冶金史组，中国早期铜器的初步研究，考古学报，1981 年第 3 期。
③ 文物编辑委员会编纂，文物考古工作三十年（1949～1979），文物出版社，1979 年。
④ 朱寿康、韩汝玢，铜绿山冶铜遗址冶炼问题的初步研究，中国冶金史论文集，26～29。北京钢铁学院，1986 年。
⑤ 金正耀，晚商中原青铜的矿料来源，中国科学技术大学硕士论文，1984 年。
⑥ 孙淑云等，广西北流县铜石岭冶铜遗址的调查研究，自然科学史研究，1986 年第 3 期。
⑦ 袁翰青，我国古代的炼铜技术，见袁氏所著《中国化学史论文集》，三联书店，第 53 页，1956 年。

　　在我国冶金的初期阶段，即商代以前的时期，人们还不可能在冶铜的时候就有意识地往其中掺入锡矿石或铅矿石以降低其冶炼温度和增加金属的硬度。可以肯定，那是需要经过很长时期的冶炼和利用铜之后才能总结到的经验。但这并不表明原始时期用各类孔雀石为原料冶炼出的金属就一定是红铜，因为铜矿石中往往有共生矿石伴生，结果所得到的金属就会是锡青铜或铅青铜，甚至偶尔会得到锌黄铜。北京钢铁学院冶金史研究室曾利用山东省楼霞岭铜锌共生矿炼出了含铜 40%～50%、铅 34%～40%、锌 2%～2.5% 的铅青铜；还曾用单一孔雀石与菱锌矿的混合物为原料进行冶炼，则得到了含锌 31% 和 18% 的黄铜。[①] W. Gowland 也曾指出：用木炭直接还原氧化铜矿石和锡石的混合物，可以得到含锡 22% 的青铜。[②] 由于铜中混入了锡、铅、锌等金属，熔点可以降低（参看表 3-2），所以冶炼那些含锡、铅的孔雀石反而较冶炼单一孔雀石矿要更加容易些。当人们掌握了红陶工艺时，烧陶温度可以达到 950℃，这就可以冶炼那些共生铜矿石了，而冶炼单一的孔雀石实验，所需温度则要 1100℃，因此在冶铜原始时期的技术条件下（内热法），冶炼共生矿取得成功的可能性更大些，这就是为什么出土的原始铜器（参看表 3-1）中有相当一部分青铜和一些黄铜；这也可能是为什么从表面上看我国似乎并没有一个"红铜时期"存在的原因之一。[③] 所以要明确，起初时人们炼制到青铜是完全不自觉的，并不知道也不可能区分什么单一矿与共生矿，更没有合金的概念，只可能注意到用不同孔雀石炼出的铜颜色上有些差异。

表 3-2　各种铜合金的熔点

熔点（℃） 含量（％）　　合金元素	Sn	Pb	Zn
0	1083	1083	1083
5	1045	1050	
10	1020	1030	1030
15	980	1012	
20	890	1005	1010
25	800	990	
30	760	960	990

　　原始的冶铜设备现在也偶有发现。在河南临汝县煤山龙山文化遗址（前 2000）已出土了熔炼铜的泥质炉（现在仍有不少人称之为坩埚）的炉底和炉壁残块，可以估算出原炉直径为 5.3 厘米左右，厚 2 厘米，炉内壁竟附有六层凝结的铜液，每层厚 0.1 厘米，都属于红铜；另外在郑州市西郊牛寨村的河南龙山文化遗址也曾发掘出熔化青铜的残炉壁，内壁也附着有熔融层。这些熔炉的内壁，其熔烧程度都明显地比外壁为甚，甚至有的炉子，其外壁没有直接被烧炼的痕迹。这表明，当初冶炼矿石或熔化铜料时，矿石、金属和燃料木炭是一起都被放在炉内熔炼的，所利用的风管也是被插入熔炉内，即采用所谓"内加热法"，而不是从炉外加热，与后世殷代时使用坩埚熔炼，在埚外面架起柴火、鼓风冶炼的情况不同。不过这种炉子

　① 北京钢铁学院冶金史组，中国早期铜器的初步研究，《考古学报》1981 年第 3 期。
　② D. Hanson: "Chill-Cast Tin Bronze", by William Clowes Andesons, London and Beccles, Great Britain, 1951, p. 2.
　③ 金正耀，中国金属文化史上的"红铜时期"问题，中国社会科学院研究生院学报，1987 年第 1 期。

大概也已不是最原始的炼炉了。据研究，最初的炼铜设备是在地面挖个浅坑，坑中逐层堆放木柴、矿石，还原出的铜就沉积在坑底。后来才发展成地上炼炉，但炼铜方式仍是破炉取铜的，即一个炉子只炼一次。煤山出土的那些炉子，有的已曾熔炼6次，应属于冶铜已经有了一定进步的阶段时所用的。所以我国发明冶铜当在煤山之前至少几百年。[①]

加工制作铜的器物，铸造比锻造要进步得多，不仅造型端正优美，而且生产效率高。我国铜器的铸造工艺大约出现于公元前2000年，即新石器时代末期或夏代的初期，上述煤山炉和郑州牛寨炉就都是可用作熔铜的。在河南偃师二里头村二里头文化（前21～前17世纪）遗址中更发现了不少铸造的爵、斝、铃、戈、镞、刀等，也出土了一些铸物的铜炉和陶范；山西夏县的东下冯遗址中还发现有铸造铜器的石范。二里头出土的青铜礼器（容器类）是目前所知最早的这类器物，都是多范合铸的，应该说那时已有了较多的经验，即已经有了一段发展时期。[②]河南登封王城岗遗址还出土了锡青铜鬶残片（公元前1900年制品），已属于器形复杂的铸件，上有弯曲的口和流，下有三足鼎立，内有曲线的腹腔和足腔，壁厚仅0.2厘米，技术已相当先进。特别是要使铜液在0.2厘米的范缝中充满范腔，不仅要铜液的流动性好（提高熔化温度）、泥范表面光滑（泥料须经特殊加工），还须要泥范的预热。因为那里出现的这种铸造技艺大约距今已经有4000年了，所以《墨子》中关于"昔者夏后……陶铸于昆吾"的记载是可信的。[③]从二里头后期文化发展到河南郑州二里冈文化（公元前1500年左右），表明我国商代早期和中期青铜铸造技术发展到了成熟阶段。郑州二里冈文化中已有大量的以青铜铸造的工具、礼器、乐器等，包括有镬（镢）、铲、刀、钻、簪、鼎、鬲、斝、罍、尊、盘、卣、盂、瓿、爵、盉以及戈、镞等，不仅数量有明显增加，而且出现了大型的、纹饰精美、铸造难度相当高的青铜器。该遗址区的杜岭和商城东南各发现了一处铜器窖藏。杜岭出土了100厘米高、重86.4公斤的大方鼎，鼎腹壁和四足均饰有饕餮（兽面）纹与乳钉纹；商城窖藏中出土了大方鼎两件，大圆鼎一件、扁足圆鼎、瓿、牛首尊各两件，半首罍、提梁卣、盂、盘各一件，也多有饕餮纹，都是商代王室使用的礼器。这些器物和它们所体现的青铜冶铸技术预示着青铜鼎盛时期的即将到来。

红铜质地比较柔软，既不宜于制作工具，也不适合制造兵器。而铜锡与铜铅的合金，硬度较红铜要大很多，而且坚韧；再者，锡或铅的引入可使铜的熔点降低，因此更提高了铸造性能。所以冶铜工艺便从冶炼铜进一步发展到有意识地冶炼青铜，也就是说，从单纯地冶炼孔雀石发展到冶炼孔雀石-锡石或孔雀石-铅矿石（最常见的是方铅矿）的混合物。这个经验是怎样取得的以及演进过程的细节现在都还说不清，也难以推测。过去考古界人士鉴于出土的铅、锡器物制作年代都较晚，而又认为我国必定有一个更早的红铜时期，因此往往以青铜出现的年代，就确定为这一发展阶段的开始，现在看来那样估计是不够恰当的，是过早了些。但又考虑到夏代晚期及早商之时我国青铜器物之多、出土地区分布之广，而孔雀石与铅锡的共生矿又究竟较单一矿要少得多。所以判断这一发展阶段在早商以前就已开始，看来是合理的。

我国的青铜冶炼技术究竟从什么时候又发展到先冶炼出红铜和金属锡、铅，然后按一定比例把它们搭配起来熔炼，制成青铜，现在也还难以作出很确切的判断。显然，这一工艺技

① 李京华："夏商冶铜技术与铜器的起源"。

② 河南偃师二里头遗址发掘简报，《考古》1975年第5期第304页。

③ 李京华："夏商冶铜技术与铜器的起源"。

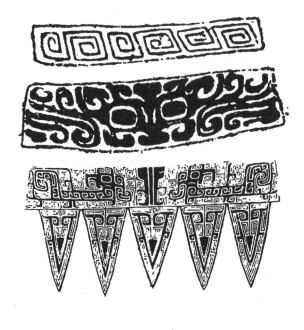

图 3-1　商代青铜器纹饰
（摘自《世界冶金发展史》）

术的出现得有待于冶锡与冶铅工艺出现以后并有了较大规模的生产，才可能实行，但恰恰是目前还难以明确肯定这一年代究竟在什么时候。用上述原始的冶铜炉冶炼主要的锡矿石——锡石（SnO_2），可以很容易地得金属锡。至于冶炼主要的铅矿石——方铅矿（PbS）也并不困难。1976 年英国冶金史家泰利柯特（R. F. Tyiecote）在其《冶金史》（A History of Metallurgy）一书中就援引过 10 世纪德国冶金家 G. Agricola 指出的经验："在小丘边，堆上两车木炭，前面连接着一块平地，木炭顶上铺一层麦秸，麦秸上放上纯铅矿石，数量以木炭能承受为限度。然后把木炭点燃。起风时煽动火堆，从而使矿石熔化。这样，金属铅液就从火堆上流下，流到平地，形成宽而薄的铅板。"[①] 1977 年在内蒙古自治区昭乌达盟敖汉旗大甸子村属夏家店下层文化（夏代晚期）的遗址中发现了一枚金属贝币，含铅量约 90%，含锡约 9%，含铁约 1%；另外还有一件铅制包套，含铅量也在 90%左右。[②] 它们是迄今发现的年代最早的铅制品。西汉桓宽所撰《盐铁论·错币篇》有"夏后以玄贝，周人以紫石，后世或金钱刀布"的话，[③] 说夏后（启）以"玄贝"（铅贝）为货币，看来是有可能的（不过启是夏初之主）。然而迄今出土的属于夏代及早、中商时期的铅制品仍是极个别的，似乎那时冶铅工艺还很不普遍。直至殷代，那时的墓葬中才开始有了较多的铅卣、铅爵、铅觚、铅戈等。山西侯马春秋晋国铸铜遗址则出现了大量纯度相当高的铅锭。至于金属锡的器物，至今也只在殷代墓葬中出现过，据说安阳殷墟小屯出土过成块的锡锭，大司空村出土过锡戈，洛阳东郊也出土过殷代的铅、锡器，但未经检验，是否确实还有待于研究。[④,⑤] 但冶锡工艺的出现未必这样晚。由于金属锡在严寒的气候下会慢慢碎裂、转变为灰锡（转变温度为 13℃），而这种气候在我国北方广大地区几乎每年都要遇到的，所以古代的多数金属锡器难以长期存留下来，因而罕见。总之，根据铅、锡冶炼工艺出现的大致年代，我国以金属铜和金属锡合炼青铜大约在中商以后。

最近几十年来，不仅出土了大量的商代青铜器，而且其中很多又有了分析数据，这些资料也可以给我们提供一些解决这个问题的线索。表 3-3 所列的检测数据大部分摘自李仲达、华

①　参看华觉明编译：《世界冶金发展史》第 249 页，科学技术文献出版社，1985 年。
②　中国科学院考古研究所提供信息，发掘报告待发表。
③　见汉·桓宽：《盐铁论·错币第四》（卷一），上海人民出版社刊本第 10 页，1974 年。
④　郭宝钧等，1952 年秋洛阳东郊发掘报告，考古学报，1955 年第 9 期第 91 页。
⑤　1958 年春河南安阳大司空村殷代墓葬发掘简报，《考古》1958 年第 10 期第 51 页。

觉明的论文"商周青铜容器合金成分的考察",[①] 不过只是他们汇集资料的一部分。从这些商代锡青铜容器看，早商和中商的器物化学成分混乱无章，锡铅含量也较少，很可能是由于仍以红铜与铅、锡矿石合炼取得青铜而铸造的。但晚商青铜容器的情况则发生了明显的变化，含

表 3-3　商代各期青铜容器的检测结果

器　物	出土地点	年　代	化学成分（%）		
			Cu	Sn	Pb
铜　爵	河南偃师二里头	早　商	91.89	2.62	2.34
铜　爵	河南偃师二里头	早　商	92	7	/
铜　锛	河南偃师二里头	早　商	91.66	7.03	1.23
尊	河南郑州二里冈	早　商	91.99	7.1	1.12
鼎　足	河南郑州二里冈	早　商	88.68	5.54	1.38
斝　足	河南郑州二里冈	早　商	71.51	3.92	24.45
铜器残片	河南郑州二里冈	中　商	91.29	7.1	1.12
铜鼎足	湖北黄陂	中　商	88.69	5.54	1.38
鼎		中　商	85.35	13.69	0.75
爵		中　商	86～87	12	1～2
鼎　足	江西清江	中　商	98.87		
方　鼎	河南郑州	中　商	75.09	3.48	17.00
斝	湖北黄陂	中　商	71.59	3.92	24.45
卣	河南安阳	晚　商	97.20	3.82	
容器残片	安阳小屯	晚　商	80.86	16.9	
容器残片	安阳小屯	晚　商	80.76	17.79	
容器残片	安阳小屯	晚　商	81.39	17.63	
容器残片	安阳小屯	晚　商	83.72	14.27	
容器残片	安阳小屯	晚　商	82.48	17.1	
容器残片	安阳小屯	晚　商	81.45	17.65	＜0.1
容器残片	安阳小屯	晚　商	85.75	12.50	
容器残片	安阳小屯	晚　商	81.18	15.75	
容器残片	安阳小屯	晚　商	80.50	18.40	＜0.06
盂	安阳小屯	晚　商	85.82	13.47	
爵	安阳小屯	晚　商	77.97	20.46	0.52
容器边部	安阳小屯	晚　商	81.74	17.65	0.09
尊	湖南衡阳	晚　商	77.92	20.22	0.21
礼　器	安阳小屯	晚　商	79.12	20.32	0.05
容　器	安阳小屯	晚　商	81.74	17.65	0.09
盖　纽	安阳小屯	晚　商			

锡量几乎都控制在 12%～19% 之间，只有少量是例外的。如果所用青铜材料仍是用锡矿石来炼制的，那么这样的情况在当时的技术条件下是不可能出现。1976 年中国科学院考古研究

---

① 李仲达、华觉明，商周青铜容器合金成分的考察——兼论钟鼎之齐的形成，西北大学学报，1984 年第 2 期 22～40 页。

所对殷墟王室大墓——"妇好"墓出土的大量锡青铜和铅锡青铜礼器和武器的分析结果[①] 可以更有力地说明殷代中期那里已用金属铜、锡、铅合炼青铜了。在他们分析的 59 件锡青铜礼器和兵器中，竟有 50 件的含锡量在 12%～19% 之间。这一结论与前文的讨论及意见也相互一致。

不过，关于我国早期青铜用锡的历史中至今还有一个令人感到迷惑不解的问题：中原地区远在夏商之际就广泛出现了青铜的冶炼，但至今仍很少发现锡矿，历史上也缺少该地区产锡的记载。那么远古时的锡矿石或金属锡是从哪里来的？没有锡矿石，那么以铜与锡石合炼制造青铜的工艺又是怎样创造出来的？现知我国的锡产地主要在江西、湖南、广西，而尤以川、滇最盛。据古书的记载，《考工记》提到"吴粤之金锡"；[②] 秦文《李斯谏逐客书》[③]、《史记·货殖列传》都说江南出金（铜）、锡；战国铜剑常见"玄镠锑铝"（按铝同镤）的铭文"镠"出自梁州，即今汉中以南的川滇地区，有可能是锡的古称；《新唐书》也说江、浙有锡山。这些记载与近代的地质调查结果基本相符。难道商代甚至商代以前就有大量锡矿石或锡锭远从那些地区运往中原？但在这些地区里，迄今所知的最早的锡制品是从云南雄县春秋时期的墓葬中出土的锡管、锡饰和锡片，[④] 不过这已经是相当晚了。由于锡的来源问题牵涉到了我国青铜冶炼的源起及其源起地区的问题，中原地区的青铜冶炼是否借鉴了其他地区、其他民族的经验的问题，甚至涉及到我国青铜时代的政治疆域、交通贸易及其他文化影响等等的问题，[⑤] 所以引起了冶金史家、科学史家的广泛兴趣，至今也还没有较统一的看法。

二　青铜冶炼的鼎盛时期

根据近几十年的考古发掘，固然发现了不少早期的铜器物，表明在新石器时代晚期及传说中的夏代，至少我国黄河流域的广大地区都兴起了冶铜活动。但那些器物都还是些小件制品，诸如锥、环、管、镞等，数量也不算很多，工艺也很粗陋。可以肯定，铜制品在当时人们的农、牧、渔猎、争战活动中还不足以起主导作用，充其量仍处于铜石并用时期，所以认为夏代时我国已进入铜器时代的说法，据迄今所掌握的资料看，似乎言过其实了。

及至进入商代，青铜冶炼技术有了长足的进展。在商代的早期，已经出现了较大型的青铜铸造器，铸造工艺当然还相当粗陋，器壁浑厚，形制多模仿当地固有的陶器，纹饰多为线条的兽面纹。这种原始的大型青铜器是 1950 年在郑州南部二里冈首次发现的，因而被称作二里冈青铜器。那里出土的青铜器数量、品种已相当可观，前文已经列举，包括了工具、礼器、兵器、乐器等，比二里头文化时期有了明显增长，铸造工艺也有进步。1974 年在西城外杜岭又发现了两个形制很大的青铜鼎，各高 1 米和 0.87 米，皆双耳、斗型、方腹，四个圆柱形空足，器表饰以饕餮纹和乳钉纹，为迄今发现的早商青铜器之冠（图 3-2）。1959 年在郑州城南

① 中国科学院考古研究所安阳考古队，殷墟妇好墓，文物出版社，1981 年。

② 见《周礼注疏·冬官考工记》（卷三十九），1935 年国学整理社出版，世界书局发行《十三经注疏》本第 268 页

③ 《李斯谏逐客书》为秦文，此文见《史记·李斯列传》，题目是后人加的。可看看阴法鲁主编《古文观止译注》第 304 页，吉林人民出版社，1982 年。

④ 邱宣充，楚雄万家坝出土锡器的初步研究——兼谈云南古代冶金的一些问题，见云南省博物馆：《云南省博物馆建馆三十周年纪念文集》，1983 年。参看《世界冶金发展史》第 475 页。

⑤ 金正耀，晚商中原青铜的矿料来源，中国科学技术大学科学史硕士论文，1984 年。

图 3-2　商代方鼎
（摘自《中国大百科全书·考古卷》）

图 3-3　大口尊 河南郑州出土　商中期
（引自《世界冶金发展史》）

的南关和城北的紫荆山还发现了早商冶铸铜的
作坊，冶炼青铜的器皿有两种，一种是用草拌泥
搪厚的"坩埚"（因仍采用内加热法，所以
仍应叫熔炉），壁厚6厘米；另一种是陶
质的大口尊或以夹砂红陶作胎，内外壁
都涂抹了一层草拌的泥。所用大口尊（图
3-3）高与口径各为30和25厘米，可容
纳铜液12.5公斤，这两种器皿当然也可
以用来熔化青铜料液，它们与大型青铜
器的铸造相适应。1959年以来又继续在
河南偃师二里头早商遗址有大量青铜器
发现，包括了工具、兵器和礼器。铜爵制
作规整、壁薄、匀称。这两处青铜器的出
土，和它们所体现的青铜器工艺水平，成
为我国商代早期进入青铜时代的重要标
志。

商代中、后期及西周的成、康、昭、
穆诸王时期成为我国青铜冶铸的鼎盛时
代。

安阳殷墟是商王盘庚迁殷后的都城
遗址，建都时间达273年之久，在那里埋
藏了极丰富的文化遗产。从1928年开始

图 3-4　商代"司母戊"大鼎

图 3-5   熔铜用"将军盔"
（河南省文物研究所提供）

对安阳殷墟进行考古发掘以来，取得了辉煌的成果，那里出土的大量青铜器和铸造遗址集中反映了殷代青铜冶铸的高超水平。首先是对小屯周围和大司空村的发掘，出土了大批的遗物，包括珍贵的青铜器、玉器和甲骨卜辞等，为研究商代的历史和文化积累了丰富的资料。那里出土的青铜鼎器凝重结实，花纹种类大率为夔龙、夔凤、饕餮、象纹、雷云纹等富于幻想的奇怪图案，通身满布乳钉，仍未脱原始风味，文体与字体也都端严不苟。一般青铜器也多具有庄重雄奇的风格，并往往铸有铭文。1939 年在安阳市武官村出土的礼器"司母戊"鼎可谓殷代前期青铜器的代表作，它是商王为纪念其母"戊"而铸造的，并做为镇国之宝。重达 875 公斤，通耳高 133 厘米，横长 110 厘米，宽 78 厘米。经对其足部进行化学分析，铜占 84.77%，锡 11.64%，铅 2.79%，[①] 是迄今世界上最大的出土青铜器（图 3-4）。与此同时，还出土了熔铜设备，貌似大口尊，陶制，下部有一个尖柱，安阳农民呼之为"将军盔"（图 3-5），[②] 但容积很小，仅数升，大概只是用来熔化青铜料液的，相当于现代的倾注式"浇包"，不过已是从外部加热，与河南煤山龙山文化的炼铜炉和郑州出土的早商"坩埚"[③] 比较，已有了进步。

1976 年，中国科学院考古研究所对安阳小屯村西北的五号大墓——"妇好墓"[④] 的发掘，则使殷代青铜器又得到了一次令人极为振奋的展示。根据随葬品的特征及铜器铭文，它被确定是殷王武丁的配偶妇好之墓，其年代在公元前 13 世纪。出土铜器共 400 余件，以礼器和武器为主。他们对其中的 65 件礼器、12 件兵器、4 件生产工具以及 10 件残片共 91 件，进行了化学全分析，约占全部出土铜器的四分之一，并对 34 件器物进行了硬度测定。[⑤] 这些青铜器的化学组成可分为两大类，一类基本上是铜锡二元合金（Pb% 小于 2%），另一类基本上是铜锡铅三元合金（Pb%＞2）。铜锡二元合金成分的分布如图 3-6 所示，铜锡铅三元合金的成分分析结果列于表 3-4 中。从图 3-6 中可看出，铜锡二元合金中礼器部分几乎有 8/9 的含铜量分布在 79%～85% 之间，含锡量在 15%～21% 之间；武器的含量和含锡量分布区域较广泛，但也有近 5/6 的含铜器集中在 79%～85% 之间。从表 3-4 可看出，"妇好墓"中的铜锡铅三元合金青铜器若以锡铅（包括锌）合量作为合金元素，则组成趋于确定，即这类铜器中，含铜量都在 80% 左右，锡铅合量占 20%。从这批科学检测结果，可以对殷代青铜的冶炼工艺初步得到以下一些印象和启示：

---

① 杨根等，司母戊大鼎的合金成分及其铸造技术的初步研究，文物，1959 年第 2 期。

② 刘屿霞，殷代冶铜术之研究，《安阳发掘报告》第 4 期，1933 年。参看朱寿康："我国古代的冶铜技术"。

③ 中国社会科学院考古研究所安阳考古队，殷墟妇好墓，文物出版社，1980 年。

④ 中国社会科学院考古研究所安阳考古队，安阳殷墟五号墓的发掘，考古学报，1977 年第 2 期。

⑤ 中国社会科学院考古研究所，殷墟金属器物成分的检测报告，考古学集刊，1982 年第 2 期，中国社会科学院出版社。

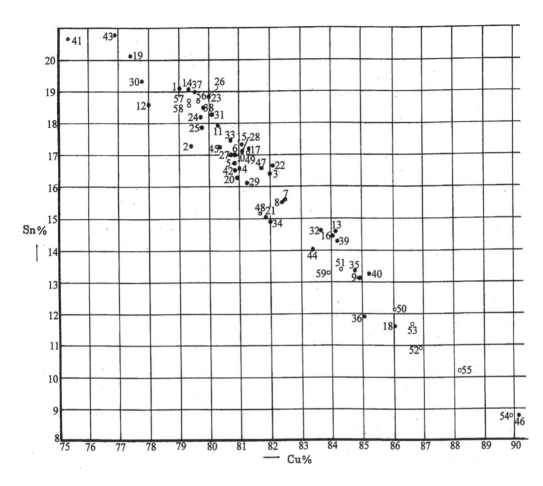

图 3-6　妇好墓出土青铜器（o 礼器；·武器，数字为器物编号）铜锡二元合金成分分布图

（摘自考古研究所"殷墟金属器物成分的检测报告"）

表 3-4　妇好墓出土锡铅青铜器化学分析结果

器物名称	化学成分（%）					硬度	铭文
	Cu	Sn	Pb	Zn	Sn＋Pb＋Zn		
瓠	79.98	14.92	4.89	0.22	20.40		束泉
瓠	78.41	12.83	7.80	0.10	20.73	98.4	束泉
大圆斝（1）	80.91	13.73	4.18	0.14	18.09		司䍼母
大圆斝（2）	79.04	15.17	5.38	0.07	20.62	113	司䍼母
瓠	76.37	16.45	6.05	0.14	22.64		妇好
瓠	75.86	17.11	5.94	0.08	23.13		妇好
大圆斝（3）	76.62	16.22	6.03	0.14	22.39		亚其
汽柱甑形器	79.19	13.43	5.85	0.54	19.82	96.5	好
大型盉	82.23	11.96	4.43	0.47	16.86	89.4	好
提梁卣	79.23	15.16	3.81	0.78	19.75		
尊	79.85	15.18	3.90	0.06	19.14		子束泉
瓠	77.58	18.02	3.46	0.30	21.78		

续表

器物名称	化学成分（%）					硬度	铭文
	Cu	Sn	Pb	Zn	Sn+Pb+Zn		
中型圆鼎	78.87	16.39	2.86	0.22	19.47		妇好
圆斗	81.68	14.68	2.40	0.25	17.33		妇好
大圆鼎（口沿）	82.10	13.64	3.20	0.34	17.18	109	亚弜
大圆鼎（足部）	82.52	15.26	1.22	0.28	16.76		
铜瓿	80.31	16.34	2.51	0.20	19.05		妇好
铜方罍	80.31	17.06	2.13	0.06	19.25		妇好
瓠	76.84	19.82	2.09	0.27	22.18		
铜铲	79.39	16.52	2.66	0.42	19.60		
铜铲	79.04	16.53	3.00	0.43	19.96		
铜凿	78.93	16.67	2.86	0.50	20.03		
铜凿	79.30	16.90	2.50	0.32	19.72		

（摘自"殷墟金属器物成分的测定报告"，《考古学集刊》1982年第2期）。

(1) 在"妇好墓"葬的青铜器中，除了戈及个别罐类（如瓿、瓠、罐）的含锡量较低外，大多数的锡青铜器物的成分中铜与锡之比都接近4∶1，在锡铅三元青铜中铜与锡铅合量之比则更明显地维持4∶1的关系。特别是对"司母辛"大方鼎的分析，这样一个通耳高82厘米的鼎，当有数百斤，不可能是由几埚或十几埚铜液浇铸的，而口腹、足三部位的成分相当均匀，分别含锡11.62%，11.76%，12.89%，说明各埚铜液的配料比相当严格。这种情况不仅肯定殷代熔炼青铜已完全进步到以金属铜、锡、铅来合炼，摆脱了初时以矿石合炼的阶段，而且冶炼青铜时已经有了相当明确的配方。当然，不同地区、不同冶铸作坊所掌握的配方大概不会完全相同。

(2) 青铜中铅的加入很明显是为代替当时中原地区来源不易、代价较高的金属锡。在三元合金中，锡铅（锌很可能是从铅矿石中引入的）之和总维持固定占合金的20%，就清楚地说明了这种情况。但也有可能由于当时锡铅不大区分而相互混用，于是出现这种三元合金。[①] 我们这样讲是有根据的，因为我国历代著作中都提到过"锡为白锡，铅为黑锡"的说法。例如《尚书·禹贡》说："［青州］厥贡铅松怪石。"唐·孔颖达疏曰："铅，锡也。"[②] 而汉·许慎《说文》说："铅，青金也。"而且又说："锡，银铅之间也。"明人田艺蘅《留青日札》仍说："锡，银色而铅质，古称铅为黑锡。"[③]

(3) 制戈青铜中含锡量明显偏低（含锡9%～13%），固然硬度小了些，但韧性会有所改善，在格斗中当不易折断，这符合实战的要求。但分析样品迄今仍嫌过少，当时是否已有此认识还难作肯定结论。

---

　①　很多学者已指出：铸造铜器时加铅乃是有目的，而非任意的。适当调节锡铅的含量可以维持一定的强度、硬度及塑性。加入铅能提高青铜液的流动性，易于铸出更为清晰的花纹。但殷代人是否已认识到此性能还值得商榷，因那时还大量铸造锡青铜礼器和武器，铅并非必然加入的。参看研究文献［19］。

　②　见《尚书正义·禹贡》（卷六），世界书局《十三经注疏》本第36页。

　③　见明·田艺蘅：《留青日札摘抄》，《丛书集成》初编·文学类，总第2916～2918册。

（4）殷代时，至少安阳地区的工匠对铜锡比与合金性能之间的关系还谈不上有系统的了解，所以绝大多数青铜器中（包括各种礼器、工具、箭镞，只除戈外）的铜锡比和铜-锡铅比都基本上相同。

商代青铜业的繁荣与技术的高超不仅表现在器型雄伟、品种多样、数量庞大，更表现在它们的精巧工艺上。那时由于分铸法（铸接）的娴熟掌握和普遍推广，所以能在不使用失蜡法的情况下，铸造出了大量精美、复杂的青铜器物。"司母戊"鼎以雄伟著称，而在湖南宁乡出土的四羊尊（盛酒器，见图 3-7）则以造型逼真、结构复杂成为晚商精湛青铜铸造技艺的光辉典范。在它的四角接铸有四只羊，头上长着卷曲的羊角，此外还有突出的羊头、镂空的扉边。体高 58.3 厘米，口边长 52.4 厘米，重 34.5 公斤，是采用了分铸和嵌铸等复杂、革新的铸造工艺。这个时期既能铸造雄伟浑重的大型青铜器，又能铸造结构精巧、纹饰细腻的青铜器，铸液必然流动性很好，那么在熔炼铸液时理应有了某种鼓风设备。至于它们的结构是怎样的？由于缺乏文字记载，实物又难以保存下来，所以至今还不大了解。[①]

图 3-7　晚商期的四羊尊

殷代与周初的青铜礼器上已多铸有铭文，即所谓钟鼎文或金文，它们对研究我国奴隶社会的政治、经济、文化具有重大意义。例如清道光年间在陕西歧山（郿县）礼村出土的"大盂鼎"内壁有铭文 291 字，记载周康王赏赐贵族盂 1709 个奴隶的史实；另一个"小盂鼎"的铭文记述周康王二十五年命臣子盂两次征伐西北强族鬼方，并夺取其告庙（帝王及诸侯外出或遇大事，须向祖庙祭告，所以这类庙又称告庙）的情况。又如郿县出土过另一"曶鼎"（做器者名曶），原器今已亡佚，仅存铭文拓本，其中可辨认出的有 379 字，记载了周王的策命，讲到曶拟用一匹马、一束丝与人交换五个奴隶以及一个叫匡季的人抢劫了曶的秭禾而引起了诉讼。类似这样的铭文显然是研究西周社会的重要资料。

大约从西周恭、懿、孝、夷之世到春秋时代中期的青铜器则开始表现得简陋轻率，花纹多粗枝大叶的几何图案，比较潦草，脱落了原始风貌，铭文的字数则较多。所以有人称这个时期的青铜器叫颓败期，但又有人称其为开放期。[②]

自春秋中叶到战国末年，我国青铜器的铸造出现了中兴的局面，一切器物呈现出精巧的风格，质薄轻巧，多全身施饰花纹，铭文的文体竟出现韵文。而且由于各地诸侯纷纷自铸青铜器，因此在东周时代的各地遗址中普遍都有出土，而且器物品种和应用面更加多样化。例如现在中国历史博物馆陈列的秦公簋（用以盛食物）、吴王夫差鉴和蔡侯铸（乐器，"搥击而鸣"）、曾侯编钟等都是诸侯国自铸和创新的器物。这时期的青铜器质量又有了明显的提高，器形和纹饰更加精巧和新颖。例如 1923 年在河南新郑县出土的一对莲鹤方壶（图 3-8），上有盘

①　参看华觉明等著：《中国冶铸史论集》，76～135 页，文物出版社，1986 年。

②　参看郭沫若：《青铜时代》，304～305，人民出版社，1954 年。

图 3-8　东周莲鹤方壶
（摘自《出土文物三百品》）

曲的龙纹、龙形大双耳，四角有立体怪兽，圈足下有两只咋舌（自咬舌）兽将壶负于背上，尤其是壶顶莲瓣中的立鹤，展翅欲飞，生动逼真。[①] 再如 1965 年在四川成都百花潭出土的镶嵌宴乐水陆攻战纹壶，壶身上部有宴乐、采桑、射箭、弋射、狩猎等的场面，下部为陡兵搏斗、攻城、水战的场面，反映了战国封建诸侯兼并战争的情景。总之，这时的高级青铜器作为奴隶主用于祭祀和礼仪的礼器逐渐消失了，而大量地转变为供王公贵族、地主阶级享乐的实用器和陈设艺术品。

自商代以来，青铜固然大量用来制作礼器、明器及生活用具以及陈列品，但也有相当可观量的青铜用于制作农具和工具，只是由于这类粗制的青铜器往往不作随葬品，所以墓葬出土较少。在偃师二里头早商宫殿遗址发掘出土的青铜器中，手工业工具如凿、锥、小刀占有一定的比例。郑州商城早商遗址中出土了大量工具和农具的铸范。据估计，其中镢范占到可辨识的铸范的三分之二。历年出土的青铜农具有铲、镢、镰、斧以至犁、铧等。

青铜兵器在商代青铜器中也占有重要地位，数量大，品种多，主要有戈、矛、斧、钺、剑、戟及镞等。商周的军队已都是以青铜兵器武装。春秋战国时各诸侯之间的争战频繁，武器制造业更加发达，各大国间的争战动辄出动上万人，他们往往都有专门的兵器制造中心，据说秦国就有"甲百万，车万乘"。当时兵器除了戈、矛、戟等外，诸王贵族自卫防身用短兵器的制作尤为精良，例如越王和吴王的宝剑在地下埋藏了两千多年，至今光亮，花纹清晰，刃口锋利（图 3-9）。

我国自周代以后，直到明朝中叶，历朝便基本上都以青铜铸造货币了。

商周时期出现了庞大的青铜制造业，当然必得以宏大的采矿业（铜、锡、铅）和进步的冶铜业作为物质基础。黄石市大冶铜绿山是迄今发现最古的也是规模最宏伟的采矿与冶铜遗址。矿井的时代上限是在商代晚期，一直延续到春秋战国和西汉。矿井的结构有竖井、平巷、斜井等形式，全部用支护木。竖井挖到一定深度若没有发现高品位的矿脉，那就放弃；如果发现，就以平巷和斜井向旁侧开拓。春秋时期的矿井中尚遗留有铜斧、铜锛、木槌、船形木斗、竹篓和绳索等工具。在古矿井附近有炼炉遗存，被大量的炉渣掩埋着，许多地面也覆盖着一米多厚的炉渣，总重量估计达 40 万吨左右。从百余件炼渣抽样的检测结果来看，含铜量

① 见中国文物交流中心编：《出土文物三百品》第 174 页图 160，新世界出版社，1992 年。

只有 0.4%～1.3%，平均含铜 0.7%；而对 4 号炉的积铜进行分析，含铜量则达 94%，这表明当时铜、渣分离良好，提炼铜的技术水平已经相当高，损耗也很低。而有些炉渣中含铁（Fe_2O_3）竟达 50%，附近还有堆积的铁矿粉，所以有理由推断当时曾用铁矿粉做为炼铜的造渣（助熔）剂。从古矿中拾取到的孔雀石，含铜量一般在 12%～20%；在当地采取到的块状孔雀石，含铜量可达 20%～50%。就以存留的 40 万吨矿渣来计算，古代在铜绿山提炼到的红铜当在 5 万吨。当时可能是铸成铜锭，然后运销到中原各地熔炼青铜。[①~④]在铜绿山的东北坡上还发现了八座春秋时代的炼铜炉。它们的炉型属炼铜，全高大约 1.2～1.5 米，若复原后如图 3-10 所示。竖炉由炉基、炉腔（又叫炉缸）、炉身三部分组成。炉基在地面以下，是用粘土、石块混合逐层夯筑而成，内部有风沟。炉腔横截面呈椭圆形。竖炉的不同部位分别用粘土、白瓷土、石英砂、火成岩屑、铁矿粉、木炭粉分层夯筑。炉身则是用混合型耐火材料分内、外壁夯筑，再加炉衬。炉的前壁下部设有排出铜液的"金门"，冶炼时将它堵塞。其上则有排渣的孔洞。炉身的两侧各有一条略向下倾斜的通风沟，以向炉内鼓风。这种结构与原始炼炉比较，已有了很大进步，看来也非一朝一夕就有了这样全面的布局，表明建造竖炉的经验业已积累了相当长的岁月。由于冶炼温度可以很高，所以炉渣的流动性相当好，才使得渣中的残铜量降到了 1% 以下。

关于东周时代冶金中的鼓风设备，《墨子·备穴》中说："具炉橐，橐以牛皮，炉有两钜，以桥鼓之百十。"[⑤]；汉·赵晔所撰《吴越春秋·阖闾内传》（卷四）记载干将铸剑时使童男童女三百人"鼓橐装炭"[⑥]；《淮南子·本经训》中有"鼓橐吹埵，以销铜铁，靡流坚锻，无厌足目。"[⑦]的明确记载。这种"橐"大概就是我国古代最原始的、用于冶铸青铜的鼓风设备。它是将牛宰杀，掏空内脏、骨骼，然后把整个牛皮缝拢而成的大气袋，操作起来很有点像今天舞动手风琴时拉压的往复动作。目前西藏地区还仍使用这类鼓风设备，也有用羊皮制作的。

1975～1976 年在内蒙古昭乌达盟西喇木伦河北林西县大井村又发现了一座古铜矿，据考证是距今 2700～2800 年商周时规模较大的矿冶与铸造遗址。该古铜矿矿苗裸露地面，上面是氧化矿带，距地表 40 米以下就是硫化矿带。在 4 号坑坑口曾发现房址，从址内出土了陶

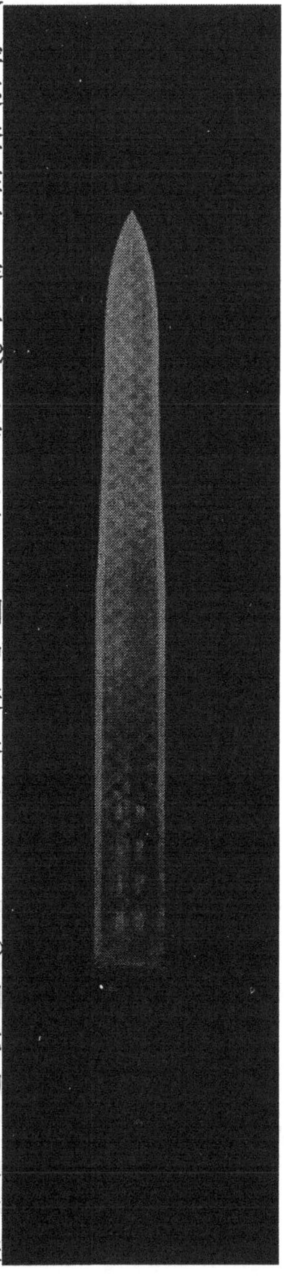

图 3-9　越王勾践青铜剑

①　卢本册，铜绿山春秋早期的炼铜技术，《科技史文集》第 13 集 11～23，上海科技出版社，1985 年。

②　马承源主编，中国青铜器，上海古籍出版社，1988 年。

③　夏鼐等，湖北铜绿山古矿井，考古学报，1982 年第 1 期。

④　朱寿康等，铜绿山冶铜遗址冶铜问题的初步研究，《中国冶金史论文集》26～29，北京钢铁学院出版，1986 年。

⑤　见《墨子·备穴》（卷十四）第 119 页，上海古籍出版社《诸子百家丛书》本，1989 年。

⑥　汉·赵晔《吴越春秋》："干将曰，'昔吾师冶金铁之类不销，夫妻俱入冶炉中，然后成物。'于是干将妻乃断髪剪爪投于炉中，使童女童男三百人鼓橐装炭，金铁乃濡，遂以成剑。"见中华书局《四部备要》（史部）本第 13 页。

⑦　见陈广忠译注《淮南子译注》第 363 页，吉林文史出版社，1990 年。

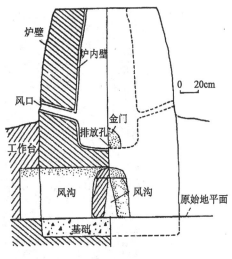

图 3-10　炼铜竖炉复原图
（摘自《中国大百科全书·矿冶卷》）

器、木炭、炼渣、采矿工具等。曾经对炼渣进行了分析，含铜量在 1% 左右。在 5 号坑不远的地方发现了炼炉 8 座，炉旁有鼓风管、炼渣及铸造小件器物的陶范，炉壁是业经烧红的草拌泥。从炼渣的烧结状况，可判断当初冶炼温度当在 1000℃ 以上。总之，这是一处包括露天开采、选矿、冶炼、铸造等全套工序的、规模相当大的古代铜矿冶遗址。[1],[2]

1979 年以来，在湖南省西部麻阳县继铜绿山古矿井之后又发现了一座东周时期南方的古铜矿冶遗址，共有十处。有一处的矿井巷道和木支柱保存相当完整，表明当时采掘矿石是从地表开始，然后沿矿脉的走向，进行斜井开采。在遗址中发现已有铁锤、铁钻，还有选矿用的木瓢、舀水的水斗、盛水的大陶罐、照明用的陶灯盘。这些都说明此处在采矿方法、所用工具、安全设施、排水技术等方面较铜绿山的古矿冶有了进一步的发展。[2]

三　青铜"六齐规则"辨析

随着青铜冶铸业的广泛发展，青铜器物日益多样化，利用面也迅速扩大，人们很自然地会发现青铜合金的金属配料比，即合金成分如果不同，在硬度、坚韧性、抗撞击性、熔化温度、耐腐蚀的程度（主要是加热时），甚至在敲击时所发出的音响都会有所差异，那么调整合金的配方就可以适应各种器物的某些特殊要求，这可以说是青铜冶炼发展中的第三阶段。关于这种经验，或者说某种冶炼配比规范的文献记载，最早的、最有历史价值的当算《考工记》。这部著述被收录在《十三经》的《周礼》中。它为了说明青铜合金的配比讲出了一个"六齐规则"，"齐"即"合金"，读音为 jì。原文是这样的：

金有六齐：六分其金而锡居一，谓之钟鼎之齐；五分其金而锡居一，谓之斧斤之齐；四分其金而锡居一，谓之戈戟之齐；三分其金而锡居一，谓之大刃之齐；五分其金而锡居二，谓之削杀矢之齐；金锡半，谓之鉴燧之齐。[3]

这段文字可能是青铜冶铸工匠实践经验的记录，更可能是生产技术的档案，那么就更具有权威性了。所以它很早就引起了国内外科技史界的兴趣和广泛的研究，并将它与出土青铜实物的分析结果和各种青铜材料的实际性能进行对照，以判断它的可靠性和科学性，以及如何正确解释它。但至今对它的解释却仍未能得到统一。意见所以有分歧是因为各种解释与实物分析的结果都不能较好地相符合。不同的解释关键是在对文中"金"字的理解。因为"金"在

① 李延祥、韩汝玢，西林县大井古铜矿遗址冶炼技术研究，自然科学史研究，9（2），151～160，1990 年。

② 马承源主编，中国青铜器（第七章），上海古籍出版社，1988 年。

③ 见《周礼注疏·冬官考工记第六》（卷四十），世界书局《十三经注疏》本第 277 页。

古代是"金属"的通称，"古言五色金，谓金黄，银白，铜赤，铅青，铁黑，举五色以概其余"（见《辞海》），所以《尚书·禹贡》说："扬州厥贡，维维三品"，"荆州厥贡，羽毛、齿、革、维金三品"，汉·孔安国注曰："三品，金银铜也。"《史记·平准书》说："金有三等，黄金为上，白金为中，赤金为下。"那么如何理解"六齐"中的"金"呢？对于该文第一句"金分六齐"中的"金"，因语意明确，学者们从来都一致认为是指"锡青铜"，没有分歧。但对其后"金锡对举"的六句话中的"金"就有不同见解了。第一种见解，即较早的解释，认为仍是指"青铜"而言，文理很通顺。日人近重真澄、[①]　王琎、[②] 章鸿钊、[③] 梁津、[④] 袁翰青、[⑤] 等都持这种见解。如果按这种理解，做钟鼎的合金中，六份青铜里锡占一份，即六分之一；制斧和斤（也是斧头）的合金，五份青铜中锡占一份，即五分之一，其余可以由此类推。至于鉴燧之齐的"金锡半"，应按"金，锡半"解释为制鉴、燧的青铜中锡占一半。根据这一解释，六齐的配方应该是这样的：

合金名称	含铜量	含锡量	铜锡比
钟鼎之齐	$\frac{5}{6}\times100\%=83.3\%$，	$\frac{1}{6}\times100\%=16.7$，	5:1
斧斤之齐	$\frac{4}{5}\times100\%=80.0\%$，	$\frac{1}{5}\times100\%=20.0$，	4:1
戈戟之齐	$\frac{3}{4}\times100\%=75.0\%$，	$\frac{1}{4}\times100\%=25.0$，	3:1
大刃之齐	$\frac{2}{3}\times100\%=66.7\%$，	$\frac{1}{3}\times100\%=33.3$，	2:1
削杀矢之齐	$\frac{3}{5}\times100\%=60.0\%$，	$\frac{2}{5}\times100\%=40.0$，	3:2
鉴燧之齐	$\frac{1}{2}\times100\%=50.0\%$，	$\frac{1}{2}\times100\%=50.0$，	1:1

第二种解释是陈梦家[⑥]、张子高[⑦] 等提出来的。认为六齐中的"金"宜解释为"赤铜"。他们从《考工记》及《周礼》，乃至《荀子》、《战国策》、《越绝书》中找出了许多金锡对举成文的"金"乃指纯铜的例文来作论据。他们所以提出新解是因为实物分析所得的商周青铜器含锡量常远低于"六齐"按上一种解释所规定的比例。若据此"赤铜说"，六齐成分应为：

合金名称	含铜量	含锡量	铜锡比
钟鼎之齐	$\frac{6}{7}\times100\%=85.7\%$，	$\frac{1}{7}\times100\%=14.3\%$，	6:1
斧斤之齐	$\frac{5}{6}\times100\%=83.3\%$，	$\frac{1}{6}\times100\%=16.7\%$，	5:1
戈戟之齐	$\frac{4}{5}\times100\%=80.0\%$，	$\frac{1}{5}\times100\%=20.0\%$，	4:1
大刃之齐	$\frac{3}{4}\times100\%=75.0\%$，	$\frac{1}{4}\times100\%=25.0\%$，	3:1
削杀矢之齐	$\frac{5}{7}\times100\%=71.4\%$，	$\frac{2}{7}\times100\%=28.6\%$，	5:2
鉴燧之齐	$\frac{2}{3}\times100\%=66.7\%$，	$\frac{1}{3}\times100\%=33.3\%$，	2:1（金一锡半）
	$\frac{1}{2}\times100\%=50.0\%$，	$\frac{1}{2}\times100\%=50.0\%$，	1:1（金锡各半）

---

①　近重真澄，东洋古代文化之化学观，科学，5 (3)，1919年。

②　王琎，中国古代金属原质之化学，科学，5 (6)，1919年。

③　章鸿钊，中国用锌的起源，科学，8 (3)，1923年。

④　梁津，周代合金成分考，科学，9 (10)，1925年。

⑤　袁翰青，我国古代的炼铜技术，化学通报，(2)，1954年。

⑥　陈梦家，殷代明器的合金成分及其铸造，考古学报，(7)，1954年。

⑦　张子高，六齐别解，清华大学学报，(4)，1958年。

张氏对"六齐规律"的末一句"金锡半"曾有不同的解释，初时（1958）他认为"金锡半"有衍文，应作"金一锡半"，即锡应占 1/3。尔后（1964）他又认为"金锡半"应作金锡各半之解，[①] 即锡占 1/2。此后，周始民发表论文，[②] 支持他的"金一锡半"之解，并认为并无衍文，只要读作"金，锡半"即可。

（一）"六齐规则"的总体辨析与科学性的探讨

几十年来众多化学史家、冶金史家广集博收各种先秦青铜器，进行分析检测，探讨它们的真实金属配比，一方面希图判明对"六齐规则"的解释究竟哪种更符合历史实际；另一方面则要看看"六齐规则"存在的真实性和权威性，即它在当时及后来是否对青铜的冶铸起到了指导和规范的作用。为了评述诸家的见解，并进一步探讨先秦青铜器的冶炼规范，得先对"六齐规则"的总体先做一些必要的探讨：

第一，先要弄明白《考工记》的成书年代和来历，它是否为《周礼》之原文，问世于西周时期？清人江永在其《周礼疑义举要》一书中便指出：《考工记》中有"秦无庐"、"郑之刀"等语，表明它应是东周时的著述。郭沫若则对江氏的论点作了进一步的发展，于1947年撰文"《考工记》的年代与国别"[③]，指出《考工记》于春秋列国中独缺"齐"之名，且其中有"菑"、"章"、"终葵"之语，皆系齐语；"捖"、"升"、"豆"均齐制，据此判定它原是齐国的官书。而且"钟"大约始自西周晚期，1990年在河南三门峡上村岭西周晚期虢国"虢季"墓葬出土的甬钟是迄今出土最古的钟类，在先则只有铃、铙、钲和铎；至于大刃、鉴（铜镜）、燧也都是春秋乃至战国时才出现的。所以"六齐之说"是历史地、逐步地形成的，只能在春秋时代才能完整地出现。所以目前史学界都接受了此观点，并进一步判明，是西汉河间献王刘德因《周官》缺《冬官》篇，于是把《考工记》补入。西汉末刘歆改《周官》名为《周礼》，所以该书便成了《周礼·考工记》。既然它是春秋时人的著作，那么远在春秋之前的夏及商殷时期就既没有理由也没有可能按照"六齐规则"去熔炼各类青铜；而且如前文已经指出的，至今我们还找不到在商代中期以前我国先民就已经大量先炼出铜、锡、铅三种金属，然后再搭配熔炼青铜的根据，那么就根本谈不上什么金属配比的问题了。如果是在商代中期以后逐步以三种金属合炼青铜，那么从意识到配比与性能有一定关系到总结出一些合理的经验，在古代的技术、知识条件下需要经过相当长的时间。所以在殷代前期应该说也还处于摸索阶段，那时及其以前的青铜金属组成与"六齐规则"相左，或者很混乱，应该说是合乎情理的，或者说是理所当然的。所以我们应以殷代后期到东周时期的青铜器作为考察、论证的对象和依据。[④]

第二，春秋时期天下诸侯割据一方，各种制度也不完全统一，例如各国币制就各行其是，金属成分差别极大，齐国青铜刀币中含锡较高，而相邻燕国的刀币则含锡很少或不含；[⑤] 当时交通、贸易往来及手工业经验的交流也不可能像今日这样方便、频繁。《考工记》既然是齐国

① 张子高著，中国化学史稿古代之部，科学出版社，1964年。
② 周始民，《考工记》六齐成分的研究，化学通报，(3)，1978年。
③ 见《开明书店二十周年纪念论文集》第45页，1947年。
④ 如果"六齐规则"有很高的权威性，那么秦代及西汉时期是它的贯彻期。所以，这期间的青铜器就很值得研究了，但可惜，这类青铜器至今被检测的很少。
⑤ 赵匡华等，战国时期古币金属组成试析，自然科学史研究，11 (1)，32～44，1992年。

的官书，对百工之事的经验总结，其依据恐怕主要是以齐国及其附近地域者为主。我们也不知《考工记》这部官书当时是否立即就公开了，即使公开了，以竹、木简传播也是相当慢的，所以远离齐地的邦国未必遵从，甚至根本不知有这样一个"规则"，因此那里的青铜器，其金属组成与"规则"之间发生偏离是可以预计到的，很自然会发生的。令人遗憾的是目前原齐地（今山东）出土的青铜器，有关报道不多，分析数据极感匮乏。

第三，在青铜冶炼过程中，锡、铅会有所损耗。《考工记》在描述青铜冶炼时就绘声绘色地说："凡铸金（青铜）之状，金（铜）与锡黑浊之气竭，黄白次之；黄白之气竭，青白次之；青白之气竭，青气次之，然后可铸也。"[1] 因铅锡在高温下较铜更易氧化和飞扬，因此在冶炼时会有明显的损耗。明人宋应星《天工开物》在谈到黄铜铸钱时曾指出："倭铅（锌，沸点 906℃）每见烈火，必耗四分之一"（当包括 ZnO 的飞扬）。按锡、铅的沸点（分别为 2620℃ 和 1745℃）虽较锌高，在 1100℃ 左右的熔炉中，飞耗（包括氧化物的飞扬）也会相当可观。因此，对青铜的分析结果，并不能如实反映当初熔炼时的配比，即锡、铅的分析值要小于投料量。

第四，我国铜、锡矿藏资源的分布并不普遍，尤其是锡矿更是集中于川滇、吴粤一带，春秋时各国冶铸青铜可能往往得从远方采办，[2] 因此冶炼时实际配方就要受到原料、资源的制约，即使认识到"六齐规则"的合理性，而在熔铸时也未必能如愿，只能量材而行。特别是那些"贱民"使用的农具和损耗量极大的兵器，在原料锡匮乏的情况下，"偷工减料"大概是必然的，成分当然也就要偏离"规则"了。

第五，在先秦的青铜器中多含有铅，有相当部分是铜、锡、铅三元合金，有的甚至为铅青铜，那么在"六齐规则"中把铅放在什么位置？"锡"中是否应包括铅？因为锡铅虽然从外观上不难区别，但它们引入铜后，可产生类似的效果，诸如使青铜熔点降低、铸液流动性加大，硬度加大，因此才有以廉价铅代锡之举。当然，如前文所说，那时还会有些人对锡铅并不加以区别。总之，对这类青铜来说，当以锡铅合量作"锡"量来考虑，较为妥当合理。否则，如果"六齐规律"的"锡"中不包括铅，那么对于占相当大比例的含铅青铜来说，"六齐规则"就没有什么意义了。而且对于"规则"的第二种解释来说，如果不把铅包括在"锡"中，那么"六齐"的铜锡含量都将无法计算，也就更没有"规则"可言了。又如表 3-4 所示，在妇好墓出土的三元合金青铜中，若对锡量与铅量分别来考虑，则都杂乱无章，但两者之和则基本上固定在 20% 左右，与锡青铜配比很接近，这也可算是铅锡混用的一个明证。

第六，为了探讨殷周青铜器的金属配方是否曾大致遵循某项规则，当时人们是否确已意识到合金配比与合金性能、器物功能之间存在某些规律，那么我们就不一定非得拘泥于它们是否与"六齐规则"相符合，而是从实际出发，从大量出土殷周青铜器实物的分析结果去探讨。华觉明曾指出：[3] 我们应该"以经过科学检验的合金成分分析的客观存在作为研究的出发点和归宿"，这话讲得十分中肯。

第七，我们在探讨"六齐规则"或其它什么规则时还应考虑到当时各地区青铜冶铸生产发展不平衡的情况以及在实际生产中经常必然会利用旧器回炉冶炼所导致的成分混乱，所以探讨时也不宜过分拘泥，即少数"例外"（与群体有很大偏离）是合情理的、必然的。

---

① 见《周礼注疏·冬官考工记》（卷四十）第 279 页。
② 参看金正耀："晚商中原青铜的矿物来源"，中国科学技术大学科学史硕士论文，1984 年。
③ 参看华觉明等著：《中国冶铸史论集》第 149 页，文物出版社，1986 年。

在检讨"六齐规则"与青铜器物成分符合情况之前，再让我们试以现代冶金学与金属学的知识对青铜组成与青铜熔炼、浇铸及各种青铜器功用的特性要求之间存在的关系做一番考察，以便对"六齐规则"及其两种解释的合理性先有个科学的依据，这对辨明某个"规则"是否以实践经验为基础，显然是很有必要的。

(1) 金属锡引入铜中形成青铜合金可以降低铜的熔点（参看表 3-2 及图 3-11），这是青铜冶炼兴起的一个重要原因。这对青铜的冶炼和铸造有重要意义，特别是对浇铸薄细精巧的以及浑厚凝重的两类青铜器尤为必要。但从图 3-11 可看出，Sn％从 0～30％时，熔点有显著下降，而在 30％～58％之间变化时，熔点的变化就不明显，因此，Sn％只要超过 30％，从降低熔点的角度看，锡的多少意义就不大了。

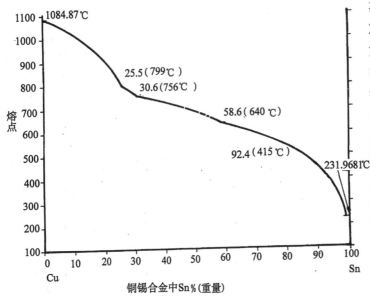

图 3-11　铜-锡合金熔点图

(2) 青铜中的锡可以增大合金的硬度，这是青铜冶炼兴起的另一主要原因。Sn％与合金硬度之间的关系如图 3-12 所示。Sn％从 0～15％对硬度影响不大，而从 15％～30％，青铜硬度便急剧增加，而在 32％时，合金硬度达到了极大值。而青铜的硬度对斧斤、戈戟、大刃的锋利与否有极重要的意义。因此制造这些器物的青铜较钟鼎及礼彝之类有较高的含锡量是合理的。

(3) 青铜的戈戟、大刃固然需要较高的硬度，还必须有较大的坚韧性和抗撞击强度，不易折断，才适应战争与格斗的要求。由实验测试可知，青铜兵器铸件中锡含量在 15％～20％之间是合宜的，若经过退火，则 Sn％可增加到 25％（我国至迟在春秋战国时期已发明了金属退火工艺）。但如果 Sn％再大，青铜会变得相当脆。因此"六齐规则"若作第二种解释是比较合理的。至于鉴燧之类，不需要很大的强度，Sn％为 33％时，强度虽有较大降低（可通过退火适当改善），但光亮洁白，硬度极高，又可耐划磨。但若 Sn％超过此值

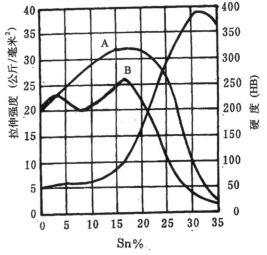

图 3-12　铜锡合金硬度图

A. 铸件经退火处理；B. 未经退火

表 3-5 殷周鼎类金属成分检测结果[20,21]

器 物	出土地点	年 代	金属成分（%）					Sn＋Pb＋Zn	Cu：Sn	Cu：(Sn＋Pb＋Zn)
			Cu	Sn	Pb	Zn	Fe			
中型圆鼎	安阳小屯	殷代武丁	79.00	19.08	0.78	0.16	0.58	20.02	4.2：1	4.0：1
中型圆鼎	安阳小屯	殷代武丁	79.41	17.28	1.05	0.43	1.26	18.76	4.6：1	4.2：1
中型圆鼎	安阳小屯	殷代武丁	82.00	16.39	0.50	0.10	0.42	16.99	5.0：1	4.8：1
中型圆鼎	安阳小屯	殷代武丁	81.01	16.57	0.88	0.18	0.74	17.65	4.9：1	4.6：1
中型圆鼎	安阳小屯	殷代武丁	80.85	16.70	1.23	0.23	0.33	18.25	4.8：1	4.4：1
中型圆鼎	安阳小屯	殷代武丁	80.39	16.99	0.78	0.11	1.05	17.88	4.7：1	4.5：1
中型圆鼎	安阳小屯	殷代武丁	82.49	15.58	0.60	0.32		16.50	5.3：1	5.0：1
中型圆鼎	安阳小屯	殷代武丁	82.42	15.50	0.94	0.10		16.54	5.3：1	5.0：1
中型圆鼎	安阳小屯	殷代武丁	84.95	13.20	1.21	0.17	0.32	14.58	6.2：1	5.8：1
中型圆鼎	安阳小屯	殷代武丁	81.09	17.13	0.69	0.07		17.89	4.7：1	5.8：1
方扁足鼎	安阳小屯	殷代武丁	80.28	17.92	0.65	0.10		18.67	4.8：1	4.3：1
扁足圆鼎	安阳小屯	殷代武丁	77.98	18.58	1.66	0.30		20.54	4.2：1	3.8：1
深腹柱足鼎	安阳小屯	殷代武丁	84.14	14.59	0.40	0.13	0.62	15.12	5.8：1	5.6：1
鼎口沿	安阳小屯	殷代武丁	79.32	19.04	0.57	0.06		19.67	4.2：1	4.0：1
鼎 耳	安阳小屯	殷代武丁	81.08	17.35	0.48	0.06		17.89	4.7：1	4.5：1
鼎 腹	安阳小屯	殷代武丁	84.06	14.48	0.38	0.06		14.89	5.8：1	5.6：1
鼎 腹	安阳小屯	殷代武丁	81.33	17.17	0.41	0.06		17.64	4.7：1	4.6：1
"司母辛"大方鼎	安阳小屯	殷代武丁	85.77	11.76	1.29	0.16		13.21	7.3：1	6.5：1
"亚弜"鼎	安阳小屯	殷代武丁	80.87	14.95	1.20			16.15	5.4：1	5.0：1
"亚弜"大圆鼎	安阳小屯	殷代武丁	82.10	13.64	3.20	0.34	0.38	17.18	6.0：1	4.8：1
中型圆鼎	安阳小屯	殷代武丁	78.87	16.39	2.86	0.22		19.47	4.8：1	4.1：1
"司母戊"鼎足	安阳小屯	殷代	84.77	11.64	2.79			14.43	7.3：1	5.9：1
鼎	安阳小屯	殷代	77.88	12.92	7.33			20.25	6.0：1	3.8：1
鼎 足	山西石楼	殷代	81.13	12.13	2.86			14.99	6.7：1	5.4：1
鼎 腹	山西灵石	殷代	86.12	10.44	3.12			13.56	8.2：1	6.4：1
鼎	陕西岐山	西周	83.63	11.70	3.30			15.00	7.1：1	5.6：1
鼎		西周	76.0	16.0	6.0			22.0	4.8：1	3.5：1
方鼎		西周	77.7	14.9	5.5			20.4	5.2：1	3.8：1
鼎		东周	72.65	18.21	8.65			26.86	4.0：1	2.7：1
鼎 足	江西清江	战国	63.37	16.93	2.84			19.77	3.7：1	3.2：1
"鲁公鼎"（足）		周	59.48	8.15	20.15			28.30	7.3：1	2.1：1
（腹）			81.98	6.91	7.10			14.01	11.9：1	5.9：1
（口沿）			83.97	6.00	7.02			13.02	14.0：1	6.4：1
鼎		周中期	76.5	6.4	15.3			21.7	12.0：1	3.5：1
鼎		周晚期	74.8	13.7	10.0			23.7	5.5：1	3.2：1
鼎	湖南长沙	春秋战国之交	67.08	14.13	15.85			29.98	4.7：1	2.2：1

时，实验表明这类青铜合金一经轻轻敲击就会碎裂，便丧失了实用价值。所以从这一类"齐"看，也是"六齐规则"的第二种解释较为合理。[①]

（4）李仲达等曾对湖北曾侯乙墓出土的编钟进行了复制研究，结果表明钟的含锡量在略高于13％时，其综合性能，包括抗拉强度、耐冲击韧性、铸造性能、声学性能等，得到了最佳评价。所以，如果再考虑到熔炼青铜时锡的火耗，那么，冶炼时铜锡的配料比依6：1来掌握是比较理想的。[②]

综合以上分析，我们可以说，以"红铜说"解释（即上文第二种解释）的"六齐规则"相对于殷周时期冶铸工匠的知识水平、冶铸经验和试验条件，应该说已具有相当高的科学性了，它所规定的配料比调整变化与器物性能要求的转变之间应该说基本上是相符合一致的、同步的，表明它是建立在实践基础上的。当时能总结出这样的规范已是很难能可贵的了。

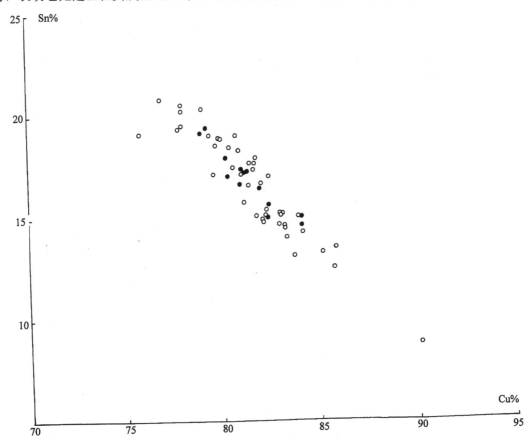

图 3-13　殷周时期一些锡青铜礼器的成分分布

（二）"六齐规则"的分类研讨

关于殷周青铜器的实际成分与"六齐规则"是否相符合，以及当时青铜合金冶炼是否遵

---

① 参看何堂坤："'六齐'之管窥"，《科技史文集》第15集第87页，上海科学技术出版社，1989年。

② 参看李仲达、华觉明，商周青铜容器合金成分的考察——兼论钟鼎之齐的形成，《中国冶金史论集》第149～165页，文物出版社，1986年。

循了某种规则，我们试从目前所掌握的一些实物分析数据出发，分类进行研讨。

1. 关于钟鼎之齐

在殷周时期的青铜器中，钟鼎之类应包括各种礼器、彝器、饮食器、烹饪器及钟类，大多数为王公贵族、奴隶主们所享用，制作数量之大，制作之精巧为各类青铜器之冠，是当时青铜器的主体，所以它们集中反映了当时青铜器冶铸工艺的水平。那时冶炼青铜时的金属配比是否有分门别类的规范，是否对配料方控制较严，也应首先在这类器物上有所体现。1982年，李仲达等提出的论文"商周青铜容器合金成分的考察——兼论钟鼎六齐的形成"汇集了128件先秦青铜礼器的分析数据。同年，中国社会科学院考古研究所又提出了重要论文"殷墟金属器物成分的测定报告"。[①] 两文是很有权威性的。我们把两文中有关各类鼎器的分析结果辑录，列于表3-5中。这批鼎器的金属可分为铜锡二元合金的锡青铜（含铅<1%）和铜锡铅三元合金的铅锡青铜两大类，在后一类中有含铅量甚至大于锡者。在锡青铜鼎中Sn%的分布在14%～19%之间，绝大部分在15%以上；在锡铅青铜中，(Sn+Pb)%主要分布在13%～22%之间，也是绝大部分在15%以上（若只考虑锡组分，则Sn%分析值杂乱无章非常分散）。

我们再试从鼎和其他礼器统一加以观察。图3-14描述了以上两文中57件锡青铜礼器（鼎及其他容器）的铜锡组成，其中·为鼎类，○为其他礼器与实用容器（包括觚、斝、尊、彝、甒、甑、瓿、簋、盉、壶、卣、罐、盂、罍等），从图上可以看出，两类器物中的含锡量绝大部分

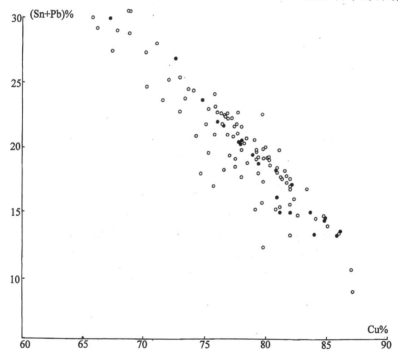

图3-14　殷周时期一些锡铅青铜礼器的成分分布

仍分布在14%～20%之间。图3-15则描述了两文中所录铅锡青铜礼器的铜——（铅+锡）组成，反映出这批礼器中 (Sn+Pb)%值大部分分布在14%～23%之间，变化幅度较大。

总之，从我们集录的这批殷周时期的青铜鼎彝器看，其中所含Sn%［及(Sn+Pb)%］未

---

① 中国社会科学院考古研究所，殷墟金属器物成分的检测报告，考古学集刊，1982年第2集，中国社会科学出版社。

受到某种统一规范的管制，有一个相当大的变动幅度，而与"六齐规则"的第二种解释有相当大的差距。

至于钟类，那是大约在西周晚期才出现的，出土不多，齐国王室的享品迄今尚未发现。李仲达等的论文中列出了湖北随县曾侯乙墓和四川乐山出土之甬钟、编钟的检测结果，十分难得，现部分收录于表 3-6 中。其中曾侯乙墓的 7 件应当说是铸造于同一作坊，甚至相近的时候，其含锡量相当接近，其中 5 件曾侯乙墓所出甬钟、纽钟的含锡量在 12.49％到 14.6％，平均含量 13.75％；含铅量在 1.29％～3.19％，平均含量 1.79％。（Sn＋Pb）％的平均值则为 15.55％，若考虑到铸造时的火耗，则与"钟鼎之齐"的第一种解释相当符合。看来，当时随国工匠铸钟时是有确定的规范，较严的金属配料比。当然这还并不能证明战国时诸侯各国有了统一的"规则"。

表 3-6　一批春秋战国时期钟品的金属成分

器　物	出土地点	年　代	金属成分（％）				Cu：Sn
			Cu	Sn	Pb	Sn＋Pb	
纽钟	湖北随县	东周	85.27	16.63	0.80	17.43	6.8：1
纽钟	湖北随县	东周	81.24	15.9	1.00	16.90	5.1：1
甬钟	湖北随县曾侯乙墓	战国初期	83.66	12.49	1.29	13.78	6.7：1
甬钟	湖北随县曾侯乙墓	占国初期	81.58	13.44	1.4	14.84	6.1：1
纽钟	湖北随县曾侯乙墓	战国初期	77.54	14.46	3.19	17.65	5.4：1
甬钟	湖北随县曾侯乙墓	战国初期	85.08	13.76	1.31	15.07	6.2：1
甬钟	湖北随县曾侯乙墓	战国初期	78.25	14.6	1.77	16.37	5.4：1
编钟	四川乐山	战国	75.56	14.12		14.12	5.4：1
编钟	四川乐山	战国	71.88	15.31	4.00	19.31	4.7：1

2. 关于斧斤之齐

目前，这类器物的分析数据还很少。1925 年梁津分析了一把河南出土的周代青铜斧，据说可能是《陶斋吉金录》所载周吕太叔斧；[①] 1982 年考古研究所又分析了"妇好"墓出土的铜锛和铜凿各两把，亦可隶归此类。分析结果列于表 3-7 中，以供参考。5 件器物的（Sn＋Pb）％平均值为 19.4％，再考虑到熔铸时的火耗，似与"规则"的第一种解释（20.0％）颇为

表 3-7　一些殷商时期的斧凿金属组成

器　物	出土地点	年代	金属成分（％）					Cu：Sn	Cu：（Sn＋Pb）
			Cu	Sn	Pb	Zn	Sn＋Pb		
铜斧	河　南	周代	81.41	11.32	8.16		19.48	7.2：1	4.2：1
铜锛	安阳"妇好"墓	殷代	79.39	16.52	2.66	0.42	19.60	4.8：1	4.5：1
铜锛	安阳"妇好"墓	殷代	79.04	16.53	3.00	0.43	19.96	4.8：1	4.0：1
铜凿	安阳"妇好"墓	殷代	78.97	16.67	2.86	0.50	20.03	4.7：1	3.9：1
铜凿	安阳"妇好"墓	殷代	79.30	16.90	2.50	0.32	19.72	4.7：1	4.0：1

---

① 梁津，周代合金成分考，科学，9 (10)，1925 年。

表 3-8 殷周时期青铜戈的金属组成

器 物	出土地点	时代	金属组成（%）				Cu∶Sn	Cu∶（Sn＋Pb）
			Cu	Sn	Pb	Sn＋Pb		
戈	安阳"妇好"墓	殷代	86.04	12.13	0.69	12.82	7.1∶1	6.7∶1
戈	安阳"妇好"墓	殷代	84.30	13.37	1.15	14.52	6.3∶1	5.8∶1
戈	安阳"妇好"墓	殷代	86.94	10.92	0.97	11.89	8.0∶1	7.3∶1
戈援	安阳"妇好"墓	殷代	86.66	11.70	1.19	12.89	7.4∶1	6.7∶1
戈援	安阳"妇好"墓	殷代	89.90	8.79	0.84	9.63	10.2∶1	9.3∶1
戈援	安阳"妇好"墓	殷代	88.18	10.22	0.43	10.75	8.6∶1	8.2∶1
戈		西周	83.92	10.22	4.76	14.98	8.2∶1	5.6∶1
戈		西周	78.6	17.14	0.67	17.81	4.6∶1	4.4∶1
戈	山西曲沃村	西周	77.78	13.85	6.15	20.00	5.6∶1	3.9∶1
戈	山西曲沃村	西周	81.90	17.31	0.64	17.95	4.7∶1	4.6∶1
戈	山西曲沃村	西周	82.52	11.51	2.28	13.79	7.2∶1	6.0∶1
戈	山西曲沃村	西周	86.73	6.39	6.52	12.91	13.6∶1	6.7∶1
戈	山西曲沃村	西周	87.09	10.53	0.60	11.13	8.3∶1	7.8∶1
戈	山西曲沃村	西周	85.46	2.61	11.30	13.91	32.7∶1	6.1∶1
戈	山西曲沃村	西周	84.88	14.70	1.76	16.46	5.8∶1	5.2∶1
戈	山西曲沃村	西周	85.75	10.71	0.12	10.83	8.0∶1	7.9∶1
戈	山西曲沃村	西周	82.00	10.13	5.90	16.03	8.1∶1	5.1∶1
戈	山西曲沃村	西周	72.21	5.41	20.50	25.91	13.3∶1	2.8∶1
戈	山西曲沃村	西周	87.03	9.69	1.40	11.09	9.0∶1	7.8∶1
戈	山西曲沃村	西周	82.97	14.78	1.76	16.54	5.6∶1	5.0∶1
戈	山西曲沃村	西周	74.44	10.49	14.58	25.07	7.1∶1	3.0∶1
戈	山西曲沃村	西周	74.62	7.27	17.81	25.08	10.3∶1	3.0∶1
戈	山西曲沃村	西周	77.96	20.67	1.20	21.87	3.8∶1	3.6∶1
戈	山西曲沃村	西周	83.12	14.33	2.30	16.63	5.8∶1	5.0∶1
戈		东周	87.92	5.54	5.59	11.51	15.9∶1	7.6∶1
戈		东周	80.74	18.09	0.02	18.11	4.5∶1	4.5∶1
戈		东周	81.24	17.71	0.26	17.97	4.6∶1	4.5∶1
戈	洛阳	东周	82.22	16.75	痕迹	16.75	4.9∶1	4.9∶1
戟	洛阳	东周	76.33	9.32	13.75	23.07	8.2∶1	3.3∶1

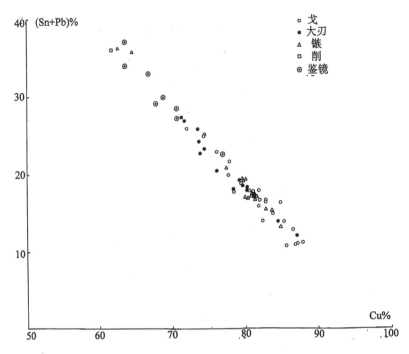

图 3-15　殷周时期中原地区青铜器成分分布

一致。但分析的实物样品过少，斧斤又不是什么贵重的青铜器，铸作时对待配料比未必十分认真，各作坊也很可能自行其是。所以现在还是不做出什么广范围概括的结论为妥。但我们至少可以相信当初安阳小屯作坊铸造锛、凿类工具时是有自己的金属配方规范的。

3. 关于戈戟之齐

我们汇集了一批有明确出土地点、属于殷周时代中原地区铜戈的分析数据，列于表 3-8 和图 3-15 中，可清楚地看出含锡量相对差别极大，但 (Sn＋Pb)% 的相对差距明显缩小，绝大多数集中在 11%～19% 之间，然而即使是从山西曲沃村同批出土的战国戈戟，有个别的含 (Sn＋Pb) 量低到 11% 以下，而高者也竟能接近 26%；铅锡比例相差也很大。另外，上海博物馆也曾分析一批周代的戈，[①] 但未说明出土地点。从分析结果看，各器物的金属组成差距都极大，西周的 10 件戈，其 (Sn＋Pb)% 竟可从 11.5% 加大到 32%；东周的 32 件戈，(Sn＋Pb)% 的变化幅度尽管缩小了些，多数在 18% 左右，但也有高达 25% 的。其中铅、锡成分很高者有可能是因为利用了废旧青铜器为原料。总之，综合来看周代铸造铜戈还谈不上有统一的合金规范，而 (Sn＋Pb)% 的分布区域与鼎彝类也没有明显区别。

4. 关于大刃之齐

"大刃"兵器包括刀和剑，表 3-9 中和图 3-15 上列出了殷周时期的一批刀、剑的检测数据。看来从殷代到东周，青铜剑中的"锡"（包括铅）逐步在增加。东周和秦代的 7 把剑中锡铅含量比较接近，铸造时似遵守了某个金属配比的规范。其平均值为 25.02%，与"六齐规则"的第二种解释（含"锡" 25%）的换算值较为符合。当然，检测的样品还嫌太少，有待进一步广泛研究，取得印证。

――――――――――

① 见马承源主编《中国青铜器》第七章，上海古籍出版社，1988 年。

表 3-9 一批殷周秦时期青铜剑刀的金属成分

器 物	出土地点	时代	金属成分（%）				Cu：Sn	Cu：（Sn+Pb）
			Cu	Sn	Pb	Sn+Pb		
铜刀（脊部）	安阳"妇好"墓	殷代	81.32	17.08	0.62	17.70	4.8：1	4.6：1
（刃部）			80.36	17.48	0.64	18.48	4.5：1	4.3：1
残剑刃		殷代	80.33	17.73	0.25	17.98	4.5：1	4.5：1
残剑中脊		殷代	84.58	11.97	2.13	14.10	7.1：1	6.0：1
残剑两刃		殷代	78.48	19.88	0.25	20.13	3.9：1	3.9：1
残剑中脊		殷代	79.70	8.44	10.15	18.59	9.4：1	4.3：1
残剑两刃		殷代	79.13	19.35	0.19	19.54	4.1：1	4.0：1
残剑中脊		殷代	87.03	11.22	<0.1	11.22	7.8：1	7.8：1
铜剑残段		殷代	76.18	20.07	0.39	20.46	3.8：1	3.7：1
铜刀脊部		殷代	81.32	17.08	0.62	17.83	4.8：1	4.6：1
剑		东周	71.51	17.14	10.40	27.54	4.2：1	2.6：1
剑		东周	73.85	17.48	6.84	24.32	4.2：1	3.0：1
剑		东周	72.12	15.92	11.24	27.16	4.5：1	2.7：1
剑		东周	74.00	12.40	10.37	22.77	6.0：1	3.3：1
剑		东周	73.72	19.01	6.97	25.98	3.9：1	2.8：1
剑	临潼	秦	75.6	21.38	2.18	23.97	3.5：1	3.2：1
剑	临潼	秦	74.64	22.13	0.14	23.42	3.4：1	3.2：1

5.关于削杀矢之齐

"削"是一种弧形曲刀，《考工记》说："筑氏为削，长尺博寸，合六而成规。"[1] 是说合六削而成一个圆形。古代书写于竹简、木札，需要修改时则用削刮除，所以汉代时称削为书刀。这种工具较少，罕有出土。其功能虽似与刀、剑相当，但并非用来与敌人格斗，因此无需顾虑它因猛烈撞击而折断，大概正因为这样，"六齐规则"将它与杀矢并列。"杀矢"是田猎时所用的箭，这里指箭镞而言。迄今已有很多的镞出土，但多不被考古界重视，检测数据并不多见。表 3-10 上和图 3-15 中列出了一批铜镞和两件秦削的分析数据。

从两件削的分析数据看，锡和铅的含量若分别比较，差别很大，但两者的合量则基本一致。进一步表明，熔铸时是把锡铅做为一种组分来考虑、配比的。削的含锡铅量很高，平均达 36.5%，若再考虑到熔铸时的火耗，那么这种合金的熔铸配比已达到"六齐规则"按第一种解释的指标了，即五份青铜中锡占了两份（含"锡"40%）。最近曾有人对广东出土的一把锡青铜篾刀（劈竹刀）做了检测，发现其中含锡量甚至高达 33%，这样就使它的硬度达到了铜锡合金的极大值，这是合理的，但必然要遇到质地变脆的问题。经检验，为使其刃部不致过脆，曾进行了调质热处理。[2]

---

[1] 见《周礼注疏·冬官考工记》（卷四十）第 277 页，世界书局《十三经注疏》本。
[2] 华觉明编译，世界冶金发展史·中国古代金属技术，第 513 页。

表 3-10　一批殷周秦时期青铜镞和削的金属成分

器　名	出土地点	年代	金属组成（%）					Cu：Sn	Cu：（Sn+Pb+Zn）
			Cu	Sn	Pb	Zn	Sn+Pb+Zn		
铜镞	安阳"妇好"墓	殷代	79.64	18.70	0.56	0.06	19.32	4.3：1	
铜镞	安阳"妇好"墓	殷代	79.43	18.70	0.73	0.13	19.56	4.2：1	
铜镞	安阳"妇好"墓	殷代	79.44	18.60	0.79	0.16	19.55	4.3：1	
铜镞	安阳"妇好"墓	殷代	83.93	13.30	1.51	0.24	15.05	6.3：1	
铜镞（传世品）	河南	周代	77.57	21.00			21.00	3.7：1	
铜镞（传世品）	河南	周代	64.69	24.48	11.32		35.80	2.6：1	
铜镞（传世品）	河南	周代	62.07	31.71	4.55		36.26	2.0：1	
镞首	临潼秦俑坑	秦	80.11	11.44	5.77	0.38	17.59	7.0：1	
铜镞铤部	临潼秦俑坑	秦	79.36	11.34	6.3	0.35	17.99	7.0：1	
首部			80.46	11.65	5.07	0.35	17.07	7.0：1	
铜镞铤部	临潼秦俑坑	秦	85.03	9.88	3.34	0.31	13.53	8.6：1	
首部			83.06	11.70	3.60	0.29	15.59	7.1：1	
铜镞铤部	临潼秦俑坑	秦	81.54	12.45	4.64	0.14	17.23	6.5：1	
首部			81.65	12.57	4.57	0.13	17.34	6.5：1	
铜镞铤部	临潼秦俑坑	秦	81.64	12.77	4.81	0.15	17.73	6.4：1	
首部			81.47	12.46	4.52	0.13	17.11	6.5：1	
削	临潼秦俑坑	秦	58.01	18.15	19.20	Fe%=1.20	37.35	3.2：1	
削	临潼秦俑坑	秦	61.74	25.99	9.98	Fe%=0.88	35.97	2.4：1	

　　从镞的分析数据看，如果除去三件"传世品"不计外，13 件镞的（Sn+Pb）量相当接近，平均值为 17.3%，很明显是遵从了一定的熔铸规范。但这个平均值若与"六齐规则"对比，则较两种解释的估算值都低得多，即"六齐规则"中的杀矢之齐与实物差距颇大；同时还可看出，矢镞实物的合金配比与实物鼎彝、斧斤、戈戟之齐没有明显的差别，而且似乎含锡还低一些。

　　6. 关于鉴燧之齐

　　古代的所谓"鉴"，初时是一种用青铜铸造的盆形物（如瓶，大口），盛水或冰，可用来照影，作为镜子。它盛行于周代，传世"吴王夫差之御鉴"便是盛水鉴容的镜子。但从春秋以后，又开始铸造圆形的、表面光平的青铜镜，战国时已很盛行，而仍称为鉴。《左传·庄公二十一年》说："王以后之盘鉴予之。"[①] 释文曰："镜也。"《墨子·经下》有"临鉴而立"、"鉴位（低）"、"鉴团"三条，张子高指出：根据《经说下》中对诸条文的解释，可以认为三者分别是指反光的平面镜、凹面镜和凸面镜在照物成像上具有大小、反正、远近的区别。[②] 由

---

① 参看王守谦译注《左传全译》第 148 页，贵州人民出版社，1990 年。
② 张子高著，中国化学史稿（古代之部），第 48～49 页，科学出版社，1964 年。

此可知，在战国初期的墨子（公元前482～前420）年代就已经出现了金属反光的镜子。所以今人多认为《考工记》所说的以高锡青铜所铸之鉴，即应指平面反射铜镜了。而"燧"是古代的取火器"阳燧"，对其形制说法不一，其中一说，认为是青铜所制的凹面镜，向日可聚光取火。由于"鉴燧"必须十分光亮，当然若能洁白更为理想，而并不需要像戈戟、大刃之类的兵器那样坚韧。而青铜中含锡量达到30％时已呈银白色，很适合鉴燧的要求。

表 3-11　中国历代铜镜金属组成的分析结果

器　名	出土地点	年代	金属组成（％）				Cu∶Sn	Cu∶（Sn＋Pb）
			Cu	Sn	Pb	Sn＋Pb		
铜镜	（传世品）	周代	66.09	24.20	4.54	28.74（含Fe2.36％）	2.7∶1	2.3∶1
铜镜（近百枚平均值）			67	27	6	33	2.5∶1	2.0∶1
铜镜（23枚平均值）			68.0	23.6	5.6	29.2	2.9∶1	2.3∶1
铜镜（40枚平均值）			69	24	6	30	2.9∶1	2.3∶1
铜镜		东周	70.8	12.8	14.7[1]	28.6	5.5∶1	2.5∶1
铜镜		东周	63.7	7.9	26.0[2]	37.2	8.1∶1	1.7∶1
铜镜	长沙小林子冲	战国	77.29	21.34	1.36	22.70	3.6∶1	3.4∶1
锰		战国	70.8	12.8	14.7	27.5	5.5∶1	2.6∶1
锰		战国	63.7	7.9	26.0	33.9	8.0∶1	1.9∶1
铜镜	长沙小林子冲	西汉	70.40	24.80	5.90	30.70	2.8∶1	2.3∶1
铜镜	鄂城	西汉	69.50	25.90	3.00	28.90	2.7∶1	2.4∶1
铜镜	鄂城	东汉	70.60	23.90	5.70	29.50	3.0∶1	2.4∶1
铜镜		汉代	68.82	24.65	5.25	29.90	2.8∶1	2.3∶1
铜镜		汉代	69.24	22.94	6.48	29.42	3.0∶1	2.4∶1
铜镜		汉代	69.99	23.42	5.70	29.12	3.0∶1	2.4∶1
铜镜		汉代	70.00	23.47	6.03	29.50	3.0∶1	2.4∶1
铜镜		唐代	69.55	22.48	5.86	28.34	3.1∶1	2.5∶1
铜镜		唐代	68.95	23.65	6.08	29.73	2.9∶1	2.3∶1

1) 含锌1.1％；　2) 含锌3.3％。

　　我国及日本学者已经对相当多的古铜镜进行了检测，例如日本学者近重真澄曾分析过中国古铜镜近百面；小松茂分析过中国古镜23面。上海博物馆也完成了很多检测工作。由于我国铜镜大致兴起于东周时期，所以周镜十分难得，上述所检测的样品可能绝大多数是秦汉乃至唐宋时期的，对解决我们的议题帮助不大。我们搜集了一批早、中期铜镜的金属成分分析结果列于表 3-11 中。

由于铜镜是用来照见人的脸面容貌的，因此如前文所说，要求洁白光亮，这就必须往铜中掺入大量的锡铅，这是制镜匠师很容易了解到的，并不需要通过很多实验和经验总结，而且也容易做到。所以自古以来，铜镜中的锡铅含量一直是很高的，"六齐规则"把它列为最后一"齐"是完全正确的。从表 3-11 所列的检测结果，表明我国从东周到唐代的铜镜金属组成相当稳定，不仅锡铅含量都接近 30%，而且锡、铅之比也总在 4∶1 左右，显然在铜镜发明不久，这类合金配方的初步规范大致就已经诞生了，它与"六齐规则"第二种解释所估计的（含"锡"33%）相当符合。

通过以上对殷周时期各类青铜器金属组成的剖析，我们可以进行一些综合评论了。但必须承认，我们目前所掌握的、业经分析研究的青铜器较之当初殷周时期的总量，实在是"不足以当九牛之一毛"，因此任何结论都只能是极初步的，或者说很可能是暂时的，随着考古发掘和研究的进一步发展，大概可以肯定，它们不可避免地都将受到一些修正，甚至被推翻。但做些评论，提出一些看法，能起到一点"抛砖引玉"的作用，有助于研究工作的深入。

（1）鉴于殷周青铜器中普遍存在铅，"六齐规则"对锡铅青铜三元合金来说，其中的"锡"当包括"黑锡"——铅在内，无论它是用来代替锡，还是为了增加铸液的流动性。否则铜锡比与合金性能的关系就无从谈起，"六齐规则"也就失去了意义；而且"锡"中若不包括铅，前文所讨论过的很多事实也就难以解释。

（2）关于"六齐规则"，无论对其中的"金"做"青铜"解，抑或作"铜"解，与实物分析的结果对比，都不能证明它在战国时期已被广泛采用、执行，做为铸造的统一规范。只可能在一个邦国或一个局部地区发挥过作用，但这也还有待于取得旁证。

（3）从已掌握的殷周青铜器分析数据看，当时熔炼用途不同的青铜时，从总体上来看，确已有了一个粗线条的分类轮廓，即在制造钟、镞、刀剑、镜四个类别的器物时，金属配料似乎已分别有了一个大致的配方，含"锡"量依此顺序递增。这个变化趋势基本上是符合科学的，可能是建立在大量的实践经验基础上的。但鼎彝、戈戟、斧斤的金属组成变化幅度很大，似乎看不出有什么规范的制约，而且它们的金属组成数据相互交织在一起，也看不出有什么分野。从各类青铜实物分析初步总结出来的含"锡"量顺序大致是这样的：

	钟	镞	鼎彝戈戟斧斤	刀剑	镜
大约含"锡"量：	15%	17%	14%～24%	25%	30%

（4）据实物分析的结果，还难以判断对"六齐规则"的哪一种解释是符合原意的。但把其中的"金"解释为青铜（第一种解释），那么在科学性上会出现很不合理的情况，但第二种解释与实物分析的结果则有较多相左之处。

四　我国冶铁技术的兴起和发展

铁矿石冶炼技术的发明是继青铜之后，在冶金发展史中出现的又一个里程碑。它对社会发展的影响则超过了青铜，因为铁矿石在自然界分布很广，资源丰富，而铁及随后发展出来的各种钢，质地较青铜坚牢，铁及钢器的刃部更加锋利，所以它的出现使我国的先民可以更广阔地开拓农田，开垦森林，又为手工业匠人提供了坚韧、锐利的工具，远非石器和青铜器可以比拟。

　　从全世界看，冶铁的发明迟于青铜的冶炼，这是个普遍的规律。因为在地球上几乎找不到天然铁，自然界中存在的铁矿石主要是一些铁的氧化物，如赤铁矿（Fe_2O_3）、磁铁矿（Fe_3O_4）、褐铁矿（含结晶水的 Fe_2O_3）和菱铁矿（$FeCO_3$）等，以木炭及其燃烧所产生的 CO 来还原这些铁矿石，大约在 $600\sim700℃$ 才开始，要到 $1000℃$ 左右才能得到固态的铁块，但想要得到铁水，至少要 $1600℃$，所以比炼铜困难。只有在冶铜过程中取得相当丰富的冶炼经验以后，才可能发展到冶铁。那么冶铁的发明在初时究竟是怎样得到启示的？现在还找不到文字的记载，只能作些推测，但可以肯定是在炼铜的基础上发展起来的，所以从炼铜工艺中去摸索，大概是不错。周则岳曾提出过一种设想，认为磁铁矿和有些赤铁矿很容易被古人当作普通的硬石头用来砌炉灶，这样便有很多机会被红热的木炭或它们生成的 CO 在并不太高的温度下，还原为海绵铁。[①]此外，我们于前文中已提及，在商代晚期就已开始炼铜的大冶铜绿山冶铜遗址的炼炉旁有大量赤铁矿粉堆积着，有的炼铜炉渣里含 Fe_2O_3 量竟高达 50%，这表明当时在炼铜时有极大可能已有意识地采用赤铁矿石做为助熔剂。因此在那种竖炉中，很可能在排出铜液后，炉中便会遗留下一些块状铁。继而终于发展到有意识地冶炼铁。

（一）古代铁的类别

　　从世界上各个古文化发源地的冶金发展历史看，人类最早接触到的铁是从宇宙降落来的陨铁。也是在加工陨铁的过程中取得了对于铁的最初的一些认识。西亚两河流域美索不达米亚（Mesopotamia）地区的古代苏美尔人就认为铁是从"天降之火"中来的，所谓"天降之火"就是流星和陨铁。陨石含有丰富的金属铁，个别的陨石固然有很大的，例如近年在我国新疆发现的"银牛"陨石，重达 30 吨，但究竟是极其罕见的。所以当时的人们都把这种铁视为一种珍贵的、带有神秘性的金属。

　　为了研究人工冶铁的历史，判明什么时候发明了这种技术，那就首先要注意辨别陨铁和人工铁。现代科学技术已不难对这两种铁加以区别，因为原始的人工冶铁由于冶炼温度不高，总含有相当多的在冶炼时混入的硅酸盐夹杂物，而陨铁中当然就不会含有这类物质，但却总含有相当多的镍，一般在 $5\%\sim7\%$ 左右，此外，还含有少量的钴。若利用电子探针研究，可知陨铁中的镍和钴呈层状的不均匀分布；而这种高镍和低镍的层状组织只能在宇宙中经历了极端缓慢的冷却（每 100 万年冷却 $0.5\sim500℃$）过程之陨铁中才可能形成，而在人工冶炼的铁中是不可能出现的，所以这是一个最强有力的判别手段。[②,③]

　　在古代，从矿石中人工冶炼、加工出来的铁主要是块炼铁（熟铁）、生铁和钢三种。这些铁实质上都是"铁碳合金"，它们的区别主要是含碳量上的差别。粗略地说，含碳量在 0.5% 以下而含有较多杂质和炼渣的是块炼铁，根据其性能，人们又称它为软铁或锻铁，若含杂质很少，那么可算是低碳钢；含碳量在 $0.5\%\sim2\%$，杂质较少的是中碳钢和高碳钢；含碳量在 $2\%\sim5\%$ 的是生铁，也称为铣铁，因它质地硬脆，只能用熔化、浇铸的方法加工成型，所以也叫铸铁。

　　在古代，初时用于炼铁的还原剂和燃料都是木炭。木炭燃烧造成高温，同时生成还原性

---

①　周则岳，试论中国古代冶金史中的几个问题，中南矿冶学院学报，（1），1956 年。

②　参看北京钢铁学院《中国冶金简史》编写组：《中国冶金简史》第 42 页，科学出版社，1978 年。

③　李众，关于藁城商代铜钺铁刃的分析，考古学报，1976 年第 2 期。

气体 CO。冶炼过程中主要发生了如下反应：

$$C+O_2=CO_2+97650 \text{ 大卡（每公斤分子）}$$

$$C+\frac{1}{2}O_2=CO+29970 \text{ 大卡（每公斤分子）}$$

$$3Fe_2O_3+CO=2Fe_3O_4+CO_2$$

$$Fe_3O_4+CO=3FeO+CO_2$$

$$FeO+CO=Fe+CO_2$$

$$FeO+C=Fe+CO_2$$

在冶铁兴起之初，炼炉较小，鼓风条件还很差，炉温不高，只有 1000℃ 左右，虽然勉强把铁从矿石中还原出来，但不能把它充分熔化，于是炼出来的铁和矿石中的其他未还原的氧化物和矿石炼渣裹在一起，成为一个铁坨。只能趁热锻打这种铁坨，来挤出其中的一部分或大部分夹杂物，但仍然会有不少留在其中，这种铁就是"块炼铁"。由于冶炼温度低，还原速度较慢，每次取出固体块铁须要扒炉，生产过程得间歇操作，所以产量低；出炉后又必须经反复锻打，才能成材，制作器物，所以费工多，劳动强度大。因此，在冶铁技术发明之初，铁的使用不可能很普遍，只可能用于制作某些重要的武器和工具。这种铁含碳极低，接近于纯铁，熔点虽高，但质地柔软，易于锻造加工。在炭火上对它反复锻打，渗入了一定量的碳，便可能转变成钢，所以它是早期制钢的原料。

随着冶炼技术的提高，人们加高了炼铁炉的身高，强化了鼓风，炉子逐步从地坑式向竖炉发展。这样一来，冶炼反应便更充分了；空气压力加大，穿透炉内料层的能力增强；燃烧强度也提高，直接增加了炉内温度，使还原出的铁可以较充分地熔化，于是便与炼渣较好地分离，以铁水的状态流出炉外。矿石和木炭可继续自炉的上方投入炉内，生产不必间歇，因此生产效率高，热能也得到充分利用。当然，这是个极大的进步。但也引出了新问题，即铁的温度越高，溶解的碳也会越多，当渗碳量超过 2% 以后，就引起了质变，得到了另一类产品，即生铁。生铁熔点比纯铁低很多，仅 1150℃，而纯铁高达 1535℃，降低了近 400℃；炉温升高后还促使原料矿石中其他元素被还原而渗入铁中，尤其是硫和磷，它们会使生铁熔点进一步降低。生铁的优点是易熔化，便于铸造成型，质地坚硬耐磨，缺点则是很脆，完全失去了锻造的性能，并使铸造出的器物经不住猛力敲打、撞击。

我国古代的生铁，按出现先后的顺序，大致共发展出了白口铁、韧性可煅铸铁、灰口铁和麻口铁四个品种。

（二）我国冶铁业的兴起

我国人工冶铁始于何时，现在还未能作出确切的结论。[①]科学史家和考古学家们总是根据古代文献有关铁和铁器的记载，结合出土铁器的制造年代、铁的品种及其工艺水平，经过综合分析来进行推断。

从古文献记载看，中原地区的铁器大约出现在春秋战国之际，即公元前 6 世纪。《左传》记载：[②]鲁昭公二十九年（前 513）冬，晋国的赵鞅、荀寅曾率军队在汝水（在今河南省）岸边筑城，"遂赋晋国一鼓铁，以铸刑鼎，铸范宣子所为《刑书》焉"。即借此向"国"（晋国国

---

① 参看朱振和："中国古代人民怎样用铁"，《化学通报》1956 年第 1 期。
② 东周·左丘明（传）撰，王守谦译注《左传全译》第 1392～1393 页，贵州人民出版社，1990 年。

都新田）人征军赋"一鼓铁"，用来铸造刑鼎。这是关于铸铁的最早记载。至于"一鼓铁"的"鼓"字，解释上历来有分岐，例如东汉服虔认为"鼓"是量词；晋代杜预认为"鼓"是鼓铸之意。今人杨宽认为"一鼓铁"是指"一次鼓铸刑鼎所需要的一定量的铁"。[①] 似乎服虔之说，比较恰当。王守谦指出："鼓，衡名也是量名，古三十斤为钧，四钧为石，四石为鼓。"那么"一鼓铁"当为四百八十斤铁。[②] 据出土文物的对照，当时铸造铁鼎是办得到的。[③]《管子·海王篇》（第二十二卷）曾说：必须有铁制的耜、锄、镰、铚等农具，然后才能作为农民。[④]《管子·地数篇》（第二十三卷）还提到："地之东西二万八千里，南北二万六千里，……出铜之山四百六十七山，出铁之山三千六百九山，"并说："山上有赭者，其下有铁。"[⑤] 这部著作虽为依讬管仲之作，成书于战国时期，但内容多取材于春秋时齐国官府的档案，因此大致可反映出春秋战国之际齐国铁农具已较普遍，对铁矿的开采、冶炼已有了不少的经验。《孟子·滕文公篇》中的〈许行章〉曾记述有个叫许行的人，主张君民一起耕作。孟子曾问其学生："许子以铁耕乎？"也足见战国时代的农具已较普遍用铁制作了。《荀子·议兵篇》曾说当时（战国时）楚国兵器有"宛（今南阳市）钜（钢铁）铁𬬱（矛）"。[⑥]《韩非子》曾提到"铁殳"（撞击用兵器）和"铁宝"（货币）。东汉赵晔所撰《吴越春秋·阖闾内传》中记载：春秋晚期，吴王命令工匠干将制剑。干将于是对"五山之铁精"进行鼓冶，多次失败，后来靠三百童男童女帮助"鼓橐装炭"，他的妻子莫邪也尽力协助，甚至"断发剪爪，投入炉中"，终于炼成两把宝剑。[⑦] 东汉袁康所撰《越绝书·越绝外传》上说：干将及其师兄弟欧冶子"凿茨山，泄其溪，取铁英"，做成铁剑三枚，一曰龙渊，二曰泰阿，三曰工布。[⑧] 另外还有一些更早的文字，可能与冶铁有关，但语意含混，史学界多有不同解释，还难以做结论。综合以上文字看，我国在春秋战国之际冶铁已有较大规模，并普遍制造用量很大的农具，并出现了铸铁，因此冶铁的发明应该说可能还要早几百年。

从出土铁器的情况看，最古老的一些制品是以陨铁为原料的。1972 年在河北藁城台西村，出土了一件商代中期的铜钺［图 3-16（1）］，属殷墟文化早期。铜钺嵌有铁刃，但基本上都锈成氧化铁，并大部分已经脱落了。这件铁刃铜钺表明，当时不仅认识了铁，而且还能进行锻造成型。通过金相、电子探针等方法对原铁刃的残锈作了检验，表明铁刃是用陨铁锻成的，其锈中残留有 2.5% 的 NiO 及 0.24% 的 CoO。镍在原来的金属铁中呈层状分布，如图 3-16（2）所示，在高镍区和低镍区的含量分别相当于 5% 和 1.3%。若考虑到该物的长期风化土埋，铁锈中 NiO 和 CoO 可能已部分损失，原铁中含镍量可能更高些。[⑨][⑩] 此外，据说在 1931 年于河

① 杨宽著，中国古代冶铁技术发展史，上海人民出版社，1982 年。
② 见王守谦译注《左传全译》第 1393 页。
③ 北京钢铁学院《中国冶金简史》编写组，中国冶金简史，第 43 页。
④ 原文为："今铁官之数曰：一女必有一针一刀，若其事立；耕者必有一耒、一耜、一铫（唐·房玄龄注："大锄谓之铫。"），若其事立，轺辇者，必有一斤、一锯、一锥、一凿，若其事立。"
⑤ 见《管子·地数》（卷二十三），上海古籍出版社《诸子百家丛书》本，第 212～313 页，1989 年。
⑥ 周·荀况《荀子·议兵篇第十五》，参看梁启雄著《荀子简释》第 202 页，中华书局，1983 年。
⑦ 见汉·赵晔：《吴越春秋·阖闾内传》（卷四），中华书局《四部备要》（史部）本第 13 页。
⑧ 见汉·袁康：《越绝书·越绝外传记宝剑第十三》（卷十一），商务印书馆 1956 年影印铁如意馆本〈记宝剑第十三〉之第 2 页。
⑨ 李众，关于藁城商代铜钺铁刃的分析，考古学报，1976 年第 2 期。
⑩ 叶史，藁城商代铁刃铜钺及其意义，文物，1976 年第 11 期。

南浚县辛村出土了一组青铜器，大约是西周初年卫国的器物，其中也有一件铁刃铜钺，另一件是铁援铜戈，现藏于美国华盛顿的弗里尔美术馆（Freer Gallery of Art）。经检验，也发现铜

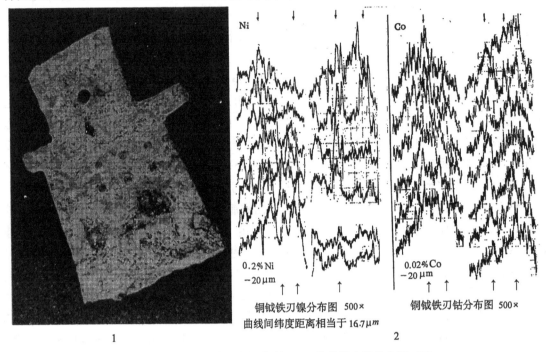

图 3-16　藁城出土商代铁刃铜钺（1）及其镍含量分布图（2）

（摘自李众："关于藁城商代铜钺铁刃的分析"）

钺的铁刃中留有高镍和低镍的铁粒，高镍带含镍达 22.6％～29.3％，表明也是陨铁锻造的。[①]1977 年，从北京市平谷县刘家河村的商代中期墓葬中，又发现铁刃铜钺一件，经光谱分析并与有关资料对照，考古界估计也是陨铁锻造的。[①] 总之，迄今我国还没有在中原地区发现早至西周以前用人工冶炼的铁所制造的器物。

从几年前所掌握的情况看，在我国发现的最早人工冶炼的几件铁制器物都是春秋晚期到战国早期的。对此，杨宽所著《中国古代冶铁技术发展史》[②] 作了统计归纳，如表 3-12 所示。[③]现在我们对其中意义较大的进行一些介绍。1964～1974 年在江苏六合县程桥分别出土了弯曲的铁条一件和铁丸一件，因是残部，所属原物已难判别。经鉴定，铁条属于早期的块炼铁，铁丸是迄今经过鉴定的最早的生铁。同属春秋晚期的长沙识字岭第 314 号楚墓出土的小铁锸（畓）也是生铁铸造的。1978 年从长沙杨家山 66 号墓和窑岭山 15 号墓更出土了春秋晚期的铁鼎、铁鼎形器。经鉴定为生铁铸成，表明那时楚国已掌握了比六合县铁丸更高的技术水平。长沙杨家山 65 号墓的钢剑是用含碳 0.5％左右的中炭钢锻成，断面有反复锻打的层次，达 7～9 层，表明春秋晚期楚国已发展到锻钢阶段。洛阳水泥制品厂春秋战国之际灰坑出土的铁铲和

①　杨宽著，中国古代冶铁技术发展史，上海人民出版社，1982 年。

②　北京市文物管理处，北京市平谷县发现商代墓葬，文物，1977 年第 11 期。

③　但据《文物考古工作十年》（1979～1990）〔文物编辑委员会编，文物出版社，1990 年，第 346～347 页〕报道，现已初步查明，在现中国境内最早人工冶铁可以提早到公元前 8～9 世纪，它们出现在今新疆地区，其历史情况尚待进一步研究。

铁锛似乎经过了低温退火处理，分别变成一种可锻的铸铁。综合这些考古成果，可以做出如下一些估计：

表 3-12　我国春秋晚期至战国期间的一些铁制品

出土地区		出 土 铁 器	时 代
楚国	长沙杨家山	钢剑 1，铁鼎形器 1，铁削 1	春秋晚期
	长沙窑岭山	铁鼎 1	春秋战国之际
	常德德山	小铁锸 1	春秋晚期
	长沙	铁臿、铁削 3—5 件	春秋晚期
	长沙识字岭	小铁臿 1	春秋晚期
	信阳长台关	错金铁带钩 5	春秋晚期或 春秋战国之交
	长沙龙洞坡	铁削 1	同上
吴国	江苏六合程桥	铁丸 1	春秋晚期
	江苏六合程桥	弯曲铁条 1	春秋晚期
周	洛阳中州路	铜环铁首削 1	战国早期
	洛阳水泥制品 厂战国灰坑	铁铲 1，铁锛 1	春秋战国之际
韩国	山西长治分水岭	铁铲 3，铁凿 1，镢斧等 5	战国早期
	山西长治分水岭	铁凿 1，铁锤 1，铁锸 1，铁斧 5	战国早期
	三门峡后川	铁短剑 1	战国早期

（摘自杨宽《中国古代冶铁技术发展史》，1982。）

（1）我国的生铁与块炼铁居然在相近的时间出现，而在欧洲，据说从块炼铁发展到生铁，其间竟经过了 2500 多年。[①] 这大概与我国在冶铁发明的时代已有了高度发展的青铜冶炼技术有关。例如大冶铜绿山春秋时期的遗址中已有了小竖炉，只要进一步强化鼓风，即有可能冶炼出生铁来。

（2）古代的冶炼技术进步不会是很快的，而在春秋晚期已用铁制作各种农具，如铲、锛、

---

① 　参看杨宽著：《中国古代冶铁技术发展史》。

耝、镢等，还用来制作各种手工工具，如削、凿、斧、锤等，又用来制作长短兵器如剑等，甚至还用来制作烹饪器鼎和服装上的带钩，表明冶铁已经有了相当丰富的经验和一定的规模，而且对块炼铁和生铁的性能也有了一定的了解，能对它们扬长避短地利用，各发挥其特长，这绝非一朝一夕所能成就的。所以前几年我国冶金史学者们对我国生铁冶炼技术的发明时期，多估计在春秋早期；至于块炼铁，鉴于春秋晚期已应用渗炭钢技术和反复锻打的技术制造了长达 30 厘米的钢剑，其发明年代应更要早些，可能在西周中期以后到春秋早期以前。据最近的报道，[①] 1990 年 2 月至 5 月间河南省文物研究所在三门峡市上村岭发掘了西周晚期上阳虢国国君"虢季"的墓葬，出土了一把铜柄 铁剑，经鉴定是人工冶铁制品，以块炼铁锻制而成。此剑是迄今我国考古中得到确认的最早的人工冶铁实物，从而证实了前些年的推断。

（3）当时冶铁业大概首先兴起于南方吴、楚两国，其次是与楚国相邻的韩国和周的京城一带，技术也处于领先地位。早在 1929 年，翁文灏就曾对"当时南方的铁所以能比北方好"的原因做了很有见地的推断。[②] 他认为这是因为南方有优质的木材作燃料；再者，使用的铁矿石质量好，长江流域有一种生在河谷里或沿海边的铁砂，是一些埋藏很浅的、已经风化的富矿石，福建、浙江很多，这种 砂矿最容易炼成上好的铁。

战国以后，我国冶铁业有了较快的发展，迈进了铁器时代，铁矿的开采、铁的冶炼和铁器的铸造、锻制都逐步成为一种与国计民生有重大关系的手工业。

前文曾提及，《管子·地数篇》提到："山上有赭者，其下有铁。"所谓"赭"，是一种赤铁矿或含赤铁矿的岩石碎块，说明那时已有一些较科学的勘探矿苗的经验。《山海经》所记录的产铁之山有 37 处，分布于今陕西、山西、河南、湖北四省，即战国时代秦、赵、韩、楚、魏诸国所统辖的地区，其中以韩、楚两国较多。那时各国几乎都有了冶铁业，出现了很多重要的冶铁手工业中心，也较集中于韩、楚两国，例如宛（今南阳市）介于韩楚之间，"宛钜铁钝"就是那里制造的。又据《战国策·韩策一》及《史记·苏秦列传》记载，韩国著名的锋利剑戟出产在冥山、棠谿、墨阳、宛冯、龙渊、太阿等地。从出土的遗址来考察，战国时各国国都皆有较大的制铁作坊，今山东临淄曾为齐国国都，有冶铁遗址四处；河北易县燕下都有冶铁遗址三处；河南新郑韩国故都城址内仓城一带也有较大的冶铁遗址发现。[③]

据桓宽《盐铁论·非鞅篇》记载：秦国自商鞅变法以后，"收山泽之税"，[④] 征敛了大量财富。所谓"山泽之税"主要是制盐业和冶铁业的税，表明当时冶铁业很发达，获利颇丰，不少人以营铁致富。《史记·货殖列传》（卷一二九）中说："邯郸郭纵以铁冶成业，与王者埒富。"又说："蜀卓氏之先，赵人也，用铁冶富。秦破赵，……致之临邛，即铁山鼓铸，运筹策，倾滇蜀之民，富至僮千人，田池射猎之乐，拟于人君。"还提到："宛孔氏之先，梁人 也，用铁冶为业。秦伐魏，迁孔氏南阳，大鼓铸，……家致富数千金。"

西汉时期是我国冶铁业大发展的时期。文帝时的政策是"纵民得铸钱、冶铁、煮盐"（《盐铁论·错币篇》）。例如上文所说，卓王孙租借了邓通的蜀郡严道（今四川省荥经县）的

① 《光明日报》："三门峡虢国墓地出土珍贵文物"，1991 年 1 月 8 日第 1 版。并参看韩汝玢："近年来冶金考古的一些进展"，《中国冶金史论文集》（二），北京科技大学，1994 年。

② 翁文灏："为中国古代铁兵器问题进一解"，《知识周刊》1929 年第 7 号。收入翁氏《锥指集》第 222～227 页，北平地质图书馆出版，1930 年。

③ 参看杨宽著：《中国古代冶铁技术发展史》，第 40 页。

④ 汉·桓宽《盐铁论·非鞅第七》（卷二），第 15 页，上海人民出版社，1974 年。

铜矿和铁矿，加以经营，"赀累巨万"。① 及至武帝时，改实行盐铁官营政策，归大司农掌管，在全国49处重要冶铁地区设置了"铁官"。这49个地区分布于当时的42个郡、国及西域，即今陕、豫、晋、皖、鲁、江、冀、湘、川、甘、辽、新各省。从发现的西汉冶铁遗址来看，当时冶铁作坊已有适当的分工，设在矿区的偏重于冶炼，设在城市及其附近的侧重于铸造加工。由于冶铁的发展和技术的进步，西汉前期铁的市场价格仅及铜的四分之一了。②

（三）块炼铁的利用

我国的块炼铁与生铁两种冶铁工艺在相当长的一段时期里是共存的，平行发展。当然我们得承认，从冶炼技术的发展和革新来看，则以生铁冶炼和改性加工为主，也就是说，生铁冶炼工艺的发展是我国冶铁业发展的主流。

块炼铁虽然生产效率低，但工艺和设备简单，产品又具有优良的锻造性能，在炭火中进行渗炭，即可成为中炭钢，克服了它不够刚强的弱点，因而始终是古代锻造铁和钢的重要原料，在一定程度上能适应古代社会制造兵器和工具的需要。自西周晚期以后历代的以块炼铁或以块炼铁为原料的渗炭钢锻制的器物几乎都发现了。湖北大冶铜绿山古矿井出土的铁耙和铁钻都是用块炼铁制成的。河北省战国燕下都44号墓的铁剑（不包括钢剑）含碳量在0.05%左右，硅、锰、硫的含量也低，因此质地柔韧。此外如西安半坡战国中晚期墓葬出土的铁凿、河北易县燕下都出土的全部锻造兵器、河北满城汉墓出土的锻铁兵器、工具以及中山靖王刘胜的一付铠甲（全部由锻成的2859片甲片编缀而成）、呼和浩特二十家子出土的甲片等都是块炼铁的制品。在河南巩县铁生沟西汉冶铁遗址更发现了三座块炼铁的炼炉。③ 在西汉末期发明了炒铁技术以后，块炼铁仍然继续被沿用。北京顺义县北小营东汉砖石墓出土的残铁器、陕西西安唐代懿德太子李重润墓出土的铁钉以及16工区76号墓出土的一付唐剪都是用块炼铁或熟铁制成的。北京元大都顺承门外（今宣武门西）出土的长铁刀也是用块炼铁夹钢（炒钢）制成的。

（四）生铁的演进与柔化处理

1. 白口铁

这种生铁出现最早。六合县程桥出土的那个东周铁丸虽已锈蚀，但仍可以观察到白口生铁特有的组织结构。1978年在长沙出土的春秋战国之际的铁鼎和鼎形器也都是典型的共晶白口生铁。这种铁中所含的碳以碳化铁（Fe_3C）和游离渗碳体的形态存在，断口呈银白色，所以叫白口铁，具有很高的硬度，一般在HB500以上，但性脆。它的优点是耐磨，所以很适合于铸造犁铧之类的农具。《管子·小匡篇》说："美金（青铜）以铸戈、剑、矛、戟，试诸狗马；恶金（白口生铁）以铸斤、斧、鉏、夷（锄类）、锯、欘（皆属镬类），试诸禾土。"④ 虽然春秋战国时的人对白口铁的评价不高，但却给它找到了合适的用武之地。

① 晋·常璩：《华阳国志·蜀志》（卷三）谓："临邛县……有古石山，有石矿，大如蒜子，火烧合之，成流支铁，甚刚，因置铁官。汉文帝时，以铁铜赐侍郎邓通，通假民卓王孙，岁取千匹；故王孙赀累巨万，邓通钱亦尽天下。"见刘琳校注本第244页，巴蜀书社，1984年。
② 参看杨宽著：《中国古代冶铁技术发展史》第47—48页。
③ 见河南省文化局文物工作队：《巩县铁生沟》第8—17页，文物出版社，1962年。
④ 见《管子·小匡》（第八卷）第80页，上海古籍出版社《诸子百家丛书》本，1989年。

2. 韧性可锻铸铁

韧性可锻铸铁是生铁向熟铁逐步过渡中的一种中间产品。它的生成是对白口铁进行柔化处理的结果。柔化处理的基本做法是将白口铁长时间加热、保温，再使它缓慢冷却。在此过程中，一方面通过氧化作用使白口铁由表及里逐步地部分脱炭，另一方面通过高温使其中的碳化铁分解，析出石墨，因而使其基体成为铁素体（即 α-Fe 和以它为基础的固熔体）或铁素体-珠光体（本质上是一种铁素体和渗炭体相间成层排列的混合物，由于显微镜下图像状似珠母，被称为 pearlite，译名珠光体）的低碳钢或中碳钢，从而消除了其脆性，成为可锻铸铁。所以柔化处理也叫退火处理。冶金史家们已经对我国的早期可煅铸铁及其工艺进行了深入的研究和模拟实验，探明我国古代的柔化技术曾在两类气氛下进行，因此得到了大致可分为两类五种不同材质的可锻铸铁。[①]

第一类是在氧化气氛下对铸铁进行脱炭处理，加热、保温时间则较短。这类大概发展较早。按照脱炭的完善程度和石墨析出的情况，分别会得到：（甲）表面脱炭不完全，且内心仍为白口铁组织的白心韧性铸铁，例如石家庄和铜绿山出土的战国时期的铁斧，其金相组织如图 3-17 所示；（乙）表面层脱炭完全，但内心仍为白口铁组织的白心韧性铸铁，例如河南辉县出土的战国铁斧；（丙）脱炭完全，白口铁组织已基本消失，通体成为铸铁脱炭钢，例如南阳市出土的西汉铁犁铧和郑州古荥镇冶铁遗址出土的铁板。

第二类是在中性或弱氧化性气氛中对白口铁件进行长时间的加热、保温处理，使白口铁组织向石墨化转化。按石墨析出的性状，又可分为（甲）黑心韧性铸铁，石墨呈团絮状或菜花状聚集体析出，如河南南阳出的东汉铁耑等，其金相组织的照片如图 3-18 所示；（乙）球状石墨铸铁，这时石墨呈小球状聚集体析出，如河南巩县铁生沟出土的铁镬，其金相组织的

图 3-17　铜绿山铁斧的金相组织（脱碳不完全的白心韧性铸铁）[①],[②]

照片如图 3-19，3-20 所示。

根据金相检验可判断，这项柔化处理技术至迟在春秋战国之际已经发明。洛阳市博物馆于 1978 年在洛阳市水泥制品厂春秋战国之际的灰坑中出土了一件铁锛和一件空首铁镈（锄草农具），经检验，证明这两件器物的材质都是白口铁经过柔化处理过的可锻铸铁，其中铁锛经过脱炭退火，表面冷却后形成一层珠光体组织，内部仍为白口铁组织，但其表面脱炭层较薄，

① 参看华觉明编译：《世界冶金发展史·中国古代金属技术》第 540～545 页。
② 原图引自戚墅堰机车车辆"工艺研究所中心试验室等："西汉铁锛的金相考查和工艺研究"一文。

表明退火温度较低，大约 750℃，退火时间也较短，它可被视为韧性铸铁发展中初级阶段的产品。而那件空首铁镈则作了较充分的退火处理，不仅表面为脱炭层，中心部分已出现较完善的团絮状石墨，成为黑心可锻铸铁。这种工艺发展到战国的中、晚期，已在楚、韩、魏、赵、燕等国的广大地区被采用，广泛用于加工农具和武器。

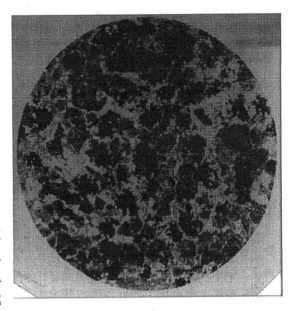

图 3-18　东汉南阳铁臿的金相组织（黑心韧性铸铁）①

春秋战国时，我国居然以低硅高碳生铁制得了黑心铸铁。特别是西汉时竟然制得了球墨铸铁，引起了国内外学术界的重视。迄今所知具有球状或团絮状石墨组织的早期铸铁工具已近 10 件，分别出土于巩县铁生沟、南阳瓦房庄、郑州古荥镇等汉代冶铁遗址和渑池北魏铁器窖藏。其中年代最早、石墨性状最好的就是铁生沟的西汉

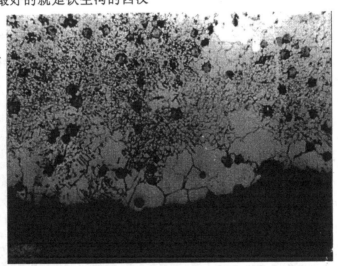

图 3-19　巩县铁生沟西汉冶铁遗址出土铁锛的金相组织
（有球状石墨的铸铁）
（参看《世界冶金发展史》）

铁锛。② 这件铁器是 1959 年出土的，器形完整，较锈蚀。1979 年后经北京科技大学冶金史研究室等几个单位的陆续检验，发现器件整个截面均分布有典型的球状石墨，球化良好，偏光下呈放射性结构；检验结果又表明，铁锛的基体为铁素体和网状珠光体，边缘存在珠光体窄带，球状石墨外廓呈多边形，其圆整度、弥散分布和偏光效应都与现代球墨铸铁相差无几；使用热氧腐蚀层磨技术研究石墨球的结构，证实它们具有典型的年轮状组织；高温金相研究则

---

① 关洪野、华觉明，汉魏铸铁中球状石墨组织和形貌的研究，中国科学技术史学会首届年会论文，1980 年。

② 钱翰城，古代铁器中球墨成因初探，大自然探索，4（11），1985 年。

图 3-20　铁生沟铁镬的球状石墨
（采自关洪野等：《汉魏铸铁中球状石墨
形貌和结构的研究》一文①）

表明，它在加热过程中相当稳定，碳的扩散主要是以中心脱熔的形式进行，球的崩解与消失是在液相形成后突然发生的，采用扫描电镜对石墨球进行观察，发现有微米级以下球形微粒存在，有可能成为石墨球的结晶核心；经化学分析，铁镬中含 C 1.98％，Si 0.16％，Mn 0.04％，S 0.048％，P 0.297％。由上述检测结果来分析，冶金学家们认为当初浇铸铁镬时由于冷却速度较快，铸后又曾进行长时间的高温退火处理（加热到 900℃ 左右，保持 3 至 5 天），以致形成球状石墨，而未曾加入球化剂。①

　　由以上所述，充分说明我国生铁变性工艺发展之迅速，西汉时柔化处理技术已臻纯熟的阶段。自西汉中期以后，由于冶铁业实行官营，这种技术得到进一步发展，各官营冶铁作坊已普遍加以采用、推广，列为工艺规程。脱炭不完全的白心可锻铸铁已较少见了。而柔化处理的经验很快又孕育出了炒铁与炒钢新工艺。

　　出土的历代韧性铸铁器物多不胜举，主要是农具，所以它对中国古代农业的发展起了巨大的推动作用。

　　3. 灰口铁

　　当炼铁竖炉的炉温升高，会使铁水溶解的硅量急剧加大，它的引入能使铁中的碳在凝固时发生石墨化，形成一条条的石墨片，而基体变成含碳低的铁素体，所以断面呈灰色，称作灰口铁。这就使生铁的脆性大大减低。这种铁的铸造性能比较好，凝固收缩小，适于铸造各种精巧、纹细的器物，应用范围广。当然，为要炼出灰口铁则须创造更高的熔炼温度。目前经过科学鉴定的最早的灰口铁出自河北满城西汉墓，是用来制作车上的锏（轴承）。②由于灰口铁的组织中含有石墨片（图 3-21），有一定的润滑作用，所以正适合做轴承材料。这件车锏和另外两件铁范表明，我国西汉时期已能炼出灰口铁，并且找到了它的恰当用途，这在冶铁史和机械史上也可算是一件大事。

图 3-21　汉代灰口铁金相组织（南阳出土）
（摘自《中国冶金简史》）

　　4. 麻口铁

　　其性质介于白口铁与灰口铁之间，可视为从白口铁向灰口铁发展过渡期间的产品，最早出于战国后期。在铜绿山古矿遗址和满城汉墓中都出土有麻口铁的犁铧。

---

① 　参看华觉明编译：《世界冶金发展史·中国古代金属技术》第 546 页。
② 　参看北京钢铁学院《中国冶金简史》第 102 页。

（五）生铁的利用

从出土的历代生铁器物来看，它主要是用来铸造农具，发挥它质硬耐磨的特长。例如河北兴隆出土的大批铁范中不少就是用来铸造农具的，有各种形式的铲、锄、镘、镰等小农具，也有比较大型的农具部件，如犁铧和耧铧。

生铁应用在铸造手工业工具方面也很广泛。例如河南辉县固围村战国魏墓出土的95件铁器中很多都是手工工具。此外，做为车辆零件的也不少，例如陕西西安礼泉出土了汉代的生铁辖（车辆轴与毂之间的金属圈）和齿轮、河南渑池出土了汉魏时期各种大小的成套轴承。生铁虽不宜于制造带刃的兵器和工具，但在宋代以后用于铸造炮身之类的古代重型武器却很广泛。我国从南宋（12世纪初）开始，历代注重铸造大炮，炮身有的长达数米，重量从数百斤到数千斤。有的炮筒为多层套铸，有的则内层以生铁铸，外层则铸以青铜以防震裂。

生铁在古代还用于制造度量衡中的铁权。山东黄海之滨的文登县便曾出土秦代的铁权。

历来用于建筑方面的生铁也不少。例如西汉中山靖王刘胜墓的墓道外口有两道夹墙，其间浇灌了铁水，形成铁门，严加密封；位于河北赵县胶河上的著名赵州桥，建造于隋代开皇至大业年间，至今完好，它所以如此坚固耐久，也是因为石缝间浇铸了铁水；陕西乾县唐代乾陵墓道砌石每块之间也都采用了这种"冶金固隙"（见《新唐书·严善思传》），经检验是在石块之间凿成串通的孔道，再注入生铁水。

我国古代又常用生铁铸造大型器物，河北沧州古城的铁狮子是五代后周广顺三年用生铁

图3-22　河北沧州原开元寺五代佛座——铁狮

图3-23　山西太原晋祠宋代铁人

铸件组装而成的，经历千年，不腐不蚀，狮身高3.9米，头高1.5米，共高5.4米，身长6.8米，总重约十余万斤（图3-22）；山西晋祠的四个铁巨人是赵宋时的作品（图3-23）。南阳瓦房庄汉代冶铁遗址曾出土口径达2米的大铁釜；浙江省雁荡山能仁寺的大铁锅上口径2.2米，高1.55米，其上铭文记载是北宋元祐七年铸造，并写明重27 000斤，经实地考察，它系用灰

口生铁整体铸造而成。此外，各地留传下来的古代铁塔甚多，湖北当阳玉泉寺有北宋嘉祐六年铸造的铁塔一座，共十三层，高七丈，分层铸造，为八角形，套接而成，据《玉泉寺志》记载，重 106 600 斤；山东泰山有一座明嘉靖十二年铸造的铁塔，亦为十三层，八角形，每层高 0.6～0.9 米，全高则达 10 米以上。

（六）炼铁炉与鼓风设备的发展

炼铁竖炉设计上的革新、鼓风设备的发展以及燃料品种的改进是使我国生铁冶炼能不断取得进步的基础。

1. 炼铁炉的不断革新

按一般的冶炼技术发展规律来说，先有块炼铁，后来发展出生铁。杨宽曾指出：[①] 在初期，炼铁炉很小，构造也很简单，炉身一般用石头和耐火粘土砌成，或用石头砌成后涂上耐火粘土。炉体则大多呈圆形。炉子下身的侧部有几个小孔，插有陶质通风管。但多数依傍山坡，利用自然通风，后来进一步用皮囊作鼓风器。炼铁时，把碎矿石和木炭一层夹一层地从炉子上面加进去，点燃木炭，再加鼓风。这种炼炉因炉小风弱，炉温最高也就只能达到 1000℃。每次炼成以后，得待炉子冷却，才能把铁块取出来。从这样的炉中炼成的是软的、海绵状的熟铁块，孔隙中夹杂有许多硅酸盐及未还原的金属氧化物，即所谓块炼铁。这类块炼铁的炼炉在我国并未因炼制生铁的竖炉出现而被淘汰，而是继续存在和稍加改进。河南巩县铁生沟西汉冶铁遗址曾发现倒坍的块炼铁炼炉三座。以 14 号炉为例，炉的建造大致是这样的：建炉前先把地面夯实，然后从夯打的地面向下挖成长方形的坑，坑深 0.5 米，长 0.69 米，宽 0.32 米，周围涂以耐火泥一层。在坑口周围砌有灰色耐火砖。炉腔中部有三块架空的砖，纵砌于前后两壁之间，作为炉齿。炉齿之间以及它们与坑底之间都保留一定的空间。另外在炉身的东南方开挖一沟，作为火门。沟底呈斜坡状，长 0.82 米，宽 0.25 米，最深处 0.59 米，用以燃火和通风。根据炉基周围的痕迹观察，此炉的原貌呈椭圆形，高出地面约 1 米左右，长 1.18 米，宽 0.78 米，顶部原有大口。在炉底（炉齿下面）发现有许多黑色灰烬和冶炼时剥落的小铁块。在火门附近还发现有块炼铁。其炼法，据推测可能是先从炉门在炉齿下面装满木柴或木炭，然后把燃料和铁矿石从炉顶开口分层装入炉腔，再在火门点火燃烧。由于火道沟处可以自然通风，再加上炉上口的抽力与火道对流，便可保证炉火旺盛。由于炉温不高，这类炉只能使铁矿石还原为块炼铁。[②]

我国炼制生铁最早的设备可能是采用内热法的泥质熔炼炉，因为现在多数人还习惯地称它为坩埚，所以我们也随俗称这种方法叫坩埚炼铁法。这种方法可能是我国先民独创的，如前文所说，最初是用于炼铜，春秋战国之际已经发明，后来进而用于炼制生铁，也已有悠久的历史。河南南阳市北关外瓦房庄西汉冶铁遗址、河北清河镇西汉初年故城冶铁遗址都曾发掘出这类炼铁炉的遗迹，表明西汉时仍沿用此法。1959 年在瓦房庄附近发现的古宛城西汉冶铁遗址中有坩埚炼铁炉 17 座，其中三座完整，都近于长方形。[③] 其中一座长 3.6 米，宽 1.82

---

① 杨宽著，中国古代冶铁技术发展史，第 71 页。

② 见河南省文化局文物工作队：《巩县铁生沟》（考古学专刊丁种第 13 号）第 8～17 页，中国科学院考古研究所编辑，文物出版社，1962 年。

③ 河南省文化局文物工作队，南阳汉代铁工场发掘简报，文物，1960 年第 1 期。

米，深度残存 0.82 米。其建造方法大致是：就地面挖出长方坑，留出炉门，周围夯实，再涂泥一薄层。炉顶有的以圆弧形的耐火砖砌成，砖内壁敷有耐火泥，上背涂有较厚的草拌泥；有的则是用土坯和草拌泥券成。炉由门、池、窑膛、烟囱四部分组成。门置于炉的前端，以备装炉和通风。池在门内，池底留有一层细砂，当是用做燃烧时的"风窝"，炉膛方形，周壁糊有草拌泥，其上放置成行排列的坩埚和木柴、木炭等燃料。炉的后部设有三个烟囱，以排出炉烟和抽风。有的炉底填满着木炭灰，有的则堆积着很多砖瓦碎块。坩埚是截面为椭圆形的陶罐，罐外敷有草拌泥，约厚 3～4 厘米，泥的内部已烧成砖红色，表面则被烧得乌黑发亮。在一些坩埚的内壁上还附着有铁渣。推测当时的炼铁方法大致是：将碎矿石、木炭和适当的助熔剂混合，装入坩埚。装炉前先在炉底铺上一层砖瓦块，以利于炉底通风，并留出许多"火口"放进易燃物，以便点火。砖块上铺放一层木炭，木炭上再放置坩埚，然后在这层坩埚上再铺上一层木炭，在木炭上再放置成行的坩埚。待炉装满，即从"火口"点火，并加鼓风。铁矿石于是在坩埚中还原、熔化成生铁。这种炼铁法由于经济简便，曾长期流传。直到近代，山西、河南、山东、辽宁诸省还在流行。[①]

因为我国至迟在春秋时代就已有炼铜竖炉，稍加改造即可用来炼铁，这可能是我国的生铁几乎与块炼铁同时出现的原因，而且使我国的生铁生产从一开始就以竖炉冶炼为主。从公元前 513 年晋国赵鞅曾使用"一鼓铁以铸刑鼎"之事来看，春秋末年应该已经利用高炉冶炼生铁了。尽管迄今对于战国冶铁遗址还没有大规模发掘，但从当时已有大量以生铁铸造的农具和手工工具，而且很多器物壁薄而外形端正、纹饰细腻来推断，当时必然能大量提供流动性很好的铁水，这则非用高炉不可。

从战国到西汉，我国冶铁业有了重大发展，高炉的建造也越来越大。据《汉书·五行志》记载："成帝河平二年正月，沛郡铁官铸铁，铁不下，隆隆如雷声，又如鼓音，工十三人惊走。音止，环视地，地陷数尺，炉分为十一。炉中销铁散如流星，皆上去。"[②] 这是一次严重的高炉爆炸事故，炉子炸成十一块，炸得地面塌陷达数尺之深；炉中沸热的铁水四溅如流星；在高炉上作业的工匠达十三人；都说明这个高炉原是个庞然大物。既然我国古代的炼铁高炉是由炼铜竖炉发展而来，而汉代时的炼铜炉已经很大了，例如《南齐书·刘俊传》记述了汉文帝时邓通受赐在南广郡界蒙山蒙城冶铜铸钱的作坊，说"［蒙城］有烧炉四所，高一丈，广一丈五尺。从蒙城渡水南百许步，平地掘土深二尺得铜。"[③] 而那时的炼铁炉可能较这类炼铜炉还要大些。

高炉炼铁是相当科学合理的，经济而有效。以高炉冶炼铁矿石，从上边装料，下部鼓风，使炉料与煤气相对运动，燃烧产生的高温煤气穿过料层，把热传输给炉料，其中所含的 CO 同时还原氧化铁，所以燃料产生的热能得以充分利用；而炉料从上方炉顶徐徐下降，燃料和矿石便得以预热，从而能达到更高的燃烧温度和还原反应速度，所以它长期沿用下来，不断发展。在今河南的新安、鹤壁、巩县、临汝、西平，江苏的徐州、泗洪，北京的清河以及新疆民丰、洛甫等地发掘到的汉代冶铁遗址中，都发现了高炉的残体。在郑州市古荥镇西汉中晚期冶铁遗址发现了两座特大的炼铁高炉。以 1 号高炉为例，炉缸截面成椭圆形，短轴 2.7 米，

① 见杨宽著：《中国古代冶铁技术发展史》第 73～74 页。
② 见汉·班固撰：《前汉书·五行志第七上》（卷二十七上），1935 年世界书局《四史》本第 230 页。
③ 见梁·萧子显撰：《南齐书·列传第十八刘俊传》（卷三十七），中华书局校订，标点本第 2 册第 653 页，1972 年。

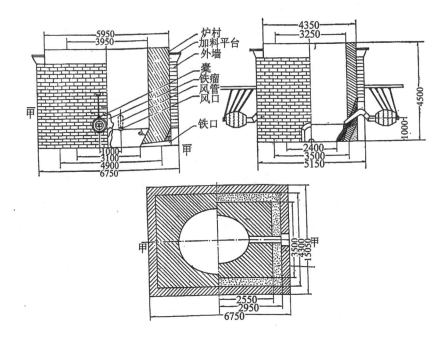

图 3-24　郑州古荥镇汉代冶铁遗址一号高炉复原图（平面图和剖面图）

（采自《考古学报》1978 年第 1 期，"河南汉代冶铁技术初探"）

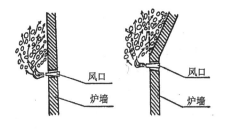

图 3-25　炉墙对煤气分布影响示意图

左：直立炉墙；右：外倾炉墙

（采自《文物》1978 年第 2 期，刘云彩：

"中国古代高炉的起源和演变"）

长轴约 4 米，面积约 8.48 平方米。这样设计炉缸，有利于使鼓风和煤气流更容易达到炉缸中心。在 1 号炉南端 5 米处的坑内，挖出了拆炉时取出的积铁块。积铁块的边缘立着一根条状铁瘤，铁瘤和积铁块成 118°夹角向外倾斜，高约 2 米，由此可推知高炉的原高度可能达到 5～6 米。炉身成直筒形，其下部有一段喇叭形（上大下小）的炉腹与炉缸的最下部衔接，有效容积约 50 立方米左右。[1],[2] 风口被安排在椭圆形炉缸长轴的两侧，每侧两个，全炉共四个风口。出土的陶质鼓风管粗端内径达 32 厘米，鼓风能力必然相当大，每个风口可能不止使用一个鼓风皮囊。风管是向下倾斜插入炉壁的，风向倾斜可使火焰向上，有利于提高炉缸内的温度（参看图 3-24）。炉腹成喇叭形，下部一段炉壁向外倾斜是为了使靠炉壁的边缘料能有机会与炉气充分接触（参看图 3-25）。从这座汉代高炉的结构设计，可以看出当时的冶铁设计师已在实践的基础上对冶炼的原理有了较深刻的了解。

2. 助熔剂的采用

从古荥镇遗址发现的炉渣，有的断口呈玻璃状，显然曾经充分熔化。经过化验，其中含

---

① 河南省博物馆，河南汉代冶铁技术初探，《考古学报》，1978 年第 1 期。

② 《中国冶金史》编写组，从古荥镇遗址看汉代生铁冶炼技术，《考古学报》1978 年第 2 期。

CaO 25%，含 MgO 2.5%，这说明冶炼时已有意地加入了碱性助熔剂石灰石。巩县铁生沟遗址中还存留着不少当时充作助熔剂的石灰石，经取样分析，其中含 CaO 41.93%，MgO 3.23%。石灰石能与矿石中的 SiO_2 结合，降低炉渣熔点，从而加强了炼渣的流动性，保证了炉渣与铁水能很好地分离，而且在客观上还可以起到一定的脱硫作用。

　　至迟到了宋代，冶铁助熔剂似乎又发展扩大到氧化镁，即采用了白云石（$MgCO_3 \cdot CaCO_3$）。曾经有人对河南林县和安阳两地宋代冶铁遗址的炼铁炉渣进行化验，其成分如表 3-13 所示。

表 3-13　林县和安阳宋代冶铁遗址炼铁炉渣分析结果

检测试样	炉渣成分（%）				
	SiO_2	CaO	MgO	MnO	S
林县东冶炉渣	48.73	23.24	9.55	0.21	0.14
林县利城炉渣	52.79	24.45	9.33	0.27	0.102
安阳铧炉炉渣	43.84	19.60	10.94	/	0.326
安阳唐坡炉渣	54.26	25.20	11.69	/	0.091

（摘自《中国冶金简史》第 151 页，科学出版社。）

这些炉渣都属于酸性，断口多呈玻璃状，渣呈淡绿色，几乎不含铁，表明在冶炼中炉渣的流动性很好，与铁水的分离相当完善，所以造渣的技术水平已趋成熟。从渣中含有约 10% 的 MgO 看，可以判断是采用了白云石造渣，配方与现代高炉炼铁所掌握的已经相当接近。

　　到了明代，炼铁助熔剂中又增添了萤石。当时在遵化有规模很大的冶炼厂，据《明会典·遵化冶铁事例》记载：正德四年到六年时每年炼生铁达 486 000 斤。在此期间由傅俊主持该厂，他著有《铁冶志》二卷，但今已佚。但明人朱国桢所撰《涌幢小品》（卷四）"铁炉"条及清人孙承译《春明梦余录》（卷四六）"铁厂"条，有相同的关于遵化铁厂生产情况的翔实记载，当皆录自《铁冶志》。其中提到冶炼时"黑沙为本，石子为佐，时时施下"，就是以"黑沙"为原料，以"色间红白，略似桃花"的石子为助熔剂，陆续按时由炉口投入旋下。"黑沙"当是小块的黑色铁矿石，可能是磁铁矿；"色间红白"的石子很可能是淡红色的萤石（CaF_2），这种物质熔点较低（1418℃），投入炉火中，旋即"化而为水"。傅俊特别指出："石心若燥，〔黑〕沙不能下，以此救之，则其沙始消成铁，不然则心病而不销也。"也就是说他已懂得，若遇到可能要发生前文所说及的西汉沛郡那种高炉爆炸事故时，急快投入这种易熔化的萤石，就会加速炉料消化，转危为安。[①]

　　清人卢若腾《岛居随录》（卷下）"制伏"条中说："铸铁不销，以羊头骨灰致之，即消融。"[②]那么这该是采用含磷质的骨头灰来加速炉料的熔化了，也可算是一项创举（春秋时莫邪"断发剪指，投入炉中"助夫炼铁之事，只是传说，则不可全信）。

---

　　① 明·朱国桢《涌幢小品》（卷四）谓："铁炉：遵化铁炉，深一丈二尺，广前二尺五寸，后二尺七寸，左右各一尺六寸。前辟数丈为出铁之所。俱砌石，以简千石为门，牛头石为心。黑沙为本，石子为佐，时时施下。用炭火，置二鞲扇之。得铁日可四次。妙在石子产于水门口，色间红白，略似桃花，大者如斛，小者如拳。捣而碎之，以投于火，则化而为水。石心若燥，沙不能下，以此救之，则其沙始销成铁。不然则心病而不销也。如人心火大盛，用良剂救之，则脾胃和而饮食进，造化之妙如此。"见《笔记小说大观》第 13 册第 164 页，江苏广陵古籍刻印社，1983 年。

　　② 见清·卢若腾著：《岛居随录》（卷下）第 10 页，《笔记小说大观》第 13 册第 87 页。

3. 燃料的改进

我国大概在汉代时开始采煤炭。司马迁《史记》上记载:有一位叫窦广国的人,在宜阳地方"入山作炭"。明末清初学者顾炎武认为,这是进山去采煤炭。鉴于宜阳现在仍是产煤地区,所以近代学者大都同意了顾氏的看法。[①] 巩县铁生沟遗址曾发现过木炭块、木炭灰和原煤(白煤)以及用煤屑入粘土、石英颗粒制成的煤饼。郑州古荥镇和山东平陵汉代冶铁遗址中也曾发现煤,说明汉代确已利用了煤炭。但这些遗址当时是否用煤冶铁,或只是作为一般燃料,还有待进一步研究。不过文物与考古工作者曾经推断,铁生沟遗址的原煤当时大概主要是用于块炼铁炼炉。[②] 从同时出土的生铁炼渣块中经常夹杂有木炭的残粒,而且炼得的生铁含硫量很低来看,炼生铁似乎仍然是用木炭。否则,若用煤为冶铁燃料,含硫量就不可能像表 3-14 中所反映的那么低。

至迟在魏、晋以后,我国冶炼生铁便开始用煤炭了。北魏郦道元所作《水经注》(卷二)援引过《释氏西域记》中的一段话,说:"屈茨(即龟兹,今新疆库车县)北二百里有山,夜则火光,昼日但烟。人取此山石炭,冶此山铁,恒充三十六国用。"[③] 这表明那时西域已用煤炭冶铁。如果那里的冶铁技术是从中原传去的,那么中原利用此法应该更早些,即晋或晋代以前就已开始了。改用煤炭作冶铁原料,可能得到更高、更持久的炉温,加速了冶炼进程,提高了生产效率。

表 3-14　某些汉代生铁中的杂质成分

生铁锭 出土地点　　铁中的杂质成分（%）	碳	硅	锰	磷	硫
铁生沟	4.12	0.27	0.125	0.15	0.043
古荥镇	4.0	0.21	0.2	0.29	0.091
刘胜墓	4.05	0.018	0.03	0.217	0.063
渑池汉魏窖藏	4.15	0.04	0.02	0.34	0.031

(引自《中国古代冶铁技术发展史》86—87 页)

及至宋代,我国用煤来代替木炭作燃料已日益普遍。宋人朱翌《猗觉寮杂记》(卷上)记载:"石炭自本朝河北、山东、陕西方出,遂及京师。元丰元年,徐州始发。《水经魏土记》[云],枝渠东南火山出石炭,火之蒸同樵炭,则石炭六朝时已有。"[④] 宋·朱弁《曲洧旧闻》[⑤] (卷四)也提到:"石炭,不知始何时,熙宁间初到京师,东坡作石炭行一首,言以冶铁作兵器甚精,亦不云始于何时也。予观前汉地理志:豫章郡出石,可燃为薪。隋·王邵论火事,其中有石炭二字。则知石炭用于世久矣。然今西北处处有之,其为利甚博。"元丰年间,苏轼在徐州地区为官,因徐州"旧无石炭",于是派人到徐州西南白土镇找到了煤矿,他在兴奋之余,写下了"石炭行",谓:"岂料山中有遗宝,磊落如䃜万车炭,……根苗一发浩无际,万人鼓

---

①　参看曹元宇著:《中国化学史话》第 18 页,江苏科学技术出版社,1979 年。

②　参看《巩县铁生沟》第 18~19 页。

③　见汉·桑钦撰,后魏郦道元注,王国维校《水经注校》(卷二)第 40 页,上海人民出版社,1984 年。按《释氏西域记》作者,据岑仲勉考证,系晋人道安。

④　见宋·朱翌《猗觉寮杂记》第 12 页,《笔记小说大观》第 6 册第 40~41 页,江苏广陵古籍刻印社,1983 年。

⑤　见宋·朱弁《曲洧旧闻》(卷四)第 2~3 页,《笔记小说大观》第 8 册第 130~131 页。

舞千人看，投泥泼水愈光明，烁玉流金是精悍。南山栗林渐可息，此石顽矿何劳锻（煅），为君铸作百炼刀，要斩长鲸为万段。"从此徐州再不用珍贵的南山栗木烧炭，可就近以煤为燃料了。当时北方地区多用石炭，南方地区仍多用木炭，而四川居然多用竹炭。宋人陆游《老学庵笔记》（卷一）说：'北方多石炭，南方多木炭，而蜀又有竹炭，烧巨竹为之，易燃、无烟、耐久，亦奇物。邛州出铁，烹炼利（受益）于竹炭，皆用牛车载以入城，予亲见之。"[①] 到了明代以后，则全国多数冶铁作坊都采用煤作燃料了。宋应星《天工开物》（卷十）"冶铁"条说："凡炉中炽铁用炭，煤炭居十七（十分之七），木炭居十三（十分之三）。……即用煤炭，亦别有铁炭一种，取其火性内攻，焰不虚腾者。"[②] 他在〈燔石·煤炭〉篇中还指出，煤可以分为三种，即所谓明煤、碎煤和末煤，性能各不相同，用途也各异。这种"焰不虚腾"、适于炼铁的煤当是一种无烟煤。他解释说："碎煤有两种，多生吴楚，炎高者曰饭炭，用以炊烹；炎平（火焰平缓）者曰铁炭，用以冶锻。入炉先用水沃湿，必用鼓鞴后红，以次增添而用。"这里说的是无烟的碎煤，所以先用水沃湿，入炉后再鼓风才能烧红。以后就可不断添煤，便可继续火力了。这大概是炼铁工匠总结出来的经验，如此操作可加快燃烧，并防止鼓风后煤屑飞出或下沉。

当然，使用煤来炼铁也有一些缺点，主要是煤中往往含硫较高，影响生铁的质量；而且它在炼炉中受热后容易爆裂，往往会阻碍炉料的透气。例如河南安阳唐坡遗址出土的九根大铁锭含硫平均达 1.075%，竟达到汉代生铁一般含硫量的数十倍，这显然是利用了某种含硫很高的煤来炼铁造成的后果。为了克服这项缺点，我国至迟在明代时又发明了炼制焦炭，并代替煤来炼铁，于是避免了硫的引入。明末方以智《物理小识》记载了炼焦－炼铁。它说："煤则各处产之，臭者烧熔而闭之成石，再凿而入炉曰礁，可五日不绝火。煎矿煮石，殊为省力。"[③] 这里所说的"臭煤"显然是含大量挥发物的烟煤；"礁"就是现在所说的焦炭。明人李诩《戒庵老人漫笔》曾提到北京一带"或者炼焦炭，备冶铸之用。"[④] 清代康熙年间山东益都人孙廷铨著《颜山杂记》（卷四），谈及他家乡的物产时说："凡炭之在山也，辨死活。……死者脉近土而上浮，其色蒙，其臭平，其火文，以柔其用，宜房闼围炉。活者脉夹石而潜行，其色晶，其臭辛，其火武以刚，其用以锻金冶陶，或谓之煤，或谓之炭。块者谓之硑，或者谓之砟，散无力也，炼而坚之谓之礁，顽于石，重于金铁。绿焰而辛酷不可蒸也。……故礁出于炭而烈于炭。……"[⑤] 他所说的"活者"、"臭辛"而火旺盛的煤块就是可炼礁的烟煤。

焦煤的发明和使用为现代高炉法生产优质生铁开辟了道路。

4. 耐火材料的改进

汉代以后，冶铁用的耐火材料也不断进步。用一般粘土打结的炉壁和成型的耐火砖都已广泛应用，而有些地方已往粘土中掺入一定比例的石英砂。从南阳汉代冶铁遗址发掘出的耐火材料看，所含 SiO_2 一般高达 75%，耐火度在 1460℃ 以上（参看表 3-15）。这种材料已能满足用于酸性炉渣的冶炼要求，而我国古代炼铁炉渣又多是酸性渣。至迟在南北朝时，我国更

① 见宋·陆游《老学庵笔记》（卷一），商务印书馆《丛书集成》初编总第 2766 册第 9 页。
② 见明·宋应星《天工开物》（卷中）〈锤锻第十卷〉第 44 页，明崇祯十年刻本，1988 年上海古籍出版社《中国古代版画丛刊》第 3 册第 894 页。
③ 见明·方以智《物理小识》（卷七），商务印书馆《万有文库》第二集第 543 册第 181 页。
④ 见明·李诩《戒庵老人漫笔》，中华书局，1982 年，参看《中国古代冶铁技术发展史》第 158 页。
⑤ 见清·孙廷铨《颜山杂记》（卷四）〈物产〉，见《孙文定公集》，北京大学图书馆藏。

表 3-15　汉代南阳冶铁遗址耐火材料的化学成分

	烧失量	化　学　成　分（%）								耐火度（℃）
		SiO₂	Al₂O₃	Fe₂O₃	TiO₂	CaO	MgO	K₂O	Na₂O	
炉底耐火砖	0.40	77.27	11.05	2.70	0.43	1.28	0.59	3.93	1.92	1463
炉　衬	0.57	74.46	12.85	3.70	0.66	1.73	0.77	3.52	1.84	1493
炉壁耐火砖	0.36	77.50	10.98	2.78	0.41	1.28	0.41	5.53	1.78	1492

（引自《中国冶金简史》第 98 页）

出现了利用高铝的耐火材料。河南渑池冶铁遗址中便发现了铝土鼓风管。铝土（即含 Al_2O_3 超过 50% 的耐火粘土）耐火材料比一般耐火粘土具有更高的耐火度，因此寿命更长。

　　5. 炼铁炉鼓风设备的发展

　　鼓风设备的不断改进是提高冶炼强度的关键。我国很早就利用皮囊来鼓风以提高陶窑或冶炼炉的温度。在殷商时代已能熔铸像"司母戊"那样的青铜巨鼎，表面的纹饰又那样清晰，而青铜的熔点又在 1000℃ 左右，当时如果没有鼓风设备，单纯用木炭为燃料，靠自然通风是不大可能实现这样的效果。事实上，在河南郑州南关外商代冶铜遗址、安阳殷墟附近商代冶铜遗址及山西侯马东周冶铜遗址都曾经发现了陶质的鼓风管。因此在我国冶铁兴起之初，人们就已经有了鼓风经验。

　　我国最早的鼓风设备前文已经稍有述及，就是一种特制的，名字叫"橐"的大皮囊。这种皮囊被缝拢，两端被紧括扎住，中间鼓起好像骆驼峰，旁边有一个洞口装着通管，可以接到陶窑或冶炼炉的通风口。这个皮囊有把手，通过手的操作，一紧一弛地鼓动，就可以把空气断续地压送到加热炉中去，这种操作就叫"鼓"，囊上吹出空气的管子因为和管乐器的竹管相似，所以就叫"籥"，陶制的叫"鈴"，这种鼓风设备或者总称为"橐籥"。[①] 古籍上不乏以橐鼓风冶炼的记载和论述。《淮南子·本经训》说："鼓橐吹埵，以销铜铁，""埵"就是冶炼炉的鼓风管；其〈齐俗训〉又说："炉橐埵坊设，非巧冶不能以治金。"[②] 春秋时道家李耳的《老子》（第五章）曾把

图 3-26　东汉冶铁画像石

整个宇宙空间比拟作这种鼓风设备，说"天地之间，其犹橐籥乎？虚而不屈，动而愈出"。把橐籥的弹性，空虚而鼓胀，鼓动而气出做了生动的描述。唐人孔颖达所撰《春秋正义》在解释《左传》鲁昭公二十九年的"一鼓铁"时就曾说，"冶石为铁，用囊扇火，动囊谓之鼓，今时俗语犹然。"[③] 前文所引《吴越春秋》叙述吴王阖闾时干将铸剑曾使"童男童女三百人鼓橐装炭"，然后"金铁乃濡，遂以成剑"，如果确实可靠的话，那么春秋战国之际的大型冶铁炉已经装置上多套鼓风橐了。

---

　　① 参看清·黄以周《儆季杂著五种》〈史说略四〉之第十一页"释囊橐"，光绪江苏南菁讲舍刻本。

　　② 见汉·刘安著，陈广忠译注《淮南子译注》第 363 及 515 页，吉林文史出版社，1990 年。

　　③ 唐·孔颖达疏《春秋正义》（卷三十二），《四部丛刊续编》经部，引文见第 11 册之第十六上。

橐发展到西汉,其制作加工已相当精细了。1930年在山东滕县宏道院出土了一块汉代冶铁画像石,其中有描绘鼓风冶炼和锻铁情况的画面(参看图3-26)。1959年王振铎依图出色地完成了汉代冶铁鼓风机的复原设计。[①]王氏认为:"这个所谓韦囊皮橐应该是由三个木环、两块圆板,外敷以皮革所制成的。……在结构上应是四根吊挂在屋梁的吊杆,用来拉持皮橐,使皮橐固定的一种构造。必须另有一条横木,中段结固在皮囊的圆板上,两个伸展出去固定在左右的墙垣或柱身,这样才能便于操纵推拉,才能使支点、立点和重点都有了着落。排气进气的风门,分别设在两头的圆板上,排风管下通地管,外接炼炉,它的运动规律,应如图中所表示的情况。"图3-27即王氏描绘的复原图。他还说:"这种鼓风机根据需要有大小之分,画像中的那一种,以人的比例来看,应是大型的。"杨宽则补充解释说:"这个复

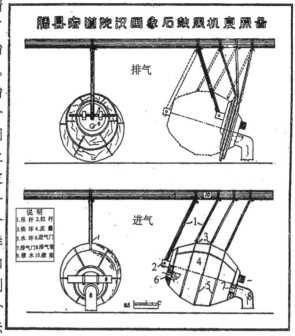

图3-27 滕县宏道院汉画像石鼓风机王氏复原图
(采自《文物》1959年第5期王振铎"汉代冶铁鼓风机的复原")

原是一个比较合理的推断,既符合画像的形象,也符合工程物理上的基本原则,只是必须加上风囊的固定装置,才能应用。从图像看,这种鼓风囊是用人力推动的,而且还要有人躺在皮囊底下操作,把皮囊推回原位。在高温的炉旁这样操作,劳动条件是很坏的,劳动强度是很高的。"不过他认为:"这是锻铁炉上使用的鼓风设备,是比较小的,并不是大型的。炼铁高炉使用的鼓风设备,肯定要大得多。"[②]

及到东汉时,这种鼓风设备发展为"排囊",也简称为"排"。李恒德对"排"曾进行解释:"顾名思义,所谓'排'可能是好几个风箱并排在一起应用的,或是一个炉上有一排入风管。"[③]杨宽赞同第一种意见,他推测:"东汉以后鼓风设备所以称为'排'或'排囊',它当是由于装置有一排鼓风皮囊的缘故。"鉴于古荥镇遗址出土过一段较完整的风管,粗端内径达32厘米,细端内径10厘米。所以他认为"内径320毫米的陶风管,使用的绝不止一两个鼓风皮囊,很可能装置有一排鼓风皮囊。"这个分析是有一定道理的,值得参考。

西汉后期在雍州地区(今陕西中部、甘肃东南部、宁夏南部及青海黄河以南的一部)已经广泛使用水力春米机,即所谓"役水而春"(桓谭《新论》语)、"水春河漕"(《后汉书·西羌传》中虞诩语),也就是通常所说的水碓。据《后汉书·杜诗传》记载:河内汲县人杜诗在建武七年(31)任南阳太守,由于他"善于计略,省爱民役",总结了当时的冶炼经验,

① 王振铎,汉代冶铁鼓风机的复原,《文物》1959年第5期。
② 见杨宽著:《中国古代冶铁技术发展史》第91～93页。
③ 李恒德,中国历史上钢铁冶金技术,自然科学,1(7),1951年。

图 3-28 王祯《农书》所载卧轮式水排图
（引自明嘉靖本《农书》）

图 3-29 敦煌榆林窟西夏木扇锻铁壁
画中的"木扇"（摹本）[3]

元代王祯所著《农书》[4]（大约成书于 1313 年）。不过那时的水排早已淘汰了皮囊鼓风器而改用木扇式鼓风器。而当时的水轮装置虽有多种，但不外乎立轮式和卧轮式，这两种都可以利用来设计水排。图 3-28 是《农书》所载的卧轮式水排。这个水排的结构和基本原理就是藉水流激动卧轮，产生回转运

"造作水排，铸为农器"，即制造了水排来鼓风，冶铸农具。结果"用力少，见功多，百姓便之"。[1]这种水排利用水力冲动水轮，带动施转的轮轴以推动皮囊来鼓风。其后，三国时魏国的监冶谒者（官名）韩暨把水排推行到整个魏国官营冶铁手工业中去，又对水排作了改进，利用"大河"作为水排的动力（所谓"因长流为水排"），又把当时中原地区普遍利用的"马排"机械装置移植、改造作为水排的机械装置，这样便大大降低了冶铁的成本，所以"计其利益，三倍于前"。[2]到了南北朝时，大江南北就都推行水排鼓铸了。此后，唐、宋、元诸代仍都普遍沿用水排。

有关水排结构的记载，最早见于

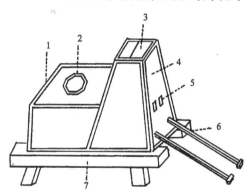

图 3-30 曾公亮《武经总要·前集》
所绘北宋时代"行炉"复原图
1. 炉；2. 炉口；3. 梯形木风箱；4. 木风箱盖板；
5. 箱盖板上的活门；6. 风箱的推拉杆；7. 木架
（引自《中国冶金简史》）

① 见刘宋·范晔《后汉书·列传第二十一》（卷六十一），中华书局校订、标点本第 4 册 1094 页，1965 年。
② 晋·陈寿撰《三国志·魏书·韩暨传》（卷二十四）谓："韩暨字公至，南阳堵阳人也，……后迁乐陵太守，徙监冶谒者。旧时冶作马排（裴松之注：为排以吹炭），每一熟石，用马百匹；更作人排，又费功力。暨乃因长流为水排。计其利益，三倍于前。"中华书局校订、标点本第 3 册第 677 页，1963 年。
③ 原榆林窟西夏壁画锻铁图，见《中国古代冶铁技术发展史》图版十三。
④ 见元·王祯《农书·农器图谱集之十四》第 347～348 页，王毓瑚校本，农业出版社，1981 年。

动，并把这种运动改为直线的往复运动，从而使鼓风器不断地起鼓风作用。在这种装置中以
木扇代替皮囊鼓风器也是一个很大的进步，因为木制风箱可以制造得很大，不像皮囊要受到皮革的限制；它可以造得很牢固，可以经得起很大的压力而不易被撑破；而且风量较大，漏风较少。有了它就可以把高炉造得更大，同时消化更多的矿石。

水排虽然力量大，功率高，但必须有水力资源，所以它的普遍利用也要受到一定限制。早在北宋时期，我国有的地方已出现了采用手动的、简单的活门木风箱（木扇）。敦煌榆林窟西夏壁画的锻铁图中便绘有木扇，如图3-29所示，两个风扇并列，其扇板上各安装有一根推拉的杆，只需一人操作，左右两手一推一拉，便可不断起鼓风作用。北宋庆历四年时曾公亮主编的《武经总要》上也绘有类似的木风箱（图3-30）。这种简单的有活门装置的木风箱到明代便发展成现在我国农村炉匠们仍普遍使用的活塞式木风箱了。这种风箱的确切发明年代已不可考，但在宋应星《天工开物》（卷八）"冶铸"条中的插图上已普遍出现了，图3-31是该书中所记载的明代铸鼎时所用的手风箱。

图 3-31　明代铸鼎时所用的手风箱冶炉
（摘自喜咏轩丛书刊本《天工开物》）

五　中国古代的多种炼钢工艺

中国炼铁业的兴起虽较西亚两河流域地区要晚，但进步很快，只经几百年的发展，便实现了钢的冶炼，即到春秋晚期已摸索出最早的炼钢工艺，而在战国、西汉时期炼钢技术就广泛应用于制造兵器和工具。

从古籍看，常有战国时期使用类似钢制兵器的记载，例如《史记·范雎列传》记述秦昭王的一段话，谓"吾闻楚之铁剑利，而倡优拙，夫剑利则士勇，倡优拙则思虑远。"[①] 意思是听说楚国的铁剑很锋利，因此将士很勇猛，而且国君不耽于酒色，思虑远大，因此很怕他来攻打。这种剑很可能是钢制的。《荀子·议兵篇》所说"宛钜铁钝，惨如蜂虿。"《说文》解释"钜"为"大刚"，"刚"即今日的钢，宛是楚国著名的冶铁手工业地区，战国后期属韩。这段话的意思是说楚国宛地出产的坚刃利矛像蜂刺一样厉害，也似乎是钢制的。当时韩国的刀剑也很有名，《战国策·韩策一》说：韩的著名剑戟产地有冥山、棠溪、墨阳、合膊、邓师、龙

---

① 见《史记·列传第十九》（卷七十九），世界书局《四史》本第402页。

渊、太阿、宛冯等，那里制作的兵器坚韧，"皆陆断马牛，水击鹄雁，当敌即斩"，[①] 足见极其锋利，也该是钢制的。前文也曾提及《吴越春秋》中关于干将冶铁锻剑的故事，说他造剑之前 "采五山之铁精，六合之金英"。杨宽认为，那种 "铁精" 当是一种质量较好的块炼铁，"金英" 当是一种含碳较多的渗炭剂；所谓 "金铁之精，不消沧流"，是说把 "铁精" 与 "金英" 焖在炉中，鼓风加热，并未使铁块的表面熔化而达到了渗碳的作用。这种意见值得参考。《吴越春秋·勾践入臣外传》也提到把钢铁陷入矛刃中，非常锋利，说明当时已有刃口贴钢的工艺。《越绝书·越绝外传》说："欧冶子、干将凿茨山，泄其溪，取铁英，作铁剑三枚。" 华觉明认为：《吴越春秋》及《越绝书》的此段记载 "虽属于传说，但所说原料经过精选，熔炼锻制极费工力等项，符合早期制钢的特点。"[②]《墨子·备城门篇》（第十四卷）中谈到过铁锁和铁蒺藜，《韩非子》中列举过铁殳（古代撞击用兵器）、铁室（刀剑之鞘）、铁甲、铁幕（臂甲或腿甲）、铁杖等，冶金史家们也认为这些大都应是钢制兵器。

出土的钢制兵器可以与上述记载和推断相互印证。长沙杨家山春秋晚期楚国墓出土了钢剑，含碳量约为 0.5％。[③] 河北易县燕下都 44 号墓出土的剑、戟、矛等兵器，其中 M44∶100 钢剑、M44∶12 钢剑、M44∶9 钢戟、M44∶15 钢矛都属于碳素分布不均匀的低碳或中碳钢。

从古籍关于宝刀、宝剑的记载和出土的情况看，都表明中国的炼钢最初是从楚和吴越一带发展起来的。

（一）固体渗碳炼钢技术的发明和发展

中国的炼钢技术最初是以块炼铁为原料，通过渗碳、锻打成钢而发展起来的，这种工艺比较简单。

前面已经介绍过块炼铁。它是在较低的温度下（约 800～1000℃）用木炭还原铁矿石所得到的铁料，其基体成分接近于纯铁，所以熔点很高，质地较软，但夹杂着很多炼渣，质地疏松，所以又叫海绵铁或古代熟铁，必须通过锻打，挤出其中的夹杂物，才能利用来制造器物。当工匠把块炼铁放在红热的炭火上加热时，碳便会慢慢渗入其中，表面逐渐变成低碳钢。冶金史家对河北易县战国燕下都出土的钢剑、钢戟、钢矛所进行的金相检验为我们了解当初的炼钢方法提供了有力的说明。这些钢就是以块炼铁为原料经渗碳而成的。碳是从表面向内渗进去的，所以呈现表层碳多，里面碳少的现象。锻打后钢片延伸成为长条，工匠们便把它折叠起来继续锻打，并把若干片锻接起来而成长剑。因此，剑的横截面上就显现出含碳高低不同的分层现象。其中两把钢剑的组织基本相同，由含碳 0.5％～0.6％ 的高碳层以及含碳 0.15％～0.2％ 的低炭层多层相间组成，各层有厚有薄，分界有时明显，有时则有较厚的过渡层。其中所含的夹杂物分布不均，大块的夹杂物形状不规则，这说明原料铁的基体没有经过充分熔化成液态的阶段。其中的大块夹杂物是氧化亚铁（FeO）与铁橄榄石型的硅酸铁（$2FeO \cdot SiO_2$）的条状共晶组织，表明这种夹杂物曾经处于液态，所以冶炼或煅造温度曾一度达到或超过生成共晶组织所需的 1175℃。鉴于这两把剑都有坚硬锐利的高碳钢刃部，表明它们都曾经过淬火处理。这也就是说，中国在发明炼钢的同时，也已经总结出了淬火的经验。

---

① 见《战国策·韩策一》（卷二十六）〈苏秦为楚合从说韩王〉，1978 年上海古籍出版社刊本中册，第 930 页。

② 参看《世界冶金发展史》第 549 页。

③ 长沙铁路建设工程文物工作队，长沙发现春秋晚期的钢剑和铁器，文物，1978 年第 10 期。

河北满城汉墓和呼和浩特二十家子古城分别出土过完整的钢剑和铁甲或铁甲片，都属于汉武帝时期的遗物。冶金学家对汉中山靖王刘胜佩剑、钢剑和错金书刀的检测表明，这些钢的原料和燕下都出土的渗碳钢相同，但质量提高了。它们已经减少了含碳不均匀的分层现象，夹杂物的尺寸和数量也减少，钢的组织更加细密，成分更趋均匀化。这些都是由于反复加热锻打的效果。他们也曾对二十家子古城出土的一件铁甲片进行金相鉴定，判明那是一种低碳钢，表面磨光，中心部分碳稍高，约 0.1%～0.15%；含有层状氧化物和硅酸盐夹杂物，表明所用原料仍是块炼铁，经过渗碳并反复锻打成甲片后，再通过退火处理，进行表面脱碳，而提高了钢的延展性。[①]

杨宽还认为，我国早期以块炼铁为原料炼制钢铁还可能有另一种通过"密封加热而渗碳的方法"，即后世长期流行的所谓"焖钢"方法的前身和源起。这种方法大致是把海绵铁配合一定分量的干木材、植物茎叶等含碳物质做为渗碳剂，放在坩埚中密封后，以炭火加热，使用大型鼓风囊鼓风。海绵铁的表面就会发生强烈的碳化作用，逐步形成一些熔点较低的、流动性的铸铁，渗入到海绵组织的空隙当中。经过四五小时，海绵状的熟铁就会变成中碳钢或高碳钢。他认为《吴越春秋》谈到的干将、莫邪等所制宝剑的钢材就可能是采用这种方法炼制的。但这个意见还值得商榷。因为在春秋战国时期，钢铁还处于试炼阶段，经验还不多，而且那时的工匠对钢和铁的内在关系更不可能有科学的理解，并不懂得渗碳的道理；把块炼铁锻打使之成钢，那是在不自觉的渗碳过程中取得的感性经验，通过实践总结出来的工艺，这是容易理解的。"焖炉炼钢"的经验是怎样取得的？那时的工匠怎么会知道采用渗碳剂（杨氏甚至认为西汉初时已采用骨粉做为渗碳的催化剂）？这种工艺是否会那么早就在中国出现？笔者认为还有待进一步探讨，而且目前也还缺乏那时我国就有焖炉炼钢工艺的旁证。

现在冶金史学者都承认，言之有据的"焖炉炼钢"产品最早出现在波斯萨珊王朝的初期，即公元 3 世纪 20 年代，相当于中国的三国时期，波斯称这种钢叫做"班奈"（spaian）。北魏时传入中国，音译为"镔铁"。可以肯定从那时起不断有镔铁自波斯、罽宾（今克什米尔）、大食、印度输入我国。可能在宋代时我国西北地区的兄弟民族最早学会了仿制镔铁的方法，《宋史·高昌传》说：在今我国新疆吐鲁番一带的高昌"有砺石，剖之得宾铁，谓之吃铁石"[②]。但这话又过于含混，是否确已仿制了镔铁，也还待进一步证实。到了元代，可以肯定我国自己已冶炼镔铁，《元史·百官志》说：工部设有镔铁局，"提举右八作司，……并在都局院造作镔铁、铜、钢、输石、东南简铁。"[③] 明代宋应星《天工开物》（卷十）〈锤锻〉一节中载有密封渗碳炼制钢针的方法，就是采用了这种工艺。宋氏说：

> 用铁尺一根，锥成线眼，抽过条铁成线，逐寸剪断为针。……然后入釜，慢火炒热。炒后以土末［入松木、火矢（木炭）、豆豉三物（渗碳剂）］罨盖，下用火蒸。

留针二三口插于其外，以试火候。其外针入手捻成粉碎（完全氧化），则其下针火候皆足。然后开封，入水健之（淬火）。

这就是焖炉固体渗碳法，书中所附图（见图 3-32）里的大釜即焖炉。关于镔铁在我国流传的原委，张子高等曾撰文"镔铁考"，详加探讨，结论是："根据史书的确切记载，镔铁出自波

---

①　内蒙古自治区文物工作队，呼和浩特二十家子古城出土的西汉铁甲，考古，1975 年第 4 期。

②　见元·脱脱等撰《宋史·高昌传》（卷四百九十），中华书局校订、标点本第 40 册总页 14111 页，1977 年。

③　见明·宋濂等撰《元史·百官志第三十五》（卷八十五），中华书局校订、标点本第 7 册总页 2146 页，1976 年。

图 3-32　焖炉固体渗炭法制钢针
（摘自喜咏轩丛书刊本《天工开物》）

斯萨珊朝。后魏始传入我国。宋初起，作为贡品和商品较大量传入。元时我国已设官自己炼制。到了元明之交就进一步掌握它的显示花纹方法了。"[1]

　　这种焖炉炼钢的方法在河南、湖北各地有相当长的历史。那里所用的焖炉是方形的，用土坯砌成。炉的下部设有炉栅（炉条），炉栅距地面约半尺高。在炉栅下面四周留有通风口，以便炉子自动抽风；炉子的正前面留有方形的装料口，在炉顶上留有方形的通火口，以便出炉时发散热度。焖罐所用的罐子，可用铁罐（可焖几十次）、砂罐或缸罐（只焖一两次）。焖钢所用的渗碳剂主要是木炭，近代则有用煤、焦炭的。另外，焖钢时还常掺入骨粉，因骨粉中含有丰富的磷酸钙，在红热木炭作用下还原出磷质，渗入熟铁中，可降低铁的熔点，加速碳的渗入，所以骨粉又常常被称作渗碳的"催化剂"。[2]焖钢冶炼的基本方法是：先用熟铁锻制成器物（称作焖件），调好配料，装入焖罐时要依次放一层渗碳剂配料，再放一层焖件，罐的底层和上层所放配料要厚些，在焖件与焖件之间距离应该均匀，以便焖件能充分吸收碳分。待焖罐装好后，用粘土把罐口密封，

置入焖炉，再把装料口以土坯封闭，点火加热。加热时间视焖件大小而定，大者需 24 小时，滚珠等小件只要 3 小时，一般需 9 个小时。焖件出炉后要淬火，加以硬化。这种方法在缺乏炼钢设备的农村很方便，因此到近代时仍有一定的生命力。[3]

（二）铸铁脱碳钢技术的发明和发展

　　快炼铁虽然冶炼容易，但质量差，产量低，且须毁炉取铁，锻制成器物和钢材又费时费力，所以作为钢工具和兵器的铁料来源，显然难以适应日益增长的要求。而我国铸铁的冶炼出现很早，产量大，资源丰富，因此促使人们着意去探索以铸铁为原料炼钢，并在西汉时取得了成功，于是使我国的炼钢工艺和冶金业得以大步向前发展。

1. 炒铁与炒钢技术的发明

　　前文已经谈过，我国从战国到西汉时期，冶铁工匠们对生铁进行柔化处理使之成为可锻铸铁的经验逐步成熟，于是他们懂得了铸铁经过长时间的红热（氧化）退火可以变性，甚至和块炼铁一样柔软，于是启示了炒铁的发明。炒铁的工艺是先将铸铁锤成碎片，和木炭一起放在炒炉内，点火加热，并从上方向下鼓风，把铸铁加热到半熔融状态，通过不断搅拌（炒），增加铁和空气的接触面，可使铸铁中的碳逐步氧化，温度随之升高。其中的硅、锰、磷

①　张子高、杨根，镔铁考，科学史集刊，第 7 期，科学出版社，1964 年。
②　参看杨宽《中国古代冶铁技术发展史》第 209 页。
③　参看冶金工业出版社编《土法炼钢》，1958 年。

等杂质氧化后和氧化铁转变成硅酸盐、磷酸盐夹杂物。随着碳分降低，铁的熔点增高，于是凝聚成疏松的团块，再经锻打，排挤出夹杂物，便成为钢料。但在古代的知识和技术条件下，很难控制铁中的含碳量，所以往往一炒到底，炒成熟铁，因此又要在锻打过程中再经渗碳而成为低碳钢。

表 3-16　铁生沟汉代冶铁遗址残存炒钢的分析

样品名称	C（%）	Si（%）	Mn（%）	P（%）	S（%）
高碳钢	1.288	0.23	0.017	0.024	0.022
熟　铁	0.048	2.35	微　量	0.154	0.012

河南铁生沟汉代冶铁遗址残存有炒炼熟铁用的地炉一座，上部已毁坏。炉腔是向地下挖出的，呈缶（一种大肚小口的瓦器）状，内搪耐火泥作衬，这样的形制可使热量集中，不易散失，有利于炒铁时温度升高。在该遗址的藏铁坑中还发现有在该炒钢炉中炒炼而成的高碳钢和熟铁，成分如表 3-16 所示[①]。熟铁中含硅量相当高，可能是因为尚未经充分锻打，挤渣不完全，而尚含有大量硅酸盐夹杂物所造成的；高碳钢含碳量较高，当然可能是炒炼不完全的结果。铁生沟遗址的年代是从西汉中期到新莽时代，据此可判断，我国炒铁大约发明于西汉中后期。在河南南阳瓦房庄汉代铸铁遗址也发现有几座炒炼炉，形制与铁生沟的地炉大体相同，出土时炉底仍残存有铁块，可见这类设在城邑（汉代宛城）的冶铁作坊不仅熔铁铸造铁器，也还用生铁炒炼熟铁，以锻制工具和构件。[②] 华觉明认为：[③] 东汉时成书的《太平经》中有一段文字，说"有急乃后使工师击治石，求其中铁，烧冶之使成水，乃后使良工万锻之，乃成莫邪（锋利的宝剑）。"它可能就是叙述由矿石冶炼·到·生铁，对生铁水进行炒炼，再锻打成锋利的兵器这一工艺过程。不过这段文字失之疏简，未明确提到炒炼这一步工序。

炒铁工艺操作简便，生产效率高，原料易得，因此能向社会提供大量廉价、优质的熟铁和制钢铁料，·因此在其发明以后，即从东汉时期，我国铁兵器便全部代替了青铜兵器；大型锻铁农具，如长 30 厘米的镢头和镰刀也显著增多。而且自此以后，我国"碑碣云起"（见《文心雕龙》），石碑、石像、石阙、石宝大量出现；汉代画像石集中出现于南阳、沂南等冶铁发达的地区；魏晋间大规模的石方工程兴修，大约都与炒铁的发明和推广、优质锻造钢工具的普遍使用有密切的关系。[④]

炒铁的发明打破了原来生铁不能转化为熟铁的界限，使原先各行其是的两个工艺系统沟通起来，成为统一的钢铁冶炼加工技术体系，从而使钢的生产有了丰富的原料。因此它对于早期铁器时代向完全铁器时代的过渡具有关键的意义，可以说它是中国古代钢铁技术史上继生铁发明之后，又一项具有划时代意义的创造发明。

由于东汉时从炒铁取得了大量的熟铁，人们为了把生铁与高、中碳钢相区别，便又赋予了高、中碳钢一个专门名称——鍒铁。正如许慎《说文》所说："鍒，铁之软也。"但应注意，

---

① 参看河南省文化局文物工作队《巩县铁生沟》第 11～13 页。

② 参看李众："中国封建社会前期钢铁冶炼技术发展的检讨"，《考古学报》1975 年第 2 期；河南省博物馆："河南汉代冶铁技术初探"，《考古学报》1978 年第 1 期；冶金工业出版社编《土法炼钢》，1958 年。

③ 见华觉明著：《世界冶金发展史·中国古代金属技术》第 551 页。

④ 参看华觉明："中国古代钢铁技术的特色及其形成"，《科学史文集》第 3 辑，上海科学技术出版社，1981 年。

在古代时是难以把熟铁和低碳钢准确区分开来的。

东汉以后，不乏关于炒钢的记载。宋代学者苏颂（1020～1101）在其所撰《图经本草》中说："初炼去矿，用以铸泻器物者为生铁，再三销拍，可以作镙者为镤铁，亦谓之熟铁。"[①] 文中的"镙"是轧成的金属片，所谓"再三销拍"就是炒钢的方法。明代时唐顺之所撰《武编·前编》[②]（卷五）"铁"条中谈及熟铁时说：

熟铁出福建、温州等处，至云南、山西、四川亦皆有之。闻出山西及四川泸州者甚精，然南人实罕用之，不能知其悉。熟铁多粪滓，入火则化，如豆渣，不流走。冶工以竹夹夹出，以木槌槌之成块，或以竹刀就炉中画（划）而开之。今人用以造刀、铳（火器）、器皿之类是也。其名有三：一方铁，二把铁，三条铁。用有精粗，原出一种。铁工作用，以泥浆淬之，入火极热，粪出，即以锤锤之，则渣滓泻而净铁合。初炼色白而声浊，久炼则色青而声清，然二地（山西与四川）之铁百炼不折，虽千斤亦不能成分两也。

图 3-33　明代炼铁炉和炒铁炉串联的操作方法
（摘自喜咏轩刊本《天工开物》）

这段文字简略地描述了炒炼生铁成熟铁的过程。把这个过程分为三步：先把生铁炒成"多粪渣"的熟铁；然后捶打成块，或者把它划开成为"方铁"；再把方铁进一步锻炼，挤出其中的渣滓，得到较纯的熟铁。

在古籍中关于炒钢的最完整记载则要算《天工开物》（卷十四）中的描述了。值得注意的是，它指出：在明代时已有把炼铁高炉与炒铁炉串联起来的大作坊，从高炉流出的生铁立即流入炒铁炉，趁热搅炒，大大节约了燃料，提高了生产效率（图 3-33）。有关文字如下：

凡铁分生熟。出炉未炒则生，既炒则熟。生熟相和，炼成则钢。凡铁炉用盐做造，和泥砌成。其炉多傍山穴为之，或用巨木匡围。塑造盐泥，穷月之力不容造次。盐泥有罅，尽弃全功。凡铁一炉载土二千余斤，或用硬木柴，或用煤炭，或用木炭，南北各从利便。扇炉风箱必用四人、六人带拽。土化成铁之后，从炉腰孔流出。炉孔先用泥塞。每旦昼六时，一时出铁一陀。……若造熟铁，则生铁流出时相连数尺内，低下数寸筑一方塘，短墙抵之。其铁流入塘内，数人执持柳木棍排立墙上，先以污潮泥晒干，舂筛细罗如面，一人疾手撒搋，众人柳棍疾搅，即时炒成熟铁。其柳棍每炒一次，烧折二三寸，再用则又更之。炒过稍冷之时，或有就塘内斩划成方

①　见宋·苏颂《图经本草·玉石中品卷第二》第 37～38 页，福建科学技术出版社，1988 年。
②　明·唐顺之撰《武编》，见《四库全书》子部兵家类。

块者，或有提出挥锥打圆后货者。若浏阳诸冶，不知出此也。①

在以上炒炼生铁的过程中，撒播泥粉的作用主要在于利用泥土中所含硅土和氧化铁，既可帮助生铁中的碳氧化，又使其中的氧化铁生成易熔硅酸铁——渣，它会促使熟铁凝成较大的块。这就是所谓的"混土精炼法"。

2. 铸铁脱碳钢的发明

这种工艺是把生铁铸成比较薄的铁板，经过热处理在退火的同时，氧化脱碳，使之成为低碳钢板或熟铁板。显然，它也是在铸铁柔化处理工艺的基础上发展起来的，是这种技术的巧妙运用。这项工艺的特点之一是有控制地适当脱碳，与可锻铸铁的区别在于它是由表及里全部地、均匀地适当脱碳，基本上并不析出石墨。因为它是以生铁为原料，因此所得钢件中的夹杂物很少。

从北京大葆台西汉燕王墓（前80）中发现了最早的用铸铁脱碳钢制成的环首刀、簪、箭铤、扒钉，说明这种工艺在西汉时已经发明。②1976年发现在河南渑池汉魏窖藏的大批铁器中混有宽窄不一的长方形或方形铁板范五种152件，以及用它们铸作的方铁板和有铭铁板，当是准备用来制作铸铁脱碳钢的，厚度在3—6毫米，铸得如此薄显然是为了使退火处理进行得彻底；同时还出土了许多铸铁脱碳钢的器件，包括斧、镰等工具和兵器，从外型看似乎是铸铁件，但从化学成分和金相组织看则基本上是钢，在高倍显微镜下，可在其晶粒间界发现少量微细的石墨析出，与铸铁中的石墨截然不同，显然是在白口铁脱碳过程中生成的，表明它们属于铸铁脱碳钢的钢件。在那里出土的部分钢件的成分检验结果如表3-17所示。③

表3-17 河南渑池出土铸铁脱碳钢件的成分检测结果③

器 名	C（%）	Si（%）	Mn（%）	S（%）	P（%）
"新安"Ⅱ式斧	0.87	0.69	0.25	0.024	0.27
"黾［左水］"Ⅱ式斧	0.87	0.05	0.60	0.011	0.14
"陵右"Ⅱ式斧	0.6~0.9	0.16	0.05	0.020	0.11
"新安"镰	0.57	0.21	0.14	0.019	0.34
Ⅰ式斧	0.24	0.16	0.41	0.014	0.14

郑州市博物馆曾在东史马发掘到六件东汉时的钢剪，充分表明东汉铸铁脱碳制钢工艺已趋成熟并突出地体现了这种工艺所取得的成就。经过金相检验，观察到剪刀的整个断面都是含碳量在1%的碳钢，组织均匀，碳素体成均称的球状；通体非常纯净，几乎看不到夹杂物，只在断面较厚的部位上见到微小的石墨。这都证明这种剪刀是先用白口铁铸出成形的铁条，再经过脱碳退火而成为钢材后，磨砺刃部，而后加热弯曲做成交股式8字形的剪刀。

（三）百炼钢的生产

百炼钢的生产工艺有一个发展过程。在汉代以前，为了挤出夹杂物，工匠们在红热的炭

---

① 见《天工开物》明崇祯十年刊本下卷第15~16页。
② 北京市古墓发掘办公室，大葆台西汉木椁墓发掘简报，文物，1977年第6期。
③ 北京钢铁学院金属材料系中心化验室，河南渑池窖藏铁器检验报告，文物，1977年第6期。

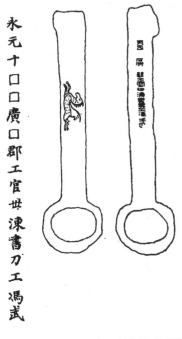

图 3-34　永元广汉郡州㳂书刀及铭文
（采自罗振玉：《贞松堂集古遗文》
十五，金马书刀）

火上通过锻打加工块炼铁，而提高了它的质量，并逐步转变成渗碳钢，这是百炼钢的源起和初始状态。在炼制渗碳钢的实践中，人们发现反复加热锻打的次数增多以后，钢件变得更加坚韧，于是很自然地把它定为正式工序。西汉以后，炒铁工艺的发明，大大改善了熟铁的来源，工匠们一方面开始以炒铁（熟铁）为渗碳钢的原料，一方面不断增加锻打的次数，于是出现了"标准"的百炼钢工艺，或者说使百炼钢技术发展到成熟的阶段。

近代著名学者罗振玉的《贞松堂吉金图》著录有三件东汉广汉郡（四川广汉）工官所作金马（有错金的马形纹饰）书刀，其错金铭文都注明为"卅㳂"（亦见于罗振玉《贞松堂集古遗文》，参看图 3-34）。其中一件铭文为："永元（东汉和帝）十六年（104）广汉郡工官卅㳂，史成、长荆、守丞熹主"。文中的"卅㳂"即"三十炼"。

1974 年在山东苍山县东汉墓出土了一把环首钢刀，全长 111.5 厘米，刀身宽 3 厘米，刀身上有错金火焰纹和隶书铭文："永初（东汉安帝）六年（112）五月丙午造卅㳂大刀，吉羊（祥）宜子孙"。[1] 经检验，其刃部含碳量约为 0.6%～0.7%；夹杂物呈细长形，细薄分散，变形大，分布均匀，以硅酸盐为主；有明显的分层现象，据此可以判断它也该是用炒铁为原料反复叠打渗炭而成的。[2]

东汉钢制品中也有用"五十炼"工艺制成的。1978 年徐州博物馆在铜山县驼龙山汉墓出土一把钢剑，通长 109 厘米，剑身长 88.5 厘米，剑把正面有错金铭文："建初（东汉章帝）二年（元 77）蜀郡西工官王愔造五十㳂△△△孙剑△"，内侧上阴刻铭文："直（值）千五百"。

东汉更有以"百炼"制成的钢制品。1961 年在日本奈良县东大寺古墓出土了一把钢刀，上有错金铭文："中平（东汉灵帝）纪年五月丙午造作［支刀］，百炼清［刚］"。[3] 当为公元 184 年所造。这是迄今所知唯一铭文标明为"百炼"的刃器。

就文献记载而言，"百炼"一词最早见于东汉王充的《论衡·状留编》，原文是："干将之剑，久在炉炭，锸锋利刃，百熟炼厉，久销乃见作留，成迟故能割断。"[2] "百熟炼厉"就是"百炼"。至于"百炼"的意思是什么？可能只是说必须到达一定的锻炼次数，剑刃才能锸利。"百炼"是极言炼数之多，不一定有严格定量的意义。至于"三十炼"、"五十炼"，以铭文庄重地刻在刀剑上则似乎有确定的含义，不是泛言，所谓"三十炼"大概是指经过 30 次左右反复锻炼。每加热锻打一次称为一"火"或一"炼"，每五六火折叠一次；但也可能指锻打、折叠 30 次。但这还有待将来根据更多的实物进行考查。

---

① 刘心健、陈自经，山东苍山发现东汉永初纪年铁刀，《文物》1974 年第 12 期。
② 李众，中国封建社会前期钢铁冶炼技术发展的探讨，考古学报，1975 年第 2 期。
③ 〔日〕梅原末治，奈良县栎木东大寺古坟出土汉中平纪年的铁刀，日本《考古学杂志》，48（2），1962 年。

百炼钢工艺发展到三国时期已趋成熟，魏、蜀、吴三国都有工匠掌握了这种锻造刃剑的技艺。曹操曾令工匠为他制作"百辟利器"，据说造了五把宝刀，三年才造成。这五把宝刀也叫做"百辟刀"。何谓"百辟"？曹操《内诫令》有明确解释："往岁作百辟刀五枚，吾闻百炼器辟不祥，摄服奸宄者也。"[①] 意思是说这种刀可以威慑、镇服妖魔鬼怪、奸邪之徒。但对"百辟"历来还有另一种解释，认为"辟"是"襞"的假借字，可以作"襞积折叠而加以锻打的意思。"[②] 所以"百辟"与"百炼"的意思是一致的。这一说法也有所据，《昭明文选》（卷三十五）有张协（字景阳）"七命"，其中有"万炼乃铄，万辟千灌"的话，李善注，"辟谓叠之。"[③]曹植曾为这类宝刀作《宝刀赋》（见丁晏纂《曹集铨评》卷二），谓"其利陆断犀革，水断龙角，轻击浮截，刃不纤削"。在建安二十四年，曹丕则又命"国工"挑选"良金"，精炼"宝器"，共炼成宝剑三把，宝刀三把。宝剑中有"光似流星"的，而命名为"飞景"；有的"色似彩虹"而名为"流彩"；宝刀中有"文似灵龟"而命名为"灵宝"的；有的"彩似丹霞"而命名为"含章"的。他讲：炼成的时候"五色充炉，巨橐自鼓，灵物仿佛，飞鸟翔舞"十分壮观（见严可均辑《全三国文》卷八曹丕《典论·剑铭》）。另外，《太平御览》（卷三四六）引梁·陶弘景《刀剑录》，谓："蜀主刘备令蒲元造刀五千口，皆连环，及刃口刻七十二涑（炼）。"可见刘备曾令工匠制造了大量"七十二炼"的宝刀。晋·崔豹的《古今注·舆服》则说："吴大皇帝有宝刀三、宝剑六，⋯⋯刀一曰'百炼'，二曰'青犊'，三曰'漏景'。"[④] 可见百炼钢制品在三国时期已很普遍。

自从西晋刘琨写下"何意百炼钢，化为绕指柔"的诗句后，"千锤百炼"、"百炼成钢"便成为人们常用的习语了。近代冶金史家几乎普遍认为：在我国古代的钢铁材料中，百炼钢可以说是质量最高的产品。

（四）灌钢的发明

我国古代的钢铁冶金技术发展到南北朝时期又出现了灌钢法。这项发明可以说是我国先民在钢铁发展史上所做出的最卓越、最具特色的贡献。

灌钢法是根据生铁含碳高、熔点较低、质地过硬过脆，而熟铁含碳过低、熔点较高、质地过软的特点，于是通过将熔融的生铁与熟铁（一般用炒钢、炒铁）一起加热、保温合炼，使碳分自生铁向熟铁中渗透、扩散，趋于均匀，而成为含碳适中的钢材。然后再经反复锻打，进一步使其组织纯化、均匀，终于成为优质高碳或中碳钢。

北魏、北齐期间（550年前后）有一位攻习道术的人，名叫綦母怀文（复姓，亦作綦毋）曾经炼制过一种"宿铁刀"。所谓"宿铁"就是后世所谓的灌钢。《北史·艺术列传》说："怀文造宿铁刀，其法：烧生铁精，以重柔铤，数宿则成刚（钢）。以柔铁为刀脊，浴以五牲之溺，淬以五牲之脂，斩甲过三十札也。"[⑤]（《北齐书·方伎列传》也有类似记载）在这段话中，"柔铤"是柔铁（熟铁）的原料，许慎《说文》："铤，铜铁朴也。"在南北朝时，当是炒铁。

① 见唐·虞世南《北堂书钞》（卷一百二十三），光绪年校影宋原本，清·孔广陶校注，〈卷一二三〉之第3页。

② 参看杨宽著《中国古代冶铁技术发展史》第238页。

③ 见梁·萧统编，唐·李善注《文选》（卷三十五）第494页，中华书局，1977年。

④ 晋·崔豹撰《古今注》（卷上），见《顾氏文房小说》第1册，上海涵芬楼影印。

⑤ 见唐·李延寿撰《北史·列传第七十七·艺术上·綦母怀文》（卷八十九），中华书局校订、标点本第9册总第2940页，1974年。

"宿"是比拟的说法,谓生铁、熟铁如同雌雄两性的动物宿在一起交配,生铁在加热下洩出精液来,灌注到熟铁中。经过几度交配就成为钢铁了。"宿铁"就是由此而得名。不仅北朝有了"宿铁",南朝大约也在同时流行起这种炼钢法。宋、梁时期的医药与炼丹大师陶弘景(约452～536)在其《本草经集注》中说:"钢铁是杂炼生鍒作刀镰者。"可见在当时江南一带已广泛利用宿铁制作农具。考虑到在古代的技术发展及生产知识的交流上不会是很快的,所以宿铁大约在两晋时期已经发明。前文我们已经提到过西晋人张协的《七命》,其中描述到"楚之阳剑"的炼制过程,有这样一段话:

> 大夫曰:楚之阳剑,欧冶所营。邪溪之铤,赤山之精。销逾羊头,镆越锻成。乃炼乃铄,万辟千灌。丰隆(雷公)奋椎,飞廉(风伯)扇炭。神器化成,阳文阴缦,流绮星连,浮彩艳发,光如散电,质如耀雪。霜锷水凝,水刃露洁。……此盖希世之神兵,子岂能从我而服之乎?[①]

略去文中的神秘色彩,我们可以了解到一些当时炼制宝剑的方法。文中"销逾羊头"之"销"是指生铁(李善注引许慎《淮南子注》:"销,生铁也。");"镆越锻成"的"镆"或谓鏷,即铤也,亦即未经锻制的熟铁;"万辟千灌"中的"灌"可能就是把熔化的生铁(销)水灌注到熟铁(镆)当中;"辟"在前文中已作解释。所以"万辟千灌"似乎就是把灌钢技术与百炼钢工艺相结合。

这种灌钢冶炼方法是怎样发明的?杨宽认为:这是炼铁匠师在炒钢的实践过程中逐渐摸索出来的。在用生铁炒钢的过程中,当时是难以准确控制火候的,往往会炒炼"过火",而得到熟铁,铁质过软,于是不免要重新添入一些生铁加以补救。这样把生铁和熟铁同时炒炼,他们就逐渐掌握"杂炼生鍒"的炼钢规律来,进一步就创造了这种灌钢冶炼法。[②]这种解释是合乎情理的。

灌钢法较之它以前的各种炼钢法,操作简便,劳动强度小,产率高,火候、配料的掌握也比较容易,所以自发明以后,很快流行、推广起来。经过有唐一代的反复实践,逐步成熟。及至宋代便成为全国普遍流行的一种炼钢法了。宋人苏颂的《图经本草》说:"以生柔相杂和用以作刀剑锋刃者为钢铁。"宋代著名学者和科学家沈括(1031～1095)在其名著《梦溪笔谈》(卷三)"辩证一"中说:"世间锻铁所谓'钢铁'者,用柔铁屈盘之,乃以生铁陷其间,泥封炼之,锻令相入,谓之'团钢',亦谓之'灌钢'。"[③]意思是说:在炼钢炉中让熟铁条屈曲地盘绕着,在其夹缝中嵌入敲碎的生铁块,用泥巴将炉密封起来,然后将炼炉加热,待炼成后,取出再行锻打,就成为'真钢'了,所以叫"团钢"。这种方法大概已是南北朝时灌钢法的改进方式了。采用泥封的做法,在匠师们的主观上显然是为了保温,当然客观上却也防止了在长时间加热过程中可能发生的氧化脱碳。

到了明代,这种灌钢法又有所前进。"生铁—炒熟铁—灌钢—锤锻"的工艺路线似乎成了最通行的炼钢法。所以宋应星在其《天工开物》中介绍了炒熟铁法之后,紧接着说:

> 凡钢铁炼法,用熟铁打成薄片,如指头阔,长寸半许,以铁片束包尖(夹)紧,生铁安置其上(原注:广南生铁名堕子生钢者妙甚),又用破草履盖其上(原注:粘

---

①　参看《文选》(卷三十五)"七命"之李善注,第494～495页,中华书局本,1977年。

②　参看杨宽著《中国冶铁技术发展史》第249页。

③　见《元刊梦溪笔谈》第14页,文物出版社,1975年影印元代古迁陈氏东山书院刻本。

带泥土者，故不速化），泥涂其底下。洪炉鼓鞴，火力到时，生钢（按指名为'堕子
钢'的生铁）光化，渗淋熟铁之中，两情投合。取出加锤，再炼再锤，不一而足。俗
名团钢，亦曰灌钢者是也。

明末方以智撰《物理小识》，其卷七《金石类》也说："灌钢以熟铁片加生铁，用破草鞋盖之，
泥涂其下，火力熔渗，取锻再三。"[①]

（五）淬火工艺的发展

　　根据对早期出土钢铁器物的检测，我们可以了解到在战国时期以块炼铁为原料的渗碳钢
出现不久以后就发明了淬火工艺。例如燕下都出土的两把钢剑其整体是经过淬火处理的。当
然，在最初时工匠的目的是为了加速锻件的冷却，而在偶然中发现淬火可以使钢件变得坚硬，
于是便逐渐成为一种锻钢时，特别是锻制刀剑时必不可少的工序了。

　　淬火技术在西汉时已开始普及。当时"淬"作"焠"，《说文》明确指出："焠，坚刀刃也。"
《文选》收录之汉·王褒（子渊）撰"圣主得贤臣颂"中有"及至巧冶，铸干将之镆，清水焠
其锋，越砥敛其锷"之句；[②] 曹丕《典论·剑铭》也说："淬以清漳。"[③] 似乎都已注意到淬火
时对水质的选择。唐·虞世南的《北堂书钞》（卷一百二十三）引了《蒲元别传》中的一段传
说，谓三国时名匠师蒲元为诸葛亮制刀三千口，鉴于"汉水钝弱，不任淬用"，而派专人到成
都取蜀地江水，取来的水杂有涪水，居然也被他试出。[④] 当然，不同江水的淬火性能是否会有
那么明显的差别，不足为信，但当时有经验的锻钢匠师已注意到水质对淬火的效果会有所影
响，因而对选用水很有讲究则是可能的。例如《晋太康地理记》也说："汝南西平有龙泉水，
可以淬刀剑，特坚利。"[⑤]

　　及至南北朝时，淬火工艺有了重大的进步，从上述綦母怀文对淬火的一段叙述，可知他
一方面已知道使用畜溺和油脂两种淬火介质；另一方面他已强调对刀剑淬火时，只淬其刃，这
样可使其脊部仍保持柔韧，不易折断，而仅使刃部刚硬锋利。现在我们知道，畜溺中含有盐
分，冷却速度要比水快，利于淬硬，650～550℃的热钢件在18℃的10%食盐水中淬火时，冷
却速度为1100℃/秒；若以油脂淬火，冷却速度则要比水慢，可以使钢较为柔韧，以同样热度
的钢件以50℃的矿油淬火，冷却速度仅150℃/秒。华觉明对綦母氏的这段话，探究颇深，他
认为："[綦母氏] 也有可能已使用双液淬火，即先在冷却速度大的畜溺中淬，避免奥氏体在
高温转变；再在油脂中淬，使马氏体的转变较为缓慢，以减少变形和开裂的倾向。"[⑥] 此见解
可谓独具只眼。当然，綦母氏还不可能懂得这些现代科学的道理，但有可能从实践中已摸索
到了一些如何既使钢件坚硬，又不使其变形和开裂的经验。

　　① 见《物理小识》第187页，商务印书馆《万有文库》（第二集第543册）本。
　　② 见《文选》（卷四十七）第659页，中华书局本。
　　③ 参看《太平御览》（卷三四三）〈兵部七四·剑中〉。
　　④ 唐·虞世南《北堂书钞》，见光绪年影宋原本，清·孔广陶校注，〈卷一百二十三〉之第3页。另可参看宋·李昉
《太平御览》（卷三四五）兵部七六，1960年中华书局影印本第2册总第1589页下。
　　⑤ 见《史记·苏秦列传》（卷六十九）中"龙泉太阿"之唐·司马贞索隐，世界书局《四史》本第372页下。
　　⑥ 参看华觉明著《世界冶金发展史·中国古代金属技术》第557～558页。

六　硫铜矿的冶炼及我国首创的"胆水炼铜"

（一）硫铜矿的冶炼及其工艺

孔雀石由于颜色醒目，容易识别，又属于氧化型矿，冶炼简便，所以很早就被利用。但这种矿物在地壳中储量较少，因为它是含铜硫化物经空气氧化所产生的易溶硫酸铜与碳酸盐矿物（如方解石）相互作用的产物，所以一般只存在于含铜硫化物矿床的氧化带中，虽处于地表，容易采掘，但矿层一般较浅，采集难以持久。

在自然界中铜主要以硫化铜存在，主要的是辉铜矿、黄铜矿和斑铜矿。辉铜矿的主要成分是 Cu_2S，呈铅灰色；斑铜矿的主要成分为 Cu_5FeS_4，呈暗紫红色，常与黄铜矿、辉铜矿共生，实际成分变动很大；黄铜矿主要成分为 $CuFeS_2$，呈黄铜的黄色，常与黄铁矿、方铅矿、闪锌矿、斑铜矿、辉铜矿、方解石、石英共生。这些铜矿的冶炼，较孔雀石、蓝铜矿要复杂，难度也较大，因此其实现相对要晚很多。在古代，其冶炼工艺一般至少要分两步走，首先得通过氧化焙烧，除去其中的一部分硫和铁（生成 FeO，SiO_2 炼渣和 SO_2），使硫化铜大部转化成 Cu_2S 及一些 Cu_2O，即在此过程中会生成冰铜，即 $xCu_2S\text{-}yFeS$ 的烧结物，反应大致如下：

$$2CuFeS_2 == Cu_2S + 2FeS + S$$
$$Cu_2O + FeS == Cu_2S + FeO$$
$$2FeS + 3O_2 + SiO_2 == 2FeO \cdot SiO_2 + 2SO_2$$
$$2FeO + SiO_2 == 2FeO \cdot SiO_2$$

第二步则是冰铜吹炼，在竖炉中以木炭热还原上述氧化焙烧料，而得到金属粗铜。反应大致如下：

$$2C + O_2 == 2CO$$
$$2Cu_2S + 3O_2 == 2Cu_2O + 2SO_2 \uparrow$$
$$2Cu_2O + 2CO == 4Cu + 2CO_2 \uparrow$$
$$Cu_2S + 2Cu_2O == 6Cu + SO_2 \uparrow$$
$$2FeS + 3O_2 == 2FeO + 2SO_2 \uparrow$$
$$2FeO + SiO_2 == 2FeO，SiO_2 （炼渣）$$

在古代的技术条件下，用硫化铜所冶炼出的金属铜中，往往会含有明显量的铁和硫，及由共生矿物引入的砷、铅、锡、锌、银、锑等以及残余的冰铜和氧化焙烧的中间产物。另外在焙烧炉的炼渣中还会检验到冰铜残渣及以上共生元素。因此，目前就是通过对古炼铜遗址出土的铜锭、炼渣和遗址附近的残剩矿石，来判断该遗址当年所采用的矿石及冶炼工艺。

我国古代的冶铜技术究竟在什么时候已进步到能冶炼硫化矿，至今还没有明确的定论，随着冶炼遗址的考古发掘工作不断取得新进展，这个时期也逐步在提前。从迄今取得的资料看，我国大约在距今 3000 年的春秋时代，个别地区的冶炼技术已经进步到这个阶段。

1987 年，李延祥等[①]对内蒙古昭乌达盟赤峰市林西县大井古矿冶遗址的发掘和研究表明，

---

① 李延祥、韩汝玢，林西县大井古铜矿冶遗址冶炼技术研究，自然科学史研究，9（2），1990 年；或《中国冶金史》（论文集）第二卷第 22～32 页，1994 年。

它属于夏家店上层文化，相当于春秋早期。在该遗址，当年的工匠曾用石质工具较大规模地开采了铜、锡、砷共生硫化矿石，矿石经焙烧后直接还原熔炼出了含锡、砷的金属铜合金。该遗址在赤峰市林西县官地乡，铜矿区的矿石主要类型为含锡石、毒砂（FeAsS）的黄铁矿-黄铜矿，少量为黄锡矿。遗址发掘中出土了多座炼炉以及炉渣（炼渣）、炉壁、矿石，对当时的冶炼技术提供了相当丰富的实物资料。在 8 个炼区中，发现 4 座多孔窑式炼炉和 8 座椭圆形炼炉。前一种当是焙烧炉，距采矿坑很近。采集到的炉渣中发现有白冰铜 Cu_2S 的颗粒。推测焙烧的过程是这样的：首先在山坡较平坦处挖一个直径约为 2 米的炉坑，坑内先铺一层木炭，其上堆放矿石，再以草拌泥将矿石堆封起来（目的是减少热量损失）。在封泥上留有若干圆形排烟（SO_2）孔和鼓风口。点燃木炭并鼓风入内后，焙烧反应即开始进行，由于焙烧反应是放热反应，因此当矿石热到起火温度后就无需再补充燃料，焙烧反应便可持续下去。后一种则是还原熔炼炉，有拱形炉门，以排放铜液和炼渣。炼炉周围发现有炼渣、木炭，表明木炭是作为燃料和还原剂的。炼渣中 SiO_2，FeO 和 CaO 的含量总和占到 80%～90%，可以推断出这种炼渣的熔点在 1100～1200℃，炼渣里夹有石灰石颗粒，表明冶铜时可能已利用了石灰石作助熔剂。在炼渣中残余的金属颗粒已形成合金，一些有代表性的合金颗粒经化学分析，含铜约 70%，Sn 约 20%，砷约 5%。这是我国迄今发现的最早的开采、冶炼硫铜矿的遗址。

迄今发现的另一个先秦冶炼硫化铜矿石的地区是春秋时的楚地，今安徽铜陵地区。自本世纪 70 年代以来，曾在该地区的贵池县徽家冲[①]、铜陵市木鱼山和凤凰山[②]、繁昌县孙村乡犁山[③]、南陵县江木冲[④] 等处的古铜矿冶遗址中出土过数量相当多的铜锭以及一些炼炉和炼渣，冶炼时间都在西周到春秋晚期。铜锭皆棱形，表面粗糙，多呈铁锈色。最近陈荣等对其中铜陵、繁昌出土的铜锭进行了检测，它们都含有冰铜白镴体（$2Cu_2S \cdot FeS$）、氧化焙烧的中间产物（$Cu_{1.93}S$）O_x 以及 Sn，$CuFeO_2$ 等；对一些炼渣也进行了检测，发现含有 20%～30% 的铁及 10%～20% 的锡，并含明显量的银和铋，可初步证明这些铜锭是用冰铜冶炼的，即早在春秋时期那里已开采冶炼硫化铜矿。[⑤]

再者，据悉考古与冶金史学者还发现了新疆地区战国铜矿冶遗址、山西中条山战国冶铜遗址。从这两处遗址中采集到了炉渣，经研究初步判定，都使用了硫化矿冶铜技术。但详细的研究报告尚未见发表。此外，从安徽贵池战国青铜器窖藏所出的板状铜锭，经检验，其中含铁量达 30% 以上，含硫量约为 2%，估计那时硫化铜矿在该地区也已经开始冶炼。[⑥]但是以目前所掌握的资料，作全面的考察，在春秋战国时代已能冶炼硫铜矿的地区还不多，而普遍开采、冶炼，当在汉代。

古籍中关于开采、冶炼硫铜矿的记载，出现得很晚，而且非常有限。明代人陆容（1436～1494）所撰《菽园杂记》（卷一四）有一段有关当时炼铜的记述，是一份很难得的资料。原文如下：

---

① 安徽省博物馆，安徽贵池发现东周青铜器，《文物》1980 年第 8 期。
② 叶波，铜陵凤凰山发现春秋铜器，《文物研究》总第 3 期。
③ 沉舟，繁昌县出土春秋时期的铜锭，《安徽文物工作》1989 年第 3 期。
④ 刘平生，南陵大工山古矿冶遗址群江木冲冶炼场调查，《文物研究》总第 3 期。
⑤ 陈荣、赵匡华、张国茂等，先秦时期铜陵地区的硫铜矿冶炼研究，见铜陵市政协文史委员会编印《中国古铜都铜陵》第 44～57 页，安徽省出版总社，1992 年；自然科学史研究，13（2），1994 年。
⑥ 张敬国、华觉明，贵池东周铜锭的分析研究，自然科学史研究 4（2），1985 年。

每烊铜一料，用矿二百五十箩（每三十余斤为一小箩。虽矿之出铜多少不等，大率一箩可得铜一斤），炭七百担，柴一千七百段，雇工八百余。用柴炭装叠烧两次，共六日六夜。烈火亘天夜，则山谷如昼，铜在矿中既经烈火，皆成荣荄头，出于矿面。火愈炽，则熔液成驼（砣）。候冷，以铁锤击碎，入大旋风炉，连烹三日三夜，方见成铜，名曰生烹。有生烹亏铜者，必碓磨为末，淘去龙浊，留精英，团成大块，再用前项烈火，名曰'烧窖'。次将碎［块］连烧五火，计七日七夜。又依前动大旋风炉，连烹一昼夜，是谓成'鈥'（原注：原嘲）。鈥者，粗浊既出，渐见铜体矣。次将鈥碎，用柴炭连烧八日八夜，依前再入大旋风炉，连烹两日两夜，方见生铜。次将生铜击碎，依前入旋风炉烊炼，如烊银之法。以铅为母，除滓浮于面外，净铜入炉底如水，即于炉前逼近炉口铺细砂，以木印雕字，作处州（按：处州相当于今浙江丽水、青田、龙泉一带。）某处铜，印于砂上，旋以砂壅印，刺铜汁入砂匣，即是铜砖，上各有印文。[1]

这是作者在浙江任参政时的实录，所记当为处州的铜冶情况。文中名曰"生烹"及"鈥"（音cháo）者，皆为焙烧产物，其中当包含冰铜。将它们击碎，连柴炭一起入大旋风炉，即进行还原冶炼，初所成"生铜"当是粗铜，再数次入旋风炉冶炼，才得到成品铜，再铸为铜砖。所以陆氏说："得铜之艰，视银盖数倍云。"我国古代有所谓"三十炼铜"、"百炼铜"之说，看来就是反复这样精炼的过程。

图 3-35　铜砂冶炼
（摘自喜咏轩刊本《天工开物》）

宋应星在其《天工开物》中也述及铜的开采与冶炼，虽较简略，但着重提到铜铅、铜银共生矿的冶炼，并附有精美插图（图 3-35），今亦摘录如下：

凡铜砂，在矿内形状不一，或大或小，或光或暗，或如输石（按指黄铜矿），或如姜铁（大概指黄铁矿石）。淘洗去土滓，然后入炉煎炼，其熏蒸旁溢者为自然铜（即还原出的金属铜），亦曰'石髓铅'。凡铜质有数种：有全体皆铜，不夹铅、银者，洪炉单炼而成；有与铅同体者，其煎炼炉法，傍通高低二孔，铅质先化，从上孔流出，铜质后化从下孔流出。东夷铜（指日本国的铜矿）又有托体银矿内者，入炉炼时，银结于面，铜沉于下。[2]

---

① 见明·陆容《菽园杂记》（卷十四）第 177～178 页，中华书局，1985 年。
② 见《天工开物·五金》（第十四卷），明崇祯十年本下卷第 11～12 页。

我国自汉代以后，炼铁、炼钢技术发展很快，制造工具、兵器的金属为钢铁所取代。而商业的发展，要求铸造更多的货币，因此青铜大量转而用于制造货币。此外，战国以后，青铜还多用于制作供王公贵族享用和欣赏的小型礼器、明器、铜镜、工艺品和乐器等，其工艺朝着精巧、美观、艺术化的方向发展，其中多有鎏金、错金、错银的装饰，是我国文物中的珍品。而至迟从唐代以后，炼铜的原料也逐步以资源较丰富的硫铜矿为主了。宋代时曾把以矿石为原料、用火法冶炼出的称为"黄铜"，就是因为所用矿石为黄色硫铜矿的缘故。[①]

（二）中国首创"胆水炼铜"

在我国的冶铜史上，除了火炼法以外，还有一种独创的"胆水炼铜法"，曾盛行于两宋时期。这种方法的原理就是利用化学性质较活泼的金属铁从含铜离子的溶液中将铜置换出来，再经烹炼，制得铜锭。所利用的原料是天然的胆水。原来在自然界中的硫化铜矿物经大气中氧气的风化氧化，会慢慢生成硫酸铜，我国古代称之为胆矾或石胆，因为它色蓝如胆。再经雨水的浇淋、溶解后便汇集到泉水中，这种泉水就是所谓"胆水"。当泉水中的硫酸铜浓度足够大时，便可汲来，投入铁片，取得金属铜，所以也叫"浸铜法"。这种方法的采用以我国为最早，在世界化学史上是一项重大的发明，可谓现代水法冶金的先声。

浸铜法的渊源很早。对于这一化学变化的观察和认识可追溯到西汉初期。西汉淮南王刘安（前179～前122）所主撰的《淮南万毕术》（今仅存残篇辑录本[②]）已提到"白青得铁，即化为铜。""白青"就是孔雀石类矿物，化学组成是碱式碳酸铜。东汉时期编纂成书的《神农本草经》也记载："石胆……能化铁为铜"。这一"奇特"现象此后便受到历代炼丹家的注意，东晋炼丹家葛洪（283～343）在其所著《抱朴子内篇·黄白》中也提到："以曾青涂铁，铁赤色如铜，……而皆外变而内不化也。"[③]"曾青"大概是蓝铜矿石，也有人认为就是石胆。葛洪对这个化学变化的观察便又深入了一步。梁代医药与炼丹大师陶弘景在其《本草经集注》中又指出："鸡屎矾（大概是一种含硫酸铜的黄矾，所以黄、蓝相杂）……投苦酒（即醋）中涂铁，皆作铜色。"但当时人们对这个化学反应普遍有一个错觉，误以为是铁接触到这些含铜物质后会转变为金属铜，因此在炼丹家们的心目中，这些物质就成了"点铁成金"的点化药剂了。

唐代时炼丹家们把这种"点化"的铜美其名叫"红银"，在炼丹术中正式出现了浸铜法。唐明皇时的内丹家刘知古曾上《日月玄枢论》，其中便说道："或以诸青、诸矾、诸绿、诸灰（按即前述白青、曾青、石胆之类含铜物质）结水银以为红银。"[④] 这种"以诸青结水银以为红银"的方法在唐代后期炼丹家金陵子（可能为金陵人）在其所撰炼丹术专著《龙虎还丹诀》[⑤]中有翔实的记载，他曾利用了15种不同的含铜物质炼制"红银"，其中"结石胆砂子法"的操作要领如下：将水银及少量水放在铁制平底锅中加热，到水微沸，投入胆矾，于是铁锅底

---

① 参看赵匡华，中国历代"黄铜"考释，自然科学史研究，6（4），1987年。

② 见汉·刘安主撰《淮南万毕术》，清·孙冯翼辑录残本，商务印书馆《丛书集成》初编第0694册第7页。

③ 见王明著《抱朴子内篇》第262页，中华书局，1980年。

④ 见宋·曾慥《道枢》（卷二），《道藏》太玄部经名，总第641册。参看陈国符《道藏源流考》下册第438—439页，中华书局，1963年。

⑤ 唐·金陵子著《龙虎还丹诀》，见《道藏》洞神部众术类，涵芬楼影印。北京白云观珍藏本总第590册，参看其卷下。

便将硫酸铜中的铜取代出来，而在搅拌下生成的铜便与水银生成铜汞齐，而使铁锅底重新裸露出铁表面，得以使置换反应持续进行下去。当生成的铜足够多时，铜汞齐便会凝固而成砂粒状，被呼作"红银砂子"。将"砂子"取出，置于炼丹炉中加热，蒸出水银，就得到"红银"了。因资料难得，兹将此要诀的原文中结红银砂子部分节录如下：

> 结石胆砂子法：句容（今江苏句容县）石胆子一斤、水银一斤。右先取一平底铛，受五、六升或一斗已（以）下者，以瓦石尽日揩磨铛内底上，令白净。就中拣取铛底平细者，即易揩磨，切忌油腻，如用旧铛，即需烧过，与火色同止。磨洗亦中。水没汞半寸已来（左右），令容得汞药即得，不可令深。即下药一两颗块，投于汞上。以文火鱼沸已（以）下。如水少，以匙抄热水散泻于铛缘，令散流入，煮两炊久一度绽（以粗麻布过滤），计得一两砂子，已（以）上须着气力紧绽为佳，遍遍如此，以尽为限，所结一炊久即可绽，大抵不多时。其句容［石胆子］每度下二两亦得，药多结［砂］亦校［较］多。口诀：水须浅，火须文为妙。入此法只用一味清水，不兼诸药。结时成不同诸方，甚是。上法结，以口次水面开，当见水银自遍散如煎饼状，满铛底。加火，药临时更秤，意其水银直上铛四缘来，故知药力气感化也。收砂子时每度须以瓷片于铛底熟刮下，令净收之，遍遍如此，以尽为度。如用铫子中结亦得。

金陵子对这个化学变化居然做过定量研究，他说："余曾各称诸色，分明记录。一度煮结，铛欠五两，红银只得四两半，故都是铁，不虚也。"然而他仍错误地认为红银是铁受"药力气感化"而变成的"上上精华铁"——红银。金陵子还引述了天目山徐真人对"石胆红银法"的赞歌，其前四句是："白珠（水银）碧水（胆水）平铛中，文武微微声渐雄，一伏（一伏时即一昼夜）三时成半死，再烹经宿变成铜。"看来唐代炼丹家们对这种新颖的浸铜法已普遍有所了解。

及至五代时（也可能在唐代后期）这种浸铜法发展成为一种生产铜的方法，当时南汉人轩辕述在其所撰《宝藏畅微论》（成书于乾亨二年，明代人多简称它为《宝藏论》，但往往与隋人苏元明所著《宝藏论》混淆。前者是对后者进行增补、校删而成的）已提到：

> 铁铜，以苦胆水浸至生赤煤，熬炼而成黑坚。[①]

到了北宋时期，逐步出现了规模相当宏大的胆水冶铜工场。宋太平兴国年间成书的《太平御览》（卷九八八）"药部·白青"条中已提到："取矾石、白青分等冶炼台铁，即成铜矣。"在哲宗元祐、绍圣及徽宗崇宁年间这种生产达到了高峰。据《宋会要辑稿·食货三四之二五》记载，北宋徽宗建中靖国元年负责江南炼铜业的官员（提举江淮荆浙福建广南诸路铜事）游经曾统计当时胆水浸铜的地区，主要的有十一处，即韶州岑水（在今广东翁源县）、潭州浏阳（在今湖南浏阳县）、信州铅（音沿）山（今江西铅山县）、饶州德兴（今江西东北德兴县）、建州蔡池（在今福建北部建阳附近）、婺州铜山（今浙江永康县）、汀州赤水（在今福建长汀县附近）、邵武军黄齐（在今福建西北邵武市附近）、潭州矾山（当在今湖南浏阳附近）、温州南溪（在今浙江南部永嘉县附近）、池州铜山（在今安徽铜陵市附近）。不过规模较大，生产持久的是信州铅山、饶州德兴和韶州岑水三处。[②]《宋会要辑稿·食货三三之十八》记

---

① 见明·李明珍《本草纲目·金石部·赤铜》（卷八）之引文，1977年。
② 见《宋会要辑稿》第一百三十八册，食货三四之二五，总第5401页，民国北平图书馆辑，中华书局，1957年。

载了崇宁间东南潼川府、湖南、利州、广东、浙东等九路的铜产情况，[1] 谓"铜场岁收租额（当指崇宁二年）总七百五万七千二百六十三斤八两（以火法冶炼为主）。[内计] 饶州兴利场胆铜五万一千二十九斤八两；信州铅山场胆铜三十八万斤；池州铜陵县胆铜一千三百九十八斤；韶州岑水场胆铜八十万斤；潭州永兴场（在浏阳，参见《宋史·食货志》）胆铜六十四万斤；婺州永康县胆铜二千斤。"也就是说崇宁初六个胆铜场的定额为 1 874 427 斤，占到当时东南诸路、州铜产量的 25.84%，约占当时全国铜产量的 12%，[2] 已是相当可观了。

在北宋元丰、元祐年间，在江西饶州府有一位生产胆铜的技术能手，名叫张潜，总结了这种经验，写成《浸铜要略》一书。据宋·王象之《舆地纪胜》记载："饶之张潜通方伎，得变铁为铜之法，使其子（按名张甲）诣阙献之，朝廷行之。饶之兴利、韶之涔水，皆其法也。"（参看清·周广《广东考古辑要》卷四六）。可见这部书对宋代胆铜业的兴起、发展曾产生了很大的促进作用，可惜它已佚传。至元代时，他的后人张理于至正十二年"献其先世《浸铜要略》于朝，宰相认其书之有益经费，为复置兴利场。"于是张理被"授理为场官"，并请危素写了一篇《浸铜要略序》[3]，使我们今日才得以知该书缘由之大略。

现将北宋年间三个规模较大的胆铜场的基本情况略作说明：

（1）信州铅山场。据清·顾祖禹《读史方舆纪要》[4]（卷八三）记载："信州铅山县铜宝山，……县治西南，石窾中胆泉涌出，浸铁成铜。天久晴有矾可拾。一名七宝山，宋建隆三年（962 年）置铜场。"但该铜场还不是胆水浸铜场。北宋时的著名科学家沈括在其所著《梦溪笔谈》（撰于 1086～1093 年）中已记载："信州铅山县有苦泉，流以为涧。挹其水熬之，则成胆矾，烹胆矾则成铜。熬胆矾铁釜，久之亦化为铜。"[5] 所以至迟在元祐年间那里已经试行浸铜法生产，大概已有了小型的作坊了。而在"绍圣元年，其利渐兴"（《方舆纪要》卷八五）。在绍圣三年（1096）或四年正式建成胆水浸铜场（《皇宋中兴两朝圣政》卷十二："绍圣三年又置信州铅山场。"《方舆纪要》卷八五："广信府铅山县锁山门，……宋时为浸铜之所，有沟漕七十七处，兴于绍圣四年。"）。据《宋会要辑稿·食货三四之二五》记载："崇宁元年（1102）户部言：游经申，自兴置信州铅山场胆铜以来，收及八十九万八千八十九斤八两。"于是在次年规定其岁额为三十八万斤。

（2）饶州兴利场。在今江西东北，景德镇与上饶之间。《读史方舆纪要》（卷八五）谓："饶州府德兴县大茅山，……铜山在县北三十里，唐置铜场处。山麓有胆泉，土人汲以浸铁，数日辄类朽木，刮取其屑，煅炼成铜。"据《浸铜要略序》对当时兴利场的情况有过一些介绍，谓："盖元祐元年（1086）或言取胆泉浸铁，取矿烹铜。其泉三十有二，五日一举洗者一，七日一举洗者十有四，十日一举洗者十有七。"说明了兴利场的泉数及各泉所含胆矾浓度的相对差异。据《皇宋中兴两朝圣政》（卷十二）记载："元祐中（1086～1094）始置饶州兴利场，岁额五万余斤。"它大概是兴建最早的胆水浸铜场。

①　见《宋会要辑稿》第一百三十七册，食货三三之一九，总第 5383 页。

②　参看赵匡华等："南宋铜钱化学成分剖析及宋代胆铜质量的研究"，《自然科学史研究》第 5 卷第 4 期，1986 年。

③　《浸铜要略序》收录于危素《危太朴集》10 卷中，参看杨根编《我国古代水法冶金术——胆铜法资料简编》，未发表。

④　清·顾祖禹《读史方舆纪要》，洪氏出版社。

⑤　《道藏》所收录的唐代炼丹术著述《丹房镜源》里也有这段文字，它成书于唐宝应年以前，被收录于宋人辑纂的《铅汞甲庚至宝集成》中。鉴于"铅山县"建制于五代南唐，所以笔者认为这段文字是后人或即辑纂者过录进去的。

（3）韶州岑水场。据《方舆纪要》（卷一百）记载："翁源县，岑水在县北，源出羊迳，一名铜水，可浸铁为铜，水极腥恶，两旁石色皆赭，不生鱼鳖、禾稼之属，与曲江县胆矾水同源异流。"故知岑水场在今翁源县。如前文所说，岑水场也是在张甲建议下，并依其父张潜推荐的浸铜法兴建的。建场亦当在元祐至绍圣年间，崇宁中岁产胆铜额为 80 万斤。

关于宋代的浸铜工艺，也有一些记载，表明各铜场因地制宜，各有创新，并不断在改进。明·谈迁所撰《枣林杂俎》（中集）[①] 记载了铅山场在初时所采用的方法，谓：

> 铅山县西七里铜宝山，有貌平坑，石窾中胆泉流出，浸铁可为铜。又鹅湖乡，去县治七十里，有沟漕七十所，取本地水积为池，随地开沟，碎铁铺之，浸染色变，锻则为铜。

《方舆纪要》的记载则更为翔实些，谓：

> 有沟漕七十七处，各积水为池，随地形高下深浅，用木板闸之，以茅席铺底，取生铁击碎，入沟排砌，引入通流浸染，候其色变，锻之则为铜，余水不可再用。[②]

用这种方法让还原出的铜沉积在茅席上，将席取出，即可收集"铜煤"，似乎很方便。但实际不然，因为必然有残余碎铁与"铜煤"混在一起，"锻之为铜"时，铁将混入铜中，影响了铜的质量，而且从草席上刮取下"铜煤"也并不省事。《宋会要辑稿·食货一一之三》则介绍了另一种工艺：

> 浸铜之法：先取生铁打成薄片，目为锅铁，入胆水槽，排次如鱼鳞，浸渍数日，铁片为胆水所薄，上生赤煤，取出刮洗，钱（赤）煤入炉烹炼，凡三炼方成铜。其未化铁，却添新铁片，再下槽排浸。

这种方法较少地使碎铁引入赤煤，有益于胆铜质量的提高，当是对前法的改进。《宋史·食货志》（卷一三三）说：采用这种方法，在绍兴十三年（1143）时"大率用铁二斤四两得铜一斤"，并指出是根据饶州信利场和兴州铅山场的记录，表明这是铅山场后期（南宋时）采用的工艺。

据南宋人张端义的《贵耳集》（下卷）记载，乾道年间韶州岑水场每年用百万斤铁，浸得二十万斤铜，即每斤铜需耗铁五斤，与饶州、信州相比，要超出一倍了。[③] 不过这时岑水场已是采用下文所说的"淋铜法"了。

除了浸铜法以外，游经还在崇宁元年提出（见《宋会要辑稿·食货三四之二五》）利用胆土的煎铜法：

> 古矿有水处为胆水，无水处为胆土。胆水浸铜工少利多，其水有限；胆土煎铜，工多利少，其土无穷。……胆水浸铜，斤以钱五十为本；胆土煎铜，斤以钱八十为本，比之矿铜（采掘铜矿石，以火法冶炼），其利已厚。

由于浸铜法需仰赖胆泉，在天旱之年无法生产，所以才发展出煎铜法，即所谓"水有限土无穷"。胆土当是开采铜矿时的碎矿渣及硫铜贫矿经风化氧化后而变成的硫酸铜与土质的混合物，即金陵子所说的"土绿"之类。因此，为取得胆土，则先开采硫铜贫矿，堆积起来，使

---

① 明·谈迁《枣林杂俎》，见《笔记小说大观》第 32 册，引文见其 124 页。江苏广陵古籍刊印社出版，1983 年。

② 参看张子高著《中国化学史稿（古代之部）》第 105～107 页，科学出版社，1964 年。

③ 宋·张端义《贵耳集》（下卷）谓："韶州岑水场以卤水浸铜之地，会百万斤铁，浸炼二十万铜。"见《丛书集成》初编文学类，总第 2783 册第 61 页。

之风化氧化，然后再置于盆中，用水浸出胆水，再浸渍铁片。当然，在经开采过的老铜矿区，想必也常可直接采掘到这类胆土。宋人洪咨夔曾作《大冶赋》，对此法也有所描述。[①] 据《宋会要辑稿·食货三四之二八》记载："韶州岑水场措置创兴是法"，始于政和五年，到了乾道八年（1172）时，那里"增置淋铜盆槽四十所，得铜两万斤"。可估算出每所盆槽平均年产铜五百斤左右。

在金人南侵，赵宋偏安江南以后，铜坑冶从此一蹶不振，到了绍兴末年（1162）南宋所领江南十州岁产铜仅 26 万 3 千余斤，才及元丰元年的 1.8%，即使与崇宁初年江南地区铜产额比较，也只有 3.7%。而乾道元年胆铜产量为 212770.3 斤（见《宋会要辑稿·职官四三》），也只及崇宁初年的 11.4%，但若相对地看，它却占到当时南宋铜产量的 80.8%，可见胆铜生产在南宋时期具有至关重要的意义。

胆铜在南宋时期主要用来铸币。从南宋钱币的检测来看，其中含铁量高达 1% 以上，较北宋铜钱中含铁高出一、二十倍，[②] 说明胆铜质量是不高的。《宋史·食货志》也说："［端平］元年（1234）以胆铜所铸之钱不耐久，旧钱之精致者泄于海舶。申严下海之禁。"

到了南宋后期，胆水浸铜便完全末落了。在元代时，据《元史·顺帝本纪》记载，至正十二年曾恢复饶州德兴三处的胆铜生产。[③] 但此后的胆铜生产始终规模不大，浸铜之所，逐渐废弃，淋铜生产法也渐趋终结。及至明代，胆铜生产又曾一度有所恢复，《明史·地理志》说："［江西］德兴县北有铜山，山麓有胆泉，浸铁可以为铜；铅山县西南有铜宝山，涌泉浸铁，可以为铜；［浙江］上杭县有金山，上有胆泉，浸铁能为铜。"又据《明史·食货志》记载："宣德三年九月，免江西德兴、铅山浸铜丁夫杂役。二县铜产岁浸铜五十余斤。"但总的来看，明代胆铜生产在铜冶中仍不占重要地位，所以《天工开物》对此法已不再介绍。胆铜业衰退，究其原因，有资源枯竭的问题，但含铁过多，质地虚脆，精炼又费时费工，在经济上也不大合算，这恐怕也是重要的原因。所以我们对宋代的胆铜生产也当有一个全面的评价。

七　锌黄铜与金属锌的冶炼

锌黄铜是一种貌似黄金的铜锌合金。这种合金以及金属锌的冶炼在我国冶金化学中都占有重要地位，尤其是锌的冶炼是我国冶金史和化学史中的一项极为辉煌的成就。至于最初取得这些成功究竟可追溯到什么时候，长期以来是国内外科学技术史界十分感兴趣的一个课题，而且至今仍有相当大的争议。

（一）鍮石金的历史与炼制工艺

无论是就全世界而言，还是就中国而言，古代利用锌都是先从锌黄铜的冶炼开始，也就是说，人们先掌握了以红铜与含锌矿石合炼而生产出锌黄铜的技术，而后才发明出冶炼锌的技术，再进而以铜、锌两种金属搭配，熔炼成黄铜，因为锌是古代最难冶炼的金属。这是由

① 宋·洪咨夔《大冶赋》，见洪氏《平斋文集》（卷一），《四部丛刊续编》集部，景宋钞本。参看郭正谊："水法炼铜史料新探"，《化学通报》1983 年第 6 期。

② 参看赵匡华等："南宋铜钱化学成分剖析及宋代胆铜质量的研究"。

③ 明·王祎撰《元史·顺帝本纪五》（卷四十二）："中书省臣言：'张理献言，饶州德兴三处，胆水浸铁可以成铜，宜即其地各立铜冶场，直隶宝泉提举司，宜以张理就为铜冶场官。'从之。"见中华书局校订标点本第 3 册第 896 册，1976 年。

于以下几方面的原因：①若以炭还原含氧化锌的矿物（主要是菱锌矿，中国古代呼之为"炉甘石"，主要成分是 $ZnCO_3$），还原温度为 904℃，而金属锌的沸点只有 906℃，两者如此接近，所以即使在偶然的机会中还原出了金属锌，它会呈蒸气状态逸出炼炉，飞散跑掉，所以人们也很难意识到它的存在，因而往往失之交臂。例如我国冶炼铅是很早的，湖南地区有大量铅锌矿，那里很早就利用这类矿石，在冶炼出金属铅时，金属锌也会同时生成，但炼炉不是密封的，金属锌就会跑掉，所以长期并没有发现它；②锌蒸气化学性质很活泼，一旦遇空气又会再被氧化；③锌蒸气与还原反应中产生的二氧化碳在较低的温度下（例如 600～700℃）又会发生逆反应，再度生成 ZnO，所以冶炼锌时必须使生成的锌蒸气快速冷却到 500℃，使成为液态（锌的熔点为 419.5℃）；但也不能骤冷过度，否则又会凝结成粉末状锌，而非锌锭。我国明代著名学者宋应星说它"似铅而性猛"，"此物无铜收伏，入火即成烟飞去"，讲得很确切。所以冶炼锌必须在密闭的、上有冷凝收集装置的反应罐中进行。但是有金属铜与氧化锌矿石在一起用木炭还原时，情况就不同了，还原出的金属锌蒸气会立即溶解到铜中，而不致飞散，于是便得到锌黄铜。所以，历史上锌黄铜的出现绝不意味着已掌握了冶炼锌的技术。

我国在明代以前很久就有了锌黄铜，那时人们把它称作"鍮（音 tōu）石"或"鍮钰"、"鍮铜"，也简称"鍮"。但是应该注意，我国古代时，"鍮石"这个称谓并不专指锌黄铜合金，所以又不能简单地以古籍中出现"鍮石"这个名称来判断锌黄铜的出现，还要根据对它的描述，加以辨别，才能做出恰当的结论。初时，"鍮石"一词的原意是指一些金黄色的石头，如黄铜矿（$CuFeS_2$）、黄铁矿（FeS_2）等矿石。所以《玉篇》说："鍮，石似金也。"这类矿石色泽金黄（我国称之为自然铜，外国人曾称它们叫"獃子金"、"愚人金"），后来出现了锌黄铜，外观与它们很相似，所以出现以后也被称之为"鍮石"，但为了加以区别，所以后来有人就把黄铁矿称为"自然鍮"，把锌黄铜呼为"人造鍮"；也有人认为既称天然产物的金黄矿石为"真鍮"，那么"炉甘石所煮者"则当呼之为"假鍮"，宋人程大昌的《演繁露》就依这种说法。[①]但唐代以前是不大区分，胡乱呼之，于是一名而兼二物，因此就得以所谈及的实物的性质，状貌、用途来具体分析了。例如传为三国时魏人钟会所写《刍荛论》中有"夫莠生似禾，鍮石象金"的话（见《太平御览》卷八一三）；晋人王嘉《拾遗记》中说到"石虎为四时浴台，以鍮石、球球为隄岸"[②]，把鍮石与玉石球球并列，且用来加工成浴台隄岸；晋人郭义恭的《广志》也有："鍮石似金，亦有与金杂者，淘之则分"的话，都与《玉篇》对鍮石的解释一致，那么这些地方所言的"鍮石"都应理解为"自然鍮"较妥。所以据这些记载判定我国三国、西晋时已有锌黄铜是难以令人信服的。又如梁代宗懔所撰《荆楚岁时记》说："七月七日为牵牛织女聚会之夜。是夕，人家妇女结綵缕，穿七孔针。或以金、银、鍮石为针，陈瓜果于庭中以乞巧。"[③]再如东晋人葛洪（一说汉·刘歆）《西京杂记》（卷二）（对此书的作者，历来有争议，仍待考）说："[汉武帝]后得贰师天马，帝以玫珂（玫瑰）石为鞍，镂以金、银、鍮石。"[④]都将鍮石与金银并举，而且自然鍮石极脆，易裂解，不可镂刻，更不可能加工成针，所以这

---

① 宋·程大昌《演繁露》，见《学津讨原》第十二集，引文见其〈卷七〉第 1 页。然而程大昌甚至把黄银也误认为是天然鍮，故云："唐太宗赐房玄龄黄银带。……世有鍮石者质实为铜，而色如黄金，特差淡耳。则太宗谓黄银者其殆鍮石也。"他又说："天然自生者既名真鍮，则炉甘石所煮者，决为假鍮矣。"

② 见晋·王嘉《拾遗记》（卷九）第 217 页，齐治平校注，中华书局，1981 年。

③ 见梁·宗懔《荆楚岁时记》第 109 页，谭麟译注本，湖北人民出版社，1985 年。

④ 晋·葛洪《西京杂记》，见《笔记小说大观》第 1 册，江苏广陵古籍刻印社，引文见《西京杂记》第 3 页。

两例中的"鍮石"都可以肯定为锌黄铜,鉴于《西京杂记》的作者目前争议较大,所以现在一般公认人造锌黄铜在我国最早出现于6世纪北朝的梁代(503~557)。

还应再强调指出:我国在元代以前,锌黄铜并不曾被称作黄铜,只以"鍮"呼之,而"黄铜"这一称谓在此以前又有多种含义。[①]它最早出现在传为西汉方士东方朔所撰的《神异经·中荒经》里,其中说:"西北有宫,黄铜为墙,题曰'地皇之宫'。"又说:"西南裔外老寿山,以黄铜为墙。"[②]其后,《南史·王莹传》提到:"[永元十五年]莹位左光禄大夫,开府仪同三司、丹阳尹。既为公,当开黄阁。宅前促,欲买南邻朱侃半宅。侃惧见侵,货得钱百万,莹乃回阁向东。时人为之语曰:'欲向南,钱可贪;遂向东,为黄铜'。"[③]若把这些文字中的"黄铜"解释为锌铜合金是没有任何根据的。这类"黄铜"可能只不过是颜色发黄(与红铜比较)的青铜而已;[④]笔者还推测,那时所称的黄铜还可能是早期炼丹术中盛行的"雄黄金"、"丹阳金",即一种含砷量较低的铜合金,[①]譬如葛洪的《抱朴子内篇·金丹》中辑录的"岷山丹法"中提到"取此丹置雄黄铜燧中……",文中并把"鼓冶黄铜,以作方诸"(取水于月)与"雄黄铜燧"(取火于日)并举,[⑤]可见在当时确曾把雄黄铜(即丹阳金)通称为黄铜。再如宋代时,如前文所说,冶铜业中有火炼与水冶两种,为便于区分,于是把以黄色铜矿石为原料、火法炼出的铜称为"黄铜",把以蓝绿色胆水、胆土为原料、用水浸法生产出的铜称为"胆铜",所以南宋人李心传在其《建炎以来系年要录》(卷一四八)中,在列举了绍兴十三年之后各州岁收铜额之后说:"总二十六万三千一百六十九斤九两,系黄、胆二色。"[⑥]可见那时的"黄铜"与"鍮铜"具有不同的含义,是分别指两种物质,并不混谈。因此在考证锌黄铜起源时,也不可以"黄铜"这一称谓的出现来作依据。

鍮铜外貌酷似黄金,所以很受炼丹家重视,在隋唐时期及其以后的炼丹术著述中不乏记载。隋代开皇年间,曾修炼于茅山的炼丹家苏元明(道号青霞子)在其所著《宝藏论》中总结过当时已有人造黄金凡二十余种,其中就有"鍮石金"。在唐代初期,政府规定"鍮铜"作为制作冠服饰带的金属之一,以标志冠服的等级。《旧唐书·舆服志》(卷四五)载:"武德初,因隋旧制。……四年八月勑……六品、七品饰银,八品、九品鍮石,流外及庶人……饰铜铁。"又"贞观四年又制:……八品、九品服以青,带以鍮石。"说明当时鍮铜的价格介于银、铜之间。

我们说,我国开始使用鍮铜大约在南北朝时期,这里所说的鍮铜是指人们有意识地按照一定的制作工艺加工制造出来的。尽管我国在新石器时代晚期,在炼铜过程中因偶然利用了铜锌共生矿而炼出过锌铜合金,[⑦]但那是在无意中偶然得到的,与鍮铜冶炼工艺的发明和技艺的掌握是两码事,不能混为一谈。那么我国最早的鍮铜是自己制造的,还是从域外输入的?最早的冶炼工艺是我国自己发明的,还是通过中外通商贸易、文化交流而引进的?这个问题很

① 赵匡华,中国历代"黄铜"考释,自然科学史研究,6(4),1987年。

② 汉·东方朔:《神异经》见《说库》上册,王文濡辑,浙江古籍出版社,1986年。

③ 见唐·李延寿撰《南史·列传第十三王莹》(卷二十三),中华书局校订、标点本第2册第622页,1975年。

④ 我国出现"青铜"一词,大概是在东汉时期,唐代时才普遍应用。

⑤ 见葛洪撰《抱朴子内篇》,王明校释本第69页,中华书局,1980年。

⑥ 见宋·李心传撰《建炎以来系年要录》,《丛书集成》初编·史地类,总第3861—3878册,引文见第3873册,即该书第13册(卷一四八)总第2389~2390页;另可见1956年中华书局刊印本第3册(卷一四八)总第2390页。

⑦ 参看孙淑云、韩汝玢:"中国早期铜器的初步研究",《考古学报》1981年第3期。

早就有所争论，据目前所掌握的客观资料来看，实事求是地说，初时是通过中西（西亚）交流而引入的可能性很大。因为我国在隋唐时期才有较多的鍮铜出现，而正是在这个时期的著作中有许多关于波斯鍮和推崇波斯鍮的记载。据《隋书》（卷八三）记载："波斯……土多鍮石与金、银、铜、镔铁、锡。……帝遣云骑尉李昱通波斯，寻遣使随贡方物。"而隋代大致正是中国开始盛行鍮铜的时期。唐初炼丹大师孙思邈所撰炼丹术专著《太清丹经要诀》[①]中多处提到波斯鍮，讲到"波斯用苦楝子添鍮法"、"素真（人造银）用鍮药法"时，都指明用"波斯鍮"；又如唐人所辑《黄帝九鼎神丹经诀》[②]（卷十九）有"杀鍮铜毒法"也明确要"用真波斯马舌色上鍮"。可见隋唐时有很多波斯鍮铜输入我国，并被尊为上品。就世界范围来看，在锌黄铜的工艺史上以古罗马人掌握最早，在公元前后他们已经相当普遍地用锌黄铜铸造货币。那些货币的成分如表 3-18 所示。[③]

表 3-18　古罗马时期黄铜币的金属成分检测结果

钱币名称	时　代	金　属　成　分　（%）							
		Cu	Sn	Zn	Pb	Fe	Ni	As	Sb
Augustuns 钱	公元前 30 年～公元 14 年	87.05	0.72	11.80	痕	0.43	痕	痕	痕
Tiberius 钱	公元 41 年	72.20	/	27.70	/	/	/	/	/
Nero 钱	公元 54 年	77.44	0.30	21.50	痕	0.32	0.24		0.2
Vespasian 钱	公元 71 年	81.94	/	18.68	0.14	0.12			
Trajan 钱	公元 98—107 年	77.59	0.39	20.70	/	0.27			
Sabina 钱	公元 100—137 年	82.35	0.43	16.84	痕	0.38	痕	痕	痕

（摘自 J. W. Mellor："A Comprehensive Treatise On Inorganic and Theoretical Chemistry", Vol Ⅳ London, p. 399, 1952).

　　古罗马的黄铜冶炼技术大概不久就传到了中亚波斯和南亚印度大陆。唐初我国高僧玄奘赴天竺求取真经，回国后写了一部《大唐西域记》，记录了他路经西域各国时的见闻，当然着重记叙了各地寺庙情况，多处提到有巨大的鍮铜佛像，例如谈到"梵衍那国"的大佛像时，他写道："王城东北山阿有立佛石像，……东有伽蓝，此国先王之所建也。伽蓝东有鍮石释迦佛立像，高百余尺，分身别铸，总合成立。"这样大的佛像，用鍮铜铸造至少也得几万斤。此外他还提到羯若鞠阇、婆罗痆斯、摩揭陀等国都有类似的鍮铜佛像，同时还指出印度、磔迦、屈露多、婆罗吸摩补罗、信度、波剌斯诸国都产鍮铜。[④]可见在 7 世纪，相当于我国唐代初期时，西域、印度广大地区都已经有了规模相当宏大的冶炼鍮铜的作坊，而古代各种技艺的传播与发展是较慢的，因此可以估计当时这些地区冶炼锌黄铜应该已经有了几百年的历史，而在同一时期中国似乎还只有小件鍮铜器物，所以西、南亚诸国鍮铜冶炼技艺的兴起和发展也无疑较中国为早。过去有的学者只据《太平寰宇记》的记载，说"波斯，后魏通焉"，[⑤]而认为我

①　唐·孙思邈撰《太清丹经要诀》见宋·张君房编纂《云笈七签》卷七十二。齐鲁书社影印《道藏》本，1988 年。
②　《黄帝九鼎神丹经诀》见《道藏》洞神部众术类，总第 584～585 册。
③　亦可参看华觉明编译《世界冶金发展史》第 153 页。
④　见唐·玄奘《大唐西域记》，章巽校点本，上海人民出版社，1977 年。
⑤　章鸿钊，再述中国用锌的起源，科学，9（9），1925 年。

国与西亚诸国的交往开始于公元 4 世纪。但英国科技史家李约瑟（J. Needham）根据胡特生的《欧洲与中国》（G. F. Hudson："Europe and China" 1931，London），详细论证了中国与波斯至迟在公元 1，2 世纪时已有了相当多的通商往来。[1] 因此南北朝时（公元 5，6 世纪）完全有可能已有输铜输入我国，而且"输"这个名称也很可能是在更早的时候就从那边传来的，因为波斯人把制作锌黄铜的原料菱锌矿称作"偷梯雅"、"脱梯牙"（tū ti ya）。至于波斯人究竟何时采用了这个名称，还有待进一步考证。所以我国初期的冶炼输铜技术也很可能是移植或借鉴了古罗马、波斯乃至印度的制输技艺。

我国直至宋代才出现有关冶炼输铜的记载。宋元时期炼冶输铜是以炉甘石与赤铜、木炭混合，再密封烧炼。明代时仍沿用这种工艺。炉甘石即菱锌矿，又名"炉先生"，这个名字大概是方士们给它取的，元代方士土宿真君对此有过说明："此物点化为神药绝妙，九天三清俱尊之曰炉先生，非小药也。"李时珍曾补充说此物"炉火最重，其味甘，故名"（见《本草纲目·石部·炉甘石》卷九）。元人所汇编的丹经《庚道集》[2] 中有几段文字对探究我国使用炉甘石点化输铜的源起很有价值（这本丹经所收录的文字大体为宋代的炼丹要诀），其卷二中有一"关庚法"（即点化黄金法）说："用北炉甘石一两，即北回回名脱梯牙［者］……"；其卷四中又有"丹阳换骨法"，即把赤铜（丹阳铜）脱胎换骨变为"黄金"（输铜）的方法，说"以脱梯牙——即北回回炉甘石——为末……"，而宋元人所说的"北回回"就是古代波斯帝国所在的地区，所以这也说明我国方士们利用炉甘石一物并用它点化输铜似乎正是直接或间接从波斯学来的。

关于这种技艺的现存最早记载见于炼丹术著述《日华子点庚法》，按日华子是五代末至宋初的炼丹与医药学家，名字叫大明，四明人，日华子是他的道号，宋初开宝中他有一部《日华子本草》问世，但早已亡佚。这个"点庚法"的全文也已经失传，但其要点为宋人汇辑的丹经《诸家神品丹法》（卷六）[3] 所收录，其原文为：

> 百炼赤铜一斤，太原炉甘石一斤，细研。水飞过石一两，搅匀，铁合内固济阴干（按：漏记了木炭）。用木炭八斤，风炉内自辰时下火，煅二日夜足，冷取出，再入气炉内煅，急扇三时辰，取出打开，去泥，水洗其物，颗颗如鸡冠色。母一钱点淡金一两成上等金。

在风炉中炉甘石、木炭与赤铜间发生如下化学反应：

$$ZnCO_3 \xrightarrow{\triangle} ZnO + CO_2 \uparrow$$

$$2C + O_2 \xrightarrow{} 2CO$$

$$ZnO + CO + Cu \xrightarrow{\triangle} Cu-Zn（输铜）+ CO_2$$

日华子之后不久，宋代方士崔昉（字晦叔，道号文真子，宋仁宗时曾在湖南为官[4]）撰写了《大丹药诀本草》（后世又称作《外丹本草》），也作了简要记载："用铜一斤，炉甘石一斤，炼之即成输石一斤半。"我们曾对这个配方进行过模拟实验，很容易便可以得到色泽金黄的锌铜

---

[1] 参看李约瑟：《中国科学技术史》中译本第 1 卷第二分册，科学出版社，1975 年。

[2] 《庚道集》见《道藏》洞神部众术类，总第 602～603 册。

[3] 《诸家神品丹法》见《道藏》洞神部众术类，总第 594 册。

[4] 参看《庚道集》卷一第八。

合金。①

及至宋代景德年后，民间以药（当即炉甘石）点制输铜的活动已相当普遍。《宋会要辑稿·食货三四之二一》记载："景德三年（1006）神骑卒赵荣伐、登闻鼓言，能以药点铜为输石，帝曰：'民间无铜，皆熔钱为之，此术甚无谓也。'诏禁止之。"宋代学者洪迈的《容斋三笔》（卷十一）记载："大中祥符间（1008～1016）……大兴土木之役，……又于京师置局，化铜为输，冶金箔、锻铁以给用。"②宋代学者李焘所撰《续资治通鉴长编》（卷七一）也说："［真宗大中祥符二年］民间多熔钱点药以为输石，销毁货币，滋民奸盗，命有司议定科禁，请以犯铜法论。"③宋代以后的正史以及本草学、炼丹术、博物学著作中更不乏这种炼输技艺的记载。例如元人托名苏轼所撰《格物粗谈》说："赤铜入炉，炉甘石炼为黄铜，其色如金。"④

宋应星《天工开物》（卷十四）说："凡红铜升黄色为锤锻用者，用自风煤炭（原注：此煤碎如粉，泥糊作饼，不用鼓风，通红则自昼达夜。江西则产袁郡及新喻邑）百斤，灼于炉内。以泥瓦罐载铜十斤，继入炉甘石六斤，坐于炉内，自然熔化。"⑤

李时珍《本草纲目·石部·炉甘石》（第九卷）说："炉甘石……赤铜得之，即化为黄。今之黄铜，皆此物点化也。"

看来这种炼输法在民间一直流行到明末甚至清初，即使那时有了金属锌，但因冶炼工艺复杂，且来自遥远的黔滇地区，得之不易，所以它在明代以后很长时间里仍具有一定的生命力。

（二）倭铅的冶炼

我国至迟在明代中期成功地冶炼出了金属锌，并有了一定的规模，也使锌铜合金的冶炼进入了一个新的历史阶段。关于中国炼锌工艺的现存文字记载，当以宋应星的《天工开物》为最早。该书于明末崇祯十年（1637）问世。在其第十四卷《五金》一节中"铜"条目下附有"倭铅"一段文字，而且附有插图（见图3-36），相当翔实地记录了当时升炼倭铅的工艺。"倭铅"（应读作 wō yán）就是现在所说的金属锌。它是我国明代时对金属锌的称谓。这段文字如下：

> 凡"倭铅"古书本无之，乃近世所立名色。其质用炉甘石熬炼而成，繁产山西太行山一带，而荆衡次之。每炉甘石十斤，装载入一泥罐内，封裹泥固，以渐研干，勿使见火拆裂。然后逐层用煤炭饼垫盛，其底铺薪，发火煅红。罐中炉甘石熔化成团。冷定毁罐取出，每十耗其二，即倭铅也。此物无铜收伏，入火即成烟飞去。以其似铅而性猛，故名之曰"倭"云。

这段文字简练而清晰，无需多加解释。但由于它只是宋氏的调查实录，而他究竟未曾亲自主持过或参与过这项生产，所以在记录中难免有一些疏失，例如炼锌泥罐中除放炉甘石外，还

---

① 赵匡华等，中国古代炼丹术中诸药金、药银的考释与模拟试验研究，自然科学史研究，6（2），1987年。

② 宋·洪迈：《容斋三笔》，《笔记小说大观》第6册第293页，江苏广陵古籍刻印社，1983年。

③ 见宋·李焘撰，清·黄以周辑补《续资治通鉴长编》（卷七一），上海古籍出版社影印浙江书局本第1册第622页，1986年。

④ 见宋·苏轼：《格物粗谈》，《丛书集成》初编总第1344册卷下第37页。

⑤ 见《天工开物》明崇祯十年本下卷第12页。

必得混入木炭或煤粉，否则炉甘石还原为锌的
反应无由发生；煅烧反应器泥罐时，如果真的
按图所示来设计，则罐的上、下部受热情况相
差无几，基本等温，金属锌不可能冷凝下来。此
外，宋氏也没有说明泥罐内部的结构，金属锌
在罐中哪个部位，如何冷凝下来。所以在前些
年，关于这个问题，有过一些争论。有的说此
工艺是属于"蒸馏法"；[1],[2] 有的则认为是"回
流法"，因为"锌没有被蒸馏到罐顶而是留在罐
中，与反应物混杂在一起"。[3] 当然，从理论上
分析，不难说明回流法之说是不妥当的。但若
是属于蒸馏法，那么这一过程在罐内又是如何
进行的，也难以臆断。近年有多位冶金史学者
通过对我国传统炼锌工艺的实地调查，出色而
令人信服地解开了这个谜。[4],[5] 原来在我国滇
东北、黔西一带民间至今仍保留着相当原始的
炼锌工艺，那里盛产菱锌矿和煤可为原料。例
如在贵州省赫章县白果及妈姑地区现在就还
有土法炼锌作坊进行生产，所用炼锌罐的剖面
以及它在升炼过程中所处的环境如图 3-37 所
示。这种罐是用泥烧成，据调查报告，升炼锌
的步骤和过程大致是这样的：将菱锌矿粉与煤
粉混匀装入反应罐里，不可装满，留 1/4～1/5

图 3-36　"升炼倭铅"图
（摘自喜咏轩刊本《天工开物》）

空间。将多个反应罐并排列在蹲砖上，四周以煤饼垫塞后点火，各罐间在距离口沿 5～10 厘
米处，以泥浆把火封住。等待一定的时间后，在反应罐内的上部用耐火泥做成一个"斗"形
隔板镶上，但在其一侧则要留一个通气孔。待反应罐内反应开始后加盖，但盖不可太严，必
须在"斗"的通气孔相对的另一侧留出一条月牙形排气孔隙。当反应罐中物料达到 ZnO 的还
原温度时，锌蒸气便进入"斗室"，遇盖迅速冷凝，形成液态锌，于是滴下聚集到"斗"中，
当然会有少量蒸气要随 CO，CO_2 气从排气孔溢出，生成 ZnO 而粘结在口沿，工匠们把这种凝
结物形象地呼之为"狗耳朵"。一炉料大约需经 8 小时的反应。冷却后将罐从炉中夹出，毁斗
取锌饼。从每个"斗"中可得一斤纯度在 98% 以上的粗锌饼。当然，现在的炼锌罐以及相应
的工艺过程未必与明代末年的情况完全相同。但目前的炼锌情况与宋应星的描述基本一致，因
此这些调查报告对我们理解《天工开物》的记载是有很大帮助的，有极大的参考价值。

　　在古代，对一项化学和冶金成就的记载，一般总要较晚于其取得的年代。那么我国究竟

①　北京钢铁学院《中国冶金简史》编写组，中国冶金简史，第 198 页，科学出版社，1978 年。
②　中国科学院自然科学史研究所编，中国古代科学技术成就，第 502 页，中国青年出版社。
③　杨维增，蒸馏法炼锌史考，化学通报，1981 年第 3 期。
④　胡文龙、韩汝玢，从传统法炼锌看我国古代炼锌术，化学通报，1984 年第 7 期。
⑤　许笑，贵州省赫章县妈姑地区传统炼锌工艺考察，自然科学史研究，5（4），1986 年。

什么时候掌握了炼锌术？至今还难以说得十分确切，如果按照有了充分论证的结论，那么还只能说是在明代中叶嘉靖年间。根据主要有两点：其一，1917 年由别发洋行出版的一本《中国百科全书》（《Samual Couling：The Encyclopaedia Sinica》p. 374）说："近年在广东省发现一些锌块，上有对应于 1585 年的中国岁历（明万历十三年乙酉），分析结果含有 98% 的锌。"① 当时这种锌锭常由东印度公司贩运到欧洲，这种货物被称作"偷他乃古"（tutenague）。其二，我国最初生产的锌主要是用来熔炼黄铜，铸造钱币，以代替铅、锡。我们曾系统地检测过明代历届年号钱的化学成分，② 现把"宣德"至"嘉靖"的 57 枚钱币的分析结果摘出列于表 3-19 中，以供参考。结果表明，在嘉靖以前的钱币都是用锡铅青铜铸造的，含锌量极少，这与文献记载也相一致。③ 而"嘉靖通宝"则骤然变为清一色的锌黄铜钱。据《明会典》记载："嘉靖中则例，通宝钱六百万文，合用二火黄铜四万七千二百七十二斤，水锡四千七百二十八斤。"④ 据检测结果这批锌黄铜中都有 5%～8% 的锡，因此该处所说的"水锡"仍应指金属锡，而非后来《天工开物》所说的金属锌。但《明会典》或其他正史文献未明确说明这种二火黄铜是用炉甘石"点化"的，还是用倭铅与铜合炼的，但从它们的含锌量看，都在 12%～19%

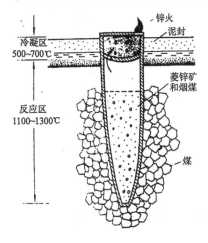

图 3-37　我国土法炼锌所用
蒸馏罐的纵剖面
（摘自《中国大百科全书·矿冶卷》）

图中标注：锌火、泥封、冷凝区 500～700℃、菱锌矿和烟煤、反应区 1100～1300℃、煤

表 3-19　明代宣德—万历钱金属成分检测结果

编　号	名　称	金属成分（%）				
		Cu	Zn	Sn	Pb	Fe
1	宣德通宝	74.49	0.13	7.01	17.82	0.25
2	宣德通宝	72.78	0.14	6.03	19.44	0.14
3	弘治通宝	79.51	0.09	9.83	9.15	0.10
4	弘治通宝	70.18	0.08	8.78	20.74	0.00
5	弘治通宝	64.23	0.17	10.25	24.24	0.11
6	弘治通宝	81.88	0.06	6.54	11.53	0.06
7	弘治通宝	72.91	2.48	6.51	16.72	0.04
8	弘治通宝	79.78	0.06	8.51	9.34	0.06
9	弘治通宝	84.94	0.06	8.64	4.43	0.06

① 张子高著，中国化学史稿（古代之部），第 110～111 页。

② 赵匡华、周卫荣，明代铜钱化学成分剖析，自然科学史研究，7（1），1988 年。

③ 例如《明会典》记载："弘治十八年……定铸造铜钱每文加锡分两。题准每铜一斤，加好锡二两。"又《续文献通考》："［弘治十八年三月］给事中许天锡等陈鼓铸事宜十条。……其一，考铸法，铸钱须兼用锡，则其液流速而易成，乞每铜一斤，量加好锡二两。有以铅锡抵铜，以盗论。"《明会典》见商务印书馆《万有文库》第二集第 141 种。

④ 见《明会典》（卷一九四），《万有文库》本第 35 册总第 3924 页。

续表

编　号	名　称	金属成分(%)				
		Cu	Zn	Sn	Pb	Fe
10	弘治通宝	69.85	9.77	0.35	17.31	0.53
11	弘治通宝	81.91	0.13	6.12	11.41	0.08
12	嘉靖通宝	78.42	14.87	4.89	1.09	0.03
13	嘉靖通宝	61.62	15.16	8.00	13.33	0.17
14	嘉靖通宝	68.77	13.01	9.51	7.13	0.32
15	嘉靖通宝	63.51	14.34	8.15	12.12	0.58
16	嘉靖通宝	71.18	16.30	4.91	5.75	0.23
17	嘉靖通宝	65.70	20.63	5.58	7.11	0.19
18	嘉靖通宝	72.86	12.75	痕	13.45	0.50
19	嘉靖通宝	64.98	15.56	7.68	11.54	0.21
20	嘉靖通宝	68.07	19.24	8.10	2.56	0.21
21	嘉靖通宝	79.47	11.67	6.16	1.64	0.08
22	嘉靖通宝	78.06	13.71	5.14	1.94	0.22
23	嘉靖通宝	78.58	13.27	5.50	1.24	0.08
24	嘉靖通宝	72.37	16.87	5.42	3.67	0.20
25	嘉靖通宝	76.92	16.11	4.52	1.55	0.12
26	嘉靖通宝	74.82	16.46	6.50	1.00	0.12
27	嘉靖通宝	73.71	16.46	4.41	3.85	0.09
28	嘉靖通宝	73.22	18.04	5.68	1.74	0.13
29	嘉靖通宝	73.26	18.22	4.76	2.26	0.27
30	嘉靖通宝	60.07	19.48	7.38	11.00	0.07
31	隆庆通宝	70.39	21.27	4.76	2.50	0.03
32	隆庆通宝	69.90	20.95	5.02	2.70	0.16
33	万历通宝	72.61	17.73	2.73	5.80	0.69
34	万历通宝	69.92	17.00	4.05	8.44	0.39
35	万历通宝	70.10	13.81	4.59	9.80	0.31
36	万历通宝	64.01	30.86	痕	4.16	0.16
37	万历通宝	59.61	34.40	2.13	3.69	0.05
38	万历通宝	57.44	27.69	4.83	9.50	0.25
39	万历通宝	70.53	27.51	0.53	1.09	0.11
40	万历通宝	68.08	28.90	0.09	1.73	0.16
41	万历通宝	68.92	28.13	0.59	2.03	0.03
42	万历通宝	65.24	30.84	0.80	2.64	0.00

续表

编号	名称	金属成分（%）				
		Cu	Zn	Sn	Pb	Fe
43	万历通宝	61.97	34.29	0.15	3.19	0.15
44	万历通宝	59.79	36.74	0.06	2.34	0.21
45	万历通宝	63.37	32.33	0.00	2.33	0.00
46	万历通宝	69.80	26.60	0.48	2.27	0.44
47	万历通宝	62.28	33.79	0.15	3.12	0.08
48	万历通宝	70.04	28.23	0.03	1.56	0.20
49	万历通宝	62.64	31.82	0.00	2.74	0.21
50	万历通宝	66.51	29.32	1.09	2.44	0.03
51	万历通宝	65.48	28.39	0.09	3.32	0.09
52	万历通宝	66.15	26.66	1.63	3.52	0.02
53	万历通宝	66.62	30.75	0.00	1.81	0.39
54	万历通宝	66.62	28.84	0.00	2.64	0.08
55	万历通宝	66.19	26.57	1.57	3.81	0.56
56	万历通宝	66.26	30.09	0.00	0.89	0.94
57	万历通宝	65.55	32.40	0.00	1.09	0.47

之间，大多数在15%左右，成色已相当稳定，若是用炉甘石与铜合炼所成的黄铜，含锌量是难以控制的，变化幅度必然很大，因此有理由认为嘉靖间已经用锌、铜合炼黄铜了，那么所用"二火黄铜"就当是含锌18%左右的锌铜合金（扣除含锡量后再折算）。至于"万历通宝"，据《明会典》记载："万历中则例，金背钱一万文合用四火黄铜八十五斤八两六钱一分三厘一毫，水锡五斤一十一两二钱四分八毫八丝，……火漆钱一万文合用二火黄铜、水锡，斤两同前。"[①] 虽仍未说明黄铜的炼法，而《续文献通考》则记载："至［天启］三年九月御史游凤翔言：留都鼓铸，其旧币有三，新币有四。……旧制铜七铅三，今且铜铅对参，故浅色不黄而白，又减去斤两，致钱千文只重五斤四两。"[②] 这里所谓"旧制"，至迟当指万历年间，所谓"铜七铅三"，铅指"黑铅"还是"倭铅"？《天工开物》（第八卷）则说："凡铸钱每十斤，红铜居六、七，倭铅（原注：京中名水锡）居四、三，此等分大略。"再与实物检测对照（见表3-19），在我们分析的25枚"万历通宝"中，只有3枚含锌量在15%左右，即当为用二火黄铜所铸造的"火漆钱"，其他22枚，即绝大多数的含锌量在30%左右，平均为28.54%，若除去所含的2%～3%的铅、锡，则所用黄铜正为"铜七倭铅三"，大概这也就是所谓"四火黄铜"了。因此可以肯定，"万历通宝"所用原料为用锌铜合炼而得的黄铜。既然，嘉靖、万历年间已用金属锌来铸币，生产量必然已经相当大，应已有相当可观的规模，绝非处于初始状态，因此我国在嘉靖以前50年的成化年间，甚至百年前的宣德年间已出现了最原始的炼锌术那是可能的。

① 见《明会典》（卷一九四），《万有文库》本第35册第3928页。

② 见清·嵇璜等撰《续文献通考·钱币考》（卷十一），考2876页中，1936年商务印书馆出版《十通》本。

（三）我国炼锌史辨析

几十年来，我国不少学者曾努力探讨中国用锌的起源，希望能得到更早时期用锌的资料或旁证，这种心情当然是很可理解的，这些探讨对我炼锌史的研究也曾很有帮助，往往颇富有启发性，使研究工作得以不断被引向深入。其中有些论点，在不断深入研究的过程中被否定了，或部分被修正了，但至今却仍在流传，甚至广泛被引用，未加澄清；而有些论点则至今仍有继续探讨、钻研的价值。因此，这里有必要对一些重要的、有过较大影响的观点做些说明和辨析。

其一，据《汉书·食货志》（卷二十四）记载："王莽居摄，变汉制，……铸作钱布皆用铜，殽（即淆，掺杂）以连锡。"此后对"连"字注家蜂起。东汉许慎《说文》说："连，铜属从金"；东汉应劭说："连似铜"；魏人孟康说："连，锡之别名也"；李奇说："铅锡璞名曰连"；魏时人张揖《广雅》则说："铅谓之连"；徐广《音义》说："连，铅之未炼者"[①]；梁代顾野王撰《玉篇》谓："连，铅矿也"。1923 年章鸿钊则根据这些注释，认为"连"一定是白的，而且可能是矿石（璞），遂判断为锌矿石，进而认为即"菱锌矿石"。[②] 1925 年，他进一步提出了一份 6 枚传世的"莽钱"的检测报告，[③] 指出莽钱确实含锌（参看表 3-20），并指出"西汉尚禁铅铁为钱"，因而肯定"连"为锌矿石。及至 1927 年，他在所著《石雅》一书中进一步对"连"的含义做了新的解释，认为《汉书·食货志》把"金、银、铜、连、锡"并称，"连"不当独为璞（矿石）名；而"连锡"并举，"连"亦必非锡，所以确认"连"当是金属锌，而且认为后世的"鑉"即西汉之"连"。[④] 于是把我国炼锌的起源提早到了西汉。但这个观

表 3-20 章鸿钊对一些莽钱的检测结果[99]

币名 \ 成分	金属成份（%）					
	Cu	Sn	Pb	Zn	Fe	总计
大泉五十	86.72	3.41	4.33	4.11	0.13	98.70
货泉	77.53	4.55	11.99	3.03	1.46	98.56
小泉直一	89.27	6.39	0.37	2.15	1.50	99.68
壮泉四十	90.83	0.02	0.48	6.96	0.55	98.84
大布黄千	89.55	4.71	0.62	1.48	3.56	99.92
货布	83.41	6.86	6.54	0.84	0.47	98.12

点，目前在科学史界中已经很少有人表示赞同了。因为：第一，目前对历代钱币的成分已有了相当充分的分析数据，自先秦直到明代中叶，没有普遍含锌的一种钱币，只有个别的一些钱币偶尔含有一些锌，可能是由于利用了铜锌、铅锌共生矿或用了回收的输铜器才偶尔引入的。第二，属于两汉到明代中叶的出土文物及文字记载，都没有金属锌制造的器物，也没有关于金属锌（或它的别名）的可靠实录。第三，莽钱为历代收藏家所喜爱，明清时伪造者甚

---

① 见世界书局《四史》本《前汉书》第 201 页，颜师古注。
② 章鸿钊，中国用锌的起源，科学，8（3），1923 年。
③ 章鸿钊，再述中国用锌的起源，科学，9（9），1925 年。
④ 见章鸿钊著：《石雅》第 346～353 页，上海古籍出版社，《中华学术丛书》本，1993 年。

多，而章氏化验者为传世品，有赝品之可能。而近年，中国社会科学院考古研究所分析了满城汉墓出土的西汉初"五铢钱"16 枚，主要成分的平均含量，铜为 81.02％，铅为 11.36％，锡为 3.99％，含锌量仅 1 枚为 1.16％，其余都小于 1％；[①] 我们曾分析过由上海博物馆提供的汉墓出土的新莽莽钱，结果列于表 3-21 中，锌都只有痕量；[②] 此外，宁夏博物馆曾分析了

表 3-21　赵匡华等对一些莽钱的分析结果[108]

币　名	金　属　成　分　（％）				
	Cu	Sn	Pb	Fe	Zn
大泉十五	86.78	4.00	5.63	0.91	0.03
货泉（1）	86.93	3.35	8.80	0.47	0.01
货泉（2）	82.88	4.04	13.07	0.21	0.01
货泉（3）	66.99	3.10	27.07	0.072	0.01

贺兰山窖藏出土的新莽货泉 1 枚，成分为 Cu：82.62％，Sn：4.90％，Pb：13.00％（合计 100.52），亦不含锌。[③] 其四，经过充分考证，科技史界已经公认中国古代的"镴"是铅锡合金，与金属锌毫不相干。其五，有人鉴于贵州地区近人称锌矿为镰（音 lián），它与"连"同音，于是章鸿钊认为"连"就是镰。但这是近代之事，正如明末人认为倭铅是一种铅，也简称"铅"（例如《续文献通考》："万历钱为铜七铅三"），近人也有可能把锌称为"镰"，而"镰"在初时实际上是铅。更何况近人也有称铅为镰者，如吴其浚《滇南矿厂图略》就明确说明："曰镰矿即黑铅"，并说以"镰"用于吹灰法炼银。[④] 可见"镰"的本义最早当是铅，当人们发现锌后，以其似铅，遂以镰呼之。若认为"镰"很可能即汉代之所谓"连"，那么"连"更当是铅而非锌。[⑤] 最后还应指出，铅在汉代时早已是普遍使用的金属了，而《汉书·食货志》（卷二十四下）里有这样一段话："工商能采金、银、铜、连、锡，登龟取贝者，皆自占司市，钱府顺时气而取之。"此中无铅而有连，而颜师古对《汉书·食货志》（卷二十四上）中的"金、刀、龟、贝"一语注曰："金谓五色之金也，黄者曰金，白者曰银，赤者曰铜，青者曰铅，黑者曰铁"，更足见"连"必然就是铅，非它莫属。

　　其二，《宋史·食货志》有一段记载，谓："蔡京主行夹锡钱，……其法以夹锡钱一折铜钱二，每缗用铜八斤，黑锡半之，白锡又半之。"[⑥] 据此，章鸿钊于 1923 年还提出，"白锡"可能是金属锌，并且根据《科学》杂志第 7 卷第 8 期上署名"梁"（按即王琎，王琎字季梁）提出的一份《宋钱成分分析表》中 1 枚蔡京当权时发行的"绍圣钱"做为论据，因为这枚"绍圣钱"的化学分析结果是 Cu：55.49％，Sn：3.07％，Pb：25.80％，Zn：13.15％，Fe：1.4％，其中铅（黑锡）的含量约为铜的一半，白锡又恰约为铅的一半，看来此说似乎颇有道理。[⑦] 它

---

① 中国社会科学院考古研究所，满城汉墓发掘报告，第 379 页，文物出版社，1980 年。
② 赵匡华等，北宋铜钱化学成分剖析及夹锡钱初探，自然科学史研究，5（3），1986 年。
③ 牛达生，宁夏贺兰山窖藏古钱理化测试报告，中国钱币，1986 年第 3 期。
④ 周卫荣，中国古代用锌历史新探，自然科学史研究，10（3），1991 年。
⑤ 周卫荣"中国古代用锌历史新探"一文对此论证颇详。
⑥ 见《宋史·食货志下二》（卷一百八十），中华书局校订、标点本第 13 册第 4392 页。
⑦ 见章鸿钊："中国用锌的起源"。

曾引起了科学史界的很大兴趣,甚至以此作出了我国宋代已有金属锌的结论。但这一结论只有1枚"绍圣钱"作为根据,似乎说服力又显得单薄,因此近年来多人曾搜集"绍圣钱"进行检测,试图验证。我们曾自首都博物馆取得了出土的46枚于蔡京主政期所发行的"元祐通宝"、"绍圣元宝"、"元符通宝"、"圣宋元宝"、"崇宁重宝"、"大观通宝"、"政和通宝",其中包括8枚"绍圣钱",经过化学全分析,含锌量没有超过0.1%的。①此外,日本学者水上正胜、②中国钱币学家戴志强③也分析过共181枚的北宋铜钱,含锌量超过0.1%仅有9枚,其中含锌最高的也只有0.66%,而且仅有1枚(仁宗时发行的"皇宋通宝");另外,北京科学技术大学冶金史研究室也曾检验过近千枚的"绍圣钱"(包括"元宝"、"通宝"),无一枚含有明显量的锌。这样一来,人们对宋代已冶炼金属锌的结论不仅发生了怀疑,而且多数化学史家和冶金史家已持否定态度。对此,我们曾进一步指出,蔡京所行"夹锡钱"实际上是铁钱,"白锡"就是通常所说的金属锡,而非锌,并做了论证。④最近古钱币学家朱活也论证了蔡京"夹锡钱"是铁钱,不是铜钱,《宋史》误记。⑤

其三,1925年曾远荣投函《科学》杂志编辑部,⑥指出:从李时珍《本草纲目》可判断我国在五代时已经炼出了金属锌,并有了"倭铅"这一称谓。这句话见于该书"金石部·铅"条目之下:

> 《宝藏论》云:铅有数种,波斯铅坚白为天下第一;草节出犍为,银之精也;衔银铅,银坑中之铅也,内含五色,并妙;上饶乐平铅次于波斯、草节;负版铅,铁苗也,不可用。倭铅可勾金。

李时珍所引的《宝藏论》是五代时南汉人轩辕述所撰《宝藏畅微论》的简称,成书于乾亨二年(公元918年)。⑦但曾氏的论证中有一个疏失,他不大了解李时珍在编撰《本草纲目》时,援引古籍时是经常批改增删的,正如刘衡如所说:"《本草纲目》的著者在引用它书时大都不是抄录原文,而是经过一番化裁的,有时甚至综合二三家之说为一,和原文有很大的出入,这是当时一般的习惯。"⑧所以利用《本草纲目》的引文时,应该慎重,当与原著或其他著作的引文进行核对甄别,《宝藏畅微论》约在清代中期时已亡佚了,但上段文字也为《康熙字典》及清初陈元龙所撰《格致镜原》(雍正十三年完稿)所援引,这两部文献的援引文字则完全相同,而《康熙字典》肯定是忠于原著的。其原文如下:

> 《宝藏论》:铅有数种,波斯铅坚白第一;草节铅出犍为,银之精也;衔银铅,银坑中之铅,内含五色;上饶乐平铅次之;负版铅铁苗也。独孤滔曰:"雅州钓脚铅形如皂荚,大如蝌蚪子,黑色,生沙中,亦可乾汞。

并无"倭铅可勾金"一句,此外,方以智(1611~1671)在其《通雅》(成书于崇祯五年,1639)一书中也提到《宝藏论》对铅的介绍,谓:

①　赵匡华等:"北宋铜钱化学成分剖析及夹锡钱初探"。
②　〔日〕水上正胜,志海台出土古钱的金属成分,阿祥译,中国钱币,1985年第3期。
③　戴志强,北宋铜钱金属成分试析,中国钱币,1985年第3期。
④　华觉明、赵匡华,夹锡钱是铁钱不是铜钱,中国钱币,1986年第3期。
⑤　朱活著,古钱新典(上),第320~321页,三秦出版社,1991年。
⑥　见王琎等著《中国古代金属化学及金丹术》第92~93页,科学技术出版社,1957年。
⑦　参看宋·晁公武:《郡斋读书志》卷十五。
⑧　见刘衡如校点本《本草纲目》的"校点说明",人民卫生出版社,1979年。

　　　　《宝藏论》有'流黄气紫背'，即熟铅之精华也，能碎金刚钻；其曰'负版铅'，

　　铁苗也，不可用。雅州钓脚铅，亦可乾汞。

偏偏也没有提到"倭铅可勾金"的话，但也有"雅州钓脚铅"。这些都表明"倭铅可勾金"一句是后人添加的，而且最有可能是李时珍自己根据当时有了新名色的倭铅而补充进去的，而非出自轩辕述之笔。万历三十四年（1606）《本草纲目》的夏良心序刊江西本已问世，宋应星想必已读过，所以他在其《天工开物》（初版于崇祯十年，公元 1637 年）中谈及倭铅时，偏偏第一句就说："凡'倭铅'古书本无之，乃近世所立名色。"似乎并非无的放矢，很可能即针对《本草纲目》而言。

　　其四，1955 年，一位英国学者里兹（Leeds. E. T.）发表了一篇论文，题目是《中世纪中国的锌币》（"Zinc Coins in Mediaeval China"[①]），声称他分析了中国明代自永乐到崇祯年间的钱币，表明都是用纯锌铸造的，其中 4 枚的分析结果是：①"永乐通宝"含锌 99%；②"宣德通宝"含锌 98%；③"隆庆通宝"含锌 98.7%，④"泰昌通宝"含锌 97.6%。于是他竟做出结论说："这种暗灰色钱币的铸造在 1402 年出现（指建文四年），经由永乐和宣德，即 16 世纪中期，直到 17 世纪的前 40 年（1640 年即崇祯末年）。"也就是说有明一代都在不断地铸造纯金属锌的钱币。这种说法显然完全不符合实际，既令人惊讶，又十分荒唐。有明一代的各种年号钱的配方，正史中几乎都有明确记载，材料都属于铜基合金，这是中国学者很熟悉的；我们近年又分析了 101 枚包括了明代各时期所发行的不同年号钱，也从未发现一枚纯锌币。[②]从里兹所公布的检测试样照片，与丁福保编《古钱大辞典》和首都博物馆保藏的明代钱币真品对照，字体相差悬殊，因此可以肯定是一批伪币，更确切地说，很可能是明末人铸造的一些冥钱，因为它们颜色铅灰，质地柔软，做为赝品欺世既无可能，而且明代钱币存世极多，谈不上珍贵，所以制作赝品也无利可图。里兹对中国古币史缺乏了解，对中国民情不大熟悉，发生这类错误是可以谅解的，但有的中国学者不加分析人云亦云地加以引用，并支持这种说法，[③]就不够严肃了，所以本不值得强调的这件事，还得在这里郑重澄清一下。

　　其五，明宣德三年（1428）宣宗曾命工部大量铸造鼎彝，以供郊坛、宗庙、内廷陈设之用。当时礼部尚书吕震曾编《宣德鼎彝谱》[④]一书，详细记录了这项工程的原计划用料情况及最后审定的清册，其中包括：暹罗风磨铜三万一千六百八十斤、倭源白水铅一万三千三百斤、倭源黑水铅六千四百斤等等。其中倭源白水铅很可能是金属锌，因为倭铅（wo yán）与"倭源"同音，锌又曾被称为"白铅"以与"黑铅"相区别，所以它正像古代金属锌的两个名称的叠合。张子高认为："《宣德鼎彝谱》的著者是上层官僚阶级，由于他们实际知识的贫乏，竟把倭铅、白铅两个等同的名词拼在一起而成为倭源白水铅这个奇怪的名，又把铅本身也加上倭源二字，意义含混，有点令人莫明其妙，读者不以辞害意也。"[⑤]而王琎在 1925 年分析过家藏的两个宣炉，所得结果是这样的：[①]

	Cu（%）	Zn（%）	Sn（%）	Pb（%）	Fe（%）
宣炉（1）	52.7	20.4	4.4	2.3	12.1

①　见李约瑟著《中国之科学与文明》第十四册第 399，569 页，张仪尊、刘广定译，台湾商务印书馆发行，1982 年。
②　赵匡华等："明代铜钱化学成分剖析"，自然科学史研究，7（1），1988。
③　见钟广言注释《天工开物》第 359 页，广东人民出版社，1976 年。
④　明·吕震《宣德鼎彝谱》，见商务印书馆出版《丛书集成》初编第 1544 册。
⑤　见张子高著《中国化学史稿（古代之部）》第 108～110 页。

宣炉（2）	48.0	36.4	2.7	3.7	2.3

证明是用锌黄铜铸造的。这就成为"倭源白水铅"确为金属锌的一个有力旁证。多年来，冶金史界及化学史界的绝大多数人都把宣德炉的铸造作为我国宣德年间有了金属锌的无可辩驳的铁证。但是一经深入、细致地考证，这一结论又有可质疑的地方了。因为《宣德鼎彝谱》明确对倭源白水铅的用途作了说明，谓"此铅作铅砖，铺铸冶局地杂用"似乎并未用于造鼎彝。[①]那么宣炉中的锌又从何而来呢？最近周卫荣指出：那是原料暹罗风磨铜中所固有的，明代天启中人陈德锡所撰《潜确居类书·铜》（卷九二）中专门有"风磨铜"一条，谓："风磨，output铅，黄铜似金者。我明皇极殿顶名是风磨铜，更贵于金，一云即output铅也。"清人王棠的《新知录》（卷二五）中也有类似的记载："output石出波斯国，世俗谓之风磨也。"至于皇极殿之建造，是明世宗嘉靖年间之事。[②]所以"宣德炉"中含锌的成分并不足以作为"倭源白水铅"肯定是金属锌的旁证。[③]当然，笔者仍认为"倭源白水铅"很可能确实是金属锌，只是得进一步再另寻其他旁证了。

倭铅在嘉靖、万历年间虽已大量用于铸币，但这一称谓却不见于明代正史，也缺乏明代时其生产及规模的记载。及至清初，有关文字渐渐多起来，说明当时生产锌的地区主要集中到滇东、黔西，例如，雍正二年十一月二十一日云贵总督高其倬奏："……窃查云南鼓铸以倭铅四分配搭，计四局一年共应用倭铅六十七万六千余斤，具照市价采买。……云南每年买运黔厂倭铅五十万斤。"此为云南锌场。又如雍正七年十二月二十一日贵州巡抚张广泗题奏："该臣看得威宁、大定府州所属沙珠、大兴地方产有倭铅。……沙珠厂于雍正七年七月二十五日得矿起至九月二十二日，烧出倭铅八万八千六百四十五斤，……又大兴厂自本年八月二十二日得矿起至十一月初二日，烧出倭铅六万九千二百五十五斤。"此是贵州锌场。[④]而且从有关记载可知，这时又把"倭铅"称为"白铅"。例如《湖南通志》记载：乾隆五十年彬州东杭湖等处年产白铅一万八千余斤，桂阳等处铅矿，年产白铅十一万余斤。《贵州通志》则记载都匀、大定、遵义产白铅。[⑤]

最后，必须实事求是地说明一下，长期以来我国科技史学者普遍认为中国是世界炼锌术的发源地。但近些年来，英国和印度的学者经过深入的考证和考察，证明印度是世界上最早炼锌的国家，论证充分，令人信服，我们应尊重这一结论。

1957年，英国著名化学史家 J. R. Partinton 已曾指出：古印度医学家阇罗迦（Caraka，大约生活在公元100年）和妙闻（Suśruta，大约生活在公元200年）的梵文集作（现存6世纪版本）都谈到过类似锌的物质；在公元1200年成书的古印度著作《味宝集论》（Rasrat-nasamuccaya）有蒸馏法炼锌的叙述。所以他认为炼锌术可能起源于印度，但这种技术以后在

① 但近人邵锐所撰《宣炉汇释》（菰香馆聚珍新刊，1928年，北京大学图书馆库藏）对宣德三年铸造鼎彝事记载甚详，而谓："倭源白水铅一万三千六百斤入洋铜用；倭源黑水铅六千四百斤造铅砖铺铸局地并杂用。"那么"倭源白水铅"则是用于炼黄铜了。

② 见清·陈元龙撰：《御定历代赋汇》卷七十三〈皇极殿赋〉。

③ 周卫荣，关于宣德炉中的金属锌问题，自然科学史研究，9（2），1990年。

④ 见中国人民大学清史研究所编《清代的矿业》第三章〈铅矿〉，中华书局，1983年。及《贵州矿产纪要》第77页，贵州文通书局，1937年。

⑤ 参看章鸿钊遗著：《古矿录》，地质出版社，1954年。

那里失传了。① 1980 年第 15 版修订重印本《简明不列颠百科全书》也认为："印度冶炼家似乎早在 13 世纪就已制备出锌。"② 英国当代冶金史家泰利柯特（R. F. Tyiecote）在其《冶金史》（A History of Metallurgy, 1976）则较多地提到了古代印度的炼锌工艺：

> 在十至十六世纪之间，印度拉贾斯坦邦乌代普尔的扎沃附近曾生产过大量的锌，有可能是金属锌。最近已经发现成堆的小蒸馏器和由它们砌成的墙。这是一些尖头、椭圆形的陶管，长 25 厘米，直径 15 厘米。这些蒸馏器一端开口，一端封闭，其中插放着 2.5 厘米的残管。看来其中有一件或更多的蒸馏器曾用木柴或木炭炉剧烈加热过。炉显然用鼓风器鼓风，并使管的一端伸出炉外，以便锌蒸气能够冷凝，就像现代的卧式蒸发器一样。蒸馏器装入锌矿和木炭。看得出来，金属是从伸出的一端收集的。很可能这是中国所用的烧煤或无烟煤的工艺。据估计，扎沃的蒸馏器堆说明此处曾提炼过 10 万吨的金属锌。③

但是泰利柯特究竟未能确切说清这种炼金术的问世年代。而且他的考证工作似乎也不大高明，例如他说："中国在公元前 200 年到公元 200 年期间首先生产锌。"这话就离谱太远了，所根据的资料也肯定是很陈旧的，不可靠的。

1993 年梅建军发表了重要论文："印度和中国古代炼锌术的比较"，④是迄今在中国书刊上发表的，论述印度古代炼锌术的最翔实、最完整的论文。它指出："近年来，英国和印度的学者在印度西北部拉贾斯坦邦乌布代尔附近的扎瓦尔（Zawar）村发现了一处古代炼锌遗址，并做出了深入的研究。结果表明，印度是世界最早炼锌的国家。"

梅文首先介绍了印度古代炼金术著作中有关炼锌的记载。⑤指出有关的最早文献（目前较为肯定的）是公元 7～8 世纪成书的 "Rasaratnakare"，这本书认为是公元 4 世纪的印度伟大科学家 Nagarjuna 所作。书中非常简略地记述了炼锌工艺，大意是：将锌矿同羊毛、黄油等混合，装入密封的坩埚中，加热后即生成一种外观似锡的物质。类似的记载还见于 12 世纪问世的炼丹术著作 "Rasarnavam"。12～13 世纪编写成的 "Rasarprakasusdharkara" 对炼锌术的描述略为翔实：将炉甘石与树脂、盐、煤灰、硼砂和酸果汁等混合，装入管状的坩埚中，坩埚口用另一只倒立的坩埚密封住，然后放入加热。当矿石熔化，蓝色火焰转为白色时，用火钳将坩埚夹出，并令口端朝下地放在地上，这样，一种有锡光泽的物质流出来，冷凝后收集一起，即可使用。14 世纪编写成的 "Rasaratnasamuchchaya" 是一部内容极为丰富的炼金术著作，是古代印度有关炼锌工艺最重要的文献，有关描述如下：用粘土制作一只坩埚或叫蒸馏罐，坩埚口接一根长约 20 或 30 厘米的空心管，与坩埚相接的管口像喇叭一样敞开。将锌矿粉与紫胶、糖浆、白芥末、泡碱和硼砂等物混合，用牛奶或奶油搅和，揉成小球，烘干。然后放入坩埚，加以强热。所得产物具有金属锡的外貌。倾倒在一块大石板上，即可取用。加热的装置是把一个盛水的容器放在一个称作 Koshthi 的装置中，再把一个带孔的盘板放在其上，而将坩埚倒

①　J. R. Partinton，化学简史，1957 年第 3 版，胡作玄译，商务印书馆，1979 年。

②　见中文版《简明不列颠百科全书》第 8 册第 626 页，中国大百科全书出版社，1985 年。

③　见华觉明译：《世界冶金发展史》，第 196 页。

④　梅建军，印度和中国古代炼锌术的比较，自然科学史研究，12（4），1993 年。

⑤　梅文的有关介绍依据 P. T. Craddock, et al, "Zinc in India", 2000 Years of Zinc and Brass, British Museum (Occasional Paper No. 50)，1990，29～33. 并参照了印度学者 P. Ray 的原著 "History of Chemistry in Ancient and Medieval India", Calcutta, Indian Chemical Society, 1956, 129, 157, 171～172, 191.

立着固定在盘上，然后在坩埚四周及其上方以木炭火加热，并以鼓风升温。结果产物锌便滴入盘下容器中的水里，收集起来即可使用。这种对坩埚和炼炉的描述与扎瓦尔炼锌遗址所发现的，有惊人的相似。

梅文接着对扎瓦尔古代炼锌遗址介绍说：扎瓦尔古炼锌遗址位于印度西北扎拉贾斯坦邦的乌布代尔南45公里处，很早就引起地质学家、矿业工程师和考古家的注意。只是近年来才得到深入的研究。由英国大英博物馆和印度巴罗达大学等单位组成的一支联合考察队对该遗址进行了系统的发掘，出土了七座未经扰动的冶炼炉，炉内还原样地放置着数十个蒸馏罐。这一重要发现清楚地揭示出古代炼锌的技术原理、冶炼设备及生产规模等内容。冶炼炉用砖砌成，呈平头金字塔形（图3-38左）。炉内由四块带孔的大砖板隔成上、下两部分，上部为燃烧高温区，放置蒸馏罐，以6×6形式排列，罐身固定在隔板上，细长的罐颈向下穿过隔板上的大孔伸入冷凝区，实际上就是冷凝器，其下放置承接液态锌的容器；隔板上另有一些小孔，其作用是为炉体上部的燃烧提供空气，同时让炉灰落下。

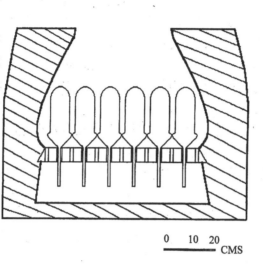
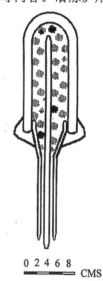

图 3-38　印度古代炼锌蒸馏罐

（据梅建军：“印度和中国古代炼锌术的比较”一文改绘）

蒸馏器呈长罐瓶状，实际由罐身和颈两部分构成；罐身呈圆柱形，长约25～30厘米，直径为10～15厘米；罐颈为带喇叭口的细管，长约20厘米。罐身、罐颈均用粘土制成。把矿石和燃料（按：似应称作还原剂）装入罐身后，即插入一根细木棍，然后将罐颈的喇叭口接在罐身上，接口处用粘土密封好，再把罐倒立着插入炉内的隔板上。这时，罐内插入的木棍正好把罐颈口堵住，可阻止炉料落下（图3-38右）。在蒸馏罐四周放置燃料，然后点火加热，当达到一定高温时，炉料发生反应，木棍也随之燃烧、炭化，并坠落下来，使罐内的炉料中间形成一条通道。当锌蒸气还原出来后，即由此通道下行进入罐颈，冷凝成液体，向下流入收集容器。经实验研究，印度古代炼锌的温度为1000～1200℃，冶炼时间大约4～5小时。

经C-14测定并经树轮校正，扎瓦尔遗址的年代，上限为1025～1280年，下限可到19世纪初。从现存的炼炉遗迹看，14世纪的炼炉数量比以前有显著增加；从废蒸馏罐堆积的情况判断，扎瓦尔的炼锌业从16世纪开始进入商业性的大规模生产，并一直持续到19世纪。在该遗址发现的锌产品经检验纯度为98.99%。

梅建军指出：印度和中国古代炼锌术的工艺原理是相同的，都是采用泥罐蒸馏，在冶炼中以外加热方式冶炼，冶炼温度大致相同。但两者在锌蒸气冷凝方式上截然不同，印度采用下冷凝方式，而中国则是上冷凝（因此蒸馏罐的构思与结构也截然不相同），这表明，印、中两国的炼锌术是完全不同的两种技术体系，是［分别］受各自早期的冶金工艺传统的影响而发展起来的。但从时代看，古印度炼锌比中国［至少］要早数百年。目前也还没有发现任何确凿的证据证明中国炼锌术源于印度，看来是独立发展起来的。

但有迹象表明，波斯在10世纪以前也已经炼制到相当优质的金属锌，而且曾传入我国，被视为上宝。《宝藏畅微论》就说到"波斯铅坚白，为第一"，那么这种"坚白的"铅是什么？很可能就是金属锌。在清初道士傅金铨（道号济一子）汇辑的《外金丹》一书中有一卷《三元大丹秘旨》，[①] 大约是明代嘉靖年间人所撰，其中有两段稍具神秘色彩的文字，但对探讨"波斯铅"及我国的早期炼锌史颇有史料价值。第一段文字是：

> 太古时有女娲氏炼五彩石以补天，所炼之余气结为五彩霞光落于波斯国内，化为倭铅，一名倭玉，为五金之领袖，八石之翠帏，产于波斯高山峻岭鹅卵石中，珠珠粒粒，土人取之，连石捶碎，经火一煅，铅汁坠底，即成倭铅。比较中国福建所产白气倭铅……大不相同。真正波斯铅迥异，其色洁白如十呈（成）银子，打开，其碴如珍珠，美如燕子窝，以手摸之却平而不突；化开倾成薄片，用铁敲之，俨若琵琶，清亮出群，铿然可听。

在这段文字中，关于波斯白铅的生成和熔炼方法，因中国与波斯相隔万里，辗转相传，道听途说，显然不可靠，但也在所难免，然而这位道士（作者）对波斯铅性质的描述，看来朴实无华，是亲身目睹或做过试验的，因此该文中的波斯铅实际上就是金属锌，似无多大疑义。另一段文字是：

> 太阳红铅乃丹中第二品材也（依全文意乃指波斯铅）。……此铅较之中国福建所产的白气倭铅、函谷所产青气倭铅、杨（阳）城所产之黄气倭铅大不相同。白气倭铅（即福建所产）其色比锡色白，有似乎青丝银子之色，……烧试则白烟缭绕，此亦中国上宝也。南方人多用此掺入锡中，以充广锡，道中人多用烧茆（按"茆"又作"毛"、"赤肉"，皆道中人的炼丹术隐语，即赤铜）；青者（指函谷青气倭铅）碴皆背马牙碴，烧试则有黄烟（按：此种倭铅似乎含有较多的杂质铅，黄烟即PbO），匠人多用之点黄铜，盖铜本来赤，必用倭铅点之，然后成黄铜，[②] 丹中不用，茆方亦不用。

这段文字无疑是很珍贵的，过去化学史界从未加注意。它可以肯定地告诉我们：①文中所谓倭铅毫无疑问是金属锌。而相比之下，当时波斯倭铅较中国生产的质量要高，并已传入我国。②说明当时（明代中期）函谷、阳城皆产倭铅，与《天工开物》所载"倭铅……繁产山西太行山一带"相一致，而且更准确地指明在函谷（应指今河南新安县东之函谷关一带）及阳城（山西南部），明人李贤（宣德—成化间人）所撰《明一统志》[③] 记载："泽州及高平、阳城二县出芦甘石"，可互为印证。③当时国内福建所产倭铅质量较高，技术最先进，那里是否曾从域外学习了波斯、西亚、印度的技术，有待进一步研究。若与《天工开物》的记载相对照，我们可以估计，我国炼锌术很可能最早开始于福建，其后为山西太行山一带，继而传至荆、衡（湖北、湖南），而起步最晚但生产后来居上的则是滇、黔地区，因为那里锌矿与煤的资源都很丰富。

---

① 清刊本《道书十四种》，北京大学图书馆藏。

② 这话正是所谓"倭铅可勾金"，此段文字是否为《本草纲目》之所本，很值得考虑。

③ 明·李贤：《明一统志》，见《四库全书》史部地理类。

如果把这两段文字与"波斯输""波斯铅"及"北回回炉甘石"（脱梯牙）的输入情况结合起来看，波斯也应较我国更早地掌握了炼锌术。不过，那里即使在较早的时候就有了炼锌技艺，但似乎后来失传了。而波斯的炼锌术与印度炼锌术之间是否有源流关系，很值得进一步研究。

八　中国古代的两种白铜

在我国古代曾炼制、流行过两种灿烂如银的白铜，一种是铜镍合金，是利用赤铜与镍矿石或铜、镍矿石合炼出来的；另一种是铜砷合金，是用砒石类矿物或砒霜与铜合炼出来的，这类合金中当砷含量超过10%时，则洁白如银，光灿殊美，它是中国古代炼丹术的一项重大发明，与铜镍合金无关。但过去一些科学史家不大了解中国炼丹术的活动，也不大知道砷白铜一物，因而常把这两种白铜混谈，比较牵强地推测中国白铜概用砒镍矿所炼成，导致了长期的混乱。[1],[2],[3]

（一）享誉中外的中国古代镍白铜

铜镍白铜自古是我国云南的特产，享誉中外。最早的有关记载，见于东晋常璩所撰《华阳国志》（卷四），原文为：

> 螳螂县因山名也。出银、铅、白铜、杂药。

按古螳螂县在今云南西北会泽、巧家和东川一带。[4] 这里所提到的白铜有可能就是铜镍合金，因为该地区自古就富产铜矿石，而在其西边邻近的四川会理地区，现已查明有镍矿，两地间则有驿道相通。会理镍矿的所在地在县城南边的力马河，至今有古矿洞可寻和大量废弃的矿石，当地鹿厂铜矿山脚下仍有大量古代的炼渣。1984 年出版的王德源等编《会理镍矿志》列出了力马河镍矿的化学检验结果，如表 3-22 所示。[5] 所以古代云南白铜无疑是镍白铜。不过在 4 世纪那么早的时候是否就已炼出铜镍合金，则还要慎重地做进一步研究，而且至今也没有发现那个时代的白铜实物。

表 3-22　力马河镍矿化学成分分析结果

矿　类	镍矿的化学成分（%）						
	Cu	Ni	Fe	S	SiO_2	MgO	CaO
精矿 1 号	2.00	3.30	25.40	15.30	24.30	12.70	1.97
精矿 2 号	2.05	3.80	22.90	13.78	26.10	13.00	4.80
富　矿	1.44	3.68	29.40	18.00	18.30	6.00	6.21
一级富矿	1.90	3.50	29.04	17.98	16.52	7.11	9.20
二级富矿	1.05	2.00	25.74	12.66	19.75	17.11	5.29

（摘自王德源等编《会理镍矿志》第 101 页，1986 年。）

---

[1]　袁翰青著《中国化学史论文集》第 64 页。

[2]　张子高著《中国化学史稿（古代之部）》第 113 页。

[3]　曹元宇著《中国化学史话》第 81～82 页，江苏科学技术出版社，1979 年。

[4]　参看《华阳国志校注》，刘琳校注本第 416 页，巴蜀书社，1984 年。

[5]　梅建军等，中国古代镍白铜冶炼技术的研究，自然科学史研究，8（1），1989 年；王德源等编《会理镍矿志》第 101 页，1986 年。

《旧唐书·舆服志》载:"自余一品乘白铜饰犊牛车。"大概就是这种云白铜,那么镍白铜在唐代时相当贵重,价格在银铜之间了。但应指出,银铜合金也是白色的,价格当然也在银铜之间。另外,往铜中掺入较多的锡、铅,也可成为显白色的青铜,古代也可能呼之为白铜,[①] 但显然价值要低得多了,且质地硬脆。《新唐书》(卷五五)谓:建中(德宗)年间"判度支赵赞采连州白铜,铸大钱五十。"[②] 按连州在今湖南南部,自古富产锡、铅,那么连州白铜恐怕就是高锡(铅)青铜了。

唐宋时期关于川、滇铜的记载极少。及至明代,虽记载渐多,但也往往是只言片语。例如万历中问世的《事物绀珠》(1585)谓:"白铜出滇南,如银。"《明一统志》载:"宁番卫出白铜。"按宁番卫即今四川省凉山彝族自治州的冕宁县[③];吴钟苍等辑录的《会川卫志》(清同治九年刻本)称:"明白铜厂课程五两四钱八分。"[④] 又据清·嵇璜《续文献通考·征榷六》载:"自成化五年(1469)定:四川军民偷采〔炼〕白铜者,为首枷示,依律治罪,"[⑤] 可见其时白铜矿冶之事已为官府专营。

清代有关镍白铜的记载就相当多了,并可知自雍、乾之世起,白铜矿冶业已极盛。清·嵇璜所撰《清朝通典·食货八》谓:"康熙二年令四川黎汉(应作黎溪)、红卜苴二洞白铜旧厂听民开采。输税九年。"[⑥]《会理县志》称:"黎溪厂产白铜,于乾隆十九年额设每双炉一座,抽小课白铜五斤,每煎获白铜一百一十斤,内抽大课十斤。每年额报双炉二百一十六座,各商共报煎获白铜六万三千二、三百斤。"又称:"立马河(即今力马河)、九道沟、清水河俱点白铜。……清水河、九道沟之白铜或硐老山空,或水穴河没,不能按图索骥(冀)也。"[⑦] 可知会理县是当时镍白铜之重要产地,有立马河、九道沟、清水河、黎溪等矿厂,其中黎溪厂自乾隆十七年收为官营开采后,竟有炼炉216座之多,年产白铜达37吨。[⑧] 关于滇白铜的记载,则更为翔实,据《云南通志》(卷十一,清乾隆元年刻本)、《清朝通典·食货八》的记载,云南生产镍白铜至迟始于清代雍乾之世。定远县(今牟定县)有妈泰、茂密和大茂岭等白铜矿,大姚县有茂密白铜矿,定武直隶州(今定武县)雷马山出白铜,其后发展规模相当大,如大茂岭白铜厂年产最高额曾达26吨。又据光绪二十七年刻本《续云南通志》(卷四十三)说:"茂密白铜子厂,大姚县属,发红铜到厂,卖给硐民(矿工),点出白铜。每一百一十斤抽收十斤,照定价每斤三钱〔银〕,变价以充正课(税)。炉多寡不一,每炉每日抽白铜二两六钱五分。"这里提到白铜是用红铜点化而成,可见其时冶炼白铜的方法似与炼输铜相似,即将红铜与镍矿、木炭合炼,还不是利用共生矿石合炼出的。清嘉庆甲子(1804)檀萃所辑《滇海虞衡志》(卷五)〈志器〉条目下对当时滇白铜的矿冶及其手工业之盛况则有更生动的描述,[⑨] 谓:"白铜面盆惟滇制最天下,皆江宁(南京)匠造之,自四牌楼(昆明的金马碧鸡坊)以上

① 王琎,中国铜合金内之镍,科学,13(10),1929年。
② 见《新唐书·食货第四十四》(卷五四),中华书局校订、标点本第5册第1388页。
③ 见章鸿钊著《古矿录》第203页及179页,地质出版社,1954年。
④ 转引自《会理县志》(卷九),清同治九年刻本。
⑤ 见清·嵇璜:《续文献通考·榷征六》(卷二三),《十通》本考3000页中。
⑥ 见清·嵇璜等撰《清朝通典·食货八》,1935年商务印书馆《十通》本典2066页中。
⑦ 见清·吴钟苍等纂《会理县志》卷九及卷十,清同治九年刻本。
⑧ 见梅建军等:"中国古代镍白铜冶炼技术的研究"。
⑨ 见清·檀萃辑《滇海虞衡志》,商务印书馆出版《丛书集成》初编第3023册,第31页。

皆其居肆。夫铜出于滇，滇匠不能为大锣小锣，必买自江苏；江宁匠自滇带白铜下，又不能为面盆如滇之佳，水土之故也。白铜别器皿甚多，虽佳亦不为独绝，而独绝者唯面盆，所以为海内贵。"据调查，[①] 有清一代云南白铜器皿面盆、墨盒、镇纸、香炉、烛台、烟盘、水烟壶等贩运京畿、苏杭，深受文人墨客及广大市民的爱赏。

　　然而清代文献中述及镍白铜冶炼工艺的文字仍极罕见，除《续云南通志》稍有提及外，《邛嶲野录》[②] 谓："白铜由赤铜升点而成，非生即白也。其法用赤铜融化，以白泥升点。"文中提到的"点"，是炼丹术中常用的术语，文字虽少，但却明确地表明，白铜是用一种含镍的"白泥"点化而成的，"白泥"是一种原始的含镍矿粉，还是某种加工富集产物，则有待进一步考证。但鉴于云南含镍矿石即使是精选的富矿，含镍也不过5％，且非白色，所以它大概是后者。

　　吴仲苍等所纂《会理县志》有稍详细的记载，但所记工艺仍比较原始，是通过把铜镍两种矿石合炼，该文中称："煎获白铜需用青、黄二矿搭配，黄矿炉户自行采办外，青矿另有。"文中黄矿应系黄铜矿，而"青矿"当系黑色含镍矿石了。

　　由于中国白铜曾享誉中外，在世界冶金史中也占有重要地位，因此探明其冶炼方法意义重大，所以在1940年，国民经济研究所于锡猷赴西康对白铜的冶炼做了实地考察，撰成《西康之矿产》一书。谓："会理镍矿发现后，即有人用铜矿与之混合冶炼，然不知其为镍，故呼之曰白铜矿。人从其带有黑色，又呼之为青矿。"接着他详细地记述了镍白铜的冶炼过程：

　　　　取炉厂大铜厂之细结晶黑铜矿与力马河镍铁矿各半混合，收入普通冶铜炉中冶炼。矿石最易熔化，冷后即成黑块，性脆，击之即碎。再入普通煅铜炉中，用煅铜法反复煅九次。用已煅矿石七成与小关河镍铁三成，重入冶炉中冶炼，即得青色金属块，称为青铜，性脆，不能制器。乃以此青铜三成，混精铜七成，重入冶炉，可炼得白铜三成，其余即为火耗及矿渣。[③]

据说，这段文字是30年代初地质工作者访问两位清末冶炼白铜的技师时记录下来的。综合这段讲述，梅建军把清代末期会理镍白铜的工艺做出如下的讲解：[④] 镍白铜冶炼过程分四步进行。第一步，把镍铁矿 [力马河镍矿石主要成分为 $(Fe，Ni)_9S_8$] 与黑铜矿（主要成分为 CuO）按1：1混合，投入冶铜炉，经过氧化焙烧和初步冶炼而得到黑色的"块状物"，可能是冰铜镍（Ni_3S_2，Cu_2S，FeS 的熔合物）与炉渣的混合物。第二步，把黑块投入煅铜炉中，反复九次煅烧，氧化除去绝大部分的硫分，成为富集的铜镍混合氧化物，即所谓"可煅矿石"。第三步，把"已煅矿石"与镍铁矿（小关河产）按7：3比例混合，入冶铜炉冶炼，于是得到所谓"青铜"，即是一种含杂质尚较多的镍铜白色合金，有可能就是前文提到的所谓"白泥"了（待考）。第四步，把此种"青铜"与纯铜按3：7的比例混合，再入冶铜炉合炼，即得到镍白铜和炉渣。另据最近梅建军的实地调查，还了解到在上述第一步冶炼过程中还要往冶铜炉中投放"青白带石"，即造渣的熔剂原料，常用的带石有石英、黄土和石灰等。

　　这种白铜当是铜镍二元合金。但曾有些人对清代云南白铜工艺品做了分析化验，表明它

　①　梅建军等"中国古代镍白铜冶炼技术的研究"。
　②　见何东铭辑《邛嶲野录》卷三十三，清道光、咸丰年间抄本。
　③　于锡猷著《西康之矿产》第32页，前国民经济研究所，1940年。
　④　见梅建军等"中国古代镍白铜冶炼技术的研究"。

们实际上都是铜、镍和锌的三元合金。1776 年瑞典化学家恩吉斯特朗（G. V. Engeström）就曾分析过一批来自东印度公司的中国白铜，分析结果表明，镍量与铜量之比为 5～6 与 13～14 之比，含锌量则很不确定，其中一件的分析结果是：

Cu：40.6%，　　Ni：15.6%，　　Zn：43.8%[①]

1822 年英国爱丁堡大学的化学家菲孚（Andrew Fyfe）在《爱丁堡哲学会报》上发表了他化验中国白铜器的结果是：

Cu：40.4%，　　Ni：31.6%，　　Zn：25.4%，　　Fe：2.6%[②]

我国化学史家王琎曾分析过家藏的一件云南白铜墨盒，为清代中后期产品，经分析其金属成分为：

Cu：62.5%，　　Ni：6.14%，　　Zn：22.10%，　　Sn：0.28%，　　Fe：0.64%[③]

往铜镍合金中掺入适量的锌是为了调剂合金的颜色和性能。这种调配成分和色泽的工序在清末至民国初年的文献中并不乏记载。《中国矿业论》便指出过："冶工初铸白铜为铜饼，铜匠购而重新熔化，和以别种金属加减其量，以合于铸造水管、茶罐及各种器具之用。"[④] 曹甍室所辑《中国矿产志略》（约在公元 1890 年出版）则解释更详，谓："白铜以云南为最佳。熔化制器时须预派紫铜（纯铜）、黄铜及青铅（按指金属锌）若干，搭配合熔以定黄白。若搭冲三色三成，只用真云铜（铜镍合金）三成，已称'上高白铜'矣。至真云铜熔化时，亦须帮搭紫铜与青铅，使能色亮而韧。"[⑤]

　　云白铜器皿自清代雍乾年间运销海外。法国耶稣会士杜赫尔德（J. B. Du Halde）于 1735 年（雍正十三年）曾撰巨著《中华帝国全志》[⑥]，其中便已谈到："最特出的铜是白铜，……它的色泽和银子没有差别，……这种铜只有中国生产，亦只见于云南一省。"1775 年英国刊物《年纪》（Annual Register）曾提到：英国东印度公司驻广州货客勃烈"在去世以前曾将中国内地某矿中所发现的铅矿（当时还不知有镍元素）样品寄赠 Gray's Inn（伦敦法学院之一）的 John Ellis。在去年夏季有船从中国驶抵英伦，他（勃烈）又附寄了他自云南得来的白铜，并详细说明制造白铜器皿的方法，目的是要在英国……从事实验和仿造这种中国白铜。"[⑦][⑧]

　　至于古代的镍白铜是否为我国独创，则还值得研究。因为在公元前约 250 年希腊人狄奥多托斯（Diodotus）在西亚建立了大夏帝国。在公元 3 世纪初（即我国东汉末期），在尤提狄摩司（Euthydemus）领导下励精图治，国势隆盛，其势力远及今我国新疆伊犁、和阗一带。其后发行了几种镍币。1868 年英国人弗赖特（F. Flight）曾分析其中的一种尤提狄摩斯镍币，[⑨]

① F. Flight, Pogg. Ann. Vol 8, p. 11. 507, 1870. 参看梅建军："中国古代镍白铜冶炼技术的研究"。

② 张资珙，略论中国的镍质白铜和它在历史上与欧亚各国的关系，科学，1957 年第 3 期，91—99 页。

③ 王琎：中国铜合金内之镍，科学，13（10），1929 年。

④ 〔英〕高士林著，汪胡桢译，中国矿业论，第 229 页，1918 年。

⑤ 曹甍室辑：《中国矿产志略》第 38—39 页，约 1890 年。

⑥ J. B. Du Halde："Description Geographique, H storique, Chronologaque, Politiqueet Physiqeu de L'empire de la Chine et la Tartarie Chinoise, Lemercier Press, Paris（1735）. 参看张资珙："略论中国的镍质白铜和它在历史上与欧亚各国的关系"。

⑦ 参看张资珙："略论中国的镍质白铜和它在历史上与欧亚各国的关系"及张子高著《中国化学史（古代之部）》第 115 页。

⑧ 参看李约瑟著，张仪尊等译：中国之科学与文明，第 14 册第 429 页，台湾商务印书馆，1982。

结果是：Cu 77.58%，Ni 20.04%，Pb 1.02%，Co 0.54%，Fe 0.04%。曹元宇[①]、张资珙[②]都曾很肯定地认为大夏铸币所用白铜"无疑地是中国运去"的，但他们的依据是西汉初毛亨等所传《毛诗·秦风·小戎》中有"厹矛鋈錞"等的诗句和《广雅·释器》的解释："鋈，白铜"，于是就作出了我国战国时期已有了镍白铜的结论，并肯定输出到大夏帝国，这显然是不大站得住脚的。因为《广雅》所谓的白铜很可能指的是高锡铅的青铜。而且其后世及今人对"鋈錞"的解释多认为只是在矛的下端镀上一层银白的金属，所以鋈很可能是指锡。固然对鋈的解释现在还有些争议，但肯定它是镍白铜，则证据实在单薄无力。

但无论如何，大夏帝国冶炼镍白铜的技术在公元以后失传了，再没有发现过；西欧知道镍白铜是从中国得到的信息。直到1832年，英国人汤麦逊（E. Thomason）才仿造出这种合金。次年，德国的罕宁格（Henninger）两兄弟也仿制成功，取名叫"德国银"，从此镍白铜才在欧洲大陆大量生产和推广。不过得说明，那时镍元素已发现，欧洲人已从矿石中冶炼出了金属镍，所以得承认西欧在19世纪制造铜镍合金在技术水平和认识高度上已较当时的中国高出很多，已后来居上了。[③]

（二）源于炼丹术的"丹阳银"——砷白铜

中国古代的铜砷合金则是方士在试炼人造金银的过程中发明的。这类合金若从颜色上来区分则有两种，含砷在10%以下的呈金黄色，在10%以上的呈银白色。前一种制造较易，出现较早。

中国铜砷合金的试炼与炼丹术的活动可能几乎是同时开始的，即在西汉初年。西汉淮南王刘安（前179～前122）所主撰的《淮南子》中就有"淮南王饵丹阳之伪金"之说，按丹阳郡是当时产"善铜"的著名地区，所谓"丹阳之伪金"当是以丹阳所产之精铜经点化而成的黄色药金。相传西汉前期时有"三茅君"者以丹阳岁歉，曾点化丹阳铜以救饥人。[④] 按"三茅君"为兄弟三人，名茅盈（前145—？）、茅固、茅衷，都是"行点化黄白"的方士。[⑤]《神仙传》说："三茅君之长兄大司命茅盈冶铜于句曲"[⑥]（句曲位于今江苏西南，当时属丹阳郡）。从那以后，句曲山易名茅山，丹阳郡的炼丹术活动便经久不衰。魏晋时那里又出现了葛玄、葛洪祖孙及许谧等炼丹大师。葛洪在其《抱朴子内篇·黄白》中便明确记载了有用雄黄（As_2S_2）点铜为黄金的真秘。其后南朝齐梁时期的医药炼丹大师、丹阳郡秣陵人陶弘景也曾隐居茅山习学葛洪神仙道术，在他汇编的《名医别录》中已说及"雄黄得铜可作金"，他又补充说："以铜为金亦出黄白术中。"[⑦] 以雄黄（或雌黄）点铜所成之金，当为含砷量少的铜砷合金，故呈黄色。后来由于点化技术提高或点化药的改进（用砒石或砒霜），才进一步出现了点化砷白铜的技艺。在隋代开皇年间（581～600）方士苏元明（又名苏元朗，道号青霞子）所撰

① 曹元宇著，中国化学史话，80～81页，江苏科学技术出版社，1979年。

② 参看张资珙："略论中国的镍质白铜和它在历史上与欧亚各国的关系"及张子高著《中国化学史（古代之部）》第115页。

③ 参看张资珙："略论中国的镍质白铜和它在历史上与欧亚各国的关系"。

④ 见宋·何薳：《春渚纪闻》卷十，第145页，中华书局，1983年。

⑤ 见元·刘大彬：《茅山志》，见《道藏》洞真部记传类总第152册。

⑥ 见明·陶宗仪纂《说郛》，宛委山堂本第58页。

⑦ 见唐·苏敬等撰《新修本草》，尚志钧辑校本第108页，人民卫生出版社，1981年。

《宝藏论》[①②] 中就制取砷黄铜（药金）和砷白铜（药银）作了经验总结。他说：

> 雄黄若以草伏住者，熟炼成汁，胎色不移，若将制诸药成汁添得者，上可服食，中可点铜成金，下可变银成金。

> 雌黄伏住火，胎色不移，鞴熔成汁者点银成金，点铜成银。

> 砒霜若草伏住火，烟色不变移，熔成汁添得者，点铜成银。若只质枯折者不堪用。

这几段文字中有很多炼丹家的术语，而且语言隐晦，又过于简练，至今难以逐句解释。其大略的意思是用草灰（常含较多的 K_2CO_3）与雄黄、雌黄（As_2S_3）、砒霜（As_2O_3）一起加热（即伏火），这时便可生成不易挥发的砷酸钾，便可"鞴熔成汁"（熔化）了。它若与铜末、木炭一起加热熔化，便可生成黄色的或白色的铜砷合金，很像黄金和白银。在《宝藏论》中还记载：当时假金有十五种，其中有雄黄金、雌黄金、……假银有十七种，其中有雄黄银、雌黄银、砒霜银等。结合以上三段文字来分析，理当就是用这些含砷矿物点化铜而制成的。按苏元明是隋代著名的炼丹家，也曾经学道于茅山，自己宣称得司命大茅君真秘。[③] 可见，以含砷矿物点铜为金、银的方术从西汉的三茅君到隋代的青霞子是一脉相承的。

我国从炼制砷黄铜进步到炼制砷白铜大约在东晋时期。根据我们的检索，最早有关砷白铜的记载见于《神仙养生秘术》。[④] 现存该部炼丹术著作中有后人的注，谓系"太白山人传，后赵黄门侍郎刘景文受，宋抱一子（即陈显微）校正"，因此该书原稿至迟应写于东晋咸和二年至永和七年（327～351）之间的后赵时期。其有关砷白铜的文字如下：

> 其四，点白：硇砂四两，雄黄四两，雌黄四两，硝石四两，枯矾四两，山泽四两，青盐四两，各自制度。右为细末如粉，作匮，用樟柳根、盐、酒、醋调和为一升。用坩埚一个，装云南铜四两，入炉，用风匣扇，又瓦盖，熔开。下硇砂二钱，搅匀，次下前药二两，山泽一两，再搐，混茸一处，住火。青如（应作"倾入"）滑池（应作"华池"）内冷定，成至宝也。任意细软使用。

显然，这段文字是经过抱一子增补修改了的，如"云南铜"、"风匣"皆宋代以后才有的名称 和器物。但此要诀或许原出于后赵太白山人所述。据这段叙述是可能炼制出砷白铜的，其中的基本化学反应大约如下：

$$2As_2S_2（雄黄）+4KNO_3（硝石）+7O_2 = 2As_2O_3+4K_2SO_4+4NO_2$$

$$As_2O_2+3C（炭化的樟柳根）= 2As+3CO$$

$$As+3Cu = Cu_3As（砷白铜）$$

所得白色至宝中可能还含有少量银，因文中的"山泽"常常是指银（熟银）或银矿石（生银）。

大约从南北朝以后，方士们已经意识到利用砒霜较"三黄"更易点化出白铜，这是砷白铜炼制史上的一项宝贵经验和重大进步。用砒霜点化白铜的技术在唐肃宗乾元年间（758～760）金陵子著述的《龙虎还丹诀》[⑤] 中有极为翔实的记载，从中可以看出，这种技艺那时已达到相当成熟的阶段，在点化过程中，以前那些不必要的药物已经被淘汰了。该丹经卷上中

---

① 见宋·唐慎微撰，曹孝忠、张存惠增订：《重修政和经史证类备用本草》第102页，人民卫生出版社，1957年。
② 见《铅汞甲庚至宝集成》卷一，见《道藏》洞神部众术类总第590册。
③ 参看陈国符著：《道藏源流考》下册第435页，中华书局，1963年。
④ 《神仙养生秘术》，见《道藏》洞神部众术类，总第599册。
⑤ 唐·金陵子：《龙虎还丹诀》，见《道藏》洞神部众术类，总第590册。

有《点丹阳方》，所谓"丹阳"就是"丹阳银"，即当时炼丹术中对砷白铜的称呼。其制法是先将砒黄、雌黄等加工制成升华的束丝状砒霜（可能含有 $AsCl_3$），金陵子称呼它做"卧炉霜"，再用它点化丹阳铜。原文如下：

> 取前件霜（卧炉霜），每二两点一斤。……丹阳（赤铜）可分作两埚，每埚只可著八两。……每一两药（As_2O_3）分为六丸，每一度相续点三丸。待金汁如水（铜熔化成液），以物直刺到埚底，待入尽，以炭搅之，更鼓三、二十下。又投药，如此遍遍相似，即泻入华池（醋）中，令散作珠子，急用柳枝搅，令碎，不作珠子亦得。又依前点三丸，亦投入池中。看色白未，若所点药不须（疑为"慎"字之讹），将（被）火烧却，其物即不白，更须重点一遍，以白为度。生药点埚甚难，所投点大须在意，冷热相衔，金汁迸出埚，遍遍如此，折损殊多。其埚稍宜深作，若能使金汁如水，点者为上。

这段文字叙述条理清晰（虽间或有错舛），对试验现象的描述亦颇生动，对应予注意、警惕的要点更是交代得十分周到。笔者曾进行过模拟实验，如法炮制，只是把丹诀中的"药丸以物直刺到埚底，待入尽，即炭搅之"稍加调整、合并，改为"将砒霜与面粉混合，用少量水拌和，揉成小团，黏附在炭棒的一端，阴干后，将其插入铜汁底部，不断搅拌，直到 As_2O_3 全部还原并溶入铜中为止。"于是顺利地得到了含砷为 9.92% 的砷铜合金，"色泽银白，灿烂闪亮，再没有丝毫铜色。"[1]

北宋末年人何薳所撰《春渚纪闻》（卷十）中有一段"丹阳化铜"的掌故，谓：

> 薛驼，兰陵人，尝受异人煅砒粉法，是名丹阳者。余尝从惟湛师之，因请其药，取药帖，抄二钱匕相语曰：'此我一月养道食料也，此可化铜二两为烂银。……' 其药正白，而加光灿，取枣肉为圆，俟熔铜成汁，即投药柑埚中，须史，铜中恶类如铁屎者，胶著埚面，以硝石搅之。倾槽中真是烂银，虽经百火，柔软不变也。此余所躬亲试而不诬者。[2]

可见宋代方士们的这种点铜成银的绝技在一般文人、百姓中还是一种奇闻，当然更属于炼丹家的"绝密"了。

到了元、明时期，这种以药点化的"白银"便逐渐为常人所知，在博物类、本草类的著述中便经常有所提及，并称之为白铜。例如元人撰（托名苏轼）《格物粗谈》[3] 便有"赤铜入炉甘石炼为黄铜，其色如金；砒石炼为白铜；杂锡炼为响铜"的话。《天工开物》说："铜以砒霜等药制炼为白铜。"又说："凡红铜升黄（用炉甘石）而后熔化造器，用砒升者为白铜器，工费倍难，侈者事之"。《本草纲目》（卷八）中也有记载，谓："铜有赤铜、白铜、青铜、……白铜出云南，……赤铜以砒石炼为白铜。"但李时珍显然把云、川的镍白铜和炼丹术中的砷白铜混淆了，也可以说是在白铜考证中发生混乱的开始。

砷白铜虽然光洁灿烂，令人喜爱，但并不实用，以至逐渐被淘汰。原因是多方面的：其一，有很大毒性，在古代时也早就有人认识到了，唐人辑《黄帝九鼎神丹经诀》[4]（卷十九）中就有"杀丹阳毒法"；其二，性质不如镍白铜稳定，放置日久，其中砷质会逐渐挥发，颜色变

---

① 赵匡华等，我国金丹术中砷白铜的源流与验证，自然科学史研究，2（1），1983年。

② 见宋·何薳：《春渚纪闻》，中华书局 1983 年刊本第 147—148 页。

③ 宋·苏轼：《格物粗谈》，见商务印书馆出版《丛书集成》初编号 1344 册。

④ 《黄帝九鼎神丹经诀》见《道藏》洞神部众术类总第 584—585 册。

黄，并出现斑痕；其三，炼制困难，操作中又极易使工匠中毒。所以在传世与出土的文物中，砷白铜极为罕见。[①] 据一位英国学者洛弗尔（B. Laufer）说："波斯人并传言，中国人用这种合金（波斯人把中国白铜呼之为"中国石"——Xar-Sini）制造箭镞。受这种箭镞损害的人，性命难保。"[②] 这种毒箭头可能就是用砷白铜制造的。1983 年 6 月在青海省都兰县热水公社发掘了一座中晚唐时期吐蕃王朝某显贵人物的大墓，从中出土了一枚铜镞，成分是 Cu 77.4%，As 15.9%，Pb 4.7%，是砷白铜制品，[③] 它可能就属洛弗尔所描述的毒箭镞。

我们说中国砷白铜出于炼丹家之手，是指用砒霜点化的铜砷二元合金。但自然界中有一些含砷的铜矿石，古代若用这种铜矿石冶炼青铜，那么就可能得到砷青铜，这样的实例是有的。1978 年，李延祥、韩汝玢[④] 对赤峰市林西县大井夏代铜矿冶遗址进行调查时就发现，那里的铜矿石便共生有砷矿物毒砂（$FeAsS$）和黝铜矿（$CuAsS_3$），所以在炉渣中所检出的合金颗粒中有一些居然是砷青铜，其中两种的分析结果是：

	Cu（%）	Sn（%）	As（%）
合金颗粒（1）	71.93	21.79	4.49
合金颗粒（2）	74.61	19.28	4.58

这种合金因含锡量较大，颜色亦发白（但不是银白色）。利用这类合金所制造的青铜器也偶尔发现过。据报道，[⑤] 广东省博物馆收藏有一件宋代传世的铜鼓，断口呈灰白色，其成分经分析，发现除含 10.92% 的锡和 13.17% 的铅外，还含有 4.7% 的砷，个别微区中含砷量高达 28%。

九　中国古代的金银冶炼与金银分离术

黄金具有"久埋不生衣，百陶不轻，从革不违"的优异性能，而外貌又色泽鲜艳，光灿殊美，所以自古被视为珍品，奉为五金之长，世名重宝，进而又成为祥瑞与神圣的象征。

黄金在自然界多以天然金存在，光耀醒目，容易发现、识别，所以采集、利用相当早。1977 年在内蒙古自治区昭乌达盟敖汉旗大甸子村属夏家店下层文化（属夏代）的遗址中就出土了细条状黄金。[⑥] 1977 年在河北藁城县台西村商代中期宫殿遗址 14 号墓中曾出土了金箔。[⑦] 从殷墟中也曾出土了金箔，厚度仅 0.01 毫米，经研究是经捶锻加工的。[⑧] 1977 年在北京市平谷县刘家河商代墓葬中出土的一批金器中有臂钏、耳环和笄（发簪），墓葬的年代大约相当于殷代早期。其中的笄重 108.7 克，含金量为 85%。[⑨] 1978 年在湖北随县战国曾侯乙墓则出土了金盏、金勺、金杯、金器盒、金带钩等金器，其中的金盏圆口，有盖，环耳，三足，器身装饰着蟠螭纹和云雷纹，重达 2150 克；还有大量的黄金弹簧圈、簧丝，直径仅半毫米。[⑩] 这些

---

① 参看赵匡华等："我国金丹术中砷白铜的源流与验证"。
② 参见张资珙："略论中国的镍质白铜和它在历史上与欧亚各国的关系"。
③ 李秀辉、韩汝玢，青海都兰吐蕃墓出土金属文物研究，自然科学史研究，11 (3)，1992 年。
④ 李延祥、韩汝玢，林西县大井古铜矿冶遗址冶炼技术研究，自然科学史研究，9 (2)，1990 年。
⑤ "砷铜文物一例"，文物，1983 年第 11 期。
⑥ 中国社会科学院考古研究所内蒙古工作队发现。
⑦ 河北省博物馆、河北省文物处台西考古队：《藁城台西商代遗址》，文物出版社，1977 年。
⑧ 见北京钢铁学院编著：《中国冶金简史》第 34 页。
⑨ 文化部文化局、故宫博物院，全国出土文物珍品选，文物出版社，1987 年。
⑩ 见《光明日报》1978 年 9 月 3 日 "我国文物考古工作的又一重大收获"，参看《中国古代矿业开发史》第 298 页。

金器表明在距今 3500—4000 年前我国先民已采集黄金,在商周时期黄金的加工技术已有很高的水平。在古文献中有关黄金的记载也很早,《尚书·禹贡》就提到"扬州厥贡,维金三品","荆州厥贡,羽毛、齿(象牙)、革、维金三品"(孔安国注:"三品金银铜也");先秦古书《穆天子传》①(据卫聚贤考证,认为是战国时匈奴族中山人所作②)记载:"天子(周穆王)乃赐 赤乌之人……黄金四十镒","潜时觞天子于羽陵之上,……天子乃赐黄金之罂(盂)三六";《诗经·鲁颂·泮水篇》则有"憬彼淮夷,来献其琛,元龟、象齿,大赂南金"之句。这些记载与出土黄金对照,可以判明是可靠的,也都说明周天子与公侯已拥有较多的黄金。

从地质与矿物学的角度来考察,我国古代采集的黄金可分为沙金与山金两种。沙金生于河流溪沟的水沙中或冲积层的砂石中,前者经水流淘洗即可收集到,即所谓"披沙淘金",唐人刘禹锡诗云:"日照登州(今广西上林县)江雾开,淘金女伴满江隈,美人手饰侯王印,尽是沙中浪底来,"即指此。后者则先需"平地掘井"开采沙金。山金则是含自然金的矿石(称伴金石),现在叫脉金,须于山上掘坑寻采,并得有丰富的经验,善于识别那些金矿石。这类山金的开采较沙金晚得多。③战国时成书的《山海经》就提到天下 29 处名山产黄金。

古代产沙金的主要地区在云南和楚地。云南的沙金即所谓丽水沙金,丽水即金沙江。《韩非子·内储说上》④说:"荆南之地,丽水之中生金,人多窃采金。"从战国以后,那里披沙淘金历代不衰,唐人樊绰《蛮书》⑤提到:"麸金出丽水,盛沙淘汰取之。"直至清代,乾隆中檀萃撰《农部琐录》还提到:"金出金沙江,岸上照耀,洗之得金。汤郎江心有石,水漩成涡,时 获麸金。"⑥楚地之金则产于汝、汉二水流域,先秦时期即为楚国产金之处。《管子·轻重甲》谓:"楚有汝、汉之金。"西汉时,桓宽《盐铁论·力耕篇》说到:"汝汉之金,纤微之贡,所以诱外国而钓胡、羌之宝也。"⑦此后,有关汉水产金之记载不断,《魏书·食货志》说:"汉中(南郑)旧有金户千余家,常于汉水沙淘金。"《旧唐书·地理志》说:"金州西城(安康)以其地出金,改为金州。"《元史·食货志》说:"产金之所在河南省,曰江陵、襄阳。"此外,宋代时登、莱两州境内的沙金开采甚盛,据《宋会要辑稿·食货》载:登州蓬莱县界"淘金处各是山间河道及连畔土地闲处,有砂石泉水,方可淘取。"至于"平地掘井"开采沙金,记载较晚,而且也不多见。据王隐《晋书》说:"鄱阳乐安出黄金,凿土十余丈,披沙之中所得者大如豆,小者如粱米。"⑧《史记·货殖列传》更早就说过:"豫章(鄱阳属豫章郡)出黄金,长沙出连锡,然堇堇物之所有,取之不足以更费。"⑨《天工开物》则提到:"河南蔡(汝南)、巩等州,江西乐平、新建等邑皆平地掘深井,取细沙淘炼成。但酬答人功,所获亦无几耳。"可见古豫章郡金矿的开采有悠久之历史,但矿品较贫,在古代的技术条件下,往往不足以更(力役)费,获利不大。按这个地区的沙金是沿乐安分布于德兴、乐平、波阳等县

①　《穆天子传》,见《道藏》洞真部记传类,总第 137 册。

②　参看张心澂编著《伪书通考》上册第 69 页,商务印书馆,1957 年。

③　参看夏湘蓉等著《中国古代矿业开发史》第 299～306 页,地质出版社,1980 年。

④　《韩非子》,参看陈奇猷校注《韩非子集释》,引文见其 544 页,上海人民出版社,1974 年。

⑤　唐·樊绰撰《蛮书》见商务印书馆出版《丛书集成》初编第 3117 册。

⑥　参看夏湘蓉著《中国古代矿业开发史》第 302 页。

⑦　见汉·桓宽《盐铁论·力耕第二》第 5 页,上海人民出版社,1974 年。

⑧　见《太平御览》(卷八百一十)〈珍宝部九·金中〉,中华书局影印本第 4 册总第 3598 页下。

⑨　见《史记·货殖列传·猗顿》(卷一二九),世界书局《四史》本第 552 页上。

境内，近代仍有人淘采。①

关于山金，古籍中只偶见记载。《异物志》提到："云南出颗块金，在山石间采之。"② 唐人医药学家陈藏器所撰《本草拾遗》谓："常见人取金，掘土深丈余，至纷子石，石皆一头黑焦，石下有金，大者如指，小者犹麻豆。[其金] 色如桑黄，咬时极软，即是真金。"② 宋代寇宗奭在其《本草衍义》(卷三) 对伴金石的描述与《拾遗》相近，但更形象，谓："颗块金即穴山或至百十尺，见伴金石，其石褐色，一头如火烧黑之状，此定见金也，其金色深赤黄。"③ 关于山金之产地，轩辕述《宝藏畅微论》提到："山金出交 (今越南)、广 (广西)、南诏 (云南) 诸山，衔石而生。"② 《宋会要辑稿·食货》则提到湖南益阳，那里采金是"先碎矿石，方淘净"。

关于自然金的形态和矿脉的形成规律，古籍中则不乏描述。最早的要算东汉方士狐刚子所撰的《出金矿图录》了。这部炼丹术著作虽早已亡佚，但有不少段落为唐人辑纂的《黄帝九鼎神丹经诀》的"卷九"所收录。④ 他在这部著作中首先便谈到金银的地质分布规律，指出金矿或在水中，或在山上，即把黄金分为沙金和山金 (实际上都属沙金) 两种，关于沙金，他讲道：

> 水中者其如麸片、棋子、枣豆、黍粟等状。
>
> 水南北流，金在东畔，……入沙石土下三寸或七寸。……水东西流，金在南畔生，……入沙石土下五寸或九寸。

关于"山金"，他讲道：

> 山中者其形皆圆。
>
> 山东西者，金在北阴中，……根脉向阳，入地九尺或九十尺，杂沙夹石而生，赤黄色，细腻滑重，折之不散破；以火消镕，色白如银。以药搅合和，入八风炉淘石炼成之。
>
> ……山南北者，金在西阴中生也，……带水杂沙，挟石出而生，深浅如上也，入杂沙挟土下，根脉向阳，或七尺，形质如上，……入八风炉，淘石炼如上。

狐刚子在论述寻金矿脉的同时还特别指出要注意辨别伪金矿石。他说："其'金矿'若在水中或在山上浮露出形，非东西南北阴阳质处而生，大小皆有棱角、青黄色者尽是铁性之矿，其似金，不堪鼓用。"他所说的那种"有棱角、色青黄"的铁质矿石显然就是黄铁矿或黄铜矿的矿石，即古代所说的"金牙石"。此外，宋人周去非《岭外代答·金石门》(卷七) 描述天然金时说："凡金不自矿出，自然融结于沙土之中，小者如麦麸，大者如豆，更大如指面，皆谓之生金。"⑤ 宋人周密：《癸辛杂识续集》说："广西诸洞产生金，洞丁皆能淘取，其碎粒如蚯蚓泥，大者如甜瓜子，世名为瓜子金，其碎者如麦片，则名麸皮金，色深紫，比之寻常金，色复加二等。"⑥ 《天工开物》(下卷) 说：黄金"山石中所出，大者名马蹄金，中者名橄榄金，

---

① 见夏湘蓉："江西乐安江之砂金"，《地质评论》第 4 卷第 3、4 合期。

② 见《本草纲目·金石部·金》(卷八)。所云《异物志》可能为陈祈畅或曹叔雅所撰者。经查阅，清·曾钊辑录之汉·杨孚《异物志》无此引语。

③ 见宋·唐慎微：《重修政和经史证类备用本草·玉石部中品·金屑》(卷四)，人民卫生出版社影印晦明明轩本第 109 页下。

④ 《黄帝九鼎神丹经诀》见《道藏》洞神部众术类总第 584～585 册。

⑤ 见宋·周去非撰：《岭外代答》见《笔记小说大观》第 7 册第 337 页，江苏广陵古籍刻印社，1983 年。

⑥ 见宋·周密：《癸辛杂识续集》见《稗海》第 10 函，引文见其第 39 册续集下第 40 页。

小者名麸麦金、糠金。平地掘井得者，名面沙金，大者名豆粒金。"清人谷应泰在其《博物要览》中对桂、湘、鄂、川等地沙金的描述，则谓："胯子金产湖广、湖南北诸郡沙土中，像腊茶腰带胯子；豆瓣金产梁州土中，掘土十余丈方见，形圆扁如豆瓣状；麦颗金产梁州属县山石沙土中，形尖如麦。"[①]　总之，各地根据所产黄金的自然形态不同，各有俗名。

天然的黄金中多少总含有一些银，随成色的高低，由深而浅，但都是黄色。但自明代曹昭：《格古要论》（卷六）有"其色七青、八黄、九紫、十赤，以赤为足色金也"[②]　之说起，《本草纲目》、《天工开物》、《博物要览》皆宗其说。但这并不符合实际。地质学家章鸿钊《石雅》（再刊本）曾指出："紫非金之正色，故后之乱之者每杂他，巧以为之。"又说："又《格古要论》云：在京苏人唐宗仁将青金熔成足色赤金，中有一大点紫色，谓之紫衣。凡买者不得紫衣，不肯信为足色。"又谓"世以紫色为足色，正与昔人谓金之优者为紫磨适合，盖亦俗尚使然耳。"[③]　就是说，以"紫衣"者为足色赤金不过是当时民间的一种爱好而已。

在天然金中还有一类含银高达 20％以上的，呈淡黄色，我国古代称之为"黄银"，又叫"淡金"，现代矿物学上称为"银金矿"（electrum）。《山海经》便有记载"皋涂之山多黄银"，郭璞注："黄银出蜀中，与金无异，但上石则色白。"宋人程大昌所著《演繁露》（卷七）提到："隋高祖时辛公义守并州（今太原市），州尝大水流出黄银，以上于朝。"[④]　宋人方勺所撰：《泊宅编》（卷六）亦云："黄银出蜀中，南人罕识。……其色重与上金无异，上石则正白。"[⑤]　而浙江《龙泉县志》对黄银的记载最为翔实，具有很大的历史价值，它描述了黄银的产状及采炼之法：

> 黄银即淡金。其采炼之法与白银略不同。此矿脉浅，无穿岩破洞之险。每得矿，不限多少，舂碓成粗粉，然后以水浸入，磨成细粉，仍贮以木桶浸之。用杨梅树皮渍搅数次，石粉浮而金粉沉，乃用金盆如洗银法洗之，即加铅烹和，再过灰锅，煎干成银矣。每黄银一钱值白银四钱……原淡金一两，得黄金七钱，必得白银三钱。[⑥]

得到黄银后，下一步即按金银分离的工艺提炼出黄金。

在中国古代，对金属银的识别、使用和冶炼较黄金似乎要稍晚些。从各地的考古发掘来看，春秋时制作的错金银青铜器是使用金属银的最早实物例证。近年出土的有山东曲阜鲁国故都东周墓的猿形带钩、河北平山县中山王墓的镶银龙首金镈等，这些银器都是精工巧作；1966 年在陕西咸阳出土的战国金银云文鼎，盖顶饰莲瓣花纹，是战国时期错金银工艺发达的代表作；1979 年在山东淄博市窝村附近一古墓中出土了一件罕见的大银盘，盘内外装饰华丽的龙凤纹，錾花部分均鎏金，经考证系秦代遗物。[⑦]　所以可以估计到战国及秦代时，我国先民采集、加工金属银应已有了极为丰富的经验，那么我国初始用银至迟大约当在商殷时期。《禹贡》虽提到了银，但夏代是否已用银，目前尚无实物旁证。

在自然界中，有天然银存在，古代叫"生银"，即未经烹炼的金属银，也叫矿银，它常与

① 见清·谷应泰：《博物要览》，商务印书馆出版《丛书集成》初编第 1560 册第 21～22 页。
② 见明·曹昭：《格古要论》，北京中国书店影印新增本（1987 年）卷之六第 12 页。
③ 见章鸿钊著：《尔雅》，上海古籍出版社 1993 年印本第 341 页。
④ 引文见《学津讨原》第 12 集《演繁露》〈卷七〉之第 1 页。
⑤ 宋·方勺撰：《泊宅编》，引文见中华书局刊印本第 35 页，1983 年。
⑥ 见章鸿钊辑：《古矿录》第 60～61 页，部分摘自《菽园杂记》。
⑦ 皆见文化部文物局、故宫博物院编《全国出土文物珍品选》。

铅矿共生。当然，早期使用的大概都是生银。生银也有数种，唐人苏敬所撰《新修本草》引《名医别录》文，谓："银屑"生永昌，即今云南大理一带。五代时人独孤滔所撰《丹房鉴源》[①] 谓："银生洛平卢氏县，褐色石，打破内即白，生于铅矿中，形如笋子，亦曰自然牙。"宋人苏颂所撰《图经本草》则指出[②]："〔生银〕出饶州乐平诸坑生银矿中，状如硬锡，文理粗错自然者真。今坑中所得，乃在土石中渗溜成条，若丝发状，土人谓之老翁须，似此者极难得。"（图 3-39）其后，寇宗奭撰《本草衍义》（卷五）又指出："生银即是不自矿中出，而特然自生者，又谓之老翁须，亦取象而言之耳。"[③] 据《本草纲目·金石部·银》（卷八）所援引的《宝藏畅微论》的记载，说"天生牙生银坑内石缝中，状如乱丝，色红者上，入火紫白如草根者次之，衔黑石者最奇，生乐平、鄱阳产铅之山，一名龙芽，一名龙须。生

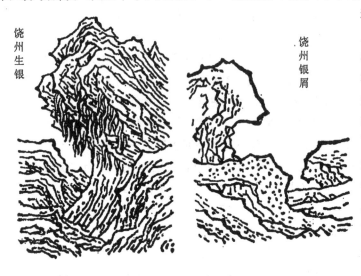

饶州生银

饶州银屑

图 3-39　《图经本草》中所载生银和银屑

银生石矿中，成片块，大小不定，状如硬锡。"综合以上这些对生银的描述，生银可分为三种：①自然牙、天生芽、龙芽等，当呈树枝状；②乱丝状、丝须状，古代戏呼为老翁须、龙须；③成片块，状如硬锡，即鳞片状或块状。据地质学家夏湘蓉分析，上述我国"古代对自然银形态的描述，是较确切而又较全面的"。至于形如笋子的生银，他认为"可能是由平行排列的自然银单晶体组成的笋状晶簇"。[④]

至于矿银，最重要的是辉银矿，中国古代称之为"礁"，主要成分为 Ag_2S，常有呈树枝状或丝状的，灰黑色有金属光泽；另有块状和皮壳状的辉银矿则常呈黑色土状块，《天工开物》描述"礁砂形如煤炭"，相当确切。从辉银矿及含银方铅矿中提炼银当然须经烹炼，工艺比较复杂，自古是采用所谓"灰吹法"工艺。即将银矿石与金属铅掺合（若为银铅共生矿则可不加铅），与木炭一起置于冶炼炉中烧炼，由于银和铅可以完全互溶，而且熔点低，所以还原出来的铅银砣块沉于炉底，于是银得到富集。冷却取出后，再将含银铅砣置于煎炉中的草灰上，鼓风焙烧，使铅氧化，生成黄丹（即所谓"密陀僧"），并熔化渗入灰下炉底，而银粒则留于灰上。

关于"灰吹法"的最早记载，可能仍要算东汉方士狐刚子所撰《出金矿图录》了。在该著作中他谈到"出银矿法"，就是从银矿中提炼白银和精炼白银的方法，叙述很翔实。首先谈

① 五代·独孤滔：《丹房鉴源》，见《道藏》洞神部众术类，总第 596 册。

② 宋·苏颂：《图经本草》，见胡乃长等辑注本第 27 页，福建科学技术出版社，1988 年。

③ 见《道藏》本《图经衍义本草》，洞神部灵图类，总第 536～550 册。

④ 见夏湘蓉：《中国古代矿业开发史》第 286 页。

到的就是"灰吹法"：①

> 有银若好白，即以白矾石、硇末火烧出之。若未好白，即恶银一斤和熟铅（即
> 冶炼出的金属铅，非生铅——铅矿石）一斤。又灰滤之为上白银。
>
> 作灰坯：火屋中以土墼做土槽，高三尺，长短任人，其中作模。皆得，坯中细
> 炼灰使满，其中以水和柔使熟，不湿不干用之。小（稍）抑灰使实。以刀钺作坯形，
> 坯上薄布盐末。当坯内（纳）［锡］矿，各以黄土炼［灰］覆上，装炭使讫，还以墼
> 盖，炉上、坯上各开一孔，使火气通出，周泥之。坯前各别开一孔看，时时瞻候，以
> 铁钩钩断糖屎（矿渣），使出。须臾火彻，锡矿沸动旋回，与银分离，锡尽，银不复
> 动，紫绿白艳（烟）起，艳（烟）起以杖击。少许布水湿沾之，其银得冷即起龙头，
> 以铁匙按（接）取，名曰龙头白银。

上文中所说"锡矿"即银铅砣（锡即黑锡，古时铅之别名）；所说"银矿沸动"是指铅氧化为
密陀僧并熔融，以及粉尘扬起沸动。最后 PbO 完全渗入灰坯中，因而"锡尽，银不复动"。

此外，与狐刚子同时人、被尊为道教创始人的张道陵也传授过一部炼丹术要诀，后世传
本被命名为《太清经天师口诀》，② 其中有一段"灰吹法"炼金的文字，是将黄金与沙石分离，
原理与炼银相同，可与上文相互印证：

> 铅炼金法：用金（当指沙金或山金）三十六两，用铅七十二两。作灰坯，火烧
> 令干，密闭四边，通一看孔。安铅（指金铅砣）杯中。作一铁杯，大小可灰坯上，遍
> 凿作孔，用合（盖）灰杯。杯上累炭，炭上覆泥。火之铅尽，还收取金。更作灰杯，
> 如是三七遍，名曰铅炼金也。

鉴于我国汉代墓中的银器已经很多，估计我国采用灰吹法当在两汉之际。

《魏书·食货志》载：长安骊山银矿，"二石得银七两"；恒州（今山西北部大同一带）白
登山银矿，"八石得银七两"，③ 这也表明北魏时已广泛从银矿石炼取白银了。但至今对古代炼
银遗址的发现还很少。1972 年一冰曾发表了"唐代炼银初探"一文，④ 谈到在西安南郊何家村
邠王府遗址出土了一块重达 8 公斤的炼银炉渣，作了考古学和冶金学的研究，判明是含银方
铅矿的熔炼产物。同时证明唐代炼银用的也正是灰吹技术，银渣中含银量极少，表明其时冶
银技术已达到很高的水平。类似的渣块还曾在邠王李守孔之父章怀太子李贤的墓中发现。

关于银矿，除黑灰色辉银矿外，《山海经·北山经》还提到过："少阳之山，其上多玉，其
下多赤银。"郭璞注："赤银，银之精者。"章鸿钊认为，这项记载有误，谓"夫银，白金也。
银愈精，则其色愈远于赤矣，是郭氏失之也。"他疑惑"赤银"是赤铁矿类。⑤ 但夏湘蓉认为，
"赤银"可能是红银矿（ruby silver ore），包括淡红银矿（proustite，$Ag_3As_3S_3$）和深红银矿（pyrar-
gyrite，Ag_3SbS_3）。⑥ 若果真如此，那么就表明在战国时，我国已能冶炼硫化银矿石。但至今没
有这方面的证据，此说尚值得商榷。

在苏颂《图经本草》中记载了"密陀僧"的制法，同时便述及灰吹工艺，更为清晰明白：

① 赵匡华，狐刚子及其对中国古代化学的卓越贡献，自然科学史研究，3（3），1984 年。
② 《太清经天师口诀》，见《道藏》洞神部众术类，总第 583 册。
③ 见北齐·魏收撰《魏书·食货志六第十五》，中华书局校订、标点本第 8 册总 2857 页，1974 年。
④ 一冰，唐代冶银术初探，文物，1972 年第 6 期。
⑤ 见章鸿钊著：《石雅》第 333 页，上海古籍出版社，1993 年再刊本。
⑥ 见夏湘蓉著：《中国古代矿业开发史》第 287 页。

其初采矿时，银铜相杂，先以铅同煎炼，银随铅出。又采山木叶烧灰，开地作炉，填灰其中，谓之灰池。置银铅于灰上，更加火大煅，铅渗灰下，银住灰上，罢火，候冷出银。[①]

而在我国古籍中叙述银矿开采、选矿、冶炼，最为详尽、精采的要算明人陆容：《菽园杂记》（卷十四）中的一段文字了。[②] 他描述的银矿是浙江处州（丽水地区）脉状银铅锌矿，原文如下：[②]

五金之矿，生于山川重复高峰峻岭之间。其发之初，唯于顽石中隐见矿脉，微如毫发。有识矿者得之，凿取烹试。其矿色样不同，精粗亦异。矿中得银，多少不定，或一箩重二十五斤，得银多至二三两，少或三四钱。矿脉深浅不可测，有地面方发而遽绝者，有深入数丈而绝者，有甚微，久而方阔者，有矿脉中绝，而凿取不已，复见兴盛者。此名为过壁。有方采于此，忽然不现，而复发于寻丈之间者，谓之虾蟆跳。大率坑匠采矿，如虫蠹木，或深数丈，或数十丈，或数百丈。随其浅深，断绝方止。旧取矿携尖铁及铁链，竭力击之，凡数十下，仅得一片。今不用链尖，惟烧爆得矿。矿石不拘多少，采入碓坊，舂碓极细，是谓矿末。次以大桶盛水，投矿末于中，搅数百次，谓之搅粘。凡桶中之粘分三等，浮于面者谓之细粘，桶中者谓之梅沙，沉于底者谓之粗矿肉。若细粘与梅沙，用尖底淘盆，浮于淘池中，且淘且汰，泛飔去粗，留取其精英者。其粗矿肉，则用一木盆如小舟然，淘汰亦如前法。大率欲淘去石末，存其真矿，以桶盛贮，璀灿星星可观，是谓矿肉。次用米糊搜拌，圆如拳大，排于炭上，更以炭一尺许覆之。自旦发火，至申时住火候冷，名曰窖团。次用烊银炉炽炭，投铅于炉中，候化即投窖团入炉，用鞴鼓扇不停手。盖铅性能收银，尽归炉底，独有滓浮于面。凡数次，炉舱出炽火，掠出炉面滓。烹炼既熟，良久以水灭火，则银铅为一，是谓铅驼（砣）。次就地用上等炉灰，视铅砣大小，作一浅灰窠，置铅驼于灰窠内，用炭围叠侧，扇火不住手。初铅银混，泓然于灰窠之内，望泓面有烟云之气飞走不定，久之稍散，则雪花腾涌，雪花既尽，湛然澄澈。又少顷，其色自一边先变浑色，是谓窠翻（原注：乃银熟之名）。烟云雪花，乃铅气未尽之状。铅性畏灰，故用灰以捕铅。铅既入灰，唯银独存。自辰至午，方见尽银。铅入于灰坯，乃生药中蜜陀僧也。

他自称此段文字录自《龙泉县志》，但与清光绪间重刻乾隆本《浙江通志》引《龙泉县志》对照，字句颇有出入。

《天工开物》（卷十四）对灰吹法炼银工艺也有很明晰的讲解，并复有精美插图（参看图3-40）。

明清之际，云南地区采银、炼银业极盛。矿石品种不同，冶炼工艺也须因矿制宜。若所采为方铅矿，含铅量很高，冶炼时，银铅成砣一起炼出，即可直接用灰吹法提银；有含铅较少的辉银矿，则须在冶炼时有意佐以铅，如《天工开物》所说："其楚雄（在云南中部，昆明之西）所出又异，彼峒砂铅气甚少，向诸郡购铅佐炼。每礁百斤，先坐铅二百斤于炉内，然后煏炼成团。其再入虾蟆炉（即吹灰炉，也叫分金炉）沉铅结银，则同法也"；若是遇到铜银

---

① 见胡乃长等辑复本《图经本草》第 44 页。
② 明·陆容：《菽园杂记》中华书局版第 175～176 页，1985 年。

相杂的矿砂,手续更繁,严中平《清代云南铜政考》谓:冶炼这种矿砂时,"先将矿砂入大窑煨煅(氧化焙烧),再入炉煎成冰铜,再入小窑翻煅七八次,然后还要经过两种特制的'推炉'、'罩炉',才能炼出铜和银来。银分入罩子,煎成'厂银',铜分则入蟹壳炉,煎成蟹壳铜。这样约计一万斤矿砂,要用炭八九千斤,所得不过铜五六百斤,银一二十两而已"。[①]

圆 银结铅沉

图 3-40　沉铅结银
(摘自喜咏轩刊本《天工开物》)

如前文所说,自然金中含有银;淡金中含银可高达20%以上;后世以黄金铸器或锻造首饰,也多有意添加白银或铜,以调节其硬度和色调;当然也有人故意掺杂铜、银入金以低成色者欺人。因此,我国自古对金、银的分离技术就非常钻研(金铜分离并不困难),而所谓冶炼黄金,实质上也就是从淘沙所得金中分出银来,以提高黄金的品位。

最早的金矿冶炼除银法大概是出于炼丹家之手,他们的目的是"杀去金毒"。最早的记载也见于《出金矿图录》,我们可称之为"黄矾-胡同律法"。其做法之一是先在坩埚中将水沙金与盐末混合,"排囊吹之","看熔尽,以荆杖掠去恶物(熔渣)",经数次处理后,再进而以牛粪灰(含 K_2CO_3)、盐末熔炼至柔软,这样便除尽了砂石成分,而得到了只含银的黄金,接着把此种金打成箔片进行金银分离。"用黄矾石、胡同律等分和熔,和泥涂金薄(箔)上,炭烧之赤即罢。更烧,如此四五遍,即成赤金。"文中所说的黄矾石是天然硫酸铁,胡同律即"胡桐泪",是胡杨分泌的树脂"在土中留存多年后而成"。我们已知硫酸与松节油类物质共煮,将还原出硫黄。所以加热黄矾时干馏出的硫酸与胡同律反应将产生硫黄,它在高温下很容易与银相作用,生成色黑质脆的硫化银而从金箔上剥离下来。狐刚子似乎也悟出了其中的一点道理,因此他还指出:"若欲作金薄(箔)、金泥涂饰物者,即更熔金一斤(疑为"两"之讹),与石硫黄、曾青等分一两,入埚中[熔化]合搅即柔软,随意打用之。"这里便直接用硫黄了。

狐刚子在其《出金矿图录》中还提出先用灰吹法分离出含银的黄金,接着按如下方法分离掉银和残余的铅:"若不彻好者,即打箔炼金出色,……着铁镣上,以胡同律、黄矾石、盐等分,和醋煎为泥,涂金锡(指黑锡)铤上,用牛粪火四周垒上,于锡(铅)上,用牛粪火四周食(蚀)锡(铅)尽,唯有金在。"在这个过程中,银及残余的铅除部分生成硫化物外,还会生成 $AgCl$ 和 $PbCl_2$。$AgCl$ 很容易熔化(熔点 455℃)熔化后便渗入外裹的灰泥中。黄矾在加热过程中释放出氧化剂 SO_3,亦可促进盐与银相互反应生成 $AgCl$。这种分离方法也可称之为矾盐法。

① 参看夏湘蓉著:《中国古代矿业开发史》第 297 页。

在中国炼丹术中,上述黄矾-树脂法后来进一步发展为只用硫黄一物。这种硫黄法在唐代炼丹术著作中已稍露端倪。[①] 及至宋代,这种方法便明确被载入炼丹术著作中,成书于该时期的《修炼大丹要旨》(卷上)[②] 中就有利用硫黄的"分庚法"("庚"即指黄金),做法如下:

> 将淡金做汁,先用些小硫撺之,提起,候冷,次下前药(指硫黄、伏火硝石、矾及盐的粉状混合物),盖面,上头用陈壁土和盐盖头,又用小锅盖之,铁线扎缚封固,通身用泥固之,大火鞴得十分好。候冷,破锅取出。其金作一块在内,银在外包了,打去外银。仍将金用前法……再用药一半,再如此鞴之,又如前去银,……其金方净。

及至元明时期,这种简易的分离法盛行起来,元末明初问世的《墨娥小录》(卷六)有很完整的描述:

> 分次庚:以庚入坩埚中作汁,却以石灵芝(原注:倭硫也)为末,每一两投入三钱,触之。放冷破埚,取赤庚在底下。其银气却被石灵芝触黑,浮在面上。取出入灰,煎成花银,如此则庚银都不折也。[③]

方以智的《物理小识》中也有类似记载。而据《龙泉县志》可知清代浙江地区则普遍用这种方法加工黄银,以从黄银中分离出"赤色黄金",然后再以铅与"青黑鬆皮"合炼,还原出银。[④]

我国自汉至宋,在分离金银的技艺中曾广泛用到矾,所配合的药物则不同,如胡同律及盐等,大约作过广泛的试验。及至南宋时期,则出现了矾硝法,这种方法实质上已接近使用硝酸了,因这种混合物一旦被加热就会产生出硝酸来,所以这种混合物不妨呼之为"固体硝酸"。例如:

$$4FeSO_4 \cdot 7H_2O(绿矾)+8KNO_3(硝石)+O_2 \xrightarrow{\triangle} 8HNO_3+4K_2SO_4+2Fe_2O_3+24H_2O$$

如果再往这种混合药剂中加入盐,那么实质上就接近于使用"王水"了,当然它能更有效地溶解白银,甚至消蚀黄金。后一种方法最早见于南宋人陈元靓编著的《事林广记·锻炼奇术》[⑤],它介绍了七种炼金法,都是处理"次金"成"上金"的技巧。其第一种就是利用矾、硝、盐的混合药剂。原文如下:

> 煮次金法:胆矾八铢,鸡屎矾(按:不纯的黄矾)六铢,柳絮矾(脱水白矾石)五铢,绿矾六铢,黄矾八铢,青盐(即戎盐)二铢,解盐(山西解州盐池产)二两,硝石二两。用郁金子打伏,次入硇砂(NH_4Cl)二铢,惨(疑误)向上放冷。取硝八铢,用石袞(滚)研细,铺坩埚底着金物,却用药盖,簇火任令沸。候将火矍以蘸水碗内,试有赤色,更煮,候赤黑色,即出,淬入热水内,洗取,是上色物也。

上文虽似有缺、讹字,但通体而读,其做法还是可以理解的。明人曹昭所撰《新增格古要论》(王佐补)也记载了这种方法,他把焰硝、绿矾及盐的混合剂称为"金诈(炸)药",讲

① 见唐·陈少微撰《大洞炼真宝经九还金丹妙诀》,见《道藏》洞神部众术类,总第 586 册。

② 《修炼大丹要旨》,见《道藏》洞神部众术类,总第 591 册。

③ 《墨娥小录》,中国书店影印明隆庆五年聚好堂刻本,卷六之第 6 页。

④ 参看章鸿钊《古矿录》第 61 页。

⑤ 宋·陈元靓撰《事林广记》,见〔日〕长泽规矩也编《和刻本类书集成》第一辑,上海古籍出版社影印,1990 年。引文见第 453 页。

得就清楚了：

> 用焰硝、绿矾、盐［置］留（釉？）窑器，入干净水调和，火上煎，色变即止，然后刷金器物上，烘干，留火内略烧焦色，急入净水刷洗，如不黄再上，然俱在外也。[①]

在《物理小识》（卷七）中则记载了"矾硝法"，称为"罩金法"，俗叫"炸金法"，做法是："炭烧黄金，再以盐水调黄土涂烧之，以（已）而涤之。及用焰硝、绿矾等分，水调传（当为"傅"之讹，"傅"即"敷"）金，置火上炙，色改为止，急入净水洗刷而熇（焙）干之。不黄再上。然能加外色而已。"[②] 这是当时金匠常用的修饰金首饰（一般含银、铜，久用常变乌暗）使之再显灿烂金黄光泽的方法。

及至明代又曾出现利用硼砂的金银分离法，该法的完整记载见于《天工开物》，做法是："将其金打成薄片剪碎，每块以土泥裹涂，入坩埚中，硼砂熔化，其银即吸入土内，让金流出，以成足色。"[③] 不过这已是该法步入了成熟阶段的情况，其实硼砂的应用可追溯到南宋。《事林广记》中已有采用，不过那时还只是"炸金药"的成分之一，未单独使用。

以上是我国古代所采用的一些金银分离术及其演进的情况。[④] 及至 1638 年，明末时李天经、汤若望等人译述了《坤舆格致》（即德国人 G. Agricola 所著《矿冶全书》），此书在 1643 年刊出，正式向我国矿冶人士介绍了"硝酸法"。[⑤] 但因崇祯末年社会动乱，并未及时被采用。甚至到乾隆三十年（1765）赵学敏撰写《本草纲目拾遗》时，虽介绍了硝强水及镂刻铜版的技艺，但仍未提及金银的硝酸分离法，可见中国传统的古法仍在沿用。

在我国古代还常有人把铜、铅掺入银中以作伪，正如《天工开物》所说："凡银为世用，唯红铜与铅两物可杂入成伪。"其提纯、精炼法则是：

> 去疵伪而造精纯，高炉火中坩埚足炼。撒硝少许，而铜、铅尽滞埚底，名曰银锈。其灰池中敲落者，名曰炉底。将锈与底同入分金炉内，填火土甑之中，其铅先化，就低溢流，而铜与粘带余银用铁条逼就分拨，并然不紊[⑥]（参看图 3-41）。

最后须要谈谈黄金的鉴定问题，显然它与黄金的提取、精炼问题是紧密地连系在一起的，因为先要确定物料中确有黄金或某种黄金不纯，才有必要进行分离和提纯，而分离提纯的效果如何，又有待鉴定手段来判断。这个课题，其内容有两方面，其一是如何把自然界存在的金黄色非金矿石及人造伪金与真黄金区别开来；其二是确定不纯黄金的品位，评定其成色。显然，第一方面的问题从人类寻找、采集黄金的第一天就提上了日程，至于我国古代伪金的制造是随炼金术的兴起同时开始的。

自然界中与黄金非常相似的矿物是黄铜矿（$CuFeS_2$）和黄铁矿（FeS_2），对这两种矿物，我国古代似乎不大能区分，常混称之为"自然铜"、"金牙石"、"石髓铅"。这两类矿石也就是前文提及的"自然鍮"。苏颂的《图经本草》对"自然铜"（实际上是黄铁矿）的描述十分确切，谓："自然铜有两三体，一体大如麻黍，或多方解，累累相缀。至如斗大者色煌煌明灿如黄金、鍮石（指鍮

① 见明·曹昭撰、王佐补《新增格古要论》下册（卷六）之第 12～13 页，中国书店 1987 年影印本。
② 见《万有文库》本《物理小识》第 165 页。
③ 见明崇祯十年刊本《天工开物》卷下第 3 页，〈五金第十四卷·黄金〉。
④ 赵匡华，我国古代的金银分离术与黄金鉴定，化学通报，1984 年第 12 期。
⑤ 潘吉星，阿格里柯拉《矿冶全书》及其在明代中国的流传，自然科学史研究，2 (1)，1983 年。
⑥ 见明崇祯十年刊本《天工开物》（卷下）之第六页〈五金第十四卷·银〉。

分金炉清锈底

图 3-41　分金炉清锈底
（摘自喜咏轩刊本《天工开物》）

铜），最上。"[1] 古代时，把黄金与这两类矿石相区别并不困难，基本依据就是东汉方士魏伯阳所说的："金入于猛火，色不夺精光。"《图经本草》便指出：自然铜"烧之皆成烟焰，顷刻都尽"。

然而区别真金与炼丹术制作的伪金（常称作"药金"，主要是一些铜合金），有时就不大容易了。较早取得出色经验的人中应该提到唐代武后时的孟诜，据《旧唐书·列传孟诜》记载：

　　孟诜，汝州梁人也，举进士，垂拱中（685～

688）累迁凤阁舍人。诜少好方术，尝于凤阁侍郎刘祎之家见其敕赐金。谓祎之曰："此药金也，若火烧，其上当有五色气。"试之果然。[2]

这种鉴定法是根据铜原子可染火焰为亮绿色（即近代的焰色检定法）。这种方法得到了后人的重视，元人镏绩所撰《霏雪录》也谈到："欲试药金，烧火其上，当有五色气起。"[3] 显然是源于了孟诜之说。

及至明代初年，谷应泰撰《博物要览》，进一步收集了一些民间对伪金的判别方法，其中有一些是化学法，例如：

　　凡疑金物非真，要见原质者，用食（疑为"食醋"）调山黄泥涂金器，入炽炭火中猛煅，若有假伪，其器即黑。

　　凡金器有伪造者，多用石绿、雌黄、水银、辰砂、缩锡及倭硫黄等，再用药点。而试之之法，以好醲醋（浓醋）一大盏，调真胆矾、青盐、黄泥涂器上。一伏时，于猛炭火中煅之，若真者色黄，如假者色黑，而有小片如铁屑叶叶落，器质成青黑色矣。[4]

这些方法的基本原理是铜基合金经炭火煅烧后表面生成一层黑色氧化铜。

至于检验黄金的成色，我国先民在长时期中是利用试金石并配合一系列成色不同的黄金标准试样。这种标准试样叫金等子、金对牌。我国何时开始利用试金石，至今还不好作定论。清人张澍所编《蜀典》中援引了《山海经》的郭璞注，郭璞是东晋人，他说："黄银出蜀中，与金无异，但上石则色白。"是知晋代已有试金石的应用了。[5] 北宋人方勺（1066～?）所撰

---

① 见胡乃长等辑复本《图经本草》第 57 页。

② 见后晋·刘昫监修，张昭远等撰《旧唐书·列传孟诜》（卷一百九十一），中华书局校订、标点本第 18 册第 5101 页，1975 年。

③ 见元·镏绩撰：《霏雪录》，《丛书集成》初编·总类，总第 328 册第 7 页。

④ 见明·谷应泰：《博物要览》第 24 页，《丛书集成》初编总第 1560 册。

⑤ 见清·张澍：《蜀典》，光绪二年尊经书院刻本，北京大学图书馆藏。但袁珂校注本《山海经》之郭璞注中无此语。

《泊宅篇》（卷六）中也曾提到："黄银出蜀中，南人罕识，朝散郎颜经监在京抵当库，有以十钗质钱者，其色重与上金无异，上石则正白。"①此处"上石"试之，当然也是利用试金石。南宋人张世南在其《游宦纪闻》（卷五）中则记载："……玉分五等，……宣和殿有玉等子，以诸色玉次第排定。凡玉至则以等子比之，高下自见。今内帑（府库）有金等子，亦此法。"②至于如何将金物与金等子相对比，这里没有说明。但在元人无名氏撰《居家必用事类全集》的"戊集"中有"宝货辨疑"一节，③则明确记载了这种黄金的"对比鉴定法"。它指出："金子十分至半钱，对样分明石上试，更看裹夹几多般，前错开时无疑虑，……"其中第二句明确指出利用黄金等子（对牌）在试金石上划痕对比。明人曹昭的《新增格古要论》则介绍了试金石的产地和试金的情景，说："试金石出蜀中。此石出江水内，纯墨色，细润者佳，若石上试金，满用盐洗去，留放湿地上少时用，更用胡桃油揩过，却上金。常用袋盛之。好者四、五寸长，二、三寸大，价银值一、二两。"又说："［金］如和（按：掺也）银者性柔，石试则色青，火烧色不黑；……和气子（即红铜）者，……石试有声而落屑，色赤而性硬，火烧黑色。……其色七青八黄九紫十赤，以赤为足色金。"④此后，《天工开物》又提到："此石出广信郡，河中甚多，大者如斗，小者如拳。入鹅汤中煮，光黑如漆。"⑤那么广西苍梧地区也产试金石了。清代雍正年间鄂尔泰修撰《云南通志》，又提到那里也产有试金石。

参 考 文 献

原始文献

毕沅（清）编纂. 1997. 续资治通鉴. 北京：中华书局

曹昭（明）撰，王佐（明）补. 1987. 新编格古要论. 北京：中国书店

常璩（晋）著，任乃强校注. 1987. 华阳国志校补图注. 上海：上海古籍出版社

陈元靓（宋）编纂. 1990. 事林广记. 长泽规矩也［日本］编和刻类书集成本（第一辑），上海：上海古籍出版社

崔豹（晋）著. 1925. 古今注. 顾氏文房小说本. 上海：涵芬楼

东方朔（汉）著. 1986. 神异经. 王文濡辑说库本（上册），杭州：浙江古籍出版社

独孤滔（五代）撰. 1926. 丹房鉴源. 道藏本（洞神部众术类总第 596 册），上海：涵芬楼

方勺（宋）撰. 1983. 泊宅编. 北京：中华书局

方以智（清）著. 1933. 万有文库本（第二集第 543 册），上海：商务印书馆

谷应泰（明）撰. 1939. 博物要览. 丛书集成本（初编第 1560 册），上海：商务印书馆

黄帝九鼎神丹经诀（唐人辑纂，名氏不详）. 1926. 道藏本（洞神部众术类总第 584—585 册），上海：涵芬楼

葛洪（晋）撰，王明校释，1980. 抱朴子内篇. 北京：中华书局

庚道集（元人辑纂，名氏不详）. 1926. 道藏本（洞神部众术类总第 602—603 册），上海：涵芬楼

管仲（春秋）著，房玄龄（唐）注. 1988. 管子. 浙江书局刊本. 上海：上海古籍出版社

韩非（春秋）著，陈奇猷校注. 1974. 韩非子集释. 上海：上海人民出版社

何薳（宋）著. 1983. 春渚纪闻. 北京：中华书局

洪咨夔（宋）撰. 1934. 大冶赋. 四部丛刊本续编·集部·平斋文集（卷一），上海：商务印书馆

---

① 见宋·方勺：《泊宅篇》（卷六）第 35 页，中华书局 1983 年刊印之十卷本。

② 宋·张世南撰《游宦纪闻》，见《笔记小说大观》第 7 册，引文见其 363 页。

③ 元·无名氏撰《居家必用事类》全集第 266 页，〔日本〕中文出版社据日本松栢堂和刻本影印。

④ 见北京中国书店影印本《新增格古要论》卷六第 12 页及卷七第 16 页，1987 年。

⑤ 见明崇祯十年刊本《天工开物》（下卷）第 2 页，〈五金第十四卷·黄金〉。

桓宽（汉）著．王利器校注．1983．盐铁论．天津：天津古籍出版社

金陵子（唐）撰．1926．龙虎还丹诀．道藏本（洞神部众术类总第590册），上海：涵芬楼

居家必用事类全集（元人撰，名氏不详）．日本松栢堂和刻本，日本：中文出版社

李昉（宋）纂修．1960．太平御览．上海涵芬楼影印宋本，北京：中华书局

李时珍（明）撰，刘衡如校点．1977．本草纲目．北京：人民卫生出版社

李焘（宋）撰，黄以周辑补．1986．续资治通鉴长编．浙江书局本，上海：上海古籍出版社

李心传（宋）撰．1956．建炎以来系年要录．北京：中华书局

梁启雄著．1983．荀子简释．北京：中华书局

刘歆（汉）增补，袁珂校注．1980．山海经．上海：上海古籍出版社

陆容（明）撰．1985．菽园杂记．北京：中华书局

罗顾（明）撰．1939．物原．丛书集成本（初编第182册），上海：商务印书馆

墨翟（春秋）著，毕沅（清）校．1988．浙江书局本，上海：上海古籍出版社

铅汞甲庚至宝集成（宋人辑纂，名氏不详）．1926．道藏本（洞神部众术类总第595册），上海：涵芬楼

商务印书馆编辑．1933．明会典．万有文库本（第二集第141种），上海：商务印书馆

沈括（宋）撰，胡道静校证．1987．梦溪笔谈．上海：上海古籍出版社

宋应星（明）著．1988．天工开物．明崇祯十年刊本．中国古代版画丛刊（第3册），上海：上海古籍出版社

苏轼（宋）撰．1939．格物粗谈．丛书集成本（初编第1344册），上海：商务印书馆

苏颂（宋）撰，胡乃长等辑复．1988．图经本草．福州：福建科学技术出版社

孙思邈（唐）撰．1988．太清丹经要诀．道藏本云笈七签（第十七卷），济南：齐鲁书社

孙星衍、孙冯翼辑．1963．神农本草经．北京：人民卫生出版社

太白山人（晋）述，刘景先（东晋）传授．1926．神仙养生秘术．道藏本（洞神部众术类总第599册），上海：涵芬楼

檀萃（清）撰．1939．滇海虞衡志．丛书集成本（初编第3023～3024册），上海：商务印书馆

唐慎微（宋）撰，曹孝忠、张存惠增订．1957．重修政和经史证类备用本草．晦明轩刻本影印，北京：人民卫生出版社

唐顺之（明）撰．武编．四库全书本（子部·兵家类）

陶弘景（南北朝梁）撰，尚志钧辑复．1986．本草经集注．北京：人民卫生出版社

陶弘景（南北朝梁）辑纂，尚志钧辑复．1986．名医别录．北京：人民卫生出版社

王充（汉）撰，黄晖校释．1990．论衡．上海：上海人民出版社

萧统（南朝梁）编，李善（唐）注．1977．昭明文选．胡克家（清）刻本，北京：中华书局

徐松（清）辑．1957．宋会要辑稿．北京：中华书局

玄奘（唐）．1977．大唐西域记．上海：上海人民出版社

赵晔（汉）撰，薛耀天译注．1992．吴越春秋．天津：天津古籍出版社

荀况（战国）撰．1935．荀子．诸子集成本（国学整理社编辑），上海：世界书局

虞世南（唐）撰．北堂书钞．四库全书本（子部·书类）

袁康（汉）撰．1934．越绝书．四部丛刊本（史部）

张道陵（汉）述，东汉人辑．1926．太清经天师口诀．道藏本（洞神部众术类总第583册），上海：涵芬楼

张世南（宋）撰．1983．游宦纪闻．笔记小说大观本（第七册），扬州：广陵古籍刻印社

郑玄（汉）注，贾公彦（唐）疏．1935．周礼·考工记．阮刻十三经注疏本（国学整理社编辑），上海：世界书局

诸家神品丹法（宋人辑纂，名氏不详）．1926．道藏本（洞神部众术类总第594册），上海：涵芬楼

宗懔（南朝梁）撰，谭麟译注．1985．荆楚岁时记．武汉：湖北人民出版社

左丘明（春秋）撰．王守谦译注．1990．左传．贵阳：贵州人民出版社

研究文献

北京钢铁学院金属材料系中心化验室．1976．河南渑池窖藏铁器检验报告．文物（第8期）

北京钢铁学院冶金史组．1981．中国早期铜器的初步研究．考古学报（第3期）

北京钢铁学院《中国冶金简史》编写组著．1978．中国冶金简史．北京：科学出版社

北京市古墓发掘办公室．1977．大葆台西汉木椁发掘简报．文物（第6期）

北京市文物管理处. 1977. 北京市平谷县发现商代墓葬. 文物（第 11 期）

曹元宇著. 1979. 中国化学史话. 南京：江苏科学技术出版社

长沙铁路建设工程文物工作队. 1978. 长沙发现春秋晚期的钢剑和铁器. 文物（第 10 期）

陈梦家. 1954. 殷代明器的合金成分及其铸造. 考古学报（第 7 期）

陈荣、赵匡华、张国茂. 1992. 先秦时期铜陵地区的冰铜冶炼研究. 铜陵市政协文史委员会编：中国古铜都铜陵. 合肥：安徽省出版总社

戴志强. 1985. 北宋铜钱金属成分试析. 中国钱币（第 3 期）

冯富根等. 1982. 殷墟出土商代青铜瓿的复原研究. 考古（第 6 期）

光明日报载. 1991 年 1 月 8 日第一版. 三门峡虢国墓地出土珍贵文物

郭沫若著. 1954. 青铜时代（304—305 页）. 北京：人民出版社

郭正谊. 1983. 水法炼铜史料新探. 化学通报（第 6 期）

韩汝玢等. 1983. 秦始皇陶俑坑出土铜镞表面氧化层的研究. 自然科学史研究. 2（4）

河南省博物馆. 1978. 河南汉代冶铁技术初探. 考古学报（第 1 期）

河南省文化局文物工作队编著. 1962. 巩县铁生沟. 北京：文物出版社

河南省文化局文物工作队. 1960. 南阳汉代铁工场发掘简报. 文物（第 1 期）

何堂坤. 1989. 六齐之管窥. 科技史文集（第 15 辑，80—91 页），上海：上海科学技术出版社

何堂坤. 1987. 几面表层漆黑的古铜镜之分析研究. 考古学报（第 1 期）

湖南省博物馆. 1959. 长沙楚墓. 考古学报（第 1 期）

湖南省博物馆. 1976. 盘龙城商代二里冈时期的青铜器. 文物（第 2 期）

胡文龙、韩汝玢. 1984. 从传统法炼锌看我国古代炼锌术. 化学通报（第 7 期）

华觉明等. 1981. 妇好墓青铜器群铸造技术的研究. 考古学集刊（第 1 期）. 北京：科学出版社

华觉明编著. 1985. 世界冶金史·中国古代金属技术. 北京：科学技术文献出版社

华觉明. 1991. 论中国冶金术的起源. 自然科学史研究，10（4）：346～365

华觉明等，1980. 先秦编钟设计制作的探讨. 第一届全国科学技术史学会代表大会论文

华觉明. 1981. 中国古代钢铁技术的特色及其形成. 科学史文集（第 3 集）. 上海：上海科学技术出版社

华觉明、赵匡华. 1986. 夹锡钱是铁钱不是铜钱. 中国钱币（第 3 期）

黄河水库考古工作队. 1958. 1957 年河南陕县发掘简报. 考古通讯（第 11 期）

贾兰坡著. 1951. 山顶洞人. 北京：龙门联合书局

金正耀. 1987. 中国金属文化史上的‘红铜时期’问题. 中国社会科学院研究生院学报（第 1 期）

金正耀. 1984. 晚商中原青铜的矿料来源. 中国科学技术大学科学史硕士论文

近重真澄〔日〕. 1919. 东洋古代文化之化学观. 科学，5（3）

梅建军. 1993. 印度和中国古代炼锌术的比较. 自然科学史研究，12（4）

柯俊、韩汝玢. 1990. 近年来中国冶金考古的一些进展. 中国科学技术史国际学术会议（北京）论文

李恒德. 1951. 中国历史上的钢铁冶金技术. 自然科学，1（7）

李京华. 1983. 夏商冶铜技术与铜器的起源. 中国科学技术史学会第二届代表大会（成都）论文

李延辉、韩汝玢. 1990. 林西县大井古铜矿冶遗址冶炼技术研究. 自然科学史研究，9（2）

刘心健、陈自经. 1974. 山东苍山发现东汉永初纪年铁刀. 文物（第 12 期）

李众. 1976. 关于藁城商代铜钺铁刃的分析. 考古学报（第 2 期）

李众. 1975. 中国封建社会前期钢铁冶炼技术发展的探讨. 考古学报（第 2 期）

李仲达、华觉明. 1984. 商周青铜容器合金成分考察——兼论钟鼎之齐的形成. 西北大学学报（第 2 期）

李仲达、华觉明等著. 1986. 中国冶金史论文集. 北京：文物出版社

李仲钧. 1975. 我国史前人类对矿物岩石认识的历史，科学通报（第 5 期）

梁津. 1925. 周代合金成分考. 科学. 9（10）

卢本珊等. 1985. 铜绿山春秋早期的炼铜技术. 科技史文集（第 13 辑）. 上海：上海科学技术出版社

卢本珊等. 1984. 铜绿山春秋早期炼铜技术续探. 自然科学史研究. 3（2）：158—168

卢本珊、华觉明. 1981. 铜绿山春秋炼铜竖炉的复原研究. 文物（第 8 期）

马承源主编. 1988. 中国青铜器（第七章）. 上海：上海古籍出版社

梅建军等，1989. 中国古代镍白铜冶炼技术的研究，自然科学史研究，8（1）

内蒙古自治区文物工作队. 1975. 呼和浩特二十家子古城出土的西汉铁甲. 考古（第4期）

南京博物馆. 1965. 江苏六合程桥东周墓. 考古（第3期）

南京博物馆. 1974. 江苏六合程桥2号东周墓. 考古（第2期）

牛达生. 1986. 宁夏贺兰山窖藏古钱理化测试报告. 中国钱币（第3期）

潘吉星. 1983. 阿格里柯拉《矿冶全书》及其在明代中国的流传. 自然科学史研究，2（1）

帕廷顿著，胡作玄译. 1979. 化学简史. 北京：商务印书馆

钱翰城. 1985. 古汉铁器中球墨成因的初探，大自然探索，4（11）

山西省文物管理委员会. 1957. 山西长治分水岭古墓的清理. 考古学报（第1期）

水上正胜〔日〕作，阿祥译. 1985. 志海台出土古钱的金属成分. 中国钱币（第3期）

孙淑云等. 1986. 广西北流县铜石岭冶铜遗址的调查研究. 北京钢铁学院《中国冶金史论文集》（第一集）

田长浒. 1980. 从现代实验剖析中国古代青铜铸造的科学成就. 第一届全国科学技史学会代表大会（北京）论文

王琎. 1929. 中国铜合金内之镍. 科学，13（10）

王琎. 1919. 中国古代金属原质之化学. 科学，5（6）

王学理. 1980. 秦俑坑青铜器的科技成就管窥. 考古与文物（第3期）

王振铎. 1959. 汉代冶铁鼓风机的复原. 文物（第5期）

吴来明. 1986. '六齐'、商周青铜器化学成分及其演变的研究. 文物（第11期）

夏㽵、段玮璋. 1982. 湖北铜绿山古矿井. 考古学报（第1期）

夏湘蓉等著. 1980. 中国古代矿业开发史. 北京：地质出版社

夏湘蓉等. 1939. 江西乐安江之砂金. 地质评论，4（3、4合期）

谢端琚. 1980. 论大河庄与秦魏家文化的分期. 考古（第3期）

许笠. 1986. 贵州省赫章县妈姑地区传统炼锌工艺考察. 自然科学史研究. 5（4）

杨根等. 1959. 司母戊大鼎的合金成分及其铸造技术的初步研究，文物（第2期）

杨宽著. 1982. 中国古代冶铁技术发展史. 上海：上海人民出版社

杨维增. 1981. 蒸馏法炼锌史考. 化学通报（第3期）

冶金工业出版社编. 1958. 土法炼钢. 北京：冶金工业出版社

叶史. 1976. 藁城商代铁刃铜钺及其意义. 文物（第11期）

袁翰青. 1956. 我国古代的炼铜技术. 见袁氏著《中国化学史论文集》，北京：三联书店

章鸿钊. 1923. 中国用锌的起源. 科学，8（3）

章鸿钊. 1925. 再述中国用锌的起源. 科学，9（9）

章鸿钊著. 1954. 古矿录. 北京：地质出版社

张敬国、华觉明. 1985. 贵池东周铜锭的分析研究. 自然科学史研究，4（2）

张子高. 1958. 六齐别解. 清华大学学报，4（2）

张子高、杨根. 1964. 镔铁考. 科学史集刊（第7期），北京：科学出版社

张子高. 1964. 中国化学史稿（古代之部）. 北京：科学出版社

张资珙. 1957. 略论中国的镍质白铜和它在历史上与欧亚各国的关系. 科学（第3期）

赵匡华. 1984. 再论我国用锌起源，中国科技史料，5（4）

赵匡华等. 1986. 南宋铜钱化学成分剖析及宋代胆铜质量的研究. 自然科学史研究，5（4）

赵匡华等. 1983. 我国金丹术中砷白铜的源流与验证. 自然科学史研究，2（4）

赵匡华、张惠珍. 1987. 中国古代炼丹术中诸药金、药银的考释与模拟试验研究. 自然科学史研究，6（2）

赵匡华. 1987. 中国历代"黄铜"考释. 自然科学史研究. 6（4）

赵匡华、华觉明等. 1986. 北宋铜钱化学成分剖析及夹锡钱初探. 自然科学史研究，5（3）

赵匡华、周卫荣. 1988. 明代铜钱化学成分剖析. 自然科学史研究，7（1）

赵匡华. 1984. 狐刚子及其对中国古代化学的卓越贡献. 自然科学史研究，3（3）

赵匡华. 1984. 我国古代的金银分离术与黄金鉴定. 化学通报（第12期）

中国社会科学院考古研究所安阳工作队著. 1981. 殷墟妇好墓. 北京：文物出版社

中国社会科学院考古研究所安阳工作队. 1977. 安阳殷墟五号墓的发掘. 考古学报（第2期）

中国社会科学院考古研究所. 1982. 殷墟金属器物成分的检测报告. 考古学集刊（第2集），北京：中国社会科学出版社

中国社会科学院考古研究所著. 1957. 长沙发掘报告. 北京：科学出版社

《中国冶金史》编写组. 1978. 从古荥镇遗址看汉代生铁冶炼技术，考古学报（第2期）

周始民. 1978.《考工记》六齐成分的研究. 化学通报（第3期）

周卫荣. 1990. 中国古代用锌历史新探索. 中国科技史国际学术讨论会（北京）论文

周卫荣. 1990. 关于宣德炉中的金属锌问题. 自然科学史研究. 9（2）

周则岳. 1956. 试论中国古代冶金术中的几个问题. 中南矿冶学院学报（第1期）

朱寿康、韩汝玢. 1986. 铜绿山冶铜遗址冶炼问题的初步研究. 北京钢铁学院《中国冶金史论文集》（第一集）

朱寿康. 1985. 我国古代的炼铜技术. 科学史文集（第13集），上海：上海科学技术出版社

朱振和. 1956. 中国古代人民怎样用铁. 化学通报（第1期）

Lian Shu Chuan（梁树权）、Chang Kan Nan（张赣南）. 1950. The chemical composition of some early Chinese bronzes. Journal of the Chinese chemical society，7（1）

（赵匡华）

第四章　中国古代的炼丹术化学（上）

——中国炼丹术的历史[①]

炼丹术是中国古代自己独立发展起来，并流行了很久的一种方术[②]。它的手段和目的是试图以自然界的一些矿物（偶尔也用到某些植物）为原料，通过人工的方法（即化学加工）制造出某种性质神异的药剂（称之为神丹大药），人服了它可致长生不死，甚至羽化成仙。炼丹术一般可分为炼丹与炼金两部分，但按照中国早期炼丹家的信念，神丹一旦炼成，既可服饵长生，又可点化汞、铜、铅等金属为黄金、白银；而人工以药剂点化成的金、银，则又可作为长生药（当然后世的"点金家"则完全以发财致富为目的了）。所以中国古代的炼丹术与炼金术是密切相联系着的，或者说是一个统一体，初期时的目的是相同的。因此有人认为把中国炼丹术称之为"金丹术"就更确切些[③]。不过本书仍沿袭通俗的称呼，一般人习惯的说法。但应明确，其含义则包括炼丹与炼金（中国古代称之为黄白术）。

炼丹术活动不仅在中国古代发生过，世界上其他的几个文明古国，如希腊、印度、阿拉伯以及中世纪的欧洲各国，也都先后出现过这种活动，有些也是自己独立发展起来的（固然各国的炼丹术侧重点可能不大相同）。表明这种活动不是某个民族、某个地区、某一短暂时刻出现的偶然现象，而是社会发展过程中几乎必然会经历的一个文化阶段，因此它是人类文明史中的一个重要内容。这就很值得研究了。

炼丹术的方法既然都是采用化学的手段，所以在这种活动的流行期间，那些炼丹家们必然进行了很多的化学试验；设计、制造出了很多原始的化学实验仪器；观察到并且发现了许多化学变化。因此这项方术尽管在其内容中有很多错误的、消极的东西，但客观上它开阔了人类的视野，不仅人工制造出了一些自然界不存在的化合物，提取和精制了很多化学制剂，炼出了一些黄色和白色的合金，并且找到了不少解决疑难大症的丹药，造福了人类。尤其是中国的炼丹家，还在这项活动中发明了原始火药，极大地推动了人类社会的进步。这就是为什么说，炼丹术实际上就是化学的原始形式，并在世界科学史上最终孕育出了近代化学。因此，炼丹术是古代化学中的一个主要方面，甚至可以说是中心内容。中国炼丹术史也就几乎贯穿于整个封建社会时期的中国古代化学史中。

中国炼丹术是中国道教方术的主要项目之一，由于中国道教的核心思想是想长生成仙；因此自从道教形成有组织的形式（东汉时期）以后，炼丹术士便几乎都是道士了。炼丹术的兴

---

① 在中国炼丹术的发展历史中出现了两个派别。一派是试图以自然界的金石矿物为原料，在丹釜中修炼出可服饵长生的金丹大药或金银，所以这一派别历史上称为"丹鼎派"或"外丹派"；另一派是倡导运用意念的作用运转周身的精气神，最后使之在丹田中凝结为精神性的"长生不老金丹"，这一派别历史上称之为"内丹派"。本文所言炼丹术则专指与化学有关的"外丹"。

② 方术是指古代的医、卜、星、相之术。梁·刘勰《文心雕龙·书记》谓："方者隅也，医药攻病，各有所立，专精一隅，故药术称方。术者路也，算历极数，见路乃明，九章积征，故以为术。"

③ 参看曹元宇《中国化学史话》第217页，江苏科学技术出版社，1979年。

衰往往也随着道教在社会上权势的变迁而浮沉，而要了解中国炼丹术的历史也就离不开研究道教在各朝代的社会地位。

中国道教中的长生仙术，除了炼丹术之外，还从其他养生学中汲取过"经验"，而先后出现了诸如吐纳导引、行气胎息、守一思神等等养生方术，最后并从这些长生方术和炼丹术的结合上，衍生、发展出了所谓"修炼内丹"。而且其影响和号召力不断扩大，并在宋代时竟然超过了传统的炼丹术。所以炼丹术的发展、兴衰和消亡又是与内丹的发展交织进行的。

中国炼丹术活动的正式出现，据比较可靠的记载，大约是在西汉初期，秦代时则可能已有萌芽，但应该知道，中国先民追求长生的思想和活动，其发生则较此要早得多，即在中国炼丹术正式出现前曾有过一个相当长的酝酿时期，也就是先从求神，然后才发展到人工炼丹。

中国炼丹术到了清代时可以说基本上消亡了，这时它的目的和说教在广大道徒和百姓中已经几乎失去了市场。但是炼丹术的化学方法并未随之消亡，它们不断地被历代中国医药界人士（不少炼丹家自己就是医药学家）所接纳和总结，并朝着正确的方向（制造医药）继续发展着，但最遗憾的是它没有能像在欧洲那样，在中国发展成为近代化学。

一 从巫术、悟道到寻仙求药

（一）巫的出现与医药的尝试

中国先民步入到新石器时代的后期（距今约 4000 年前），物质生活状况和生活条件固然都有了明显的改善和进步，例如逐步学会了制作木石组合的工具；对使用火有了较丰富的经验，已经发明了用泥烧制多种多样的陶器；也尝试着冶炼金属，甚至慢慢掌握了酿酒。但是他们对周围的自然现象则只能说仍然处于蒙昧无知的状态，对于诸如日月星辰、寒暑交替、昼夜循环、植物生长，动物繁衍等等现象仍不能理解；对于雨雹雷电、火山地震、山洪干旱等自然灾害当然更充满了恐惧，因而会很自然地产生万物都有精灵的观念，而认为这一切都是有神在主宰，并且产生了对神的崇拜。《尚书·舜典》便说："肆类（遂祭天）于上帝，禋（祭祀）于六宗，望（遥望而祭）于山川，偏于群神。"[①]《礼记·祭法》也提到："山林川谷丘陵能出云，为风雨，见怪物，皆曰神。有天下者祭百神，诸侯在其地则祭之。"又说："此五代之所不变也。"[②] 所以除天帝（在道教中，后来演变为玉皇大帝）外，又有日神、月神、星辰之神、山神、河神、风神、雪神、社稷之神、户神、灶神等诸神之说，都起源很古，绵延不绝，后来并演义出各种民间神话。至于他们的生活条件，仍然十分艰难。衣不蔽体，还经常要受到寒暑的欺凌，遭受着风袭雨打；虽然有了原始的农业和畜牧业，但仍要经常渔猎、采集生食果蓏蚌蛤，还难以避免茹毛饮血、腥臊恶臭；加之还要受到蚊蝇虱蚤的肆虐、野兽的侵袭，并且人类间的自相残杀也经常发生。因此各种疾病时刻在发生，瘟疫流行当然是经常有的事，病痛和死亡的威胁使他们更难以抗拒。他们不懂得这些灾祸是怎么发生的，死亡又是怎么一回事。那时的人普遍认为，人是有灵魂的，生人是灵魂和肉体的结合物，灵魂是不死的。所谓死亡，是灵魂离开了躯体，飘逸到大气中，最后去到另一个世界里。那另一个世

---

① 《尚书·舜典第二》，见《十三经注疏·尚书正义》（卷三）13～14 页，总第 125～126 页，1935 年国学整理社出版，世界书局发行。

② 《礼记·祭法第二十二》，见《十三经注疏·礼记正义》（卷四十六）359～363 页，总第 1587～1591 页。

界大概在黄泉之下。考古学家们发现，在中国氏族社会的墓穴中，死者的头基本上朝着同一的方向。因而认为，这大概就是当时的人相信存在灵魂世界的一种表现；那个方向大概就是葬者所幻想的冥国的所在。随葬品中往往有一些生产工具、日常生活用品、装饰品，有的随葬陶器中还装着食物、谷种，这些更表明当时人大概是相信，人死后在另一个世界中还要如生前一样地劳作和生活。所以那时的人几乎都相信，人死后灵魂便离开肉体而单独活动，而这一切也都是由神在进行安排。这样便产生了鬼的概念，鬼就是灵魂。正如《礼记·祭仪》[①]所说："众生必死，死必归土，此之谓鬼。"夏代时已经十分虔信神祇，认为冒犯和亵渎神祇是一种罪恶。禹讨伐三苗部落，对他们指控的罪状之一，据说就是"弗用灵"，亦即责怪他们不相信鬼神。[②]

在商代，当时的人认为疾病和死亡或者是恶鬼侵袭、附体所降的祸祟，或者是天帝神明、祖先的惩罚。所以商人尚鬼，除了天地诸神外，亡故的祖先在他们的心目中占据很重要的地位，商王和贵族的活动，事无大小，都要祈告神灵和祖先，即使作梦也认为是神灵和祖先表达的意志，给予的启示。因此一旦染上疾病，"治疗"的办法便是祈祷和祭祀，乞求诸神和祖先保佑或宽宥。但人神、人鬼既然不在同一个世界里生活，只能幻想，而不能接触，那么如何交通往来，互通信息，向他们表达自己的意愿呢？正由于这种愿望便促成了巫术和巫医的出现。

殷商的卜文中，"巫"字像两手捧玉，似乎是事神的姿态。《说文》谓巫"祝也，女能事无形，以舞降神者也。"《国语·楚语》则谓："在男曰觋，在女曰巫。"[③] 巫觋（男巫也称祝）也可合称为巫。这些人自称能与鬼神打交道，下晓人事，又上通鬼神，于是便以宗教为职业，专门负责官方或民间的宗教祭祀活动，掌管人与神之间的交通，探知神意，宣称自己能以种种手段调动神鬼的力量为人祈福消灾。这样一来，这类人便成为当时社会上的一个很有威势的特殊阶层。他们中的一些人甚至还声称自己能召致神灵、祖先附体，代表他们表达陈述意旨。于是这些巫师便成了神与人之间的媒介，上至国家大事，下及个人遭灾害病，人们就都通过他们向神灵、祖先请示，并祈求降福免祸，诸凡降神、解梦、预言、祈雨、占星、治病、都请他们来执掌。巫师是根据"卜"的结果来请示求助神灵。[④]《说文》对"卜"的解释为："灼剥龟也，象灸龟之形。一曰象龟兆之从横也。"就是以火灼龟甲取兆，宣称视其裂纹形态就可以预测吉凶。这大概是"卜"的初始形式。后来又发明了用蓍草占卜，叫作"筮"，即占取蓍草，以草的数目和奇、偶来占休咎（这大概就是后来爻卦的源起）。所以说："龟蓍象，筮衍数。"有时他们把占卜的结果，即神灵或祖先的意旨简要地刻写记录在甲骨或竹木上，这就是卜辞和筮辞。

先民既认为疾病是神祖的惩罚和恶鬼的附体，于是巫师便通过禳祈和符咒等巫术来驱灾

---

① 《礼记·祭仪第二十四》，见《十三经注疏·礼记正义》（卷七十四）第364～368页，总第1592～1596页。

② 此语见《尚书正义·大禹谟第三》："帝曰：咨禹，惟时有苗弗率，汝徂征。禹乃会群后，誓于师曰：济济有众，咸听朕命，蠢兹有苗，昏迷不恭，侮慢自贤，反败道德。"唐·孔颖达疏曰："舜即位之后，往徙三苗也，今复不率令，命禹徂征。……禹率众征之，犹尚逆命，即三苗是诸侯之君，而谓之民者，以其顽愚，号之为民。吕刑云：苗民弗用灵，是谓为民也。"见《十三经注疏·尚书正义》（卷四）第25页。参看薛愚《中国药学史料》第15页。

③ 见《国语·楚语下·观射父论绝地天通》，薛安勤注释本第712页，吉林文史出版社，1991年。

④ 到周代时，占卜与禳祈通鬼神事有所分工，官太卜掌占卜，巫师专司斋宿事鬼神。参看《周礼·春官·大卜》。

降病，由此而有了符咒及禹步驱鬼的法术，这种法术叫做"祝由术"①，不过他们偶尔也利用一些原始的治病方法，如以砭石、灸蓺辅助解除病痛，这种人便是巫医。

　　及至周代，特别是在东周时期，医药学则有了一定的发展。据《周礼》记载，那时已把医分为"食医"、"疾医"、"疡医"和"兽医"四种。③关于食医，他们的任务是"掌和王之六食、六饮、六膳、百羞、百酱、八珍之齐"，就是负责调和周王的饮食。调和的原则是"食齐视春时，羹齐视夏时，酱齐视秋时，饮齐视冬时"。依郑玄的注释，就是"饭宜温，羹亦热，酱宜凉，饮宜寒"。至于在味道上的调和原则，则是"春多酸，夏多苦，秋多辛，冬多咸，调以滑甘"，也就是说要以五行学说为基础，但又强调四季的口味应该有所偏重，因为"金木水火非土不载，于五行，土为尊；于五味，甘为上，故甘总调四味"。即以甜味"通利往来"于四味。可见食医实际上是掌管饮食卫生，荣卫五脏六腑，属于保健医疗。"疾医"则"掌养万民之疾病"，即负责为民治病。鉴于"四时皆有疠疾（郑注："气不和之疾"），春时有痟首疾（头痛病），夏时有痒疥疾（皮肤病），秋时有疟寒疾（恶寒发热之病），冬时有漱上气疾（漱，咳也，上气逆喘之病），于是疾医"以五味（郑注：醯、酒、饴、蜜、姜、盐之属）、五谷（麻、黍、稷、麦、豆也）、五药（草、木、虫、石、谷也）养其病。"可见这时医疾已经开始

图 4-1　《楚辞·九歌》中描绘的女巫
（引自《喜咏轩丛书·九歌传》）

用药。据所用的药物为"五味"、"五谷"、"五药"，可见最初的医药主要都是一些食物，也就是说，人们在长期摄取食物的过程中，逐步发现了某些食物有一定的保健和医疗作用，而引导到医药的发现。所以医药史界普遍认为我国古代医药的源起是药食同源，这种见解是有道理的，有根据的。例如《诗经》的很多篇章里提到采集蔬菜、香草，其中大部分后世都成为本草。

　　东周时，我国先民采集"五药"的经验已经相当丰富。《山海经》是我国春秋战国时期的著作。其中有大量关于药物的记载，据薛愚等统计④：动物药66种，植物药51种，矿物药2

　　① 祝由术是古人以符咒、禹步治病的方术。所谓"祝"是由患病者向天帝"祝说病由"，而巫师在旁画符念咒和行禹步以驱鬼。《玉函秘典》："禹步法：闭气，先前左足，次前右足，以左足并右足，为三步也。"《法言·重黎》："昔姒氏治水土，而巫步多效禹。"李轨注："禹治水土，涉山川，病足，故行跛也，……而俗巫多效禹步。"详见孙思邈《千金翼方》卷二十九《禁经上》。《玉函秘典》，明人撰，见于《夷门广牍·尊生》。《法言》，汉·扬雄撰，见《丛书集成》初编总第0530册。

　　② 《喜咏轩丛书》，[1927年] 丁卯武进陶氏印。《九歌传》石人萧云从尺木甫画传，汤复上绣梓。

　　③ 见《十三经注疏·周礼注疏》（卷五）第29～30页，总第667～668页。

　　④ 薛愚等，中国药学史料，第35～47页，人民卫生出版社，1984年。

种，水类一种，土类 1 种，未详者 3 种，凡 124 种。使用的方法中，内用法分为"服"（水服）和"食"，外用法则有佩带、坐卧、洗浴、絭养、涂抹等。但是我们应该明确，在周代巫术仍极盛行，周天子虔信天命（上帝），巫神之说更是广为流行，所以那时是巫、医并行的，而且医和医药往往也都有浓重、虚妄的巫术色彩，对药的医疗效果也往往赋予巫术的理解。例如《山海经》提到："迷谷（木类）佩之不迷"；"育沛（鱼类）佩之无瘕疾（蛊也）"；"鹿蜀（兽类）佩之宜子孙"；"玄龟，佩之不聋"，这些"疗效"未必经得起实践的考验，更确切地说，大概正反映出人们佩物的一种巫术性的信奉，相信某些作为佩物的东西对人身能起某种护卫的作用。这种概念可以说起源于远古的佩骨与佩玉，及至发展到巫术出现时，便有各种避邪物产生了，并成为巫师经常采用的手段。所以巫与医的混杂，便往往给医药敷上了某种神异的色彩。这就不难理解，当时的人，特别是那些巫师，怎么会萌生出来到众药中去寻找"不死之药"的念头。因为如果某些药能驱鬼镇邪，那么它也就可以使人躲避恶鬼附身，免遭死亡的厄运了。所以巫师往往也采用医药治病，但医药在这类人手里，实际上成为他们运用法术的一种辅助手段，就和符、咒相似，笼罩着种种迷信气氛，或者说使医药服从于巫术，宣称药力是通过巫力而显现的（图 4-1）。

（二）悟道求长生与海上寻神仙

当人们的物质生活逐步得到改善，生活乐趣不断增多时，求生的欲望就随之日益增强，设法养生甚至追求长生的努力就会自发地产生出来，这可以说是人类的一种本能，这是很容易理解的。即这种愿望并不是哪位哲学家玄思冥想的创造，也不能说只是封建帝王因为生活优裕、豪侈才产生出了超乎平民百姓的更高奢望而企求长生不死。

图 4-2　老子
（引自《喜咏轩丛书·仙佛奇踪》）

及至春秋时期（前 770～前 476），中国社会里各种学术思想活跃起来，出现了百家争鸣的局面。有一些哲学家便开始想象世界上万物的起源、宇宙中千变万化的动因，也考虑起生死的哲理。在各学说中，就思想深邃、内涵博大而论，尤其是对后世道教思想、道教教义的产生影响至深的要算道家的祖师老子李耳[①] 了（图 4-2）。他有《道德经》传世，虽只有五千余言，但深刻地阐述了他对世界本原、万物变化及其所遵循之规律的见解，阐发了他的人生哲学、社会理想、政治主张，其哲学思想的核心，可概括之为"道"。"道"究竟是什么？老子的回答是：它"无，名天地之始，有，名万物之母"，所以是一种物质性的实体，既是无形的，又是有形的：它"有物混成，先天地生。寂兮寥兮，独立而不改，周行而不殆，可以为天地母"，"道生一，一生二，二生三，三生万物，万物负阴而抱阳"，故它出现于万物生成之先，是万物的本原；"道之为物，惟恍惟惚"，似乎是一种耳听不闻，眼看不见的气状物；道者"大曰逝，逝曰远，远曰反"，且"独立而不改，周行而不殆"，

① 《史记·老庄申韩列传》（卷六十三）："老子者，楚苦县历乡曲仁里人也。姓李氏名耳，字伯阳，谥曰聃，周守藏室之史也。孔子适周，将问礼于老子。……孔子去，谓弟子曰：'鸟吾知其能飞，鱼吾知其能游，兽吾知其能走。走者可以为罔，游者可以为纶，飞者可以为矰。至于龙，吾不能知其乘风云而上天。吾今日见老子，其犹龙邪。'"

所以它有规律地、永恒不息地在运动着；"人法地，地法天，天法道，道法自然"，因此"道"的规律，既是自然规律，也是社会规律，也是人生的规律，因此依照"道"而行动，就认识了"道"，体现了"道"的人便是圣人。《道德经》的探讨也略及生命问题，例如第六章谓："谷神不死，是为玄牝。玄牝之门，是谓天地根。绵绵若存，用之不勤。"第十章谓："载营魄抱一，能无离乎？专气致柔，能婴儿乎？"提出了变化永不停息的"道"就是深远微妙、视之不见而生产万物的生殖之门；提出了灵魂（精神）与肉体能否永不分离的问题。但老子本人的人生哲学并不追求长生不死，《道德经》也没有论述长生不死的方法。但其后，他的一些信徒似乎从《道德经》得到了极大的启示，便致力于从"道"中发掘出长生不死的途径，认为真正修得至道，便会掌握生死的法门。但"道"对那时的人来说，实在过于玄妙莫测，难以捉摸，修得至道更是高不可攀了。

人们虽然逐步开始作起长生不死的美梦，但在阶级社会中和生产力还很低弱的状况下，奴隶和平民百姓在现实生活中，又经常遭到自然和社会的种种磨难，当然希望能够得到摆脱；而那些统治者们，尤其是那些封建帝王，所不足的不仅是长生不死，还想要永世霸业，因为他们也时时面临遭到攻击、颠复的危险，因而对现实处境也常感到岌岌可危。总之，人们又感到如果只是"长生不死"，仍不够理想。于是社会中各阶层的人便都会根据自古以来"万物有神"的传说，幻想出种种关于仙人安逸自在的生活，作为精神的寄托。而那些脱胎于巫师的方士便乘机编造出许多仙人的故事，以投世俗所好；那些多情善感的文人和富于玄想的哲学家们更绘制出许多神人仙境的美丽图画。所以到了战国时期（前475—前221），在中国民间关于仙人、真人的传说便兴盛起来。但那些属于早期道教的仙人不同于天神，既不是生活在冥冥世界中的精灵，也不是主宰世界的天帝，而是就生活在人类生息的这个世界里，形如常人，但有两个最大的特点，其一能长生不死，其二能逍遥自在遨游太空。

这种神仙思想当时主要兴起、盛行于荆楚和燕齐两地。庄子[①]对神人、至人、真人、圣人的形象有最早的描述。例如《庄子·逍遥游》说："藐姑射之山有神人居焉，肌肤若冰雪，淖约若处子，不食五谷，吸风饮露，乘云气，御飞龙，而游乎四海之外。"又如《庄子·齐物论》说："至人神矣！大泽焚而不热，河汉冱（冻结）而不能寒，疾雷破山，飘风振海而不能惊，若然者，乘云气，骑日月，而游乎四海之外。"[②]《楚辞》中更充满着生动浪漫的神游故事。屈原在其《离骚》篇中想象自己升入太空，"前望舒（月御）使先驱兮，后飞廉（风伯）使奔属。鸾凰（雌凤）为余先戒兮，雷师告余以未具。吾令凤鸟飞腾兮，继之以日夜。飘风屯其相离兮，帅云霓而来御"。其《九章·惜诵》也吟道："驾青虬（神兽）兮骖白螭（神兽），吾与重华（舜帝）游兮瑶之圃。登昆仑兮食玉英，与天地兮同寿，与日月兮同光。"[③]（图4-3）

这样的仙人和神仙幻境当然就会引起人们的追求，而关键是如何先突破生死之关，实现永生。而且人们相信，能够羽化成仙的人，首先一定就是那些有法术的巫师，而且他们一定是吃了某种不死之药，或有某种修炼长生不死的道术，从而迈向了这种境地。所以《离骚》说：

---

① 《史记·老庄申韩列传》（卷六十三）"庄子者，蒙人也（蒙县属梁），名周。周尝为蒙漆园吏，与梁惠王、齐宣王同时，其学无所不阕，然其要本归于老子之言，故其著书十余万言，大抵率寓言也，作渔父盗跖胠箧以诋讹孔子之徒，以明老子之术。"按庄周约生于公元前369年，死于公元前286年。

② 见《庄子》，张耿光全译本第9及第37页，贵州人民出版社，1991年。

③ 见宋·洪兴祖撰《楚辞补注》第28~29，128~129页，中华书局，1983年。

"巫咸将夕降兮，怀椒糈而要之；百神翳其备降兮，九疑（九疑之神）缤其并迎。"① 想象巫咸就居住、遨游在太空。《山海经》对这种想法就讲得更清楚了，《大荒西经》描绘了众巫师的

图 4-3　　《楚辞·九歌》中描绘的仙人

（引自《喜咏轩丛书·九歌传》）

居所和群巫升降于灵山的情况，谓："大荒之中，有山名曰丰沮玉门，日月所入。有灵山，巫咸、巫即、巫盼、巫彭、巫姑、巫真、巫礼、巫抵、巫谢、巫罗十巫，从此升降，百药爰在。"② 所以巫师在人们的心目中逐渐发展成为亦人亦仙的真人、圣人，可与天神交往，他们那里有不死之方。《战国策·楚策》便记载："有人献不死之药于荆王。"③《韩非子·外储说左上》也提及"客有教燕王为不死之道者"。④ 而燕、齐滨海一带，海天明灭变幻，海岛迷茫隐约，百姓常见海市蜃楼的奇观，更引起他们的种种联想遐思，因而传扬起海中有神山，为仙人所居的传说。《史记·封禅书》记载：传说渤海中有蓬莱、方丈、瀛洲三神山，"诸仙人及不死之药皆在焉。"⑤《列子·汤问篇》则说蓬莱等三仙岛上"珠玕之树皆丛生，华实皆有滋味，食之皆不老不死"。⑥ 这种花果一经幻化，大概就是后世神话中西王母的蟠桃了。

所以随着仙人传说的兴起，人们追求长生不死的欲望也更加扩张起来，并开始探索长生之道。在春秋战国时期，为追求长生便出现了两个派别，或者说提出了两条认为可行的途径，一种是养生，一种是服食［药］。

养生派主张从荣卫身体出发，从自身的锻炼中修炼出抗拒衰老、死亡的力量。他们都是一些道家的信徒。既然《道德经》谓："盖闻善摄生者，陆行不遇兕虎，入军不被甲兵。兕无

---

①　见《楚辞补注》第36～37册。

②　见《山海经·大荒西经》袁珂校注本第396页，上海古籍出版社，1980年。

③　见《战国策·楚策》（卷十五），中册第564～565页，上海古籍出版社，1985年。

④　见《韩非子集释》第631页，陈奇猷校注，上海人民出版社，1974年。

⑤　见《史记·封禅书》（卷二十八）第221～229页，世界书局影印《四史》本，或中华书局本第4册1369～1370页。

⑥　列子名列御寇，战国时人，属道家。引文见《列子》（卷五）〈汤问第五〉，中华书局出版《诸子集成》本第52～53页。

所投其角，虎无所措其爪，兵无所容其刃，夫何故？以其无死地。"显然，这便是进入了永生之境的仙人了。于是他们力图从"道"中悟出长生的真谛。他们总结出的养生之术有四。其一曰炼气，或叫食气。认为灵魂游荡于气中，气中又充溢着灵魂之质，所以人体中气在则灵魂永驻，气绝则魂魄离散，故炼气可得长生。《庄子·刻意》便提到："吹呴呼吸，吐故纳新，熊颈鸟申，为寿而已矣，此导引之士、养形之人、彭祖寿考者之所好也。"《庄子内篇·大宗师》更谈到炼气之法："古之真人，其寝不梦，其觉无忧，其食不甘，其息深深，真人之息以踵，众人之息以喉。"① 这就是后世"行气"、"胎息"之始了。《楚辞·远游》则咏道："餐六气② 而饮沆瀣兮（王逸注："远弃五谷，吸道滋也。"），漱正阳而含朝霞（注："餐吞日精，食元符也。"）。保神明之清澄兮（注："当吞天地之英华也。"），精气入而粗秽除。"这就是后世葛洪所说的"仙人服六气"。③ 其二曰恬淡无为，老子既谓要"致虚极，静守驾"，而"知常容，容乃公，公乃全，全乃天，天乃道，道乃久，没身不殆"，④ 于是庄子悟道："夫恬淡寂漠，虚无无为，此天地之平，而道德之质也。故曰，圣人休休焉则平易矣，平易则恬淡矣。平易恬淡则忧患不能入，邪气不能袭，故其德全而神不亏。"⑤ 其三曰操炼体魄，不断吐故纳新，求致精气。道家学者吕不韦（约前237）则认为"精神安乎形，年寿得长也"，而强调"动"。谓："精气之集也，必有入也。……流水不腐，户枢不蝼，动也。形气亦然，形不动则精不流，精不流则气郁。郁处头，则为肿为风；处耳则为挶为聋；处目则为蔑为盲；处鼻则为鼽为窒；处腹则为张为疛；处足则为痿为蹷。"又谓："用其新，弃其陈，腠理遂通。精气日新，邪气尽去，及其天年，此之谓真人。"⑥ 这就是后世"导引"的先声了。其四曰辟谷，当时道家中的一些人认为："却谷则无滓浊，无滓浊则不漏，由此可以入道。"《列子》谓："列姑射山在海河洲中，山上有神人焉，吸风引露，不食五谷，心如渊泉，形如处女。"《庄子》也有类似的描述。⑦ 此外，《管子》则认为"精"乃气的物质基础，为人生命的源泉，所以主张存精以养生。其《内业篇》谓："精也者，气之精者也。""精存自生，其外安荣，内脏以为泉源。浩然和平，以为气渊，渊之不涸，四肢乃固；泉之不竭，九窍遂通。"于是提出节欲存精的守则，谓"爱欲静之，遇乱正之，勿引勿摧，福将自归。"⑧ 此说后来竟发展出了"采阴补阳"之说，于是所谓"容成阴道"⑨ 和房中术等便出现了。不过我们应该认识到，这些养生之术固然都以"求道"、"悟道"为旗帜，但绝大多数都是总结了先秦的体育卫生知识，只是附会于"道"，赋予一些神秘色彩而已。并且还应指出，实际上这批养生派人士并不幻想，也不十分执着追求肉体的长生不死和羽化成仙。

---

① 见张耿光《庄子全译》第261及100页。

② 《陵阳子明经》言："春食朝霞，朝霞者，日始欲出赤黄气也；秋食沆阴，沆阴者，日没以后赤黄气也。冬饮沆瀣，沆瀣者，北方夜半气也。夏食正阳，正阳者，南方日中气也。并天地玄黄之气，是为六气也。"见《楚辞补注》。

③ 见葛洪《抱朴子内篇·释滞》，王明校释本第137页，中华书局，1980年。

④ 见老子《道德经》第十六章。

⑤ 见《庄子外篇·刻意》，张耿光全译本第263页。

⑥ 见《吕氏春秋》之《季春纪尽数》及《季春纪先己》，陈奇猷校释本，第136及144页，学林出版社，1984年。

⑦ 见《列子·黄帝第二》中华书局《诸子集成》本第14页，及《庄子·逍遥游》，张耿光全译本第9页。

⑧ 见《管子·内业》（卷十六），第152、154页，上海古籍出版社《诸子百家丛书》，1989年。

⑨ 容成公传说为黄帝的史官，曾造律历，擅长房中术。刘向《列仙传》："容成公者自称黄帝之师，见周穆王能善补导之事，取精于玄牝，其要谷神不死，守生养精者发白复黑，齿堕更生。事与老子同，亦云老子师。"《汉书·艺文志》原有《容成子》十四篇、《容成阴道》二十六卷。今皆不存。

　　服食派则主要是方士们。他们相信饵服仙药，借外力及其神奇的作用，则可肉体不死，寿与天地相毕，与日月同光。在春秋战国时期，列国王公已贵极富溢，长生不死与永世霸业的欲望恶性膨胀，对方士们关于仙药的宣传大为赞赏，而对养生派所鼓吹的"长寿经"并不大感兴趣，因为他们既不可能"恬淡无为"和"爱欲静之"，更没有耐心每天去"吹呴呼吸，熊颈鸟申"。于是方士们便百般编造种种有关仙人和服食不死之药的故事以迎合王公们的兴趣。所以这时期的服食派便宣传起寻仙求药。而诸王便不惜耗费脂膏大力赞助这种活动，其声势很快便高涨起来。《史记·封禅书》（卷二十九）记载：

　　　　自齐威、宣之时，驺子① 之徒论著终始五德之运。及秦帝，而齐人奏之，故始皇采用之。而宋毋忌、正伯侨、充尚、羡门子高、最后② 皆燕人，为方仙道，形解销化，依于鬼神之事。驺衍以阴阳《主运》显于诸侯。而燕齐海上之方士传其术，不能通。然则怪迂阿谀苟合之徒自此兴，不可胜数也。自齐威、宣、燕昭，使人入海求蓬莱、方丈、瀛洲。此三神山者，其传在勃海中，去人不远，患且至则船风引而去。盖尝有至者，诸仙人及不死之药皆在焉。其物禽兽尽白，而黄金银为宫阙。未至，望之如云；及到，三神山反居水下；临之，风辄引去，终莫能至云。世主莫不甘心焉。

　　及至秦代，始皇嬴政消灭割据称雄的六国之后，更加渴求长生不死。于是迫不及待地追求神仙不死药。据《史记·秦始皇本纪》载：

　　　　二十八年，……齐人徐市等上书言海中有三神山，名曰蓬莱、方丈、瀛洲，仙人居之，请得斋戒与童男女求之。于是遣徐市发童男女数千人入海求仙人。

但徐市等入海求仙药数岁不得，费多恐谴，乃诈曰："蓬莱药可得，然常为大鲛鱼所苦。"《始皇本纪》还记载："三十二年，使韩终、侯公、石生求仙人不死之药。"西汉桓宽《盐铁论·散不足第二十九》也提到："及秦始皇览怪迂，信祯祥，使卢生求羡门高，徐市等入海求不死之药。"③ 因此寻仙求药的风气更加炽烈，方士们鼓吹神仙之事喧嚣一时，达到了狂热的程度。桓宽指出：

　　　　当此之时，燕齐之士，释锄耒，争言神仙，方士于是趣咸阳者以千数，言仙人食金饮珠，然后寿与天地相保。于是［始皇］数巡狩五岳、滨海之馆，以求神仙蓬莱之属。

由于秦始皇笃信神仙，所以秦大夫阮仓曾撰《列仙图》，宣称"自六代迄今有七百余人"羽化成仙，以蛊惑人君。

（三）服食长生的尝试

　　由于海上寻仙的活动或为"鲛鱼所苦"，或为风暴所阻，屡遭挫折、失败，于是方士们冥思苦想仙人成道的秘诀，猜测他们服饵长生之药究竟是什么？并着手访问调查，不避艰险，深入荒山僻岭，四处奔寻，欲在人间找到不死之药。于是他们把那些外观形状、颜色以及性能

---

　　① 驺子即邹衍，战国时齐临淄人。深观阴阳消息，作怪迂之变。主时世盛衰兴亡，皆随金、木、水、火、土五德为转移。他曾历游各国，至燕，昭王师事之。《汉书·艺文志》著录《邹子》四十九篇，《邹子终始》五十六篇，皆不传。

　　② 《辞通》中"最后"二字作"聚毂"，当为人名。

　　③ 见王利器校注《盐铁论校注》第357～358页，天津古籍出版社，1983年。

上具有某些灵异的物质，幻想为久服后可能"轻身延年不老，见神明"的仙药。西汉时人刘向根据传说编纂成的《列仙传》①中就介绍了很多先秦的"仙人"，据说就是靠服食某些自然界的长生药而羽化飞升的。这些传说大概正是当时方士们编织起来的。例如："赤松子者，神农时雨师，服水玉。"（图4-4）"赤将子舆者，黄帝时人，不食五谷，而啖百草花。""偓佺者，槐山采药父也，好实松实。""方回，尧时人也，炼食云母。""邛疏者，周封史也，能行气炼形，煮石髓而服之，谓之石钟乳。"方士们的辛劳所得和他们的这一套见解在战国时期开始被记录、编纂整理，而完成于后汉时期的《神农本草经》②中就有相当充分的反映。所谓自然界中的仙药大致都是那些被列入《上经》部分的上品药以及某些有一定程度毒性的药物。例如：丹砂："杀精魅、邪恶鬼，久服通神明、不老。"云母："久服轻身延年。"玉浆："久服耐寒暑，不饥渴，不老神仙。"石胆："炼饵服之，不老，久服增寿神仙。"茯苓："久服安魂养神，不饥延年。"松脂："久服轻身不老，延年。"天门冬："杀三虫，去伏尸，久服轻身，益气延年。"赤芝："轻身不老，延年神仙。"兰草："杀蛊毒，辟不祥。"雄黄："杀精物、恶鬼、邪气，炼食之

图4-4　赤松子
（引自《仙佛奇踪》）

轻身不老。"水银："久服轻身不死。"所以《史记·货殖列传》记载：秦代时"巴（蜀地）寡妇清，其先得丹穴（丹砂矿）而擅其利数世，家亦不訾"③。大概这正是方士们对丹砂可"神明不老"的"广告"所产生的宣传效果。但是，上述这些药物固然都可能有一定的健身或疗疾的功效，但"长生不死"的作用"复虚也"，哪个都没有灵验。于是方士们产生了自己加工炼制不死药的念头。

至于在有秦一代的方士们是否已经开始进行炼制长生神丹的尝试，长期以来是科学史界努力探索求解的问题，但至今仍难作出结论。不过有迹象表明似乎有了开端。《史记·秦始皇本纪》（卷六）谓：彼曾"悉召文学方术士甚众，欲以兴太平，方士欲练（炼）以求奇药"。似乎他身边的方士对炼制长生药曾有过打算，也可能确曾尝试了，不过这话说得比较含糊。西晋人王嘉所撰《拾遗记》（卷四）谓：

时方士说云："赵高先世受韩终丹法，冬月坐于坚冰，夏日卧于炉上，不觉寒热。"

及高死，子婴弃高尸于九达之路，泣送者千家，或见一青雀从高尸中出，直飞入云。

"九转"之验，信于是乎！④

该文中之赵高为秦始皇时丞相，韩终即颇受始皇宠信的方士韩众，所谓"九转"乃指"九转金丹"。诚然，王嘉的《拾遗记》有浓重的神话色彩，许多记载荒诞不经，显然是杜撰的。谓秦时已有"九转金丹"，那是全然不足信的，但说韩终有某种丹法，例如试着升炼丹砂、雄黄，

①　见宋·张君房《云笈七签》（卷一百八），齐鲁书社影印《道藏》本第591～595页，1988年。
②　《神农本草经》，清·孙星衍、孙冯翼辑，人民卫生出版社，1963年。
③　见《史记》（卷一百二十九）第551页，世界书局《四史》本。
④　见《拾遗记》齐治平校注本第105页，中华书局版，1981年。

那倒是完全可能的，那么就属于原始的炼丹术活动了。

这里有必要强调指出：中国古代方士在长生的追求过程中，炼丹术的出现标志着他们从求神的道路上转向依靠人类自己的智慧和创造力。显然，这是一种历史性的进步，不是倒退；是迷信色彩的减退，而不是增浓！

二　丹鼎派炼丹术的出现

（一）前汉道教的滋荣

及至汉代，大一统的帝国建立以后，统治阶级为了加强对百姓的思想控制，巩固社会秩序，便大力提倡宗教神学和封建迷信，许多帝君、王公自己更是恩宠方士，热衷于寻仙求药，追求神怪奇方。在那个帝王至尊的时代，"上有所好，下必甚焉"，于是影响到全国的时俗，涌现出了大批方士，造成了社会上求仙修道的风气。这种环境当然也推动了丹鼎派的形成，并得到帝王、显贵们的青睐和大力支持。

汉初高祖、吕后之后，出现了文景之治。史学家们常常称颂"孝文施德，天下怀安，以德化民，海内殷富"；而"孝景范政，诸侯方命，务在农桑，民用康宁"。因此在这四五十年之间，国力大振。这两个皇帝都奉行清静无为与刑名（强调循名责实，以强化上下关系）、法术（法家之学）相结合的黄老政治来统理天下。同时都赞赏"修道养寿"，尊崇黄老之术。这当然极大地滋润了道教发展的土壤。所谓"黄老之术"，即研究长寿修仙的方术，可以说它是中国道教的教义核心。但是我们应该明确，老庄与秦汉的道家都只是属于学术上的派别，并不是宗教，《老子》（即《道德经》）、《列子》、《庄子》，甚至西汉的《淮南子》都不是神学经典，也都不讲炼丹和符箓，反对迷信鬼神和巫术，也不追求长生不死、羽化成仙。但是自汉代初年，分散的、原始的道教活动逐步兴起，继续丰富、发展了长寿修仙的方术活动。那些道教人士阿谀逢迎于权贵，希望得到他们的赞赏和尊重，那么就非得请出几位古代圣贤，奉之为祖师。于是便扯起了道家的旗帜，宗尚但却歪曲、篡改道家的学说，并把老子、黄帝奉为至尊。前文已述及，《老子》只不过承认"天长地久"，主张"无身"。庄子则认为"生也有涯"，"以生为附赘悬疣，以死为决疣溃痈"，所追求的也只不过是精神上的解脱和自由，所以他们的观点与道教的长寿修仙的主旨实际上是相悖的。但为什么道教人士寻根追祖，请出了黄老？这是因为道家的思想、言论中确有与道教相通的地方，可以被利用；某些言词经曲解，并膨胀、变形后则可成为神学的因素。例如道家崇尚的"道"是一种超越形象的宇宙最高法则，又被视为宇宙万物的本原。《老子》说：

　　道之为物，惟恍惟惚，惚兮恍兮，其中有象；恍兮惚兮，其中有物；窈兮冥兮，其中有精，其精甚真，其中有信。（第二十一章）

　　天下万物生于有，有生于无。（第四十章）

　　视之不见名曰夷，听之不闻名曰希，搏之不得名曰微。此三者不可致诘，故混为一。其上不皦，其下不昧，绳绳兮不可名，复归于无物。是谓无状之状，无物之象，是谓恍惚。迎之不见其首，随之不见其后。执古之道，以御今之有。能知古始，是谓道纪。（第十四章）

　　道之出口，淡乎其无味，视之不足见，听之不足闻，用之不足既。（第三十五章）

这些描述便把"道"解释为虚无本体,"虚极之神宗",都极富宗教色彩,于是道教徒便进一步夸大它的超越性,把它变成有无限威力、全知全能和至高至尊的上神了。又如先秦道家宣扬清净无为,以富贵为物累,向往虚无之乡,道教遂得以敷演为宗教的人生观。再者先秦道家重视养生,《庄子》更说过:"必静必清,无劳汝形,无摇汝精,乃可以长生。"(《在宥》)①又说过:"千岁厌世,去而上仙;乘彼白云,至于帝乡,三患莫至,身常无殃。"(《天地》)①这些话更是道教可以吸收的思想营养和他们立论的根据。于是他们便把冷眼旁观看世界的超凡脱俗的人生观发展成为飘逸修仙的追求。而老子本人也不断被神话,甚至司马迁就说他"百有六十余岁,或言二百余岁,以其修道而养寿也。"②又有传说,谓"老子用恬淡养性,致寿数百岁"。③至于黄帝,显然既与道家无关,与道教就更风马牛不相及了。初时还只是说他得九天玄女授以兵符图箓,胜蚩尤而定天下。道教人士们则宣称他后来广游名山,问至道于广成子,受《三皇内文》于紫府先生;又称他骑龙上天为五方天帝之一,居中央之地,以主四方。而丹鼎派道士出现以后,更说他所以能骑龙上天乃是由于受道于玄女,得到了"九鼎神丹"。这样他便被道士们也供奉为祖师,以壮自己队伍的声势。④

(二)道教丹鼎派的肇兴和谶纬之学的产生

从古籍文献记载看,似乎在汉代初年时,还没有出现丹鼎派和炼丹术的活动。不过在文帝时期,社会上已出现制造伪黄金的活动,据《汉书·景帝纪》载:"六年十二月改诸官名,定铸钱、伪黄金弃市律。"应劭注云:"文帝五年听民放铸律尚未除。先时多作伪金,伪金终不可成,而徒损费,转相诳耀,穷则起为盗贼,故定其律也。"⑤这表明文帝时已有伪黄金在市上流通,固然当时伪黄金的制作在概念与目的上与早期炼丹术是不相同的,但其中的某些技艺肯定为方士们所借鉴,当然更有可能某些方士也直接参与了这种活动。

及至汉武帝继位,史书都称颂他材质高妙,开发大志,奋扬威怒,武义四加,使刘汉王朝政治统一的局面和疆宇国威都远远超过了嬴政的秦代。但他却又是一个更加热衷神仙方术、敬神祀鬼的君王。他封禅郊祀,祭旅百神,寻仙求药的心愿更加强烈,因此使神仙方术活动一时出现了规模更大的浪潮。中国丹鼎派及其炼丹术活动大概就是从这个时候正式兴起了。汉武帝宠信的方士很多,最初是李少君。据《史记·封禅书》记载:

> [少君]以祠灶、谷道、却老方见上,上尊之。……少君资好方,善为巧发奇中。……少君言上曰:"祠灶则致物,致物而丹砂可化为黄金,黄金成,以为饮食器,则益寿。益寿而海中蓬莱仙者乃可见,见之以封禅则不死,黄帝是也。臣尝游海上,见安期生(图4-5)。安期生食巨枣,大如瓜。安期生仙者,通蓬莱中,合则见人,不合则隐。"于是天子始亲祠灶,遣方士入海求蓬莱安期生之属。而事化丹砂诸药剂为黄金矣。⑥

不久后李少君病死,于是武帝又"使黄锤史(官名)宽舒受其方,求蓬莱安期生,莫能得,而

① 见张耿光译注《庄子全译》第176及198页。

② 见《史记·老子韩非列传》(卷六十三),《四史》本355页,中华书局本第7册总第2142页。

③ 汉·桓谭《新论·祛蔽篇》,清·严可均辑本第3页,上海人民出版社,1977年。

④ 参看《史记·孝武本纪》(卷十二),第2册第455页,中华书局。

⑤ 见《汉书·景帝本纪》(卷五),1935年国学整理社出版,世界书局影印《四史》本第24页。

⑥ 见《史记·封禅书》(卷二十八),世界书局《四史》本第226页,中华书局印本第4册,总第1385页。

图 4-5　仙人安期生
（引自《仙佛奇踪》）

海上燕齐怪迂之方士，多更来言神仙事矣"。接着"齐人少翁以鬼神方见上"。但不久，李少翁的骗术被武帝识破而被诛。然而他仍未觉悟。其后，康后"欲自媚于上，乃遣栾大，因乐成侯求见，言方。天子既诛文成，后悔其早死，惜其方不尽。及见栾大，大悦，大言曰：'臣常往来海中，见安期生、羡门之属，……臣之师曰：黄金可成，而河决可塞，不死之药可得，仙人可致也。'"于是栾大又备受恩宠，"赐列侯甲第、僮千人，乘舆，斥车马帷幄器物以充其家，又以卫长公主妻之，齎金万斤，……贵震天下。而海上燕齐之间，莫不搤腕而自言有禁方，能神仙矣。"其后栾大又被诛。武帝仍不甘心，又"东上泰山封禅"，"东巡海上，行礼祠八神"。以致这时"齐人之上疏言神怪奇方者以万数，然无验者。乃益发船，令言海中神仙者数千人求蓬莱神人。"以上几段记载非常重要，因为司马迁是武帝左右的近臣，这些是实录而非传闻。在《封禅书》中他写道："余从巡祭天地诸神名山川而封禅焉。入寿宫，侍祠神语，究观方士祠官之意。"证明武帝确曾依少君等的话祭天地，祠神灶，欲变炼丹砂为黄金。这是有关中国炼丹术活动的最早记录。此外，传为班固所撰《汉武帝外传》则谓："［少君］以方上武帝，言臣能凝汞成白银，飞丹砂成黄金，金成服之，白日升天，神仙无穷。"[①] 对李少君的炼丹活动内容，叙述更加具体，也可作为参考。但以上这些文字表明，武帝时期的长生术仍以祭神、封禅、寻仙求药为主，炼作药金似乎还只是初起的尝试。

在武帝时期，实际上躬亲组织变炼金属活动的则是淮南王刘安（图 4-6）。刘安之父为文帝之弟，所以安为武帝之诸父。据说其人折节下士，笃好儒学，兼占候方术，集天下道书，而且既有财势，又安闲适逸，所以"招致宾客之士数千人"。据葛洪《神仙传》[②] 载：刘安的诸宾客中最著名的有"八公"，即八位颇有"神通"的方士，他们当中有能"坐致风雨，立起云雾"者；有能"崩高塞渊，致龙蛇，役神鬼"者；有能"分形易貌，坐在立亡"者；有能"乘虚步空，起海凌烟"者；有能"入火不焦，入水不濡，刀之不伤，射之不中"者；有能"千变万化，恣意所为"者，有能"防灾度厄，辟却众害，延年益寿，长生久视"者；有能"煎泥成金，锻铅为银，水炼八石，飞腾流珠，乘龙驾云，浮游太清"者。显然，这第八位方士正是炼丹术士。葛洪并说他们曾授刘安以"丹经及三十六水等方"。不过，从这段叙述也可看出，刘安周围的那些神仙方术之士主要是一些卖弄幻术的人，炼丹术活动还不占重要地位。据《汉书·淮南王安传》[③] 记载，刘安曾主持纂修了《内书》二十篇，大概就是后世流传、现存的《淮南子》二十一卷。另外据说他还撰著了所谓《外书》。此外又有《中篇》八卷，"言神仙黄白之术，亦二十余万言"。所谓黄白之术，张晏注曰："黄，黄金；白，白银也。"就是人造药金、药银的方技。又据《汉书·刘向传》记载：刘安还有《枕中鸿宝秘苑书》，"言神

① 汉·班固（传）撰《汉武帝外传》，见上海涵芬楼影印本（下同）《道藏》洞真部记传类，总第 137 册。

② 见《云笈七签》卷一百九，齐鲁书社影印本（1988 年）第 601 页。

③ 见《前汉书》（卷四十四）〈列传第十四〉，世界书局影印《四史》本第 356 页。

仙使鬼物为金之术及骓衍《重道延命方》，世人莫见"。
据唐人颜师古注："《鸿宝苑秘书》并道书篇名，藏在
枕中，言常存录之，不漏泄也。"①这部书大概就是所谓
的《中篇》八卷，因葛洪《抱朴子内篇·论仙》说：
"夫作金皆在神仙集中，淮南王抄出，以作《鸿宝枕中
书》。"而且《神仙传》又说："又《中篇》八卷，言神
仙黄白之事，名为《鸿宝》。"③可见该书当是一本绝密
的早期炼丹术实录，但可惜早已亡佚，不知究竟实录了
些什么。又据《晋书》著录，其时还有《淮南万毕经》、
《淮南万毕术》。及至《唐书》，则只称有《淮南万毕
书》，但也早已失传，究竟是否即《鸿宝》，已难考证。
但其内容在一些古籍中尚可查到只言片语。清人孙冯
翼、茆泮林从《初学记》、《艺文类聚》、《太平御览》等
中辑录出来了原《淮南万毕术》的残篇断语。④不过其
中没有炼丹术的活动，只是略有一些与长生及长生术
有关，论变化之道的文字，例如："云母入地，千年不
朽。""取曾青十斤，浇以水，灌其地，云起如山云矣。
曾青为药，令人不老。""白青得铁，即化为铜。""朱砂
为汞。"而大部分内容则是属于占卜、辟鬼、幻术及乡
里传说的精灵怪异之事。

图 4-6　刘安
（引自《有像列仙全传》②）

西汉宣帝也是一个笃信神仙方术的人，对淮南王所言神仙使鬼物为金之术及骓衍的《重
道延命方》十分羡慕，然而道术失传，书稿亡佚，终未得一睹。据《汉书·刘向传》记载：
"是时宣帝循武帝故事，招选名儒俊才置左右。更生（按刘向字子政，本名更生）以通达能属
文辞，进对献赋颂凡数十篇。……而更生父德，武帝治淮南狱得其书，⑤更生幼而读诵，以为
奇，献之。言黄金可成。上令典上方铸作事，费甚多，方不验。上乃下更生吏。吏劾更生铸
伪黄金，系当死。更生兄阳城侯安民上书，入国户半，赎更生罪。上亦奇其才，得踰冬减死
论。"这表明《鸿宝》中可能确为伪黄金制造术。

至于汉成帝刘骜，据《汉书·郊祀志》（卷二十五下）记载：他在位的"末年，颇好鬼神，
亦已无继嗣，故多上书言祭祀方术者，皆得待诏上林苑中，长安城旁。费用甚多，然无大贵
盛者"。皇帝崇尚鬼神事，方士们想必也就活跃起来。但我们没有找到有关成帝时期炼丹与黄
白术活动的史料。那时，光禄大夫刘向"既司典籍，见上颇修神仙事，遂修上古以来及三代、

---

① 见《前汉书·刘向传》（卷三十六），世界书局《四史》本第 321 页。
② 见郑振铎编《中国古代版画丛刊》第三册，上海古籍出版社，1988 年。《有像列仙全传》为李攀龙序，明万历二
十八年刊本。
③ 见宋·李昉编《太平广记》（卷八），中华书局本第 1 册第 51 页，1961 年。按此《神仙传》非晋·葛洪所撰。
④ 汉·刘安《淮南万毕术》，清·孙冯翼辑，《丛书集成》初编第 694 册。
⑤ 早在宋代时，刘奉世便指出："按德待诏丞相府年三十余，［昭帝］始元二年事也。淮南事元朔六年，是时德甫数
岁，［《汉书》］误记。"可参看陈国符《道藏源流考》下册第 373 页，中华书局，1963 年。

秦、汉，博采诸家，言神仙事"[1]，而撰著了《列仙传》[2]。它列举了 67 位仙人，内容虽多荒诞不经，颇似神话，但从中亦可略窥自先秦到西汉期间中国方士服食长生术发展状况之一斑。兹例举其中前汉"羽士"之服食仙者：

> 主柱者，不知何所人也，与道士共上宕山，言此有丹砂，可得数万斤。……乃听柱取。为邑令章君明，饵砂三年，得神砂飞雪，服之五年。
>
> 任光者，上蔡人也[3]，善饵丹，卖于都市里间，……晋人常服其丹。
>
> 赤斧者，巴戎人也，为碧鸡祠主薄，能作水澒（水银），炼丹砂，与硝石服之，三十年返如童子，后数十年上华山，取禹余粮饵，卖之于苍梧、湘江之间。
>
> 陵阳子明者，铚乡人也。……子明遂上黄山，采五石脂，沸水而服之三年。

综观全书，可知当时有关炼丹术的活动仍极有限，只有"神砂飞雪"算得上丹鼎烧炼，而"列仙"服饵长生者仍主要是采食松实、茯苓、菊花、兰草、桂附、芷实、地黄、当归、羌活、独活、苦参、天门冬等等，即还是以采食自然界之草木为主，只间或服食一些矿物，与战国时期的状况相差无几，表明其时火法炼丹似还处于襁褓之中。值得注意的是刘向在该书中提到八公曾授刘安《三十六水方》，又提到邛疏"煮石髓而服之"、陵阳子明"采五石脂，沸水而服之"，这大概是中国炼丹术初期时别具特色的一种服药法。现存《正统道藏》洞神部众术类中有丹经（残篇）《三十六水法》一卷，内容则属水法炼丹，大约成书于前汉末或后汉初，[4]看来邛疏、陵阳子明以水冲服、煮服矿物药的"炼身法"及八公的"三十六水方"很可能正是《三十六水法》的先声。

在前汉与寻仙炼药的方术活动发展的同时，在儒家中谶纬之学也开始盛行起来，对炼丹术和道术活动的发展不无影响。所谓"谶"属于一种宗教预言，"诡为隐语，预决吉凶"而且声称是依托神的启示，这种行径显然源于巫师方士。"纬"则是以宗教迷信的观点对儒家经典进行歪曲解释，加以神化，所以"迨弥传弥失，又益以妖言之辞，遂与'谶'合而为一"[5]，于是合称谶纬之学。此学为西汉大儒董仲舒所创导。他以"推验火灾、救旱、止雨与之［指少君、文成、五利（即栾大）之徒］较胜，以经典为巫师豫记之流，而更曲傅《春秋》，云为汉氏制法，以媚主而梦政纪。昏主不达，以为孔子果玄帝之子、真人尸解之伦"。[6] 从此谶纬之说蜂起，儒家也逐步宗教化，孔子也被打扮成超人的教主。这就造成了儒生与道士的合流，两股势力相互推波助澜。

王莽篡汉后又大兴神仙之事，"以方士苏乐言，起八风台于宫中。台成万金，作乐其上。顺风作《液汤》，又种五粱禾于殿中（颜师古注曰：五色禾也，所谓耕耘五德也），各顺色置其方面。先煮鹤髓、毒冒、犀玉二十余物渍种，计粟斛成一金，言此黄帝穀仙之术也。以乐

---

① 见宋·李昉编《太平御览》卷六百七十二引刘向《列仙传叙》，第 2995 页，中华书局，1960 年。

② 《列仙传》见《云笈七签》卷一百八，齐鲁书社影印本（1988）第 591～602 页。不过世人多疑今本《列仙传》非刘向所撰。但陈国符认为："自秦始皇、汉武帝以来神仙之说盛行，刘向复信黄金可成，并在尚方主持制伪黄金，故疑《列仙传》为刘向所作。"见陈国符《道藏源流考》下册第 431 页。

③ 上蔡，汉置县，属汝南郡，在今河南省上蔡县西南。故任光为西汉人。

④ 参看陈国符《道藏源流续考》第 302 页，台湾明文书局出版，1983 年。

⑤ 见《四库全书总目提要》（卷六）

⑥ 章太炎语。见《章氏丛书·太章文录二——驳建立孔教议》，浙江图书馆刊本。

为黄门郎，令主之。莽遂崇鬼神淫祀。"① 与此同时，王莽也大力提倡谶纬之学，装神弄鬼以图隐定其政治统治。

自光武中兴，因刘秀更加迷信谶言，所以"士之赴趣时宜者驰骋穿凿，争谈之也。"结果出现了一批阿谀逢迎之徒，孙咸以谶文而拜为大司马；王梁因"赤伏符"（谓梁"主卫作玄武"）而擢升大司空，封武强侯（"玄武水神之名，司空水土之官"）。相反，博学多通的桓谭竟以不善图谶，极言谶之非经，触怒了皇帝，以致被谪，郁郁病卒；② 尹敏也以不为谶纬讲躬顺的话，被罢官，仅免于死。③ 在这种情况下，图谶之风弥漫了整个社会，无论是统治阶级中的达官显贵，还是造反起义的统领，都在根据各自的需要，利用谶纬符命。朝野上下一时笼罩在鬼神崇拜的神秘气氛之中。由于在谶纬之学的典籍中，诸如老子之希夷（虚寂微妙）、长生久视、太华山之仙宝、少室山之灵药、能增损人寿的神鬼、三神山、昆仑山之灵境等等，无所不有，因此它与神仙方士的鬼神怪迂之说、长生不死的梦想很容易结合起来，这样便推动了原来分散活动的道教信徒，逐步推演出了自己的宗教活动实体，形成了自己特定的信仰和理论，并逐步作为一种社会力量积极参与了社会活动。而且从此方士皆称为道士了。

（三）中国炼丹术最早的一批丹经

从西汉末到东汉初期，似乎丹鼎派的活动明显地活跃起来，并取得了很大的发展。大约成书于这个时期的《黄帝九鼎神丹经》（图4-7）（署名上清真人撰）和《三十六水法》至少从火法炼丹和水法炼丹两个方面部分地反映出那个时期炼丹术的具体化学内容和获得的进步。

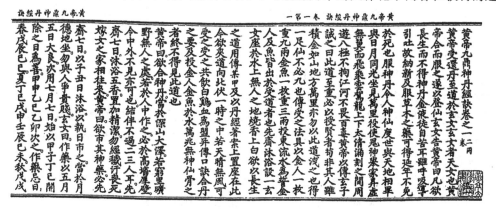

图4-7　早期丹经《黄帝九鼎神丹经》
（引自涵芬楼影印《正统道藏》）

《黄帝九鼎神丹经》④ 开卷便强调了服饵长生及神丹与黄白之关系的新观点：

　　玄女告黄帝曰：凡欲长生而不得神丹、金液，徒自苦耳。虽呼吸导引、吐故纳新及服草木之药可得延年，不免于死也，服神丹令人神仙度世。……俗人惜财，不

① 见《前汉书·郊祀志》（卷二十五下），世界书局《四史》本第216页。
② 见《后汉书·列传第十八上桓谭传》（卷五八），世界书局影印《四史》本第221～222页。
③ 见《后汉书·列传第六十九上尹敏传》（卷一百九），世界书局影印《四史》本第468页。
④ 被收录于明正统《道藏》洞神部众术类中的《黄帝九鼎神丹经诀》之卷一就是这部丹经，见涵芬楼影印本总第584册，并请参读陈国符《道藏源流续考》第292页。

合丹药反信草木之药，且草木药埋之即朽，煮之即烂，烧之即焦，不能自生，焉能生人。

关于神丹与黄白的关系，它指出：

作丹华（第一神丹）成，当试以作金，金成者药成也，金不成者，药不成。……又以一铢丹华，投汞一斤若（或）铅一斤，用武火，渐令猛吹之，皆成黄金也。……金若成，世可度，金不成，命难固。

这两段话可以说是服食长生术发展中在观念上的一个极为重要的转折点，其深刻意义至少表现在六个方面：其一，他们摒弃了自战国以来以服食草木仙药为主，以服饵某些天然矿物（如丹砂、云母、石钟乳）为辅的长生术，转而独尊经人工升炼的神丹。或者说，反转过来，以神丹为主，而以仙草为辅，因此第一段话可以视为丹鼎派发表的"宣言书"，或者说是丹鼎派炼丹术思想的核心。其二，炼丹术的"丹"在这里首次亮相，这是现存的最早记载。其三，以金液、还丹为中心，"藉外物以自坚固"的长生术指导思想从此确立起来。这种认识和追求在此后千余年的炼丹术活动中一直占着主导地位。其四，明确指出制作金液（药金）、点化黄金乃为服饵长生，而非（也不应该）以发财致富为目的。其五，这部丹经明确指出，神丹既可服饵长生，又可点化黄金，兼有捍卫肉体与加速金属精化、演进的特异功能，而且把点化药金的成败作为神丹灵验与否、修炼火候是否适当的一个检验标准。其六，中国丹鼎派的道士们在草木与金石矿物的选择之间，固然把长生的希望寄托在后者身上。但又提出天然金石矿物积郁了太阳、太阴之气，而含有大毒，于是提出以火炼的方法来制伏其毒，并提炼其飞升的精华。正是出于这种见解，道士的服食便从直接饵服天然金石（主要是黄金、丹砂）过渡到火伏金石，升炼神丹，从而形成了具有中国特色的、以火炼升华操作（而不是阿拉伯的蒸馏）为主的炼丹术技艺。

《黄帝九鼎神丹经》包括九种神丹大药，都有翔实的炼制要诀。从中我们可以对后汉前期炼丹术的概貌和内容获得比较具体的了解。"九鼎丹"的概况如下：

第一神丹名叫"丹华"，经升炼丹砂一物而成，如"五彩琅玕，或如奔星，或如霜雪，或正赤如丹，或青或紫"。因经九转而成，所以又叫"九转流珠"，其成分当为精炼的硫化汞，可能含一些氧化汞。

第二神丹名叫"神符"，可由飞炼水银一物经"九上九下"而成。但它更推荐以水银-黑铅混合升炼，那么这时"水银与铅精俱出，如黄金色"，则此丹称为"还丹"，又名"神符还丹"，其成分当为金黄色的氧化汞与氧化铅的混合物。

第三神丹也叫"神丹"，也叫"飞精"，是以雄黄（As_4S_4）与雌黄（As_2S_3）的混合物升炼而成。当为升华的硫化砷，并含少量氧化砷。

第四神丹名叫"还丹"，乃把水银、雄黄、曾青、矾石、硫黄、卤咸、太一禹余粮、礜石各药分层安放在丹釜中，密封后进行升炼。主要成分当是硫化汞、雄黄与氧化砷的混合物。

第五神丹名叫"饵丹"，是升炼水银、雄黄、禹余粮的混合物而成，主要成分当是汞、硫化汞与雄黄。

第六神丹名叫"炼丹"，取"八石"而成之。是将巴越丹砂、雄黄、雌黄、曾青、矾石、礜石、石胆、磁石的细粉置于丹釜中，分层安放，经升炼而成。主要成分当是丹砂与雌雄黄，另含少量氧化砷和氧化汞。

第七神丹名叫"柔丹"，是升华水银的产物，但因丹釜内壁涂以玄黄（主要成分为铅丹），所以该丹的主要成分当是氧化汞。①

　　第八神丹名叫"伏丹"。因是用玄黄涂布的丹釜升炼水银与曾青粉、磁石粉的混合物而得到的，"其色颇黑紫，有如五色之彩"，所以主要成分当是汞与氧化汞。

　　第九神丹名叫"寒丹"，是将水银、雄黄、雌黄、曾青、礜石、磁石分层置于丹釜中升炼而成。主要成分当是汞、硫化砷、氧化汞和氧化砷。

　　从这九种神丹所用的原料和炼制过程，大致可以判断，那时的金丹主要成分是硫化汞、氧化汞和硫化砷，并常混有水银、氧化砷及铅丹，具有相当大的毒性，服饵过量难免"白日升天"。我们又可看到，九种神丹的原料中都含有丹砂或水银，而水银又是由丹砂经烧炼而得，所以"九鼎丹"可谓以丹砂为中心。所以我们可以理解到，"炼丹术"最初的含义就是升炼丹砂，"丹"就是指丹砂（《说文》："丹，巴越之赤石也。"），后来才发展出各种神丹和丹药，含义发生了变化。而所谓"还丹"，最初的含义就是从水银出发，经药剂和火的作用再还复为貌如丹砂的红色物质（初时，炼丹术士就认为水银又还复为丹砂了）。

　　在"九鼎丹"的炼制中，反应器是赤土釜，燃料是糠皮或干马粪。赤土釜里外要先涂上厚厚的一层玄黄，将丹药（升华物）从丹釜内壁取出时强调要用鸡毛，服食神丹前还要先"面东向日，再拜长跪"。这些都反映了中国炼丹术早期的风貌。为了把当时的这种风貌和炼丹道士升炼神丹的思想、劳作状况作个清晰的描述，我们摘要转录第一神丹——丹华的升炼要诀以示之：

> 上釜可受八、九升，大者一斗。乃取胡粉烧之，令如金色。复取前玄黄各等分，和以百日华池（含有某些药剂的醋），令釜内外各三分，曝之十日，令大干燥，乃可用以飞丹华矣。用真砂（上等丹砂）一斤，纳釜中，以六一泥涂釜口，际会勿令泄也。谨候视之，勿令有拆［裂］，有拆如髪，则药皆飞，失其精华，但服其糟滓无益也。涂讫，干之十余日乃可用。先以马通（马粪）、糠火去釜五寸，温之九日九夜。推火附之，又九日九夜。以火拥釜半腹又九日九夜，凡三十六日，可止火。一日寒之，药皆飞著上釜，如五彩琅玕，或如奔星，或如霜雪，或正赤如丹，或青或紫，以羽扫取。若药不伏火者，当复飞之。……欲服药，斋戒沐浴，焚香，平旦东向礼拜，长跪服之，如黍粟，亦可如小豆。上士服之，七日乃升天得仙。［丹华］以龙膏（桑上露）丸之如小豆者，致猛火上，鼓橐吹之，食顷即成黄金。

　　《正统道藏》所收录的《三十六水法》②（图 4-8），据《黄帝九鼎丹经诀》卷九"明化石序"，谓"此水之法，虽自黄帝至于周备，则是八公三十六水之道也"。可见它是从西汉初"八公水法"发展而来的。"三十六水法"中包括矾石水、雄黄水、雌黄水、丹砂水、曾青水、白青水、胆矾水、磁石水、硫黄水、硝石水、白石英水、紫石英水、赤石脂水、玄石脂水、绿石英水、石桂英水、石硫丹水、紫贺石水、华石水、寒水石水、凝水石水、冷石水、滑石水、黄耳石水、九子石水、理石水、石脑水、云母水、黄金水、白银水、铅锡水、玉粉水、漆水、桂水、盐水（以上三十五种水，即三十六水法，为古本内容，以下各水为后人增益内容）。复加石胆水、铜青水、戎盐水、卤咸水、铁华水、铅钉水等，实际上是 42 种水。这些"水"中，除少数如盐水、石胆水、卤咸水是真溶液外，其它绝大多数是矿物粉与硝石（KNO_3）溶液构成的悬浊液。究竟它们是怎样化成了"水"，试看"雄黄水"和"丹砂水"就可了然：

　　①　参看赵匡华等"中国古代炼丹术及医药学中的氧化汞"，《自然科学史研究》第七卷第 4 期（1988 年）356～366 页。
　　②　见《道藏》洞神部众术类，涵芬楼影印本，总第 597 页。

三十六水法
礜石水

取礜石一斤無膽而馬齒者納青竹筒中薄
削筒表以硝石四兩覆薦上下深固其口納
華池中三十日成水以華池和塗鐵鐵即如
銅平治鐵精內中成水
又法
取礜石三斤置生竹筒中薄削其表以紬綿
耀筒口埋之濕地四五日成水
又法
先以溥醋浸礜石泡泡乃盛之用硝石二兩
漆固筒口埋地中深三尺十五日成水
雄黃水
取雄黃一斤納生竹筒中硝石四兩漆固口
如上納華池中三十日成水
又法
用硝石二兩以甌瓶瓶盛苦酒納筒中密蓋
埋中庭入土三尺二十日成水其味甘美色
黃濁也
雌黃水
取雌黃一斤納生竹筒中加硝石四兩漆固
口如上納華池中三十日成水
又法
加礜石硝石各二兩以甌瓶瓶盛埋地中二
十日成水其味甘色黃

图 4-8 早期丹经《三十六水法》
（引自《正统道藏》）

雄黄水：取雄黄一斤，纳生竹筒中，硝石四两，漆固口，纳华池（醋）中，三十日成水。又法：用硝石二两。以甌瓶瓶（无釉小陶罐①）盛苦酒（醋）。纳［雄黄、硝石］于瓶中，密盖，埋中庭，入土三尺，二十日成水，其味甘美，色黄浊也。

以丹砂一斤纳生竹筒中，加石胆二两、硝石四两，漆固口，纳华池中，三十日成水。又法：石胆、硝石各二两，甌瓶瓶盛，埋如上，三十日成水，味苦色赤。

显然，在这些过程中，由于竹筒或甌瓶瓶中放置了可溶性硝石，于是造成了竹筒或瓶的内部与外部华池或庭中地下湿土间很大的渗透压，因此经三十日后，外部水（或醋）大量渗入竹筒、甌瓶瓶中。古代道士不明此理，竟以为雄黄、丹砂转化成了水。②

关于这些水的用途，当然主要是饮服以求长生。现存《三十六水法》残卷对此却没有明确说明，但唐人撰《轩辕黄帝水经》③ 在谈到神砂水（当即丹砂水）时则明确说："……四十九日取出成水，倾入银石器中，其色光耀目。如人服之一蛤盏，则能［即］时尽退水泽秽，立可长生，目视鬼神，无寒暑，……服之三盏，百日自然天真之道，脱离尸骸，直超三界，可作上仙之体。"此外，在后世火法炼丹中，有时也藉助于这类"水"，所以《九鼎丹经诀》（卷九）〈明化石序〉说："臣闻凡合大丹，未有不资化石神水之力也。"例如其卷二十中的《作流珠九转法》便有"丹水法"，谓："既言已（以）上流珠九转玄黄水法者，正是玄黄所（衍字）用丹砂、雄黄二水和之，百蒸之物也。……又以雄黄、丹砂二水各一斤以溲玄黄，纳釜密封飞之。如此九遍飞之，玄黄精下讫。……"不过这是后世唐代的记载，汉代时是否已有这类应用，尚待研究。

在早期的丹经中，《太清金液神丹经》④（图 4-9）也很值得研读，它是有关"金液"的现

---

① 参看陈国符《道藏源流续考》第 167～168 页。
② 所得雄黄水"色黄浊"，丹砂水"色赤"，表明它们都是悬浊液，而非砷、汞的真溶液。近年某些中、外化学史研究者居然认为硝石溶于醋会生成硝酸从而能溶解黄金、丹砂、雄黄等，又认为盐中 Cl⁻ 的络合作用更足以促进这种溶解作用。这种说法显然经不起实验的检验，也为最近一些学者的模拟试验所否定。
③ 见《道藏》洞神部众术类，总第 597 册。
④ 见《道藏》洞神部众术类，总第 583 册。

存最早著作。陈国符认为今本上卷里的经文《金液歌》(韵文)504字以及中卷里的《还丹歌》63字当问世于西汉末东汉初。上卷中的其他部分大概是东汉末著名道士阴长生的诠释。从这两段韵文可以使我们更全面地了解中国炼丹术早期丹经的风貌。

除上述诸丹经外，《汉书·艺文志》著录的服食书目中还有《黄帝杂子十九家方》、《黄帝杂子十五家方》、《神道杂子技道》、《泰壹杂子黄治》(晋灼曰："黄治，铸黄金也，道家言治丹砂变化，可铸黄金也。")其中肯定有炼丹术的内容，可惜都早已亡佚了。

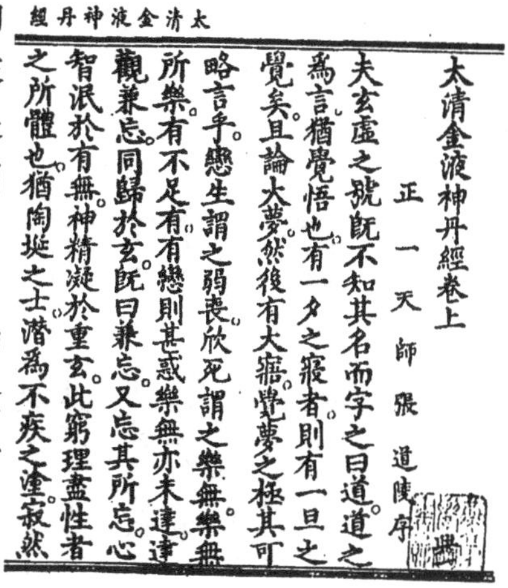
太清金液神丹經

太清金液神丹經卷上
正一天師張道陵序
夫玄虛之號既不知其名而字之曰道。道之爲言猶覺悟也。有一夕之寢者則有一旦之覺矣。且論大夢然後有大寤。覺夢之極其可略言乎。戀生謂之弱喪欣死謂之樂無。樂無所樂。有不足有有戀則甚惑。樂無亦未達。達觀兼忘。同歸於玄。既曰兼忘。又忘其所忘。心智泯於有無。神精凝於重玄。此窮理盡性者之所體也。猶陶埏之士潛爲不疾之塗。寂然

图 4-9　早期丹经《太清金液神丹经》
(引自《正统道藏》)

三　丹鼎派炼丹术的奠基

(一) 狐刚子《五金粉图诀》、张道陵《太清经天师口诀》与魏伯阳《周易参同契》的问世

后汉安帝、顺帝时 (107～144)，原始道教经典《太平经》问世。它为道教的形成作了思想上、神学理论上的重要准备。[①②③]

及至东汉桓帝、灵帝时期 (147～189)，有组织的道教团体便纷纷出现了，其中最著名的就是震撼了刘汉王朝统治的太平道和五斗米道。它们主要是以道教中的符箓派组织为核心，而这一派是由民间巫术发展而来的。他们是运用神仙方术以求长生羽化，并以此作为其派别的宗旨，所以其宗教活动往往是祈祷禳除，以符水为人治病。但在百姓中又常提倡扶贫救困，因此在社会的下层中颇有吸引力。而这时期政治的黑暗腐败，社会的动荡不安，为这种团体、组织的建立和发展造成了适宜的气候。

但在这个时期，道教中的丹鼎派并没有在百姓中组织自己的团体，更没有自己的宗教组织。因为他们的活动与烧汞炼丹的技艺都是师徒相传的，十分诡密。他们既然强调"此道至重，必授以贤者，苟非其人亦勿以此道泄之"，"万兆无神仙之骨者，终不得见此道"，其活动又"结伴不过二三人耳"，[④] 所以他们不会到大庭广众当中去发展自己的队伍。再者，"合此金液九丹，既当用钱，又宜入名山，绝人事"。[⑤] 这就是说，要从事炼丹，必须虔诚，还得既有钱，又有闲，又不能急见成效，这都不易为当时社会动乱中的劳苦大众所接受、所愿支持。倒是那些达官显贵和封建帝王热衷此事。因此也就绝不可能出现像太平道与五斗米道那样的声势。不过在当时的政治气候里，在道教事业极为发达、兴旺的环境中，符箓派与丹鼎派则是相互呼应的，既然他们都推崇神仙方术，以长生羽化为奋斗的宗旨，所以这时丹鼎派在精神上也得到鼓舞，炼丹试验的热情受到了激发。通过对《道藏》中早期丹经的研究，我们可以看到很多迹象，表明丹鼎派的活动在东汉中期已是相当活跃了。

① 参看王明：《太平经合校》，上海中华书局，1960年。
② 参读王明著："论《太平经》的思想"，见王氏著《道家和道教思想研究》，中国社会科学出版社，1984年。
③ 参读卿希泰：《中国道教思想史纲》第一卷第二章，四川人民出版社，1981年。
④ 见《黄帝九鼎神丹经诀》(卷一)。
⑤ 见葛洪：《抱朴子内篇·金丹》，王明校释本第75页。

在后汉中期，有可靠资料可以证明，狐刚子是位承前启后、才华出众、贡献卓越的中国早期炼丹家。[①] 他大约是公元1世纪，后汉明帝、安帝时人，略早于魏伯阳。本名狐丘，道号又作胡罡子。据明正统《道藏》中诸外丹经的记载，他的主要著述有《出金矿图录》、《五金

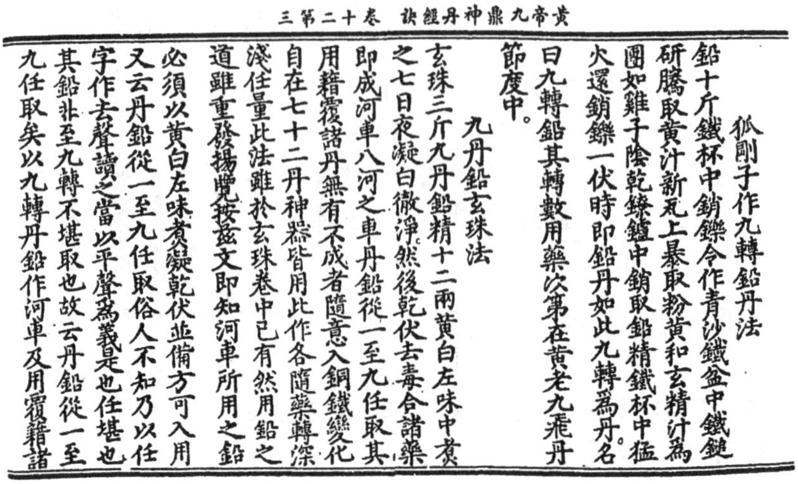

黄帝九鼎神丹經訣 卷十二 第三

狐剛子作九轉鉛丹法

鉛十斤鐵杯中銷鑠令作青沙鐵盆中鐵鎚研騰取黄汁新瓦上暴取粉黄和玄精汁爲團如雞子陰乾鑠鐺中銷取鉛精鐵杯中猛火還銷鑠一伏時即鉛丹如此九轉爲丹。名曰九轉鉛其轉數用藥次第在黄老九飛丹節度中。

九丹鉛玄珠法

玄珠三斤九丹鉛精十二兩黄白左味中煑之七日夜凝白徹淨。然後乾伏去毒合諸藥即成河車八河之車丹鉛從一至九任取其用藉覆諸丹無有不成者隨意入銅鐵變化自在七十二丹神鑪皆用此作各隨藥轉深淺任量此法雖於玄珠卷中已有然用鉛之道雖重發揚覺按玄文即知河車所用之鉛必須以黄白左味煑凝乾伏並備方可入用又云丹鉛從一至九任取俗人不知乃以任字作去聲讀之當以平聲爲義是也任堪也其鉛非至九轉不堪取也故云丹鉛從一至九任取矣以九轉丹鉛作河車及用覆藉諸

图 4-10 早期丹经《狐刚子五金粉图诀》
(引自《正统道藏》)

粉图诀》、《河车经》、《玄珠经》等（图 4-10）。在炼丹术活动中，他是一个实干家，而不是理论家。通过以上著述的残卷，[②] 我们可以知道他还是一位地质学家和冶金学家，其《出金矿图录》讨论了金矿矿脉的分布规律、金矿的冶炼，特别是在我国冶金史上最早提出了利用金属铅的“灰吹法”冶炼金银，并且首创绝妙的、利用水银-盐的金银粉制造法。在炼丹术试验中，他改进了水银的提炼法；在我国历史上首创了干馏胆矾制取硫酸的工艺——“炼石胆取精华法”。在升炼金丹方面，他是最早的铅汞派，可能正是他的工作，为其后魏伯阳撰著《参同契》时畅谈铅汞论提供了实验依据；[③] 其《五金粉图经》记录下来的“九转铅丹法”，则是迄今流传下来的最早的制铅丹法要诀，又是现存最早的一份制取“仙丹大药”的完整、翔实的记录，而且可算是中国炼丹家研究、利用可逆化学反应的先声。在黄白术方面，他着重研究过雄黄、雌黄和砒黄的“点金”作用，大约对砷黄铜药金的炼制作过不少尝试。

在道教史上，张陵（图 4-11）大概不是五斗米道的真正创始人，[④] 但他大概的确是个躬亲实践的炼丹家，大约在顺帝时（126～144）他客居蜀地，入鹄鸣山（又名鹤鸣山，在今四川大邑县西北）学道，《道藏》洞神部收录有《太清经天师口诀》[②]（图 4-12，即《张天师诀文》）很可能就是他传授，其弟子记录的，在中国炼丹术史的研究上有重要价值，它包含了丰富的后汉中期炼丹术的翔实内容。但这部《口诀》并不是张陵的创作，也是他师承下来的丹诀，主要内容是“赤松子授云阳子”的肘后药诀——“五膏三散”，并写明师承关系为太安子—乾元

① 赵匡华，狐刚子及其对中国古代化学的卓越贡献，自然科学史研究，1984，3（3）：224～235。

② 这些残卷分散收录于唐人辑《黄帝九鼎神丹经诀》各卷中，见《道藏》洞神部众术类总第584～585册。

③ 《黄帝九鼎神丹经诀》（卷九）记载：“狐刚子用玄银（汞）一斤，铅白一斤，三转铅黄华五斤藉覆。置土釜中，猛火，从旦至日没，铅精俱出，如黄金，名曰玄黄。”

④ 参看任继愈主编《中国道教史》第35～37页，上海人民出版社，1990年。

子（名利贞）—胡冲子[①②] —真华子—赤松子—云阳子。至云阳子而止，所以云阳子很可能就是张陵。从丹法上看，《口诀》的丹诀与“黄帝九鼎神丹”和“三十六水”是一脉相承的，但有了重大的发展，例如火法中以铅白代替玄黄涂丹釜，强调以斛漆（以水煮斛树皮）和“鸡府土”（何物不详）制作丹釜，并开始用铜釜，炼丹炉的建造已提出“五岳三台”式；在水法中，增添了华池法、水真珠法和消铅锡水银法。《口诀》还提到了太清神丹、九丹（大概即指“九鼎神丹”）、金液、八景、太虚、琅玕之华、还丹、飞轻、玄霜、绛雪、太和、自然、朱儿、云碧、紫华、绛英等大丹，已较《九鼎丹经》丰富得多。火法炼丹中已非简单的一次炼成，也就是说，先要人工炼制一些药剂作为炼丹的原料。关于“五膏三散”，赤松子说：“五膏可以立仙，三散可以度灾”，“服此药经二十日，精神聪利，气力万倍，颜貌如玉，升住任情，役使鬼神，既成仙道，仙品上中上也。”从这些“膏”、“散”的原料和成分，我们可以了解到当时炼丹术的内容也较后汉初年更为充实多彩了。“五膏三散”包括：

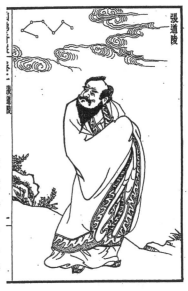

图 4-11　张陵
（引自《仙佛奇踪》）

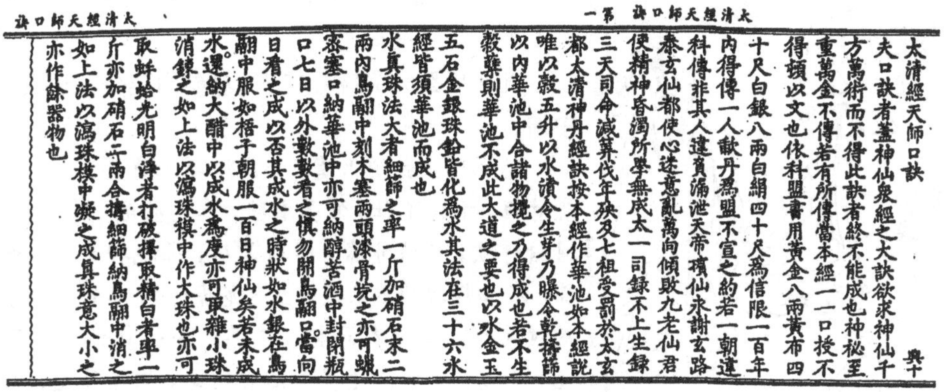
太清經天師口訣　第一
太清經天師口訣
夫口訣者蓋神仙衆經之大訣欲求神仙千
方萬術而不得此訣者終不能成也神秘至
重萬金不傳若有所傳當本經一一口授不
得頓以文也依科盟書用黃金八兩黃布四
十尺白銀八兩白絹四十尺爲信限一百年
內得傳一人歃丹爲盟不宣之約若一朝違
科傳非其人違負漏泄天帝攅仙采謝玄路
泰玄仙都使心迷意亂萬向傾敗九老仙君
使精神昏濁所學無成太一司錄不上生錄
三天司命減筭伐年殃及七祖受罰於太玄
都太清神丹經訣按本經作華池如本經說
唯以穀五升以水漬令生芽乃曝令乾擣篩
以內華池中合諸物攪之乃得成也若不生
穀蘗則華池不成此大道之要也以水金玉
五石金銀珠鈆皆化爲水其法在三十六水
經皆須華池而成也
水真珠法大者細篩之率一斤加硝石末二
兩內鳥翮中刻木塞兩頭漆骨坑之亦可蠟
滚塞口納華池中亦可納醇苦酒中封閉瓶
口七日以外數數看之慎勿開鳥翮口當向
日看之成以否其成水之時狀如水銀在鳥
翮中服如梧子朝服一百日神仙矣若未成
水還納大醋中以成水爲度亦可取雜小珠
消鍊之如上法以瀉珠模中作大珠也亦可
取蚌蛤光明白淨者打破擇取精白者率一
斤亦加硝石二兩合擣細篩納鳥翮中消之
如上法以瀉珠模中凝之成真珠意大小之
亦作餘器物也

图 4-12　早期丹经《太清经天师口诀》
（引自《正统道藏》）

“度灾灵飞散”，即金粉（或混以钟乳粉），被呼为金丹。先用胡刚子的“灰坯炉法”精炼矿金，以消金毒。

“玉灵飞霞散”，美玉之粉，以水冲服。

“白精固命散”，即银粉。

“乾元子黄神膏”，以茯苓、松脂、蜜、金粉四物为原料，在铜镬中煎成。

“胡冲子玉灵膏”，以茯苓、松脂、蜜、玉粉四物为原料，在铜镬中煎成。

---

① 《道藏》洞神部众术类，总第 583 册。

② 《太清经天师口诀》有一段话：“赤松子曰：汝善谛听，今日授汝胡刚子（即狐刚子）说药物分剂作之委要也。”可见胡刚子为赤松子之师，故“胡冲子”可能为“胡刚子”之误。

"真华子白神膏"，赤松子已失原配方。

"太真未央丸"，原料为白玛瑙粉、白玉粉、珊瑚粉、水晶粉、琥珀粉、真珠粉、紫石英粉、云母粉、金粉、银粉、朱砂末、雌雄二黄末、石峰粉、石肉末、钟乳粉、茯苓末、松脂、食蜜等凡十八味，以蜜在铜釜中煎成。

"三景膏"，以朱砂、雄黄、雌黄、禹余粮、云母粉、石肉、钟乳、白石英、紫石英、石峰、石脑为原料，在铜釜中以蜜煎成。

此外尚有"凝灵膏"、"初精散"。

张陵是否曾以这些丹药为人治病，那倒是可能的。至于说以口诀传"弟子千余人"，那是不合丹鼎派炼丹家传授成规的，《口诀》明确说："夫口诀者盖神仙众经之大诀，……神秘至重，万金不传。若有所传，当本经一一口授，不得顿以文也，依科盟书，……歃丹为盟不宣之约。"

后汉桓帝时，炼丹家魏伯阳所撰《周易参同契》问世，它是道教丹鼎派流传至今最早的理论性著作。

图 4-13 魏伯阳
（引自《有像列仙全传》）

魏伯阳（图 4-13）的事迹正史没有记载。最早略见于葛洪之《神仙传》，谓：

魏伯阳者，吴人也，高门之子，而性好道术，不肯任宦，闲居养性，时人莫知其所从来。……伯阳作《参同契五相类》凡三卷，其说似解释《周易》，其实假爻象以论作丹之意。

五代后蜀人彭晓在其《周易参同契分章通真义》的序中谓：

魏伯阳，会稽上虞（今浙江省上虞县）人也。世袭簪裾，惟公不仕，修真潜默，养志虚无，博瞻文词，通诸纬候，恬淡守素，唯道是从，每视轩裳，如糠秕焉。不知师授谁氏，得古文《龙虎经》，尽获妙旨。乃约《周易》撰《参同契》三篇，……复作《补塞遗脱》一篇。……所述多以寓言借事，隐显异文，密示青州徐从事，徐乃隐名而注之。至后汉孝桓帝时，公复传授同郡淳于叔通，遂行于世。[1]

宋人曾慥《道枢》[2]（卷三十四）《参同契下篇》说："云牙子游于长白之山，而真人告以铅汞之理、龙虎之机焉。遂著书十有八章，言大道也。"自注曰："魏翱，字伯阳，汉人，自号云牙子。"又注："伯阳既著《参同契》，元阳子注释其义。"

按淳于叔通名斟，又名翼，确是上虞人，作过洛阳令，桓帝时（约在建和、元嘉年间）因

---

① 《周易参同契分章通真义》见《道藏》太玄部经名，总第 623 册。
② 《道枢》见《道藏》太玄部经名，总第 641～648 册。

迷信谶纬，怕有祸事，于是弃官，归隐家乡。① 魏伯阳应比他年龄稍长，那么当生活于 1 世纪末到 2 世纪的中期。②

《周易参同契》（图 4-14）综合了焦［赣］、京［房］易说和图纬之学、黄老之辞，以阐明炼丹的原理和方法。它说："大易情性，各如其度；黄老用究，较而可御；炉火之事，真有所据，三道由一，俱出径路。"又说："罗列三条，枝茎相连，同出异名，皆由一门。"这是魏氏对书名的自白。宋人朱熹《周易参同契考异》的解释说："参，杂也；同，通也；契，合也；谓与《周易》理通而义合也。……故云周易参同契云。"③ 宋人陈显微《周易参同契解》④（卷下）解释说："大矣哉，道之为道也，生育天地，长养万物。造化不能逃，圣人不能名，伏羲由其度而作《易》，黄老究其妙而得虚无自然之理，炉火盗其机而得烧金乾汞之方。……虽分三道，则归人也。"这些解释大体都符合魏氏的本意。

东汉中后期时，道教不仅发挥、曲解《老子》，而且进一步撷取它的某些词句、片语，来阐发长生成仙的说教，例如东汉后期问世的《老子想尔注》便是这类著述中的代表作，例如《老子》说"圣人后其身而身先"，它便注曰"得仙寿，获福在俗人先，即为身先"⑤；《老子》说"生能天"，它便注曰"能致长生，则副天也"；《老子》说"百姓谓我自然"，它便注曰"我，仙士也"；《老子》说"其中有信"，它便注曰"古仙士实精以生，今人失精以死，大信也"。《老子》说"其在道"，它便注曰"欲求仙寿天福，要在信道"。⑥ 已完全用神学来注释《老子》了。而且这时更把老子神化，谓："老子离合于混沌之气，与三光为终始。"⑦ 至于黄帝，也被说成因"受还丹至道于玄女，黄帝合而服之，遂以登仙。"⑧ 这样一来，黄老之学便演变为黄老崇拜。所以《周易参同契》便也以黄老之学作为它阐扬炼丹成仙理论的依据之一。

由于《周易参同契》语言隐晦，行文多恍惚之词，常用比喻来表述其思想，而内容又很玄奥神秘，以致"奥雅难通"，令人读之常有艰深之感。于是后世注家蜂起，而意见分歧颇大，对于它的主旨究竟讲的是什么，也发生了争论。因其中有"呼吸相含育，伫思为夫妇"，"二气玄且远，感化尚相通，何况近存身，切在于心胸"等等，因此有人以为此即言呼吸食气，谓《参同契》言内丹；又因其中有"乾刚坤柔，配合相包，阳禀阴受，雄雌相须，须以造化，精气乃舒"，又有"男女相须，含吐以滋，雄雌交杂，以类相求"，"男动外施，女静内藏，溢度过节，为女所拘"等言语，于是有人谓《参同契》所言为房中之术；也有人认为它兼论内外丹。王明则确切地指出：魏氏在《参同契》文内，对其要旨有相当明确的表白，即在诸种长生术中乃力主金丹大道（外丹）之论，其宗旨在于运动阴阳变化以成大丹，而且指斥食气、守神及房中之论乃左道旁门。⑨ 那段表白文字如下：

　　　是非历藏法，内视有所思，履行步斗宿，六甲以日辰。阴道厌九一，浊乱弄元

① 见晋·袁宏《后汉纪》卷二十二。商务印书馆《四部丛刊》（史部）本第 7 页。
② 参看袁翰青："《周易参同契》——世界炼丹史上最古的著作"，《中国化学史论文集》第 166 页，三联书店出版，1956 年。
③ 宋·朱熹：《周易参同契考异》，《四部备要》子部，上海中华书局校刊。
④ 宋·陈显微：《周易参同契解》，见《道藏》太玄部经名，总第 628 册。
⑤ 引文均见饶宗颐《老子想尔注校笺》，香港选堂丛书之二，1956 年。
⑥ 参看任继愈主编《中国道教史》第 38～39 页。
⑦ 见宋·洪迈撰《隶释》（卷三）引汉·边韶《老子铭》，中华书局 1985 年据洪氏晦木斋刻本影印第 1—4 页。
⑧ 见《黄帝九鼎九神丹经诀》卷一。
⑨ 见王明：《道家和道教思想研究》第 267～272 页，中国社会科学出版社，1984 年。

胞。食气鸣肠胃，吐正吸外邪。昼夜不卧寐，晦朔未尝休。身体日疲倦，恍惚状若癫。百咏鼎沸驰，不得澄清居，累土立坛宇，朝暮敬祭祠，鬼物见形象，梦寝感慨之。心欢意喜悦，自谓必延期，遽以天命死，腐露其形骸。举措辄有违，悖逆失枢机。诸术甚众多，千条有万余，前却违黄老，曲折戾九都，明者省厥旨，旷然知所由。勤而行之，凤夜不休。服食三载，轻举远游。跨火不焦，入水不濡，能存能亡，长乐无忧。

魏氏的这段文字对各种说教评述颇为周密；①所谓"是非历藏法，内视有所思"者，阴长生注曰①："谓胎息之道，视五藏而存思也。""履行步斗宿，六甲以日辰"者，阴注："履行星、步北斗，服六甲之符（言服符疗疾），吞日月之气也。""食气鸣肠胃，吐正吸外邪"者，俞琰《周易参同契发挥》②曰："食气者以吐故纳新为药物而使肠胃之虚鸣。"而魏氏认为，这是在吐身中之正气，吸身外之邪气。所以这些都是内丹之弊。②所谓"阴道厌九一，浊乱弄元胞"者，阴注曰："一者元气，九者阳道，为房中之术，则元气阳道乱浊而将亡也。"俞琰则解释："行阴者以九浅一深为火候，而致元胞之扰乱。所以魏氏斥房中术为浊乱之行。"③至于"昼夜不卧寐，晦朔未尝休"者，俞琰《发挥》解释："坐顽空则苦自昼夜不眠，打勤劳则不顾身体疲倦，或摇头撼脑，提拳努力，于是百脉沸驰而变出癃疝者有之。"故"不得澄清居"矣。④至于累土立坛，祭祀鬼神，彭晓《周易参同契分章通真义》注曰："致使鬼气传于精魄，邪气起于心室，或交梦寐，或见形声，自谓长生可期，不知我命在我，乃致促限，弃腐形骸。"可见，魏氏在表白之最后，表示独尊金丹，奉为至上至妙，"勤而行之，凤夜不休，服食三载，轻举远游，能存能亡，长乐无忧"。

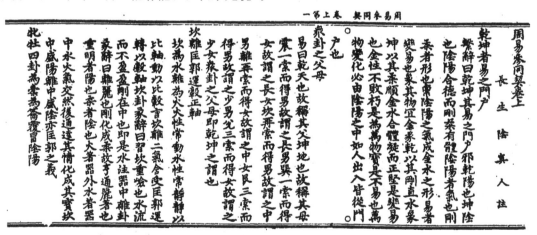

图 4-14　《周易参同契》阴长生注
（采自涵芬楼影印《正统道藏》）

《周易参同契》之名又是仿图纬之目，颇像《易纬稽览图》、《孝经援神契》之类。这是因为魏氏"博赡文词，通诸纬候"，而且这也是后汉期间的时尚潮流。

该丹经以《周易》而会通其他经典，所以它反复指出炉火（炼丹）术的基础是阴阳两情

---

① 汉·阴长生《周易参同契注》见《道藏》太玄部经名，总第 621 册。

② 元·俞琰《周易参同契发挥》见《道藏》太玄部经名，总第 625～627 册。

交媾，当交感合乎常规，金丹才得以成功。而"乾坤者易之门户，众卦之父母"，（图 4-14），所以炼制金丹与《易》虽异途，而理则归一。因此它以大量笔墨反复论说此理，谓：

> 物无阴阳，违天背原，牝鸡自卵，其雏不全。夫何故乎？配合未运，三五不交，刚柔离分，施化之精，天地自然。犹火动而炎上，水流而润下，非有师导。使其然者，资治统政，不可复改。……坎男为月，离女为日，日以施德，月以舒光，月受日化，体不亏伤。阳失其契，阴侵其明，朔晦薄蚀，奄冒相包，阳消其形，阴凌灾生。男女相须，含吐以滋，雄雌交杂，以类相求。

此外，《参同契》更阐发《易》的道理，来论述炼丹火候的掌握。宋人黄震《黄氏日钞》（卷五十七）[①] 指出：

> 炼丹取子午时火候，是为坎离，因用乾坤坎离四正卦橐籥之外。其次言屯蒙六十卦以一日用功之早晚，又次言纳甲六卦，以见一月用功之进退，又次言十二辟卦以分纳甲，六卦而两之，要皆附会《周易》，以张大粉饰之。

所以，《参同契》对炼丹火候的掌握，提出了"纳甲"、"十二消息"及"卦气"三说。更确切地说，这些说法是魏氏吸收了汉代的易说。对此，第五章将作进一步说明。

至于《参同契》所论金丹究竟指何物而言？文中也有相当明确的提示，例如：

> 火记不虚作，演易以明之，偃月法鼎炉，白虎为熬枢，汞白为流珠，青龙与之俱，举东以合西，魂魄自相拘。

> 龙呼于虎，虎吸龙精，两相饮食，俱使合并，道相衔咽，咀嚼相吞。

我们不难考证出，上文中"白虎"是指铅，"青龙"是指水银。[②] 书中还说："知白守黑，神明自来，白者金精，黑者水基。"那么白者为何物？魏氏曰："金以砂为主，禀和于水银，变化由其真，终始自相因。"所以"白"者为水银。黑者又为何物？魏氏曰："阴阳之始，玄含黄芽，五金之主，北方河车。故铅外黑，内含金华。"所以"黑"者、"玄"者为铅。可见《参同契》认为，铅汞相交媾，乃得孕育出金丹。至于修炼金丹时药物配伍与铅汞在炉火中之交媾情况，魏氏曰："结舌欲不语，绝道获罪诛。写情寄竹帛，恐泄天之符。犹豫增叹息，俛仰缀斯愚。陶冶有法度，未忍悉陈敷。"所以他吞吞吐吐地写下了如下含混其词的一段文字：

> 以金为堤防，水火乃优游。金数十有五，水数亦如之。临炉定铢两，五分水有余，二者以为真，金重如本初，其三遂不入，水二与之俱。三物相含受，变化状若神，下有太阳气，伏蒸须臾间，先液而后凝，号曰"黄舆"焉。

> 岁月将欲讫，毁性伤寿年，形体为灰土，状若明窗尘。

> 捣治并合之，驰入赤色门，固塞其际会，务令致完坚，炎火张于下，昼夜声正勤，始文使可修，终竟武乃陈。候视加谨慎，审查调寒温。周旋十二节，节尽更亲观，气索命将绝，体死亡魄魂。色转更为紫，赫然见还丹。

上文中的玄奥之处和引起后世争议的是如何理解"金"。此段文字是描述铅汞交媾生成紫色还丹的情状，这是历代丹师及今人都无疑义的，所以"金"肯定属于铅。但究竟指黑铅，还是指铅内所含"金华（即金色的铅黄华）"？魏氏自己未言明。在唐代后，《参同契》的注家蜂起，

---

①　宋·黄震《黄氏日钞》，四库全书·子部儒家类。

②　唐·梅彪《石药尔雅》（《道藏》洞神部众术类，总第 588 册）释炼丹术中诸药隐名，明确指出："铅精，一名金公（铅），一名白虎，一名青金；水银，一名汞，一名青龙。"

对"金"的这两种解释就莫衷一是。笔者则倾向赞许"金华"①之说，认为比较贴切，既与"河上姹女，灵而最神，将欲制之，黄牙为根"的话相连贯一致（按，黄芽即铅黄华②）；也符合阴阳相制的认识（黑铅属阴，金华为阴中之阳，故方可制阴汞。当然，自唐代乃至今，都有人从字面去理解，以"金属铅"来注释"金"的。③，似乎对《参同契》的语言，简单化、浮浅地去求解了。不过此论也不妨作为一说。

魏伯阳论变炼金丹之道，除阴阳相配为基础之外，还强调"变化由其真，终始自相因"的原理。《参同契》中对此观点反复加以强调，谓"欲作服食仙，宜以同类者，植禾当以粟，覆鸡用其子，以类辅自然，物成易陶冶。"又说："鱼目岂混珠，蓬蒿不成槚，类同者相从，事乖不成宝。是以燕雀不生凤，狐兔不乳马。"这话也是在强调修炼金丹仍必须效法天地自然，非人力强行和盲动所能奏效。再者，在强调物种同类的同时，他还注意到各种药物之间还须配比得当。要有一个纪纲制约，故《参同契》云："若药物非种，名类不同，分剂参差，失其纪纲"，那么即使"黄帝临炉，太乙降坐，八公捣炼，淮南执火"但"犹和胶补釜，以卤涂疮，去冷加冰，除热用汤"，就会事与愿违，终遭失败。说明这时中国炼丹家对化学变化规律的认识已有了一定的进步。

《参同契》也简略地讲到丹鼎的构造、规制，有"鼎器歌"一段，谓："鼎圆三五，寸一分，口四八，两寸唇，长二尺，厚薄匀，腹三齐，坐垂温，阴在上，阳下奔。"但文字过于简练，还难以复原出它的图形，估计大概是一种既济式（上水下火）鼎炉。结构已颇讲究，显然已不是原始的上下土釜了。

但是应该指出，《周易参同契》在问世之初及魏晋之时，似乎知道的人很少，所以它对炼丹术一时没有产生多大影响。即使葛洪的《抱朴子内篇》也很少提及魏伯阳，而根本没有提到过《参同契》。该经典似乎到唐代时才引起道教人士，尤其是内丹派的重视。

《周易参同契》中还有"《火记》不虚作，演《易》以明之"，"《火记》六百篇"，"古记提龙虎"等词句，可见魏伯阳曾读到过许多炉火（炼丹）术的著述，但经汉末的社会动乱，至今几乎都湮没无闻了。

（二）葛洪和他的《抱朴子内篇》

魏晋时期，民间的道教活动进入低潮。魏武帝曹操鉴于东汉后期的农民军首领们曾利用宗教活动，来鼓动、组织群众，因此对民间道教和巫师们的祝祀活动严加管制，采取了防范和严厉打击的措施。魏文帝曹丕也强调尊奉儒家孔教，对民间道教活动继续严加禁止。黄初三年（222）下勅：

老聃贤人，未宜先孔子。……桓帝不师圣法，正以婴臣而事老子，欲以求福，良足笑也。此祠（按指桓帝苦县老子祠事）之兴由桓帝，……恐人谓此为神，妄为祷祝，违反常禁。宣告吏民，咸使知闻。④

西晋初，朝廷仍继续维持对民间宗教的禁令。晋武帝司马炎初即帝位，于泰始元年

① 参看唐人撰《周易参同契无名氏注》见《道藏》太玄部经名，总第 624 册。
② 参看第五章第三节、第四节、第六节。
③ 参看孟乃昌"周易《参同契》的实验和理论"，《太原工业学院学报》1983 年第 3 期。
④ 见唐·道宣：《续高僧传·周新州愿果寺释僧勔传》（卷二十三），《大正新修大藏经》第 50 卷第 630 页，〔日本〕大正一切经刊行会发行，昭和二年。参看李养正《道教概说》第 61 页，中华书局，1989 年。

（265）十二月便下诏，谓："末世信道不笃，僭礼渎神，纵欲祈请，曾不敬而远之。徒偷以求幸，祅妄相煽，舍正为邪，故魏朝疾之。其案旧礼，具为之制，使功著于人者必有其报，而祅淫之鬼不乱其间。"① 从道教组织内部来看，太平道（黄巾）在汉灵帝时已遭到政府军和地主武装的讨伐，领袖张角兄弟皆死难，起义最终失败。至于五斗米道，自张鲁篡夺领导权后，于建安二十年（215）率其家族部众投奔曹操，大批道徒相继从巴郡、汉中北迁到关陇、洛阳、邺城，环境改变，旧制已不太适合在新区实施。首领张鲁及原在汉中拜署授职的旧祭酒也先后亡故，新增祭酒和道民又都不服从旧的道法，于是导致组织涣散，号令不一，科律废弛，加之神职官员的贪污淫乱，更使有组织的道教活动陷入停滞的状态。然而丹鼎派的活动，由于他们本来就是与尘世隔绝地秘密进行，师传徒受，潜心修炼，不涉朝政，不影响社会的安定，所以反而没有受到打击。但自从西晋以后，中国北方沦为"五胡十六国"，成为诸少数民族政权长期纷扰、相互残杀的战场，即使道士们烧丹炼汞于旷郊野岭，其生活也要受到严重骚扰，采集药物的活动受到很大限制，访师求道则更是困难，所以葛洪说："往者上国（指西晋）丧乱，莫不奔播四出，余周旋徐、豫、荆、襄、江、广数州之间，阅见流移俗道士数百人矣。或有素闻其名，乃在云日之表者。然率相似如一，其所知见、深浅有无，不足以相倾也。……余问诸道士以神丹金液之事，及《三皇内文》召天神地祇之法，了无一人知之者。其夸诞自誉及欺人，云已久寿，及言曾与仙人共游者将太半矣。足以与尽微者甚尠矣。或有颇闻金丹，而不谓今世复有得之者，皆言唯上古已度仙人，乃当晓之。"② 可见到东晋时，具有真知灼见的丹鼎道士已很难寻访到了。

　　然而由于对金丹大道的虔诚追求，道教中的丹鼎派在艰苦的环境中，师徒相继，奋斗不已，到了东晋后期，终于开创出了局面，无论是对金丹道理论的阐发或炉火术的技艺经验，都达到了新的高度，使别具中国特色的金丹术终于奠定了基础。葛洪的《抱朴子内篇》③ 可以说是对前汉以降中国炼丹术早期活动和成就的基本反映和全面总结，既从理论上确立了成仙修道可以致学的道教基本教义，又集各种仙道方术之大成，并评述了修道长生的各门途径，而着重宣扬了金丹仙道。因此它起到了炼丹术史上承前启后的重要作用。这部书对东晋时期炼丹术活动的各个方面都有翔实的记载，而且语言明晰，条理清楚。可以说它是中国历代炼丹术著作中内容最丰富，学术价值最高，影响最广的一部。

　　葛洪④ 字稚川，别号抱朴子。丹阳句容（今江苏句容县）人，生于晋武帝太康四年（公元283）。祖父葛奚，父亲葛悌，都曾在三国时期的吴国为官。其从祖葛玄（葛奚之弟），字孝先，曾受业于魏国著名方士左慈，习炼丹术及道学，所以后世称他为葛仙公。葛洪13岁丧父，家贫而好学，16岁时开始习读儒家的《孝经》、《论语》。那时他发奋精治五经，立志为文儒，自认为"才非政事，器乏治民"，于是以"不仕为荣"，转向"立言"方面发展，其基本思想还是以儒家为主导。但在十八九岁时（太安元年以前），他曾去庐江（今安徽省庐江县），入马迹山拜师于葛玄的弟子、方士郑隐（字思远），并接受了《正一法文》、《灵宝五符经》、《三

----

① 见《晋书·礼志第九》（卷十九）第3册第600页，中华书局，1974年。
② 见葛洪《抱朴子内篇·金丹》，王明校释本第61页。
③ 参读王明著《抱朴子内篇校释》，中华书局，1980年。
④ 参看：王明"论葛洪"，见王氏著《道教和道教思想研究》，55—79页，中国社会科学出版社，1984年；陈国符："葛洪事迹考证"，（《道藏源流考》上册，95～98页，中华书局，1963年；《晋书·葛洪传》（卷七十二）第6册第1910～1914页，中华书局，1974年。

皇内文》、《五岳真形图》、《洞玄五符》等道书及《黄帝九鼎神丹经》、《太清神丹经》、《太清金液神丹经》等早期炼丹术著作，从此开始皈依道教。22 岁时（永兴元年，304），他以世家子弟，受吴兴太守的邀请征讨以张昌为首的农民军，击溃"反军"将领石冰部。事平，他一心学道，"投戈释甲，径诣洛阳，欲广寻异书，了不论战功"。但其时正逢西晋丧乱，北道不通，于是周旋徐、豫、荆、襄、交、广数州之间，接触了流俗道士数百人。"然而"足以与尽微者，尠矣"，颇感失望。光熙元年（306），他 24 岁时往广州又受业于南海太守上党人鲍靓（字太玄），学习神仙方术，并娶其女为妻。不久后他便返回故里，从此潜心修行著述十余年，至建武元年（317）35 岁时先后写成《抱朴子外篇》五十卷、《抱朴子内篇》二十卷及《神仙传》十卷（他在近不惑之年时又对它们复加修订）。其《内篇》是神仙方药、鬼怪变化、养生延年、禳邪却祸，属于道家；《外篇》是讲人间得失、世间褒贬，属于儒家。晋成帝咸和元年初（326）他 44 岁时欲去扶南（今柬埔寨与越南之南部）采集丹砂，以供烧丹炼汞，于是求为勾漏令，又赴广州。但被刺史邓岳劝阻，从此便入罗浮山（位于今广东博罗县东江之滨）修炼。"在山积年，优游闲养，著述不辍。"晋康帝建元元年（343）谢世，年 61 岁。[①]

从《抱朴子内篇·金丹》我们可以了解到，其时丹鼎派道士的足迹已遍及大江南北，各名山仙岛，他据《仙经》记载，报道说："可精思合作仙药者有华山（图 4-15）、泰山、霍山[②]、恒山、嵩山、少室山[③]、长山[④]、太白山[⑤]（图 4-15）、终南山、女几山[⑥]、地肺山[⑦]、王屋山[⑧]、抱犊山[⑨]、安丘山[⑩]、潜山[⑪]、青城山[⑫]、峨眉山（图 4-15）、绥（绥）山[⑬]、云台山[⑭]、罗浮山[⑮]、阳驾山、黄金山[⑯]、鳖祖山、大小天台山[⑰]、四望山、盖竹山、括苍山[⑱]。此皆是'正神'在其山中，其中或有'地仙'之人。上皆生芝草，可以避大兵大难，不但其中可合药也。若有

---

①　按宋·乐史《太平寰宇记》（卷一六〇）记载：葛洪享年 61 岁。而《晋书·葛洪传》则谓洪终年 81 岁，那么应在晋哀帝隆和二年（363）去世。但《晋书》又提到"洪后又至广州，刺史邓岳留，不听去，乃止罗浮山，旋忽卒。邓岳至，不及见。"而按吴廷燮《东晋方镇年表》："晋成帝咸和五年邓岳始领广州刺史，康帝建元二年岳卒，其弟逸代之。"所以葛洪至迟当卒于建元二年。据此，《太平寰宇记》谓洪卒年 61 岁之说为是，《晋书》误记。

②　王明注：晋·郭璞注《山海经中山经》云："今平阳永安县、庐江潜县、晋安罗江县、河南巩县皆有霍山。明山以霍为名者非一矣。"按《金丹篇》文云"霍山在晋安"，则此霍山在今福建省南安县。

③　河南嵩山之西峰名少室山，在今河南登封县西。

④　据王明注，长山一名金华山。《金丹篇》云长山在东阳，故在今浙江金华。

⑤　《金丹篇》云太白在东阳，旧东阳郡属今浙江省。

⑥　王明注，女几山在今河南省宜阳县。

⑦　王明注，在今江苏句容县，相传为七十二福地之首。

⑧　据王明注，在今河南省济源县。山有三重，其状如屋，故名，相传为三十六洞天之首。

⑨　抱犊山在今山西省上党东南。

⑩　安丘山在今山东省安丘县。

⑪　潜山在今安徽省潜山县。

⑫　青城山在今四川省灌县，为十大洞天之一。

⑬　据王明注，"绥"当作"绥"，在今峨眉山西南。

⑭　据《抱朴子内篇·登涉》，云台山在蜀。在今四川省苍溪县。

⑮　罗浮山在今广东省博罗县东江之滨，又名东樵山。浮山与罗山合体，故名罗浮山，道教称第七洞天，第三十四福地。传说葛洪得道术于此，修道炼丹、行医采药，始建庵舍。

⑯　王明注云："湖北钟祥县有黄金山，未知即此山否？"

⑰　天台山有二，一在今浙江省天台县城北，一在湖北红安县北。此处大小天台山指前者。

⑱　据《抱朴子内篇·金丹》，四望山、盖竹山、括苍山皆在会稽，可知都在今浙江省。括苍山在今临海市西。

道者登之，则此山神必助之为福，[其] 药必成。若不登此诸山者，海中大岛屿亦可合药。若会稽之东翁洲、亶洲①、纡屿 [洲]，及徐州之莘莒洲、泰光洲、鬱洲，皆其次也。"

太白山

华山

峨眉山

图 4-15　东晋炼丹名山

（引自沈锡龄《天下名山图咏》清刻本，北京大学图书馆库藏）

图 4-16　《抱朴子内篇》中的〈金丹卷〉与〈黄白卷〉

（采自《正统道藏》）

《抱朴子内篇》（图 4-16）共 20 卷，对汉晋以来："内修形神以延命愈疾"的养生术和"外攘邪恶使祸害不加"的金丹长生术，从理论和实践的各个方面作了讲解和评述，对仙道、仙术作了系统、完整而有创造性的阐解。从科学史的意义上讲，人们对其中《金丹》、《仙药》、《黄白》三篇产生了极大的兴趣，给予了高度的评价。

据《金丹篇》的讲述，葛洪从其师郑思远受《太清丹经》三卷、《黄帝九鼎神丹经》一卷

① 王明注，《吴志·孙权传》：黄龙二年（230）遣将军卫温等将甲士万人，浮海求夷洲及亶洲。亶洲在海中，长老传言，秦始皇遣方士徐福入海求蓬莱仙药，止此洲不还。

图 4-17　左慈

（引自《仙佛奇踪》）

及《太清金液神丹经》一卷。据他说，这三部丹经是"昔左元放①（图4-17）于天柱山中精思，而神人授之金丹仙经（即此三部丹经）。会汉末乱，不遑合作，而避地来渡江东，志欲投名山以修斯道。余从祖仙公，又从元放受之。余师郑君②者，则余从祖仙公之弟子也，又于从祖受之，而家贫无用买药。余亲事之，洒扫积久，乃于马迹山中立坛盟受之，并诸口诀之不书者。"所以葛洪金丹术的师承传授关系是：

马明生→阴长生……左慈→葛玄→郑隐→葛洪

关于《太清丹经》，葛洪指出：它是《太清观天经》（凡九篇）的下三篇。其中之上三篇乃"不可教授"；其中三篇"世无足传，当沉之三泉之下"，所以大概都早已亡佚了。《太清丹经》（卷上）中记载有"太清神丹"，葛洪妄言"其法出于元君"，并谓"元君者，老子之师也"。关于"太清神丹"之具体炼法，葛洪秘而未宣，只简略地说：

　　合之当先作华池、③赤盐、艮雪、玄白、飞符、三五神水，乃可起火耳。一转之丹，服之三年得仙；二转之丹，服之二年得仙；三转之丹，服之一年得仙；四转之丹，服之半年得仙；五转之丹，服之百日得仙；六转之丹，服之四十日得仙；七转之丹，服之三十日得仙；八转之丹，服之十日得仙；九转神丹，服之三日得仙；若取九转之丹，内（纳）神鼎中，夏日之后曝之鼎热，内（纳）朱儿一斤于盖下，伏伺之，候日精照之，须臾翕然俱起，煌辉神光五色，即化为还丹。

又说："九转之丹者，封涂纳之于土釜中，糠火火之，先文后武，其一转至九转，［成仙］迟速各有日数。"可见"太清神丹"即"九转神丹"，所谓"九转"者即简单地反复升华精炼九次。按所用药物中，赤盐为含氧化铁之戎盐与寒水石的混合物（《抱朴子内篇·黄白》中有

　　① 左元放即三国时方士左慈。据《神仙传》记载："左慈，字元放，庐江人也。明五经，兼通星气。见汉祚将衰，天下乱起，乃叹曰：'值此衰乱，官高者危，财多者死，当世荣华，不足贪也。'乃学道，尤明六甲，能役使鬼神，坐致行厨，精思于天柱山中，得石室中《九丹金液经》，能变化万端，不可胜记。魏曹公闻而召之。……后慈以意告葛仙公，言当入霍山，合九转丹，遂乃仙去。"详见《云笈七籤》卷八五及《太平广记》卷十一。

　　② 据《洞仙传》（见《云笈七籤》卷一百十）："郑思远少为书生，善律历、候纬，晚师葛孝先，受《正一法文》、《三皇内文》、《五岳真形图》、《太清金液经》、《洞玄五符》，入庐江马迹山居。"又据《抱朴子内篇·退览》："郑君不徒明五经知仙道而已，兼综九宫三奇、推步天文、《河洛》谶记，莫不精研。太安元年，知季世之乱，江南将鼎沸，乃负笈持仙药之朴，将入室弟子，东投霍山，莫知所在。"

　　③ 按《抱朴子神仙金汋经》（《道藏》洞神部众术类，总第593册），华池以下，还有"溺水、金公、黄华"三物。

"治作赤盐法");艮雪即水银霜(化学成分为 $HgCl_2$ 或 Hg_2Cl_2);玄白即铅霜(化学成分为醋酸铅);朱儿是丹砂;飞符、三五神水成分待考。又言"丹砂烧之成水银,积变又还成丹砂,……若是虚文者,安得九转九变,日数所成,皆如方耶?"可见该丹方是从丹砂或水银一味出发,经九转后的最终产物,当是红色氧化汞。[①] 它大概是中国炼丹术中最早出世的"还丹"了。《太清丹经》中还记载了另一种神丹,名叫"九光丹",据说它"与九转异(丹)("异"字误,《云笈七签》卷六十七的"九光丹法"中,"异"字作"丹"字)法大都相似耳",但用药迥异。关于其丹法,有翔实记载:

> 作之法,当以诸药合火之,以转五石。五石者,丹砂、雄黄、白礬、曾青、慈石也。一石辄五转而各成五色,五石(转)而〔共〕二十五色,各色一两,而异器盛之。欲起死人,未满三日者,取青丹一刀圭,和(合)水,以浴死人,又以一刀圭发其口,纳之,死人立生也。欲致行厨[②],取黑丹和水,以涂左手,其所求如口所道皆自至,可致天下万物也。欲隐形及先知未然方来之事及住(驻)年不老,服黄丹一刀圭,即便长生不老矣。及坐见千里之外,吉凶皆知,如在目前也。……其法俱在《太清经》中卷(《云笈七签》作"卷中")耳。

按"五石"分别密封加热,雄黄(As_4S_4)、丹砂(HgS)则升华,可能部分氧化,曾青〔$CuSO_4 \cdot 5H_2O$ 或 $CuCO_3 \cdot Cu(OH)_2$〕、礬石($FeAsS$)则分解,后者部分氧化为砒霜(As_2O_3);慈石(Fe_3O_4)可能部分氧化。五转所得五丹,可能即分别密封加热五次的产物,但未必都是飞升的部分。

《金丹篇》对《黄帝九鼎神丹经》也作了相当翔实的摘要讲解。《太清金液神丹经》当即前文述及的、汉末新野道士阴长生由"上古文"显出并作诠释的《金液经》。此外,葛洪在该篇中还具体介绍了《五灵丹法》、《岷山丹法》、《务成子丹法》、《羡门子丹法》、《五成丹法》(《云笈七籤》作《立成丹法》)、《取伏丹法》[③]、《赤松子丹法》、《石先生丹法》、《康风子丹法》、《崔文子丹法》、《刘元丹法》、《乐长子丹法》、《李文丹法》、《尹子丹法》、《太乙招魂丹法》、《采女丹法》、《稷丘子丹法》、《墨子丹法》、《张子和丹法》、《绮里子丹法》、《玉柱丹法》、《肘后丹法》、《李公丹法》、《刘生丹法》、《王君丹法》、《陈生丹法》、《韩终丹法》、《金液法》、《金液为威喜巨胜之法》等二十余部丹法,另外还提到《饵黄金法》、《小神丹方》、《小丹法》、《小饵黄金法》、《两仪子饵黄金法》。从这些内容可以看出,葛洪继承、发扬的金丹道派是金砂(丹砂)-金液派系,与魏伯阳的龙虎(汞铅)还丹派系似分属两支。

据《抱朴子内篇·黄白》又可知,及到东晋时期,炼丹术中制作药金、药银的黄白术也有了重大发展。葛洪说,其时已有"神仙经黄白之方二十五卷,千有余首",这个数字已是相当惊人的了。他曾说:"昔从郑公受《九丹〔经〕》及《金银液经》,因复求受《黄白中经》五卷。郑君言,曾与左君(左慈)于庐江铜山中试作,皆成也。"又说那些"黄金""光明美色,可中钉也"。可见这时的"黄"、"白"已是一些合金,而非早期黄白术中的某些金黄、银白色的粉末制剂了。

---

① 水银经反复升炼,反应产物当是红色氧化汞,外观很像丹砂,当时方士无法分辨,往往误以为是还原成了丹砂。

② "行厨"是道教中一种妖妄的狂想,即若有所求,只要口中念念有词,言所需求,其物便立至眼前。

③ 《取伏丹法》谓:取南阳丹水中的丹鱼,"割其血,涂足下,则可步行水上,长居渊中矣。"故此"法"为虚妄的"法术",更非炼丹术。

　　为了论证黄金可成，以解世人的疑虑，葛洪列举了关于李根①、程伟妻②、史子心③ 等人工炼作黄金的传说或记载，又引经据典地援引了一些早期丹经和"出世神仙"的语录作为权威性的依据：

　　　　《玉牒记》云：天下悠悠，皆可长生也，患于犹豫，故不成耳；凝水银为金，可
　　中钉也。

　　　　《铜柱经》曰：丹砂可为金，河车可为银，立则可成，成则为真，子得其道，可
　　以仙身。

　　　　《龟甲文》曰：我命在我不在天，还丹成金亿万年。

　　　　黄山子曰：天地有金，我能作之，二黄一赤，立成不疑。

而且他还公开了一些他所收集到的黄白术方，如《金楼先生所从青林子受作黄金法》、《角里先生从稷丘子所授化黄金法》、《小儿作黄金法》、《务成子法》等，认为"足以寄意于后代"。的确，这些"黄白方"对今人了解汉、晋时期的炼金术，提供了重要史料，而且还可以使今人能以模拟试验部分地来重现昔日黄白术士在炉火旁所见到的变炼情景，并了解他们劳作的实际所得。兹举出《青林子作黄金法》的要诀，或可窥豹一斑：

　　　　先锻锡，方广六寸，厚一寸二分，以赤盐和灰汁，令如泥，以涂锡上，令通厚
　　一分，累置于赤土釜中。率锡十斤，用赤盐四斤。合封固其际。以马通火煴之三十
　　日。发火视之，锡中悉如灰状，中有累累如豆者，即黄金也。

　　葛洪仍然一再强调制作金银是作为"延年药"，不应该作为发财致富的手段。他援引郑思远的训示："及欲为道，志求长生者，复兼商贾，不敢信让，浮深越险，乾没逐利，不吝驱命，[乃] 不修寡欲者耳。至于真人作金，自欲服饵之，致神仙，不以致富也。"

　　葛洪虽然在金丹仙道中比较贬低天然矿物及草木之药，但也并不排斥，所以在其《仙药篇》中仍对天然丹砂、玉、珠、云母等，以神仙方术的观点进行了一番渲染。他说：

　　　　《神农四经》曰：上药令人身安命延，升为天神，遨游上下，役使万灵，体生毛
　　羽，行厨立至。又曰：五芝及饵丹砂、玉札、曾青、雄黄、雌黄、云母、太乙禹余
　　粮，各可单服之，皆令飞行长生。又曰：中药养性，下药除病，能令毒虫不加，猛
　　兽不犯，恶气不行，众妖并辟。

这些"仙药"在《神农本草经》中确实都有记载。但把它们如此夸张地说成有神仙度世的功效，役使万灵的神通，则是道教方士们的编造，事属荒诞。但葛洪在这篇著述中，对各种石芝、云母、雄黄、诸玉、真珠以及桂、巨胜、柠木、松脂、菖蒲等等的特征、产地、采集、性质、服食法都有丰富的记载，其中可能有他自己调查研究的成果。这对研究中国古代医药学及动、植、矿物学则是极为珍贵的材料，对了解道教的活动也很有价值。

----

　　① 李根事，《黄白篇》谓："成都内史吴大文，博达多知，亦自说昔事道士李根，见根煎铅锡，以少许药如大豆者投鼎中，以铁匙搅之，冷即成银。"

　　② 程伟妻事出《集仙录》，见《太平广记》卷五十九，谓："汉期门郎程伟妻，得道者也。……伟亦好黄白之术，炼时即不成。妻乃出囊中药少许，以器盛水银，投药而煎之，须臾成银矣。伟欲从之受方，终不能得。云，伟骨相不应得。逼之不已，妻遂罋然而死，尸解而去。"

　　③ 朱子心作金事，见汉·桓谭《新论·辩惑篇》第 55 页（上海人民出版社，1977 年），谓："史子心见署为丞相史，官架屋，官发吏卒及官奴婢以给之，作金不成。丞相自以力不足，又白傅太后（按傅太后为前汉哀帝祖母）。太后不复利于金也；闻金成可以作延年药，又甘心焉。乃除之以为郎，舍之北宫中。"

从研究科学史，从探讨魏晋时期炼丹术活动内容的角度看，《抱朴子内篇》中，的确应该说，其《金丹》、《黄白》、《仙药》三篇的学术价值最高。尤其是它记载、描述了不少化学变化。例如：

> 丹砂烧之成水银，积变又还成丹砂。

> 铅性白也，而赤之以为丹；丹性赤也，而白之以为铅。

> 以曾青涂铁，铁赤色如铜。以鸡子白化银，银黄如金。而皆外变内不化也。

这些可以使今人具体了解到那时的方士已经做过哪些化学实验，并从中取得的某些化学知识，对中国化学史的研究来说，显然意义重大，史料珍贵。

但应该指出：据《抱朴子内篇》所述，我们不难察觉其中很少有葛洪自己躬亲炼丹的记录，所记基本上都是其师、祖辈的传授和其他道士的讲述，以及他周旋徐、豫、荆、襄、江、广数州中游学之所闻和所得。陈国符也已注意到："《抱朴子内篇》实西晋末年各种方术之提要，举凡金丹，仙药、黄白、房中、吐纳、引导、禁呪、符篆，莫不述其梗概，而以金丹之说为主。但此书之内，葛洪似乏创见。"①这是因为该部著作是他在东晋初建武元年撰成的，那时他才35岁。②其时会遇兵乱，流离播迁。正如他在书中欷怨："《太清丹经》三卷及《九鼎丹经》一卷、《金液丹经》一卷，郑君以授余。然余受之已二十余年矣，资无担石，无以为之，但有长叹耳。"（《金丹篇》）"所承授之师非妄言者。而余贫无财力，又遭多难之运，有不已之无赖（按：言材无可恃），兼以道路梗塞，药物不可得，竟不遑合作之。"（《黄白篇》）因此《抱朴子内篇》中的丹方要诀和炼丹试验，既不是"葛洪的炼丹术记录文字"，③也不是葛洪自己"通过仔细的观察和长期实验所得的结论"④说葛洪那时已经"做了不少的类似的科学实验，记录了炼制金丹的方法"，⑤也是不确切的。他晚年在罗浮山专心致志烧丹炼汞，潜心修炼，想必有过不少研究成果，可惜未见刊行于世。

葛洪对长生成仙的途径，似乎采取兼容并蓄的态度，在当时很有特色。毫无疑义，他在诸种途径中首推金丹，一再宣称："余考览养生之书，鸠集久视之方，莫不以还丹、金液为大要者焉。然则此二事，盖仙道之极也。服此而不仙，则古来无仙矣。"（《金丹篇》）又说过："不得金丹，但服草木之药及修小术者，可以延年迟死耳，不得仙也。"（《极言篇》）所以在神仙方术中，他主要是一位丹鼎派道士。但是他也强调："凡养生者，欲令多闻而体要，博见而善择。偏修一事，不足必赖也。"（《微旨篇》）而且他还批评了"偏修一事"和"意无一定"这两种偏向。他说："又患好事之途，各仗其所长，知玄素之术者⑥，则曰唯房中之术可以度世矣；知草木之方者，则曰唯药饵可以无穷矣；学道之不成就，由乎偏枯之若此也。"（《微旨篇》）这就是"偶知一事，便言以足，而不识真者"。而另一种偏向是"虽得善方，犹

---

① 见陈国符《道藏源流考》下册第378页。

② 葛洪生于晋武帝太康四年（283）。他在《抱朴子外篇·自叙》中说："洪年二十余，仍计作细碎小文，……十余年至建武中（317，洪时年35岁）乃定，凡著《内篇》20卷，《外篇》50卷。"

③ 见袁翰青《中国化学史论文集》第188页。

④ 《中国古代科学家史话》编写组编，中国古代科学家史话，辽宁人民出版社出版，1974年，第61页。

⑤ 王明：《抱朴子内篇校释》序，中华书局，1980年。

⑥ 传说古有神人玄女及素女将房中术传授给黄帝。所以房中术又称玄素术。古代有房中术专著《玄女经》、《素女经》，已失传，但其内容绝大部分为《医心方》所收录，可参看〔日本〕丹波康赖撰《医心方》，浅仓屋藏板，人民卫生出版社影印，1955年。

更求无已，以消工弃日，而所施用意无一定"，他认为这是浅见而不能善于体察要领。所以他又主张"藉众术之共成长生也"。为此他作了不少比喻："大而谕（喻）之，犹世主之治国焉，文武礼律，无一不可也；小而谕之，犹工匠之为车焉，辕辋轴辕，莫或应亏也。所为术者，内修形神，使延年愈疾，外攘邪恶，使祸害不干。比之琴瑟，不可以子弦求五音也；方之甲胄，不可以一札待锋刃也。何者？五音合用不可阙，而锋刃所集不可少也。"（《微旨篇》）这种见解显然是很有道理的。在金丹以外的众术中，他则首推"行气"，认为"服［丹］药虽为长生之本，若能兼行气者，其益甚速，若不能得药，但行气而尽其理者，亦得数百岁"（《至理篇》）。又说："行气或可以治百病，或可以入瘟疫，或可以禁蛇虎，或可以止疮血，或可以居水中，或可以行水上，或可以辟饥渴，或可以延年命。"在"行气"中，他认为"其大要者，胎息① 而已。"（《释滞篇》）葛洪所以强调行气，是因为他把"气"视为天地万物的原始物质。"夫人在气中，气在人中。自天地至于万物，无不须气以生者也。"（《至理篇》）。这种见解显然是接受了《太平经》的观点。再者，他认为房中之术也是必要的，"所以尔者，不知阴阳之术，屡为劳损，则行气难得"。按房中之术，据《汉书·艺文志》著录，原有黄帝、容成等八家，谓男女交接"乐而有节，则和寿考；及迷者弗顾，以生疾而损性命"。其后成为道家方术中的一个流派，名之曰"男女合气之术"。葛洪认为："夫阴阳之术，高可以治小疾，次可以免虚耗而已。"又谓："人不可以阴阳不交，坐致疾患。……善其术者，则能却走马以补脑，还阴丹以朱肠，② 采玉液于金池，引三五于华梁。令人老而美色，终其所禀之天年。……彭祖之法，最其大要。"（《微旨篇》）还说过："房中之法十余家，或以补救伤损，或以攻治众病，或以采阴益阳，或以增年延寿，其大要在于还精补脑一事耳。"（《释滞篇》）但葛洪强烈地告诫："若乃纵情恣欲，不能节宣，则伐年命。"他针对有些人说"闻房中之事，能尽其道者，可单行致神仙，并可以移灾解罪，转祸为福，居官高迁，商贾倍利"，而斥之曰："此皆巫书妖妄过差之言，由于好事增加润色，至今失实。或亦奸伪造作虚妄，以欺诳世人。"（《微旨篇》）

对于长生久视的修炼，除了以上道教方术之外，葛洪还谈了不少因果报应，谓："按《易内戒》、《赤松子经》及《河图记命符》皆云：天地有司过之神，随人所犯轻重，以夺其算（命数），算减则人贫耗疾病，屡逢忧患，算尽则人死。"不过他的根本目的是要强调"欲求长生者，必欲积善立功，慈心于物，恕己及人，仁逮昆虫，……如此乃为有德，受福于天，所作必成，求仙可冀也"（《微旨篇》）。甚至又说："欲求仙者，要当以忠孝、和顺、仁信为本。若德行不修，而但务方术，皆不得长生也。"并引（《玉钤经》的话，谓："立功为上，除过次之。为道者以救人危使免祸，护人疾病，令不枉死，为上功也。"（《对俗篇》）这种观点显然是他把儒家的纲常名理和道教的长生成仙思想相揉合的结果。这样一来，葛洪便把道教方术和民间道教纳入了维护封建秩序的轨道。尤其是他强调学仙修道可以不废世事俗务，而且

---

① 关于胎息之法，《释滞篇》有所说明："得胎息者，能不以鼻口嘘吸，如在胞胎之中，则道成矣。初学行气，鼻中引气而闭之，阴以心数至一百二十，乃以口微吐之，及引之，皆不欲令己耳闻其气出入之声，常令人入多出少，以鸿毛著鼻口之上，吐气而鸿毛不动为候也。渐习转增其心数，久久可以至千。至千则老者更少，日还一日矣。夫行气当以生气之时，勿以死气之时也。"《云笈七签》卷三十二有"服气疗病"，可参阅。

② "却走马以补脑"是言抑止漏泄精液，可以补脑。《上清黄庭内景经·呼吸章》云："留胎止精可以长生。"务成子注："《真诰》曰：上清真人口诀，夫学仙之人，安心养神，服食治病，使脑宫填满，玄精不倾，然后可以存神、服气、呼吸三景。""阴丹"是宝精之术，或谓还精之术，所以有"服阴丹以补脑"之说。见《云笈七签》卷六四《王屋真人口授阴丹秘诀灵篇》。

认为儒道可以调和，互相补充，这就使他的学说乃至道教更易为统治阶级所容纳，从而为后世道教和仙道方术的官方化扫清了道路。

《抱朴子内篇》固然充满着神仙家言，在论证长生可求，仙道可致的论证中也可谓尽荒唐附会之能事，但在葛洪的宇宙观中也并非完全无可取之处，应该说，其中锐意进取、清新活泼的思想和某些精辟的思辨却也能给人以深刻的印象和强烈的启迪。他一再强调宇宙处于永恒的变化当中，世界上无奇不有，而个人的见闻和知识又是很有限的，所以未经耳闻目睹的，没有人认识到的，未必是肯定不存在，绝对不可能办到的。于是他力诚世人要不断求知求解，切不可拘守圣贤之书，以为周孔不言，即为虚妄。对此，他有一段精采的论述：

> 未五经所不载者无限矣，周孔所不言者不少矣。……夫天地为物之大者也，九圣① 共成《易经》，足以弥纶阴阳，不可复加也。今问善《易》者，周天之度数，四海之广狭，宇宙之相去凡为几何？上何所及，下何所据，及其转动，谁所推引？日月疾迟，九道② 所乘，昏明修短，七星迭正③，五纬盈缩④，冠珥薄蚀⑤，四七凌犯，彗孛所出，气矢之异⑥，……天汉仰见为润下之性，涛潮往来有大小之变，……明《易》之生，不能论此也。以次问《春秋》四部《诗书》三《礼》之家，皆复无以对矣。然则人生而载天，诣老履地，而求于五经之上，则无之；索之于周礼之书则不得。……天地至大，举目所见，犹不能了，况于玄之又玄，妙之极妙者乎？（《释滞篇》）

葛洪更高度评估人的能动性。认为人乃万物之灵，人类的智慧、人的模仿力和创造力是极为广阔的，人通过模拟自然和加工变炼，那么自然界有的，人力可以仿作，世界上没有的，人类也可能创造出来。他说："夫陶冶造化，莫灵于人。""人之为物，性贵最灵。"他举出了大量事例来歌颂人的智慧和创造力：

> 水火在天，而取之以诸燧。铅性白也，而赤之以为丹；丹性赤也，而白之以为铅。云雨霜雪，皆天地之气也，而以药作之，与真无异也。（《黄白篇》）

> 变化者，乃天地之自然，何为嫌金银之不可以异物作乎？譬如阳燧所得之火，方诸所得之水，与水火岂有别哉？（《黄白篇》）

> 外国作水精碗⑦，实是合五种灰以作之。今交、广多有得其法而铸作之者。今以此语俗人，俗人殊不可信，乃云水精本自然之物，玉石之类。况于世间幸有自然之金，俗人当何信其有可作之理哉？愚人乃不信黄丹及胡粉是化铅所作。又不信骡及驼是驴马所生，云物各自有种，况乎难知之事哉？夫所见少，则所怪多，世之常也。（《论仙篇》）

---

① "九圣"指伏羲、神农、黄帝、尧、舜、禹、汤、周文王及孔子。
② "九道"指月运行的轨道。《汉书·天文志》云："月有九行者，黑道二，出黄道北；赤道二，出黄道南；白道二，出黄道西；青道二，出黄道东。"王先谦补注："月行青、朱、白、黑道，各兼黄道而言，故又谓之九道。"
③ 《史记·天官书》谓南宫朱鸟有七星。《吕氏春秋》："季春之月，昏，七星中。""孟冬之月，且，七星中。"故高诱注："七星，南方宿，是月昏且时皆中于南方。"
④ "五纬"即金、木、水、火、土五行星。《汉书·天文志》："凡五星早出为盈，晚出为缩。"
⑤ 《汉书·天文志》颜师古注："凡气在日上为冠，在旁直为珥；日月不交而曰薄，亏毁曰食。"
⑥ 《史记·天官书》："廊下一星曰天矢，矢黄则吉，青白黑凶。"
⑦ 水精碗即玻璃碗。当时埃及人及欧洲人已用石英砂类与天然碱烧熔制作。

葛洪在改造自然、发挥人之能动作用的问题上，极富想象力，颇有独到见解。他强调人类可以从万物的特异功能和各物的一技之长中得到启示，那么就应效仿它们，学其所长而弥补自己之不足。为此，他又有一段精彩的议论：

> 夫得道者，上能竦身于云霄，下能潜泳于川海，……何旦须史之蛰，顷刻之飞而已乎！……且夫一致之善者，物多胜于人，不独龟鹤也（言"龟能土蛰，鹤能飞天"）。故太昊师蜘蛛而结网，[①] 金天据九扈以正时；[②] 帝轩俟凤鸣以调律，[③] 唐尧观蓂英以知月，[④] 归终知往，[⑤] 乾鹊知来，[⑥] 鱼伯识水旱之气，[⑦] 蜉蝣晓潜泉之地，[⑧] ……龟鹤偏解导养，不足怪也。……上士用思遐邈，自然玄畅，难以愚俗之近情，而推神仙之远旨。"（《对俗篇》）

葛洪的这段话在一、二百年前的人看来，似乎是语涉诡诞。但是在今天，仿鹰鹤之飞，"竦身于云霄"；拟鱼蛙之游，"潜泳于川海"，早已不是新鲜的事。而随着仿生学的发展以及所取得的惊人成就却恰恰使我们感到，正是这类"怪诞"的念头，它已被历史证明对人类的创新精神和科学思维有着多么深刻的启迪！大概也正是葛洪的这些见解和宏论进一步鼓舞了他以后的中国炼丹家们，以此为精神支柱，更加顽强地去探索金丹、黄白的通途。

关于形与神的关系，葛洪与《太平经》的观点基本上是一致的，认为形是第一性的，神是第二性的，而且讲得更鲜明，更透澈。他说：

> 夫有因无而生焉，形须神而立焉。有者，无之宫也；形者，神之宅也。故譬之于堤，堤坏则水不留矣；方之于烛，烛糜则火不居矣。身（一作形）劳则神散，气竭则命终。（《至理篇》）

他把有形的身喻之为堤和烛，把无形的神喻之为堤中之水、烛中之火，神依赖于身而存在。这显然是一种唯物主义的观点。

在金丹何以养身的问题上，葛洪作了精辟的分析。他在中国炼丹术史上最早明确地提出了"藉外物以自坚固"的理论。关于这个重要问题，将在下章第一节另作深入讨论。

---

① 太昊即庖牺氏。《周易系辞下传》："古者庖牺氏之王天下也，仰则观象于天，俯则观法于地，观鸟兽之文，舆地之宜，近取诸身，远取诸物，于是始作八卦，以通神明之德，以类万物之情。作结绳而为网罟，以畋以渔，盖取诸离（三）。"

② 金天氏即少昊，传名挚，黄帝之子。《左传·昭公十七年》云："郯子曰：吾高祖少皞（通"昊"），挚之立也，凤鸟适至，故纪于鸟，为鸟师而鸟鸣。扈，一种候鸟名。九扈是少皞时以凤为农正之官，主管农事。《左传》注："凤有九种也。……以九扈为九农之号，各随其宜以教民事。"孔颖达疏："诸扈别春夏秋冬四时之名。"

③ 《云笈七签》卷一百〈轩辕本纪〉："帝服斋于中宫，于洛水上坐玄扈石室，与容光等观，忽有大鸟衔图置于帝前。帝再拜受之。是鸟状如鹤，而鸡头鸾啄，龟颈龙形，骈翼鱼尾，尾备五色三文。……其雄曰凤，其雌曰凰，……朝鸣曰登晨，昼鸣曰上祥，夕鸣曰归昌，昏鸣曰固常，夜鸣曰保长，皆应律吕……"传女娲氏之后容成氏据凤鸣为黄帝造律历，造笙以象凤鸣。

④ 汉·班固《白虎通·封禅》："日历得其分度，则蓂荚生于阶间。"蓂荚树名，月一日生一荚，十五日生毕；至十六日去荚，故荚阶生，以日月也。《帝王世纪》："唐尧时，有草阶而生，随月而死，王者以是月日之数。"

⑤ 归终，传为神兽，往者，言过去之事。但《淮南子万毕术》谓："归终知来，猩猩知往。"

⑥ 来者，言将来之事。《淮南子·氾论训》："猩猩知往而不知来，乾鹊知来而不知往，此修短之分也。"高诱注："乾鹊，鹊也，人将有事，忧喜之征，则鸣，此知来也；知岁多风，多巢于下枝，人皆探其卵，故曰不知往也。"

⑦ 晋·崔豹《古今注·鱼虫》："水君状如人乘马，众鱼皆导而从之，一名鱼伯，大水乃有之。汉末有人于河际见之。"

⑧ 吴·陆玑《毛诗草木鸟兽虫鱼疏·蜉蝣之羽》："蜉蝣，方土语也，通谓之渠略，似甲虫，有角，大如指，长三四寸，甲下有翅，能飞。夏月阴雨时地中出。……随雨而出，朝生而夕死。"见《丛书集成》初编，自然科学类，第1346册。

　　葛洪《抱朴子内篇》的问世，使道教的教义完成了从"致太平"到"求仙道"，即从"救世"到"度世"的过渡，使道教追求肉体飞升、不死成仙的特征和宗旨得以完全形成。所以葛洪死后不久，他在道教中的地位便上升到与三张（张陵、张衡、张鲁）并列的地位，被尊为"葛仙翁"。唐代僧人道宣的《集古今佛道论衡》评论南朝道教的一代宗师陆修静时，说他"祖述三张，弘衍二葛（葛玄、葛洪）"。[①] 所以后世很多道教经书都依托"抱朴子"撰、"仙翁"授，以提高其地位。

　　总之，《抱朴子内篇》的问世成为中国炼丹术史中的一个里程碑。它的著录表明在葛洪生活的两晋时代，中国炼丹术已形成了自己独特的、相当完整的理论体系；丹鼎炉火技艺也已有了丰富的经验，可以说已总结出了一套炼丹化学实验操作的规程；炼丹术士的足迹则已遍及大江南北，丹经、丹诀及各种长生成仙的经卷更以千百计。表明中国炼丹术已完成了自己的奠基工作，正准备迎接鼎盛时期的到来。

四　陶弘景道教茅山宗的开创

　　在南北朝时期（420～589），无论在北朝还是南朝，道教都进行了重大的改革。例如北朝，北魏时期（420～534）的嵩山道士冠谦之（365～448）对五斗米道进行了清整；在南朝，金陵道士陆修静（406～477）整编、勘订了魏晋以来的各类道书，并亲自纂修了道经三十余种，在道教教义中更汲取了佛教"三业清净"[②] 的思想。但南北道教的改革都排斥或不赞许丹药服饵，所以冠、陆在这方面都谈不上有什么作为。如果说从金丹术和中国古代医药学的发展来看，这一时期作出最大贡献的道师则是南朝萧梁时期的陶弘景和他所开创的道教上清派茅山宗。

　　陶弘景（图 4-18）字通明，丹阳郡秣陵（今江苏南京市）人，生于刘宋文帝元嘉二十九年（452），其祖上便信奉道教，在同郡中便与同郡葛氏、许氏等奉道世家[③] 有姻亲关系。据说他少年时便读到葛洪《神仙传》及〔晋〕郗愔的太清诸丹法，"乃欣然有心"，自称是葛玄的"邦族末班"。齐武帝时，陶弘景出任齐巴陵王、安成王、宜都王等诸王的侍读，兼管王室的牒疏章奏。在此期间，他曾师事兴世馆主、陆修静的弟子孙游岳[④]，得受道家符图、经法。此后博访江东各郡名山，谒见隐逸道士，得杨、许手书诰诀及真人遗迹十余卷。[⑤] 但他直至 36 岁时才得除授"奉朝请"，颇不得志，自叹"不如早去，无劳自辱"。遂于南齐永明十年（492）入句曲山（图 4-19，今江苏省茅山）建华阳馆，自号华阳隐居，又号华阳真逸，从此

---

　　① 见《大正新修大藏经》（卷五十二）之 370 页下。唐·道宣撰《集古今佛道论衡卷甲·北齐高祖文宣皇帝下敕废道教事》谓："昔金陵道士陆静修者，道门之望，在宋齐两代祖述三张，弘衍二葛。"

　　② "三业"，佛家语，"业"，梵语"羯磨"的意译。称人的身（行动）、口（语言）、心（意愿）三者为三业。

　　③ 葛氏、许氏是三国时期在今江苏茅山地区丹阳、晋陵一带的奉道世家，他们既习左慈的金丹仙道，又崇奉西晋南岳夫人魏华存的天师道。其中著名的道教学者包括葛洪、杨羲、许迈、许谧（许迈之弟）、葛巢甫（葛洪之从孙）、陆静修等。

　　④ 孙游岳（399～489）字玄达，东阳永康（今浙江金华）人，早年于浙江缙云山拜陆修静为师，居山中修道 47 年。刘宋太始中，陆入京为崇虚馆主，孙往师事，得三洞经箓及上清经诀真迹。齐永明二年奉诏为兴世馆主。参看《中国道教史》第 174 页。

　　⑤ 详见陶翊（弘景从子）《华阳隐居先生本起录》，见《云笈七签》卷一百七；唐·贾嵩《华阳陶隐居传》三卷，见《道藏》洞真部记传类，涵芬楼影印本总第 151 册；陈国符《道藏源流考》上册第 46 页。

图 4-18　陶弘景
（引自《仙佛奇踪》）

再不出仕，开始了隐居修道生涯。后梁武帝萧衍曾召聘他，他坚辞不应，答曰"山中何所有，岭上多白云，只可自怡悦，不堪持赠君。"但此后，萧衍每遇国家大事，必遣人进山专访咨询，因此世人都称他为"山中宰相"。他归隐茅山后便斋戒自慑，修炼诚笃，不仅实行思神守一、导引行气的锻炼，而且也从事金丹术活动，经常化名外出，遍历浙闽名山，寻访仙药、炼丹佳境。但他的炼丹实践主要还是在茅山。据说他曾从太极真人杜冲① 得《九转神丹升虚上经》②。自梁天监四年至普通六年（505～525）他曾进行炼丹实验七次，最后终于"成功"，据说开鼎时"光气照烛，动心焕目"。又据《梁书·陶弘景传》③ 记载：

> 弘景即得神符秘诀，以为神丹可成，而苦无药物，帝（梁武帝）给黄金、朱砂、曾青、雄黄等。后合飞丹，色如霜雪，服之体轻。及帝服飞丹有验，④ 益敬重之。……天监中（503～519）献于武帝。大通初（527）又献二丹，一名'善胜'，一名'成胜'，并为佳宝。

在广泛的实验、访查的基础上，据记载他撰写了《炼化杂术》1 卷、《太清诸丹集要》4 卷、《合丹诸药试法节度》4 卷、《服饵方》3 卷（以上见《隋书·经籍志》）、《太清玉石丹药要集》3 卷（见《旧唐书·经籍志·服食书目》）、《集金丹药［黄］白要方》1 卷、《服云母诸石药消化三十六水法》1 卷、《服草木杂药法》1 卷、《灵方秘奥》1 卷（见《华阳陶隐居传》）等炼丹与服食论著。可以说，他是继葛洪之后集道教养生、服饵修炼、登仙方术之大成者，也是南朝时期影响最大、经验最宏富的炼丹实践家。但极为遗憾，这些著述都已亡佚了。

在炼丹术以外，陶氏在中国医药学方面也有卓越贡献，撰有《本草经集注》7 卷、《效验方》、《药总诀》、《养生经》、《养生延命录》、《补阙肘后百一方》等，并将汉末魏晋以来诸名师的医疗、用药经验，辑纂成《名医别录》。其中以《本草经集注》价值最高。他是将《名医别录》的 365 种新药补充入《神农本草经》，并在广泛调查研究的基础上

图 4-19　茅山
（引自《天下名山图咏》）

---

① 关于太极真人的传说见《云笈七签》卷一百四。

② 见贾嵩《华阳陶隐居传》及卷中所引《登真隐诀》佚文。《黄帝九鼎神丹经诀》卷十二有《太极真人九转丹法》或许即此丹法。

③ 《梁书·陶弘景传》（卷五十一）第 3 册第 742～743 页，中华书局，1973 年。

④ 《隋书·经籍志》（卷三十五，第 4 册第 1093 页，中华书局，1973 年）云："帝令弘景试合神丹，竟不能就，乃言中原隔绝，药物不精故也。帝以为然，敬之尤甚。"与《梁书》说法不一致。

（但只限于南方各郡县）对《本草经》所载诸药的主治疾患、加工、保管方法也都做了进一步说明和勘正，而且首创对药物按玉石、草木、虫兽、果菜、米食分类的、较科学的方法。它不仅是《神农本草经》之后的又一部重要本草学著作，而且对丹鼎派道士正确识别、使用药物也有重大的指导作用。

陶弘景于梁武帝大同二年（536）谢世，享年 85 岁，诏追赠中散大夫，谥贞白先生。他在茅山隐居修行四十余年的生涯中，不仅广集道书，勤奋著作，弘扬上清道法，而且弘修道业，对茅山苦心经营，开设道馆，招聚徒众，在大茅山与中茅山间的积金岭上修建了华阳上、中、下三馆，历时七年，从而使茅山成为道教上清派的圣地，遂开道教之茅山宗。① 应指出：在他的思想、活动中，既集杨、许以来的上清法术，又融合进了佛、儒观点。并在茅山的道观中建有佛道二堂，隔日轮番朝礼，佛道双修。

在正史中，关于南北朝时期的金丹术活动，除陶氏外，也偶有记载，但都持批评、贬斥态度。在南朝，例如《宋书》（卷四十五）载②：明帝时"刘亮在梁州，忽服食修道，欲致长生。迎武当山道士孙道胤，令合仙药。泰豫元年（472）药始成，而未出火毒，孙不听（任凭）亮服，亮苦欲服。平旦开城门取华水服，主食鼓后，心动如刺，中间便绝。"在北朝，例如《魏书·释老志》（卷一一四）云：北魏道武帝拓跋珪"天兴中（398）仪曹郎曹谧因献《服食仙经》数十篇，于是置仙人博士，立仙坊，煮炼百药。封西山以供其薪蒸，令死罪者试服之。非其本心，多死无验"。又言魏世祖太武帝遣方士韦文秀"与尚书崔颐诣王屋山合[金]丹，竟不能就"。又《魏书》（卷九十一）言：徐謇"欲为高祖（文帝）合金丹致延年之法，乃入居崧（嵩）高，采营其物，历岁无所成，遂罢"。

总之，南北朝时期中国金丹术一般来说是处于低潮，但经以陶弘景为宗师的茅山道团的再一次大融合，为唐代金丹术的大繁荣，在理论上、药物应用上又作了进一步的准备。

五　中国炼丹术的鼎盛时期

（一）唐代金丹术活动的肥壤沃土与金丹术狂热

中国炼丹术发展到唐代，进入了它在历史上的鼎盛时期，或者说它的黄金时代。究其原因，最主要的是李唐王朝实行了尊道抑佛的政策，出现了道教与皇权结合的局面。

李唐的尊道抑佛出现过两次高潮，性质和情况有所不同。第一次是在唐初的武德、贞观年间。当初李渊兴兵晋阳，打起推翻杨晋的旗帜时，就曾利用道教来制造皇权神授的舆论。他曾与道士合谋炮制过种种传说、舆论来号召百姓扶李灭杨。隋末天下动乱，社会上便广泛流传起"杨氏将灭，李氏将兴"、"天道将改，将有老君子孙治世"的种种政治谶言。终南山楼观道士歧晖便扬言"天道将改，吾犹及之，不过数岁矣"；又言"当有老君子孙治世，此后吾

---

① 据说早在西汉时，咸阳人茅盈携其弟茅固、茅衷就曾来句曲山修道，有真人授以《太霄隐书》、《丹景道经》等，受命为东岳上卿、司命真君、太元真人（《真诰》卷十一有记，《云笈七签》卷一百四有传，《太平广记》卷十一也有《大茅君传》）。此后，当地百姓立庙祭祀，并改名茅山。建安中，左慈也曾来此斋戒。晋鲍靓、许迈也曾住茅山。许谧、许翙父子则曾在此立宅，与杨羲合撰《上清经》。当地民间道法尚杂有巫教。

② 见《宋书·列传第五·刘怀真》（卷四十五）。

教大兴"。李渊起兵后，他便积极响应，"尽以观中资粮给其军"。^① 道士王远知也宣称，奉老君旨意，前往密传符命，谓李渊当受天命。^② 道士李淳风也扬言终南山老君降显，谓"唐公当受天命"。^③ 所以李渊得天下后，对佛道二教间的竞争明显偏袒道教一方，一些道士备受恩宠。武德元年（618），传说"太上老君"在山西羊角山显圣，对绛州民吉善行言："汝即入奏天子，道我所言。我是无上神仙，姓李，字伯阳，号老君，即帝之祖也。……今年平贼后，天下太平，享国延永。"^④ 高祖闻言大喜，授吉善行为朝散大夫，并于羊角山建太上老君庙。此外，其时又封助唐有功的道士歧晖为紫金光禄大夫，封王远知为朝散大夫，并改楼观为"宗圣观"。自此，唐宗室便自称是老子的后裔，尊老子为圣祖。他们所以这样做，除了传扬君权神授，从而在隋末群雄争霸中有利于夺取天下外，同时也是为了抬高自己宗族的社会地位，这在当时重视门第的社会中，攀附一个名门望族，标榜自己是神仙老君的后裔，对于巩固政权也是至关重要的。所以太宗李世民在贞观六年（632）诏令高士廉等人"刊正姓氏"，修《氏族志》，宣布"太上老君"李聃为唐室李氏族祖，提出"尊祖之风，贻之万叶"。同年七月又于亳州（今安徽省亳县）修老子庙。据唐释道宣所撰《广弘明集》（卷二十八）^⑤ 中《叙太祖皇帝令道士在僧前诏表》记载：

> 大道之兴，肇于遽古。源出无名之始，事高有行之外。迈两仪而运行，包万象而亭育，故能经邦致治，返朴还淳。至如佛教之兴，基于西域，逮于后汉，方被中土。神变之理多方，报应之缘匪一。洎于近世，崇信滋深。人冀当年之福，家惧来生之祸，由是滞俗者闻玄宗而大笑，好异者望真谛而争归。始波涌于闾里，终风靡于朝廷，遂使殊俗之典，郁为众妙之先，诸华之教，翻居一乘之后，流遁忘返，于兹累代。今鼎祚克昌，既凭上德之庆，天下大定，亦赖无为之功。宜有解张，阐兹玄化。自今已后，斋供行立，至于称谓，道士女冠可在僧尼之前，庶敦反本之俗。

但要明确，李世民只是出于政治上的原因，才一时采取崇道抑佛的政策，但他也汲取了南朝梁武帝父子"志尚浮华，唯好释氏、老子之教，终日谈论苦空，未尝以军国典章为意"，致使国破家亡的教训，^⑥ 所以只是崇道而不信道。其实他对待道教和佛教还是兼容并用的，对道教只不过多加了一层尊祖的意思。此后，高宗仍承太宗遗制，尊李聃为祖，在乾封元年（606）亲临亳州参拜老君庙，追加老子尊号为"太上玄元皇帝"。仪凤三年（678）命道士隶属于管理皇族的宗正寺，其行立之序仅在诸王之次。又诏令尊《道德经》为上经，王公百僚皆习，贡举之士必须兼通。此外还优礼道士，封官赐谥。

唐代第二次大举尊道抑佛是在玄宗开元年间及天宝之初。李隆基即位后，一改中宗、睿宗道佛并崇的政策。究其原因：一方面是由于当初武后篡唐为帝时曾力图削弱道教的地位，贬低老子的形象以达到削弱和打击李唐王朝的政治目标。武后曾在天授元年（690）夏讽示东魏国寺僧法明造作经典《大云经》，称武后"乃弥勒佛下生，当代唐为阎浮提主（原注：释教以

---

①　参看宋·谢守灏编《混元圣纪》（卷八），《道藏》洞神部谱录类，总第551～553册。

②　见《旧唐书》（卷一九二）〈列传一四二王远知〉。第16册总第5125页，中华书局，1975年。

③　亦见《混元圣纪》（卷八）。

④　唐·杜光庭《历代崇道记》，《道藏》洞玄部记传类，总第329册。

⑤　《四部丛刊》子部；《四部备要》子部释道家。

⑥　见唐·吴兢撰《贞观政要》（卷六）〈慎所好第二十一〉，第195页，上海古籍出版社，1978年。

人世为'阎浮提')";而早在垂拱四年，她已自封"圣母神皇",① 因此佛教势力大增。而玄宗在即位之前，对武后、韦后利用佛教和僧人称帝专权的行为非常了解，颇为忿恨。所以，即位后便再次执行崇道抑佛的政策，打击武、韦的门阀势力。开元二年（714）他下诏全国，以僧尼"为滥"，令还俗者二万余人。此后又先后勒令"不许私度僧尼"、"断书经及铸佛"、"禁仕女施钱佛寺"。② 其后又下令毁武则天所立洛水神庙，尊《老子》为《道德真经》。这时道家的其他列宗庄子、列子也被尊为"真人"。及至天宝初期，又追尊"玄元皇帝"为"大圣祖玄元皇帝"、"圣祖大道玄元皇帝"、"大圣祖高上金阙玄元天皇大帝"，在全国增建老子庙，提升玄元诸庙为宫。西京及亳州的称为太清宫，东京的称为太微宫。另一方面，是李隆基个人不仅崇道而且信道，想利用《老子》的思想，实施无为之治。这是因为他在执政以前，长期在武后、韦后专政下过着处境困厄、精神抑郁的生活，不得不"向玄默"以自保；执政之初，社会又亟待安定。于是他感到应尊奉《老子》关于"人君以道德清静为教"（《老子》注疏）的训诫，且实行简政轻刑、与民休息的政策，并使百姓也返于淳朴之道。此外，他也曾有再现贞观盛世的宏愿，因此在各方面也多愿仿效太宗、高宗的各种治国经验。至于玄宗晚年大搞道教神仙方术，宠信方士则是由于他年事已高，深感老之将至，企求长生的欲望日益强烈而引发的。

在这种政治气候中，道教组织当然也就抓住唐王朝几番从政治上利用它们的时机，扩展自己的势力，壮大自己的徒众。总之，唐代道教的兴盛最主要的原因是他们充分利用了其处于皇族宗教地位的优势。

至于丹鼎派金丹仙道之风在唐代出现鼎盛局面，还由于唐王朝中许多皇帝都醉心于神丹金液，追求长生不死。太宗晚年便曾服长生药，宠信的金丹道士当中，居然"已杂西域左道"。据《旧唐书》（卷一九八）〈列传一四八西戎天竺〉记载：

> [其时有天竺]方士那罗迩娑婆寐，自云寿二百岁，云有长生之术，太宗深加礼敬，馆之于金飚门内，造延年之药。令兵部尚书崔敦礼监主之。发使天下采诸奇药异石，不可称数。历岁月药成，服竟无效。后放还本国。

据说太宗最终就是由于服丹药中毒，罹暴疾而驾崩的。接着高宗也笃信长生有术，宠信道士叶法善等人，曾"悉召方士化黄金治丹"。又据《旧唐书》（卷八四）〈列传三十四·郝处俊〉记载：

> 又有胡僧卢伽阿逸多受诏合长生药。高宗将饵之。[郝]处俊谏曰："修短有命，未闻万乘之主轻服藩夷之药。昔贞观末年，先帝令婆罗门僧那罗迩娑婆寐依其本国旧方合长生药，胡人有异术，征求灵草异石。先帝服之，竟无异效，大惭之际，名医莫知所为，时议者归罪于胡僧，将申显戮。又恐取笑夷狄，法遂不行。龟镜③若是，唯陛下深察。"高宗纳之。

这样，高宗才幸免于难。④ 而武后摄政时，"张昌宗兄弟亦曾为之合丹药，萧至忠谓其有功于

---

① 见宋·司马光《资治通鉴》（卷二百四），中华书局本第14册，总第6466页及6448页，1956年。
② 见宋·宋敏求辑《唐大诏令集》（卷一一三），《四库全书》史部诏令奏议类。参看《中国道教史》第277页。
③ 龟可卜吉凶，镜能别美恶，故"龟镜"犹言借鉴。
④ 但据《资治通鉴》（卷二百）〈唐纪十六〉记载，谓高宗原本就不信长生药，显庆二年曾谓侍臣曰："自古安有神仙! 秦始皇、汉武帝求之，疲弊生民，卒无所成，果有不死之人，今皆安在!"乃将婆罗门僧那罗迩娑婆寐遣去。见第14册总第6303页，中华书局，1956年。

圣体"，① 可知武后也曾服丹药。而玄宗在开元后期也日益对长生方术产生了兴趣，不少金丹术士得受宠信，宰相李林甫曾撰《唐朝炼大丹感应颂》一篇，述及开元中道士孙太冲炼造神丹之事。② 当时著名道士吴筠、卢鸿、王希夷、李含光、司马承祯等都曾应召入京。二十二年（734）玄宗召见当时著名道士张果，张自言知神仙术，于是在宫中多次试以神仙方药的事。③从此他更加笃信金丹仙药。至天宝中，又曾派人到嵩山烧炼长生丹药。④《旧唐书·礼仪志四》描述其时道教活动的炽烈盛况时，谓：

　　　　玄宗御极多年，尚长生轻举之术，于大同殿立真仙之像，每中夜夙兴，焚香顶礼。天下名山令道士、中官合炼醮祭，相继于路，投龙奠玉，造精舍，采药饵，真诀仙踪，滋于岁月。⑤

据《全唐文》（卷三八）记载：安史之乱以后，他既已退位深居，却还曾撰《赐皇帝进烧丹灶诰》一篇，说到"吾比年服药物，比为金灶，煮炼石英。自经寇戎，失其器用。前日晚，思欲修营……"。可见他在垂暮之年仍念念不忘炼丹。其后宪宗又惑长生服丹之说，清·赵翼《二十二史劄记》（卷十九）记载：

　　　　皇甫镈与李道古等遂荐山人柳泌、僧大通待诏翰林。寻以泌为台州刺史，令其采天台药以合金丹，帝服之，日加燥渴。裴潾上言：金石性酷烈，加以烧炼，则火毒难制。不听，帝燥益甚，数暴怒，责左右。

据说宦官陈弘志等人害怕获罪被戮，以致弑杀宪宗。其后，穆宗即位，"诏泌、大通付京兆府决杖处死，是固明知金石之不可服矣。乃未几，听僧唯贤、道士赵归真之说，亦饵金石。有处士张皋上书切谏。诏求之，皋已去，不可得寻"。⑥ 不久穆宗即死，"是穆宗又明知之而故蹈之也"。① 至敬宗，又依道士刘从政之说，"以长生久视之术，请求异人，冀获异药"，乃以从政为光禄卿，赐号升元先生。宝历八年（825）"又遣使往湖南、江南及天台采药"。① 在位不满三年，即为苏佐明、刘克明所弑，据说也与饵服药石之事有关。⑦ 而在有唐一代醉心于崇道和神仙方术的皇帝中，尤以武宗李炎最为酷烈。他曾于会昌四年（844）下令毁佛像，拆庙寺，僧尼还俗，寺庙财产充公，史称"会昌法难"。⑧ 而他"在藩邸，早好道术、修摄之事。及即位，又召赵归真等八十一人于禁中修符箓、炼丹药"。会昌六年，朕泽日消槁，"后药发燥甚，喜怒不常，疾既笃，旬日不能言，未几崩"。① 道士赵归真等则因此被武宗之叔宣宗杖杀。但宣宗继位不久，"又明知而故蹈之，……竟饵太医李元伯所治长生药，病渴且中燥，疽发背而崩"。⑨

皇帝至尊，崇奉、支持金丹仙道如此狂热，"上之所好，下必甚焉"，服食长生之风一时弥漫朝野上下，烧丹炼汞、修炼长视之道，当时竟成为全国的风尚。首先是那些达官显贵群

---

① 见清·赵翼撰《二十二史劄记》（卷十九），第 4 页，文瑞楼印行，鸿章书局石印本。
② 见宋·郑樵撰《通志略》（卷四十三），中华书局《四部备要》本第 469 页。
③ 见《旧唐书·方伎列传·张果传》（卷一九一），第 16 册总第 5106～5107 页，中华书局，1975 年。
④ 见《资治通鉴》（卷二一五），第 15 册第 6336 页，中华书局，1956 年。
⑤ 见《旧唐书》（卷二十四），第 3 册第 934 页。
⑥ 见清·赵翼《二十二史劄记》（卷十九）。
⑦ 见《旧唐书·敬宗本纪》（卷十七上），第 2 册，第 507～521 页。
⑧ 见《旧唐书·武宗本纪》（卷十八上），第 2 册，第 583～612 页。
⑨ 见《二十二史劄记》（卷十九）。

起效仿，后来文人学士往往也对服食飞仙如醉如癫，他们结交方术之士，以为时尚。例如武后时文人陈子昂、卢藏用、宋之问、王适、毕构、李白、孟浩然、王维、贺知章与天台华峰白云道士司马承祯结为"仙宗十友"。他们当中耽于金丹，甚至饵服中毒者也屡见不鲜。高祖时拜太子太保的杜伏威便好神仙术，饵云母，中毒暴卒；宪宗时的左金吾将军李道古因荐柳泌获罪贬循州，终因服丹呕血而卒；德宗时昭义军统领李抱真也惑方士孙季长言，饵丹至二万九，致不能食，将死，益服三千丸而卒。① 又据南宋·李季可《松窗百说》② 记载：长庆三年（823）太学博士李千（一作李干，是韩愈之兄婿）受方士柳泌药，"服之下血死"。韩愈为李千死作墓志，③ 深知此事，并谓"其法以铅满一鼎，按中为空，实以水银，盖封四际，烧为丹砂（按实际上是铅汞还丹）。"所以他曾劝诫人们戒服金石丹药，并说在他过从甚密的友人当中，目睹工部尚书归登"服水银得病，唾血数十年以毙"；殿中御史李虚中疽发其背而死；工部尚书孟简服柳泌药，病二载而死；东川节度御史大夫卢坦服丹药"溺血肉，痛不可忍，乞死"；金吾大将军李道古"食柳泌丹药五十，死海上"。④ 他责怪这些人为丹砂、水银所惑，临死乃悔。因此曾痛斥金丹服食之说："余不知服食说自何世起，杀人不可计，而世慕尚益至，此其惑也。"

唐代文人学士中也有不少人浸染了这种"时尚"。据说卢照邻"学道于东山龙门山精舍，服食丹砂方药，罹药毒之苦，几至于不免"。白居易曾热衷于研读《参同契》，并同元稹一起向道士郭虚舟学习炼丹术，但没有成功。曾赋诗记叙此事："心尘未净洁，火候遂参差。万寿觊刀圭，千功失毫厘。先生弹指起，姹女随烟飞。始知缘会间，阴骘不可移。"⑤ 这是讲他在升炼还丹时，水银（姹女）大概因丹鼎爆裂而飞散，结果失败了。苏东坡也曾谈及此事，谓："白乐天作庐山草堂，盖亦烧丹也，丹欲成而炉败。"⑥ 他晚年似乎觉悟，不再继续炼丹活动，曾为诗文友好中罹于此难者，慨然长叹，而成"思旧"诗：

> 闲日一思旧，旧游如目前， 　　杜子得丹诀，终日断腥膻，
> 再思今何在，零落归下泉。 　　崔君夸药力，终冬不衣绵。
> 退之服硫黄，一病讫不痊， 　　或疾或暴天，悉不过中年，
> 微之炼秋石，未老身溘然。 　　唯余不服食，老命反迟延。⑦

但应指出，在唐代的朝臣中，有些人似乎并不对金丹大药有多少兴趣，但圣上崇尚，经常以御用金丹恩赐，因此不得不强忍饵服，还得恩谢雨露之泽，敬禀大有补益。例如开元中司经校书中书舍人范咸曾撰多篇文字，谈及荣蒙此类"恩典"。⑧ 其中《谢赐药金状》谓："内给事袁思艺至，奉宣圣旨，赐臣江东成金二铤，若服之后，深有补益，兼延驻者。伏以仙方所秘，灵药称珍，必候修明之晨，上益无疆之寿。不意俯迥天眷，念及微臣，赐九转之金，驻

---

① 此数则分别参看《旧唐书》中《杜伏威传》、《李道古传》、《李抱真传》。

② 《松窗百说》见《笔记小说大观》，广陵古籍刻印社本第九册（1983）。

③ 见唐·韩愈《故太学博士李君墓志铭》见《四部备要》集部第70册《昌黎先生集》第34卷，第306～307页。

④ 见韩愈《故太学博士李君墓志铭》。

⑤ 见《白香山诗后集》卷一，《四部备要》第71册，第209页"同微之赠别郭虚舟炼师五十韵"。

⑥ 见宋·朱弁《曲洧旧闻》卷五，《笔记小说大观》第八册，广陵古籍刻印社本，1983年。

⑦ 诗见《白香山诗后集》卷三，《四部备要》第71册第225页。诗中退之指卫中立，微之是元稹的别字，杜子指杜元颖，崔君指崔群。参看任继愈主编《中国道教史》第431页。

⑧ 见《古今图书集成》博物汇编草木典第二十一卷药部。

百年之命。且蟪蛄贱质，岂能长固，蒲柳易朽，常虑先凋。窃荷生成之恩，宁酬造化之德。泽如河海，空欣羽翼之期；宠若丘山，何伸灰粉之谢，不任忻忭之至。"

总之，唐代诸帝先后率先崇道奉仙，惑于金丹仙道，朝野上下服饵长生之风愈演愈烈。上层方术之士备受恩宠，财势并加，这就必然激励了炼丹术活动的炽烈、繁荣，转炼五金八石、烧丹飞汞的实验得到了广泛的发展。

再者，近 300 年的李唐王朝有贞观盛世，开元之治。相对来说，曾出现了较长时期的社会安定、经济繁荣的局面，海内及中外交通得以开拓，物资得以广泛交流，各项生产工艺都普遍取得了重大进步，这就又为炼丹术的进步、繁盛提供了良好的物质基础和技术条件。这时炼丹家们的活动条件和社会地位已远非葛洪当时"道路梗塞，药物不得，资无担石，但有长叹"的处境所可比拟。据唐代诸多丹经记载，当时某些炼丹药物不仅强调要采自名山仙洞，有些产地更远及边陲地区，甚至远涉域外。试仅以唐人辑《黄帝九鼎神丹经诀》（卷十四～十六）及唐人撰《金石簿五九数诀》① 中所载某些金丹药物的产地为例：

戎盐房中甚有，从凉州（今甘肃中部）来。……胡客从敦煌亦得将来，……胡将来者上。"

输石用真波斯马舌色上输。

矾石生陇西山谷及陇西武都、石门（今甘肃东部）。

曾青出蜀山谷及越嶲（今四川西南、云南北部，今作越西）。

石流黄今第一出扶南林邑（今越南中南部），名昆仑黄，光如琉璃者上。波斯国［者］亦堪此用。

雄黄生武都山谷，敦煌山阳。敦煌在凉州西数千里，古以为［此］药最要，奇难得也，昔与赤金同价。

雌黄生武都山谷其阴也。若出扶南林邑者，谓为真昆仑黄也。

丹砂出武陵（今洞庭湖以西沅水流域）。西川［者］，诸蛮戎普通巴地，故谓之巴砂。

绛矾、鸡屎矾、天朋（鹏）砂、黄花石、不灰木出波斯国。

硝石本出益州（今四川成都平原）、羌武都、陇西。今乌长国（在今巴基斯坦北部）者良。

胡同律本自西域树中出。

硇砂，云火山有，不如北亭（又作北庭，在今新疆乌鲁木齐东）。

可见当时金丹术士们可以不远千里寻集炼丹原料。《九鼎丹经诀》（卷十四）的辑纂者谈及雄黄时说："今圣朝一统寰宇，九域无虞，地不藏珍，山不秘宝。武都崇岫，一旦山崩，雄黄曜日。今驮运而至京，不得雇脚之值，瓦石同价。此盖时明主圣，契道全真福祥，大药不求而自至。"这话倒也并非全是歌功颂德，的确客观地反映了当时的社会环境和炼丹术的物质条件。可见，炼丹术在唐代进入鼎盛时期是集中了政治、社会、经济的优势，并与魏晋以来长期积累的丹道实践经验相结合而出现的。

---

① 《道藏》洞神部众术类，涵芬楼影印本，总第 589 册。

（二）唐代炼丹术的盛况

对唐代炼丹术之盛况，只要先展示一下当时所流行的神丹品种、名目，仅就其数目之惊人就足可使人有个初步而又深刻的印象了。唐代初年，著名医药与炼丹大师孙思邈（图 4-

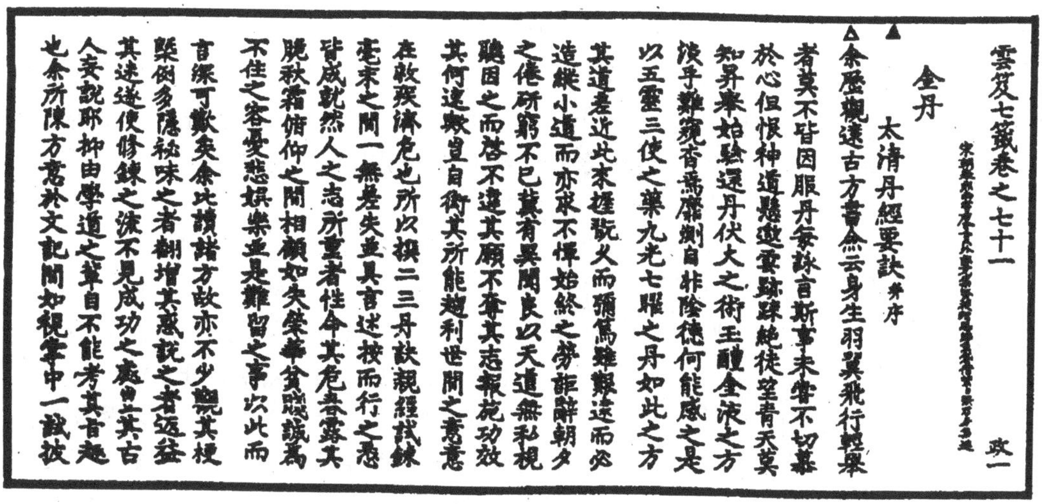

雲笈七籤卷之七十一　政一

金丹

▲太清丹經要訣 并序

△余歷觀遠古方書咸云身生羽翼飛行輕舉者莫不皆因服丹每詠言斯事未嘗不切慕於心但恨神道懸邈雲跡疏絕徒望青天莫知昇舉始驗還丹伏火之術玉醴金液之方淡乎難窺杳焉靡測自非陰德何能感之是以五靈三使之藥九光七曜之丹如此之方其道差近此來握翫久而彌篤雖艱遠而必造微小遺而亦求不憚始終之勞詎辭朝夕之倦所窮不已冀有異聞良以天道無私視聽因之而替不違其願不奪其志報施功效其何速歟豈自衛其所能趣利世間之意意在救疾濟危也所以撰二三丹訣親經試鍊毫末之間一無差失並具言述按而行之悉皆成就然人之志所重者性命其危吝露其脆秋霜俯仰之間相顧如失榮華貧賤誠爲不住之客憂悲娛樂並是難留之事以此而言深可歎矣余比讀諸方啟亦不少覩其梗槩例多隱秘味之者翻增其惑說之者返益其迷遂使修鍊之流不見成功之處由此其古人妄說耶抑由學道之輩自不能考其旨趣也余所陳方意於文記間如視掌中一試披

图 4-20　唐初丹经《太清丹经要诀》

（引自《正统道藏》）

21）在其所撰《太清丹经要诀》[①]（图 4-20）之卷首，便列举了“诸丹目录三品”：

初陈神仙大（应作“小”）丹异名三十四种：太一玉粉丹、太一召魂丹、返魂丹、更生丹、全生归命丹、四神丹、太一神精丹、神变丹、神液丹、假使通神丹、五灵丹、升霞丹、灵化丹、三使丹、捧香丹、太一丹、使者丹、奔月丹、控鹤丹、八石丹、丽日丹、素月丹、度厄丹、持节丹、绛色紫游丹、雄黄赤丹、赤雪流珠丹、红景丹、赤曜丹、重辉丹、红紫相间丹、艮雪丹、月流光丹、水银素霜丹。右所陈诸小丹法等，虽时所用，然其丹异名未必各知之，所以今并列之。

次陈神仙出世大丹异名十三种：黄帝九鼎丹、九转丹、大还丹、小还丹、九成丹、素子仙童丹、九变丹、太仙霞丹、太和龙胎丹、张大夫灵飞丹、升仙丹、神龙丹、马仙人白日升天丹。右诸大丹等非世人所能知之，今复标题其名，记斯篇目，而终始不可速值也。是以其间营构方法并不陈附［于］此，其有好事者，但知其大略也。

次陈非世所用诸丹等名，有十二（应作“二十”）种：八景丹、金华丹、玉味消灾丹、神光散馥丹、凝霜积雪丹、奔星住月丹、堕月惊心丹、金液玉华丹、茅君白雪丹、白雪赤雪丹、红绛垂璧丹、七星辟恶丹、七曜灵真丹、流石鲜翠丹、金辉吐曜丹、太清五色丹，北帝玄珠丹、感灵降真丹、群鬼升云丹、太白精丹。右按其方服之，神仙。既药物难具，营作非易，所以但列其名，不复陈其法式。若好事者宜以广知其名也。

---

① 《云笈七籤》卷七十一，第 396～403 页，齐鲁书社，1988 年。

图 4-21　孙思邈
（引自《仙佛奇踪》）

这些大小神丹是自西汉末"黄帝九鼎神丹"问世以来，经魏、晋、南北朝、隋各代，历 600 余年，而流传至唐初的部分神丹名目，也可以说是唐代金丹术士从事炼丹活动的基点。可见他们已经有了相当丰富的经验可兹借鉴。唐代炼丹术得以迈入黄金时代，这也是一个重要因素。

唐宪宗元和元年（806）西蜀方士梅彪撰成《石药尔雅》[①]（图 4-22），又列出了他所搜集到的诸丹别名、奇方异术之号，其中有法可营造者丹名如下：

太一金丹、太一玉粉丹、太一金膏丹、太一小还丹、还魂驻魄丹、召魂丹、太一玉液丹、华阳玉浆丹、华浆太一龙胎丹、太一三史丹、光明丽日丹、热紫粉丹、黄丹、小神丹、安期先生丹、太一足火丹、真人蒸成丹、硫黄液丹、裴君辟祭丹、无忌丹、主君鸡子丹、东方朔银丹、石汤赤乌丹、冷紫粉丹、太一小玉粉丹、太一小金英丹、韩众漆丹、雄黄紫游丹、刘君凤驻年丹、五岳真人小还丹、紫游丹、太一赤车使者八神精起死人仙丹、太一一味硇砂丹，太一八景四蕊紫浆五珠绛生丹、四神

图 4-22　唐代丹经《石药尔雅》
（引自《正统道藏》）

丹、艮雪丹、八石丹、八神丹、流黄丹、龙珠丹、龙虎丹、龙雀丹、五灵丹、紫盖丹、三奇丹、朝霞丹、肘后丹、凌霄丹、羡门丹、日成丹，穀汁丹、七变丹、太黄丹、菰血丹、日丸、酒丹、枣丹、蜜丹、乳丹、椒丹、太一琅玕丹、杏金丹、紫金

① 《道藏》洞神部众术类，涵芬楼影印本，总第 588 册。

小还丹、石脑丹、赤石脂丹、红槿丹、紫霞丹、石胆丹、紫盖丹。

此外，梅彪还列举了他所了解的"有名无法"的诸大仙丹：

　　黄帝九鼎丹、大仙升霞丹、紫青仙童丹、太和龙胎丹、张真人灵飞丹、太一八景丹、马明生白日升天丹、金液华丹、茅君白灵丹、白云赤雪丹、绛陵垂璧丹、七精辟恶丹、三昧消炎丹、九老神景丹、流霞仙翠丹、舍（含）晖吐耀丹、太清五色丹、北帝玄珠丹、奔星却月丹、堕月惊心丹、感灵降真丹、通神役使丹、九变丹、九成丹、紫精丹。

鉴于唐帝国幅员广阔，当时的金丹仙道派别林立，而且丹诀又都是师徒传承，而以上所列丹名仅是梅彪个人力所能及搜集来的，尽管他"少好道艺，性攻丹法，自弱〔冠〕至于知命，穷究经方，曾览数百家论功者"，但也只可能涉猎到很少一部分。只要翻阅一下现存《正统道藏》（唐代流传至今的已是很小一部分了）所收录的外丹经，加以相互参照排比，就不难判明这个结论。例如"黄帝九鼎丹"就是当时仍流传着的有名有法的大丹，原应属《上清经》系列，其时当在茅山派门下掌握、传承，而梅彪便只闻名而未目睹。所以上列诸丹的展示，虽名目已很可观，但也不过只是唐代中叶炼丹术内容的一个片段。

　　唐代炼丹术的大发展，不仅表现在大小神丹名目的浩繁上，而且更反映在升炼操作、加工工艺方面，较之汉代也复杂得多。初时，即使是炼制像"黄帝九鼎神丹"那样的"出世神仙大丹"，也只不过把天然矿物原料直接置于丹釜中升炼，一步烧成。及至唐代，修炼大丹的原料很多则是天然矿物的加工制品，即某些预先加工、制备的化学制剂。因此这时的炼丹术中就出现了众多药物加工法，化学内容极大地丰富了。《石药尔雅》也收录了一大批"药物名目"，它们实际上就是某些药物的预处理法和药剂制备法，兹转录如下（删除某些"符法"）：

　　黄舆伏火法、五石蒲枢法、造药归色法、令飞者伏法、令飞者飞法、造石精法、造五色盐法、造五石铜法、造三精六液法、造五色铅金法、造三十六水法、炼雄黄法、造水法、炼五矾法、太一禹粮法、炼钟乳法、炼紫石法、铅华法、造金液华池法、造牡荆酒化药法、造朱砂酒法、造理石酒法、造金粉法、造银粉法、造铜粉法、造铁粉法、造金膏法、造银膏法、〔造〕水银膏法、造柔赤期法、柔黄雌法、造白河车法、〔造〕赤河车法、单青河车法、造黄华法、芒消河车法、石亭脂河车法、东野河东法、镤河车法、紫河车法、造铜青法、五盐法、雄雪法、雌雪法、玄女五符法、玄女白雪飞符法、造铅白法、玄女神丹九转法、造飞霜赤雪法、造玄黄法、造石灰煎法、造玄珠法、伏雄黄法、伏雌黄法、炼礜石法、伏空青法、造银玄珠法、造空亭液法、造炮矾法、九转铅精法、造大黄牙法、青丹牙法、缩贺法、造乌铅法、造黑铜法、液银法、造铅粉法、输石粉法、小还丹牙法、造黑牙法、水炼雪母粉法。

此外，它还列出了一些与营建炼丹设备有关的方法，如"作灰坯法"（即金银冶炼炉）、"造黄砖法"、"造碧华池法"等。

　　《石药尔雅》还开列了 95 种经传歌诀名目。其中大部分已经亡佚，现存丹经中也多未提及。内中显然杂有论思神、符箓、行气、辟谷诸类方术的道书，但既列于《石药尔雅》名下，其中大多数当是叙述金丹术的。其中《狐刚子粉图经》、《抱朴子金丹经》、《青林子诀》、《茅君丹阳经》、《金碧潜通火记》、《太清石壁记》、《金灵诀》、《五盐诀》、《金楼先生诀》、《角里先生诀》、《阴长生守炉记》、《七返灵砂歌》、《太清丹论》、《龙虎丹经》、《西蜀樊德先生伏火诀》、《王倪伏火丹砂传》、《孙思邈经》、《杨罗开伏火丹砂传》、《麻姑八石传》等等大概可以肯定是这类外丹经。梅彪竟以一己之力汇集到如此多的道经,也足见唐代流行、造著之宏富。

至于唐代方术之士足迹所及"仙山"及有道之士楼居之地,则更是遍布中华各大名山胜境。垂拱、开元间著名道士、陶弘景四传弟子司马承祯[1]曾撰《洞天福地——天地宫府图》[2],谓全国有十大洞天、三十六小洞天及七十二福地:

　　　太上曰:十大洞天者,处大地名山之间,是上天遣群仙统治之所。

　　　　洞天王屋山　　　　　　　　洞天终南山　　　　　　　　洞天青城山

图 4-23　唐代道教圣地

(引自《天下名山图咏》)

　　第一,王屋山洞(图4-23),周回万里,号曰"小有清虚之天",在洛阳、河阳,去王屋县六十里,属西城王君治之。第二,委羽山洞,周回万里,号曰"大有空明之天",在台州黄岩县(今浙江东部沿海[3]),去县三十里,青童君治之。第三,西城山洞(图4-23),周回三千里,号曰"太玄总真之天",未详在所,《登真隐诀》[4]云:疑终南太一山是属,上宰王君治之。第四,西玄山洞,周回三千里,号"三元极真洞天",恐非人迹所及,莫知其所在。第五,青城山洞(图4-23),周回三千里,名曰"宝仙九室之洞天",在蜀州青城县,属青城丈人治之。第六,赤城山洞,周回三百里,名曰"上清玉平之洞天",在台州唐兴县(在今浙江天台山主峰南),属玄洲仙伯治之。第七,罗浮山洞,周回五百里,名曰"朱明辉真之洞天",在循州博罗县(今广东惠州市西北博罗县),属青精先生治之。第八,句曲山洞,周回一百五十里,名曰"金坛华阳之洞天",在润州句容县,属紫阳真人治之。第九,林屋山洞,周回四百里,号曰"龙神幽虚之洞天",在洞庭湖口,属北岳真人治之。第十,括苍山洞,周回三百里,号曰"成德隐玄之洞天",在处州(应作台州)乐安县(在今浙江省仙居县),属北海公涓子治之。(图4-23)

①　司马承祯,字紫微,师事潘师正,垂拱中隐于天台山,自号白云子。《云笈七签》卷一百十三有传。

②　《云笈七签》卷二十七。

③　系笔者注,下同。

④　《登真隐诀》,梁·陶弘景撰,见《道藏》洞玄部玉诀类,总第193册。

太上曰：其次三十六小洞天，在诸名山之中，亦上仙所统治之处也。

其名如下：霍桐山霍林洞天（在今福建霞浦县）、东岳泰山蓬玄洞天（在今山东泰安县南）、南岳衡山朱陵洞天（在今湖北衡山县）、西岳华山总仙洞天（在今陕西华阴县）、北岳常山总玄洞天（在今山西浑源县）、中岳嵩山司马洞天（在今河南登封县）、峨眉山虚陵洞天（在今四川峨眉县）、庐山洞灵真天（在今江西德安县西北）、四明山丹山赤水天（在今浙江余姚县南）、会稽山极玄大元天（在今浙江绍兴市南）、太白山玄德洞天（在今陕西太白县西南终南山中）、西山天柱宝极玄天（在今江西南昌县西）、小沩山好生玄上天（在今湖南醴陵市）、潜山天柱司玄天（在今安徽潜山县）、鬼谷山贵玄司真天（在今江西贵溪县）、武夷山真升化玄天（在今福建建阳县北）、玉笥山太玄法乐天（在今江西永新县）、华盖山容成大玉天（在今浙江永嘉县）、都峤山宝玄洞天（在今广西容县）、白石山秀乐长真天（在今广西贵县西）、勾漏山玉关宝圭天（在今广西北流县）、九嶷山朝真太虚天（在今湖南宁远县南）、洞阳山洞阳观天（在今湖南长沙市）、幕阜山玄真太元天（在今湖北崇阳县西南）、大酉山大酉华妙天（在今湖南沅陵县）、金庭山金庭崇妙天（在今浙江嵊县）、麻姑山丹霞天（在今江西南城县东南）、仙都山仙都祈仙天（在今浙江缙云县）、青田山青田大鹤天（在今浙江青田县）、钟山朱日太生天（即今南京市紫金山）、良常山良常放命洞天（在今江苏句容县）、紫盖山紫玄洞照天（在今湖北当阳县南，枝江县北）、天目山天盖涤玄天（在今浙江临安县西北）、桃源山白马玄光天（在今湖南常德市）、金华山金华洞元天（在今浙江金华市）。此外尚有"七十二福地，也是在"大地名山之间，上帝命真人治之，其间多得道之所"，这里不再赘述。当时有如此众多的养性修炼圣境，各道派"神仙"云游足迹遍及大江南北，这又可以从一个侧面说明唐代仙道活动热气朝天，炼丹术炉火旺盛的景况。

有唐一代不仅各种丹方、丹诀大量涌现，道经、道典著作空前宏富，而唐王朝又非常重视这些著述的蒐集和整理工作，因此道经也经过了几次的大整编，这对道教和炼丹术的继续发展以及道教文化的保存和传播都有着重要意义。据《道藏尊经历代纲目》[1]记载，隋代时已对道教经典进行过整编，有《隋朝道书总目》四卷问世，"载经戒三百零一部，九百零八卷；服饵四十六部，一百六十七卷；房中十三部，三十八卷；符箓十七部，一百零三卷。共三百七十七部，一千二百一十六卷。这大约就是唐代道书发展的基点。

唐高宗显庆元年（656），欲为太宗追福，把晋王旧宅改建为昊天观，诏命尹文操为观主。他修撰了《玉纬经目》，著录道经七千三百卷。及至玄宗先天元年（712年），勅京师太清观主史崇和京师太清观、玄都观、东明观、宗圣观、东都洛阳大福唐观、绛州玉京观的观主、法师、大德（道士、僧人尊称）以及昭文馆、崇文馆的学士合作修纂《一切道经音义》，兼撰《妙门由起》六篇，即集当时所有道经，稽其本末，撰其音义（言语、文词）。其序云："爰命诸观大德，及两宫学士，讨论义理，寻绎冲微，披《珠丛》、《玉篇》之众书，考《字林》、《说文》之群籍，入其阃阈，得其菁华。所音一切经音义，凡有一百四十卷。其音义目录及经目不在此数之中。"及至开元中，玄宗又发使搜访道经，纂修成藏[2]，题曰《三洞琼纲》，总三千七百四十四卷（又曰五千七百卷）。到天宝七年，又诏传写以广流布。这就是后代历朝修纂

---

① 见《道藏阙经目录》下卷，《道藏》正一部经名，总第1056册。

② "藏"，佛教、道教经典的总称，言经典能包含蕴积无量的法义。

道藏的发端。①

（三）唐代丹鼎派的两大旗帜——铅汞还丹与金砂大丹

唐代的长生丹药品种、名目虽多，但为炉火道士最为推崇的仍是从汉晋传承下来的金砂与铅汞还丹，不过都有发扬光大，成为大小神丹的核心，丹鼎道派的两大旗帜。

铅汞还丹派尊狐刚子《五金粉图诀》和《周易参同契》为经典。其实，这两部丹经在魏晋、南北朝时并未受到重视。葛洪《抱朴子内篇》既没有提到它们，也并不推崇铅汞。及至隋代，引起了苏元朗的重视，并作了重新理解，把铅汞论引入了内丹。及至唐代，外丹铅汞说也突然兴盛起来，而且也概以《参同契》为据，加以论证、发挥。例如唐人金竹坡所撰《大丹铅汞论》② 谓："夫大丹之术，生于铅汞，而铅汞之药乃大丹之基。""盖铅汞者，日月之精，出于天而光照四表。"唐人依托阴长生所撰《周易参同契注》③ 序文也说："此之二宝，天地之至灵。七十二石之尊，莫过于铅汞也。感于二十四气，通于二十四名，变化为丹，服者长生。"

唐末（或五代）道士孟要甫（玄真子）《金丹秘要参同录》④ 则讲得更加坦率，旗帜更为鲜明："一切万物之内，唯铅汞可造还丹，余皆非法。"

但从现存丹经看，唐代方士对铅汞还丹多空泛议论，玄学思辨的气息浓重，总在为明辨"真铅"、"真汞"上纠缠不休，正如《修炼大丹要旨》⑤ 提出的问题："世人莫不知铅汞为大丹之基，往往多不明真铅、真汞之理与夫相互吞窃之道，是以不知生生无穷之妙也。"

而当时对"真铅"也的确是众说纷纭，有说为黑铅者，有说为铅精者，还有更为玄妙之说者，莫衷一是。其原因大概一是由于众家对《参同契》并无统一的理解；二是丹家往往要故弄玄虚，以隐其秘，多不愿吐露真情，故论丹中多用隐语。所以直到晚唐时，道士金陵子在其《龙虎还丹诀》⑥ （图 4-24）中仍说：

> 其还丹无方，《金碧经》及《参同契》是其方也。自古真仙悉皆隐秘灵文，藏于洞府金简，秘在仙都，纵口诀书在纸墨，亦须师传，不可轻用，理玄深而莫测，旨秘奥而难寻。

谈到明辨真铅、真汞之难时，他也不无感慨地说：

> 余亦非先觉者，给侍长者，苦辛岁久，侧聆斯义。坎离二卦为药之根源。朱砂南方火之位，内含水银也。黑铅北方水，内含银也。银是铅中之精，水银是砂中之宝。精宝既分，各归其根，故为（谓）之青龙（砂中汞）、白虎（铅中银）。《经》曰："用铅不用铅"其义可知也。据此，白银是铅中之至精，水银是砂中之真宝。若将此银及水银为丹药，恐无得理，故经云："若向铅中求、玄发成白头"此是世间凡银，

---

① 参阅陈国符《道藏源流考》上册第 114～231 页。参看唐·史崇撰《一切道经音义妙门由起》，《道藏》太平部经名总第 760 册。

② 《道藏》洞神部众术类，涵芬楼影印本，总第 596 册。

③ 《道藏》太玄部经名，总第 621 册。参看陈国符《道藏源流续考》第 377 页。

④ 即《诸家神品丹法》（卷二）。参看陈国符《道藏源流续考》第 339 页。《诸家神品丹法》见《道藏》洞神部众术类，总第 594 册。

⑤ 《道藏》洞神部众术类，总第 591 册。

⑥ 《道藏》洞神部众术类，总第 590 册。

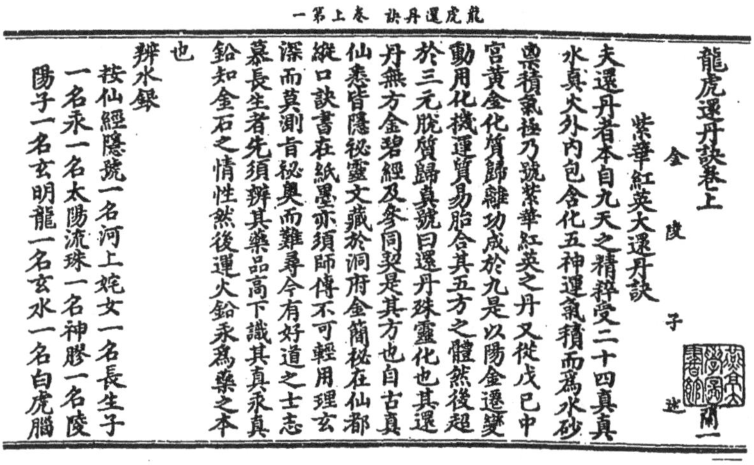

> 龍虎還丹訣卷上　　金陵子　述
>
> 紫華紅英大還丹訣
>
> 夫還丹者本自九天之精醇受二十四真
> 奧積氣極乃說紫華紅英之丹又從戊巳中
> 水真火外內包含化五神運氣積而爲水砂
> 宮黃金化質紫硫鍊成於九是以陽金逐變
> 動用化機運貿勾胎含其五方之體然後超
> 於三元脫質歸真號曰還丹珠靈化也其真
> 縱口訣書在紙雲亦須師傅不可輕用理玄
> 深慕莫測肯秘奧而難尋今有好道之士志
> 仙态皆隱秘旨秘靈文藏於洞府金簡秘在仙都
> 慕長生者先須辨其藥品高下識其真真
> 鉛慕知金碧之情性然後運火鉛汞爲藥之本
> 也
> 辨水銀
> 按仙經隱號一名河上姹女一名長生子
> 一名汞一名太陽流珠一名神膠一名丹陵
> 陽子一名玄明龍一名玄水一名白虎腦

图 4-24　唐代丹经《龙虎还丹诀》

（引自《正统道藏》）

岂堪为药；又若用铅及水银，固也可也，去道远矣，深宜省之。又别一说，衔银［铅］者，非真也。又一说，铅衔银者，非真也。又一说铅中真铅也。又一说，嘉州铅能制水银，可使立乾。

可见金陵子苦辛岁久，师侍多年，还是没弄清楚师辈们所说的真铅是什么？除铅黄华、黑铅外，铅中之银、世上白银、衔银铅（一种含银的铅矿石）、衔铅银（含铅的银矿石）、嘉州铅（古称草节铅，即今所称方铅矿石①），似乎都可算一说，但又似乎都不是。不过金陵子究竟是位较有独立见解的炼丹家，他在《龙虎还丹诀》中明确地阐明了自己对真汞、真铅的看法：

> 辨真汞：取上品丹砂，一色不杂者。抽得水银转，更含内水内火［之］气，② 为（谓）之真汞。故《经》云："杂类不同种，焉能合体居"同类者是其真汞也，亦名子母，仙经秘而不泄。

> 辨真铅：按《龙虎经》云："故锡外黑而内华金体。"按《潜通诀》曰：'玄白生金公，巍巍建始初。'金陵子曰："真铅者，取其矿石中烧出未曾焙抽伏治者。含其元气，为（谓）之真铅。"《大洞真经》皆隐秘其真铅，不可轻泄。③

所以金陵子认为"真铅"就是自铅矿中炼出的金属铅，而未经进一步焙炼抽提出银者，故含元气（铅精）。《龙虎还丹诀》中有《金花还丹方》，讲解明晰，无丝毫神秘色彩，大概也符合当时一些丹师（如陈少微等）的意趣。因此我们姑且把它视为唐代铅汞还丹的一个较典型的配方：

> 铅八两，水银八两。右二物相和，以左味细研令相入，以甘土埚［盛］，泥包裹为球，令干。入镮炉，以灰拥其下，著文火养六十日，出之。又以左味重细研，依前入（为）球，又火养六十日。日满后，即每十日一度，添二两银（按注：取真好

---

① 据《丹房镜源》："草节铋出嘉州（在今四川乐山、峨眉、犍为、马边一带），打着碎。如烧之，有硫黄臭烟者。"参看何丙郁《道藏·丹方鉴源》，香港大学亚洲研究中心（1980）。

② 因金陵子指明以上火下水式的竹筒炼水银法，故谓所得水银更含内火内水。参看本书第五章第六节。

③ 这种说法是金陵子师承陈少微。陈少微《大洞炼真宝经九还金丹妙诀》（《道藏》洞神部众术类总第 586 册）中已有关于"真汞"的说明，但未解释"真铅"。但这种说法肯定不是《周易参同契》的原意。

者错为末，细研令相入）。都（共）八度添，计用八十日，都（共）成一斤药。如本
药是半斤，每度添一两，都（共）成一斤。药伏如希（似讹）汞，渐有神用也。又
入火养一百六十日药成。都（共）三百六十日火，一周气足也。一刀圭可干一斤水
银，如日服一粒，寿逾万劫。

在这个升炼过程中银粉并不会发生什么化学变化，但丹师们认为通过添银，在升炼成的大丹
中便有了银的精气。所以"金花还丹"仍是朱紫色的 $HgO-Pb_3O_4-PbO$ 混合物，即铅汞还丹，
与铅汞合炼的产物并无区别。

　　唐代前期，中国炼丹术中另一个主要道派是金砂派。他们师承葛洪的"金液—还丹"说。
其要诀还是修炼药金和升炼九转还丹。

　　在这个时期，由于一些炼金术士已认识到从汉晋以来人工炼制药金的努力都是失败的记
录，因此对饮服金液的激情逐渐冷淡一下，金液的地位已远不如汉魏时期，而且也不那么神
秘了。可以肯定，这时供服食的药金主要是一些金黄色、可研磨成粉的物质，而以水、左味
华池、乳汁调研成混浊液，即"金液"，以便冲服。所以金液的含义也更明确了。开元中蒙山
道士张九垓[①] 所撰《金石灵砂论·释金液篇》[②] 就明确指出：

　　若修金液，先炼黄白（药金），黄白得成，乃达金石之理，黄白若不成，何修金
液乎？石［金］性坚而热，有毒，作液而难成，忽有成者，如麵糊，亦不堪服食，销
人骨髓。药金若成，乃作金液，黄赤如水，[③] 服之冲天，如人饮酒注身体，散如风雨，
此皆诸药之精，聚而为之，所以神液就而金石化。

那么他制作金液的黄白究竟是什么？该部丹经的《成金篇》则做了明确的讲解：

　　汞一斤，白虎（铅）八两，雄雌（黄）、白雪（大概是粉霜）八两，火伏六十日
成丹，服之必不死。。以此金作液，服之身如金色。用瓶盛，藏于土，二百日后，以
火温百日成液，服之上升太清。

这种黄色金液丹的主要成分大约是红色氧化汞、黄色氧化铅、黄色雌雄黄和白色的粉霜
（Hg_2Cl_2 或 $HgCl_2$）的混合物。用瓶盛之埋地下成水，[③]正是继承了《三十六水法》的规程，成
"水"的原理，前文已作过说明了。

　　至于九转还丹，在唐代前期仍然还是以水银一物经九转（九次重复升炼）而还复生成的
"丹砂"（红色氧化汞），它还未涉及硫黄。唐初孙思邈在其《太清丹经要诀》中介绍的"七返
丹砂法"就是这种还丹：

　　汞一大斤，安瓷瓶中，瓷碗合之。用六一泥固济讫，以文武火渐烧，数至六七
日，即武火一日成。如此七转，堪服。其火每转须减损之，如不减恐药不住也。

除了九转还丹外，方士们这时还仍然在不懈地努力，寻求在自然界中生成的上品丹砂，仍把
它视为至尊至圣的宝物。《龙虎还丹诀》就对上品丹砂有翔实的描述和说明。

　　"［丹砂］如'座'生者，是最上品之砂。……故知阳之真精降气，而圆光周满，
无有偏邪（斜）但是伏治之砂，作芙蓉头而圆光通明者，即是上品，神仙服饵之药。

---

① 张九垓，蒙山人，号浑沦子，又称蒙山张隐居。唐代的蒙山在沂州，位于今山东费县北。

② 《道藏》洞神部众术类，涵芬楼影印本，总第586册。

③ 铅、汞的氧化物；砷的硫化物一旦溶解成真溶液，皆无色，而此金液仍保持黄赤色，表明它必然只是该金液丹的
悬浊液。

《经》言：丹砂者，自然还丹也。又只如玉座之砂，世人总知之。如金座、天座是太上紫龙玄华之丹，非俗人凡夫之所见知也。其玉座则俗流志士积功修治，服之致仙。其金座，则宿有仙骨、清虚致神、隐之岩穴［者］，则神仙采与食之，便当日羽化升腾。其天座，则太上天仙真官所取服饵，非下仙之药也。……金座则座黄色，当中有五枚，层层而生，四面四五小珠周绕。……天座则座碧色，当中有九枚，层层而生，四面七十二枚周绕，在于飘飘太虚之中。……世上不可得也。

这些话表明他们对上品丹砂是羡慕不已的，不过又感叹此物至稀至珍，恐自己既无缘获取，也无缘目睹，于是把希望更多地转向丹鼎修炼。

这时虽然以硫黄、水银合炼而成的"小还丹方"已经问世，但它的地位还远不如铅汞还丹，也不及唯汞派的还丹。孙思邈只把它作为"去心怯、热风、鬼气、邪疰（慢性传染病）、蛊毒、天行瘟疟、镇心益心脏"的医药，还叮嘱"不可多服。"即使到了《金石灵砂论》问世时（中唐），它仍说："水银、硫黄烧成小还丹，伏火名紫粉，服之止虚热，压惊痫。未（不）得度世，不堪点化。"[1] 但是这时金砂派中的很多方士已注意到以硫黄还汞为丹，方法简单，升炼效率高，当是还丹仙道中一个有美好前景的途径。所以从那时起，研究硫汞还丹的热情就逐渐高涨起来，并在很短的时间里就取得了辉煌的成就。大约在天宝年间，衡岳真人陈少微撰成《大洞炼真宝经九还金丹妙诀》[2]（图 4-25），它对这一时期硫汞还丹研究的进步和成果作了充分的反映，它也可以说是中国炼丹术史上关于硫汞还丹研究的最精彩专著。那时，

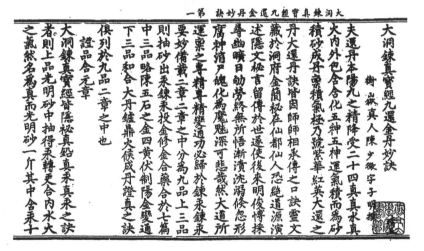

图 4-25　唐代丹经《大洞炼真宝经九还金丹妙诀》
（引自《正统道藏》）

陈少微已经既能熟练地以水银、硫黄升炼出丹砂，又可精确地从丹砂中以金属铅还原出水银，而且"分毫无欠"。[3] 他曾反复地进行转炼，加以精制，而取得了"七返七还"的大丹。所谓"还"是以硫黄烧出紫砂，即"金归于丹"：

$$Hg+S \xrightarrow{\text{室温}} HgS（黑色青砂头）$$

---

① 见《张真人金石灵砂论·释紫粉篇》。
② 《道藏》洞神部众术类，总第 586 册。
③ 关于陈少微升炼灵砂的成就详见本书第五章第六节。

$$HgS（黑）\xrightarrow{\text{密封升炼}}HgS（红色紫砂）$$

所谓"返"是"砂化为金"，通过"炼汞投金"、"水火相济"得到"三光禀气相会"的水银[①]：

$$HgS（红）＋Pb\xrightarrow{\text{升炼、冷凝}}Hg＋PbS$$

在当时方士们的认识中，这种"七返七还"的"砂"所以成为出世大丹，除"水火相济"外，"炼汞投金（铅）"是意义重大的，它不是今人眼光中的一个普普通通的化学反应，而被视为一个"输入银气"的过程，因此抽出之水银绝非世俗者可比，所以他们称之为灵汞，而以此灵汞经"七还"而生成的大丹，他们则呼之为灵砂，更尊称为"紫华红英大还之丹"。它就是中国炼丹术史上的硫汞还丹。

　　就在唐代中叶，硫汞还丹上升为炼丹术中的另一面主要旗帜，金砂派便发展成了灵砂派。在他们看来，硫汞还丹正是他们运用阴阳之道取得的一项辉煌胜利。其中义理，正如《太清玉碑子·大还丹歌》[②] 所说：

　　　　夫大丹两物共成，不入杂药，若用五金八石，各别有用处，并不入大还丹。其硫黄是太阳之精，水银是太阴之精，一阴一阳，合为天地。

　　这时一些方士也从"理论"上对丹砂作进一步探讨。由于自古就有"丹砂化金"之说，于是他们便提出丹砂是金与火的相互感应；又因为硫黄在当时已被普遍认为是"禀纯阳火石之精气，结而成质，"[③] 所以他们把丹砂视为汞（金精）与火的结合。《龙虎还丹诀》（卷上）对此有完整的阐述：

　　　　其丹砂……，至灵、至神、至圣、至明。怀袖中致（置）一两尚辟去邪魔，况伏治［后］入于五藏。五神协符会气，托形为丹砂。［丹砂］是太阳至精，赤帝之君，金火之正体。通于八石，应二十四气，万灵之主，造化之根，神明之本，能变化也，故号曰赤龙。……其丹者是金感于火，名之为丹；汞者是火去于金（丹），而名曰汞。金火之精结成［丹］，含玄元澄正之真气，还丹之基本，大药之根源。《经》曰："阳精赫赫，得之可以还魂返魄。"按《受寿记》，亦云：'阳精赫赫，固魂固魄，神仙之上品。若得上品丹砂，不假烧合，便堪服饵，是自然之还丹也。

这种说法显然也适用于解释烧炼水银为"丹砂"的机理。我们暂不论上述说法正确与否，而这种从实验事实出发进行理论思考和逻辑推理的尝试，显然对古代化学的发展是很有益的。

　　在唐代炼丹术活动中，除了铅汞、硫汞两大还丹体系和众多大小神丹外，随着社会上对药金的推崇，黄白术仍然受到激励，又有了很大发展，不过相当多的变金术士对黄白术的目的则改变了初衷，更多的是以发财致富为目的了。据《金石灵砂论》的记载：

　　　　上金有老聃流星金、黄帝楼鼎金、马君红金、阴君马蹄金、狐刚子河车金、安期先生赤黄金、金楼先生还丹金、刘安马蹄金、茅君紫铅金、东园公上田青龙金、李

　　① 金陵子《龙虎还丹诀》云：夫大还七返九还者，异名而同体，返者是砂化为金（水银），还者是金归于丹。"见《道藏》洞神部众术类，总第 590 册。

　　② 托名葛洪撰《太清玉碑子》出自唐人之手。见《道藏》洞神部众术类，总第 597 册。

　　③ 见《上洞心丹经诀》，《道藏》洞神部众术类，总第 600 册。

少君煎泥金、范蠡紫丹金、徐君点化金，皆神仙药化，与大造争功。①

在正史、唐代笔记小说、道教著述中对唐代黄白术都不乏记载，兹举出两则，很有参考价值。《旧唐书》（卷一百九十一）记载：[孟诜①]"垂拱初，累迁凤阁舍人，诜少好方术，尝于凤阁侍郎刘祎之家，见其敕赐金。谓祎之曰：'此药金也，若烧火，其上有五色气。'②试之果然。则天闻而不悦。"这段文字表明，孟诜已知利用焰色反应来检定铜合金，②这在世界上也算是个创举，表明在黄白术活动中也不无重要的科学发明。《太平广记》收录了宋·戴君孚《广异记》中的一段记载（摘要），谓：

> 隋末，有道者居于太白山（在今宁波东，东海之滨）炼丹砂，合成大还丹，化赤铜为黄金。有成弼者给侍之，道者与居十余岁。弼后以家艰辞去，遗子丹十粒，一粒丹化十斤赤铜。弼乃还，如言化黄金以（已）足用。弼有异志，复入山见之，更求还丹，道者不与，弼乃持白刃劫之，持丹下山。……弼多得丹，多变黄金，金色稍赤，优于常金，可以服饵。家既殷富，则为人所告，云弼有奸，捕得，弼自列能成黄金，非有他故也。唐太宗问之，召令造黄金。弼造金凡数万斤而丹尽。其金所谓'大唐金'也，百炼益精，甚贵。……至今外国传成弼金，以为宝货也。③

这段故事情节离奇，显然有夸张、杜撰的成分。但谓唐代黄白术大量转入经济目的，规模可观，并有药金输出域外，这倒是可信的。

（四）唐人对金丹术的反思

唐代炼丹术由于受政治、经济、社会风尚和宗教思潮等诸多方面的共同影响，出现了高度繁荣的局面。若从古代化学工艺与实验技艺、从人们对化学现象和化学变化的深入观察与探讨、从对矿物的广泛采集、鉴别和利用等角度来看，可以说都得到了长足的进步，表明它推动了古代科技文明的发展。然而伴随着它的大发展，却潜伏下了它自身的深刻危机。因为随着炼丹术活动的开展日益广阔，尝试长生丹药的人越来越多，金丹仙药的长生效果也就受到了广泛的实践检验。显然，这就使炼丹术士的主观愿望与客观实际效果之间的矛盾越来越多地暴露出来；而人们对神丹大药迷恋的程度越加狂热，遭受的灾难就越加惨重。长生久视、羽化成仙，固然使人神往，但是长期以来，服饵求长生、万寿无疆的人从无所见，相反，中毒暴卒的却屡见不鲜，这就不能不使人越来越对金丹仙道感到疑惧，也不能不使一些方士逐步清醒起来，开始反思。所以在唐代后期，社会上和炼丹术士中间都开始出现异议，责难的声音逐渐响了起来。例如，唐宪宗元和五年，李藩便上奏：

> 《老子》指归，与经无异。后代好怪之流，假托老子神仙之说。故秦始皇遣方士载男女入海求仙，汉武帝嫁女与方士，求不死药，二主受惑，卒无所得。文皇帝服胡僧长生药，遂致暴疾不救。古诗云：'服食求神仙，多为药所误'诚哉是言也。④

其后宪宗又笃信神仙方术，服方士柳泌金丹药。元和十四年（819）起居舍人裴潾上疏又切谏，

---

① 孟诜（约621～713），唐代著名方士和医药学家，汝州梁（今河南临汝）人，曾举进士，官至光禄大夫，撰有《补养方》（后经张鼎增补，改名为《食疗本草》）、《必效方》等。见《旧唐书·孟诜传》（卷一九一），第18册第5101页，中华书局1975年。

② 铜质在火烧时染火焰为绿色，与红、黄、紫焰相杂，故成五色焰。

③ 见《太平广记》（卷四百）第8册，总第3214～3215页，中华书局，1961年。

④ 见《旧唐书》（卷十四）（本纪第十四）第2册，总第432页。

谓：

> 夫药以愈疾，非朝夕常饵之物。况金石酷烈有毒，又益以火气，殆非五脏之所
> 能胜也。古者君饮药，臣先尝之，乞令献药者先饵一年，则真伪自可辨矣。[①]

而唐代时对金石药的灾难大声疾呼，言词最为激烈的要算晚唐方士内丹家郑思远（非葛洪之师郑隐）了。他在其《真元妙道要略》[②] 一书中列举了大量服饵金丹造成的种种悲惨后果，慷慨陈词，劝诫世人急快黜假验真，祈望好道君子改弦易辙，"无（勿）使虚滞时光已矣"。他说：

> 余窃闻见学子不遇明师，误认粪秽，错修铅汞，损命破家，其数不可备举，略而述记：有用凡朱、汞、铅、银，取抽水银，号为天生牙，服而死者；有用硫黄炒水银为灵砂，服而头破背裂者；有炒黑铅为水铅（即指水粉、铅粉），服成劳疾者；有以盐、硇砂啖十六岁童儿童女，取大小便烧淋取霜为铅汞者（按指秋石）；有以四黄八石都合烧为大药者；有以葫芦成（盛）硝石并白石英或紫石英为一物，含五彩之道者；有烧炼姜石、云母、硫黄及土为至药者；有以曾青、空青结水银，烧伏火，号真金者；有以硫黄、雄黄合硝石并蜜，烧之焰起，烧手、面及烬屋舍者；有以"水火漏炉柜"九遍烧水银、青砂子号九转七返灵砂者；有以黄丹、胡粉、朴硝烧为至药者；有以炼黑铅一斤，取〔水〕银一铢，号"知白守黑，神名自来"，为真铅银者；有以黑铅一斤，投水银一两，号为"真-神符白雪"者。其前件所用，迷错为道之人，轮年修炼，皆是费财破家，损身丧命，伤风败教。如此之流，学者如毛，或无一角可中，由（犹）盲者不挂杖，聋者听宫商，汲水捕雄兔，登山索鱼龙。

但是，当时人们虽对金丹服食的迷恋开始动摇，但对长生久视的追求并没有放弃，只是感到选取炼服金石这条途径，似乎是条绝路，而且风险很大。所以一批好道之士开始转向内丹。于是内丹派在唐代有了相当大的市场，有关的论著已在群众中流传，并产生了越来越大的号召力。张元德《丹论诀旨心鉴》[③]、羊参微《元阳子金液集》[④]、刘知古《日月玄枢论》[⑤]、还阳子《大还丹金虎白龙论》[⑥]、吴筠《南统大君内丹九章经》[⑦]、林太古《龙虎还丹诀颂》[⑧]、董师元《龙虎元旨》等等都是唐代内丹派有影响的著述。

六　宋代炼丹术的衰退

（一）赵宋王朝的崇道与金丹术的困境

李唐王朝覆灭之后，相继出现了五代十国。北方的梁、唐、晋、汉、周五个小朝廷匆匆

①　见《资治通鉴》（卷二百四十一）〈唐纪五十七〉，第17册总第7775页，中华书局，1956年。

②　见《道藏》洞神部众术类，总第596册。陈国符鉴于该丹经之末一段有"又烟萝子曰……"，而烟萝子为五代时方士，因此认为它的撰者郑思远乃五代时人。但又有学者认为"烟萝子曰……"一段似为后人所加，郑思远似为晚唐时人，这里姑从后说。从该经内容看，郑思远是一个内丹派的道士。

③　《道藏》洞神部众术类，涵芬楼影印本总第598册。

④　《道藏》洞真部方法类，总第113册。

⑤　宋·晁公武《昭德先生郡斋读书后志》（《四部丛刊》三编史部）著录道书类《日月玄枢论》一卷，唐·刘知古撰。

⑥　《道藏》洞神部众术类，总第598册。

⑦　《道藏》太玄部经名，总第727册。

⑧　《道藏》太玄部经名，总第741册。

继灭；南方则封建割据，十国分治，统治者穷奢极欲，搜刮百姓。及至周太祖郭威和宋太祖赵匡胤进行了统一的战争，才使连年战乱、南北分裂的局面结束。赵宋王朝再现了长期大一统的局面，道教则在这一时期，再度出现了一个兴盛时期。但这次道教的活跃、繁荣，并不意味着金丹术的更大发展。

道教在北宋时期的得势，情况与唐代比较，有相似之处，即赵宋的统治者首先也是从政治的需要，特别是为了神化自身、镇服四海、夸示戎夷而扶植道教势力，鼓励振兴道教的活动。所不同之处，唐代诸帝多热衷于服食长生，迷信金丹大药，既重道法，又崇炼养；宋代诸帝则汲取了唐代一批皇帝服丹药中毒罹难的教训，一般来说则对烧丹炼药不十分感兴趣，因而多只重道法而轻丹法。正如宋真宗赵恒所说，他崇道是为了"保国安民"，而"非敢溺方术、求神仙"。① 所以宋代尽管道教得势，道士得授以道官道职，道教首领及"得道高士"备受恩宠，甚至仙吏与人臣合一，但丹鼎长生术教派则时运并不佳妙，却是每况愈下，金丹长生的说教在社会上越来越引起普遍的怀疑，受到多方的责难，甚至遭到猛烈的抨击。即使在道教的内部，大批的道士也失去信心，别寻长生养性的途径，很多人转向内丹修炼，建立新的金丹教派；另一些流俗道士自己并没有对金丹的虔诚信仰，但欺世盗名以金丹惑众，以黄白术诈财，这就进一步损害着金丹术的形象。因而，内外交困的形势使得外丹教派的活动日趋衰颓，名声更是江河日下。

考查正史记载，宋初太祖之世并无崇道之举，关于他与道士之间的交往，只提及他出于对高士苏澄（《宋史》作苏澄隐）的景仰，曾于"壬申（开宝五年），幸其所居，谓曰：'师年逾 八十而容貌甚少，盍以养生之术教朕'。对曰：'臣养生不过精思炼气耳。帝王养生，则异于是。老子曰：我无为而民自化，我无欲而民自正。无为无欲，凝神太和，昔黄帝、唐尧享国永年，用此道也。'帝悦，厚赐。"② 这与崇道并没有多大关系，更与金丹术无涉。而相反，在宋初却有一些限制道士活动的诏令，如"开宝五年九月，是月，禁玄象③ 器物、天文、图谶、七曜历④、太乙⑤、雷公、六壬遁甲等，不得藏于私家，有者并送官。十一月癸亥，禁释、道私习天文、地理。"又如"开宝五年冬十月甲辰，试道流，不才者勒归俗。"⑥

太宗赵炅则有思延年、慕长生的念头。早在藩邸时，他便"暇日多留意医术，藏名方千余首"。及至即帝位，于是"诏翰林医官院各具家传经验方以献，又万余首，命〔王〕怀隐与副使王祐、郑奇、医官陈昭遇参对编类。每部以隋太医令巢元方《诸病源候论》冠其首，而方药次之，成一百卷"，并"御制序，赐名曰《太平圣惠方》，乃令镂板颁行天下"。这倒是为百姓和后代做了件积德的事。⑦ 五代时的高士陈抟，据说"服气辟谷历二十余年"，先居华山云台观，后移居九华石室。太平兴国中曾朝觐太宗，深受敬重，下诏赐号希夷先生，赐紫衣，

① 见宋·谢守灏编《混元圣纪》（卷九），《道藏》洞神部谱录类，总第551—553册。

② 见《续资治通鉴》卷七《宋史·太祖》，亦见《宋史》卷四百六十一《列传第二百二十，苏澄隐》第39册，总第13511页，中华书局，1977年。

③ 玄象即天象。

④ 七曜指日、月和水、火、木、金、土五星。《素问·天元纪大论》谓："九星悬朗，九曜周旋。"

⑤ 太乙，同"太一"，指形成天地万物之元气。道教又作为万物本原之虚无的"道"。

⑥ 见《宋史·太祖本纪》（卷一），第1册第38页。

⑦ 见《宋史》（卷四六一）〈列传第二百二十·方伎王怀隐〉，第39册总第13507页。

增葺所止云台观。① 又太平兴国三年（978）夏四月乙卯朔，太宗命群臣祷雨，召华山道士丁少微。次年九月庚子，丁少微诣阙献金丹及巨胜、南芝、玄芝。② 不过太宗尊道的原因，除养生延年的目的外，其实更重要的还是源于政治上的倚重。因他在藩邸为晋王之时，便觊觎帝位。开宝九年太祖晏驾之次日便传出太祖已废太子，谕弟光义继帝位。光义即位改名炅，是为太宗。其时宦官王继恩曾奉太宗的旨意，授意凤翔府周至县县民张守真（一个搞扶乩迷信的人）编造了一个故事：张守真曾游终南山，忽闻空中有召唤之声，自称是高天大圣玉帝的辅臣，奉玉帝之命降显于世，以辅佑大宋皇朝，要张传言于太祖，谓"晋王有仁心"。太宗耍弄这套把戏，显然是由于太祖死后有"烛影斧声"的传说，他为了平息朝廷内外的喊喊私语，便利用道教，编造了神灵降显的神话，以此来制造君权神授的政治舆论。因此他即位之后，便封此神为"翊圣将军"，在终南山建造了规模宏大的太清太平宫，供奉此神，赐张守真紫衣，号崇元大师。从此"翊圣"便成为宋王朝供奉的尊神之一。③ 此事可谓赵宋利用道教为其政权服务之始。

宋王朝崇道活动所出现的真正高潮则是在真宗与徽宗两朝。

真宗赵恒在位的前期，继承了其父太宗"清静以致治"的政策，欲以稳定社会，所以积极推行黄老之治，"奉希夷而为教，法清静以临民"。④ 他认为"至于希夷之旨，清静之宗，本于自然，臻于妙用。用之于政，政协于大中；用之于身，身跻于老；施于天下，天下可以还淳；渐于生民，生民由其介福。"⑤ 相信"尊五千（按指《道德经》五千言）之训，天下可以还淳"。于是他便效法唐玄宗的"无为之治"，把黄老思想既作为政治思想，又当作宗教思想。认为"汉尚其言，措于刑辟；唐宗其道，致乎升平"。至于他在大中祥符之后，开始越加起劲地崇奉道教，那更是直接地由于政治形势的需要。原来景德元年（1004）辽兵南下，真宗御驾亲征，被困于澶州，于是被迫与辽国订立了"澶渊之盟"。从此他便惧于用兵辽邦。于是与主和派宰相王旦、大臣王钦若合谋，试图利用道教神灵来"镇服四海，夸示戎狄"，君臣便导演了一幕"天书降临"的骗局。据《续资治通鉴》（卷二七）记载：大中祥符元年正月乙丑，帝召宰臣王旦、知枢密院事王钦若等于崇政殿，谓梦神人告曰："来月三日宜于正殿建黄箓道场一月，当降天书《大中祥符》三篇。"于是便在十二月朔于朝元殿建道场，"恭伫神贶，虽越月，未敢罢去。适觇皇城司奏。左承天门屋之南角有黄帛曳于鸱吻之上"。据说书卷封面有文曰："赵受命，兴于宋，付于慎，居其器，守于正，世七百，九九定。"卷内有黄字书写的"神谕"三幅，"始言帝能以至孝至道绍世；次谕以清净简俭；终述世祚延永之意"。于是真宗便遣人祭告天地、宗庙社稷及京都寺庙，命文武百官酌献"天书"，并特意邀请辽国使者陪列。同年十月，真宗又率大臣奉"天书"至泰山封禅。大中祥符五年十月，真宗又尊黄帝为赵氏始祖。编造说：有灵仙仪卫天尊降于延恩殿，对朕曰："吾人皇九人中一也，是赵之始祖；再降，乃轩辕皇帝，……后唐时，奉玉帝命，七月一日下降，总治下方，主赵氏之族，今已百年。皇帝善为抚育苍生，无怠前志。"于是他又尊族祖赵玄朗为"圣祖上灵高道九天司命保生

---

① 见《宋史》（卷四五七）〈列传第二百十六·隐逸陈抟〉，第 38 册总第 13420～13422 页。
② 见《宋史》（卷四）〈本纪第四〉，第 1 册第 63 页。
③ 见宋·王钦若编集《翊圣保德传》，《道藏》正一部经名，总第 1006 册。可参看任继愈主编《中国道教史》第 465 页。
④ 见《宋史》（卷四六二）〈列传二十二方伎下·贺兰栖真〉，第 39 页第 13515 页。
⑤ 见《混元圣纪》卷九。

天尊大帝"，成了仅次于玉皇的尊神。七年正月，他又奉"天书"到亳州太清宫祭献，尊老子为"混元上德皇帝"。显然，他自导自演的这一幕幕闹剧是演给辽国国君看的，想利用当时契丹族人敬畏天命的习俗，以"进神道设教之言，欲假是以动敌人之听闻，庶几足以潜消其窥觎之志"。① 所以在大中祥符年间，在全国朝野上下出现了一阵阵崇道的狂热。

由于太宗、真宗的崇道，他们对道教的典籍很注意搜集整理。汉唐道籍在五代动乱期间，流散很多，宋太宗曾组织人力寻访道经，"得七千余卷，命散骑常侍徐铉、知制诰王禹偁校正，删去重复，写演送入宫观，止三千三百三十七卷"。② 大中祥符二年，真宗"诏左右街选道士十人校订《道藏》经典。至三年，又命崇文院集馆阁官僚详校"。③ 其后又将藏于亳州太清宫的秘阁道书《太清宝蕴》调出，送至余杭郡，交知郡枢密直学士戚纶、漕运使陈尧佐，选道士冲素大师朱益谦、冯德之等负责修校。又命王钦若总统其事，"于是按照旧目刊补，凡洞真部六百二十卷，洞玄部一千一十三卷，洞神部一百七十二卷，太玄部一千四百七卷，太平部一百九十二卷，太清部五百七十六卷，正一部三百七十卷，合为新录，凡四千三百五十九卷"。并撰成篇目上进，真宗赐名《宝文统录》④。但《统录》"纲条漶漫，部分参差"，与唐明皇御制《琼纲经目》及唐代《玉纬》的书目，舛谬不同，于是在大中祥符五年冬又除授张君房为著作佐郎，重行校修，并先后又调取苏州、越州、台州所藏旧《道藏经》本各千馀卷及福建等州所藏道书《明使摩尼经》。于是张君房"与道士依三洞纲条，四部录略，品详科格，商校异同，以铨次之，始能成藏。都四千五百六十五卷。起《千字文》字为函目，终于宫字号，得四百六十六字。题曰《大宋天宫宝藏》"。至天禧三年（1019）春完成，写录成《七藏》（即上述洞真等七部）上进。这年，张君房又"撮其精要"，纂成流传至今的《云笈七签》（图4-26）一百二十卷。但《大宋天宫宝藏》则早已亡佚了。

《云笈七签》内容相当丰富，对研究中国传统文化，除道教外，诸如哲学、医药、化学、天文、地理、民俗、养生以及人体科学等各个方面，也都有很重要的参考价值。尤其是其中的卷七十一至七十七的金丹部与方药部，辑录了大量汉唐以来的外丹术著述，是研究中国炼丹术历史的珍贵、必读的要籍。

宋徽宗赵佶（1101～1125年在位）是北宋王朝中最炽烈地崇道的一个皇帝，达到了如迷如癫的程度。不过他的崇道也有一个过程。在位的前期，即崇宁、大观期间，他对道教只是一般的信仰。因为他在位之初，无子，茅山道士第二十五代宗师刘混康曾教以"广嗣之法"，以法箓、符水出入禁中，居然使他得子，所以徽宗对他十分赏识，恩赐印、剑及田产财物，赐号葆真观妙冲和先生。以后并多次向他索要灵丹、仙药及各种符箓。从此也惠及其他道士，如对龙虎山三十代天师张继先、泰州道士徐坤翁也开始器重，但还只不过向他们索取"镇妖符"、请他们预卜吉凶而已。及至政和以后，外患频仍，不断受到辽国与西夏的侵扰，经常屈辱求和。其后北方女真族复又崛起，对宋王朝构成更大的威胁；而内忧也不断发生，社会不断发生动乱，农民爆乱迭起。因此他效法真宗，也想利用道教神化宋王朝，妄图以此慑服外敌，又恐吓百姓。于是授意蔡京等一批权臣、宦官、道士，也策划、演出了一幕幕神化自己

---

① 见《宋史·真宗本纪》（卷八），第1册第155页。
② 见《混元圣纪》卷九第31页。
③ 见《混元圣纪》卷九第31页。
④ 见《云笈七签》序。并参看陈国符《道藏源流考》上册第131～133页的有关考证。

图 4-26　宋代道经丛书《云笈七签》

（采自《正统道藏》）

的闹剧。例如，政和三年十一月在江湖道士王老志（濮州临泉人）的策划下，徽宗自称梦见老子对他说："汝以宿命，当兴吾教。"[①] 于是他亲率群臣至南郊祭天，并与蔡京之子执绥官蔡攸一唱一合，宣称路上遇天神临降，亲作《天真降临示见记》颁示天下，并在京师建迎真馆，以迎天神。政和六年，机敏阿谀的道徒林灵䔍自称曾梦游神霄府，得见天有九霄，神霄最高，其上有神霄府，徽宗乃神霄府玉清王，号长生大帝君，是上帝之长子，为解救人间之苦难，而下降为人君，蔡京、童贯等皆神霄府之仙伯、仙吏，自己则是神霄府的仙卿，甚至徽宗之宠妃刘氏也是神霄府的"九华玉真安妃"，齐临人世辅佐徽宗。[②] 于是徽宗为林灵䔍更名林灵素，赐号通真达灵先生。从此，赵佶居然成为神人合一，神权与君权合一的皇帝了，宣称能主宰天上、人间、地府。[③] 政和七年四月，徽宗竟托词婉言于道录院："朕乃昊天上帝元子，为大霄帝君。觊中华被金狄之教，焚指炼臂，舍身以求正觉，朕甚悯焉，遂哀恳上帝，愿为人主，令天下归于正道。"群臣及道录院闻此，心领神会，乃上表册封他为"道君皇帝"。[④] 从此，他

①　见《续资治通鉴》（卷九一），第 3 册第 2354 页。

②　见《宋史·方伎列传·林灵素传》（卷四六二），第 39 册第 13528～13530 页。

③　参看《天上九霄玉清大梵紫微玄都雷霆玉经》，《道藏》洞真部本文类，总第 25 册。

④　见《续资治通鉴》（卷九二），第 3 册总第 2386－2387 页。

竟又成为人君、天神、教主三位一体的圣人。与此同时，他在全国大力推行道教，除赐给道士封号外，还立道官、设道职，给予较高的政治地位，致使一些道教首领权势显赫。

徽宗对道书、典籍的整编也很重视。早在崇宁年间，便曾诏令搜访道教遗书，[①] 设立书艺局，令道士校订。至大观年间，大藏已增至 5387 卷。政和三年"十二月癸丑，诏天下访求道教仙经"。[②] 政和四年八月又下令"搜罗天下奇异之文"[③]。政和五（或六）年时又诏设经局，勒洞幽法师元妙宗、太一宫原龙虎山道士王道坚对道经详加校订。随后送至龙图阁直学士、福州郡守黄裳处，役工镂板，约在政和六（或七）年完成，进经板于东京，共 540 函，5841 卷，题曰《政和万寿道藏》。[④] 这是中国道教史上全《道藏》镂板刊印的开始。但这部《道藏》在靖康、建炎年间大多毁于兵火。

徽宗主观上为巩固自己的政权和加强国威而神化自己，但后果事与愿违，却加速了北宋王朝的覆灭。因他为此而动用大量人力物力，在全国大兴土木修建宫观，各宫观也乘机豪夺；为此他宠信奸佞，更使"金门羽客"气焰嚣张，干预政事，欺世惑众，妖妄恣横；为此他贬毁其他宗教，激起了佛教、巫教、明教的首领们及其广大教徒的强烈不满，信奉明教的方腊农民起义就是这种抑郁不平的表现之一。《宋史·徽宗本纪》便把"溺信虚无"作为"徽宗失国"的原因之一。他把道教推向了一个新的高峰，但却祸国误己，弄得国破家亡。道教向妖妄发展而招致的社会弊害在北宋时期可算最为酷烈了。

北宋一代诸帝实行了崇道政策，既然主要出于政治上的利用，所以只重道法，主要活动是以符箓、符水治病；镇邪召神、驱鬼、求雨；或行斋戒，设坛摆供，焚香化符，念咒上章，颂经赞礼以祭告神灵、祈福消灾。但很少有惑于服饵金丹之说教。所以道教的得势，并未刺激炼丹术的发展，正史几乎没有提及北宋丹鼎派的活动，可见它在当时道教方术中已处于被冷落的地位。

南宋初期，金人统治了北方，其统治者无奉道的传统，即使也曾召见过某些新道派的首领，予以封赐，也不过是出于安抚和利用，而谈不到奉道。因此宫观大量颓废，道士流散。在赵宋偏安的江南，诸帝鉴于徽宗崇道祸国的教训，也开始轻蔑道教。所以这时的道教，无论是在北方或南方，无论是符箓派和丹鼎派都一蹶不振，失去了广大道众，在百姓中也名声扫地，这就迫使道教进行革新。但新崛起的养生道派都崇尚内丹的说教，以炼养内功为主了。

（二）从《道藏》中的几部丹经看宋代外丹、黄白术

既然正史很少记及宋代丹鼎派的活动，那么我们只能据现存的，问世于宋代的外丹术著述来了解其活动的内容、规模、特点，并作出适当的评论。

在明代《正统道藏》中所收录而可判断问世于两宋时期（包括撰著与辑录的）的外丹、黄白术丹经主要是这样九部，其概要如下：

1.《诸家神品丹法》[⑤]（图 4-27）该《丹法》共六卷，内容庞杂，是撷取了历代丹经的一些段落经连缀、组织而成，上至《抱朴子内篇》，下至宋代丹经、丹诀，但大部取自唐代丹经。

---

① 见元·赵道一《历世真仙体道通鉴·刘元道传》（卷五十一），《道藏》洞真部记传类，总第 139—148 册。
② 见《宋史·徽宗本纪》（卷十九～二十二），第 2 册总第 392 页。
③ 见元·刘大彬《茅山志》卷二五。《道藏》洞真部记传类，涵芬楼影印本，总第 153～158 册。
④ 详情参看陈国符《道藏源流考》上册，第 135～137 页。
⑤ 《道藏》洞神部众术类，总第 594 册。

其收录的主要丹经包括：

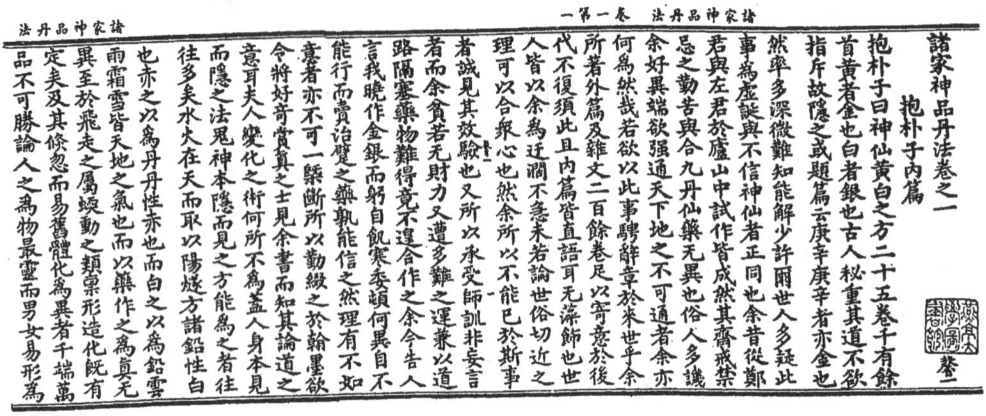
諸家神品丹法　卷一　第一

諸家神品丹法卷之一
抱朴子內篇
抱朴子曰神仙黃白之方二十五卷千有餘
首黃者金也白者銀也古人秘重其道不欲
指斥故隱之或題篇云庚辛庚辛者亦金也
然率多深微難知能解少許爾世人多疑此
事為虛誕與不信神仙者正同也余昔從鄭
君與左君於廬山中試作皆成然其齋戒禁
忌之勤苦與合九丹仙藥无異也俗人多譏
余好異端欲强通天下地之不可通者余亦
何為然哉若欲以此事騁辭章於來世乎余
所著外篇及雜文二百餘卷足以寄意於後
代不復須此且內篇皆直語耳无藻飾也世
人皆以余為迂濶不急未若論世俗切近之
理可以合衆心也然余所以不能已於斯事
者誠見其效驗也又所以承受師訓非妄言

諸家神品丹法

者而余貧若无財力又遭多難之運兼以道
路隔塞藥物難得竟不遑合作之余今告人
言我曉作金銀而躬自飢寒委頓何異自不
能行而賣治躄之藥軌能信之然理有不知
意者亦不可一槩斷所以勤綴之於翰墨欲
令將好奇賞真之士見余書而知其論道之
意耳夫人變化之術何所不為蓋人身本見
而隱之法鬼神本隱而見之方能為之者往
往多矣水火在天而取以陽燧方諸鉛性白
也赤之以為丹丹性赤也而白之以為鉛雲
雨霜雪皆天地之氣也而以藥作之為真无
異至於飛走之屬蠕動之類禀形造化既有
定矣及其倏忽而易舊體化為異者千端萬
品不可勝論人之為物最靈而男女易形為

图 4-27　宋人辑纂《诸家神品丹法》

《抱朴子内篇·黄白》，葛洪著。论述汉晋黄白术。

《玄真子伏汞金法》，仿汉代“水法”，制作“雄黄水”，点化水银为药金。作者玄真子即孟要甫（见下文）。

《金丹龙虎经》，梅彪《石药尔雅》中列有《龙虎丹经》可能就是它。主题是汞铅（龙虎）大道，谓：“丹砂化出真汞，汞借铅而变作黄芽，黄芽复变作‘丹砂’，‘丹砂’伏火变化还丹也。有返还之功，故能令老者反壮，死者复活，枯者即荣，点瓦砾成至宝，其神圣之功岂不大哉。”历代丹经对还丹的说明很少有如此透晰者，对研讨中国炼丹术思想有较大参考价值。文中讲到“真汞”、“真虎”（黑铅中之白银），当系唐人所撰。

《金丹秘要参同录》，署名玄真子孟要甫述。讲的是修制铅汞大丹。论及修炼时的择地、泥炉、安鼎、火候（采用十二消息卦说）等问题，但着重讨论的是真铅、真汞与黄芽之秘密。谓：“铅者，银也，谓银从铅中得，故圣银为真铅；汞者从朱砂所得，有形而无质，吸银气而凝体，故号曰真汞。……黄芽不是铅，须向铅中作，欲得识黄芽，不离铅中物。”[①] 故亦可推知孟要甫当系唐代人。[②]

《长生九转金丹》，唐末五代时著名道士吕洞宾[③]（图（4-28）该金丹是以“六一泥”裹丹砂为胞胎，置于合子中，四围以“伏火真铅”填实，然后加热修炼，制得“子母金”，再次添入“丹砂”升炼，如此重复经九转而成金丹，号曰“反魂圣金液”，据云它可点汞为“男石上火”（黄金隐名），是为药金。所以这是一部黄白术著述。

《黄芽法》

《长寿真人素砂法》，用丹砂、青盐、硇砂升炼而成，所得“长生丹”当为白色轻粉（Hg_2Cl_2），故称之为“素砂”。升炼时采用了“莲栽法”[④]，可能为唐人撰述。

---

① 黄芽当系铅丹，即 Pb_3O_4-PbO 混合物，色金黄。参看赵匡华：“中国炼丹术中的‘黄芽’辨析”，《自然科学史研究》第 8 卷第 4 期（1989），第 350～360 页。

② 陈国符考证孟要甫为唐宪宗元和元年到五代末之间的人。见《道藏源流续考》第 339 页。

③ 吕岳字洞宾，据说五代时隐居于终南山，后于长安遇钟离权受“大道天遁剑法，龙虎金丹秘文”。宋人吴曾收录的岳州石刻《吕洞宾自传》云：“吾乃京兆（西安）人，唐末，累举进士不弟，因游华山，遇钟离，传授金丹大药之道。”

④ 所谓“莲栽法”是药物在合中安放时“如莲子安排在莲房中”，“勿令相挨也。”

《换骨留形降雪丹》，题曰"孟要甫亲验"，是个黄白方。

《赤雪流珠丹法》，撷自孙思邈的《太清丹经要诀》，此丹法即升华精炼雄黄。

《碧丹砂变金粟子法》，用丹砂炼成柜药，合矾石火养而成金粟子，用之点化鍮石为"真西方"，即药金。

《孙真人丹经》，据陈国符考证，此丹经或为孙思邈传授，后人于唐肃宗乾元年间写定，或后人于该时写定而依托孙思邈。《石药尔雅》卷下中有《孙思邈歌》或即此书。《诸家丹法》内卷三～卷四中的《五金八石章》，卷四中的"诸伏朱砂法"四则，卷四中的"诸伏汞法"十四则，卷五中的"伏硫黄法"三则，卷五中的"伏火砒黄法"、"伏胆矾法"各一则，"伏信石法"四则皆出自此丹经，这些都属于黄白术，个别属于医药制备。其中的"伏火硫 黄法"最使当今科技史界感兴趣，因它与中国火药的发明有一定关系。

《葛仙翁紫霄丹经》，大约是唐或五代时人依托葛洪之作。《诸家丹法》卷四中的"伏朱砂法"九则，卷五内的 "伏汞法"五则、"伏砒砂法"四则、"伏硫黄法"、"伏火雄黄法"、"伏火雌黄法"、"伏火胆矾法"、"伏白矾法"各一则，都属于此丹经。这些伏火法都属于黄白术中对药物的前处理。

图 4-28　吕洞宾
（引自《列仙全传》）

《日华子点庚法》，据《重修政和经史证类备用本草》记载[1]："《日华子诸家本草》，国初开宝中四明人撰，不著姓名，但云日华子大明序。"据《古今医统》："日华子，北齐雁门（今山西省代县）人，深查药性。"[2]又据《鄞县志》：日华子姓大名明。[2]可知日华子原名大明，是五代至宋初时的医药学家。这个"点庚法"是我国典籍中最早的关于以炉甘石（菱锌矿石）—赤铜合炼制作鍮石（锌黄铜）的记载。可见炼制鍮铜初时也是属于一种黄白方。这部《点庚法》法中，除鍮石金外，还有"点庚贫女法"、"鼍庚法四神金术"及"鼍朱砂庚法"三则。

《太虚丹经》，原作者不详，《诸家丹法》撷取的部分属于黄白术内容，包括"鼍金法"三则、"朱砂涌泉法"一则、"勾银法"一则、"金丹法"一则，没有很多特色。

《伏火神锦砂法》，也属于黄白术著作。伏炼操作、柜鼎设备都较复杂，包括悬胎煮、水火铁鼎升炼。

《神仙济世术》，仍属黄白术著作，主题是以砒霜、粉霜、水银为原料制作点金药。制作过程包括烧鼎（在丹炉中）、灰池药柜养火等。似属宋人丹法。

此外，《诸家丹法》中尚有《铅砂法》、《四神丹法》、《三对粧玉女投胎法》等，都是制作可点铜成"至宝"的点金药。另外还附记了许多药物的"伏火法"，如"伏火硼砂法"、"伏火焰硝法"、"死信［石］法"等等，都属于宋代丹法。

①　见人民卫生出版社［1957年］影印张存惠原刻晦明轩本，第40页。
②　见《古今图书集成》艺术典医部总第527卷医术名流列传四。

2.《铅汞甲庚至宝集成》①

共五卷。顾名思义，这是一部以铅汞为中心的黄白术丹经的选编辑录本（图 4-29）。由宋人编纂而成。包括的丹经以及它们的内容概要如下：

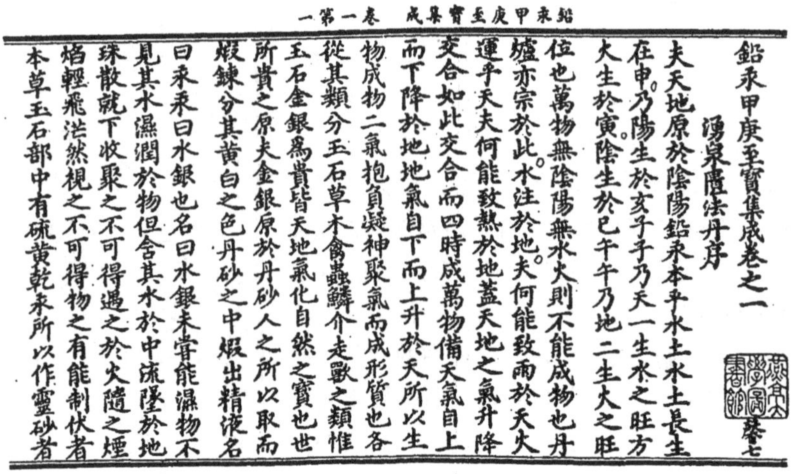
鉛汞甲庚至寶集成　卷一　第一

鉛汞甲庚至寶集成卷之一
湧泉匱法丹序
夫天地原於陰陽鉛汞本乎水土水土長生在申。乃陽生於亥子子乃天一生水之旺方火生於寅。陰生於巳午午乃地二生火之旺位也萬物無陰陽無水火則不能成物也丹爐亦宗於此。水注於地。夫何能致雨於天火運乎天夫何能致熱於地蓋天地之氣升降交合如此交合而四時成萬物備天氣自上而下降於地地氣自下而上升於天所以生物成物二氣抱負凝神聚氣而成形質也各從其類分玉石草木禽蟲鱗介走獸之類惟玉石金銀爲貴皆天地氣化自然之寶也世所貴之原夫金銀原於丹砂人之所以取而煅鍊分其黄白之色丹砂之中煅出精液名曰汞汞曰水銀也名曰水銀未嘗能濕物不見其水濕潤於物但含其水於中流墜於地珠散就下收聚之不可得遇之於火隨之煙焰輕飛沽然視之不可得物之有能制伏者本草玉石部中有硫黄乾汞所以作靈砂者

图 4-29　宋代丹经《铅汞甲庚至宝集成》

（引自《正统道藏》）

《涌泉柜丹法》：序中署名赵耐庵，号知一子，自云其父师承西蜀张富壶，本人师承杨九鼎。从丹经内容可考知他是唐末人。此部丹经主要是介绍《见宝灵砂浇淋长生湧泉柜法》及《圣鼎长生湧泉柜法》。前一柜法之要点是以硫黄、水银升炼出灵砂，经悬胎煮后，放在一瓷罐（合子）中央，四围以银珠填满，密封。置合子于灰池缸中，以炭火温养，即成灵砂湧泉“柜头”。据说用此“柜头”育养水银，所得乾汞“可焙成宝”，而且柜头可连续使用，因此用这种柜修炼“至宝”可如泉涌一般，源源不断，故名“涌泉柜法”。自唐代中叶以后，这种柜法陆续出现，名目繁多，成为黄白术中流行的主要丹法。

《神仙养道术》：叙述黄白术中各种药物的性能，如谓“丹砂，伏火化为黄银”；“空青，能化铜铁铅锡作金”；“雄黄得铜可作金”；“曾青若住火成膏者，可立制汞成银”等等，但没有讲丹法。其中很多文字肯定摘自隋代青霞子《宝藏论》。而且很可能《神仙养道术》就是《宝藏论》的别名。

《点毛秘诀》：“毛”为炼丹术中赤铜的隐名。此丹法是以信石点化赤铜为丹阳银（砷白铜），似师承于《龙虎还丹诀》的作者金陵子。

《虚源九转大丹硃砂银法》：此丹法以朱砂为原料，修炼“虚源大丹”，程序复杂冗长，共经九转。最后是以七转丹砂与砒石一起火养。据云可点五金皆成至宝（指白银）。

《太上圣祖金丹秘诀》：唐代道士清虚子撰于元和三年（808）。开卷便说：“太上圣祖金硫柜头变化金宝，……金丹第一品，服之飞升金阙，名曰天仙；第二品还丹，服之住世长年；第三品神丹，变化五金八石，立成大宝，济世利身，名曰人仙。”可知此丹法在于“修炼金丹，变化金石”，所以它是一部以黄白术为主的丹经。修炼秘诀中包括以生麸金和硫黄温养成柜头，再经“养宝”、“入金池”、“入润金华池”等步骤。令人感兴趣的是，该丹经中记载一则“伏

① 《道藏》洞神部众术类，总第 595 册。

火矾法"，对研究中国火药的源起有一定启示，很受科技史界的关注。

《九转出尘糁制大丹》：此丹经正文部分由七字韵文写成，附有铨释，是讲从丹砂出发，经九转而修炼成金丹，是一种点汞成金的点金药。据云"一粒糁汞一两成十分庚，服之蝉蜕升仙，超凡入圣。"表明它反映的是唐代及唐代以前关于变炼黄白的主旨，故它大约出自唐人之笔。

《子午灵砂法》：丹法是从丹砂出发，与"三黄"及盐一起升炼，得到白雪（又名明窗尘、白琼条，主要成分大约为氯化汞和氯化砷），可用以点化赤肉（赤铜）为"换骨丹阳"（砷白铜）。故此丹法亦属黄白术。

《日华子口诀》：共包括丹法十六则，是以黄芽、明窗尘、紫河车等为大药，合汞，经文武火养而成各种至宝的要诀。但这些"至宝"并非神仙大药，服之不过"延年极有神效"，"可为地仙"。可见日华子把这些"大药"作为滋补圣药视之。

《十六变》：按《庚道集》[①] 卷八第十五～第二十五收录有《青霞子十六转大丹》，其后部也有《十六转》，自第一转"黄芽修　白雪金精"至第十六转"分化五丹"，内容与该《十六变》丹法基本相同。而《十六转》丹法的撰者青霞子似不是隋代的苏元朗（因如此冗长繁杂的丹法只出现在唐中叶以后），而是另一人。据《龙虎元旨》[②] 载："东岳董师元于〔唐德宗〕贞元五年受之于罗浮山隐士青霞子。"这位青霞子大概才是《十六转》的撰者，此《集成》中的《十六变》其改写者有可能是日华子。

《太微帝君长生保命丹》：强调用真铅、真汞变炼，历经柜养、九转而成，程序冗长繁琐，烧养过程中的变化很难猜度、辨解，反映了晚唐至宋代丹法的特色。

《丹房镜源》：这部《集成》的卷一第1页有如下文字："自大唐宝应中类编本草，世人皆见《丹房镜源》刊具药物之灵异，有仙圣之术，详载本草。"可见《丹房镜源》一书问世于唐代宗宝应年（762～763）之前，即大约在开元、天宝年间。但应注意，《集成》的《丹房镜源》收录文字中竟有"今信州铅山县有苦泉，流以为涧……"云云（此语亦见于《梦溪笔谈》）。按"铅山县"建置于五代南唐时，故此语当为后人增人，或《集成》辑纂者误将后人的注疏文字作正文掺入（这也表明《集成》于宋代辑成）。《丹房镜源》主要讲解丹房中所用药物的状貌、性能，预加工处理，特别是它们"乾汞"的性能，很象是一部药物手册。其中附有"造〔铅〕丹法"，是我国硝硫法制造铅丹的最早记载。

《白雪圣石经》：这是一部炼丹术士变炼玉石、琉璃的丹法，很有特色。它表明中国炼丹术在中国传统玻璃工艺的发展中也曾有所建树。[③]

3. 《大还丹照鉴》[④]

它是一部炼丹术"理论性"著述。作者在其序中，自述撰于"广政壬戌二十五年寅月上元"。按"广政壬午"为后蜀孟昶广政二十五年，即北宋太祖建隆二年（961）。并云"迄至于今，广演繁文，细敷舆论，致后学罔明其旨；顾前贤毕了之机，俱隐玄言，曷谈秘法"。所以他收录了五代以前的 34 位真人的口诀，"悉是灵文秘旨，丹诀玄机，俾尽显于前贤，庶普明

①　《道藏》洞神部众术类，总第602～603册。

②　《道藏》太玄部经名，总第741册。

③　参看赵匡华："试探中国传统玻璃的源流及炼丹术在其间的贡献"，《自然科学史研究》第10卷第2期，145～156页，（1991年）

④　《道藏》洞神部众术类，总第597册。

于后学"。作者强调从"阳中有阴，阴中有阳"的观点，来理解真水、真金、真木、真火、真土，识别铅汞。但有关见解完全因袭唐代丹经，而缺乏新意。

4.《丹房奥论》①

撰者为程了一，道号学仙子，天禧四年撰。自谓"在金陵遇仙师魏君颜真人传授"。这是一部炼丹术的"理论性"著述，与《大还丹照鉴》内容相似，观点一致。它既论真土、真铅、真汞；又论三砂（朱砂、灵砂、母砂）、三黄、三白（硇砂、砒霜、粉霜）、黄芽；并论柜养、制转、浇淋、点化等诸丹法。但与唐代丹经相比，在理论上也无多大新意。值得注意的是在谈及点化黄白时，谓"刀圭入口，换骨成仙；锱铢入质，易贱为贵"，反映了宋代方士对黄白术的态度。

5.《丹房须知》②

为南宋道士高盖山人、自然子吴悮撰于宋孝宗隆兴元年（1163）。但该丹经的内容基本上依据唐人孟要甫《金丹秘要参同录》、《火龙经》③及青霞子（大约指前文所提及的唐代贞元年间的那位青霞子）、如云子（不知何许人）等的传授。所以这部丹经虽成书于南宋，但谈及真铅、真汞、华池、沐浴、鼎炉、法象、火候时，皆因袭唐代丹鼎家之说。吴悮自己也说，撰此书乃"集诸家之要以为指归"，"皆出古人之传，曾非臆说"。所以从炼丹理论、丹法上看，缺乏新意。不过他着意绘出了制炼铅汞还丹的未既炉、既济炉、抽汞器以及龙虎丹台。图画精美，能够流传至今，殊感珍贵。表明宋代时炼丹设备较之唐代似又有很大进步，不仅更为精巧，而且有了定型的装置。

6.《九转灵砂大丹》④

为宋代道士所撰。描述九种大丹的转炼程序。此九转大丹乃是从灵砂出发，以银珠为母经一转而成真丹；再以初真丹为母，转灵砂为二转正阳丹；再以正阳丹为母，以胆矾、硫黄为贴身药，转灵砂、辰砂为三转绝真丹；再以绝真丹为母，转养水银为四转妙灵丹白芽子；再以妙灵丹为母，转养水银为五转水仙丹；再以水仙丹熔之成玉宝（药银），合雌雄黄、硫黄、硇砂，温养成六转通玄丹；再以通玄丹合炼灵砂、雄黄而成七转宝神丹；再以宝神丹合灵砂、雌雄黄、硫黄、珠（疑为硇之讹）烧炼而成八转神宝丹；再以神宝丹、灵砂、金芽熔成药金，打造金神室，盛以上七种大丹烧炼，合而成九转登真丹，至此完成"大造"之功。这些大药皆被炫耀为点金灵丹；初真丹可点铅为银；水仙丹熔之则成银；通玄丹可点银成庚；宝神丹可点汞成紫庚。所以《九转灵砂大丹》基本上是属于黄白术。只有九转登真丹才是可致人飞升成仙的"圣药"。据称：人服三粒，"遂入水缸中（缸中贮以汲自丹井的清水），烦丹友外护，候水温热即出，再入第二缸水中。复三缸，便觉身轻神变。次日准前，如是三次，［温热］九缸水，共吞九粒，自然身有光明，将见云车下迎，如接侍云升霞车矣。"可见人服食这种丹药后，将全身燥热难忍，这正是汞、砷毒性发动的感受，至于"云车接侍"，当是进入神情恍惚的状态，而"白日升天"就是毒发身死了。这种冗长繁琐的丹法再次体现了宋代炼丹术的特色。

① 《道藏》洞神部众术类，总第 596 册。

② 《道藏》洞神部众术类，总第 587 册。

③ 此部《火龙经》问世年代不详。但《丹房奥论·丹室》谓："《火龙经》曰：选旺方。司马子微注云……"。而司马子微即唐代著名道士天台山白云子司马承祯（647－735），生活于唐代中叶。故知此《火龙经》当问世于唐代中叶或此前。

④ 《道藏》洞神部众术类，总第 587 册。

7.《灵砂大丹秘诀》①

据说是北宋张虚靖天师的传授，"天师于建中靖国元年（1101）三月内入朝次，宣张侍中到禁位，言神仙种子之术。皇帝与天师传之张侍中，因侍中后入东川之任，传与鬼眼禅师"。故此丹经大约成书于北宋崇宁、大观年间。至于说它是由老子传之葛玄，葛玄传之郑思远，郑思远转之葛洪，葛洪转之张虚靖，显然纯系妄言。又说这些灵砂"获之者七祖超升，修之者必登云路；用之大，富国安民，用之小，肥家润屋"，似乎都是"外可以富家国，内可以成大道"的灵丹大药，但从通体上看此丹经似乎主要强调点化黄白。至于此秘诀内容，也是一组九转灵砂的丹法，与上文中的《九转灵砂大丹》皆宗师于唐代"九转金丹"之说，再经进一步发展而成，但又分别属于不同的丹派。此项灵砂大丹系列，其第一转即以水银、硫黄所合成之青金头置于真死硫黄柜中养火，即得〔抱一〕圣胎灵砂，更以圣胎灵砂为柜头，经脱养于是成为一转白体灵砂；再以白体灵砂为柜头脱养出二转长生玉笋灵砂（都未言明脱养何物），它可点水银成丹阳至宝（药银）。再以玉笋灵砂脱养水银为三转浇淋芽子，它可点水银为金。再以三转浇淋芽子脱养辰砂为四转硃砂丹头，它可点汞成至宝（金或银）、点铁成宝。再以硃砂丹头置于金合子中温养则成五转丹头硃砂，它可点贺（锡）成金银。再以此硃砂与金石（未明言何物）合养而成六转金体硃砂，它可点汞成庚。再以金体硃砂脱养三黄而为七转三奇丹，它可点贺成庚；三奇丹经脱养又可得〔八转〕大丹头，神效更奇，可点铁成紫磨金。再取六转金体硃砂脱养丹砂，可得九转大丹头硃砂，它可点汞、铜、铁、贺皆成紫磨金。再以此大丹头于金合中脱养混元朱砂（未加解释）而得九转混元一气大丹头。据云：丸之如芥子大，日服一粒，"服至一年，可延千岁"。该丹经还收录了"九转金丹"歌诀、"太极灵砂赋"、"灵砂秘诀"、"老君灵丹诀"等，都是称颂灵砂神化之功的，但没有介绍丹法。

8.《金华冲碧丹经秘旨》②

分上、下两卷。卷上注明海琼老人白玉蟾授，三山鹤林隐士彭耜受。按白玉蟾（1194～1229），一名葛长庚，号海琼子，又号琼山道人，南宋著名道士，琼州（今海南省琼山）人（一说福建闽清人），系内丹派南宗传人，师承陈楠，诏封"紫清真人"。卷下注明白鹤洞天养素真人兰元白授，西隐翁辰阳孟煦受。这部丹经的卷上部分，丹法语言过于简略，只谈及用黑铅、硫黄"同为末"（可能是熔化合炼成硫化铅，再研为末），又研朱砂为末，再以此两种碎末置于水火鼎中炼成丹胚。然后取花银淬煅五十度，以三黄末投淬水中以吸收银中"精气"。再以此淬水清液在金盂中煮养以上丹胚。继之将养后丹胚置于瓷质水火鼎中，"文武火一煅成汁，取出打如豆粒大，用厚金箔逐块包裹令密，再用白金（银）珠子铺盖，入水火鼎中，上水下水，中火圜运，坎离一月，取出为末，深碧绛色，光明曜日，乃号金液还丹之质也，此名'链丹'，真铅是也"。推测此丹的主要成分大约仍是硫化铅。卷下所论是一组九转还丹，包括还丹第一转金砂黄芽初丹、第二转混元神丹、第三转通天彻地丹、第四转三才换骨丹、第五转三清至宝丹、第六转阴阳交泰丹、第七转五岳通玄丹、第八转太极中还丹、第九转金液大还丹。据说，这些还丹服之可使人冲举飞升，又可点银为金，乾汞成庚。但此部丹经通体来看，是以黄白术为主旨。若从化学观点探讨此众多之还丹，实际上都是以丹砂为中心，通过不同方式与硫黄、三黄炼养而成的，没有什么特色；而文中所谓真铅、铅汞交媾

---

① 《道藏》洞神部众术类，总第 587 页。

② 《道藏》洞神部众术类，总第 592 册。

之铅实际上都是以金箔包裹的辰砂经养炼而“通灵”之丹种，与铅并无关系。该丹经能给人以深刻印象的是所用炼丹设备极为考究，结构复杂而价值高昂，经常要用到真金、真银；各还丹修炼过程中也常要用到金箔、花银。所以它绝非是一般道士所能营造、采用的。

9.《丹方鉴源》①

修撰者紫阁山叟独孤滔，大约是五代时南唐人。何丙郁对此书曾详加考证，②指出此书与唐代问世之《丹房镜源》同源。但《鉴源》内容比较丰富，编排更有组织，特别值得称道的是它把丹房中所用的药物分类法加以完善，即划分为金银篇、诸黄篇、诸砂篇、诸矾篇、诸青篇、诸石篇、诸石中药篇、诸霜篇、诸盐篇、诸粉篇、诸硝篇、诸水篇、诸土篇、杂药篇、杂药汁篇、诸油篇、诸脂髓篇、诸鸟兽粪篇、诸灰篇、诸草汁篇、杂药篇、药泥篇、辨火篇、造铜银铅砂篇、杂论篇。这在炼丹药物的研究上是个极大的进步(图 4-30)。书中对每种药物的来源、产地、性状、功能、用途作了简要说明，条理清晰，有的还包括人工制造工艺，很少有神秘色彩。所以它是一部科学性很强的金石药物手册。而这部“手册”似乎更多地是想为黄白术的学习提供一些便利。

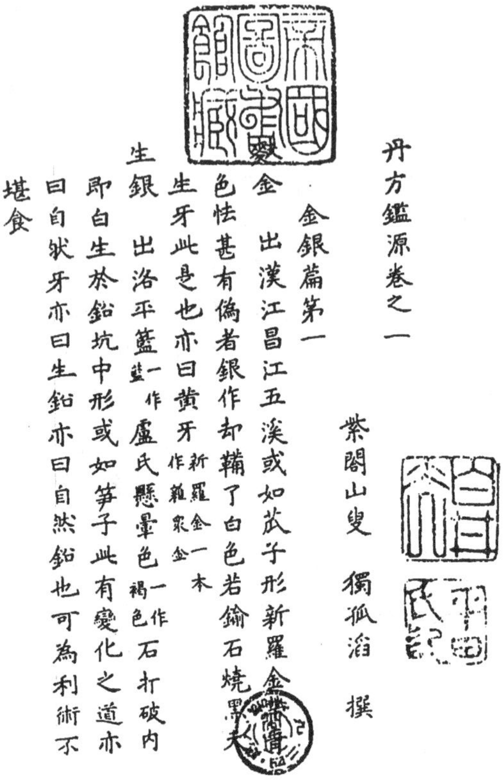
丹方鑑源卷之一
紫閣山叟　獨孤滔　撰
金銀篇第一
金　出漢江昌江五溪或如苽子形新羅金
色怯甚有偽者銀作却糒了白色若鍮石燒黑夫
生牙此是也亦曰黃牙新羅金一本作雜衆金
生銀　出洛平籃籃一作盧氏懸暈色一作褐色石打破内
即白生於鉛坑中形或如笋子此有變化之道亦
曰白狀牙亦曰生鉛亦曰自然鉛也可為利術不
堪食

图 4-30 日本国会图书馆藏《丹方鉴源》手抄本
(摘自自何丙郁:《道藏·丹房鉴源》)

上述这些宋人编纂和撰修的炼丹术著述，读后，总的来说它们明显地会给人以这样一些印象：

其一，中国的金丹大药，在汉晋早期阶段时，以金砂与铅汞还丹为两面旗帜，唐代中后期呈现龙虎还丹与灵砂还丹并举的局面。及至宋代，则无论修治金丹，还是变炼黄白，都把灵砂推崇到了核心的地位上。而铅汞与金液之说则几乎完全被内丹派汲取，成为他们修炼长生仙道的追求对象，他们把《周易参同契》完全解释为内丹经典，而尊奉为“万古丹经之祖”。③

其二，尽管北宋时的炼丹术仍然相当活跃，也有不少相关的道经问世，但其丹法和理论基本上沿袭着唐代的窠臼，缺乏新意，而只是更加冗长繁琐，或者说愈加故弄玄虚了。丹经内容也往往仍取材或完全撷取唐代的成就，新的独立著述并不很多。即使有些新的创作，如《灵砂大丹秘诀》、《九转灵砂大丹》、《丹房奥论》之类，但从金丹长生仙道的角度来考察，若

① 《道藏》洞神部众术类，总第 596 册。

② 参看何丙郁《道藏·丹房鉴源》，香港大学亚洲研究中心出版，1980。

③ 北宋真宗祥符间高先《金丹歌》:“又不闻叔通从事魏伯阳，相将笑入无何乡，准《连山》作《参同契》，留为万古丹中王。”(见陈国符《道藏源流考》下册 439 页)翁葆光《悟言篇注释》:“丹经万卷，妙在参同契。”南宋陈显微《周易参同契解》王夷序:“又古今诸仙，多尊《参同契》为丹法之祖。”宋末元初俞琰《周易参同契发挥》阮登炳序:“《参同契》乃万古丹经之祖。”

与唐代问世的《大洞炼真宝经修伏灵砂妙诀》[①]、《大洞炼真宝经九还金丹妙诀》、《太上灵卫神化九转丹砂法》[②]、《龙虎还丹诀》、《张真人金石灵砂论》、《阴阳九转成紫金点化还丹诀》[③]、《玉洞大神丹砂真要诀》[④] 比较，也没有发挥出多少清新而有独创的见解来。所以在北宋后期道教学者张君房对众多道经撮其精而撰《云笈七签》时，当选录外丹黄白术丹经时则只看中了宋代以前的一些（见其卷六十四至卷七十一）。所以在他的心目中似乎也认为宋代（北宋）的金丹著述已没有什么上乘之作了。

其三，在两宋时期，固然丹鼎派关于饵服金丹企求长生羽化的说教已受到各方的冷遇，信念逐步在破灭，但黄白术则继续维持着发展的势头，仍处于方兴未艾之际。因为这种方术往往可以欺诈成功而获重利，而又无伤生损命的风险，相反还曾得到了宋代诸帝的嘉许。所以在两宋期间问世的丹经中，无论是重编辑录的，还是新作，黄白术都占据着主要的篇幅。另外，在两宋问世的大量笔记小说中更不乏这种活动或有关传闻的记载。例如王闢之的《渑水燕谈录》[⑤]、沈括的《梦溪笔谈》、黄休复的《茅亭客话》[⑥]、吴处厚的《青箱杂记》[⑦]、苏辙的《龙川略志》[⑧]、苏轼的《东坡志林》[⑨]、俞琰的《席上腐谈》[⑩]、何薳的《春渚纪闻》、金人元好问的《续夷坚志》[⑪]、陆游的《老学庵笔记》[⑫]、蔡絛的《铁围山丛谈》[⑬] 等等都有关于宋代社会上黄白术活跃的记述。兹举出数则，以示其盛况：《铁围山丛谈》谓："太宗时得巧匠，……造金带得三十条，……其金紫磨也。"还有更详尽者，如：

《青箱杂记》（卷十）载：

真宗朝有王捷者，汀州长汀人，少时薄游江界，……遇道士授黄白术，指示灵草，并传以合和秘诀，试皆有验，仍别付灵方、环剑、缄縢之书。……供奉官阁门祗候谢得权颇闻其异，乃馆于私第，炼成药银上进，真宗异之。召见，即授许州散椽，留止京师，寻授神武将军。……前后贡药金银累巨万数，辉彩绝异，不类世宝。当时赐天下天庆观金宝牌，即其金所铸也。辛赠镇南军节度使，此近古所未闻也。

《梦溪笔谈·神奇》（卷二十）记载：

祥符中方士王捷，本黥卒，尝以罪配沙门岛，能作黄金。有老锻工毕升，曾在禁中为捷锻金。升云其法，……其金以铁为之，初自冶中出，色尚黑，凡百余两为一饼，每饼辐解凿为八片，谓之鸦嘴金者也。……上令尚方铸为金龟、金牌各数百。龟以赐近臣，时受赐者除戚里外，在廷者十有七人。余悉埋玉清昭应宫宝符阁及殿

①　《道藏》洞神部众术类，总第 586 册。

②　《道藏》洞神部众术类，总第 587 册。

③　《道藏》洞神部众术类，总第 587 册。

④　见《笔记小说大观》第六册，江苏广陵古籍出版社，1983 年。

⑤　见王文濡辑《说库》上册，浙江古籍出版社，1986 年。

⑥　见《笔记小说大观》第二册。

⑦　宋·苏辙《龙川略志》，中华书局，1982 年。

⑧　宋·苏轼《东坡志林》，中华书局，1981 年。

⑨　元·俞琰《席上腐谈》，见《丛书集成》初编·总类，总第 322 册。

⑩　宋·何薳《春渚纪闻》，中華书局，1983 年。

⑪　见《笔记小说大观》第十册。

⑫　宋·陆游《老学庵笔记》，见《丛书集成》初编·文学类，总第 2766 册。

⑬　宋·蔡絛《铁围山丛谈》，见《说库》上册。

基之下，以为宝镇。牌赐天下州府军监各一，今谓之金宝牌者是也。

看来此事不诬。《老学庵笔记》记载：

> 宣和末，又以方士刘知常所炼金轮颁之天下神霄宫，名曰神霄宝轮。知常言，其法以汞炼之成金。

《续夷坚志》（卷一）则记载：

> 宣和方士烧水银为黄金，铸为钱。神霄者，其文曰"神霄丹宝"，五福者，曰"五福丹宝"，太乙者亦如之。汴梁下钱归内府。海陵以赐幸臣，得者以为帽环。

这是一些胆大妄为的黄白师在禁中造作而偶致受宠之事。至于在市井百姓中活动的江湖僧道以烧铅炼汞，点化金宝，欺世盗名者，那就更多了。两宋笔记小说中的有关记载，俯拾皆是。例如苏子由《龙川略志》（卷一）记载：

> 吾兄子瞻尝从事扶风，开元寺多古画，而子瞻好画，往往匹马入寺，循壁终日。……老僧出揖之曰：……"贫道平生好药术，有一方能以朱砂化淡金为精金。"……即出一卷书曰："此中皆名方，其一则化金方也，公必不肯轻作，但勿轻以授人。"子瞻许诺，归视其方，每淡金一两，视其分数不足一分，试以丹砂一钱益之，杂诸药入甘锅中煅之，镕即倾出，金砂俱不耗，但其色深浅班班相杂，当再烹之，色匀乃止。……

苏轼《东坡志林》（卷三）记载：

> 有道士讲经茅山，听者数百人。中讲，有自外入者，长大肥黑。……乃取釜灶杵臼之类，得百余斤，以少药锻之，皆为银，乃去。

南宋末年林屋山人俞琰撰《炉火鉴戒录》[①]与《席上腐谈》，对黄白术士的记叙甚多，如《席上腐谈》谓：

> 张文定公诛，字复之，号乖崖。在蜀，有术士上谒，言能煅汞为白金。公即市百两，俾煅一火而成，不耗铢两。公立命工煅汞为大香炉，凿其腹。曰：充大慈寺殿上公用炉。炉送寺中，以酒楂遗术者，而谢绝之。

> 枢密院编修居世英之父居四郎者，少遇异人，得伏火丹砂法，以金汞等分，结成砂子，裹以伏火丹砂，煅之成紫磨金。

> 《茅亭客话》云：伪蜀成都有柳条酒肆，其时皆以当垆者名其肆。柳条病经岁，有道士尝来贯酒，柳条每加勤奉，道士乃留丹数粒，云以酬酒价，柳条依教服之，充盛如初。有（疑为"伪"）汉金堂县王道宾，为太庙吏，知其事，遂邀柳条，求余药，以铁铛盛水银，投丹煎之，须臾成金。

但是当黄白术发展到顶峰时，也正象金丹大药一样，其自身潜在的危机也就加深了。因为到了宋代时，黄白术已完全改变了它原初的主旨，基本上已是江湖燕客的一种骗术，而以肥家润室、欺世盗名为目的了，这种行径已被世人视作伤风败俗、道德堕落，而为人所不齿。所以这类伎俩表演得越多，黄白术的欺诈性当然就暴露得越充分，同时也就在世人面前逐步毁灭了自己。宋代时已有不少明智之士开始对它进行揭露、厉声斥责了。徐卿曾撰《涉世

---

① 宋·俞琰《炉火鉴戒录》，见《学海类编》道光本余集七，第105册。亦见《道藏精华录》第一集。

录》，谈及薰客时曾风趣地讥讽道："破布衣裳破衣裙，逢人便说会烧银，君还果有烧银术，何不烧银自养身。"

并诫其少子云："世人痴者为薰客所误，汝等切宜戒之。"[①] 俞琰在其《席上腐谈》中历数了两宋以来关于黄白术的种种传闻后，对这种方术的真伪作出了明确的论断。他说：

> 《秘阁闲谈》有所谓铁钉银，《神仙感遇传》有所谓生铁银，《茅亭客话》有所谓铜钱银，《昆山集类》有所谓铅银。邵康节诗云："铅锡点银终属假。"愚谓，铅锡与铜铁，五金之同类，固虽是假，然其变化理或然也。……《春渚纪闻》、《梦溪笔谈》、《述异志》、《涉世录》皆有瓦石沙土金；生姜非变金之物，《投辖录》有生姜金；蕨菜非变金之物，《清异志》有蕨叶金。不特此也，《尚书故实》有竹叶金，《睽车志》有江茶金，甚而《江淮异人录》有握雪金，《宣室志》有溺金，《述异志》有唾银，果皆有之乎？曰：幻也，诡怪妄诞也。

所以南宋人陈元靓为了揭穿这类诡诞把戏，在其所撰《事林广记》[②] 中着意撰写了一篇《奇巧技术》，翔实叙述了当时各种伪金的制造、加工方法，诸如"煮次金法"、"蘸次金法"、"火次金法"、"染次金法"、"正燥金法"、"罩金法"，"假镀金法"等等，对黄白术"泄其机缄，露其秘要"，以供世人戏玩。

总之，到了南宋末年，已有较多的明人智士觉悟到千百年来的金丹仙道，丹鼎烧炼，包括其中的黄白术，是一部失败的记录。而那些江湖骗术也使道教在百姓中名声扫地。形象卑劣。及至蒙元时代，外丹黄白术就更趋末落了，道教在社会上的地位也岌岌可危。

七 明代金丹术的回光返照

在蒙元一代，虽然以丘处机（1148～1227）为首的道教全真派[③] 曾一度受到朝廷的极大恩宠，威信很高，权势隆盛，影响远及大江南北，但他们在修行上推崇内丹成仙之说，把"成仙证真"的追求建立在"真性"的不灭上，而力斥传统道教丹鼎派所想往的肉体长生。因此炼丹术的衰亡并未得到扶危济困，却进一步在北中国百姓中遭到孤立，在道士间失去信仰，所以在比较正式的元代史书中炼丹术的活动几乎消声匿迹。可以肯定，服饵长生的幻想在百姓当中已经基本破灭了，现存的道书中，已经没有元代人撰述的外丹专著了。不过有很多迹象表明，元代从事黄白术的江湖道士在社会上还是相当活跃的，金属嬗变的可能性究竟如何，这样一个理论问题当时并没有一致的结论。元初，盛如梓的《庶斋老学丛谈》[④]（卷四）谓："今江湖间此辈（按指黄白师）甚多，谓之薰客。"可以为证。又，据信为元末明初人陶宗仪

---

① 此段文字见俞琰《炉火鉴戒录》。

② 见〔日〕长泽规矩也《和刻本类书集成》第一集中收录之《重编群书事林广记》（癸）卷之九，第453～455页，上海古籍出版社影印，1990年。亦见《新编纂图增类群书类要事林广记》卷之八，元至顺间建安椿庄书院刻本，中华书局影印（1963年）。

③ 道教全真派是金代陕西人王喆（1112－1169，原名中孚，道号重阳子）与其七大弟子马钰、谭处端、刘处玄、丘处机、王处一、郝大通、孙不二等于大定七年（1167）在山东宁海（今牟平县）创建的教派，以三教道统的继承者自居，主张儒、释、道三教合一，谓"太一为祖，释迦为宗，夫子为科"。这是为了顺应当时的社会思潮，以利于提高全真道的形象和地位，并避免与当时势力强大的儒、佛二家发生摩擦，引起冲突。"全真"的含义可以解释为保全真性，保全精气神。

④ 见《笔记小说大观》第10册348～365页，广陵古籍出版社，1983年。

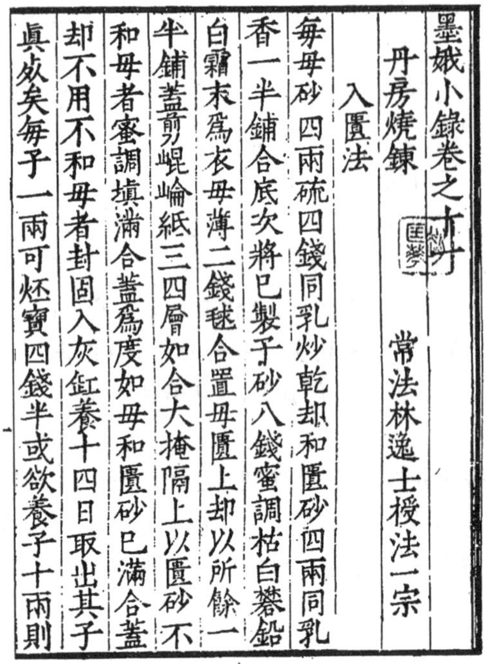
墨娥小録卷之十一
丹房烧錬　常法林逸士授法一宗
入匱法
每母砂四兩硫四錢同乳炒乾却和匱砂四兩同乳香一半鋪合底次將巳製子砂八錢蜜調枯白礬鉛白霜末爲衣毋薄二錢毬合置毋匱上却以所餘一半鋪蓋剪蜆蝓紙三四層如合大掩隔上以匱砂不和母者蜜調塡滿合蓋爲度如母和匱砂巳滿合蓋却不用不和母者封固入灰缸養十四日取出其子眞炊矣每子一兩可烍寶四錢半或欲養子十兩則

图 4-31　聚好堂刻印《墨娥小录》

所辑录[①]的《墨娥小录》[②]，其第十一卷题曰“丹房烧炼”（图 4-31），署名常法林逸士授。从中也可明显看出元代的丹房烧炼已集中于黄白术的事实。其中除个别一些制药法（加工制备作为丹房所用的原料药剂），如“制朱砂法”、“抽汞法”、“伏硼砂法”、“伏砒法”、“伏硫法”、“打轻粉法”（合疮药用）外，其他内容包括“入柜法”、“浇淋法”、“充杖法”、“焙宝法”、“制砂柜法”、“合关药法”、“富贵关”以及“丹阳换骨丹”、“体紫庚”、“砒汞交媾丹”等等，可肯定无疑都属于黄白术，或者说都是点铜成金或点“丹阳银”的一些丹法或一个丹法中的某个环节。

至于元代黄白术的内容和发展水平如何，我们还可以研读一下被收录于《正统道藏》中的《庚道集》[③]（图 4-32）。它大概是元代人所辑纂的、现存的唯一一部外丹经（因为其卷二中的“月桂长春丹法”、卷六中的“丹阳法”，其撰述或传述的时间当在元代[④]）。顾名思义，“庚道”是变炼黄白的方术。只要稍加翻阅便可知其内容除极个别的丹法属服食丹药（如“月桂长春丹法”即是）外，绝大部分则是当时仍在流行的黄白丹法。若认真研读，又可发现被选入者当中相当大的一部分篇章是两宋道士，甚至是宋代以前的遗作，而非出自元代人之笔；从黄白术的手段、设备、程序、伏制药物、采用药物的品种（似更多地利用了一些草木药）等诸方面看，较之宋代，并没有什么明显的特色。不过在丹法的叙述上比较翔实，条理比较清晰，故弄玄虚的神秘说教相对减少了，但丹法却更加冗长、繁复，很难推断它们的成果究竟是些什么。总之，元代的

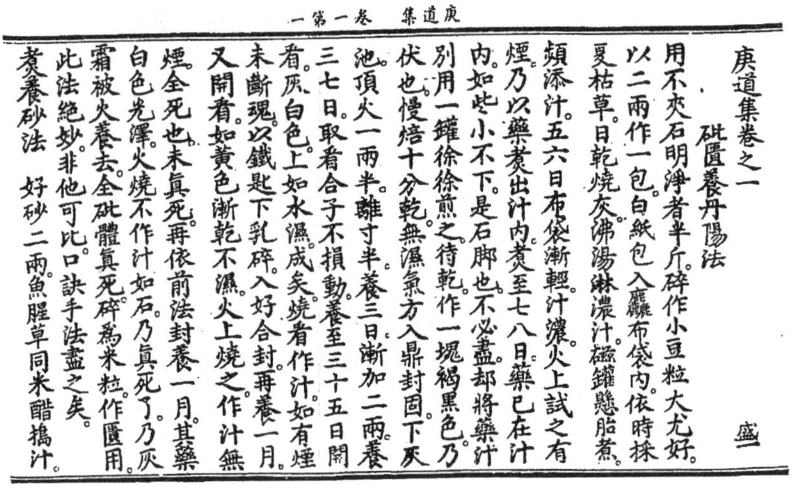
一第一卷　集道庚
庚道集卷之一
砒匱養丹陽法　盛
用不夾石明淨者半斤。碎作小豆粒大尤好。以二兩作一包。白紙包入麤布袋內。依時採夏枯草。日乾燒灰沸湯淋濃汁。磁鑵懸胎煮。頻添汁。五六日布袋漸輕。汁濃火上試之有煙。乃以藥煮出汁內煮至七八日藥巳在汁內。如些小不下。是石脚也不必盡。却將藥汁別用一鑵徐徐煎之。待乾作一塊褐黑色。乃伏也。慢焙十分乾無濕氣方入鼎封固。下灰池。頂火一兩半。離寸半養三日。漸加二兩養三七日。取看合子不損動。養至三十五日開看。灰白色上如水濕成矣。燒看作汁。如有煙未斷。現以鐵匙下乳碎。入好合封。再養一月。又開看。如黃色漸乾不濕。火上燒之作汁無煙。全死也。未眞死再依前法封養一月。其藥白色光澤。火燒不作汁如石。乃眞死了。乃灰霜被火養去。全砒體眞死碎爲米粒。作匱用。此法絕妙。非他可比。口訣手法盡之矣。
煮養砂法　好砂二兩。魚腥草同米醋搗汁。

图 4-32　黄白术丹经辑录《庚道集》

---

① 见郭正谊：“《墨娥小录》辑录考略”，《文物》1979 年第 8 期。

② 传世本为明隆庆五年（1571）吴继聚好堂刻印本，现有 1959 年中国书店影印本。

③ 见《道藏》洞神部众术类，总第 602～603 册。

④ 参看陈国符《道藏源流续考》第 345 页。

几十年中，固然仍有一些方士在钻研、卖弄黄白术，但从理论到方法都已停滞不前，只不过因袭唐宋，谈不上什么新意和进步。

外丹黄白术活动在有明一代则令人惊异地出现过回光返照，锣鼓喧嚣，又热闹过一阵。但是它的活动内容与传统的丹鼎派外丹术比较则只能说是一种畸型变态的发展，完全是江湖妖道所导演的一场自欺欺人、伤风败俗的闹剧和丑剧。这种情况的发生主要是由于朱明王朝自宪宗朱见深之后历朝皇帝都热衷于迷信方术，他们广设斋醮、崇尚妖术、恩宠道士，其中一些更是奢迷淫纵，热衷金丹灵露，甚至是殒身误国、极端腐化的昏君。

明王朝的第一个皇帝朱元璋就对道教有相当强烈的好感。因为元末各路起事的农民军就纷纷仿效宋代的白莲教传扬弥勒奉旨下生，将有圣明天子出世的政治谶言，以煽动百姓起来造反，驱逐鞑虏。例如头领之一的韩山童就自称明王，其子林儿则称小明王。朱元璋初时即投军在其麾下，信奉其教，所以在他建国之初，便定大明为国号。他取得天下后，各种有关他曾受神人、道师相助以及君权神授的故事便纷纷扬扬传播开来。例如明《皇朝本纪》谓[1]："母太后陈氏夜梦一黄冠自西北来，至舍南麦场中，麦糠内取白药一丸置太后掌中。太后视渐长。黄冠曰：'好物，食之。'太后应而吞之。觉谓仁祖曰：口尚有香。明且帝生。"
明·解缙《天潢玉牒》也说：陈太后是服了"修髯簪冠红服象简"的道士所传"白丸"大丹而有孕的，"及诞，白气自东南贯室，异香烟宿不散"。[2] 道士们则更有各种逢迎阿谀之说：谓朱元璋生有异征，必受天命；南征北战、病除厄解、登基称帝都有神助，并宣扬其中都有道士参与。当然这些流言的传播离不开具有宗教迷信和道教方术的宣传。所以朱元璋征召和宠信的人当中很多是道士或精于道教方术的人。例如最显赫的军师刘基（伯温）就是位"博通经史，于书无不窥，尤精象纬之学"的人，传说他曾在青田山中从道士受兵书、方术。其他受召用的人中，尚有传说为刘伯温之师的黄楚望、铁冠道人张中、炼丹道士周颠仙、四十八代天师张正常、著名道士刘渊然、丘玄清、冷谦、张三峰、时蔚、邓仲修等等。

但是朱元璋在取得天下以后对待道教的政策，则是利用与限制相结合。他根据自己的经验和前朝的教训，不崇道，不奉道，以防范其权势的恶性膨胀，以免被奸人利用来犯上作乱，危及自己的统治。而且明初之时，也却曾有人隐藏于僧道之中，图谋不轨。例如福建僧人彭玉琳曾"自号弥勒佛祖师，作白莲会，……自称晋王，伪置官署。洪武十九年五月伏诛。"[3] 又如元代旧臣西域人巴延资中便曾"变姓名，冠黄冠，游行江湖间"，[4] 行迹可疑。所以他在招揽名流，吸收方术道士参与国事的同时，对教团则采取了一系列严加检束的政策。例如洪武元年，免去 元时所赐"天师"称号，只"改授正一嗣教真人，赐银印，秩视二品"而已，[5] 不准僧道驾凌于天子之上；洪武十四年，诏编"黄册"，"僧道给度牒，有田者入民册，无田者亦畸零"，进行登记注册；[6] 洪武二十四年六月诏令："自今天下僧道并而居之，毋杂处于外与民相混"，[7] 以防他们煽动百姓；洪武二十七年，又"命礼部榜示天下，……余僧道俱不许奔

① （明）《皇朝本纪》第 1 页，《丛书集成》初编·史地类，总第 3928 号。
② 明·解缙《天潢玉牒》第 1 页，《丛书集成》初编·史地类，总第 3928 号。
③ 见清·夏燮撰《明通鉴》（卷九），第 1 册第 446 页，中华书局，1959 年。
④ 见《明通鉴》（卷六），第 1 册第 368 页。
⑤ 见《明史》（卷二九九）〈列传第一百八十七·张正常传〉，第 25 册总第 7654 页。
⑥ 见《明通鉴》（卷七），第 1 册第 383—384 页。
⑦ 见《明实录》第 50 册〈太祖实录〉之卷二百九第 1 页，台湾中央研究院历史研究所校印，1963 年。

走于外及交结有司"，即使"崇山深谷修禅及学全真"，也只限于一、二人，"三四人勿许"。① 而且早在明初便置元教观，洪武十五年改为道箓司，专职道教之事，"凡内外道官，专一检束天下道士。"② 然而自太祖始，尽管从政治上对教团的发展有所警惕，但历代诸帝对道教方术的笃信都相当至诚，相、命、卜、观风、望气、象纬、堪舆、金丹、房中之术始终弥漫朝野上下，明·陆容《菽园杂记》（卷一）谓："洪武中，朝廷访求通晓历数、数往知来〔者〕，试无不验者，必封侯，食禄千五百石。"

这种情况在明王朝的 270 多年当中，可以说愈演愈烈。而在诸方术中，在明代诸帝中被崇信最深，祸害最大的道术，则是金丹服食。

据说朱元璋就对长生丹药发生过兴趣，曾服过周颠仙的丹药温良石。③ 但这可能还只是一种笼络道士或偶尔尝之，并不迷信。据《明实录·太祖实录》（卷五九）记载，他还曾劝人儆戒此事："神仙之术以长生为说，而又谬为不死之药以欺人，故前代帝王及大王（指王公）多好之，且有服药以丧其身者，……此乃欺人之言，切不可信。"④ 成祖朱棣似也不信金丹长生之说，《明史》卷七〈本纪第七〉谓："永乐十五，……秋八月甲午，瓯宁人进金丹。帝曰：'此妖人也。'令自饵之，毁其方书。"

明代第一个迷信丹药而致死的皇帝是在位不及一年的仁宗朱高炽，据《明史》记载⑤：

> 帝（仁宗）每遘疾，辄遣使问神。庙祝诡为仙方以进。药性多热，服之辄痰壅气逆，多暴怒，至失音，中外不敢谏。〔袁〕忠彻一日入侍，进谏曰：'此痰火虚逆之症，实灵济宫符药所致。'帝怒曰：'仙药不服，服凡药耶？'

宣宗初，御史孙汝敬曾上书言及此事，谓："先皇帝嗣统未及期月，奄弃群臣。揆厥所由，皆憸壬小夫献金石之方，以致疾也。"⑥

那么唐代诸帝及文臣武将服食金丹丧生的历史教训是深刻的，众所周知的，那么何以在明代宫中，自仁宗而始，服食金丹之风又会再起，前有仁宗、宪宗术误金丹，"宫车晏驾"；接着孝宗又重蹈复辙，惑于丹药，终至不起；而世宗却又更加变本加厉，以致"火发不愈"呢？若究其内情，可知明代诸帝不仅在追求长生益寿，而且更醉心于宣淫纵欲，所以道士们进献丹药，名义上乃谓去病延年，可致神仙，实际上却是以媚药兴阳助气，供秘戏之用，藉此投帝所好，以固位邀宠。而那些昏君为图一时助淫兴之乐，明知其戕人身心，害人性命，也在所不顾了。那些妖人又藉机大肆宣扬房中采阴补阳之说，蛊惑人心。所以朱明一代淫乱之风迷漫朝野，甚至毒化了整个社会，一时间"异言异服列于廷苑，金紫赤绂赏及方术，保傅之位，坐而论道"，妖人邪术、方伎杂流也都乘机复活，猖獗起来。应该说，这种伤风败教之举与中国炼丹术固有的传统、宗旨，也是背道而驰的，也为历代道教人士痛斥不齿，例如当时正一派道教三十代传人张继先就曾痛斥房中采战秘术，谓："神仙清静方为道，男女腥膻本俗情，秽浊岂堪充上品，还丹方可保长生，房中之术空传世，迷杀寰中多少人。"⑦ 所以明代炼

① 见《明实录》第 50 册〈太祖实录〉之卷二三二第 1 页。
② 见明·徐溥等撰《明会典》，《四库全书》史部政书类。参看李养正《道教概论》等 188 页。
③ 见明·朱元璋撰《御制周颠仙传》，第 9 页《丛书集成》初编·史地类，第 3435 号。
④ 见《明实录》第二册〈太祖实录〉卷五九之第 6 页，总第 1157 页。
⑤ 见《明史》（卷二九九）〈列传一八七·方技袁珙〉，第 25 册总第 7644 页。
⑥ 见《明史》卷一三七〈列传二十五孙汝敬〉，第 13 册第 3959 页。
⑦ 见《虚靖天师语录》（卷五）。

丹术的回光返照，也可以说是炼丹术历史中一股秽污逆流的一时泛滥。

这股逆流可以说是从宪宗朝开始掀起的。据《孝宗实录》（卷二）记载：宪宗皇帝朱见深荒淫好色，道士李孜省、邓常恩之流因以媚药、淫术投其所好，由是皆得宠幸。[①]"方士李孜省官通政使礼部侍郎掌司事，妖僧继晓累进通玄翊教广善国师"。[②]而士人中，都御史李实、给事中张善亦献房中秘方，以固位邀宠，致使"术误金丹，气伤龙脉，一时寝庙不宇，旬日宫车晏驾"。另外，宪宗对黄白术也感兴趣，"成化中有襄阳人王臣者，以跛名瘸子，用方术见幸，自云能立成黄金，上信之，拜锦衣千户，命同太监王敬下江南采诸药，以备点化。至吴越间，鸷肆万状，几激变乱，被劾伏诛"。[③]而在孝宗朱祐樘在位时，则有太监李广"荧惑圣心，召集道流，以致黄白修炼之术、丹药符箓之伎杂进并兴，伤风坏教"。[④]据《明史》记载：帝自弘治八年（1495）后，"视朝渐晏，中官李广以烧炼斋醮受宠。徐溥等屡屡进言：'……近闻有以斋醮修炼之说进者。宋徽宗崇道教，科仪符箓最盛，卒至乘舆播迁。金石之药，性多酷烈，唐宪宗信柳泌以殒身，其祸可鉴。今龙虎山上清宫、神乐观、祖师殿及内府番经厂皆焚毁无余。彼若有灵，何不自保？天厌其秽，亦已明甚。'"[⑤]言恳意切。然孝宗无视忠告，继续迷恋丹药方书，终致丹毒发作，"龙驭上宾"。

武宗正德帝时，"色目人（西域人）于永拜锦衣都指挥，以房中术骤贵"。[⑥]

而在朱明一代中，世宗朱厚熜则是最为荒淫绝顶的一个皇帝，也是对左道妖人尊崇最甚的昏君，尤其信笃道教阴阳采补之术。据明·沈德符《万历 野获篇》（卷二十一）记载：

> 嘉靖间，诸佞幸进方最多，其秘者不可知。相传至今者，若邵（元节）、陶（仲文）则用红铅，取童女初行月事，炼之如辰砂以进；若顾（可学）、盛（端明）则用秋石，取童男小遗，去头尾，炼之如解盐以进。此二法盛行，士人亦多用之。然在世宗中年始饵此及他热剂，以发阳气，名曰长生，不过供秘戏耳。

> 陶仲文以仓官召见，献房中秘方，得倖世宗，官至特进光禄大夫柱国少师少傅少保、礼部尚书、恭诚伯，禄荫至兼支大学士俸，子为尚宝司丞，赏赐至银十万两，锦绣蟒龙斗牛鹤麟飞鱼孔雀罗缎数百袭，狮蛮玉带五六围，玉印文图记凡四，封号至神霄紫府阐范保国弘烈宣教振法通真忠孝秉一真人。见则与上同坐绣墩，君臣相迎送，必于门庭握手方别，至八十一岁而殁，赐四字谥，其荷宠于人主，今古无两。
> ……盖陶之术，前后授受三十年间，一时圣君哲相，俱堕其彀中。[⑦]

关于世宗的荒淫与惑于灵丹秘药的具体情况，清人谷应泰所撰《明史纪事本末》（卷五十二）[⑧]中的〈世宗崇道教〉记叙颇详，兹撮其要：

> 十八年九月，太仆卿杨最上言："圣谕至此，不过信方士调摄耳。……臣闻皇上

① 见《明实录》第28册，〈孝宗实录〉卷二之第10页。
② 见明·沈德符撰《万历野获篇》中册第547页，中华书局，1959。
③ 见《万历野获篇》下册第698页。
④ 见《明实录》第30册〈孝宗实录〉卷一二四之第5页。
⑤ 见《明史》（卷一百八十一）〈列传第六十九·徐溥〉第16册总第4806～4807页。
⑥ 明·沈德符《万历野获篇》中册第547页，中华书局，1959年。
⑦ 见《万历野获编》中册第546～547页。
⑧ 见《明史纪事本末》第二册第783～799页，中华书局，1977年。

之谕，始则惊而骇，继则感而悲。犬马之诚，唯望端拱穆清，恭默思道，不迩声色，保复元阳，不期仙而自仙，不期寿而自寿。黄白之术，金丹之药，皆足以伤元气，不可信也。"帝览之大怒，逮系镇抚司拷讯，久之死狱中。

四十年二月，分遣御史王大任、姜儆、奚凤等往天下访求仙术异人及符箓秘书诸书。

四十四年春正月，帝不豫，帝注意玄修。先是，王大任奉命陕西、湖广，招致方外士王金等，能合内养诸药。姜儆奉命江西、广东，亦得能通符法者还。……自王金等以修炼章，与陶仲文子世恩希求恩泽，乃伪造五色灵龟、灵芝，以为天降瑞征。又与陶儆、刘文彬、申世文、高守中伪造《诸品仙方》、《养老新书》及以金石药进御。其方诡秘不可辨，性燥热，非《神农本草》所载。帝服，稍稍火发，不能愈。

四十四年五月……有蓝道行者，以方术见帝，帝颇信之。……胡大顺者，故陶仲文徒也，……乃伪造《万寿金书》一帙，诡称吕祖以箕授者。用黑铅取白，名"先天玉粉丸"，……献之。

四十四年八月，御几及褥各得药丸一，躬谢太极殿，告宫庙。

四十四年冬十月，户部主事海瑞上言："……臣愚谓陛下之误多矣，大端在玄修。夫玄修所以求长生也。尧、舜、禹、汤、文、武之为君，圣之至也，未能久视不终。下之方外士，亦未见有历汉、唐、宋至今存者。陛下师事陶仲文，仲文则既死矣。仲文不能长生，而陛下独何求之？至谓天赐仙桃、药丸，怪妄尤甚。……乃县思服食不终之饵，凿想遥兴轻举之方，切切然散爵禄、竦精神、求之终身而不得。大臣持禄外为诤，小臣畏罪面为顺。君道不正，臣职不明，此天下第一事也。"疏上，帝大怒，命逮系瑞下镇抚。

四十五年春正月，上久病不痊，欲幸承天，拜显陵，取药服气。……是年冬，帝崩于乾清宫。

世宗崩后，隆庆帝朱载垕仍不汲取教训，复堕方士媚药、秘戏的圈套中，《万历野获编》亦有记载："穆宗以壮龄御宇，亦为内官所蛊，循用此等药物，致损圣体，阳物昼夜不仆，遂不能视朝。"[①] 所以谷应泰对此历史教训，慨然叹曰："究之金石燥烈，鼎湖即有龙升，王（金）、陶（世恩）论死，云中不乏鸡犬。语云：'服食求神仙，多为药所误。'又云：'君以此始，必以此终。'吁！可慨也夫。"

当时不仅士人中効尤诸帝也惑于房中秘药者甚多，而且，这种奢迷淫纵之风在朱明一代也严重地毒化了整个社会的空气。一时春方秘药泛滥，明代问世的不少社会小说对房中助淫

---

① 见《万历野获编》中册第 547 页。

灵丹春药在市井百姓中的流传也多有所反映。但作者用笔多持批判态度，如明·凌濛初便说：

却有一等疯心的人，听了方士之言，指望炼那长生不死之药，死砒死汞，弄那金石之毒，到了肚里，一发不可复救。古人有言："服药求神仙，多为药所误。"自晋人作兴那五石散、寒石散之后，不知多少聪明的人被此坏了性命。臣子也罢，连皇帝里边药发不救的也有好几个。这迷而不悟，却是为何？……今世制药之人，先是一种贪财好色之念横于胸中，正要借此药力挣得寿命，可以恣其所为，意思先错了；又把那耗精劳形的躯壳要降伏他金石熬炼之药，怎当得起？所以十个，九个败了。朱文公有《感遇》诗云："飘摇学仙侣，遗世在云山。盗启元命秘，窃当生死关。金鼎蟠龙虎，三年养神丹。刀圭一入口，白日升羽翰，……①

特别是对春方秘药，他更是殷殷切谏："愚者贪淫，唯日不足，借力药饵，取欢枕褥。一朝药败，金石皆毒。诿其鼎器，鼎覆其餗。"②

考明代嘉靖年间的灵丹秘方，宣扬至神、一时流传最广的或即前文所提及的红铅与秋石，故有"此二法盛行，士人亦多用之"的话。但它们已基本上脱离了唐宋以来外丹传统的轨道，大丹之基已不是铅汞，烧炼之物也不再是五金八石。红铅者实是"取童女初行月事"，秋石者则是"取童男小遗"，加工、精炼而成。但是那些左道妖人为了哄骗世人把它们描述为"能感召天地氤氲之气，盗夺日月磅礴之精"的奇方秘药，得之于先圣，传之于真人，于是仍然将它们附会于传统炼丹术的龙虎之说，着之以真铅、真汞的外衣。

关于秋石方，可能问世很早。《周易参同契》中已有"淮南炼秋石，王阳加黄牙"的话，但魏伯阳所言"秋石"恐怕还不是后世以童便所炼者。北宋苏轼、沈括合撰的《苏沈良方》③则已详细记叙了以童便炼秋石的阳炼法与阴炼法，但只说："服之，还补太阳相火二脏，为养命之本。"只是作为一种医药，可疗"瘦疾且咳"及"颠眩腹鼓"，当时道士们呼之为"还元丹"。而到明代时它居然被视为至宝了。明·高濂所撰《遵生八笺·灵秘丹药》对它描述最详并加以神化，④把它称之为"龙虎石丹"，谓得之于终南王师。"龙虎石丹序"曰：

夫龙虎石者，乃人元造化之至宝也。自轩辕皇帝所传制炼之丹方，后钟、吕二仙再修接命之秘法，盖求延年之术。唯童真未破，不假他力而径自还丹。……龙虎即男女之法象。男女乃阴阳之妙化也。……其气充塞五脏，遍历诸经，溢之于内，为气为血；渗之于外，为水为膏，圣人以法术而采取。用以施水火既济之功，运周天还返之妙，炼成黄芽白雪，玉液金英。火炼味咸，水飞味淡，其体不一，其色不定。
饵阳炼则补益真阴；饵阴炼则强壮元阳，返本还元，归根复命。……

接着他说明，"龙虎石"乃取龙虎水经阴炼或阳炼，而得雪白之秋石，名之为"龙虎石小还丹"，又名灵汞。至于所谓龙虎者，他说："龙属木，虎属金，即童男童女。"竟又称之为"二鼎器。"选择"鼎器"的条件，则要求"眉清目秀，满月之相，三停相等，唇红齿白，发黑清，肌肤细润，年方十二、三岁。"

关于红铅方，《遵生八笺》谓："须择十三四的美鼎（清秀女童）……先备绢帛或用羊胞

① 见明·凌濛初《二刻拍案惊奇》卷十八。
② 见明·凌濛初《二刻拍案惊奇》卷十八。
③ 宋·苏轼、沈括撰（后人辑编）《苏沈良方》（卷一），第3页，《丛书集成》初编，第1434号。
④ 见明·高濂《遵生八笺·灵秘丹药》（卷十七），据雅尚斋明万历十九年自刻本影印，书目文献出版社。按高濂，字深甫，别号瑞南道人，浙江钱塘人，生卒年不详，大约生活于明嘉靖、万历年间。

做成橐籥，或用金银打的偃月器式，候他花开，即与系合阴处。……如觉有经，取下……，乃是真正至宝，为接命上品之药。……首铅初次，金铅二次，红铅三次，以后皆属后天。红铅只宜配合药，不宜单服食。既明采取，听候制伏，三腥五浊，必须仔细修炼，方成至宝。"经澄洗后，"将铅倾入大瓷盘晒干，其铅胎色不变，如牛黄样，不泄元灵之气。……"以此"铅"配金乳粉合成丸丹，即称为"灵铅"，乃"先天混沌"，"纯一至真元英之气所结，包一身之精粹。"①②

这样便得到了所谓大丹之基，灵汞与灵铅。

据此，修炼所得的灵铅与灵汞，即红铅丸与秋石，乃属服食丹药，故此念头当谓发自外丹之说，应属外丹范畴；但其炼制不用炉釜、养柜、神室，而以男女童身为鼎，则当属内丹；按其"阴炼补阳，阳炼补阴"及以室女初经兴阳助气，乃属房中取阴补阳的采战之术，那么此项服食又可属房中补益之论了。可见，此项妖妄的造作乃是集古代炼丹方术的杂交产物，只是在明代这一特定的污浊社会环境中产生出来的一个炼丹术变种。其中红铅、灵铅之说一直遭受正统道教人士和严肃的医药学家们的激烈斥责，李时珍就曾厉声抨击：

今有方士邪术，鼓弄愚人，以法取童女初行经水服食，谓之先天红铅。巧立名色，多方配合，谓《参同契》之精华，《悟真篇》之首经，皆此物也。愚人信之，吞咽秽滓，以为秘方，往往发出丹疹，殊可叹恶。按肖了真《金丹诗》云："一等旁门性好淫，强阳复去采他阴。口含天癸称为药，似恁泇沮枉用心。"呜呼！愚人观此，可自悟矣。③

随着红铅之类灵丹秘药的兴风作浪，一些性质酷烈的金石大药也曾在明代宫廷和社会中再度泛起作害。但是从丹法到理论大概都没有什么新的货色，不过仍是那些传统的，含铅、汞、砷的剧毒制剂和关于真铅、真汞、真土的无休止的纠缠，所以尽管外丹又活跃了一阵，但明代时期编修的《道藏》、《续道藏》并没有收录明人的外丹著述。这种情况或因缺乏新作，或因作品庸碌无奇，不堪入选。

明代诸帝既然一直对道教采取了尊重、优礼与利用的政策，而且有些皇帝更崇道奉道，所以对《道藏》的纂刊都相当重视。更由于元代的两次焚经④及元末的社会动乱，道教典籍散佚严重，又亟待搜集、重整。所以在永乐四年（1406）时成祖便曾敕令第四十三代天师张宇初纂修道典，于是宇初曾赴京辑校，但工作中途，于八年病故。其弟宇清承继主持纂辑校正，但"将镂梓以传，而功未就绪，奄忽上宾"。成祖死后，仁宗、宣宗朝则弃置未理。及至英宗正统九年（1444）又召道录司左正一通妙真人邵以正督校，并于十月镂板讫工，并加御制题识，开始陆续颁赐天下宫观，这便是《正统道藏》，共计 5305 卷，成 480 函，以千字文为函目，自"天"字至"英"字，每函各数卷，每卷一册。

至万历三十五年（1607），神宗又敕五十代天师正一嗣教大真人张国祥于京师西北之灵佑宫（在今河北省赤城县，后毁于火）续刊印施道藏经，即《万历续道藏经》，凡 34 函，函目自"杜"字至"缨"字。

明正、续《道藏》共 512 函，经板达 121 589 叶，原收藏于灵佑宫。入清以后，转藏于圆明园

①　见《遵生八戕·灵秘丹药笺·诸红铅法》，第 507～510 页。

②　参看日本·官下三郎："红铅——明代的长生不老药"，见李国豪等主编《中国科技探索》561～572 页，上海古籍出版社，1986。

③　李时珍《本草纲目》第四册第 2953 页，人民卫生出版社校点本，1982 年。

④　参看任继愈主编《中国道教史》第 531～532 页。

正大光明殿,但日有损缺。到光绪庚子年,八国联军侵入北京,大肆焚掠,存板尽毁。而存于各地宫观的《道藏》,屡经兵燹,存者也寥寥可数,致使《道藏》竟成秘笈。1923年到1926年间,北洋政府总统徐世昌请傅增湘主持,由上海涵芬楼据北京白云观所藏明代正、续《道藏》影印出版。每部1120册,共印了350部,这样才使海内外学者得以读到正统、万历《道藏》。①

参 考 文 献

原 始 文 献

白居易(唐)撰.1936.白香山诗后集(卷一).四部备要本(第71册),上海:中华书局

班固(汉)撰,颜师古(唐)注.1935.四史本(国学整理社辑),上海:世界书局

班固(汉)撰.1926.汉武帝外传.道藏本(洞真部记传类,总第137册),上海:涵芬楼

毕沅(清)编.1935.续资治通鉴,国学整理社本,上海:世界书局

蔡絛(宋)撰.1986.铁围山丛谈.说库本(王文濡辑,上册).杭州:浙江古籍出版社

陈梦雷(清)等辑.1985.古今图书集成(博物汇编·神异典·神仙部列传十七罗浮山志·苏元朗传),雍正四年排印本影印,成都:巴蜀书社

陈元靓(宋)编纂.1963.新编纂图增类群书类要事林广记.元至顺建安椿庄书院刻本,北京:中华书局

大正新修大藏经.1927.[日本]大正一切经刊行会发行

道宣(唐)撰.1934.广弘明集(卷二十八).四部丛刊本(子集),上海:商务印书馆

杜光庭(唐)撰.1926.历代崇道集.道藏本(洞玄部记传类,总第329册),上海:涵芬楼

范晔(南朝宋)撰,李贤(唐)注.1935.四史本(国学整理社辑),上海:世界书局

高濂(明)撰.1992.遵生八笺·灵秘丹药.成都:巴蜀书社

葛洪(东晋)撰.1988.神仙传.张君房(宋)辑:云笈七签本(卷一百九),济南:齐鲁书社

谷应泰(明)撰.1977.明史纪事本末.北京:中华书局

刘向(汉)编订,何建章注释.1990.战国策·楚策.北京:中华书局

何薳(宋)撰.1983.春渚纪闻.北京:中华书局

洪迈(宋)编.1985.录释.洪氏晦木斋刻本,北京:中华书局

洪兴祖(宋)撰.1983.楚辞补注.北京:中华书局

桓宽(汉)撰,王利器校注.1983.盐铁论.天津:天津古籍出版社

桓谭(汉)撰.1977.严可均(清)辑本,上海:上海人民出版社

皇朝本纪(明人撰,名氏不详).丛书集成本(初编·第3928册),上海:商务印书馆

黄休复(宋)撰.1986.茅亭客话.说库本(王文濡辑,上册).杭州:浙江古籍出版社

贾嵩(唐)撰.1926.华阳陶隐居传.道藏本(洞真部记传类,总第151册),上海:涵芬楼

李耳(春秋)撰,陈鼓应注释、评介.1984.道德经.北京:中华书局

李昉(宋)编.1960.太平广记.北京:中华书局

李昉(宋)编.1960.太平御览.宋本影印,北京:中华书局

李季可(宋)撰.1983.松窗百说.笔记小说大观本(第7册),扬州:江苏广陵古籍刻印社

李焘(宋)撰,黄以周(清)辑补.1986.续资治通鉴长编.光绪七年浙江书局本,上海:上海古籍出版社

列御寇(战国)撰.1954.列子(汤问第五).诸子集成本(国学整理社辑,第3册),北京:中华书局

刘安(汉)主撰,孙冯翼(清)等辑录.1939.淮南万毕术.丛书集成本(初编第694册),上海:商务印书馆

刘歆(汉)辑增,袁珂校注.1980.山海经.上海:上海古籍出版社

陆游(宋)撰.1939.老学庵笔记.丛书集成本(初编,第2766册),上海:商务印书馆

吕不韦(秦)主撰,陈奇猷校释.1984.吕氏春秋.上海:学林出版社

孟要甫(唐或五代)撰.1926.金丹秘要参同录.道藏本(洞神部众术类,总第594册),上海:涵芬楼

---

① 详情参看陈国符《道藏源流考》下册第174~190页。

明实录. 1974. 北京：中华书局

欧阳修、宋祁（宋）撰. 1975. 新唐书. 北京：中华书局

司马光（宋）撰. 1956. 资治通鉴. 北京：中华书局

司马迁（汉）撰，裴駰（南朝宋）集解，司马贞（唐）索隐. 1935. 史记. 四史本（国学整理社编辑），上海：世界书局

沈德符（明）撰. 1957. 万历野获编. 北京：中华书局

沈括（宋）撰，胡道静校证. 1987. 梦溪笔谈. 上海：上海古籍出版社

沈约（南朝梁）撰. 1974. 宋书. 北京：中华书局

苏轼（宋）撰. 1983. 东坡志林. 笔记小说大观本（第七册）. 扬州：江苏广陵古籍刻印社

脱脱（元）撰. 1977. 宋史. 北京：中华书局

王嘉（晋）撰，萧绮（南朝梁）录，齐治平校注. 拾遗记（卷四）. 北京：中华书局

王祎（明）撰. 1976. 元史（卷二百二释老）. 北京：中华书局

魏收（北齐）撰. 1974. 魏书（卷九十一刘灵助传、卷一一四释老）. 北京：中华书局

吴处厚（宋）撰. 1983. 清箱杂记. 笔记小说大观本（第二册），扬州：江苏广陵古籍刻印社

王闢之（宋）撰. 1983. 渑水燕谈录. 笔记小说大观本（第六册），扬州：江苏广陵古籍刻印社

夏燮（清）撰. 1959. 明通鉴（卷六、卷九）. 北京：中华书局

谢守灏（宋）编. 1926. 混元圣纪（卷八、卷九）. 道藏本（洞神部谱录类，总第551～553册），上海：涵芬楼

薛安勤、王连生注译. 1991. 国语译注. 长春：吉林文史出版社

杨雄（汉）撰. 1939. 法言. 丛书集成本（初编，第530册），上海：商务印书馆

姚思廉（唐）撰. 1973. 梁书. 北京：中华书局

于吉、宫崇（汉）等撰，王明校. 1960. 太平经. 上海：中华书局

俞琰（宋）撰. 1939. 席上腐谈. 丛书集成本（初编，第322册）. 上海：商务印书馆

俞琰（宋）撰. 1920. 炉火监戒录. 曹溶（清）辑、陶越（清）增删：学海类编本（道光十一年晁氏排印本余集七），上海：
　　涵芬楼

元好问（金）撰. 1983. 续夷坚志. 笔记小说大观本（第十册），扬州：江苏广陵古籍刻印社

张廷玉（清）等撰. 1974. 明史（卷七、十五、一三七、一八一、二九九）. 北京：中华书局

张昭远（后晋）等撰. 1975. 旧唐书. 北京：中华书局

赵翼（清）撰，王树民校订. 1984. 二十二史劄记（卷十九）. 北京：中华书局

郑樵（宋）撰. 1936. 通志. 四部备要本（史部·政书类·通志略），上海：中华书局

郑玄（汉）注，孔颖达（唐）疏. 1935. 礼记正义. 阮刻十三经注疏本（国学整理社辑），上海：世界书局

郑玄（汉）注，贾公彦（唐）疏. 1935. 周礼注疏·天官冢宰. 阮刻十三经注疏（国学整理社辑），上海：世界书局

朱弁（宋）撰. 1983. 曲洧旧闻（卷五）. 笔记小说大观本（第八册），扬州：江苏广陵古籍刻印社

朱元璋（明）撰. 1939. 御制周颠仙传. 丛书集成本（初编，第3435册），上海：商务印书馆

庄周（春秋）撰，张耿光译注. 1991. 庄子. 贵阳：贵州人民出版社

研究文献

曹元宇. 1935. 葛洪以前之金丹史略. 学艺，14（2）：1～2，14（3）：15～25

陈国符著. 1963. 道藏源流考. 北京：中华书局

傅家勤著. 1984. 中国道教史. 上海：上海书店

李养正著. 1989. 道教概述. 北京：中华书局

卿希泰著. 1981. 中国道教思想史纲（第一卷）. 成都：四川人民出版社

任继愈主编. 1980. 中国道教史. 上海：上海人民出版社

任继愈主编. 1985. 中国哲学发展史（秦汉卷）. 北京：人民出版社

王明著. 1984. 道教与道教思想研究. 北京：中国社会科学出版社

袁翰青著. 1956. 中国化学史论文集. 北京：三联书店

张子高. 1960. 炼丹术的发生与发展. 清华大学学报，7（2）：35～50

赵匡华著. 1989. 中国炼丹术. 香港：中华书局

（赵匡华）

第五章　中国古代的炼丹术化学(下)

——中国炼丹术的思想、方法与化学成就

中国古代的炼丹家们试图以天然矿物为原料，通过他们所设想的原则（如阴阳学说、五行学说或二十四气说、二十八星宿说）来配方，采用化学手段来制造某种自然界不存在的或较天然产物更加纯净的药剂，希望它们能够具有使人服了之后可获长生不死的效果。这种活动对化学现象、变化的观察以及在化学实验的设备和操作的研究方面，无论在深度和广度上都远远超过了古代其他任何一种与化学有关的工艺（如烧制陶瓷、冶炼金属、酿造酒醋、加工染料），也更接近于现代化学科学研究的模式。因此，尽管其目的不能实现，但在这项活动中所观察到的事实、领悟到的化学知识、获取到的化学成果以及采用的设备、方法，在其后的时代中仍然保持着有效性。而从全世界的范围来说，这种活动并为近代化学的诞生在知识上和技术上直接地作了准备。所以在古代诸多化学工艺中，只有炼丹术化学堪称为化学的原始形式。因此，它成为古代化学史中应该重点研究和论述的课题。

但是今天来研究中国炼丹术化学又是困难很多的，现在即使要作一番较确切的讲解也非易事，因为它在古代的诸多化学工艺中又是理论上最玄奥、技艺上最守密的一种。尽管中国炼丹术的历史最长，保存下来的文献资料相对于流传至今的希腊、阿拉伯、印度的炼金术，要丰富、连贯、系统得多，语言上也还比较容易读懂，可是一旦研究起来仍然常常令人感到举步艰难，抓不住它的确切含义，其中的困难大致是：其一，中国炼丹术的典籍中（也就是师徒间的传授中）对所用药物的名称和操作中的术语，编造了大量的隐名和切口行话，而且一物多个隐名，一个隐名又可指多种药物的情况相当普遍；而一种名称随着炼丹术的发展其含义又经常发生演变，唐宋时期的含义就未必符合汉晋时的情况。其二，对历代炼丹术著作，远非象儒家经典那样，几乎都没有同时代的或相近时代的人加以注释，而且作者本人更往往在关键的地方故意闪烁其词，或言语晦涩，或故弄玄虚，或欲言又止，或隐其秘要，令今人读之难解，即使读懂又不可全信，固然有些内容可以根据现代化学知识来作判断，有些则很难辨解。而且古代的炼丹家对化学现象又往往由于缺乏正确的化学知识而作了错误的描述，那么我们现在就必须努力根据炼丹术的整个历史来对他们的描述作出符合历史实际的解释。其三，在历代问世的丹经中，有相当一部分是后代人对前代人著述的辑录，例如唐人辑纂的《黄帝九鼎神丹经诀》就是节录历代丹经辑纂而成的，其卷一是西汉末或东汉初问世的《黄帝九鼎神丹经》，反映的是汉代炼丹术的状况和内容，而现在不少人以讹传讹把它当作唐代炼丹术来引证。另外，又有很多丹经是后世人伪托前代先师、真人的作品，就更须审慎考辨。其四，中国炼丹术著述的作者当中相当一部分人的文化水平相当低，因此不少丹经的语言文字很拙劣，加之在辗转传抄过程中错讹和漏失比比皆是，更增加了今人研读的艰难。其五，对古代炼丹术中的各种配方，固然可以，而且应该通过模拟实验来加以辨解，有时也确实是个行之有效的方法，但又绝非易事和普遍可行，原料药物产地不同，成分会有很大差别，古代

炼丹设备的仿制也相当麻烦，所以当时的情况难以重现。而丹经记载又往往过于粗略，隐名一名多物的情况更往往给今人的某些模拟试验的说服力蒙上了阴影。其六，至今出土或传世的文物中有关中国炼丹术的实物（设备、药物、炼制成品）极为罕见，简直可以说没有，所以不像其他化学工艺，我们对炼丹术的文字记载以及至今的研究成果，几乎找不到实物来加以对照和验证。其七，在中国传统文化中，由于种种原因和障碍，炼丹术仍然是一个研究基础极为薄弱的领域，真正进行一些严肃认真的诠释工作，开展一些模拟试验研究，只不过是近三四十年的事，而且其间又几乎濒临停顿了 20 年，至今研究者又寥寥无几，所以中国炼丹术中的许多问题，至今分歧很多，难作结论。因此本文中的不少意见也只可供在研读时作参考。

另外还须说明，中国古代炼丹术中，派系林立，又是师徒相传，对炼丹术中某些物质，某个配方、某种概念的理解，很可能各派系们原本就各持己见，而分别传授、沿袭下来，谈不上谁是权威，谁算标准。例如什么叫"真铅"？什么是"八石"，"龙虎还丹"配方中的铅究竟是铅华还是金属铅？现在我们就不能独尊一家之说，也难说哪个合理，哪个不合理。对待这样的问题，我们只想确切地说明他所在历史上的客观作用，而难以在他们之间充当一个是非的裁判。

一　中国炼丹术中的一些理论思考

秦汉之际，海上寻仙求不死药的活动屡屡遭到失败，神仙始终未能找到；服食金玉、丹砂以求长生的尝试也未能奏效，于是方士们开始试图通过人工烧炼的途径，自己制造不死药，炼丹术这时便出现了。如前文所说，这标志着方士们对长生不死的追求从求仙的道路上转向依靠人类自己的智慧和创造力。这样，客观上他们便揭开了化学研究的序幕，自觉地想通过化学的手段创造某种具有特殊性能的新物质。显然这是一次历史的进步，而不是倒退，在长生术中是迷信色彩的减少，而不是增重。

方士们当时如何会想到选取炼丹术的途径，为什么相信人类自己的力量有可能会取代神的威力，这当然与那时社会生产力的发展，尤其是某些化学工艺的出现有直接关系。当时，烧陶技术已经非常成熟，陶质器皿的品种已经很多，质地精良；冶金工艺更是成就斐然，不仅已经越过了青铜时代，冶铁业也已经相当发达；酿造业的制品也已经很繁多，这些发明极大地开阔了人类的眼界，都给了方士们极大的启示，并对自己的力量增强了信心，不仅认识到大自然总处于永恒不灭的变化当中，而人力可以促进和利用各种各样的变化来达到自己的目的。当然，陶器、铜铁、酒醋的制造以及采矿、医药的经验也为炼丹术的兴起，在原料、设备上准备好了物质上、技术上的条件。

自从方士们产生人工升炼长生不死药的念头，并开始付诸施行起，并在以后炼丹术发展的整个历史进程中就不断遇到某些理论上的问题，促使他们去思考，以作为炼丹活动的指南。在这方面，他们既从先秦已经形成的某些宇宙观和哲学思想中去汲取营养，也在自己的炼丹实践中根据新观察、新发现，不断总结出新的知识，并以新的意识和观点去丰富固有的见解和传统的哲学思想体系，因此炼丹术的发展也对中国传统的宇宙观，对物类变化的认识，充实了新的内容。不过应该指出，总的来说，中国炼丹术的发展对中国传统的物质观没有重大的、革命性的突破，在理论思维中几乎总是因循固守已有的模式和框架，缺乏大胆创新的精神，这也就是中国炼丹术所以未能发展出近代化学的一个重要原因。

在中国炼丹术活动中，方士们在理论方面的思考，大致可以归纳成如下四个课题加以评述。

（一）关于"假求外物以自坚固"的神丹观

在中国炼丹术肇兴之时，方士们首先遇到的一个问题就是遵循什么途径去制作不死药？也就是如何揣摩万物中哪些物质可能发挥出使人长生久视的功效？他们的思路其实很朴素，很直观，并没有什么神秘色彩，只是十分天真。那就是"假求外物以自坚固"的设想。那些入火不焦，入水不腐，入地千年不朽，在自然界中似有无穷之寿的物质，便被他们相中。他们希图把这种物质强有力的抗蚀性，经过服饵、吸收后，人就可以外攘邪恶，禁御百毒，不畏瘟疫，从而健骨强身，形神不离，灵魂守宅，于是便求得不老不死了。在这类物质中，首先被方士们选中的便是黄金。所以魏伯阳《周易参同契》中有"金性不败朽，故为万物宝，术士服食之，寿命得长久"的话。葛洪《抱朴子内篇·金丹》的解释则更为明白，谓："夫五谷犹能活人，人得之则生，绝之则死，又况于上品之神丹，[①] 其益人岂不万倍于五谷耶？……黄金入火，百炼不消，埋之毕天不朽"，服之则"炼人身体，故能令人不老不死，此盖假求于外物以自坚固，有如脂之养火而不可灭"，犹如"铜青涂脚，入水不腐，此是借铜之劲以捍其肉也"。他又说："世人不合神丹（金液还丹），反信草木之药。草木之药埋之即腐，煮之即烂，烧之即焦，不能自生，何能生人乎？"把道理就说得更清楚了。唐代道士张九垓更进一步发展了这种说法，谓："黄金者，日之精也，为君服之，通神轻身，能利五脏、逐邪气，杀鬼魅。久服者皮肤金色。……药金服之，肌肤不坏，毛发不焦，而阴阳之易，鬼神不侵，故寿无穷也。"[②] 所以我国自古有服黄金致长生的说法。最早有关中国炼丹术的记载，正是西汉时方士李少君首创以丹砂化为黄金，而以此黄金为饮食器的长生设计。《黄帝九鼎神丹经诀》（卷六）[③] 对此举又作了进一步的解释："长生之法，唯有神丹，以丹为金，以金为器，以器为贮，服食资身，渐渍肠胃，霑溉荣卫，藉至坚贞，以驻年寿。"东汉人桓谭所撰《新论·辩惑论》有一则史实记载，谓：

> 史子心见署为丞相史，官架屋。官发吏卒及官奴婢以给之，作金不成。丞相自以力不足，又白傅太后。[④] 太后不复利于金也。闻金成可以作延年药，又甘心焉。[⑤]

说明当时仍流行着金可为长生药的信念。东汉道士狐刚子所撰《出金矿图录》已记载有切实可行，手段绝妙的"金粉制造法"[⑥]，《太清经天师口诀》中记载有"度灾灵飞散法"[⑦]，这些丹法都是在于对人们服食真黄金给予辅导。[⑧]。但是我们还会注意到，自炼丹术兴起之后，方士

---

① 在中国炼丹术的早期，方士们有个信念，都认为神丹即可令人长生，又可点化黄金，所以有"神丹成则黄白可得的话"，因此服神丹与黄金有殊途同归之效。

② 见唐·张九垓：《金石灵砂论》，《道藏》洞神部众术类，总第586册。

③ 《黄帝九鼎神丹经诀》见《道藏》洞神部众术类，总第584册。

④ 据《后汉书》卷九十七，傅太后为西汉哀帝祖母，哀帝朝尊为傅太后。

⑤ 见汉·桓谭《新论·辩惑论》，全文已佚。引自葛洪《抱朴子内篇·黄白》。

⑥ 见《黄帝九鼎神丹经诀》（卷三），并参看赵匡华"狐刚子及其对中国化学的卓越贡献。"

⑦ 见《道藏》洞神部众术类，总第583册。

⑧ 《黄帝九鼎神丹经诀》（卷三）："胡刚子云：五金尽火毒，若不调炼其毒，作粉，假令变化得成神丹大药，其毒未尽去者，久事服饵，少违戒禁，即反杀人，是故具诀图录炼煞并作粉法，以示将来。"可见狐刚子金粉法是为了服食。

们又很强调要以丹药点化黄金以为长生药，而很少主张服食天然黄金的。若究其原因，他们曾有两种解释：其一，因为黄金昂贵难得。葛洪就曾以这个问题请教其师郑思远，郑君之答即："世间金银皆善，然道士率皆贫。故谚曰，无有肥仙人富道士也。师徒或十人或五人，亦安得金银以供之乎？又不能远行采取，故宜作也。"但这种解释未必确切，若言道士贫困，无力得到天然黄金，难道至尊的汉武帝和傅太后也无以供给而必求以丹砂等化作之？其二，谓天然黄金服之有"毒"。这是鉴于有人服了天然黄金往往致死。[①]"人为血肉之躯，可能堪此重坠之物久在肠胃？"[②] 这大概正是方士们造作黄金的根本原因。唐代道士金陵子则用炼丹家的观点和语言把这项理由说得很透彻：

> 黄金者，日之精也。……金生山石中，积太阳之气薰蒸而成，性大热，有大毒，傍蒸数尺，石皆尽黄，化为金色，况锻炼服之者乎？若以此金作粉服之，销人骨髓，焦缩而死也。[③]

张九垓《金石灵砂论》则谓：

> 石金（天然矿金）性坚而热，有毒。……亦不堪服食，销人骨髓。药金若成，乃作金液，黄亦如水，服之冲天，如人饮酒注身体，散若风雨，此皆诸药之精，聚而为之，所以神液就，而金石化也。

正由于中国前期炼丹术中以药化作之金或金液为长生药，所以那时的药金并不局限是质地坚硬、具有延展性、色泽金黄的合金物质，而往往是某种粉末或液体，主要特征只是色泽金黄，或者是方士们认为其中含有"金精"的某种物质。及至隋唐以后，黄白术的目的逐步转变，以发财致富为主了，道士们才把精力集中于变炼各种黄色合金，例如砷黄铜、锗铜之类的物质。

但在中国炼丹术活动的漫长历史中，自始至终最使方士感兴趣的则是丹砂。它被视为至尊之物，大丹之本。它原是一种天然生成的鲜红色矿物（化学成分是 HgS），而经过反复升炼后所变成的"九转金丹"[④]，便被视为灵异的物质了。在中国，所谓"炼丹术"，最初的含义就是变炼丹砂，"丹"的原意就是丹砂（《说文》："丹，巴越之赤石也"）。而"丹"又指赤色，也正源于此。如果再深入探究一下丹砂何以被中国方士视为至重至尊的长生药，则可透视到他们对神丹大药更深一层次的思考。其一，丹砂辉煌红赫，与血同色，在远古大概就被视为灵异的东西。在中国的原始宗教观念中，红色象征鲜血，而鲜血又被认作是生命的源泉和灵魂的寄生处（因血尽则亡）。从河南安阳殷墟及山东发掘得到的甲骨片上，有许多涂写的文字，差不多都是红色或黑色的，经检验，红色涂料就是丹砂，黑色物质是血浆的分解产物（即原以血液涂写）。[⑤] 可见在殷商时代，丹砂已被视为与灵魂有关的物质了。其二，大概在战国时期，人们又发现丹砂具有"养精神、安魂魄、益气"的功效，于是便认为这是由于它能"杀精魅邪恶鬼"，[⑥] 这就更增加了方士们对它的崇敬。其三，中国自古有"丹砂化金"的说法，早期道书《铜柱经》便说："丹砂可为金，河车（铅）可作银，立则可成，成则为真，子得其道，

① 例如晋·荀绰《晋后略》载："贾后以鹿车诣金墉城，餐金屑酒而死。"见《太平御览》卷八一。
② 见明·李时珍《本草纲目（卷八）·金》。
③ 见金陵子·《龙虎还丹诀》，《道藏》洞神部众术类，总第 590 册。
④ 见《抱朴子内篇·金丹》，王明校释本第 68 页，中华书局，1980 年。
⑤ 参看薛愚主编《中国药学史料》第 18～19 页，人民卫生出版社，1984。
⑥ 参看《神农本草经》第 3 页，清·孙星衍、孙冯翼辑，人民卫生出版社，1963 年。

可以仙身"。①《龟甲文》说："我命在我不在天，还丹成金亿万年。"①此后这种说法越来越多，《抱朴子内篇·黄白》中提到"仙经云：丹精生金，此是以丹化金之说也。……且夫作金成，则为真物，中表如一，百炼不减。……又曰，朱砂为金，服之升仙者，上士也。"所以唐代丹经《上洞心丹经诀》②就更明确地说："昔汉朝李少君者乃数百岁人也，不闻有他能，唯以丹砂作还丹，或以还丹为金，以金为器盛食，以食资身，渐渍肠胃，沾洽荣卫，藉及坚贞以驻年寿。"足见方士们认为饵服丹砂与服食药金有殊途同归之妙。其四，在遥远的古代，中国先民就曾认为人的疾患是由于体内有毒虫、妖孽在兴风作怪。这种认识发展到后汉时期，道教中便提出"三尸"作怪之说。大约问世于汉代的《太上三尸中经》③曰："人之生也，皆寄形于父母，胞胎饱昧于五谷精气，是人之腹中各有三尸九虫，为人大害，常以庚申之日上告天帝，以记人之造罪，分毫录奏，欲绝人生籍，减人录命，令人速死。"所谓三尸者，据说上尸名彭倨（又名青姑），在人头中，伐人眼目；中尸名彭质（又名白姑），在人腹中，伐人五脏，令人少气多忘；下尸名彭矫（又名血姑），在人足中，令人下关搔扰，五情踊动，淫欲不能自禁。并说："夫学道求长生者，若不先灭三尸九虫，徒烦服药、断谷，求长生不死不可得也。"又云："按仙方，〔丹砂〕炼为还丹金液服之，腹中三尸九虫死，身中一切诸病尽皆除愈。"④《上仙去三尸法》⑤便是服食丹砂。其五，丹砂在炼丹家心目中是一种非常灵异的物质。葛洪说："夫金丹（在他看来，金丹就是人工丹砂）之为物也，烧之愈久，变化愈妙。……去凡草木亦远矣，故能令人长生，神仙独见此理矣。"⑥《上洞心丹经诀》谓："若丹砂之为物也，是称奇石，最为上药，细理红润，积转愈久，变化愈妙，能飞能粉，能精能雪，能拒火，能化水，销之可以不耗，埋之可以不坏，灵异奇秘。"正是鉴于以上种种观察，所以从炼丹术兴起之时，方士们就都讲究服饵天然丹砂了。传为刘向所撰《列仙传》⑦就多处提及丹砂在西汉时已被视为长生药。《三十六水法》⑧丹经又有了制"丹砂水法"。但是当炼丹术兴起之后不久，方士们鉴于天然丹砂多夹石而生，认为其中"渣滓"过多，服之伤人，所以未能出现长生不死的效果，于是强调要人工变炼水银为还丹（他们以为是水银又还复为丹砂）。而从此变炼还丹也就成为中国炼丹术内容的核心。正如《张真人金石灵砂论》所说："光明砂、紫砂（皆天然丹砂），昔贤者服之者甚众，而求度世长生者，未之有也。……光明砂、紫砂以火服之，逐邪气治热病，未能童颜绀发，何者？光明砂一斤，飞得汞十二两，火炼得黑灰一抄，……不可以黑灰为药。……故知服光明砂、紫砂者，未经法度制炼，则灰质犹存，所以不能长生也。"但应指出，在中国炼丹术历史中的"还丹"品种是多种多样的，其化学成分并不都是硫化汞，不过都是与丹砂外貌相似的红色物质，当时的方士绝无现代化学知识，未能区别。只是因为它们都是以水银变炼，还复而成的红色物质，所以概呼为还丹。例如《神农本草经》谓："水

---

① 见《抱朴子内篇·黄白》，王明校释本第262页。
② 《上洞心丹经诀》见《道藏》洞神部众术类，总第600册。
③ 《太上三尸中经》见《云笈七签》（卷八一），1988年齐鲁书社影印本第467页。
④ 据《紫微宫降太上去三尸法》，见《云笈七签》卷八三，第475页。关于"三尸"亦可参看唐·段成式《酉阳杂俎·玉格》，第14页，中华书局，1981年。
⑤ 见《云笈七签》卷八二，第469页。
⑥ 王明校释本《抱朴子内篇校释》第62页。
⑦ 见《云笈七签》卷108，第591～595页。
⑧ 《三十六水法》见《道藏》洞神部众术类，总第597册。

银，镕化（焙烧）还复为丹，久服神仙不死。"《抱朴子内篇·金丹》谓："丹砂烧之成水银，积变又还成丹砂。"其实以水银一味烧炼所得的是红色氧化汞，外观与丹砂酷似，所以方士误呼之为丹砂。它大概正是最早的"还丹"。又如以铅添入水银中，一经密封升炼，得到了紫红色汞铅的混合氧化物，也被呼之为还丹，又叫"龙虎还丹"。而中国方士发明以硫黄"点化"水银，得到真正的红色硫化汞，大概已经是隋代时的事了。

在中国炼丹术中，再一个为方士们崇敬的物质则是水银，因为各种还丹都是以水银为母的。不过我们从方士对水银的尊奉中又可以理解到炼丹家丹药观中的另一些重要内涵。一方面是因为丹鼎派道士追求的不仅是长生不死，还奢望"羽化成仙"、"轻举飞升"，所以那些遇火则飞，容易升华、挥发的物质，便会使他们产生联想，臆度服食这类物质，或可从中获得灵气而可飞飏太清。据此，我们也可理解，为什么中国方士修炼丹药都采用加热升炼的方法，总是撷取上飞的"药精"，而视"好伏不动"的部分为渣滓，为糟粕，弃之不用，所以水银一物，在古人看来当然就是神奇至灵之物了。它具有五金的光泽，其状如水似银，但一般金属皆"志性沉滞"，而独它"得火则飞，不见尘埃，鬼隐龙匿，莫之所存"，所以魏伯阳说它"灵而最神"。《龙虎还丹诀》[①]则说："丹砂……易胎乃为壬水，则见水银也，故能轻飞玄化，感御万灵。"甚至有人说水银幻化无穷，是五金之母。《淮南子·地形训》中就讲过水银会化为五金，进而可化为五龙的传说。[②]《汉武帝外传》[③]提到西汉方士封衡"于山中服炼水银百余年"，可知汉初时水银便进入服食长生药之列。《神农本草经》也说它"久服神仙不死"。随着炼丹术的不断发展，还丹之风越刮越盛，水银的地位也步步高升。《金石灵砂论》说它"服之轻身不死"，又转录了《潜通论》中的一段文字，竟谓："水银生万物，圣人独知之。水德最尊，汞是水之母，而在天为雾露，在地为泉源，方圆随形，不与物竞，善冶万品而生群类也。"唐人所撰《阴真人金石五相类》[④]则谓："天地至精，莫过于道，道中至微，莫过于气，养气安神，莫过于水银。"

当我们领悟了中国方士关于黄金、丹砂、水银三物的见解之后，就对中国炼丹术中为什么选取了其他一些基本药物的道理容易理解了。例如云母也备受青睐，其原因如《淮南万毕术》[⑤]所说："云母入地，千年不朽。"所以葛洪又对它进一步作了颂扬，谓："它物埋之即朽，著火即焦，而五云（按指五种颜色的云母：云英、云珠、云液、云母、云沙）以纳猛火中，经时终不燃，埋之永不腐败，故能令人长生也。"又云："服之十年，云气常覆其上，服其母以致其子，理自然也。"（《抱朴子内篇·仙药》）再如服食玉石之说则更早，《周礼·玉府》便提到"五斋则供玉食"，郑玄注："玉是阴精之纯者，食之御水气。"《列仙传》[⑥]曾讲过，"赤松子者，神农之雨师，服水玉"；"陵阳子明……上黄山采五色石脂，沸水而服之，三年龙来迎去。"所以《神农本草经》就已把玉列为上药。早期道书《玉经》则谓："服金者寿如金，服玉者寿如玉。……服玄真（白玉）者其命不极。"（见《抱朴子内篇·仙药》）葛洪也说："玉亦可饵以为丸，亦可烧之为粉，服之一年已上，入水不霑，入火不灼，刃之不伤，五毒不犯

---

①　《龙虎还丹诀》，见《道藏》洞神部众术类，总第 590 册。

②　汉·刘安主撰《淮南子》，陈广忠译注本第 214～217 页，吉林文史出版社，1990 年。

③　《汉武帝外传》，见《道藏》洞真部记传类，总第 137 册。

④　《阴真君金石五相类》，见《道藏》洞神部众术类，总第 589 册。

⑤　《淮南万毕术》，清·孙冯翼辑，《丛书集成》初编总第 0694 册第 4 页。

⑥　《列仙传》，见《云笈七签》卷一百八，齐鲁书社影印本第 591～595 页。

也。……赤松子以玄虫血渍玉为水而服之，故能乘烟上下也。玉屑服之与水饵俱令人不死。"①
《太清经天师口诀》② 中的"玉灵飞霞散"，就是玉粉。

雄黄在中国炼丹术中也扮演着重要角色，其中也有几层"道理"。其一，自古就有雄黄可
化为黄金的说法，这大概是因为雄黄粉末色泽金黄，再者，"南方近金矿坑冶处又时有之"，③
也可能更促进了这种联想。雄黄化金之说最早见于《淮南子·地形训》。《黄帝九鼎神丹经
诀》（卷十四）谓："雄黄者与雌黄同山，雌黄之所化也。天地大药谓之雌黄，经八千岁化为
雄黄，一名帝男精，又经千年化为黄金。"及至东汉后期，早期炼丹家就已利用雄黄炼出了雄
黄金（砷黄铜），因此《名医别录》便记载了"雄黄得铜可作金"。②《抱朴子内篇·黄白》又
曾引方士黄白子的话，谓"天地有金，我能作之，二黄一赤（雄、雌黄与丹砂），立成不疑"。④
这似乎更印证了雄黄化金的说法。其二，雄黄自古被认为"能令毒虫不加，猛兽不犯，恶气
不行，众妖并辟"，所以它被方士尊为圣药，认为经常服饵，可以杀三尸，令人身安命延。
《云笈七签》（卷八三）收录的《太虚真人消三尸法》就提出："常以春甲寅日、夏丙午日、秋
庚申日、冬壬子日暝卧时，先捣朱砂、雄黄、雌黄三物，等分细捣，以绵裹之，使如枣大，临
卧时塞两耳中，此消三尸炼七魄之道也。"⑤《名医别录》也说："雄黄饵之，皆飞入人脑中，胜
鬼神。延年益寿。"其三，雄黄象乎水银，见火即飞，所以也被方士视为可令人"羽化飞升"
的灵奇物质。东汉问世的《太清金液神丹经》⑥ 中有"金液华丹"，就是以雄黄、丹砂合炼而
成，此二物都是受热升华的物质，所以该丹经描述此神丹之功效时，谓"乘云豁豁常如梦，雄
雌之黄养三宫，泥丸真人自溢充，绛府赤子驾云龙，丹田君侯常丰隆，三神并悦身不穷"。就
是说服此丹后，可以成为"乘云气，御飞龙，而游乎四海之外"的神仙了。

中国炼丹术中的铅和铅丹在东汉之后犹如异军突起，地位显赫。究其原因，也不难理解。
其一，铅丹—铅和丹砂—水银之间在古人看来，颇有相似之处。"丹砂烧之成水银，积变又还
成丹砂"，而铅丹在炭火中炼成黑铅，黑铅一经焙烧又成铅丹；而且铅丹与丹砂相似，色泽红
艳，也会使方士们产生灵异之感，所以铅丹也常被视为一种还丹。其二，黑铅以烈火煅之，还
会生成黄丹（PbO），色泽金黄，所以汉唐时有些方士也称它为"玄黄"（原初的玄黄，是合炼
汞铅而成），这个名称大概源于"天地玄黄"一语，大概认为它有概括天地之力，所以炼丹时
必得先以它涂布土釜内外。甚至说它也是一种神丹大药，《黄帝九鼎神丹经》⑦ 谓："取玄黄一
刀圭，纳猛火中，以鼓橐吹之，皆成黄金。……玄黄合汞修炼，得神符还丹，服药百日，三
尸九虫皆自败坏，长生不死也。"所以"神符还丹"就是"龙虎还丹"的先声。总之，玄黄使
方士们产生了黑铅可向黄金转变的联想，所以《金石灵砂论》说："男白女赤，金火相俱，男
白者铅也，女赤者水银也。炼铅取精，合炼成药金，其色甚黄，服之不死。"其三，铅之变化

①　王明校释本《抱朴子内篇校释》第 204 页。

②　《太清经天师口诀》，见《道藏》洞神部众术类，总第 583 册。

③　见梁·陶弘景集《名医别录》，尚志钧辑校本，人民卫生出版社，1986 年，第 99 页。

④　见王明校释本《抱朴子内篇校释》第 262 页。

⑤　见《云笈七签》（卷八三），第 475～476 页。

⑥　《太清金液神丹经》，见《道藏》洞神部众术类，总第 582 册。

⑦　《黄帝九鼎神丹经》即唐人辑纂的《黄帝九鼎神丹经诀》的卷一部分。

万千，除铅丹、玄黄外，"黑铅之错（醋）化为黄丹，丹再化之成水粉（即胡粉）"①而"胡粉投火中，色坏还为铅"（见《周易参同契》）。这些又都会使方士们有神仙幻化之感。此外，更由于铅矿中往往含银铜，银矿中大多含铅，于是又使方士们产生铅为五金之祖的联想，《土宿真君本草》（又名《庚辛玉册》）②对铅作了可谓登峰造极的评价：

　　　　铅乃五金之祖，故有五金猰犴③、追魂追者之称，言其能伏五金而死八石也。雌黄乃金之苗，而中有铅气，是黄金之祖矣；银坑有铅，是白金之祖矣；信铅（信州所产之铅）杂铜，是赤铜之祖矣；与锡同气，是青金之祖矣。朱砂伏于铅而死于硫；硫恋于铅而伏于硇；铁恶于慈（慈石）而死于铅；雄（雄黄）恋于铅而死于五脂（五种颜色的石脂矿物）。故"金公"（古"铅"字作"铅"）变化最多，一变而成胡粉，再变而成黄丹，三变而成蜜陀僧，四变而为白霜。

因此，神仙之变幻无穷与铅之变化多端在方士们的头脑中也引起了联想。所以自东汉时起，方士们就合烧铅与水银两大奇物，升炼出紫红色的铅汞还丹，从此它便成为中国炼丹术中最受尊崇的还丹，并促成了内丹派铅汞论的形成。

　　综上所述，我们可以清晰地看出，在中国外丹派的长生术和丹药观中，始终贯串、渗透着"假外物以自坚固"的观点和信念。他们试图把金石矿物的某些特性，特别是抗蚀性、升华性、变幻性以及某些"专长"和"灵异"移植到人体中去，弥补俗人机体难以长生、成仙的"缺陷"。由于方士们受到当时科学和知识水平低下的限制，于是天真地把金石的坚贞和人身体质的健壮、生命的寿考这两种本质根本不同的事物进行机械的类比，甚至等同起来；把物质的化学性质、化学变化和人的生命现象、生理过程也混同起来。因此就不可能取得预期的效果，以至在2000年的实践中得以长生度世，如愿以偿的总无所见，而中毒损命者屡见不鲜，尸解羽化的幻梦当然也必然破灭，服神丹求长生的途径也只好抛弃了。但是在古代，他们有这样的想法和各种推理也是可以理解的，也多少来自现实生活中的经验，所以对这种错误的推理，并不令人感到妖妄，也没有什么理由要来嘲笑。要知道，把宇宙中各种运动形式及其本质加以合理地区分，是在近代科学诞生以后才算完成的，而在寻求真理的过程中，发生错误、付出代价则是难以避免的。

（二）炼丹术中的燮理阴阳、运用五行

　　中国古代的炼丹家修制神丹，变炼黄白，认为其秘要就在于燮理阴阳，并善于运用五行相生相克的道理，此乃造化之神功，天地之法则，大道之根本。他们在修炼神丹的活动中，对金石矿物品格、属性的分类，对药物的配伍原则以及对变炼五金八石过程中化学变化的理解，基本上是遵循阴阳学理，而到唐代时开始间或运用五行学说。

　　阴阳学理的形成和内涵经过了一个相当漫长的发展过程，才逐步成为一个包容整个宇宙、概括一切事物的庞大博深的哲学思想体系。大约在商代，原始的阴阳概念便随同生产的发展、人们对大自然的广泛观察以及天象、地理、历法、生理等早期自然科学的萌生而孕育、诞生

---

① 见《计倪子》，又名《计然万物录》，清·茆泮林辑，见《丛书集成》初编总第175册，第4页。系后世人依托春秋时人计然所作。

② 《土宿真君本草》大约系元代方士所撰，引文见《本草纲目（卷八·铅）》第470页。

③ 猰犴，传说中之兽名。明·杨慎《升庵全集》（八一）〈龙生九子〉："俗传龙生九子，不成龙，各有所好，……四曰猰犴，形似虎，有威力，故立于狱门。"

了。其最早的含义是极为简单、朴素的，也是非常直观、形象的，即是一种对景象的描述，譬如指日出为阳，以日没为阴；晴天为"阳日"，阴天为"不阳日"；山之向日面为阳，山之背日面为阴。这些都见诸甲骨文的记载。《诗经·大雅·公刘》歌曰："相其阴阳，观其流泉"（《说文》："阴，水之南，山之北。"）；《山海经·南山经》谓："杻阳之山，其阳多赤金，其阴多白金。"① 就都是这个意思。《吕氏春秋·重己篇》又谓："室大则多阴，台高则多阳"②（《说文》："阳，高明也"），意思也与北相仿。由于"阳"来自日光，所以这一概念就随着日光的特点被加以扩展和引伸，凡是光明、温暖的地域、现象、季候或事物即被归拢于阳；而凡是黑暗、寒冷的则归之于阴。于是天为阳，地为阴；昼为阳，夜为阴；春夏为阳，秋冬为阴；火为阳，水为阴；接着又以天地、火水的属性，推演出动为阳，静为阴（古人认为天是动的，地是静的）；气为阳，形为阴（古人认为天是气，地是形）；故人之神为阳，形为阴；刚强为阳，柔顺为阴。这样继续引伸下去，就逐步把自然界，甚至人类社会中的种种事物都概括进去，区分为阴阳两大部类了。所以这一概念经过古代哲学家们的一番由此及彼的联想后，阴阳便逐步发展成为各种事物固有的一种基本属性，"阳"代表了光明、日、天、昼、暑、火、刚强、男、雄等诸事物的共同属性；"阴"则代表了黑暗、月、地、夜、水、柔顺、女、雌等事物的共同属性。这种概念再进一步发展，则又成为事物发展的动因，即两种属性分别产生了两种"功能"，两种"作用力"，或者说两种"效应"，它们既互相对立、相互制约，又相互依存、相辅相成。尤其是靠它们间的交媾而产生出新的事物；靠着它们的消长变化，即阴退阳进、阳隐阴显，相互感应，彼此共济，导致了宇宙的形成、万物的滋生繁衍、四季的往复循环。这就是一些哲学家们所说的天的法则。而且他们进而把形成宇宙万物的原始物质"气"也分为阴阳来，认为清飏者为阳，浊重者为阴，是阳气与阴气的交感，衍生出了天和地，以及天地间的万物，并影响着事物的发展。

总之，阴阳学说本来是人们通过对大自然、对客观世界的观察，并经过合理的逻辑推理而概括、推演出来的，其中并没有迷信的成分，也没有什么神秘的色彩。阴阳学说中的这些原始概念至迟在殷代时已经形成了。在周代时又有了重大发展、深化，《易经》的问世是一个突出的标志，下文将进一步论述。

西汉时期，中国炼丹术刚刚诞生，方士们很快就注意到从阴阳学说中汲取营养来阐发这种方术的原理，寻求理论上的解释。例如《黄帝九鼎神丹经》已有"太阴者铅也，太阳者丹也"的话，其〈真人歌九鼎〉③ 有"阴阳令会系（疑为"乐"之讹）不过，二气生子加（疑为"如"之讹）积沙"的歌词；《九转流珠神仙九丹经》④ 有"日暮肠动应感加，夫妻共戏色忽华，阴阳以会乐不过，即日生子如积沙"的韵文；《太清金液神气经》⑤ 则有"开元回化，混尔而分，阴阳屡变，其道自然"的韵文。据陈国符的考证，这些丹经问世于西汉末或东汉初。⑥ 但从现存丹经看，总的来说，那时阴阳学说似乎在炼丹术中还没有得到充分发挥和运用。

阴阳学说真正成为炼丹术的理论基础大约是在东汉时期，那时正是谶纬之学大盛行，焦

---

① 袁珂校注本《山海经校注》第 3 页，上海古籍出版社，1980 年。

② 秦·吕不韦主编《吕氏春秋》，陈奇猷校注本第 34 页，学林出版社，1984 年。

③ 见《黄帝九鼎神丹经诀》卷十。

④ 《九转流珠神仙九丹经》，见《道藏》洞神部众术类，总第 601 册。

⑤ 《太清金液神气经》，见《道藏》洞神部众术类，总第 583 册。

⑥ 陈国符：《道藏源流续考》第 289～301 页，台湾明文书局出版，1983 年。

京房说非常时髦的时刻。魏伯阳《周易参同契》的成书可以说完成了这项奠基工作。它系统地阐述了阴阳学说及《易》对炼丹术的指导意义。《参同契》的题名，就是说它乃"大易"、"黄老"、"炼丹"三道相通之经典，并与《周易》理通而义合。正如其文所说："大易情性，各如其度；黄老用究，较而可御；炉火之事，真有所据，三道由一，俱出径路。"这部书中有大量"日月"、"男女"之说，其实无非都是以比喻手法来阐明炉火（炼丹）术的基础就是两情交媾，当交感合乎常规，金丹修炼便告成功。而"乾坤者易之门户，众卦之父母"，故炼制金丹与《易》虽异途，而理则归一。例如他说：

> 乾刚坤柔，配合相包，阳禀阴受，雄雌相须，须以造化，精气乃舒。
>
> 观夫雌雄交媾之时，刚柔相结而不可解，得其节符，非有工巧，以制御之。
>
> 男女相须，含吐以滋；雌雄交杂，以类相求。

这些话都强调阴阳二要素之配化乃炼丹术原理之大要。他犹恐世人不明此理，于是又进一步比喻：

> 牝鸡自卵，其雏不全。
>
> 关关睢鸠，在河之洲，窈窕淑女，君子好逑。雄不独处，雌不孤居。玄武龟蛇（按皆居北方，共属水），盘虬相扶，以明牝牡，毕竟相须。假使二女共室，颜色甚姝，令苏秦通言，张仪为媒，发辩利舌，奋舒美辞，推心调谐，使为夫妻，弊发腐齿，终不相知。[①]

可谓千叮万嘱：炼丹之举绝不可违阴阳相匹的原则。

及至唐代，阴阳学说在炼丹术中便形成了一个比较完整的理论体系。丹鼎派道士把这一理论对炼丹术的指导进一步具体化。例如张九垓在其《金石灵砂论》中谓：

> 大道冲融而包天地，驱策阴阳，成乎宇宙，天形阳而左旋，地质阴而右转；日为阳精而昼行，月为阴灵而夜流，日月垂耀而人生乎其中，抱阳而负阴。圣人法象天地，辨别阴阳外合，造化以成还丹。
>
> 一阴一阳曰道，圣人法阴阳，夺造化，故阳药有七，金二石五。黄金、白银、雌黄、砒黄、曾青、石硫黄，皆属阳药也；阴药有七，金三石四，水银、黑铅、硝石、朴消皆属阴药也。阴阳之药各禀其性而服之，所以有度世之期，不死之理也。

他在该部著述中，更以阴阳学理论述了金、汞构成大丹的原理，谓："黄金者，太阳之正气，日之魂象，三魂也；白汞者，太阴之正气，月之魄象，七魄也，合而服之，即不死。"他又说："还丹者，取阴阳之髓，法天地造化之功，水火相济，自无入有，以成其形。"经过这一过程，阴阳相制，于是"阳魂死而阴魄亡，乃夫妇之合情，阴阳之顺气"，还丹之修炼乃告成功。具体地说，就是以诸阳药铅华、硫黄等去制伏阴汞而成还丹。对于服食水银致死的原因，张真人不言其中毒，而以孤汞不成丹来解释，谓："砂汞独阴为体，无阳配生，不能合四象，运五行，所以孤阴不育，寡阳不生。"唐代另一丹经《阴真君金石五相类》也曾讨论过金石药物的阴阳属性，谓：

> 假如金石用作，数有七十二石，石之出处，地厚藏伏，各有阴阳性格。阴山出阴石，诸青（按指石胆、曾青、白青等诸青色石）也；阳山出阳石，是硫黄之类也。
>
> 若解阴阳相配，即如夫唱妇随；若高下不和，用药乖谬，即何以配合。

---

① 以上《周易参同契》引文见《周易参同契考异》第1~15页，中华书局《四部备要》本。

唐代还有一位佚名的炼丹家对阴阳大道也有过精辟之论，谓：

> 狐子（按系东汉炼丹家狐刚子）歌云："草得阴阳，精气常青；石得阴阳，精气常形；天得阴阳，精气常生。"故化万物者，莫不以阴阳为父母也。阳气为天，阴精为地；天气为灵，地精为宝，二物成丹，服之长生。又五石者，丹砂者太阳之精也；慈石者太阴之精也；曾青者少阳之精也；雄黄者石上之精也，感阴阳之正气，配五方之正位。①

唐、宋炼丹家对药物阴阳属性的划分似乎也已摸索到了一些原则，当然还未能提出一个明晰的定义。一般来说，他们通常把容易燃烧，颜色赤黄，见火易飞，去质轻化（上飏，即易升华）者，认为属天，隶归阳性。例如：

> 硫黄乃火轮与日轮之气相交而生。②

> 硫内禀纯阳火石之精气，[结]而成质，其性通流，内含猛毒，见火易飞，最难擒制。药品中号为将军，谓其有削平治乱之功。②③

> 雄黄极阳，是日之魂，号为太阳之名。④

> 黄金者日之精也。……金生山石中，积太阳之气薰蒸而成，性大热⑤。

> 丹砂是太阳之精，赤帝之君，金火之正体。⑤

所以这些药物属性皆阳。而形态、品性与这些阳性药物相反，性格好伏不动，颜色晦暗，拒不燃烧，生于阴山深谷、卤地水旁，或形质顽狠，志性沉滞的，方士们则认为它们属地，隶归阴性。例如：

> 水银者，月之精也。

> 铅者，黑金也，水也，属北方。

> 硇砂，其物出于阴山，积冰凝之，结水变成也。……白海砂，其砂咸，如海水结成，缘北庭凝寒之地，状如白雪。……北砂出自毒山，积阴之气而凝结成砂。④

> 硝石是秋石，阴石也，出积寒凝霜之地而生，取此霜土，煎炼淋漓如法结成，亦如煮水成盐。缘性较寒，取北方坎子之气，积阴而用，制阳之毒。④

> 石盐本禀坤坎之精，阴极之气结成。其质方而棱角如片石，……功则能伏制阳精，销化火石之毒。⑥

> 大鹏砂（按即硼砂）者虽禀阳精，从阴所养，其性和，而能消漉阳金，革阴滞质。⑥

> 空青、曾青，甲乙之气，赤金之精，精结，受其阴灵而所化也。……空青似杨梅，新从坎中出，打破，其中有水，久而即干如珠。……近泉而生，常含其润，受极阴之气。⑥

所以这些物质的药性皆属阴。当然，这种划分并不科学，或者说缺乏一个科学的原则，一个

---

①　见《黄帝九鼎神丹经诀》卷十。

②　见《上洞心丹经诀》，《道藏》洞神部众术类，总第600册。

③　见宋·程了一《丹房奥论》，《道藏》洞神部众术类，总第596册。

④　见《阴真君金石五相类》。

⑤　见《张真人金石砂论》。

⑥　见唐·陈少微《大洞炼真宝经九还金丹妙诀》，《道藏》洞神部众术类，总第586册。亦见于唐·张果《玉洞大神丹砂真要诀》，《道藏》洞神部众术类，总第587册。

以化学变化为基础的原则，只能说是约定俗成。因此往往出现某种物质阴阳属性不定的情况。特别是在铅与汞的属性上，在不同丹经中，忽而属阴，忽而又属阳，暴露出了很大的任意性。例如，以铅汞合炼成龙虎大丹，如果认为铅汞都属阴性，就难以"阴阳坎离之交"来解释其生成，所以非得分出阴阳来，但谁阴谁阳，说法就不同了。张九垓等以铅为阳，他所撰《金石灵砂论》便说：

> 唯铅与汞，《龙虎经》曰："九还七返，八归六居，男白女赤，令火相俱"，男白者，铅也，抽取铅精，九数象九气，阳数极九也；女赤者，水银也，作七返，象七气，阴数七，阴极于七者也。炼取铅精，合炼成药金，其色甚黄，服之不死。

宋人张德和所撰《丹论诀旨心鉴》[①] 也持这种观点，谓：

> 用铅八两，为阳，乾，为虎；又水银八两，为阴，为坤，为青龙。

为解释黑铅的属性何以又能变为阳，它又说："此二物能变化。为铅亦阴也，本黑水，[水数]一，阴也，又一（-）爻阳也。水银，木也，三也；为朱砂，火也，火数二，火中阴也。但唐代丹经《大还丹照鉴》[②] 则另有一说，谓：

> 夫太阳之精名曰青龙，青龙属木，木色乃青，青中又返藏其火，火色赤，归南方，则丹砂也。木是火母……青龙即汞也，姹女也。经云：'河上姹女，灵而最神，得火则飞，不染垢尘，鬼隐龙匿，莫知所存，将欲制之，黄芽为根。'诀曰：黄芽即铅也，黑也，色禀北方，是太阴之精，好伏不动，善能制阳，阳性好飞，能被阴伏。

宋人辑纂之《诸家神品丹法》[③]（卷一）引〈真龙真虎口诀〉，也支持此说，谓：

> 真龙者，是丹砂中水银也，因太阳日精降泄真气，入地而生也，名曰汞。真虎者，是黑铅中白银也，因太阴月华降泄真气，入地而生，号曰铅。此二宝者禀日精月华之真气，故铅则有气，汞本无形。

可见，在某些情况下，方士们对药物属性的划分便似乎随心所欲了。

阴阳学说在炼丹术中的运用，除阴阳配生外，还有阴阳相制。在炼丹术中，方士们认为某些药物必须先经制伏，才可用于配生大药。究其原因，看来是多方面的。若现实地，直观地来分析，大致是这样一些情况：

其一，鉴于人服食了某些天然金石药物，常有中毒致死的。若用炼丹家的思维来解释，则是因为它们含有太阳、太阴之气，或有外物混杂，渣滓尚存，所以具有大毒。例如东汉方士狐刚子曾说：

> 五金尽火毒（按指熔炼时引入），若不调炼其毒，作粉，假令变化得成神丹大药，其毒未尽去者，久事服饵，少违诚禁，即反杀人，是故具诀图录炼然并作粉法，以示将来。[④]

其二，丹家们认为，以某种药料修炼神丹黄白时，先得改变它固有的性质，使它的本性"死去"，"失其形质"，接着再经"添养，复其神气，全其形体"，才能复通灵性。所以在炼丹术中常有"死砒法"、"死硇法"等等。隋代方士苏元明在其《宝藏论》中谈及点化雄黄金时

---

①　《丹论诀旨心鉴》，《道藏》洞神部众术类，总第598册。
②　宋·张德和：《大还丹照鉴》，《道藏》洞神部众术类，总第598册。
③　《诸家神品丹法》，见《道藏》洞神部众术类，总第594册。
④　见《黄帝九鼎神丹经诀》（卷3）。

便说:"雄黄若以草伏住者,熟炼成汁,胎色不移。若将制诸药,成汁并添得者,上可服食,中可点铜成金,下可变银成金。"①

其三,某些药物受热挥发,会逃逸得无影无踪,丹家们谓之"飞亡",致使精华散去,因而必须先行制伏。《黄帝九鼎神丹经诀》(卷九)曾依托彭祖讲了这个道理:

但耳中虽闻金石等药,若不先飞伏火,药即有烟,散失无定,浑在精华去,验何所恐,是以皆须先伏火也。

所以炼丹术中有许多"伏硇砂法"、"伏水银法"、"伏雄黄法"等等。

其四,炼丹术中利用的某些药物配伍或丹法,在高温下常会导致猛烈燃烧,甚至爆炸。一旦在丹鼎中密封加热,就难免发生炸鼎事故。例如《真元妙道要略》②曾举出:"有以硫黄、雄黄合硝石并蜜烧之,焰起、烧手、面及烬屋者。"所以炼丹术中又有不少"伏硝石法"、"伏硫黄法",使它们的性情变得温和起来。

古代的炼丹术士们还缺乏化学知识,不能理解药物质毒、挥发、爆燃的科学道理,知其当然,而难探究其所以然。因此把它们归结为阴阳失调,不肯安居。于是他们制订了制伏的原则:阳药阴制,阴药阳制。《太清石壁记》③对铅汞的阴阳制伏原理就讲得甚为明白:

水银有毒,铅配太阴,终不独行,行必为偶,若无制伏,二毒难消。所以择三阳之时,④用三阳之药以制铅汞,万无不尽。俗人不解,粗心率意,只尔和合,服即杀人。三阳药者,即为太阳之精气,黄白是也;朝阳之津液,左味(醋)是也;夕阳之筋髓,金贼(硇砂)是也。

按狐刚子的"伏水银法"正是用黄白左味煮之。⑤

中国炼丹术中阴阳制伏的实例不胜枚举。典型的应该提到:

河上姹女(水银),灵而最神,得火则飞,……将欲制之,黄芽为根。⑥"(《周易参同契》)

以丹砂和(合)石盐、马牙硝,以水煮四十日,阳药阴以伏也。……金陵子曰:阳精火也,阴精水也,阴阳制伏,水火相持。故阳,阴制之。(《龙虎还丹诀》)

四黄(硫、雌、雄、砒为四黄)遇赤盐、大鹏砂、石胆则伏质归本,若遇石盐、马牙硝亦伏于火。(《大洞炼真宝经九还金丹妙诀》)

硫黄一两,硝石一两,硇砂半两。右三味为末,坩埚坯成汁,泻入模中成伏矣。(《诸家神品丹法》)

从以上叙述,人们可以看到,阴阳学说对物质属性的描述并不很科学,但它引导着古代炼丹家广泛地进行了化学实验,并且制备出了不少新的化学物质,提供了不少颇有疗效的无机药剂,这些成果成为中国古代化学遗产中的重要组成部分。而且在这些阴阳交媾的过程中方士们深化了对化学变化的认识。例如他们以水银(阴)配合硫黄阳,制造了硫化汞(丹

---

① 参看《重修政和经史证类备用本草》卷四"雄黄",人民文学出版社影印晦明轩本第102页。

② 《真元妙道要略》、《道藏》洞神部众术类,总第596册。

③ 《太清石壁记》,《道藏》洞神部众术类,总第582~583册。

④ 指春日正月之时。十一月冬至日,昼最短,此后,昼渐长,阴气渐去,阳气始生,故冬至一阳生,农历十二月二阳生,正月三阳开泰。

⑤ 见《黄帝九鼎神丹经诀》(卷10)。

⑥ 参看赵匡华"中国炼丹术中的'黄芽'辨析",《自然科学史研究》第8卷第4期(1989)。

砂）；用丹砂（阳）与盐、矾（阴）合炼制造出了轻粉（Hg_2Cl_2）；以丹砂与硝、盐、矾合炼制造出了粉霜（$HgCl_2$）；以雄黄（阳）和金属锡（阴）升炼出了"彩色金"（SnS_2）等等，尤其以硫黄与硝、炭为药料一起加热，在偶然中接触到了原始火药的配方，意义就更大了。所以，阴阳学说从早期的朴素形态出发，在中国炼丹术活动中应该说基本上是在朝着合理的方向发展，是不断在进步的，没有出现什么神秘、玄诡的色彩。相反，阴阳学说在其他某些领域中，比如在符箓、命相、星相、择日、堪舆等活动中则基本上是朝着迷信的方向转移。因此应该说丹鼎派道士们对阴阳学说的发展作出了有积极意义、有成效的贡献。所令人遗憾的是方士们没能根据这些经验，对阴阳学说加以充实、修正（如像西欧的化学家对待"电化二元论"[①]那样），使它朝着更科学的方向继续发展。

谈到阴阳学说就总得涉及五行学说，它们在中国古代的自然哲学中是一对孪生兄弟，相辅相成，又相互交织融汇，而成为中国传统宇宙观中最基本的内容之一。中国的丹鼎派道士们也曾到五行的学理中去探究炼丹术的原理，并构成炼丹术中药性论基础的另一个方面。但他们对这种理论的运用成效远不及阴阳学说，往往是停留在做"文字游戏"的状况，对炼丹术的实践不仅没有产生过什么积极的指导作用，相反，倒是把它的活动蒙上了相当浓重的神秘色彩，似乎成为方士们故弄玄虚、哄骗世人的道具。所以我们对五行学说在中国炼丹术中的作用和地位，基本上持否定态度。那么也就有必要具体说明一下这种情况和探讨发生这种情况的原因。

应该说，五行学说的产生也是来自我国先民对自然界的广泛观察，通过对大量生活体验的综合归纳和由此及彼的联想，而逐步产生出来的。它的早期发展也是有物质基础的，在人们的推演过程中也确有一定的事实依据，并不掺杂什么迷信意识。这个学说的兴起也远在先秦，但较阴阳学说的产生要晚一些，即大约在西周之初。初时，"五行"的含义是极朴素、形象的，只是先民通过生活和劳动生产而体验到的，为人类生活中一日不可离的五种基本物质资料。[②] 这种认识，汉·伏胜所撰《尚书大传》就有所表述：传说武王伐纣时，师至殷郊，士兵欢唱："孜孜无怠！水火者，百姓之所饮食也；金木者，百姓之所兴生也；土者，万物之所资生，是为人用。"[③] 这和《左传·襄公二七年》所说"天生五材（杜预注：金、木、水、火、土也），民并用之，废一不可"[④] 的认识完全一致。《尚书·大禹谟第三》谓："禹曰：帝念哉，德为善政，政在养民。水、火、金、木、土、谷唯修。（孔颖达疏：言养民之本在先修六府）"[⑤] 这里的五行也是指养民之本的五种物质资料。不过，谓夏禹时已有五行之说，就似乎缺乏根据了，而且也不大合理，因为据目前的考古研究，那时"金"（青铜）还没有问世，或极罕见，还绝非养民之本。

此后，人们在利用这五种基本物质资料的过程中，更多、更深刻地了解了它们的一些品性：水总是往下浸润，火焰总是向上升腾；木材便于加工，即可取直作方，也可扭转弯曲；青

---

① 参看赵匡华《化学通史》第 109～112 页，高等教育出版社，1990 年。

② 1986 年陈久金对五行说的产生有新说。固然有争议，但值得参考，见陈久金："阴阳五行八卦起源新说"，《自然科学史研究》5 卷 2 期，1986 年。

③ 汉·伏胜：《尚书大传》，郑玄注，《丛书集成》初编第 60 页，总第 3569 册，或《丛书集成新编》第 106 册，第 358 页，台湾新文丰出版公司，1984 年。

④ 参看《左传全译》第 1001 页，王守谦等译注，贵州人民出版社，1990 年。

⑤ 见《尚书正义》第 23 页，《十三经注疏》本，1935 年国学整理社出版。

铜既可熔融流动，又可铸造成型，有受范之性；土可以滋生五谷，人类赖以农耕。这就是《尚书·洪范》所说：

> 箕子乃言曰：我闻在昔，鲧堙洪水，汨陈其五行。……五行，一曰水，二曰火，三曰木，四曰金，五曰土。水曰润下，火曰炎上，木曰曲直，金曰从革，土爰稼穑。

《洪范》接着进一步把五行与五味联系了起来，谓："润下作咸，炎上作苦，曲直作酸，从革作辛，稼穑作甘。"①

这是把五行与其他事物相对应起来的开始。这种联想与对应关系的产生仍不难从生活经验中找到某些根源。例如海水和某些井水含盐味咸；食物灼焦则苦；百木果实多酸；麦蘗为饴，甜美可口；金属兵器给人的刺痛感是麻辣。②类似这样的联想，五行与五色之间也很早就建立起了对应关系，火焰是红色的，树木的叶子是绿色的，土地是黄色的，水属阴，深藏地下，而深渊色黑，[高]锡青铜色白，所以水、火、木、金、土便分别与黑、赤、青、白、黄相对应。显然这还是从实际观察和感性经验中提炼出来的。我们可以从中看到，这种对应关系的产生，标志着"五行"开始从五种基本物料逐步抽象化，朝着五种基本属性的方向转化了。

五行与五方、四时之间相互对应关系的建立在中国古代宇宙观中占据着特别重要的位置。其建立之始似乎是从五色间接引申而来的。可以这样理解：东方是太阳升起的地方，暖流从此出现，从四时上说则是春季，大地开始披绿，所以东方和春季对应于青色，故属性为木；南方是太阳在正午时所处的位置，赤日炎炎，从季节上说相当于夏季，故南方与夏季对应于红色，属性为火；西方是日落的所在，气候渐凉，从季节上说是秋季，这时阴气开始凝结，气象萧杀，露降霜现，所以对应于白色，属性上为金；北方是太阳沉睡的地方，这时世界正处于深夜，一派冰冷黑暗，而寒朔之风也是从此而来，从季节上说，是冬季，所以对应于黑色，属性上为水。而五行中土处于中心的位置上，因为它滋养着万物，所以中央的地位是黄色。这种见解大约发生在西周后期。对此《管子·四时》（卷十四）有所阐述和发挥，谓

> 是故阴阳者，天地之大理也，四时者，阴阳之大经也。……然则春夏秋冬将何行。东方曰星[唐·房玄龄注（下同）：东方阴阳之气和杂之时，故为星]，其时曰春（春，蠢也，时物蠢而生也），其气曰风（阳动而阴塞为风也），风生木与骨（木为风而发畅，骨亦木之类也）。……南方曰日（南方太阳，故为日也），其时曰夏，其气曰阳，阳生火与气（阳为郁热，歊蒸，故为火气也）。……中央曰土（土位在中央），……土生皮肌肤（土所生木实成皮与肌肤），以德和平用均（土无不载，无不生，故而用均也），中正无私。……西方曰辰（辰，星日交会也，秋，阴阳适中故为辰），其时曰秋（秋，揫也，时物成熟，揫敛之），其气曰阴，阴生金与甲（阴气凝结坚实，故生金为爪甲也）。……北方曰月（北方太阴，故为月也），其时曰冬，中也，言藏收万物于中也），其气曰寒，寒生水与血（寒释则水流，血亦水之类）。……③

---

① 见《尚书正义》第75页，《十三经注疏》本。

② 董仲舒《春秋繁露》（卷十一）谓："是故木生生而金主杀，火主暑而水主寒"。所以古人总把"金"与"杀"联系起来。上海古籍出版社《诸子百家丛书》本第65页，1989年。

③ 《管子》第136～137页，上海古籍出版社《诸子百家丛书》，1989年。

及至西周后期，"五行"逐步被抽象化，又日趋被视为构成宇宙的五种基本要素。据《国语（卷十六）·郑语》记载，周幽王八年，史伯答郑桓公时说：

夫和实生物，同则不继，以他平他谓之和，故能丰长而物归之；若以同裨同，尽乃弃矣。故先王以土与金、木、水、火杂，以成百物。①

这段文字很有代表性，含义也很深刻。"和"者，是使本质不同、性格各异的物质相结合，因此可能造就出新物质来，故须把土和金、木、水、火杂交，才能衍生出宇宙万物。值得注意的是，在这里，"五行"中的土再次被安置在最重要的位置上，因此当"五行"与"五方"的概念联系、对应起来时，"土"便被配置于中央的位置上了。②

"五行"学说发展到春秋时期，又出现了"五行相胜"之说，表明人们对五种要素相互关系的了解又有了增进。"相胜"者，胜过、克制之义。水能熄火，故谓之水胜火，火能销铄五金，故谓之火胜金；青铜刀斧可砍伐林木，故谓之金胜木；以木质耒耜耕地翻土，故谓之木胜土；以土筑堤垒坡制服洪水和开渠灌溉，故谓之土胜水。这正是当时人们的生活与劳作状况的写照。

随着五行概念的抽象化，"五行"既然被认为是构成宇宙的五种基本要素和五种基本属性，于是五行与宇宙中各类事物的对应关系迅速扩大，特别是当一些哲学家提出"天理即人道"，即天人合一的哲学思想后，一些医学理论家就据此提出了天地为大宇宙，人体为小宇宙的设想。大约在战国时期成书的《黄帝内经素问》对此就已有清晰的表述：③"夫自古通天者生本，本于阴阳，六合④之内，其气九州⑤、五藏、十二节⑥，皆通乎天气，其生五⑦，其气三⑧，犯此者，则邪气伤人，此寿命之本也。"所以《素问》把五行及其相胜学说便进一步与人的诸脏器官、行为、情感建立了对应关系，以说明它们的属性，构成了中国独特的生理学与医学理论。而一些政治理论家，例如战国时的齐人驺衍，则把五行与各代王朝对应起来，并以其相胜学说来说明社会变革、王朝兴替，形成了"五德终始"、"五德互王"、"五德转移"的社会、政治学说。所谓"五德"之德是指帝的"旺气"，认为帝王的旺气各占五行之属性，所以五行之德决定了王者的命运。"终始"的意思是终而复始地循环。这就是驺衍所说："五德从所不胜，虞土、夏木、殷金、周火。"刘歆《七略》（见《文选》李善注文）则解释，谓："驺子终始五德，从所不胜，木德继土，金德次之，火德次之，水德次之。"所以史书上所说五德转移，就是指虞以土德而受命为王；夏以木德而代虞；商殷以金德而胜夏；周以火德而胜殷。显然，五行学说正是在朝着这一方向发展的过程中，逐步脱离了实践基础，背离了客观的观察，而臆断、杜撰的成分日益增多，也就是说朴素唯物主义的五行学说开始步入了歧途。而且也在这个时期，五行学说与阴阳学说开始结合，形成了一个庞大的五行网络。对此，秦始皇的相国吕不韦所撰《吕氏春秋》有详尽叙述。

---

① 见《国语译注》第 662 页，薛安勤注释，吉林文史出版社，1991 年。
② "五行"的"要素说"似乎在周代以后很少再被提及，更没有得到发展。
③ 参看郭霭春编著《黄帝内经素问校注语释》第 14 页，天津科学技术出版社，1981 年。
④ "六合"指四时。参看《淮南子·原道》高注。
⑤ 九州即九窍，指眼二、耳二、鼻孔二、口、前阴、后阴。
⑥ 十二节谓人身有四肢，每肢有三节，共十二节，见《春秋繁露，官制象天》。
⑦ 其生五，近人沈祖緜说："春木肝、夏火心、秋金肺、冬水肾、皆由中五所生，故曰其生五，五者，中央土脾也。"
⑧ 其气三，沈祖緜说："天地人为三气。'唯贤人上配天以养头，下象地以养足，中傍人事以养五脏'。"

大约在战国后期，又发展出了"五行相生"之说。西汉初名儒董仲舒在其《春秋繁露》中详尽论述了这种见解，其中有〈五行相生第五十八〉，开篇便说："天地之气，合而为一，分为阴阳，判为四时，列为五行。……比相生而间相胜也。"[①] 接着便列出五段，一曰"木生火"，二曰"火生土"，三曰"土生金"，四曰"金生水"，五曰"水生木"。此五行相生，井然有序，终而复始。这种相生关系最初确也源于生活与生产中所得到的启示：木燃生火。火烬余灰（土），矿冶生金，金熔成水，而林木、稼穑概由雨露滋润而生，更为人们所熟悉。可

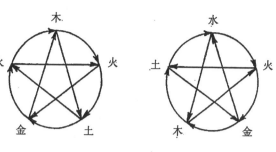

比相生间相胜　　　　　　　比相胜间相生

图 5-1　五行相生相胜示意图

见此说之初，也并无神秘、迷信色彩。所谓"比相生而间相胜"者，因相生之排列若以木、火、土、金、水为序，则其相隔之间——水、火、金、木、土即为依次相胜的关系；反之，若相胜的次序为比邻的，则其相隔间便相生，这也就是"循环相因"之义了，如图 5-1 所示。[②] 但若把原初"五行"的属性及相生相胜的关系机械地移植到其他类事物上，往往就找不到任何合理的根据了。

关于宇宙天地间的五行、五方、五星、五色、四时、五声与人体之五脏、五官、五情、五动的对应关系，可参看表 5-1。表中的所有内容在《吕氏春秋》和《素问》中几乎都已有了记载。[③] 阴阳五行家与中医学家认为表中各横列中也都有比邻相生而相间相胜的关系，而在同一纵列中都有属性上的对应关系，而且在不同纵列间居然也可按比相生、间相胜的关系相互感应。这种学说在中国古代医学理论中可以说得到了最充分的发挥，在《素问》中就占有极大的篇幅，兹援引两段文字为例：

> 天有四时，以生长收藏，五行以生寒暑燥湿风。人有五脏，化为五气，以生喜怒思忧恐。故喜怒伤气，寒暑伤形，……喜怒不节，寒暑过度，生乃不固。

> 东方生风，风主木，木主酸，酸主肝，肝主筋，筋生心（木生火），肝主目。其在天为风，在地为木，在体为筋，在脏为肝，在色为苍，在音为角，在声为呼，在变动为握（肝主筋，筋之为用，人怒则握拳以击是也），在窍为目，在味为酸，在志为怒。怒伤肝，悲胜怒（悲以肺志，以金克木）；风伤筋，燥胜风（燥属金，亦以金克木）；酸伤筋，辛胜酸。

> 南方生热，热主火，火生苦，苦主心，心主血，血生脾（火生土），心主舌。其在天为热，在地为火，在体为脉，在脏为心，在色为赤，在音为徵，在声为笑，在变动为忧（气逆也），在窍为舌，在味为苦，在志为喜。喜伤心，恐胜喜（恐为肾志，水克火）；热伤气，寒胜热；苦伤气，咸胜苦，（咸为肾味，水克火）[④]。

由于炼丹术与医学、生理学都以探讨生命现象为主旨，目的都在延年益寿，所以炼丹术

① 汉·董仲舒《春秋繁露》第 76 页，上海古籍出版社《诸子百家丛书》，1989 年。
② 参看任恕："祖国医学基本理论的现代自然科学基础"，《科学通报》，1960 年第 10 期总第 307～310 页。
③ 参看任继愈主编《中国哲学发展史》（秦汉卷）第 28～29 页，人民出版社，1985 年。
④ 参看《黄帝内经素问校注语释》第 32～34 页，郭霭春编著，天津科学技术出版社，1981 年。

中的五行说教多直接继承《素问》的衣钵。从现存的丹经看，最早把此学说引入炼丹术的是

表 5-1　宇宙间五行网络表

五行	木	火	土	金	水
四象	少阳	太阳		少阴	太阴
天干	甲乙	丙丁	戊己	庚辛	壬癸
五色	青	赤	黄	白	黑
四时	春	夏	夏*	秋	冬
五方	东	南	中央	西	北
五帝	苍帝	赤帝	黄帝	白帝	黑帝
四灵	青龙	朱雀	黄龙	白虎	龟蛇
五星	岁	荧惑	镇	太白	辰
五金	铜	铁	黄金	白银	铅锡
生、成数	三，八	二，七	五，十	四，九	一，六
五味	酸（醋）	苦（酒）	甘（饴）	辛（姜）	咸（盐）
五畜	鸡	羊	牛	马	豕
五谷	麦	黍	稷	稻	菽
五音	角	微	宫	商	羽
五（邪）气	风	暑	燥	湿	寒
五脏	肝（阴中之阳）	心（阳中之阳）	脾	肺（阳中之阴）	肾（阴中之阴）
五风	肝风	心风	脾风	肺风	肾风
五情	怒	喜	思	悲忧	恐
五官	目	舌	口	鼻	耳
五体	筋	血脉	肌肉	皮毛	骨
五声	呼	笑	歌	哭	呻
五动	握	气逆	哕	咳	慄

　　*《管子（卷十四）·四时》注："土位在中央，而寄王于六月，承火之后，以土火之子故也，而统于夏，所以与火同章也。"

魏伯阳，在其《周易参同契》中与五行有关的话和观点已相当多，例如："男白女赤，金火相拘，则水定火，五行之初"；"推演五行数，较约而不烦，举水以激火，奄然灭光荣"，"子（水一）午（火二）数合三，戊己号称五，三五（三五和而为八）既和谐，八石（八，石象也）正纲纪"等等，但讲得很笼统，只不过以炼丹术的内容阐发五行学说的基本原理，但几乎看不出究竟它如何运用此学说对炼丹术加以指导。大约在此同时，一些方士又把金石药物依其颜色赋予五行的属性，例如丹砂色红，属火；石胆、曾青色青，属木；雄黄色黄，属土，

礜石色白，属金；慈石色黑，属水。东汉时出现了圣药"五石丹"，就是合此五行之药升炼而成，其实它不过是从汉代疡科药"五毒方"发展而来的。[①]总之，这些还都没有什么神秘色彩。但到隋代，苏元明为了说明"五石丹"服之可长生不死，羽化成仙，于是以五行之说加以推演，就把它神化了。他说：

> 其药飞五石之精，服之令人长生度世，与群仙共居。五石者五星之精：丹砂太阳荧惑之精；慈石太阴辰星之精；曾青少阳岁星之精；雄黄厚土镇星之精；礜石少阴太白之精。又方：曾青者，东方青帝木行青龙之精；丹砂者，南方赤帝火行朱雀之精；白礜者，西方白帝金行白虎之精；慈石者，北方黑帝水行玄武（龟蛇）之精；雄黄者，中央黄帝土行黄龙之精。右五味并属太微五帝，火神之精主之。[②]

这显然是一派荒诞胡言，而无任何科学道理了。唐代时，丹家又把五金也以颜色与五行属性连系起来。陈少微《大洞炼真宝经九还金丹妙诀》便有此类"高论"，谓：

> 铁（因赤铁矿，褐铁矿色赤）所禀南方阴丁之精结而成形；铜（因孔雀石、蓝铜矿及石胆、曾青等皆色青）所禀东方乙阴之气，结而成魄；银禀西方辛阴之神，结精而为之质；铅锡俱禀北方壬癸之气，锡受壬精，铅禀癸气，阴终于癸，故铅所禀于阴，极之精也。金则所禀于中宫阴己之魄。

在炼丹术中，丹家偶然也以五行之说牵强附会地来解释某种化学转化（相生）的"道理"。例如烧丹砂而生水银，《金石灵砂论》便谓："水银生于丹砂。丹砂属南方火，火是木之子，而生水银，[故]水银是青龙之孙。"这还是简而易懂的。唐代期间更有些炼丹理论家大概为了炫耀丹道的高妙玄奥，往往也用五行学说来阐扬金丹修炼的机理，这样一来，则进一步把炼丹术渲染上了神秘色彩，把一些简单的化学反应人为地复杂化了。《大洞炼真宝经九还金丹妙诀·阳金变通品第六》对汞还复为丹砂的描述可算是个典型。他说：

> 汞本脱胎于丹砂，位居南方，易胎乃为壬水。水则见汞，形于北方。降魄成庚，庚则西方白金。炼形来甲，是东方青金。增精于戊，戊则中宫黄金也。化质归离（按复成丹砂，即还丹），功成于九。是以阳金迁变，动用化机，运质易胎，合其五方之体，然后授天地，革阴阳，超于三元，脱质归真，号之还丹。

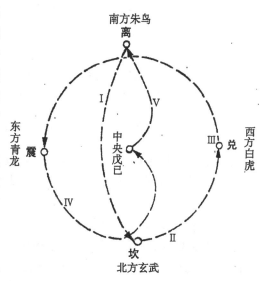

图 5-2　陈少微还丹说示意图
（摘自任继愈主编《中国道教史》）

---

①　《周礼注疏·天官冢宰下》第 30 页，便记及："凡疗疡以五毒攻之"。但对"五毒"并未作说明。后汉·郑玄注："五毒，五药之有毒者。今医人有五毒之药。作之合黄堥，置石胆、丹砂、雄黄、礜石、慈石其中，烧之三日三夜，其烟上著，以雄鸡羽扫取之，以注创，恶肉、破骨则尽出。"关于"五毒方"的成分参看赵匡华"汉代疡科'五毒方'的源流与实验研究"，《自然科学史研究》第 4 卷第 3 期，1985 年。

②　见《太清石壁记》，《道藏》洞神部众术类，总第 582～583 册。

　　金正耀对以上文字作了一个图解（图 5-2），为帮助人们来理解金砂还丹的所谓"奥秘"理出了一个端绪。[1]

　　以上这些高谈阔论，往往只是作为对某些物理或化学现象的解释，很少作为炼丹术配方、操作的指导原则，所以尽管随心所欲地议论、比拟一番，如做文字游戏一般，虽无所补益，倒也无大害。但是当他们把中医学里的五行相胜"学理"推广到炼丹术时，就出现了极荒诞的说教，把它真的引上了迷信的道路。例如《抱朴子内篇·仙药》谈到服食药物时，提出对药色须"有禁求宜"的原则，谓：

　　　　若本命属土（按诞生之年月日时以戊己占主要地位者），不宜服青色药；属金不宜服赤色药；属木不宜服白色药；属水不宜服黄色药；属火不宜服黑色药。以五行之义，木克土，土克水，水克火，火克金，金克火故。[2]

《大洞炼真宝经九还金丹妙诀》又据"木性能直，而被金之所伤；水性能柔，而被土之所克；土德虽厚，而被木之所害；金性坚刚，而被火之所熔。"于是说：

　　　　金（土行）性本至刚，服之伤肠损肌（似应作"肾"）；银（金行）性庆，服之伤肝（木行）；铁（火行）性坚，服之伤肺（金行）；铅（水行）性濡滑而多阴毒，服之伤其心胃（火行）。

可见，中国古代的炼丹家们在长时期的理论探讨中，由于沿袭错误的原则和从错误的前提出发去运用朴素唯物主义的五行学说，接着再沿着错误的道路行进，把注意力集中在非以客观实际为基础的，而又十分冗杂的五行网络上，既脱离了对炼丹术过程中化学反应本质的观察和研究，又缺乏科学的逻辑推理，这不仅使炼丹术的理论被蒙上了迷信色彩，而且也使炼丹术的成果和某些合理的因素未能向科学的方向进步。

（三）关于金石的"自然进化论"与炼丹术的"仿天地造化"之功

　　天然的金石矿物为什么在丹鼎中可以被修炼成神丹，品质低贱的锡铅为什么能点化成金银？方士们怎么会相信这种尝试会获得成功？这是中国炼丹术中一个饶有趣味的问题。诚然，神仙思想是个因素，但不是主要的，更重要的则是在他们关于金石物质在自然界中发生演变的认识中还流行着如下一种见解：宇宙中的金石物质随着时间的推移，都自然地朝着自我完善的方向转变。我们可以试把这种想法呼之为"金石自然进化论"。炼丹家们并认为某些物质在自然界中长期吸取日月之精华可以逐步实现向黄金，甚至向自然还丹的转化，只不过岁月十分漫长。这种议论很多，既相当古老，又延续久远。在《淮南子·地形训》中便初见端倪，这里只摘其部分文字：

　　　　正土（按指中央之土）之气，御乎埃天。埃天五（土行生成数）百岁生砆（当指雄黄），砆五百岁生黄埃，黄埃五百岁生黄汞（黄汞），黄汞五百岁生黄金。……

　　　　偏土（东方之土）之气，御乎青天。青天八（木行生成数）百岁生青曾（即曾青），青曾八百岁生青汞（青汞），青汞八百岁生青金（铅锡）。……

　　　　牡土（南方之土）之气，御乎赤天。赤天七（火行生成数）百岁生赤丹（丹砂），赤丹七百岁生赤汞（赤汞），赤汞七百岁生赤金（铜）。……

① 见任继愈主编《中国道教史》第十章金正耀撰〈唐代道教外丹〉第414页。
② 王明校释本《抱朴子内篇校释》第190页。

弱土（西方之土）之气，御乎白天，白天九（金行生成数）百岁生白礜（硫砷铁矿），白礜九百岁生白澒（白汞），白澒九百岁生白金（银）。……

牡土（北方之土）之气，御乎玄天，玄天六（水行生成数）百岁生玄砥（黑石，当指慈石），玄砥六百岁生玄澒，玄澒六百岁生玄金（铁）。……①

所以这个说法是淮南子刘安关于五土——→五气——→五种矿物——→五色汞——→五金……自然转变、进化过程的想象。

刘宋时建平王刘景素所著《典术》谈及雄黄之进化时，则谓："天地之宝藏于中极，命曰雌黄，雌黄千年化为雄黄，雄黄千年化为黄金。②

陈少微《大洞炼真宝经修伏灵砂妙诀》③谈及丹砂之进化，则谓：

丹砂者自然之还丹也，世人莫测其源。只如玉座之砂世人总知之，如金座、天座是太上紫龙玄华之丹，非俗人凡夫之所见知也。其玉座，则俗流志士积功修炼，服之致仙。其金座则素有仙骨，清虚炼神，隐之岩穴，则其神仙采与食之，便当日羽化升腾。其天座，则太上天仙真官而所收采、服饵，非下仙之药也。其玉座砂受得六千年阳灵之清精，则化为金座，……金座受一万六千年［阳灵之清精］则化为天座。天座则座碧，当中有九枚，层层而生，四面七十二枚，周抱在于飘飘太虚之中。

又唐人撰《阴真君真石五相类》曾论水银之生成与进化，则谓：

玄水是水气初胎一千年后成结，似凝未凝，似胎未成胎，不堪为用。玄珠流汞是水光之气，已成水银，尚未堪修炼为丹。河上蛇女是三千年水气，已成水银。如飞炼对阳，被火气影着即走，亦未禁火，未堪烧炼。太阴是四千年水银，已过三千年，故名太阴，是老水银，始堪用也。

又，宋人程了一《丹房奥论》④谈及水银与丹砂之形成，谓：

朱砂之与水银尤为天地精英之气结聚而成也，若以受年月日计之，则相去又远。

经云：真液与离宫之气千余年聚为水银，又一千年结为朱砂，如松脂入地千年化为琥珀之类也。

再者宋人张德和《丹论诀旨心鉴》⑤论及自然还丹之生成时，谓："自然还丹是流汞抱金公（铅）而孕也。有丹砂处皆有铅及银（按指水银），左雄右雌，……抱持日月阴阳气，四千三百二十年乃气足，而成上仙天人还丹。"元代方士土宿真君所撰《庚辛玉册》对金石自然进化论可谓集历代论述之大成，表达得淋漓尽致，除前文已提及的"铅为五金之祖"外，还说道：

锡：受太阴之气而生，二百年不动成砒；砒二百年而锡始生。锡禀阴气，故其质柔。二百年不动，遇太阳之气乃成银。⑥

铁：受太阳之气，始生之初，卤石产焉。一百五十年而成慈石，二百年孕而成铁，又二百年不经采炼而成铜，铜复化为白金，白金化为黄金，是铁与金、银同一

①　见《淮南子译注》第214～217页，陈广忠译注本，吉林文史出版社，1990年。
②　《大洞炼真宝经修伏灵砂妙诀》见《道藏》洞神部众术类，总第586册。
③　见《太平御览》（卷九八八）第四册第4372页，中华书局影印，1985年。
④　宋·程了一：《丹房奥论》，见《道藏》洞神部众术类，总第596册。
⑤　宋·张德和《丹论诀旨心鉴》，见《道藏》洞神部众术类，总第598册。
⑥　《庚辛玉册》已佚。引文见《本草纲目》（卷8）第481页。

根源也。①

李时珍《本草纲目》（卷八）还摘引了《鹤顶新书》（已亡佚）的有关议论：

　　　　丹砂：受青阳之气始生矿石，二百年成丹砂，而青女孕，三百年而成铅；又二百年而成水银，又二百年复得太和之气化为黄金。②

　　　　铜：与金、银同一根源也。得紫阳之气而生绿，绿二百年而生石，铜始生于其中，其气禀阳，故质刚庆。③

　　在中国古代炼丹家的头脑中所以会形成这种观念，原因可能是多方面的。我们相信，最主要的则是由于我国从战国时就了解到自然界中不同矿物有共生一山的情况。比如银矿石几乎总是与铅矿石共生；自然金则常蕴藏于铜矿及铅锌矿中，也或许有方铅矿与丹砂共生的情况。在《管子·地数篇》中说到伯高与黄帝的谈话时，便提及"上有丹砂者，下有黄金；上有慈石者下有铜金；上有陵石者下有铅锡赤铜；上有慈石者下有铁。此山之见荣者也。"④ 而管子自己也发表过这类认识，谓："山上有赭者其下有铁；上有铅者，其下有银。"② 在《山海经》中这类记载就不胜枚举了。所以后来在炼丹家中间便传开了"丹砂化金"、"雌黄千年化为雄黄"、"铅汞交配孕而成自然还丹"的说法。当然，还可认为，这种"进化论"的另一个来源是来自金属冶炼的启示。那时人们从孔雀石炼出了红铜，从赭石炼出了铁，从丹砂烧出了水银，他们并不了解矿石受炭火之气而还原为金属的现代化学原理，于是便认为这些"石头"在炼炉中受了什么"紫阳之气"、"精英之气"而进化成了金属之质，于是又联想到自然界中也发生着类似的过程，宇宙本身大概就是个大熔炉，只是"冶炼"过程进行得很慢，要千百年，所以人终生也察觉不到。当然，这种想法的根源也还会与五行相生的观念有某种联系。总之，这种见解的产生应该说是有物质基础的，是从直接观察中获得的启示，也是符合人类认识规律的。

　　中国方士们在这种思维过程中产生了一个非常革命的思想，就是人为地创造一种环境，使这种自然进化的速度加快。在他们看来，金属冶炼就是实现了这种可能性的有力凭据。于是他们相信，把金石药物放在丹鼎中，靠着阴阳的配媾，仿照天地造化的原理，辅之以水火相济的促进，便可以极大地加快这些进程，这也就是炼丹术的奥妙和威力。例如人工修炼灵砂、"九转神丹"、合炼铅汞为龙虎还丹、变炼铜、铅为"黄金"等等就是人工地对自然过程的加速。

　　基于这种想法，那么丹鼎在炼丹家看来就是一个缩小的人工宇宙。所以《丹房奥论》说："一鼎可藏龙与虎，方知宇宙在其中。"他们设想，药物在鼎中一日可相当于在世俗环境中过了许多年。《丹论诀旨心鉴》、《大丹问答》⑤ 就有明确的讲解：丹砂皆生南方，向日相近，感气积年而生也，四千三百二十年气足乃成自然还丹。而今有仙人秘教，只要火候依节符，炭数斤两数应交卦，乾坤施行运转逐日，火候自然相邀"，则一个时辰可当一年。而一年十二月，一月三十日，一日十二时。一年三百六十日，故在丹鼎中孕育一年，便可当自然界中四千三百二十年矣。因此，"今下界神仙象而成之大千之数，修炼铅汞，阴阳交感，变通灵化，一年

----

① 《本草纲目》（卷 8）第 487 页。
② 《本草纲目》（卷 9）第 519 页。
③ 《本草纲目》（卷 8）第 465 页。
④ 《管子》第 213 页，上海古籍出版社《诸子百家丛书》，1989 年。
⑤ 《大丹问答》见《道藏》洞神部众术类，总第 598 册。

赫然成还丹，服之亦长生羽化，与天地同功"。可见，中国炼丹家们很有一股志气，决心要巧夺天功。

也是基于这种设想，丹家对于丹鼎、坛炉和炼丹火候往往也是模拟他们理解的大宇宙来设计和掌握。正如《大洞炼真宝经九还金丹妙诀》谈及建炉、造鼎时所说：

> 夫大丹炉鼎亦须合其天地人三才五神而造之。其鼎须是七反。[其]中[用]金二十四两，应二十四气（按指一年中二十四节气）。内将十六两铸为圆鼎，可受九合，八两为盖。十六两为鼎者合一斤之数，受九合则应三元①阳极之体；盖八两应八节；②鼎并盖为二十四两，合其大数。其鼎须八卦、十二神定位。

> 先垒土为坛，坛高八寸，广二尺四寸。坛上为炉，炉亦高二尺四寸，为三台，上下通气。上台高九寸，为天，开九窍象九星③，中台高一尺，为人，开十二门，象十二辰，门门皆须具扇；下台高五寸，为地，开八达，象八风。④其炉内须径一尺二寸。然[后]致[置]鼎于炉中。

> 夫用火之诀亦象乎阴阳二十四气，七十二候。五日为一候，三候为一气，二气为一月，十二月为一周年，阴阳运数足矣，而丹成。起火之时取十一月甲子日夜半甲子时，动火先从[中台]子门起火，……次开丑门，……次开寅门。……

自唐代以后，炼丹炉鼎进一步复杂化。炼丹家把置于鼎中的药物反应器呼之为神室，形如鸡蛋（甚至就用鸡蛋壳，外涂黑墨后以作神室），因此又称作"混沌"。所以要取此形状者，是要象征太极之始，孕育万物之初宇宙之情景。这种说法的根据可见《云笈七签（卷二）·混沌》："《太始经》云：昔二仪初分之时，号曰洪源，溟涬濛鸿，如鸡子状，名曰混沌。"⑤可见，神室的设计更是一项精心策划的宇宙模拟了。

中国炼丹家在升炼丹药时，关于药物配伍的设想，往往也有他们别出心裁的一些玄思冥想。当然，实行阴阳交媾是配化的基本原则。此外，他们还要在丹鼎中也模拟造就一个宇宙，既要取得阴阳造化之功，又要仿效天地培育万物，这就使得用药情况复杂化，今人如果从现代化学的角度观察，就要感到莫明其妙了。举例来说，为了在丹鼎中准备好孕育神丹的"土壤"，丹家们还以所谓"八石"⑥放置于鼎中，并把这组矿物称作"真土"。按他们的说法："八石者，八卦也。"⑦似乎是用以象征四面八方之土。《丹房奥论》对此有一番解说：

---

① 唐人称农历正月、七月、十月的十五日为上元、中元、下元，合称"三元"。

② "八节"即立春、春分、立夏、夏至、立秋、秋分、立冬、冬至。《周髀算经》（下）："二至者寒暑之极，二分者阴阳之和，四至者生长收藏之始，是为八极。"

③ 九星有二解，其一，谓四方和五星，《逸周书·小开武》："一维天九星，二维地九州"。其二，谓北斗七星和辅佐二星，《素问·天元纪大论》："九星悬朗，七曜周旋。"注：九星谓天蓬、天内、天冲、天辅、天禽、天心、天任、天柱、天英。"

④ 八方之风，各有所说。《吕氏春秋·有始》谓：东北炎风、东滔风、东南熏风、南巨风、西南凄风、西飂风、西北厉风、北寒风。《淮南子·地形》中对上述相应各风分别谓为炎风、条风、景风、巨风、凉风、飂风、丽风、寒风。《说文》对各风又有其他称谓。

⑤ 《云笈七签》第6页。

⑥ 关于"八石"所指，诸家丹法不尽一致。《黄帝九鼎神丹经》谓："八石者，巴砂、越砂、雄黄、雌黄、曾青、矾石、慈石、石胆八物。"唐代丹经《太古土兑经》谓："朱、汞、鹏、硇、硝、盐、矾、胆，命云八石"。（见《道藏》洞神部众术类，总第600册）

⑦ 见《诸家神品丹法》卷4第5页。

土为天地之中气，功能攒簇五行，生育万物。金得土则生，木得土则旺，水得
土则止，火得土则熄。修炼者无土不可成丹，犹农家不耕田而欲得禾，难矣！故先
贤立真土之说，以悟后学，可不知之？夫八石禀气于天，成形于土，其性嗜阴而畏
阳，遇火则飞，莫之（知）所向。若经草木煮炼，金石温养，留形住质，能与天地
齐坚，日月共久。若以点化五金，制养诸药，皆可成宝，此名真土。

又有丹方，用药则有较浓重的神秘色彩，例如"太上清虚上皇太真玄丹"，用药"凡二十八物，象二十八宿之灵符也"。另一丹方——"太上八景四蕊紫浆五珠绛生神丹方"用药二十四种，谓以"合二十四种之气，和九晨九阴之凝液，结日月之明景也。"[①] 这就没有任何科学道理了。对于古代丹家的这种思维，我们固然可以表示谅解，但如此设计最后也必然把他们自己弄得莫明其妙了，即使经过了多少代的实验与传授，也无法进行科学的归纳、总结，更难以悟出物质化学变化的客观规律来。这恐怕也是中国炼丹术未能孕育出近代化学的内在原因之一罢了。

但总的来说，中国炼丹家相信在丹鼎中能够仿造出自然界中存在的，而且更加完善的物质，这个基本想法无疑是正确的，已在现代化学实验室中被千万次地证明了；而且通过"水火相济"（提高反应温度及通过溶液反应），也的确可以极大地加速这些过程。他们在烧炼过程中固然有不少观察上的和认识上的偏差，但基本上没有什么迷信的成分。一些化学药剂的提纯和人工合成，以及火药的发明，表明中国炼丹家巧夺天工的抱负确实得到了某些实现。所以我们对他们的"金石自然进化"的见解以及模拟宇宙的气魄和种种探索应该给予高度的评价，这正是中国原始化学思想和活动中的有创造性、有活力的积极部分。

（四）中国炼丹术中的火候及其汉代易说基础

中国炼丹术在模拟自然造化的设计中，固然很重视药物的配伍、坛炉的威仪、丹鼎和神室的造型和内涵，甚至药物在鼎釜中的布局，但最重视、最讲究的则是火候的掌握，认为它是炼丹成败的关键。

在初期，方士们对丹鼎的加热并没有什么太大的讲究，有关的说教并不多，大概还主要是靠试验经验。例如早期丹经《黄帝九鼎神丹经》中讲到各种神丹的炼制火候时只是说："先以马通、糠火去釜五寸，温之九日九夜；推火附之，又九日九夜；以火拥釜半腹，又九日九夜，凡三十六日可止火，一日寒之。"火候总是先温后猛，显然这是为了防止土釜因突然骤热而爆裂。至于"凡三十六日"，也不是非常确定的，当炼制第五神丹时，就是加热"凡八十一日"了。

中国炼丹术的火候理论，应该说是《周易参同契》所奠定的，是以《周易》为论证基础的，而尤其是发挥了汉代易说。所以要想说明中国炼丹术的思想，讲解一下《易》学的基本内容是非常必要的。

按《周易》是源于殷商时期的筮卜。据说当时继龟卜之后，又创造了占蓍草的方法以卜

---

① 二例见晋人撰《上清太上帝君九真中经》（《道藏》正一部经名总第1042册）。后例用药二十四种，计绛陵朱儿（丹砂）、丹山日魂（雄黄）、玄台月华（雌黄）、青腰玉女（空青）、灵华沉腴（薰陆香）、北帝玄珠（消石）、紫陵文侯（石英）、东桑童子（青木香）、白素飞龙（白石英）、明玉神珠（琥珀）、五精金羊（阳起石）、两华飞英（云母）、流丹白膏（胡粉）、亭灵独生（鸡舌香）、碧陵文侯（石黛）、倒行神骨（戎盐）、白虎脱齿（金牙石）、九灵黄童（石硫黄）、陆虚遗生（龙骨）、威文中王（虎杖花）、沉明合景（蚌中珠）、章阳羽玄（白附子）、绿伏石母（磁石）、中山虚脂（太乙余粮）。

吉凶。初时的占法现在已经难以考证了，大概是比较简单的，总之是每占一次，即抓取一束
蓍草，经过一定程序的手法后，根据手中尚存的蓍草数是奇数还是偶数，而得一爻，以"—"
代表奇数，以"— —"代表偶数，那么若经三占，便得一卦。每卦包括三爻，爻分奇、偶两
种，因此可能产生八种卦象，即八卦。卜师们便对八卦分别作出了卦辞，以预示事物发展的
吉凶。及至西周的中期或后期，当时为周王室负责占卜的人叫太卜或筮人，即《周礼·春官
·宗伯》所说"掌三易①之法"的人，是他们将当时已经盛行起来的阴阳学说与爻、卦相结
合，而赋予新的解释。他们把"—"爻称为阳爻或刚爻，把"— —"称为阴爻或柔爻，认为
自然界与人类社会中的诸事物都是阴阳交配产生的，并且在不停顿地变化着。于是他们从阴
阳交感的观点观察万物的动静变化，并根据诸卦中各爻相互位置是否为阴阳交感之相、是否
为动相来问卜事物发展的成败吉凶，于是为各卦和各爻订出了卦辞和爻辞，作为解说。又因
为天地间事物纷纭，森罗万象，八卦不足以反映如此复杂错综的世界，于是他们又把八卦两
两叠合，而成六十四种复卦，对它们也分别作出卦辞和爻辞，这样，六十四卦，三百八十四
爻便足以概括、反映宇宙中诸种事物及其发展、变化了。另一方面他们又根据八卦的卦象，用
来代表天、地、山、泽、雷、风、水、火八种事物：

卦象：☰ ☷ ☳ ☴ ☵ ☲ ☶ ☱

卦名：乾　坤　震　巽　坎　离　艮　兑

象征：天　地　雷　风　水　火　山　泽

由六爻构成的六十四卦，每卦以上、下各三爻为一组，上方的一组称为"上卦"，下方的一组
称为"下卦"。为了表述复卦中的爻，先须给它们一种称呼，于是确定自下而上，最下方者称
作"初"，顺序而上，为"二"、"三"、"四"、"五"，处于最上方者称作"上"；阳爻以奇数中
的最大者"九"代表，称作"九"，阴爻则以"六"代表，称作"六"。例如☵，卦名为"屯"，
由下而上的六爻，称作"初九"、"二六"、"三六"、"四六"、"五九"、"上六"。这样，六十四
卦及其卦辞、爻辞便构成了《易经》，或称本经。

　　后世易家在《易经》的基础上陆续增益了一些诠释的文字，对《易》和卦爻辞的内涵加
以丰富、扩充，这就是《系辞传》(上、下)，《说卦传》、《序卦传》、《杂卦传》、《文言》以及
附 在卦辞后面的《彖传》和附在卦、爻辞后面的《象传》(各分上下，合成四篇)，即所谓
《十翼》，亦称《易传》，这些作品，大概都是战国中后期至汉初之人的手笔。②《易经》与《十
翼》合刊，便是今本《周易》。但《周易》问世后，也常被称作《易经》。关于《十翼》的内
容，简略地说，《彖传》是对过于简练、抽象的卦辞加以解释，从六爻的整体形象即卦象，说
明卦的意义。《象传》又分〈大象〉与〈小象〉，〈大象〉是对卦的整体的补充说明，〈小象〉是
对爻辞的补充说明。《系辞传》是对《易》的整体概论，使《易》不仅停留于占卜，而更把它
提升为一种宇宙观，一种博大精深的哲学。《文言传》是对六十四卦中最重要的"乾"、"坤"
两卦所作，附加的深入说明。《说卦传》可分为前后两部，前部与《系辞传》性质相同，对

---

　　①　《三易》是指《连山》、《归藏》、《易经》，是三种不同系统的易学。概括地说《连山》传统是夏代的易学，由
"艮"卦开始，象征"山之出云，连绵不绝"；《归藏》传说是殷代的易学，由坤卦开始，象征"万物莫不归藏其中"；《周
易》是周代的易学，由乾、坤二卦开始，象征"天地之间，天人之际"。前两种易学已经失传。
　　②　根据历史传说，多谓伏羲画八卦；《史记·自序》说："西伯(周文王)囚羑里，演周易"，即周文王推演六十四卦，
并著作《卦辞》；又有人谓周公著《爻辞》；而《十翼》多认为是孔子的著作。本文对《易经》及《十翼》问世年代的说法
是据周振甫译注《周易译注》第16～19页。

《易》作了简明扼要的整体概论，后部说明八卦象征的事物与现象。《序卦传》说明六十四卦的排列顺序及其意义。《杂卦传》是将六十四卦分为三十二对，每对卦中，两卦的阴阳爻恰好相反，因此性格也恰好相反，故称错卦。它并对各错卦扼要地作了说明。从《十翼》的内容思想看，可以推定，它出于儒家后学之手，但既不是一个人所作，写作的时代也有先后。据周振甫的最近考证：“《系辞》的基本部分是战国中期的作品，著作年代在老子以后，惠子、庄子以前。《彖传》应在荀子以前。《文言》与《系辞》相类，《象传》与《彖传》相类，应当是战国中后期的作品。从《象传》的内容看，可能较《彖传》晚些。”

关于《周易》的筮法，《系辞上传》中有一段文字作了相当详尽的说明。它说：

大衍之数五十，其用四十有九。分而为二以象两。挂一以象三，揲之以四以象四时，归奇于扐以象闰。五岁再闰，故再扐而后挂。天一，地二；天三，地四；天五，地六；天七，地八；天九，地十。天数五，地数五。五位相得而各有合，天数二十有五，地数三十，凡天地之数五十有五，此所以成变化而行鬼神也。《乾》之策二百一十有六，《坤》之策百四十有四，凡三百六十，当期之日。二篇之策万有一千五百二十，当万物之数也。是故四营而成《易》，十有八变而成卦，八卦而小成。引而伸之，触类而长之，天下之能事毕矣。显道神德行，是故可与酬酢，可与祐神矣。

子曰：“知变化之道者，其知神之所为乎。

关于这段文字的解释，译注之家颇多，但对筮法的具体说明，又往往有很多分歧。此问题由于与本文主题偏离较远，不再赘述。[①]

关于《易经》的哲学思想，任继愈在其《中国哲学史》的〈易经和洪范的思想〉一节中有很好的概括。他认为可分为三个方面：[②]

1. 观物取象的观点

《易经》用殷商时期发展起来的阴阳学说来解释八卦，于是以八卦来代表自然界中的八种基本东西，并以它们作为说明世界上其他更多东西的根据（很像“五行”学说的发展）。按阴阳学说，自然界也与人和动物一样，都是由阴阳两性交媾产生的，所以这八种自然物中，天和地又是总根据，天地为父母，产生雷、火、风、泽、水、山六个子女。而其他一切事物以及整个世界都是在这两种对抗性的物质势力（阴阳）运动推移之下孳生着，发展着。

2. 万物交感的观念

《易经》认为万物都是通过阴阳两势力的交感才产生变化、发展，产生新事物。所以它所谓“吉”的一些卦，一般是上下两卦具有发生交感倾向的，因此促进事物的发展、成功；相反，所谓“凶”卦往往是上下两卦不能发生交感的。可以清楚看出，《易经》很善于从交感的观点观察万物动静变化的规律。在它看来，有动象、有交感之象的卦其所以是如意的，有前途的，因为它符合了事物发展的普遍原则。以占卜来问吉凶祸福，固然是一种迷信，但它对于吉凶的解释，却包含了当时人们对世界上各种事物发展规律的见解，而且是一种十分朴素的唯物主义的观点。例如泰卦（☷☰）的卦象是地在上，天在下。地属阴，天属阳，按阴阳运动的规律，阳气上升（火炎上），阴气下降（水润下），因此这个卦象正符合促进阳阴两气交感

---

① 关于筮法的译注、说明可参看：高亨：“《周易古经今注·周易筮法新考》第140～143页，中华书局，1984年。周振甫：《周易译注》第8～10和242～245页。孙振声《易经入门》第16～20页，文化艺术出版社，1988年。

② 参看任继愈主编《中国哲学发展史》（秦汉卷），人民出版社，1985年。

的布局，反映事物有发展前途，所以泰卦的卦辞是"小往大来，吉，亨"。与此相反，否卦（☷）中阳气与阴气的运动是背道而驰的，是处于不发生交感的局面，反映事物没有发展前途。所以其卦辞是"否之匪人，不利君子贞，大往小来"，《彖传》对它注释说：那是天气和地气不交接而万物不生长的局面，这时上面和下面气息不通，天下大乱，邦国危亡；内部阴而外部阳，内部柔和外部刚，则小人在朝而君子在野，小人道长胜，君子道消遣。[①]《易经》认为泰卦和否卦是一个对立面，一吉一凶。吉和凶的根据是变和不变，交感和不交感。它通过宗教迷信的方式，却反映出了古代极其朴素的辩证观点。

3. 变化发展的观点

这是贯串在《易经》中的一个基本思想，也就是"易"的本义。它的作者认为世界上任何东西都在不断变化中；变化着的事物又有它发展的阶段；随着事物发展的逐步深刻化、剧烈化，到最后阶段，一旦超越了它最适宜的发展阶段，就会导致相反的结果；本来是有前途的事物，过了它的极限，它反而没有前途了。泰卦"九三"的爻辞谓："无平不陂，无往不复"，意思是说，凡是平坦的都要倾斜，凡是外出的都要回来。这种认为物极必反，盛极必衰，否极泰来，好事坏事可以向相反方向转化的观念，包含着辩证法的真理。

随着《易》的发展，以八卦象征的事物与现象也逐步增多，可参看表5-2。有关的解说都可在《说卦传》找到。在"八卦的象征关系中，八卦与方位和季节的对应关系在中国传统文化中占有极重要的地位，得到了广泛的发挥。关于这种关系在《说卦传》有如下一大段文字：

表 5-2　八卦及其诸象征事物

卦名	自然	父母子女	属性	动物	人身	方位	季节
乾☰	天	父	健	马	首	西北	秋冬间
坤☷	地	母	顺	牛	腹	西南	夏秋间
震☳	雷	长男	动	龙	足	东	春
巽☴	风	长女	入	鸡	股	东南	春夏间
坎☵	水	中男	陷	豕	耳	北	冬
离☲	火	中女	附	雉	目	南	夏
艮☶	山	少男	止	狗	手	东北	冬春间
兑☱	泽	少女	悦	羊	口	西	秋

　　帝出乎震，齐乎巽，相见乎雷，致役乎坤，说言乎兑，战乎乾，劳乎坎，成言乎艮。万物出乎震，震东方也。齐乎巽，巽东南也，齐也者，言万物之絜齐也。离也者，明也，万物皆相见，南方之卦也，圣人南面而听天下，向明而治，盖取诸北也。坤也者地也，万物皆致养焉，故曰：致役乎坤。兑，正秋也，万物之所说也，故曰：说言乎兑。战乎乾，乾，西北之卦也，言阴阳相薄也。坎者水也，正北方之卦也，劳卦也，万物之所归也，故曰：劳乎坎。艮，东北之卦也。万物之所成终而成始也，故曰：成言乎艮。

[①] 《彖传》的原文是："'否之匪人。不利君子贞，大往小来'则是天地不交而万物不通也，上下不交而天下无邦也；内阴而外阳，内柔而外刚，内小人而外君子，小人道长，君子道消也。"

在这段文字中，从"帝出乎震"到"成言乎艮"是个纲目，若通俗解说：做为天帝的造物主从震卦开始创造万物，因震卦代表东方，太阳从这个方位升起，照耀万物，从季节来说，相当于春天。到巽卦时，天帝用巽风使万物生长齐整。巽卦的方位是东南方，因为这时太阳已升起，普照东南大地，使万物鲜明，齐一长生，从季节来说，这时是春夏之间。离卦象征赤日炎炎，时当正午，照耀南方，使万物繁茂互显，它是代表南方的卦，从季节来说，相当于夏天。圣人成为帝王，坐北面南地听取、办理天下的政务，以象征面对光明，治理天下，就是取法这一卦。坤卦象征大地，养育万物，所以天帝付与它这一使命。从方位说，代表西南，从季节来说，相当于夏秋之间。兑卦象征秋天，天帝以它使万物成熟，果实累累，呈现一片喜悦景象。从方位来说，相当于西方。乾卦代表西北方，太阳在北方位下沉，天帝在此时刻

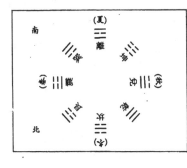

图 5-3　文王八卦图

导演出了明与暗、阳与阴的斗争现象，它们之间正在挣扎交替；从季节上说相当于秋冬之交。坎卦象征水，又代表北方，太阳在这一方位时已经完全沉没，世界一片黑暗，从季节上说，相当于冬季，经过阴阳搏斗之后，万物都已劳累，都安息下来，所以坎卦又是劳卦。艮卦代表东北方，在这一方位上，太阳开始起身，正当黎明前夕，黑暗即将过去，万物开始甦醒，所以从季节来说，相当于冬春之交。所以从这段文字可了解八卦对方位和季节的象征。[①] 宋代学者依据此文绘制了一幅"后天八卦图"，也常被称作"文王八卦图"（图5-3）。由于宇宙中各种现象、变化总是周而复始，循环不已，所以八卦图被绘成圆卦形。

易学发展到汉代有了更广泛的流行。当时易学的流派是很多的，最著名的要算孟喜、京房一派了。据《汉书·列传第五十八儒林·京房》（卷八十八）记载：

> 京房受《易》［于］梁人焦延寿（按延寿名赣）。延寿云，尝从孟喜问《易》。会喜死，房以为延寿《易）即孟氏学。……至成帝时，刘向校书，考易说，以为诸易家说皆祖田何、杨叔、丁将军，大谊（义）略同，唯京为异，党（倘）焦延寿独得隐士之说，记之孟氏，不相与同。……房授东海殷嘉、河东姚平、河南乘弘，皆为郎博士，由是《易》有京氏之学。

可见焦、京对《易》学的研究有独到之处，所以当时及后世都称有"焦京易说"。按当时的思潮，盛行天人感应的学说，认为天象与人事有因果关系，君主言行的得当与否，会直接在气候的顺调、天体运行的正常与否中体现出来，因此阴阳感应之理，为经学说法之大宗，而焦京易理便因一时风尚所被，专以《易》说，陈古今大小变异，尤善于预言灾变，占卜政治得失。及至光武中兴，仍承西京旧风，谶纬之学更加弥漫朝野，所以《京氏易》更受青睐。而这时中国炼丹术正在兴起之际，在寻求理论指导之中，就必然要受到它的影响并借重于它。于是魏伯阳便撷取焦京易林，敷陈炼制还丹之意，尤其是运用于火候之掌握。有关学说主要有三：一曰纳甲说，二曰十二消息说，三曰卦气说。[②],[③]

1."纳甲说"

---

① 这段解释据孙振声编著《易经入门》第553～555页，文化艺术出版社，1988年。

② 《汉书》第11册第3601页，中华书局，1962年。

③ 参看王明著《道家和道教思想研究》第250～267页，中国社会科学出版社，1984年。

魏伯阳发挥"纳甲说"，以卦象描述一个月三十天当中朔晦之间月之盈亏，以喻炼丹时一月火候之进退，并以天干指示观测月象的时刻和方位。

在《京氏易传》[1] 中，"纳甲说"是以十干配八卦，以推演阴阳灾变。其〈乾卦〉云："甲壬配内外二象"。三国时吴人陆绩注曰："乾为天地之首，分甲壬入乾位。"这就是所谓"乾纳甲壬"了。《京氏易传》（卷下）又云："分天地乾坤之象，益之以甲乙壬癸。震巽 之象配庚辛，坎离之象配戊己，艮兑之象配丙丁。"陆注云："乾坤二象，天地阴阳之本，故分甲乙壬癸，阴阳之始终。"这就是说：乾象配纳甲壬，坤象配纳乙癸，震象配纳庚，巽象配纳辛，坎象配纳戊，离卦配纳己，艮象配纳丙，兑象配纳丁。这里只有作为天地阴阳之本的乾坤二象分别配以两个天干，而甲乙为天干之首，壬癸为天干之终，这就是"壬癸配甲乙，乾坤括始终"之谓了。而甲为十干之首，举一干而该其余，所以此说谓之"纳甲"。

魏伯阳以一月三十日中的三日、八日、十五日、十六日、二十三日、三十日为六节，每一节日时月象之盈亏及方位（当然就包括时刻）各以纳甲说中的一个卦象和所纳天干来描述。这就是《周易参同契》中所说：

> 三日出为爽，☳震庚受西方。
>
> 八日☱兑受丁，上弦平如绳。
>
> 十五☰乾体就，盛满甲东方。
>
> 十六转受统，☴巽辛见平明。
>
> ☶艮直于丙南，下弦二十三。
>
> ☷坤乙三十日，东北丧其明。
>
> 节尽相禅与，继体复生龙。
>
> 壬癸配甲乙，乾坤括始终。

这段话所描述的就是：农历初三日黄昏时刻，一弯新月出现在西方（庚位），震卦的卦象☳表示此时的月象，阴多阳少可以图象🌒表示（据"文王八卦图"，北下南上，东左西右）；初八日黄昏，上弦月出现在南方（丁位），兑卦☱表示其月象🌓，阳多阴少；十五日黄昏，一轮皓月高悬东方（甲位），乾卦☰表示阳极盛，月象〇，是为满月，故曰"十五乾体就，盛满甲东方"。以上这些是望月前三候，月象、卦象是阳长阴消的过程。但此时"七八数十五，九六亦相应，四者合三十，阳气索灭藏"，阴阳开始新的转化，此后则阴气上升。十六日早晨（平明），微缺的月亮出现在西方（辛位），巽卦☴表示这时的月象🌘，由圆而缺；二十三日早晨下弦月出现在南方（丙位），艮卦☶表示下弦月的月象🌗。及至三十日晨，晦月位处东北方（乙位），坤卦☷表示这时的月象●。这些则是望后的三候，象征阴长阳衰的过程。而三十日则正是"节尽相禅与，继体复生龙（阳气）"之时，从此又是新一月的复始。所以宋人陈显微所撰《周易参同契解》[2]（卷中）谓："魏君以一月之间月形圆缺喻卦象进退，自初三为一阳，初八为二阳，十五则三阳全，而乾体就；十六则一阴生，二十三则二阴生，三十日则三阴全而坤体成。"

---

① 《京氏易传》见商务印书馆《四部丛刊·经部》，上海涵芬楼影印天一阁刊本。

② 宋·陈显微《周易参同契解》，《道藏》太玄部经名，总第 628 册。

魏氏在此谈纳甲，表面上是选择六卦间的阴阳进退对应于一月之中月之盈亏，但实际上则是喻炼丹时加热丹釜的一月火候之变化。根据相应卦象的转变，若以"—"换"--"就表示添进一阳火之候，撤退一阴符之候。

2. "十二消息说"

"十二消息说"也是汉代颇为流行的易说。按《周易》以阴阳之错综变化得六十四卦。从其中选出十二卦，谓之"消息卦"，也称为"辟卦"，它们反映着阴阳的循序升降递变。所谓"辟"者，"君"也，言此十二卦总统其余各卦。此十二卦又被分为"息卦"与"消"卦，各为六卦。息卦包括复、临、泰、大壮、夬、乾，依此六卦之序，阳气上升，阴气下降，故总称"太阳卦"；消卦包括姤、遯、否、观、剥、坤六卦，依此六卦之序，阴气上升，阳气下降，故总称"太阴卦"。汉《易》便以此十二卦配四时十二月，所以说十二消息卦通一年四时十二月阳阴盛衰之消息。即泰卦☷阳在三，正月之时；大壮卦☳阳在四，二月之时；夬卦☱阳在五，三月之时；乾卦☰阳在上，四月之时；姤卦☴阴在初，五月之时；遯卦☶阴在二，六月之时；否卦☰阴在三，七月之时；观卦☴阴在四，八月之时；剥卦☶阴在五，九月之时；坤卦☷上六，十月之时；复卦一阳复生☳阳在初，十一月之时；临卦☱九二，十二月之时。以十二月消息卦反映一年或一日之气候，则十一月和子时（今23—1时）为阳气初动之时。

魏伯阳《周易参同契》则演十二消息卦通一年或一日炼丹之火候（方士们认为炉鼎中一日为自然界中一年）。一年十二个月，一日十二个时辰，每月或每时辰各一卦，在息卦中以"—"换"--"，即为进一阳火之候，退一阴符之候。进入辟卦则为退火降温。因此炉鼎中一年或一日的火候变化亦遵自然界中阴阳进退的十二消息，循环往复不已。故《参同契》曰：

[十一月或夜半子时火候初起]朔旦为"复"[卦]，阳气始通，出入无疾，立表微刚，黄钟建子，兆乃滋彰，播施柔暖，黎烝得常。[十二月或丑时阳气渐进]"临"炉施条，开路正光，光耀浸进，日以益长，丑之大吕，结正低昂。[一月或寅时]仰以成"泰"，刚柔并隆，阴阳交接，小往大来，辐凑于寅，运而趋时。[二月或卯时]渐历"大壮"，侠列卯门，榆荚堕落，还归本根，刑德相负，昼夜始分。[三月或辰时]"夬"阴以退，阳升而前，洗濯羽翮，振索宿尘。[四月或巳时，六阳火候，盛极]"乾"健盛明，广被四邻，阳终于巳，中而相干。[五月或午时，阴始升，阳渐退]"姤"始纪绪，履霜最先，井底寒泉，午为蕤宾，宾服于阴，阴为主人。[六月或未时，阴气渐盛，退二阴符候]"遯"去世位，收敛其精，怀德俟时，栖迟昧冥。[七月或申时]"否"闭不通，萌者不生，阴伸阳屈，没阳姓名。[八月或酉时]"观"其权量，察仲秋情，任蓄微稚，老枯复荣，荠麦芽蘖，因冒以生。[九月或戌时]"剥"烂肢体，消灭其形，化气既竭，亡失至神。[十月或亥时]道穷则返，归乎"坤"元，恒顺地理，承天布宣。

3. "卦气说"

汉《易》中的卦气说，其大意是将六十四卦用于一岁当中，以其中的六十卦分别掌管各时的风雨寒温，而以其余四卦，即坎、震、离、兑为四时卦，分别主宰冬至、春分、夏至、秋分，即"二分二至"四时。按六十卦，每卦有六爻，若每爻主一日，则只共主三百六十日，则尚余五日又四分之一日，按每日八十分计之，总得四百二十分。于是该说将此四百二十分均分于六十卦中，于是每卦得主六日又七分。故此说又称为"六日七分法"。每卦各有卦气，所谓"气"即风雨寒温的气候，每岁季候随卦气而变化，周行不乱。此说也属于焦京《易》说。《汉书·京房传》谓：房治《易》，"其说长于灾变，分六十卦更直日用事，以风雨寒温为候，各有占验。房用之尤精"。东汉张衡《论衡·寒温篇第四十一》云："《易》京氏布六十卦于一岁中。六日七分，一卦用事。卦有阴阳，气有升降，阳升则温，阴升则寒。由此言之，寒温随卦而至，不应政治也。"[1] 可见"六十卦直日用事"者，即六日七分法。至于四时卦者，是说正四卦离、坎、震、兑乃"四时方伯之卦也"。据"文王八卦图"，冬至在坎，春分在震，夏至在离，秋分在兑。这四卦各有六爻，共二十四爻，每卦从初爻至上爻则分别主二十四节气。兹据清人黄宗羲《易学象数论·六日七分图》[2] 将"卦气说"概括如下

四时卦	节　气	"六日七分卦"
坎	初六，冬至十一月中 九二，小寒十二月节 六三，大寒十二月中 六四，立春正月节 九五，雨水正月中 上六，惊蛰二月节	中孚，复 屯，谦，睽 升，临 小过，蒙，益 渐，泰 需，随，晋
震	初九，春分二月中 六二，清明三月节 六三，谷雨三月中 九四，立夏四月节 六五，小满四月中 上六，芒种五月节	解，大壮 豫，讼，蛊 革，夬 旅，师，比 小畜，乾 大有，家人，井
离	初九，夏至五月中 六二，小暑六月节 九三，大暑六月中 九四，立秋七月节 六五，处暑七月中 上九，白露八月节	咸，姤 鼎，丰，涣 履，遁 恒，节，同人 损，否 巽，萃，大畜
兑	初九，秋分八月中 九二，寒露九月节 六三，霜降九月中 九四，立冬十月节 九五，小雪十月中 上六，大雪十一月节	贲，观 归妹，无妄，明夷 困，剥 艮，既济，噬嗑 大过，坤 未济，蹇，颐

魏伯阳的《周易参同契》吸收了"卦气说"，所论基本上与焦京《易》、《易纬》相符合。当然他的用意不在于通过此说章明历法，而是强调一年的运气协顺与否在于遵守法度。依"卦气说"："卦有阴阳，气有升降，阳升则温，阴升则寒，由此言之，寒温随卦而至。"这样每岁都周而复始，季候总有常规。倘若二至（夏至、冬至）乖错，二分（春分、秋分）纵横，

① 汉·王充：《论衡》第 223 页，上海人民出版社，1974 年。
② 清·黄宗羲：《易学象数论》，《四库全书》经部易类。

当至不至，不当至而至，则寒暑失度，则灾变必将发生。这就是《周易参同契》所说："二至改度，乖错委曲，隆冬大暑，盛夏霰雪；二分纵横，不应漏刻，风雨不节，水旱相伐，煌虫涌沸，山崩地裂。天见其怪，群异旁出。"

魏氏引用卦气说及撰写上段文字并非仅限于以此说去专门指导炼丹时阳火、阴符进退之控制，而用意在于更宏观地指导炉火之事，诚喻炼丹过程中火候之节度必须遵守自然的规律，药物的配伍、剂量要力求安排得当、周密，否则将如季候失去卦气之控，灾异必将频接而来。也就是他所强调的："发号出令，顺阴阳节，藏器俟时，勿违卦日。屯以子甲，蒙用寅戊，余六十卦，各自有日，聊陈两象，未能究悉，立义设刑，当仁施德。逆之者凶，顺之者吉，按历法令，至诚专密，谨候日辰，审查消息，纤芥不正，悔吝为贼。"

《参同契》另有一段文字也与"六日七分"有关。魏氏把卦气说稍作了一些变通，则使它也适用于一月中金丹火候的掌握。这段文字说：

> 乾坤者，易之门户，众卦之父母；坎离匡郭，运毂正轴，牝牡四卦，以为橐籥。覆冒阴阳之道，犹工御者准绳墨，执衔辔，正规矩，随轨辙，处中以制外，数在律历纪，月节有五六，经纬奉日使，兼并为六十，刚柔有表里，朔旦'屯'直事，至暮'蒙'当受，昼夜各一卦，用之依序。

黄宗羲指出，这段文字表明魏氏是在运用卦气说。他说：

> 有以乾坤坎离四卦（按即牝牡四卦）为橐籥，余六十卦依序卦一爻直一时，一月有三百六十时，足其数者。又以十二辟卦，每卦管领一时。魏氏之法也。[①]

就是说，《参同契》把原来的"六月七分卦气说"稍作变更，而使六十卦分布在三十日中，每日两卦，昼夜各一卦，每时辰各一爻，以喻一月炼丹之火候。其实，宋元之交的学者俞琰在其《易外别传》[②]中早就作出这种解释，他说：

> 《参同契》以乾坤为鼎，坎离为药，因以其余六十卦为火候。一日有十二时，两卦计十二爻，故日用两卦，朝'屯'则暮'蒙'，朝'需'则暮'讼'，以至'既济'、'未济'一也。……夫以六十卦分布为三十日，以象一月。然遇小尽（按农历小建之月，也称小月，月二十九日），则当如之何？盖比喻耳，非真谓三十日也。

但魏氏没有说明一月中阳火、阴符的进退究竟具体地如何掌握。

以上从四个方面探讨了中国炼丹术的思想，或者说丹鼎派道士为自己的活动提出的理论，可以说已经概括了他们的追求目标、对宇宙万物运动、变化、发展的种种见解、自信可以获得成功的信念、炼丹所遵循的途径以及实验方案的设计思想。人们可以看到，中国的炼丹家为了长生度世的实现曾在中国古代的自然哲学、医学、药物学、养生学、冶金学中去广泛地汲取营养，当然也还到神学那里寻求过帮助，可谓用心良苦，追求执着，而且也从多方面对中国传统文化有所贡献；他们曾涉水登山，求师访友，采寻百药，远离尘世，修坛建炉，与烟尘毒气搏斗了千余年，也可谓鞠躬尽瘁了，他们的劳动虽然对长生羽化徒劳无功，但丰富了中国的医药宝库，创造了制药经验，造福了后世的人类；他们即使说是"傻干"了一场，但使我们后代人变得聪明了，懂得了尊重科学，懂得了重视科学的、唯物主义的观点和思想方法。所以那些古代的、虔诚的炼丹术士（不包括那些江湖骗子）理应被我们尊为化学、冶金

---

　　① 见黄氏《易学象数论》卷二〈卦气〉二。
　　② 南宋·俞琰《易外别传》，见《道藏》太玄部经名，总第 629 册。

学、药物学研究的先驱，而不应成为今人嘲讽的对象。

二　中国炼丹术所用各类药物名实考辨

中国炼丹家们相信"藉外物以自坚固"的臆断，而斥草木之药"不能自生，何能生人"，因此在他们的炉火中所用的药物，主要部分是矿物（尤其是在唐代之前）。他们不仅注意观察这些矿物在升炼过程中所起的变化，而且更关注人们服食它们后所产生的生理效应，是否有长生驻世之功，却疾延寿之力，并且还要研究饵服之后是否会产生毒性和副作用，他们称之为"药物发动"的后果。而为了正确地采集这些矿物，他们还要总结、记录它们的产地、外貌特征，以及某些化学性质，因此，炼丹家们客观上便为扩展中国传统的医药领域和奠定矿物学基础做出了重要贡献。例如唐代麟德年间（664～665）问世的《金石簿五九数诀》①（以下简称《金石诀》）就可以说是一部矿物学专著。它强调"夫学道欲求丹宝，先须识金石，定其形质，知美恶，［及］所处法"，总结了当时对各种金石药物的鉴定知识。所以中国古代矿物学、矿物化学和矿物药理学等诸方面知识的来源得益于炼丹术与医药实践的，可以说远远超过了矿冶活动。

中国炼丹家们对所用药物往往是以隐名呼之，以秘其道，用他们的话说，"天机不可泄"，况且各派炼丹家往往又是各行其是，因此同种药物常常又有多种隐名，而且一名多物的情况也很普遍，这就不仅给后世研究炼丹术造成了不少困难，而且在当时也给炼丹术的传播和经验的交流造成极大的阻碍。唐代元和中（806～820）西蜀方士梅彪有感于此，于是编撰了《石药尔雅》② 一书，在其序言中，梅氏阐述了他的撰述之旨，谓：

> 余西蜀江源人也，少好道艺，性攻丹术。自弱［冠］至于知命，穷究经方，曾览数百家论功者，如同指掌，用药皆是隐名，就于隐名之中又有多本，若不备见，犹画饼梦桃，遇其经方，与不遇无别。每噫嗟此事，怅恨无师由何意也。因见《参同契》云，未能悉究，当施直义，其理尽矣。经曰：吾欲结舌不言，恐畏获罪诛，写情于竹帛，恐泄天之符。故知圣贤至道玄妙之法，不欲流俗偶然之所闻解也。故委曲其事，令上士学而习之，使下士弃而笑之，理昭然也。但恐后学同余若心，今附六家之口诀、众石之异名，象《尔雅》之词句，凡六篇，勒为一卷，令疑迷者寻之稍易，习业者诵之不难。……

此外，《黄帝九鼎神丹经诀》、《龙虎还丹诀》、《阴真君金石五相类》、《张真人金石灵砂论》、《丹方鉴源》③ 以及唐人段成式的《酉阳杂俎》④ 等著述也都对药物隐名的实情多有披露，这就基本上解开了唐代以前炼丹术的用药之谜。但自唐宋以后，又有很多新的药物被采用，炼丹术中也人工合成了一些化学制剂，而且炼丹家又给某些传统药物取了新的隐名，于是复有大量隐名出现。因此当代中国炼丹术史学家陈国符曾据现存丹经，博览广集，严加考证，陆续发表了《〈石药尔雅〉补与注》、《中国外丹黄白术所用草木药录》、《草木药隐名、异名录》等

---

① 《金石簿五九数诀》见《道藏》洞神部众术类，总第589册。

② 《石药尔雅》见《道藏》洞神部众术类，总第588册。

③ 《丹方鉴源》见《道藏》洞神部众术类，总第596册。并应参读何丙郁《道藏·丹方鉴源》，香港大学亚洲研究中心出版，1980年。

④ 见唐·段成式：《酉阳杂俎》前集卷之二〈玉格〉，第15页，中华书局，1981年。

论著，①复使更多石药及草木药隐名得以阐解。近年香港大学澳籍华人学者黄兆汉复精心编著了《道藏丹药异名索引》②，使炼丹术药物隐名的求解更加简便。我们汇集了以上诸家的研究成果，并进一步做了增补，进行了编目。为了便于今人研读、考究和检索，我们据近代化学知识，以为分类纲目的原则。此外，我们把中国炼丹家、医药学家对这些矿物性状的了解、近代对这些矿物组成的检测研究，以及某些药物名称的适用范围，一并加以说明，以使今人对这些名称有个确切的理解。通过这番介绍希望也能从一个侧面展示我国古代对矿物的广博了解和深刻认识。

（一）汞及其化合物

1. 汞

即水银，西汉人往往称之为"澒"，《淮南子·地形训》有"黄埃五百岁生黄澒"、"青曾八百岁生青澒"之说，〈注〉曰："澒，水银也。"中国方士又把从上等丹砂提炼出的水银称为"真汞"。金陵子《龙虎还丹诀》谓："取上品丹砂一色不染者，抽得水银转，更含内水内火之气，为（谓）之真汞。"而又称从人工合成之丹砂出发，以铅还原，升炼出来的水银为"灵汞"，谓这一过程为"炼汞添金"。《龙虎还丹诀》对此也有所记载："将其黑铅先于鼎内熔成汁，次取紫砂（按指人工合成的丹砂）细研，投入铅汁中，歇去火，急手炒令和合为砂，致（置）鼎中，细研盐覆盖，令武火飞之半日，灵汞即出。"汞还有很多隐名，最常见者为"姹女"，《参同契》有"河上姹女，灵而最神，见火则飞，不见尘埃"的话。《龙虎还丹诀》谓："[水银]按仙经隐号，一名河上姹女，一名长生子，一名太阳流珠，一名神胶，一名陵阳子，一名玄明龙膏，一名玄水，一名白虎脑，一名金银席。"当丹经中以汞、铅并举时，则汞常被呼之为"青龙"，《龙虎还丹诀》曾谓："银是铅中之精，水银是砂中之宝，精宝既分，各归其根，故为（谓）之青龙、白虎（铅）。"此外，汞还有"流珠"、"元（玄）水"、"白朱砂"、"玄武骨"、"白金液"、"白丹砂"、"阳金"、"玄珠"、"玄银"、"玄女"、"天生玄女"、"贤士"、"朱氏子"、"水银虎矾"、"天生芽"、"陵阳子明"、"阳明子"、"太阳元（玄）女"、"太阳宫液"、"玄液丹铅"、"玄水龙膏"、"玉液"、"赤血流汞"、"赤血将军"、"无精子"、"抽晕丹砂"、"脱体丹砂"、"神水"、"法水"、"虚危"、"太阳酥"、"河伯餘"及"灵液"等隐名。《本草纲目》对"灵液"有进一步解释："[汞]其状如水似银。澒者，流动貌。方术家以水银和牛、羊、豕三脂杵为膏，以通草为炷，照于有金宝处，即知金、银、铜、铁、铅、玉、龟、蛇、妖怪，故谓之灵液。"

2. 丹砂

一般指天然的红色硫化汞（HgS）矿物。此名称出现甚早，大约问世于战国时期的《五十二病方》③已提到用丹砂合鳝鱼血疗皮肤病"白瘯"。③《管子·地数篇》便有"上有丹砂者，下有钜金"④的话。《山海经》则多呼之为"丹臛"或"丹粟"⑤。例如〈南山经〉说："鸡山其上多金，其下多丹臛。"《说文》云："丹，巴越之赤石也，臛，善丹也。"又如〈南山经〉说：

"英水出焉，西南流，注于赤水，其中多白玉、丹粟。"郭璞注："丹粟，细丹砂如粟也。"秦汉之际，丹砂主要产于巴地，所以陶氏《本草经集注》说："［丹砂］乃出武陵、西川诸蛮夷中，皆通属巴地，故谓之巴砂。"中国古代的方士们对丹砂极为尊重，视为神物，于是按其结晶的完整、硕大程度的不同，而分为"玉座丹砂"、"金座丹砂"、"天座丹砂"（参见本章第一节）。但有更多的方士则把常见的丹砂按质地、外形不同，分为光明砂、马牙砂、紫灵砂、溪砂、末砂等等。例如《本草经集注》谓：

> 《仙经》亦用越砂，即出广州、临漳者，此二处并好，唯须光明莹澈者佳；如云母片者，谓云母砂；如樗蒲（蒱）子①、紫石英形者，谓马齿砂，亦好；如大小豆及大块圆滑者，谓之豆砂；细末者谓之末砂。

又如《唐·新修本草》②谓：

> 其石砂便有十数种，最上者光明砂，云一颗别生一石龛内，大者如鸡卵，小者如枣粟，形似芙蓉，破之如云母，光明照澈。……其次或出石中，或出水内，形块大者如拇指，小者如杏仁，光明无杂，名马牙砂，一名无重砂。……其（另）有磨嵯、新井、别井、水井、火井、芙蓉、石末、石堆、豆末等砂，形类颇相似，入药及画，当择去其杂土石，便可用矣。

而唐玄宗时的著名方士张果所撰《玉洞大神丹砂真要诀》③对丹砂的讲解、描述最为翔实，谓：

> 上品光明砂出辰（今湖南沅陵）、锦（今湖南怀化西）山石之中，白交石床之上，十二枚为一座，色如未开红莲花，光明耀日；亦有九枚为一座生者。十二枚、九枚最灵，七枚、五枚为次。每一座中有一大者，可重十余两，为主君，四面小者亦重八九两，亦有六七两已（以）下者，为臣，围绕朝揖大者。于座四面亦有杂砂一二斗，抱朱砂藏于其中，拣得芙蓉头成颗者、夜安红绢上光明通澈者亦入上品。又有如马牙，或（若）外白浮光明者，是上品马牙砂；若有如云母白光者，是中品马牙砂也。其次又有圆长似笋生而红紫者，亦是上品紫灵砂也。又有如石片，棱角生而青光者，是下品紫灵矿也，如交（今越南河内）、桂（今广西桂林）所出，但是座生及打石得者，形似芙蓉头，面光明者，亦入上品。如颗粒或三五枚，重一两通明者为中品。片段或明澈者为下品也。打砂石中得而红光者亦是下品之砂，如溪砂（生于溪水沙土之中）。如土砂，生于土穴中，土石相杂，故不中入上品药。

因唐代锦州、辰州一带所产丹砂质地最精，所以往往又称丹砂为辰砂。天然丹砂在炼丹术中的别名和隐名也极多，有"仙砂"、"朱砂"、"真朱"、"阳汞"、"朱铅"、"火精"、"神砂"、"赤龙"、"朱鸟"、"朱雀"、"朱帝"、"太阳"、"日精"、"太阳汞"、"太阳赤髓"、"帝女髓"、"赤龙"、"赤帝精"、"赤帝髓"、"男龙"、"赤帝血"、"女血"、"龙女血"、"张翼"、"绛绫朱儿"、"绛宫朱儿"、"七宝主"、"银谷子"、"赤膊婴儿"、"天铅"、"火铅"、"五行之胎"等等。例如《龙虎还丹诀》谓："［水银］脱形于丹砂，［丹砂］是太阳至精，赤帝之君，金火之正体，通于八石，应二十四气，万灵之主，造化之根，神明之本，能变化也，故号曰'赤龙'，若翱翔，名之曰'朱鸟'。"

---

① 古代博戏中用的一种骰子，又名搏蒱子。
② 唐·苏敬等撰《新修本草》，见尚志钧辑复校订本，安徽科学技术出版社，1981年。
③ 唐·张果：《玉洞大神丹砂真要诀》，见《道藏》洞神部众术类，总第587册。

3. 灵砂

即人工以水银、硫黄合炼得到的红色硫化汞。初时（隋代及唐初），方士们称它为"小还丹"，后又称之为"紫砂"。至唐时开始称之为"灵砂"。《上洞心丹经诀》[①] 谓："灵砂且至一转者，至士服之，可以通灵，故号灵砂。"而宋人黄休复《茅亭客话》则解释说："杨子度饵胡孙（猢狲）灵砂，辄会人语，然可教。好事者知之，多以灵砂饲胡孙、鹦鹉、犬、鼠等，教之。"[②] "灵砂"乃因此而得名。

4. 汞粉与三仙丹

将水银置于大气中或大土釜中以文火焙烧，即可转变成红色氧化汞（HgO）。初时的专用名称叫"汞粉"，最早见于《本草经集注》，陶氏谓："［水银］烧时飞著釜上灰，名汞粉，俗呼为水银灰。"唐代时有的方士又称它为"朱粉"。及至明代，医药学家改用水银-焰硝-绿矾三昧药为原料，合炼而得到氧化汞，民间则称它为"三仙丹"。此外，它还有"红粉"、"红粉霜"等别名。

5. 粉霜

化学成分是氯化高汞（$HgCl_2$）。最早是方士们人工升炼出的一种白色药剂，结晶如霜雪，因以得名，又名"白雪"、"水银霜"、"霜雪"、"霜台"、"五色粉霜"。隐名有"水云银"、"白虎脑"、"锅裂"、"三打灵药"、"艮雪"、"神雪"、"流丹白膏"、"白灵砂"、"吴砂汞金"、"朱帝体血"、"金银虎"、"流汞素霜"、"明窗尘"等等。

6. 轻粉

化学成分是氯化亚汞（Hg_2Cl_2），也是方士们升炼出的一种药剂，白色结晶粉末。古代的炼丹家往往不大能分辨轻粉与粉霜，所以常常把两者混淆，因此读丹经时若遇到粉霜或轻粉时，应尽可能了解到其升炼时的原料配方，再做出判断（参看本章第六节）。轻粉又名"水银粉"、"水银蜡"、"水银灰"、"汞粉"、"银粉"、"峭粉"、"腻粉"、"颔粉"《本草纲目》解释说："轻言其质，峭言其状，腻言其性。"

（二）铅及其化合物

1. 铅

在五金中是为"青金"。因铅、锡性状相近，所以古代又常称铅为"黑锡"、"玄锡"。古"铅"字写作"鈆"（音沿），故铅又称作"金公"。《本草纲目》解释说："铅易沿流，故谓之铅（音沿）；锡为白锡，故此为黑锡。而神仙家拆其字为金公。"在中国炼丹术中，当汞与铅并举时，铅常被称为"白虎"，例如《参同契》谓："偃月法鼎炉，白虎为熬枢，汞白为流珠，青龙与之俱。"由于铅的性质变化多端，化合物又多有特殊色彩，正如《本草纲目》提及的："金公变化最多，一变而成胡粉，再变而成黄丹，三变而成蜜陀僧，四变而为白霜"。而且在矿石中它常与银伴生。"有银坑处皆有之"，于是它甚至被尊为五金之祖，因此炼丹家对它极为重视。其别名与隐名也极其多，别名还有"先天铅"、"玄"、"黑金"、"素金"等。隐名还有"水中金"、"玄武"、"立制"、"河车"、"太阴"、"水中金虎"、"金虎"、"虎男"、"黄芽（牙）"、"黄龙"、"黄池"、"黄男"、"黄龙汁"、"几公黄"、"天玄飞雄"、"黄精"等等。

---

① 《上洞心丹经诀》见《道藏》洞神部众术类，总第 600 册。
② 引自《重修政和经史证类备用本草（卷四）·灵砂》，人民卫生出版社影印张存惠原刻晦明轩刊本，1957 年。

2. 铅霜

化学成分醋酸铅 [Pb (CH₃COO)₂]，白色结晶粉末，为人工制品。又名铅白霜，炼丹家称之为"玄霜"、"玄白"，隐名有"神符白雪"、"甘露浆"、"地母乳"、"九转阴丹"、"女玄霜"、"琼浆"、"玉液"、"醍醐酥"等等。

3. 铅粉

化学成分为碳酸铅（PbCO₃）或碱式碳酸铅 [Pb (OH)₂·2PbCO₃]，白色粉末，远在春秋时期即被用作妇女化妆品。又名胡粉、铅白、定粉、光粉、白粉、水粉、官粉、韶粉、瓦粉、辰粉、铅料、鹊粉等。《本草纲目》对诸别名略有解释，谓："胡者糊也，和脂以糊面也；定、瓦言其形；光、白言其色。俗呼吴越者为官粉，韶州者为韶粉，辰州者为辰粉。"又因古人曾一度对铅锡不大区分，称铅为黑锡，于是铅粉被误称为粉锡。《本草经集注》已指出此错误，谓："[粉锡] 即今化铅所作胡粉也，而谓之粉锡，事与经乖。"也正因为有此误会，所以铅粉又有解锡、解粉、铅锡等别名。它在炼丹术中有"太素金"、"流丹白膏"诸隐名。

4. 铅丹与黄丹

铅丹顾名思物当指红色四氧化三铅（Pb₃O₄），黄丹当指黄色氧化铅（PbO）。但金属铅或铅粉在空气中焙烧后所生成的氧化物，一般常为这两种氧化物的混合物，因此在炼丹术与医药中，这两个名称也常混用。其别名及隐名极多，有"铅华"、"铅黄华"、"黄精"、"黄芽（牙）"、"黄轻"、"红铅"、"朱粉"、"红粉"、"河车"、"紫粉"、"伏丹"、"紫根"、"丹粉"、"车丹"、"丹液"、"丹铅"、"朱丹"、"巳丹"、"太阳"、"黄华"、"黄龙"、"帝丹黄"、"天地母"、"天玄"、"玄丹"、"玄黄华"、"金柳"、"金火符"、"黄舆"、"金花"、"炼丹"、"驿丹"、"飞丹"、"紫明"、"龙汁"、"制丹"、"七制石"、"飞雄"、"飞轻"、"飞流"、"液神符"、"黄龙符"、"黄龙汁"、"龙鳞"、"军门"、"河上游女"、"阴阳父母"、"龙轻飞精"、"流珠液"、"阴阳精髓"、"木锡"、"玄元砂"、"金狗子"等等。铅丹因色红如丹砂，本身就被炼丹家视为神丹大药，常被呼之为"九光丹"。《本草经集注》谓："[铅丹] 即今熬铅所作黄丹 [作] 画用者，俗方亦稀用，唯《仙经》涂丹釜所须此。云化成九光者，当谓'九光丹'，以为 [涂] 釜耳。"（参看下文"玄黄"条）

5. 蜜陀僧

主要成分也是氧化铅，为"灰吹法"炼银时在灰池中所生成的副产物。《唐·新修本草》解释说："[蜜陀僧] 形似黄龙齿而坚重，亦有白色者，作理石文，出波斯国，一名'没多僧'，并胡言也。"宋人苏颂所撰《图经本草》说明了它的"身世"，谓"蜜陀僧，《本经》不载所出，注云（按指《唐本草》）出波斯国。今岭南、闽中银铜冶处亦有之，是银铅脚。其初采矿时，银铜相杂，先以铅同煎炼，银随铅出。又采山木叶烧灰，开地作炉，填灰其中，谓之灰池。置银铅于灰上，更加火大煅，铅渗灰下，银住灰上，罢火候冷出银。其灰池感铅银之气，积久成此物。今之用者，往往是此，未必是胡中来也。形似黄龙齿而坚重者佳。"[1] 讲解十分透彻。蜜陀僧还有一些别名，如"炉底"、"银池"、"金炉底"、"银炉底"、"金陀僧"等。

6. 玄黄

在密闭的土釜中加热水银与铅而得到的一种升华物，是气态的汞与铅经氧化而生成，主要成分是氧化铅（PbO 或 Pb₃O₄），含少量氧化汞。隐名有"天地之符"、"炊妇"、"飞轻"等。

---

① 宋·苏颂《图经本草》第 43～44 页，胡乃长等辑注，福建科技出版社，1988 年。

下文对此将做进一步说明。

（三）砷的化合物

1. 礜石

即今矿物学中的毒砂，为硫砷铁矿石，主要成分为 FeAsS。据李大经等所编著《中国矿物药》[①] 记载：毒砂，单斜晶系，理想组成为 Fe：34.40%，As：46.01%，S：19.69%。我国各省并不缺此资源，湖南、广东、广西等省即有产出，但实际成分依产地而异，铁可被钴、镍以及锑、铅、锌、铋等替代，砷与硫的比例也有变化。晶体为条柱状、双锥状、板状，聚集为粒状与致密块状集合体，锡白色或带褐黄色，有金属光泽，不透明。所谓白礜石者或即指含有氧化砷（砒石）附生的礜石，含砷量很高。《说文》谓："礜，毒石也。"《山海经·西山经》提到："皋涂之山有白石焉，其名曰礜，可以毒鼠。"《名医别录》说："［礜石］一名青分石，一名立制石，一名固羊石，一名白礜石，一名太白石、一名泽乳，一名食盐。"《唐·新修本草》谓："此石能拒火，久烧但解散，不可夺其坚。"《金石诀》则有进一步说明："礜石出鹳鹊巢中，形质亦多，出处又众。但梁（今陕西汉中）、汉（今四川德阳）、并（今山西太原）州及嵩山、雍州（今陕西西安）山谷，砍破如侧楸[②]，又似棋子，大如碗，小如拳，白如玉者上。"《本草经集注》说又有所谓："特生礜石"者，"其外形紫赤色，内白如霜，中央有白，形状如齿者佳。"《名医别录》说，这种礜石一名"苍礜石"，一名"鼠毒"。礜石还有"鼠乡"、"日礜"、"太石"、"白虎"、"鼠生母"、"苍石"、"仓食石膏"、"白龙"、"秋石"、"握雪礜石"等别名。

2. 雄黄

即今矿物学中的鸡冠石，呈红色，粉末为桔黄色，主要成分为 As_2S_2。《五十二病方》已记载：："加（痂）：冶雄黄，以彘膏脩（滫），少骰以醨，令其□温适，以傅之。"[③] 即以焙烧后之雄黄，和以猪脂、酸浆以疗痂，即疥疮。《吴普本草》说："雄黄生山之阳，故曰雄，是丹之雄，所以名雄黄也。"[④]《唐·新修本草》谓："［雄黄］出石门（今湖南石门）者名石黄，亦是雄黄，而通名黄金石，石门者最为劣耳。恶者名熏黄，止用熏疥疮，故名之。"唐人陈藏器《本草拾遗》谓[⑤]："今人敲取石黄中精明者为雄黄，外黑者为熏黄。雄黄烧之不臭，熏黄烧之则臭，以此分别。"唐人撰《丹房镜源》[⑥] 谓："雄黄似鹧鸪肝色者，用甘草、天葵、地胆、碧棱花四件并细剉，每件各五两，雄三两，下东流水，入于埚内煮三伏时，[⑦] 漉出，捣如粉，水飞澄去黑者，晒干再研用。"《金石诀》则谓"雄黄出武都［郡］（今甘肃武都），色如鸡冠，细腻红润者上，波斯国赤色者为下。"雄黄在中国炼丹术中为至重之物，别名与隐名极多，常

---

① 李大经等编著《中国矿物药》第250～251页，地质出版社出版，1988年。

② 侧楸：棋局。唐人留存《事始侧楸棋局》："自古有棋即有棋局，唯侧楸之制，出齐武陵王晔，始令破楸木为片，纵横侧排，以为棋局之图。"（《说郛》本）。

③ 《五十二病方》第106页。

④ 见《神农本草经》第59页，人民卫生出版社，1963年。

⑤ 参看《重修政和经史证类备用本草》第101页。

⑥ 全文已佚，片断文字被收录于《铅汞甲庚至宝集成》中，见《道藏》洞神部众术类，总第595册。何丙郁《道藏·丹方鉴源》中辑录了《丹房镜源》残文。

⑦ 一伏时即一昼夜，十二个时辰。

见者有"柔黄"、"黄奴"、"黄金"、"黄苍"、"天柔石"、"天阳石"、"真人饭"、"腰黄"、"明雄黄"、"阳黄"、"小灵丹"、"白陵"、"勾陈"、"迄利迦"、"太一旬首中"、"丹山魂"、"丹山日魂"、"帝男精"、"朱雀精"、"帝男血"、"雄精"、"赤血流珠"、"紫宫飞丹"、(以上两名指升华精炼雄黄)"深黄期"、"武陵士"。上等雄黄称之为"沉银"。

3. 雌黄

呈不规则块状，表面桔黄色，主要成分为 As_2S_3。脉石矿物常为方解石、石英等，并常与雄黄共生。刘宋雷敩《雷公炮炙论》说："雌黄一块重四两，指拆开得千重，软如烂金者佳。"[①]《黄帝九鼎神丹经诀》(卷十四)谓："雌黄与雄黄同山，俱生武都山谷(谷在今川、甘、陕交界处，古阶州一带，即今甘肃武都)其阴。出于武都者，'仇池黄'也，其色小赤。若出扶南林邑者，谓为'昆仑黄'也，色如金而似云母[甲]错，为画家所重。……擘破，中有白坚文者最佳也。"《丹房镜源》也谈及它的加工，谓："雌四两，用天碧枝、和阳草、续遂草各五两，三件乾。[若]湿加一倍。用瓷埚子煮三伏时，其色如金汁，一垛在下，用东流水猛投于中，如此淘三度，去水取出，拭干，捣，筛，如尘可用。"五代人独孤滔所撰《丹方鉴源》[②]讲到雌黄的试法，谓："但于甲上磨，上甲者好（"上甲"亦作"上色"）；又烧热熨斗底，以雌划之，如赤黄线一道者好，造"黄金"(药金)非此不成。"雌黄的别名和隐名也颇多，有"赤雄"、"黄安"、"赤厨"、"黄安炼者"、"柔雌"、"黄龙血"、"帝女血"、"帝女血炼者"、"帝女回"、"赤厨桑"、"帝女署生"、"昆仑黄"、"阴津"、"阴黄"、"玄台月华"、"黄龙血生"、"蜕黄"、"山魂"等等。

4. 砒石

氧化砷矿石，主要成分为 As_2O_3，呈白色或灰白色，亦有显红、肉红色者。因信州(今江西上饶)产者良，所以通称信石。但砒石中往往含硫，呈黄色，这种砒石称为砒黄。砒石呈不规则块状，硬度很小，近于2。《图经本草》谓："砒霜(应作砒石)旧不著所出郡县，今近铜山处亦有之，唯信州者佳。其块有甚大者，色如鹅子黄，明澈不杂。"[③] 宋人寇宗奭《本草衍义》谓："生砒谓之砒黄，色如牛肉或有淡白路，谓石非石，谓土非土，有火便有毒，不可造次服也。将生砒就置火上，以器覆之，令烟上飞，着气凝结，累然下垂如乳头者入药为胜，半短者次之。"[④]《本草纲目》又作了进一步的解释："砒，性猛如貔，故名，唯出信州，故人呼为信石，而又隐'信'字为'人言'。"

5. 砒霜

为焙烧砒石所得之升华物，白色结晶粉末，为较纯之 As_2O_3，别名及隐名有"信"、"人言"、"明信"、"卧炉霜"、"太一雄黄"、"天母乳"等。

(四) 铜、铜合金及其化合物

1. 铜

在五金中称为赤金，又名红金、鲜红金、"红银"，它在炼丹术中的隐名有"丹阳"(因古

---

① 见《重修政和经史证类备用本草》第104页。

② 《丹方鉴源》见《道藏》洞神部众术类，总第596册。

③ 见《图经本草》第59页，胡乃长辑复本。

④ 见《重修政和经史证类备用本草》第125页。

丹阳郡产善铜）、"赤毛"、"赤红物"、"红肉"、"茆"、"杖子"等，在"丹阳方"（点化丹阳银）中则称为"骨头"。铜屑则别名"铜落"、"铜花"。

2. 丹阳银

银白色铜砷合金，砷含量＞10％，简称"丹阳"，又名"换骨丹阳"、"天仙骨"。

3. 鍮铜

金黄色铜锌合金，貌似鍮石（黄铜矿石）因以得名，又名"鍮石"、"鍮钅石"、"人工鍮"，波斯产者名"波斯鍮"。明代后则称为黄铜。

4. 石胆①

又称胆矾、胆子矾，化学成分为 $CuSO_4 \cdot 5H_2O$，蓝色结晶，它是硫铜矿石经风化氧化而形成的次生矿物。《唐·新修本草》谓："此物出铜处有，形似曾青，兼绿相间，味极酸苦，磨铁作铜色，此是真者。"《金石诀》谓："石胆出梁州（今陕西汉中）、信都（今河北冀县）。亦有用羌里者，色青带碧者良。有用崂山（今山东青岛东北崂山县）所出，形如月，黄绿相间者好。此二所出，崂山稍胜。余所出者不如蒲州（今山西永济、运城一带）为上。"宋人沈括《梦溪笔谈》（卷25）谓："铅山县（今江西铅山县）有苦泉，流为涧，挹水熬之，则成胆矾。"②《图经本草》的描述更详，谓："石胆今唯信州铅山县有之，生于铜坑中，采得煎炼而成。又有自然生者，尤为珍贵，并深碧色。……今南方医人多使之，又著其说云：石胆最上出蒲州，大者如拳，小者如桃栗，击之纵横解，皆成迭文，色青也。其次出上饶（今江西上饶）、曲江（今广东韶关）铜坑间者，粒细有镰棱如钗股、米粒。"③《本草纲目》则解释说："胆以色、味命名，俗因其似矾，呼为胆矾。"它在炼丹术中的别名及隐名有黑石、棋石、制石液、毕石、君石、碧青、云梁石、"擅摇持"、"铜勒"等。

5. 扁青与曾青

据《唐·新修本草》记载，谓："此即陶〔弘景〕谓绿青也是。朱崖（即珠崖，在今广东琼山东南）、巴南及林邑（今越南）、扶南（今柬埔寨）舶上来者，形块大如拳，其色有青，腹中亦时有空者；武昌（今湖北鄂州市）者片块小而色更佳；兰州（今甘肃兰州）、梓州（今四川成都东北三台县）者，形扁作片，而色浅也。"《本草纲目》谓扁青"扁以形名，……绘画家用之，其色青翠不渝，俗呼为大青"。根据这些描述，《中国矿物药》认为它应是蓝铜矿，色蓝，全体呈扁平块状，表面靛蓝，或附着有白色土状物，打碎后断面有片状纹理。它是硫铜矿物经氧化而形成的次生矿物，主要化学成分是 $2CuCO_3 \cdot Cu(OH)_2$。④ 因常与孔雀石（绿青）共生，所以陶弘景误认为它就是绿青。中国医药及炼丹术中则更多地提到曾青，它又名层青。据《本草经集注》记载，"今铜官（山名，在今安徽铜陵南）更无曾青，唯出始兴（今广东始兴）。形累累如黄连相缀，色理小（稍）类空青，甚难得而贵。"⑤《金石诀》谓："曾青出蜀山（在今浙江杭州东）、越州（今浙江绍兴）〔者〕佳，其色如翠碧，又似黄连，亦如蚯蚓粪，青紫色为上。"《本草纲目》则解释说："曾，音层，其青层层而生，故名。或云其生从实作空，从空至层，故曰层青也。但出铜处，年古即生。形如黄连相缀，又如蚯蚓屎，方棱，

---

① 诸矾（胆矾、绿矾、黄矾、白矾等）将在第六章详论，本章从简。
② 见《元刊梦溪笔谈》（卷25）第9页，文物出版社，1957年。
③ 《图经本草》第7～8页，胡乃长辑复本。
④ 《中国矿物药》第179页。
⑤ 《唐·新修本草》第89页，尚志钧辑复本。

色青如波斯青黛，层层而生，打之如金声者是真。"根据这些描述，可知曾青亦为蓝铜矿石。扁青与曾青在炼丹术中的隐名有"黄云英"、"昆仑"、"朴青"、"赤龙翘"、"青龙血"、"青龙膏"、"青腰使者"等等。

6. 空青、白青与绿青

中国本草古籍对空青多有记载，《名医别录》谓："空青出益州（今云南昆明一带）山谷及越嶲山（在今四川西昌附近）有铜处。铜精熏则生空青，其腹中空。"①《本草经集注》谓："今空青但圆实如铁珠，无空腹者，皆凿土石中取之。又以合丹，成则化铅为金矣。"《唐·新修本草》（卷3）谓："此物出［有］铜处，乃兼诸青，但空青［最］为难得。……宣州（今安徽宣城一带）者最好，块段细，时有腹中空者。蔚州（今山西灵丘一带）、兰州者片块大，色极深，无空腹者。"《金石诀》谓："空青出柳州（今广西柳州一带）、庐州（今安徽合肥一带）、越州，绀色紫青而且碧，形若螺文，旋空而不实，中心有孔如昆仑头，② 又似树斗子恰相合，况（状）似栲栳，有金星点［者］是真上。"《日华子本草》·对它的描述也颇形象，谓："空青大者如鸡子，小者如相思子，其青厚［者］如荔枝，壳内有浆，酸甜。"③《图经本草》补充说："空青状若杨梅，故别名杨梅青，其腹中空，破之有浆者绝难得，亦有大者如鸡子，小者如豆子。……又有白青，出豫章（今江西南昌一带）山谷，亦似空青，圆如铁珠，色白而腹不空，亦谓之碧青，以其研之色碧也，亦谓之鱼目青，以其形似鱼目也。"④ 此外又有所谓"绿青"者，《名医别录》说它"生山之阴穴中，色青白。"《本草经集注》解释说："此即用画绿色者，亦出空青中，相带挟，今画工呼为碧青。"《图经本草》谓："绿青今谓之石绿，……极有大块，其中青白花可爱。"《本草纲目》则进一步作了解释："石绿生铜坑中，乃铜之祖气也，铜得紫阳之气而生绿，绿久则生石，谓之石绿，而铜生于［其］中，与空青、曾青同一根源也，今人呼为大绿。"从这些描述，大致可知空青、白青、绿青都是绿色孔雀石类，绿色部分的化学成分为 $CuCO_3 \cdot Cu(OH)_2$，也是硫化铜矿物经风化氧化而成，单独成针状、针柱状或同心放射环带状，集合体通常为晶簇状、肾状、葡萄状、皮壳状、钟乳状。在炼丹术中这类矿物的隐名很多，如"青钟羽"、"青腰中女"、"青腰玉女"、"青神羽涅"等。

（五）铁的化合物

1. 代赭

据《名医别录》记载，此物出姑幕（在今山东诸城之北）者名须丸，出代郡（今山西北部）者名代赭，一名血师，生齐国山谷，赤红青色，如鸡冠有泽，染爪甲不渝者良。"⑤《唐·新修本草》补充说："今齐州（今山东济南一带）亭山赤石，其色有赤、红、青者，其赤者亦如鸡冠，且润泽，土人唯采以丹楹柱，而紫色且暗，此物与代州出者相似，古来用之。今灵州（今甘肃灵武一带）鸣沙界河北，平地掘深四、五尺得者，皮上赤滑，中紫如鸡肝，大胜齐、代所出者。"《中国矿物药》指出：代赭石可分为丁头代赭石与无丁头代赭石两类。丁头代赭石为浅海沉积的肾状、鲕状赤铁矿集合体，主要成分为 Fe_2O_3，表面密集排列着丁头状

① 梁·陶弘景集：《名医别录》第3页，尚志钧辑校本，人民卫生出版社，1986年。

② 昆仑，道家语，谓头脑也。《云笈七签（卷十二）·太上黄庭外景经》："子欲不死修昆仑。"昆仑头当指道士头。

③ 见《重修政和经史证类备用本草》（卷3）第90页。

④ 《图经本草》，胡乃长辑校本第5～6页。

⑤ 引自《唐·新修本草》，尚志钧辑复本第132页。

的小突起，全体呈棕赤色，质坚硬且脆，含有水针铁矿、石英和粘土矿物、方解石等。无丁头代赭石为浅海沉积的赤铁矿——水针铁矿的集合体，主要成分也是 Fe_2O_3，含有粘土矿物，表面呈棕红色。代赭 别名有代石、代丹、赭石、铁朱、土朱等。

2. 禹余粮与太一禹余粮

《本草经集注》解释说：禹余粮一名白余粮，"形如鹅鸭卵，外有壳重叠，中有黄细末如蒲黄，[1] 无沙者为佳。近年茅山凿地得之，极精好，乃有紫华靡靡（《图经本经》记载此句为："状如牛黄，重重甲错，其佳处乃紫色靡靡如面，嚼之无复毵"）。[2]《金石诀》谓："禹余粮出东海东阳（今江苏连云港一带）、泽州（今山西晋城一带）诸山，并有五种，色青、黄、赤、白、黑。比（彼）来人用皆取黄[者]，色如蒲黄者良，赤色亦好，唯白净者最上。"另有所谓"太一（太乙）禹余粮"，一名石脑。《唐·新修本草》指出："太一禹余粮及禹余粮，一物而以精、粗为名尔。其壳如瓷，方圆不定，初在壳中未凝结者，犹是黄水，名曰"石中黄子"。久凝乃有数色，或青或白，或赤或黄。多年变赤，因赤渐紫。自赤及紫，俱名太一。其诸色通谓余粮。"《中国矿物药》指出："禹余粮系不纯的褐铁矿、针铁矿或赤铁矿，常含有粘土及有机物，为不规则块状，常呈结核状或中空的结核状，呈桔黄色、橙色。"禹余粮的别名还有太一旬石、石饴饼、白素、炼丹术中的隐名有"禹哀"、"天师食"、"山中盈脂"等。

3. 金牙石与自然铜

《名医别录》已提及"[金牙]生蜀郡，如金者良。"东汉方士狐刚子在其《出金矿图录》中指出："'金矿'若在水中，或在山上，浮露出形，非东西南北阴阳质处而生者，大小皆有棱角，青黄色者尽是铁性之矿，其似金，不堪鼓用。"他还指出："若矿非真体物，强鼓造，徒费功也。药力得星化气消，即铁，悔终无铢两真物（黄金）可得。"[3] 此"金矿"当即金牙石。《本草经集注》更描述了其外观特征，谓："[金牙石]今出蜀汉，似粗金，而大小方皆如棋子。"据以上所述，金牙石是一种黄铁矿石，主要成分是 FeS_2。另外，又有所谓"自然铜"者，《图经本草》谈及金牙石外又说："自然铜生邕州（今广西西南部）山岩中出铜处，今信州、火山军（今山、陕交界河曲、府谷一带）皆有之，于铜坑中及石间采之，方圆不定，其色青黄如铜，不从矿炼，故号自然铜。……火山军出者，颗块如铜而坚重如石，医家谓之钘石。……今南方医者说自然铜有二、三体，一体大如麻黍，或多方解，累累相缀；至如斗大者，色煌煌明烂如黄金、输石（指黄铜）[者]最上。一体成块，大小不定，亦光明而赤，一体如姜、铁矢之类。又有如不冶而成者，形大小不定，皆出铜坑中，击之易碎，有黄赤，有青黑者，炼之乃成铜也。……今市人多以钘石为自然铜，烧之皆成青输如硫黄者是也。此亦有二、三种，一种有壳如禹余粮，击破其中光明如鉴，色黄类焰石也；一种青黄而有墙壁或文如束针；一种碎理如团砂者，皆光明如铜，色多青白而赤者少，烧之皆成烟焰，倾刻都尽，今药家多误此为自然铜。"[4] 此外，《金石诀》又说有黄花石，乃"出波斯国者上，江东、北亭（今新疆乌鲁木齐一带）、虔州（今江西赣州一带）者次。诸路有铜矿之处皆有。其形似铜，矿质有金星点，赤色重，烧之有星烟之气。"据以上描述，自然铜与黄花石当属于黄铜矿石，主

---

① 蒲黄是香蒲科植物长苞香蒲的黄色花粉。《神农本草经》已有记载，《本草经集注》称为蒲厘花粉。

② 引自《唐·新修本草》，尚志钧辑复本第104页。

③ 见《黄帝九鼎神丹经诀》（卷9）第1及4页。

④ 《图经本草》（卷3），胡乃长辑复本第57~58页。

要成分为 $CuFeS_2$，而铔石当属金牙石类，主要成分亦为 FeS_2。这三种矿石外貌近似，古代方士与医药家都常发生混淆和混用。金牙石又名黄牙石，炼丹术中的隐名为"虎脱齿"、"白虎脱齿"，自然铜则又名石髓铅、"接骨丹"。

4. 绿矾

是一种淡绿色透明或半透明晶体，风化部分为白色粉状，化学组成为 $FeSO_4 \cdot 7H_2O$。自古便用于染黑，所以又叫皂矾。《唐·新修本草》指出："其绛矾本来绿色，新出窟未见风者，正（状）如琉璃，……出瓜州（在今甘肃敦煌、安西一带）者良。"《金石诀》谓绿矾"出波斯国，形如碧琉璃，明净者为上好。"绿矾又名黑矾、青矾、盐绿。

5. 绛矾

棕红色粉末，化学成分为 Fe_2O_3，是焙烧绿矾所得产物，故《唐·新修本草》说："［绿矾］烧之赤色，故名绛矾。"又名红矾、铁朱、矾红。

6. 黄矾

是绿矾经空气氧化而生成的硫酸铁，化学成分为 $Fe_2(SO_4)_3 \cdot 9H_2O$，所以自然界中往往与绿矾共生。《金石诀》谓："黄矾出瓜州，形如金，打破有金星叶点文，揩着银上，便为黄色。似马牙形，烧色（火）上，碎末者不可用。"《丹方鉴源》也指出："舶上者好，瓜州者上。于皂矾中拣黄者，将出不出，堪引得金线起者为上。一曰'五色山脂'，吴黄矾也。"所以上等黄矾又叫金线矾、金丝矾、黄山脂。又据《金石诀》记载，还有一种"碙矾"，"出安南及呵陵，形赤黄黑色，此物五矾数内事，须得此为使。打破有金星点［者］是真。"大概也是一种不纯的黄矾。再者还有一种所谓"敦煌矾石"者，《太清石壁记》[1] 曾提到："矾石有五种，但世人唯用黄白矾二种，自外不堪多用，黄色但是敦煌出者皆好。"据此"敦煌矾石"当是上等黄矾。

7. 鸡屎矾

《本草经集注》说："［矾类中］其黄黑者名鸡屎矾。"《事类绀珠》则说："黄矾一名鸡屎矾"[2]，而陶弘景又说它"不入药，惟堪镀作，以合熟铜。投苦酒（醋）中，涂铁皆作铜色，内质不变。"[3] 那么它当是一种含铜（胆矾）的黄矾，黄、绿、蓝色相间杂，外观不佳，因而"黄黑"如鸡屎，大概是黄铜矿经氧化而生成的一种次生矿石。但《黄帝九鼎神丹经诀》（卷十七）又谓："青矾石者，吴白矾中择取青者，本草谓之鸡屎矾。"《金石诀》也说："鸡屎矾出波斯国，形如鸡屎，色亦带青黄白，于此道中深为秘要。"所以鸡屎矾实际上是泛指色杂、外观不佳的混合矾，但以黄矾成分为主，诸家所言未必为一物。

8. 铁华粉与铁胤粉

宋初马志撰《开宝本草》，记载有"作铁华粉法"，谓："取钢锻作叶，如笏或团，平面磨错令光净，以盐水洒之，［置］于醋瓮中，阴处埋之一百日，铁上衣生，铁华成矣，刮取更细捣筛，入乳钵研如面。"[4] 据此铁华粉的化学成分当为碱式醋酸铁。又据《日华子本草》记载："铁胤粉……其所造之法与［铁］华粉同。唯悬于酱瓶上，就润地，及刮取霜时研淘去粗汁、

---

① 《太清石壁记》，见《道藏》洞神部众术类，总第 582～583 册。
② 《事类绀珠》引文见清·陈元龙《格致镜源》（卷 50）第 571 页，江苏广陵古籍刻印社，1989 年。
③ 见《唐·新修本草》尚志钧辑复本，第 97 页。
④ 以上两段文字并见于《重修政和经史证类备用本草》（卷 4）影印晦明轩本第 114 页，人民卫生出版社，1982 年。

咸味，烘乾。"③据此则铁胤粉的化学成分当为碱式氯化铁。但两种铁粉外观相似，性质也基本相同，古人往往混用。因此李时珍认为铁胤粉即铁华粉，又名铁艳粉、铁霜。也有人称它为"铁液丹"。

9. 慈石与玄石

《本草经集注》谓："〔慈石〕今南方亦有，其好者能悬吸针，虚连三、四、五为佳。"《本草拾遗》解释说："慈石，毛铁之母也，取铁如慈母之招子焉，故名。"①②《金石诀》谓："磁石出磁州（今河北邯郸一带），但引得六、七针者皆名上好。"可见磁石即慈石。《本草衍义》又指出："磨其石（慈石）则能指南，然常偏东，不全南也。"显然，慈石即磁铁矿石，今知主要化学成分为 Fe_3O_4，共存矿物有石英、透闪石及粘土矿物，呈不规则块状，表面黑色、粗糙，有金属光泽，质重坚硬。慈石的别名和隐名有母慈石、引铁石、定台引针、玄水石、伏石母、绿伏石母、玄石拾针、吸针石、熁铁石、绿秋、席流浆、玄武石、帝流浆。此外，还有一种"玄石"，《神农本草经》谓："磁石一名玄石"。及至唐代，《新修本草》则将这两者作了区分，指出："〔玄石〕铁液也，但不能拾针，疗体如《经方》，劣于磁石。磁石中有细孔，孔中黄赤色，初破好者，能连十针，一斤铁刀亦被回转。其无孔、光泽纯黑者，玄石也，不能悬针也。"③可见"玄石"是无磁性的磁铁矿石，主要成分也是 Fe_3O_4。玄石又名处石、玄水石。

（六）铝的化合物

1. 白矾石、明矾及柳絮矾

经现代化学及矿物学的研究，天然白矾石与人工煎炼所得明矾的化学组成基本相同，都是 $KAl(SO_4)_2 \cdot 12H_2O$。明矾又名雪矾、云母矾、羽泽、羽涅、隐名叫玄武骨。明矾经低温加热后会部分脱水，成为 $KAl(SO_4)_2 \cdot 9H_2O$，质轻色白，成为翩翩如飞虫的片状物，所以有矾精、矾蝴蝶等称谓，又因其轻飏如絮，因此又名柳絮矾。如果焙烧明矾的温度较高（>200℃），它便会完全脱水，成为白粉状，化学组成为 $KAl(SO_4)_2$，我国古代称之为枯矾，又名煅明矾、炙石矾。如以强火煅烧，$KAl(SO_4)_2$ 便分解，成为"色白如雪"的粉末，即一种 Al_2O_3 与 K_2SO_4 的混合物，《图经本草》称之为巴石，实际上已经不是"矾"类了。

2. 五色石脂

《神农本草经》已指出："〔石脂〕有青石、赤石、黄石、白石、黑石脂等。……五石脂各随五色，生山谷。"《名医别录》进一步补充说："青石脂生齐区山及海崖。……赤石脂生济南（今山东章丘、历城一带）、射阳（在今江苏宝应县东）及太山（岱山，即今泰山）之阴。……黄石脂生嵩高山（即嵩山），色如莺雏。……白石脂生太山之阴。……黑石脂一名石涅，一名石墨，出颍川阳城（在今河南登封东南）。"④南朝时，《本草经集注》指出："今俗用赤石、白石二脂尔。《仙经》亦用白石脂以涂丹釜，犹与赤石脂同源。赤石脂多赤而色好，状如豚脑，色鲜红可爱。"《金石诀》谓："赤石脂出吴郡（今江苏吴县一带）及泽州，色如胭脂，细腻者

---

① 见《重修政和经史证类备用本草》（卷4）第111页。文中"毛铁"指铁砂。

② 宋·寇宗奭《图经衍义本》（又名《本草衍义》）卷4第4页，见《道藏》洞神部灵图类，总第535～550册。此语引自沈括《梦溪笔谈》卷24。

③ 《唐·新修本草》尚志钧辑复本，第118页。

④ 见《名医别录》尚志钧辑复本，第10～11页。

为上。白石脂出吴郡，与赤石脂同处，色如凝脂状者为上。"《本草衍义》进一步补充说："赤、白二脂四方皆有，以理腻粘舌缀唇者为上。"《本草纲目》又解释说："膏之凝者曰脂，此物性粘，固济炉鼎甚良，盖兼体用而言也。"《中国矿物药》指出：[①] 白、赤石脂都是粘土类矿物，多数是以高岭石为主要成分。白石脂是富铝矿物分解再沉积而形成的，呈不规则块状，表面白色，间有黄斑，致密时呈蜡状，对标本进行化学分析，结果为：

SiO_2	Al_2O_3	Fe_2O_3	TiO_2	P_2O_5	CaO	MgO	K_2O	Na_2O	H_2O	CO_2
37.55	35.05	0.52	0.70	0.04	0.86	0.36	2.64	0.45	20.25	0.40

S
2.87（％）

又指出：赤石脂是硅酸铝矿物在湿热气候及氧化条件下经风化作用而生成的产物，在显微镜下可见多数赤石脂是褐铁—赤铁矿化的粘土岩，以致呈红、褐色。对标本进行化学分析，结果为：

SiO_2	Al_2O_3	Fe_2O_3	FeO	CaO	MgO	K_2O	Na_2O	H_2O	CO_2
39.25	34.57	7.66	0.18	0.29	0.22	0.38	0.11	16.19	0.20

S
0.61（％）

白石脂的隐名叫"白符"，赤石脂的隐名叫"赤符"。

3. 云母

《本草经集注》对云母已有翔实说明，谓："按《仙经》：云母乃有八种，向日视之，色青白多黑者名云母；色黄白多青名云英；色青黄多赤名云珠；如冰露乍黄乍白名云沙；黄白晶晶（明洁貌，音 xiáo）名云液；皎然纯白明澈名磷石，此六种并好服，而各有时月；其黯黯纯黑，有文斑斑如铁者名云胆；色杂黑而强肥者名地涿，此二者并不可服。"《金石诀》谓："云母出琅玡（琅玡，在今广西宾阳）、彭城（今江苏徐州）。青、齐、庐（今安徽合肥）等州并有此物。有六种，向日看乃分明，其色黄白多青者名云英，色青黄晶日者名云液，色唯皎然纯白无杂者名云精，色青白而多黑者名云母。焕然五彩耀人目（者）为上。"《图经本草》进一步对云母作了描述："生土石间，作片成层可析、明滑光白者为上。其片有绝大而莹洁者，今人或以饰灯笼，亦古屏扇之遗事也。……又西南天竺等国出一种石，谓之"火齐"，亦云母之类也，色如紫金，离析之如蝉翼，积之乃如纱縠重沓，又云琉璃类也，亦可入药。"《本草纲目》引梁元帝萧绎所撰《荆南志》云："华容（在今湖北沙市东南、洪湖西北）方台山出云母，土人候云所出之处，于下掘取，无不大获，有长五、六尺可为屏风者。掘此，则此石乃云之根，故得云母之名。"据现代化学和矿物学的研究，云母的化学组成为 $KM_{2-3}[Si_3AlO_{10}](OH, F)_2$，以上化学式中的 M 在白云母为 Al^{3+}；在金云母为 Mg^{2+}；在黑云母为 Mg^{2+} 或 Fe^{2+}。它们都呈不规则片状，薄片可层层剥离，透明有玻璃光泽，质韧不易打碎。云母在医药学和炼丹术中的别名和隐名颇多，有云华、云起、云朱赤、石银、泄涿、云华飞英、雨华飞英、明石、白云浑、云华五色、云英青、云液白、云沙青、云胆黑（黑云母）、磷白石、雄黑、云梁石、鸿光等等。

4. 伏龙肝

---

① 《中国矿物药》第84～88、132～138页。

《本草经集注》对它已经说明得很清楚："此灶中对釜月下黄土也。以灶有神，故号为伏龙肝，并亦迁隐其名耳。"《雷公炮炙论》说："其伏龙肝是十年已来灶额内火气积自结，如赤色石，中黄，其形貌 八棱。"[①]《丹房镜源》谓："伏龙肝，或经十年者，[或]灶下掘深一尺，下有一行如紫瓷者是也。"可见，伏龙肝是黄土经柴火多年烧结而成者。由于黄土的成因不同可有多种，矿物组成不尽相同。但一般来说，它的基本成分是高岭石，其次为长石、云母及褐铁矿，即主要化学成分为 Al_2O_3、SiO_2、Fe_2O_3、$Ca_3(PO_4)_2$ 等。

（七）钾的化合物

1. 消石

应是指"用作烽燧火药，得火即焰起"的"消"，化学成分为 KNO_3，又名火消、焰消、秋石。据其来源，又名地霜。在炼丹术中的隐名有"河东野"、"昆诗梁"、"北帝玄珠"、"马头"、"黄鸟首"、"小玉"，消石水隐名为"阳汋"。消石今写作硝石。

2. 冬灰、灰霜及石碱

草木所烧成之灰烬，很早就用于洗衣。大约在周代时，人们更用它使生丝脱胶以利于染色。[②]《神农本草经》下品药中列有"冬灰"即此物，《本草经集注》谓："[冬灰]即今浣衣黄灰耳，烧诸蒿藜积聚炼作之，性烈，又获灰尤烈。"灰中的这种苛性物质即 K_2CO_3。及至唐代，人们以水浸取草木灰，然后煎炼而得到灰白色结晶粉末，称为灰霜，这便是相对较纯的 K_2CO_3 了。及至元代末年朱震亨撰《本草补遗》，其中又提到石碱，谓又名花碱、灰碱。其后《本草纲目》解释说："[石碱]状如石类碱，故亦得碱名。出山东济宁诸处，彼人采蒿蓼之属，开窖浸水，漉起晒干烧灰，以原水淋汁，每百[斤]引入粉面二三斤，久则凝如石，连汁货之四方，浣衣发面，甚获利也。"[③] 故石碱中有效成分即灰霜。

（八）钠的化合物

1. 朴消、芒消与玄明粉

朴消是煎炼芒消的天然原料，芒消是朴消溶解后的重结晶产品。《雷公炮炙论》谓："[芒消]朴消中炼出，形似麦芒者，号曰芒消。"[④] 芒消的化学成分是 $Na_2SO_4 \cdot 10H_2O$，朴消中除硫酸钠外，还常含有硫酸镁、氯化镁、氯化钠、氯化钙等，即今所谓的天然芒硝、白钠镁盐、钙芒硝等。宋人马志《开宝本草》谓："以暖水淋朴消，取汁炼之，令减半，投于盆中，经宿乃有细芒生，故谓之芒消也。又有英消者，其状若白石英，作四、五棱，莹澈可爱，主疗与芒消颇同，亦出于朴消，其煎炼自别有法，亦呼为马牙消。"[⑤]《本草衍义》对朴消则有稍不同的解释，谓："朴消是初采得一煎而成者，未经再炼，故曰朴消。"故这种朴消则是芒消的粗制品，已除去了大部镁、钙盐类。《本草纲目》又讲解说："以二消（芒消、英消）置之风日中吹去水气，则轻白如粉，即为风化消。以朴消、芒消、英消同甘草煎过，鼎罐升煅，则为玄明粉。"所以玄水粉是脱水芒消（Na_2SO_4）。朴消又名皮消、盐消、东野消石；芒消又名

---

① 见《重修政和经史证类备用本草》（卷5）第122页。
② 详见本书第九章。
③ 见《本草纲目》第11卷"石碱"条，第452页。
④ 见《重修政和经史证类备用本草》第86页。
⑤ 见《重修政和经史证类备用本草》第86页。

盆消；玄明粉又名白龙粉、无名粉、风化消。

3. 食盐

古代食用、医药用及丹鼎用的盐，由于来源、煎炼方法及产地不同，而有各种名目，纯度当然也有差异，基本成分则都是 NaCl。例如《名医别录》谓："戎盐一名胡盐，生胡盐山及西羌北地及酒泉（今甘肃酒泉一带）福禄城东南角。"《本草经集注》谓："魏国所献房盐即是河东大盐（即山西解池所产之盐），形如结冰圆强，味咸、苦，夏月小润液。房中盐乃有九种：白盐、食盐，常食者；黑盐，疗腹胀气满；胡盐，疗耳聋目痛；柔盐，疗马脊疮；又有赤盐、駁盐、臭盐、马齿盐四种，并不入食。……又河南盐池泥中，自有凝盐如石片，打破皆方，青黑色。……又巴东朐䏰县（在今四川万县市东北，长江北岸）北岸有盐井，盐水自凝生粥子盐，方一、二寸，中央突张如伞形，亦有方如石膏、博棋者。李［当之］云戎盐味苦、臭，是海潮水浇山石，经久盐凝著石取之。"[1] 陶氏对石盐、池盐、井盐、海盐都已谈到了。《图经本草》对诸种盐的介绍亦颇详，谓："陶隐居（弘景）云有东海、山海盐及河东盐（以上池盐），梁（今河南开封一带）、益（今四川）有井盐，交（今越南河内一带）、广（今广东广州一带）有南海盐（海盐）、西羌有山盐，胡中有木盐，而色类不同。……又阶州（今甘肃东南成县一带）出一种石盐，生山石中，不由煎炼，自然成盐，色甚明莹，彼人甚贵之，云即光明盐也（岩盐）。"以上是一些来源不同的盐，另外在本草学和炼丹术中还经常提到一些质地不纯，或特意加工过的盐，如黑盐、赤盐、臭盐等，名目繁多。这些盐更有许多别名，但多数已弄不清它们分别指上述那种盐了，例如秃登盐、阴土盐、冰石、寒盐、青盐、大盐（池盐）、石味（光明盐）、圣石、印盐（河东大盐）、味盐、䴥（池盐）等等。炼丹术中盐的隐名更多，例如有"帝味"、"青帝味"、"碧水"、"紫女"、"北帝味"、"白帝味"、"西戎淳味"、"倒行神骨"、"北帝髓"、"玄武味"、"玄武脑"等。

4. 太阴（乙）玄精

《金石诀》指出："太阴玄精出河东解县盐池中，盐根是也。近水采之，形体如玉质，又如龟甲，黑重者不堪［用］，黄白明净者为上。此亦制汞，化之作粉矣。"太阴玄精又名元（玄）精石、玄英、盐精。炼丹术中的隐名为"玄水龙膏"、"玄明龙膏"。沈括《梦溪笔谈》也说："太阴玄精生解州盐泽大卤中，沟渠土内得之。大者如杏叶，小者如鱼鳞，悉皆尖角，端正龟甲状。……烧过则悉解拆，薄如柳叶，片片相离，白如霜雪，平洁可爱。"[2]《本草纲目》则解释说："此石乃碱卤至阴之精凝结而成，故有诸名。"据《中国矿物药》讲解，此物既可为钙芒硝［即 Na_2SO_4 与 $CaSO_4$ 生成的复盐 $Na_2Ca(SO_4)_2$］，也可为石膏（$CaSO_4 \cdot 2H_2O$）。目前市售之玄精石多为青白色如龟甲者，即石膏。湖南澧陵所产者则为钙芒硝。钙芒硝为黄白色条柱状，易风化，状似芒硝；石膏质玄精石多数为椭圆状六边形、中间稍厚的薄片，即习称的龟背状，大小不一，白色或灰白色，质地较硬而脆，断面有玻璃光泽，那么沈括和苏颂所描述的解州玄精石当属这类。

5. 鹏砂

又名蓬砂、特蓬杀、盆砂、硼砂、月石。最早见于唐代丹经《金华玉液大丹》[3]，其中有

---

① 见《唐·新修本草》尚志钧辑复本第 134～135 页。
② 《元刊梦溪笔谈》卷 26 之第 16 页。
③ 《金华玉液大丹》见《道藏》洞神部众术类，总第 590 册。

一个有趣的"玻璃药"配方，其中竟有硼砂："琉璃药，用铅黄华半斤，加硝二两，硼二两，大〔火〕扇作汁。"

陈藏器《本草拾遗》也已记载，谓："特蓬杀，主飞金石之用，炼丹亦须用。生西国，似石脂、蛎粉之类，能透金、石、铁。"[①]《丹方鉴源》谓"大朋砂出果州"，按果州在今四川南充一带，但也可能来自西藏。《图经本草》则谓："今人作焊药乃用鹏砂，鹏砂出于南海，……其状甚光莹，亦有极大块者，诸方稀用，可焊金银。"[②]《本草衍义》谓："蓬砂……南番者色重褐，西戎者其色白。"[②]《本草纲目》对其性状有进一步讲解："硼砂生西、南番，有黄白二种。西者白如明矾，南者黄如桃胶，皆是炼结成，如硇砂之类。"今知硼砂的化学组成为 $Na_2B_4O_7 \cdot 10H_2O$，为无色透明或白色粒状结晶，质重易破碎。在自然界主要产于干涸盐湖沉积物中，我国西藏为世界著名的硼砂产地之一。

6. 自然灰

即天然碱，主要成分为 Na_2CO_3。唐人陈藏器《本草拾遗》最早提及此物，谓："自然灰能软琉璃、玉石如泥，至易雕刻，及澣衣令白。生海中如黄土。"[③]《南中异物志》云：'自然灰生南海畔，可澣衣；石得此灰即烂，可为器，今玛瑙之形质异者，先以此灰埋之令软，然后雕刻之也。'"[③]。

（九）钙的化合物

1. 石灰

众所周知，石灰为 CaO。它又名白灰、垩灰、煅灰、矿灰、石味灰、希灰、散灰、染灰，炼丹术中称它为"白虎"、"五味"。古墓中的石灰称作"地龙骨"。《本草经集注》已指出："石灰：今近山生石，青白色，作灶烧竟，以水沃之，则热蒸而解末矣，性至烈。俗名石垩，古今多以构塚，用捍水而辟虫。"《图经本草》进一步指出："此烧青石为灰也，又名石煅。有两种：风化、水化。风化者，取煅了石置风中自解，此为有力；水化者，以水沃之则热蒸而解，力差劣。"[④]李时珍进一步解释说："今人作窑烧之，一层柴或煤炭在下，上累青石，自下发火，层层自焚而散。"

2. 钟乳石与阴孽

《本草经集注》最早描述了它的性状，谓："第一出始兴（今广东连江、潓江流域以北地区），而江陵（今湖北沙市）及东境名山石洞亦皆有。唯通中轻薄如鹅翎管、碎之如爪甲、中无雁齿、光明者为善。长挺乃有一二尺者。色黄，以苦酒洗刷则白。《仙经》用之少，而俗方所重，亦甚贵。"《图经本草》对它的描述极详，谓："石钟乳生岩穴阴处，溜石液而成，空中相通，长者六、七寸，如鹅管状，碎之如爪甲、中无鹰齿、光明者善，色白微红。旧说乳有三种：有石钟者，其山纯石，以石津相滋，状如蝉翼，为石乳；有竹乳者，其山多生篁竹，以竹津相滋，乳如竹状；有茅山之乳者，其山土石相杂，遍生茅草，以茅津相滋，乳色稍黑而滑润。"此外又有所谓："殷孽"者，《神农本草经》说："殷孽一名姜石，钟乳根也。"《本草

① 见《本草纲目》第 11 卷第 660 页。

② 见《重修政和经史证类备用本草》（卷 5）第 125 页（"硇砂"条）及 137 页。

③ 见《重修政和经史证类备用本草》（卷 4）第 119 页。

④ 《图经本草》胡乃长辑复本第 54 页。

经集注》说："此即孔公孽，大如牛羊角，长一、二尺左右，亦出始兴。……凡钟乳之类，三种同一体，从石室上汁溜积久盘结者为钟乳床，即此孔公孽也。其次长小龍摋者，为殷孽，今人呼为孔公孽。殷孽复溜，轻好者为钟乳。虽同一类，而疗体为异，贵贱悬殊。"按钟乳石系溶有碳酸氢钙的山石间水在石灰岩溶洞或裂隙中释出 CO_2 而析出的方解石沉积物，整体皆略呈圆锥形，大小不一，表面灰白色，凸凹不平，坚硬质重，易被打断，断面呈同心环状，具玻璃光泽。无论是钟乳还是钟乳根（殷孽、孔公孽）化学成分则相同，皆为 $CaCO_3$。钟乳石又名石钟乳、石花、石床、石脑、鹅管石、芦石、通石、虚中、公乳、孔乳、孔公石、孔公尔、石华、夏石、夏乳根、乳华、逆石、土乳、黄石砂、卢布、礓砾、乳林。在《金石诀》中还记载有一种"石桂英"，说它"出有乳之处，其色甚白，握之便染手如把雪者良"，大概也是钟乳类岩石。

3. 方解石

马志在其《开宝本草》中解释说："此物大体与石膏相似，唯不附石而生，端然独处，形块大小不定。或在土中，或生溪水。得之敲破皆方解，故以为名。"[①] 准确地掌握了其特征。《本草纲目》也说："方解石与石膏相似，皆光洁如白石英，但以敲之，段段片碎者为硬石膏，块块方棱者为方解石。"但他错误地认为"盖一类二种，亦可通用。"今知方解石的主要成分为 $CaCO_3$。个体是呈菱面体结晶的块体，白色，微透明，质脆，易被打碎，碎片多呈带斜角的扁方块。别名有黄石、方石等。

4. 石膏

《名医别录》最早提及石膏，谓"一名细石，细理白泽者良。"但未把握住其特征。《本草经集注》与《唐·新修本草》都注意到"石膏、方解石大体相似"，强调要注意区别，但陶氏强调石膏"皆在地中，雨后自出"，苏氏强调石膏"生于石旁"，而方解石"不因石生，端然独处"，但都未抓住两者在外貌上的差别。直到《本草衍义》问世，才明确指出："有顺理细文又白泽者。有是则石膏也，无是则非石膏也。"最后，李时诊也曾想进一步辨明石膏的性状，谓："石膏有软、硬二种。软石膏，大块生于石中，作层如压扁米糕形，每层厚数寸。有红、白二色，红者不可服，白者洁净，细纹短密如束针，正如凝成白蜡状，松软易碎，烧之即白烂如粉。其中明洁、色带微青、而文长细如白丝者，名理石也，与软石膏乃一物二种，碎之则形色如一，不可辨矣。硬石膏，作块而生，直理起棱，如马齿坚白，击之则段段横解，光亮如云母、白石英，有墙壁，烧之亦易散，仍硬不作粉。其似硬石膏成块，击之块块方解，墙壁光明者，名方解石也，烧之则烌散亦不烂，与软石膏乃一类二种，碎之则行色如一，不可辨矣。"可见，李时珍正确地判明软石膏即石膏，但误把方解石当成了一种石膏。据今矿物学知识，生石膏常为不规则的扁平块状物，似糕，全体呈白色，层间或隙缝处常夹有灰褐色泥岩，质较重，易打碎，常顺纵纹裂开，断面可分层，纤维一般较粗，具光泽。湖北产者则纤维细而直立。化学组成为 $CaSO_4 \cdot 2H_2O$。煅制后，脱水崩解为白色粉末，是为熟石膏，化学组成为 $CaSO_4 \cdot \frac{1}{2}H_2O$。从以上介绍可以看出，古代的医药学和炼丹家一直未能彻底判明石膏与方解石实为二物，更常常混淆，因此在石膏的别名上也与它往往混同，有石虎、白龙、制石、立制石、羽涅、寒水石、寒盐、理石、细理石等等。

---

① 见《重修政和经史证类备用本草》（卷5）第135页。

5. 寒水石

寒水石究竟应指什么物质？这是千余年来纷纷聚讼，悬而未决的问题。因此可以肯定自古各代各派医药家与炼丹家对寒水石的"寒水"二字理解不同，所以并非同指一种物质，于是各行其是，各以自己的理解去采集。而今人又往往以古代某一家之言为标准进行分析、判别，当然也就难以取得一致意见了。《神农本草经》对它已有著录，称它为凝水石，"味辛寒，久服不饥，一名白水石。"《名医别录》又补充说："它性甘，大寒无毒，一名寒水石，一名凌水石，色如云母，可析者良，盐之精也，生常山（东汉时常山国在今河北石家庄一带）山谷，又中水县及邯郸。这是对寒水石的最早描述，但遗憾，对"寒水"二字未作明确解释。其后《本草经集注》又作了解释，谓："常山即恒山，属并州（误，应属冀州）。中水县属河间郡（在今河北河间、献县以西），邯郸即是赵郡，并属冀州域。此处地皆咸卤，故云盐精，而碎之亦似朴消也。此石末置水中，夏月能为冰者佳。"那么按照对"寒水"的这一解释，该物质溶于水后当可以大大降低水的温度，即其溶解是一个强烈的吸热过程，据此，魏东岩曾提出：按《神农本草经》及《集注》的记载，汉、晋、南北朝时所指的寒水石应相当于现代的"板硝"。[1] 所谓板硝就是晒盐过程中卤水下渗凝结成的多矿物的集合体，其矿物组分的 95% 为白钠镁矾（$Na_2MgSO_4 \cdot 4H_2O$），余其为芒硝、泻利盐（$MgSO_4$）及石盐等。日本学者益富寿之助则认为那时的寒水石所指可能是杂卤石（Polyhalite），主要化学成分为 $K_2MgCa_2(SO_4)_4 \cdot 2H_2O$。[2] 近年中药学家和化学史家曹元宇又提出异议，认为：若当初寒水石为镁盐，则其味当是苦的，这与"味辛寒"及"味甘"的描述不相符，而且没有一部古籍说寒水石是味苦的。于是他指出汉晋时期的寒水石就是现在的芒硝，化学成分是 $Na_2SO_4 \cdot 10H_2O$，它在咸卤地或解州盐池与食盐等盐类同产出，形似朴硝。现今芒硝的药理作用基本上与《本草经》的寒水石相一致。芒硝和少量水同搅能使水温下降甚至低于零度。曹氏这一解释看来比较允当。[3] 但自唐代以后，人们对寒水石的理解脱离了《本草经》的原意。《唐·新修本草》则有了新的说法，谓："此石有两种，有纵理、横理，色清明者为佳；或云纵理为寒水石、横理为凝水石，今出同州韩城（今陕西韩城县），色青黄理如云母者良；出澄城（今陕西中部）者斜理文，色白为劣也。日本京都正仓院现在珍藏的唐代鉴真高僧携去的"寒水石"，经益富寿之助的研究鉴定，结论为方解石。宋代《图经本草》基本上继承了《唐本草》的说法，谓："此有两者，有纵理者，有横理者。色清明如云母可析，投置水中与水同色，其水凝动者为佳。或曰纵理者为寒水石，横理者为凝水石，三月采。"至于《本草纲目》则未专门列出"寒水石"条目，而将它附于"石膏"条目中，谓"石膏一名寒水石，其文理细密，故名细理石，其性大寒如水，故名寒水石，与凝水石同名异物。"他又说："苏颂、阎孝忠以硬者为石膏，软者为寒水石。至朱震亨断然以软者为石膏，而后人遵用有验，千古之惑始明矣。盖昔人所谓寒水石者则软石膏也，所谓硬石膏者乃长石也。"又说："古方所用寒水石是凝水石；唐宋以来所用寒水石即今之石膏也。"可见自唐宋以来，则把"寒水"二字理解为晶莹清澈如水，视之有寒意，而不是溶之于水能寒之如冰的原意了，而且无论石膏与方解石皆难溶于水，也不可能起到这种效

① 魏东岩："略论寒水石"，原载《河北省地质学会分会第二届会员代表大会学术年会论文汇编》，参看李鸿超等：《中国矿物药》第 232 页。
② 〔日〕益富寿之助，正倉院藥物を中心とする古代石藥の研究，第 116 页，日本地学研究会館，1975 年。
③ 曹元宇，寒水石是什么？化学通报，1987 年第 10 期，第 60 页。

果。今人也多赞同李时珍的说法，以石膏为寒水石，又因李时珍误认为硬石膏即方解石，所以也有人以方解石作为寒水石。近人章鸿钊[①]及近年出版的《中药大辞典》[②]便都把寒水石解释为石膏。又据《中国矿物药》记载：目前"药材经营部门和中医临床作正名应用的寒水石，南方者主要成分为碳酸钙，即含镁、铁、锰等杂质的方解石；北方者主要成分为硫酸钙，即含少量铁及铅的石膏。"[③]

（十）石英与硅酸盐

1. 石英

有各色的石英，其化学成分都是含少量杂质的 SiO_2。最常见的是白石英，呈不规则的块状，大小不一，具棱角，透明或半透明，质地坚硬而重。质地纯净呈无色玻璃状或乳白色者，又称为水精或水晶。《名医别录》就已描述过它，"白石英生华阴（在今陕西华阴）山谷及太（泰）山，大如脂，长二、三寸，六面六削，白澈有光。"在炼丹术中它有很多隐名，例如"银华"、"素玉女"、"小儿尿"、"白附"、"夜光明"、"浮余"、"蚌精"、"白素飞龙"、"日月合景"、"阴运"、"宫中玉女"等等。《太平御览》（卷九八七）还提到："黄石英，形如白石英，黄色如金，赤端者是；赤石英，形如白石英，赤端在后者是，故赤泽有光，味苦；黑石英，形如白石英，黑泽有光；青石英，形如白石英，青端赤后者是。"[④] 此外还有一种紫石英，唐人刘恂所撰《岭表异录》谓："泷州（今广东罗定）山中多紫石英，其色淡紫，其质莹澈，随其大小皆五棱，两头如箭镞，煮水饮之，暖而无毒，比北中白石英其力倍矣。"[⑤]《金石诀》则谓："紫石英出太和山，形如樗蒲头，光明徹透，色里轻明者为上。陈州（今河南淮阳一带）界亦有。于此道中亦为大要。表里紫莹则为上好。"紫石英在炼丹术中的别名和隐名亦颇多，例如上味、冰石、寒盐、"紫女"、"绵石"、"会稽石"、石味、光明盐、材邑石、吴兴石、"浮余"、"西龙膏"、"西戎上味"、"仙人左味"、"倒行神骨"、"紫陵文君"、"紫陵云质"、"紫陵文侯"等等。关于中国本草及炼丹术中所说的紫石英究竟是什么，目前有不同看法。过去大都认为即今矿物学中的紫石英、紫水晶，化学成分为 SiO_2，色淡紫者杂有微量的铁锰，但这种石英较罕见，颇难得。《中国矿物药》则认为："根据古籍记载和现在市售品的情况看，所谓"紫石英"者以紫色萤石为主。我国各省都有此资源，江西、浙江、辽宁、福建、广东、山东等省均有产出。"[⑥] 按萤石全体呈不规则块状，外表呈紫或绿色，中间夹有白色脉，透明，有玻璃光泽，质重而脆，易打碎，碎粒形态也不规则。常含有稀土元素钇和铈，并常有 Fe_2O_3、Al_2O_3 混入。对某紫萤石标本的化学分析结果为：

CaF_2	SiO_2	Al_2O_3	Fe_2O_3	FeO	MgO	H_2O	Cl	$CaCO_3$
83.77	15.24	0.00	0.22	0.36	0.01	0.11	0.08	0.31

但萤石外观并非"随其大小皆五棱"。因此这个意见，也只可供作参考。但我们相信，在中国古代所谓"紫石英"者完全可能包括紫水晶与紫萤石两类，往往混用。

---

① 章鸿钊，石雅，上海古籍出版社印本，第231～240页，1993年。

② 江苏新医学院编，中药大辞典（上册），592页，上海科技出版社，1979年。

③ 《中国矿物药》第231页。

④ 《太平御览》（卷987）总第4367页，中华书局影印，1960年。

⑤ 唐·刘恂《岭表录异》第6页，广东人民出版社，1983年。

⑥ 《中国矿物药》第236页。

2. 玉和"玉泉（浆）"

早在战国时期，中国方士已提倡食金饮玉，认为可以辅助长生，所以医药学家与炼丹家都很重视玉及其生理效应。《神农本草经》已论及玉。东汉王逸《玉论》谈及玉的颜色，谓："赤如鸡冠，黄如蒸栗，白如截肪，……然服食者唯贵纯白，他色不取焉。"（《本草纲目》援引）《名医别录》说："玉屑，如麻豆服之，久服轻身长年。"陶弘景指出："好玉出蓝田（在今陕西西安市东南）及南阳徐善亭部界中，日南（在今越南）[之] 卢容水中，外国于阗、疏勒诸处皆善。《仙方》名玉为玄真，洁白如猪膏，叩之鸣者是真也。其比类甚多相似，宜精别之。"[1]《金石诀》指出："玉出蓝田，形质不同，有五色，其中白玉为上，但取明净润泽无暇、扣之作清声者为上。"再者，明人曹昭《格古要论》（卷六）对玉的品评极详，值得参读。[2] 另外，在本草学和炼丹术中还有所谓"水泉"者，《本草经》已有著录，《名医别录》谓："玉泉久服耐寒暑，不饥渴，不老神仙，轻身长年。人临死服五斤，死三年色不变。一名玉札，生蓝田山谷，采无时。"但此后，对"玉泉"究竟是什么，则解释各异。陶弘景认为是玉石，"此当是玉之精华，白者质色明澈，可消之为水，故名玉泉"；而苏敬认为是有玉之泉的泉水，"玉泉者，玉之泉液也，以仙室玉池中者为上。"[3] 此后则长期争论不休。及至宋代《本草衍义》问世，寇宗奭对此问题作了深入探讨，提出"玉泉"实为"玉浆"之传讹。他说："玉泉，《[本草] 经》云生蓝田山谷，采无时。今蓝田山谷无玉泉，[且] 泉水古今不言'采'。又曰'服五斤'，古今方[服] 水不言"斤"。又曰一名玉札，如此则不知定是何物，诸家所解更不言泉，但为玉立文。陶隐居虽曰可消之为水，故名玉泉，诚如是，则当言玉水，亦不当言玉泉也，盖泉具流布之义。……今详'泉'字乃'浆'字，于义方允，浆中既有玉，故曰服五斤。去古既远，亦文字脱误也。采玉为浆，断无疑焉。且如书篇尚多亡逸，况本草又在唐尧之上，理亦无怪。"[4] 此说颇有见地，所言甚是，与中国炼丹术的记载也相符合。

按现代矿物学知识，所谓玉，品种繁多，并非属于同一种矿物，如果从化学成分上来区分，大体可分为硬玉和软玉两种。硬玉属于矿物学中的致密块状钠辉石，基本化学成分是 $NaAlSi_2O_6$，就是古时所说的绿玉，今天所说的翡翠，在古代入药者极少。软玉的主要矿分组分为致密的块状透闪石，基本化学成分是 $Ca_2Mg_5[Si_4O_{11}]_2(OH)_2$，呈白色、乳黄色、乃至各种浅色调，具有蜡状及油脂状光泽，古方用玉主要是这类。在炼丹术中玉的隐名有"纯阳"、"纯阳主"、"天妇"、"延妇"、"玄真玉"等等，但普遍以"玄真"呼之。玉泉隐名作"玉桃"。

3. 玛瑙

陈藏器《本草拾遗》较早地提到了它，谓："马脑，赤烂红色似马脑，亦美石之类重宝也，生西国玉石间，来中国者皆为器。亦云马脑珠是马口中吐出，多是胡人谬言以贵之耳。"又说："马脑出日本国，用砑木不热为上，砑木热，非真也。"[5]《本草衍义》说："码碯非石非玉，自是一类，有红、白、黑色三种，亦有其纹如缠丝者，出西裔者佳。"[6]《格古要论》对它记载甚详，谓："玛瑙多出北地、南番，西番亦有。非石非玉，坚而且脆，快刀刮不动。……有锦花者谓之锦江玛瑙；有漆黑中一线白者谓之合子玛瑙；有黑白相间者谓之截子玛瑙；有红白杂

①　见《唐·新修本草（上品卷第三）·玉屑》尚志钧辑复本，第 86 页。
②　明·曹昭撰，王佐补《新增格古要论》卷 6，北京市中国书店影印本，1987 年。
③　见《唐·新修本草（上品卷第 3）·玉泉》尚志钧辑复本，第 85 页。
④　见《道藏》本《图经衍义本草》卷 1 第 16 页及《重修政和经史类备用本草》第 82 页。
⑤　见《重修政和经史证类备用本草》（卷 4）第 118 页。

色如丝相间者谓之缠丝玛瑙，此几种货皆贵。有淡水花者谓之浆水玛瑙；有紫红花者谓之酱斑玛瑙。有海蛰色鬼面花者皆价低。"① 可见到明代时所利用的玛瑙品种极多。按现代矿物学知识，玛瑙是火山作用下的产物。在火山作用后期，热水溶液在火山岩气孔、裂隙中沉积出胶体硅酸，经脱水即成玛瑙，矿物学上属石英的隐晶质变种与蛋白石的集合体。由于二氧化硅呈条带或分层地聚集，又同时夹杂着多种金属（不同价态的铁、锰等）氧化物，致使玛瑙的带状、环带状纹彩极为丰富。玛瑙有文（纹）石、"马罗迦隶"等别名。

4. 滑石

《本草经集注》说："滑石色正白，《仙经》用之以为泥。……初取软如泥，久渐坚强，人多以作塚中明器物，并散热人（按指除烦热心燥）用之，不正入方药。"《唐·新修本草》补充说："此石所在皆有，白如凝脂，极软滑。"《金石诀》说："滑石体柔而色白，削之如蜡者为上。"都抓住了此种岩石的特征。《雷公炮炙论》谓："有白滑石、绿滑石、乌滑石、冷滑石、黄滑石。其白滑石如方解石，色白，……若滑石色似冰白青色，画石上有白腻文者真也。"② 所以《本草衍义》说："滑石今谓之画石，以其滑软可写画。"② 滑石还有液石、脱石、冷石、番石、共石、石液、今石、留石、尽石等别名。炼丹术中有"雷河督子"的隐名。但按现代矿物学研究的结果，我国古代的滑石在矿物学上实际上是两种，一种是北方所产的，确为现代矿物学上的滑石，基本化学成分是偏硅酸镁 $Mg_3Si_4O_{10}(OH)_2$，即所谓北石；一种是南方产的，实际上则是白石脂，是高岭土或水云母为主要成分的粘土质滑石，基本化学成分大致为 $K_{1-x}(H_2O)_xAl_2[AlSi_3O_{10}(OH)_{2-x}H_2O]$，即所谓南石。这两种滑石眼观手感的确颇为相似。

5. 阳起石

《唐·新修本草》谓："此石以白色、肌理似阴蘗、仍夹带云母滋润者为良，故《本经》一名白石。"《金石诀》则谓"阳起石是云母根，其色有黄、黑，唯泰山所出黄白者上。邢、益、齐、鹊山纯白者最良。"《图经本草》记载："今齐州（今山东济南）城西唯一土山，石出其中，彼人谓之阳起山。其山常有温暖气，虽盛冬大雪遍境，独此山无积白，盖石气熏蒸使然也。……以色白肌理莹明若狼牙者为上。旧说是云母根，其中尤挟带云母，今不复得见此色。"此种石又有羊起石、阳石、起阳石等别名，炼丹术中有"五精金华"、"五精阴华"、"五色芙蕖"等隐名。根据历代本草的描述，多数古代的阳起石（或者说上好白色阳起石）即今矿物学中的透闪石，为条柱状，大小不一，断面呈明显纤维状，具丝绢光泽和滑腻脂感，体重而较坚硬，可打碎。其化学组成基本上是 $Ca_2(Mg,Fe)_5(Si_4O_{11})_2(OH)_2$，有白色（含 $FeO<3\%$）、灰绿-浅绿色（含 $FeO\ 3\%\sim6\%$）。当含铁多时（含 $FeO\ 6\%\sim13\%$）则呈绿或蓝、黄绿、黑绿等色，那么就是现代矿物学中的阳起石了。

6. 不灰木

即石棉，色灰白，形如束丝，状如烂木，最早判定它是石类而非木类的大约正是唐麟德年间问世的《金石簿五九数诀》，它已指出："不灰木，出波斯国，是银石之根，形如烂木，久烧无变，烧而无灰，色青似木，能制水银，余处所出不堪所用。"在本草学中最早则见于马志《开宝本草》，谓："不灰木出上党（今山西长治），如烂木，烧之不燃，石类也。"接着《图经本草》进一步作了说明："不灰木出上党，今泽、潞（今山西长治一带）山中皆有之，盖石类

---

① 见《新编格古要论》（卷6）第3～4页。
② 见《重修政和经史证类备用本草》（卷3）第89页。

也，其色青白，如烂木，烧之不燃，以此得名，或云滑石之根也。出滑石处皆有，亦名无灰木。"[1]《本草纲目》则援引了明宣德中周定王朱橚所撰《庚辛玉册》中关于"不灰木"的一段话，谓："不灰木，阴石也，生西南蛮夷中，黎州（今四川汉源一带）、茂州（今四川茂汶羌族自治县）者好，形如针，文全若木，烧之无烟，此皆言石者也。"[2] 这些话已充分描述了石棉的特征。按石棉品种颇多，色青白者为阳起石石棉、角闪石石棉、蛇纹石石棉、滑石石棉、水镁石石棉，都呈纤维状，纤维长 2～4 厘米，浅青绿色，具有光泽，摸之有柔软感，嚼之软似棉絮。化学成分可参看阳起石、滑石等，主要是硅酸镁，并含有不同量的钙、铁、铝，只有水镁石含铁、铝很少，主要成分是 $Mg(OH)_2$。

（十一）硇砂

最早见于隋人苏元明《宝藏论》，谓："硇砂为五金贼也，若石药并灰霜伏得者，不堪用也。"[3]《唐·新修本草》只说它形如朴消，光净者良，柔金银，可为焊药，出西戎。《金石诀》谓："硇砂，但光明映彻者堪用，云火山有，不如北亭（应作北庭，在今新疆乌鲁木齐一带）者，最为上好。"《本草拾遗》补充说："硇砂一飞为酸砂，二飞为伏翼，三飞为定精。色如鹅儿黄。"《政和本草》注云："胡人谓为浓（硵）砂。"《图经本草》对它的记载较为翔实，谓："硇砂出西戎，今西凉夏国及河东、陕西近边州郡亦有之。然西戎来者颗粒光明，大者有如拳，重三五两，入药最紧。边界出者，杂碎如麻豆粒，又挟砂石，用之须飞，澄去土石后，亦无力，彼人谓之气砂。此药近出唐世，而方书著，古人单服一味（按应谓唐人才普及为医药）。……又名北亭（庭）砂，出于南海。……其状甚光莹，亦有极大块者。"《本草纲目》则总结说："硇砂性毒，服之使人硇（挠）乱，故曰硇砂。狄人以当盐食。《土宿本草》（即《土宿真君本草》）云：硇性透物，五金借之以为先锋，故号为透骨将军。硇砂亦消石之类，乃卤液所结，出于青海，与月华相射而生，附盐而成质，虏人采取淋炼而成。状如盐块，以白净者为良，其性至透，用黝（釉）罐盛，悬火上则常干，若近冷及得湿，即化为水或渗湿也。《[大明]一统志》云：临洮（临洮府在今甘肃临洮一带）兰县有洞出硇砂。张匡邺《行程记》云：高昌北亭山中常有烟气涌起，而无云雾，至夕光焰若炬火，照见禽鼠皆赤色，谓之火焰山。采硇砂者乘木屐取之，若皮底，焦矣。"[4] 该物还有饶砂、海砂、狄盐、北庭砂、白海精、金贼、五金贼、定精、狃砂、狃黄砂、赤狃砂、赤砂等别名，是炼丹术中变炼五金的至重药物，还有"伏翼"、"夕阳筋髓"、"透骨将军"等隐名。按硇砂的主要化学成分为 NH_4Cl，为火山喷气时的升华凝结物，白色结晶状，底层往往致密呈纤维状，上层呈乳状突起，有的呈黄色（因含硫黄），质酥脆，易打碎，有硫黄气味。另外还有一种盐硇砂，又称紫硇砂，主要成分则为 $NaCl$，因常含有铁质，而呈紫色，大概就是所谓"狄人以当盐食"者。

（十二）炉甘石

本书第三章已经介绍。它是菱锌矿石，或水锌矿石，化学成分分别为 $ZnCO_3$ 和

---

① 见《重修政和经史证类备用本草》（卷 5）第 136 页。
② 见《本草纲目》第 9 卷第 553 页。
③ 见《重修政和经史证类备用本草》（卷 5）第 126 页。
④ 见《本草纲目》（卷 11）第 655 页。

$Zn_5 (CO_3)_2 (OH)_6$,主要产于原生铅锌矿床的氧化带,是闪锌矿(ZnS)氧化所生成的易溶性 $ZnSO_4$ 与碳酸盐围岩或原生矿石中的方解石发生复分解反应而形成的,呈不规则块状,整体为淡黄色,不平坦,有很多小孔,质较轻而稍硬,可打碎,断面呈淡红与白色相间的海绵状。煅制后,质地变酥,易碎。在我国,炼丹家最早利用它来炼制鍮铜。直到元代时它才进入医药行列。《土宿真君本草》说:"此物点化为神药绝妙,九天三清俱尊之曰炉先生,非小药也。"[①] 直至《本草纲目》问世,才较全面地描述它的性貌,谓:它为"炉火(指炼丹术)所重。其味甘,故名。所在坑冶处皆有,川、蜀、湘东最多,而太原、泽州、阳城、高平(都在今晋南)、灵丘(在今晋东北)、融县(在今广西融水县)及云南者为胜,金银之苗也。其块大小不一,状似羊脑,松如石脂,亦粘舌。产于金坑者其色微黄,为上;产于银坑者,其色白或带青,或带绿,或粉红。赤铜得之,即变为黄,今之黄铜,皆此物点化也。"所谈大体不差。它又名炉眼石、浮水甘石、甘石、制甘石。波斯贩运来者称为北回回炉甘石,波斯语译名为脱梯牙、朵梯牙。

(十三)硫黄

中国古代所利用的硫黄,来源有两种。一种是在焙烧黄铁矿(涅石)制造皂矾的同时,由焙烧窑上部烟道中冷凝出来的人工硫黄,所以又叫"矾石液";第二种是来自火山区的天然硫黄或膏盐层中的石膏由硫细菌作用还原出来的单质硫,这类硫黄呈块状,往往称之为石硫黄。硫黄是黄绿色、表面不平坦、微显不同色泽的层状体,较重质酥,轻击即碎,断面颜色更加鲜艳,有明显的气味。由古籍所记载的产地,大致可以判断所记硫黄是属于哪一类。《金石诀》说:"石硫黄出荆南(今湖北沙市)、林邑(今越南中南部)者名昆仑黄,光如琉璃者上。"《名医别录》谓:"石硫黄生东海牧羊山谷中,及太山(泰山),河西山,矾石液也。"陶弘景《集注》谓:"东海郡属北徐州(今山东临沂一带),而箕山(在今河南登封东南)亦有。今第一出扶南林邑,色如鹅子初出壳,名昆仑黄。次出外国。从蜀中来[者]色深而煌煌。"《图经本草》谈及宋代时的情况,谓:"石硫黄惟出海南诸蕃,岭外诸郡或有,而不甚佳。以色如鹅子初出壳者为真,谓之昆仑黄。其色赤者名石亭脂,青色者号冬结石,半白半黑者名神惊石,并不堪入药。又有一种水硫黄,出广南及荣州(在今四川荣县、威远一带)溪涧中流出,其味辛,性热腥臭。又可煎炼成汁,以模钖作器,亦如鹅子黄色。"《本草纲目·石硫黄》解释说:"硫黄秉纯阳火石之精气而结成,性质通流,色赋中黄,故名硫黄。……凡产石硫黄处,必有温泉,作硫黄气。《魏书》云:悦般(指今新疆西北部博乐、伊宁一带)有火山,山旁石皆焦熔,流地数十里乃凝坚,即石硫黄也。张华《博物志》云:西域且弥山,去高昌(在今乌鲁木齐之东)八百里,有山,高数十丈,昼则孔中状如烟,夜则如灯光。《庚辛玉册》[②] 云:硫黄有二种:石硫黄,生南海琉球山中;土硫黄生于广南,以嚼之无声者为佳。舶上倭硫黄(日本产)亦佳。"[③]

硫黄是中国炼丹术药物中的主角之一,别名和隐名极多,如石亭脂、僧溪黄、倭黄(即

① 见《本草纲目》(卷9)第558页。

② 据《本草纲目》记载(卷1第10页):"宣德中,宁献王取崔昉《外丹本草》、土宿真君《造化指南》、独孤滔《丹方镜源》、轩辕述《宝藏[畅微]论》、青霞子《丹台录》诸书所载金石草木可备丹炉者,以成此书。……通计二卷,凡五百四十一品。"惜此书今已亡佚。

③ 见《本草纲目》(卷11)第661页。

倭硫黄）、石硫赤、石硫丹、黄芽、白黄芽、石硫芝、法黄、黄男、黄烛、灵黄意、黄白沙、黄英、将军、太阳粉（硫黄华）、阳侯、阳君、九灵黄童、山不住、黄金贼、黄磺砂、昆仑黄等等。

（十四）金和银

本书第三章已经叙述了中国古代对金和银的认识，此处不再赘述。黄金在炼丹术中又名黄牙，又有许多隐名，例如"太真"、"天真"、"兑"、"庚"、"庚辛"、"西方"、"男石"、"上火"、"东南阳日"、"黄男"等。银在五金中称为白金，天然银依形态不同，有山泽、银芽、银笋、老龙鬌等数种，在炼丹术中的隐名有"义物"、"山凝"、"女石下水"、"白虎"、"水中金"、"西方坠月"等。唐代时，中国医药学家已制成一种银-锡-汞合金，用以补牙，名叫银膏。见于《政和经史证类备用本草》（卷四）所引《唐本草馀》（非《唐·新修本草》）。

（十五）锡

即使到了唐代，中国某些医药学家和炼丹家仍相当普遍地有铅锡不分或铅锡混淆的情况，所以锡的别名和隐名也往往与铅混同，有伏丹、太阳、金公华、河车、金精、金公车、兑、飞精、制丹、素丹白膏、紫粉、黄精、黄轻、黄舆、黄华、黄龙、黄池、假公黄、几公黄、几公白等等。又因古临贺郡（汉置，唐时改为贺州，在今广西东部贺县一带）产锡最盛，所以锡又名"贺"。中国古代还有所谓白镴者，一般来说是一种铅锡合金，隐名为"昆仑毗"。但有时也可能指白锡，当注意分辨。

（十六）卤咸

《金石诀》最早对它作了说明，谓："卤咸出同州（今陕西东部大荔、合阳一带）东北可十七八里陂泽中，亦是盐根，形似河东细小颗盐，味苦而不咸。世人错用平泽中地生白软之气将为卤咸，深为误矣。"《本草纲目》对它的讲解，颇为确当，谓："凡盐未经滴去苦水，则不堪食。苦水即卤水也，卤水之下澄盐凝结如石者，即卤碱也。"所以卤咸是由盐的苦水（俗称盐卤）凝结而成。经鉴定，主要成分是 $MgCl_2$，另外还含有 $NaCl$、KCl。又名卤盐、寒石、石碱、寒水石、白水石、凌水石、盐精石、泥精、盐枕、盐根等，从这些称呼可知，古代往往把它与芒硝、石膏等混同，例如《唐·新修本草》就说"今人熟皮用之"，把它与芒硝混淆了。

（十七）无名异

是一种结核状的黑色或深灰色软锰矿石，有金属光泽或土状光泽，呈晶体结核状、粒状、柱状，常为锰质溶解后再沉积而成，也可由水锰矿、硬锰矿、黑锰矿等氧化而成。主要成分为 MnO_2，另外尚含有铁、钴、镍等。《日华子本草》最早提到它，《开宝本草》谓："无名异出大食国（今阿拉伯）生于石上，状如黑石炭，蕃人以油炼如黳石（一种黑色的玉石），嚼之如饧。"[①] 这种物质大约是在宋初由阿拉伯传入我国的。及至《图经本草》问世（1061 年），又提到"无名异，今广州山石中及宜州（今广西宜山）南八里龙济山中亦有之，黑褐色，大者

---

① 见《重修政和经史证类备用本草》（卷3）第 95 页。

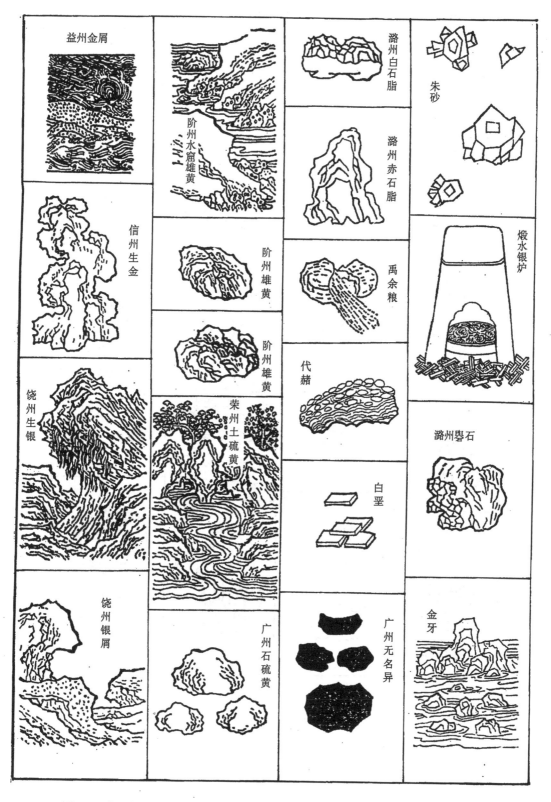

图 5-4　宋·苏颂《图经本草》所载矿物药（摘录炼丹术中常用者）图谱（之一）

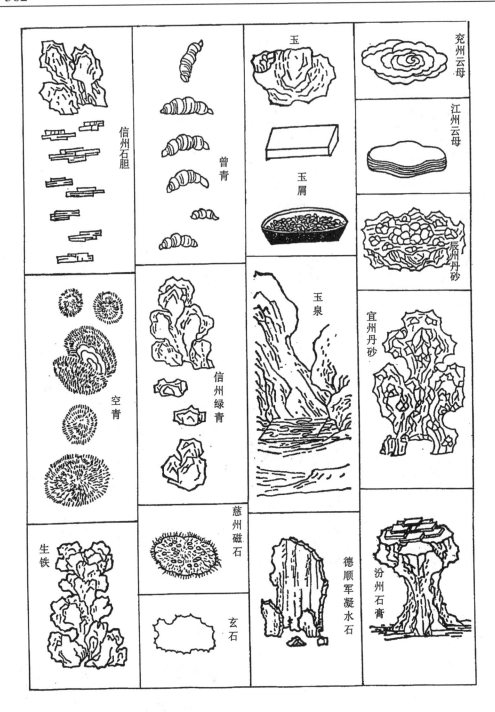

图 5-5　宋·苏颂《图经本草》所载矿物药（摘录炼丹术中常用者）图谱（之二）

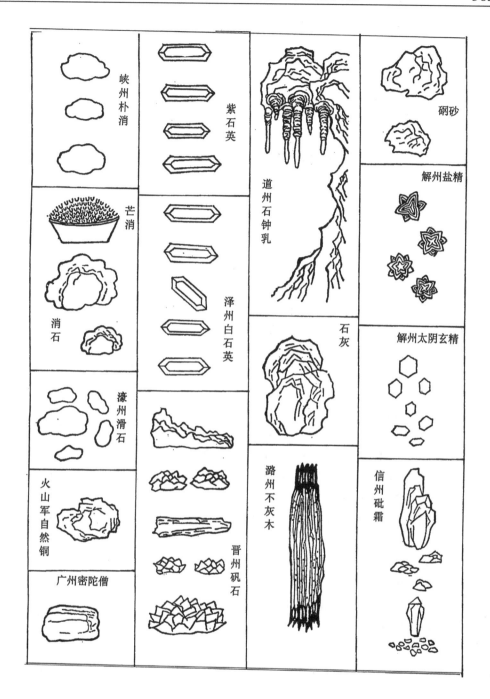

图 5-6 宋·苏颂《图经本草》所载矿物药（摘录炼丹术中常用者）图谱（之三）

如弹丸，小者如墨石子。"它的别名有土子、干子，炼丹术中使用甚少。

以上诸种炼丹术中常用的矿物药参看图 5-4、5-5、5-6。

（十八）动植物

在中国炼丹术的丹经中还会遇到一些杂七杂八的东西，以及关于它们的离奇古怪的名称。在中国的任何辞典中都难以找到这些隐名，只有在系统地研读了各种丹经之后，才会逐步把握住他们。因此，尽管这类东西使用并不普遍，但是求解困难，对它们作一番集解，还是很有必要的：①

醋：古代又称作醯、酢（音 cù）。醋过百日谓之淳醯，三年以上谓之苦酒。② 隐名叫左味、玄水、玄明、玄池、朝阳津液、溺水、神水、青龙味、四海水母。如果往醋中再混入一些矿、植物药，例如硝石、雄黄谷物等，那么这种醋称为某某华池，详见下节。

井华水：即清晨初汲的井水，隐名叫"五水"、"露霜"、"雪雨"。

桑上露水：隐名叫"龙泽膏"、"龙膏泽"、"龙膏液"、"栖龙膏"。

桑汁：隐名叫"鹄头血"、"帝女液"。

血：隐名"赤水"。死人血隐名"文龙血"。

磁石水：隐名叫"玄水液"、"玄水泽"、"滋母之液"、"玄帝流浆"。

胡桐泪：为杨柳科植物胡桐之树脂久埋土中而成。又名胡同律、石津、石泪、胡同碱，隐名"屈原苏"。

琥珀：是古代松树科植物的树脂久埋地下而化生出来的。又名虎魄，隐名叫"江珠"、"兽魄"、"顿牟"。

石油：又名猛火油、石脑油、石漆，隐名叫"雄黄油"、"硫黄油"。

马粪：隐名叫"马通"、"通卿"、"灵薪"。马通火即以干马粪为燃料燃烧之火，火力较弱。

蚯蚓：又名曲蟮，隐名叫"龙骨"、"土龙"。

蚯蚓粪：隐名叫"土龙屎（矢）"、"龙通粉"、"土龙膏"、"地龙粉"、"寒献玉"、"蚓场土"。

白狗胆：隐名叫"白阴瓠汁"、"瓠汁"、"阴龙瓠汁"、"阴色白狗粪"、"龙膏"。

黄狗胆：隐名为"黄戍"。

狗粪：隐名"阴龙肝"。黑狗粪则叫"阴龙膏"、"黑龙"。

狗尿：一名"阴龙汁"。

黑狗血：隐名"阴龙汁"。

牛乳：隐名"蠢蠕浆"、"首男乳"。

乌牛胆：隐名为"阴兽当门"。

牛粪汁：隐名"玄精汁"。乌牛粪汁隐名为"阴兽玄精"、"阴兽精汁"。

牛粪炭：隐名"子东炭"。

羊脂：隐名"似羊汁"、"味物脂"。

水牛脂：隐名叫"乌衣脂"、"黑帝乌脂"、"乌帝肌"。

---

① 这类隐名又不胜枚举，详见《石药尔雅》。

② 参看第七章第六节。

猪脂：隐名叫"黑膏孙肥"、"阴龙膏"、"亥脂"、"顶上脂隐"、"名负革脂"、"黑龙脂"、"黑帝孙肌"、"玄生脂"。

猪脂火：隐名"玄脂火"。

蜎脂：隐名为"猫虎脂"。

驼毛：隐名"西兽衣者"。

驼尿：隐名"曲兽汁"。

蜜：隐名叫"百花"、"百卉花醴"、"众口华芝"、"白蒇"。

珍珠：又名真珠、蚌精、蚌中珠，隐名叫"沉明合景"。

五谷芽：又名五栽。

雀粪：一名"雀苏"。

雄鸡毛：一名"铜羽"。

鸡头：隐名"水人三头"。

鲤鱼胆：隐名"河伯馀鱼"、"河伯馀"。

白僵蚕：隐名有"蚁强子"、"白苟"。

雨水：一名"云光液"。

虎睛：又名大虫睛，隐名"山君目"、"王母女爪"。

母猪足：隐名叫"封君"、"二千石脑"。

鲤鱼睛：隐名叫"水人目"。

刺蜎脂：隐名叫"猛虎脂"。

萤火虫：隐名叫"后宫游女"、"夜游好女儿"。

蜂子：隐名"飞军"、"飞粽"、"罗叉"。

鳔胶：隐名"麒麟竭"、"天筋缝鳔"。

虾蟆皮：即虾皮，隐名"龙子单衣"。

蛇脱皮：隐名叫"龙子衣"。又名"脱皮"、"蛇符子皮"。

烛烬：隐名叫"夜光骨"。

处女月经：又名童女月。

小儿尿：隐名有"水精"、"仙人水"、"死人血"。

人粪汁：隐名叫"玄精"。

蝙蝠：隐名叫"伏翼"。

在中国炼丹术中，固然主要是用矿物药，但经常还以一些草木药配合（常常作为阴药来伏制阳药）。而这些草木更往往是以隐名呼之。品种杂多，给研读中国炼丹术著述，造成了极大麻烦。兹先摘引《石药尔雅》、《太清石壁记》等著录的草木药隐名：

乌头：隐名"黄乌首"。

附子：隐名"乌烟"。

白附子：隐名"章阳羽玄"。

香附子：隐名"乌墟"。

麻韦：隐名"夜光骨"。

泽泻：隐名"三变"、"万岁"。

得苏骨：隐名"万岁"。

郁金香：隐名"五帝足"。

郁金根：隐名"黄帝足"。

牡丹：隐名"儿长生"。

葱：隐名"时空亭"。葱涕一名"空亭液"。

牡荆子：隐名"梦子"。

槐子：又名"千寻子"，隐名"太洞滑汁"。

白茅：隐名"白羽草"。

桑木：隐名"蚕命食"，桑柴隐名"三友木"。

墙上草：隐名"土马鬃"。

楸木耳：隐名"酒芝"。

章陆根：隐名"芬华"、"六甲父母"。

桃胶：隐名"薛侧胶"。

竹根：隐名"恒生骨"。

松根：隐名"千岁老翁脑"。

柏根：隐名"太阴玉足"。

石苔衣：隐名"长生石"。

苋根：隐名"地筋"。

五茄皮：隐名"牙石"。

松脂：隐名"丹光之母"、"木公脂"、"波罗脂"。

地榆：隐名"豚榆係"，地榆皮隐名"紫灰"。

桑寄生：隐名"木精"。

地黄：隐名"土精"。

地蜈蚣：隐名"千年润"。

黄精：一名"重楼"、"兔竹"、"豹格"、"救穷"。

茯苓：隐名"天精"、"绛晨伏胎"。

天门冬：隐名"大当门根"。

肉苁蓉：隐名"地精"。

杏仁：隐名"木落子"。

白昌（商陆）：隐名"地心"。

川椒：隐名"红铃"。

梧桐：隐名"神木"。

沈香：隐名"沉"。

薰陆香：隐名"灵华沉腴"、"灵华汎腴"。

青木香：隐名"东桑童子"。

鸡舌香：隐名"亭炅独生"。

薤菜（薤白华）：隐名"七白灵蔬"。

覆盆子：又名"缺盆"、"龙膏"，隐名"云水"、"白马汁"、"秋胶"、"义物锡"。

麒麟竭：又名"血竭"，色黄而赤，是渴留树分泌的树脂。

紫矿：渴廪树上寄生虫的分泌物，色紫，状如矿石，破开乃红。又名紫梗红、赤胶。

此外，中国炼丹术（尤其是黄白术）著述中对许多草木药多以△△龙芽呼之。《纯阳吕真人药石制》①、《轩辕黄帝水经药法》②、《孙真人丹经》［见《诸家神品丹法》（卷四）③］多有记载，兹集录如下：

赤芹　天宝龙芽，

桑叶并条　桑笋龙芽，

杜梨　昧棠龙芽，

管仲　五凤龙芽，

衣斑　地锦龙芽，

甘草　甘露龙芽，

楔桃　觅鸟龙芽，

萱草　无忧龙芽，

透疮　白云龙芽，

蓝草　鹿茸龙芽，

柳絮　玉英龙芽，

大戟　金精龙芽，

浮萍　水浮龙芽，

枸杞　地骨龙芽，

佛耳草　木耳龙芽，

松萝　万丈龙芽，

椿　香木龙芽、青树龙芽，

黑豆　乌豆龙芽，

莎草　香附龙芽，

芍药　异华龙芽，

松　永青龙芽，

葵　金花龙芽，

菟丝子　地胆龙芽，

独箒草　净土龙芽，

菠菜　地爪龙芽，

葱　银髪龙芽、银鬚龙芽，

耐冬　长生龙芽，

瓦松　舍生龙芽、禽位龙芽，

黄草　中央龙芽，

茄子　玄球龙芽，

知母　地参龙芽，

莲花　天焰龙芽，

桑叶　宝钞龙芽、锦砂龙芽，

益母　对节龙芽，

山荷叶　二气龙芽，

菖蒲　天刃龙芽，

续断　锦镖龙芽，

羊蹄　金麦龙芽，

菟丝　金丝龙芽，

护宅　碎焰龙芽，

半夏　无心龙芽，

萝卜　玉瓶龙芽，

皂角　悬壶龙芽，

马齿苋　玉叶龙芽，

谷精草　通顶龙芽，

车前子　地丁龙芽，

荷叶　地盘龙芽，

刺蓟　紫草龙芽，

菊花　金蕊龙芽，

仙灵脾　圆叶龙芽，

天南星　慈砂龙芽，

牡丹　龙宝龙芽

柏　侧柏龙芽，

章柳　紫金龙芽，

羊角苗　粘索龙芽，

地编竹　道生龙芽，

苍蓬　仙掌龙芽，

韭　仙力龙芽

百枯草　耐冬龙芽，

凌霄　缠树龙芽，

紫苏　香草龙芽，

葛根蔓　青龙龙芽，

油点叶　紫背龙芽，

鸡肠草　酉苗龙芽，

---

① 《纯阳吕真人药石制》，见《道藏》洞神部众术类，总第588册。

② 《轩辕黄帝水经药法》，见《道藏》洞神部众术类，总第597册。

③ 《诸家神品丹法》，见《道藏》洞神部众术类，总第594册。

蒿苣　玉汁龙芽，　　　　　　　　竹　　碧玉龙芽，

藤萝　万丈龙芽，　　　　　　　　酸枣　金钩龙芽。

益母草　乌寿龙芽，

三　中国炼丹术中一些玄奥物质的诠释与辨析

在中国炼丹术的历代丹经中，还常常提到一些特种制剂，它们可能是炼丹术中的某种升炼产物，也可能根据方士们的某种冥思苦想，甚至一些奇特的念头而设计、配制出来的混合制剂，而被赋予了某种玄奥的功能，于是成为炼丹术中一类神异、高妙的，似乎具有某种法力的物质。当然还要被冠以专门的尊号。但随着炼丹术活动的发展、演进，这些尊号的内容，制剂的成分往往也会发生变化；不同丹派对同一称谓的物质在加工上也可能遵照着各自的秘方，因此今人往往对这些物质或制剂难以有一个确切的理解和完整的概念，更难以对其演进情况，有个全面的认识，这就又给研读炼丹术著述带来很大困难，更往往发生误解，因此更有必要对它们试作一番诠释或辨析。

（一）玄黄

金属汞和铅在土釜中合炼，则生成一种紫色或金黄色 Pb_3O_4-PbO-HgO 混合物，但氧化铅占到99％以上，[①] 所以基本上是铅黄华。在中国炼丹术肇兴之际，它就被尊称为"玄黄"。但不同丹家在升炼玄黄时，铅汞比例可以相差得很悬殊，因此所得玄黄中，三种氧化物的比例也会有所不同，故颜色也就有差别，但冷时以桔黄色调为主。东汉《黄帝九鼎神丹经》谓："黄帝曰：欲作神丹，先作玄黄。玄黄法：取水银十斤，铅二十斤，纳铁器中，猛其下火，铅与水银吐其精华，华紫色，或如黄金色。以铁匙接取，名曰玄黄。"东汉问世的另一丹经《太清金液神丹经》的配方中，水银的比例加大了很多，它记载："取水银九斤，铅一斤。置土釜中，猛其火。从旦至日下晡。水银、铅精俱出，如黄金，名曰玄黄。"此外，另一版本的《九鼎丹经》——《九转流珠神仙九丹经》[②] 也提到："铅与水银合飞之，为玄黄也。"汉晋时期丹家们把"玄黄"视为一种灵异至神之物，强调炼丹时必得先用它涂布丹釜内外。《黄帝九鼎丹经》说："以〔六一泥〕泥赤土釜，涂之令内外各厚三分，曝之于日中十日，令干燥。乃取胡粉烧之，令如金色，复取前玄黄，各等分，和以百日华池，令土釜内外各三分，曝之十日，令大干燥乃可用〔以〕飞丹华矣。"[③]

玄黄还被丹家认为是黄白之母，又被视为神仙长生大药，故《九鼎丹经》谓：

取玄黄和以玄水液，合如封泥，丸之。纳赤土釜中，……以马通（或）若糠火火之，八十日当成金药。取玄黄一刀圭纳猛火，以鼓囊吹之，食顷，皆销成黄金。……玄黄一名伏丹，一名紫粉。欲服之，当以甲子日平旦向东再拜，服如小豆，〔日〕吞一丸，一百日神仙，万病皆愈。[④]

---

① 参看赵匡华等："中国古代炼丹术及医药学中的氧化汞"，《自然科学史研究》第 7 卷第 4 期，1988 年。在模拟试验中观察到 Pb_3O_4 受热变为紫色，冷后为桔黄色。

② 《九转流珠神仙九丹经》，见《道藏》洞神部众术类，总第 601 页。

③ 《黄帝九鼎神丹经诀》卷 1 第 3 页。

④ 《黄帝九鼎神丹经诀》卷 1 第 6 页。

"玄黄"这一称谓，一方面可能是炼丹家对 PbO-HgO 混合物颜色的描述，另一方面又因为玄（黑）、黄在阴阳五行学说中乃天地之色，所以丹家又认为此物具有包罗天地的神秘性，用以涂丹釜，便把它造就成了一个"小天地"，可以演现宇宙造化万物的过程，并孕育滋生万物，乃至神仙大药。《大丹篇》① 便曾援引九霄真君《大丹歌》，云："天地玄黄，铅白（"白"指水银）为匡。"又说："经曰：天地玄黄，得而服之，不死之方。"正体现了他们对玄黄法力的崇奉和信仰。

（二）黄牙（芽）

由于东汉炼丹大师魏伯阳在其名著《周易参同契》中有这样几段话："阴阳之始，玄含黄牙，五金之主，北方河车。故铅外黑，内怀金华，被褐怀玉，外为狂夫。""河上姹女，灵而最神，得火则飞，不见尘埃，鬼隐龙匿，莫知所存，将欲制之，黄牙为根。"在其"鼎器歌"中又有"阴火白，黄芽铅"之语。从此"黄牙"一物被丹家不仅视为制汞成大丹的灵异物质，而且被尊为天地万物之祖。近代化学史家也对它极感兴趣，纷纷推断以黄牙制伏河上姹女（水银）的化学内涵。

但对于黄牙一物的解释，似乎历来就有分歧，往往令古、今人都感到莫知所从。所以唐人白居易在多年从事炼丹活动、研读丹经之后仍慨然长叹，谓："漫把参同契，难烧伏火砂，有时成白首，无处问黄牙。"感到惶惑不解。一方面这是由于《参同契》及其他古丹经的文意往往多借喻而艰涩，奥雅难通，故意隐其奥秘，本不欲为世俗之人通悉其大要；另一方面，"黄牙"随着炼丹术的发展，后世丹家不断使"黄牙"的含义更新而部分地失其原旨。人们如果不了解这种情况，定要寻求出一个适合于各时代的统一解释，就必然会发生混乱，感到迷惑。而近人往往对此情况也不加分辨，而各执一时一经之词，似乎都有所根据，但却得不到统一的认识。

在阐述"黄牙"为何物之前，有必要先把它的原初涵义作些剖析，才好对它初始的角色作出判断。唐人依托阴长生所撰《阴真君金石五相类》② 着意写了一节〈配合黄芽真性相类门〉，针对"阴阳之始，玄含黄牙"一语而谓："夫黄芽者禀天地人三才全名为芽，芽含天地之气，成万类而生。其根绵绵不断，号之曰芽也。"因此在中国炼丹家看来，黄芽是一种含天地人三才之灵气的物质，可以生根发芽而孕育滋生出万物。它究竟为何物，实际上《参同契》已有表白，继"阴阳之始，玄含黄芽"一语后，接着便说"故铅外黑，内怀金华，被褐怀玉，外为狂夫"，是外貌粗卑（如褐被、狂夫）的铅中所蕴藏着的一种金华，既称为金华，又名黄芽，当是一种似金的物质，客观上它当是从铅衍生出来的。《阴真君金石五相类》接着也说："［黄芽］一名黄芽铅，能制汞，谓之黄芽。其铅须三才金，不损伤者可为黄芽，将以制汞，先白后黄转成五彩色，各执一方始为金芽，全其大道之功。"所以丹家所谓的黄芽制汞，其涵义不仅局限于抑制水银的挥发，更有其炼丹术上的深意，即它与水银的交配正符合了"男女相须，含吐以滋"的根本原理，于是"精气乃舒"，得以造化出大丹，最终"全其大道之功"。而值得注意的是《参同契》对水银与黄芽交配后最终变为大丹的过程是"先白（水银本色）后黄、转成五彩色"，这就给我们探讨黄芽提供了更多的启示和依据。

---

① 《大丹篇》，见《道藏》洞神部众术类，总第 598 册。
② 《阴真君金石五相类》，见《道藏》洞神部众术类，总第 589 册。

只要对中国历代外丹黄白术做一番系统的研读，并不难找到关于"黄芽"的、符合历史的答案，以及它的历史演进。问世早于《参同契》的《九鼎丹经》就已对"黄芽"有所说明，这里还要再次援引一下前文引用过的文字，它说：

> 取水银十斤，铅二十斤，纳铁器中，猛其下火，铅与水银吐其精华，华紫色或如黄金色。……名曰玄黄，一名黄精，一名黄芽，一名黄轻。
>
> 取汞九斤，铅一斤……猛火之，……水银与铅精俱出，如黄金色，名曰黄精，一名黄芽，一名黄轻，一名黄华。

可见这两个配方制得的玄黄，就是黄芽，也就是历史上最早的黄芽。我们曾对"玄黄"进行过模拟试验，[①] 判明它的主要成分是 Pb_3O_4 和 PbO，含有很小量的 HgO，热时呈紫色，冷却后呈桔黄色，与"黄芽"的面貌一致。《周易参同契》的下篇中有一段文字，很值得一读。他讲"惟昔圣贤，怀元抱真，服炼'九鼎'，化迹隐沦"。显然，所言"服炼九鼎"就是指"黄帝九鼎神丹"，可见魏伯阳曾熟读《九鼎丹经》，并尊为圣贤，所以《参同契》所谓之"黄芽"正是玄黄，甚至可以说《九鼎丹经》正是《参同契》的炼丹实际基础，《参同契》则是对《九鼎丹经》，尤其是对玄黄的理论提高——把玄黄（黄芽）提高为天地造化的大丹之首。《九鼎丹经》对这种黄芽制伏水银成大丹的作用也有翔实描述：

> 取汞三斤纳土釜（以玄黄涂其内外）中，复以玄黄（黄芽）覆其上，厚二寸许，以一土釜合之，封以六一泥，外内固际，无（勿）令泄，置日中曝大干，乃火之。……九日夜，寒一日发之，药皆飞著土釜，状如霜雪，紫红朱绿五色光华（正是后来魏伯阳所说：'转成五彩色'）。……名曰神符还丹。和以龙膏（桑上露），丸如小豆，常以甲子平旦东向再拜，长跪服之，百日与仙人相见，二女来至。

显然，"神符还丹"的升炼过程正是魏伯阳欲制"河上姹女"，而以"黄芽为根"之所本。根据我们的试验观察，[②] 水银（蒸气）被桔黄色 Pb_3O_4 受热分解产生的氧所氧化，而且非常顺利地生成红色氧化汞，其熔点为 500℃，分解温度为 630℃，而水银的沸点为 357℃，在 100℃时已明显挥发，所以这种黄芽也符合"伏汞"的要求，确能起到制汞成大丹的作用。不过魏伯阳似乎更强调黄芽是从铅中吐出，乃铅之精华。而玄黄的成分和颜色也的确以铅黄华为主。这种黄芽至少盛行到唐宋时期，即使元代的丹经中仍不乏记载。[③]

唐代众多丹家就都已清楚知道玄黄、黄芽、铅黄华（铅丹）具有相同的制汞成丹的作用。所以《阴真君金石五相类》指出："按铅精，仙人配用，方有多名，人若知使用，即不失其道。一铅华，……三玄黄、四黄芽，……八黄华，皆堪制伏汞为至药。"并对黄芽作了进一步说明："黄芽者是铅中黄华，黄华是铅中之气，合汞为用，即不失铅体。"这种以氧化铅为黄芽为观点，就更加符合魏伯阳的原意，也更准确地抓住了玄黄所以能制汞成丹的实质。

历代都有丹经谓黄芽为铅，当代学者也有持此见解的。例如孟乃昌根据《周易参同契》的中心是大丹铅汞论，又据《通幽论》说过"铅制汞，[汞]能伏铅，铅汞相成，合为黄白之道。"于是判断"黄芽"当指金属铅。[④][⑤] 于是他又把"河上姹女，灵而最神，将欲制之，黄芽为

①　参看赵匡华"中国炼丹术中的'黄芽'辨析"，《自然科学史研究》8 卷 4 期，350～360 页，1989 年。

②　赵匡华，中国古代炼丹术及医药学中的氧化汞，自然科学史研究，7（4），1988 年。

③　参看《庚道集》（卷二）陈庶子〈砒匮制黄芽法〉，见《道藏》洞神部众术类，总第 602 册。

④　孟乃昌，《周易参同契》的实验和理论，太原工学院学报，1983 年第 3 期。

⑤　孟乃昌，《周易参同契》及其中的化学成就，化学通报，1958 年 7 月号。

根”的过程解释为：铅汞混合，一经加热“铅汞齐部分汞失去，崩解而成细粉。逸去的汞是不能收回了，但未蒸发的却可以借与铅生成汞齐而［被］控制起来。”这话就难以令人信服了。第一，这样说实际上承认铅对汞没有控制力，也未能制伏其“见火则飞”的“灵性”；第二，既然铅汞一经加热，最终变成了一堆如明窗尘一样的灰黑色粉末，丹家们怎么会认为铅制汞，“赫然变还丹”了呢？我们应该理解，古代炼丹家对药物所以使用隐名，正是为隐其奥秘。他们当中确有些人把铅称为黄芽，正是欲言又止，故意采取障人耳目的手法，所以铅与玄黄、铅华往往有相同的别名和隐名，唐人金陵子《龙虎还丹诀》就确实讲过：“按仙经隐号，［真铅］一名立制石、一名黄精、一名玄华、一名白虎、一名黄芽、一名河车。”但是还应指出，金陵子是把“黄芽”视为铅的“精华”和“元气”，而以精华作为别名又有何不可呢？但这样做确实历来就使不少人发生了误解。所以宋人李光元曾撰《海客论》[①]（又名（金液还丹百问诀》）就曾特意提醒人们不要受到迷惑，不要误把金属铅当作黄芽”。书中有以下对话：

光元曰：亦见时人论黄芽，皆不知其至理，不知黄芽将何物制造得成也。

道人曰：铅（按指铅精）出铅中，方为至宝。汞传金气（铅之精气），乃号黄芽。不见《古歌》云：黄芽铅汞造，阴壳含阳花，不得黄芽理，还丹应路赊，世人炼至药，尽认为黄华，铅黄是死物，哪得到仙家。

光元曰：铅有二耶？

道人曰：铅非有二。譬如养子，若割父母身上肉内（纳）于腹中，而孩子生应难得，若离父母，孩子自何而生。《古歌》云：“鼎鼎元无鼎，药药元无药，黄芽不是铅，须用铅中作。黄芽是铅，去铅万里，黄芽非铅，从铅而始；铅为芽母，芽为铅子。……知白守黑，神明自来。”此之谓也。……故《古歌云》：“用铅不用铅，须用铅中作，世人若用铅，用铅还是错。”

这两段话，将黄芽与铅的关系讲得非常透彻了：铅汞是黄芽之母，黄芽不是金属铅，而须以金属铅来制作。所以该用黄芽铅时若误用了金属铅，就发生差错了。《神家神品丹法》（卷三）也引了青霞子语，谓“黄芽不是铅，须向铅中作，欲得识黄芽，不离铅中物”；又谓“铅是芽之母，芽是铅之子，既至得金华，遂使铅不使”，也道破了黄芽之谜。

随着中国炼丹术的发展，丹家逐步找到并掌握了以硫黄合炼水银而制造出红色硫化汞（人造丹砂）的丹法，还发现以硫黄制汞并使之“还复为丹”较之用玄黄或铅丹更有效，更简便，而且它也呈黄色，所以从这一性能上说，它与玄黄、铅黄华有同等的意义，于是它也开始被呼之为黄芽。这一称谓最早见于唐肃宗宝应中或稍早一些时候问世的《丹房镜源》，谓：“石硫黄，可乾汞，语（诀）曰：此硫见五金而黑，得水银而赤。又曰黄芽。”唐末或五代初的方士独孤滔又撰《丹方鉴源》谓：“石流黄可制汞，诀曰：硫黄见五金而黑，得水银而色赤，亦曰黄男，亦曰黄芽为根也。”所以张子高[②]、曹元宇[③]、袁翰青[④] 等都曾认为“黄芽”是硫黄，这种说法不错，硫黄确曾有黄芽之别名。但那是唐代以后的事，如果认为《参同契》中的黄芽是硫黄，那就不确当了，就背离了中国炼丹术发展历史的实际，因为据目前的考证，中

①　《海客论》和《金液还丹百问诀》分别见《道藏》太玄部经名总第 724 册和洞真部方法类，总第 132 册。

②　张子高，炼丹术的发生与发展，清华大学学报，第 7 卷第 2 期，1960 年。

③　曹元宇，葛洪以前之金丹史略，学艺，第 14 卷，第 2，3 号，1935 年。

④　袁翰青，《中国古代化学史论文集》第 175 页，三联书店，1965 年。

国汉晋时期的方士还未掌握硫黄制汞成还丹的工艺；在汉晋丹经中更找不到任何关于硫黄为黄芽的说法；而且这种后世的说法与《参同契》的大丹铅汞论也极不调合。并应指出，中国炼丹术中也从未有硫黄"含天地人三才"，"有天地造化之功"的说法。所以唐代后也把硫黄呼为黄芽，这与其固有的含义已经部分地偏离了。

还应指出，黄金在中国炼丹术中也曾被呼之为"黄芽"，不过那也是在唐代以后。因为中国炼丹家们认为硫黄与黄金都是极阳之物，鉴于硫黄可制汞，所以从阴阳配生的角度，而把它们并列起来。例如唐人黄童君注释之《魏伯阳七返丹砂诀》[1]谓："天生玄女（原注：玄女水银，位居太阴，故曰玄女），地生黄男（原注：黄男者硫黄也，太阳之精，故谓之黄男也）。"《参同契五相类秘要》则谓："天生玄女者，水银也；地生黄男者，黄金也。皆禀性太和微妙之气，左阳右阴即位而相通。"所以"黄男"既可指硫黄，又可指黄金了。但在中国炼丹术中，称黄金为黄芽者并不常见，唯见于《丹房镜源》和《丹方鉴源》，它们分别有如下条目：

> 金：楚金出汉江、五溪。或如瓜子形，杂众金，带青色，若天生芽，亦曰黄牙，若制水银、朱砂成器，为利术，不堪食，内有金器毒也。[2]

> 麸金：出汉江、昌江、五溪。或为瓜子形。新罗金带青色。……天生牙此是也，亦曰黄牙。

近人黄素封也曾认为《周易参同契》中的"黄芽"即指黄金而言，因为黄金亲汞，很容易生成汞齐。而且他竟然认为《参同契》中的"金"概指黄金而言（实际上多指铅）[3]。这种见解也是不符合中国炼丹术发展实际的，更何况黄金并不能"制"汞（抑止住水银的挥发性）。目前支持这种见解的人似乎已经很少了。

（三）六一泥、神泥、固际神胶与中黄神泥

"六一泥"是专用来涂布、固际丹釜的泥，以防丹釜因有缝隙而使"丹精"外泄。它一般是由七种成分组合而成的，取"天一生水，地六成之"的说法。《黄帝九鼎神丹经诀》（卷七）解释说："六一泥者，六与一合为七也，圣人秘之，故云六一。"但各派、各时期的丹家制作六一泥所用之药物不尽相同。大概是在不断总结经验中，逐步在改进、调整。当然也可能是因地制宜，就便取材而已。

六一泥最早见于《黄帝九鼎神丹经》，谓：

> 又当作六一泥。泥法：用矾石、戎盐、卤碱、礜石四物。先烧之二十日。东海左顾牡蛎、赤石脂、滑石凡七物，等分，多少自在。合捣万杵，令如粉，于铁器中合火之九日九夜。猛其下火，药正赤如火色，可复捣万杵，下绢筛，和百日华池以为泥，[泥赤墀]令内外各三分。曝之十日，令大干燥。

该《经诀》（卷七）则云，"诸丹用者皆云六一，亦有不皆六种，各有法，唯有取牢密耳。"所以左元放所受狐刚子《七宝未央丸[丹法]》（见《黄帝九鼎神丹经诀》卷7），其泥釜药仅用"紫石英、白石[脂]、赤石脂、牡蛎粉、白滑石各二十斤为泥。"又如《太上八景四蕊紫浆五

---

①　《魏伯阳七返丹砂诀》，见《道藏》洞神部众术类，总第586册。

②　参看《重修政和经史证类备用本草》（卷4）"金屑"条，第109页。

③　参看黄素封："中国炼丹术考证"，《中华医学杂志》第31卷，第1，2合期，153～173页，1945年。

珠降生神丹方》①泥釜用东海牡蛎、戎盐、黄丹、滑石、赤石脂、蚯蚓黄土，也只六物，也称作六一泥。再如《太极真人九转还丹经要诀》②也只用牡蛎、白石脂、云母、蚯蚓粪、滑石、白礜石六物为六一泥。此外还可以举出许多六一泥的异方。

六一泥另有别名，《太微灵书紫文琅玕华丹神上经》③称之为"神泥"，它是以牡蛎、蚡鼠（田中鼠）土（粪）、马脱落细毛、滑石、赤石脂、羊细毛、大盐七物合而为泥。另外，孙思邈《太清丹经要诀》④则称六一泥为"固际神胶"。孙氏也强调："凡作六一泥者只为固济，欲只牢固，今只二种药（燉煌矾石与赤石脂）为泥，又加一二种（戎盐、卤咸）亦〔无〕损者，何烦多种。"宋人吴悮《丹房须知》⑤称六一泥为"药泥"，也只用黄土、蚌粉、石灰、赤石脂、食盐等五味。

六一泥除用来固际丹釜外，炼丹家们还常用它来把丹釜内外涂遍，他们此举还似乎另有一番想象和用意。《黄帝九鼎神丹经诀》（卷七）就有所流露，谓：

> 六一之目虽充泥用，论其功力，堪助年寿。矾石乃轻身坚骨，增年不老；礜石则明目下气，益肝止咳；戎盐则能去毒虫，使坚肌肉；卤咸则去脏中留热，除呕喘满；赤石脂则益圣智、不饥，轻身延年。白滑石则轻身年长，耐肌止渴。以此为釜，直（只）取釜气之药，已有长生之功力焉。故古人用之不无意，全赖作釜。先成赤土釜为骨体，次以六一泥重涂之。

可见，一些丹家认为又可藉七石之气增强神丹健身延年之功效。

六一泥外，还有一种所谓"中黄密固泥"，是专门用来密封上下丹釜合缝的。《黄帝九鼎神丹经诀》（卷七）收录了它的配方和制法。谓：

> 取好黄土如脂蜡者，曝干，捣筛、水汰，如作牡蛎粉法。曝干，破之如梅李大，猛火烧之三日，令通赤如丹，毕，寒之。更捣筛三斤，纳黄丹一斤，纸一斤，渍令烂以酒和，煮阿胶五斤，汁足，以纸土为泥，捣三千杵，于瓷器中蒸之半日，以涂六一泥上也。

（四）华池

一般来说，把中国炼丹术中的"华池"解释为醋，大致是不错的，《石药尔雅》也说："醋，一名华池。"但细究起来，华池又往往是一种醋的混合物，很有一套讲究。陶弘景在其《本草经集注》中说："醋亦谓之醯。以有苦味，俗呼为苦酒。丹家又加余物，谓之华池佐味。"《九鼎丹经诀》（卷十七）则讲得更清楚，谓："〔醋〕过百日者谓之淳醯；三年以上谓〔之〕苦酒；投之以药即曰华池，古人秘之，号之左味。欲求大道，好慕长生不老，若不营之，百无一就。"可见华池是修炼神丹必不可少之物，丹家十分重视。该卷丹经还列出了名目、用途各异的多种华池口诀，兹摘数例，以对华池做更翔实的描述：

"天师太清华池"⑥，即《三十六水法》中用以化金、玉、五石、五金成"水"的华池，

---

① 《太上八景四蕊紫浆五珠降生神丹方》，见《道藏》正一部经名，总第1042册，《上清太上帝君九真中经》。
② 《太极真人九转还丹经要诀》，见《道藏》洞神部众术类，总第599册《太极真人杂丹药方》。
③ 《太微灵书紫文琅玕华丹真上经》，见《道藏》洞真部方法类，总第120册。
④ 《太清丹经要诀》见张君房《云笈七签》卷71第396~397页。
⑤ 《丹房须知》见《道藏》洞神部众术类总第588册。
⑥ 见《黄帝九鼎神丹经诀》卷17第4页。

"今人作之法，用淳左味五石，三分之。取一份纳蜜一斤。谷五斗，以水溲令生芽，乃曝令干，捣筛，纳华池中，合捣万过。乃以糖裹矾石三十斤浸其中，封之三日成，其味苦而甘酸，复纳硝石十斤，都合料理也。以水（按：言使之成水）金、玉、五石、金、银、珠、铅，百日皆化为水。承天雨水做左味尤佳。"

"三转黄白华池"[①]，它是《狐子玄珠经》中专用以"伏玄珠（水银）"用的。其做法是"取三年苦酒重酿者六石，《上清[经]》更用春酒糟一石，熟搅投中。更取上秫米一石，溺水极烂，纳中待消尽，更压取清，更纳黄衣（原注：不破麦黄蒸也）八斗，五栽（原注：五栽者谓谷、豆、黍、麦、稻等，用水溲之生芽，七八日成床也，名曰五栽），各三斗，纳中三七（二十一）日，压出，安大瓷釜中，纳金屑、银屑各一斤，次纳青矾石（原注：吴白矾中择取青黄者是，本草谓之鸡屎矾也）二斤、黄矾石十斤，五十炼铅白屑三斤，布裹悬其中，经七十日，铅精销入药也。若欲合诸丹及金液、炼诸水、杀八石、天地众方，先须预作十瓮、二十瓮。瓮，瓷作不可，临时始作药，即无力，变化不成。"

又有"太一金液还丹华池"[①]，"可渍金液，饵八石也"，作之法，"以五月天雨水三石六斗作苦酒；用米曲如常，泥封二十一日，内（纳）大麦糵末糖一斗八升，复经七日或三七日，清澄，别纳大瓮中，名曰左味。又作三斗秫米糖，先捣矾石十斤，令如米豆大，以糖裹之，作三十许饼，纳左味中，百日成。"

再有所谓"黄白八石华池"[①]者，乃用于"煮水银及和丹，入飞成丹可长生"。作之法"取三转左味（见《九鼎丹经诀》卷十七第七）两石一斗，紫石英一斤，真钟乳一斤，特生礜石一斤，磁石一斤，青阳石五斤，石膏一斤四两，石亭脂八两，五栽三斗，凡九味，异（分别）捣，下筛，择寅日，瓷器中合纳之，封固勿令泄气，七日成矣。以金屑、银屑、黄衣投此八石华池中，依方□日满足，成黄白左味。"

可见华池品种、名目繁多，可以说不胜枚举，炼丹家往往根据不同要求，自行设计华池配方。但按经典的作法，基本原则应是"醋投之以药，即曰华池。"[②]但到唐宋以后，有的丹家也不遵从这个原则了。《铅汞甲庚至宝集成》中收录的〈太上圣祖秘诀〉中有个"入润金华池法"，作之法："清油一升，黄牛脂、猪脂各一斤。白硝石八两，小便四升。右先煮油热，下牛脂，消耗六分，下小便。更四十余沸，即下硝石、朴消二味，成汁。"此中便没有醋；又如《庚道集》[③]（卷九）有一〈华池法〉，以"硫黄、硇砂、蓬砂、青盐，更添淳酒一升"作之，又是特例，也未用醋。

华池在中国古代炼丹家的心目中，究竟是怎样的，其中有些什么玄想，现存丹经中似都未明说。但从大量华池配方、用作的叙述可以体会到，他们是想藉助诸种华池提取出五金八石的精华，以利于饮服，摄取药精，出发点似与金液之制作相似，而起源于《三十六水法》

（五）"八石"辨析

"八石"是包括八种矿物、岩石的一组物料，炼丹家把它们设想为八方之土的代表，安置于丹釜中，尊称为"真土"，以培育神丹（参看《丹房奥论》及本章第一节）。但"八石"究

---

① 见《黄帝九鼎神丹经诀》卷 17 第 8 页。
② 见《黄帝九鼎神丹经诀》卷 17 第 3 页。
③ 《庚道集》，见《道藏》洞神部众术类，总第 602～603 册。

竟指哪八种石，不同丹家的说法，很不一致。《太清石壁记》①中有"八石丹方"，谓以"雄黄、雌黄、石硫黄、空青、绿青、礜石、朱砂、矾石，以上各十四两，捣筛飞炼。"但又说："丹砂、慈石、曾青、雄黄、白礜石（以上五石）加硝石、紫石［英］、钟乳则名曰八石也。"唐代黄白术丹经《太古土兑经》则谓："朱（朱砂）、汞、鹏（硼砂）、硇、硝、盐、胆，命云八石。"其中"汞"似有误。《诸家神品丹法》②（卷五）中有〈孙真人丹经内五金八石章〉，又谓："八石，曾青、空青、石胆、砒霜、硇砂、白盐、白矾、牙硝"。"可见"八石"所指，向无定论。

（六）"五石"辨析

在中国炼丹术乃至医药学中的所谓"五石"是与五行中之五色、五方、五星、五帝相对应的五种矿物，赤者为丹砂，黄者为雄黄，青者为石胆或曾青，白者为白礜，黑者为慈石。此"五石说"源起很早，远在周代时可能已有。《周礼·天官冢宰下》（近人多认为作成于战国时期）谈到疡医的职责时说："疡医掌肿疡、溃疡、金疡、折疡、疡之祝药、劀杀之剂。凡疗疡以五毒攻之。"③但未明确指出所言"五毒"为何物。东汉经学家郑玄注曰："五毒，五药之有毒者。今医人有五毒之药。作之合黄堥，置石胆、丹砂、雄黄、礜石、慈石其中，烧之三日三夜，其烟上著，以雄鸡羽扫取之以注创，恶肉、破骨则尽出。"这五种矿物药，除慈石外，皆已见于《五十二病方》，所以此段注说可能完全符合〈天官冢宰篇〉的原意。

西汉时刘安主撰之《淮南子·坠形训》有一段五石化为五种汞和五种龙的议论（见本章第一节），所说"五石"即黄砆（当指雄黄）、曾青、丹砂、礜石、玄砥（当指慈石）。炼丹术兴起之后，很快就出现了"五石丹"，葛洪《抱朴子·金丹》有了明确记载，谓："作之法，当以诸药合火之，以转五石。五石者，丹砂、雄黄、白礜、曾青、慈石也。……其法俱在《太清经》中卷耳。"苏元明所撰《太清石壁记》更翔实地记载了"五石丹"，谓：

> 五石丹一名五星丹、五精［丹］、五彩［丹］、五帝［丹］、五岳［丹］、五灵［丹］、八仙丹。五石丹者，淮南刘安好道，感仙人八公来授之，安以此赐左吴，故得传人世。其药飞五石之精，服之令人长生度世，与群仙共居。五石者五帝之精。丹砂，太阳荧惑之精；慈石，太阴辰星之精；曾青，少阳岁星之精；雄黄，后土镇星之精；礜石，少阴太白之精。

赵匡华等曾对"五石丹法"进行了模拟试验，④以石胆作青色石，了解到升炼所得"药精"的主要成分是 As_2O_3、As_2S_2 和 HgS，并含微量的 Hg_2SO_4，确为疗疡之药。

在医药学中，"五毒方"在晋代时又发展为"范汪飞黄散"，唐人王焘所撰《外台秘要》（卷二十四）中有所收录，谓：

> 范汪飞黄散：疗缓疽恶疮，食恶肉方。取丹砂著瓦盆南，雌黄著中央，慈石北，曾青东，白石英西，礜石上，石膏次，钟乳下，雄黄覆，云母薄布下，各二两，先捣筛瓦盆中，以一盆覆上，羊毛泥令厚□□。作三隔灶，烧之以陈苇，一日成，取

---

①《太清石壁记》，见《道藏》洞神部众术类，总第582～583册。

②《诸家神品丹法》，见《道藏》洞神部众术类，总第594册。

③《周礼注疏》（卷5）第30页，1935年国学整理社出版《十三经注疏》本。

④ 赵匡华等，汉代疡科"五毒方"的源流与实验研究，自然科学史研究，第4卷，第3期，1985年。

其飞者使之，甚妙。[①]

清初赵学敏所撰《串雅内外篇》[②]所收录的"五毒丹"配方仍与东汉时者相同，可见"五石"自汉代以来一直为炼丹家及医药学家视为圣物。

（七）真铅与真汞

在中国炼丹术中，唐代后以大丹铅汞论为基础的著述中经常有"真铅"、"真汞"之论，强调要正确识别真铅、真汞，否则徒劳无功、必入歧途。但对真铅、真汞的解释，诸家实际上颇有分歧，也难怪使后学无所适从。唐人金陵子曾据《大洞炼真宝经》做了比较明确的解释他在《龙虎还丹诀》[③]（卷上）中谓：

> 今有好道之士，志慕长生者，先须辨其药品高下，识其真汞、真铅，知金石之情性，然后运火，铅汞为药之本也。
>
> 真汞者，上等丹砂中抽得汞转，更含内水内火之气，然后名为真汞。
>
> 真铅者，取矿石烧出，未曾坯抽伏治者，含其元气，为（谓）之真铅。

此是一说。按此说，所谓真汞者，第一必须以上等丹砂而"一色不杂"者为原料；第二，采用"未济式装置"（上火下水）升炼水银，使其中含内火内水之气。而所谓真铅者，必得内含矿中原有之元气，即银气，而不得用坯抽提银后之残铅。因在丹家看来，此铅已是渣滓，再无灵气矣。

而《诸家神品丹法》（卷二）引唐人孟要甫《金丹秘要参同录》，则谓：

> 然所论铅汞二物，丹经尽秘，若不直说，无因晓会。铅者银也，谓银从铅中得，故以圣银为真铅，感月之精气而生，是太阴之水精。若人能制伏成丹［服］食，岂不长生乎。真铅决定用银，更无疑误。……汞者水银，从朱砂所得，有形而无质，吸银气而凝体，故号曰真汞，感日之精气而生，是太阳之真火也。若能制伏为丹服食，岂不能固命乎。真汞必用水银，更无他说。

那么孟要甫就更进一步以银为真铅了，认为所谓大丹以铅汞为基础，而实际上则是依靠了铅中的精气——银气。这与"炼汞添金"而得到灵汞的说法是一脉相承的。

（八）龙虎

在中国炼丹术著述中经常会遇到龙与虎并举。由于铅汞还丹自始至终是神丹大药的一条主线，因此在绝大多数情况下，水银隐语作青龙，黑铅隐语作白虎。《石药尔雅》谓："铅精一名白虎，水银一名青龙。"宋人张元德所撰《丹论诀旨心鉴》[④]谓："丹者，《龙虎真文》云虎者，真铅也，龙者真汞也。反铅为黄芽，反水银为真汞。真铅不枯，真汞不飞。即此世间水银也，已出一切尘俗耳。"所以铅汞还丹又称"龙虎还丹"，金陵子《龙虎还丹诀》就是关于它的专论。

但"龙"、"虎"在某些场合下或依个别丹家的说法，则可能另有别义。例如，无名氏

---

① 唐·王焘：《外台秘要》第 664 页，人民卫生出版社影印经余居刊本，1955 年。

② 参看《〈串雅内编〉选注》第 77 页，人民卫生出版社，1980 年。

③ 唐·金陵子《龙虎还丹诀》，见《道藏》洞神部众术类，总第 590 册。

④ 《丹论诀旨心鉴》见《道藏》洞神部众术类，总第 598 册。

《周易参同契注》①云："虎是金花（铅黄华），龙是金汞，所以上古先圣号曰《龙虎上经》。又一义直云水银、朱砂有龙虎之号，故朱砂曰赤龙，汞为白虎。亦汞（应作"汞亦"）有二名：汞为木精，号曰青龙；而白似银，号曰白虎。……所以作丹以花（铅黄华）为虎，以汞为龙，将龙取龙，以虎为虎，非此二宝，不能伏也。……草堂注云：虎是礜石，号为白虎，称曾青为青龙。既云曾［青］、礜石为真将，金汞何号应不然也。直言龙虎者金花、水银，亦不用金银诸石也。"可见龙虎之说又相当混乱。

（九）河车及河车法

关于铅在炼丹术中的重要地位，《黄帝九鼎神丹经诀》（卷十二）有一段话，说："臣按狐刚子云：夫合丹药以铅为本，铅若不真，药无成者。故云：铅者阴阳之筋髓，七宝之良媒，解则万事可成，逆则千途竟塞。故曰：铅绝河车空，所作必无功；功断河车绝，万计无所出。又云：莫破我车，废我还家，莫坏我铅，我命得金。车者即河车也。"所以"河车"即为铅之喻，又成为其隐名，以喻它在炼丹术中的关键作用。宋代丹经《通幽诀》②又进一步解释说："河车者，五金之位亦（于）北之（者）。水能度车般（搬）载万物，轮还（旋）不住，阴合（含）阳精，金汞相得，故曰河车。"意思也是说，铅在炼丹术中的作用至重，在五行中它在北方水位，故可喻作河上之车。运载万物，轮旋往复，以实现大还丹之变炼，故隐名呼之为河车。

《九鼎丹经诀》（卷十二）又谈到"河车法"，谓："［大丹］未有不因铅而成者。丹之覆荐之药，即所谓河车者。故云不得八种河车，丹无依伏是也。"其〈卷十七〉则据《狐刚子伏水银诀》，谓："九丹铅精玄珠法：玄珠（水银）二斤，九丹铅精十二两，黄白佐味中煮之七日七夜，凝白彻净（按当为铅汞齐）。然后乾伏合诸药，即成河车法八种之法。"所以"河车法"就是以铅汞齐为基体出发，合诸药，制成升炼诸种神丹大药之基质药物的方法。看来大概有八种，故云"河车八种"。《石药尔雅》（卷下）在"显诸经记中所造药物名目"时，提到有〈造白河车法〉（可能又名铅白河车）、〈赤河车法〉、〈单青河车法〉、〈芒硝河车法〉、〈石亭脂河车法〉、〈东野（硝石）河车法〉、〈镴河车法〉、〈紫河车法〉，可能就是"河车八种"之法了，它们与〈造黄华法〉、〈造铜青法〉、〈造金粉法〉、〈造银膏法〉并列。

兹以〈紫河车法〉为例。《庚道集》（卷八）转录了《青霞子十六转大丹》中第六转"明窗尘修紫河车法"谓："右用明窗尘五两入神室中，乃太一神室也。用汞五两如栽莲法于明窗尘中，封固，同前入炉养火七日成黄芽，销之成真金（药金），飞于顶上，号曰紫河车。"那么什么是"明窗尘"，《周易参同契》中有一段话，说以"金"与汞制成铅（铅华）汞混合物后，放置一星期，"岁月将欲讫，毁性伤寿年，形体为灰土，状若明窗尘。"孟乃昌对这句话做过一种有趣的解释，③谓此"金"为金属铅，那么"铅汞齐部分汞失去，崩解而成为细粉，最后只剩下一些似明窗旁的灰尘一样的黑灰色粉末。"因此"明窗尘"当是含少量汞的金属铅粉末。但按通常的解释，此"金"当为铅黄华或玄黄，明窗尘当为含水银的铅黄华。以它填充神室，以水银点缀其中（如莲蓬中分布的莲子），密封加热，显然这与升炼玄黄的工艺，所

---

① 无名氏：《周易参同契注》，见《道藏》太玄部经名，总第 622 册。
② 《通幽诀》，见《道藏》洞神部众术类，总第 591 册。
③ 孟乃昌，《周易参同契》的实验和理论，太原工学院学报，1983 年第 3 期。

得"紫河车"正是"铅与水银吐其精华"所生成的紫色或黄金色的紫粉——铅汞混合氧化物，故云："养火七日成黄芽。"

（十）四象

"四象"之说原出于《周易》，其〈系辞上〉曰："《易》有太极，是生两仪，两仪生四象，四象生八卦。"〈疏〉曰："四象谓金、木、水、火。震木、离火、兑金、坎水，各主一时。"此言天地而生四时之象。但在中国炼丹术中则另有所指，宋人曾慥撰著《道枢》[①] 其卷三十二注曰："四象者，青龙也，白虎也，朱雀也，玄武也。在《易》为四象，在人为四肢，在天为四时，在地为四极，在药为四神。"那么四象之药为哪四种？宋人撰《修炼大丹要旨》[②]（卷上）有这样一段话，谓："胡为丹经仙方充积栋宇，其间所论丹母独言乎真铅。及其分辨阴阳，和合四象，乃曰白金、朱砂、黑铅、水银。至于点化，乃曰黄芽、白雪、雌雄二精。阅尽丹经未尝有一书［论］及用金为丹之母。特取金良者以养丹砂，徒费工夫。"故知丹家炼神丹以白银、朱砂、黑铅、水银为四象。

（十一）"三黄"与"四黄"

《丹房奥论》指出："三黄谓硫黄、雄黄、雌黄。"唐或五代期问世的《真元妙道要略》[③] 谓"硝石宜佐诸药，多则败。药生者不可合'三黄'等烧，立成祸事。"三黄即指上述三物。中国炼丹术中又有"四黄"之说，《太古土兑经》[④] 谓："雌、雄、硫、砒，名曰'四黄'。"《庚道集》（卷四）所引〈太上洞玄大丹诀〉也谓："四黄者，水窟雄黄（生于山岩中有水流处）舶上（出荆南林邑或波斯者）硫黄、叶子雌黄（如葹叶子，黄金色者）、砒黄。"《真元妙道要略》也提到："凡伏四黄、八石，若犯草霜未经久炼成汁者，无所用。"亦即指此。

（十二）"三白"与"四皓"

《丹房奥论·六论三白》谓："三白谓硇砂（即碙砂）、砒霜、粉霜。"而《修炼大丹要旨》（卷上）则提到了"神雪丹阳四皓丹"，谓以粉霜、冰晶砒（上好砒霜）、硼砂和硇砂为"四皓"。此后，《庚道集》（卷三）辑录了"四百头丹阳法"，称"四皓"为"四百头"，显然为"四白头"之误。

（十三）赤盐

顾名思义，赤盐是一种红色的盐，用现代化学的语言说，它是一种人为加工的含氧化铁的盐。最早见于葛洪《抱朴子内篇·黄白》，其"治作赤盐法"原出于〈金楼先生所从青林子受作黄金法〉，谓："用寒盐一斤，又作寒水石一斤，又作寒羽涅一斤，又作白矾一斤，合内（纳）铁器中，以炭火之，皆消而色赤，乃出之可用也。"[⑤] 但配方中所用各药多有一名多物的情况，所以仍令今人不大好捉摸。《九鼎神丹经诀》（卷九）中亦有一"作赤盐法"，配方略有

---

① 《道枢》见《道藏》太玄部经名，总第641～648册。
② 《修炼大丹要旨》见《道藏》洞神部众术类，总第591册。
③ 《真元妙道要略》见《道藏》洞神部众术类，总第596册。
④ 《太古土兑经》见《道藏》洞神部众术类，总第600册。
⑤ 见《抱朴子内篇校释》王明校释本第264～265页。

不同，作法谓："黄矾石（硫酸铁）一斤，石盐八两，并捣作末，铁器中消熔，看色赤足即停下，成赤盐，研为末用。"两方对照看，可知〈青林子方〉中之"寒盐"当即石盐，"白矾"应系"黄矾"之误。《九鼎丹经诀》（卷十八）中提到赤盐又可用来"杀铅毒"，谓"一斗春华池，二两赤盐末，可杀一斤铅精，令毒尽也。"唐人张果的《玉洞大神丹砂真要诀》中的〈变青金法〉、〈变红金诀〉、〈变紫金诀〉中也都用到此物。

四 中国炼丹术中的"还丹"与"金液"

东晋炼丹术大师葛洪在其《抱朴子内篇·金丹》中总结汉晋以来的炼丹术理论和实践时，有一段总结性的话，谓："余考览养性之书，鸠集久视之方曾所披涉篇卷，以千卷矣，莫不皆以还丹、金液为大要者焉。然则此二事，盖仙道之极也。"足见"还丹"、"金液"在中国炼丹术中的举足轻重。若欲研究中国炼丹术，而不明"还丹"、"金丹"究竟为何物以及它们演变的来龙去脉，便难以把握住中国炼丹术的主线和全局。因此有必要对它们作专题讨论。

先试论"还丹"。什么叫还丹？从它的原初本意来说，还转水银成为赤色之丹，即为"还丹"。而丹家往往并不论其还转的过程是怎样的，所借助的药物是什么，赤色丹药的成分究竟又如何？或者说，汉晋时的炼丹家往往还没有意识到变炼的条件、促进水银还转的药剂等因素会影响到"还丹"的成分，更确切地说，当时也还难以分辨所得到的赤色丹在成分上有什么不同，于是以为水银通过不同过程所还转成的丹都是他们所熟悉的丹砂。比如，《神农本草经》说："水银，镕化还复为丹。"这是指把水银置于空气中以温火焙烧便可炼制（镕也）成红色的氧化汞，它便是一种"还丹"了。后世人（大约在隋代）又以硫黄去点化水银，经升炼后又得到红色硫化汞，真的又还转成了丹砂，其实它就是另一种"还丹"了。

以水银一味，经焙烧而还转成的丹——氧化汞可能是中国炼丹术中最早的还丹。《黄帝九鼎神丹经》中的第二丹"神符丹"就是这种还丹。作之法："取无毒水银，纳［玄黄］釜中，以六一泥封之，干讫，飞之九上九下，寒发扫取。"此外，其第七神丹——柔丹也还是这种丹，其丹诀云："第七丹名柔丹。用汞三斤。以左味和玄黄合为泥，以涂土釜内外各厚三分，乃纳汞。合以一釜，用六一泥涂其际会。干之十日，乃火之，三十日止，寒之一日，发之，以羽扫取上著釜者，和以龙膏（桑上露）。服如小豆，日三［丸］，令人神仙不死。"葛洪《抱朴子内篇·金丹》中则提到与《九鼎丹经》大约同时间问世、又同为左慈传授下来的《太清丹经》，谓"其法出于元君，元君者老子之师也（此语显系妄言，但可知此丹经问世较早），载于《太清观天经》的下三篇中。据葛氏所述，此神丹（太清丹）即"九转神丹"，其实就是以水银一味，经九转烧炼而成的还丹。〈金丹篇〉中的有关文字如下：

> 凡草木烧之即烬，而丹砂烧之成水银，积变又还成丹砂（按实为红色氧化汞），其去凡草木亦远矣，故能令人长生。……然而俗人终不肯信，谓为虚文。若是虚文者，安得九转九变，日数所成，皆如方耶？

> 近代汉末新野阴君（即阴长生）合此太清丹得仙，……［陈］述初学道随师本末，列己所知识之得仙者四十余人，甚分明也。作此"太清丹"小为（稍微）难合于"九鼎［丹］"，然是白日升天之上法也。合之当先作华池、赤盐、艮雪、玄白、飞符、三五神水，乃可起火耳。一转之丹，服之三年得仙，二转之丹，服之二年得仙，……九转之丹，服之三日得仙。若取九转之丹，内（纳）神鼎中，夏至之后，爆

（曝）之鼎热，内（纳）朱儿（丹砂）一斤于盖下，伏伺之，候日精照之，须臾翕然

俱起，煌煌辉辉，神光五色，即化为还丹。

所谓"九转"的意思，大概是指将水银置于上下土釜中，封密后先加热下釜，[按：汞精俱出，凝于上釜]再倒转加热其上釜，如此反复加热九次，是为"九转"，（即〈神符丹诀〉中所谓的"飞之，九上九下"）令水银充分转（氧）化，而最终完全变为还丹。此外，《抱朴子神仙金汋经》①（卷上）正文所辑录葛洪的话中也明确说："水银本丹［砂］烧成水银；今烧水银复成还丹。丹复本体，故曰还丹。"这可进一步判明，《太清丹经》中使水银九转九变而成的还丹是氧化汞，而且很可能与"神符丹"、"柔丹"相同，也是利用"玄黄釜"升炼成的。

这种氧化汞还丹一直流传到唐代，孙思邈《太清丹经要诀》中的"七返丹砂法"就是升炼这种还丹，而且仍称它为"丹砂"，该丹法谓："汞一大斤，安瓷瓶子中，瓷碗合之，用六一泥固济讫，以文火渐烧，数至六七日，即武火一日，成。如此七转堪服，其火每转须减损之，如不减，恐药不住也。"唐代某位方士曾依托葛洪撰《稚川真人校正术》②，其中有数语："水银一味别无物，先作骨兮后作肉；骨肉相依化作亲，从此河车任往复。"这里以水银为骨，以表面生成的红色氧化汞为肉，"往复"也正是指水银氧化、还原的可逆反应。

这种以水银一味炼制还丹的丹法，炼丹家称之为"真一法"或"真一特行法"，亦称"如意法"。唐人撰《周易参同契无名氏注》③（卷上）谓："……故九元君曰：单服其汞硃，名曰孤阳；单服其铅花，名曰孤阴。故铅汞相须而成丹也。"其卷下又云："九元君曰：孤阳之丹，不可辄服，须借阴成丹。"又说："所以大还丹非阴阳伏制不成丹也。故经云：化汞为丹，可作玉坛。若独制汞为丹，为真一法，亦名如意法，亦名真一特行法。九元子曰，不许单制。"还说："特行者是伏汞一味为丹，非用二青（曾青、白青）及四黄也。故上古真人唯汞一味，任日月久长火养成丹。"表明这种孤阳所成的丹是最早的还丹，在其后的某些丹家们看来，它违反阴阳学理，故九元君对它则持批判态度。

继以汞一味的氧化汞还丹之后，很快又出现了以玄黄或铅黄华"点化"水银而生成的铅汞龙虎还丹，这显然是由于炼丹家们发现以玄黄釜升炼还丹更为简捷，收效更大；④而在他们看来，这也符合阴阳之道。正如《无名氏注周易参同契》（卷下）所说："《九丹经》云：亦［宜］用金花（铅黄华或玄黄）涂鼎养汞，岂应将汞独入空鼎而成者，何得阴阳龙虎之名，必应加减别［物］耳。"所以从玄黄鼎飞炼水银问世后，很快就过渡到以玄黄点化水银，于是出现了龙虎还丹。但其化学成分基本上仍然还是氧化汞。④《黄帝九鼎神丹经》就略有记载：

　　　取铅黄华十斤，置器中，以炭火之，即又取水银七斤投铅［黄华］中，猛火之，
　　须臾精华俱上出（著），状如黄金，又似流星、紫赤流珠、五色玄黄。即以铁匙接取
　　之，得十斤，即三化九转，名曰丹华之黄，一名玄黄之液，一名天地之符。即捣治
　　汞化为丹，名曰还丹。⑤

这段文字中，前部是制取玄黄（主要成分是铅黄华）；后部就是以玄黄"捣治汞为还丹"了。

---

①　《抱朴子神仙金汋经》见《道藏》洞神部众术类，总第593册。

②　《稚川真人校正术》见《道藏》洞神部众术类，总第588册。

③　《周易参同契无名氏注》见《道藏》太玄部经名，总第622册。

④　参见赵匡华等："中国古代炼丹术及医药学中的氧化汞"，《自然科学史研究》第7卷，第4期。并参见本章第六节。

⑤　见《黄帝九鼎神丹经诀》（卷1）第5页。

但不久，黄芽（铅黄华）在中国炼丹术中，无论是用来涂布丹釜，[①]还是用来伏汞成还丹，都取代了玄黄。

《周易参同契》的中心内容就是大丹铅汞论。如前文所说，它所言"河上姹女，灵而最神，得火则飞，不见尘埃，……将欲制之，黄芽为根"，讲的就已是以黄芽制汞为还丹了。其中更有一大段文字，是对此种龙虎还丹升炼过程的描述，谓：

> 以金为堤防，水入乃优游。金数有十五，水数亦如之。临炉定铢两，五分水有余，二者以为真，金重如本初，其三遂不入，水二与之俱，三物相含受，变化状若神，下有太阳气，伏蒸须臾间，先液而后凝，号曰黄舆焉。
>
> 岁月将欲讫，毁性伤寿年，形体为灰土，状若明窗尘。
>
> 捣治并合之，驰入赤色门，固塞其际会，务令致完坚。炎火张于下，昼夜声正勤。始文使可修，终竟武乃陈。候视加谨慎，审察调寒温，周旋十二节，节尽更亲观，气索命将绝，休死亡魄魂，色转更为紫，赫然成还丹。

对这段文字的解释至今仍多有分歧，但古代多数丹家及当代一些学者认为文中之"金"乃是指金华、铅之精华，亦即铅黄华。这样解释，通篇而读也较连贯一致。《无名氏注周易参同契》也是这样地解释说：

> "以金为堤防，水入乃优游"：金者是九炼铅精，金花牙也（但又云："汞入铅中而吐金花，名曰天地之符"，故金花芽无疑指黄芽或指玄黄）。以金花为堤防能制汞（故云黄芽为根），……所以其汞得金花相入，相谐无失，故曰优游。
>
> "金计有十五"：用金花十五两，水银性燥难制，故用金花，不者（以）黄牙勾留为根，[何]以阴制阳也。
>
> "气索命将绝，休死亡魄魂"：气，火也；索，尽也，经十二月火毕，汞死伏火。魂日是汞也，魄月是铅也，故一年魂魄散，化为大丹也。
>
> "色转更为紫，赫然成还丹"：还丹紫色，一名紫金砂；二名紫粉；三名河车；四名巨胜，巨胜者，日名也，其汞象曰巨胜；五名"十胜丹"；六名大流灵砂（谓老君度关津往流沙西国，故留此法授与尹喜，名曰流灵砂），色若不紫赤，不名为大药，未赤紫更烧，若色如黄丹、赤土，未名为丹，只是小伏火汞药也。

若依此说，那么《参同契》所言"赫然见还丹"，当是以水银与铅黄华合炼生成的氧化汞，但难免要混入一些黄色 PbO，所以它强调以紫色者为胜，当指较纯净的氧化汞。

总之，这种配方所得的含 PbO 紫红色 HgO 可称之为中国炼丹术中的第二代还丹。

自《参同契》问世之后，特别是到了唐代，铅汞还丹在中国炼丹术中占据了突出的地位、铅和汞成为中国炼丹术最主要的研究对象。正如托名阴长生撰《金碧五相类参同契》[②]所说："仙经万卷、子书万章，尽言铅汞。"又如《诸家神品丹法》（卷二）引孟要甫《金丹秘要参同录》云："一切万物之内，唯铅与汞可造还丹，余皆非法。"《丹房奥论》之序曰："窃谓金丹大药，上全阴阳升降，下顺物理迎逢。圣人所谓格物致知，大概不过子母相生，夫妇配偶之理。须藉水火无私之力，结媾铅汞二物之精，要得真土擒铅，真铅制汞，加以手法火候，故

---

① 《本草经集注》便说：[铅丹]即今熬铅所作黄丹画用者，俗方亦稀用，唯《仙经》涂丹釜所须此。云化成九光者，当谓"九光丹"，以为[涂]釜耳。

② 《金碧五相类参同契》，见《道藏》洞神部众术类，总第589册。

能超凡二圣，返老还童。"但也是从这个时期开始，铅汞大丹的修炼总是纠缠在"真铅、真汞"，"铅气、铅精"等玄奥"理论"的探讨中，在化学上则再没有什么新的长进。但可以肯定，正是在"铅汞论"的潮流下，唐代时有一些丹师对《周易参同契》中上段引文里的"金"便按"金属铅"来理解了。因此他们的"龙虎还丹方"便依铅与水银两种金属为原料，加以合炼。这样一来，这种"还丹"固然仍为红紫色，但其中氧化铅的成分肯定会增加很多（因金属铅在受热下挥发性较 PbO 强得多），即成为汞铅的混合氧化物了。可谓中国炼丹术中的第三代还丹。显然，这种配方实际上就是中国炼丹术早期时的"玄黄方"，唐代的这批丹师大概也正是以"玄黄方"作为解释《周易参同契》的依据。例如唐人金陵子《龙虎还丹诀》就是按照这种解释确定"金花还丹——龙虎还丹方"的，前文［参看第四章第五—（三）］已作介绍，这里不再赘述。关于这类铅汞论者，我们还可举出如下一些：《丹论诀旨心鉴》谓："诀曰：用铅八两，为阳，为乾，为白虎；又水银八两，为阴，为坤，为青龙；此二物能变化。"《道藏》所收"容"字号《无名氏周易参同契注》[①] 在"知白守黑"段的注中谓："计一斤铅，投入汞四两，一云二两，诸家所云不同，或云等分，或云四六。多应不尔，唯三、四为宝。所以古人有秘。"又如《真元妙道要略》也提到："有以黑铅一斤，投水银一两，号为真一神丹白雪者。"

　　总之，唐代时"龙虎还丹"存在两个并立的配方，即传统的"铅黄华（铅精）——水银方"和"金属铅——水银方"，诸家丹师各有所衷，并各有进一步的发展（如金陵子的"添银"方）。

　　隋代或唐代时，中国炼丹术中的第四代还丹——硫汞还丹问世了。这时中国炼丹家们掌握了以硫黄制汞成"丹"的工艺，实实在在地人工合成了红色硫化汞，实现了把水银还复为丹砂。在隋代著名道士苏元明所撰《太清石壁记》及隋末唐初的医药炼丹大师孙思邈的《太清丹经要诀》中都有该丹法的记载。由于当时传说"太清九转还丹"创之于老子之师元君，"龙虎还丹"则是老君传于尹喜者，皆出于上古仙圣，名声显赫，所以丹家们把新问世的硫汞还丹呼之为"小还丹"。《太清丹经要诀》所载该丹法如下：

　　　　造小还丹法，水银一斤，石硫黄四两，飞炼如朱色。

　　　　炼紫精丹法：水银一斤，石亭脂半斤。已上二味入瓶，固济用黄土纸筋为泥，泥瓶子身三遍，可厚一大寸已（以）上，用瓷盏合瓶子口，以六一泥固济之，可厚半寸，用火三日三夜，一日一夜半文，一日一夜半武，日满出药。……[②]

据〈小还丹法〉记载，此丹"焕然晖赫，光曜眼目"。

　　自唐代以后这种还丹大受中国炼丹家的普遍青睐，硫汞论成为他们的热门话题，于是"小还丹"居然很快与"大还丹"并驾齐驱，共同成为中国炼丹术中的两翼。例如唐代丹经《上洞心丹经诀》谓：

　　　　仙翁曰：世之炼灵砂者，乃用抽出砂中汞配硫黄，二、八而成。灵砂但至一转者，至士服之，可以通灵，故号灵砂。愚人服之，百病皆愈。若至九转，号称还丹。依法炼服，亦能变化飞升，其硫黄乃火轮与日轮之气相交而生。此丹砂者具南方正色，禀太阳真精，含天地之至神，列仙药之上品，盖其内具硫体而含汞，若依仙方

　　① 无名氏：《周易参同契注》（容字号），见《道藏》太玄部经名，总第 624 册。
　　② 见《云笈七签》第 398 及 400 页。

炼之九转，乃真灵砂也。修炼之士服之，指日升仙，飞升太清，其功莫可言也。①
至于我国古代修炼硫汞还丹及灵砂的工艺演进，详见本章第六节。

但应指出，唐代以后"还丹"一语的含义还进一步扩大而脱离了"复还水银为丹"的原意，竟出现了与汞无关的"还丹"，而含义也就模糊不清了。例如张九垓《金石灵砂论·释还丹篇》谓：

> 言还丹者，朱砂生汞，汞返成砂，砂返出汞。又曰：白金、黄石合而成金，金成赤色，还如真金，故曰还丹。《龙虎经》曰：金来返本初，乃得称还丹。汞与金石相贯而成赤金，是曰还丹之正名。从黄金而转之成紫金，名曰紫金，还丹其道毕矣。石流相注成金，色正赤，亦名金液还丹。……古歌云：黄金成，世可度，黄金不成徒自误。此黄白者乃还丹之骨髓，大药之真宗，若不了黄白，徒劳勤苦。

可见黄白术盛行后，只要能"还如真金"、"转成紫金"者，亦可谓之"还丹"了。再如《龙虎还丹诀》谓："夫大还七返者，异名而同体。返者砂化为金，还者金归于丹"，可见他将丹砂所化"丹砂金"返还成的丹，也谓之为"还丹"了。

关于"金液"，无疑是基于中国古代所流行的食金饮玉可以长生的见解，而又鉴于黄金难服和服金屑致死的教训，于是兴起了修服"金液"之举。顾名思义，在炼丹家的心目中，"金液"当是一种含黄金的液体，服之可以使人"其寿如金"。

西汉时期传为"八公"所传授下来的《三十六水法》②有〈黄金水〉丹法一则，可以视为"金液"的先声，该丹法谓："黄金水，以金一斤，绿矾二斤，纳竹筒中，漆固口，纳华池中，五十日成水。"这个丹法十分简单，不难模拟试验。我们了解到，由于竹筒中放有绿矾($FeSO_4 \cdot 7H_2O$)，使竹筒内与外界华池间造成很大渗透压，所以"五十日"后生成的水实际上是渗透进竹筒内的醋（含消石、麦蘖等）溶解了绿矾所生成的一种液体，因为 $FeSO_4$ 溶解后很快被空气氧化而生成氢氧化铁，于是生成一种呈金黄色或桔红色的胶状悬浊液，古代方士不明真相，一时竟把它误会为黄金化解所成的水，故被视为"黄金水"。

由于现存《三十六水法》是一个残篇，已没有关于黄金水"及其他诸"水"应用的文字。据后世丹经《金华玉女说丹经》③谓："玄女曰，以［竹］筒左味化金成水，流注五藏，坚滑四肢，调补百神，润泽六腑，变易毛骨，延久生形，其力神速"。可以估计到，当时这种"黄金水"是作为仙液饮服以求长生的。但是我们相信，方士们大概不久后就发现，在这个过程中黄金并没有转化成水，而仍然完整地保留了下来，"黄金水"是虚妄的，所以这项丹法以后便被淘汰了。不过他们当中的一些人仍然相信，黄金浸在左味中，其精气仍可能扩散出来，渗入到醋中。

西汉末东汉初之际，在中国炼丹术中正式出现了"金液"之说。在该时期问世的《太清金液神丹经》④就是现存最早的一篇关于"金液神丹"、"金液还丹"和"金液"的专论。据此丹经中阴长生的诠解，它所论及的"金液之华"、"金液丹华"即"金液神丹"，在方士们的心

---

① 见《上洞心丹经诀》（卷上）第 6 页，《道藏》洞神部众术类，总第 600 册，文中言"［葛］仙翁曰"显然乃依托之言。

② 《三十六水法》见《道藏》洞神部众术类，总第 597 册。

③ 《金华玉女说丹经》见《云笈七签》卷 64，齐鲁书社影印本第 359 页。

④ 《太清金液神丹经》见《道藏》洞神部众术类，总第 582 册及《云笈七签》卷 65。后一版本较完善。本文中之各段引文以此两版本互校。

目中是一种吸收了黄金之精气的神丹大药，既可服之令人成仙，又可用来点化水银为黄金；它所谈及的"金液"则是将药金或真黄金浸于酽醋中而得到的一种据认为也是含有黄金精气的液体。但总的来看，"金液神丹"是这部丹经中的主角，"金液"还仅仅是个配角。

这部丹经的原文只有《太清金液神丹》经文五百零四字及《太清金液还丹歌》六十三字，总共不过五百六十七字而已，且还是两篇韵文。上卷的前部为张道陵序，中卷题阴长生撰，实际上该部丹经主要是阴长生对两篇经文的诠释。原注云："此《太清金液神丹经》文，本上古书，不可解，阴君作汉字显出之。"最后还有一段郑思远的附言（以上注大概就是出自他的笔下）。经文对"金液神丹"本身作了如下描述：

> 金液丹华是天经，泰清神仙谅分明，当立精诚乃可营，玩之不休必长生。六一合和相须成，黄金鲜光入华池，名曰金液生羽衣，千变万化无不宜。云华龙膏有八咸，却辟众精与魑魅，津入朱儿乃腾飞，所有奉词丑未衰。……雄雌之黄养三宫，泥丸真人自溢充，绛府赤子驾玄龙，丹田君侯常丰隆。勿使霜华得上通，郁勃九色在釜中。玄黄流精隐幽林，和合阴阳可飞沉。飞则九天沉无深。丹华黄轻必成金，水银铅锡谓楚皇。河上姹女御神龙，流珠之英能延年，华盖神水乃亿千，云液踊跃成雪霜。……

据阴长生解释，"太清金液神丹"名"金液之华"，即经文中的"金液丹华"。他对此丹的丹法讲解十分明白，谓：

> 取越丹砂十斤，雄黄五斤，雌黄五斤，合治，下筛作之，随人多少，下可五斤，上可百斤。纳土釜中以六一泥密涂其际，令厚三分，曝之十日。又捣白瓦屑，下细筛。又以苦酒、雄黄、牡蛎一斤，合捣二万杵，令如泥，更泥固际上，令厚三分，曝之十日，又燥。如入火更坼，坼半髮者，神精去飞。若有细坼，更以六一泥涂之，密视之。先以釜置铁锣上，令安。便以马屎烧釜四边，去五寸，燃之九日九夜。又当釜下九日九夜。无马屎，稻米糠［亦］可用。又以火附釜九日九夜，又当釜下九日九夜，又以火拥釜半腹九日九夜。凡三十六日药成也。寒之一日发视，丹砂当飞著上釜，如奔月坠星，云绣九色，霜流炜烨；又如凝霜积雪，剑芒翠光，玄华八畅，罗光纷纭。其气似紫华之见太阳；其色似青天之映景云，重楼蜿蜒，英采繁宛（苑）。
> 乃取三年赤雄鸡羽扫取之，名曰"金液之华"。

不难判断，此"金液之华"的成分主要当是丹砂、雄雌黄的混合升华物，还应含有一些氧化汞与氧化砷。据阴长生所说，此神丹之功效，其一，"服如黍粟，复渐小豆，上士七日登仙，下士七十日升仙，愚民无知，一年乃仙耳。若心至诚，竭斋盛，理尽容，且服如三刀圭匕，立飞仙矣，……"。其二，"先以一铢神丹投水银一斤，合火即成黄金。"可见它既为成仙大丹，又是点金圣药。阴长生还指出，为了修炼此神丹，在丹砂、雄雌黄入釜升炼之前，在丹釜设备和药物预处理方面，还要做好关键性的四项准备工作：其一，烧制六一泥，其二，升炼玄黄，其制法皆依《九鼎丹经》。先以六一泥涂丹釜（赤土釜）内外，"皆令三分厚"；再以玄黄涂其上，"亦各令三分厚"。其三，还要先作金液，其法如下："先净洁，作苦酒令酽，不酽不可用也，既成，清澄令得一斗，更以器著清凉处，封泥密盖，泥器四面使通（遍），而半寸许。以古称（秤）称黄金九两置苦酒中，百日可发，以和六一泥之用。"

这是最早的"金液方"很简单。不过，会使今人发生疑团的是所用的九两"黄金"是真黄金还是药金？这个疑问可能对当时的炼丹家不大构成什么问题，因为在他们看来，天然矿金是黄金，药金是黄金之精华，更是黄金。但是对于今人，在热衷于探讨此"金液"的化学成分时，那么它究竟是什么，就是至关重要的了。有的学者曾认为是真黄金[①]，但若细读此丹经，这种看法难以令人信服，因阴长生对此黄金有清晰之描述，谓：

> 金在醯中过三七（二十一）日，皆软如饵，屈伸随人，其精液皆入醯中，成神气也。百日[后]，欲出金，先取冷石（即滑石[②]）三两，捣为屑，以搅三斗冷水，徐徐出之，清之一宿，金复如故。初发器中，取金勿手挠之，则金软碎坏。若无金者，亦可借用。

而在经文中提及"金液"的一句话又是"黄金鲜光入华池，名曰金液生羽衣"。根据这些文字可知，此"黄金"外观金黄色，投入醯（醋）中后，表面便会慢慢泛起如羽毛的黄色片状物并飘逸飞散到醯中，染之成金色（悬浮液），是为"金液"。欲出其中"金"，则以滑石粉搅成浆倾入，一经沉降后，便可将它载下。而原"黄金"一经浸泡后便变得酥散易碎（如饵）。足见它绝不是真黄金，而必然是药金。根据以上现象的描述，它很象是一种雄黄与水银的机械混合物，更具体地说，很可能就是"金液之华"与水银合火所生成的"黄金"；若再进一步考虑，它又可能是《九鼎丹经》中所描述的："取玄黄一刀圭纳猛火，以鼓囊吹之，食顷，皆消成黄金。"因将它投入醯中也可能出现前述等现象，而且玄黄又名黄轻，由水银与铅烧炼而成，而〈金液神丹〉经文则有"丹华黄轻必成金，水银铅锡谓楚皇"以及"玄黄流精隐幽林，和合阴阳可飞沉"的话，正是以玄黄为药金，又以此药金"流精"隐入华池而生成金液的写照。阴真君说："若无金者亦可借用。"倒似乎是说，若无此类药金则可向俗人借用真黄金，以作金液。但文中所描述的用以制作金液的黄金则实为药金无疑。还值得注意的是，预作"金液"之目的是用以和合六一泥，以使黄金的精液输进金液丹华，而不是直接作为长生成仙的浆液。

为修制"金液之华"所须先完成的第四项准备工作，则是对原料药物丹砂、雄、雌黄作预加工处理，这也是至关重要的，为此，阴长生指示：

> 丹砂、雄黄、雌黄先捣，下重绢筛治，令和合，著密器中。又取云母粉二十斤，捣，下细筛，布于地，令上见天，以（疑为无之讹）穿蚛[③]桑叶十斤布着云母上，酉时以清水三斗洒叶上。既毕，冥（取）出丹砂[雄黄等]露器[置]于桑叶上，发其盖隐彰。日欲出，还丹砂[于器]，盖内于室中。别以席覆桑叶于地。如此七日。从甲子斋日始，讫辛未日旦。于是黄龙、云母液尽入丹砂中。天雨屋下为之。[每]露丹砂当谨视护，或恐虫物矽犯之。多反侧[④]，丹砂令更见天日。讫，又治一万杵，闭锞（锁）须甲申日，俱纳土釜中。简（置）令平正，勿手抑之令急，[⑤]急则难飞。

这位丹师作者所以要先对药料丹砂作如此的预处理，按其原意显然是要使阳精丹砂先饱餐月魄之精华，并尽吸雄雌黄（黄龙）、桑露之津液，这就是经文中所说的："云华（云母）、龙膏（桑上露）有八威，却辟众精与魑魅，津入朱儿（丹砂）乃腾飞"以及"雄雌之黄养三宫[⑥]，泥

---

① 参看孟乃昌，中国炼丹术'金液'丹的模拟实验研究，《自然科学史研究》第4卷第1期，1985年。

② 见李时珍《本草纲目》第九卷"滑石"条："滑石、释名冷石，弘景。"

③ 穿蚛，《辞源》："蚛，虫啮，被虫咬残"，穿蚛叶即被虫咬残成洞之叶。

④ 言反复搅拌翻倒。

⑤ 言勿使药料在土釜中被按压得过实。

⑥ "三宫"指脑、心、脐。

丸真人自溢充；绛府赤子（丹砂）驾玄龙，丹田君侯常丰隆"等等话了。

此后，葛洪《抱朴子内篇·金丹》中除提及此《金液丹经》外，又提到另一金液秘方，谓该方"老子受之于元君"。那么它当记载于《太清丹经》三卷之中，与"九转还丹"并列。这一〈金液方〉近年来受到中、外化学史界的很大关注，被广泛研究。关于此方，抱朴子曰：

> 金液，太乙所服而仙者也，不减"九丹"矣。合之用古秤［称］黄金一斤，并
> 用玄明龙膏、太乙旬首中石、冰石、紫游女、玄水液、金化石、丹砂，封之成水。其
> 经（当指《太清经》）云：金液入口，则其身皆金色。

这项〈金液方〉大概确实是以真黄金为基础修制"金液"的。但配方中诸药多用隐名，而在中国炼丹术中隐名为一名多物的情况又相当普遍，这就使得今人了解、研究这项丹当法发生了一些困难，理解上也往往发生分歧。我们先试以有依据可考知的隐名或言之确有一些道理的说法，来对该配方作一番破译，其中除丹砂外，各隐名之解可有：

（1）玄明龙膏：为水银[①] 之隐名。

（2）玄水龙膏：为水银，[②] 太阴玄精[③] 之隐名。

（3）玄明龙：为水银[③] 之隐名。

（4）龙膏液、龙膏泽：为桑上露[④] 之隐名。

（5）龙膏：为水银[⑤⑥]和蔷薇科植物覆盆子（果实）[③] 之隐名。

（6）太一旬首中：为雄黄[②③] 的隐名。

（7）紫游女：现存丹经没有记载。

（8）紫女：为戎盐[③]和紫石英[③] 的隐名。

（9）冰石：为凝水石（寒水石）[③]和紫石英[③] 的隐名。

（10）金化石（化金石）：为硝石[③] 的隐名。

（11）玄水液（玄水）：为醋（酢）[③]和水银[②③④]之隐名。

通过对隐名的索隐求解，我们对这配方，可以说已经有了一个大致的了解。但是要解开这个谜，最重要的应是将它与《抱朴子神仙金汋（液）经》[⑥]（以下简称《金液经》）相互参照、对比地研究。这部丹经虽为唐代某炼丹家辑纂，但从其卷中，卷下来看，乃完全节录自《抱朴子内篇·金丹》，表明它不是这位方士依托葛洪而杜撰 的，因此可以确信《卷上》中的原文部分亦当出于葛洪之笔。而它正是一篇《金液经》，其中诠释部分则明显地是出于这位辑纂者之笔。而值得庆幸的是葛洪的这篇《金液经》从内容对比来分析，可以肯定地说正是他在《抱朴子内篇·金丹》中所简要记叙的《金液方》。但是《金丹篇》所记各种丹法都十分简略（可与《九鼎丹经》对照），往往讲解不明不白，相对来说，这篇《金液经》的记述则要翔实得多，而且更没有用隐名，所以它正是解开上述《金液方》之谜的钥匙。很遗憾，这部丹经过去竟常常被化学史家们忽视了。现将其原文及部分唐人之铨释（［］中部分）摘要如下：

---

①　见唐人撰《阴真君金石五相类》。

②　见唐·梅彪《石药尔雅》。

③　见唐·金陵子《龙虎还丹诀》。

④　见《黄帝九鼎神丹经诀》（卷一）。

⑤　见《九转流珠神仙九丹经》。

⑥　唐人辑纂《抱朴子神仙金汋经》，见《道藏》洞神部众术类，总第593册。

　　金液还丹，太一所服而神仙白日升天者也（按：这一句与《金液方》之第一句相同），求仙而不得此道，徒自苦也。其方列之于后：

　　上〔等〕黄金十二两，水银十二两。取金镤（磨治也）作屑投水银中令和合〔原铨释：锻金成薄（箔）如绢，铰刀剪之，令如韭叶许，以投水银中，此是世间以涂杖法（按：即鎏金法）。金得水银，须臾皆化为泥，其金（汞齐）白，不复黄也（按：表明所用为真黄金，而不是铜合金或丹砂-雌雄之类的药金），可瓦器为之〕。

　　乃以清水洗之十遍也。以生青竹筒盛之，多少令得所，勿令长大。加雄黄（按：当即"太一句首中"之解）、硝石（按：当即金化石之解）〔原诠解：雄黄须武都，色如鸡冠者。硝石难得好者，不好则不能化雄黄。硝石化诸石方在《三十六水方》中。雄黄、硝石二物捣之千杵如粉（按：故以后可形成雄黄胶状悬浊液），乃秤（称）之〕。

　　漆其口，板固之，帛际，须令际会，内（纳）左味（按：溶解了某些矿物质的醋，而醋正是"玄水液"之解）中百日，勿令少日也，日足即药成。筒不能颠倒也，百日皆化为水〔原铨释：皆化者，即是金及雄黄、硝石化为水也〕。

整段文字可以说是把《抱朴子内篇·金丹》中的《金液方》以全文的方式发表了，说明了用药情况和"封之成水"的实际过程。从表面看，似乎这篇《金液经》中少用了三种药，即没有提到丹砂、"冰石"和"紫游女"，但不要忘记，制配"左味华池"正须将一些矿物药溶入其中，所以该三物正可能是与醋相佐以配制左味华池的。我们可以进一步考察除丹砂外的二物是什么？关于冰石，在《石药尔雅》明确注明是寒水石〔$Na_2Mg(SO_4)_2$ 或 $K_2Mg(SO_4)_2$〕或紫石英，但紫石英不溶于醋，故为寒水石较合理。关于"紫游女"的问题，我们应该考虑到抱朴子的《金液方》与《金液经》肯定与《三十六水法》经典"水方"有源流关系，那么不妨对比一下。在《黄金水》方中，在竹筒里放的是绿矾；在修制其他各水时则往竹筒中放的常是硝石、丹砂、石胆、雄黄、戎盐。而《石药尔雅》已明确谓"紫女"为戎盐，故谓"紫游女"为此物，似令人信服；但孟乃昌曾撰文谓"紫游女"似乎相当于《黄金水》方中的绿矾，此论也颇有新意，不无一定道理，但从隐名索隐的考证看，至今还找不到什么根据。但无论是两物中的哪一种，据现代化学知识来考察，即使是以硝石、寒水石、戎盐（或绿矾，但二者只能居其一）与醋的混合物（丹砂不溶于醋，故不可能渗入竹筒中）都不可能溶解黄金[1]。近些年来，不少中、外化学史家[1][2][3][4][5]都以很大的热情想以《三十六水法》和抱朴子《金液方》来证明中国炼丹术在 2000 年前或 1000 多年前就用"稀硝酸"（醋加硝石）和"稀王水"溶解了黄金（和丹砂），但文章立论多失之偏颇，难以令人信服。

　　下面还有必要说明一下抱朴子《金液经》所得金液（他呼之为金水，实际上是左味华池水渗透进竹筒生成的金黄色雄黄悬浊液）的用途，这对进一步理解这种"金液"以及进一步确证抱朴子叙述的两个《金液方》肯定是同一个，都很有必要。在《神仙金汋经》中紧接以

① 孟乃昌等，中国炼丹术"金液"丹的模拟实验研究，自然科学史研究，4（1），1985年。

② Joseph Needham："An early Mediaeval Chinese Alchemical Text on Aqueous Solution"《Ambix》Vol. 7, No. 3 (1959). 译文：王奎克：""《三十六水法》——中国古代关于水溶液的一种早期炼丹文献，《科学史集刊》1963年第5期。

③ 〔英〕A. R. 巴特勒等，朱砂的溶解，自然科学史研究，3（3），1984年。

④ 王奎克，中国炼丹术的"金液"和华池，科学史集刊，1964年第7期。

⑤ 孟乃昌等，中国炼丹术朱砂水法模拟实验研究，自然科学史研究，5（3），1986年。

上引文"百日皆化为水"之后，抱朴子继续指出该"金水"（金液）之应用，谓：

> 以金水煮水银二斤，以淳苦酒汩渍其上，苦酒与水银自别不合。猛火中煅
> （"煅"乃"煮"之讹）三十日，水银皆紫色。水银以黄土瓯盛之。以六一泥泥黄土
> 瓯里（外壁），令厚三分，可至五分，曝之于日，极燥乃用。[置之猛火上炊之]，从
> 旦至暮，皆化为丹，所谓之还丹也。刀圭粉提，黄白成焉。黄土瓯中所煅作[之]还
> 丹，可服饵也。吞如小豆，白日升天，神明奉迎，龙虎烦宽。取丹一斤置猛火上，极
> （急）扇鞲之，神丹[化]为金[而]流下，其色正亦，名曰'丹金'，以涂刀镡①，
> 辟兵万里。以丹金作盘碗，饮食其中，长生不死，与天地相毕。以此盘承日月当得
> 神光醴，男女异器食之，立升天也。……又以金水和黄土猛火煅之一日，尽化黄金，
> 烧之二日皆化成丹，名曰"辟仙"，服之小豆，可以入名山大水，而为仙也。

可见此金液主要是用来制汞为还丹服之，或以还丹为金并作饮食器，似乎便可长生神仙。再
看《抱朴子内篇·金丹》中之《金液方》，在紧接上述引文"金液入口，则其身皆金色"之后，
也是继续谈此金液之应用，谓：

> 以金液为威喜巨胜之法。取金液及水银一味合煮之，三十日，出，以黄土瓯盛，
> 以六一泥封，置猛火炊之六十时，皆化为丹，服如小豆大，便仙。以此丹一刀圭粉，
> 水银一斤，即成银。又取此丹一斤置火上扇之，化为赤金而流，名曰'丹金'。以涂
> 刀剑，辟兵万里。以此"丹金"为盘碗，饮食其中，令人长生。以[此盘]承日月
> 得液，如方诸之得水也，饮之不死。[又]以金液和黄土，内（纳）六一泥瓯中，猛
> 火吹之，尽成黄金，中用也。复以火炊之，皆化为丹，服之如小豆，可以入名山大
> 川为地仙。

对比这两段文字，判断《抱朴子神仙金汋经》（卷上）中的《金水（液）方》与《抱朴子内
篇·金丹》中的《金液方》为同一的结论，总可令人信服了罢。总之，以两文互校，就会查
觉葛洪自己就已公开了这个"秘方"。

在唐代以后，中国炼丹家们只提倡服食药金，而否定了服食真黄金的主张。他们对此的
有关说教，我们在本章第一节中已经作了解说。所以这时修制"金液"，他们也多是从升炼药
金出发。张九垓所撰《金石灵砂论·释金液》就有明白的阐述，他说：

> 若修金液，先炼黄白，黄白得成，乃达金石之理；黄白若不成，何修金液乎？石
> 金（天然黄金）性坚而热，有毒，作液而难成；忽有成者如面糊，亦不堪食，销人
> 骨髓。药金若成，乃作金液，黄赤如水，服之冲天。

这段话表明：其一，炼丹家们已知真黄金"作液难成"，察觉到诸"黄金水"乃虚妄不实。至
于所言如"面糊"者，当指黄金——水银形成之汞齐（或再混以雄黄），当然更不堪服食；其
二，言以药金作"金液"，其液"黄赤"，显然也都是一些悬浊液。因药金必然应是金黄色的
物质，据目前对中国古代药金所掌握的资料看，基本上是一些铜合金（砷铜合金、锌铜合
金）或（雄黄、彩色金（SnS_2）、铅丹之类的金黄色物质。但它们一经溶解变成真溶液，皆不
复为黄色，所以"金液"必由这类物质经万杵千磨使成细粉而再转化之成液者，必悬浊液无
疑，故所谓饮"药金液"，不过是冲服而已。

宋代以后炼丹术中的黄白方可以说基本上都是以发财致富为目的了，所以丹家们服食药

---

① 《辞源》："镡，剑鼻，谓剑柄下端人握处下两旁突出部分，亦称剑首、剑口、剑镖、剑珥。

金和制作"金液"的热情已经冷却了下来，也就没有什么新鲜别致的"金液"出现了。而从这时起，在医药学中则出现了"金液丹"，而实际上是硫黄，它只单纯的是一种医药，与炼丹术中的传统观念和主旨已没有什么联系了。

宋代的"金液丹方"可以《太平惠民和剂局方》为代表，据它记载：

> 金液丹：固真气，暖丹田，坚筋骨，壮阳道，除久寒痼冷，补劳伤虚损。……
> 硫黄，净拣去砂石，十两。研细飞过，用瓷盒子盛。以水和赤石脂封，以盐泥固际，晒干。地下先埋一小罐子，盛水令满，安盒子在上，用泥固济讫，慢火养七日七夜，候足，加顶火一斤煅，候冷取出，研为细末。①

此外，宋代《苏沈良方》、《太平圣惠方》也有"金液方"，但对硫黄的炮制方法另有讲究。如《苏沈良方》② 谓：

> 金液丹［原注：原方缺，今从王衮《博济方》补入］
> 硫黄十两，精莹者，研碎，入罐子，及八分为度，勿大满。［用］石龙芮两握（又云狗蹄掌一握）、水鉴草（稻田中生，一茎四花如田字，亦名水田草，独茎生）两握，以黄土一掬，同捣为泥。只用益母草，并泥捣亦得。
> 右固济药罐子，约厚半寸。置平地，以瓦片覆罐口，四面炭五斤拥定。以热火一斤自上燃之，候罐子九分赤，口缝有碧焰，急退火，以湿灰三斗覆，至冷，剖罐取药。削去沉底滓浊，准前再煅。通五煅为足。药如熟鸡卵气。并取罐埋润地一夜。又以水煮半日，取药，柳木槌研，顿滴水，候扬之无滓，更研令干。

至明代，李时珍《本草纲目》收载的"金液方"则源于《太平惠民和济局方》，但转录自宋人方勺《泊宅编》。

若探讨这种医用"金液丹"的源起，我们则可以追溯到唐初孙思邈的《太清丹经要诀》，其中有"炼太阳粉法"，即精炼之硫黄。兹摘录以供参考：

> 炼太阳粉法：石亭脂十斤，盐花五升，伏龙肝二斤，左味三斗。
> 右石亭脂破如豆大，用盐花和左味煮之七日七夜。其脂以布袋盛之，悬（按，即所谓悬胎煮），勿令着铁煮。毒性尽出，研和前伏龙肝，令均入内。釜中先布盐花，安亭脂尽，上还将白盐为盖子，固济之，三日三夜，文武火依前法煅讫，寒之半日开。③

按此方所得之硫黄可能为硫黄华，故名"太阳粉"。此外《太清石壁记》（卷中）有《造硫黄水炼法》及《伏火硫黄丹》各一则，特别是后者，也很象是后世硫黄"金液丹"之先声。其丹方云：

> 铼硫黄一斤，桂花二斤。直尔取斗铛绝厚者可安置飞处。以盐纳铛中，可四面各厚三寸，中心作窠，硫黄安窠内，上头著盐亦厚三寸，皆捣作末。遣密底下（疑有错讹），渐渐著火，［与］作饭无异，一日三偏（遍）。换盐若了（疑有错讹），可著水淘晒，然后始著甘土泥包裹，待干，渐渐著火，不得令绝赤，少间即休，更别淘，晒干乃研。以白粱粟饭丸如梧子。一日服二十九。

① 见《太平惠民和剂局方》第 192～193，人民卫生出版社，1985 年。
② 见《苏沈良方》（卷三）第 22～23 页，《丛书集成》初编总第 1434 册。
③ 见《云笈七签》卷 71，第 399 页，齐鲁书社影印本，1988 年。

因硫黄"金液丹"""与炼丹术中之"金液"实无源流关系，故不多述。

五 中国炼丹术中的设备建造与方法

中国炼丹术自西汉始，迄元明之世，所用设备及操作、技艺，由简易逐步向复杂化、多样化和定型化的方向发展。历代丹经每言及这方面的内容，大多非常简略，更很少图解，而且往往著述文字粗劣，语不成章；加之今传本多已经反复转录，又错讹百出。因此研读起来，令人感到十分艰涩。但不对它们认真进行一番探究，就难对中国炼丹术的活动作出具体、形象的说明，也妨碍我们对中国炼丹术思想的确切理解。所以曹元宇早在 1933 年便很重视这个研究课题，曾撰文"中国古代金丹家的设备及方法"，① 可以说他是当代化学史家中第一位把中国化学史的研究深入到实验设备方面，做出了开创性的工作。1974～1977 年间，陈国符"遵循清初以来考证大师之典型"，以"综合中有分析，分析中有综合"的方法，又逐步揭示了中国外丹黄白术中大部的词意，完成了许多诠释工作，撰成了《中国外丹黄白法词谊考录》②，基本上阐明了中国炼丹术中的设备、方法和用语，并曾对一些设备仅据丹经中粗略之描述，而合理地描绘出了它们的原貌。他们的这些奠基性研究成果为本文的撰写起到了指导作用。

（一）丹房、丹井与符室

丹房是丹鼎道士们修坛建灶、炼制神丹的屋舍。历代丹经谈及丹房建造时，首先必然要强调环境、地点的选择，或者说有许多禁忌。最忌讳者则是三件：烦嚣、污秽和诽仙谤道者的窥视。所以《九鼎丹经诀》（卷七）说："［飞丹作屋］先择得深山临水悬岩静处，人畜绝迹。"又说："丹经云：欲合神丹当于深山大泽，若（或）穷里广（旷）野无人之处。若人中作，必须作高墙厚壁，令中外不相见闻。其间亦可结侣，不过二人或三人耳。先斋七日，沐浴五香，致加清洁，勿经秽污、丧葬之家往来耳。"《铅汞甲庚至宝集成》③（卷三）收录之唐人清虚子《太上圣祖金丹秘诀》也强调说："丹欲修炼，先须选择名山大川或观宇或静室，方可安药，若所居处在昔屠坊、囚狱、墳墓、产室及有伏尸、鬼魅、人足常到处，虚用心力，不可安炉次，有魔也。"总之，要求选在清静幽雅、风水吉祥之处。

至于丹房修建之规则，《火龙经》④ 说："选旺方"。唐天台山白云道士司马承祯则谓："炼丹之室，岁旺之方择地为静室，不可太大，不可益高，高而不疏，明而不漏，处高顺卑，不闻鸡犬之声、哭泣之音、濑水之响，［远离］车驰走马及刑罚诀狱之地，唯是山林、宫观、净室皆可。"⑤《九鼎丹经诀》（卷七）则对"飞丹作屋法"作了具体说明，谓：

> ……施带符印，清心洁斋。除去地上旧土三尺，更纳好土，筑之令平。又更起基，高三尺半，勿于故丘墟之间也。屋长三丈，广一丈六尺，□洁修护，以好草覆之。泥壁内外，皆令坚密。室正东、正南开门二户（扇）。户广四尺，暮闭之。视火

---

① 曹元宇，中国古代金丹家的设备及方法，科学，11（1），1933 年。
② 陈国符：《中国外丹黄白法词谊考录》见陈氏著《道藏源流续考》，第 1～284 页，台湾明文书局，1983 年。
③ 《铅汞甲庚至宝集成》见《道藏》洞神部众术类，总第 595 册。
④ 见《丹房须知》。
⑤ 参看《丹房须知》见《道藏》洞神部众术类，总第 588 册。

光（应作视火人，即炼丹时的监火司炉人）及主人止室中。以其灶安屋中心央。密
障蔽，施篱落，令竣也。舍若不竣，不辟（避）大雨。篱落亦然。此皆旧法，今意
不然，若险绝悬崖、流水胜地，既是深山，不可多得，恐（衍字）只除其朽坏，实
以好土。

东汉丹经《太上八景四蕊紫浆绛生神丹方经》[①]则云："当在无人处，先作灶室，长四丈，南
向开，屋东头为户，屋南向纱窗，屋中央作灶。"以上两丹经皆云丹屋建造坐北朝南，这大概
是北方造丹室的建制。此外《丹房须知》还谈及丹室内的许多迷信禁戒，谓：

> 青霞子曰："一室东向。[②]勿令僧尼、鸡犬等见入。香烟常令不绝。欲入室次，得
> 换新履衣服，及勿食葱蒜等。"《参同录》[③]曰："丹室之内，长令香不绝，仰告上真。
> 除是蔬食，务在精严。"……司马氏云："神（丹）室之土，不可以凡土为之，自古
> 无人迹所践之处，山岩孔穴之内求之。尝其味不咸苦、黄坚与常土异乃可用也。"

与建屋有密切关系的还有丹井的问题，这是至关重要的事，所以著名炼丹圣地往往都有
甘清丹井。《丹房须知》指出：

> 《参同录》云：虽得丹地，便寻丹井，井是炼丹之要也。昼夜添换水火，添换滴
> 漏，唯在于井。自古神仙上升之后，尽有丹井，以表井为炼丹之急也。丹井成，勿
> 令秽污。待水脉伏定，须涤去滞淬，然后任露天通，星月照水。既定，土色已收，方
> 可取之。若得石脚清泉，清白味甘者，是阳脉之水，运丹最灵。若青泥黑壤、黄泉
> 赤脉、铁色腥味，有此之象，并是水脚，交杂阴阳积滞，不任炼丹。

有的丹家还强调，若有可能则另造"符室"，符室似乎是方士饵服丹药，供奉丹经和贮存炼丹
药物的静室，也颇有一套讲究。《九鼎丹经诀》（卷七）谓：

> 凡服丹药时，勿以天阴、雪寒、风、雨、大露五日。服药须在静处，得力大速。
> 服药须慎口味，五辛荤臭、房中污秽、临丧视孝并大禁也。此是狐刚子造大药禁慎
> 符室法。庭前，其室方十二步，高二丈四尺，南门著扉，门前使有东流水，东日西
> 月，表里香泥，泥之四方，各作主丹符也。于室中立五岳三台，西方壁上别立层坛，
> 置诸药草及神丹，经诀、目录并布于上，即有生药使者护之，万邪不能干也。

它讲："五岳三台法，先立五岳形，别［立］三台，以瓦器石垒之，以香泥泥之。诸
经亦有作法。"其建造，当然为的是象征中华大地上的嵩、泰、华、衡、恒等五大名山和御用之"三
台"。[④]但建制，各派丹家未必相同。例如张道陵《太清天师口诀》[⑤]则说："［五岳三台］乃
四方立四墼（砖），中央立一墼，名曰五岳。亦可三角竖三台，以安土釜其上。"看来"五
岳"与"三台"各建其一即可；而且若无条件建造符室，亦可在丹房中垒之，可将"五岳三
台"与"丹灶"统一起来。

（二）丹釜

丹釜是升炼丹药的反应器和升华器。把合炼丹药的原料药置于其中，密封后加热下釜，生

---

① 《太上八景四蕊紫浆绛生神丹方经》见《道藏》正一部经名总第 1042 册《上清太上帝君九真中经》。
② 若此青霞子是隋代隐居于广东罗浮山之苏元明，那么这可能是南方的建制。
③ 指唐人孟要甫所撰《金丹秘要参同录》，见《诸家神品丹法》（卷二）及陈国符《道藏源流续考》第 339 页。
④ 汉许慎《五经异义》："天子有三台：灵台以观天文；时台以观四时施化；囿台以观鸟兽鱼鳖。"
⑤ 《太清天师口诀》，见《道藏》洞神部众术类，总第 583 册。

成的丹药升华，凝结于上釜（或盖）的内壁上。冷后，开启扫取。

　　自中国炼丹术伊始直到隋代，皆用上下土釜为反应器。《太清经天师口诀》说："飞器者，赤土釜也。"古时所言"飞器"即今之所谓升华器。《抱朴子神仙金液经》（卷上）的诠释文字中，特意对土釜作了说明："黄土瓯者，意是釜也。出在广州及长沙、豫章、临川、鄱阳者皆可用之。又此郡皆作黄土垄，亦可用之，皆耐火不破，他处出者如似瓦器，不堪用，得火便破也。南方黄土器者亦可。马毛若（或）江蓠① 合黄土捣之千杵，以作瓯器，阴干便佳，乃烧令坚用之。"可见，黄土瓯和黄土垄都是陶质土釜。当时为什么不用铁釜，《九鼎丹经诀》（卷七）曾有所解释，谓："飞药合丹神器，以土为釜，不用铁者，古岂不知模立图样，一铸便成。特以五金有毒，不可辄用。故丹大法，未有一处用铁釜者。又以土为釜，其法最难，毛髮参差，药总奔泄。自古施功积累年岁，终老不成者，莫不由此物也。古人重之不传授。"

　　制造土釜的原料、方法及其大小各有不同，也很有一些讲究，兹举两例。《九鼎丹经诀》（卷七）有（赤土釜法），谓：

　　　　取鸡肝赤土黄色者，细捣绢筛。蒸之，从旦至日中，下之。取薄酒和之为泥，捣令极熟，以作土釜，三合六枚（按：每上、下二釜合而为一合，所以三付合共六枚）者，正用数也。[其大小]随药多少任意作之，通令厚五分许，阴干三十日。小者容八九升，大者容一斗半。亦云厚三分。晒烧极令大干。次，槲树白皮三十斤，细剉，以水三石煮之一日，去滓，煎取一升，其色赤黑，名曰槲漆②，涂土釜表里，即坚韧不破，入火不裂，此是神丹土釜秘诀。

这种土釜也称为丹炉，此"土釜秘诀"也称之为"太清白雪土釜诀法"。《九鼎丹经诀》（卷七）另外还辑录了"狐刚子仙釜法"也是一种赤土釜。再者，《九鼎丹经诀》（卷一）谈及炼制第六丹——"炼丹"时则提到"土龙屎釜"（蚯蚓屎釜），颇为别致。谓：

　　　　取八石而成之。八石者取巴越丹砂、帝男、帝女飞之，曾青、矾石、礜石、石胆、磁石凡八物等分，多少在（任）意，异（分别）捣令如粉，和以土龙膏（应作土龙屎）。乃取[以上]土龙屎二升，以黄犬肝胆合为釜。

这种丹釜大概也是经过"晒烧"而成，大体为低温焙烧出的瓦器，大概也只经得起较低火力，如马通火、糠火的加热。

　　土釜制造完成后，几乎都无例外地需要在其表里敷上一层药泥。因为这类土釜总会有一些细小的裂缝，会在升炼丹药时，使药精外泄。所以这类药泥往往都是经过精心研制的，必是致密、不易开裂的细泥。《九鼎丹经》中列举的土釜绝大部分是用前文已介绍过的"六一泥"来涂敷。此外，在〈狐刚子仙釜法〉中的药泥与泥釜法则很别致。方法如下：

　　　　紫石英、白石脂、牡蛎粉、白滑石各一斤，此是仙丹大药釜也。各异捣，下筛，然后和阴兽玄精汁（黄牛粪汁）为泥，各团之如鸡子，曝干，然[后]坐炉[中]烧之十日夜，火尽，更盖十日罢矣。冷便团（疑有讹字），更纳铁白中各异捣，令粉细，以戎盐下（加）卤咸，以水和令泡泡，复和华池煎为泥，干更上之。每上，率以一分为度，三遍即罢也。土釜里[以]玄黄泥泥之，每泥一遍，厚只一分，最是神妙。常看视，泥上勿令有毛发，开裂谨固，使密为要耳。

---

① 江蓠，香草名，又名江离、蘼芜。

② 槲树之树皮及壳斗可提栲胶。

对"土龙屎釜"则更有独特的泥法：

　　牡蛎、赤石脂各三斤，捣令如粉，以左味和为泥，涂釜内外，各厚三分，干之。

　　［另］一法，八味（按：指八石）多少自在，以土龙膏（蚯蚓粪）一升，以和黄狗胆。

　　合土龙屎二升，牡蛎、赤石脂末之如粉，和以为泥，涂釜内外，各厚三分，干之。

基于泥釜的泥料不同，所以丹釜又可分为多种，例如"先成赤土釜为骨体，次以六一泥重涂之"者，称之为"六一釜"；"以赤土釜若（或）龙屎釜一枚，苴以玄黄华若（或）铅［黄华］釜中（内）外厚三分"者，则称为"玄黄釜"；以"矾石、代赭、戎盐、牡蛎、赤石脂、土龙屎、云母、滑石，□□凡九物烧后捣治为粉，和以醮而苴涂上釜"者，大概就是《太清金液神气经》①（卷上）所说的"九晨釜"。此外还有以胡粉涂敷的"胡粉釜"，以"太一土"（成分待考）涂敷的"太一釜"等。

　　丹家还十分关心上、下釜际会之处的密封问题，下过不小的功夫，总结出了一套相当完整的经验。《九鼎丹经诀》（卷七）对此有一段精辟的论述：

　　丹炉固际法：纳药讫，先以六一泥涂两釜口，乃合之，乃（仍）以六一泥涂外际，以渐增之。干燥［后］复涂之，令厚寸余，务令坚密也，又以"中黄神泥"（见本章第三节）通涂上，厚六七分乃佳，封令釜形如覆盆，此形当正鹅卵形也。此谓密固法。若不为此，则六一泥得火力，其精皆散则裂疏，疏则丹华奔泄也。昔安期生师广成丈人②三十余年虽得丹经及注说众诀，而未传此要，九炼不成。重更请乞，乃此神泥之要，一合便成，上升太清也。

　　臣按，此说有理，常疑诸丹用马、羊毛为泥，得火便焦，焦则其处空虚，虚则泥不密，药气泄出也。更详之，所涂须泥极干，乃可起火，若犹小湿，得热即坼。

从这段文字看，可知当时有人以马、羊毛合泥以固际丹釜合缝。这位辑纂者对此做法颇不以为然。但一经细究，利用马、羊毛合封泥是颇有道理的。因密封的丹釜一经加热，釜内空气迅速膨胀，丹釜便成为高压釜，很有爆裂的危险，而"毛得火焦化，其处空虚"，在封泥中形成弯曲的微细通道，恰使内部空气缓缓排出而减压。据我们进行模拟试验的观察，升华物并无外泄的现象。

　　及至隋代或唐初，中国炼丹术中开始出现金属制的丹釜。《太清石壁记》（卷上）有〈造药釜法〉，如果这段文字为苏元明之原作，那么它就是最早的关于铁质药釜的记载了。这段文字描述颇详，原文如下：

　　其下铁釜受一斗，径九寸，深三寸，底拒火处厚八分，四畔厚三分，上下阔狭相似，平作底，周迴脣阔一寸半，厚三分，亦平。两畔耳长三寸，去上唇三寸半。上盖烧瓦作之，径九寸四分，深八寸，厚三分。上盖稍圆平作之。此釜样是初出精药，所以大。若出精药后，宜用小釜转之。小釜样，径口六寸，深二寸半。自外形势厚薄同前大釜，上盖径六寸二分，深六寸，自（此）外形势与前不（无）别。

图5-7中的上下釜便是陈国符据以上文字的描述而绘制的。孙思邈《太清丹经要诀》也有〈造上下釜法〉，记述更为翔实，并且说明了改用铁下釜的缘由，很值得一读：

　　①　《太清金液神气经》见《道藏》洞神部众术类，总第583册。其中谈到"九晨釜"和"九晨土"，但对"九晨土"都用隐名。

　　②　关于安期生和广成子的神话，可分别参看葛洪《神仙传》和刘向《列仙传》，见《云笈七签》卷108及109。

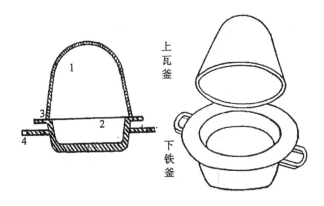

图 5-7　上下釜
（据《太清石壁记》绘制，摘自陈国符《道藏源流续考》）

　　下釜铸铁作之，深三寸，明阔八寸，底厚六分，四面各厚四分，其唇阔半寸，厚三分，平稳作之，勿令高下之也。上釜［瓦］作之，[1] 高一尺，明阔八寸，厚三分许。唯飞雄黄，上高五寸，以外不平下釜（疑有讹字），并圆作。凡欲有心试炼者，其上下釜并依样作之，大都形势更不过此法。其间上下釜但能将息用者，永无破坏之日。余自好道术以来，向二十载余，种种历试，备曾经涉，其中校（较）殊无所不为之者，并无成法，资财罄竭，不免致于困弊，今用此上下釜，始离其艰辛。其上下釜即须用六一泥涂之。其泥和稀稠得所，棕刷遍涂之，日曝令干，干后依前涂，曝干之，可三四遍，计厚三分许，必无坏时。其上釜以泥［涂］一二遍亦好，不涂亦得。今以六一泥涂上、下釜者乃久，亦何必须土涂釜也。糖和乃是旧法，用既无验，虽旧何为。

值得强调的是，此下釜虽为铁质，但用前内外皆以六一泥遍涂，故用它升炼丹药时，各种药料并不会与铁接触而相互发生化学反应。例如"造赤雪流朱丹法"用此种釜升炼雄黄，只会得到升华雄黄，而不会发生雄黄与铁之间的化学反应而还原出元素砷。[2]

（三）合子、神室与混沌

　　在中国炼丹术中，尤其是在黄白术里，某些药物和药金、药银的炼制，由于它们并不是升华产物，所以只需把原料药剂或中间产物（往往叫第几变、第几转产物）放在一个带盖的盒子中，密封后，以文武火进行热处理（称作"养火"），而且往往采用间接加热的方式。这类反应器最初叫做"合子"（即盒子，但多简写作合子）或"养火合子"，出现在南北朝以后。这种合子有陶制的，叫做砂合子或瓦合子；有瓷制的，叫做磁合子；有用滑石雕制的，叫做滑石合子；或用生铁铸造，或以熟铁打造，则叫铁合子；还有铜制的，叫做铜合子；甚至有用金银制造的（也可能是用药金、药银制造的），分别叫做金合子、银合子。例如：北宋崔

---

① 此句话中原脱一"瓦"字，孙思邈《备急千金药方》（卷三十九）中也有〈土釜法〉，则明确说明："作一瓦釜，作一熟铁釜，各受九升，瓦在上，铁在下"。可见上釜为陶质。此外，与上文《太清石壁记·造药釜法》对比，亦可证此处脱一"瓦"字。

② 确曾经发生过这种误会。见 N. Sivin《Chinese Alchemy：Preliminary Studies》. pp. 181～183.

昉"金丹大药宝诀"强调用"信州砂合不渗漏者";①《庚道集》(卷二)中〈资圣玄经·四神药法〉谓:"……先将一半银珠子入瓦合内,却放赤金合子(内放四神药)在上,再用银珠子盖,按实,却用瓦合子封固。"以上是用瓦合之例。再如,唐人撰《葛仙翁丹经·伏雄黄法》②谓:"七夕日采桑叶,不以多少,阴干。每末一两,雄黄一两,入磁瓦合子内。上盖底铺[桑叶]雄黄在中间,固济密,十斤炭火煅之。"此是用磁合之例。又如唐人撰《上洞心丹经(卷中)·神仙九转秘方》③就用到滑石合子,是将熟朱砂与生朱砂逐次分层装入,用泥封固后养火。但这种合子应用较少。宋人撰《九转灵砂大丹·一转初真丹法》④便用到铁合子,谓:"用生铁铸盒子一个,或熟铁打盒子亦可。一盒约盛银珠二两。先用白善土(白垩)、米醋调涂盒子内一分厚,日(晒)干。"这部丹经里的〈九转登真丹法〉中还谈到铜合与金合,谓:"打造金神室合,恰好盛众丹药在内,令满,醋调赤石脂封[合]子口。复铸铜合一个,比度大小恰好入[神]室合。居中,四边各宽一指。……固济铜合,不用外固,入灰池,……择日、时下火。"在中国炼丹术中用合子养火丹药、黄白之例,不胜枚举,但使用金、银合子似在宋代以后才较普遍起来。

在中国炼丹术中,对修制丹药,变化黄白的反应器还有一个普遍的称呼,叫做"神室"。在两汉时期,普遍用上下釜为反应器,那时就把它称作神室了,《黄帝九鼎神丹经诀》(卷二十)中辑录的〈九鼎丹隐文诀〉便已说道:"鼎釜坚密,号曰神室。"《云笈七签》收录之〈金丹金碧潜通诀〉⑤便解释说:"神室者,上下釜也,设位者,雌雄配合之密也。"又说:"神室有所象,鸡子为形容。"因为上下土釜结合组装起来,形如鸡卵;在其中养火大丹,又寓有"温温抱养,如鸡抱卵"之义。当反应器从上下釜发展到各类合子后,从原则上说,合子也就是神室了。但在习惯上似乎大多数丹经只把金、银合子称为神室。所以《九转灵砂大丹·六转玄通丹法》里只说用金(大概是药金)"打造室合(神室),三两作底,一两作盖。"《庚道集》(卷八)所引〈青霞子十六转大丹[法]〉则明确指出:"夫神室乃银合子也。"其卷九所引〈西蜀玉鼎真人九转大丹[法]〉也说:"以山泽银打小合子作神室"。而且作为神室的金、银合子几乎都不直接放在炉火或灰池中火养,而是放在砂合子中,通过加热砂合子使金、银神室中的药料受热温养(图5-8)。除了金、银合子作神室外,还有用鸡蛋壳作神室的,《上洞心丹经诀》(卷上)对这种有趣的神室有生动的说明。谓:

> 用好鸡弹(蛋)八个,醋浸,略去蛋皮。顶上微开一小窍,约小姆指大。慢慢倾去黄白,洗净,控干。然后磨上等京墨,浓磨墨汁,倾入弹(蛋)中,摇转令上下皆偏,微于火上炙干,令遍黑。如不黑,再用墨如前三上之,尤妙,此即昆仑纸法也。⑥选四个好者作装药者,余作盖。乃用[衲]鞋底针于四个鸡弹(蛋)周围匀针(扎)七个针孔,以象心之七窍也。四个壳盖,亦如前墨汁涂之。凡鸡弹(蛋)色白,神不可居,墨色染黑,故神可安藏。故号神室也。

该〈法〉接着讲:"然后将丹砂装入,直要装满。稍若不满,则亏火力。装讫,用鸡子清搽在

　①　见陈国符《道藏源流续考》第48页。
　②　见《诸家神品丹法》(卷五)。
　③　《上洞心丹经》见《道藏》洞神部众术类,总第600册。
　④　《九转灵砂大丹》见《道藏》洞神部众术类,总第587册。
　⑤　见《云笈七签》(卷73)第415～416页。
　⑥　《庚道集(卷一)·寒林玉树涌泉柜法》:"昆仑纸乃以好墨染者。"

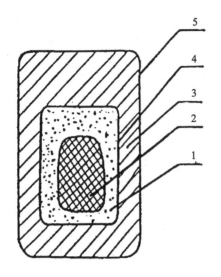

图 5-8　混沌入鼎（砂合）

1　明窗尘（柜药）

2　紫河车、雌雄黄(药) 3　白虎石(白垩)

4　药银制混沌　5　砂合

（据《感气十六转金丹法》，摘自《道藏源流续考》）

神室口，外盖口内亦搽之。盖定后，用药（石灰和砒石粉，以白矾水调）固之。四个神室装药盖合。"这种神室当然也不能在火中直接加热，而是放在特定的"五行玉柜"（象征玉兔，是用砒石、死硝、硇砂、朴硝、碱等五种药填充在砂埚中而制成）中养火。

除了以上三种材料制成的神室外，还有一种特殊的神室，名叫"太乙神室"，也叫"太乙天宫"。它大概出现在金、南宋以后，所以只有《庚道集》才有记载。该丹经卷七和卷九多次提到它。例如：

明窗尘（大概是铅黄华，见本章第四节）入神室，太乙神室也。用汞五两，如莲子栽入明窗尘内，密封，固济［养火］。

紫粉、汞、硫黄三味同乳，不见星为度，纳太乙天宫，坐黄蛰内［养火］。

但"太一神室"究竟是怎样制成的？还有待考证。目前还没找到明确的记载。陈国符提出两种可能[1]：其一，鉴于《大丹铅汞论》[2] 称"铅黄柜"为"太一柜"，那么"太一"即铅黄华，所以"太一神室"可能是用铅黄华以胶粘合而成的；其二，它或许是用太一土制成的。[3]

神室又名"混沌"，但是作为混沌的神室，外形都必须是卵形的，而且总是放在砂合（鼎）中进行养火，所以混沌也叫"中胎"。关于中胎和混沌这两个称谓的含义，不少丹经都曾作了解释，《诸家神品丹法》所引晚唐孟要甫《金丹秘要参同录》谈及中胎时说：

青霞子曰：药在鼎中，如鸡抱卵，如子在胎，如果在树，受气满足，自然成熟。

药入中胎，切须固密，恐漏泄真气。又曰：固济胎不泄，变化在须臾。中胎所制，其形圆如天地未分，混若鸡子，圆高中起，伏若莲壶，开闭微密，神运其中。

鼎者丹之室也，鼎器完全，万物生焉。鼎象中宫，中宫属土，土能生万物，故鼎用土。阴真君曰："须向中宫求鼎器。"明知用凡土烧瓷为鼎是也。至于中胎所用瓷，长短宽窄临时制造，岂可执而行之。宽则水火不济，太窄则水火之气不行。切在细意为之。

以黄芽既入于胎，胎复入鼎，鼎又入炉，重重密固，勿泄真气。[4]

可见，中胎就是放在土鼎中养火的神室，又叫中胎合子，也有以坚土烧制的，所以在方士们看来，土鼎就如同母体，中胎就像是子宫，药在其中如胎儿，受气温养而孕育成丹。中胎的形制很多，《诸家神品丹法（卷二）·吕洞宾述长生九转金丹》就提到一种很别致的中胎，温养药料是"上色黄庚"与水银制成的"砂子"，而中胎并非是预制好的神室，而是使用六一泥

① 参看陈氏著《道藏源流续考》第50页。

② 《大丹铅汞论》见《道藏》洞神部众术类，总第596册。

③ 《太清金液神气经》提到太一土、太一釜，但未说明太一土为何物。

④ 《诸家神品丹法》（卷2）第5页。

与纸筋的混合物将"砂子"裹住，"固济，不令毫发拆裂漏气之处，如有，以泥补之固，令十分坚完为妙也。砂子如毡，号曰丹药胎包也，又谓之神室也。……固济毕，用一个铁合，内可盛受得二升许，堪用也。"可见这里的中胎神室只不过是一个"泥蛋"，更像是个蜡丸中药。

关于混沌这一称谓的含义和源起，《云笈七签》卷二有所解释，谓：

> 《太始经》云：昔二仪未分之时，号曰洪源。溟涬濛鸿如鸡子状，名曰混沌。玄黄（天地）无光无象，无音无声，无宗无祖，幽幽冥冥，其中有精。其精甚真，弥纶无外，湛湛空虚于幽源之中而生一气焉。……《灵宝经》曰："一气分为玄元始三气，而理三宝，三宝皆三气之尊神，号生三气，三号合生九气。……运推数极，三气开光，气清高澄，积阳成天；气结凝滓，积滞成地。九气列正，日月星宿、阴阳五行、人民品物并受成生，天地万化自非三气所育，九气所导，莫能生也。三气为天地之尊，九气为万物之根，故三合成德，天地之极也。[①]

所以在丹家心目中，神室便为混沌，修炼大丹正是要模拟天地造化之功。上文提到"中胎，其形圆，如天地未分，混若鸡子"，所以中胎也就是混沌，混沌也就是放在砂合、土鼎中的神室。

（四）柜与柜药

我们从中国炼丹术的著述中可以了解到，及至唐代以后，特别是宋元时期，在炼制大丹，特别是黄白至宝中，已大量采用中胎合子（神室）与砂制或铁制外合相组合起来的养火设备了。就是说，把欲炼育的药料置于中胎合子中，密封后，放置在另一个大合中，中胎合的外围空间再以某些药物填充，然后加热外合，使中胎合中的药料得以火养。这种设备、装置称作"柜"，中胎合子便称为内柜（或内柜合子），外面的大砂合或大铁合则称为外柜（或外柜合子）。内柜与外柜之间的填充药则称为"柜药"。我们可以用《庚道集·感气十六转金丹法》[②] 中的第十五转"黄舆法"所用的柜来作个典型，该"法"云：

> 将红粉丹砂四两研细，入雄黄四两，更入生汞二两，同研细，状如桃花粉，投入砂合内，用醋调赤石脂固缝，入炉，坐铁三脚子上。卯酉顶火各四两，养六十日足。取出开看，其药成紫河车。
>
> 白芽子所坯银（当为药银）半斤打造混沌。
>
> 将明窗尘一半投混沌底。将紫河车更研，入雄黄四两，同研细。投明窗尘中（上），其上更以明窗尘覆之。醋调赤石脂固混沌口缝。外更用大砂合。以白虎石（原注：白垩）铺盖其〔周〕，安混沌于当中，〔合〕亦以醋调赤石脂固口缝，入炉。
>
> 坐〔大〕合子于铁三角上，卯酉各顶火四两，养四十九日，〔即得黄舆〕。

那么这个柜的装置便如图 5-9 所示。

此外，唐元和中赵耐庵所撰《见宝灵砂浇淋长生涌泉柜》[③]，记载有两种"涌泉柜"，可作柜的另一典型。其一如图 5-10 所示，置于三脚上的砂罐子是柜，受到周围炭火的加热。柜中放置"泥蛋"式中胎，是为神室。这种"涌泉柜"是用来温养灵砂的，其法大意如下：

> 灵砂劈开作四方块，如拇指大。以黄丹半两、韶粉半两，米醋调稠，以其半为

---

① 《云笈七签》第6页。

② 《感气十六转金丹》，见《道藏》洞神部众术类，总第591册。

③ 收录于《铅汞甲庚至宝集成》卷1中。

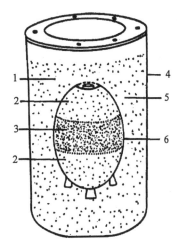

图 5-9　"黄舆法"柜法图
1 白虎石　2 明窗尘
3 紫河车＋雄黄　4 大砂合
5 柜药　6 药银混沌
（据《感气十六转金丹》绘制）

贴身药（用它裹于灵砂块外，因为中胎）。用养火合子（柜），以银珠子四十余为柜药，下灵砂块（中胎）于合中心。合子固济，入灰池。……以铁三脚架安缸（即灰池）底。然后每日从柜的不同方位往灰池中下炭火，"第一日下子午卯酉方火，第二日下辰戌丑未方火，……如此周复下火，七昼夜足，开炉，开合子，取出。

随着柜养法的发展，柜药越来越被丹家所重视，认为它对育养神室内的大丹与至宝（黄白）至关重要，于是陆续出现了各种柜药，并以柜药命名柜法了，兹举数例：

（1）长生柜法。见于《诸家神品丹法（卷五）·葛仙翁丹经》。柜药为"一重朱砂，一重银末，如是重重。"

（2）玉柜法。见《上洞心经丹》，柜药为以醋悬胎煮过的砒石、以皂角伏火的死硝、碱、硇砂。

（3）玉田柜法。见于《庚道集》（卷四）。柜药为朱砂与粉霜。

（4）龙虎柜法。一则见于《庚道集》（卷四），其柜药制法："好辰砂光明［者］三两，硫黄半两，同研细，以熟绢裹扎系定（作成药裹子）。然后入（取）针砂一斤，净淘洗，晒干，仍用坩埚子（大者），先入针砂在下，次入药裹子在内，用余针砂覆盖上歇口①。一升火煅成；火化为灰为度，取出。其药乃绿色，是名龙虎柜［药］。"另一则见于《金华玉液大丹》②，谓："摘取芽子（银汞齐）依元（原）法虚养，烟气十分少。然后常煮令坚老。方用银室，纳芽其中，死铅作外柜（柜药）。养火七七日。取芽出，每八两加真汞二两，同乳成粉。再用庚十二两作神室，纳芽其中，用硫黄作外柜（仍指作柜药），养火七七日。取芽乳细，再入汞二两，如此入金室养火。积至一斤，名曰龙虎大丹。可以作柜［药］，养朱砂四神。"

（5）丹阳柜法。见于《铅汞甲庚至宝集成》（卷二）。其柜药作法要点如下："用铅砒分胎所得砒二十两，与丹砂二十两同研匀，入甘埚，瓦陀盖口，入炉煅红。提出放坐温灰中，冷，打破。其丹［砂］成宝如一块生银，号曰青金头。……"此青金头似白银，所以称之为"丹阳"。以此"丹阳"和灵砂、银末合养，而成丹阳柜［药］。

（6）元阳柜法。见《金华玉液大丹》，为制作柜药，先制取"死硇砂"；"硇不以多少，用车前草汁煮［至］一分（十分之一）。炒干。以贝母、知母薰锅。仍用二草末撒在锅内，待烟起，撺下硇，大扇三、五十扇，作汁，真死。"这便是"死硇"，放入柜中。接着将"雌［黄］、雄［黄］以胭脂菜煮三伏时；石胆用鹅不食草煮一日，同乳成粉，蜜丸如黄子（鸡蛋黄）大，入前柜（"死硇柜"）养火三七日，其药俱死柜中，与硇合

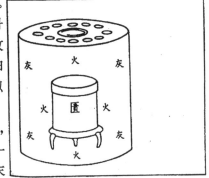

图 5-10　涌泉柜
（按《见宝灵砂浇淋涌泉柜》记载绘制）

————————

① 歇口即开口，甘埚歇口即坩埚开口。

② 《金华玉液大丹》见《道藏》洞神部众术类，总第 590 册。

胎（混合为柜药），名曰元阳柜［药］"，可养庚砂。

（7）太阳柜法。见于《庚道集》（卷六）。柜药作法："硝不计多少，用地黄汁、芸苔草汁相和煮过，入凤凰始（含义不明）内。又用昆仑纸糊一粒米厚。又用滑石末铺盖前胎壳，上又用云母数斤盖头，白虎［石］盖上了，固济，一秤火煅成，五色有纹，妙不可言，此硝作柜［药］，养灵砂、砵砂粉成宝更妙，胜诸柜，号曰"太阳柜"，又曰纯阳柜。"

（8）灵圣柜法。见《庚道集》（卷四），其中有以"阳君"（硫黄）作柜［药］养日月丹后，浇淋成大丹的秘诀。其柜药作法："好硫一两，杵［成］碎末。先将五倍子煮一日，取去滓。次换黄芩、黄连、大黄煎浓汁加煮两日足，待伏为度。却再用五倍子熏合［子］，以鸡［子］清汁先涂抹合子内一次，又再浓熏，又再抹上二三次。径用此硫虚养（按：此句似应作"径用此虚养硫"）七日出，色如黄金之状。用此加养得松，作灵圣柜，养二黄丹头，二七日成功；养砵、灵［砂］变化无穷矣。"

（9）青龙柜法。见于《庚道集》（卷五），柜药为"伏火硫黄"。其作法为："取青龙（指曾青）捣真汁，煮硫二伏时，入合内，用黑纸隔。赤石脂捣洵水成膏饼盖头；又入白虎（白垩）一重，封固扎缚。先养七日，后地穴捻（疑有误）煅，出为真死。"

（10）砵灵柜法。也见于《庚道集》（卷四），柜药是砵砂和灵砂。

（11）柳絮柜法。见于《庚道集》（卷七），柜药法是："用炭灰一两、青盐一钱，汤调，作柜［药］。"

（12）太乙柜法。见于唐人金竹坡所撰《大丹铅汞论》[①]，其中谈及"铅黄太乙柜"，可知它所用柜药当为铅黄华。

此外，《太极真人杂丹药方》[②] 又有所谓"白虎柜"、"黄芽柜"，并附有图（见图5-11），未写名柜药，可能分别就是以白虎石末（白垩粉）和黄芽（玄黄或铅黄华）为柜药。

神室

白虎匮

黄芽匮

图 5-11 白虎柜与黄芽柜中的神室
（见《太极真人杂丹药方》）

（五）鼎与水火鼎

若用现代的科学语言来说，鼎就是炼丹术中的反应器。随着中国炼丹术的发展，它的含义、形制、结构、功能都在不断扩展、演进着。

"鼎"的称谓在西汉末或东汉初的《黄帝九鼎神丹经》等早期经典丹经中还没有出现。《周易参同契》已有"偃月法鼎炉，白虎为熬枢"的话。朱熹注曰："'偃月'疑前下圆，后上缺，状如偃月也。"《参同契》中还附有〈鼎器歌〉，谓："圆三五，寸一分，口四八，两寸唇，长二尺，厚薄匀，腹三齐，坐垂温"。但这些话仍使人难以捉摸那时的鼎是个什么样子。但可判断大约在东汉中期时，炼丹术中的反应器开始被称为鼎。

葛洪《抱朴子内篇·金丹》谈到《太清丹经》中的"九转神丹"时，已经有"取九转之丹，内（纳）神鼎中"的话，但没有记叙"神鼎"的结构。

① 《大丹铅汞论》，见《道藏》洞神部众术类，总第599册。
② 《太极真人杂丹药方》，见《道藏》洞神部众术类，总第599册。

　　唐人贾嵩撰《华阳陶隐居内传》[①]，其卷中里谈及陶弘景于梁武帝天监、普通年间（503～527）炼制"九转神丹"时，利用了鼎。据说，此神丹是太极真人传授下来的，而据《太极真人九转还丹经要诀》[②]记载："西城王君云：欲合'九转'，先作神釜。"此种神釜，当即葛洪所谓"神鼎"，大概就是上下土釜。及至苏元明和孙思邈，他们所用的已都是上瓦下铁的药釜，当然也就是鼎了。

　　及至出现了各种类型的合子，用于丹药的养火，它们也就是鼎了。唐代方士陈少微《大洞炼真宝经修伏灵砂妙诀·灵砂七返篇》说："且鼎者有五：一曰金鼎，二曰银鼎，三曰铜鼎，四曰铁鼎，五曰土鼎。"它们分别就是金合子、银合子、铜合子、铁合子，土鼎即砂合子或磁合子。陈少微的另一著述《大洞炼真宝经九还金丹妙诀·炉鼎火候品》讲到制作丹鼎的制度，谓：

　　　　夫大丹炉鼎亦须合其天地人三才五神而造之。其鼎须是七反（返），中（用）金二十四两，应二十四气。内将十六两铸为圆鼎，可受九合，八两为盖。十六两为鼎者，合一斤之数；受九合，则应三元阳极之体。盖八两应八节。鼎并盖则为二十四两，合其大数。其鼎须八卦十二神定位。

不过这种鼎是悬置于炉中直接加热的，其形制可能与《太清石壁记》所述药釜相似，只是圆鼎与盖皆以金造之。

　　"混沌"有时也被称之为［内］鼎。唐人撰《玉清隐书》[③]中（亦见于《红铅入黑铅诀》[④]）所谈及的鼎，"形如鸡子"，当即混沌，是用黄泥制作的，其造鼎诀曰：

　　　　本（此）土或如黄蜡腻，或青黑色，有石沙子，或如油麻粒，大小不等；或黄色，研破有朱砂者，此土力大。捣筛讫，和作泥，唯熟唯妙。

　　　　鼎釜：本土作泥造之如鸡子形，长七寸，阔五寸。趁润（潮湿）截［为］两断（段）。曝干，镟中心（又作：口虚）各阔三寸，渐渐底尖，各深二寸，里外并如鸡子形。两扇唇口并镟全雌雄造之（凹进与凸出），不得参差。[⑤]

陈国符按照此诀文及所附尺寸，绘出了该鼎的图形（图 5-12）[⑥]。

　　对于唐代以后发展起来的各种柜式炼丹设备，则内柜（神室、混沌、中胎合子）称为内鼎，外柜则称为外鼎，即都以鼎呼之。唐人撰《红铅入黑铅诀》所用内鼎，即上述黄泥混沌，它称之为"鼎釜"。它以此鼎釜养火红铅（即丹砂）为黑铅（先天铅），关于养火过程，诀曰：

　　　　真金铸神室，[⑦]鸡子其形容，红铅藏室中，封固（原注：本土封固口缝，又通身固一指厚）入鼎内（原注：其下鼎用本土为之，其上釜用真金[①]为之）。外固口缝悬于灶中，运用水火九十日成。黑铅名先天铅。

这里的"鼎"即指外鼎，造此鼎之原料与神室混沌（内鼎）相同，其形制、尺寸在其〈鼎器

　　① 《华阳陶隐居内传》见《道藏》洞神部众术类，总第 151 册。
　　② 《太极真人九转还丹经要诀》见《道藏》洞神部众术类，总第 586 册。
　　③ 《玉清隐书》见《道藏》洞神部众术类，总第 599 册。
　　④ 《红铅入黑铅诀》见《道藏》洞神部众术类，总第 598 册。
　　⑤ 这段引文依《玉清隐书》与《红铅入黑铅诀》互校。
　　⑥ 参看陈国符《道藏源流续考》第 44 页。
　　⑦ 从该丹经〈鼎釜诀〉看，神室（混沌）也是用黄蜡土制造，而并非用真金。至于造外鼎，上釜似更无需用真金制造，"用真金为之"一语恐仍系妄言。

图 5-12　"混沌"［内］鼎
（依《玉清隐书》绘制，
摘自陈国符《道藏源流续考》）

图 5-13　"红铅入黑铅"内、外鼎的结构
（据《红铅入黑铅诀》绘制，
仿陈国符《道藏源流续考》重绘）

诀〉中有所描述。谓

　　　造鼎通长一尺二寸，周围一尺五寸，中虚五寸，厚一寸一分，上下通直，口偃如锅釜，卧唇仰折，周围约三尺二寸，心横有一尺，唇环匝，高二寸。上水入鼎八寸。

　　养火时，将药红铅藏于神室混沌中，封固，如图 5-13 所示放置于外鼎口上。外鼎内先放水，水层高八寸。罩上鼎盖，密封外口，悬于灶内养火。

　　及至宋代，炼丹设备日益多样化，鼎的结构也更趋复杂，这种变化当然与炼丹家们对炼丹术产生了更多的玄想分不开的。它的发展，主要是出现了各种类型的水火鼎。它们都是由两部分构成的，一部分为火鼎，是加热部分；一部分为水鼎，是冷却部分。如果这两部分是处于上水下火的位置，因与既济卦☲☵相对应，所以称为既济式；若是处于上火下水的布局，因与未济卦☵☲相对应，所以又称为未济式。丹家们对这两种布局都有一番讲究。当然，神室总是放置在火鼎中。但在很多情况下，往往是将药料、丹母直接放在火鼎中。也就是说，没有外鼎、内鼎的区分，所以火鼎也就是神室了。常用的火鼎就是砂合、磁合，也有用坩埚的，《庚道集·青霞子十六转大丹》则用黄礜；其〈升仙大丹九转灵砂法〉则是用铸铁合子。水鼎则常用建州盏，偶尔也有用铜打制、生铁铸造的。在初始时，水鼎与火鼎各是一个部件，使用时临组合起来，这样操作起来比较简便，制造起来也较容易。但到南宋时期则出现了以金属合铸的水火鼎。

　　《铅汞甲庚至宝集成》（卷三）收录的〈子午灵砂法·第七段死龙蟠法〉中对其所用上下鼎有一番精辟的议论，谓：

　　　下鼎身周十二寸，以应十二月；身长（鼎高）八寸，以应八节。上鼎身阔倍下鼎一倍，乃按二十四气（即上鼎身周二十四寸）。上鼎为天，下鼎为地；上升为阳，下降为阴；阴气欲升，阳气欲降，此应阴阳之陶冶也。尺寸阔狭不可大，不可小。大则气散不聚，小则逼溢，故不能遂升降之匀和，盖在于鼎，乃鼎中之包密，内调升降，外禀阴阳，以成天地造化之机矣。上鼎围阔二十四寸，下作三级，与［下鼎之］唇三级相合。下鼎长（高）八寸，身周十二寸，唇三级与上鼎覆下三级相合，不得差殊。此鼎不用足，别打铁围令厚，以三钉钉作三足，钉可以大姆指厚，高二寸半。

文中并附有用鼎法之图（似有错讹）。上鼎为盘。下鼎为釜，即直接作神室。关于用鼎法，我们可以作如下说明（原文令人感到凌乱无章）："以第六转灵砂一两，对［兑］汞一两，细研不见星为度。……三十两灵砂同三十两汞，合研成六十两，入鼎（直接放入火鼎）朝升暮降。"

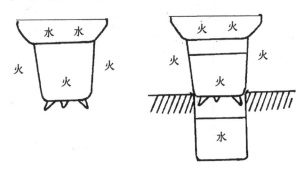

图 5-14　　《子午灵砂法·死龙蟠法》示意图

（据《铅汞甲庚至宝集成》绘制）

于是在子时开始（依图 5-14 是左图）将鼎放入阳炉，用所谓"阳火"加热。这时上鼎盘内放置水，所以这时鼎处于既济式，加热是用炭火，火炭层自下而上逐步增高，并且由文渐武，直至达到鼎腹（自下而上）的十分之六处。这便是六个时辰的所谓"朝升"。然后从午时起鼎移到所谓"阴炉"上加热，即将鼎架在一个水罐上，罐内贮有水，水罐则埋入地下，令其罐口与地面平，用布"渗去上鼎（盘）水干"，改放炭火。右图，自上鼎盘开始加热，以后又叠炭簇火至下鼎腹十分之六处（自上而下），然后再自上而下徐徐撤去炭火。这便是所谓六个时辰的"暮降"。这种把水鼎埋入地下的水火鼎又称作"阴阳炉"。该法的特点是水火鼎在一轮升炼过程中，既济式与未济式交替，操作比较复杂，也比较少见。[①]

在大多数情况下，一个丹法中水火相济的方式、布局是固定不变的。《庚道集（卷二）·月桂长春丹养火法》是利用上水下火式水火鼎的一个典型例子。其法为：

> 以大口小瓦瓮子一个，将烧纸灰。纸灰五七日要结，不若前草灰或茅草灰。盛瓮子内，以一个铁三脚架（不须太高）放灰瓮子内，用［于］坐丹鼎（合子，内每丹头一两，用熟汞四钱浇添）令稳。注水于上鼎（水鼎）内，不须大满。……自卯时下［炭］火，酉时出旧［炭］火，卯时南北下，酉时东西下。欲下炭火，将瓦片子盖水鼎了，用火筋搅灰令火气均，方下炭。复取了瓦片。欲添水时，须是常用汤瓶烧温水（令与水鼎之水一般），方可注添。其水鼎不可少（稍）涸。每七日开鼎添汞。……

宋人撰《感气十六转金丹》中所用的"养火都式"水火鼎则是"上火下水"式的一个典型例子，而且附有图示（参看图 5-15 左图），其结构、装置如下：

---

① 《感气十六转金丹》见《道藏》洞神部众术类，总第 591 册。

炉用土做或以瓦烧成器，通身要高二尺二寸，径一尺二寸，上两窍如折二钱大，下三窍如小铜钱大。水鼎乃磁器，可贮水三升者，要鼎口与［砂］合子（火鼎）底一般大。每用水鼎，入沸汤六七分满。

……将前所煮母（前文缺）一十六块排砂合底，合定，以醋调蚌粉封合子口缝，……虚养一伏时，卯酉各火四两。次日开合，则浇汞四两于母上，如前法封固。下用水鼎，坐合子于水鼎上。

养火如法，其火四两，要三块顿合子顶上，候通红不灭，以灰覆之，卯酉抽换。七日火足，寒炉出合，开看，其汞成鱼鬣（鳍），色如霜。再浇汞四两如前，封固如前，入炉，添水如前，封水鼎口如前。……

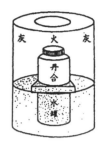

图 5-15　"上火下水"式水火鼎
（据《感气十六转金丹》
及《铅汞甲庚至宝集成》绘制）

可见这是一种用"顶火"加热的方式。

谈及水火鼎则必须提到南宋人辑撰的《金华冲碧丹经秘旨》[1]，因其中有白鹤洞天养素真人兰元白传授的几套制作极为精巧，结构十分复杂的水火鼎，可能是历史上最高工艺的水火鼎制品了。兹选择地介绍其中三种。其一为"还丹第一转金砂黄芽初丹［法］"所用，如图 5-16（之一）所示。上部的"水海"即水鼎，用八两白银打造而成；下部火鼎是用足色赤金打造的，很象是个空夹心盂子，其下方和周围造成一个空心夹层，约一寸许厚，所以截面成仰月形，因此又叫"偃月鼎"。空心夹层与上部水鼎间又以一个赤金"筅子"（管子）接通，水可以从"水海"灌入下鼎夹层中。将铅汞（称交媾之铅汞）放在偃月火鼎中，套上水鼎，用"脂矾"将竖管与水鼎间的空隙封固，以铁线将上下鼎扎紧。将火鼎部分置于一个磁或瓦制的合子中，再固口缝。于是将合子悬置于丹灶中，四围及底部以炭火加热，转炼铅汞为黄芽。其二是"还丹第四转三才换质丹［法］"所用，如图 5-16（之二）所示。上水鼎（亦名水海）用银一斤打造而成，又用汞金（药金）十两作成两个"圌"，即中空的圆盒，中间以"金"水管相连，水管上端并与水海相通，并加以焊接。这样的装置，若放入鼎后，水即可下流充满双圌水盒，因此可使火鼎内养火之药料得到更均匀的冷却作用。火鼎是药金所制的大合子。装入双圌后，投放药料——朱砂与雄黄，再安置上水鼎，固济上各处缝口。于水海中充水。并以铁线扎紧整套水火鼎，即可悬置于丹灶中加热养火了。其三是"还丹第五转三清至宝丹［法］"所用的水火鼎，如图 5-16（之三）所示，图上附有简要说明，对其结构，此处不再详述。以上三种水火鼎，水海中的冷水皆可通过"水筅"和夹层直达火鼎内部，从今日科学的眼光看，似乎未必有什么道理，但在古代炼丹家看来，如此装置，可以更好、更有效地起到水火相济的造化之功了。这种装置如此精巧，又要先通过修炼药金来制作，在宋代时肯定相当昂贵，恐非一般寒门道士所能营造使用。

---

[1]《金华冲碧丹经秘旨》，见《道藏》洞神部众术类，总第 592 册。

银水海　　　夹底中虚偃月鼎　　磁、瓦合子　　交妬铅汞黄芽

［之一］"金砂黄芽初丹法"用水火鼎

银水海　　　双圜水盒"汞金"制　药金制火鼎　　内养朱砂、雄黄

［之二］"三才换质丹法"用水火鼎

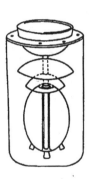

赤金水海，　　盖作夹空，　　"金砂黄芽"　　"汞金"九斤　　内养神汞雄
重一斤，深　　水管直透室　　内室火鼎，　　铸成大合，　　硫共六斤，
五寸　　　　　底，上管通　　高九寸，阔　　高一尺五寸　　用黄泥遍身
　　　　　　　水海之内　　　三寸半，形　　径五寸，外　　固
　　　　　　　　　　　　　如鸡子　　　　用黄泥通身
　　　　　　　　　　　　　　　　　　　　固二指厚

［之三］"三清至宝丹法"用水火鼎

图 5-16　南宋时期精致的水火鼎

（据《金华冲碧丹经秘旨》绘）

（六）丹炉、神灶与丹坛

丹炉就是加热丹鼎（火鼎）的炉，内中升火，丹鼎置于其中。据孟要甫《金丹秘要参同录》[①] 的说法："既得鼎，须制炉。炉者是鼎之匡郭也。鼎若无炉，如人之无宅舍城廓，何以安居。故炉以绕鼎，收藏火气。"

炉的构造有各式各样，各派丹家依鼎器的型制、大小和加热方式的需要往往自行设计，兹举三例。《太清石壁记》（卷上）有一"造丹炉法"，谓：

> 其炉下须安铁镙（算），可（大约）十二三条，长一尺，四方厚四分，布其暂上，相去可二分。镙下悬虚，去地二寸，中开阔四寸半。前后通门，拟通风去来。其镙上著 [炭] 火。其火为风气相扇，极理快然，此法为要。

再如《庚道集》（卷八）所收录唐人许真君《升仙大丹九转灵砂诀》也有"造炉法"，谓：

> 用砖先阁（搁）起，高一尺。便在（再）上泥一级，高阔在人。第三级约高三尺。至底为风门，方圆一尺六寸。炉下一级安铁鼎，已（以）上二级著 [炭] 火。下一尺空脚，左一门方，右一门圆，配之日月，所以门阔八寸，二八（各阔八寸）。卯酉正路建左右二门，谓凡风只东西多，南北少，故也。

其三者，南宋炼丹家白玉蟾所授《金华冲碧丹经秘旨》（卷上部分）中有一"甑图"，如图 5-17 所示，实际上是一座很讲究的丹炉。他讲解说：

图 5-17　甑式丹炉
（据《金华冲碧丹经秘旨》重绘）

> 下用火盆一个，平铺砖砌满，上造一甑，高一尺五寸，径一尺二寸，中间子、午、卯、酉四门，（四个风门），上至甑口（甑的上缘）开通五穴，出火气。出甑口厚砌之一砖，闭口子五寸径圆孔，方砖一片凿之。置炉匡一个，阔一尺二寸，罩定顶上。通用水火也。中挂丹鼎。

以上这三种丹炉都是唐代以后的型制。更早时期的丹炉，虽有记载，但都语焉不详，《周易参同契》就已提到"偃月法鼎炉"，但文词过简，难以体会其结构。虽然元代方士上阳子陈致虚所撰《金丹大要》[②] 也介绍了一种"偃月炉"（见图 5-18），又叫"太乙神炉"。据记载，这种丹炉"炉面周围约一尺二寸，明心横有一尺，立唇环匝二寸。唇厚二寸，炉口偃开锅釜。"但从图文仍难洞悉其结构，而且它大概也不会是东汉时的原始形式了。

图 5-18　偃月炉（太乙神炉）
（摘自《上阳子金丹大要》）

在中国炼丹术中用来加热丹鼎的设备，除丹炉外，还有所谓"神灶"。但从其结构上看，其实神灶也可以认为是丹炉的一种。例如《九鼎神丹经诀》（卷七）就有（作灶法），谓：

> 屋下中央作灶，口令向东，以好砖石缮修之，以苦酒及东流水捣和细白土并蒲台（县名，隋置，在今山东博兴县北，黄河北岸）泥泥之。灶内安铁三脚，其脚器以生铁为之佳。以药釜置三脚上讫，使釜置在灶中央，勿倾斜也，

---

① 见《诸家神品丹法》（卷2）。
② 《上阳子金丹大要》，见《道藏》太玄部经名，总第736～738册。

四边去灶壁各三寸半。令灶出釜上二寸。绕釜四边，宜恒下糠，续火增之，恐火之
强弱不均也。

可见这种神灶就是以砖砌成的丹炉，而以铁三脚架代替铁镣了。但个别神灶也有铁制的，例
如孙思邈《太清丹经要诀》中的神灶就属这类。其记载谓："其门高六寸，阔五寸，以铁为之
其埃（灶之窗[①]）勿令向上，宜下开之，可高三寸许，阔二寸半。若向上开者，火则微翳；向
下开之为佳也。"《感气十六转金丹》说："灶乃药炉也，鼎（外鼎）乃砂合也，神室乃混沌也。
可见"神灶"与"丹炉"是一回事。

在宋代炼丹术中，不仅广泛使用着水火鼎，而且往往把水鼎与火鼎合铸在一起，构成一
个整体设备。进而接着又把炉也固定地铸在火鼎之外，围成罩形，于是做成了所谓"既济
炉"和"未济炉"。《丹房须知》[②]、《稚川真人校证术》[③] 及《金华冲碧丹经秘旨》都绘出了这
两类丹炉的图形（图 5-19 及 5-20），看来制作非常精巧。但这些书都未作详细讲解。按未济
炉是上火下水式，所以这种炉的下部当为水鼎，水鼎上方都有一个横贯全炉腰部的横管，借

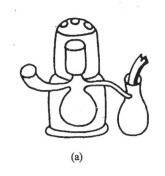

（a）　　　　　　　　　　（b）　　　　　　　　　　（c）

图 5-19　未济式丹炉

（a）摘自《金华冲碧丹经秘旨》；（b）摘自《稚川真人校证术》；（c）摘自《金华冲碧丹经秘旨》

（a）　　　　　　（b）

图 5-20　既济式丹炉

（a）摘自《金华冲碧丹经秘旨》；（b）摘自《丹房须知》

此可以将水从左方不断添加入水鼎，水灌满下鼎后自动从右方溢出，流入外面的罐子里。这
样可调节水鼎中的水温不致热沸，而提高了冷却效果。鼎的上部为火鼎，外部罩以炭炉加热
各既济炉当然是上水下火式，上鼎一般为碗形器以贮水，据《九转灵砂大丹》讲解："……水
鼎内先下温汤八分，滚时常以冷水抽添，不要滚出。"下部火鼎，其外则罩以炭炉。

----

① 《中华大字典》："窬谓之灶，其窗谓之埃。"中华书局 1986 年影印本。
② 《丹房须知》见《道藏》洞神部众术类，总第 588 册。
③ 《稚川真人校正术》见《道藏》洞神部众术类，总第 588 册。

在《丹房须知·采铅》中还介绍了一种专门为抽炼水银设计的"飞汞炉"，并附有图和说明（图5-21）：

> 葛仙翁曰：飞汞炉，木为床，四尺（床圆形，直径四尺）如灶（灶底径亦四尺）。木足（床之脚）高一尺以上，［以］避地气。揲①圆釜，容二斗，勿去火八寸（釜径）。床上灶依釜大小为之。《火龙经》云：飞汞，于丹砂之下有少白砂（可能即中品丹砂马牙砂）亦佳。若刚木火之，只可一昼夜也，不必三夜也。丹砂之滓有飞不尽者，再留（溜）之。砂无［须］出溪、桂、辰［州］，若光明者亦可号曰真汞也。

文后并有注，云"鼎上盖密泥［之］，勿冷泄气。仍（乃）于盖上（应作下）通一气管，令引水入盖上（旁）盆内，庶汞在（勿）走失也。"不过附图中未将釜上作为水鼎的盖绘出，使此段文字读起来有些费解。

丹炉结构、形状各异，还有很多名堂。从炉的形状方面说，丹家常用所谓"八卦炉"，宋人曾慥《道枢》②（卷二十九）谓："置于八卦之炉。八卦者，八角是也。"所以"八卦炉"即俯视为八角形之炉。

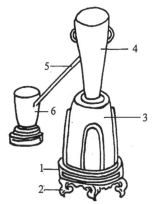

图5-21　飞汞炉
1. 木床，直径四尺；
2. 木足，高一尺；
3. 丹灶；4. 圆釜，直径八寸；
5. 气管（导汞管）；6. 盆
（摘自《丹房须知》）

炼丹家们对于丹炉的通风问题也非常关注。初时大概只是采用自由通风，所以往往称为风炉。《诸家神品丹法·日华子点庚法》（卷六）谓："用木炭八斤，风炉内自辰时下火，煅二日夜足，冷取出，再入气炉内煅，急扇三时辰，取出。"看来风炉与气炉又有别，前者所能达到的温度较低，后者大概更便于通风，而且辅之以"急扇"，可以达到更高的温度。《太清石壁记》（卷上）曾说："又作风炉，……砖瓦和泥作炉，下开四风门。"所以风炉大概是因为开有风门而得名，《九鼎丹经诀》（卷九）有所谓"八风炉"，可能就是开有八个风门的丹炉。大概到了宋元时期，又有了用鞴鼓风的炉，《庚道集》（卷二）有"入气炉……动鞴"及"敞口入气炉，发顶火逼至通红彻底，片时方可徐徐风袋鼓之"的话，所以那时的气炉已是用鼓风炉了。丹家们把"鼓鞴烈火烧炼"常称之为"过气"，例如《诸家神品丹法》（卷五）中就有"［乾汞］……后入火炉'过气'，却熔成垛子，成上色［白］女石下水（药银），光白可爱"的话。

在中国炼丹术中，丹炉往往还要安置在具有浓厚迷信色彩的丹坛上。一般的丹坛为三层，但型制多样，各有很多制度和值得探讨的内容。例如《丹房须知·坛式》援引〈金丹秘要参同录〉对"龙虎丹台"的描述，云："炉下有坛，坛高三层，各分八（应作四）方，而有八门。"又引白云子云：

> 南面去坛一尺，埋生硃一斤，线五寸，醋拌之；北面埋石灰一斤；东面埋生铁一斤；西面埋白银一斤。上去药鼎三尺垂古镜一面。布二十八宿五星灯，前用纯［钢］剑一口。炉前添不食井水一盆，七日一添，用桃木版一片，上安香炉，各处置，昼夜添。（图5-22）

《感气十六转金丹·转大丹法》谈及丹坛时则另有别说："用古剑一口，古镜一面。建坛三层，

---

① 《辞海》："揲，椎之使薄，通镲。"《淮南子·说山》："譬犹陶人为器也，揲挺其土而不益厚，破乃愈疾。"

② 《道枢》见《道藏》洞神部众术类总第641～648册。

图 5-22　龙虎丹台
（摘自《丹房须知》）

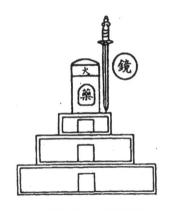

图 5-23　丹坛布局
（摘自《感气十六转金丹》）

高三尺六寸。其坛方圆一丈，上以屋盖。坛下当中埋辰砂二十四两镇坛。坛上有灶，灶中有鼎，鼎中安神室。"又说："灶乃药炉也，鼎乃砂合也，神室乃混沌也。"（图 5-23）《大洞炼真宝经九还金丹妙诀·炉鼎火候品第八造炉》对坛炉结构的象征意义，则作了较全面的说明，其造坛炉之诀曰：

> 于甲辰旬中取戊申日于西南申地取净土。先垒土为坛，坛高八寸，广（径）二尺四寸。坛上为（建）炉。炉亦高二尺四寸，[炉]为三台，下上[两台]通气。上台高九寸，为天，开九窍，象九星；中台高一尺，为人，开十二门，象十二辰，门门皆须具扇；下台高五寸，开八达，象八风。其炉内须径一尺二寸。然[后]致[置]鼎于炉，可悬二寸，下为土台子承之，其台子亦高二寸，大小令与鼎相当。然则（后）运火烧之。

据此文字，此坛炉形制大致如图 5-24 所示。

在丹坛上方或灶边常置刀剑，炉上常悬镜。对此，丹家们当然也有一番说教。关于植刀剑，不外是为了"辟邪"与"制气"，正如唐人撰《阴真君金石五相类》所说，第一，"凡修

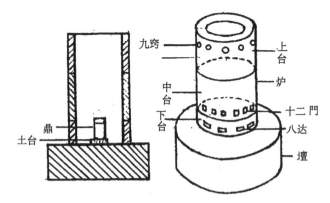

图 5-24　"九还金丹法"所用坛炉
（据《大洞炼真宝经九还金丹妙诀》绘制，
摘自陈国符《道藏源流续考》）

至药，古之忌讳，祛其鬼魅邪魔，亦须取相类物而成利器，常置炉边，日移一方，名'大要宝金之器，为用。其器取鬼镵铁出白为刀，可长一尺二寸，下至五寸亦得。如无此铁，纯钢亦得。其次铜刀，亦须有雌雄之龙虎者，始得有灵。"第二，"然亦知大道以器制气。缘我玄元上真三丹从金气而生，还丹须得金利器以制之，助成其道焉。相类品物，合成雌雄。铅汞二名龙虎，双得坎离，不离相类一物，无不成焉。"① 关于丹坛的北面要悬一古镜，在历代丹经中未见有解释。但葛洪《抱朴子内篇·登涉》有一段神话式文字，或许可以帮助我们理解方士们这一举措的用意。这段文字虽较长，然而饶有趣味，不妨全文照录：

> 万物之老者，其精悉能假讬人形，以眩惑人目，而常试人，唯不能于镜中易其真形耳。是以古之入山道士，皆以明镜（径九寸以上），悬于背后，则老魅不敢近人。或有来试人者，则当顾视镜中，其是仙人及山中好神者，顾镜中故如人形。若是鸟兽邪魅，则其形貌皆见镜中矣。又老魅若来，其去必却行（后退而行），行可转镜对之，其后而视之，若是老魅者，必无踵也，其有踵者，则山神也。昔张盖蹹有偶高成二人并精思于蜀云台山石室中，忽有一人著黄练单衣葛巾，往到其前曰："劳乎道士，乃辛苦幽隐。"于是二人顾视镜中，乃是鹿也，因问之曰："汝是山中老鹿，何敢诈为人形？"言未绝，而来人即成鹿而走去。……乃镜之力也。

显然，这就是后世神怪小说"照妖镜"之所本。方士们在山林僻野之处修炼，在丹坛之上悬镜，很可能也是依据这种传说，出于驱妖辟鬼魅的目的而设计的。

最后还应指出，在宋代以后还出现一些丹炉与丹坛相结合的设计，构思往往也很别致，对我们探讨炼丹术思想，也会有所补益，所以值得一提。宋人撰《修炼大丹要旨》②（卷下）记述的一种"九还既济炉"（又称作"神仙炉"）就属此类。其建炉诀文曰：

> 炉置中室圆象炉之南。其制外圆内方。[炉]圆径一尺四寸，[内]方径一尺二寸，中深七寸（其中放火鼎及神室③），[下]为铁栅以限上下。通身高一尺五寸。外[围]作三级，每级高四寸，阔三寸，[最]下级阔加倍（六寸）。究（挖之讹）其南面之下地（底），通虚至栅（即火膛），以便出灰土。上一级书五行：南火，北水，东木，西金，土居于中。次二级书八卦：震东，巽东南，离南，坤西南，兑西，乾西北，坎北，艮东北，后天位次也（即依后天八卦图），下一级为罡道（风道），火（炭）下时，步（布）三匝于上。炉南设香几，圆象北后坐榻，一主人日守坐于上，具（其）炒煮所用器物皆列置左右两旁，……

原书中所示为俯示图，陈国符据以上文字，重新绘出了它的侧视立体图（参看图5-25），其结构可一目了然。

（七）炼丹火候与用火法

在中国炼丹术的绝大部分实例中都是采用加热的手段，即所谓火法炼丹。因为在当时，加热几乎是方士们唯一能够促进药物间发生化学反应的手段。所以历代炼丹家对于"火候"和"用火法"都下过一番功夫来钻研。当然，其中某些是有科学道理的，有的则带有各种神秘主

---

① 《阴真君金石五相类·配合同气别名相类门第二十》第40~41页，见《道藏》洞神部众术类，总第589册。
② 《修炼大丹要旨》见《道藏》洞神部众术类，总第591册。
③ 此种炉既称"既济炉"，那么方洞中应置"上水下火"的水火鼎。

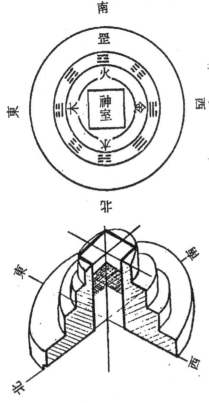

图 5-25　九还既济炉
（据《修炼大丹要旨》绘制，
摘自陈国符《道藏源流续考》（稍作修改））

义的色彩。

关于"火候"的意义，即对药物加热的温度、时间长短、方法以及掌握的进火时刻等等的重要性，唐人孟要甫《金丹秘要参同录》中有一段话，作了高度评估，谓："……凡修丹最难于火候也。火候者，是正一之大诀。修丹之士，若得其真火候，何忧其还丹不成乎？设若火候不全，如何制作？万卷丹经秘在火候。"因此火候的掌握，被视为炼丹成败之关键，所以它也就成为炼丹术的秘诀之一。而在火候掌握的诸因素中，在丹家们看来尤为至重的是对温度变化的调节与控制，用现在的科学语言说，就是如何掌握丹鼎升温、降温的"温度曲线。"若是用古代丹师的话说，则往往又是如何模拟宇宙、天地间阴阳、气温的变化。前文提到过的《周易参同契》对火候的论述，可以说是最"高深"的了。当然也有很简单的，只是"先文后武"而已。

从加热燃料来说，在中国炼丹术的早期，即从西汉至南北朝的时期，燃料似乎主要是马粪、糠皮，苇荻之类，火力不会太强。从当时的炼丹术内容来看，主要是利用上下土釜升炼某些药物，须在要上釜中收集（凝结）药物的飞精，所以上下釜间得有较大的温差，所以利用这类燃料是合适的。当时对于"文武火候"的掌握则主要是靠调节火焰与丹釜间的距离，例如《九鼎神丹经》谈到升炼"丹华"时，就是"先以马通火去釜五寸，温之九日九夜，推火附之，又九日九夜，以火拥釜半腹，又九日九夜，凡三十六日可止火。"到了隋唐以后，开始普遍利用木炭为燃料，可以达到较强的火力。这时的"文武火候"，则往往以糠火、牛粪火（《丹方鉴源》称之为"子东火"）作为文火，而武火便靠炭火，或再辅之以增多丹灶风门和利用皮鞴鼓风，例如《太清石壁记》和《大洞炼真宝经修伏灵砂妙诀》分别记载：

　　[五岳真人小还丹方]：……纳玉釜中，……初用马通火三日夜，后用炭火三日夜，前文后武，飞入上釜。

　　[第二返宝砂]：……白银四两打作锅子（作神室），……以黄土为泥包裹之，可厚一寸二分，便于糠火中烧三七日，然后白炭武火烧二七日。

但也常有以下炭多少来调控文武火候的，例如《感气十六转金丹》[①] 提到火候之掌握，谓："……凡遇室日，用火 [第] 一日 [火一两]，二日火二两，每日增一两，渐至十六日足（十六两）。却退火数，至一两，此乃一月火候。……"

自从炼丹术中出现各种柜法以后，对神室进行长期的温热处理则成为重要操作之一，称之为"养火"，"养火"有时也叫"火打"或"打"，例如《庚道集》（卷七）就有"[青金砂

────────────────

① 见《庚道集》卷八。

子］入水火鼎，固，以五斤［炭］火打三日三夜"的话。但若以文火长期加热，很不方便，所以"养火"往往是把药合（神室）埋在烧热的灰中进行，灰中有时还要埋放些红热的炭。所以，如果灰中不下红炭，而将合子置于热灰中在低温下养火，则称为"空养火"，也叫"虚养"，"温养"。有的丹家则把热灰称之为"煻灰火"或"灰火"。例如《诸家神品丹法》（卷六）中就有"将鼎坐在熟煻灰火中，别以汞二两入鼎，口上用湿纸三重盖定，便以越瓷盏合定"的话。

炼丹术中加热丹合，还有所谓"阴阳火候"，即以"阳火"和"阴火"轮流加热。所谓"阳火"加热，是用炭火烧煅；所谓"阴火"加热是用沸汤煮。《大洞炼真宝经修伏灵砂妙诀》对此有明确说明："……每一飞伏，五日，内四日用坎卦，一日用离卦。［是］坎卦者水煮四日；是离火（卦）者，阳火烧之。"所以"阴阳火候"又称作"坎离火候。"

加热丹鼎（火鼎），某些情况下是把它悬挂或坐在丹灶中以文火或武火从周围加热。但在更多情况下是采用局部加热或定向加热的方式，例如升炼丹药往往加热丹釜的下部；而采用未济式炉烧炼水银时，就把炭火放在火鼎的上方，这种加热方式称之为"顶火"，在灰柜中以顶火加热，则叫"贴顶养火"。在隋唐以后，要选取局部定向加热火鼎时，则普遍采用了水火鼎。

采用"坎离火候"和水火鼎，在丹师们的概念中往往就是对药物间的交媾给以"水火相济"的促进。

药料在锅、釜、合子中经过焙烧、养火后，火候成熟，内外通体发生了转变，丹家们便称之为"炒倒"、"煅倒"、"养倒"、"煮倒"，或者称作"丹熟"。用现代的话说，就是化学反应进行完全了。例如《铅汞甲庚至宝集成》（卷一）就有这样的话："收下拣出所养灵砂块子，拍（掰）开，内外俱青黑色一般，方是养倒了。"又如同书卷三〈太上灵砂大丹法〉有"煮制灵砂法"，谓"将灵砂成块子，细密竹箩盛之，入药汁内悬胎煮三伏时。……或问曰何以煮之，太上曰：硫汞成形，须要真死，必用煮倒。"再如《九转灵砂大丹·初真丹法》又有这样的话："候日足，冷定取出，开合，其砂如新铁色，将一块用刀劈开，中间无红色，其丹熟。"

（八）"伏火"与"死"

所谓"伏火"，是中国古代方士在其炼丹活动中的一项极为重要、应用十分广泛的措施。从字面上讲，"伏火"的意思是以火力来制伏药料。其总的目的是处理药料以改变其固有的本性，使之适应炼制丹药的某种需要。至于在"伏火"中转变、制伏药料性能的具体目的，则有一个发展、演进的过程，由早期较单一的目的逐步发展成含义十分广泛，意图很不相同的各类"伏火法"。

在炼丹术兴起以前和初始阶段，方士们曾一度主张食金饮玉以及服饵水银、丹砂、雄黄之类的天然药物，但这种长生术的实践结果则是，不老不死者从无所见，中毒致死者屡见不鲜。不过方士们并未能及时正确地总结出教训来，承认在指导思想上有错误，而是认为天然金石药物含有太阳、太阴之气，或有某种外物混杂，因而含有大毒。于是提出火炼的方法，以杀金石毒性，这种措施便被称之为"伏火"。如果从今日化学的观点考察，那么其作用基本上乃是对药物进行升华提纯。这是"伏火"的最早含义和内容。例如《九鼎丹经》升炼"丹华"时谓：

用真砂（天然上等丹砂）一斤，纳釜中，以六一泥涂釜口际会。以马通火……

拥釜又九日九夜，凡三十六日可止火，……药皆飞著上釜，……或正赤如丹，或青或紫，以羽扫取，一斤减四两耳。若药不伏火者，当复飞之。……药不伏火而不可服也。

此外还有许多早期的"伏火水银法"、"伏火雄黄法"、"伏火硫黄法"也都是出于杀毒的目的。

自从中国炼丹术活动肇兴之始，炼制长生不死神药和点化金银的黄白术就同时兴起了。方士们认为，把某些药料炼制为点化黄白的神丹时，先得部分地改变它固有的性质，使它的某些本性"死去"，然后再使之与其他药物相作用方能通灵。这种使其"失其形质"再加"添养，复其神气，全其形体"的过程，一般也是通过火法，丹师们也称之为"伏火"，即以火改造其本性，促其通灵，这便是"伏火"的第二个含义，或者说是"伏火"的进一步发展。这种"伏火法"可以"伏火四黄"作为典型。例如隋代方士苏元明在其《宝藏论》中便已提到伏火雄、雌黄的方法和效能[①]，谓：

> 雄黄若以草伏住者，熟能成汁，胎色不移。若将制诸药成汁并添得者，上可服食，中可点铜成金，下可变银成金。雌黄伏住火，胎色不移，鞲熔成汁者，点银成金，点铜成银。砒霜若草伏住火，烟色不变移，熔成汁添得者点铜成银。

唐代著名方士姑射山人张果所撰《玉洞大神丹砂真要诀》[②] 对此有进一步说明：

> 雄、雌、砒、硫其质皆属中宫戊己土之位也。性含阳火之毒。然咸易变转五毒之质，而不易本光。有汁流通者，功能转五石之精，化铜成黄金也。如伏火，色变白，如轻粉，津液通利者，五金化成白银也。

根据"雄、雌黄伏火变白如轻粉"这句话，以现代化学知识来分析，可知"以草伏火"的内容大致是用草灰淋汁取灰霜（主要成分是 K_2CO_3），使硫化砷转变为白色的砷酸钾和硫代砷酸钾：

$$As_2S_3 + 3K_2CO_3 \xrightarrow{\triangle} K_3AsO_3 + K_3AsS_3 + 3CO_2$$

到了宋代，《丹房奥论》便把这一过程说成是"砒霜草伏真死，可点铜成银"，可见该处之"伏火"作用，在丹家看来就是使之"真死"。

由于中国方士制作神丹大药主要是靠火法修炼，在经过一段时间的实践后，他们很容易会发现，有些药料经不住高温处理，受热会挥发，飞逸得无影无踪，丹家们谓之"飞亡"。结果精华散去，只剩下一些无用的渣滓。为了保住精华，于是他们便混入其他某种药物，再进行火炼处理，以制伏其"飞散性"。这一过程，他们也称之为"伏火"。这便是"伏火"的第三层含义了。《九鼎丹经诀》（卷九）曾依托彭祖讲了这个道理，谓："但耳中虽闻金石等药，若不先飞伏火，药即有烟，散失无定，滓在精华去，验何所凭，是以皆须先伏火也。"例如硫黄、硇砂、水银等在高温下都是易飞散的药料，所以在历代丹经中，经常可以看到"伏火硫黄法"、"伏火硇砂法"、"伏火水银法"等等。其伏火的目的往往就是打算把它们转变为能承受高温、不易飞散的药料。例如《诸家神品丹法》（卷五）中有〈孙真人丹经〉内的"伏硫黄法"，谓："硫黄一两，硝石一两、硇砂半两。右三味为末，甘埚坯成汁，泻入模中成伏矣。"在此过程中，一部分硫黄转变为不易挥发的 K_2SO_4（部分则生成 SO_2 逸散）。又如其中的"伏火硇砂法"（即"伏北亭法"）谓：

① 见宋·唐慎微《重修政和经史证类备用本草》（卷4）第102页，人民卫生出版社影印晦明轩本，1957年。
② 《玉洞大神丹砂真要诀》见《道藏》洞神部众术类总第587册。

　　　北亭砂（硇砂）三两，明白者。以黄蜡一分半熔作汁，拌北亭令匀，作一团子，
　　以纸裹。炒风化石灰一斗，用瓷罐先将一半石灰入于罐内实筑，内剜一个坑子，放
　　北亭在内，上又将一半石灰盖了，准前筑实，初用火三斤以来（左右），渐加至五、
　　七斤，三伏时足，乃再用十斤火煅通赤，火尽后冷，取出。

只要有初步现代化学知识，就可以知道在此过程中发生了如下反应：

$$2NH_4Cl + CaO \overset{\triangle}{=\!=\!=} CaCl_2 + H_2O + NH_3 \uparrow$$

即 NH_4Cl 转变成了不易挥发、不易分解的 $CaCl_2$。那时的方士当然没有认识到 NH_3 的成分被
驱赶跑了，他们误认为 $CaCl_2$ 是硇砂的精华了，把它称作"伏火硇砂"。

　　在中国炼丹术中，硫黄、雄黄、硝石、草木炭是常用的药料，而它们在高温下又都是易
燃（或助）甚至易爆的物质，尤其是一旦把它们混在一起，置于密封的土釜中加热，就难免
发生爆燃。由于他们逐步意识到灾祸的发生关键在于使用了硝石，所以方士们便格外注意到
对硝石进行"伏火"的预处理，使之变成性情温和的药物。这种防范爆燃的目的，可以说是
"伏火"的第四层内容和更进一步的发展。

　　如上所说，"伏火"的目的之一是使药物固有的本性发生改变，即令其本性"死去"，所
以在这个意义上的"伏火"，丹家又称之为"死"，例如说以火法"死砒"，就是"伏火砒霜"
的意思，又如《庚道集》（卷四）"伏硫黄法"说："用白花益母草自然汁煮七伏时，火上试之，
未伏，再煮二三日。用益母草淬铺底盖头，慢火至猛，加煅三五日，即死。"可见，"即死"就
是"已伏火矣"。

（九）悬胎煮与窨制

　　悬胎煮是中国炼丹术中常用到的一种药物处理法，即将药料或丹药的半成品，用绢、布
包裹好或放在箩中，悬挂在某种药剂溶液或水中煮。从现在的科学观点看，这样做，第一，会
使药料中的某些可溶性成分或杂质被浸取出来，分离除去；第二，相当于在100℃左右对药物
进行热处理。然而悬胎煮则可以省掉过滤的操作。但当时丹家究竟是抱着什么目的？是怎样
思考的？现在大多已经说不清了，大概是与"伏火"相对应的"伏水"罢，目的大概主要是
使"毒性尽出"。

　　这种操作可能在唐代出现。《青霞子十六转大丹〔法〕》[①] 就提到："〔石胆、白盐、汞、朴
硝〕同乳匀细，以不见星、无声为度，入绢袋，悬胎磁器内，河水煮一日，以铁匙于铫内取
汞看，成砂子方住。"再以《九转灵砂大丹》中的"煮砂法"为例，它对悬胎煮的描述可谓最
为翔实明晰：

　　　将灵砂一斤或二斤，凿成大黄豆块，以净细麻布缝一长袋，将块砂倾入袋中，线
　　扎住袋口。用大磁瓶一个，约盛五升汤者；将桑柴不问多少，于净处烧灰放冷。量
　　灰一斗，箩底先用（铺）夏布一层，放上灰，先用滚汤浇湿，每灰一斗用冷水二斗，
　　旋倾入箩内淋之，宁水少些，汁稠为妙。取汁倾入瓶中，放在火盆内用炭火煨滚，却
　　将前袋中砂悬挂在瓶内，居中，谓之悬胎，用慢火煨，如蟹眼滚，煮七伏时日足。……

此后，《庚道集》中就出现了更多的各式各样的悬胎煮实例，如"伏〔水〕硫黄"、"伏〔水〕

---

　　① 见《庚道集》卷8。这里设定这位青霞子是唐代隐居于罗浮山的那位青霞子。

汞银砂子"等等。

此外，还有所谓"悬胎窨制"。按"窨"者，是指地下室，言"窨制"，即将药袋悬于锅、罐中煮，如入暗室。所以窨制也就是悬胎煮。再者，悬胎煮也叫"阴制"、"虚煮"。

图 5-26　悬胎鼎
（摘自《上阳子金丹大药》）

有的金丹家还专门设计、制造过为悬胎煮专用的锅，且称之为"悬胎鼎"。元人上阳子陈致虚《金丹大要》[①] 对此有所介绍，并附有图（图 5-26），谓：

> 鼎周围一尺五寸，中虚（内径）五寸，长（高）一尺二寸，状如蓬壶，亦如人之身形，分三层，应三方。鼎身腹通，直令［药袋］上中下等均匀入炉八寸，悬于灶，不着地（底），悬胎是也。

但这种专门设备应用不普遍。

（十）沐浴

中国炼丹术中的所谓"沐浴"有两种含义，其一是研磨，其二是清洗。

在多数情况下，研磨是把各种药物先分别地加以机械地碾碎，再进行混合；但在个别情况下，是把两种或几种药剂先混合，一起研磨，而在此过程中便可能发生固相间或固液相间的表面化学反应，促成了某种转化。《丹房须知》对这种含义的"沐浴"中的奥妙，似乎有所体察，谓："丹诀曰：卯酉为沐浴，诸家皆钵研三千遍，此法至微至妙，非至人不能造也。"它并绘有一幅"沐浴图"，如图 5-27 所示。所谓"卯酉"是指在卯、酉时刻进行这一操作。例如在炼丹术中常遇到的"制取青砂头"和"作庚粉"的工艺就要采用"沐浴"操作。

《青霞子十六转大丹》[②] 中有"沐浴壬"项，此处的"沐浴"，其含义就是习惯所说的清洗了。所谓沐浴黄芽，即：

> 川椒、白芨、紫草、汉［中］防己、黄药子。右四味秤等分，哎咀（以口嚼细），［入］砂石器内，以流水煎浓汁，重绵滤过，以洗过"华池黄芽"，令极净，忌生水。寘（置）建［州］盏内，文武火逼干。搅动，露［天放］一夕，以禀天地冲和之气，谓之"经露黄芽"。

可见这段文字是讲以川椒等的煎汤清洗黄芽，所以"沐浴"即洗涤之意，与研磨无关了。

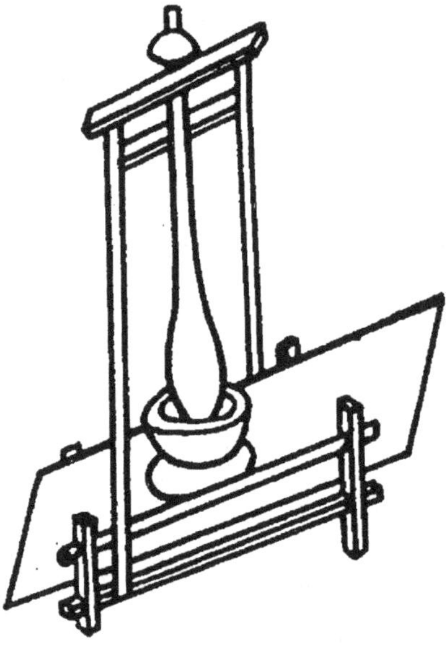

（十一）水飞与水铼

水飞是利用粒度、比重不同的物质在动荡的水中沉

图 5-27　沐浴（研磨）器
（摘自《丹房须知》）

① 《上阳子金丹大要》，见《道藏》太玄部经名，总第 736～738 册。
② 见《庚道集》卷 8。

降速度的不同，而加以机械地分离的方法。这种方法有时也叫"水炼"。《太清石壁记》（卷下）所收录的〈水炼云母法〉即其例：

> 计云母五升，可加白盐末二升，置木臼[中]，以木杵捣之，须臾即熟讫。以新熟云母置大盆中，以水灌，搅之令散，良久乃倾出，取上细者，别置一盆内。又更以水投，搅之，少时依前倾出，取细者。不过一两度，其细者即尽。其粗者不尽，滤出，……依前取白盐捣了熟，又以飞取细者。曝之令干，名曰水炼云母粉。

该丹经中另有一则"作铁粉方"，也采用了"水飞"，饶有趣味：

> 取好鑌铁为上，细锉为末，淘去土气，以三年好醋于小瓦盆子拌令渑渑，以糠火烧盆子底，令干。入铁臼捣之，以绢筛之，余脚依前捣，以尽为度。……以醋拌铁末渑渑，内（纳）埚子中，密封不得虚泄气。[灶]台上坐甘土埚；以牛粪火烧之一日夜，甘土埚令紫色出，以水飞之，如有脚，依前水飞之，以细为度，即以（于）瓷盆中细研之。……

因此，所得"铁粉"应该是碱式醋酸铁，即所谓的"铁胤粉"。用水飞法则将它与尚未和醋酸发生反应的铁粉分离开来了。

（十二）干（乾）汞与关药

在中国炼丹术中有许多的所谓"干（乾）汞法"，就是往液态的水银中掺加一些药剂的粉末，使之成为固体的团块或砂粒，所以也叫"糁制汞法"。仅据独孤滔《丹方鉴源》的记载，砒黄、石中黄、紫矾、白矾、雪矾、握雪礜石、金星礜石、银星礜石、桃花礜石、砒霜、青盐、缩水硝、云母、禹余粮、蜜栗子等都可以"干汞"。《诸家神品丹法》（卷三及卷五）则提到：

> 取水银坐于坩埚内，以丹砂为末，糁之，其汞立干成银。

> 汞一两，入在无油（釉）铫子内，上糁三黄薄著，以鸡翎扫汞面上三黄末，薄匀，用一小碟子盖之，次用一小片湿纸搭（糊）了碟子口缝，令勿透气。次坐铫子[中]，在文武火热灰[上]，自寅至卯，……三斤大火一煅，铫红，少时取出开看，其干汞有如白矾相似，上有金花为度。

这些都是干汞法的实例。

历代丹家都非常重视干汞，因为许多丹经都提及可点化"干汞"为药银、药金。那些可点化干汞为至宝的点化药似乎有个专门的名称，叫做"关药"，关药则又以点化药剂之不同而分别被称之为某某关。《铅汞甲庚至宝集成》（卷一）收录的〈涌泉柜法丹序〉曾讲过："万法多门，干汞则一，为（甚）妙。成宝（干固）之后，所干之汞砂过明炉一坯，熔成汁。有关药数般，有琉璃关、有铁砂关，脱壳见白，乃九真之法也；有富贵关，乃银叶子包干汞砂三七为数，过明炉一坯成汁；有铅黄关（中间有脱落字）……此二者乃灵砂见宝之关药也，万无一失。"以该丹经中〈见宝灵砂浇淋长生涌泉柜·关药铅黄法〉为例：

> 建康好黄丹半斤，用生姜自然汁，[于]大盏内调干，入销银锅内，用瓦片盖之，火煅通红作汁，覆倾石上。作垜。铅在四周及底下，铅黄花在中心，候冷研细，以水飞黄花作关药。每砂子一两，用黄花一两盖于砂子上，坯之作汁，倾油（釉）槽内，关药包定分胎（疑有误字），冷打开，成至宝。其关药可以再用。此名铅黄关，

又名金华关。大妙。

另据《诸家神品丹法》（卷五）中的"关药煅"，可知炉甘石-代赭石-矾混合剂也曾作用关药。

六　中国炼丹术中的医药化学

中国宋代以前，单纯从事医疗专业的医生和本草学家可以说只注意生理学、病理学、药性学的研究，而极少参与修炼矿物药和试炼新药，而从事这一活动的恰恰是那些丹鼎道士。从唐代《新修本草》问世以后，诸家本草开始出现化学药剂，如果追究这些药剂的根源，我们就会发现它们几乎都是出自炼丹家的创造。及至宋代，官府设立药局，专司药材、药剂的管理和经营业务，称为"和剂局"，一些经过人工化学处理或化学合成的丹剂，也由该局生产和发售。初时，先有熙宁九年（1076）的"卖药所"成立，接着在神宗元丰年间（1078～1085）成立"和剂局"，并开始刊行《和剂局方》，即当时各种成药的配方。经大观年间（1107～1110）名医陈承、裴宗元、陈师文等校正，又经多年的重修，即完成传世之《太平惠民和剂局方》[①]（南宋绍兴年间定名）。从此，方书便陆续大量刊行。这些配方是由政府或私人向民间广泛收集来的验方、秘方，若追究它们的渊源，则又会发现其中不少也都是出自道家者流。例如南岳魏夫人（魏华存）的"震灵丹"、丹阳慈济大师的"经进地仙丹"、"玉华白丹"等就是从道经中得来的。而且我们可以得出这样的结论：炉火炼成的丹药，其起源几乎都来自炼丹术及方士们的医疗实践。

中国古代的医药化学源于炼丹术活动,其原因固然决定于前文已论及的炼丹术指导思想，另外还有个原因，即古代道家中的炼丹术与医药一向是合流的，多数的炼丹道士既探究长生不死的秘诀，也同时寻求延年益寿的途径、济世救人的手段，所以他们每炼出一种新的丹剂，甚至发现一种新的矿物，总要对其药性进行研究，故历代炼丹大师几乎都兼通医术。如葛洪就著有《玉函方》百卷、《救卒方》三卷、《肘后备急方》八卷；梁代炼丹大师陶弘景则撰著了《神农本草经集注》七卷、《肘后百一方》三卷、《效验施用药方》五卷；中国的"药王爷"孙思邈固然有《千金药方》三十卷、《千金翼方》三十卷、《千金髓方》二十卷、《神枕方》、《医家妙方》等千古不朽的医药学名著，而且有《太清丹经要诀》、《烧炼秘诀》、《龙虎乱日篇》、《龙虎通玄诀》、《黄帝神灶经》等炼丹术专著；宋代文豪苏轼曾长期探讨中国医药学，有《苏沈良方》[②]传世（这部书并非苏轼和沈括合写成的，而是后人采集沈括的药方和苏轼的医药杂说合编而成的，正如宋·晁公武《郡斋读书志》所云："沈括通医学，尝集得效方成一书，后人附益以苏轼医药杂说，故曰苏沈。"），但他也很痴迷于炼丹术（可参看《东坡志林》）。如果再读一读《太清石壁记》和唐人辑纂的《黄帝九鼎神丹经诀》，就可以充分理解这种情况，那里记述的既有"长生大药"的理论和炼制要诀，又评论各种丹药和天然矿物的医疗功能和生理效应。总之，中国古代的炼丹术与医药研究其实并无严格的界线。也正由于这种情况，所以后来炼丹术活动虽然消亡了，而它的医药化学成就并没有被世人所抛弃，而是很自然地被中医药学家们继承了下来，并朝着正确的方向发扬光大了。

中国炼丹术以"丹砂化黄金"为起点，在东汉出现了以烧炼水银、玄黄等为"还丹"的

---

①　《太平惠民和剂局方》今有刘景源点校本，人民卫生出版社出版，1985年。

②　苏轼、沈括撰：《苏沈良方》见商务印书馆《丛书集成》初编第1434册。

活动，从此汞、铅成为中国炼丹术的两翼；[①] 继之雄、雌黄在黄白术中崭露头角，不久便显示了它们"点铜成银，点银成金"的"神通"。所以在千余年的中国炼丹术活动中，汞化学、铅化学和砷化学就成为它的核心内容，取得的经验和成就当然也就最丰富，最有代表性和典型性。那些含汞、铅、砷之制剂的生理效应和医疗功能更得到了炼丹家和医家的协作研究，并几乎全部为中国医药学所继承和发扬。近人丹道医家张觉人撰著了《中国炼丹术与丹药》[②]，他所披露的、至今仍被尊为"玄门四大丹"的"乾坤一气丹"、"金龟下海丹"、"混元丹"和"毒龙丹"，仍都是以汞、铅、砷为主体的丹药。

（一）中国炼丹术中的汞化学

《神农本草经》所言："丹砂能化为汞""水银镕化还复为丹"，可以视为中国炼丹术中汞化学发展的主线。

1. 抽砂炼汞

关于水银，根据文献资料考证，中国早在公元前 7 世纪春秋时代就开始利用它了。到了西汉时期，它已经作为重要物质在很多领域中被应用。

在古代文献中常有记载，谓一些帝王的棺墓中灌有水银。唐代李泰（太宗第四子，封魏王）的《地括志》（下）曾说："齐桓公（公元前 642 年死）墓在临淄县南二十一里牛山上，亦名鼎足山，一名牛首岗，一所二坟。晋永嘉人发之，初得版，次得水银池。"[③] 又如东汉赵晔所撰《吴越春秋》中曾提到春秋时吴王"阖庐死，葬于国西北，名虎丘，……冢池四周，水深丈余；椁三重，倾水银为池，池广六十步。"[④] 再如司马迁在其《史记·秦始皇本纪》中也曾说："葬始皇郦山。始皇初即位，穿治郦山……以水银为百川江河大海，机相灌输，上具天文，下具地理。"当然，在春秋战国时代用这么多水银，似乎不大可能，但在帝王墓穴中放入水银，大概确有其事，而且至少是一种极为高贵庄重的表示，或许还有其他的目的。[⑤] 因为这种做法直到宋代还在继续，宋王朝的大臣死了，皇帝赐给水银作为墓葬似乎成了一种礼制。《宋史·礼志·诏葬》（卷一百二十四）记载："太师清河郡王张俊葬，上曰：'张俊极宣力，与他将不同，恩数务以优厚。'仍赐七梁额花冠貂蝉笼中朝服一袭、水银二百两、龙脑一百五十两。其后，杨存中薨，孝宗令诸寺院声钟，仍赐水银、龙脑以殓。"[⑥]

鎏金术是我国先秦时期金属工艺中的一项重大发明创造，它是以水银为基础的。山西长治县分水岭战国墓出土过镀金车马饰器。[⑦] 1957 年，在河南信阳长台关楚墓又出土了镀金带钩。[⑧] 此后在浙江、安徽、河南、湖南、湖北等地又陆续出土了一系列小型镀金器。[⑨] 1968 年从河北满城西汉中山靖王刘胜之妻窦绾的墓中又出土了长信宫灯，其镀金工艺技术极为精湛，

① 参看孟乃昌："中国炼丹术的基本理论是铅汞论"，《世界宗教研究》1986 年第 2 期。
② 张觉人《中国炼丹术与丹药》，四川人民出版社，1981 年。
③ 清·王谟辑：《汉唐地理书钞》第 248 页，中华书局，1961 年影印。
④ 见唐·欧阳询撰《艺文类聚》卷八"山部下·虎丘山"，中华书局，1965 年版第一册 141 页。按《吴越春秋》原二十卷，现仅存十卷，这段文字已散佚。
⑤ 例如认为可使尸体或灵魂不朽。东晋·葛洪就曾说："金汞在九窍，则死人为之不朽。"见《本草纲目·水银》。
⑥ 见《宋史》（卷 124）第 9 册第 2911 页，中华书局，1977 年。
⑦ 属于 1956 年在北京故宫博物院展出的"五省出土重要文物"，文物编号 1955·长·M247。
⑧ "信阳长台关第 2 号楚墓的发掘"，《考古通讯》1958 年第 11 期。
⑨ 北京钢铁学院冶金史组："鎏金"，《中国科技史料》1981 年第一期第 90 页。

至今仍然光灿耀目。这些镀金器都是鎏金器。[①] 所谓鎏金术，就是把汞与黄金的液态（或泥膏状）合金（齐）涂布于铜、银等的器物表面，再加热烘烤，挥发掉其中水银，即得到了镀金器。不过，关于鎏金术的文字记载较晚，现存文献中最早提及者为《抱朴子神仙金汋经》[②] 它在论及金液时说：

> 上黄金十二两，水银十二两。取金镱作屑，投水银中令和合；［或］煅金成薄（箔）如绢，铰刀剪之，令如韭菜许，以投水银中。此是世间以涂杖（按"杖"为炼丹术中赤铜的隐语）法。金得水银须臾皆化为泥，其金白，不复黄也。

鉴于那么多战国时代的鎏金器出土，说明当时水银的用量已不是很少的了。

中国古代还很早就把水银用作外科医药。马王堆汉墓出土的帛书《五十二病方》[③] 中已有四个医方中应用了水银，例如：以水银、谷汁合和，治疗疥疮[④]；以水银、丹砂、男子恶（精液）治疗烧伤等。[⑤] 其后，《神农本草经》说它"主疥瘙痂疡白秃，杀皮肤中虫虱、堕胎、除热。"

前文已经提及，西汉方士中已流传服食水银可长生、成仙的说教，[⑥] 从此水银便进入炼丹术并成为主角。

战国及秦汉时期，水银既然已应用在很多方面，而且其用量也已相当可观，那么远在 2000 多年前，中国先民是怎样取得水银的呢？固然，据现代地质科学考察，自然界是有天然水银存在的。在今贵州万山、丹寨以及云南等地的丹砂矿区都有发现，一般形成单独的小珠，但有时也结成大团。[⑦] 在诸多古籍中，也有关于天然水银的记载。[⑧] 但这种水银是丹砂被空气慢慢氧化生成的，因而生成很慢，产量极小，而且因有流动性，比重又大，很容易沿石缝渗入地下，因此是不可能大量取得的。我国秦汉之际所广泛使用的水银，肯定已经是从丹砂升炼而取得的。从那以后到明末的近 2000 年中，"抽砂炼汞"的方法不断改进，产率不断提高，生产规模日益扩大，甚至对各种丹砂的含汞量都做了估测研究。自炼丹术活动出现以后，有关这方面的成就，可以说完全应归功于历代丹鼎派道士了。这一演进过程，大致可分为四个阶段：[⑨]

（1）低温焙烧。这是初始的方法，即将丹砂露置在空气中低温焙烧，发生如下反应：

$$HgS + O_2 == Hg + SO_2$$

这个反应在 285℃ 时开始发生，350℃ 时就相当活跃（汞的沸点为 357℃）。在汉代以前可能就

---

① 北京钢铁学院冶金史组，鎏金，中国科技史料，1981 年第 1 期第 90 页。

② 《抱朴子神仙金液经》见《道藏》洞神部众术类，总第 593 册。

③ 马王堆汉墓帛书整理小组编：《五十二病方》，文物出版社，1979 年。

④ 原文为："痂（疥也），以水银、谷汁和而傅之。先以淯（酢）脩（滫）□□□傅。"见《五十二病方》第 111 页。

⑤ 原文为："殷（瘢）者，以水银二，男子恶（人精）四，丹一，并和，置突［上］二、三月，盛（成），即□□□裹而傅之。"见《五十二病方》第 102 页。

⑥ 见刘向《列仙传》，《云笈七签》卷 108 第 591～595 页。

⑦ 参看徐采栋著：《炼汞学》，冶金出版社，1960 年。

⑧ 《名医别录》便记载："水银，一名汞，生符（涪）陵平土，出于丹砂。"陶弘景注曰："今水银有生熟。此云生符（涪）陵平土者是出丹砂腹中；亦别出沙地，皆青白色，最胜。"南宋范成大《桂海虞衡志》记载："邕州丹砂盛处，椎凿有水银自然流出。"特别是南宋周去非著《岭外代答》（成书于 1178 年）中对天然水银描述颇详。谓："邕州右江溪峒，归德州大秀墟，有一丹穴，真汞出焉。穴中有一石壁，人先凿窍，方二三寸许，以一药涂之，有顷，真汞自然滴出，每取不过半两许。"

⑨ 详见赵匡华："我国古代'抽砂炼汞'的演进及其化学成就"，《自然科学史研究》第 3 卷第 1 期。

是采用这种方法。但文献记载极少。只是在唐人所辑纂的《黄帝九鼎神丹经诀》（卷七）中对此方法有简短记录，谓："丹砂、水银二物等分作之，任人多少。［置］铁器中或甘埚中，于炭上煎之。候日光长一尺五寸许，水银即出，投置冷水盆中。然后以纸收取之。"这种方法缺点很多，一方面加热不能很高，HgS 分解很慢，产量低；而生成的水银也会有显著蒸发飞逸，不仅损失较多，而且操作升炼的人很易遭受汞中毒。所以在东汉以后便逐步采用了密闭高温分解丹砂的抽汞法。

（2）下火上凝法。这种方法是在密闭的铁质或土质的上下合釜中加热丹砂。下釜中放置丹砂，以盐泥固济上下釜的合缝。当用炭火加热下釜时，则丹砂分解出的水银便蒸发、冷凝在上釜较冷的内壁上。这种方法最早见于东汉方士狐刚子的《五金粉图诀》[①] 中。其中有"雄汞长生法"，谓：

> 取朱砂十斤，酥一合。作铁釜，圆一尺，深半寸，错（锉之使平），以为釜灶，亦令正平。然后取青瓮，口与釜口相当。以酥涂釜，安朱砂于中。其朱捣筛令于釜中薄而使酥气（以下缺字）。然后以瓮合之，以羊毛稀泥泥际口，勿令泄气。先燃腐草，可经食顷，乃以软木柴燃之。……放火之后，不得在旁打地、大行、顿足、汞下，入火矣。从辰至午当下之。待冷或待经宿，以破毛袋取，着新盆中，以软苇皮裹新绵三四两许，好急坚缚，如研米槌状，于瓮中破之，安稳泻取尽罢矣。

这一类型的炼汞法延续应用到唐代。在唐代（武德四年至开元末年间）成书的《太上卫灵神化九转丹砂法》[②] 中有"化丹砂成水银法"，对此法有更清楚的叙述：

> 取光明砂一十六两（辰、锦［州］者良）、黄矾十二两（用瓜州[③] 者）。右件药二味，先取黄矾炒过，研成末，布于炉子底，次研朱砂末，安在黄［矾］末向上，以银匙子均摊，令得所了。向上亦用黄矾末覆盖之，令厚二分，都以一小瓶子盖之，后用六一泥固济如法，须令严密，勿使有泄气之处，候泥干了。……然后下火。初先文火养之一日一夜讫，后渐渐加武火，烧之经两日夜，候药炉通赤了便止火。候药炉冷了，细细开户看之，其朱砂尽化成水银，以物扫之收取。……

唐代开元间道士张果所撰《玉洞大神丹砂真要诀》[④] 亦采用这种抽汞法。这种方法有一个很大的缺点，即凝结在上釜内壁的水银聚集多了以后就很容易坠落，回到下釜中，所以"放火之后，不得在旁打地、大行、顿足"，因此生产效率必然相当低，而且要不断开釜扫取，间歇地生产。因此到唐代中叶以后，这种升炼水银的方式便基本上被淘汰了。

（3）上火下凝法。这种方式是在抽炼水银装置的上部加热丹砂，而令生成的水银溜下，在被冷却的抽炼装置下部承接之，这便克服了上一种方式的缺点，使水银生产率得以提高。这种抽炼方式所用的装置。据现存资料看，基本上有三种，各有特色。现大致按其发明、记载的先后，依次探讨。

其一，竹筒：它最早在《大洞炼真宝经》中记载过，可惜该丹经早已散佚。幸而唐代方士陈少微、金陵子等及《黄帝九鼎神丹经诀》（卷十一）皆辑录和注释过此丹经。陈少微在其

---

① 见《黄帝九鼎神丹经诀》（卷 11）第 3 页。

② 《太上卫灵神化九转丹砂法》见《道藏》洞神部众术类，总第 587 册。

③ 唐代瓜州位于今甘肃敦煌与玉门之间。

④ 唐·张果《玉洞大神丹砂真要诀》，《道藏》洞神部众术类，总第 587 册。

《大洞炼真宝经九还金丹妙诀》①（成书于武后垂拱二年至开元末年）中所辑录的"竹筒抽汞法"大致如下：

先取筋竹为筒，节密处全留三节，上节开孔，可弹丸许粗；中节开小孔，如筋头许大，容汞溜下处。先铺厚腊纸两重致（置）中节之上。次取丹砂，细研入于筒中，以麻紧缚其筒，蒸之一日。然后以黄泥包裹之，可厚三分。埋入地下，令筒与地面平，筒四面紧筑，莫令漏泄其气。便积薪烧其上一复（伏）时，令火透其筒上节，汞即流（溜）出于下节之中，毫分不折。忽（若）火小汞出未尽，尚重而犹黑紫，依此更烧之，令其汞合火数足。……余别诀飞抽者损折积多，而[竹]筒抽诀最妙。

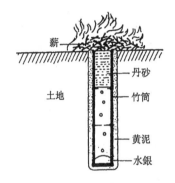

图 5-28　竹筒炼汞示意图

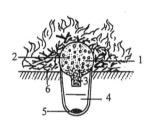

图 5-29　石榴罐炼汞示意图
1. 辰砂；2. 红铜珠；3. 瓷片；
4. 醋；5. 水银；6. 土地

这段文字叙述条理清晰，其示意图如图 5-28 所示，无需再作解释。金陵子《龙虎还丹诀》及《云笈七签》（卷六十八）也都收录了此抽汞诀，只个别文字有些出入，正好可相互勘校。因为这种炼汞法操作简便，效率较高，且设备低廉，所以直至宋代仍受到丹家们的重视。

其二，石榴罐：此法只刊载于南宋方士白玉蟾（他是内丹派大师）所撰《金华冲碧丹经秘旨》②（可能是托名之作，成书于南宋理宗宝庆元年，即 1225 年），书中并附有升炼装置的简要图说，今据所述加以绘制如图 5-29 所示。反应器分上下两部分，实质上就是水火鼎。上部为一倒置的石榴状瓷罐；下部为一高杯状坩埚，内贮华池水，埋于地下，原文谓："石榴罐中盛辰砂十两，赤金（红铜）珠子八两，磁瓦片塞口，倒扑石榴罐在甘埚上，埚内华池水二分。"石榴罐与甘埚间合缝处用六一泥固济后，加热石榴罐，则其中朱砂分解，水银即溜入下面寒冷坩埚的醋里，操作极为简便。

其三，未济炉：关于未济式水火鼎，我们已在本章第五节中作了介绍，并援引了三幅图。但吴悮《丹房须知》并没有明确说那些水火鼎是用来抽炼水银的。上述的石榴罐水银升炼器实质上就是一种未济式鼎；而"竹筒式"可谓未济式鼎的雏型。这类形式用鼎的炼汞法，其

① 《大洞炼真宝经九还金丹妙诀》见《道藏》洞神部众术类，总第 586 册。
② 《金华冲碧丹经秘旨》见《道藏》洞神部众术类，总第 592 册。

记载则最早见于北宋苏颂的《图经本草》①，谓：

> ［水银］出自丹砂者，乃是山中采粗次朱砂，和硬炭屑匀，内（纳）阳城罐内，令实，以薄铁片可罐口作数小孔掩之，仍以铁线罗固。一罐贮水承之，两口相接，盐泥和豚毛固济上罐及缝处，候干，以下罐入土，出口寸许，外置炉围火煅炼，旁作四窦，欲气达而火炽也。候一时，则成水银溜于下罐矣。②

宋人撰《修炼大丹要旨》③（卷上）也具体详尽地记载了未济式"朱砂取汞法"，作法与《图经本草》的介绍相似，并注明："每碚一两可得真汞七钱。"值得注意的是，上述的两个未济式鼎法中，都往朱砂里混入了木炭（后一篇指名用松炭）末，这是一项重大的革新和进步，为后世长期沿用。此外，南宋周去非所撰《岭外代答》④中还记载了一种广西壮族人的祖先采用过的炼水银法，其方法基本上与汉族用者相似。但周氏对水银、丹砂的见解，倒饶有趣味。原文谓：

> 邕人炼丹砂为水银，以铁为上下釜。上釜盛砂，隔以细眼铁板；下釜盛水，埋诸地。合二釜之口于地面而封固之，灼以炽火，化为霏雾，得水配合，转而下坠，遂成水银。然则水银即丹砂也，丹砂禀生成之性，有阴阳之用，能以独体化为二体，此其所以为圣也。

这种未济式炼水银法一直沿用到元末明初。这里可举出元代胡演所撰《升炼丹药秘诀》所载"取砂汞法"，谓：

> 用瓷瓶盛朱砂，不拘多少，以纸封口，香汤煮一伏时，取入水火鼎内，炭塞口，铁盘（按即圆铁网）盖定。凿地一孔，放碗一个盛水，连盘覆鼎于碗上，泥盐固缝，周围加火煅之，待冷取出，汞自然流入碗矣。⑤

及至明代，其初年刊行之《墨娥小录·丹房烧炼》⑥（卷十一）中所记载的一则未济式抽汞法，基本上仍与《修炼大丹要旨》所载相同。

（4）蒸馏法。这种方式兴起于宋代，前文已介绍了《丹房须知》所刊载的精美的"飞汞炉"（图 5-21）。元末明初人所撰《墨娥小录》中介绍了另一种"抽汞法"则是现存最早的采用蒸馏法升炼水银的翔实记录（因《丹房须知》未记载抽汞的具体详情），谓：

> 朱砂不拘分两，为末，安铁锅内，上覆乌盆一个，于肩边取孔一个，插入竹筒，固济口缝牢固。竹筒口垂入水盆水内，锅底用火。其汞亦有在乌盆上者，扫取之，亦有自竹筒流下者。

《墨娥小录》的撰者还把未济式鼎法与此蒸馏法的产率作了对比，他的实验结果是前者"大抵朱砂一两，止有真汞三钱"，而蒸馏法"每两［朱砂］可取［汞］七钱。"所以这种方法在明代时得到推广和发展，及到朱明末年，宋应星在经过广泛调查研究后编著《天工开物》时就只记录下蒸馏式升炼水银（图 5-30）的方法了，而每炉用朱砂竟达 30 斤，体现了很大的生产

---

① 宋·苏颂：《图经本草》，今有胡乃长等辑注本，福建科学技术出版社，1988 年。
② 参读明·刘文泰等纂《本草品汇精要》，人民卫生出版社，1982 年。
③ 《修炼大丹要旨》见《道藏》洞神部众术类，总第 591 册。
④ 《岭外代答》见《笔记小说大观》第 7 册，江苏广陵古籍刻印社刊印。1983 年。
⑤ 参看李时珍《本草纲目·水银》（卷 9）第 524 页。
⑥ 《墨娥小录》著者不详，现存聚好堂刊本，1959 年中国书店据以影印。据郭正谊考证，认为该书可能是元末人陶宗仪辑录，见《文物》1979 年第 8 期。

图 5-30　升炼水银

（摘自喜咏轩刊本《天工开物》）

规模。值得注意的是宋氏在此段文字中有一段批语，谓"《本草》胡乱注：凿地一孔，放碗一个盛水"。他在这里所说的"胡乱注"即《本草纲目》所介绍的胡演《丹药秘诀·取砂汞法》。这表明宋氏在实地考察中已未能见到未济式炼水银法了。

在抽砂炼汞的化学成就中，特别值得提出、有重大意义的是中国历代炼丹家在升炼水银时几乎都有意或无意、自觉或不自觉地往待烧炼的丹砂中混入某种添加剂，用现代的化学语言来说，就是混入了某种还原剂或氧化剂，而客观上促进了丹砂（HgS）的分解，使抽汞反应能较快、较顺利地进行[①]。例如狐刚子利用了黄矾 [KFe $(SO_4)_2 \cdot 12H_2O$ 或 $Fe_2(SO_4)_3 \cdot 9H_2O$]；在"石榴罐"法中利用了赤铜珠；"狐刚子法"、《岭外代答》记载的"未济式鼎法"和"蒸馏法"以及《墨娥小录》中的"蒸馏法"都是把丹砂放在铁釜中加热（而未用土釜）；《图经本草》、《修炼大丹要旨》及明末的《天工开物》所记载的抽汞法都利用了松炭（效果最好）。在这些过程中，分别会发生如下化学反应，析出水银：

$$HgS（固）+2SO_3（气）\xrightarrow{\triangle} Hg（气）+3SO_2（气）$$

$$[Fe_2(SO_4)_3 \xrightarrow{\triangle} Fe_2O_3 + SO_3$$

① 参看赵匡华："我国古代'抽砂炼汞'的演进及其化学成就"。

$$HgS（固）+Cu（固）\xequal{\triangle}CuS（固）+Hg（气）$$

$$HgS（固）+Fe（固）\xequal{\triangle}FeS（固）+Hg（气）$$

$$2HgS（固）+C（固）\xequal{\triangle}CS_2（气）+2Hg（气）$$

而对于中国炼丹家来说，他们最重视的则是利用金属铅，即所谓"炼汞添金"。在他们看来，铅精是金，升炼时金气进入水银，故此种水银是为"灵汞"。陈少微所撰《大洞炼真宝经九还金丹妙诀》（第二）对于升炼"灵汞"就有这类论述，谓：

> 即取黑铅一斤。将黑铅先于鼎中熔化成汁，次取紫砂（人工合成 HgS），投入铅汁中，歇去火，急手炒，令和合为砂，便致（置）鼎中，细研盐覆盖，可厚二分，紧按令实。固济，武火飞之半日，灵汞即出，分毫无欠。

其实，在这个过程中也只不过发生了如下反应：

$$HgS（固）+Pb（固）\xequal{\triangle}PbS（固）+Hg（气）$$

2. 升炼氧化汞

水银在大气中以文火（加热温度到 350℃左右）加热，表面就会生成一层红色的氧化汞（HgO），色貌与丹砂相似，古时，人们常把它误作为丹砂。《神农本草经》所说"水银……镕化[①] 还复为丹"，所言"丹"当即指此物，我国先民很可能在战国时期或秦汉之际已经观察到这一现象了。

汉代时炼丹术兴起，那时的炼丹家对合炼铅汞所生成的升华物玄黄（其中 Pb_3O_4 和 PbO 占约 99%[②]）颇为迷信，强调炼制神丹必得以玄黄或铅黄华（Pb_3O_4-PbO 混合物）涂布丹釜内外。那么用这种丹釜升炼"水银一味"时，所得到的实际上却是 Pb_3O_4 氧化水银生成的 HgO。我们现在知道，铅丹在 500℃ 以上开始分解，至 636℃ 时，氧的分压甚至达到一个大气压。所以丹釜中会顺利地发生如下反应：

$$2Pb_3O_4\xequal{>500℃}6PbO+O_2$$

$$2Hg（气）+O_2\xequal{>350℃}2HgO$$

由于 Pb_3O_4 不同于金属铅[②]，它和 PbO 都不会挥发，所以上釜中凝结的升华产物只是很纯净的 HgO，这已为赵匡华等的模拟试验所证明。[③] 因此，前文提及的《黄帝九鼎神丹经》中的"神符丹"和"柔丹"都是这种物质，而且，不久后这种物质就被称之为还丹了，即记载于《太清丹经》中的"九转还丹"，也就是后来葛洪所说的"水银……积变还复为丹砂。"

这种还丹出现以后，炼丹家大概也很快注意到了玄黄或铅黄华的奥妙，即以土釜变炼水银时，是否以它们涂敷丹釜，对还丹生成的速度大不相同。于是他们就有意地以玄黄或铅黄华与水银合炼还丹了。这种情况在《黄帝九鼎神丹经》中已有充分反映。其第二神丹——"神符还丹"的要诀中就有这样一段话：

> 取汞三斤，纳土釜中，复以玄黄覆其上，厚二寸许，以一土釜合之，封以六一泥，外内固济。无（勿）令泄。置日中曝，令大干，乃火之。……以马通若（或）糠

---

① 此处"镕"当作烧炼解，"化"当作转化解，见《辞海》。

② 金属铅在 500℃ 以上时便强烈蒸发，所以铅汞合炼生成的玄黄其主要成分则是 Pb_3O_4。

③ 赵匡华等："中国古代炼丹术及医药学中的氧化汞。"

火火之九日夜，寒一日。发之，药皆飞著上釜，状如霜雪。紫红朱绿，五色光华，厚

二分余，以羽扫取之。……

此外该丹经中还有一段以铅黄华合汞升炼还丹的文字[①]，前文已经引述过了，它也就是《周易参同契》中所论制伏水银要以"黄芽为根"，并导致"赫然见还丹"的实验基础（见本章第四节）。东汉末著名炼丹家狐刚子在其《五金粉图诀》中也说："丹铅之精（铅黄华）……其功既深，其力亦大，……覆荐水银，化汞为丹。"[②]

及至萧梁时期，陶弘景终于判明这种还丹不是丹砂（HgS），所以他说："［水银］还复为丹，事出仙经。酒和日曝，服之长生。烧时飞著釜上，灰名汞粉，俗呼为水银灰，最能去虱。"[③]他指出这种"丹"最能去虱，这是将氧化汞作为医药的先声。

当然，在中国炼丹术中也确有以水银一物单纯靠空气的氧化作用（而没有藉助铅黄华的氧化作用）制取氧化汞的，最早的明确记录可能就是孙思邈《太清丹经要诀》中所刊载的"七返丹砂法"（本章第四节也已引述过），因为他用瓷瓶只烧炼水银一味，"以文火渐烧，数至六七日"，且"如此七转"才得到此"丹砂"。

红色氧化汞的合成法发展到明代时，改用水银-焰硝-绿矾的三元配方。因是以三味原料共热升炼而成，故此后民间常称之为"三仙丹"，从此它由内服长生仙丹转变为外用的疡科药。这种配方大概首见于万历四年（1617）陈实功所著《外科正宗》，其升炼法如下：[④]

水银二两，用铅一两化开，投入水银听用。火硝二两，绿矾二两，明矾二两，共碾为末，投入锅内化开，炒干。同水银碾细。入泥护阳城罐内，上用铁盏盖之。以铁梁、铁兜左右用烧熟软铁线上下扎紧。用紫土、盐泥如法固口，要烘十分干燥为要。架三钉上，砌百眼炉，先加底火二寸，点香一枝；中火点香一枝；顶火点香一枝。随用小罐安滚汤在旁，以笔蘸汤搽擦盏内，常湿勿干。候三香已毕，去火罐，待次日取起。开出药来，如粉，凝结盏底上。刮下灵药，收藏听用。凡疮久不收口，用此研细掺（搭）上少许，其口易完。若入于一概收敛药中，用之其功奇甚捷。

陈实功称它为"白灵药"。由于这个丹方大概是据制取白粉霜（又名水银粉，即 $HgCl_2$）的"硝矾盐法"经裁化演变而来（淘汰了食盐一味），所以天启间刊行的、卢之颐继其父完成的《本草乘雅半偈》[⑤]称 HgO 为"红水银粉"；天启五年缪希雍修撰的《本草经疏》称它为"红粉霜"。陈实功却不依它的颜色称之为红灵药、黄灵药而称它为白灵药，也恰说明它与白粉霜的源流关系。这个配方中所包含的化学反应大致为：

下罐：　　$$2Al_2(SO_4)_3 + 12KNO_3 \longrightarrow 6K_2SO_4 + 2Al_2O_3 + 12NO_2 + 3O_2$$

$$4FeSO_4 + 8KNO_3 \longrightarrow 4K_2SO_4 + 2Fe_2O_3 + 8NO_2 + O_2$$

上罐：　　　　　　　$$2Hg(气) + O_2 \longrightarrow 2HgO$$

$$Hg(气) + NO_2 \longrightarrow HgO + NO$$

及至康熙二年（1663），蒋士吉著《医宗说约》又改称它为"红升丹"。不过在众多"红

---

① 见《黄帝九鼎神丹经诀》（卷1）第5页。

② 参看《黄帝九鼎神丹经诀》（卷12）。

③ 见陶弘景《神农本草经集注》，参看尚志钧辑校本，人民卫生出版社出版，1986年。

④ 明·陈实功：《外科正宗》第292页，人民卫生出版社，1964年。

⑤ 明·卢之颐赜参《本草乘雅半偈》，人民卫生出版社，1986年。

升丹方”中①，往往在升炼配方中增添了雄黄、丹砂，所以红升丹中常常较“三仙丹”多了砒霜和丹砂的成分，② 已经不是纯净的 HgO 了。乾隆二十五年（1760），顾世澄撰《疡医大全》，将“水银-硝石-白矾-皂矾-朱砂-雄黄”配方所炼得的红升丹称之为“大升丹”，把“三仙丹”称为“小升丹”，并谓：“阳城罐升炼红升丹，名曰大升，不比三仙丹，小升［丹］力单，只可施于疮疖。若痈疽大症，非大升［丹］不能应手。”这正是增添了 As_2O_3 的效果。

3. 升炼硫化汞

中国炼丹术中人工合成的硫化汞，先后被称作小还丹、灵砂和银朱，我们在本章第四节中已经作了一些介绍。

在《正统道藏》中收录有一部丹经，名曰《太清石壁记》，原著者为隋代罗浮山道士苏元明（青霞子），但今本则题曰唐人楚泽先生编。其中有一“小还丹方”就是以水银和硫黄升炼出硫化汞，原文如图 5-31 所示。如果这个丹方原出自青霞子之手，那么可判断中国至迟在隋代已人工合成了红色硫化汞。而即使该丹方是楚泽增补进来的，但孙思邈《太清丹经要诀》中所刊载的“造小还丹法”、“炼紫精丹法”（原文见本章第四节）也都是合成硫化汞的丹方，那么中国至迟也是在隋末唐初时取得了这项成功，并从此在中国丹鼎派道士中兴起了硫汞还丹派，与铅汞还丹派并驾齐驱。到中唐时期，他们已在丹砂和人工硫化汞的研究上，取得了非凡的成就。

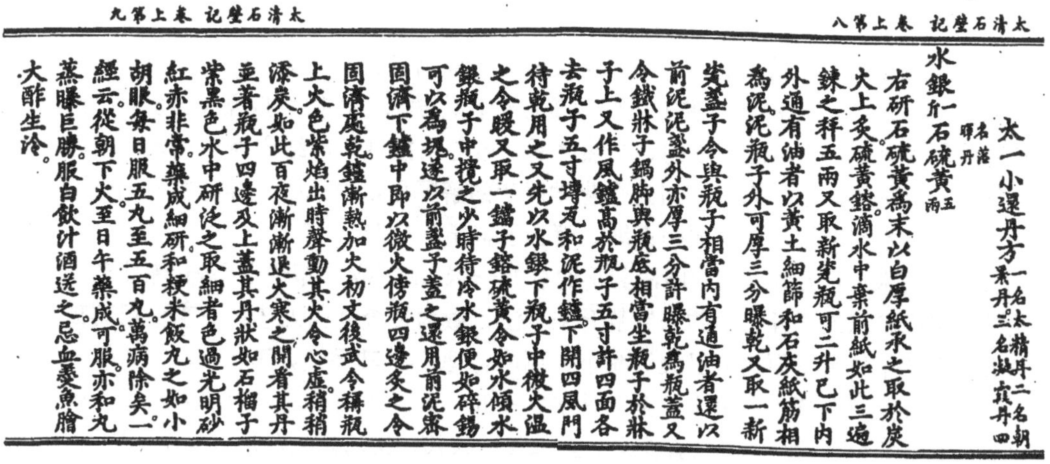
太清石壁記　卷上　第八

太一小還丹方一名太精丹二名朝柔丹三名凝霞丹四名落暉丹

水銀一斤　石硫黃五兩

右研石硫黃爲末以白厚紙承之取於炭火上炙硫黃鎔滴水中棄前紙如此三遍鍊之秤五兩又取新瓷瓶可二升已下內外通有油者以黃土細篩和石灰紙筋相爲泥。泥瓶子外可厚三分曝乾又取一新瓷盞子令與瓶子相當內有通油者還以前泥泥盞外亦厚三分許曝乾爲瓶蓋又令鐵牀子鍋脚與瓶底相當坐瓶子於牀子上又作風爐高於瓶子五寸許四面各去瓶子五寸埤丸和泥作爐。下開四風門待乾用之又先以水銀下瓶子中微火溫

太清石壁記　卷上　第九

之令暖又取一鐺子鎔硫黃令如水傾水銀瓶子中攪之少時待冷水銀便如碎錫可以爲堁。遂以前盞子蓋之還用前泥密固濟下鐺中即以微火傍瓶四邊炙之令固濟處乾。鐺漸熱加火初文後武令稱瓶上火色紫焰出時聲動其火令心虛。稍稍添炭如此百夜漸漸退火寒之開看其丹並著瓶子四邊及上蓋其丹狀如石榴子紫黑色水中研淀之取細者色過光明砂紅赤非常。藥成細研。和粳米飯丸之如小胡眼。每日服五丸至五百丸。萬病除矣。一經云。從朝下火至日午藥成。可服。亦和丸蒸曝巨勝。服白飲汁酒送之。忌血蒌魚膾大酢生冷。

图 5-31　《太清石壁记》中的〈小还丹方〉——人工合成硫化汞

大约在天宝年间，陈少微在《大洞炼真宝经》的基础上，辑注成《大洞炼真宝经九还金丹妙诀》，对这一时期硫汞还丹研究的进步和成就作了充分的反映。那时他们已经既能够熟炼地以一定量的水银和硫黄升炼出紫砂，做到“分毫无欠”；又可精确地从所得紫砂中以金属铅还原出水银来，而且也做到“分毫无欠”。其原文曰：

诀曰：汞一斤，石硫黄三两。先［将硫黄］捣研为粉，致（置）于瓷钵中，下着微火，继续下汞，急手研之。令为青砂后，便将入于瓷瓶中，其瓷瓶子可受一升。以黄土泥紧泥其瓶子，外可厚二分，以盖合之紧密固济，致（置）之炉中，用炭一斤于瓶子四面养之三日，瓶子四面常须有一斤炭。三日后便以武火烧之，可用炭十

① 参看张觉人：《中国炼丹术与丹药》第 84 页。

② 参看吕为霖等：“几种升丹和降丹炼制过程的初步化学研究”，《药学通报》第 10 卷第 8 期（1964 年）。

斤，分为两分，每一（次）上炭五斤烧其瓶子。忽有青焰透出，[①] 即以稀泥急涂之，莫令焰出，炭尽为候。候寒开之，其汞则化为紫砂，分毫无欠。

即取黑铅一斤。将其黑铅先于鼎中镕成汁，次取紫砂细研，投入铅汁中，歇去火，急手炒令和合为砂，便致（置）鼎中，细研盐覆盖，可厚二分，紧按令实，固济，武火飞之半日，灵汞即出，分毫无欠。[②]

陈少微说："……汞一依前七度着石硫黄烧成紫砂，七度用黑铅抽归灵汞，……转转烧抽，……其汞烧抽变炼，则含其内火内水之精气，亦合于七篇之大数，自然水火金三光禀气相合，合精而化灵证真也。"这就是当时登上了中国炼丹术神丹之首座的"七返丹玄真绛霞砂"，据云："每日清晨东向服一丸，倏忽含形而轻举，驾飞龙游于十天八极之外；……此玄真砂丹一丸点汞及铅、锡、铜、铁一斤，立化成紫磨黄金，光凝润泽，不可言尔。"[③] 可见它被神化的程度。唐末道士金陵子（可能师传于陈少微）所撰《龙虎还丹诀》[④]也收录了这两段文字。

据陈少微说，《大洞炼真宝经》（早已散佚）不仅已有以上两段文字内容，而且还记载了当时中国炼丹道士对各类天然丹砂成分的定量研究，谓：

光明砂一斤抽汞可得十四两，而光白流利，此上品光明砂，只含石气二两；马牙砂一斤抽出汞得十二两，而含石气四两；紫灵砂一斤抽汞可得十两，而含石气六两；上色通明砂一斤，抽出汞只得八两半而含石气七两半。石气者火石之空气也，如汞出后，有石胎一两，青白灰耳。

可见，《大洞炼真宝经》的撰著者对丹砂与灵砂的合成已进行了相当广泛的定量研究（尽管分析结果很不准确），其思路和研究方法则颇接近近代化学家；并从实验观察出发，已把硫黄认做是有质量的火石之气所凝结成的，受热之后，若与汞接触，则结合为砂；无汞相遇，则化成火气飞去，即文中之"青焰"。对这个化学反应的解释可以说已毫无神秘主义的色彩，而且也摆脱了炼丹术传统思想和说教的束缚，迈上了科学的道路。

及至明代末年，灵砂已是中国医药里的重要一味，改称为"银朱"，其升炼技艺当然也更加精湛。宋应星《天工开物》的〈银复升朱〉法，做为传统制药工艺，一直沿用到现在（当然，近代工艺中硫黄所用比例已大为减小，更趋合理[④]）。其手续如下：

或用瓷口泥罐，或用上下釜。每水银一斤，入石亭脂二斤，同研不见星，炒作青砂头，装于罐内。上用铁盏盖定，盖上压一铁尺。铁线兜底捆缚，盐泥固际口缝。下用三钉插地，鼎足盛罐。打火三炷香久，频以废笔醮水擦（搽）盖，则银自成粉贴于罐上，其贴口者朱更鲜华，冷定揭出，刮扫取用。其石亭脂沉下罐底。可取再用也。每升水银一斤，得朱十四两，次朱三两五钱，出数藉硫质而生。[⑤]

书中并附有"银复生朱"的插图，参见图5-32。

作为合成硫化汞的"小还丹"刚刚问世，孙思邈已将它试作医药，谓："以枣肉和为丸如大麻子许，每食后［服］一丸，去心忪、热风、鬼气、邪魅、蛊毒、天行瘟疟，镇心，益五

---

① 青焰即硫黄燃烧的火焰，表明瓶盖际会处有拆裂，漏出了硫蒸气，遇空气而燃烧起来。

② 这两段文字，据陈少微自述，是据《大洞炼真宝经》所载并作了一些解释和发挥。

③ 见陈少微《大洞炼真宝经修伏灵砂妙诀》，《道藏》洞神部众术类，总第586册。

④ 参看张觉人：《中国炼丹术与丹药》第75~76页。

⑤ 引自明·宋应星《天工开物》崇祯十年刊本，上海古籍出版社出版，郑振铎编《中国古代版画丛刊》第3册1041页，1988年。

图 5-32　升炼银朱
（摘自喜咏轩刊本《天工开物》）

脏，利关节，除满、心痛、中恶，益颜色，明耳目，热毒风。"及至宋代，是蜀州世医唐慎微最先把它收作本草，写进他撰修的《经史证类备急本草》（成书于元丰五年，即 1082 年），谓"灵砂味甘性温，无毒，主五脏百病，养神安魂魄，益气明目，通血脉，止烦满，益精神，杀精魅恶鬼气。"从此它又进入医药行列，被广泛采用。由此又可见炼丹与医药源流关系之一斑。

4．升炼粉霜与轻粉

中国炼丹术汞化学中的再一项重大成就是合成了粉霜和轻粉。按传统上习惯通行的说法，粉霜是 $HgCl_2$，现称升汞；轻粉则是 Hg_2Cl_2，今称甘汞。粉霜又常被称为水银霜、水银粉；轻粉又常被呼作水银粉。它们都相当早地成为炼丹术中的重要人工药剂。但因为它们都是用水银升炼而成的，又都是白色结晶粉末，配方也很相似，所以古代的炼丹师们常把它们混淆，称谓混乱。因此，今人研读丹经时，往往必得根据配方，才能确切判断升炼产物的品种。[1]

中国炼丹师们取得轻粉在先，其基本配方是水银（或 HgS）-矾-盐。其最早的配方大概要

① 　赵匡华等：关于中国炼丹术和医药化学中制轻粉、粉霜诸方的实验研究，自然科学史研究，2（3），1983 年。

算记载于《太清金液神丹经》中的"作霜雪法"了，内容摘要如下：

> 取曾青①②、礜石、石硫黄、戎盐、凝水石、代赭、水银等七分，合治万杵，不须筛也。以淳醯和之，令泡泡刚淖自适，即置土釜中，封泥皆如〈泥神丹土釜法〉。又以代赭、白瓦屑涂固济，不可令泄也。……以苇火炊其下及左右，四日四夜。火猛之，神华霜雪上著，以三岁雄鸡羽扫之，名曰霜雪。

当然，这种轻粉中会含有剧毒的 As_2O_3。此后，《太清石壁记》、《太清丹经要诀》（"造艮雪丹法"）中都出现了这类配方，不过显然是通过实践的经验总结，用药逐步简化了，淘汰了不必要的，诸如礜石，凝水石、代赭等药料。而在利用矾上，则各有选择，苏元明选用的是敦煌矾石（含铜盐的黄矾），孙思邈选用的则是白明矾。在此基础上，宋人所撰《灵砂大丹秘诀》选用了皂矾，从此，这个配方似乎成了合成轻粉的标准法，为明、清各代丹药医家的推崇。该法是：

> 皂矾一斤，盐半斤，作一处研，入瓦罐中用热汤煮，令成糊，搅令匀，约煮半日，令黄色（生成硫酸高铁）。用黄曲（按指食盐与硫酸高铁的混合物）四两，入汞一两，和研做一处，须臾，汞摊在热（整）上，瓦盆封盖，固济，进火升之，候冷收下扫之。

不过，现在也还有沿用由宋代《嘉祐本草》流传下来的、采用明矾的〈水银粉方〉③。这类配方合成 Hg_2Cl_2 的化学反应可通过以下各式表示：

$$4Hg + 4FeSO_4 \xrightarrow{\triangle} 2Hg_2SO_4 + 4FeO + 2SO_2$$

$$Hg_2SO_4 + 2NaCl \xrightarrow{\triangle} Na_2SO_4 + Hg_2Cl_2$$

$$12Hg + 4KAl(SO_4)_2 + 12NaCl + 3O_2 \xrightarrow{\triangle} 6Hg_2Cl_2 + 2K_2SO_4 + Na_2SO_4 + 2Al_2O_3$$

当然，不利用矾类的轻粉方，在历史上也曾经出现过，但升炼效率较低，质量低劣，所以后来被淘汰了。例如唐人王焘所撰《外台秘要》所收录的西晋〈崔氏方〉④ 就属于这种类型的。因它别具特色，兹摘要如下：

> 用水银十两，石硫黄十两，各以一铛熬之。良久，银热黄消，急倾入一铛，少缓即不相入，仍急搅之。良久硫成灰，银不见，乃下伏龙肝十两，盐末一两，搅之。别以盐末铺铛底一分，入药在上，又以盐末盖面一分，以瓦盆覆之，盐土和泥涂缝，炭火煅一伏时，先文后武，开盆刷下。

赵匡华等曾对此配方进行了模拟实现，⑤从反应产物上看，除生成 Hg_2Cl_2 外，还生成了金属汞，但无硫黄出现，所以估计其反应过程可能为：

$$HgS + O_2 = Hg + SO_2$$

$$4Hg + 4NaCl + 2O_2 + 2SO_2 \xrightarrow{\triangle} 2Hg_2Cl_2 + 2Na_2SO_4$$

---

① 这里用的曾青可能是石胆，所以我们把此方归属于 Hg-矾-NaCl 类型。若曾青是碳酸铜类化合物（蓝铜矿石），则此方属于 HgS-NaCl 类型，也可得到 Hg_2Cl_2。

② 《灵砂大丹秘诀》见《道藏》洞神部众术类，总第 587 册。

③ 参看李时珍《本草纲目·水银粉》（卷 9）第 527 页。

④ 见 王焘《外台秘要》（卷三十二）第 898 页，人民卫生出版社，1955 年。〈崔氏方〉问世于西晋泰始至咸宁年间（参看张觉人《中国炼丹术与丹药》第 55 页）。

⑤ 赵匡华等："关于中国炼丹术和医药化学中制轻粉、粉霜诸方的实验研究。"

$$2HgS+2NaCl \xrightarrow{\triangle} Hg_2Cl_2+Na_2S$$

在炼丹术史中，轻粉从未被尊为神仙大药，只是作为一种阴性药料进入一些丹方中。但它问世不久，炼丹家们就着手研究它的医用效果，《太清丹经要诀》已记载："此药主镇心安藏，除邪瘴恶气疰，忤风癫风痫等疾。"唐代时陈藏器撰《本草拾遗》，最早将它引入本草。[①] 据马志所撰修的《开宝本草》记载："水银粉，……味辛冷，通大肠（便），转小儿疳并瘰疬，杀疮疥癣虫及鼻上酒渣、风疮、燥痒。"[①]李时珍在《本草纲目》中则增补了"痰涎积滞，水肿鼓胀"以及"杨梅毒疮、下疳阴疮"等。

粉霜的配方与轻粉者比较，从表面上看颇为相似，只是在水银（或 HgS）-盐-矾之外，另加了一味硝石（焰硝），但它则是关键的一味，正是它把 Hg（I）氧化到 Hg（II）。最早出现的"升炼粉霜方"可能是《神仙养生秘术》[②]，现存本题曰"太白山人传，后赵（相当于东晋时期）黄门侍郎刘景先受"，故知此丹经原作至迟完成于后赵时期，即东晋咸和二年至永和七年（327～351）。该书"第九"有一"秤轻粉方"，现转录全文如下：

　　水银一斤，硫黄四两。先将硫黄于铁铫内熔开，次下水银于硫黄内，一处炒成砂。用密陀僧四两，焰硝二两作麹子。春夏三日，秋冬七日。将前件砂子于（与）麹子一处搅匀，用铁大整一个，摊砂子在上，用瓦盆一个盖整。用蜜调赤石脂固济口缝。底下用木炭火文武烧之。早晨下火，午时住火。冷定，揭起，药在盆上，扫下，用木匣子盛之。四两一匮，任意使用。盆底是粉霜，上面是轻粉。此是奥妙秘术。

应该指出，此方的"麹"中显然少记了一味盐，可能是抄录人或校订者陈显微的失误。

《太清石壁记》（卷上）中的〈五味丹方〉为：水银霜（应作水银粉）一斤，硝石五两，寒水石五两，石膏五两，石胆五两，共五味。升炼产物无疑是 Hg_2Cl_2 的氧化产物 $HgCl_2$。

《灵砂大丹秘诀》中的〈粉霜法〉配方为：明信半两，白矾四两，盐二两，焰硝半两，汞二两，皂矾二两，所升炼出的 $HgCl_2$ 当含有大量 As_2O_3。

元人辑纂的《庚道集》（卷2）中的〈升粉霜法〉配方最为简明：汞一两，食盐一两，明矾一两（矾枯者用），硝六钱。这个配方作为标准配方，一直被后世沿用（各味药的份量可能有调整）。在该配方中升炼 $HgCl_2$ 的化学反应可写为：

$$Hg+2NaCl+2KAl(SO_4)_2+2KNO_3$$
$$=\!=\!=HgCl_2+Na_2SO_4+2K_2SO_4+Al_2O_3+2SO_3+2NO_2$$

明代以后，粉霜在中国丹药学中演进为"白降丹"。不过，其配方中往往都增添了雄黄和白砒，因此，白降丹虽主要成分为 $HgCl_2$，但还含要相当大量的 As_2O_3，对疡科病的疗效明显提高，但毒性也更大了。张觉人《中国炼丹术与丹药》（第七章）列举了明、清以来的二十四个白降丹配方，可供研读。

粉霜在中国炼丹术中的出现虽然也并不迟，但丹师也从未把它推崇为长生大药，显然是由于它色白而毒性酷烈。较之轻粉，它被引入于医药的时间，似乎也晚得多，《千金翼方》、《外台秘要》虽都有"水银霜法"，但那些"霜"实际上都是 Hg_2Cl_2，即使是《重修政和经史证类备用本草》，仍未将它收录，大概也是因为它的剧毒，医家不敢妄用。

---

①　见《重修政和经史证类备本草（卷4）·水银粉》第111页。
②　《神仙养生秘术》见《道藏》洞神部众术类，总第599册。现存本经宋人陈显微（抱一子）增删校订，故不能完全肯定其"秤轻粉法"是原作。

明弘治十八年（1505），太医院判刘文泰等奉勅撰辑成《本草品汇精要》[①]，大概是它最早把粉霜（$HgCl_2$）收录进本草中［书中注明粉霜（今补），辑入卷六中］。并极详实地介绍了它的配方：用焰硝、食盐、白矾做"麹"，然后与水银合炼。刘文泰谓："粉霜主急风口噤、手足搐搦、涎潮作声、止痢浓血、消瘰疬。"显然是把它用作了内服剂。

明万历三十一年（1604），陈实功撰成《外科正宗》，把"粉霜方"发展为"白降丹方"，并把白降丹推荐为疡科药。[②] 它的配方用药是：水银、火硝、白矾、青矾、食盐、朱砂、白砒、硼砂。从此，白降丹很快就成为中医疡科圣药。流传至今之玄门四大丹中的"金龟下海丹"以及"大乘丹"、"八虎闯幽州"、"九龙归大海"等疡科药主要成分都与白降丹相似。据张觉人讲解："白降丹在外科方面的使用范围极广，如瘰疬、痰核、痔疮、瘘管、多骨，湿痹等，功能杀菌、防腐、蚀恶肉。"[③]

水银粉与白降丹的医药功绩再一次展示了中国炼丹术的化学成就以及中国传统医药学对它的发扬光大。

（二）中国炼丹术中的铅化学

铅无论是在世界上，还是在中国，都是最早被人炼取到的金属之一。但由于它质地柔软，熔点很低，除了代替金属锡掺入铜中冶炼青铜外，本身一直没有多大用处。但由于它"一变而成胡粉，再变而成黄丹，三变而成蜜陀僧，四变而为白霜"，变化多端，而特别是铅丹似"丹砂"，黄丹似金粉，因而逐渐引起人们的种种特殊的兴趣，尤其是引起那些非常善于联想的炼丹方士们格外的关注，于是着意加以研究。所以铅化学成为中国炼丹术化学中成果非常丰富的领域之一。[④][⑤]

1. 铅粉的制作

我国先民从金属铅出发，最先制得的铅化合物可能是铅粉，通称胡粉，即碳酸铅或碱式碳酸铅。这种白色细腻的粉末最初是用作化妆品，其所以被称作胡粉，正如李时珍所云："胡者，糊也，和脂以糊面也。"关于铅粉的源起，《本草纲目》中引用了一些文字：如《墨子》谓"禹作粉"，又如晋人张华《博物志》谓"纣烧铅锡作粉"[⑥]。这些传说，目前还缺乏旁证，谓夏代初期已制得铅粉，似乎说得过分了，但谓殷代已制到铅粉则是有可能的，因为从出土的文物可以证明那时已有铅质的贮酒器，如觥、尊等。由于当时酿酒工艺还不够成熟，酒中乙醇浓度不会很高，因此容易被大气氧化变成醋。在这情况下，铅质的内壁就会生成醋酸铅而慢慢溶解。而这种溶液在大气中的碳酸气作用下便将逐渐生出碳酸铅而沉析出来。

战国时代楚国宋玉的"登徒子好色赋"中有形容美女"著粉太白，施朱太赤"的话，因此有人认为春秋战国时期铅粉已作为化妆品，这种看法是值得重视的。当然，那时的化妆

---

① 《本草品汇精要》直至 1937 年才由商务印书馆排印出版。1982 年人民卫生出版社依据商务本重印。
② 明·陈实功《外科正宗》第 292 页，人民卫生出版社，1964 年。陈实功当时称白降丹为"白灵药"。
③ 张觉人《中国炼丹术与丹药》第 105 页。
④ 赵匡华等，中国古代的铅化学，自然科学史研究，9（3），1990 年。
⑤ 朱晟，我国古代关于铅的化学成就，化学通报，1978 年第 3 期。
⑥ 此句为《本草纲目》（卷八）之引文，但现在传世的《博物志》无此文。1980 年中华书局出版的范宁校证本集录了历代大量之《博物志》佚文，亦无此句。

"粉"大概主要还是蛤粉和米粉。① 但从秦代以来，可以肯定铅粉便一直用作陶、木俑及壁画的白色颜料和化妆粉，② 1983 年李亚东通过 X 射线衍射分析判明秦始皇陵中陶俑身上的白色颜料为铅粉，又如西汉人史游的《急就篇》有"芬薰脂粉膏泽箭"的话，唐人颜师古注云："粉，谓铅粉及米粉，皆以傅面取光洁也。"③ 总之，出土文物和文字记载都有不少明证。

铅粉又是第一个进入中国医药行列的人工合成制剂。《神农本草经》已经收录铅粉（粉锡），但列入下品药，表明已知它有毒性。中国炼丹术兴起后，铅粉立即被丹师们所利用，并逐步了解到它的许多化学性质。如《黄帝九鼎神丹经》已谓："取胡粉烧之，令如金色"，即把 $PbCO_3$ 热分解为 PbO；《周易参同契》谓"胡粉投火中，色坏还为铅"；《抱朴子内篇·论仙》谓："铅粉是化铅所作"；唐代丹经《丹房镜源》谓"胡粉可制硫黄"④；托名苏轼所撰的《格物粗谈》谓"雌黄与胡粉同用（当指用作颜料），则两色俱变（变黑）"。⑤

中国古代造铅粉的传统工艺，基本原则始终是先使铅与醋蒸气相作用生成醋酸铅，然后令其与大气里的碳酸气相反应而转化为铅粉。但现存的文字记载较之实际运用要晚得多，在唐代古籍中始见，而最早的却是孙思邈的《太清丹经要诀》，其中有"造〔铅〕丹法"，其前半部实际上就是制作铅粉，摘要如下：

> 铅四斤，水银一斤。右取黍谷二斗，蒸之令熟，以醋浆投谷中，〔于好铛中〕密盖五六日令为醋。……更烊铅令销，暖汞，投一斤〔于〕铅中，待泻凝，以绳系之，悬于铛中二七日，其精自下醋中，收，淘洗令净。

宋代古籍中，谈及铅粉工艺者偶有所见，但都很简略，例如南宋范成大所撰《桂海虞衡志》就记载了其时桂州（今广西龙胜、永福以东，荔浦以北地区）的作粉法。⑥ 翔实而确切的铅粉工艺则至明代才得刊布。陆容在弘治年间所撰《菽园杂记》（卷十四）记载了元代南方韶州（今广东韶关、曲江、乐源一带）所传铅粉工艺，十分翔实，并别具特色。谓：

> 韶粉，元出韶州，故名。龙泉（今浙江龙泉）得其制造之法：以铅熔成水，用铁盘一面，以铁杓取铅水入盘，成薄片子。用木作长柜，柜中仍置缸三只，于柜下掘土，作小火，日夜用慢火熏蒸。缸内各盛醋，醋面上用木柜叠铅饼，仍用竹笠盖之。缸外四畔用稻糠封闭，恐其气泄也。旬日一次开视，其铅面成花，即取出敲落。未成花者，依旧入缸添醋，如前法。其敲落花，入水浸数日，用绢袋滤过其滓，取细者别入一桶，再用水浸。每桶入盐泡水，并焰硝泡汤（按使铅粉凝聚沉析）。候粉坠归桶底，即去清水。凡如此者三，然后用砖结（砌）成焙，焙上用木匣盛粉，焙下用慢火熏炙，约旬日后即干。擘开，细腻光滑者为上。其绢袋内所留粗滓，即以

---

① 蒋玄佁曾撰文，认为中国汉代以前用蛤粉为多，以铅粉作化妆粉及颜料之根据尚不足。见所著《中国绘画材料史》，上海书画出版社，1986 年。

② 参看李亚东："秦俑彩绘颜料及秦代颜料考"，《考古与文物》1983 年第 3 期；又李亚东："敦煌壁画颜料的研究"，《考古学汇编》，中国社会科学出版社，1983 年第 3 期。

③ 汉·史游：《急就篇》第 189 页，又《丛书集成新编》第 35 册，总第 447 页，台湾新文丰出版公司，1984 年。

④ 按此反应为：$PbCO_3 + 2S + \frac{1}{2}O_2 = PbS（黑）+ CO_2 + SO_2$

⑤ 见宋·苏轼《格物粗谈》第 30 页，《丛书集成》初编总第 1344 册。按此反应当为：$3PbCO_3 + As_2S_3（黄）= 3PbS（黑）+ As_2O_3（白）+ CO_2$ 所以说"两色俱变"。

⑥ 宋·范成大：《桂海虞衡志·金石》第 35 页，胡起望等辑佚校注本，四川民族出版社，1986 年。

酸醋［浸之］，入焰硝、白矾、泥矾、盐等，炒成黄丹。①

文中所谓的"花"，当是铅霜与铅粉的混合物，"入水浸数日"后，吸收了空气中的碳酸气，便全部转变成铅粉了。弘治间撰成的《本草品汇精要》（卷五）所刊载的铅粉工艺也相当完整，且生产规模颇为可观。工艺的前半部也是制铅霜，与《菽园杂记》记述相似，谈及使"粉"（这里指铅霜）转化成铅粉时，谓：

　　……以粉三百斤为则，加白盐一斤，福蜜四两，二味相和炼熟，稍澄罗滤入粉，令匀。外作炕，上铺细砂土一层，再以绵纸严遮其上，摊粉于纸上。炕上仍煨炭墼微火，转展将近一月方乾，以竹刀切成块。冬月水寒，不宜造也。

"粉"在此过程中，经近一个月的炭火熏烤，其中的醋酸铅可以肯定充分转化为铅粉了，此工艺似较《菽园杂记》所记要先进了。②

此后，明人何孟春于嘉靖中撰《余冬序录》，记叙了嵩阳（今河南登封县）制铅粉的工艺；《本草纲目》对铅粉工艺也作了相当全面的评述；《天工开物》也有相当翔实的记载。那时各地的方法已大同小异了。

　　2. 玄白、玄霜与铅霜的制取

铅霜即醋酸铅，如前文所述，我国先民在客观上取得它的时期以及它的制取方法与铅粉大致相同，但它易溶于水，在水及潮湿空气中受大气中碳酸气的作用又易转变为铅粉，所以收集、贮存以及获取纯净的铅霜，都较铅粉困难，并且还似乎长久未找到它的合适用途。所以有关记载较铅粉都要晚得多。唐代《新修本草》及王焘的《外台秘要》皆未著录，表明那时铅霜尚未步入本草行列。但在唐代问世的炼丹术著述中却可常发现它。所以可判断，它最初为丹师们所专用，其制作经验也应归功于他们，再次表明中国炼丹术是中国制药化学的先驱。

为了探源铅霜，须知铅霜在丹经中初时被呼之为"玄白"。"玄白"一名在现存典籍中最早见于《抱朴子内篇·金丹》，谓修炼"太清丹"之前，"当先作华池、赤盐、艮雪、玄白、飞符、三五神水，乃可起火耳。"③ 但可惜他未介绍作玄白的要诀。《黄帝九鼎神丹经诀》（卷十七）中则再现关于"玄白"的记载，谓："九鼎第八丹法以玄黄若（或）玄白一斤布釜底，以水银置其上，故须作也。……太清丹即以玄白为荐，金九鼎唯用玄黄也。"按玄黄是将水银与铅以阳火合炼而得到的金黄色含汞的铅黄华；而玄白是以醋蒸气"薰淘"铅汞，即以所谓"水法"或"阴炼法"合炼铅汞而得到（不含汞）的白霜，因此呼之为"玄白"，"玄"者黑也，铅也，"玄白"即"铅白"之义，更是与"玄黄"对应、并举。所以在唐代以后的炼丹术中，其作用被视为与玄黄相当，只不过被视为阴性，颇受方士青睐。该文接着便介绍"玄白"之制法：

　　取铅泻为挺（铤）作板，依水银三斤，真金六两，消（销）铅金，乃内（纳）汞，鼓以为银板，悬华池中，七日一发（按指每出一批玄白）。［若］未发，当密覆华池瓮口；发之，取其流白者。……又法：铅一斤，金一斤，两鼓之为板薄，锻如缣，置木盘中，以幕其上，纳左味中三十日，皆为玄白在盘，乃可用。"太清丹"即以玄白

① 明·陆容：《菽园杂记》（卷14）第177页，中华书局，1985年。
② 明·刘文泰：《本草品汇精要》第184~185页"粉锡"条，人民卫生出版社，1982年。
③ 晋·葛洪：《抱朴子内篇》，王明校释本第86页。

为荐，"金九鼎法"唯用玄黄也。

文中"太清丹"当即《抱朴子内篇·金丹》中所言"太清神丹"即"九转神丹"，所以在中国炼丹术中最先使用"玄白"的可能正是东汉新野人著名道士阴长生。据现代化学可知，黄金和水银都不会与醋酸蒸气发生化学反应的，故玄白即为纯净之醋酸铅，前文所引《太清丹经要诀·造丹法》，其前半部所制虽为铅粉，但却也用铅汞齐为原料，显然与〈太清丹法〉的玄白法是一脉相承的。还应指出，利用铅汞（或铅金）为原料，当时当然是出于某种炼丹术思想（可能是沿着升炼玄黄的思路），但丹师们却在完全无意的当中利用了电化学原理，即在与醋接蚀时，发生了电化学腐蚀，大大提高了醋溶解铅的速度，提高了玄白的产率。这是中国古代化学中一件饶有趣味的事。赵匡华等曾对此进行过模拟试验，完全证明了该工艺的这种优越性。①

唐代丹经《玄霜掌上录》②是一本很少被近代学者注意的炼丹术著作，但却是一部很有学术价值的关于铅霜的专论。它所谓"玄霜"者，即铅霜。该丹经开卷即阐明玄霜的意义、功效及制作要诀。兹摘要如下：

> 夫玄霜者，一名女玄霜，二名琼浆，三名玉液，四名地母乳，……自古神仙虽饵金丹，无不修此阴丹。……夫大丹者是阴阳龙虎，即生时龙虎，及至修炼了，号为正阳，如此即孤阳也。既是孤阳，不可立身，须假阴丹而相负以为梯航也。若论津润五脏，灌注华盖，上添泥丸，下补精光，大药不得玄霜，久服而难见其功。大丹出于契中阴元，玄霜出自秘箓，所以术士难知也。今具修阴丹白雪玄霜法：取上好黑铅二斤，汞半斤。先于铫子中扑（小击也）铅令细，绝灰，便将汞投在铅中，熟搅，泻作碢（同砣）子大小。临时用瓷瓶子一口，表里通釉者。便取上好醋五升，贮在瓶内，即于稳便房内，又须明室向阳处下手制作。……便安瓶子于土坑内，其口与地平，将铅碢（同砣）安瓶口上，更［覆］以纸三四重，纸上又安瓷碗盖之。若是阳极时，七日一度。取出，其锅上如垂雪倒悬，见风良久自硬。扫取后，其瓶内醋损，即须换，如此重重。……其色如春雪，如面勃，其味甜澹甘美，捻在口中，冷如春冰。……但洗头，生油调涂顶，须臾至脚心自冷。

文中对玄霜性质的描述极确切地点明了醋酸铅［区别于铅粉］的特性。该诀与《九丹鼎经诀》（卷十七）比较，已省略了以金合铅，即更减少了一些神秘主义色彩。

晚唐咸通年间（860～874），沈知言又从道士马自然得炼丹秘诀，从荥阳郑公处得神丹诸法，于是辑纂成《通玄秘术》③。在其序言中指出：这些神丹"皆是济世治疗人间一切诸疾，延驻之门，并制服五金八石，点变造化，辟除寒暑，绝粒休粮。……"其中有"华盖丹"就是以铅霜为主要原料，入龙脑以露水合为丸。据云此丸药为乌发之剂，服之不逾六十丸或至一百丸，"鬓发尽黳，光润如漆"或"拔却白者，一毛孔内生两茎黑者"，而且"久而含之，延驻颜色，年五十人如童儿之貌，兼偏（遍）去热毒、风筋骨疼痛。"④可见，从那时起铅霜便开始步入医药行列，从性质上、药理上都已与铅粉有了明确的区分。按《通玄秘术》的记载，

① 参看赵匡华等："中国古代的铅化学"。
② 《玄霜掌上录》见《道藏》洞神部众术类，总第599册。
③ 《通玄秘术》见《道藏》洞神部众术类，总第598册。
④ 铅霜有剧毒，切勿轻试。

炼制铅霜的工艺又进一步简化，可以说已脱离了原炼丹术中的铅汞玄黄体系，只用黑铅单独作用于醋酸了。原文谓：

　　　　华盖丹：黑铅三斤，绝上者佳。即打拍为方响片子，铁作筋穿之，作孔，以绳串之。右取净瓮盛米醋一斗，将铅片子悬于瓮中，可去醋一寸已来，以纸密封，固济瓮中。每七日一度开。换（提）取铅片出，于净纸上，小篦子及鸟羽毛扫取霜了，即却（再）安入，但七日一度开取。经三四度后，即须换却，铅片子力劣矣。

这项工艺较用铅汞齐更为简单，虽醋化时间较长，但避免了水银的毒害，也是个进步。

宋代以后，在医药与炼丹术中都改称玄白、玄霜为铅霜，但分别以铅汞齐和黑铅一味为原料的两种工艺则长期并存，例如苏颂的《图经本草》仍谓[①]"又有铅霜亦出于铅，其法以铅杂水银十五分之一，合炼作片，置醋瓮中，密封，经久成霜。性极冷，治风痰及婴孺惊滞药，今医家用之尤多。"《真元妙道要略》、《本草品汇精要》、《本草纲目》都收录或提及过此工艺；而《菽园杂记》中的"韶粉方"、《天工开物》中的制铅粉方以及李时珍自己所推荐的制铅霜方则皆继承了只用黑铅一物的工艺。

　　3. 铅丹与黄丹的炼制

金属铅在大气中只要经文火焙烧，就会慢慢生成黄色氧化物（PbO），是为黄丹。进一步焙烧则又会生成桔红色氧化物（Pb_3O_4），是为铅丹。但在古代，由于火候难以控制，而且 Pb_3O_4 在高于 500℃时又会分解为 PbO 及 O_2，因此所得产物往往是此两种物质的混合物，以致这两个名称也难免被混用。由于它们颜色鲜艳，很古时就被人们注目、喜爱，并得到多方面的利用。

铅丹颜色鲜红，自古至今便广泛用作颜料。秦始皇陵兵马俑上原涂饰的红色颜料，其中就有铅丹；[②] 十六国、北魏、隋唐、五代、西夏、宋、元各代的敦煌莫高窟壁画、彩塑上的红色颜料也都包括铅丹。[③]

铅丹与丹砂外观相似，很早也被试作医药，《神农本草经》已经将其收录，并谓"主吐逆胃反，惊痫癫疾，除热下气"，而且"炼化还成九光，久服通神明（《太平御览》辑录作'久服成仙'）"。因此，可见在中国炼丹术活动正式兴起以前，它已被视为"仙药"。

炼丹术活动掀起以后，铅立即成为重要的角色，玄黄、铅黄华一时间被视为灵异的物质。《黄帝九鼎神丹经》谓：玄黄"纳猛火，以鼓囊吹之"，可成"黄金"，它可能是最早的药金之一，成分当是纯净的 PbO（玄黄中的少量 HgO 在 500℃时已分解并挥发）。自《太清丹经》的"九转还丹"问世之后，"九转"之说大盛，东汉丹师狐刚子又创导"九转铅丹"，以铅丹一味为仙丹大药。他的《九转铅丹法》使煅铅为丹，返丹为铅的化学工艺臻于完善，[④] 在其《粉图诀》中写下了现存最早的铅丹炼制法：

　　　　取铅于铁杯中炒之，以长钝剑、铁篦搅之，炒令［成汁］，并作沙（按指 PbO）尽。从早至午，看成细末，续续掠出，置冷器中，着（注）清水，以长铁篦搅之。使两三人更［换］互搅，勿令住手，使成汁也……接取泔淀黄汁，置瓮子中，着

① 宋·苏颂《图经本草》，胡乃长辑复本第 53 页。
② 参看李亚东："秦俑彩绘颜料及秦代颜料考"。
③ 参看徐位业："莫高窟壁画、彩塑无机颜料的 X 射线剖析报告"，《敦煌研究》创刊号，1983 年。
④ 参看赵匡华等："狐刚子及其对中国古代化学的卓越贡献"，见《自然科学史研究》第 3 卷第 3 期（1984 年）。

[注] 水，钻腹作孔，候淀澄清，倾去水，以滑铁篦匀率出澄淀，置新瓦土。预于瓦
上铺两重纸，以瓦凡（疑讹）平布，烈日之中曝之一日，[黄] 丹在瓦上硬裂，干定
收取，捣筛，纳铁杯中，还以铁篦搅令赤（成 Pb_3O_4）三日夜。不得猛火，丹赤即成，
不拘日数也。

他已意识到 Pb_3O_4 在高温下会变黄（分解），所以特叮嘱，"不得猛火，丹赤即成"。

及至唐代中叶，中国炼丹家逐步又摸索出铅丹的"黄硝法"，其最早记载见于《丹房镜
源》，谓："凡造丹，用铅一斤，硫二两，硝一两，先熔铅成汁，下醋点之，滚沸时下硫一小
块，续下硝少许。沸定再点醋，依前下少许硝、黄，沸尽黄亦尽。炒为末，成黄丹。"[①] 对这
项造丹工艺，曾有些学者发生过误解，认为其产品"大概是不纯的硫酸铅"，甚至认为是醋酸
铅。其实它是高效的铅丹制造法，是中国古代铅化学中的一项重大发明。赵匡华等对此工艺
进行过模拟试验，[②]观察到：铅熔化后点加陈醋和硫黄，很快便会生成酥脆的黑色 PbS，再加
入硝石（KNO_3），一经搅拌，顷刻间黑色粉末就变为红橙色，最后变为鲜红色。转变的工效
比狐刚子的熬铅法要高 10 倍！根据实验中的现象和现代化学知识，"黄硝法铅丹工艺"中当
包括如下化学反应：

$$Pb+S \xrightarrow{\triangle} PbS（黑）$$

$$3PbS+8KNO_3+\frac{1}{2}O_2 = 3PbO（黄）+3K_2SO_4+2KNO_2+6NO$$

$$PbS+4KNO_3 = PbSO_4（白）+4KNO_2$$

$$3PbO+KNO_3 = Pb_3O_4（红）+KNO_2$$

$$3PbSO_4+6KNO_2 = Pb_3O_4+3K_2SO_4+2NO_2+4NO$$

这项工艺流传至宋、明时期，其工效固然颇高，但产品铅丹是不纯的。中国历史博物馆曾分
析过明崇祯四年（1631）制造的涂有铅丹的防蠹纸"万年红"，其中就含有少量 $PbSO_4$ 和
PbO。[③]

及至明代，又出现了制铅丹的"矾硝法"，例如《本草纲目》便有刊载，[④] 李时珍云："今
人作铅粉不尽者，用硝石、矾石炒成丹。"该"铅丹法"的反应为：

$$3Pb+4KAl(SO_4)_2+12KNO_3 \xrightarrow{\triangle} Pb_3O_4+8K_2SO_4+2Al_2O_3+12NO_2+O_2$$

赵匡华等的模拟试验表明，此工艺的效率较"黄硝法"更提高了许多，[②]但它也具有与上法类
似的缺点，即含有 K_2SO_4 和 Al_2O_3 等杂质。

至于黄丹，既可以猛火直接焙烧黑铅而得，也可焙烧铅粉而得。但自东汉以后，在陶器
工艺中出现了低温铅釉，以 PbO 为原料，用量很大而又无需很纯净，于是逐步采用炼银副产
品"蜜陀僧"（参看本章第二节）作为 PbO 的主要来源了。

① 参看《铅汞甲庚至宝集成》卷 4 第 516 页。
② 参看赵匡华等："中国古代的铅化学。"
③ 参看中国历史博物馆："对明、清时期防蠹纸的研究"，《文物》1977 年第 1 期。
④ 方以智《物理小识》（卷七）谓："依何子元所说，则作 [铅] 粉不尽者，以硝石、矾石炒成丹者也。"按《本草纲
目》的"引据古今医家书目"有何子元《群书续抄》，可能即《本草纲目》"矾硝法"之所据。此外《菽园杂记》对此亦稍
有提及。

（三）中国炼丹术中的砷化学

中国炼丹术对砷化学的研究是从利用四种含砷矿物开始的。它们是雄黄、雌黄、礜石和砒石。

前文已多次提及，雄黄和雌黄在中国炼丹术肇兴之际就已引起方士们的重视。他们通过升炼来精制雄、雌黄，丸而食之，希冀长生，故雄黄有个有趣的隐名，被呼为"真人饭"。《黄帝九鼎神丹经》之第三丹——"神丹"即为此物。其要诀谓：

> 取帝男（原注：雄黄也）二斤，帝女（雌黄也）一斤，先以百日华池水沾之，濡之，乃［于］铁臼中调捣之万杵，令如粉，上（纳）釜中，覆盖以［玄］黄粉令厚一寸许，以一釜合之，封以六一泥，勿令泄气，干之十日，乃以马通、糠火火之。……凡三十六日，一日寒之，以羽扫飞精上著者，……名曰飞精，治之者曰神丹，上士服之一刀圭，日一，五十日神仙。

孙思邈《太清丹经要诀》有〈造赤雪流珠丹法〉，所得即升华精制雄黄，[①] 描绘此丹"焕然辉赫，并作垂珠色丝之状，又似结网张罗之势，光彩鲜明，耀人目睛"。对其功效已不言飞升神仙，而强调其医疗功效，言"有卒暴之病及垂死欲气绝及已绝者，以药细研之，可三四麻子大，直尔鸡子黄许，酒灌之，令药入口，即扶起头，少时即瘥，……治其［他］鬼邪之病，大小疟疾，入口即愈，此药神验不可具说。"

升炼砒石或在巨釜（其中有较多空气）中焙烧礜石或雄黄，则可获取到砒霜。早在后汉时已问世的《九转流珠神仙九丹经》[②] 中有"饵雄黄法"，便是在大土釜中焙烧雄黄而得到了"其色飘飘，或如霜雪、白色钟乳相连"的砒霜。谓将此药与猪肠［脂］[③] 合而蒸之，丸而食之，则"三虫尽死"，"冬衣单不寒"，这正是微量砒霜产生的医疗效果与生理效应。及至隋唐之际，砒霜正式进入医药行列，更名"貔霜"，是言其"性猛如貔"。《太清石壁记》中的"造砒丹法"，《千金要方》中的"太一神精丹方"都是提取砒霜的。谓：取砒霜"以甘草煎，以粳米饭和研为丸，服之能治疟、心痛、牙痛。"到宋、元以后，它便成为百姓熟知的剧毒药了。

在宋、元时期的炼丹术中大量出现了所谓"死砒"。它在炼丹术中倒未曾占有很重要的地位（主要用于黄白术中），然而在古代化学中则意义重大，因为它就是游离态元素砷，表明中国炼丹家可能是世界上最早的元素砷的发现者。

当把砒霜（或天然砒石）、雄雌黄和动物脂肪（例如猪脂）、草木药一起放在丹釜中密闭加热，生成的炭质就会把元素砷还原出来，而凝结在上釜内壁上，这种情况在中国炼丹术中是常常会遇到的。

最先是王奎克指出[④]：葛洪《抱朴子内篇·仙药》里所谈及的一个"饵雄黄方"，若如法炮制，便可能产生出元素砷来，因该方谓："雄黄……饵服之法，……或以蒸煮之；或以酒饵；

---

① 参见赵匡华等："关于我国古代取得单质砷的进一步确证和实验研究"，《自然科学史研究》第3卷第2期，1984年。在该法中，所用上下铁釜内外壁须先用六一泥涂之，计厚三分许，因此在加热雄黄的过程中，它不会与铁质接触，故不能生成元素砷。因曾有人发生过此误解，特此说明。

② 《九转流珠神仙九丹经》见《道藏》洞神部众术类总第601册。关于其成书年代，参看陈国符《道藏源流续考》第292～297页。

③ 参看葛洪《抱朴子内篇·仙药》中的"饵雄黄方"。

④ 参看王奎克等："砷的历史在中国"，《自然科学史研究》第1卷第2期，1982年。

或先以硝石化为水，乃凝之；或以玄胴肠（按即猪大肠）裹蒸之于赤土下；或以松脂和之；或以三物炼之。"如果依最后一句话，以猪脂、松脂、硝石三物与雄黄合炼，那么就可能得到单质砷了。其后，郑同、赵匡华等都曾对此进行了模拟试验，结果表明，是否产生元素砷，还是生成 As_2O_3，则要看松脂、猪脂和氧化剂硝石间的比例了。[1][2] 硝石多则生成 As_2O_3（并可能发生爆燃），成分偏小则确实会生成元素砷。但依葛洪的描述，此方的产物"引之如布，白如冰"，那么此方所发生的化学反应当属前者。

接着，赵匡华等指出：孙思邈《太清丹经要诀》中的"伏雄雌二黄用锡法"所得到的产物中，元素砷当是其中之一。[2]该"丹法"云："雄黄十两，末之，锡三两。铛中合熔，出之，入皮袋中揉使碎。入坩埚中火之：其坩埚中安药了，以盖合之，密固入风炉吹之，令埚同火色。寒之开，其色似金。"他们曾以模拟试验试之，证明在此过程中发生了以下化学反应：

$$2Sn+As_2S_2 \xrightarrow{\triangle} 2SnS（黑色）+2As$$

$$2SnS+As_2S_2 \xrightarrow{\triangle} 2SnS_2（金黄色）+2As$$

'其色似金"者即二硫化锡，是轻飔的金黄色片状结晶，西欧则称它为"彩色金（mosaic gold）"；而以 X 射线粉末衍射分析法检测产物，证明了元素砷的生成，[3] 但孙思邈似乎未注意到这种银灰色的坚硬晶体。

宋代以后，丹师们便常以草木药制伏砒霜，并注意到这种晶态砷，称之为"死砒"，并以它代替砒霜来直接点化丹阳银——铜砷合金了。宋代丹经《丹房奥论》便说："砒霜草伏真死，可点铜成银。"

《庚道集》[4] 中的有关记载就更多、更翔实、更具体了。例如其卷六中有〈葛仙翁见宝砒〉，谓：

> 川椒、苍术、川狼毒、川练子、石韦、紫背虎耳。以信[5] 十两为末，一处研匀，入砂罐内，用水鼎（按即罐盖）打一盏水，［火煅砂罐，水鼎内］大沸为度。候火消，次日取出。色如银，可以作柜，立可点化。

同卷中又有一〈煅信法〉，谓：

> 砒一两，研末，用纸裹紧扎，如蒜头大，剪去余纸。黄连、黄芩、五味子、瞿麦、苦参。右各等分为末，用白砂蜜调，［裹］前砒［成团］，又用纸包定，［放入砂罐］，用盐泥固济，阴干。用炭三斤，煅红为度。取出，用盆覆定，冷后打碎泥球。其砒如黑角色，甚硬。

这两个"死砒法"都原出于《丹阳术》一书，其传世时间大约在南宋时期。[6] 该书中还有一则'死砒点化法"，谓这种"死砒"每"一钱半可［点］化一两"丹阳银。再者，宋人辑纂的《诸家神品丹法》[7]（卷六）中有一则"伏信玉女拔"，也是为了得到这种"死砒"。其法云：

---

① 参看郑同等："单质砷炼制史的实验研究"，《自然科学史研究》第 1 卷第 2 期，1982 年。
② 参看赵匡华等："关于我中古代取得单质砷的进一步确证和实验研究"，《自然科学史研究》第 3 卷第 2 期，1984 年。
③ 参看赵匡华等："中国炼丹家最先发现元素砷"，《化学通报》1985 年第 10 期。
④ 《庚道集》见《道藏》洞神部众术类，总第 603 册。
⑤ "信"即信石，信州之砒石。
⑥ 参看赵匡华等："关于我国古代取得单质砷的进一步确证和实验研究。"
⑦ 《诸家神品丹法》见《道藏》洞神部众术类，总第 594 册。

"将信末三、二重帛子裹定，以生姜自然汁调白面作糊糊了。又取地肤子末二斤，以醋和作块，裹前药，以木火炭五斤烧，自寅时至申时中。"

赵匡华等也曾对上述《丹阳术》中的两则"死信法"进行过模拟试验，并以 X 射线粉末衍射分法对生成的"色如银"、"甚硬"的死砒作了鉴定，确认它们正是元素砷。[①]

据此可以肯定，中国炼丹家至迟在宋代时已取得、并认识到元素砷，更已利用来点铜成"银"。

七　中国古代黄白术中的合金化学

在古代的技术条件下，炼丹家们希图转变铜、铅、锡、汞为黄金、白银的尝试，当然不可避免地要遭到失败，但他们究竟制取到了一系列黄色和银白色的金属（当然，药金、药银并非都是合金，有些则是一些化合物的粉末，尤其是在黄白术发展的早期阶段），而对古代合金化学做出了贡献。遗憾的是那些变炼方法历来属于"绝密"，仅师徒间以口诀相传，对外则使"无神仙之骨者终不得见此道"。其保密程度似乎较诸神丹大药的配方尤甚，所以现在我们从丹经中已很难找到一个完整的"点化要诀"，或者已经很难读懂它们。因此，其绝大部分成就随着炼丹术的衰亡而泯灭了，至今能理解并可模拟变炼而成功者已廖廖无几。当然，这种情况，其部分原因，也可能是由于它们并没有什么实用价值，而不像丹药那样，在医疗疾病方面找到了它们合理的位置，于是被绵延不绝地继承了下来。

现存道教大丛书《正统道藏》及一些古代笔记小说中提及的药金、药银名目很多，但系统阐述、解释的则极少。唐代道士张九垓在其《金石灵砂论》中曾较系统地提到："上金有老聃流星金、黄帝娄顶金、马君红金、阴君马蹄金、狐刚子河车金、安期先生赤黄金、金娄（楼）先生还丹金、刘安马蹄金、茅君紫铅金、东园公上田青龙金、李少君黄泥金、范蠡紫丹金、徐君点化金，皆神仙药化，与大造争光。"但对其点化药剂、炼制方法只字未提，从名称上也难以猜度，而且这些名称都有很大传闻的色彩，未必确有其物；大部分也不见于其他丹经，所以参考价值不大。介绍较系统完整，表述也较明白翔实的唯见于宋人辑纂的《铅汞甲庚至宝集成》[②] 摘自《本草金石论》的一段文字。谓：

雄黄金、雌黄金、曾青金、硫黄金、土中金、生铁金、输石金、砂子金、土碌（绿）砂子金、金母砂子金、白锡金、黑铅金、朱砂金、熟铁金、生铜金。已（以）上十五件。唯只有还丹金、水中金、瓜子金、青麸金、草砂金等五件是真金，余外并是假。

这段文字也见于《重修政和经史证类备用本草》[③]，并注明引自《宝藏论》。按《宝藏论》为隋人苏元明（青霞子）所撰。[④] 那么《本草金石论》可能即《宝藏论》的别名。《政和本草》中还自《宝藏论》中摘录了另一段关于药银的总结性文字，谓：

夫银有一十七件：真水银银、白锡银、曾青银，土碌（绿）银、丹阳银、生铁

① 参看赵匡华等："中国炼丹家最先发现元素砷。"
② 《铅汞甲庚至宝集成》见《道藏》洞神部众术类，总第595册。
③ 见人民卫生出版社（1957年）影印晦明轩本第109及第110页。
④ 参看陈国符《道藏源流考》（下册）第435页，中华书局，1963年。

银、生铜银、硫黄银、砒霜银、雄黄银、雌黄、褕石银。唯有至药银、山泽银、草砂银、母砂银、黑铅银五件是真，外余则假。银坑内石缝间有生银迸出如布线，土人曰老龙须，是生银也。

表 5-3　中国炼丹术中诸药金、药银的化学组成

药金、银名称	赵匡华等的考释	李约瑟的推测
雄黄金 雌黄金	Cu-As（<10%）合金或 SnS_2（彩色金）	
褕石金	Cu-Zn 合金	低锌黄铜
白锡金	SnS_2（彩色金）	
曾青金	覆盖了一层 Fe_2O_3 的 Cu-Hg 合金	某些镀金的铜合金，然后着上青铜色
胆矾金、砂子金 土绿砂子金	覆盖了一层 Fe_2O_3 的 Cu-Hg 合金	
黑铅金	PbO（黄丹），可能含 Pb_3O_4	
丹砂金	待考	
丹阳银	Cu-As（>10%）合金	铜镍合金
砒霜银	Cu-As（>10%）合金；Cu-As-Sn 合金（素真）	以砷镍矿制成的铜镍合金或砷铜合金
雄黄银 雌黄银	Cu-As（>10%）合金	铜砷合金（或许含镍）；在铜或其他金属表面形成一层含砷或硫的银白色膜
白锡银	Sn-Ag 合金；Sn-Hg 合金；Sn-Ag-Hg 合金（银膏）；Sn-As 合金；Sn-As-Cu 合金（素真）	含锡、锌或铅的低成色银
黑铅银 水银银	Pb-Sn 合金（镴）；Sn-Hg 合金	
褕石银	Cu-Zn-Hg-Sn 合金；Cu-Zn-Hg-Pb 合金；Cu-Zn-As 合金	含锌很高的铜锌合金；或镀锡镀银的黄铜；或某种形式的铜镍合金
生铜银	Ag-Cu 合金；Cu-Ni 合金；Cu-Ni-Sn 合金（素真）	可能是铜镍合金；镀锡、镀银的铜或黄铜；表面涂以汞砷的铜、黄铜或砷铜
生铁银	铅锡铁熔体	
石绿银	Cu-Hg 合金	难于解释，但可能是不含银的某种似银矿石
曾青银	Cu-Hg 合金	含铜低成色银，有如某些近代造币合金
胆矾银	Cu-Hg 合金	
朱砂银	Pb-Hg 合金	

　　可见，中国黄白术自西汉初年肇兴以后迄隋代初年，已有了长足进展，药金、药银的品种已经相当繁多，点化技术也日趋成熟。以上两段文字为我们探讨中国古代药金、药银的金属组成提供了重要线索。对于这些称谓的解释，我们可遵循这样一些命名原则：其中一部分是以点化药剂命名的，如雄黄金、雄黄银、砒霜银、土绿砂子金等；另一部分是以被点化的廉价金属基体命名的，如黑铅金、生铁金、白锡金、褕石银；个别还有一些俗称，如丹阳金、丹阳银。隋唐以后，黄白术又有了更大发展，当然有更多的药金、药银新品种出现，旧的丹

方、丹诀也会有改进。但从那以后的丹经中只可查找到一些炼制的要诀，而这种命名原则和药金、药银的称谓却不多见了。

张惠珍、赵匡华等就曾根据以上命名原则，通过对历代丹经考证和模拟试验研究，对这些药金，药银的成分做过一番考证和辨析。[①] 另外，英国著名中国科技史家李约瑟在其名著《中国之科学与文明》第五卷第二册中也进行了一些揣测。[②] 兹列表展示出他们各自的见解，如表 5-3。

如果据现存炼丹术典籍，对中国黄白术做一番系统的考证，并适当、合宜地配合一些模拟试验，那么仍不难看出，在它的实际内容中铜砷合金、铜锌合金、各类汞齐、铅锡合金的变炼成功及其科学价值是可以确信无疑的，并通过这些药金、药银，可对中国黄白术的技艺与成就不仅可窥豹一斑，亦足见其大略。

（一）中国古代黄白术中的铜砷合金

这类合金是以雄黄、雌黄或砒石（砒霜）等点化赤铜而成的，可包括所谓雄黄金、雌黄金、丹阳银、砒霜银等。

东汉方士狐刚子在其所撰《五金诀》中着重讨论的"三黄相入之道"就是指用雄雌黄和砒黄使五金转化为药金、药银的方术，[③] 他指出："雄黄功能变铁，雌黄功能变锡，砒黄功能变铜，硫黄功能变银化汞。……如谷作米，是天地中自然之道。"

葛洪《抱朴子内篇·黄白》中引道士黄白子的话，谓"天地有金，我能作之，二黄一赤，立成不疑。"二黄当指雄、雌黄，一赤指赤铜或丹砂。从现代冶金学知识可知，低砷量（3%～5%）的铜砷合金为金黄色。在该书〈金丹篇〉中的"岷山丹法"里提到"取此丹置雄黄铜燧中……"，可作为砷黄铜的一个佐证。其后陶弘景在其所辑《名医别录》中记载有雄黄"得铜可作金，……炼服之法皆在仙经中，以铜为金亦出黄白术中"的话。及至苏元明撰《宝藏论》，其中不仅有雄黄金的名目，而且有以"伏火雄黄"炼取药金的丹诀，谓："雄黄若以草伏住者，熟炼成汁，胎色不移。若将制诸药成汁并添得者，上可服食，中可点铜成金，下可点银成金。"[④]

"以草伏火雄黄"的"草"可以推测为草灰，也可以推测为草炭。如果是草炭，那么以它伏火雄黄（与雄黄一起密闭加热），当生成单质砷，但据现代化学知识可知，单质砷在常压下一经［密闭］加热到 613℃便升华，而不会"熟炼成汁"；若在大气中加热，则很快又生成 As_2O_3，但是它在 461℃ 时便也升华了，这都与苏氏之说不合。至于草灰，其主要成分之一为 K_2CO_3，它与雄黄共热，则发生如下反应：

$$2As_2S_2 + 6K_2CO_2 + 6O_2 \xrightarrow{\triangle} 3K_3AsO_4 + K_3AsS_4 + 6CO_2$$

$$K_3AsO_4 + 6O_2 \xrightarrow{\triangle} K_3AsO_4 + 4SO_2$$

而加热 K_3AsO_4 到 900℃ 确可熔化成汁，而以砷酸钾点铜成"金"（将它与赤铜、木炭共熔）比

---

①　参看赵匡华等："中国古代炼丹术中诸药金、药银的考释与模拟试验研究"，《自然科学史研究》第 6 卷第 2 期。

②　Joseph Needham. Science and Civilisation in China, Vol. V. Part2, 1974. 另见张仪尊、刘广定译《中国之科学与文明》第十四册《炼丹术和化学》第 509～510 页，台湾商务印书馆发行，1982 年。

③　参看赵匡华"狐刚子及其对中国古代化学的卓越贡献"，见《自然科学史研究》第 3 卷第 4 期，1984 年。

④　见《重修政和经史证类备用本草》，人民卫生出版社影印晦明轩本第 102 页。

用雄黄直接点化要容易得多，因为雄黄在 565℃时便升华散逸（赤铜熔化得要 1000℃），点化
难度很大。所以这个丹诀当是以草灰伏火雄黄，点铜成金。

　　苏元明在炼制雄黄金的同时，也已经用砒霜点化含砷量超过 10％的"白银"了。因为
《宝藏论》中已有如下的话："砒霜若草伏住火，煅色不变移，镕成汁添得者，点铜成银。"[1]
点化这种药银的技艺在唐人修纂的《轩辕黄帝水经药法》[2] 中便有了更明确的说明：

　　　　取信三两为末，置铁釜中，以盏合定，入桑叶灰汁三斗下釜中，文武火熬之，火
　　候调匀，煎灰汁尽，取出药，入坩埚中炼之作汁。倾出，研为末。使用碎茚。取赤
　　茚七两，熬（镕）作汁，点药一两在内搅动，候声息时取出。倾向滚酒内黑埚器
　　（此三字疑衍文），再入埚依前熬（镕）之，点自然成，如此三遍，自然如白雪。……
　　歌曰，白玉霜（指信石粉）逢灰汁熬，……熬（镕）成茚屑为金汁，汁内时时点白
　　胶，神光脱换为真物，性还只在一千朝。

文中之"信"即信石，"茚"亦可作"毛"，是丹家对赤铜的隐语，"桑叶灰汁"实际上就是碱
性的碳酸钾溶液。显然，"点药一两在内搅动"一语的细节，作者是有意"秘而未宣"。晚唐
问世的《龙虎还丹诀》（卷上）中有一"丹阳方"则是历代丹经中关于以砒霜点化砷白铜的最
翔实记载。其炼法是先将砒黄、雌黄等升炼为束丝状的砒霜（可能含 $AsCl_3$），称之为"卧炉
霜"，再用它点化"丹阳银"。至于所谓"丹阳银"，就是以砒霜点化赤铜所生成的"银"，即
砷白铜。因为自西汉时起丹阳郡[3] 就盛产"善铜"，所以"丹阳"后来就成了赤铜的隐语。原
文摘要如下：

　　　　取前［卧炉］霜，每二两点一斤。……"丹阳"可分作两埚，每埚只可著八两，
　　……每一两药分为六丸，每一度相续点三丸。待金（铜）汁如水，以物直刺［药
　　丸］到埚底，待入尽，即以炭搅之，更鼓三二十下，又投药。如此遍遍相似，即泻
　　入华池中，令散作珠子，急用柳枝搅，令碎，不作珠子亦得。又依前点三丸，亦投
　　入池中，看色白未。若所点药须将（不慎被）火烧却，其物即不白，更须重点一遍，
　　以白为度。生药点埚甚难，所投点大须注意，冷热相冲，金汁迸出埚，遍遍如此，折
　　损珠多。其埚稍宜深作，若能使金汁如水，点者为上。

赵匡华等曾对以上《宝藏论》的"点铜成银方"、"黄帝水经药法·信石点茚方"和"丹阳银
方"都进行了模拟试验，皆得到了含砷 10％～15％的砷白铜。[4] 显然，在这些"丹阳银法"中
秘要之点在以炭搅动伏火砒霜与铜的共熔物。因为正是炭把砒霜还原为单质砷。

　　如前文所说，及至南宋时期，中国炼丹家更进一步以"死砒"（单质砷）直接点化丹阳银
了。

　　关于中国炼丹术中砷白铜（丹阳银）的发展，第三章已经作过一番较详细的讲解，所以
本节的叙述便从简了。但仍有必要再一次指出，过去一些科技史家不大熟悉中国炼丹术的活
动，也似乎不了解高砷铜合金乃是一种银白色的合金，与镍白铜在外观上颇为相似，于是便
牵强附会地推断丹阳银就是镍白铜，错误地判断炼丹家用的"砒石"是砒镍矿，于是导致了

---

　　① 见《重修政和经史证类备用本草》，人民卫生出版社影印晦明轩本第 125 页。
　　② 《轩辕黄帝水经药法》，见《道藏》洞神部众术类总第 597 册。
　　③ 汉晋时置丹阳郡，地处今南京、镇江以南丹阳、句容诸县一带。
　　④ 参看赵匡华等："我国金丹术中砷白铜的源流与验证"，《自然科学史研究》第 2 卷第 1 期（1983 年）及赵匡华等：
　　"中国古代炼丹术中诸药金、药银的考释与模拟试验研究。"

长期的混乱。① 当然，这种混乱大概也与李时珍的一段误解的话有关，因《本草纲目》（卷八）谓："铜有赤铜、白铜、青铜，……白铜出云南，……赤铜以砒石炼为白铜"。不过李时珍发生错误的情况却与今人恰相反，他了解中国炼丹术中是以砒石（砒霜）点铜为丹阳银，但不知云南另有镍铜矿也可以炼出白铜。

在中国古代黄白术的后期中还出现过一种 Cu-As-Sn 三元合金的药银，是一种很别致的"砒霜银"，或叫"白锡银"。这项黄白方出现在《庚道集》（卷五）中，叫做"煅玉环砒法"，该法显然是借鉴了"点丹阳方"，原文如下：

> 砒四两为末，入坩埚，用两层麻布包埚口，线扎定，坐埚〔于〕火上煅之。却
> 用生姜汁时时洒布上令湿，久之，取其砒（按：指升华砒霜），似玉环，在埚口内取
> 收，点贺成宝。先将贺用蚕食剩桑叶丝梗烧灰，炒贺全洁净，将砒点之。却（再）合
> "仗子"成宝。

文中的"贺"是白锡，"杖子"是炼丹术中赤铜的隐语。第一步用砒点贺成宝，即制砷锡合金，这种点化法当可仿照"点丹阳银法"，因锡熔点很低，所以更简易，宋元方士当已熟悉。五代丹经《丹方鉴源》中"砒霜"条目下谓"砒霜化铜，能硬锡、干汞"，"能硬锡"大概就是指"点贺成宝"中生成了锡砷合金。若再将它熔化入赤铜中即可生成 Cu-As-Sn 三元合金了，当为银白色，赵匡华等曾以含砷 13.8% 的 As-Sn 合金与赤铜按 1：3 的比例合炼，便得了这种"至宝"，确为银白色合金锭。1983 年，黄渭馨曾报道："广东省博物馆收藏的铜鼓中，有一件宋代的传世品，……此鼓试样的断口经抛光后呈银白色，……值得注意的是成分中含有10.92% 的锡和 13.17% 的铅外，还含有 4.7% 的砷。② 将"煅玉环砒法"与该铜鼓材料对比，似非巧合，这种铜鼓合金很可能是有意按药银方炼出来的，只是在"点贺成宝"时，以性质极相似的"白镴"（铅锡合金）代"贺"而已。

（二）中国古代黄白术中的铜锌合金

中国的一些古书中记载有〔金属〕鍮石、鍮铜，明清文献中记载的黄铜，炼丹术著述中常提到的波斯鍮，它们无疑都是铜锌合金，色泽金黄，酷似上等黄金。《宝藏论》中列出的"鍮石金"正是此物。

无论炼制鍮铜的技艺是我国先民独立发明的，还是由波斯国或印度传入的，但在我国的发展，应首先归功于炼丹师的劳动，而且很可能是他们最先掌握了其点化技艺。③《宝藏论》、《太清丹经要诀》虽较早地提到了它，但只字未提如何加以炼制。现存中国典籍中，最早的"点鍮方"见于五代末方士大明（道号日华子）所撰的《日华子点庚法》④ 谓：

> 百炼赤铜一斤，太原炉甘石一斤，细研，水飞过石一两，搅匀。铁合内固济阴
> 干。用木炭八斤，风炉内自辰时下火，煅二日夜足。冷取出，再入气炉内煅，急煽
> 三时辰，取出打开。去泥，水洗其物，颗颗如鸡冠色。母一钱点淡金一两成上等金。

如果这种鍮铜可作为"母"，而且"一钱点淡金一两"成上等金，那么其含锌量便相当高了

---

① 参看张子高《中国化学史稿（古代之部）》第 113 页，科学出版社（1974）；张资珙："略论中国的镍质白铜和它在历史上与欧亚各国的关系"，《科学》1957 年第 3 期；以及李约瑟的《中国之科学与文明》（卷 5）。

② 黄渭馨："砷铜文物一例"，《文物》1983 年第 11 期。

③ 关于鍮铜在中国的源起和发展参看本书第三章第七节。

④ 见《诸家神品丹法》（卷六），《道藏》洞神部众术类，总第 594 册。

（10％～20％）。其后不久，宋仁宗时的方士崔昉[①] 撰《大丹药诀本草》（后世又称为《外丹本草》），其中也简要记载："用铜一斤，炉甘石一斤，炼之即成输石一斤半。"[②] 以后更不乏记载。所以，从隋代直到元明时期，输铜一直是中国古代黄白术里一种主要的药金。

中国黄白术中不仅有"输石金"，还有所谓"输石银"者，《宝藏论》中已有记载。当然，若以输铜代替赤铜，经点化而成的银白色金属，可以有多种配方，但苏元明所指的配方现在已难考证。最早者可算唐代方士所撰《红铅入黑铅诀》[③]，其中有"转制并点顽诀"，谓："随其守运岁月、用药多少，制汞斤两为金（汞）银，复将点铜、输石为大银，每斤用汞银二两。""汞银"很可能即下文所述之锡汞"银"或铅汞"银"，那么这种"输石银"当为 $Cu\text{-}Zn\text{-}Hg\text{-}Sn$ 或 $Cu\text{-}Zn\text{-}Hg\text{-}Pb$ 的四元合金。其实后来也有以水银一物擦输铜为"银"的，《庚道集》（卷一）便有"擦输石如银法"，谓："用汞与积雪草并新砖灰。将二件捣细，干汞，却以此药擦输石，其色即如银也。或薄荷、白矾末合擦（搽）。"那么此"银"便只是 $Cu\text{-}Zn\text{-}Hg$ 的三元合金了。此外，《诸家神品丹法》（卷四）又有以输铜代替赤铜的"点丹阳方"，谓："砒霜研为细末，以（依）法制焰硝，或益母草烧灰淋汁煎霜。于新磁缸子内铺底，入药盖顶，以火烧之。渐添火，断烟成汁。点输石为银及点诸物皆可用之。"这是以砷酸钾合炭烧炼输铜为"银"，那么这种"输石银"就是 $Cu\text{-}Zn\text{-}As$ 三元合金了。

（三）中国古代黄白术中的汞齐药银

水银与很多金属都很容易生成固体合金，当这些汞齐中水银比例加大时，便逐渐转变为银白色，而呈现出银子的外貌。

在这类药银中，首先应提到锡汞齐，可称之为"白锡银"。其制作很简便，大约问世于晋隋时期的《太极真人九转还丹经要诀》[④] 就有此类丹方："取水银一斤，锡九斤，著锅中，火之三沸，投'九转之华'一铢，于锡汁中搅之，须臾立成白银也。"其中"九转之华"大约就是《抱朴子内篇·金丹》中的"九转还丹"，主要成分为 HgO，它与金属锡作用生成 SnO 及水银，SnO 最后成为熔渣。所以这种药银显然即锡汞齐，"九转之华"不过是丹师的故弄玄虚而已。《太清石壁记》也提及这种白锡药银，谓："艮雪丹：水银一斤，锡十二两。右取水银，铛中着火暖之。别铛熔锡成水，投水银中，泻于净地中（上），自成白银饼。"

因该部丹经的原著者即苏元明，所以该丹方大概更符合《宝藏论》中白锡银的炼制法。

但白锡银中最有实用价值的则是在唐代发展起来的"银膏"，其成分为 $Sn\text{-}Hg\text{-}Ag$ 三元合金，在《唐本草馀》[⑤] 中有所记载："银膏，其法用白锡和银箔及水银合成之，凝硬如银，合炼有法。"这种银膏在唐代时就用于补牙，并一直沿用到近世。但此白锡银似不属于黄白术，因为它的炼制仍须取用真白银。

汞齐银中以铅汞为基础的药银也相当普遍，可概称为"黑铅银"。此类丹方最早见于东晋

① 崔昉，字晦叔，号文真子，宋仁宗时曾在湖南为官。见《庚道集》卷一第八。

② 见《本草纲目》第9卷"炉甘石"条目。

③ 《红铅入黑铅诀》，见《道藏》洞神部众术类，总第598册。

④ 《太极真人九转还丹经要诀》见《道藏》洞神部众术类，总第586册。

⑤ 《唐本草馀》并非《唐·新修本草》，引文见于《重修政和经史证类备用本草》（卷4）"银膏"条目，人民卫生出版社影印晦明轩本第118页。

成书的《神仙养生秘术》①谓：

> 水银一斤，黑锡（即铅）一斤，山泽（天然银）一斤。黑锡打成盒子一个，山泽打成盒子一个。山泽盒子先装水银，封闭不透风，[黑]锡盒子盛于银盒子内，入铁鼎内，内（用）赤石脂、生蜜固济鼎口牢固，用铁线上下缚定，入丹房静室处，用炭二百五十斤，戊时下火，来日卯时出，打开鼎，不见黑铅不见汞。"山泽"二斤任意用。此是秘术。

此段文字中最后的"山泽"当是作为铅汞药银之隐名。此外《铅汞甲庚至宝集成》（卷一）则曾谈到"汞……得铅则凝"；唐人撰《参同契五相类秘要》②曾谈到："铅汞一时（室），总变为霜雪"；《真元妙道要略》③又言及"有以黑铅一斤投水银一两号为真一神符白雪者"；宋人冠宗奭《本草衍义》中则有"[药银]，……世有术士以朱砂而成者，有铅汞而成者，有焦铜而成者，不复更有造化之气，岂可更入药"④的话。可见，这种药银在历代都很流行。

中国古代黄白术里还有所谓"朱砂银"者，其金属成分其实也是铅汞合金。五代人独孤滔《丹方鉴源》⑤已谈到"朱砂银"，但只说它"用母制者不堪（以下缺文），不用母者亦可勾金也"，过于简略。《庚道集》（卷一）有一段关于它的文字："用石灰同灶灰以饮汤调匀，捏作碟子。盛金公（铅）与脱出灵砂一同煎令白，则成宝矣。"

宋应星《天工开物》则有较明晰的记载，谓：

> 凡虚伪方士以炉火惑人者，唯朱砂银愚人易惑。其法以投铅、朱砂与白银等分，入罐封固。温养三七日后，砂盗银气，煎成至宝。拣出其'银'，形存神丧，块然枯物。入铅煎时，逐火轻折，再经数火，毫忽无存。

在此点炼过程中，当发生如下化学反应：

$$HgS + 2Ag \xrightarrow{\triangle} Hg + Ag_2S$$

$$Hg + Pb = Hg-Pb（朱砂银）$$

第一反应即"砂盗银气"，Hg-Pb合金即"至宝"朱砂银，但此"银"较之真白银则"形存神丧"，一经"数火"焙烧，则"毫忽无存"。（汞挥发，铅氧化）至于所生成的黑渣Ag_2S，一经与铅合炼，银即析出，或可回收。

在汞齐药银中还有一类Hg-Cu合金，水银比例高时，色即银白。这是炼丹家们把含铜的石胆、曾青、白青等放在铁釜中，加水及水银共煮而得到的。所以这种药银可能就是《宝藏论》中所列举的胆矾银、土绿银了。此过程中的化学反应可写为：

$$12CuSO_4 + 12Fe + 12Hg + 3O_2 = 12Hg-Cu + 4Fe_2(SO_4)_3 + 2Fe_2O_3$$

有关记载最早见于葛洪《抱朴子内篇·黄白》。其中有"角里先生从稷丘子所授化黄金法"，就说及："先以矾石（胆矾）水二分，内（纳）铁器中，加炭火令沸，乃内（纳）汞，多少自在，令相得，六七沸，注地上成白银。"

---

①　《神仙养生秘术》见《道藏》洞神部众术类，总第593页。

②　《参同契五相类秘要》，见《道藏》洞神部众术类，总第589册。

③　《真元妙道要略》，见《道藏》洞神部众术类，总第596册。

④　见《重修政和经史证类备用本草》（卷4）"饶州银屑"条目。人民卫生出版社影印晦明轩本第110页。

⑤　《丹方鉴源》，见《道藏》洞神部众术类，总第596册。

晚唐时金陵子撰《龙虎还丹诀》，翔实记载了《红银法》[①]，其卷下开篇就说："以水银和青绿、石胆及诸药、矾等纳铁器中，煮结而成者，状如丹阳银体，并有晕，今亦可使其无晕。"赵匡华等曾对此方进行过模拟试验，很容易地便得到了这种汞齐，经清水洗涤后，便得了无晕的"胆矾银"。而且注意到，若把这种汞齐自铁釜中取出后，不加清洗，在大气中放置片刻后，则附着在汞齐表面溶液中的 $Fe_2(SO_4)_3$、$FeSO_4$ 便会以 Fe_2O_3 形式沉析出，牢牢地粘附在胆矾银的表面，而使之呈金黄色（这就是所谓"晕"），它或许就是《宝藏论》中所列的胆矾金、土绿金罢。

（四）中国古代黄白术中的铅锡合金

铅锡合金可能就是出现最早，但质地很低劣的药银。《抱朴子内篇·黄白》便已有记载：昔日道士李根"煎铅锡，以少许药如大豆者投鼎中，以铁匙搅之，冷即成银。"又谓："近者庐江太守华令思，高才达学，洽闻之士也，而事之不经者多所不信。后有道士说黄白之方，乃令试之，云以铁器销铅，以散药投中，即成银"。然而银白色铅锡合金自古有之，即所谓"白镴"。以上文字中所谓的"药"、"散药"，现在虽然已难以猜度，但更可能是方士们的故弄玄虚，因铅锡合炼很易生成镴。赵匡华等的试验表明，当铅锡比从 $1:0.5$ 至 $1:1.9$ 时，合炼所得镴皆为银白色，也证明所谓李根的药丸不是完全必要的。

白镴可能就是《宝藏论》中所列的黑铅银。在唐代时，它不仅在炼丹术活动中流行，而且正式成为官方铸币中的一种金属。据《新唐书·食货志》（卷五四）记载："天宝十一年，……天下炉九十九，……每炉岁铸钱三千三百缗，费铜二万一千二百斤，镴三千七百斤，锡五百斤"。赵匡华等曾分析了百馀枚唐代"开元通宝"古币的金属成分，从而推算出所用镴大约含锡约 65%，含铅约 35%。[②]

（五）中国古代黄白术中的彩色金

中国古代的药金并非都是一些合金物质，也有一些是某种金黄色化合物的结晶粉末，特别是那些作为长生药的药金，丹师们往往只看重、追求其金黄的颜色，而不强调其坚硬性和金属光泽。在他们看来，药金乃诸药及黄金之精华，非黄金本身可比，所以晶亮的金黄色粉末反而要更加接近他们的想象，而且也更容易制成黄赤如水的金液，以便于冲服。

《黄帝九鼎神丹经》中便提到："玄黄一刀圭纳猛火，以鼓囊吹之，食顷，皆消成黄金。"在此过程中，HgO 将全部挥发掉（包括 HgO 的分解和升华），其中的 Pb_3O_4 将分解为 PbO，所以"消成"的黄金实际上是纯净的黄色粉末状氧化铅（PbO）。

《太清金液神丹经》中的药金——"金液之华"，如上前文所述，不过是升华提纯的丹砂与雄黄的混合物，也是黄赤的结晶粉末。

在探讨这种类型的药金时，中外化学史家最感兴趣的是中国古代炼丹家是否取得过金黄色的二硫化锡（SnS_2）。因为这种物质在欧洲称作摩舍金（mosaic gold），也叫彩色金。在西欧，当人们还没有掌握制作低锌黄铜粉的方法以前，它是最重要的一种金黄色涂料。而且直到近

① 参看第三章第六节。
② 赵匡华、绍彤："唐代铜钱化学成分剖析"，北京大学化学系 1992 年毕业论文。

代，它仍然是重要的人工颜料，常将它用胶调和以作金漆。[①]英国著名化学史家帕廷顿（J. R. Partington）于1934年便曾撰文，[②]提出一个很有趣的见解，认为一些用希腊语的早期化学家已经知道了合成摩舍金的方法，而这种方法的发明过程可能是某些人原意要制作朱砂（Vermilin），但他们却想利用廉价的金属锡来代替贵重的水银，以便宜的硇砂（sal ammoniac）部分地代替硫黄，来合成这种神秘的物质，结果却意外地得到了摩舍金。帕廷顿又鉴于朱砂的合成是中国炼丹术的核心，所以他又估计这一偶然的发明可能是源起于古老的中国。

李约瑟博士则沿着帕廷顿的思路去探讨，希望能在中国炼丹术的著述中找到合成摩舍金的线索和具体配方。1974年他宣称：[③]中国炼丹家则从另一途径创造出了一种独特的彩色金制作工艺，那就是葛洪所著《抱朴子内篇·黄白》中所收录的"金楼先生所从青林子受黄金法"。该"作黄金法"的全文是：

　　先锻锡，方广六寸，厚一寸二分，以赤盐和灰汁，令如泥，以涂锡上，令通厚一分，累置于赤土釜中。率锡十斤，用赤盐四斤，合封固其际，以马通火温之三十日，发火视之，锡中悉如灰状，中有累累如豆者，即黄金也。……

　　治作赤盐法：用寒盐一斤，又作寒水石一斤，又作寒羽涅一斤，又作白矾一斤。

　　合内（纳）铁器中，以炭火火之，皆而色赤，乃出之可用也。

他鉴于该法炼制药金乃以白锡为原料，于是比较武断地估计它就是彩色金，而且又未能通过模拟实验进行考核。这个结论显然尚值得商榷，因为二硫化锡是一种质轻如羽毛的片状黄色结晶，绝非是"累累如豆者"，而且赵匡华等也多次进行过模拟实验，偶尔只得一些蒙上了一层黄色氧化膜的锡粒，固然如豆，但检测不到有SnS_2生成。

1986年，赵匡华与张惠珍终于在中国古代炼丹术典籍中找到了合成彩色金的两个丹方，并通过模拟实验，顺利地得到了羽状的金黄色SnS_2结晶，并经X射线粉末衍射分析所确证。[④]但这些配方与帕廷顿所猜测的毫不相干。这两个"彩色金方"之一见于唐初孙思邈的《太清丹经要诀》[⑤]，名曰"伏雌雄二黄法"，原文如下："雄黄十两，末之。锡三两。铛中合熔，出之，入皮袋中揉使碎。入坩埚中火之。其坩埚中安药了，以盖合之，密固，入风炉吹之，令埚同火色。寒之，开，其色似金。……"通过模拟试验的观察和产物的鉴定，在此过程中发生的化学反应为：

$$As_2S_2 + 2Sn \xrightarrow{\triangle} 2As + 2SnS（黑）[⑥]$$

$$As_2S_2 + 2SnS \xrightarrow{\triangle} 2As + 2SnS_2（金黄）$$

另一个"彩色金方"见于北宋人所撰的《灵砂大丹秘诀》[⑦]。当它讲到"灵砂第五转"时，有如下一段文字：

　　将脱出丹头朱砂四两，用金合子盛之，须研细，入合如法。以药封固，铁线系

① 参看戴济《颜料与涂料》，商务印书馆《万有文库》第684册。
② J. R. Partington, "The Discovery of Mosaic Gold", ISIS 1934, 21, 203.
③ Joseph Needham. Science and Civilisation in China, Vol. V: 2, p. 62, 272, 1974.
④ 赵匡华、张惠珍，中国金丹术中的"彩色金"及其实验研究，自学科学史研究，5（1），1986。
⑤ 见《云笈七签》卷72。
⑥ 参看赵匡华等："中国炼丹家最先发现元素砷"，《化学通报》1985年第10期。
⑦ 《灵砂大丹秘诀》见《道藏》洞神部众术类，总第587册。

定。虚养三七日。每日早晚只上一两半熟火，灰高二寸。此砂可点缩净结硬了
（之）贺成赤金。一钱点贺一两成庚。

它已把点化所成的"彩色金"称为"庚"了，表明它是一个黄白方，证明彩色金确曾为中国黄白术中的一种药金。从衍射分析图可知，在这个炼制方中，当发生如下反应：

$$HgS + Sn =\!=\!= SnS + Hg$$

$$HgS + 2SnS =\!=\!= Sn_2S_3 + Hg$$

$$HgS + SnS =\!=\!= SnS_2 + Hg$$

考虑到中国炼丹术中、后期的黄赤色"金液"还是个未充分解开的谜，而用 SnS_2 制成的悬浮液显然是一种适合饮用（安全）的"金液"、"金浆"，不失为一种合理的解释。而用它作为发财致富的黄金，哄骗"俗人"，显然那是不可能的。

（六）关于黄白术中的丹砂金

顾名思义，丹砂金似应是以 HgS 点化成的。这种药金是中国古代黄白术，甚至是整个炼丹术的先声，因为关于中国炼丹术的最早记载就是李少君以丹砂化金的方术。此后，在历代丹经中关于"丹砂化金"之说屡见不鲜，例如《抱朴子内篇·黄白》记载：《铜柱经》曰："丹砂可为金，河车可作银，立则可成，成则为真。"……《龟甲文》曰："我命在我不在天，还丹成金亿万年。"关于丹砂金的传说在方伎类的笔记小说中也常提及，例如宋人李昉修撰的《太平广记》（卷400）中，援引宋人戴君孚《广异记》介绍"大唐成弼金"时说："隋末有道士居于太长山，炼丹砂，合成大还丹，化赤铜为黄金。……"但有关于丹砂化金技艺的记载则极少，即使偶有所述也总是只言片语，而且以现代化学知识来分析，也多系诳诞妄语。例如《黄帝九鼎神丹经》中有升炼"第四神丹——还丹"（升华 HgS）的要诀和以此"还丹"点化水银为黄金或以龙膏（桑上露）和还丹烧成"黄金"的大段文字，显然是些欺人之谈，或完全略去了内中的机密内容。

《铅汞甲庚至宝集成》是一部专门讨论和介绍修炼灵砂以及点化金银的黄白术汇编集，但叙述混乱，且在关键的地方往往都闪烁其词，令人难以捉摸，从中很难推测出炼制丹砂金的要领。《庚道集》也是一部黄白术丹经集，有大量"点庚方"，其语言虽较朴实明晰，但在点化的关键之处也都有意回避，只以"养"字以蔽之，也令人难以推断这些过程中的化学变化。

总之，丹砂化金至今仍是个谜，而且是中国炼丹术研究中亟待解决的重要课题。

八　中国古代火药的发明与发展

火药的发明，不仅在战争武器的发展史上引发了一场革命，而且对人类社会的进步、发展产生了极其深刻的影响。[①]

我们这里讨论的火药与古代的那些烧夷剂（纵火剂）有根本的不同。火药固然也是战争中用于火攻以杀伤敌人及破坏其防御工事、辎重的物质，但古代常用的那些烧夷剂，例如油

---

① 例如马克思在其《经济学手稿》（1861年）中便说过："火药、指南针、印刷术，这是预告资产阶级的三大发明，火药把骑士阶级炸得粉碎，指南针打开了市场并建立了殖民地，而印刷术则变成了新教的工具。总的来说，变成科学复兴的手段，变成对精神发展创造必要前提的强大杠杆。"

脂、石油、沥青等都不能算作火药；古希腊所用的所谓"猛火油"（石油的轻馏组份）虽极易起火燃烧，也不能算火药；中世纪拜占帝国使用的"希腊火"（Greek Fire）虽是硫黄、沥青、石油、炭粉、树脂等多种易燃物的混合剂，[①] 也仍然不能称做火药。因为它们至少都必需有大气中的氧气来助燃。能称作火药的物质，不仅能够发生猛烈的燃烧，而且在进行燃烧反应的同时还产生大量的气体，并在受热下发生骤然的体积膨胀而发生强力的爆炸；而且这种燃爆反应不仅在大气中能够发生，并可在隔绝大气的情况下（如在水下）一经点燃，仍可发生。因此，它们既可用来制造火炮的燃烧弹，又可用来制作杀伤力很强的炸弹、地雷、水雷，还可用于制作炮弹、子弹的发射剂。那么在古代的技术条件下，具有这种性能的火药就必须包含三个组份，即焰硝（KNO_3）、硫黄（或雄、雌黄）和炭质（包括木炭、油质、沥青等）。而随着这三种药剂的比例、粉碎程度、纯度的不同，则可以调整或影响到火药的燃烧力、爆炸力和燃烧速度。

（一）中国发明火药的时期

火药是中国古代的四大发明之一，即使从流传至今的第一批火药方问世时算起，也已经有近 1000 年的历史了。是中国发明的火药，先传入阿拉伯国家，其后又从不同渠道传入了欧洲，在那里得到重大改进，发扬光大，并使火药向着近代火药迅速进步。但 19 世纪以来，在关于火药发明的问题上，欧洲人曾有过不少异议，一方面是由于一些人把前文所说的一些燃烧剂错误地当作了火药，另一方面是由于考证上的失误；再者，他们研究中国历史，在语言上又存在着极大的障碍。当然，他们当中也不乏对中国古代科技成就抱有某种偏见的。例如《大英百科全书》从 11 至 14 版，都说火药是英国人罗吉尔·培根（Roger Bacon）[②] 发明的，固然在他的著作中确实提到过火药制造和娱乐性的鞭炮，但他已经是 13 世纪的人了。德国人则说是某个日耳曼人施瓦茨（Berthold Schwartz）在 1353 年（元顺帝至正十三年）发明了火药，[③] 但那个时候不但中国和阿拉伯人早已有了火药，就是欧洲也早已使用了火药。而且关于这个人的国籍、生卒年、发明火药的时间、地点的记载五花八门，相互矛盾，使人怀疑是否真有其人。[①] 再者，一些欧洲人曾说，欧洲最古的一部讲到火药的书是一个希腊人名叫马库斯（Graecus Marcus）用拉丁文写的，书名为《焚敌火攻》（Liber Ignium ad Comburendos Hostes）。有人说它是五六世纪的著作，又有人说它是七八世纪写成的，但这些说法都不可靠，因为该书中提到酒精和焰硝，但欧洲在 13 世纪时还没有焰硝生产，而且书中很多字仍是阿拉伯文，描述的气候也是阿拉伯地区所特有的，所以它肯定是一个阿拉伯人写成的，而后被译成拉丁文的。但阿拉伯国家也只在 13 世纪才掌握了火酒的制造法以及利用焰硝来配制火药。[③] 所以现在法国的火药史家也只认为此书问世于 13 世纪中期，出于阿拉伯人的手笔。但至今，对马库斯的生平还仍找不到什么线索。[⑤]

当然，造成这些误解也不能全责怪外国人，中国自己的学者也长期对自己祖先的发明创造，包括火药，缺乏应有的认识和研究，缺乏有力的论证。明代邱濬（1420～1495）在其

---

① 潘吉星，论中国古代火药的发明及其制造技术，科技史文集，第 15 辑，上海科技出版社，1989 年。

② 罗吉尔·培根（Roger Bacon，约 1220～1292），英国方济各会修士，哲学家、科学家和教育改革家，曾从事语言学、光学、炼金术、天文学和数学的研究，大力提倡科学实验，坚持实验经验的可靠性。著有《大著作》、《小著作》和《第三著作》。

③ 冯家昇，火药的发明和西传，第 68～69 页，华东人民出版社，1954 年。

《大学衍义补》中就说过："今之火药用硝石、硫黄、柳炭为之。……历考史制，皆所不载。不知此药为何人，昉于何时？意者在隋唐以后，始自西域，与俗所谓烟火者，同至中国欤。"① 方以智（1611～1671）也说："火药自外夷来，……唐有火树银花，想已用之耶。"② 看来他们连宋代的《武经总要》都未曾读过，而这些错误的断语，却会被西方某些作者转引，作为火药起源于西方的依据。即使到 20 世纪 40 年代，中国学者仍然对火药的发明问题缺乏系统的考证研究，缺乏有说服力的文章，所以"火药为中国人所发明。其实，我们也并不是个个人都知道的，而且所知道的也只是些不充分、不具体的片断知识"。③

1954 年，中国学者冯家昇全面、系统地考证、论证中国火药史的专著《火药的发明与西传》④一书问世，雄辩地论述了是中国首先发明了火药。这一结论才逐渐地为国际上各国科学史家所接受，也鼓舞了中国科技史学者对此课题进一步地奋发研究。1974 年，《简明不列颠百科全书》第 15 版问世，也改写道："黑色火药起源于中国。中国人在公元十世纪时把它用于焰火和发信号"。④ 当然，这种说法仍然很不全面，言语也比较含混。

那么中国人究竟什么时候发明了火药？也曾有过一些不妥当，不够实事求是的说法，把它说得过早了。例如有的学者鉴于明人罗顾所撰《物原》⑤中有"魏马钧制爆仗"的话，于是断言"捲纸为之，纳以硝磺"的爆仗在三国时期已有之，其实这是一个误解。这种误解产生的原因，可能是由于以下两段话：清人顾张思的《土风录》谓："纸裹硫黄谓之爆仗。"⑥ 清人翟灏所著《通俗篇·三一俳优爆竹》也谓："按古皆以真竹，着火爆之。故唐人诗亦称爆竿，后人捲纸为之，称曰爆仗。"于是他们便认为"爆仗"自古乃专指"卷纸、硝磺为之"者，罗欣既谓"马钧制爆仗"，当即指此物。但实际上自宋元以后，"燃竹"的爆竹已经基本被燃硝磺的爆仗所取代，而爆仗源起于爆竹，因此"爆竹"、"爆仗"二词已通用，不加区分，罗顾谓"马钧制爆仗"，实际上即魏时的爆竹，即"真竹着火爆之"的爆竹，非用硝磺者。古书记载甚明，硝磺爆仗实际上出现于北宋年间。翟灏谓："〔爆仗〕前籍未见，唯《武林旧事》⑦⑧言："西湖有少年竞放爆仗，及设焰火，起轮走线，流星水爆等戏，……一蓺连百余不绝，盖此等戏，俱自宋有之也。"其实"爆仗"最早记载于宋人孟元老所撰之《东京梦华录·驾登宝津楼诸军呈百戏》⑨，忆北宋东京时每遇上元节，"驾登宝津楼，诸军百戏呈于楼下。……忽作一声如霹雳，谓之爆仗。……烟火大起。"再如李乔苹⑩及一些外国学者⑪鉴于《物原》中有"隋炀帝益以火药为杂戏"之语；杨广自己又有"灯树千光照，花焰七枝开"的诗句；⑫而唐

① 明·邱濬：《大学衍义补》（卷122），弘治元年初刻本第9～10页，《四库全书》子部儒家类。

② 明·方以智《物理小识》（卷8）第208页，商务印书馆《万有文库》总第543册。

③ 参看冯家昇《火药的发明和西传》，华东人民出版社，1954年。

④ 《简明不列颠百科全书》第15版，中译本第4册第101页，中国大百科出版社，1985年。

⑤ 明·罗顾：《物原·兵原第十四》，《丛书集成》初编总类，总第182册。

⑥ 据宋·孟元老：《东京梦华录》第197页邓之诚注文，中华书局，1982年。

⑦ 清·翟灏：《通俗篇》卷22第249页，《丛书集成》初编总第1223册。

⑧ 《武林旧事》是南宋末元初人周密（别号四水潜夫）在宋亡以后在元朝统治之下追忆南宋都城临安（武林）旧事而写作的。

⑨ 宋·孟元老：《东京梦华录》（卷7）第193～196页，中华书局，1982年。

⑩ 李乔苹著，中国化学史第113页，台湾商务印书馆，1974年。

⑪ 参看潘吉星："论中国古代火药的发明及其制造技术"。

⑫ 隋炀帝："正月十五日放通衢建灯夜升南楼诗"，见《全汉三国魏晋南北朝诗》第20册。

人苏味道又有"火树银花合，星桥铁锁开"的诗句。[①] 于是断言以硝磺所制缤纷灿烂的焰火，"其始自隋"，这也是一种误解。冯家昇已正确指出，这些诗中的"灯树"、"花焰"、"火树银花"都是将各种彩灯悬挂在树上，在夜间显现出的辉煌景色，而非焰火。[②] 唐人撰《搜玉小集》便明确称苏味道诗作"观灯诗"；而杨广自己更明确说自己的那几句诗是"放通衢建灯夜"。又如有人鉴于梁代人萧绮为晋人王嘉《拾遗记》所作的"录"中有一段自称引自《淮南子》的话，谓"含雷吐火之术，出于淮南万毕之家。"[③] 于是认为"含雷吐火"必然就是硝磺所制的焰火之类，其实这种"吐火术"大概也就是后世杂戏、现代戏剧中神鬼的吐火表演，口中所含并非硝磺火药，而只不过是松香粉而已。"隋炀帝益以火药为杂戏"，当亦即指此。其实这种"吐火术"并非我国所首创，实际上是西汉初从大秦国的黎轩（或作犂靬）地方（大秦国为古之罗马帝国，而黎轩即当时埃及之亚历山大利亚，其时属罗马）传来的，《史记》、《汉书》、《后汉书》都有记载。[④] 如《史记·大宛传》云："汉使至安息，安息王令将二万骑迎于东界。……汉使还，而后发使随汉使来，观汉广大，以大鸟卵及黎轩善眩人献于汉。"韦昭注曰："眩人，变化惑人也。"《魏略》注云："黎轩多奇幻，口中吹火，自缚自解。"颜师古注云："眩与幻同，即今吞刀吐火、植瓜种树、屠人截马之术皆是也，本从西域来。"而这些注释皆源于《后汉书·南蛮西南夷传》所载："安帝永宁元年，掸国王雍由调复遣使者诣阙朝贺，献乐及幻人，能变化吐火，自支解，易牛马头，……自言我海西人，海西即大秦也，掸国西南通大秦。"[⑤] 所以，"含雷吐火"之术，也不足以做为中国发明火药的论据。

　　总之，在唐代以前，我国也还没有火药。在唐代初年，有两部颇具权威性的兵书问世，其一是太宗时（627～649）上柱国卫国景武公李靖所撰《兵法》，后人辑为今传本《卫公兵法辑本》[⑥]，其中记载了当时的抛〔石〕车和火箭。其二是河东节度使都虞侯李筌于乾元二年（759）所撰《神机制敌太白阴经》[⑦]，也谈到礮（抛）车、火箭、雀杏等抛石机和火攻技巧。但二书都没有关于火药或利用火药的记载。根据目前我国科技史家共同努力考证的结果看，比较一致的意见是中国大约在晚唐时期（10世纪初）发明了火药，并首先应用于军事目的。主要根据是北宋人路振（太宗至仁宗朝人）所撰《九国志》提到："天祐初（约905年）王茂章征安仁义于润州，……〔郑璠〕从攻豫章（今江西南昌），璠以所部发机飞火烧龙沙门，率壮士突火先登入城。"[⑧] 路振未解释"发机飞火"为何物。但基本上与其同时，许洞于景德元年（1004）撰成《虎钤经》[⑨]，其卷六中解释"风助顺利为飞火"一句话时自注云："飞火者，谓火炮、火箭之类也。"按唐代时无"火炮"这一称谓，只有抛石之"砲（礮）车"。火炮记载则始见于《武经总要》（成书于1044），是以抛石机发射带有引线的火药包（炮弹）。路振

①　见唐人徐坚等撰《初学记》卷4。

②　见冯家昇《火药的发明和西传》第13页。

③　晋·王嘉撰，梁·萧绮录《拾遗记》（卷4）第108页，齐治平校注本，中华书局，1981年。但今传本《淮南子》并无此语。

④　参看杨荫深《事物掌故丛谈》第503～505页，上海书局影印出版，1986年。

⑤　《后汉书·南蛮西南夷列传第七十六》（卷八六）第10册总第2851页，中华书局，1965年。

⑥　唐·李靖《兵法》，见清·汪宗沂辑《卫公兵法辑本》，《丛书集成》初编总第941册。

⑦　唐·李筌《神机制敌太白阴经》，《丛书集成》初编总第943～944册。

⑧　宋·路振《九国志》卷"郑璠"，《粤雅堂丛书》本，《笔记小说大观》第10册，第11页，江苏广陵古籍刻印社出版，1983年。

⑨　宋·许洞《虎钤经》，《丛书集成》初编总第945～946册。

（《宋史·文苑传》有传）与许洞基本上是同时期的人，他们同言"飞火"，当指同一物。所以如果路振的记载准确可靠，他所言唐末之"发机飞火"当指原始的、抛掷型或弹射型的火药火炮或火箭。所以说我国应在9世纪末或10世纪初时发明了真正的火药。

又据《宋史》记载："开宝九年（976）八月乙未朔，吴越国王进射火箭军士。"① 《宋史》和《宋会要辑稿》都记载："［真宗咸平三年（1000）］八月神卫水军队长唐福献所制火箭、火球（可能即火炮之炮弹）、火蒺藜。"② 《续资治通鉴长编》（卷五十二）记载："咸平五年（1002）九月戊午，冀州团练使石普自言能为火球、火箭。上召至便殿试之，与宰辅同观焉。"③ 这些记载都说明10世纪末、11世纪初时火药武器发明还不太久，仍属于很先进的、奇特的武器，只有少数兵旅掌握。

第一批正式的火药配方则出现在宋代仁宗康定元年（1040）始由曾公亮、丁度等修纂成的《武经总要》④ 中，其卷十一和卷十二刊载了三种火药的配方：

毒药烟球：球重五斤。用硫黄一十五两，焰硝一斤十四两，草乌头五两，巴豆五两，狼毒五两，桐油二两半，小油二两半，木炭末五两，沥青二两半，砒霜二两，黄蜡一两，竹茹一两一分，麻茹一两，捣合为球。贯之以麻绳一条，长一丈二尺，重半斤为绹子（引信）。更以故纸一十二两半、麻皮十两、沥清二两半、黄蜡二两半、黄丹一两一分，炭末半斤捣合涂敷于外，……二物并以砲放之。……

蒺藜火球火药法：用硫黄一斤四两，焰硝二斤半，粗炭末五两，沥青二两半，干漆二两半，捣为末。竹茹一两一分，麻茹一两一分，剪碎，用桐油、小油各二两半，蜡二两半镕汁和之缚用。纸十二两半，麻一十两，黄丹一两一分，炭末半斤，以沥青二两半、黄蜡二两半镕汁和合周涂之。（图5-33）

火炮火药法：晋州硫黄十四两，窝（倭）黄七两，焰硝二斤半，麻茹一两，干漆一两、砒黄一两，定粉一两，竹茹一两，黄丹一两，黄蜡半两、清油一分、桐油半两、松脂一十四两、浓油一分。……旋旋和匀，以纸五重裹衣，以麻缚定，更别熔松脂敷之，以炮放。……（图5-34）

以上各方中，桐油、沥青、干漆、松脂、黄蜡等为较木炭更易燃烧的含碳物质，不仅可代替木炭，还同时兼作火药球的粘合剂，而且在燃烧时又产生浓烈黑烟，起到烟幕作用；砒霜（砒黄）、狼毒、草乌头、巴豆为剧毒物质，于是产生有毒的烟雾；竹茹、麻茹等纤维物质可使各火药成分团合在一起。其用料如此周密，各有用度，而且已明确火药爆炸性的大小主要在于硝石的比例。例如蒺藜火球是把带刃的铁蒺藜散播到敌人前进的道路上，以阻挡其骑兵的前进，所以要求火球以爆炸性为主，而其成分中，焰硝比例正是三种火药中的最大者。而毒药烟球中硝、磺比例都较小，燃烧温度较低，速度较慢，有利于浓烟的生成。显然，在古代的技术条件下取得如此丰富之经验需要相当长的时间，所以估计原始火药的发明上推到唐代末年是合情理的。

---

①　《宋史·太祖本纪》（卷三）第1册第48页，中华书局，1977年。

②　《宋史》（卷一九七）第14册总第4910页，中华书局，1977年。

③　宋·李焘著，清·黄以周等辑补：《续资治通鉴长编》（卷五十二）第1册446页。上海古籍出版社影印光绪七年浙江书局本，1986年。

④　根据台湾商务印书馆影印文渊阁藏《四库全书》所收《武经总要》。

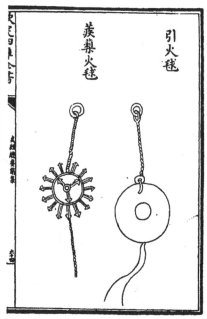

右引火毬以紙為毬内實墳石屑可重三五斤整黃蠟
溣青炭末為泥周塗其物貫以麻繩凡將放火毬只
先放此毬以準速近
蒺藜火毬以三枝六首鐵刀以藥圍之中貫麻繩長
一丈二尺外以紙并雜藥傳之又施鐵蒺藜八枚各
有逆鬚放時燒鐵錐烙透令焰出　火藥法用硫黃
一斤四兩焰硝二斤半麄炭末五兩溣青二兩半乾
漆二兩半搗為末竹茹一兩一分麻茹一兩一分黃

图 5-33 　《武经总要》所载蒺藜火球及其火药法
（摘自文渊阁藏《四库全书》）

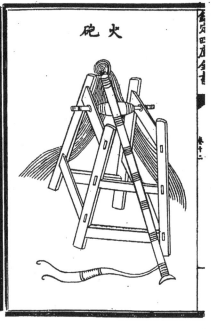

晉州硫黃十四兩　窩黃七兩　焰硝二斤半
麻茹一兩　乾漆一兩　砒黃一兩　定粉一兩
竹茹一兩　黃丹一兩　黃蠟半兩　清油一分
桐油半兩　松脂十四兩　濃油一分
右以晉州硫黃窩黃焰硝同搗羅砒黃定粉黃丹同
研乾漆搗為末竹茹麻茹即微炒為碎末黃蠟松脂
清油桐油濃油同熬成膏入前藥末旋和勻以紙
五重裹衣以麻縛定更別鎔松脂傳之以砲放復有

图 5-34 　《武经总要》所载火炮及其火药法
（摘自文渊阁藏《四库全书》）

（二）火药的发明与炼丹术

1954 年，冯家昇在其《火药的发明和西传》一书中卓具创见地提出了中国古代火药的发明者是炼丹家的论断。经过 40 年来众多科学史家的进一步论证，现在已为人们普遍接受。但火药的发明为什么会出自炼丹家？它与中国炼丹术的关系究竟是怎样的？却值得进一步探讨。

火药的发明所以出现于炼丹术活动中，首先与中国炼丹术的工艺特点与内容有重要关系。人们对火药燃爆现象的发现无疑是源于对金石矿物的火炼。而在中国古代，与火炼金石矿物有关的工艺不少，例如烧陶制瓷，是用柴炭去焙烧粘土或高岭土；冶炼金属是用炭或煤去焙烧某种矿石，但这些工艺中焙烧的对象和反应产物既比较单一，性情也都十分平和，而唯独炼丹家最大胆、最富于开创性，往往标新立异，独出心裁，把品种繁多的整个矿物群体作为研究对象，设计出各种药物组合（配伍），经常把几种甚至十几种矿物混合起来，放到火中去烧炼，因此试验中接触到的化学变化最多，人工制造出的化学物质也最丰富，当然遇到爆燃现象的可能性也就最大。而作为爆燃作用和火药关键成分的焰硝以及作为主要成分的硫黄（可包括雄黄）早在先秦时期就已为我国先民取得并利用作为医药，因此在西汉之际炼丹术肇兴之时，它们就成为炼丹术药物中的重要成员，从现存中国最早的炼丹术丹经《黄帝九鼎神丹经》和《三十六水法》就可以清楚地看到这种情况。及至唐末火药发明之时，焰硝与三黄在丹师们的实验室（丹房）中已经被利用、研究大约 1000 年了。对它们的性能已经有了相当充分的了解。特别是对于焰硝（KNO_3），他们已经懂得根据它的许多特性而将它与其他诸硝，如钠芒硝、镁硝、朴硝（钙芒硝、钙钠镁盐）等有把握地加以区分了（参看本书第六章）。这也正是中国古代炼丹师高于当时阿拉伯炼金士的一个重要方面，这就使得他们可能对焰硝得以广泛地采集、研究和利用。另外，这时他们也已从多方面取得硫黄。据文献记载，那时至少已经知道通过焙烧黑矾石（即含煤黄铁矿，又名涅石）取得硫黄（又名矾石液，例如产于东海牧羊山谷、泰山等地者）；从石膏岩层地区取得土硫黄（如荆南、林邑所产者）；还可以从溪涧中采集得水硫黄（例如从广南、荣州所得者），更知从原火山区（例如从悦般、西域且弥山）采集到石硫黄，因此硫黄的来源也相当充分。至于雄黄，当时其精良者主要产于当时西北地区的武都、敦煌、宕昌，唐代时这些地方与中原一带的交通、商贸往来已很频繁，已远非两晋、南北朝时氐羌纷扰的局面，所以炼丹术中使用雄黄也较便当了。这就为火药的发明创造了良好的物质条件。

火药的发明所以出现在炼丹术中的另一个原因是中国炼丹术中药物的配伍原则是遵循阴阳学说的，本章第一节中对此已详加论述。而硫黄被视为纯阳火石之精气，雄黄被称为日之魂，是极阳之物；而硝石被认为"乃取北方坎水之气，积阴而用。"既然它们各是典型的阳药与阴药，那么它们同时被送入丹鼎的机遇就非常多了。因此可以想象，在隋唐之际，硝石与三黄合炼，或者说炼丹药物配伍中它们同时出现的情况便经常会发生，那么爆燃的化学反应也就会不时展现在丹师们的眼前。

然而中国原始火药是由三个基本组分构成的，即硝石、硫（雄、雌）黄和木炭。木炭又是如何引入炼丹术丹药配方的，这个问题几乎没有人去研究过。要知道，在中国炼丹术活动的早期，在升炼神丹大药的原料中是极少利用草木药的，这是由于当时的丹鼎派道士们遵循着"藉外物以自坚固"的丹药观所决定的。正如葛洪所说："草木之药，理之即腐，煮之即烂，烧之即焦，不能自生，何能生人乎？"① 因此他们比较歧视草木药，认为它们只能滋补养生而不堪为长生大药的原料。从早期丹经《九鼎丹经》、《三十六水法》、《太清金液神丹经》甚至《抱朴子内篇》也都可以清楚地看到这种情况。那时的炼丹家们只是在服丹时才用到一些草木药汁和蜜相佐，即只作为药引。但大约在隋代之际，这种情况发生了变化，草木药开始越来越多地进入炼丹术的药谱。而这种局面的出现又是明显地随着炼丹术中制造人工黄金、白银的方术，即黄白术的兴盛起来而相伴发生的，即黄白术中普遍开始利用草木药。那么丹师们又为什么在从事黄白术时却想到要用草木药？这又得从"伏火"谈起。前文已述及，中国炼丹术中的所谓"伏火"是以火法来制伏药物固有的本性以及某些爆烈不驯的性格（包括毒性、挥发性及爆燃性），使之适用于炼制丹药和金银，或使炼制产物宜于服食。而在中国古代黄白术中，自始至终最普遍被利用的点化药剂就是含砷的雄雌黄、砒黄以及硫黄，即所谓"四黄"。但这些点化药剂在受强热时很容易挥发，药物一旦飞散，当然黄白术就不能成功了。于是丹师们便努力捉摸使这些点化药剂"伏火"的方法，而在普遍试验各类伏火药剂的过程中，初时大概是相当偶然地试用了一些草木药，特别是它们的灰来伏制四黄，居然收到了很好的效果。隋代开皇年间隐居于罗浮山的苏元明在其所撰《宝藏论》中就已记载了这项试验及其惊人的效果，谓：

> 雄黄若以草伏住者，熟炼成汁，胎色不移。若将制诸药成汁并添得者，上可服食，中可点铜成金，下可变银成金"；雌黄草伏住火，胎色不移，鞲熔成汁者，点银成金，点铜成银"；"砒霜若草住火，烟色不变移，熔成汁添得者点铜成银。②

在唐代的丹经中，这类草伏四黄的记载就屡见不鲜了。若以现代化学知识来分析，可知以草伏火雄雌黄、砒黄的道理是因草木灰中富含碳酸钾，它与三黄一起共热便生成不易挥发的白色砷酸钾。唐代丹经《大洞炼真宝经九还金丹妙诀》（这部丹经实际上乃摘录三国孙吴至晋时的方士许逊所撰《大洞炼真宝经》，所以当视为晋代的经验）就明确指出三黄"若伏火，变白色，如轻粉"。而砷酸钾与木炭（一般草木灰中总常保留一些炭）、铜合炼，便可生成金黄色的砷黄铜（含砷＜10％）或银白色的"丹阳银"（含砷＞10％的铜砷合金），这就是药金、药银了。固然当时的方士们绝不能有这种理解，但通过这些相当盲目性的尝试和偶然性的奏效便会使他们对草木药产生一些玄妙的理解，甚至崇拜，于是在黄白术中广泛利用起来，而且很快扩展到神丹大药的炼制中。唐代时丹师们对草木药充满着崇敬、神秘的心情，为它们都取了非常美妙的隐名，但都呼之为某某"龙芽"。唐代丹经《轩辕黄帝水经药法》③、《纯阳吕真人药石制》④、《太古土兑经》⑤ 等都有翔实记载，兹部分摘录：

> ［《轩辕黄帝水经药法·龙芽易名辩证》：］对节龙芽益母，银髻龙芽葱，地胆龙芽兔丝，……以上［八种］伏制五金八石不失胎光；仙力龙芽韭，花宝龙芽牡丹，异花龙芽芍药，……以上［六种］伏制丹阳［铜］成宝，点赤金成世宝；金丝龙芽章柳，金蕊龙芽菊花，桑笋龙芽桑叶，……以上［八种］伏制硫黄不走；碧玉龙芽竹，木耳龙芽佛耳草，天刃龙芽菖蒲，……以上［八种］伏制雄黄不走；玉瓶龙芽萝卜，五叶龙芽马

① 葛洪：《抱朴子内篇》，王明校释本第 65 页。
② 见《重修政和经史证类备用本草》卷 4。
③ 《轩辕黄帝水经药法》，见《道藏》洞神部众术类，总第 597 册。
④ 《纯阳吕真人药石制》，见《道藏》洞神部众术类，总第 588 册。
⑤ 《太古土兑经》，见《道藏》洞神部众术类，总第 600 册。

齿，乌豆龙芽黑豆，……以上［十一种］并伏朱砂成宝。通顶龙芽谷精草，地骨龙芽枸杞，以上伏朱砂如宝；水浮龙芽浮萍，虎爪龙芽萱草，香炉龙芽紫苏，以上伏制硼砂，点五金八石。

［《纯阳吕真人药石制》：］天宝龙芽毒芹，草中第一为最先，点假成真遇有缘，伏制五金并八石，会点顽铜软如绵；宝砂龙芽桑叶，凡流不解神仙果，亦点顽铜软如绵；天刃龙芽菖蒲，但于四月中间采，雄黄一点胜金容；锦镖龙芽续断，能制焰硝为宝用，点铜成宝最为良；甘露龙芽甘草，采得根苗为大药，伏砒如霜就如银；金丝龙芽兔丝，伏住硫黄成妙宝，人服百日胜飞遽；鹿茸龙芽蓝草，作霜依法用，伏住朱砂砒；悬豆龙芽皂角，能伏硇砂令拒火，功成便点硬顽铜；地骨龙芽枸杞，秋时采红娘子，制服丹砂色如银。

从《纯阳吕真人药石制》对各种龙芽所配的大量解说性诗文看，表明即使到了唐代中、后期，丹师们对"草伏"仍未提出什么"理论"，不过把这些龙芽视为"仙草"、"神仙果"、"天神"，认为它们具有某种超自然的神力，只能说更增浓了对龙芽的神秘崇拜。但在这部丹诀中，有一段"存性歌"却非常重要，诗曰："凡烧龙芽制其烟，烟去精华力更坚。慢火五斤难擒制，却道仙家法不玄。"前两句表明中唐时的丹师们在利用这些龙芽作伏火药剂时，往往将它们先"炭化存性"，认为控制燃烧至不再冒烟，所生成的炭更是它们的精华，伏火效能更佳。那么我们可以想象，当丹师们把这些"龙芽炭"与雌雄黄、硫黄混合后，还可能会再运用阴阳相制的原则，补充混入阴性硝石以加强伏火作用的力度（硝石确可促进雌雄黄和硫黄生成不易挥发逃散的砷酸盐和硫酸盐），那么就调配成了类似《诸家神品丹法》和《铅汞甲庚至宝集成》中所收录的那种"伏硫黄法"的伏火配方（炭化皂角-硫黄-硝石，炭化马兜铃-硫黄-硝石），即真正的炭-四黄-硝石三元组分的爆燃配方。当这类混合物一旦进入伏火试验，点燃后就可能发生较硝一硫二元混合物更加猛烈的燃爆，出现炸鼎甚至烧及手面、屋宇的惨痛的事故。[①]

不断发生的炸鼎事故唤起了外丹师们在两个方向上的思考。一些炼丹师，尤其是那些既熟习炼丹，又积极参与兵书战策研究的道士（兼军师），便努力探讨这种爆燃的规律，实验总结爆燃药剂的配伍与配比，以取得最强的爆燃效果，以用于火攻战术。这批外丹师正是火药的直接发明者。但遗憾的是现存丹经关于这方面的正面记载，至今仍极罕见；另一些外丹师则努力钻研如何在炼丹过程中防范这种灾难的发生，既提出了对某些药物合炼的禁忌，一方面则钻研对硝石、雄黄、硫黄的伏火法，事先改变它们的爆烈性格，再来利用，于是在唐代炼丹术中出现了许多的这类"伏火方"。而有趣的是，这些"伏火方"的制订，很像是汲取了前一类炼丹师的经验，即从配方上看，却是"火药方"（当然，其时尚无此称谓），但又很注意尽量使燃烧过程缓和地进行。这类"伏火方"我们可举出如下几个。其一，唐代宝应年间（762～763年）已问世的《丹房镜源》有用炭伏火硝石的方法：

　　硝，研如粉。以瓶于五斤［炭］火中煅，令通赤。用鸡肠叶、柏子仁和做一处，
　　分丸如小珠子大，投赤［热］瓶中，加硝四两，用鸡肠草叶、柏子仁煅珠子尽为度。
　　硝子草伏住，不折一切物。

在此过程中，KNO_3 转变成了 K_2CO_3，当然也就情性平和，丧失了助燃性。所以《真元妙道要

---

① 参看《真元妙道要略》，《道藏》洞神部众术类，总第 596 册。

略》说："硝石宜佐诸药，多则败，药生者（未经"伏火"处理的），不可合三黄等烧，［否则］立见祸事。凡硝石伏火了，赤炭火上试，成油入火不动者即伏矣。"其二，《诸家神品丹法》（卷五第十）有一"伏火硫黄法"，它可能原是刊载于《孙真人丹经》内[①]（此孙真人非孙思邈，该丹经成书于 758～760 年[②]），原文为：

> 硫黄、硝石各二两，令（合）研。右用销银锅或砂罐子入上件药内。掘一地坑，放锅子在坑内与地平，四面却以土填实。将皂角子不蛀者三个，烧令存性，以钤（钳）逐个入之。候出尽焰，即就口上着生熟炭三斤，簇煅之。候炭消三分之一，即去余火不用，冷取之，即伏火矣。

把皂角子先"烧令存性"，就是把它在高温下焙干并炭化，但不成灰。因此这个配方就是由硝、硫、炭三组分构成的。这位丹师强调要逐个加入炭化的皂角子，又要求将反应锅（或罐）埋入地下，以防万一，表明他已清楚知道此三物合炼的危险性。其三，唐元和三年（808）方士清虚子所撰《太上圣祖金丹秘诀》[③]中"伏火矾法"的前一步"伏硫黄法"也是个近似的"火药方"，有关文字如下：

> 硫二两，硝二两，马兜铃三钱半。右为末，拌匀。入药于罐内。掘坑，入药罐于内，与地平。将熟火一块弹子大下放里面。烟渐起，以湿纸四、五重盖，用方砖两片，捺（按）以土，冢之。候冷取出，其硫黄［伏］住。

在此操作中也包括了很多防范爆炸的措施，更清楚表明这位丹师知道此混合物是个爆燃合剂。所以从"伏火硝石"、"伏火硫黄"这个侧面可以观察到另一个"火药研制"的侧面，即大约在九世纪中、后期时，中国炼丹师们研制得原始火药的条件和经验已经成熟了。

（三）中国早期的火药火攻武器

宋神宗熙宁年间（1068～1077）改革了军制，设置军器监，总管京师及诸州军器制造，规模宏大，分工很细，分立很多工场。宋人王得臣所撰《麈史》[④]引宋敏求《东京记》，谓："八作司（工场）之外，又有广备工城作（国防工场）。今东西广备隶军器监矣。其作凡一十目，所谓火药、青窑、猛火油、金、火、大小木、大小炉、皮作、麻作、窑子作是也。皆有制度作用之法，俾各诵其文而禁其传。"可见当时把火药列为兵器的首位，而且"禁其传"，说明技术是保密的，由政府管辖，包办经营。从此各类型的火药火器逐步被创制出来了。

靖康元年（1126）金人围汴时，李纲登城，下令发"霹雳炮"击退了敌人。宋高宗绍兴三十一年（1161）金人欲渡长江，发生了采石水战。宋军又发"霹雳炮"，"盖以纸为之，而实以石灰、硫黄，炮自空而下，落水中，硫黄得水而火作，自水跳出，其声如雷，纸碎而石灰散为烟雾，迷其人马之目，人物不相见。于是宋军舟舰驰之压敌舟，"人马皆溺，遂大败之。"这是宋人杨万里《诚斋集·海䲡赋》对它的描述[⑤]。那么此炮当为纸管，分两节，一节中只放

---

① 此"伏硫黄法"刊载于《诸家神品丹法》（卷 5 第 11 页），未明说出处，但若通读这部诸家丹法的汇编，它基本上是以丹经为纲，以丹法为目，故此"伏硫黄法"似属《孙真人丹经》之一目。

② 见陈国符《道藏源流续考》第 337 页。

③ 见于《铅汞甲庚至宝集成》（卷 2 第 6 页）。

④ 宋·王得臣：《麈史》，见《丛书集成》初编第 208 册。

⑤ 见宋·杨万里：《诚斋集》（《四部丛刊》集部第 137 函）卷四十四第 11 册第 6～9 页。谓："采石战舰曰蒙冲，大而雄曰海䲡。"

火药，点燃后爆炸，使另一节升空；另一节中放石灰、硫黄（火药），下落后又爆炸，纸裂而石灰四处弥散。纸制的炮弹始见于此。显然它是后世双响鞭炮的雏型了。[①]

　　管形火器的发明人大概是宋人陈规（约1063～1132），他是密州（今山东诸城）人，机警有才智。宋高宗绍兴二年（1132）陈规守德安（今湖北安陆）时发明一种管形火器，叫"火枪"，是用巨竹筒制成的，内装燃烧性火药，每支由两人端持。在临阵交锋时点燃引信，火焰由前端喷出，烧杀敌人。[②] 这是射击管形火器的始祖，用现代的名词说，就是原始的火焰喷射器。

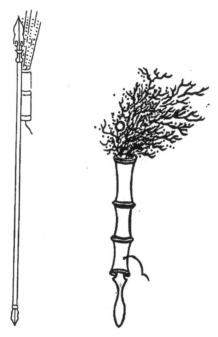

图 5-35　宋、金人发明的火枪
（摘自《火药的发明与西传》及成东等《中国兵器图集》[③]）

　　13世纪时，金人也已掌握了火药武器，并有新的发明创造，其中尤以"铁火炮"最为著名，俗名"震天雷"。金哀宗天兴元年（1232）蒙古军攻金人南京（今河南开封）时，金人守城最得力的武器就是"震天雷"，它是一个装有爆炸性很强的火药的铁罐。火药发作，其声如雷，据《金史》记载：火药发作，声如雷震，热力达半亩之上，人与牛皮皆碎迸无迹，甲铁皆透。[④] 这种武器当时大破了蒙军攻城的器械"牛皮洞子"。

　　宋理宗开庆元年（1259）寿春府（今安徽寿县）又新创制了一种火器，名叫"突火枪"，

---

①　参看冯家昇：《火药的发明和西传》第23页。

②　参看冯家昇《火药的发明和西传》第26页。《金史·列传第五十一赤盏合喜》（卷一一三第7册总第2496～2497页，中华书局，1975年）亦有记载："又飞火枪，注药以火发之，辄前烧十余步，人亦不敢近，大兵（指蒙古兵）惟畏此二物也。"

③　成东、钟少异：《中国古代兵器图集》，解放军出版社，1990年。

④　《金史·列传第五十一赤盏合喜》记载："其攻城之具有火炮，名'震天雷'者，铁罐盛药，以火点之，炮起火发，其声如雷，闻百里外，所蒸围半亩之上。火点著甲铁皆透。……大兵又为牛皮洞子，直至城下，掘城为龛，间可容人，则城上不可奈何矣。人有献策者，以铁绳悬震天雷者，顺城而下，至掘处火发，人与牛皮皆碎迸无迹。"

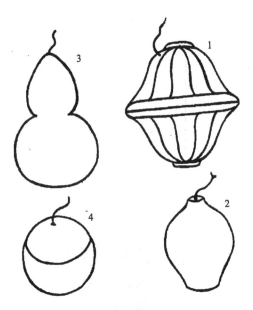

1. 合碗式　2. 罐式
3. 葫芦式　4. 球式
图 5-36　金人创造的各种铁火炮"震天雷"
（摘自冯家昇《火药的发明与西传》）

它用巨竹为筒，内装火药，并安放进"子窠"（子弹），据《宋史》介绍，火药点着后，先喷射出火焰；火焰尽后，再一声巨响，"子窠"射出，又可伤毙敌人。[①] 显然，这便是子弹火器和利用火药爆炸发射子弹、炮弹的先声了。

蒙古人则从金军，后来又从宋军那里继承、掌握了汉人首创的各类火药和火药武器。元代时又有了更多的发明。

（四）明初《火龙经》中的火药配伍诀与火药火器

从《武经总要》撰成到明代永乐年间，火药的进一步研制又经过了近 400 年的发展，在制作经验、类型品种、硝磺提纯工艺诸方面都有了长足的进步；具有中国特色的火药理论也逐步形成；火药的生产规模，虽受政府专营的限制，仍有极大的发展。永乐十年（1412）问世的《火龙经》可谓对这一时期火药、火器生产、应用的全面总结，是明代初期流传至今最重要的火攻全书，也是其时众多火攻群书中之佼佼者。[②]

这部火攻专著的内容包括火攻原理（风候、地利、药法、兵戒等）、各类火药配合诀歌、各种火药方、各种火器、各种火阵。关于当时的火攻正料药品，《火龙经》谓：

硝火（原注：主直）、硫黄（主横）、雄黄（毒火）、石黄（发火）、雌黄（神火）、箬叶灰（主爆）①、柳木炭（主直）、杉木炭（主锐、碎）、葫芦灰（主烈）、桦皮灰（主锐）、麻秸灰（无声）、蜀葵灰（不畏雨）。

关于火药火攻副料药品，它指出："桃花砒（红色）、铁脚砒（黑色）、码碯砒（五色）、水银泡干漆（火）、巴豆油（毒烟）、江豚油（毒）、桐油（烧）、金汁（粪汁，主烂）、天麻子油泡蒜汁（烂）、狼毒（热）、大附子（热）、天雄（热）、常山（呕）、闹羊花（泛毒）、牙皂（嗳）、黎芦（毒）、川乌（毒）、草鸟（闹）、钩吻（断）、大戟（毒）、巴霜（毒）、矿灰（逆）、人精（毒）、半夏（噤）、狼粪（风）、蜈蚣（毒）、江豚皮骨（逆）、蝰蛇（毒）、蝦蟆（毒）、大蓼（毒）、烂骨草（烂）、鬼汜草（毒）、莨菪草（毒）、巴豆（吐）、凡蛇（毒）、银铣（烂）、破血草（血）、封喉草（毒）、断肠草（断）……。右药正、副八十三种，制炼各火药，照诀配合，自足收功，差之毫厘，谬以千里。"

关于"火药配合诀歌"，《火龙经》列出了万应神火药、毒［火］药、烈火药、飞火药、烂火药、法火药、逆风火药等七类火药的制作歌诀。这种火药分类是以杀伤性能来区分的，而不论其发射方式，而且在诸种杀伤方式中又"以毒为主"，所以"毒"贯串于各药方中。兹举"万应神火药配合诀歌"为例：

万应神火药配合诀歌：神火烧营第一方，石黄②一味最难当，烧油拌来麻油炒，足用三斤性太刚，加上雄黄并黑信，芦花艾肭（纳）共松香，豆末搅匀银杏叶，更加干粪与巴霜，松香三斤余四两，三七均配火药强，飞云炮里深藏贮，落地喧天发火光，吐雾喷烟红满寨，个个贼兵尽着伤，破敌冲锋真厉害，喜烧衣甲及辎粮。

石黄三斤，雄黄四两，雌黄四两，黑砒四两，芦花四两，艾肭（纳）四两，松香三斤，豆末四两，干粪四两，巴霜四两，硝火（焰硝）四十两，银杏叶瓜四两，硫黄三两，箬灰二两，柳灰五两。

配用之法，硝硫炭药（发药）九分则用各（此）毒药三分，一层硝硫发药，一层毒药。在人妙用，加减配合，试之取效耳。

显然，这种火药的威力在于焚烧，再配合以毒雾。文中的配方当指配合用的"毒药方"，主火药（发药）当用"火炮药"（见下文）。再以"法火药"为例：

法火药配诀歌：姜皂为君足八斤，二椒二蓼细罗成，白砒须用巴豆拌，碾灰烧酒裂须臾，每味各加四两足，乌梅姜汁二斤匀，诸味攒成和一处，便将纸炮巧装盛，周围却把松香蘸，霹雳小砲在中心，炮响一声如吐雾，冲迷鼻窍瞎人睛，眩晕昏花无可奈，喷嚏连天不绝声，一物不见不能走，满营撩乱自纵横，挥兵一涌前追杀，个个生拿与活擒。

良姜一斤，干姜一斤，军姜一斤，猴姜一斤，川辛四两，胡辛四两，黑蓼四两，赤蓼四两，榆皂四斤，白砒四两，矿灰四两，火皂四两，人精四两，松香四两，硝火七斤，硫火三斤二两，石黄一两，雌黄四两，箬灰四两，柳灰四两，桦灰四两，乌梅二斤。

以上火药装炮，用三七配合，发药七分在下，毒药三分在上。装火球火砖则平，

①　诸药中各"灰"当指"炭"。

②　《唐·新修本草》："雄黄，出石门（今湖南石门县）名石黄者，亦是雄黄，而通名黄食石。而石门者最为劣耳，宕昌、武都者为佳。"

用发药在周围，毒药包在中。

显然，这种毒剂可产生一种对人目及呼吸系统有强烈刺激性的烟雾，所谓"法火药"的"法"大概是"法术"、"魔法"的意思。这种火药所采用的"发药"大概也是"火炮药"。

《火龙经》又将当时用为"发药"的火药，按功能、应用来命名，列出其药方，今以表5-4示之。

《火龙经》（中卷）还记载了众多品种的火器，既包括较原始的"神火飞鸦"，也有新兴的"九矢钻心神毒火雷炮"、"飞火神火毒龙枪"、"八面神威风火炮"等等。至于下卷记载的"佛朗机"、"自开火门鸟铳"、"百子鸟铳"等由欧洲传入我国的新式火器，当是后世（嘉靖后）人补入的文字。

（五）明代中、后期火药概况

明代嘉靖至万历年间（1522～1615）又有胡宗宪的《筹海图编》[①]、戚继光的《纪效新书》[②] 与《练兵实记》[③]、赵士桢的《神器谱》[④]、王鸣鹤的《登坛必究》[⑤]、吕坤的《救命书》[⑥] 等军事著作问世，记录了许多兵法、军器和火药方。从《筹海图编》可知，这一时期中国从欧洲引进了很多新式火药武器，如谓：

[佛郎机] 每座约重二百斤，用提铳二个，每个约重三十斤，用铅子，每个约重十两。此机活动可低可昂，可左可右，刀城上所用者守营门之器也。其制出西洋番国，嘉靖年始得传入中国。

按"佛郎机"原是明代泛对葡萄牙国和西班牙国及其国人的称呼，这里则是指装备在葡萄牙战舰上的一种大火炮。嘉靖元年（1522），明军在广东新会的西草湾，对藐视中国主权和借口寻衅的葡萄牙舰船进行反击，缴获了三艘舰船及其舰炮，以后遂称这种大炮为"佛郎机"。《明史·兵志四》谓："至嘉靖八年，始从右都御史汪鋐言，造佛朗机炮，谓之'大将军'，发诸边镇。"[⑦]《筹海图编》介绍鸟咀铳时说："佛朗机、子母炮、鸟咀铳皆出嘉靖间。鸟咀铳最后出，而最猛利，以铜铁为管，木壳承之，中贮铅弹，所击人马洞穿。"[⑧]

随着这些新式火药武器的引入和推广，标志着中国火药武器的研制从过去以燃烧性及发散毒气为主的火器，迅速地朝着爆炸力强和发射炮弹、铅弹的管形火器的方向发展。这就不仅要调整火药的配方，而且要改进火药的加工工艺和硝磺的提纯方法。《纪效新书》和《神器谱》等都有关于火药加工新工艺的描述，而尤以《神器谱》的记载最详：

制药，每硝十两，灰（"灰"皆指"炭"而言）一两五钱，硫五钱。将三种研极细末，用水喷半干半湿。放木臼内，用杵着力狠捣，若干去（若春干），再用水喷湿，捣至一万杵，取出放在手心内燃之，火燃手心不觉者方可用。……将药用水或

① 胡宗宪《筹海图编》，天启四年刻本，卷13 "经略三·兵器"。
② 戚继光《纪效新书》（嘉靖四十一年），《学津讨原》第十集，卷15 "布城诸器图说篇"。
③ 戚继光《练兵实记》，《丛书集成》初编总第949册，卷2。
④ 赵士桢《神器谱》（万历二十六年），《玄览堂丛书》第八函第85册。
⑤ 王鸣鹤《登坛必究》（万历二十六年），卷29。
⑥ 吕坤《救命书》（万历三十五年），《丛书集成》初编总第950册。
⑦ 《明史·兵志四》（卷92）第8册2264页，中华书局，1976年。
⑧ 《筹海图编》卷13 "经略三·兵器"。

表 5-4　《火龙经》（1412）所载诸火药（发药）方

成分 火药方	焰硝	黄　类	炭　类	其　他
信药方	一两	硫黄一钱	葫炭三钱	班猫三钱
火炮药方	一两	硫黄一钱	炭七钱	班猫一钱二分
火铳药方	一斤	硫黄一两 石黄一两 雄黄五钱	葫芦炭五钱	黑砒三钱
鸟铳药方	四十两	硫黄五两五钱	柳炭茄炭共七两二钱	
大炮药方	一两	硫黄一钱	杉炭一钱七分	
小炮药方	一两	硫黄三钱	杉炭茄炭共八钱	
夜起药方	一两	硫黄二钱	柳炭一两	
日起药方	一两		炭九钱	
喷火药方	一两	硫黄四钱五分	柳炭三钱五分	铁砂七钱五分
流星药饼方	十两	硫黄二两	杉木炭五钱	潮脑一两，定粉五钱
流星发药方	十两		柳炭一两五钱	
回火药方	一两	硫黄五钱	松杉炭八分 松香二钱	
喷火药方（紧药） 　　　　（慢药）	九十六两 九十六两	硫黄五两 硫黄一两	柳炭二十八两八钱 柳炭五十七两六钱	
神机火箭药方	一两	硫黄八两	柳炭三两五钱 葫芦炭三两五钱	
火弹方	十两	硫黄六两 雄黄一两五钱	杉炭五钱 潮脑一两	
走线方	一两	硫黄三钱	柳炭三钱五分	
火箭药方	一两	硫黄一分五厘	柳炭三钱	砒一分
铅（弹）火药方	四十两	硫黄六两	柳炭六两八钱	
铅铳火药方	四十两	硫黄三两三钱	荷炭十两	
信号药方 青烟方	二两	硫黄五钱	杉炭五钱	桦皮二两，青黛一钱
白烟方	一两	硫黄七钱	杉炭一钱	铅粉四分
红烟方	一两		松香二两，沥青八分	黄丹一两
紫烟方	一两	硫黄三钱	杉炭一钱	紫粉五钱
黑烟方	一两	硫黄三钱	杉炭三钱 木煤三钱 生皂角三钱	生皂角
干点灯方	五分	硫黄一两	干漆一两	
风前蚀方	一两	硫黄一两	干漆一两 沥青二两 黄蜡二两	黑豆末二两
风雨不灭方	一两	硫黄五钱	樟脑五钱 松香五钱	黄丹一两，夜合花五钱

表 5-5　明代中后期的火药配方

时期	书名	火药名称	硝 [两（%）]	硫 [两（%）]	炭 [两（%）]	其他 [两（%）]
明代中期	纪效新书	鸟铳药	1 (75.8)	0.14 (10.6)	0.18 (13.6)	
	神器谱	火药	10 (83.3)	0.5 (4.2)	1.5 (12.5)	
明代后期	武备志	火药	80 (71.4)	16 (14.3)	16 (14.3)	
		火线药	16 (65.6)	3.6 (14.8)	4.8 (19.6)	白砒 0.5，潮脑 0.3
		火箭药	16 (69.6)	2.5 (10.9)	4.5 (19.5)	白砒 0.5，潮脑 0.3
		火铳药	4 (93.6)	0.1 (2.3)	0.17 (4.0)	班猫 0.1
		铅铳药	40 (75.7)	6 (11.4)	6.8 (12.9)	
		喷火药	2 (76.9)	0.25 (9.6)	0.35 (13.5)	
		炮火药	10 (52.6)	6 (31.6)	3 (15.8)	石黄 1，雄黄 0.5
		爆火药	4 (91.3)	0.3 (6.9)	0.08 (1.8)	
明代后期	金汤借箸十二筹	大铳药	96 (75.0)	16 (12.5)	16 (12.5)	
		又方	64 (69.6)	12 (13.0)	16 (17.4)	
		小铳药	96 (72.7)	18 (13.6)	18 (13.6)	
		鸟铳药	112 (81.1)	10 (7.3)	16 (11.6)	
		又方	10 (80.6)	0.7 (5.7)	1.7 (13.7)	
		又方（北方）	10 (83.3)	0.5 (4.2)	1.5 (12.5)	
明代后期	海外火攻神器图说	鸟铳	10 (76.9)	1 (7.7)	2 (15.4)	
		大炮	10 (75.8)	1.19 (9.0)	2 (15.2)	
		炸炮	10 (66.7)	3 (20.0)	2 (13.3)	
		崩山（炸药）	10 (62.5)	5 (31.3)	1 (6.2)	石黄 1，雄黄 5.5(8.6)
		火弹	10 (66.7)	4 (26.6)	1 (6.7)	
		火箭	4 (71.4)	0.3 (5.4)	1.3 (23.2)	
		急引	10 (76.9)		3 (23.1)	
		慢引	10 (90.9)		1 (9.1)	
明代后期	火攻挈要	大铳	64 (69.6)	12 (13.0)	16 (17.4)	
		鸟铳	112 (81.2)	10 (7.2)	16 (11.6)	
		火门药	20 (78.7)	2.4 (9.5)	3 (11.8)	
		火箭药	10 (71.4)	0.5 (3.6)	3.5 (25.0)	
		喷筒药	10 (74.1)	0.5 (3.7)	3 (22.2)	
		喷铳药	10 (76.9)	1 (7.7)	2 (15.4)	
		火罐药	7 (58.3)	3 (25.0)	2 (16.7)	
		地雷药	10 (66.7)	3 (20.0)	2 (13.3)	磺0.5，雄黄0.3，硼砂0.5(8.0)
		爆火药	10 (71.4)	2.5 (17.8)	1.5 (10.7)	班猫 0.5 (3.5)
		火信药	10 (72.5)	0.3 (2.1)	3.5 (25.4)	

摘自周嘉华"明代火药初探"。

烧酒和捣作剂，晒干再捣碎，用密些竹筛筛过，[筛]上粗大者不用，下细者不用，止取如粟米一般者入铳。其大小再如法制造。盖铳筒甚长，细则下药之时尽粘筒上，不得到底；太粗，药又不实。①

书中进一步指出："南北制药法亦有同有异乎？""南方卑湿气润，硫炭稍增；北方高爽气燥，硫炭稍减。"①

到了明代末年，在世界火药武器飞速发展的大潮冲击下，朱明政府也更加重视火药、火器的研制。茅元仪《武备志》（成书于天启元年（1621））②、李盘《金汤借箸十二筹》③等军事著作先后出版，它们都记载了当时所应用的火药武器和火药配方，其中尤以《武备志》叙述最详，其中有相当一部分是前此的兵书上所没有的，而炮和铳的种类有了显著的增加，除佛郎机、鸟铳等以外，还有戚继光等研制的虎蹲炮、百子连珠炮，赵士桢研制的迅雷炮等。有关各种性能的火药，也列举了数十种。

崇祯十六年（1643）由汤若望授、焦勖述的《火攻挈要》④（又名《则克录》）问世。它是明末把国外先进火器介绍到中国的重要著作，也对宋元以来的诸多火攻、火器著述，进行了批评，谓"其中法制虽备，然多纷杂滥溢，无论是非可否一概刊录，种类虽多，而实效则少"；或"索奇觅异，巧立名色，徒炫耳目，罕资实用"。针对当时中国在制造管形火器技术上的状况，他便以较多的篇幅介绍了铳和枪。从原料、铸造、尺寸及使用操纵诸方面作了细致的介绍。不可否认，这时西方的火药和火器制造技术已后来居上，超过了火药的发源地和首创国的中国。《则克录》的意见是中肯的。

关于明代中、后期上述诸武备著述中的火药配方，我们摘其要而列之如表5-5。关于明代火药，周嘉华有专论文章，可供研读。⑤从表5-5可以看出，明代中后期的火药成分中，焰硝所占的比例已大致占到75%，明显提高，而宋代原始火药中所用的粘性含碳剂如沥青、干漆、松脂、桐油等已经被淘汰，明确地成为"硝、硫、炭"三元体系的黑火药，于是大大地提高了火药的爆燃性和爆炸威力。⑥这种性能正是巨型火炮、火铳、铁壳地雷所必需的。

（六）明代火药工艺中对硫黄的提纯

黑色火药爆燃性能的优劣，固然主要决定于硝、硫、炭三组的配比，但与三种原料的纯度也有密切关系，焰硝中的杂质会降低它的氧化性，硫、炭中的砂石、灰分将降低它们的燃烧性，而镁盐的存在又将使火药容易受潮。在这三种原料的提纯上，焰硝的提纯既是关键，又最困难。关于这个专题，我们将在第六章第二节（四）中再作介绍。

关于硫黄的提取，是指将硫黄与混杂的泥沙分开。明代时最具特色的方法是油煎法。此法大概最早见于《武备志》，谓：

先将硫打[成]豆粒状碎块。每斤硫黄用麻油二斤，入锅烧滚，再下青柏叶半斤在油内，看柏[叶]枯黑色，捞去柏叶，然后入硫黄在滚油内，待油内黄泡起至

① 明·赵士桢：《神器谱》，《玄览堂丛书》第8函总第85册第27页。
② 明·茅元仪：《武备志》卷119"军资乘，制火器法"。有天启元年刻本。
③ 明·李盘：《金汤借箸十二筹》，卷4"筹制器·火器"。
④ 汤若望授、焦勖述《火攻挈要》（卷中），商务印书馆《丛书集成》初编第1491册。
⑤ 周嘉华："明代火药初探"，《科学史文集》第15辑（1989年），上海科学技术出版社。
⑥ 近代黑火药的通用配方是：硝75%，硫10%，炭15%。

半锅，随取起，安在冷水盆内，倒去硫上黄油，净硫凝一饼在锅底内者是，取起打
碎，入柏汁汤内煮，洗净听用。

焦勖《火攻挈要》（1643）对此提硫法也有叙述，而且在麻油之外还加了牛油。[①] 关于这
种方法，值得一提的是：在清康熙三十五年（1696）冬，"榕城（今福州）药库灾毁，硝黄火
药五十余万无纤遗"，于是郁永河奉旨速往台湾鸡笼（今基隆）、淡水采购硫黄。其间撰写了
《采硫日记》[②]，翔实描述了当时台湾人炼制硫黄的方法，与《武备志》记载大同小异，有关方
法如下：

炼法：捶碎［硫土］如粉，日曝极干。镬中先入油十余斤，徐入干［硫］土，以
大竹为十字架，两人各持一端搅之。土中硫得油自出，油土（硫土）相融。又频频
加土加油，至于满镬，约入［硫］土八九百斤，油则视土之优劣为多寡。工人时时
以铁锹取汁沥突，旁察之，过则添土，不及则增油，油过［或］不及，皆能损硫。土
既优，用油适当，一镬可得净硫四、五百斤，否或一二百斤乃至数十斤。关键处虽
在油，而工人视火候，似亦有微权也。

对这种奇特的方法，赵匡华、郭正谊为弄清其原理和有关细节，曾进行了模拟试验研究，[③] 并
将这两段文字结合起来读，基本上解释了这两种类似的方法：在《武备志》中，将豆粒状的
硫土块投入沸热的麻油中，因硫黄熔点只有112.8℃，远低于麻油沸点，所以熔比，静止时则
处于油的下层（硫黄比重约为2，大于麻油），而泥沙则沉在锅底，而油沸时则油硫成液—液
悬浮液。舀出液体（硫油混合物）部分，倾入冷水盆中，硫黄冷却凝为固体硫块，沉于水下；
麻油则浮于水上。澄出油层可再反复使用。取出硫块，用热柏汁汤洗去油，即为精硫。在台
湾法中，先在大铁釜中放入菜子油，再将碾磨如粉的硫土放入油中（但不加热），然后强力搅
拌，硫黄粉质轻，而且有亲油性，于是进入油层，形成悬浮液（即浮选的原理）；花冈岩砂粒
质地沉重，便下沉在釜底。静置片刻后，将混有硫黄的悬浮油液用杓舀至另一釜中，加热，油
近沸时，硫黄已熔化，于是凝聚起来，下沉于釜底。冷却后硫黄即凝结成块，取出，油再反
复使用。

至于黑火药中的木炭，并没有提纯的问题，关键是善于选择好烧炭的木材以及控制烧炭
的火候，既要使木料充分炭化，又要防止产生较多的灰分。[④] 关于烧炭用材，袁宫桂《洴澼百
金方》强调："炭灰须用柳条，如笔管大者，去皮去节。……北方柳木甚少，用茄秆灰（炭）、
瓢灰（即葫芦炭）、杉木灰（炭）代之。"[⑤] 中国古代烧炭多用窑。经实验研究，炭化温度在350
～450℃时较合适，所得木炭的含炭量大约可在80％～85％。[⑥] 1974 年在西安出土的元代
（1300 年左右）火药中，黑炭的炭化温度大约在300～350℃，其含炭量约75％。[⑦] 此外，在
配制火药时，将木炭研磨极细也是至关重要的。

① 明·焦勖：《火攻挈要》（崇祯十六年刊行）《丛书集成》初编第1491册，第23～24页。
② 清·郁永河《采硫日记》，见《粤雅堂丛书》二编总第15集，《丛书集成》初编第3233册。
③ 赵匡华、郭正谊，台湾土法炼硫考释，中国科技史料，5（1）1984年。
④ 参看潘吉星："论中国古代火药的发明及其制造技术。"
⑤ 清·袁宫桂《洴澼百金方》卷4"制器"榕城嘉鱼堂木刻本（1846年）。
⑥ T. Urbanski著，欧育湘等译，火炸药的化学与工艺学，（卷3）261～262、273页，国防工业出版社，1976年。
⑦ 晁华山，西安出土的元代铜手铳与黑火药，考古与文物，1981年第3期。

（七）中国明代的火药理论

中国古代对火药的理论探讨，就像对待其他技术、工艺一样，并不很重视，议论不多，且直到明代时才出现。由于火药脱胎于炼丹术，又被视为一种药剂，所以有关的理论也始终以中国药剂配伍学的说法为根据，而以炼丹术中的阴阳学说来阐发火药爆燃的道理。

中国医药学对于由多种药物组成的方剂，自古就以"君臣佐使"的理论来作为配伍的依据。《素问·至真要大论》说："主病之谓君，佐君之谓臣，应臣之谓使。"① 那么它是把医疗中起主要作用的药称为君，臣、佐是协同加强君药的药味。《神农本草经》则说："药有君臣佐使，以相宣摄。合和宜一君、二臣、三佐、五使；又可一君、二臣、九佐使也。"② 但后世医家对这句话的理解则多是"为君者最多，为臣者次之，佐者又次之。"③ 把这种药剂配伍理论运用到火药配方上的，最早者即《火龙经》（守拙三亭重集校本）。它的火药配伍理论是在火药由燃烧进而发展到爆炸、发射时产生的，所以其〈火攻之药法〉谓：

> 火攻之药，硝、硫为之君，木炭以为臣，诸毒药为之佐，诸气药为之使。然必知药性之宜，斯得火攻之妙。硝性主直（原注：直发者以硝为主），磺性主横（横发者以磺为主），炭性主火（火各不同，以炭为主，有箬炭、杨柳炭、桦炭、葫炭之异）。性直者，主远击，硝九而磺一。性横者，主爆击，硝七而磺三。柳为炭，其性最锐；枯杉为炭，其性尤缓，箬叶为炭，其性尤燥。

例如《火龙经》中的"大炮药方：硝火一两，硫火一钱，杉炭一钱七分"；"火炮药方：硝火一两，硫火一钱，炭七钱，班猫（斑蝥）一钱二分"。从配方中的份量比重看，正是以硝为君。作为发射药，要求有高分解速度和高的温度，这就要求硝在火药中的比重格外大些，从而改善火药的弹道性能，这就是"硝性主直"的含义，这是从用途上而不是从化学反应的作用上说的，即"性直者主远击，硝九磺一"。"磺性主横"是指火药中增加硫黄的比例，可以使爆炸性增强，因而也是功效的总结，即"性横者主爆击，硝七而硫三。"④ 有趣的是《火龙经》一反常规，竟提出"硝磺为君，木炭为臣"的"二君一臣"之说。孟乃昌针对此说，作了一个别出心裁的解释④，不过太牵强、离奇，他说："《火龙经》系由元末所传秘书而成，'二君'可能是元统一前的辽、西夏、金、元先后与宋王朝对峙局面的投影"。但《火龙经》的这种说法在以后就被修改了，《武备志》便改谓硝是君，硫是臣，炭是佐使的说法。

但《火龙经》也并不是始终以药料在火药配方中的份量比重大小来确定"君臣"之分。在谈到一些特殊用途的火药，如烟雾剂、照明剂、信号剂、毒雾剂时，则"君臣"之分便以作用的大小和功能来确定了。它说："雄黄气高而火焰（原注：神火以雄黄为君）；石黄气猛而火烈（法火以石黄为君）；砒黄气臭而火毒（毒火以坚砒为君）。"这时，它似乎又回到了《素问》的说法上。它虽不拘泥于一说，但谓火药中以雄黄、砒黄为君之说，究属勉强。

《火龙经》的火药理论偏重于药物的效用，而未涉及作用的机理。运用中医学和炼丹术的阴阳概念来阐述火药的理论，其化学味道就比较浓厚了。⑤ 李时珍《本草纲目·消石》说：

---

①　《黄帝内经素问》，郭霭春校注本第 499 页，天津科学技术出版社，1981 年。

②　《神农本草经》，清·孙星衍辑本第 129 页。

③　参看《本草纲目》（卷 1）第 45 页，人民卫生出版社，1977 年版本。

④　孟乃昌，中国古代火药的理论体系，自然科学史研究，10（2），1991 年。

⑤　参看孟乃昌"中国古代火药的理论体系"。

"消石……与硫黄同（合）用，则配类二气，均调阴阳，有升降水火之功。"这是就医用而说的；接着，它发挥到火药上，"盖硫黄之性暖而利，其性下行；消石之性暖而散，其性上行。……一升一降，一阴一阳，此制方之妙也。今兵家造烽火铳机等物，用硝石者，直入云汉；其性可知矣"。在〈硫黄〉目中，李时珍又说："硫黄秉纯阳火石之精气而结成，性质通流。"接着又说："今人用配消石作烽燧烟火，为军中要物。"迳把火药当作硝磺二组份混合物来看待。

用阴阳学说朴素地来阐明火药反应机理的则是明末的宋应星。他在其《天工开物·燔石·硫黄》中说："凡火药，硫为纯阳，硝为纯阴，两情逼合，成声成变，此乾坤幻出神物也。"[①]其《佳兵·火药料》又说："凡火药，以硝石，硫黄为主，草木灰（炭）为辅。硝性至阴，硫性至阳，阴阳两神物相遇于无隙无容之中。其出也，人物膺之，魂散惊而魄齑粉。"[①]宋应星似乎已朦胧地意识到，硝硫在无隙无容中相遇、引燃，在其过程中产生了大量的热和气，于是发泄出巨大的爆炸威力，致使人、物遇之则成齑粉！

参 考 文 献

原始文献

白玉蟾、兰元白（宋）撰. 1926. 金华冲碧丹经秘旨. 道藏本（洞神部众术类，总第 592 册），上海：涵芬楼

陈实功（明）撰. 1974. 外科正宗. 北京：人民卫生出版社

陈元龙（清）撰. 1989. 格致镜源. 扬州：江苏广陵古籍刻印社

陈少微（唐）撰. 1926. 大洞炼真宝经修伏灵砂妙诀. 道藏本（洞神部众术类，总第 586 册），上海：涵芬楼

陈少微（唐）撰. 1926. 大洞炼真宝经九还金丹妙诀. 道藏本（洞神部众术类，总第 586 册），上海：涵芬楼

陈致虚（元）撰. 1926. 上阳子金丹大药. 道藏本（太玄部经名，总第 736～738 册），上海：涵芬楼

程了一（宋）撰. 1926. 丹房奥论. 道藏本（洞神部众术类，总第 596 册），上海：涵芬楼

大丹篇（宋人撰，名氏不详）. 1926. 道藏本（洞神部众术类，总第 598 册）. 上海：涵芬楼

大还丹照鉴（唐人撰，名氏不详）. 1926. 道藏本（洞神部众术类，总第 597 册），上海：涵芬楼

杜冲（南朝梁）传授. 1926. 太极真人九转还丹经要诀. 道藏本（洞神部众术类，总第 586 册），上海：涵芬楼

杜冲（南朝梁）传授. 1926. 太极真人杂丹药方. 道藏本（洞神部众术类，总第 599 册），上海：涵芬楼

独孤滔（五代）撰. 1926. 丹方鉴源. 道藏本（洞神部众术类，总第 596 册），上海：涵芬楼

段成式（唐）撰. 1981. 酉阳杂俎. 北京：中华书局

方以智（清）撰. 1933. 物理小识. 万有文库本（第二集第 543 册），上海：商务印书馆

感气十六转金丹（宋人撰，名氏不详）. 1926. 道藏本（洞神部众术类，总第 591 册），上海：涵芬楼

葛洪（东晋）撰，王明校释. 1980. 抱朴子内篇. 北京：中华书局

葛洪（晋，唐人伪托）撰. 1926. 稚川真人校正术. 道藏本（洞神部众术类，总第 588 册），上海：涵芬楼

葛洪（晋）撰，唐人辑注. 1926. 抱朴子神仙金汋经. 道藏本（洞神部众术类，总第 593 册），上海：涵芬楼

葛洪（晋，唐人或宋人伪托）撰. 1926. 大丹问答. 道藏本（洞神部众术类，总第 598 册），上海：涵芬楼

庚道集（元人辑纂，名氏不详）. 1926. 道藏本（洞神部众术类，总第 602 册），上海：涵芬楼

黄帝内经素问（汉人修纂，名氏不详），郭霭春校注语释. 1981. 天津：天津科学技术出版社

张道陵（汉）述. 1926. 太清经天师口诀. 道藏本（洞神部众术类，总第 583 册），上海：涵芬楼

黄帝九鼎神丹经诀（唐人辑纂，名氏不详）. 1926. 道藏本（洞神部众术类，总第 584 册），上海：涵芬楼

红铅入黑铅诀（唐人撰，名氏不详）. 1926. 道藏本（洞神部众术类，总第 598 册），上海：涵芬楼

贾嵩（唐）撰. 1926. 华阳陶隐居内传. 道藏本（洞真部记传类，总第 151 册），上海：涵芬楼

金华玉女说丹经（宋人撰，名氏不详）. 1988. 道藏·云笈七签本（卷六四），济南：齐鲁书社

金华玉液大丹（唐人撰，名氏不详）. 1926. 道藏本（洞神部众术类，总第 590 册），上海：涵芬楼

---

① 　明·宋应星《天工开物》（卷中）第 53 页及（卷下）第 31 页，崇祯十年刊本。

金陵子（唐）撰. 1926. 龙虎还丹诀. 道藏本（洞神部众术类，总第590册），上海：涵芬楼

金石簿五九数诀（唐人撰，名氏不详），1926. 道藏本（洞神部众术类，总第589册），上海：涵芬楼

金竹坡（唐）撰. 1926. 大丹铅汞论. 道藏本（洞神部众术类，总第596册），上海：涵芬楼

九转灵砂大丹（宋人撰，名氏不详）. 1926. 道藏本（洞神部众术类，总第587册），上海：涵芬楼

九转流珠神仙九丹经（东汉人撰，名氏不详）. 1926. 道藏本（洞神部众术类，总第601册），上海：涵芬楼

寇宗奭（宋）撰. 1926. 图经集注衍义本草. 道藏本（洞神部灵图类，总第535～550册），上海：涵芬楼

李昉（宋）辑纂. 1960. 太平御览. 宋本影印，北京：中华书局

李昉（宋）撰. 1961. 太平广记. 北京：中华书局

李时珍（明）撰，刘衡如校点. 1977. 本草纲目. 北京：人民卫生出版社

李玄光（宋）撰. 1926. 金液还丹百问诀（又名海客论）. 道藏本（洞真部方法类，总第132册，太玄部经名，总第724
册），上海：涵芬楼

刘安（汉）主撰，孙冯翼（清）辑录. 1939. 淮南万毕术. 丛书集成本（初编第694册），上海：商务印书馆

刘安（汉）主撰，陈广忠译注. 1990. 淮南子. 长春：吉林文史出版社

刘基（明，明人伪托）撰，守拙三亭（明）重集校. 火龙经. 手抄本，北京大学图书馆善本库藏

刘景光（东晋）传授，陈显微（宋）校订. 1926. 神仙养生秘术. 道藏本（洞神部众术类，总第599册），上海：涵芬楼

刘文泰（明）修纂. 1982. 本草品汇精要. 北京：人民卫生出版社

卢之颐（明）撰. 1986. 本草乘雅半偈. 北京：人民卫生出版社

陆容（明）撰. 1985. 菽园杂记. 北京：中华书局

吕不韦（秦）主撰，高诱（汉）注，陈奇猷校释. 1984. 吕氏春秋. 上海：学林出版社

吕岩（唐）撰. 1926. 纯阳吕真人药石制. 道藏本（洞神部众术类，总第597册），上海：涵芬楼

茅元仪（明）撰. 1621. 武备志. 天启元年序刻本

梅彪（唐）撰. 1926. 石药尔雅. 道藏本（洞神部众术类，总第588册），上海：涵芬楼

铅汞甲庚至宝集成（宋人辑纂，名氏不详）. 1926. 道藏本（洞神部众术类，总第595册），上海：涵芬楼

三十六水法（汉人撰，名氏不详）. 1926. 道藏本（洞神部众术类，总第597册），上海：涵芬楼

上洞心丹经（唐人撰，名氏不详）. 1926. 道藏本（洞神部众术类，总第600册），上海：涵芬楼

上清太上帝君九真中经（晋人撰，名氏不详）. 1926. 道藏本（正一部经名，总第1042册），上海：涵芬楼

沈知言（唐）撰. 1926. 通玄秘术. 道藏本（洞神部众术类，总第598册），上海：涵芬楼

苏敬（唐）等撰，尚志钧辑复校订. 1981. 新修本草. 合肥：安徽科学技术出版社

苏轼、沈括（宋）合撰. 1939. 苏沈良方. 丛书集成本（初编，第1434册），上海：商务印书馆

苏颂（宋）撰，胡乃长等辑复校注. 1988. 图经本草. 福州：福建科学技术出版社

苏元明（隋）撰，楚泽（唐）增编. 1926. 太清石壁记. 道藏本（洞神部众术类，总第582～583册），上海：涵芬楼

孙思邈（唐）撰，1955. 备急千金药方. 北宋刊本影印，北京：人民卫生出版社

孙思邈（唐）撰. 1988. 太清丹经要诀. 道藏本云笈七签（第十七卷），济南：齐鲁书社

孙星衍、孙冯翼（清）辑. 1963. 神农本草经，北京：人民卫生出版社

太古土兑经（唐人撰，名氏不详）. 1926. 道藏本（洞神部众术类，总第600册）. 上海：涵芬楼

太平惠民和剂局（宋）编，刘景源校点. 1985. 太平惠民和剂局方. 北京：人民卫生出版社

太清金液神气经（晋人撰，名氏不详）. 1926. 道藏本（洞神部众术类，总第583册），上海：涵芬楼

太上卫灵神化九转丹砂法（唐人撰，名氏不详）. 1926. 道藏本（洞神部众术类，总第587册），上海：涵芬楼

汤若望（明）讲授，焦勖述. 1939. 火攻挈要. 丛书集成本（初编，第1491册），上海：商务印书馆

唐慎微（宋）撰，曹孝忠、张存惠（宋）校订增补. 1957. 重修政和经史证类备用本草. 晦明轩刊本，北京：人民卫生出
版社

陶弘景（梁）辑纂，尚志钧辑复. 1986. 名医别录. 北京：人民卫生出版社

陶弘景（梁）辑撰，尚志钧辑校. 1986. 神农本草经集注. 北京：人民卫生出版社

陶宗仪（元）撰. 1959. 墨娥小录. 聚好堂刊本影印，北京：中国书店

王焘（唐）撰. 1955. 外台秘要. 经余居刊本影印，北京：人民卫生出版社

魏伯阳（汉）撰，阴长生（汉）注. 1926. 周易参同契. 道藏本（太玄部经名，第621册），上海：涵芬楼

魏伯阳（汉）撰，陈显微（宋）解. 1926. 周易参同契解. 道藏本（太玄部经名，第628册），上海：涵芬楼

魏伯阳（汉）撰，唐无名氏注. 1926. 周易参同契. 道藏本（太玄部经名，总第624册），上海：涵芬楼

魏伯阳七返丹砂诀（唐人撰，名氏不详）. 1926. 道藏本（洞神部众术类，总第586册），上海：涵芬楼

吴悮（宋）撰. 1926. 丹房须知. 道藏本（洞神部众术类，总第588册），上海：涵芬楼

修炼大丹要旨（宋人撰，名氏不详）. 1926. 道藏本（洞神部众术类，总第591册），上海：涵芬楼

许洞（宋）撰. 1939. 虎钤经. 丛书集成本（初编，第945册），上海：商务印书馆

玄霜掌上录（唐人撰，名氏不详）. 1926. 道藏本（洞神部众术类，总第599册），上海：涵芬楼

轩辕黄帝水经药法（唐人撰，名氏不详）. 1926. 道藏本（洞神部众术类，总第597册），上海：涵芬楼

杨羲（晋）撰. 1926. 太微灵书紫文琅玕华丹神真上经. 道藏本（洞真部方法类，总第120册），上海：涵芬楼

杨羲（晋）撰. 1926. 太上八景四蕊紫浆五珠绛生神丹方. 道藏本（正一部经名，总第1042册），上海：涵芬楼

阴长生（汉）注. 1988. 太清金液神丹经，道藏·云笈七签本（卷六五），济南：齐鲁书社

阴长生（汉，唐人伪托）撰. 1926. 金碧五相类参同契. 道藏本（洞神部众术类，总第589册），上海：涵芬楼

阴真君金石五相类（唐人撰，名氏不详）. 1926. 道藏本（洞神部众术类，总第589册），上海：涵芬楼

玉清隐书（唐人撰，名氏不详）. 1926. 道藏本（洞神部众术类，总第599册），上海：涵芬楼

张德元（宋）撰. 1926. 丹论诀旨心鉴. 道藏本（洞神部众术类，总第598册），上海：涵芬楼

张果（唐）撰. 1926. 玉洞大神丹砂真要诀. 道藏本（洞神部众术类，总第587册），上海：涵芬楼

张九垓（唐）撰. 1926. 张真人金石灵砂论. 道藏本（洞神部众术类，总第586册），上海：涵芬楼

曾慥（宋）撰. 1926. 道枢. 道藏本（太玄部经名，总第641~648册），上海：涵芬楼

曾公亮、丁度（宋）撰. 武经总要. 文渊阁四库全书本影印，台北：商务印书馆

郑玄（汉）注，贾公彦（唐）疏. 1935. 周礼注疏. 阮刻十三经注疏本（国学整理社编辑），上海：世界书局

真元妙道要略（唐或五代人撰，伪托郑思远）. 1926. 道藏本（洞神部众术类，总第596册）. 上海：涵芬楼

周振甫著. 1991. 周易译注. 北京：中华书局

诸家神品丹法（宋人辑纂，名氏不详）. 1926. 道藏本（洞神部众术类，总第594册），上海：涵芬楼

朱熹（宋）撰. 1936. 周易参同契考异. 四部备要本，上海：中华书局

研究文献

巴特勒、格莱德维尔、李约瑟，孟乃昌译. 1984. 朱砂的溶解—六世纪中国炼丹术—配方的解释. 自然科学史研究，3（3）：217~223

曹元宇. 1933. 中国古代金丹家的设备和方法. 科学，17（1）：35~54

曹元宇. 1979. 中国化学史话. 南京：江苏科学技术出版社

陈国符著. 1983. 道藏源流续考. 台北：明文书局

陈国符. 1957. 说《周易参同契》. 天津大学学报，第6期：11~19

冯家昇著. 1954. 火药的发明和西传. 南京：华东人民出版社

郭正谊. 1981. 火药发明史料的一点探讨. 化学通报（第6期）

孟乃昌. 1989. 火药发明探源. 自然科学史研究，8（2）：147~157

郭正谊. 1982. 从《龙虎还丹诀》看我国炼丹家对化学的贡献. 自然科学史研究，2（2）：112~117

何丙郁. 1986.《造化指南》研究. 见李国豪主编：中国科技史探索（357~366），上海：上海古籍出版社

黄素封. 1945. 中国炼丹术考证. 中华医学杂志，31（1、2合期）：153~173

黄兆汉编. 1989.《道藏》丹药异名索引. 台北：台湾学生书局

金正耀. 1990. 唐代道教外丹. 历史研究（第2期）：53~68

李大经等编著. 1988. 中国矿物药. 北京：地质出版社

李俊甫. 1963. 论中国古代炼丹书《参同契》. 新乡师范学院学报，4（1）：8~33

李约瑟著，张仪尊、刘广定译. 1982. 中国之科学与文明（第十四册）——炼丹术和化学. 台北：商务印书馆

李约瑟等. 王奎克节译. 1963.《三十六水法》——中国古代关于水溶液的一种早期炼丹文献. 科技史文集（第5辑：67~81）

刘友梁编著. 1962. 矿物药与丹药. 上海：上海科学技术出版社

吕为霖. 1964. 几种升丹和降丹炼制过程的初步化学研究. 药物学报，10（8）

马王堆汉墓帛书整理小组编. 1979. 五十二病方. 北京：文物出版社

孟乃昌. 1982. 王屋山与硫黄. 太原工业学院（第 2 期）

孟乃昌. 1984.《孙真人丹经》内伏火硫黄法的模拟实验研究. 太原工业大学学报（第 4 期：129～138）

孟乃昌. 1991. 中国古代火药理论体系. 自然科学史研究，10（2）：157～164

孟乃昌. 1983. 汉唐消石名实考辨. 自然科学史研究，2（2）：97～111

孟乃昌. 1983. 唐、宋、元、明应用消石的历史. 扬州师范学院自然科学学报（第 2 期）

孟乃昌. 1987. 中国炼丹术‘还丹’的演变. 自然科学史研究，6（2）：123～130

孟乃昌等. 1984. 中国炼丹术伏硫黄、硝石、硇砂诸法的实验研究. 自然科学史研究，3（2）：113～127

孟乃昌. 1966. 关于中国炼丹术中硝酸的应用. 科技史文集（第 9 辑：24～30），上海：上海科学技术出版社

孟乃昌. 1983.《周易参同契》的实验和理论. 太原工业学院学报（第 3 期）

孟乃昌. 1958.《周易参同契》及其中的化学知识. 化学通报（第 7 期：443～447）

孟乃昌等. 1985. 中国炼丹术‘金液’丹的模拟实验研究. 自然科学史研究，4（1）：6～21

孟乃昌等. 1986. 中国炼丹术‘朱砂水法’模拟实验研究. 自然科学史研究，5（3）：215～225

孟乃昌. 1986. 中国炼丹术的基本理论是铅汞论. 世界宗教研究（第 2 期）

潘吉星. 1989. 论中国古代火药的发明及其制造技术. 科技史文集（第 15 辑：31～48），上海：上海科学技术出版社

王奎克、朱晟. 1982. 砷的历史在中国. 自然科学史研究，1（2）：115～126

王奎克. 1964. 中国炼丹术中的‘金液’和华池. 科学史集刊（第 7 辑：53～62）

王嘉荫著. 1957. 本草纲目的矿物史料. 北京：科学出版社

王明著. 1984. 道教和道教思想研究（241～292 页）. 北京：中国社会科学出版社

王祖陶. 1990. 易学思想在中国炼丹术中的应用. 自然科学史研究，9（3）：238～247

谢海洲等. 1963. 有关汞及炼丹的历史. 哈尔滨中医，6（3）：52～54

薛愚主编. 1984. 中国药学料. 北京：人民卫生出版社

薛愚. 1942. 道家仙药之化学观. 学思（第 5 期：24～31）

俞慎初. 1957. 祖国炼丹术与制药化学的发展. 浙江中医杂志（第 8 期：28～30）

袁翰青著. 1956. 中国化学史论文集. 北京：三联书店

张觉人. 1978. 略论古代的化学制药——炼丹术. 浙江中医学院学报（第 1 期）

张觉人著. 1981. 中国炼丹术与丹药. 成都：四川人民出版社

章鸿钊著. 1993. 石雅. 上海：上海古籍出版社

张英甫、张子丰. 1932. 河南火硝土盐之调查. 天津：黄海化学工业研究社

张育明. 1964. 我国利用硫铁矿制硫史初步考证. 化学通报（第 2 期：61～63）

张子高著. 1974. 中国化学史稿（古代之部）. 北京：科学出版社

赵匡华、郭正谊. 1984. 台湾土法炼硫考释. 中国科技史料，5（1）：58～62

赵匡华. 1984. 我国古代抽砂炼汞的演进及其化学成就. 自然科学史研究，4（3）：199～211

赵匡华、张清建. 1990. 中国古代的铅化学. 自然科学史研究，9（3）：248～257

赵匡华等. 1983. 我国金丹术中砷白铜的源流与验证. 自然科学史研究，2（1）：24～31

赵匡华、骆萌. 1984. 关于我国古代取得单质砷的进一步确证与实验研究. 自然科学史研究，3（2）：105～112

赵匡华、张惠珍. 1985. 中国炼丹家最早发现元素砷. 化学通报（第 10 期：57～60）

赵匡华等. 1986. 中国金丹术中的"彩色金"及其实验研究. 自然科学史研究，5（1）：1～10

赵匡华、张惠珍. 1987. 中国古代炼丹术中诸药金、药银的考释与模拟实验研究. 自然科学史研究，6（2）：105～122

赵匡华、吴琅宇. 1983. 关于中国炼丹术和医药化学制轻粉、粉霜诸方的实验研究. 自然科学史研究，2（3）：204～212

赵匡华、曾敬民. 1988. 中国古代炼丹术及医药学中的氧化汞. 自然科学史研究，7（4）：356～366

赵匡华. 1989. 中国炼丹术中的"黄芽"辨析. 自然科学史研究，8（4）：350～360

赵匡华. 1989. 中国炼丹术"伏火"试探. 科技史文集（第 15 辑：132～140），上海：上海科学技术出版社

赵匡华著. 1989. 中国炼丹术. 香港：中华书局

赵匡华. 1993. 中国炼丹术思想试析. 国学研究（北京大学中国传统文化研究中心主编，第 1 期：21～65），北京：北京大学出版社

赵匡华. 1984. 狐刚子及其对中国古代化学的卓越贡献. 自然科学史研究，3（3）：224～235

赵匡华. 1987. 中国历代‘黄铜’考释. 自然科学史研究，6（4）：323～331

赵匡华、张惠珍. 1985. 汉代疡科‘五毒方’的源流及实验研究. 自然科学史研究，4（3）：199～211

郑同等. 1982. 单质砷炼制史的研究. 自然科学史研究，1（2）：127～130

周嘉华. 1989. 明代火药初探. 科技史文集（第15辑：49～57），上海：上海科学技术出版社

朱晟. 1957. 我国人民用水银的历史. 化学通报（第4期：64～69）

朱晟. 1978. 中国古代关于铅的化学知识. 化学通报（第3期）

益富寿之助〔日本〕. 1975. 正倉院藥物在中心とする古代石藥的研究. 〔日本〕日本地学研究館

朝比奈泰彦〔日本〕编修. 1955. 正倉院藥物. 日本大阪：大阪植物文獻刊行会

Needham J.（李约瑟）. 1976. Science and civilisation in China, Vol 5, Part Ⅲ, Cambridge.

（赵匡华）

第六章　中国古代盐、硝、矾的化学

在中国古代的无机盐化学工艺中，主要包括盐、硝、矾三大类。盐又可依在自然界中存在状态的不同分为石盐、池盐、海盐、井盐和土盐等等；硝则实际上应包括硝石、芒硝以及卤碱等不同的物质；矾更是多种多样，有白矾、绿矾、胆矾、黄矾、绛矾，五颜六色，从化学成分上说，它们都是金属的硫酸盐（除绛矾外）。这批无机盐中，食盐在国计民生中占着独特的地位，在中国古代它与铁构成了国民经济的两大台柱；硝中的焰硝是火药发明的关键，是其成分中的核心物质；矾则广泛用于染色，美化着人民的生活。而所有这三类物质又都是中国古代医药和炼丹术活动中的重要角色，将它们与其他药物合炼，曾制造出了众多的人工合成制剂。所以中国古代对这三类物质的采集、识别、鉴定、提纯、性质、功能都曾作了广泛的研究，除了它们在制药化学中的应用外，关于它们的鉴定、加工、提纯也是中国古代化学中很有科学价值的一页。

一　中国古代对食盐的认识及开采技术

食盐是人类生存、生长所必需的营养品，所以当人类开始步入农业时代，逐步告别渔猎时代，结束了茹毛饮血的生活时，食物开始进步到以谷物为主，原来主要从禽兽血肉中汲取的食盐，就要到自然界中去寻找其新的来源，加以弥补，于是海盐、池盐便很快进入人们的生活，加工他们的工艺劳作也就兴起来了。

先秦古籍《世本》谓："黄帝时，诸侯有夙沙氏，始以海水煮乳煎成盐，其色有青、黄、白、黑、紫五样。"[①] 明人罗颀的《物原》也宗此说，谓："轩辕臣夙沙作盐。"[②] 另许慎《说文》也称："古者宿沙初作煮海盐。"但据宋人罗泌的《路史》，注谓："夙沙即宿沙，又称质沙，炎帝之诸侯，煮海为盐。"[③] 又据汉人刘向的《说苑》，谓："夙沙之民自攻其主而归神农"；《通鉴长编》也说："炎帝世诸侯夙沙氏叛。"于是又有人认为夙沙乃炎帝所辖部族中的一个诸侯国，而非人名。[④] 但无论怎样，夙沙首创煮海为盐之事被认为是发生在大约距今五、六千年前的黄帝、神农的时代。那时我国中原先民正处在新石器时代的中后期，已从渔猎过渡到农耕时代。所以说，那个时期开始作盐，大致是符合实际的。《尚书·禹贡》记载："青州厥贡盐、绨。"[⑤] 夏禹已命青州贡盐，表明渤海沿岸及泰山一带那时就已是盛产盐的地区。《周礼·天官冢宰篇》记载：周代天官冢宰下属中设有"盐人"，其职"掌盐之政令，以共

---

① 《世本》（卷一）第 16 页，宋人宋衷注，《丛书集成》初编第 3699 册；又《北堂书钞》引《世本》云："夙沙氏始煮海为盐。夙沙黄帝臣。"

② 明·罗颀《物原》第 26 页，《丛书集成》初编，第 0182 册。

③ 宋·罗泌著，宋·男苹注《路史》后纪第四卷第 75 页，《四部备要》史部杂史。

④ 见田秋野、周维亮合编《中华盐业史》第 49 页，台湾商务印书馆出版，1979 年。

⑤ 见《尚书·正义·夏书禹贡》第 36 页，国学整理社出版《十三经注疏》本总第 148 页。世界书局，1935 年。

（供）百事之盐。"① 其时，祭祀中供用"苦盐"和"散盐"，"苦盐"即出于盐池之颗盐；"散盐"是"煮水为之，出于东海"的海盐；而王者膳食中则用饴盐，即"盐之恬者"，据说就是戎盐（石盐）；接待宾客则用"形盐"和"散盐"，"形盐"者据说是"盐之似虎形"者，当是一种重结晶的再制盐。可见周代时已开发了多种盐的资源，并进行适当加工了。春秋时期，管仲相齐，开始设税盐官，在那时，盐的消耗量已相当大。此后历代都对盐务设官课税，盐税成为国家的大宗岁入。

梁代时医药学家陶弘景在其《本草经集注》中已对各种盐作了相当全面的概述，② 他说："五味之中惟此不可缺。有东海、北海盐及河东盐池；梁、益盐井；交、广有南海盐；西羌有山盐；胡中有树盐③。而色类不同，以河东者为胜。"及至北宋，沈括撰《梦溪笔谈》（卷十一）便翔实地叙述了当时各类食盐供应地区的分布情况，谓：

> 盐之品至多，前史所载，夷狄间自有十余种。中国所出，亦不减数十种。今公私通行者四种：一者"末盐"，海盐也，河北、京东（按：包括今鲁、苏、豫三省部分地区）、淮南（包括今苏、皖两省之江北地区及豫、鄂部分地区）、两浙、江南东西（指北宋时江南东路与江南西路，共包括今皖南及赣、苏、鄂部分地区）、荆湖南北（指北宋时的荆湖南路和荆湖北路，包括今湖南大部地区和湖北之南与西南地区）、福建、广南东西（指北宋时的广南东路和广南西路，包括今广东大部地区、海南省及广西东部地区）十一路食之。其次"颗盐"，解州（今山西运城地区）盐泽及晋（今山西临汾）、绛（今山西新绛）、潞（今山西长治）、泽（今山西晋城）所出，京畿（今河南开封）、南京（今河南商丘）、京西（今河南西部和南部以及鄂、陕部分地区）、陕西、河东（今山西大部及甘肃、内蒙部分地区）、襄（今陕西襄城一带）、剑（今四川剑阁一带）等处食之。又次"井盐"，凿井取之，益（今四川成都）、梓（今四川三台）、利（今四川广元）、夔（今四川奉节）四路食之。又次"崖盐"，生于土崖之间，阶（今甘肃武都）、成（今甘肃成县）、凤（今陕西凤县）等州食之。④

《明史·食货四》则进一步对全国各地产盐区的生产方式作了非常概括的说明，谓：

> 盐所产不同：解州之盐（池盐），风水所结；宁夏之盐（碱盐）刮地得之；淮、浙之盐（海盐），熬波；川、滇之盐（井盐），汲井；闽、粤之盐（海盐），积卤；淮南之盐（海盐），煎；淮北之盐（海盐），晒；山东之盐，有煎有晒，此其大较也。⑤

这些记载已可使我们对中国古代的盐业生产有个基本的了解。据史籍记载并结合对近代

---

① 见《周礼注疏·天官冢宰》第 3～37 页，《十三经注疏》总第 641 及 675 页。

② 见宋·唐慎微撰《重修政和经史证类备用本草》第 106 页，1957 年人民卫生出版社影印张存惠原刻晦明轩刻本。

③ "树盐"及"树叶盐"，古籍中多有记载。《魏书·勿吉传》谓："勿吉国（今黑龙江、吉林东部）水气咸凝，盐生树上。"《北史》谓："新罗水气咸，盐生于木皮之上。"《唐书》谓："黑山靺鞨有盐泉气蒸发，盐凝树颠。"但这是一种误解。夏湘蓉指出："按东北地区所产柽柳属植物及内蒙古、西北地区所产的杨柳科植物胡桐等都是典型的泌盐植物，干燥时树叶上出现一层盐霜，可以刮下供食用。"见夏湘蓉等著《中国古代矿业开发史》第 358 页，地质出版社，1980 年。

④ 见《元刊梦溪笔谈》卷十一之第 21～23 页，文物出版社 1975 年据《古迂陈氏家藏梦溪笔谈》影印，系元大德九年东山书院刻本。

⑤ 见《明史》（卷八十）第 7 册总第 1935 页，中华书局，1976 年。

盐业生产的社会调查，现对这些盐的性状、开采历史和生产工艺的演进作进一步的探讨。

（一）采掘石盐

石盐又名岩盐，是自然界中天然形成的食盐晶体，可以直接取来应用。这种盐的精上之品呈玻璃光泽，无色透明或白色，晶形为正立方体，往往"累累相缀，如棋之积"，所以又称"光明盐"、"水晶盐"、"玉华盐"和"白盐"。有的则因混入一些金属化合物的杂质或污泥，而带有某种特殊的色调。

这类石盐，有的生于盐池之下。《本草经集注》便提到："河南盐池泥中，自然凝盐如石片，打破皆方，青黑色。"这是不纯净者。而更有上品者，如《唐·新修本草》（卷四）谓："光明盐，……生盐州五原（今陕西定边）。盐池下凿取之。大者如升，皆正方光澈。一名石盐。"[①]《本草纲目》也提到："石盐，……水产者生池底，状如水晶、石英，出西域诸处。"

有的石盐则生于地下，须掘土挖取。如晋人宋膺《凉州异物志》谓："姜（羌）赖之墟，今称龙城，……刚卤千里，蒺藜之形，其下有盐，累棋而生。"[②]北魏郦道元的《水经注》（卷二）也谓："龙城（在今新疆罗布泊东北）故羌赖之虚，胡之大国也。……地广千里，皆为盐而刚坚也，……掘发其下，有大盐方如巨枕，以次相累。"[③]《梁四公［子记］》谓："交河之间平碛中，掘深数尺有末盐，如红如紫，色鲜味甘，食之止痛。"[④]

但最主要的石盐则是自盐井或盐湖中自然凝结析出的。《水经注》（卷三十三）曾提及：汤溪"水源出［朐忍］县（今四川云阳县西）北六百余里上庸界，南流历其县，翼带盐井一百所，巴川资以自给，粒大者方寸，中央隆起，形如张伞，故因名之曰伞子盐。有不成者，形亦必方，异于常盐矣。"[⑤]这种盐形状怪异，颇有名声，陶弘景《本草经集注》亦云："巴东朐腮县北岸（崖）有盐井，盐水自凝生粥（伞）子盐，方一、二寸，中央突起如伞形，亦有方如石膏、博棋者。"唐人段成式《酉阳杂俎》（前集卷之十）也提到："朐腮县盐井，有盐方寸，中央隆起如张伞，名曰伞子盐。"[⑥]矿物学家夏湘蓉对这种盐曾解释说："在现在盐湖里，当平静的天气，水分急剧蒸发时，卤液表面常形成无数浮游的石盐'结晶小艇'，这就是石盐的规则连生体——伞子盐。"[⑦]这类石盐则广泛出现于我国西北的广大地区，因为那里的内陆湖星罗棋布，气候干热，盐湖表面经常厚厚地凝结着晶莹的石盐。由于这些地区在古代属于胡人居处的地带，所以那里所产的石盐统称为"戎盐"，也称"胡盐"、"羌盐"。早在秦汉之际，戎盐便从那里大量贩运到中原地区，成为我国食盐的主要来源之一。如上文所说，戎盐常具有某种特殊颜色，古籍中对此也不乏记载，例如唐人段公路《北户录》（卷二）谓："按盐有赤盐、紫盐、黑盐、青盐、黄盐，……琴湖池桃花盐色如桃花，随月盈缩，在张掖西北，隋开

① 《唐·新修本草》尚志钧辑校本第123页。
② 见宋·李昉等修撰《太平御览》（卷八六五）第3840页，中华书局1960年。
③ 见王国维校《水经注校》第43页，上海人民出版社，1984年。
④ 《梁四公》见《太平广记》第二册卷八十一，517页，中华书局版。亦见《太平御览》卷八六五，中华书局版第3840页。
⑤ 见王国维校《水经注校》第1057～1058页。
⑥ 唐·段成式《酉阳杂俎》第96页，中华书局，1981年。
⑦ 见夏湘蓉等著《中国古代矿业开发史》第360页。

皇中常进焉。"① 宋人苏颂：《图经本草》（卷二）也曾着重指出："今青盐从西羌来者，形块方棱，明莹而青黑色，最奇。"② 又明人陆容：《菽园杂记》（卷一）也有记载："甘肃、灵（宁）夏之地又有青、黄、红盐三种，皆生池中。"③ 当然，戎盐也并不都是凝结于盐池水面，也有处于泥下、山崖之上者。

石盐中还有重要的一种即生于山谷之中、石崖之上，称为崖盐。《名医别录》谓："戎盐一名胡盐，生胡盐山及西羌北地及酒泉福禄城东南角。"《唐·新修本草》进一步指出："戎盐即胡盐，沙州（今甘肃敦煌）名为秃登盐，廓州（今青海西宁市南）名为阴土盐，生河岸山坡之阴土石间，块大小不常，坚白似石，烧之不鸣咤（咤，音宅，裂也）者。"④《新唐书·地理志》也提到："陇石道·肃州·玉门，北有狄登山，出盐以充贡。"⑤ 这就是戎盐生于山崖者。及至《梦溪笔谈》问世，它又提到了更广阔的崖盐产区："崖盐生于土崖之间，阶、成、凤等州食之。"至明代宋应星撰《天工开物》，亦称"凡西省阶、凤等邑，……其岩穴自生盐，色如红土，恣人刮取，不假煎炼。"前文提到《周礼·天官·盐人》记载有"形盐"，据郑众注释，此盐就是出自西北盐山的戎盐，可见我国利用岩盐的历史源远流长。

石盐中还有一种是含硅酸盐较多的所谓咸石，须经煎炼提取，才能食用。例如晋人杜预《益州记》所载："汶山（四川北部）有咸石，先以水渍，既而煎之。"⑥ 又如晋·王隐《晋书·地道记》谓："巴东郡［朐忍县］入汤口四十三里，有石，煮以为盐。石大者如升，小者如拳，煮之，水竭盐成。"⑦《菽园杂记》（卷一）更有一段有趣的记载，谓："环（今宁夏环县）、庆（今宁夏庆阳）之墟有盐池，……池底又有盐根如石，土人取之，规为盘盂。凡煮肉，贮其中炒匀，皆有咸味。用之年久，则日渐销薄。"⑧ 这种咸石与近代云南所产的"砿"极为相似。""砿"为矿洞中挖出之盐岩层，状如煤块，呈淡灰色，含量高者每百斤砿块泡卤后，可煎盐三四十斤"。⑨ 估计"咸石"就是这种埋藏较浅的岩盐。开硐采砿的方法与地下人工采煤的作业略同，劳动强度很大，至民国初期仍有生产。

（二）垦畦汲卤，晒制池盐

池盐，即内陆湖盐，指盐湖中天然结晶或以盐湖表面卤水晒制的盐。中国的盐池主要分布在西部和北部的干旱-半干旱气候的地带，即西起新疆，向东经青海、藏北、陕西、甘肃、宁夏、内蒙古、山西直至吉林和黑龙江等省分的广大地区中。在中国历史上，池盐的最早，也是最著名的产地是解州盐池，即今日山西运城盐湖，所以也称之为解盐。

近几十年来，古人类学家们相继在山西襄汾发现了"丁村人"、在陕西发现了"蓝田人"、在西安市郊发现了"半坡人"等的遗址，它们分属于旧石器时代和新石器时代仰韶文化。值

① 唐·段公路：《北户录》第 26 页，《丛书集成》初编第 3021 册。
② 宋·苏颂：《图经本草》第 39 页，胡乃长辑注本，福建科技出版社，1988 年。
③ 明·陆容：《菽园杂记》（卷一）第 3 页，中华书局出版，1985 年。
④ 见《唐·新修本草》尚志钧辑校本第 134～135 页。
⑤ 见《新唐书》卷四十，第 4 册，总 1046 页，中华书局，1975 年。
⑥ 见《太平御览》卷八六五第 3841 页引杜预《益州记》文。
⑦ 晋·王隐撰，清·毕沅集《晋书地道记》第 23 页，《丛书集成》初编总 3059 册；参看《中华盐业史》第 100 页。
⑧ 明·陆客：《菽园杂记》第 3 页，中华书局，1985 年。
⑨ 见田秋野、周维亮《中华盐业史》第 431 页。

得注意的是，在进入新石器时代以后，自半坡氏族开始，中国最早的一批原始公社部落就纷纷都以山西运城为中心，在黄河中游两岸聚居，甚至相互争战。从自然条件看，除因这一地区土地肥沃、气候温凉适宜，有众多水源和丰富的动植物资源外，而运城解池盛产食盐也是个至关重要的原因。又据历史文献和考古发掘：今临汾市南郊有尧都古迹，今永济县薄州镇东南有舜都故址，今夏县禹王城是禹都遗址，同时又为夏朝国都。此外，距夏县城北十二里的西阴村相传为西陵氏之女、黄帝之妻、我国养蚕织丝的发明者嫘祖的故乡；运城平原北侧的稷王山相传为后稷教民稼穑之地。其后几个奴隶社会和封建社会的主要国都也都建在距运城盐湖不太远的西安、咸阳、洛阳、开封及许昌等地。显而易见，当时建都选址与解池的精盐也不无关系。

关于运城盐湖的开发源远流长。《战国策》谓"骥之齿至矣，服（驾）盐车而上太行，……负辕而不能上"，就是描写驱赶良马驾着运盐的车攀登太行山时的劳累情景。所运的盐大概就是山西安邑、解州等处所产的池盐。[①]《山海经》中则有"景山，南望盐贩之泽"之语[②]，据晋·郭璞注："即解县盐池也。"这是明确提到解州的。《周礼·天官·盐人》谓："祭祀共其苦盐、散盐。"据唐人司马贞《史记索隐·货殖列传》考证："盬，音古。……杜子春以读苦为盬，谓出盐直用不炼冶。一说，云盬，河东大盐。"又《说文·盐部》云："盬，河东盐池，袤五十一里，广七里，周百十六里。"[③] 所以古人特意造了个"盬"字来指称盐池和解州的池盐。表明春秋时期池盐已很受重视。

自原始社会后期到春秋之季，运城盐湖的生产方式大概还只是组织大批人力采捞由卤水中自然析出的食盐结晶，即那时的解州池盐还属于石盐。池盐开发的正式记载始见于《左传》，谓：成公六年"晋人谋去故绛（按在今山西临汾南），诸大夫皆曰：'必居郇、瑕氏之地，沃饶而近盬，国利君乐，不可失也。'"[④]可见当时河东大盐的开采获利丰厚。《水经注》（卷六）对这句话又做了考释，谓[④]："《汉书·地理志》曰：'盐池在安邑西南。'今池水东西七十里，南北十七里，紫色澄渟，浑而不流，水出石盐，自然印成，朝取夕复，终无减损。唯水暴，雨潦甘潦奔迭，则盐池用耗。故公私共竭水径，防其淫滥，故谓之盐水，亦为竭水也。 故《山海经》谓之盐贩之泽也。……《春秋》（按指《春秋左氏传》，即《左传》）成公六年，晋谋去故绛，大夫曰：'郇，瑕也，沃饶近盬。'服虔曰：'土平有溉曰沃，盬，盐也。'土人乡俗引水沃麻，分灌川野，畦水耗竭，土自成盐，即所谓咸鹾也。而味苦，号曰盐田，盐盬之名，始资是矣。"[⑤]依此论，春秋时解州盐民便已采用原始的天日晒盐法了。因为运城盐湖卤水属 $SO_4^{2-} \cdot Cl^- $—$Na^+ \cdot Mg^{2+}$ 型，氯化钠含量相对来说并不很高，[⑥]经长期不间断地"集工采捞"后，卤水含盐量要显著下降，自然结晶的石盐必然越来越少。而随着中原人口的增

① 参看夏湘蓉《中国古代矿业开发史》第 362 页。

② 见袁珂校注《山海经校注》第 89 页，上海古籍出版社，1980 年。

③ 参看《周礼注疏》第 37 页"苦盐"之郑众注文；另见许慎《说文解字》第 247 页，中华书局影印，1963 年。

④ 参看王守谦等《左传全译》第 635 页，贵州人民出版社，1990 年。

⑤ 王国维校《水经注校》第 223～224 页。

⑥ 据山西地质局调查资料。1965 年运城盐湖表面卤水的成分如下：

	NaCl	Na₂SO₄	MgSO₄	CaSO₄	K⁺
含量（克/升）	16.07	21.94	12.64	2.8	0.3

长，盐的需要量却在不断增加。所以这种形势必然促使当地盐民（亭户）开始试用卤水晒盐。若此工艺肇兴于春秋时期，那么这在世界盐业史上要算走在前列了。当然，此后"集工捞采"的原始方式仍在持续着。

及至盛唐时期，安邑、解州的池盐日晒法趋于成熟，形成了"垦畦浇晒"的完整工艺。唐人张守节在其《史记正义》对此有翔实的记载："河东盐池畦种，作畦若种韭一畦，天雨下池中，咸淡得均。既驮池中水上畦中，深一尺许，以日曝之，五六日则成盐，若白矾石，大小若双陆。及暮则呼为畦盐。"① 这种人工垦地建畦，将经天雨适当稀释的卤水引入畦内，再靠天日、风吹蒸发浓缩晒制食盐的方法，能够从 $SO_4^{2-} \cdot Cl^- —Na^+ \cdot Mg^{2+}$ 型的复杂体系中使食盐单独结晶析出。这样便使池盐的产量猛增，品质也得到改善。《新唐书·食货志》记载了当时解池的产盐量，谓："蒲州安邑、解县有池五，总曰两池，岁岁得盐万斛（按唐代仍以十斗为一斛），以供京师。"②

自唐以后，这种"垦畦浇晒"的方法得到大力推广，并应用于海盐的晒制。有关记载更是陆续不绝。如《图经本草》谓："解人取盐，于池旁耕地，沃以池水，每临南风急，则宿昔成盐满畦，彼人谓之种盐。"③ 书中并附有精美插图（图 6-1）。

图 6-1　宋代解州盐池
（摘自《重修政和经史证类备用本草》）

李时珍《本草纲目》谓：④"池盐出河东安邑、西夏灵州（宁夏灵武）。今惟解州种之。疏卤地为畦垄，而堑围之。引清（按应作池）水注入，久则色赤。待夏秋南风大起，则一夜结

① 唐·张守节《史记正义》，四库全书·史部正史类。参看柴继光："潞盐生产的奥秘探析"、李长吉："河东盐池开发史略"。
② 《新唐书·食货志》（卷五十四）第 5 册总第 1377 页，中华书局，1975 年。
③ 见胡乃长辑复本《图经本草》第 39～41 页，福建科学技术出版社，1988 年。
④ 《本草纲目》第一册第 630 页。

成，谓之盐南风。"值得注意的是，宋代时还是以耕地为畦，而至明代时已改以卤地为畦，一字之差，却反映了池盐日晒法的一项重大进步。据我们的考察，得知所谓"卤地"者乃是覆满硝板的湖边地。把它加工为畦晒盐，可能是盐民的实践经验总结，当然也可能是原湖边耕地，被开畦晒盐后经年累月，硝质沉积而成硝板卤地。我们曾对运城盐湖的这项传统晒盐工艺进行了实地考察，情况大致如下：[①] 在硝板上构筑结晶畦，靠人工将"滩水"（即盐池表面卤水）引入蓄卤池，经一段时间的蒸发、浓缩卤水，并使难溶的石膏成分先行结晶析出，及至卤水中盐分达到一定浓度后，再引入下一级蓄卤池，继续通过日晒蒸发、浓缩，并先让硫酸盐矿物，如白钠镁矾（$Na_2SO_4 \cdot MgSO_4 \cdot 4H_2O$）和芒硝（$Na_2SO_4 \cdot 10H_2O$）结晶沉淀，然后再一次引入更下一级的蓄卤池，作进一步蒸发、浓缩。每一次转移卤水时都用"过笭"滤去沉淀物。最后将除去大部分硫酸盐的卤水移入晒盐畦中，配以淡水，再进行曝晒，使盐析出。所谓硝板，在运城盐湖区及其附近分布广泛，它是历代生产池盐后废弃的固体堆积物，主要成分即上述白钠镁矾和芒硝。结晶畦就构筑其上。一畦面积不等，小者仅一、二亩，大者可十亩以上。硝板表面非常坚硬，如同石板，下面都有蜂窝状空隙。至于为何有意在硝板卤地上修畦，至少客观上的原因有二：其一，有利于白钠镁矾和芒硝的结晶；其二，既吸热又保温，使卤水温度稳定在一定区间，有利于食盐与硫酸盐矿物质的分离。再者，池盐卤水过完最后一道"净水笭"之后，送入食盐结晶畦后，如上文所述还要向畦内施放适量淡水。这种做法的目的是把白钠镁矾的细微结晶全部溶去，当尔后再蒸发到一定程度，食盐就可能"抢先"析出结晶，而那些硫酸盐矿物易处于过饱和的亚稳状态而保留在卤水中。这种做法，古人似早以采用，例如前文已提到《史记正义》中就已有"天雨下池中，咸淡得均"的话，当然，张守节当时未必懂得令卤水"咸淡得均"的奥妙和道理；再如沈括在其《梦溪笔谈》（卷三）中更明确记述道："解州盐泽……卤色正赤，在版泉之下，俚俗谓之'蚩尤血'。惟中间有一泉，乃是甘泉，得此水然后可以聚（按指结晶出食盐）。……大卤之水，不得甘泉和之，不能成盐。"据考证，甘泉在今盐池卧云岗池神庙的东南侧，宋崇宁间曾封之为"普济公"，并建此神庙。此外，宋应星《天工开物》（卷五）还提及："土人种盐者，池旁耕地为畦陇，引清水入所耕畦，忌浊水参入，即淤淀盐脉。"[②]《梦溪笔谈》（卷三）对此很早就有更确切的说明："唯巫咸水入，则盐不复结，……为盐泽之患，筑大堤以防之，甚于备寇盗。原其理，盖巫咸乃浊水，入卤中则淤淀卤脉，盐遂不成，非有他异也。"[③] 显然这是由于"浊水"遇"盐水"，引起水中胶态泥浆的沉淀，所以有淤塞盐脉之虞。

最后需要探讨一下南风成盐的作用。据沈括说："解州盐泽之南，秋夏间多大风，谓之'盐南风'。其势发屋拔木，几欲动地。然东与南皆不过中条［山］，西不过席张铺，北不过鸣条，纵广止于十里之间。解盐不得此风不冰，盖大卤之气相感，莫知其然也。"[④] 那么究竟为什么盐民独睐"南风"？其他方向的风又有何影响？根据《河东盐法备览》（卷五）中的〈坐商门·浇晒〉记载：如遇"东北、西南风，盐花不浮，满畦如沸粥状，谓之'粥发'，味苦色

---

① 参看赵宇彤《运城盐湖晒盐工艺调查报告》，北京大学化学系研究生社会调查资料，1992 年。

② 《天工开物》崇祯十年刊本上卷第六八。

③ 见《元刊梦溪笔谈》卷三之第 9～10 页。

④ 见《元刊梦溪笔谈》第二四之第 3 页。此外宋·王得臣《麈史·占验》谓："解、梁盛夏，以池水入畦，谓之种盐，不得南风，则盐不成，洛谓之'盐风'。"又宋·赵彦卫《云麓漫钞》（卷二）谓："解州盐池，……其庸于官而种盐者曰'揽户'，治畦其旁，盛夏引水灌畦而种之，得东南风，一夕而成，取而暴之。"

恶，不堪食用，须刮弃畦外。"① 可见，这种情况发生的根本原因大概是东北风或西风会使气温骤降，造成芒硝或钙芒硝的结晶析出，混入食盐晶粒中。所谓"粥发"是卤水中芒硝、钙芒硝的微晶核大量析出、欲结晶又未结晶的混沌状态。因此这将导致此后结晶的食盐"味苦色恶"，池盐生产失败；而南风为热风，即可使卤水加速蒸发，食盐结晶"一夜结成"，又而稍稍提高了芒硝等硫酸盐的溶解度而抑制了它们的结晶。

（三）熬波煮海与淋沙煎卤

中国先民煮海作盐的活动传说兴起于神农教民稼穑的时代，如前文所说，这是可信的。至于初期的加工过程是怎样的，现在已不可考了。鉴于海水中的食盐含量并不算很高，每公斤海水中平均大约含有 27 克②，而食盐的浓度要达到每公斤海水含 265 克时（30℃）才会结晶出来，所以若直接煮海水提取食盐，燃料要消耗很大，效率相当低。估计中国沿海盐民很早时就已先加工海水为卤水（即适当浓缩食盐），然后再煎煮为食盐，可能与后世宋人（如下文中《图经本草》所记）的举措相似，或是它的某种雏形。

关于煮海卤为盐的史料，今存最早的可算《管子·地数篇》，其中有管仲答桓公关于盐政之所问，谓：

> 齐有渠展之盐。……君伐菹薪煮沸水为盐，正而积之三万钟，至阳春请籍于时。……阳春农事方作，……北海之众毋得聚庸而煮盐。然盐之贾（价）必四十倍，君以四十之贾，修河济之流，南输梁、赵、宋、卫、濮阳。③

按古渠展是古沸水的入海处。沸水即古济水，据《汉书·地理志》及《水经》记载，济水自今荥阳县北分黄河东出，下游即今小清河，从羊角沟入渤海莱州湾，即相当于今山东永利、王官两盐场处。④ 从上段引文可了解到，春秋时齐国的海盐生产规模应该已经相当大，可供应北方梁、赵、宋、卫诸国，而且有必要适当控制，以防影响农耕劳力和盐价跌落。

自秦汉至唐宋，海盐生产不断扩大，北宋时海盐官场已遍及沧、密、楚、秀、温、台、明、泉、福、广、琼、化诸州（参看《图经本草》），而且京东、淮南、两浙、江南东西、荆湖南北、福建、广南东西十一路之民也都以食海盐为生（见《梦溪笔谈》）。但其时的生产方法，仍然是淋沙煎卤，还没出现晒盐，而且这种工艺一直延续到明代。当然，各地可能因地制宜，各有一些特色，但基本原则是差不多的，都是分为制卤和煎熬两步。

1. 制卤

基本上都是利用海滩沙土来吸附、富集海盐，然后或利用潮汐淋洗，或人工舀水浸卤，来获得较浓的卤水。北宋·苏颂《图经本草》的记载已相当详明，谓："……于海滨掘土为坑，上布竹木，覆以蓬茅，又积沙（按指已吸附大量海盐的海滩沙土）于其上。每潮汐冲沙，卤咸淋于坑中。……因取海卤注于盘中煎之，倾刻而就。"⑤ （图 6-2）宋人乐史的《太平寰宇

---

① 转引自柴继光："潞盐生产的奥秘探析"，《运城高专学报》（社会科学版）1991 年第 3 期第 61～64 页；另见《中华盐业史》第 118～119 页。

② 据郑尊法《盐》（商务印书馆万有文库第 0680 册）记载，海水中盐的浓度为：大西洋，2.773％；太平洋，2.590％；地中海，2.940％；台湾周围，2.550％；日本海，2.150％。

③ 《管子》第 214 页，上海古籍出版社《诸子百家丛书》，1989 年。

④ 参见《中华盐业史》第 62 页。

⑤ 见《图经本草》，胡乃长等辑本，第 39 页。

记》在介绍通州海门县（今江苏省长江口）海陵盐监时，对刮沙浸卤的方法有翔实记载，但不是利用潮水冲沙，而是靠人工提舀海水入坑渠浸渍盐沙。原文谓：

图 6-2　宋代煎海盐图
（摘自《重修政和经史证类备用本草》）

　　凡取卤煮盐，以雨晴为度，亭池（按指已经饱吸盐分的海滩沙土地）干爽。先用牛、人牵‘挟刺刀’取 [亭地] 土，经宿。铺草藉地，复牵爬车聚所刺土于草上成‘溜’，大者高二尺，方一丈以上。锹作卤井于‘溜’侧。多以妇人、小子执芦箕（舀水器），名之曰‘黄头’，歇（舀）水灌浇，盖以其轻便。食顷，则卤流入井。[①]
　　（参看图 6-3）。

《太平寰宇记》在同段文字中还记载了当时验测卤水浓度的石莲法，原理就是现今的浮沉子法。其法是："取石莲（原文作石帘）十枚，尝其厚薄（按指卤水浓度）。全浮者全收盐，半浮者半收盐，三莲以下浮者，则卤未堪 [用]，却须剩开，而别聚溜卤。"对这种试法，明人陆容《菽园杂记》有所说明，谓："[卤水] 以重三分莲子试之。先将小竹筒装卤，入莲子于中，若浮而横倒者，则卤极咸，乃可煎烧；若立浮于面者，稍淡；若沉而不起者，全淡，俱弃不用。"这种方法，宋、元、明著述中多有记述，具体方法不尽相同。[②]

　　及至明代时，盐民又发现草木灰有强烈吸附食盐的作用，往往加以利用。《天工开物》（第五卷作咸）对制卤的记述，可以说是古籍中最为翔实、条理最清晰者。它依海滨地势之高低不同，而将制卤法分为三种。今分别加以介绍，并参考《菽园杂记》作进一步说明。

　　① 宋·乐史：《太平寰宇记·淮南道八·通州海门县海陵监》(卷一百三十台湾文海出版社 1980 年影印遵义黎民校刊本下册第 208～210 页。
　　② 见《菽园杂记》第 148 页，并参看张子高《中国化学史稿》（古代之部），第 150 页。

图 6-3　提舀海水入渠渍盐沙
（摘自《四库全书·珍木·熬波图》①）

图 6-4　布灰种盐
（摘自喜咏轩丛书《天工开物》）

第一种："高堰地、潮波不浸者，地可种盐（参看图 6-4）。……度诘朝（明旦）无雨，则今日广布稻麦藁灰及芦茅灰寸许于地上（盐沙土），压使平匀。明晨露气冲腾，则其下盐茅勃发。日中晴霁，灰、盐一并扫起煎淋。"这是指在地势高阳的滩地，用草木灰来吸取沙中的盐分。这种方法早此已载于元人陈椿之《熬波图》。清人王守基《盐法议略》谓："秋日刈草煎盐而藏其灰，待春晴暖以后，摊灰于亭场，俟盐花浸入，用海水淋之成卤。"②　就是对该方法的极明晰的解释。

第二种，是在地势稍高、海水将及浅渍的滩地制盐，"潮波浅被地，不用灰压。俟潮一过，明日天晴，半日晒出盐霜，疾趋扫取煎炼。"这种方法显然已近乎晒盐了。但显然它只适用于滩沙极为细腻、吸附海盐能力较强的情况。故陆容《菽园杂记》（卷十二）对此法则另有一说："凡盐利之成，须藉卤水。然卤之淋取，又各不同。有沙土，[海水]漏过，不能成咸者，必须烧草为灰，布在摊场（亭场），然后以海水渍之，俟晒结浮白，扫而复淋。有泥土细润常涵咸气者，止用刮取浮泥，搬在摊

① 元·陈椿：《熬波图》，见《四库全书珍本》史部政书类第十一集第 396～397 册，台湾商务印书馆。
② 清·王守基：《盐法议略》，见《湝喜斋丛书》第二函，及清同治十二年刻本。

场，仍以海水浇之，俟晒过干坚，聚而复淋。"① 这就把该方法介绍得更全面了。

第三种，是在最低的摊场，就采取《图经本草》所描述的淋卤方法，"逼海潮深地，先掘深坑，横架竹木，上铺蓆苇，又铺［盐］沙于蓆苇之上，俟潮灭顶冲过，卤气由沙渗下坑中。撤去沙苇，以灯烛之，卤气冲灯即灭（原因待考），取卤水煎炼。"在第一与第二两种情况下，用草灰吸附之海盐要经过淋卤后再加以煎炼，其淋卤之法，则与第三种情况下的淋卤基本相同，《天工开物》有所描述，而《熬波图》②的讲述更为详明，谓：

> 灰淋一名灰挞，其法于摊场边近高阜处掘四方土窟一个，深二尺许，广五、六尺。先用牛于湿草木内踏炼筋韧熟泥，用铁铧锹掘成四方土块，名曰生田。人夫搬担，逐块排砌淋［坑］底，筑踏平实，四周亦垒筑如墙，用木槌、草索鞭打无纵，务要绕围及底下坚实，以防泄漏。仍于灰淋［坑］侧掘一卤井，深广可六尺，亦用土块筑垒如灰淋法。埋一小竹管于灰淋［坑］底下，与井相通，使流卤入井内。（参看图6-5）。

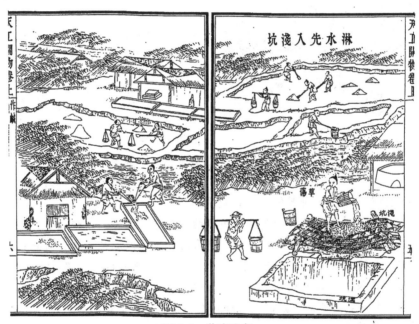

图 6-5 淋沙取卤
(摘自喜咏轩丛书《天工开物》)

2. 煎制

煎炼海卤的锅，汉代时叫做"牢盆"，因《史记·平准书》中有"因官器做煮盐，官与牢盆"的话。所以它是官方提供给盐户使用的，但其形制已不可考。及至宋代以后，煎盐器一般称作"盐盘"。《图经本草》说："其煮盐之器，汉谓之牢盆，今或鼓铁为之；或编竹为之，上下周以蜃灰，广丈，深尺，平底，置于灶背，谓之盐盆。《南越志》所谓'织篾为鼎，和以牡蛎'是也。"可知，当时的煎盐器是很大的，直径过丈，深有尺余，平底，其状若盘。一种

---

① 《菽园杂记》第148页。

② 元·陈椿：《熬波图》见罗振玉辑《雪堂丛刻》；另见《四库全书珍本》史部政书类第十一集第396～397册，台湾商务印书馆。

图 6-6　铸造煎盘图
（摘自《熬波图》）

是铁制的，当然比较耐用；一种是用竹篾编成的而外敷以牡蛎灰（主要成分为 CaO），虽易烧坏，但就地取材，成本低廉。[①]《太平寰宇记》谓：一盘可得盐三至五石（宋制每石五十斤）。此外，南宋人李心传：《建炎以来朝野杂记》（甲集）[②] 谓：淮浙之盐亭户[③] 以"镬子"煮盐。按镬为无足之釜，一镬可成盐三十斤。镬亦分铁制与竹编两种。此外，还值得一提，《太平寰宇记》还叙及海陵盐户在起火煎卤以前，已采用了"散皂角于盘内"的方法絮凝食盐散晶，以利于食盐结晶的析出和成长："〔将卤水〕载入灶屋，……取采芦柴、茅草之属，旋以石灰封盘，〔倾入卤水〕，散皂角于盘内。起火煮卤。一溜之卤分三盘至五盘，每盘成盐三石至五石。既成，人户疾着木履上盘，冒热收取，稍迟则不及收讫。"[④]

及至元代，权威性著作《熬波图》问世。它对煎炼海盐的生产工艺作了历史上最为翔实的讲解，关于煎盘，他说："盘有大小阔狭，薄则易裂，厚则耐久。浙东以竹编，浙西以铁铸。或篾或铁，各随其宜。"接着它讲述了铸造铁盘的方法（参看图 6-6）。关于煎盐的过程，它讲述道：

　　铁盘缝，用草灰和石灰加盐卤打和稠粘，涂抹，烧火。候缝稍坚，即可上卤。上卤用上管竹相接于池边缸头内，将浣料舀卤自竹管内流放上盘，卤池稍远者愈添竹管引之。盘缝设或渗漏，用牛粪和石灰掩捺即止。煎盐旺月卤多味咸，则易成就。先按四方矮木架一、二个，广五六尺，上铺竹篾。看盘上卤滚后，将扫帚于滚盘内频扫，木扒推闲，用铁铲捞漉欲成未结糊涂湿盐，逐一铲挑起竹篾之上，沥去卤水，乃成干盐。又掺生卤，频捞盐，频添卤，如此则昼夜出盐不息，比同逐一盘烧干出盐倍省工力。若卤太咸，则洒水浇；否则盘上生蘗，如饭锅中生粳焦，达寸许厚，须用大铁槌逐星敲打铲去。否则为蘗所隔，非但卤难成盐，又且火紧致损盘铁。下中月则卤水浅薄，结盐稍迟，难施撩盐之法，直须待盘上卤干，已结成盐，用铁铲起之，其盘厚重，卒未可冷，丁工着木履，于热盘上行走，以扫帚聚而收之。（参看图 6-7）

明代时《菽园杂记》（卷十二）又对当时两浙地区的煎盐之法有进一步的说明，看来生产

①　参看《中华盐业史》第 193 页。
②　宋·李心传：《建炎以来朝野杂记》甲集卷十四，《丛书集成》初编总第 837 册。
③　盐亭户，即亭户。古代煮盐的地方称亭场，故名。《新唐书·食货志四》："就山海井灶近利之地，置监院，游民业盐者为亭户，免杂役。"宋、元两代盐户仍称亭户。
④　见台湾文海出版社《太平寰宇记》下册第 210 册。

图 6-7 煎炼海卤
(摘自喜咏轩丛书·《天工开物》)

效率又有所提高。它说：

锅有铁铸，宽浅者谓之鏾盘；竹编成者，谓之篾盘。铁盘用石灰粘其缝隙，支以砖块。篾盘用石灰涂其里外，悬以绳索。然后装盛卤水，用火煎熬，一昼夜可煎三乾，大盘一乾可得盐二百斤以上，小锅一乾可得盐二三十斤之上。若能勤煎，可得四乾。大盘难坏而用柴多，便于人众，浙西场分多有之；小盘易坏而用柴少，便于自己，浙东场分多有之。盖土俗各有所宜也。①

从宋沿用至明代的竹制篾盘是中国古代煎盐生产中的一项发明，别具特色，各代古籍多有记载，而且也不断在改进，至清代时又以铁条为骨架，提高了它的耐用性。王守基的《盐法议略》② 就有介绍，不过他所讲的则是广东地区所通用的："竹锅大者周围丈余，小者亦六七尺，用篾编成，涂以牡蛎，用铁条数幅支架，使之骨立，其受火处以白蚬灰荡五、六分厚即能敌火，不致焚毁。"②

《天工开物·作咸》对煎盐的叙述亦颇详（图 6-7），其内容大致不超过以上介绍。令人感

---

① 见《菽园杂记》第 148 页。
② 清·王守基：《盐法议略》，清同治十二年（1873 年）刻本。

兴趣的，它还着重讲解了《太平寰宇记》中所提到的"皂角结盐法"，谓："凡煎卤未即凝结，将皂角捣碎，和粟米、糖二味，卤沸之时，投入其中搅和，盐即顷刻结成，盖皂角结盐，犹石膏之结［豆］腐也。"这可算是一项有趣的科学发明。

我国海盐的晒制法出现相当晚，元代时始兴于福建，[①] 试依解州池盐经验，兼用晒法。大约至明中叶时，已有更多地区改煎为晒。《明史·食货志》称："淮南之盐煎、淮北之盐晒、山东之盐有煎有晒。"[②] 但其时的晒海盐法，还不过是以天日曝晒代替煎炼，而仍未摆脱预制海卤（淋卤）的工序。崇祯三年（1630 年）礼部侍郎徐光启曾奏议，建议在江淮、两浙之地于海盐生产中亦废煎改晒。谈到其晒法时，谓：

> 福建漳泉等府海水亦淡，却用晒盐，盖是卤汁所成，今臣所拟即福建法也，而加广大焉。其法于平地筑而坚之，以砖石铺底砌墙，墙高于底二尺，势如浅池。砌法皆以三和之灰。三和者，一石灰，二石砂、三瓦末也。砌讫又建三和之灰涂之，令涓滴不漏。墙底之外为井以容卤，井有盖。池之方广无定度也。池之四周立柱架梁，用苇席为短棚，可舒捲，以就日而御雨也。淋卤如常法。卤既成，入于井。日出则庡卤于井，入之于池。卤不得过二寸，晒二、三日成颗盐矣。盐成，刮取之。勿尽刮，久而底盐存积为盐床，盐床厚而入之卤则其成盐也更易。[③]

可见徐氏所说的晒盐法，仍然是"淋卤如常法"者，但此议也未被摇摇欲坠的朱明政府所采纳。

明代时在河北沧州兴建了长芦盐场，出现了与现代海盐晒制法相似的方法。此后，该盐场获得迅速发展，很快成为中国海盐生产的中心和典范。关于长芦晒盐，《天工开物》在介绍解盐时就已顺便谈及了。它说：

> 解池……土人种盐者，池傍耕地为畦垄，……引水种盐，春间即为之，……待夏秋之交，南风大起，则一宵结成，名曰颗盐，即古志所谓大盐也。以海水煎者细碎，而此成粒颗，故得"大"名。其盐凝结之后，扫起即成食味。……其海丰（今山东无棣县）、深州（为沧州之讹[④]）引海水入池晒成者，凝结之时，扫食、不加人力，与解盐同；但成盐之时日与不藉南风，则大异也。

可见明末时长芦晒盐法已是"引海水入池晒成者"，而摆脱了"制卤"的工序，所以可谓完全的晒盐法。《天工开物》的这段文字可能是依据明人章潢（1527～1608）的《图书编》（卷九一）中的"长芦煎盐原委"。[⑤] 该书中说：

> 海丰等场产盐，出自海水，滩晒而成。彼处有大河口一道，其源出于海，分为五派，列于海丰、深州（显然为沧州之讹，《天工开物》可能也因此以讹传讹）海盈之间。河身通东南而远去。先时有福建一人来传此水可以晒盐，令灶户高淳等于河

---

① 《元史·食货志》载："福建之盐，……至顺元年，实办课三十八万七千七百八十三锭。其工本钞，煎盐每引递增至二十贯；'晒盐每引至一十七贯四钱，所隶之场有七。"

② 《明史·食货志》（卷八十）第 7 册总第 1935 页，中华书局，1959 年。

③ 清·徐光启：《屯盐疏稿·晒盐第五》，崇祯六月初九日上，见清·徐允希编《增订徐文正公集》（卷二），宣统元年五月江南主教姚准刊，上海慈母堂排印本第 2 册第 37 页。另可看《中华盐业史》第 264 页。

④ 张子高指出："深州在内地，并不产盐，而沧州所辖之长芦镇则盐产重地也。"见张氏著《中国化学史稿（古代之部）》第 152 页。

⑤ 明·章潢：《图书编》（卷九十一），《四库全书》子部类书类。

边挑修一池，隔为大中小三段，次第浇水于段内，晒之，浃辰[①]则水干，盐结如冰。其后，本场灶户高登、高贯等、深（沧）州海盈场灶户姬彰等共五十六家，见此法比刮土淋煎简便，各于沿河一带择方便天地，亦挑修为池，照前晒盐。有古三五亩者或十余亩者，多至数十亩者，共古官地一十二顷八十亩。或一亩作一池，或三四亩作一池，共立滩池四百二十处。所晒盐斤，或上纳丁盐入官，或卖于商人添色。虽人力造作之工，实天地自然之利。但遇阴雨，其盐不结。

据邢润川考证，海丰、沧州盐场采用这种完全的晒海盐法最迟也不会晚于嘉靖初年。[②]

大约从明代后期到民国初期，海滩晒盐的方法大致是在海滨预先掘好潮沟，以待海潮漫入以供卤。在沟旁建造由高至低的七层或九层（最高者十一、二层）的晒池，晒制时用风车或以两人用柳斗将潮水戽入最高层晒池。这种晒池，长芦、山东、辽宁谓之卤台，淮北谓之沙格，福建、广东谓之盐埕，也叫石池。[③]每当涨潮时海水灌满沟渠。退潮后将沟中海水舀或车入最高一层晒池，注满曝晒，经适当浓缩后，则放入次层晒池。如此逐层放至末池。仍用上述石莲子等估测卤水浓度。及至已成浓卤，便趁晴曝晒，于是得到颗盐。到了清代初年，由天主教士又传来了意大利西西里岛人所创造（大约在一千年前）的所谓“天日风力晒盐法”的经验，得到康熙帝的赞赏和奖励，于是先在辽宁、长芦推广。其后沿海各地也相率引进、融合此法。从此晒法海盐便逐步完全取代“煮海”的方法了。[④]

（四）凿井取卤，煎炼成盐

井盐，即所谓“凿井取卤，煎炼成盐”，是以凿井的方法开采地下天然卤水及固态的岩盐。巴蜀之地是我国井盐的发祥地，古代井盐的开采也集中川、滇一带。而四川自贡则号称中国古代盐都，是我国井盐技术创造发明的中心。

中国井盐开采大约创始于战国晚期。据晋人常璩的《华阳国志·蜀志》记载：“周灭后，秦孝文王（当作秦昭襄王）以李冰（大约前265～前251）为蜀守。冰能知天文地理，……又识齐水[⑤]脉，穿广都（今双流县境）盐井、诸彼地，蜀于是有养生之饶焉。”[⑥]李冰是战国时期的著名水利专家，可能是他在带领巴蜀百姓开山移土，修筑都江堰工程时，发现了成都平原的地下卤水。《华阳国志·蜀志》又谓：“南安县（今四川乐山市）……治清衣江会。县溉有名滩……，二曰盐溉，李冰所平也。”[⑦]明确指出了李冰曾平整过地下卤水流出所形成的盐滩。当时，秦据蜀地后，大量移民，带来了外地的各种先进技术，包括中原的凿水井技术；加之蜀地人口猛增，必然急需更多食盐供应，在这种形势下，李冰首创开凿盐井，既富国利民，

---

① 浃辰：自子日至亥日一周十二日，此处即言十二日。

② 参看邢润川：“关于长芦区晒法制盐的来源”，《化学通报》1977年第5期。

③ 参看《中华盐业史》第344及293页。

④ 参看郑尊法：《盐》第50页，商务印书馆《万有文库》第一集第680册。

⑤ 关于文中的“齐水”，目前解释不一，夏湘蓉曾引廖品龙的解释，谓：可以理解为‘泥沙与水混合在一起的水，即咸卤与淡水混在一起的卤水，也就是卤水。’（见《中国古代矿业开发史》第36页），白广美则认为“齐”为“察”之讹。（见白广美：“关于汉画象砖‘井火煮盐图’的商榷”一文，《自然科学史研究》第3卷第1期，1984年。）《水经注》（卷三三）有“李冰识察水脉，穿县盐井”的话。

⑥ 见晋·常璩撰，刘琳校注《华阳国志校注》第201、210、281页，巴蜀书社，1984年。

⑦ 见唐·李吉甫撰《元和郡县图志》（卷三十三）第10册总第973页，《丛书集成》初编3084～3095册。另见贺次君校点本第824页，中华书局，1983年。

又推动了凿岩穿井技术，他的这项伟绩可以说不逊于他在水利方面的贡献。

图 6-8　汉代盐井场画象砖
（摘自《新中国出土文物》）[①]

自秦初李冰开凿广都盐井直到赵宋初年，可以认为是我国盐井史发展的第一阶段，可称之为大口浅井时期。这个时期的凿井技术还比较原始，主要是靠人力，使用简单的锤、锄、凿等挖掘工具采进，通道至少得留有一人掘进、运土等劳作的空间，所以盐井的口径很大。历史上典型的大口井可举出唐代时在今川中平原仁寿县开凿的"陵井"，纵广 30 丈，深 80 余丈，当时益州盐井最多，据说以此井为冠。大约在本世纪 50 年代初，我国考古工作者在成都枋子山汉代砖室墓中发现了一块画象砖，其上清晰地描绘着一幅生动的井盐场生产全景（图 6-8）。图左方有一大口盐井，井架的顶上安置有滑车，架上有 4 个盐工两两相对，上下汲卤，灌入旁边的卤池。卤水又通过"笕"（即输卤管道，《富顺县志》谓："以大斑竹或南竹，通其节，公母榫接逗，外用油麻、油灰缠缚。"），被翻山越岭输送到图中右方的盐灶，灶房内有贮卤缸。卤水由卤缸挹入盐锅，盐工则从山上砍柴挬运而来以柴草熬盐。这个场面，表明汉代的井盐生产已经具有一定的机械化，生产规模也相当大了。当时汲卤的方法是利用井榦上的辘轳式滑车提卤。若如画象砖所绘，绳的两端所系是吊桶，一上一下，可提高效率。而唐代的陵井，汲卤已用大皮囊，满载卤水的大皮囊十分沉重。所以"井侧设大车绞之"，当已有牛牵拉的绞车了。

关于煮盐，值得格外称道的是，我国至迟在三国时已开始利用天然气作燃料来煎煮井盐了。晋人张华《博物志》（卷二）已有记载，谓："临邛（今四川成都西南邛崃县）火井一所，纵广五尺，深二三丈。井在县南百里。昔时人以竹木投以取火，诸葛丞相往视之。后火转盛热，盆盖井上，煮水得盐。"[②]《华阳国志·蜀志》也记载了临邛火井煮盐的情况，谓："取井火煮之，一斛（十斗）水得五斗盐，家火煮之得无几也。"这段话固然不确切，同一种盐水不会因用火不同而产盐竟有多寡之分，这话大概是以讹传讹。

大口盐井一般深度在数丈至数十丈之间，如此的深度只能开采浅层卤水。四川盆地的盐卤资源，其特点是卤水埋藏浅者则浓度低，是所谓黄卤，因为内含黄色泥质氧化铁相当多；埋藏深者则浓度高，是所谓黑卤，因为内含有较多的腐败有机质及低价氧化铁。大口浅井则只能开采黄卤，而且经历代频繁采卤，到宋代初年时已经接近枯竭了。

①　见《新中国出土文物》第 112 页，外文出版社，1972 年。

②　见张华《博物志》，范宁校正本第 26 页，中华书局，1980 年。关于临邛火井，亦见于晋人左思《蜀都赋》刘逵注。《蜀都赋》："火井沉荧于幽泉，高焰飞煽于天垂。"注曰："蜀郡有火井，在临邛县西南。火井，盐井也。欲出其火，先以家火投之，须臾许，隆隆如雷声，煽出通天，光辉十里，以筒盛之，接其光，而无炭也。"见梁·萧统《文选》第 75 页，中华书局，1977 年。

　　经过五代的社会动乱，到北宋初年，社会又趋稳定，经济恢复繁荣，巴蜀人口增加，但食盐供应则告紧张。政府于是放松了对盐业的控制，放民自开盐井。川民在总结大口浅井某些成功经验的基础上，大胆创新，发明了小口径凿井技术——"卓筒井"，从此，中国井盐技术登上了新的台阶，步入了第二发展阶段。

　　"卓筒井"发明于北宋庆历（1041～1048）年间，苏轼在其《东坡志林》中有相当详细的记载，东坡居士谓：

　　　　自庆历、皇祐（1049～1054）以来，蜀始创用筒井，用圜刃凿如腕（碗）大，深者数十丈。以巨竹去节，牝牡相衔为井，以隔横入淡水，则咸泉自上。又以竹之差小者，出入井中，为桶无底而窍其上，悬熟皮数寸，出入水中，气自呼吸而启闭之，一桶致水数斗。凡筒井皆用机械，利之所在，人无不知。[①]

北宋人文同在其"奏为乞差京朝官知井研县事"中（见文氏《丹渊集》卷三四）也谈到当时井研县及嘉州（今乐山市一带）、荣州（今荣县一带）的卓筒井，谓：

　　　　伏见管内井研县，去州治百里，地势深险最僻陋，在昔为山中小邑，于今已谓要剧索治之处。盖自庆历以来，始因土人凿地、植井，为（谓）之'卓筒井'，以取咸泉，鬻炼盐色。后来其民尽能此法，为者甚众。……［井研县］与嘉州并梓州路荣州疆境甚密，彼处亦皆有似此卓筒盐井者颇多，相去尽不远三、二十里，连溪接谷，灶居鳞次。[②]

由以上两段文字可知，卓筒井是小口径盐井，它的开凿技艺和开采工艺在当时是很先进了。概括地说，表现在三个方面：①发明了冲击式的顿钻凿井法，在世界技术史上第一次使用了钻头——"圜刃"来开凿井；②利用巨竹去节，首尾相衔接成套管下入井中，以防止井壁沙石入坠和周围淡水浸入，在世界技术史上又首创套管隔水法；③创造了汲卤筒，即将熟皮装置于一段竹筒的底部，构成单向阀，每当竹筒浸入卤水中时，卤水便冲激皮阀上启，而卤水入于筒中；每当提起竹筒时，筒内卤水便压迫皮阀关闭而卤水不漏，这是中国机械技术史上的一大发明。总之，"卓筒井"的发明开创了西方冲击式顿钻钻井之先河，被誉为现代"石油钻井之父"。

　　卓筒井技术发明后，正如文同所说，很快在巴蜀各地推广，川民开始大规模采集深层天然卤水，即所谓"黑卤"。在明、清时期，四川井盐钻凿技术又继续有所改进。明代万历年间（1573～1619），四川射洪县人马骥根据现场实地调查写了一篇《盐井图记》[③]系统讲述了当时"卓筒井"[④]的开凿工序，是一份难得的珍贵技术史史料。下面是它的一些技术要点：[⑤]

　　（1）勘探井位："凡匠氏相井地，多于两河夹岸、山形险急，得沙势处。"

　　（2）开凿井口，安置石圈（参看图 6-9 及 6-10）：先铲除地面浮土，不计丈尺，直至掘到坚石为度，然后安置好井口石圈（"石辟为一方形，中开圆孔。由石岩层垒而上，砌至与地

　　①　宋·苏轼：《东坡志林》（卷四）第 77 页，中华书局，1981 年。

　　②　宋·文同：《丹渊集》见《四部丛刊·集部》第 100 函《陈眉公先生订正丹渊集》（卷三十四）第 7 册第 15 页。

　　③　《盐井图记》已佚。参看清·顾炎武：《天下郡国利病书·蜀中方物记·井法》，商务印书馆《四部丛刊三编·史部》，见其第 41 函第 28 册（原编第 19 册）第 94 页。

　　④　"卓"是直的意思。"卓筒井"就是口径很小而深度很大，像竹筒状的直井。

　　⑤　据《中国矿业开发史》所引《四川盐政史》作了适当注释。另可参看张学君等著《明清四川井盐史稿》第 53～67 页，四川人民出版社，1984 年。

相平；两石交接之处，涂以泥灰，俾无渗漏"）。于是开始钻凿，"大窍，大铁钎主之；小窍，小铁钎主之。……大钎则有钎头，扁竟七寸，有轮锋，利穿凿。"

图 6-9　开盐井井口

图 6-10　开盐井下井口石圈

（摘自喜咏轩丛书·《天工开物》）

（3）竖井架、凿大窍（图6-11）：开凿之日，在井口"旁树两木，横一木于上。有小木滚子（称花滚子），以火掌（篾）绳钎末，附横木滚子上。离井六、七步为一木，纠火掌篾，而耦舂之滚竹运钎，自上下两乘矣"，这样钎钻一起一落，其力可将岩石舂碎如砂砾。"匠氏掌钎蔑坐井旁，周遭圜转，令其窍圆直。初则灌水凿之，及二、三丈许，泉蒙四出，不用灌水。无论土、石，钎触处俱为泥水"。在凿钻过程中，还须时时清孔，"每凿一、二尺，匠氏命起钎。用筒竹一根，约丈余，通节，以绳系其梢，筒末为皮钱，掩其底。至泥水所在，匠氏揉绳，皮歙（倾斜）水入，挹满搅出，泥水渐尽，复下钎凿焉。"这样反复凿疏，"大较（约）至二、三十丈许，见红岩口，大窍告成矣。"

（4）下套管（图6-12）：大窍开成，开始下套管。套管为竹管，"竹有木竹、樺竹二种。木竹取坚也，剖木二片，以麻合其缝，以油灰衅其隙；樺竹出马湖山中，亦以麻裹之。木竹末为大麻头，累累节合。下尽全竹，四溃淡水障阻，不能浸淫。"

（5）钻凿小孔：摘取大钎头，改用钎梢，继续下钻凿小孔。"凿至二十丈，中见白沙数丈，有盐水数担，名曰'腰脉水'，去盐不远。寻凿之，而盐水涓涓自见也。"

（6）架设汲卤盐井架，"高可似敌楼，上为天滚，有辘轳。"

图 6-11　开盐井凿钻孔道

（摘自喜咏轩丛书《天工开物》）

（7）汲卤（图 6-13）：先制作汲筒索以汲卤水，其原理和结构如前吸泥水法。"而枢轴则管于车床也。床横木为盘，盘有两耳，作曲池状，左右低昂逆施，左揖地右伸，右揖地左伸，循环用力，索尽筒出。盐水就灰笆拨水，而煎烧有绪矣。"转动辘轳者，或三人推转，或牛拉牵，"车状大，力逸而功倍也。"

若按所述估算，上部大孔深二、三十丈，下部小孔深 20 丈，共约合 120～150 米。这是当时川北盐区的情况。随着钻井深度的逐渐增加，到了清代嘉、道年间，据李榕所著《自流井记》，其时"［盐］井至二百六、七十丈而咸极"，可知当时井深已接近 300 丈。[①] 又据《四川盐政史》（卷二）记载，其时富荣东、西两场（即自流井和贡井）盐井最深，分别已达 320 丈和 300 丈。[②]

在深井钻探技术成熟以后，人们在钻井时必然有很多机会遇到岩盐层。在清末时，川民开始采用水溶法开采岩盐深层的矿体。接着又创造了自然连通的开采方法，岩盐资源很快就成为井盐生产中的另一重要开采对象。

关于自盐井卤水中提取食盐的技术，在西南地区有个颇有趣的发展过程。初时，在一些

① 清·李榕：《自流井记》，见其《十三峰书屋文稿》，参看《中国古代矿业开发史》第 388 页注 2。

② 参看《中国古代矿业开发史》第 388 页。

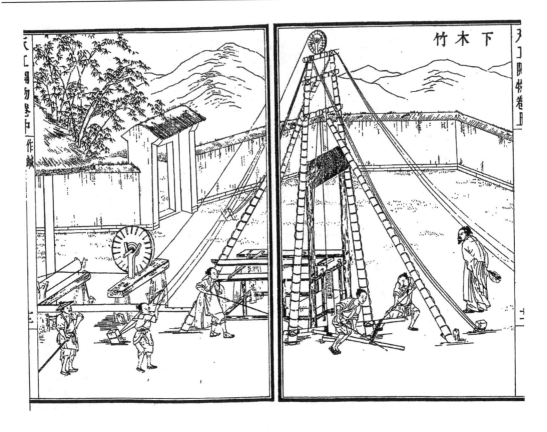

图 6-12　开盐井下竹套管
(摘自喜咏轩丛书《天工开物》)

文化后进的地区流行着"刮炭取盐"或"淋灰取盐"的做法。例如《华阳国志·蜀志》谓："定筰县，……在郡西，渡泸水，滨刚徼，曰摩沙夷，有盐池。积薪，以齐（卤）水灌，而后焚之，成盐。"① 唐人樊绰的《蛮书》谓："蕃中不解煮盐法，以咸池水沃柴上，以火焚柴成炭，即于炭上掠取盐也。"② 这就是"刮炭取盐"。另外，唐人李吉甫《元和郡县志》谓："嶲州昆明县，……盐井在县中。今按：取盐先积柴烧之，以〔卤〕水烧土（灰），即成黑盐。"③ 直至清人顾祖禹撰《读史方舆纪要》，仍记载："波弄山下有盐井六所，土人掘地为坑，深三尺许，积薪其上（中），焚之，俟成灰，即井中之卤浇灰上，明日皆化为盐。"④ 可见这种土法在偏僻地区沿用颇久。当然，煮盐之法，也至迟早在汉代时，于巴蜀井盐区已开始采用，这种方法叫做"敞锅熬盐"，一直延续到现在，但其中细节则不断在改进。初时，大概是简单地把卤水煮干，盐成时"凝如锅范"，"厚四、五寸许，大径四尺，重可五百斤"，但质地不纯，味苦，易潮解，并且食用不便。后来则发展为"煮花盐法"⑤ 据光绪年间辑纂成书的《四川盐法志》（卷二）〈井厂二·井盐图说〉以及同治间所修《富顺县志》（卷三十）〈盐政新增〉的记载，可

① 见刘琳校注《华阳国志校注》（卷三）第 320 页。
② 见唐·樊绰《蛮书》（卷七）第 32 页，《丛书集成》初编·史地类总第 3117 册。
③ 见唐·李吉甫《元和郡县志》，贺次君点校本下册 824 页，1983 年；《丛书集成初编》总第 3084～3093 册卷三十二。
④ 见清·顾祖禹《读史方舆纪要》，洪化出版社印行，1985 年。
⑤ 参看《明清四川井盐史稿》第 71～74 页及张子高《中国化学史稿（古代之部）》第 154～155 页。

图 6-13　架设汲卤盐井架及汲卤
（摘自喜咏轩丛书《天工开物》）

知迟至清代时熬盐的某些举措与今日自贡盐井的工艺已很为相似，包含了很多颇具科学意义的技术经验。例如：

（1）在煮盐前，往往先进行黄卤与黑卤的搭配，调剂浓度。按黄卤的 NaCl 浓度大约为 100 克/升～150 克/升，并常含有一些有毒性的 $BaCl_2$；黑卤的 NaCl 浓度约 170 克/升～200 克/升，并含有较多的硫酸盐。兑卤的比例一般是黄卤比黑卤为 6∶4 或 7∶3。在此过程中，又可使 $BaCl_2$ 转变为 $BaSO_4$ 而沉淀。

（2）当煎煮近于饱和时，往卤水中点加豆浆，可以使钙、镁、铁等的硫酸盐杂质凝聚起来，并以其吸附作用将一些泥土及悬浮物包藏住，此"渣滓皆浮聚于面"，用瓢舀出，再"入豆汁二三次"，直至"渣净水澄"。

（3）当卤水浓缩、澄清后，点加"母子渣盐"。"母子渣盐"就是在别锅煎制出的、结晶状态良好的食盐晶粒，它可以促使浓缩的卤水析出结晶。《四川盐法志》有很好的说明："所谓子母渣者，别煮［卤］水，下豆汁，澄清后即灭火力，用微火煴燂。久之，水面盐结成，如雪花。待彼锅盐煮老澄清，挹此入之，盐即成粒。"

（4）洗去"硇质"，提高盐质，以防潮解。所谓"硇质"实际上是镁盐（$MgSO_4$、$MgCl_2$ 等）。盐工们用竹制长网勺从卤水中打捞起盐粒后，"置竹器（叫簏渊）内"，再用"花水"冲洗盐粒（"沃数次"）。"花水者别用盐水久煮，入豆汁后即起之水也"，所以花水实际上是澄清了的饱和盐水，因此它可以洗去"硇质"，又不会溶去盐分。如此所得精品盐叫做"花盐"，

"粒匀而色白，类梅花、冰片"。

除了以上四大类食盐资源外，过去民间还有刮盐碱土熬盐取食的，这就是土盐，古时称为末盐。

在今河南东部、河北南部、山东西北部以及苏北、陕西、晋北这一广大地区，土壤中含有较多盐分，俗名叫"盐碱土"，每至秋高气爽之季，地面上便泛起白霜一层，远望如积雪，取来用水淋洗，便得到卤水，可煎炼成盐。这些地区的土壤中为何富含盐分？原因是多种多样的，有的地区是"历代泛黄的灾难地区"，因此在很长的岁月里，不断向堤防两边漫溢或渗出的黄河水，经蒸发而遗留下了盐分①；今鲁南、苏北沿海地区则大面积散布着因海水涨潮所泛起的沙土，或者过去那里就是海底，后来被冲积而形成了陆地；又有的地区，如河南东北部本系黄河故道，地势低下，河流极少，以致排水不良，所积之水唯靠天日蒸发才是它的宣泄途径，所以地中可溶性盐、碱、硝随积水而上升，达到地表。由于这些土地碱性太强，不堪农耕粮棉，所以这一带过去晒盐池"一望无际，乡民唯藉刮土淋盐以谋生活"。②

刮土熬盐的记载最早见于《图经本草》，谓：

> 又有并州（治所在今山西太原市）两监末盐，乃刮咸（原注音减 jiǎn）煎炼，不甚佳。……又通（治所在今江苏南通）、泰（治所在今江苏泰州）、海（治所在今江苏连云港）州并有亭户刮咸，煎盐输官，如并州末盐之类，以供给江湖，极为饶衍，其味乃优于并州末盐也。③

表 6-1 中举出了河南开封、商丘地区土盐（指未经煎炼前的盐霜）的成分②，以供参考。那些镁盐杂质的存在使这类盐味道多有苦涩，而且生产手续麻烦，费工多而效率低。过去这些地区交通闭塞，缺乏外来盐源，只得就地取之。而随着海盐、池盐的发展，行销各地，所以土盐生产现在已经基本上被淘汰了。

表 6-1　河南土盐的成分

地区\土盐成分	开封地区			商丘地区	
	甲	乙	丙	甲	乙
NaCl	86.16	62.88	7.65	66.88	50.48
K_2SO_4	4.17	11.72	0.53	0.33	0.22
Na_2SO_4	/	9.74	68.39	3.92	16.64
$MgCl_2$	0.35	/	/	/	/
$MgSO_4$	3.32	6.05	18.29	10.34	17.31
$CaSO_4$	/	/	/	0.71	1.70
不溶物	0.06	0.11	10.17	1.14	1.31
水　分	5.94	9.50	3.97	16.68	11.34

---

① 参看曹元宇《中国化学史话》第 185 页，江苏科技出版社，1979 年。
② 参看张子丰等"河南火硝大盐之调查"，黄海化工研究社，1932 年。
③ 胡乃长辑校本《图经本草》第 39～40 页。

二　中国古代的"消"及其化学工艺

中国古代的"硝"实际上是包括了几种化学物质，如果按现代化学知识来区分，主要的成员是硝酸钾和硫酸钠，偶尔还要包括硫酸镁和硝酸钠。不过，在中国则很少有天然的硝酸钠（今俗名智利硝石）发现。在古代的很长一段时期里把"硝"写作"消"（至今在中国医药学中仍沿用"消"），因为它们都有易溶于水的共性。由于这类物质在表观，外形上也颇为相似，例如都色白如霜，结晶都如针似芒，而且它们在自然界往往共生在一起，有相类似的赋存状态，所以就构成了硝类；又由于古代的人缺乏化学知识，特别是在唐代以前，中国医药界和炼丹家们都还没有找到科学的、恰当的方法将它们明确区分开来，只是根据形态、来源去区分，并且据此给它们取了各种名字，如朴消、消石、芒消、马牙消、英消、盐消、土消、盆消等等，但各家说法又不一致，有的人把成分都是 $Na_2SO_4 \cdot 10H_2O$ 的硝，但由于结晶外形不大相同，就分成了两种硝——芒硝和马牙硝；又有人会把化学成分不同的 KNO_3 和 $Na_2SO_4 \cdot 10H_2O$ 只是由于外观结晶形状相似而当成是一物多名，而谓芒消即消石；又常把同产于盐湖且外形近似的 $MgSO_4 \cdot 7H_2O$ 与 $Na_2SO_4 \cdot 10H_2O$ 混为同一物质，概呼之为芒硝。所以在称谓上相当混乱，单凭古籍所记载的称谓，现在往往难以判断它们究竟各是指哪种化学物质。因此在论述硝化学以前，有必要先根据现代化学、矿物学和医药学的知识对中国古代利用过的各种硝作个说明，俾使读者做到心中预先有数，再研读有关古书就会减少很多困难和混乱。[①]

（一）古代诸硝的化学成分、性态、赋存状态及其资源状况

在现今的中国矿物药中，经过提纯、重结晶的硫酸钠，其化学组成为 $Na_2SO_4 \cdot 10H_2O$，称为芒消。从溶液中初生成结晶时它呈麦芒状，但经长久静置，最后会成长为短棱柱状或长立方状结晶，两端不整齐，即像马的牙齿，又像石英石（图6-14），这就是古代的所谓"马牙消"和"［石］英消"。它无色透明，但在空气中容易风化，表面慢慢生成一层白粉；只要稍稍温热（超过33℃），它就完全脱去结晶水，最后成为无水硫酸钠，这就是所谓的"玄明粉"；但若强热芒硝，则其中结晶水会迅速析出，Na_2SO_4 则溶入自身析出的结晶水中而化成溶液，并会沸腾起来。按照中国医药学的描述，它性凉，味温苦，或辛苦咸、寒。功用主治泻热、润燥、软坚，治实热积滞、腹胀便秘、停痰积聚、目赤肿痛、喉痹、痈肿。天然芒硝主要形成于含钠离子及硫酸根离子的内陆盐湖中，在秋冬之季往往自然析出。但所析出的有时是钙

图6-14　$Na_2SO_4 \cdot 10H_2O$ 晶体

芒硝，即芒硝与石膏生成的复盐 $Na_2SO_4 \cdot CaSO_4 \cdot 2H_2O$。芒硝也存在于盐井的卤水中，另外还生于盐卤之地（所以芒硝又常与地霜焰硝相混淆）。含芒硝的主要矿物则是钙芒硝，而蕴藏

于地下，它们是中国现代生产硫酸钠的主要资源。在古代的中国矿物药剂学中一般是把天然芒消原料采集来后，经过初步淋取、重结晶得到粗制的 $Na_2SO_4 \cdot 10H_2O$，称之为朴硝，它常常含有少量镁、钙、钾的硫酸盐，"朴"就是朴质的意思。因其成分、应用都基本上与芒硝相同，所以现在芒硝和朴硝往往名称混用。在中国古代，朴硝除药用外，还曾用于处理皮毛，使皮板柔软，所以又称"皮硝"。但这样处理过的皮革，遇水会膨胀，所以自从发明了用鞣质柔化处理皮毛后，朴硝的这种用场便逐步被淘汰了。再者，在中国的个别地区，还曾利用朴硝来烧质陶瓷釉，例如明代时晋南烧制的"珐华"器，就是以朴硝（[马]牙硝）代替氧化铅而烧作的琉璃釉器。

　　现今中国矿物药中的硝（消）石是经过提炼的 KNO_3。因它可以使红热的炭猛烈地燃烧起来，是制造黑火药和烟火的原料，所以又名焰硝、火硝。它是白色结晶粉末，加热至335℃时熔融成油膏状，加热至400℃则开始分解，释出氧气。自然界中的硝石往往是土壤中含氮有机物在细菌作用下分解、氧化成硝酸后，与土壤中的钾质化合而成的，所以每当秋高气爽的季节，它通常呈皮壳状或盐华状而析出来，覆盖于地面、墙脚，这就是所谓的"地霜"，刮扫起来的，叫做"硝土"。仅从我国北方各省来看，出产硝土的地区非常广泛、普遍，但各地硝土中的含硝量则极为悬殊。表6-2是1932年有关华北、东北某些产硝点土硝含量的调查资料，可以清楚地看到这种情况。土硝中的其他成分，除泥土外，主要是 Na_2SO_4，$NaCl$，Na_2CO_3，$MgSO_4$，$CaSO_4$ 等。焰硝在大自然界中也生于岩石表面、洞穴、某些盐沼地带及沙漠地区。[①] 当地硝民扫取硝土或取含硝的土块，置于桶内，加水浸泡，经过滤后，将澄清滤液加热，蒸发掉水分即会析出硝石结晶（详细的工艺过程见下文），初为针状或毛发状，故与芒硝相似；最后往往又长成棱柱状，所以又与马牙硝颇相似（见图6-15）。这是古人常把它与 $Na_2SO_4 \cdot 10H_2O$ 混淆的主要原因。在今中医药性学中，硝石的性味被描述为苦咸、温、有毒；亦有谓其属寒者。功用主治破坚散积、利尿泻下、解毒消肿，治痧胀、心腹疼痛、吐泻、黄疸、淋病、便秘、目赤、喉痹、疔毒、痈肿，又与芒消有颇多共同之处。

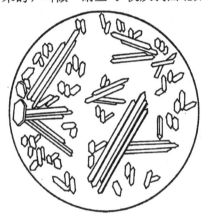

图 6-15　KNO_3 结晶

表 6-2　中国北方各地区硝土中的含硝量*

产　地	含硝量（%）	产　地	含硝量（%）	产　地	含硝量（%）
黑龙江呼兰	15.01	山西蒲城	0.75	河北永清	1.50
黑龙江绥化	14.07	河北保定	0.75	河北霸县	2.25
黑龙江兰西	15.48	辽宁开原	0.53	河北任邱	0.08
河南开封	1.313	北京通县	0.704	山东禹县	0.14
河南汝南	32.83	山东高阳	0.66	河南临汝	0.47
陕西西安	1.13	河北雄县	1.88	河南信阳	0.61

　　* （张子丰等："河南火硝、土盐之调查"。）

① 王濮等，系统矿物学·下册，第434页，地质出版社，1987年。

硫酸镁（$MgSO_4 \cdot 7H_2O$）也常含于盐湖卤水中，秋冬之季往往与芒硝一起以复盐形式析出，称作白钠镁矾。所以煎煮白钠镁矾的溶液时，先结晶出芒硝后，剩余的母液进一步会结晶出这种物质，它的结晶与芒硝也颇相似（图6-16），因此在古代就难免有人把它收集起来，误作芒硝或朴硝来使用了，例如在今日本国京都正仓院收藏的中国唐代矿物药中标名"芒消"的一种结晶体居然是相当纯净的$MgSO_4 \cdot 7H_2O$。[①] 它也含于海盐、井盐的卤水中，故所谓的卤咸（主要成分是$MgCl_2$）中也总含有它，甚至有人也把它称为卤咸，因为它的很多性质又确实很像$MgCl_2$，例如味很苦，易潮解，服之令人腹泻。不过现今中国矿物药中并不记载这种物质。

图6-16　$MgSO_4 \cdot 7H_2O$ 结晶

除了性状以外，中国历代的本草和炼丹术著述论及某种"消"时，还常说到其产地和赋予状态。如果把这些记载与现代地质矿藏考察的资料相结合，那么往往也可以从一个侧面，帮助我们对所言及的"消"加以辨别有所补益。首先，我们会注意到，在魏晋时期的本草专著中，几乎都强调"消"集中产于益州一带，以后才逐步扩展到更广大的地区。梁代陶弘景所辑纂的《名医别录》以及他所修撰的《本草经集注》有这样一些记载：

朴消……生益州山谷有咸水之阳，采无时。

消石……生益州及武都（今甘肃成县）、陇西（今甘肃临洮）、西羌采无时。（引自《名医别录》）

朴消……今出益州北部故汶山郡（今四川北部茂汶羌族自治县）西川、蚕陵二县界。生山崖上，色多青白，亦杂黑斑。

消石，……陇西属秦州（今甘肃天水市），在长安西羌中。今宕昌（今甘肃宕昌县）以北诸山有咸土处皆有之。

芒消……旧出宁州（州治在同乐，今云南陆良县附近），黄白粒大，味极辛苦。[②]

按汉晋时的古益州地域非常广阔，分为益州南部和益州北部。益州南部包括今四川南部、云南大部及贵州中部及西部；益州北部包括今四川北部、陕西、甘肃、青海相邻地区的各一部分。汶山郡在四川北部。武都、陇西、宕昌都在甘肃省东南部，与四川省相邻。宁州则包括云南大部及贵州的一部分。这些产"消"地区基本上都属于广义的益州范围之内。据近代的

①　参看〔日〕朝比奈泰彦編修《正倉院薬物》289～295页，大阪植物文獻刊行会，1955年；〔日〕益富寿之助著《正倉院薬物を中心とする古代石薬の研究》39～45页，日本地学研究会館，1957年。

②　诸段文字皆见于《唐·新修本草》第94～97页。

地质考查，确有一些与文献的记载较为符合的硝类资源。

古武都、陇西、宕昌地属今甘肃东南部。据今人考查，那一带有钾硝石矿存在。陆兆洽的"甘肃皋兰县黄崖沟硝矿地质"[①] 一文指出：在兰州市东北 90 公里处的皋兰县北乡黄崖沟钾硝矿位处于海拔约 2100 米的准平原，上面叠积着黄土层，经侵蚀作用形成大量深谷。谷底常于雨季形成溪流，深谷两侧多为峭壁，经风化侵蚀形成垂崖或洞穴，钾硝矿就富集于垂崖上和洞穴中，硝石为颗粒或粉末，"偶然有类似细眼者（可能是指细长的芒状结晶）填充于砾岩石子与砂岩的孔隙之中"，颜色有白色、黄色、红色等，这与《名医别录》的记载："朴消……色青白者佳，黄者伤人，赤者杀人"之语比较吻合。据陆氏称：当地居民利用黄色矿粒土法炼焰硝，其产品含 KNO_3 量为 90.82%。另据叶连俊、关士聪调查，在甘肃东南部礼县（地近天水市，即北朝时的秦州治所）之西的汉水流域也有类似的情况：那里很多地区的地质状况与黄崖沟类似，说明这类焰硝矿的分布相当广泛。[②] 一般来说，这类硝矿又常与石盐共生，陶弘景说"消石，……今宕昌以北诸山有咸土处皆有之"，也许说的就是这种情况。据叶连俊等的调查，今云南大理白族自治州的漾濞、云龙、巍山、大理、鹤庆、宾川等县自古就有熬制土焰硝的经验。在那里的石灰岩溶洞内往往有焰硝浸出凝结于石上或沉积于石头的坑凹、缝隙中，采集来浸溶、弃渣、熬炼后即得火硝。[②] 这种特殊的硝矿石有可能就是陶弘景所说的，"旧出宁州"的"芒消"。

至于纳芒硝的矿物资源，最初可能来自成都西南广大地区的钙芒硝矿区。因为那里自古便开掘了富含芒硝的盐井，所以这一带生产的"井盐"有些可能就是含有大量芒硝的盐，甚至基本上就是钠芒硝，所以味道苦涩，"食之者得泄痢之疾"，[③] 南宋人李心传对这类硝有较详细的记述：

　　　　四川石脚井，眉［州］之眉（今眉山县）、彭（今彭山县）、丹稜（今丹稜县），嘉［州］（治所在今乐山县）之洪雅（今洪雅县）等县，皆有石脚井简，其实消（硝）也。在［眉山］多悦者谓之山门［井］，在彭山者谓之瑞应［井］，此二井尤盛。[③]

这一带地下蕴藏着很丰富的芒硝矿，至今仍是我国最主要的由钙芒硝生产玄明粉的基地之一。而宋代"石足井"式的芒硝小型土法生产至今仍在丹稜、洪雅保留着。此法利用的是固体矿床被地下水浸溶后形成的浓卤水，采用人工凿井的方法将其汲出提硝。[④] 除"盐井"卤水外，川西钙芒硝矿床一般埋藏也较浅，而且多有露天矿，像眉山、彭山、洪雅、丹稜皆有，所以人们可能很快发现在产芒硝的盐井附近（咸水之滨）就有些石块也能熬炼出硝来。钙芒硝矿物一般为无色透明体，表层若发生风化，则呈灰白色，是致密的粒、块结合体。[⑤] 以上这两类芒消很像就是《名医别录》所说"生益州有咸水之阳"及陶弘景所说"今出益州北部，生山崖上，色多青白"的芒消。

及至唐代，中国炼丹家们便注意到硝石的另一个来源是"硝土"，即北方寒冷气候下在地

① 陆兆洽："甘肃皋兰县黄崖沟硝矿地质"见中央地质调查所编《中央地质调查所调查报告》1942 年，未出版。
② 见大理州经委科技科杨宪珠：《大理白族地区化工科技史料》，1987 年 6 月，未发表。
③ 见南宋·李心传《建炎以来朝野杂记》（乙集卷十六），《丛书集成》初编第 840 册 548 页。
④ 参看化工部规划局编：《全国无水硫酸钠、硫化碱生产之科研调查报告》第 22～24 页，1987 年。
⑤ 张子丰、张英甫：《河南火硝、土盐之调查》。

表泛出似白霜的硝。到宋初，马志的《开宝本草》便把这种硝土定名为"地霜"。[①] 从此以后诸本草著作几乎都认为地霜是提取火硝的主要原料。根据实地考察可知，这种刮土熬硝的传统工艺即使到民国年间，乃至目前，在我国北方很多地区的农村中仍然保留着。据张子丰等在本世纪三十年代的调查，河南开封、商丘地区当时有很多熬炼火硝的"硝户"，他们详细记述了当时取土熬硝的情景：

> "硝人多择城市高冗之地，扫取故宅、马厩、厕所、猪圈等墙隅之松土。扫土在夏历春秋冬，天气晴朗之际。其鉴别硝土之法一如"盐人"取土，纯以目视其色，口尝其味。……要以猪圈、厕所墙根之土含钾量最多，街市之土次之。据云，每视浮土呈褐色而松者，即为有硝之证明。初不必土面上已现结晶形也。[①]

从这段介绍可知，硝土往往出现于人、畜聚集的地方，特别是弃置人畜排泄物处所的附近。如前文所说，其中的硝是人畜排泄物经细菌作用分解出铵盐，再由硝化细菌的作用转化为硝酸，最后与土壤中的钾盐结合而生成的。据调查，这种硝土也出现于某些荒郊野外，但若仔细考查，那里往往是古城旧址，过去也曾是人畜聚集的地带。例如今山西永济县系旧蒲州城，相传早在三代前就曾是舜都故址，在此处约 9 平方公里的地带内，每年二至十月份中天气晴朗干燥时地表便析出皮壳状的深褐色硝土。[②] 从地霜的成因看，它的分布应该是较为广泛的，事实上确是这样。李时珍称："消石，诸卤地皆产之，而河北庆阳诸县（今甘肃庆阳地区）及蜀中尤多。"民国时期，河北、河南、山西、湖南、广东、山东、江苏、湖北等省均有土硝生产，据记载，1936 年这些省共加工土硝生产硝酸钾 4950 吨。[③]

也是自唐代开始，炼丹方士及本草学家开始转而强调朴消、芒消、石脾、消石主要产于卤地。唐代医药学家陈藏器在其《本草拾遗》中说："石脾、芒消、消石并出西戎卤地，咸水结成。"[④] 这是历史上医药学家首次明确指出"消"是盐湖卤水的结晶，陈氏所言"西戎"当指我国西北地区。今青海省一带的广大地区确实分布着很多大小盐湖。各湖周围有固体芒硝矿，所以盐湖卤水中也含有大量硫酸钠。[⑤] 但应指出，在我国内地也有许多盐湖，尤其是山西运城地区的盐湖解池，其开发历史源远流长，可以追溯到原始社会的后期，那么在长期的采盐生产中，可以肯定，人们会注意到在冬季时从滩地卤水中还会析出大量的透明或半透明的钠芒硝晶体，所以我国先民接触到生于卤地的芒硝必定远早于唐代。还应指出，所谓"生于卤地"的"硝"实际上又远非只限于芒硝，仍以解池为例，它是 $SO_4^{2-} \cdot Cl^- —Na^+ \cdot Mg^{2+}$ 型的盐湖，盐分（NaCl）不算很高，由于长期的不平衡开采（只取食盐），镁盐浓度上升，结果在低温时，镁芒硝（白钠镁矾）也可能随芒硝一起结晶出来，因此古代也可能采集到了这种镁矾天然晶体而当作了简单的芒硝。马志《开宝本草》所言"坚白"的朴消就很像是这种晶体。

取盐碱地析出的白霜经煎炼而成的硝，也是钠芒硝的粗品（所以难免与硝土混淆，或确实就是盐、芒硝与火硝的混合物）。盐碱地全国大部分地区都有，这种盐碱土中一般含有三种无机盐，即食盐、碱（Na_2CO_3）和芒硝，所以在熬制土盐后，从母液中往往也可得到副产品、

① 李长吉、唐纯贞编《山西省新生代盐类成矿远景区划说明书》，山西地质科学研究所，1982 年。

② 张子丰、张英甫《河南火硝、土盐之调查》。

③ 见上海申报年鉴社编《民国二十五年申报年鉴》945~946 页，1936 年。

④ 引自《重修政和经史证类备用本草》（卷三），影印晦明轩本第 86 页。

⑤ 参看化工部《全国无水硫到钠、硫化碱生产、科研调查报告》1987 年，第 20~22 页。

含碱的芒硝。这类硝就是李时珍《本草纲目》所说的："朴消皆生斥卤之地，彼人刮扫煎汁，经宿结成，状如盐末，犹有沙土猥杂，其色黄白……"

最后还必须重申一下，在中国古代，特别是唐代以前，常常称真消石能"化金石"，甚至"化七十二石"，并以此为"消石"的判据。这种说法是源于炼丹术的早期丹经《三十六水法》。前文已经反复指出，这是古人的一种误会。在"三十六水法"中那些金石并没有真的转化为水（详见第五章）；无论是火硝还是芒硝都没有转化诸石为水的特性；而 KNO_3 和 Na_2SO_4 在"三十六水法"中又都会表现出"化水"的功能，所以"化诸金石"、"化七十二石"的特性实际上并不能用来做为区分这两种硝的依据；而且，也正是这种误会，造成两种"消"往往混淆的原因之一。

（二）关于"消"的早期记载及其认识上的混乱情况

在诸"消"的名称中以"消石"出现最早。1973 年从长沙马王堆汉墓出土的帛书医方中，已有"消石"的记载，谓"稍（消）石直（置）温汤中，以洒痈。"表明那时硝石已做为治疗痈痛的药剂。[①] 此外，《范子计然》提到"消石出陇道。"但此书今多认为是后人依托春秋时计然之笔，未必是先秦之作。

其后，消石又见于司马迁的《史记·扁鹊仓公列传》，谓："太仓公者，齐太仓长，临菑人也，姓淳于氏，名意，生于秦始皇三十二年（公元前 215 年）。"书中记载了他用消石疗疾的一件医案。他自述曰："菑川王美人怀子而不乳，来召臣意。臣意往，饮以莨蓎（菪）药一撮，以酒饮之，旋乳。臣意复诊其脉，而脉躁。躁者有余病，即饮以消石一齐（剂），出血，血如豆比五六枚。"[②]

据传为西汉学者刘向所撰《列仙传》也提到早期炼丹术中的消石，谓："赤斧者，巴戎人也，为碧鸡祠主薄，能作水澒（汞）。炼丹，与硝石服之，三十年，返如童子。"[③]

又相传西汉时淮南王刘安热衷神仙道术，其师八公者（八位方士）曾赠《三十六水法》，[④] 这是一部所谓化诸金石为水的早期丹经，总共包括了 36 种"水法"，共 59 方，其中有 32 方利用了消石。大概正是在这部早期权威性的丹经传世后，"消石"的名声大噪，引起了炼丹方士和医药家的重视，消石并从此被称之为"化石"、"化金石"，"化金石为水"，成为消石最重要的特性。

但是从这些记载，我们都无法明确判断所言的这些消石究竟是钾硝石还是钠芒硝，也无法说清它们是否是同一种物质。

东汉时，我国现存的第一部本草专著《神农本草经》经不断增补、修订后终于问世，它全面总结了战国以来的用药经验，所记消石则出现了两种，对它们的性、味、主治、性质、产处都略有提及："消石，味苦寒，主五脏积热，胃胀闭，涤去蓄结饮食，推陈致新，除邪气。炼之如膏，久服轻身。一名芒消（据《太平御览》引文补），生山谷。""朴消，味苦寒，主百病，除寒热邪气，逐六腑积聚、结固、留癖。能化七十二种石。炼饵服之，轻身神仙，生山

---

① 长沙马王堆汉墓出土的帛书中有大量医方，经有关专家整理后定名为《五十二病方》（文物出版社，1979 年出版）。这些帛书据考证抄写于秦汉之际，"病方"则问世于《黄帝内经》成书之前的战国时期。

② 《史记》（卷一百五）第 9 册总第 2806 页，中华书局，1959 年。

③ 见宋·张君房辑纂《云笈七签》卷一百零八。齐鲁书社影印《道藏》本第 595 页，1988 年。

④ 《三十六水法》见《道藏》洞神部众术类，总第 597 册。

谷。"① 文中"炼之如膏"的"消石"似当指钾消石，但又说它一名芒消；且又说"能化七十二种石"者为"朴消"，也与《三十六水法》的说法发生了分歧。作为本草经典的这些说法对以后人们了解"消"影响颇大。它又谓消石与朴消皆可"炼饵服之，轻身神仙"，那么神仙方中的"消"究竟指什么，也发生了混乱。

梁代医药大师陶弘景整理了汉魏时期的医药名家如吴普、李当之等关于本草的撰述，辑纂成了《名医别录》②，对消石、朴消的描述，反映了那一时期的看法。谓：

> 朴消：味辛，大寒，无毒。主治胃中食饮热结，破留血、闭绝，停痰痞满，堆陈致新。炼之白如银，能寒、能热、能滑、能涩、能辛、能苦、能咸、能酸。入地千岁不变，色青白者佳。黄者伤人，赤者杀人。一名消石朴。生益州有咸水之阳，采无时。

> 消石：味辛，大寒无毒。主治五脏十二经脉中百二十疾，……。天地至神之物，能化成（七）十二种石。生益州及武都、陇西、西羌、采无时。

> 芒消，味辛、苦，大寒。主治……，生于朴消。"

说法又与《神农本草经》不同，"消"变成了三种，恢复了消石的"化七十二种石"的性质；认为芒消非消石，而是生于朴消；但"炼之白如银"者乃朴消而非消石。特别是对"朴消"，用了六个"能"来描述它的性味，却恰恰说明他们对朴消的性质感到把握不住，朴消似乎有多种，药性不大相同。陶弘景则根据自己在江南行医采药和调查所得，又提出了自己的一些独立见解。谓：

> 朴消，……生山崖上，色多青白，赤杂黑斑，俗人择取白软者以当消石用之。当烧，令汁沸出，状如矾石者。《仙经》惟云消石能化他石，今此亦云能化石（按指《神农本草经》），疑必相似，可试之。

> 消石，疗病亦与朴消相似，《仙经》多用此消化诸石，今无正［确］识别此者。顷来寻访，犹云与朴消同山，所以朴消名消石朴也，如此则非一种物。先时有人得一种物，其色理与朴消大同小异，䐈䐈如握盐雪，不冰，强热之，紫青烟起，乃成灰，不停沸如朴消，云是真消石也。此（按指《本草经》）又一名芒消。今芒消乃是炼朴消作之，与后皇甫说同，并未得核其验，经试效，当更正记尔。

> 芒消，味辛苦，大寒。……生于朴消。……炼之朴消作芒消者，但以暖汤淋朴消，取汁清澄，煮之减半，出着木盆中经宿即成，状如白石英，皆六道也。……③

他在《集注》中首次记载了调查所得的据焰色试钾硝法，这是辨别诸消的历史中一次重大突破，他对《本草经》关于"消石一名芒消"及"朴消名消石朴"的说法提出了质疑，而肯定芒消乃生于朴消，朴消当为芒消之朴者；又把《名医别录》中关于"朴消炼之白如银"的性

---

① 《神农本草经》第6页，人民卫生出版社，1963年。
② 见尚志钧辑校本《名医别录》，人民卫生出版社，1986年。
③ 见《唐·新修本草》尚志钧辑复本第94～97页。

质修订为"烧，令汁沸出，状如矾石"，并与"烧之如膏"的消石相区别；他还首次描述了从朴消溶液中还可析出白石英状的马牙硝。这些判断都与现代的说法一致了，即他对钾焰硝与钠芒硝（包括朴硝）已能正确地加以辨别了，十分难能可贵。

但陶氏的说法在当时及其后的很长一段时期中似乎并未被普遍接受。进入唐代，在其初期，医药界又多固守经典《神农本草经》的说法，于是对"消"的认识，并未前进，而混乱进一步发展。例如唐初医士甄权在其《药性论》中谓："消石，……一名芒消，烧之即成消石矣，亦作苦消。""马牙硝，味甘。""芒消，一作苦消，言其味苦也。"[①]

及至唐高宗显庆年间，苏敬等奉敕修纂《新修本草》，对诸"消"作了进一步解释，对前人的看法加以评说，但似乎缺乏实地的调查，而一味地维护《神农本草经》的权威性。苏氏在"朴消"条下写道："此物有二种，有纵理、缦理，用之无别。白软者朴消苗也，虚软少力，炼为消石，所得不多，以当消石，功力大劣也。"在"消石"条下写道："此即芒消是也。朴消一名消石朴。今炼粗恶朴消，淋取汁煎，……炼作芒消，即是消石。《本［草］经》：一名芒消，后人更出芒消条，谬矣。（按指责《本草经集注》）"在"芒消"条中他写道："《本［草］经》云生于朴消，朴消一名消石朴，消石一名芒消，理既明白，不合重出之。"[②] 这样一来，这部国家药典竟认为只有一种"消"，朴消是粗品，消石即芒硝，是精制纯品。所以它在"消"的认识和辨别上则更加倒退了。由于此结论出于国家药典，影响当然很大，使"消"的混乱又持续了下去。

（三）中国古代炼丹家对硝石的鉴别

中国古代的医药学家由于他们对硝石、芒硝的认识主要是基于它们的性味和医疗功效，但两者在这方面的表现在他们看来又颇为相似，因此难以找到其明显差别，因而长时期总是固守"硝石一名芒硝"的传统说法，对"消"的鉴别缺乏建树。然而中国古代的炼丹家们则广泛利用消石于炼丹和制药，接触了很多它的化学性质和化学变化，于是芒硝和硝石的差别就逐步清楚、明显地暴露出来了，且终于拨乱反正，结束了"消"的混乱局面，也大大地促进了硝石的应用。因此对硝的辩识真正作出突出贡献，给出科学说明的多是某些炼丹术士。

在硝石的鉴定上，陶弘景最早提出了利用焰色反应区分消石与芒消的方法，这显然是科学的、可靠的，可以说第一次为钾硝石或"正消石"确定了一个标准。稍后，隋代问世的《孔氏解散方》[③]又有一则类似的记载："［消石］形极似朴消，小（稍）虚软，当先以一片子置火炭上，有紫烟出，乃有（成）灰者为上。"其后，在唐代高宗麟德年间（公元664～683）问世的《金石簿五九诀数》[④]中再度出现一则更有趣的关于采用焰色试验检定"正消石"的史料，谓：

> 麟德间甲子岁（664），有中人婆罗门支法林负梵甲（印度僧人）来此翻译，请往五台山巡礼，行至汾州灵石县（今山西省灵石县），问云："此［处］大有硝石，何

---

① 引自《重修政和经史证类备本草》（卷三）第83页。此处言"芒消一作苦消，言其味苦也"，很可能是将 $MgSO_4 \cdot 7H_2O$ 误作芒消。

② 见《唐·新修本草》第94～97页。

③ 《孔氏解散方》见《黄帝九鼎神丹经诀》卷八。因文中有"汶山郡"之语，故知为隋代人撰。

④ 《金石簿五九诀数》见《道藏》洞神部众术类，总第589册。

不采用?"当时有赵如珪、杜法亮等一十二人随梵僧共采,试用全不堪,不如乌长者。[①]
又行至泽州(今山西省西南部晋城、阳城一带,泽州即今晋城)见山秀茂,又云:
"此亦有硝石,岂能还不堪用。"故将汉僧灵悟共采之。得而烧之,紫烟(青)烽烟,
曰:"此之灵药,能变五金众石。"得之尽变成水,较量与乌长[同]。今方知泽州者
堪用。金(今)频试炼,实表其灵,若比乌长国者,乃泽州者稍软。

这种鉴别法固然相当科学,但是有一个困难,因为在天然的钾硝石中多少总会含有一些钠芒
硝和盐分,而众所熟知,钠所产生的黄色火焰的灵敏度远远高于钾的紫焰,因此少量钠杂质
的存在,这种方法就将大失效力了。

及至唐代中叶,在铅丹(Pb_3O_4)的制造工艺中出现了"黄硝法",它是铅丹工艺发展中
的一次重大突破。其工艺过程是先利用硫黄与熔化的金属铅相反应生成硫化铅,然后加入钾
硝石,利用这种氧化剂可以使PbS很快地转变为Pb_3O_4,产品质量也大为提高。[②]其有关记载
最早见于唐代中期问世的丹经《丹房镜源》[③]。在这项工艺中若误用钠芒硝或镁硝石($MgSO_4$
·$7H_2O$)就不可能取得成功。因此这项工艺的出现,表明这位发明者(炼丹家)已能有把握
地自诸硝中选择出钾硝来。所以这项工艺、这项发明又为确认硝石建立了一个新准则,即用
之于烧炼铅丹,成功者为真。故《丹房镜源》的作者,在诸硝的分类上也明确地把钾硝石
(列为石类)与其他各硝分开了,在其"诸硝篇"中,他说:"[消]有马牙消、朴消、芒消、
缩砂、坑消五种。若消石则列在'诸石篇'中可见也。"[④]

通过炼丹活动,到了唐代时方士们已注意到钾硝石区别于其他诸硝的最重要特征则要算
它能使热炭、热硫黄猛烈燃烧起来,最后成灰,即今时所说的"助燃性"。所以他们又把硝石
开始称之为焰硝和火硝了。例如《黄帝九鼎神丹经诀(卷八)·明化石篇》就讲得很清楚:
"[真物](按即焰硝)形极似朴硝,小(稍)虚软,当先以一小片子置火炭上,……仍
(乃)成灰者上。若沸良久者,由(犹)是朴消也。"

既然已经有了一系列鉴定焰硝的依据和手段,于是方士们也进一步总结出朴硝、芒硝的
一些有别于焰硝的特性。例如:芒硝、朴硝一经加热便化成水(结晶水析出,并自身溶于其
中),且沸腾起来,这就是上段引文中所说"沸良久";《黄帝九鼎神丹经诀》(卷十六)还说:
"朴消,……用之者烧之,汁沸出,状如矾石(按即白矾石、明矾石,烧之成水,水蒸发尽乃
成白色粉末的枯矾)也。"描述就更清晰了;焰硝则"炼之如膏",却没有这种性质。此外,他
们还注意到芒硝在大气中会发生风化,慢慢自动化为白色粉末。对这种现象他们称之为"中
风"。唐人楚泽修订的《太清石壁记》(卷下)谈到服"朴消"(实言硝石)时说"取不中风而
形质又不枯燥、色带青润者良",[⑤]就是指此而言。

正是由于炼丹家们已明确认识到了这两种硝的区别,并能有把握地挑选出焰硝来,所以
他们也就发现两种硝的赋存状态和资源情况也不大相同,大致上讲,朴硝主要存在于盐池、盐
井的卤水中,以及咸水之滨的卤地(盐碱地)或山崖之上,为大块坚硬的硝;焰硝则多是在
寒冷季节时从棕色土壤中析出,呈白霜状。所以唐代丹经《阴真君金石五相类》(第十九)谓:

---

① 唐代时乌长国在今巴基斯坦的西北部。
② 参看赵匡华等:"中国古代的铅化学",《自然科学史研究》第9卷第3期,1990年,并参看本书第五章第六节。
③ 《丹房镜源》残卷见《铅汞甲庚至宝集成》,《道藏》洞神部众术类,总第595册。
④ 这段文字见于宋·姚宽著《西溪丛语》卷下,《笔记小说大观》第二册第84页。广陵古籍出版社影印本,1983年。
⑤ 《太清石壁记》卷下第十三。

硝石是秋石，阴石也，出积寒凝霜之土地而生，取此霜土煎炼淋漓，如法结成，亦如煮水成盐。……缘性较寒，取北方坎子为气，积阴而用，制阳之毒。上古仙人将［以］制物，兼化五金成宝，假合成道。二名北帝玄珠，其源采北方之气，化成玄珠，是冰霜之气。……三名乌头，其名因秋叶黄落时，霜始降；因而得名，是草枯之意。四名黄鸟首，时雁北向，首迎霜而采之，仙人用制巨阳之大毒。[①]

及至宋代，无论是炼丹家还是医药学家便基本上都能够正确无误地区分这两类硝了，对它们的形态、性能、产地也都能给予比较正确的描述。例如宋初道士马志撰著《开宝本草》，就对诸硝做了相当确切的描述，并辨析了过去的混乱。他说：

消石：……此即地霜也。所在山泽冬月地上有霜，扫取以水淋汁，后乃煎炼而成。盖以能消化诸石，故名消石，非与朴消、芒消同类而有消石也。［至于所谓］"一名芒硝"者，以其初煎炼时有细芒而状若［芒］消，故有芒消之号，与后条芒消（按指出于朴消者）全别。旧经（按指《本草经》）、陶注引证多端，盖不的识之故也，今不取焉。

朴消：……今出益州，彼人采之，以水淋取汁煎炼而成朴消也。一名消石朴者，消，即是本体之名，石者乃坚白之号。朴者即未化之义也。以其芒消、英消皆从此出，故为消石朴也。其英消即今俗间谓之马牙消者是也。

芒消：……此即出于朴消。以暖水淋朴消，取汁炼之，令减半，投于盆中，经宿乃有细芒生，故谓之芒消也。又有英消者，其状若白石英，作四五棱，白色，莹澈可爱，主疗与芒消颇同，亦出于朴消，其煎炼自有别法，亦呼为马牙消。唐注以此为消石同类，深为谬矣。

生消：味苦，大寒，无毒。……生茂州西山岩石间，其形状大小不定，色青白，采无时。[②]

他所说的色青白的块状"生消"，当即白钠镁石或钙芒消。它们经煎炼后慢慢以针状结晶析出的当是$Na_2SO_4 \cdot 10H_2O$，但偶尔也可能是$MgSO_4 \cdot 7H_2O$，这要看白钠镁石中钠与镁含量的比例了。而早在唐代时，某些炼丹家则在制芒消的过程中，便已注意到朴消经熬煎后在迅速冷却的情况下，所析出的结晶则非芒状，而是有棱角的，状如石英，于是把它呼之为马牙消，因貌似马齿的缘故罢，成分则与芒消相同。《黄帝九鼎神丹经诀》（卷八）〈明化石〉一节文字中，对此已有翔实描述了。谓：

作朴硝石法：此谓芒硝石也，非硝石也。取朴硝硝石，无［须］用捣筛，粗研，以暖汤淋朴硝，取汁清澄者（除去石膏、砂石之类）煮之，多少恒令减半，出置净小盆中，以冷水渍（即快速冷却），盆中经宿即成，状如白石英，大小皆有棱角。

此后，《图经本草》也进一步说明了朴硝、芒硝及英硝的关系。宋仁宗时方士崔昉所撰《炉火

① 《阴真君金石五相类》见《道藏》洞神部众术类，总第589册。
② 见宋·唐慎微《重修政和经史证类备用本草》（卷三）第85～88页"消石"、"芒消"、"朴消"、"生消"诸条中之"今注"。

本草》也对诸硝作了很概括、很确切的说明,谓:

> 硝石,阴石也,此非石类,即咸卤(地霜)煎成,今呼焰硝,是河北商城(今河南商城县)及怀卫界(可能指卫州,即今河南北部汲县、辉县一带)沿河人家刮卤淋汁所就,与朴硝、小盐一莤煎之。能制伏钎(当指化伏铅为铅丹),出铜晕。南地不产。朴硝能熟皮,芒硝可入药。[1]

及至明代,李时珍在其《本草纲目》对千余年来"消"的研究作了全面总结和辨析,或者说终于完成了一篇全面正确的结论,兹摘录以作为本节之结束语:

> 朴消:……此物见水即消,又能消化诸物,故谓之消,生于盐卤之地,状似末盐,凡牛马诸皮须此治熟,故今俗有盐消、皮消之称。煎炼入盆,凝结在下,粗朴者为朴消,在上有芒者为芒消,有牙者为马牙消。《神农本草经》止有朴消、消石,《名医别录》复出芒消,宋《嘉祐本草》又出马牙消。盖不知消石即是火消,朴消即是芒消、马牙消,一物有精粗之异尔。诸说不识此,遂致纷纭也。今并芒消、牙消于一云。

> [朴]消有三品,生西蜀者俗呼川消,最胜;生河东者,俗呼盐消,次之;生河北、青、齐者,俗呼土消(即盐碱地所产),皆生于斥卤之地,彼人刮扫煎汁,经宿结成,状如末盐,犹有沙土猥杂,其色黄白(应作赤),故《别录》云:"朴消黄者伤人,赤者杀人。"须再以水煎化,澄去滓脚,入萝卜数枚同煮熟。去萝卜,倾入盆中,经宿结成白消,如冰如蜡,故俗呼为盆消。齐、卫之消则底多,而上面生细芒如锋,《别录》所谓芒消者是也。川、晋之消则底少,而上面生牙如圭角,作六棱,纵横玲珑,洞澈可爱,《嘉祐本草》所谓马牙消者是也,状如白石英,又名英消。二消之底则通名朴硝也。取芒消、英消再三以萝卜煎去咸味,即为甜消。以二消置之风日中吹去水气,则轻白如粉,即为风化消。以朴消、芒消、英消同甘草煎过,鼎罐升煅,则为玄明粉。陶弘景及唐宋诸人皆不知诸消是一物,但有精粗之异,因名迷实,谬猜乱度,殊无指归。

> 消石,丹炉家用制五金八石,银工家用化金银,兵家用作烽燧火药,得火即焰起,故有诸名。

> 消石,诸卤地皆产之,而河北庆阳(今甘肃东部庆阳县一带)诸县及蜀中尤多。秋冬间遍地生白,扫取煎炼而成。货者苟且,多不洁净,须再以水煎化,倾盆中,一夜结成。澄在下者,状如朴消,又名生消,谓炼过生出之消也;结在上者,或有锋芒如芒消,或有圭棱如马牙消,故消石亦有'芒消'、'牙消'之名,与朴消之芒、牙同称,而水火之性则异也。

> 诸消自晋唐以来,诸家皆执名而猜,都无定见。惟马志《开宝本草》,以消石为

---

① 此段文字见姚宽撰《西溪丛语》卷下,载于《笔记小说大观》第二册第 84 页,江苏广陵古籍出版社影印本,1983 年。

地霜炼成；而芒消、马牙消是朴消炼出者，一言足破诸家之惑矣。诸家盖因"消石一名芒消，朴消一名消石朴"二名相混，遂至费辨不决，而不知消有水火二种，形质虽同，性气迥别也。……二消皆有芒消、牙消之称，故古方有相代之说。自唐宋以下，所用芒消、牙消皆是水消也。南医所辨虽明，而以凝水石、猪胆煎成者为芒消，则误矣。今通正其误。其石脾一名消石者，造成假消石也。[①]

（四）中国古代硝的提纯

中国古代对硝的提纯，直到宋代仍然没有很大的改变，即只是简单地煎淋、蒸发浓缩、重结晶，而且焰硝、芒消、马牙消的加工工艺也没有什么差别，前文援引的《黄帝九鼎神丹经诀》（卷八）〈明化石篇〉和《开宝本草》都已述及。

及至元代，朴消的纯化有了进一步的发展，有了萝卜纯化法问世。最早在元人朱震亨的《丹溪心法》已简略提及："同莱菔（萝卜）水煮化，去莱菔，棉滤令洁。"[②]

明代弘治年间（1488～1505）刘文泰等撰修《本草品汇精要》，在介绍玄明粉时对上述提纯法做了较为翔实的说明，他讲述：先取朴消以温汤溶解，薄纸过滤后，入铁锅内煮至一半，候温倾入瓦盆内，"于见天处露一宿，次早结块，再用净熟水六碗化开，入大萝卜八两重，切作二分厚一片用（同）煮，见萝卜熟为度，仍倾在瓦盆，去萝卜片，再放在见天处露一宿，次日结块，去水，取出滤干，入好皮纸袋盛，悬挂当风处自然成粉，乃阴中有阳之药，太阴之精华，水之子也。"[③] 那么用萝卜纯化芒消究竟主要在于除去什么杂质，目的又是什么？我们试先探讨一下采自卤地之朴消的成分。以采自山西、河南、四川三地区者为例，其成分如表6-3所示。从这些数据可看出，朴硝经热水溶解、过滤后，大部分泥土及难溶的石膏等将被除去，经过重结晶，原有的少量NaCl也会保留在母液中而分离掉，因此第一次的结晶中，还将混有较多的硫酸镁。这种镁盐味很苦，而且有很强的潮解性，若不除去而混入玄明粉，将严重影响其质量。若溶解此结晶，与萝卜共煮，再经过第二次结晶，据《本草品汇精要》的记载，其效果可使"味辛苦"的朴硝转变为"味辛甘"的风化玄明粉。《本草纲目》也说："芒消、英消再三以萝卜煎去咸味，即为甜消。"可见萝卜有吸附、清除硫酸镁的功能。

至于用于制作火药、烟火的焰硝，其纯度对火药的威力显然更是至关重要的，尤其是具有潮解性的镁盐（$MgSO_4$、$MgCl_2$ 等）则必须认真除去。在介绍焰硝的提纯法之前，我们也先考察一下硝土的成分。以河南开封、潘口硝土为例，其试样分析结果如表6-4所示。可见这些硝土经热水煎淋，过滤后，滤液中镁盐及 NaCl 几乎都与 KNO_3 的含量差不多，显然，这些镁盐及大部分NaCl都应设法除去。关于火药作坊中提纯焰硝的方法，现存最早的文献记载大概要算一般认为是明初问世、托名刘基所撰的《火龙经》。有关文字如下："提硝法：硝一勣（斤），用水一碗煮溶化，点花椒、明矾、广胶，用铁杓荡其中，则盐自入杓内，务要盐尽硝淡为主，入缸成硝方可用。又方：用萝卜捣碎，入广胶少许提之，更清白而芒长也。"[④]

① 以上数段文字皆引自李时珍《本草纲目》（校点本）第一册第643～652页，人民卫生出版社，1982年。
② 元·朱震亨：《丹溪心法》，明·程充辑，上海科学技术出版社，1959年。
③ 见刘文泰：《本草品汇精要》第115页，人民卫生出版社，1982年。
④ 摘自守拙亭三亭重集校本《火龙经》上卷，北京大学图书馆善本书库藏。此系手抄本，若《火龙经》初本同世于明代初年，则此抄本似有后人增益文字。

表 6-3　中国各地朴硝的成分

产地 \ 成分	KNO₃	K₂SO₄	Na₂SO₄	CaSO₄	MgSO₄	NaCl	CaCO₃	泥土	水份	Fe₂O₃	不溶物
河南土盐[②]		0.53	68.39		18.29	7.85		1.17	3.97		
河北长芦盐场[②]			36.18		7.26	1.97			52.26		
山西安邑县[③]			81.14	0.51	2.00	0.36		0.21	15.06		0.21
山西潘家屯[③]	2.87		52.15	0.67	3.41	5.07			26.33		9.36
山西解县硝地[③]			57.85	0.14	10.32	1.85		0.46	29.31		
山西解池硝板[④]			39.77	0.56	22.25	3.95		6.80	27.43		
四川丹棱钙芒硝[④]			32.93	35.82	0.15	0.03		27.31		1.15	
四川雅安钙芒硝[⑤]			35.41	35.54	0.12	0.036		26.18			

表 6-4　河南硝土的成分

产地 \ 成分	KNO₃	Mg(NO₃)₂	Na₂SO₄	NaCl	CaSO₄	MgSO₄	CaCO₃	残渣(泥土)
开封硝土	1.75	0.85	0.56	1.97	0.66	0.56	12.12	81.22
潘口硝土	1.92	0.84	/	2.56	0.67	0.53	10.47	83.31

明嘉靖三十七年（1558）唐顺之所撰《武编》[⑤]也谈及、强调制火药时焰硝的提纯，但方法却很粗略，仅谓："提硝用瓦乌盆，滤至一百斤得三十斤乃可作药线。""硝用好硝，十斤入锅提六七次，务要提净，形如针芒者可用。"

其后，万历二十六年（1598）赵世明撰成《神器谱》[⑥]，其中有提硝法，对焰硝的提纯有更详明的记叙：

> 制硝，每硝半锅，甜水半锅，煮至硝化开时，用大红萝卜一个，切作四五片，放锅内同滚。待萝卜熟时捞去，用鸡卵清三个和水二三碗，到（倒）入锅内，以铁杓搅之，有渣滓浮起，尽行撇去，再用极明亮水胶二两许化开，倾在锅内，滚三五滚，倾出，以磁盆盛注（住）以盖盖定，放凉处一宿。看铓（指针芒状焰硝结晶）极细、极明亮方可用。用铓不细，尚有咸味，可入药，当再如前法盆过。

及至天启元年（1621年）茅元仪撰《武备志》，所记载的方法是综合了有明一代诸提硝法之长，因此又有了较大的进步。其卷一百十九有如下记载：

① 张子丰、张英甫：《河南火硝土盐之调查》，黄海化工研究社，1932年。

② 〔日〕朝北奈泰彦编修《正仓院药物》289～295页，大阪植物文献刊行会，1955。

③ 李长吉等：《运城盐湖矿床地质特征及成因初步探讨》，山西省地质科学研究所。

④ 四川省地质资料处：《四川省矿产储量表》（六），1991年。

⑤ 明·唐顺之：《武编》，见《四库全书珍本丛书》四集第505～514册中之卷五，台湾商务印书馆出版发行。

⑥ 明·赵世明：《神器谱》，见《玄览堂丛书》第八函总第86册。

　　　　提硝法：提硝用泉水或河水、池水。如无以上三水，[则]或甜井水。用大锅，
　　　添七分水，下硝百斤，烧三煎，然后下小灰水一斤。再量锅之大小，或下硝五十斤，
　　　只用小灰水半斤。其硝内有盐碱，亦得小灰水一点，自然分开，盐碱化为赤水不坐
　　　（即不沉淀），再烧一煎，出在磁瓮内，泥沫沉底，净硝在[水]中，放一二日，[针
　　　芒状焰硝析出结在上]，澄去盐碱水（母液），刮去泥底（沉淀）。用天日晒干[焰
　　　硝]。宜在二、三、八、九月，余月炎寒不宜。

若以现代化学知识来解释上述诸提硝法的各项原理，那么，其一，萝卜在硝水煮熟的过程中，
将吸附、清除其中的硫酸镁和氯化镁等镁盐，从而防止了焰硝的吸湿、潮解，并消除了其苦
味；其二，用明矾、明胶显然可使硝中的泥沙类杂质凝聚、沉降，不过它们并不能沉降出盐
分（NaCl）的作用，故"盐自入杓内"的说法是一种误解；其三，所用小灰水，实际上即碳
酸钾溶液，它可使硝水中的各种钙盐、镁盐和铁盐以碱式碳酸盐或碳酸盐或氢氧化物的形式
沉淀析出，所以加小灰水后，"化为赤水"，正是红色胶状氢氧化铁染上的颜色，但小灰水并
不能除去硝水中的盐碱；其四，焰硝（KNO_3）与盐分（NaCl）的分离，则是依据焰硝和盐的
溶解度之温度系数有极大差别，而通过硝的重结晶来实现的。即 KNO_3 在水中的溶解度随温
度的升高而急剧增加，而 NaCl 的溶解度受温度的影响则很小。[①] 所以当大量土硝用沸热水溶
解时，KNO_3 可全部溶解，土硝中的 NaCl 或全部溶解，或部分溶解（视含量而定），而当放
置隔宿冷却下来时，溶液中的 KNO_3 几乎会绝大部分结晶析出，而 NaCl 几乎不会析出，这样
便可以得到相当纯净的 KNO_3 结晶，当然，当时的硝工未必理解这个道理。总之，这一系列
举措结合起来，便几乎与近代无机化学中的硝酸钾提纯法相差无几了。

三　中国古代的矾化学

　　关于中国古代矾类的化学很少有专门的研究，至今尚没有引起人们的重视。其实，矾化
学不仅是中国古代无机盐工艺中的一个组成部分，除在染色工艺中扮演了重要角色外，而且
在制药化学中也发挥了独特的作用。因为矾及其与硝石的配合，部分地克服了古代化学研制
药物的过程中由于没有硫酸和硝酸所遇到的困难。前文论述过的汞、铅、砷等方面的化学成
果在很大程度上就是依靠这种配合应用才得以创造出来；中国古代在矾的炼制、鉴定和人工
合成方面也有过很多很有趣的发明。因此很值得对中国古代化学中的矾作为一个专题来进行
研究。

（一）中国古代矾的种类及其鉴定

　　中国古代利用过的矾，种类、名目繁多。早在唐代初期，《新修本草》的修撰者苏敬就说
过："矾有五种，青矾、白矾、黄矾、黑矾、绛矾。"但这样仅从外观颜色来区分矾类，并不
科学。下面我们试以现代化学的观点对中国古代的矾，分类加以简述。

---

　　① KNO_3 和 NaCl 的溶解度随温度的变化：

温度（℃）：		0	20	40	60	80	100
溶解度	KNO_3	13.1	31.6	63.9	110.1	168.8	243.6
（克/100 克水）	NaCl	35.7	35.9	36.4	37.2	38.1	38.4

1. 明矾

古称白矾、雪矾、云母矾，其化学组成为 $KAl(SO_4)_2 \cdot 12H_2O$，系无色透明莹净的结晶，故又有矾精之称。它在低温加热（92.5℃）下便部分失水变为 $KAl(SO_4)_2 \cdot 9H_2O$，其质轻色白，貌似翩翩飞虫的片状物，所以有矾蝴蝶的称谓；又因其轻飏如棉絮，故又名柳絮矾。如果焙烧温度较高（＞200℃），它会完全脱水，成为白粉状 $KAl(SO_4)_2$，古代时称之为枯矾。这些说法最早见于《图经本草》。它说：

> 又有矾精、矾蝴蝶，皆练白矾时，候其极沸，盘心有溅溢者如物飞出，以铁匕接之，作虫形者，矾蝴蝶也；但成块，光莹如水晶者矾精也。……又有一种柳絮矾，亦出矾处有之，煎炼而成，轻虚如棉絮，故以名之。[①]

白矾自古即入药用，《神农本草经》说它"主寒热、泄痢、白沃、阴蚀、恶疮、目痛，坚骨齿"，列之于上品；早期的医药专著，如唐人孙思邈的《千金翼方》和王焘的《外台秘要》[②] 对白矾的药用都有记载。方士们炼丹时也常用到白矾，认为它"炼饵服食之，轻身不老，增年"[③]，河西、石门者（按指黄矾），并常隐其原名，呼之为羽泽、黄石、黄老、白君等等。[④] 当然，白矾更多的是被广泛地应用于染色业，作为媒染剂。《周礼·天官冢宰第一》中已提到染人，但明确指出以白矾用于布帛染色的早期记载却很少，《图经本草》曾指出："今白矾[则]出晋州、慈州、无为军，……入药及染人所用者。"白矾在古代还常用于加工纸张，把它与胶调浆刷于纸上，晾干砑磨后，纸张洁白光滑。陶宗仪《墨娥小录》[⑤] 及托名刘基所撰《多能鄙事》[⑥] 都已有记载。此外，白矾又很早就用来洁净生活用水。这是利用白矾水解后生成絮状氢氧化铝的吸附作用把天然水中的泥土、悬浮杂质沉降下来。

还应指出，刘宋·雷敩所著《雷公炮炙论》中说："白矾石以瓷瓶盛，于火中煅令内外通赤，……夹出放冷，研如粉，……取用。"[⑦]《图经本草》把这种"色白如雪"的"矾"称为巴石，也当作一种白矾。按硫酸铝在770℃时便分解，因此所谓巴石实际上已是 Al_2O_3 与 K_2SO_4 的混合物，不应再算做矾了。

2. 绿矾

又名青矾，因自古用于染黑，所以也叫皂矾。其化学组成为 $FeSO_4 \cdot 7H_2O$，纯净者为浅绿色透明结晶。它可能是中国古代所制造、应用的矾中最早的一种，至迟在公元前5～3世纪的战国时代已开始被利用于染色了。《山海经》（卷三）中的〈北山经〉记载：贲闻之山、孟门之山"其下多黄垩，多涅石"，东汉高诱注："涅，矾石也。"在中国古代，"涅"原指黑泥，石涅原是指煤炭而言，[⑧] 那么涅石（黑石）怎么又是指矾石了呢？现代学者通过地质调查已弄清楚，有一种黄铁矿经常与煤矿伴生，所以它呈黑色。[⑨] 而据宋应星《天工开物》的记载，古

---

① 见宋·苏颂《图经本草》，胡乃长等辑注本第15～16页，福建科学技术出版社，1988年。

② 唐·王焘：《外台秘要》，人民卫生出版社，1955年。

③ 见《神农本草经》第5页。

④ 见《石药尔雅》，《道藏》洞神部众术类，总第583册，涵芬楼影印，1924年。

⑤ 见中国书店1959年影印明隆庆五年吴氏聚好堂刻本《墨娥小录》卷之二。

⑥ 明·刘基编《多能鄙事》卷五第6页，上海荣华书局出版，1917年。

⑦ 见《重修政和经史证类备用本草》第84页。

⑧ 按东汉许慎《说文》："涅，黑土在水中也"，故涅之初意为黑泥。陶弘景《本草经集注》："黑石脂一名石涅，一名石墨。"又据《本草纲目·石炭》，知石墨即煤炭之古称。

⑨ 参看 А. Г. Бетехтин：《矿物学教程》，丁浩然译，商务印书馆，1953年。

代多通过焙烧黄铁矿而制取用于染黑的绿矾。因此，古代便又用"涅石"来称呼这种黑色含煤黄铁矿为一种矾石了。所以"涅石"后来又可指用于染黑的皂矾，并以"涅"为黑色染料，甚至"涅"又进一步发展而指染黑的工艺操作。例如《论语·阳货第十七》中有"不曰白乎，涅而不缁"，这里的"涅"就指染黑的操作，意思是"至白者染之于涅而不黑"，[①]借以比喻君子。又如西汉刘安主撰的《淮南子·俶真训》中有"今以涅染缁则黑于涅"的话，〈说山训〉篇又说："流言雪污，犹以涅拭素也。"这里的"涅"是以绿矾助染的黑色染料。三国时魏国名士何晏则明确指出"涅可以染皂"；那么这种黑色染料是什么？东汉郑玄等在注解《周礼·地官司徒》时指出："染草，蓝、蒨（茜）、象斗之属。蓝以染青，蒨以染赤，象斗染黑。"象斗古代时亦称橡栗、皂斗、栎等，现在称作橡实，又称橡子壳，是含大量（19%～29%）鞣质的麻栎果实。[②]所以，与何晏的话对照，绿矾（涅）正是与橡斗配合而成为黑色染料，并表明至迟在战国时期已经使用，这也进一步证明焙烧涅石所得正为绿矾。据《宋会要辑稿》[①]记载："淳熙十二年九月四日都大提点坑冶铸钱司言：谭州浏阳县（今湖南浏阳县）永嘉场地名铁炉衔等处有皂土，堪煎青矾。"[③]这种皂土当即为涅石经风化氧化所形成的。

绿矾在空气中焙烧，先失去结晶水成白色$FeSO_4$粉末，接着又会被空气氧化、分解，即成为棕红色似铅丹的粉末，古时称为绛矾，实际上即Fe_2O_3。所以《新修本草》说："其绛矾本来绿色，新出窑未见风者，正如琉璃（翠绿色），……烧之赤色，故名绛矾矣。"[④]然而按现代化学来说，它已经不是硫酸盐，不能算做矾了。根据苏敬的这项记载，却说明我国古代利用的绿矾也有自天然洞穴中采集来的。

　3. 黄矾

天然黄矾中，有一种其化学组成为$KFe_3(SO_4)_2(OH)_6$，黄色；另一种则系天然绿矾经风化氧化而成的，其组成则为$Fe_2(SO_4)_3 \cdot 9H_2O$。在以黄铁矿为原料烧炼绿矾的窑边便常出现它。黄矾古时又名金丝矾，苏轼在其《物类相感志》中说过："黄矾一名金丝矾。烧铁焠之，可以引之如金线"。因以得名。

陶弘景在其《本草经集注》中提到，矾类中"其黄黑者名鸡屎矾"；《事类绀珠》则说："黄矾一名鸡屎矾"。[⑤]然而陶弘景则又说鸡屎矾"不入药，惟堪镀作，以合熟铜，投苦酒（醋）中，涂铁皆作铜色，外虽铜色，内质不变"，[⑥]显然，这又表明它是一种含铜盐的矾。所以，看来鸡屎矾大概是一种含硫酸铜的黄矾，黄、绿、青色相间杂，因而"黄黑"如鸡屎。又隋人苏元明在其《太清石壁记》中曾提到："矾石有五种，但世人唯用黄白矾二种，自外不堪多用，黄色但是敦煌出者皆好。"[⑦]据此，"敦煌矾石"当为黄矾。另据《名医别录》所说："矾石……能使铁为铜，……生河西山谷及陇西武都、石门，采无时。"[⑧]那么这种产于河西、陇西一带的矾石当至少含有硫酸铜（胆矾）的成分，而陇西、武都和敦煌都位于河西走廊一

---

① 见《十三经注疏》，国学整理社出版，第 2525 页，世界书局影印阮刻，1935 年。
② 见江苏新医学院编著《中药大辞典》下册第 2593 页，上海人民出版社，1977 年。
③ 清·徐松辑：《宋会要辑稿》卷 4269，食货三四之十一，总第 5394 页，中华书局影印出版，1957 年。
④ 唐·苏敬：《新修本草》，尚志钧辑校注，第 98 页。
⑤ 参见清·陈元龙《格致镜源·日用器物》（卷五十），广陵古籍出版社影印原刻本，第 571 页。1989 年。
⑥ 参见唐·苏敬《新修本草》第 97 页。
⑦ 隋·苏元明：《太清石壁记》（唐楚泽先生编），《道藏》洞神部众术类，总第 582～583 册。
⑧ 见尚志钧辑校本《名医别录》第 8 页。

带，所以笔者认为敦煌矾石可能亦为含胆矾的黄矾，与鸡屎矾同属一类，它们大概是黄铜矿石（$CuFeS_2$）或斑铜矿石（Cu_5FeS_4）在自然界中经空气慢慢氧化而形成的一种混石矾。

有关黄矾的文字记载，最早见于东汉时炼丹家狐刚子所撰《出金矿图录》[①] 它是用来冶炼金矿石的。在《太清石壁记》中已记载，黄矾是用作炼丹的辅助药剂；《唐·新修本草》则指出"黄矾亦疗疮生肉，兼染皮用之"；唐代丹经《太古土兑经》[②] 则把以药剂点化汞、铅、铜、锡成为"药金银"的黄白术明确认为是一种"染色术"，并且说"黄矾能染一切金石"，说明那时黄矾已成为方士们从事黄白术的重要点化药剂。

黄矾无疑在很早就被用于布帛的染色。但究竟起源于什么年代，还值得进一步探讨。张运明曾撰文提到："考古学家在蒙古人民共和国诺因乌拉地方曾经发现不少属于我国公元前一世纪左右制造的彩色锦缎。经过化验，大部是经过黄矾媒染的。"[③] 但如前文所述，中国应用绿矾染色大约始于春秋时期。它既可用来制作黑色染料，也可作为媒染剂，而绿矾在空气中，特别是在潮湿的情况下是很不稳定的，容易被氧化为硫酸高铁，因此把公元一世纪的染织物在事隔近两千年后的今天来化验，是难以判定当初所用媒染剂是黄矾还是绿矾了。

4. 胆矾

胆矾的化学组成为 $CuSO_4 \cdot 5H_2O$，蓝色结晶。在唐代以前称为"石胆"，俗名"胆子"。魏人吴普称它为黑石、铜勒。[④]《神农本草经》说它又名毕石。在炼丹术中，方士们又给它取了很多隐名，如碁（棋）石、石液、立制石、制石液、檀摇持等[⑤]。因为它具有深蓝似胆的颜色，而"味极酸苦"，所以李时珍说："石胆以色味命名。"

中国使用石胆的历史也很久远，《周礼·天官冢宰》篇中曾提到"凡疗疡以五毒攻之"。东汉郑玄为此作注，说"今医方有五毒之药"，所谓的"五毒之药"，其中就有石胆。[⑥] 因此可以估计，至迟在西汉时期或者更早时已经发现石胆，并用于制药了。《神农本草经》已经提到它具有"能化铁为铜"的神奇性质，因此在炼丹术中很受方士们的推崇，而经常利用，甚至说它"炼饵服之，不老；久服增寿神仙"，且"能化铁为铜成金银"。在现存成书较早（于西汉或东汉初）的丹经，如《九转流珠神仙九丹经》[⑦]、《三十六水法》中都曾利用到石胆。但大约直到唐代，石胆才又有了"胆矾"的别名，这可能是因为方士们鉴于石胆"磨铁作铜色"，因此把它也列为黄白术中的"染色剂"，于是就赋予它以"矾"的称谓。"胆矾"、"胆子矾"的称谓最早出现于《太古土兑经》，它说道："夫变铜以色染之"，并把石胆列入金属"染色术"中的一种点化药剂。

特别应该指出，在唐代以前曾有一些医药学家、方士常把绿矾与石胆相混淆。苏敬就曾指出："其绛矾本来绿色，新出窟未见风者正如琉璃，"而"陶［弘景］及今人谓之石胆。"而且还有伪造者，苏敬对此也曾揭示："比来亦用绿矾为石胆；又以醋揉青矾为之，并伪也。"因此便引起人们去探索胆矾与绿矾的化学鉴定技术。苏敬首先提出："此物（石胆）出铜处，有

① 参看唐人辑纂《黄帝九鼎神丹经诀》（卷九）。

② 唐人撰《太古土兑经》见《道藏》洞神部众木类，总第 600 册。

③ 张运明："我国利用硫铁矿制硫史初步考证"，《化学通报》1964 年第 2 期。

④ 参看清孙星衍等辑《神农本草经》第 7 页，人民卫生出版社，1963 年。

⑤ 参看《石药尔雅》。

⑥ 《十三经注疏》总第 668 页，《周礼注疏》（卷五）第 30 页。

⑦ 《九转流珠神仙九丹经》见《道藏》洞神部众术类，总第 601 册。

形似曾青，兼（青）绿相间，味极酸苦，磨铁作铜色，此是真者。"①

唐代方士金陵子还提出过另一种石胆鉴定法，不仅可把石胆与绿矾区别，而且还可与磨铁也作铜色的曾青（蓝铜矿）、石青（孔雀石）等其他含铜矿物分辨开。他在《龙虎还丹诀》②中指出："石胆……状似折篦头，如瑟瑟，浅碧色，烧之变白色者真。"这是因为胆矾烧之脱水而变成 $CuSO_4$ 的白色粉末：

$$CuSO_4 \cdot 5H_2O（蓝）\xrightarrow{150℃} CuSO_4（白）+5H_2O\uparrow$$

至今在化学实验室中还常用脱水硫酸铜来检验酒精中的水分。而曾青、石青等碳酸铜矿物一经焙烧则分解变为黑色 CuO。显然，这种方法就更接近于现代化学鉴定法了。宋人苏颂在《图经本草》中则更提出了鉴定绿矾的方法："绿矾石……形似朴消（按两者都易风化成白色粉末）而绿色，取此一物置于铁板上，聚炭封之，囊袋吹令火炽，其矾即沸，流出色赤如融金汁者是真也。"③ 这正是前述制造绛矾的反应。

此外，《本草纲目》等书中还提到一些质地不纯的劣质矾，如铅矾④、昆仑矾（黑泥矾）、鸡毛矾、鸭毛矾、粥矾、紫矾等。⑤ 因为原书对它们的性质都缺乏描述，在其他文献中也没有查到过，现在已难以判断这些矾的隶属关系了。

（二）"矾"和"矾石液"名称的源起

四种矾中最早为人们所使用的是绿矾和明矾，而这两种矾最初都得通过焙烧其相应的矾石而得到（详见下文），所以被命名为"礬"。"礬"字与焙烧又有什么关系呢？1955年群联出版社影印之《唐·新修本草》、日本源顺所撰《和名类聚钞》（1617年镌版）、日本森立之重所辑《神农本草经》中，"礬石"皆作"燔石"。查《说文》及《经籍纂古》皆无"礬"字，而都有"燔"字，其解为"烧田也，从火棥棥，赤声，附衰切"（音矾），当即今之"焚"字。⑥所以李时珍在《本草纲目》中说："礬者，燔（音矾）也，燔石而成也。"（《说文》："燔，爇也。"）这就清楚说明由于矾乃焚烧相应石类而来，因此得名。

最初得到的这两种矾都是先应用于染色，或为染料的一种成分，或作为媒染剂。因此后来的"矾"便由染色性而得名，并被归纳入了这个"矾家族"。例如黄矾，《唐·新修本草》便指出"黄矾亦疗疮生肉，兼染皮用之"；唐代方士又把它视为"金属染色术"中的药剂之一；又因在风化氧化的绿矾中常常可以拣到它，所以它也被称为"矾"是容易理解的。但胆矾的名称源起就有些奇特了，它并未被用于纺织物和皮革的染色。它原名石胆，在唐代以前的本草著述及丹经中皆无胆矾之名。唐初（或稍晚）成书的《太古土兑经》中则不仅出现了"胆矾"的称谓，而且隐约地告诉我们"石胆"被转称"胆矾"的缘由。该书写道："若以银变为金，以色染之法"；"夫变铜以色染之。"它把石胆也列为"染色术"中的一种点化药剂。所以这部丹经中就同时出现了"石胆"与"胆子矾"两个名称，据此我们可以初步判断，"胆

---

① 见《重修政和经史证类备用本草》"矾石"条中的［唐本注］，第90页，今尚志钧辑校的《唐·新修本草》遗漏此段文字。

② 《龙虎还丹诀》见《道藏》洞神部众术类，总第600册。

③ 见胡乃长辑复本《图经本草》第16页。

④ "铅矾"即《新修本草》所说的"黑矾"。

⑤ 这些矾的俗名出自唐代丹经《丹房镜源》，参看《重修政和经史证类备用本草》第90页"矾石"条。

⑥ 见赵匡华："中国古代的矾化学"，《化学通报》1983年第12期。

矾"也是在广义之"［金属］染色剂"的基础上被列进了矾类的行列。

按以上所述,"矾族"的出现直接来源于［广义的］染色术,与"硫酸盐"并没有直接的关系,在中国古代也不可能产生这种认识。但中国古代却怎么又会把硫黄称作"矾石液"?[①]陶弘景在其辑纂的《名医别录》便已记载:"石硫黄生于东海牧羊山谷中及泰山、河西山。矾石液也。"[②]魏人吴普也说过:"［石硫黄］生易阳(在今河北省邯郸市东北),或生河西,或五色黄,是燔石液也。烧令有紫焰。"[③]究其缘由,硫黄又称矾石液是因为从古至今取得硫黄的重要途径之一是焙烧黄铁矿(FeS_2),而且在唐代以前,更可能是取得硫黄的主要途径。在空气不足的情况下,FeS_2 焙烧时被氧化并分解,生出硫黄。

$$6FeS_2 + 3O_2 \xrightarrow{\triangle} 6FeO + 2S_6 \uparrow$$

$$9FeS_2 \xrightarrow{\triangle} 3Fe_3S_4 + S_6 \uparrow$$

硫黄蒸气在 445℃时便凝结成液体,因此烧取硫黄时,它会从窑顶的导管中流出(113℃时才凝结成固体)。而当焙烧黄铁矿是在空气较畅通的情况进行时,则又将得到绿矾,即反应按下式进行:

$$6FeS_2 + 12O_2 \xrightarrow{\triangle} 6FeSO_4 + S_6 \uparrow$$

因此黄铁矿(包括含煤黄铁矿石,即涅石)就是一种矾石,于是硫黄(在大约东汉时)也就有了"矾石液"的称呼了。这项生产工艺在明末宋应星的《天工开物》中有详细记载,所以他说:"凡硫黄乃烧石承液而结就,……遂有矾石液之说。尤其值得称道的是宋应星居然注意到:当焙烧含煤黄铁矿制造绿矾时,若将炉顶封严,便可得到硫黄,但"得硫一斤,则减去(收)皂矾三十余斤,其矾精华已结硫黄,则枯滓遂为弃物。"这就表明,他已理解到矾之精华即是硫黄,也就是说硫黄是矾石的主要组成部分。这样,他就向现代矾化学迈出了重要的一步。

(三) 中国古代各种矾的制取工艺和人工合成

中国古代使用的矾品种很多,在染色、医药、炼丹、造纸、食品加工以及日常生活中都有广泛的应用,当然需求量也就相当可观。但在自然界中可以直接采集来使用的天然矾是很有限的,仅胆矾、绿矾、黄矾偶尔有所发现,而绝大部分得通过对相应矾矿石进行焙烧、煎炼和加工提纯才能取得。此外,中国古代还曾用人工合成的方法出色地制造过胆矾。这些生产经验和创造发明为古代矾化学的成就添增了光彩。

1. 白矾的焙制

在自然界中并无白矾(明矾),只有白矾石,其主要成分是 $KAl_3(SO_4)_2(OH)_6$[④]在成矿过程中,白矾与其他成分,如黄铁矿、粘土片岩等共生,形成不溶性白矾矿石;又因其形状如垒石,所以古代时又称之为"马齿矾"。白矾石经焙烧,便发生如下反应:

$$KAl_3(SO_4)_2(OH)_6 \xrightarrow{\triangle} KAl(SO_4)_2 + Al_2O_3 + 3H_2O$$

---

① 见李时珍《本草纲目》"矾石"、"硫黄"条。
② 见尚志钧辑校本《图经本草》第 31 页。
③ 见《神农本草经》第 59 页。
④ 参看 A．Г．Бетехтин:《矿物学教程》,丁浩然译,商务印书馆,1953 年。

得到粗制白矾，再经水溶浸后，硅、铁质沉淀，然后把浓缩的热清液澄出、冷却，便逐步析出纯净的明矾。古代的医药学家们往往就是利用白矾石，亲自培制明矾。东晋炼丹兼医药家葛洪在所撰《肘后卒就方》中就记载："［腋下狐臭方］：烧好矾石作末，绢囊贮，常以粉腋下。又用马齿矾石烧令汁尽，粉之即瘥。"[①] 陶弘景《本草经集注》中也说："矾石色青白，生者名马齿矾。炼成绝白，名曰白矾。"《天工开物》中的有关讲解可算最为翔实明确了："凡白矾，掘取磊块石，层叠煤炭饼煅炼，如烧石灰样。火候已足，冷定入水。煎水急沸时，盘中有溅溢如物飞出，俗名蝴蝶矾者，则矾成矣。煎浓之后，入水缸内澄，其上隆结曰吊矾，洁白异常，其沉下者曰缸矾。"[②]

至于我国何时开始炼制、使用白矾则还有待进一步研究。因为中国早期典籍中往往只泛言矾石，而不明确说明是白矾抑是皂矾、黄矾。不过，在大约成书于西汉后期的丹经《太清金液神气经》[③] 中，在炼制"一化白辉丹"的丹方里已明确说明使用白矾了。

2. 绿矾与黄矾的制取

至迟在战国时期，我国就已经开始用焙烧涅石法制造绿矾，并用于染黑。其做法估计与烧石灰相似，先以土坯砌墙环围成窑，在其中把涅石与木炭垒叠起来，点燃焙烧，在空气供应较充分的情况下，窑中便会发生形成 $FeSO_4$ 的反应。这种工艺一直是我国古代制取绿矾的传统工艺，但在早期的古籍中尚未见有描述，惟在《天工开物》中才有明晰的讲解（图 6-17）。宋应星说：

> "取煤炭外矿石子（俗名铜炭），每五百斤入炉。炉内用煤炭饼（自来风，不用鼓鞴者）千余斤，周围包裹此石。炉外砌筑土墙圈围，炉颠空一圆孔，如茶碗口大，透炎直上，孔旁以矾滓厚罨。……然后从底发火，此火度经十日方熄。其孔眼时有金色光直上（按指硫黄蒸气）。煅经十日后，冷定取出。……其中精粹如矿灰形者，取入缸中，浸三个时［辰］，滤入釜中煎炼。每水十石，煎至一石，火候方足。煎干（炼）之后，上结者皆佳好皂矾，……此皂矾染家必需用。……原石五百斤，成皂矾二百斤，其大端也"。[④]

把该工艺描述得非常清楚了。文中所谓煤炭外之"矿石子"当指含煤黄铁矿石，它色黑而带有金黄色调的金属光泽，因此又俗名"铜炭"。采用这种工艺，在制得绿矾的同时，从窑顶导管中还会冷凝流出硫黄来，这正是前文提及的我国早期获取硫黄的一种方法。

但在宋代，制取绿矾的情况有些不同。北宋曾大规模以胆水炼铜（参看第三章）。若以铁釜煮胆水提取金属铜，便在铁釜中剩下绿矾溶液，经煎炼后便得到绿矾：

$$Fe + CuSO_4 = FeSO_4 + Cu$$

宋代曾经采用这种方法制得了相当可观量的绿矾。《宋会要辑稿·食货》中有部分记载，谓："绿矾：隰州（今山西省隰县）温泉县务太平兴国八年置护户，煎炼给在京染院及河东州军。……信州铅山场无定额；韶州涔水场年额一十万斤；无为军崑山场祖额一百二十万斤。自绍

① 《肘后卒救方》后经陶弘景、金代杨用道的增补，易名《肘后备急方》，人民卫生出版社有影印本（1956 年），见其第 122 页。
② 《天工开物》崇祯十年刊本中卷之第五七。文中所言"缸矾"者当是因水解而生成的氢氧化铝沉淀。
③ 《太清金液神气经》见《道藏》洞神部众术类，总第 583 册。
④ 《天工开物》崇祯十年刊本，中卷第五七——五八。

兴十四年后,年额六十万斤。"①这仅是三个场的情况,全国产量当然远远超过此数。因为这种绿矾是炼胆铜的副产品,所以价格比较便宜。绿矾的这种制取法则是中国古代所独创的。

至于黄矾,则无论是天然产的,还是人工制造的,绝大部分是由绿矾经空气氧化而成。在用焙浇法制取绿矾的窑炉土壁上经久便会凝结出黄矾;煮胆水炼铜的铁釜周围土地上,溅洒的绿矾水日久往往也会凝析出黄矾。所以《宋会要辑稿》又记载道:"[高宗建炎]十一年二月四日工部言铸钱司韩球奏:据铅山知县同本场监官申:截自七月二十日终,煎炼到青胆矾(即绿矾)六千七百六十斤,扫到黄矾四千五百六十四斤。"②《天工开物》也有记载:"其黄矾所出有奇甚,乃即炼皂矾炉侧土墙春夏经受火石精气,至霜降立冬之交,冷静之时,其墙上自然爆出此种。如淮北砖墙生焰硝样,刮取下来,名曰黄矾。染家用之。"

3. 胆矾的人工合成

胆矾虽然早在东汉之际已为"五毒药"之一,但在唐代以前,中原地区没有出产,所以虽然《神农本草经》有所收录,但现存汉晋时期的丹经、丹法中用石胆者极为罕见,而只常用曾青、白青、空青等含铜矿物。《范子计然》②说"石胆出陇西、羌道";华陀弟子、魏晋时人李当之在其《药录》中也指出:"石胆出秦州羌道山谷大石间,或出句青山。"③说明汉晋时期石胆只产于当时我国西部边远地区。按陇西郡治所狄道在今甘肃临洮县南;羌道县(西汉置)在今甘肃曲县北。所以到了南北朝时,生活于江南的陶弘景说:"《仙经》有用此(石胆)处,俗方甚少,此药殆绝。"④及至唐代,有的炼丹家居然创造出了石胆的人工合成法。唐人辑纂的《黄帝九鼎神丹经诀》(卷八)中便收录了一则"假别药作石胆法",记载颇翔实,原文如下:"青矾二斤,黄矾一斤,白山脂一斤。[加水,]大铁器销铄使沸,即下真曾青末二斤,急投搅,泻出做铤,成好石胆。看矾石等刚溶不尽,即投曾青末,和苦水使相得,泻著矾石中消溶,泻出作铤亦得也。"这段文字所描述的制石胆法,若以黄矾作原料为例,其化学反应为:

$$2Fe_2(SO_4)_3 + 3CuCO_3 \cdot Cu(OH)_2 + 3H_2O = 6CuSO_4 + 4Fe(OH)_3\downarrow + 3CO_2$$

文中白山脂大约即白石脂,是以硅酸铝为主的白土,在这里会起到吸附、凝聚 $Fe(OH)_3$ 使之迅速沉淀的作用。这个方法是利用明矾或绿、黄矾与曾青间的复分解反应,它几乎与现代无机合成化学相差无几了。

图 6-17　烧皂矾图
(摘自喜咏轩丛书《天工开物》)

---

① 《宋会要辑稿》卷 4269·食货 34 之八,总第 5392 页。
② 《范子计然》又名《倪计子》亦即《计然万物论》大约是汉人依托春秋时越国人计然所撰著。见《丛书集成》初编总第 0175 册第 7 页。
③ 李当之:《药录》,见《说郛》宛委山堂本,卷一百六。
④ 《唐·新修本草》尚志钧辑复本第 91 页。

也是在唐代，在中原地区也找到了天然的石胆。《唐·新修本草》指出："石胆……真者出蒲州虞乡县东亭谷窟及薛集窟中，有块如鸡卵者为真。……大者如拳，小者如桃栗，击之纵横解，皆成叠文，色青，见风久则绿，击破其中亦青也。"[1] 按唐代蒲州辖境相当于今山西西南端永济、河津、闻喜、运城一带，虞乡县即今山西运城西南的虞乡镇。

到了宋代，胆矾的生产面貌大为改观，因为那时很多地方，尤其是今江西、广东、湖南一带发现了含有胆矾的泉水，一方面可煎炼胆铜，又可熬取胆矾（参看第三章）。通过这种原料和方法取得胆矾，当然"工少利多"。所以在晚唐及两宋以后的医药和炼丹术著述中，应用胆矾的记载就非常普遍了，而曾青的应用反而减少。

在宋代虽有了胆水熬矾法，但人们并未放弃从下品矿中提取胆矾。因为天然胆矾是辉铜矿、斑铜矿等经空气慢慢氧化逐步生成的，所以开采所得胆矾一般总含有硫铜矿渣，即所谓"挟石者"，大块结晶者甚少。因此为取得这种胆矾，必须经过煎炼，正如宋初医药学家日华子[2] 曾指出的："今惟信州铅山县有之，生于铜坑中，采得煎炼而成；又有自然生者，尤为珍贵，并深绿色。"[3] 宋代时又有人为提高胆矾产率而创造了"硝石炼胆法"，这项发明原刊载于《图经本草》，谓："石胆……其次出上饶曲江铜坑间者，粒细有廉（镰）棱，如钗股、米粒。……但取粗恶石胆合硝石销溜而成。……亦有挟石者，乃削取石胆床，溜造时投硝汁中，及凝，则相著也。"[4] 在这一过程中，即使有硫铜（Cu_2S，CuS）矿石挟杂，经硝石熔炼，也将转变为硫酸铜了。再将生成的混合物溶于水，澄去渣滓。在结晶过程中，因 $CuSO_4 \cdot 5H_2O$ 在冷水中的溶解度（31.6 克/100 毫升水）远小于 $Cu(NO_3)_2 \cdot 3H_2O$（138 克/100 毫升水），于是便会析出胆矾，所以实际上这又是一种把硫铜矿火法炼成胆矾的方法。当然，这样做在经济上未必合算。

（四）矾在中国古代化学中的地位和作用

今天的化学工作者都知道，从矿物和金属制取各种无机化学制品，若没有诸如硫酸、硝酸、盐酸等这些无机酸，那么就会遇到很大的困难。但是中国古代从来没有用过这些强酸，虽然东汉方士狐刚子曾借干馏胆矾制得过硫酸[5] 但并未推广，后来也就湮没无闻了；即使到了十七世纪初，明代万历、天启年间，借干馏绿矾—硝石混合物以制取硝酸的方法经传教士自欧洲介绍到我国来，《徐光启手迹》中记载了它，[6] 但徐氏当时也并未将这种方法公诸国人。直到李天经、汤若望等译述的《坤舆格致》于 1643 年刊行，西欧的"硝酸法"才被我国矿冶人士所知晓。[7] 但中国古代在医药和炼丹化学中却出色地制造了一系列无机化合物，而且还解决了一系列化学中的疑难课题。如果认真归纳、分析一下这些成就取得的原因就会发现，矾类的利用以及矾与硝、盐的结合使用起了突出的作用。因为在火法试验中（中国古代化学中绝大部分是通过高温火法反应），矾类将分解出硫酸；矾、硝一起加热，便将产生硝酸；矾与盐

---

① 见《重修政和经史证类备用本草》第 84 页"矾石"中"唐本注"，亦见于"图经注"。

② 据《本草纲目》记载：宋人掌禹锡曾指出日华子乃"国初开宝中四明人，姓大名明"，曾著《日华子诸家本草》。

③ 见《道藏》刊本《图经衍义本草》，洞神部灵图类，总第 536～550 册。

④ 《图经本草》尚志钧辑复本第 8 页。

⑤ 赵匡华，狐刚子及其对中国古代化学的卓越贡献，自然科学史研究，3（3），1984 年。

⑥ 张子高：《中国古代化学史稿（古代之部）》第 190 页。

⑦ 参看潘吉星："我国明清时期关于无机酸的记载"，《大自然探索》1983 年第 3 期。

或硇砂一起加热，就会产生出盐酸。因此，有了它们的参与，很多反应就可以顺利进行了。所以矾类及这些混合物堪称之为"固体强酸"。下面我们试举出一些重要而生动的实例。

（1）五毒丹的升炼。中国古代利用矾的无机药物配方最早的要算东汉郑玄（公元 127～200）指出的"五毒方"了。他说："今医人有五毒之药，[若] 作之，合黄堥，置石胆、丹砂、雄黄、礜石、慈石其中，烧之三日三夜，其烟上著，以鸡羽扫取之，以注创，恶肉、破骨则尽出。"赵匡华等曾对这个丹方做了模拟试验[①]，对反应后的固态凝结物做了化学分析和 X 射线粉末结晶分析，判明是 As_2O_3 和 Hg_2SO_4。所以可以估计出，在这个过程中矾与雄黄共热时发生了以下化学反应：

$$CuSO_4 \xrightarrow{\triangle} CuO + SO_3$$

$$As_4S_4（雄黄）+ 14SO_3 \xrightarrow{\triangle} 2As_2O_3 + 18SO_2$$

胆矾与丹砂共热时，所得到的是纯白色的 Hg_2SO_4 结晶，其中既不含黄色的硫黄、红色的 HgO，也没有黑灰色的汞，所以其间发生的反应可以估计，大约是：

$$2HgS + 6SO_3 \xrightarrow{\triangle} Hg_2SO_4 + 7SO_2$$

（2）红升丹的升炼。中成药里的"红升丹"和"三仙丹"（也叫"小红升丹"）是纯度不同的氧化汞。把水银在空气中缓慢加热，表面就会生成一层红色 HgO。但要通过这一过程制取多量而纯净的 HgO 则是相当困难的，因为它需通过高温氧化才能生成，而在 500℃时它又会分解。直到明代，因采用了矾与焰硝的混合物与水银或丹砂合炼，才圆满地解决了这个困难，而且制取效率大为提高。当时把用"水银-丹砂-焰硝-白矾-青矾-雄黄"合炼的配方所得升华产物称之为"大红升丹"（HgO 中含 As_2O_3）；把用"水银-焰硝-白矾"（即俗话所云"七硝八矾一两银"）的合炼配方所得升华产物称为"小红升丹"，又名"三仙丹"，它就是很净纯的 HgO 了。在此过程中主要发生了如下反应：

$$Al_2（SO_4）_3 + 6KNO_3 + 3H_2O \xrightarrow{\triangle} Al_2O_3 + 6HNO_3 + 3K_2SO_4$$

$$3Hg + 2HNO_3 \xrightarrow{\triangle} 3HgO + H_2O + 2NO$$

说明白矾的引入是快速取得三仙丹的关键。张觉人在其《中国炼丹术与丹药》一书中列举了明、清两代中诸如《外科正宗》（明·陈实功撰）、《疡医大全》（清·顾世澄撰）、《疡科心得集》（清·高秉钧撰）等医药名著里的二十一个红升丹方配伍，基本上都是用这几味药[②]，可见那时"矾硝法"已经是相当成熟的标准配方，红升丹也就成了治疗梅毒、瘰疬、疥癣、湿疹的疡科圣药。

（3）轻粉与白降丹的升炼。中药里的轻粉（Hg_2Cl_2）与粉霜（$HgCl_2$）都是从水银出发制取到的氯化汞。关于其历史在前文第五章已叙述得相当充分了。这里要强调的是从这两种丹药的炼制史中可以看到，这项成就的取得和升炼方法的逐步成熟恰恰又都得要归功于矾-盐和矾-硝-盐的利用。中国制得氯化汞，初时无疑是炼丹术活动的成果，当方士们一旦将丹砂、戎盐一起升炼时，便会得到白色轻粉，这便是最早炼得氯化汞的基本配方，但据赵匡华等的模

---

① 赵匡华等，汉代疡科"五毒方"的源流与实验研究，自然科学史研究，4（3），1985年。

② 张觉人，中国炼丹术与丹药，四川人民出版社，1981年。

拟试验，表明用这种配方升炼甘汞，反应慢，产率低，还会混杂入水银，质量较差。[①] 到了晋、隋时期，有些方士又往上述配方中增添了矾类，于是在升炼过程中有了氧化剂 SO_3 的参与。这样一来，就使升炼氯化汞的效果大为改观。隋代方士苏元明所撰《太清石壁记》中的"水银霜法"，便藉助了敦煌矾石。宋仁宗时医官掌禹锡所主撰的《嘉祐补注本草》(1507) 所提出的"水银粉法"[②]，就成为后世制造轻粉的标准法，而且一直沿用至今。其药物配伍为"水银一两，白矾二两，食盐一两"，或"水银一两，皂矾七钱，白盐五钱"。采用此配方，反应快，产率高，产品精白。而在宋人的另一部丹经《灵砂大丹秘诀》[②]中出现了矾-硝-盐法制粉霜的配方，[③] 成为后世制造白降丹的先声。这个配方为"明信半两，白矾四两，盐二两，焰硝半两，汞二两，皂矾二两"，生成粉霜（$HgCl_2$）的反应式可写成：

$$Hg+2NaCl+2KNO_3+Al_2(SO_4)_3 \xrightarrow{400℃} HgCl_2\uparrow+Na_2SO_4+K_2SO_4+Al_2O_3+SO_3\uparrow+2NO_2\uparrow$$

这种含有 As_2O_3 的粉霜在元代以后改称为白降丹，这种配方也就成为制作这种丹的标准法。《中国炼丹术与丹药》一书就介绍了《外科正宗》、《医宗金鉴》(清·吴谦编)、《疡医大全》制作及吴梦湘、张四贤等医书和名医所推荐的白降丹配方达二十四种，基本原料都是这些。

（4）铅丹的烧炼。前文（参看第五章第六节）已经介绍过，在铅丹的制造工艺发展过程中"硝黄法"的问世，是一次重大的飞跃。及至明代，制铅丹的工艺又从"硝黄法"过渡到"硝矾法"了，质量与生产效率都进一步提高。在这种工艺中实际上是在矾参与下利用了硝酸来溶解、氧化黑铅，再进一步把硝酸铅分解、氧化成铅丹，反应既快，进行又充分，而且产物经淘洗后十分纯净，于是此后便成为最受推崇的标准法。《本草纲目》对此工艺有翔实说明："今人以作铅粉不尽者，用硝石、矾石炒成丹。……货者多以盐、硝、砂石杂之。凡用，以水漂去硝、盐，飞去砂石，澄干，微火炒〔至〕紫色。"[④] 这种方法又是借助了矾的功力，也具有了近代无机合成化学的雏型。

（5）黄金的纯化。早在东汉时，狐刚子为了把天然黄金（即所谓"生金"）中的银分离出来，就已经利用了黄矾。他发明了用黄矾和盐的混合药剂来提纯用"吹灰法"得到的含银、铅的黄金。在此过程中，既利用了干馏黄矾所产生之硫酸气的氧化性，又利用了矾、盐相互作用所产生的盐酸气，它们合力促使银、铅转变成氯化物，而从黄金中剥离出来，发挥了矾的特殊作用。[⑤] 但在中国古代金银分离术中最值得重视的还应属矾—硝与矾—硝—盐混合剂的应用，也就是接近于借助硝酸和王水来溶解白银了。[⑥]这类方法最早见于宋·陈元靓编撰的《事林广记·煅炼奇术》，它介绍了七种使"次金"成为"上金"的方法，其中第一法即采用这种混合药剂——"胆矾八铢、鸡屎矾六铢、柳絮矾五铢、绿矾六铢、黄矾八铢、青盐二铢、

① 赵匡华等，关于中国炼丹术和医药化学中制轻粉、粉霜诸方的实验研究，2 (3)，1983 年。
② 见李时珍：《本草纲目》第 27 页，"水银粉"条。
③ 《灵砂大丹秘诀》见《道藏》洞神部众术类，总第 587 册。
④ 《本草纲目》第一册第 477 页。
⑤ 参看赵匡华："我国古代的金银分离术与黄金鉴定"，《化学通报》，1984 年第 12 期。
⑥ 同⑤

解盐二两、硝石二两"。① 其后，明初曹昭所撰、清·王佐增补的《新编格古要论》② 也记载了类似的方法，他把焰硝、绿矾及盐的混合物称为"金榨药"，专用于黄金首饰、金器的更新，将它"刷金器上，烘干，留火内略烧焦色，急入净水刷洗"，便可重现光灿。明末方以智的《物理小识》（卷七）则称这种方法为"罩金法"和"炸金法"。但应指出，这种方法只可清除黄金表面的白银，故王、方二氏都说：金之黄色"俱在外也"，只能"加外色而已"。

参 考 文 献

原始文献

曹昭（明）撰，王佐（明）补. 1987. 新编格古要论. 北京：中国书店

常璩（晋）撰，刘琳校注. 1984. 华阳国志. 成都：巴蜀书社

陈椿（元）撰. 熬波图.《四库全书珍本》（史部·政书类第 11 集第 396—397 册）. 台北：台湾商务印书馆

陈元靓（宋）撰. 1963. 新编纂图增类群书类要事林广记. 椿庄林院刻本影印，北京：中华书局

陈元龙（清）撰. 1989. 格致镜源（卷五十）. 原刻本影印. 扬州：江苏广陵古籍刻印社

顾炎武（清）撰. 1934. 天下郡国利病书（蜀中方物记·井法）. 四部丛刊本（三编·史部），上海：商务印书馆

黄帝九鼎神丹经诀（唐人辑纂，名氏不详）. 道藏本（洞神部众术类，总第 584 册），上海：涵芬楼

金陵子（唐）撰. 1926. 龙虎还丹诀. 道藏本（洞神部众术类，总第 600 册），上海：涵芬楼

金石簿五九诀数（唐人撰，名氏不详）. 道藏本（洞神部众术类，总第 589 册），上海：涵芬楼

九转流珠神仙九丹经（汉人撰，名氏不详）. 道藏本（洞神部众术类，总第 601 册），上海：涵芬楼

李时珍（明）撰，刘衡如校点. 1977. 本草纲目. 北京：人民卫生出版社

李心传（宋）撰. 1937. 建炎以来朝野杂记. 国学基本丛书本，上海：商务印书馆

刘基（明）撰. 1917. 多能鄙事. 上海：荣华书局

刘文泰（明）撰. 1982. 本草品汇精要. 北京：人民卫生出版社

陆容（明）撰. 1985. 菽园杂记. 北京：中华书局

梅彪（唐）撰. 1926. 石药尔雅. 道藏本（洞神部众术类，总第 583 册），上海：涵芬楼

沈括（宋）撰，胡道静校证. 1987. 梦溪笔谈. 上海：上海古籍出版社

守拙三亭集校. 火龙经（明人撰，名氏待考）. 手抄本. 北京大学图书馆善本书库藏

宋应星（明）著，1988. 天工开物.《中国古代版画丛刊》收录崇祯十年刊本，上海：上海古籍出版社

苏敬（唐）等撰，尚志钧辑校. 1981. 新修本草. 合肥：安徽科学技术出版社

苏颂（宋）撰，胡乃长等辑复. 1988. 图经本草. 福州：福建科学技术出版社

苏元明（隋）著，楚泽（唐）增编. 1926. 太清石壁记. 道藏本（洞神部众术类，总第 582—583 册），上海：涵芬楼

太古土兑经（唐人撰，名氏不详）. 1926，道藏本（洞神部众术类，总第 600 册），上海：涵芬楼

唐慎微（宋）撰，曹孝忠、张存惠增订. 1957. 重修政和经史证类备用本草. 晦明轩刻本影印，北京：人民卫生出版社

陶弘景（南朝梁）撰，尚志钧辑复. 1986. 本草经集注. 北京：人民卫生出版社

王守基（清）撰. 盐法议略.《渳喜斋丛书本》（同治、光绪间吴县潘氏京师刊本第二函）

茅元仪（明）撰. 1621. 武备志. 天启元年茅氏自刻本，北京大学图书馆藏

徐松（清）辑. 1957. 宋会要辑稿. 影印本，北京：中华书局

阴真君金石五相类（唐人撰，名氏不详）. 1926. 道藏本（洞神部众术类，总第 589 册），上海：涵芬楼

研究文献

白光美. 1962. 中国古代井盐生产技术史的初步探讨. 清华大学学报，9（6）

---

① 宋·陈元靓：《新编纂图增类群书类要事林广记》（续集卷八），元·椿庄书院刻本，中华书局影印，1963 年。又见日·长泽规矩也编《和刻本类书集成》第一辑《事林广记》，上海古籍出版社，1990 年。

② 明·曹昭：《格古要论》见《惜明轩丛书》第 59～64 册，另参看北京市中国书店影印本《新增格古要论》卷六第十二，1987 年。

曹元宇著．1979．中国化学史话．南京：江苏科学技术出版社

柴继光．1991．潞盐生产的奥秘探析．商城高专学报（第3期）

李长吉、唐纯贞．1985．运城盐湖矿床地质特征及成因初步探讨．太原：山西地质科学研究所

李大经等著．1988．中国矿物药．北京：地质出版社

李乔苹著．1975．中国化学史（上册）．台北：台湾商务印书馆

林元雄著．1987．中国井盐科技史．成都：四川科学技术出版社

刘春源．1977．我国宋代井盐钻凿工艺的重要革新——四川卓筒井．文物（第12期）

孟乃昌．1983．汉唐消石名实考．自然科学史研究，2（2）

孟乃昌．1983．唐宋元明应用硝石的历史．扬州师范学院自然科学学报（第2期）

南通博物馆．1977．南通发现古代煎盐工具——盘铁，文物（第1期）

田秋野、周维亮著．1979．中华盐业史．台北：台湾商务印书馆

夏湘蓉等著．1980．中国古代矿业开发史．北京：地质出版社

邢润川．1977．关于长芦区晒法制盐的来源．化学通报（第5期）

章鸿钊著．1993．石雅．上海：上海古籍出版社

张觉人著．1981．中国炼丹术与丹药．成都：四川人民出版社

张学君、冉光荣著．1984．明清四川井盐史稿．成都：四川人民出版社

张英甫、张子丰．1932，河南火硝土盐之调查．黄海化学工业研究社印行

张运明．1964．我国利用硫铁矿制硫史初步考证．化学通报（第2期）

张子高著．1974．中国化学史稿（古代之部）．北京：科学出版社

赵匡华．1984．狐刚子及其对中国古代化学的卓越贡献．自然科学史研究，3（3）

赵匡华．1985．中国古代化学中的矾．自然科学史研究，4（2）

赵匡华．1983．中国古代的矾化学．化学通报（第12期）

赵匡华．1984．我国古代的金银分离术与黄金鉴定，化学通报（第12期）

赵匡华．1983．关于中国炼丹术与医药化学中制轻粉、粉霜诸方的实验研究．2（3）

赵匡华．1985．汉代疡科五毒方的源流与实验研究．自然科学史研究．4（3）

郑尊法著．1933．盐．万有文库本（第680册）．上海：商务印书馆

　　　　　　　　　　　　　　　　　　　　　　　　　　　　　　　　（赵匡华）

第七章 中国古代的酿造化学

酿造食品在中国的传统食品中占据了一个特殊的地位。例如酒，不仅是最早的食物兼饮料之一，而且在社会生活中，一直有着一种难以言喻的独特作用。从古至今，人们在节假喜庆、迎亲待友、礼尚往来中都离不开酒，甚至连养生治病也少不了酒。中国的酒无论从口味，还是工艺，与世界其它地区的酒不尽相同，充分体现了独特的民族风格。又如醋，是中国传统烹饪技艺中的一种重要佐料，中国传统的制醋工艺也很有特色。再如酱和酱油，中国古时有一句俗话："开门七件事，柴、米、油、盐、酱、醋、茶。"可见居家生活离不开酱和醋。酿造食品的制作都是通过以微生物的作用为主的生物化学过程，将粮食、豆类或果品加工成人们喜爱的食品、饮料或调料。这个生物化学过程，古人当然不知其底细，但是他们通过长期的实践，积累了丰富的经验，掌握了高超的技艺，使酿造技术不断地得到发展。醇香四溢的酒，甜绵香酸的醋，美味可口的酱，极大地丰富了人们的饮食和文化，同时其技艺发展中的许多硕果，也为中国的传统科技文化和化学工艺，为世界文明史的发展作出了不朽的贡献。

一 酿酒的起源和曲蘖的发明

在古代，关于酿酒起源的讨论十分热烈，各抒己见，众说纷纭。在近代，这一讨论虽然已有一个科学的基础，但是至今仍未取得一致的看法。诸如：仪狄、杜康是酿酒的发明者吗？他们的贡献是什么？即如何评价他们？中国酿酒的起源究竟在龙山文化时期，还是在仰韶文化时期？或更早一些？随着文献研究的深入，出土实物的考察与争鸣，情况和结论愈来愈明朗。然而不能不看到，在一些文章、著作中，特别是一些宣传资料中，糊涂、不科学的观点时而影显，所以这一问题还需继续研究，有待说明。曲蘖的发明也是一样，古代的人们常将曲和蘖混为一谈。在近代，关于曲蘖的区分和演变，争论也十分引人注目，这不仅涉及酿酒工艺的发展，也是整个微生物工程在中国发展和取得瞩目成就的关键问题。所以为众多学者专家所关注。

（一）酿酒起源辨

成书于公元前 2 世纪的《吕氏春秋》里有"仪狄作酒"一说。[①] 汉代刘向（约前 77～前 6）所辑的《战国策·魏策二》进而说："昔者，帝女令仪狄作酒而美，进之禹，禹饮而甘之，曰：'后世必有亡其国者，'遂疏仪狄而绝旨酒。"[②]《吕氏春秋》、《战国策》都只是说仪狄作酒，并没有肯定说仪狄发明酒或酿酒术，可是后来的文献说法有点变化。东汉许慎在《说文解字》的"酉部"中写道："酒，就也，所以就人性之善恶也……，古者仪狄作酒醪，禹尝之而

---

① 秦·吕不韦：《吕氏春秋》第 17 卷，参看陈奇猷校释《吕氏春秋校释》，学林出版社，1984 年。

② 西汉·刘向辑：《战国策》卷 23，中华书局《四部备要》本第 8 页。

美，遂疏仪狄，杜康作秫酒。"①《说文解字》的"巾部"又写道："帚，粪也。……古者少康
初作箕帚、秫酒。少康，杜康也，葬长恒。"② 关于仪狄这段话，清代学者段玉裁注释说它摘
自《战国策》。仔细对照就可以发现仅从西汉到东汉，"帝女令仪狄作酒而美"就变为"仪狄
作酒醪，禹尝之而美"。变化似乎还不大。关于杜康的这一段话，段玉裁注为《世本》所出。
宋朝李昉等撰的《太平御览》说："仪狄始作酒醪，变五味，少康作秫酒。"③ 编纂者也说它出
自于《世本》。这里多一个"始"字。今传《世本》："少康（黄帝时人）作秫酒；帝女令仪狄
始作酒醪。"的确有"始"字。《世本》的写作年代约在战国至西汉年间，原版的《世本》早
已散佚，现在能看到的是清代人编汇的辑本，内容可能由于多次的转抄而有某些改动。不论
《世本》有无这个"始"字，事实上传说中酿酒起源的第一种说法，也就是流传最广的说法是
夏禹时代的仪狄发明了制造酒醪的技术，杜康创造了制作秫酒的技术。

　　《黄帝内经》是我国现存最早的医学理论著作。在该书的"素问"篇中记载了一段黄帝与
歧伯讨论醪醴，即造酒的对话："黄帝问曰：'为五谷汤液及醪醴奈何？'歧伯对曰：'必以稻
米，炊之稻薪。稻米者完，稻薪者坚。'"清代学者王冰校注："五谷，黍、稷、稻、麦、菽五
行之谷，以养五藏者也。醪醴，甘旨之酒，熟谷之液也。帝以五谷为问，是五谷皆可以汤液
醪醴，而养五藏。而伯答以中央之稻米稻薪，盖谓中谷之液，可以灌养四藏故也。"④ 且不论
王冰的注是否准确，但有一个观点是显见的，它告诉人们在夏禹之前的黄帝时期，人们已能
造酒。可能是汉代人写的《孔丛子》中也有一段话可印证这一观点。"华原君与子高饮，强子
高酒曰，有谚云：尧舜千钟，孔子百觚，古之圣贤无不能饮，子何辞焉。"⑤ 张璠的《汉纪》甚
至说："尧不千钟，无以建太平；孔非百觚，无以堪上圣。"⑥ 尧、舜都是夏禹之前的氏族社会
的首领。所以，认为在夏禹之前的黄帝时期，人们已掌握酿酒技术，这是流传于民间关于酿
酒起源的第二种说法。可能由于这些资料都没有直接明确谈酿酒技术的发明，所以流传和影
响都没前一种广。宋人寇宗奭于 1116 年写成的《本草衍义》明确地否认仪狄造酒之说，而把
造酒之功归于黄帝。古人把造酒的发明归功于某一个人，一方面表示对圣人、伟人的崇敬，另
外他们或许还认为只有这样讲才能令人信服。

　　把酿酒技术的发明归功于个人的观点，实际上很早就有人提出异议。《后汉书·孔融传》
记载："时年（献帝建安十二年）饥兵兴，曹操表制酒禁，（孔）融频书争之，多侮慢之辞。"
孔融上书道："酒之为德久矣。古先哲王，炎帝禋宗，和神定人，以济万国，非酒莫以也。故
天垂酒星之耀，地列酒泉之郡，人著旨酒之德。尧不千钟，无以建太平；孔非百觚，无以堪
上圣；樊哙解厄鸿门，非豕肩钟酒，无以奋其怒；……。"⑦ 暂且不论孔融这篇著名的"酒德
颂"的是与非，值得注意的是孔融没有提仪狄或杜康，而是提出"酒与天地并也"的新观点。
当时这一观点可能给人以可想不可触的感觉，难以否定又难以接受。晋代学者江统（250～
310）则最早对酒的发明作了客观的、真正符合实际的说明。他在其《酒诰》中说："酒之所

①　东汉·许慎撰，清·段玉裁注：《说文解字注》第十四篇酉部，第 747 页，上海古籍出版社，1981 年。
②　见东汉·许慎：《说文解字》第七下，1963 年中华书局影印本第 159 页下。
③　宋·李昉等撰：《太平御览》酒（上），总第 3766 页，中华书局影印，1960 年。
④　《黄帝内经·素问》，王冰校本，第 74 页，商务印书馆，1931 年。
⑤　《孔丛子》卷 4，《四部丛刊》初编缩印本第 40 页，商务印书馆。
⑥　晋·张璠：《汉记》，清·黄奭辑，见《知不足斋丛书》。
⑦　《后汉书·孔融传》，中华书局校订、标点本《后汉书》卷 70，第 2272 和 2273 页。

兴，肇自上皇，或云仪狄，一曰杜康。有饭不尽，委余空桑，郁积成味，久蓄气芳，本出于此，不由奇方。"[①] 他明确怀疑上皇、仪狄、杜康造酒之说，提出了自然发酵的观点。另一位晋人庾阐在其"断酒戒"中也说："盖空桑珍珠，始于无情，灵和陶醖，奇液特生。"[②] 他的观点也属自然发酵的见解。他们都是在生活中观察到熟饭或水果在自然环境中会发酵成酒的事实，而提出这一看法。但是在当时，人们对这种观点是难以接受的。

关于酿酒起源的讨论，其后又深入一步。宋代衡阳人窦苹在他所著的《酒谱》第一节"酒之源"中就发表了较深入、详细的评论：

世言酒之所自者，其说有三。其一曰仪狄始作酒，与禹同时。又曰尧舜千钟，则酒作于尧，非禹之世也。其二曰，神农本草，著酒之性味，黄帝内经，亦言酒之致病，则非始于仪狄也。其三曰天有酒星，酒之作也，与其天地并矣。予以谓之三者，皆不足以考据，而多其赘说也。夫仪狄之名不见于经而独出于《世本》。《世本》非信书也，其言曰，仪狄始作酒醪，以变五味。少康始作秫酒。其后赵邠卿之徒，遂曰仪狄作酒禹饮而甘之，遂绝旨酒疏仪狄，曰："后世其有以酒败国者乎!"夫禹之勤俭，固尝恶旨酒而乐说言，附之以前所云则赘矣。或者又曰：非仪狄也，乃杜康也。魏武帝乐府亦曰：何以消忧？惟有杜康。予谓杜氏本出于刘，累在商为豕韦氏。武王封之于杜，传国至杜伯为宣王所诛，子孙奔晋，遂有杜为氏者。士会亦其后也。或者康以善酿得名于世乎？是未可知也。谓酒始于康果非也。尧舜千钟，其言本出于《孔丛子》，盖委巷之说，孔文举遂征之以责曹公，国已不取矣。《本草》虽传自炎帝氏，亦有近世之物。始附见者，不观其辨药所生出，皆以二汉郡国名其地，则知不必皆炎帝之书也。《内经》言天地生育，五材休王，人之寿夭系焉。信《三坟》之书也。然考其文章，知卒成是书者，六国秦汉之际也。故言酒不据以为炎帝之始造也。……。然则，酒果谁始乎？予谓智者作之，天下后世循之而莫能废。……。[③]

这段文章的意思是说，流传下来关于仪狄作酒，酒始于尧舜，酒与天地同时产生等 3 种观点都是证据不足的赘说。说仪狄作酒，而禹疏远仪狄，是后人为了赞美禹之勤俭而编造出来的。说杜康造酒，是因为曹操曾说过："何以消忧，唯有杜康。"但究究杜康的生平，充其量只是一个因善酿而有名的人。"尧舜千钟"，也属委巷之说。孔融说"酒与天地并也"仅仅为了驳斥曹操禁酒。《神农本草经》虽传说它传自炎帝，但辨其药所出地名，皆为两汉地名，足见它实际上不是炎帝时的书。至于《黄帝内经》，考其文章，大概皆出于六国秦汉之际。所以窦苹提出"智者作之"的看法。如此详尽地考证酒的起源，在这之前的古籍中是没有的。现在看来观点较前人进了一步，但仍较模糊。但在当时的社会背景下，这种见解确是颇有见地，也是难能可贵的。他的观点在当时和以后，都曾产生一定的影响。

同在北宋后期，临安的朱肱在其《北山酒经》中，简洁地指出："酒之作，尚矣，仪狄作酒醪，杜康作秫酒，岂以善酿得名？盖抑始终如此。"[④] 没有正面回答究竟是谁发明的，而是

① 晋·江统：《酒诰》，参见中华书局影印本《古今图书集成食货典》第 278 卷 698 册第 14 页。

② 晋·庾阐："断酒戒"，见胡山源编《古今酒事》，1987 年上海书店根据 1939 年世界书局初版新印本第 126 页。

③ 宋·窦苹：《酒谱》，见《说郛》（宛委山堂本）卷九十四，商务印书馆，1927 年；《百川学海》（弘本、景弘治本）壬集；《唐宋丛书载籍》。

④ 宋·朱肱：《北山酒经》卷上，见《知不足斋丛书》。

认为仪狄、杜康都是因为善酿而得名。

明代学者周履靖饶有风趣地以第一人称的文笔为酒作自传，题为"长乐公传"。谓：

> 先生姓甘名醴，字醇甫，宜城新丰人也。生于上古，不求人，知乐与天乔者并秀于原野，始见知于神农氏，弃为禼时，即大爱幸，及为农官，遂荐之与黍氏、梁氏并登于朝。后值岁祲，黎民阻饥，遂逃于河滨，获遇仪狄，得配曲氏。然素性和柔，遇事不能自立，必待人斟酌而后行，尝自道曰，沽之哉，沽之哉。我待贾者也，后寓杜康先生家，得禁方法浮粕存精华，数千年间长生久视，与时浮沉。……。①

从周履靖的生动文笔中，不难看出，他认为酒很早就存在于大自然中，是自然发生的事，以粮食人工有意识地酿酒则始于神农时期。神农氏即炎帝，是传说中农耕技术的创始人。以曲酿酒则始于仪狄。杜康则在制取清酒上又作出了贡献。于是仪狄、杜康都因为善酿而闻名。周履靖的看法基本上是将人们的推测和观点适当加工并使之自圆其说而已，当然也有一些新意。

古籍中关于酿酒起源的论述还有一些，因为内容大致相同，这里就无需一一赘说了。从上述古籍的记载可以看出，人们的认识虽在发展，但是由于历史条件的局限，古代的先民无法真正了解酿酒的科学秘密，所以他们只能凭借古籍中的某些记载或流传于民间的某些传说提出自己的分析或推断。直到近代，化学的发展才揭示了酿酒是利用微生物在一定工艺条件下，将淀粉或糖类等物质转化为乙醇的生物化学过程，从而使人们能够根据科学的原理和考古所提供的实证，再结合古籍文献，对酿酒起源作深入的科学分析。

长期以来，特别在古代，人们往往把酒的自然出现和人工有意识地酿酒这两个不同的概念混淆起来，所以在讨论中常出现似乎都有道理，实际上又都不足信的状况。把这两个概念区分开，这个问题的答案就较明朗了。

在自然界中，凡是富含糖（葡萄糖、蔗糖、麦芽糖、乳糖等）的物质，例如水果、兽乳等，受到酵母菌的作用就会自然地生成乙醇。这是一种常见的自然现象。这类酒也可能是最原始的酒，据此可以认为自然界一直存在着酒及含酒的物料，正如古人所讲的，"酒与天地并也"。宋代周密在他所著的《癸辛杂识》中就记述了山梨久储成酒的事实。② 元人元好问在其所写"蒲桃酒赋"的序中也记载了山西安邑等地的自然发酵而成的葡萄酒："贞祐（金代宣宗朝）中，邻里一民家，避寇自山中归，见竹器所贮蒲桃，在空盎上者，枝蒂已干，而汁流盎中，薰然有酒气。饮之，良酒也。"③ 更有趣的是，李日华所著的《篷栊夜话》里曾记叙说："黄山多猿猱，春夏采杂花果于石洼中，酝酿成酒，香气溢发，闻数百步。"④ 清代刘祚蕃所写的《粤西偶记》一书中也记载说："粤西平乐等府，山中多猿，善采百花酿酒。樵子入山，得其巢穴者，其酒多至数石。饮之，香美异常，名曰猿酒。"⑤ 猿猴尚能采集野生花果于石洼，偶然中得到了自然发酵的酒，人类总结出这种经验当然是不难的。

这种自然发酵的自然酒应是最原始的酒。据此可以认为最早出现的酒应是水果酒。水果中多汁液的浆果，其汁中所含糖份常渗透于皮外，是酵母菌良好的繁殖处所，所以浆果皮外

---

① 明·周履靖：《狂夫酒语》，见《丛书集成》初编·文学类，总第 2163 册，商务印书馆，1936 年。

② 宋·周密：《癸辛杂识》第 15 页，见《字津讨原》第 19 集。

③ 元·元好问："蒲桃酒赋·序"，见胡山源编《古今酒事》，1987 年上海书店影印本第 146 页。

④ 明·李日华：《篷栊夜话》，见《说郛三种·说郛续》卷二十六，1986 年上海古籍出版社影印本第 1302 页；《国学珍本文库》第一集·紫桃轩杂缀附。

⑤ 清·刘祚蕃：《粤西偶记》，载《说铃》第 6 册第 1705 页。

总附有滋生的酵母菌，当它们偶而落入石凹处，就会自然发酵成酒。其后出现的酒大概是奶酒。人类进入畜牧时代，驯养了许多牲畜，知道饮用牲畜奶充饥。当未喝完的畜奶贮存在皮制的容器中，放置久了，盛器里以乳糖为营养繁殖起来的酵母菌，就会将奶发酵成奶酒。由品尝天然奶酒发展到人工奶酒是相当简便的，所以游牧民族往往都会制作奶酒。但是，原始人类从偶然观察到自然发酵成酒和品尝并喜好上水果酒及奶酒，发展到有意识地采集、贮存野果和畜奶，有意地使它们发酵成酒，这与人类从发现火、利用火，发展到人工制火一样，可能经历了相当长的岁月。许多人类学家和发酵专家都认为，人类在远古，即旧石器时代，有何能已利用了野生水果或畜奶的自然发酵来制酒。当然，这些自然酒只能说是含有少量乙醇的野果浆或畜奶，这种"酒"闻起来可能别有风味，但吃起来味道不会很好。

以野果或畜奶酿酒，由于受自然环境和社会条件的限制，是不可能形成社会性生产的。只有采用谷物酿酒才能可靠地为人们提供大量的酒。所以我们所理解的酿酒，应是人工利用含淀粉的谷类，将它们酿制成酒。更具体一点说，我们所讨论的酿酒起源主要指粮食酒的起源。谷物中的淀粉不能被酵母菌直接转化为酒，而必须经过水解糖化后才能发酵成酒。而发芽糖化，初时也绝非是人工有意识的过程，粮食酒的出现也是偶然发生的，所以从野果、畜奶酿酒到有意识地以谷物酿酒，这一发展又经历了很长时间。

西汉时刘安主撰的《淮南子·说林训》认为："清醠之美，始于耒耜。"[①] 意思是酿酒是与农业的兴起同时开始的。这是对的。据考古资料，在我国的前仰韶文化时期，部分地区的原始氏族社会已由渔猎为主的游牧生活转入以农业生产为主的定居生活。在此时期的遗址中发现有粮窖和谷物，说明当时已大量、广泛种植谷物。而谷物的大量生产为粮食制酒创造了物质条件。但是谷类淀粉并不能直接发酵，须先经糖化后，再经过酵母菌的作用才可以成酒。不过在自然界里都有可能发生淀粉的自然糖化过程，那就是通过谷物的发芽。含有淀粉质的谷粒，例如大麦、玉米、稻谷等发芽的时候自身会分泌出糖化酵素，使体内贮存的淀粉转变为麦芽糖，以供给它自己长根的需要，制作麦芽糖就是根据这个道理。我们可以想象：在原始社会中，开始了农业以后，收获来的麦类、高粱、谷子绝不会有很好的粮仓来贮存，甚至没有容器，堆积的谷物被雨淋湿的可能性是很大的，那么部分发芽的情况就必然会发生，这就有了麦芽糖的生成。如果人们不舍得抛弃，把它蒸煮了来吃，就会在偶然中发现它变甜了；如果又放置一段时间，那么就会从中慢慢产生出酒来，出现异香。而且谷物受潮后，发芽与发霉经常会同时发生的，这种发霉的谷物中就同时会含有能分泌糖化酵素的丝状菌毛霉和能分泌出酒化酵素的酵母菌，因此经过水浸后也就会自然发酵成酒。这些时常发生在人们身边的自然现象就会给人们以提示，人们就很自然地逐步摸索到谷物酿酒的技术。我国部分仰韶文化的遗址中曾出土过一些专用的陶制酒具，尽管数量还不很多，但已足以说明这时期我国的先民已初步摸索到酿酒技术了。

有人曾认为，仰韶文化时期，即"我国原始社会的氏族公社时期，主要的生活资料来自农业生产的谷物，而畜牧业则处于从属地位。尽管有了储备的粮食，但它为氏族所公有，为全民所珍视，要把全体赖于托命的粮食作为酿酒之用，以供很少数人的享受，在当时是大有问题的。只有在生产力提高的情况下，只有在由之而起的阶级分化的情况下，才会有比较剩

① 见汉·刘安：《淮南子·说林训》卷十七，《四部丛刊》本第10页，参看陈广忠译注：《淮南子译注》第823页，吉林文史出版社，1990年。

余的粮食集中于很少数较富有者之手。只有到这样一个时期，谷物酿酒的社会条件才够成熟。"① 所以主张酿酒起源于龙山文化时期。这种把酿酒起源和剩余产品私有制、阶级产生联系起来，是有些牵强的，是不符合实际的，是把酒的源起、酿酒的发明和较大规模的酿酒混为一谈了。如前文所说，酿酒的发明是自发地产生于谷物的偶然发芽和发霉，并不取决于粮食生产的规模，更不是有了多余的粮食才想起酿酒，而是有了充足的粮食会促进酿酒的发展。而且酿酒也和制陶、纺织等技术一样，在起初是原始社会人们物质生活的发明和进步，都是直接满足于每一社会成员的生活需求，而不是少数人的专门享受。更何况，原始社会吃酒是连酒糟一起吃的，酒度极低，酒食实际上还是一种变换的饭食加工方法。所以，应该说农业生产的规模和水平并不是酿酒起源的决定因素，必要条件，而是在很大程度上决定了酿酒的发展规模和技术进步。

综上所述，从我国目前考古发现的新石器时代早期阶段的诸文化面貌来看，特别是伴随新石器时代而到来的农业振兴，制陶术的出现，表明谷物酿酒的社会物质条件已逐渐成熟了，谷物酿酒由此肇兴。到了仰韶文化时期，许多部落已掌握了谷物酿酒的技术，酿酒、吃酒已成为社会生活的重要内容。在龙山文化时期，粮食更多了，酿酒逐渐普及，并初具规模。

（二）曲蘖的发明

由于谷物的淀粉不能像水果中的糖分那样被酵母菌直接转化为乙醇，所以用谷物酿酒必须经过两个阶段，一是将淀粉分解成麦芽糖的糖化阶段，二是将麦芽糖转化为乙醇的酒化阶段。水解淀粉的糖化酶在自然界里存在于多种物质之中，所以完成糖化任务的方法也有多种，在古代最常见的方法有3种。一是利用人的唾液中的糖化酶，将谷物中的淀粉糖化；二是促使谷物生芽，芽中所分泌的糖化酶也可以使淀粉转化为麦芽糖；三是利用某些可分泌糖化酶的霉菌使谷物淀粉转化为糖类。

人们在咀嚼淀粉类的食物时，会慢慢感到甜味，这就是唾液中存在着将淀粉水解、糖化的糖化酶。在古代，人们将生或熟的谷物咀嚼后，吐出来积聚在容器中，唾液中的糖化酶将淀粉分解为糖类，浮游于空气中的酵母菌侵入又将其中部分糖类转化为乙醇。这可算是最原始、最粗陋的（但不是最早的）一种"酿酒法"。这种方法既费事，又不卫生，更不能大批生产，所以从来也没有普及过，但这种方法确曾在某些地区出现过。《魏书·勿吉国传》谓："勿吉国嚼米酿酒，饮能至醉。"② 清代末期中国近代第一种科学刊物《格致汇编》的1879年第一期上，介绍过在南美洲部分印第安人就是采用口嚼糖化的方法制造一种名叫"珍珠米"的酒。③

利用谷物生芽使淀粉糖化是最古老的方法之一。因为谷物发芽时，自身会产生出糖化酶，使淀粉变成糖以供谷物生根的需要，所以发芽的谷物可直接用于酿酒，也可以用来制麦芽糖。发芽的谷物浸到水中，水中含糖，当空气中的酵母落入其中并繁殖发酵就会生出乙醇，这是自然酒。人们仿照这一自然过程，从而掌握了先使谷物生芽糖化，然后再利用酵母菌发酵制酒。这种谷芽糖化酿酒方法最早出现在古代文明三大发祥地之一的西亚两河流域和古埃及地

① 见张子高：《中国化学史稿（古代之部）》第11页，科学出版社，1964年。
② 《魏书·勿吉国传》（卷100），中华书局校订、标点本第2220页，1974年。
③ 清·徐寿、傅兰雅（Fryer, J.）：《格致汇编》1879年第1期，格致书院出版。

区。以后传播到欧美等地。[①] 先发芽糖化，后酵母发酵成的啤酒生产就是这样流传开来的。中国的古代先民也曾采用过这方法制酒，但大概当技术还没来得及总结提高时，似乎就又因人们发现了更好的酿酒方法而将它淘汰，所以采用这种方法制酒，在中国古代持续时间不很长。

第三种方法，也是最先进的方法，即利用酒曲直接将谷物酿制成酒。因为酒曲中既有起糖化作用的霉菌，又有起酒化作用的酵母菌。采用酒曲酿酒，就把酿酒的两个步骤结合起来，毕其功于一役，这显然比前两种方法要高明。这种酿酒方法是中国先民的一项伟大发明，后来逐渐在整个东亚传播开来。利用麦曲的发酵技术经验又进一步从酿酒推展到制醋、做酱等领域，于是利用曲酿酒、制醋、做酱遂成为东亚酿造业的特征，而西方自古以来则都用麦芽糖化谷物，然后再用酵母菌使糖发酵成酒。直到 19 世纪 50 年代法国化学家巴斯德（L. Pastear，1822～1895）揭示了发酵酿酒的原理后，人们才注意到中国酿酒的独特方法，并理解了它的科学内涵。19 世纪末，法国学者卡尔考特研究了中国的酒曲，发现酒曲能将谷物的淀粉直接发酵成酒，感到十分新奇。他将这种霉菌糖化制酒的方法称为淀粉霉法（amylomyces process），简称为淀粉发酵法（amylo process）[②]，外国人称之为阿米露法，并逐渐在酒精工业中推广应用。到此时，中国利用霉菌酿酒至少已有 4000 年的历史了。一些外国学者认为霉菌发酵的发明和中国传统医药学的创造，可与四大发明媲美。[③]

我国的先民们究竟是怎样发明酒曲的？古代的曲蘖究竟是什么？过去在认识上曾有争议。

明代学者宋应星在其《天工开物》中说："古来麴造酒，蘖造醴，后世厌醴味薄，遂至失传，则并蘖法亦亡。"[④] 由此可见，宋应星认为曲蘖曾经是两种东西。曲（一类发霉的谷物）是用来酿酒的酒曲；蘖（麦芽）是一种发酵力很弱的酒曲。由于用蘖酿出的甜酒，醇度低口味淡，很早就被淘汰了。化学史家袁翰青在其《中国化学史论文集》中也认为：曲蘖从来是两种东西。曲就是酒曲，蘖是谷芽。[⑤] 与宋应星的观点一致。日本人山崎百治在他所著的《东亚发酵化学论考》中也认为：曲蘖从来是两种东西。曲就是饼曲，后来发展为大曲，酒药等。蘖为散曲，后来发展为黄衣曲（酱曲、豉曲），以至于女曲（清酒曲）。[⑥]

乍看起来，上述看法似乎都有其根据和道理，但是仔细考察分析，可以发现实际的情况更要复杂些，即他们的观点仍可商榷，有待修正补充。

我国微生物学家方心芳经过潜心研究，清楚地阐明：曲蘖的概念有个发展演变的过程。在新石器时期用于酿酒的"曲蘖"是指一种东西，就是发霉发芽的谷粒，它可以直接用于谷物酿酒。后来由于酿造技艺的发展，发现发霉的谷物和谷物的芽蘖性能不尽相同，曲蘖才分为曲和蘖。曲又分为酒曲、酱曲、豉曲；蘖则专指谷芽，[⑦] 但此后"曲蘖"又往往是酒曲的同义词，甚至北魏贾思勰的《齐民要术》中反复出现的"曲蘖"，仍泛指酒曲。

---

① 方心芳、方闻一，"中华酒文化的创始与发展"，载于《辉煌的世界酒文化》，成都出版社，1993 年。

② Lafar，F.，《Technical Mycology》，Vol. Ⅱ，Eumycetic Fermentation，Charles Griffin and Company，Ltd，London，1911，p. 69.

③ 方心芳："代序，中国麴的重要意义"，《中国酒曲集锦》，内部发行。

④ 明·宋应星：《天工开物·曲蘖》（卷十七），崇祯十年初刊本卷下，第 47 页。见郑振铎主编《中国古代版画丛刊》第 3 册，上海古籍出版社，1988 年。

⑤ 见袁翰青：《中国化学史论文集》第 81 页，三联书店，1956 年。

⑥ ［日本］山崎百治，《东亚发酵化学论考》第 20 页，1940 年，东京。

⑦ 方心芳："曲蘖、酒的起源和发展"，《科技史文集》第 4 辑，上海科技出版社，1980 年。

　　方心芳的这一看法似较符合事物发展的客观实际。因为任何事物都有一个发展演进的过程，人们对它的认识也有个深化的过程。在新石器时期，贮藏的谷物受潮受热后，发霉发芽总是同时发生，将它们泡浸在水里，在一定的条件下就会发酵成酒。所以这些发霉发芽的谷粒就是天然的曲蘖。当时在一堆发霉发芽的谷物中，霉菌的菌丝及孢子柄与谷物的芽根混在一起，是难以分开的，霉谷与芽谷在酿酒中性能上有什么不同，也分辨不清，那时候可能有"毛粮"一类的称呼来指这种物质，可惜文字尚未发明，也就无记录可考了。要经过很多年代，人们才能逐步辨认出"毛粮"中原来有两类东西，一类为发霉的菌丝，另一类为发芽的洁净芽根，都能使煮熟的谷物发酵变酒。随着技术的不断进步，遂有人专门制造出发霉谷粒的"毛粮"，又有人着意泡发出发芽占优势的"毛粮"，并且逐渐知道以发霉的"毛粮"酿出的酒醇味大；而只发芽的"毛粮"制成的酒则较甜而醇味淡。另有那些已经煮熟或半熟的谷物，如果没有立即吃掉，在搁置中难免会发霉长毛（糖化毛霉的孢子和酵母使这些全熟或半熟的谷物变成了发霉的"毛粮"），用它制成的酒醇味也较大。通过对这种现象的仔细观察致使人们认识到发霉与发芽的两类"毛粮"虽然同样可以酿酒，但是它们在性能上又是有区别的，于是人们将发霉的"毛粮"叫作鞠（或鞫），发芽的叫作蘖。它们都可用来酿酒，而且大概一般人还是同时生产它们的混合体，所以鞠蘖仍然往往联系在一起，成为酒曲的代名词。总之，最古的"鞠蘖"都是用粟类发霉、发芽而制成。至于"鞠"字从"革"，可能是在造字的时候，人们常用皮革包裹着潮湿的粟类，让它们发霉成鞠。当然人们也可以使用陶器制造发霉的谷物，但可能陶器用于制造发霉谷物不及皮革优越。随着酿酒技术的发展，人们才逐步掌握了更多的方法及工具来制造霉粮。制鞠的关键是原料粮，所以"鞠"字就逐渐被麯或麴所取代。蘖则一直是指谷芽。许慎的《说文解字》指出："蘖，芽米也。"[1] 东汉刘熙在《释名》进一步解释说："蘖，缺也，渍麦复之，使生芽开缺也。"[2] 蘖在上古时期除用于制饴外，大概也常用于酿酒。酿出的酒因仍含麦芽糖，比较甜，所以叫作醴。黄衣曲则是后来从霉菌中分化筛选出来，主要用于生产豆酱，豆豉等食品的曲。

　　由上述可见，曲蘖的概念及内涵当有一个演变过程。这就使人们对酒曲的源流有一个较准确的了解。

二　商周时期的曲蘖和酒

　　商周时期，农业生产逐渐发达起来，谷物酿酒就更普遍了。饮酒之风很盛，用粮很多，西周初年，周文王曾下诰示，要求臣民节制饮酒。但收效甚微。它从一个侧面反映了当时的酿酒业和酿酒技术的变化。

（一）早期的蘖和曲

　　《尚书·商书·说命（下）》里说："若作酒醴，尔惟曲蘖。"[3] 表明商代时人们已清楚地认识到曲蘖在酿酒中的决定作用。既表明酿酒技术的发展对曲蘖技艺的依赖关系，也表明这时

---

① 汉·许慎撰，清·段玉裁注：《说文解字注》，第331页，上海古籍出版社，1981年。
② 汉·刘熙：《释名》卷四，见《丛书集成》初编·语文学类，总第1151册。
③ 《尚书·商书·说命下》，见《十三经注疏·尚书正义》，1935年国学整理社出版，世界书店发行。参看其175页。

期，曲、蘖已分别指两种东西，用于酿酒和醴。从谷物偶然受潮受热而发霉、发芽形成天然曲蘖到人们模仿这一自然过程而有意识地让某些谷物发霉生芽制成人工曲蘖，这是制造曲蘖的开始。当人们进而采取适当操作，使谷物仅发芽为蘖或仅发霉为曲，分别制得蘖和曲，并了解了它们在酿酒作用上的差别，从而能够将蘖和曲分开并且单独使用，这应是酿酒技术和制曲技术的一大进步，认识上的一大飞跃。制曲可以采用不同的谷物为原料，又在不同的工艺条件下制成不同种类的酒曲，这就逐渐丰富了酒曲的种类。人们通过实践逐步认识和筛选出制曲的最佳原料及其配方，这当然是制曲技艺的又一重要发展。用于制曲的谷物，可以是整粒，也可以是大小不等的碎粒；可以是预先采用水蒸煮或焦炒使成全熟或半熟的谷物，也可以是生的谷物。通过实践和比较，人们逐渐发现，预先将谷物粉碎后制曲，较用整粒谷物制曲；用熟或半熟谷物制曲，较用生谷物制曲，更有利于霉菌的繁殖，即能制造出效率更好的酒曲。所以人们对制曲原料的预加工及预加工的方式和程度有了更深入的了解，也进一步丰富了酒曲的品种，并提高了酒曲的质量。以上这些酒曲制造技艺的进步大体是在商周时期完成的。

《左传·宣公十二年》里记载了一段对话：申叔展（楚大夫）问还无社（萧大夫）"有麦麴乎？"答曰："无。""有山鞠穷乎？"答曰："无。"叔展又问道："河鱼腹疾，奈何？"答曰："目于眢井而拯之。"① 这段对话表明当时已使用麦曲，而且麦曲还被用来治腹疾。麦曲的利用表明它和蘖在当时已经分化为两种明确不同的物料，而且酒曲也因采用不同的原料而有进一步的区分。麦曲称谓的出现说明当时酒曲已不只一种。《楚辞·大招》里有"吴醴白蘖"之说。② 这话一方面表明吴醴在当时已很有名气，另一方面也说明曲和蘖已区分开；蘖中既出现了白蘖，又可以推想蘖也有很多种；白蘖的制成又表明当时在制蘖工艺中，人们已能够控制到使谷芽中只有较少霉菌繁生，或只使白霉发生，而在一般情况下蘖必然会呈现五颜六色，而不是白色。《周礼·天官冢宰》记载："内司服掌王后六服，袆衣、揄狄、阙狄、鞠衣、展衣、缘（褖）衣、素沙。辨外内命妇之服，鞠衣、展衣、褖衣、素沙。"郑玄注曰："鞠衣，黄桑服也，色如鞠尘，象桑叶始生。"③ 这说明当时在制鞠时，从鞠上落下的尘粉当也呈幼桑叶的黄色。由此可知，当时的鞠仍是颗粒状的散曲，否则不会落鞠尘；而且那时在鞠上繁殖的霉菌是黄曲霉，假若不是当时技术已较成熟，很少杂入其他霉菌，就不可能只生成较单一的黄色孢子，落下黄色的鞠尘。这些记载从多角度地、部分地反映了其时制曲技艺的进步。而制曲技艺的发展是酿酒技术发展中的重要组成部分。

（二）酒的生产和酒具

甲骨文、钟鼎文为后人研究商周文化提供了可靠的资料。在已发现的甲骨文或钟鼎文中，"酒"可能是一个较常使用的字。它的象形文字如图7-1所示，有多种形式。从这些象形文字，可以看到"酉"的含义是形象瓮形的器皿，这种瓮形的器皿肯定用于酿酒。所以最初就是以酿酒器来象形酒。而且在此后有关酿造的字都有酉旁。部分的酒字，是在"酉"的左边或右边又加上两点、三点或四点，大多数是三点，表示酒是流动的液体。从这些象形文字的变化

---

① 《左传·宣公十二年》，见《十三经注疏·春秋左传正义》第1883页。参看王守谦等注译《左传全译》第556—558页，贵州人民出版社，1990年。文中"山鞠穷"又叫川芎，多年生的草木，其根茎可入药；"河鱼腹疾"是指久浸水中腹将膨胀如河中之鱼，后人称"腹疾"为"河鱼之患"即源于此话；"眢井"即枯井，"目"，看也。

② 清·王夫之撰：《楚辞通释》卷十，1975年上海人民出版社刊本第153页。

③ 见《十三经注疏·周礼注疏》（卷八）第53页，世界书局发行，1935年。

图 7-1　甲骨文和钟鼎文"酒"字

（摘自袁翰青《中国古代化学史论文集》）

来看，当时的酒字还没有最后定形。钟鼎文中不少酒字也都与酉字相近。

　　进一步的比较还可以看到，酒字又与酋字有着密切的联系（参看图 7-2）。酋字从字形来看，下部分的酉表示酿酒器皿，其上的‖描述了黍粒发酵上浮或起泡的情景。由此可推测"酋"最初的含义是造酒。《说文解字》对"酋"的解释是："酋，绎酒也。从酉，水半见于上。礼有大酋，掌酒官也。"段玉裁注曰：

（父己幑）（父辛尊）（父乙卣）（父丁盨）

图 7-2　甲骨文和钟鼎文的"酋"字

（摘自袁翰青《中国古代化学史论文集》）

"玉裁按许云，绎酒盖兼事酒，昔酒言之。"①《释名》说："酒，酋也，酿之米曲酉泽，久而味美也。"②《礼记·月令》称监督酿酒的官为"大酋"，③ 设官管理，表明在周代时酒的生产和供应颇受重视。"酋"字的含义在以后进而演进为部落的首领，也强化了这一认识。当时黍是酿酒的主要原料，即今北方人所称之"黄米"，所以在帝王或部落首领祈求农业丰收的卜辞中，常把求"酋年"和求"黍年"并排在一起。这类例子在甲骨卜片里是很多的。

　　从酋字与酒字的关系中已能看到酿酒在古代社会生活中的重要地位。实际上在甲骨文、钟鼎文中还有许多与酒相关的文字，它们也都能说明在商周时期，饮酒现象已较普遍，酿酒业也很发达。反映了自西周初年至春秋中叶（约公元前 11 世纪～前 6 世纪）时代生活的，我国第一部诗歌集《诗经》里，有诗 305 篇，直接写到酒的大约有 20 多篇。有的以饮酒表达爱情生活；有的是庆贺丰收的喜悦；有的写祭祀，有的写招待宾客的活动；还有的则描述一些重大的庆典。总之，充分体现了酒在社会生活中的重要地位，也反映于人们对酒的喜爱和尊崇。

　　1974 年在河北藁城台西村商代遗址中，发现了商代中期的制酒作坊。作坊内存有发酵或贮酒用的大陶瓮、大口罐、罍、尊、壶等。其中一只陶瓮中存有 8.5 公斤灰白色水锈状沉淀物，经科学鉴定，原来是当初酿酒用的酵母，只是由于年代久远，酵母死亡，仅存残壳。①这是我国目前发现的最早的酿酒实物资料。在发掘中还发现，在另外 4 件罐中分别存有一定数量的桃仁、李、枣、草木樨、大麻子等 5 种植物种子。④ 据推测它们大概是用作酿酒的原料。在 1985 年的继续发掘中，又发现在酿酒作坊附近有一个直径在 1.2 米以上，深约 1.5 米的谷物储存窖穴。⑤ 这些谷物经鉴定为粟。台西村商代酿酒作坊的完整发现，至少给我们以三点启

　　①　汉·许慎撰，清·段玉裁注：《说文解字注》第 752 页，上海古籍出版社，1981 年。

　　②　汉·刘熙：《释名》卷四，《丛书集成》本（总第 1151 册）第 65 页。

　　③　见《十三经注疏·礼记正义·月令》（卷十七）第 154 页。

　　④　参看河北省文物研究所，《藁城台西商代遗址·商代酿酒》第 175 页，文物出版社，1985 年。

　　⑤　唐玉明、孟繁峰，"试论河北酿酒资料的考古发现与我国酿酒起源"，载《水的外形、火的性格》第 63 页，广东人民出版社，1987 年。

示：①发现的人工培养的酵母和酒渣粉末，展示了商代中期酿酒的工艺过程和水平；②根据酿酒的实物资料，可以推测当时除酿制粮食酒外，还可能也酿制果酒和药用酒；③出土的酿酒器具表明商代酿酒器已具有一般的配套组合。

一旦酒作为重要的食品或饮料进入人类的生活，饮酒、储存酒的器皿便应运而生。据分析，最早被当作酒具的应是动物的角。古代的酒具，如爵、角、觚、觯、觥、觚等，或在字音上，或在字形上都与动物的角相关，可以说明这种情况。早期的酒，大多是酒浆和酒糟的混合体，呈糊状或半流质，使用动物角不仅容量有限，而且也不很方便，所以很快改用陶制酒具。陶器中的盆、罐、瓮、钵、碗都可以当作酒器。约在距今五六千年的新石器时代中叶，特意设计作为酒器的陶制品开始出现。发展到新石器时代晚期，陶制酒器的种类迅速增加，组合酒器的雏形逐渐形成。罐、瓮、壶、鬶、盂、碗、杯……等，有的专司存，有的专司饮。酒具组合群体的发展，也从一个侧面反映了酿酒业的发展和地位，同时也展示了不同地区的文化特征。商周时期的酒具又发展到一个新的水平，迅速崛起的青铜冶铸业，使精美的青铜酒器成为权贵和财富的象征。贮酒用的尊缶、鉴缶、铜壶等，盛酒用的尊、卣、方彝、觥、瓮、瓶、罍、盉等，饮酒用的爵、斝、角、觚、觯、杯等组合青铜酒器的发展充分反映了当时酿酒业的发达，饮酒风的炽盛。据分析，这些式样繁多的酒器大致可以分为适用于液态清酒的小口容器和适用于带糟醴酒的大口容器两大类。

（三）商周时期的几种酒

史书上关于帝王贪杯好酒，败事亡国的记载不计其数，夏桀、商纣常被引作告诫后人的典型。夏桀是夏代最后一个君王，他耗尽民脂财力，过着花天酒地的生活。据史书上说，他用池子盛酒，让 3000 人俯身到酒池像牛饮般地饮酒以取乐。纣是商代的最后一个君王，他饮起酒来 7 天 7 夜不停歇。建造的酒池大得可以行船，酒池边悬肉为林（见《史记·殷本纪》）。像桀、纣这样的昏王暴君当然要失去民心，最后导致亡国败身。当然，这些警世的记载会有某种夸大的成分，但是在夏商周时代那些权贵们嗜酒群饮之风的确是历史的真实。人们不禁要问，那些能牛饮一般的酒究竟是什么样的酒？显然它不可能是我们今天所熟悉的蒸馏白酒，或黄酒。

根据文字资料，夏商周至少有以下的几种酒：醴、鬯、酏、三酒（事酒、昔酒、清酒）、四饮（清、医、浆、酏）、五齐（泛齐、醴齐、盎齐、缇齐、沈齐）、春酒、元酒、酨、醪等。酒名还有一些，大多是重复的。实际上当时较流行的是醴和鬯。在商代及以前，似乎由发芽谷物所酿造的醴最受器重。甲骨文中的醴字，有时没有酉旁，它表示豆（古代食器，形似高足盘，后常用作祭器）上置一个盛有发酵醪的容器，因此醴是用豆盛的，常作为祭祀品。《说文解字》谓："醴，酒一宿熟也。"[1]《释名》里说："醴，齐醴体也，酿之一宿而成，体有酒味而已也。"[2] 由此可见醴是一种以蘖为主，只经过一宿的短时间发酵，带有甜味（因含麦芽糖），酒味很薄的一类食品。醴又因原料不同而分稻醴、黍醴（黍即今粘黄米）、粱醴（商代时的粱究竟是什么，至今尚无定论，可能是糯粟，高粱的一种）等，《礼记·内则》谓："饮

---

① 汉·许慎撰，清·段玉裁注：《说文解字注》，1981 年上海古籍出版社刊本第 747 页。

② 汉·刘熙：《释名》卷四，参看《丛书集成》本（总第 1151 册）第 66 页。

（饮目，诸饮也），重醴。稻醴，清糟；黍醴，清糟；粱醴，清糟。或以酏为醴。"① 按当时以醨（以筐滤酒）者为清，未醨者为糟，以清与糟相配重酿，故云重醴；酿粥为醴者则叫酏。但无论是那种醴，由于发酵时间太短了，酒味就很淡。随着酿酒技术的提高，醴遂失去了人们的喜爱，正如宋应星在《天工开物》中所说："后世厌醴味薄，遂至失传。"② 鬯当时也代表一类酒。根据构词分析，鬯字上部表示在发酵醪中有草，下部是个酒坛。综合起来分析，可以认为鬯是一种用黑黍加草药而酿制的酒，可能是一种带有某种药香的药酒。《诗经·大雅·江汉》有："釐尔圭瓒，秬鬯一卣"的歌句。毛亨注："秬，黑黍也。鬯，香草也。筑煮合而郁之曰鬯。卣，器也。"③ 这句歌词的意思是：今赐你以圭柄之玉瓒和一樽芬芳的黑黍酒。在《周礼》中记有掌供秬鬯的鬯人。《礼记·郊特牲》谓："周人尚臭，灌用鬯臭，郁合鬯臭，阴达于渊泉。灌以圭璋，用玉气也。既灌，然后迎牲，致阴气也。"这里说，周人祭天，于宗庙的仪式上用鬯酒，是贵气而不重味。至于"臭"，《礼记·内则》唐·孔颖达疏云："臭谓芬芳。"所以这里是指香馥如兰的香气。故此在祭祀杀牲之前，先用鬯酒灌地以求神（郑玄注："灌，谓以圭瓒的鬯始献神也。"）。令鬯以其芳香之气引导和合着牲血下达于渊泉，以示敬意。④ 由此可见，鬯是祭祀中常用的酒，也是较珍贵的酒。

《周记·天官冢宰》中有这样一些话：

酒正掌酒之政令。……

辨五齐之名。一曰泛齐，二曰醴齐，三曰盎齐，四曰缇齐，五曰沈齐。

辨三酒之物。一曰事酒，二曰昔酒，三曰清酒。

辨四饮之物。一曰清，二曰医，三曰浆，四曰酏。

掌其厚薄之齐，以共王之四饮三酒之馔，及后世子之饮与其酒。

凡祭祀，以法共五齐三酒，以实八尊。大祭三贰，中祭再贰，小祭壹贰，皆有酌数。唯齐酒不贰，皆有器量。

酒人掌为五齐三酒，祭祀则共奉之。以役世妇，共宾客之礼酒（飨宴之酒）、饮酒（食之酒）而奉之。凡事共酒，而入于酒府。凡祭祀共酒以往。宾客之陈酒亦如之。⑤

对于《周礼》中关于三酒四饮五齐的上述记述，东汉经学家郑玄和唐人贾公彦及其他一些人都曾作过注释。汉人郑司农（郑众）云："事酒，有事而饮也；昔酒，无事而饮也；清酒，祭祀之酒。"所以，事酒指为某件事临时而酿的新酒。主要供祭祀时执事的人饮用。昔酒者，"久酿而熟，故以昔酒为名，酌无事之人饮之"。这无事之人指祭祀时不得行事者。清酒的酿造时间更长，头年冬天酿制，第二年春夏才熟，味道较醇厚、清亮。《诗经·豳风·七月》云："八月剥枣，十月获稻，为此春酒，以介眉寿。"⑥ 这里所说的春酒，冬酿接夏而成，也就是三酒之中的清酒。又因该酒在冬冻时酿之，故又称冻醪。"四饮"之物都与酒相关，这里的

---

① 见《十三经注疏·礼记正义·内则》，世界书局发行本第236页。
② 明·宋应星《天工开物·曲蘖》（卷十七），崇祯十年刊本卷下第47页。
③ 参看金启华译注，《诗经全译》第776、779页，江苏古籍出版社，1984年。
④ 见《十三经注疏·礼记正义·郊特牲》（卷二十六），世界书局发行本第229页。
⑤ 见《十三经注疏·周礼注疏》（卷五）第31～32页，世界书局发行，1935年。
⑥ 金启华译注，《诗经全译》第328页，江苏古籍出版社，1984年。

"清"可能指经简单的过滤，即酾过弃糟的酒；"医"可能是指将蘖曲投入煮好的稀粥内，经发酵而制成的醴，粥较薄，所以"医"比醴清。浆是酒、米汁相载，郑玄注："浆，今之酨浆也者。"贾公彦进一步解释说："浆，今之酨浆也者，此浆亦是酒类，故其字亦从从载从酉。省酨之言载，米汁相载，汉时名为酨浆。"①《齐民要术》中有"作寒食浆"的记载，说它是用熟饭做成，"数日后便酢，中饮"。大概就是汉时的酨浆或其演变。②"酏"，郑玄说它即"今之粥"，是准备用以酿酒的。古代按酒之清浊，味的厚薄，将酒分为 5 等，统称为五齐。"泛齐"，是熟时"滓浮泛泛然"的薄酒；"醴齐"者，熟时上下一体，"汁滓相将"；"盎齐"，清于醴齐而浊于缇齐，"成而翁翁然，葱白色"，当是一种白色的浊酒；"缇齐"，"成而红赤，如今下（汉时）酒矣"，当是一种桔红色的浊酒。"沈齐"者，"成而滓沉，如今造清矣"，应是一种糟滓下沉，色泽较清之酒。袁翰青认为五齐是指酿酒过程的 5 个阶段。③ 认为第一阶段"泛齐"，指发酵开始，醪醅膨胀，使部分醪醅冲浮于表面。第二阶段为"醴齐"，即在曲蘖的引发下，醪醅糖化作用旺盛，逐渐有了象醴那样的甜味和薄酒味。第三阶段为"盎齐"，在糖化作用的同时，酒化作用渐旺盛，发酵中产生上逸的二氧化碳气泡，并发出声音。第四阶段为"缇齐"，这时发醪液中酒精含量增多，酒精是有机物的极好溶剂，能将原料中的色素浸出来，从而改变了醪液的颜色，呈现红黄色。第五阶段为"沈齐"，这时候发酵逐渐停止，酒糟下沉。这种根据近代的发酵酿酒知识来认识五齐，似乎很有道理，问题是当时的酒正是否能有这种认识，能根据这一认识来区分判断酿酒的进程，还值得进一步商榷。《礼记·郊特牲》说到："醆酒涗于清，汁献涗于醆酒，犹明清与醆酒，于旧泽之酒也。"④ 贾公彦疏云："醆酒，盎齐（也）。涗，沛也，⑤ ……盎齐差清，先和以清酒，而后沛之，故云醆酒涗于清。"又云："献谓摩莎，沛谓涗也。秬鬯中既有煮郁，又和以盎齐，摩挲涗之，出其香汁，是汁莎沛之以醆酒也。"⑥《礼记·礼运》则提到："玄酒以祭，……醴醆以献……。玄酒在室，醴醆在户，粢醍在堂，澄酒在下。"孔颖达疏云："玄酒谓水也，以其色黑谓之玄。而太古无酒，此水当酒所用，故谓之玄酒。"粢醍即缇齐，"以卑之故，陈列又南近户而在堂"。澄酒即沈齐，陈在堂下。⑦ 这几句话讲的是在祭祀中各种酒的安放位置和作用。《礼记·乡饮酒义》中也说："尊有玄酒，贵其质也。"又说："尊有玄酒，教民不忘本也。"⑧ 是说太古无酒，以水代酒行礼，故这水贵在其质。让人们不应忘记这段历史，故谓之"不忘本也"。祭祀中必用酒，连水都冠以玄酒之称，再次证明酒在古代社会礼仪中是不可短缺的。从上古时期对上述酒品的介绍分析，不难看出当时酿酒技艺还很不成熟，所以人们还只是根据在酿酒实践中的有限经验，依据原料的不同、加工方法的差异、酿酒发酵的程度和用途的不同，来对酒进行分类和命名，甚至把一些中间产品和加工过程、特征都当作酒品来命名，因此分类和命名有许多重叠，既不规范，更不科学。这就迫使后人要花费很大精力来考证，才能对这些记叙稍有理解。

---

① 见《十三经注疏·周礼注疏》卷五，世界书局发行本，第 668 页。

② 见后魏·贾思勰原著，缪启愉校释，《齐民要术校释》第 525 页，农业出版社，1982 年。

③ 见袁翰青，"酿酒在我国的起源和发展"，载袁氏著《中国化学史论文集》第 87 页，三联书店，1956 年。

④ 见《十三经注疏·礼记·郊特牲》，世界书局发行本第 229 页。

⑤ 沛，过滤使清，《周礼·天官·酒正》："一曰清"，郑玄注："清，谓醴之沛者。"

⑥ 见《十三经注疏·礼记·郊特牲》（卷二十六），世界书局发行本，第 231 页。

⑦ 见《十三经注疏·礼记·礼运》（卷二十一），世界书局发行本，第 188 页。

⑧ 见《十三经注疏·礼记·乡饮酒义》（卷六十一），世界书局发行本，第 456、458 页。

古代人们常饮食的酒主要是醪醅之类。醪，"汁滓酒也"，即浊酒，醅，"未沈之酒也"，沈即酾，意即使清。古代最常用以分离酒液与糟的方法是采用茅草过滤。这种过滤方法显然得不到较澄清的酒。所以饮的酒不是浊酒，就是连酒糟一起吃。《楚辞·渔父》里说："众人皆醉，何不铺其糟而歠（饮也）其醨。"糟和醨皆是酒滓。[①] 说明当时吃酒确实是将酒糟一起吃掉。历史学家吴其昌根据他对甲骨文、钟鼎文的研究以及对古文献的考证，于 1937 年曾提出一个很有趣的见解。他认为在远古时代，人类的主要食物原是肉类，至于农业的开始乃是为了酿酒。他说，我们祖先种稻黍的目的是作酒而不是做饭，吃饭乃是从吃酒中带出来的。[②] 这一见解虽然未能为大家所接受，但是其中有些看法仍有重要的研究意义。他所说的远古时代吃酒是连酒糟一起吃，是合乎历史事实的。这种连酒糟一起吃的习俗，至今仍在许多民族和地区中保留着，至今许多人爱吃酒酿也是一例。

连酒糟一起吃，在远古时期不仅节约，而且也较可口。当时烧、炒、煮等谷物加工方式大都十分简陋；保存熟的或半熟的谷物更是乏术。将它们酿制成酒倒可能是一种简便的有效方法。吃这种酒照样可以饱腹。所以，当时的客观条件和环境将吃酒与吃饭统一起来。更何况，吃这种略带酒香，稍有甜味又容易消化的饭食何乐而不为呢！由此可见，古人吃酒的目的与当今人们饮酒的观念是有一定差异的。在古时吃酒不仅能暖身饱肚，而且还兴奋精神和舒畅身体，从而很自然地造就成大多数人嗜酒的风尚。当时的酒大多是醇度极低的，酒度可能不比当今的啤酒高，所以人们海量饮酒。在饮酒即是吃饭的观念引导下，人们节制食酒确是较困难，当时制约食酒的关键在于粮食富足与否，对于一般百姓的确是个问题，对于权贵们则不成问题，所以贵族们几乎普遍都像前面所述那样酗酒成风。

当时能醉倒贵族的酒中有一种较特别的酒，叫做酎。《礼记·月令》曰："孟夏之月，……，是月也，天子饮酎，用礼乐。"[③]《说文解字注》云："酎，三重醇酒也。"[④] 就是说，以酒代替水，加到米和曲中再次发酵以提高醇度，如此重复 2 次而酿成酎。这种酒较浓醇，深受欢迎。这种采用重复发酵的方法来提高酒的浓度，是当时酿酒技术的一项重要创新，此后得到了推广和发展。

《礼记·月令》有一段介绍当时酿酒工艺的经验之谈，谓："仲冬之月，……乃命大酋，秫稻必齐，曲蘖必时，湛炽必洁，水泉必香，陶器必良，火齐必得。兼用六物，大酋监之，毋有差贷。"[⑤] 这段话实际上总结了酿酒工艺的要点。"秫稻必齐"是指酿酒原料的治辨和精选；"曲蘖必时"是说制曲造酒必须选择适当的季节；"湛炽必洁"是指在用生水泡浸谷物和加热或炊熟谷物的过程中，必须保持用水、用具的清洁；"水泉必香"，强调必须选择香美的水以供酿酒之用；"陶器必良"即要求发酵用的和盛酒用的陶器必须完好，不得有渗漏之弊；"火齐必得"是强调炊米和发酵时必须火候、温度适当。强调必须注意抓住上述 6 项操作要领，才能保证酿出佳酿；负责酿酒生产的大酋应该监督上述操作要领的执行，千万不要疏忽大意，出现差错。这些经验是完全符合酿酒生产实际的，所以得到后人的高度重视和借鉴。近代汾酒酿造的工艺秘诀有这么 7 点："人必得其精，水必得其甘，曲必得其时，高粱必得其实，器具

---

① 参看宋·洪兴祖撰，《楚辞补注》第 108 页，中华书局，1983 年。
② 吴其昌，"甲骨金文中所见殷代农稼情况"，载《张菊生先生生辰纪念论文集》第 336 页，商务印书馆，1937 年。
③ 见《十三经注疏·礼记·月令》（卷十五），世界书局发行本第 137 页。
④ 见《说文解字注》，上海古籍出版社刊本第 748 页。
⑤ 见《十三经注疏·礼记·月令》（卷十七）第 154～155 页。

必得其洁，缸必得其温，火必得其缓。"① 这项"秘诀"与上述的"六必"很接近，只是加了关键的"人必得其精"，强调了酿酒技师、工人的技术素质。

三　发酵原汁酒（黄酒）与酒曲工艺经验的发展

黄酒是一类以谷类或其他粮食为原料，以酒曲为糖化发酵剂，经过蒸煮、糖化、发酵、压榨过滤等工序而制作出的发酵原汁酒。因为没有经过蒸馏，所以一般保持了固有的黄亮色，故叫黄酒。但在制法和酒的风格上与世界上其他国家的酿造酒有明显的不同，可谓中国的民族特产。中国的先民在上古时期就掌握了它的酿造技术，迄今至少已有 3000 多年的历史了，所以它不仅在中国，而且在世界上也是最古老的饮用酒之一。中华民族从上古直到近代，一直以饮用黄酒为主，悠久的酿造历史积累了丰富的经验，使黄酒的酿造技艺在 10 世纪时已达到了较高的水平。同样具有中国特色的蒸馏白酒就是在黄酒酿造工艺的基础上发展起来的，所以朱宝镛、方心芳等许多酿酒专家都认为黄酒应是中国的国酒，它体现了中国酿酒业的悠久历史，凝聚了中华民族的智慧结晶。

黄酒是一类低醇度的原汁过滤酒，酒液中含有糖、糊精、有机酸、氨基酸、酯类、甘油及多种维生素，不仅为人们提供了高于啤酒、葡萄酒的热量，还具有特殊的营养价值。自古以来中国的医药学家都把黄酒看作最好的药引，这是因为它不仅是许多药物有效成分的溶剂，而且本身也有延年益寿的保健功能。黄酒还是中国传统烹饪中最常用的佐料，特别在加工肉食鱼鲜食品时，不仅能去腥除怪味，还能使菜肴更鲜美。总之，黄酒可谓中国传统食品中的精萃。根据目前国内外饮酒风尚进一步朝着低醇度、有益于身心健康的发展方向，黄酒的确仍是一种符合潮流，值得发展的酒类品种。

在中国古代，黄酒在饮料酒中一直占据统治地位。各地区、各时期生产的黄酒品种繁多，各有特色，各立其名。而初时的命名很不规范，随意性很大。例如先秦时期，仅在《礼记》里提到的就有玄酒、清酌、醴酏、粢醍、澄酒、酏、醴等。魏晋南北朝时期，仅《齐民要术》中提到的则有：白醪酒、春酒、颐酒、颐白酒、桑落酒、醇酒、梁米酒、粟米酒、穄米酎、黍米酎、粟米炉酒、冬米明酒、夏米明酒、鄢酒、胡椒酒、橘酒、当梁酒、夏鸡鸣酒等。唐宋时期，各地的酒名就更花俏了，例如宋代张能臣在《酒名记》里就列举了 200 多种酒的酒名，如后妃豪门官宦家的酒有：高太皇的香泉、向太后的天醇、朱太妃的琼酥、郑皇后的坤仪、蔡太师的庆会、王太傅的膏露、……② 又如周密所著的《武林旧事》中，在"诸色名酒"目下收录了蔷薇酒、流香、凤泉、思堂春、雪醅、皇都春、常酒、留都春、和酒、十洲春、海岳春等 54 种。③ 到了元代，黄酒的命名似乎开始有了一些规范，例如其时宋伯仁所著的《酒小史》中列举了：春秋椒浆酒、西京金浆醪、杭城秋露白、蓟州薏苡仁酒、金华府金华酒、高邮五加皮酒、长安新丰市酒、山西蒲州酒、成都刺麻酒、荥阳土窟春、富平石冻春、剑南烧春、汾州干和酒、山西羊羔酒、潞州珍珠红等 106 种酒。④ 以上所列酒大多有产地、有特色原

① 方心芳，"曲糵酿酒的起源与发展"，载《科技史文集》第 4 辑，上海科技出版社，1980 年。
② 宋·张能臣：《酒名记》，见《说郛三种》卷九十四，上海古籍出版社，1986 年刊本第 4336 页。
③ 宋·周密：《武林旧事》卷六，见《笔记小说大观》第四册，第 183 页，江苏广陵古籍刻印社，1983 年。
④ 元·宋伯仁：《酒小史》，见《说郛三种》卷九十四，第 4334 页，上海古籍出版社，1986 年。

料可考，可以看出大部分是属于粮食发酵的原汁酒，其中也不乏以黄酒为酒基的配制酒，还有少数酒是果酒或其他发酵酒，如蜜酒、蔗酒、马奶酒等。明代以后，粮食发酵原汁酒的命名大致遵循了以下几点依据，有的以原料来命名，如粳米酒、籼米酒、黑米酒、黍米酒等；有的以产地取名，如东阳酒、绍兴酒、太原酒、潞安酒、顺昌酒、建阳酒等；有的以酒色命名，如汀州谢家红、潞州珍珠红、风州清白酒、元红酒、竹叶青酒、红酒等；有的因别具特色的酿造工艺而命名，如加饭酒、老熬酒、羊羔酒等；也有的以历史名人来命名，如阮籍步兵厨、孙思邈醁酥、陆士衡松醪等；有些酒的命名则带有文字典故色彩，如麻姑酒、刘白堕擒奸、东坡罗浮春等。总之名目繁多，要考究起来既有趣，又十分难。直到明代中后期，可能由于蒸馏烧酒获得了较大的发展，在市场上具备了与发酵原汁酒相竞争的地位，人们才开始把原先一大类色泽大多为黄亮色的发酵原汁酒统称为黄酒，以示与蒸馏烧酒相区别。例如明代何良浚在其《四友斋丛说》中写道："即同至酒店中唤酒保取酒，酒保取黄酒一大角，下生葱蒜两盘，即团坐而饮。"[①] 到了清代，黄酒一词也较常见，官方的文书上也均称粮食发酵原汁酒为黄酒。其实，黄酒这一称谓并不完全贴切，例如黄酒中的元红酒呈琥珀色；竹叶青呈浅绿色；黑酒呈黑色；珍珠红呈红色。正像人的姓名不一定能清楚地反映出其性别、个性一样，只是作为一种记号，人们习惯了，自然也就接受了。

（一）黄酒酒曲技术的发展

酿酒技术的进步，首先表现在制曲技术的提高。长期的酿酒实践使人们认识到，酿制醇香的美酒，首先要有好的酒曲；丰富酒的品种，就要增加酒曲的种类。黄酒酿造技术的发展正是沿着这条路线前进的。从近代科学知识来看，酒曲多数以麦类（小麦和大麦）为主，配加一些豌豆、小豆等豆类为原料，经粉碎加水制成块状或饼状，在一定温湿度条件下培育而成，其中含有丰富的微生物，如根霉、曲霉、毛霉、酵母菌、乳酸菌、醋酸菌等几十种。酒曲为酿酒提供了所需要的多种微生物的混合体。微生物在这块含有丰富碳水化合物（主要是淀粉）、蛋白质以及适量无机盐的培养基中生长、繁殖，会产生出多种酶类。酶是一种生物催化剂，分别具有分解淀粉为糖、分解蛋白质为氨基酸的能力及变糖为乙醇的酒化能力。若曲块以淀粉为主，则曲里生长繁殖的微生物必然是对分解淀粉能力强的菌种；若曲中含较多的蛋白质，则对蛋白质分解能力强的微生物就多。由此可见，不同原料的不同配比会对曲的功效产生影响。传统酒曲的制造大多是在春末至仲秋，即伏天踩曲。因为这段时间的气候最适宜霉菌的繁殖，而且也比较容易控制培菌的条件。酒曲质量的好坏，主要取决于曲坯入曲室后的培菌管理。在调节好曲坯本身的配料、水分及接入曲母后，调节好曲室的温度和湿度及通风情况是很关键的，它必须有益于微生物的繁殖。制好的曲应贮藏陈化一段时间，最好要过夏，再投入使用。经过一段时间贮藏的曲，习称为陈曲。在传统的工艺中，非常强调要使用陈曲，这是因为在制曲时潜入的大量产酸细菌，在比较干燥的环境中存放时会大部分死掉或失去繁殖能力，所以相对而言，陈曲中糖化与酒化的微生物菌种就较纯，有利于糖化和发酵，而避免酒醪变酸。先民制曲工艺经验的积累正是不自觉地遵循了这些科学道理。

从西汉时起，我国先民酒工已认识到曲和蘖在酿酒过程中有不同的功效，并以此为根据

---

① 明·何良浚：《四友斋丛说》，见《元明史料笔记丛刊》，摘抄本见《丛书集成》初编：文学类，总第2809册，第279页。

将它们区分开来。蘖主要指谷芽，曲主要指酒曲。《说文解字》说："蘖，牙米也。"又说："籟（鞠），酒母也。"① 《释名》谓："蘖，缺也，渍麦覆之使生芽开缺也。"又谓："麴，朽也，鬱之使生衣朽败也。"② 从历史上看，《礼记》已讲："夏后氏尚明水，殷尚醴，周尚酒。"③ 这样讲虽然不是非常准确，但是它至少也说明，随着酿酒技术的发展，人们对提高酒的醇度愈加看重，并且开始意识到蘖与曲的酿酒效果有差异。在周代，醴尚存在。进入西汉，由蘖酿制的醴，就因人们嫌它酒味淡薄而被淘汰。这本身恰好正是制曲与酿酒技术提高的明证。从春秋战国时起，蘖便逐渐专门被用来制作饴糖，而酿酒主要采用酒曲了。

仅在《说文解字》中，就记载了蘖、麫、麧等 3 种饼籟。④ 在《方言》中已列有毂、麧、麫（麦麴）、𧆐（大麦麴）、𪎭（音脾绷，饼麴）、𧆐（有衣麴）、𪌭（小麦麴）等更多种的酒曲。还说："麴也，自关而西，秦幽之间曰毂，晋之旧都曰麧（今江东人呼麴为麧），脅右河济曰麫，或曰𧆐，北鄙曰𪌭麴，其通语也。"⑤ 由此可见，不同原料或不同方法制造的曲，其称谓不同。而且不同的地方对同一曲的称谓也不同，若依原料来分，有大麦曲（𧆐），小麦曲（𪌭、麫）及其他。若依制法来分，有饼曲（麫、麧、蘖）和散曲。若依曲表面是否明显地长有霉菌来划分，有上衣曲（𧆐）和无衣曲。这些曲的名字，大都有个麦旁，表明它们大多以麦类为原料。现在我们认识到，酒的香型与酒曲有极大的关系，而用麦子作成的酒曲能使酿成的酒带有一种特殊的香味。如各种绍兴酒（历史上曾称山阴酒、东浦酒、越酒等）都有一种独特的风味，就与其大量使用麦曲有关。这种知识古代的酿酒师不可能知道，但是在实践中他们已领悟到这一经验，所以，不仅用麦类作曲，而且酿酒的用曲量也是很大的，以充分体现曲的特殊风味。《汉书·食货志》记载当时酿酒用曲的一个情况："一酿用粗米二斛，曲一斛，得成酒六斛六斗。"⑥ 米与曲的比例为 2：1，一方面说明当时酿酒已不用蘖了，另一方面可以看到当时酿酒的用曲量是很大的。

两汉时制曲方法与先秦时期比较，最大的进步反映在饼曲和块曲的制作和运用。在商周乃至春秋战国时期，酒曲主要还是以散曲形式进行生产。所谓散曲是指将大小不等的颗粒状谷物，经煮、蒸或炒等手段预加工成熟或半熟状态后，引入霉菌让它们在适当的温湿度下繁殖，制得松散、颗粒状的酒曲。事实上，在制曲过程中，那些发霉的谷物由于霉菌的繁殖，往往很自然地会形成块状，所以制曲生产的结果通常不仅有散曲，而且还总有块曲。在散曲的生产操作中，由于其温度及原料中的水分不易在发酵过程中保持稳定，因而在曲中得以快速繁殖的微生物主要是那些对环境条件要求不很苛刻的曲霉，如黄曲霉、黑曲霉等，而它们的大量繁殖则抑制了其他糖化、酒化能力更强的微生物的生长。块曲的情况则有所不同。由于原料被制成块状，团块内的水分和温度相对来说比较恒定，加上团块内空气少，较适宜酵母菌、根霉类微生物的繁殖，而不适宜于曲霉的繁殖。现代微生物学知识表明，根霉的糖化能力较曲霉强，酵母菌更是酒化的主要菌种。人们在酿酒的实践中，逐渐认识到块曲的酿酒能力强于散曲，从而有意识将酒曲原料团制成饼状或块状，以饼曲、块曲取代散曲用以酿酒。从

① 见汉·许慎：《说文解字》七上"米部"。1963 年中华书局影印本，第 147 页。

② 见汉·刘熙：《释名》，《丛书集成》总第 1151 册。

③ 见《十三经注疏·礼记正义·明堂位》（卷三十一），世界书局发行本第 263 页。

④ 同①，第 112 页。

⑤ 汉·杨雄：《方言》（十三），《丛书集成》初编·语文学类，总第 1177 册，参看第 134 页。

⑥ 见汉·班固撰：《汉书》（卷二十四下），中华书局校订、标点本第 4 册 1182 页，1962 年。

散曲发展到饼曲、块曲，是制曲技术的一大进步，也是酿酒工艺的重要发展。《说文解字》中所列的曲已都是饼曲，足见在汉代饼曲的生产已很普遍。从此，饼曲、块曲的制造、使用及其发展成为中国酿酒技艺中的奇葩，也是中国酒（包括后来的蒸馏酒）具有独特风格的奥秘所在。

中国地域辽阔，各地的自然环境差异也很明显，它对酒与其酿造技术的地方特色的形成，也是至关重要的。最直观的事实就是南北地区在原料、制曲及酿造工艺上都有自己的特点。就在北方迅速发展块麦曲、饼麦曲的同时，南方出现一种草曲。晋代襄阳（今襄樊市）太守嵇含所著的《南方草木状》记载了这种曲：

> 南海多美酒，不用曲糵，但杵米粉杂以众草叶沾葛汁溲溲之，大如卵，置蓬蒿中，荫蔽之，经月而成。用此合糯为酒，故剧饮之，既醒犹头热涔涔，以其有毒草故也。南人有女，数岁即大酿酒。即漉，候冬陂池竭时，填酒瓮中，密固其上，瘗陂中。至春诸水满，亦不复发矣。女将嫁，乃发陂取酒，以供贺客，谓之女酒，其味绝美。[1]

唐代刘恂的《岭表异录》也记载：南中醖酒，即先用诸药，别淘，漉粳米，晒干；旋入药和米，捣熟，即绿粉矣。热水溲而团之，形如馅饦，以指中心刺作一窍，布放箪席上，以枸杞叶攒罨之。其体候好弱。一如造麹法。既而以藤葰贯之，悬于烟火之上。每醖一年（鲁迅按："年"字疑）用几个饼子，固有恒准矣。南中地暖，春冬七日熟，秋夏五日熟。既熟，贮以瓦瓮，用粪埲（鲁迅按："埲"字疑）火烧之。[2]

唐人房千里的《投荒杂录》[3] 关于"新洲酒"的制曲记载，大致与《南方草木状》类同。从这些记载可以看到，当时南方酿酒所用的曲确实不雷同于北方的块曲、饼曲而别具特色，后来人们习称它为小曲。它们是以米粉为原料，附加拌上某些草叶、葛汁"溲而成团"，再使之发霉而制成。用这种曲与糯米合酿出的酒，酒力较大，饮后头热出汗。据近人研究，认识到在制曲中加入某些草药是有其道理的。一是这些草药含有多种维生素，辅助创造了发霉的特殊环境，能促进酵母菌和根霉的繁殖；二是使酒曲和所酿的酒具有某种独特的风味。古代的酿酒师虽然不可能明白这些道理，但是他们在实践中，从简单地用曲直接酿酒，发展到借助于曲同时又把某些草药的风味引入酒中，从体会出曲中草药成分会给酒增添风味到发现曲中加入草药有助于制出优质曲，逐步积累了经验，掌握了在制曲中应加入哪些草药，并能使酒具有什么口味等特殊的技能。这些技艺又经尔后的实践鉴别和发展，至今已成为许多酒厂生产名酒、美酒的宝贵科技遗产。

现存的最为翔实地记叙了两汉至魏晋、北朝时期中国北方、黄河中下游地区酿酒技艺的史籍，当属后魏贾思勰撰写的《齐民要术》。[4]《齐民要术》是我国现存最早、最完整、最系统的一部农书，也是世界科学文化宝库中的珍贵典籍之一。书中有 5 篇是论述制曲和酿酒的。贾思勰当时已清楚地认识到，制曲在酿酒工艺中的关键地位，所以在介绍诸种酿酒法时，必先介绍其相应的制曲法。《齐民要术》着重介绍了当时的 9 种酒曲。从原料来看，有 8 种用小麦，

---

① 晋·嵇含：《南方草木状》，《丛书·集成》初编，自然科学类，总第 1352 册。

② 唐·刘恂：《岭表录异》，见 1983 年广东人民出版社刊印，鲁迅校勘本，第 9～10 页。亦可参看《太平御览》卷 845，中华书局影印本第 3778 页。

③ 唐·房千里：《投荒杂录》，《说郛》（宛委山堂本）卷二十三；《古今说部丛书》四集。

④ 后魏·贾思勰：《齐民要术》，参看缪启愉校释本《齐民要术校释》，农业出版社，1982 年。

一种粟（汉以后，粟指今小米）。8种小麦曲中，有5种属神曲类，两种为笨曲类，一种为白醪曲。无论是神曲或笨曲，都被制成块状，都属于块曲。一般笨曲为大型方块，神曲为小型圆饼或方饼状。所谓"神"与笨，是神曲的酿酒效率远比笨曲强，而白醪曲介乎于二者之间。据《齐民要术》的记载大略计算，神曲类一斗曲杀米少则一石八斗，多至四石，即用曲量与原料米的比率为1∶18～1∶40，亦即用曲量占原料米的5.5%～2.5%；笨曲类一斗曲杀米仅六七斗，其比率为1∶6～1∶7，即用曲量占原料米的16.6%～14.3%；白醪曲一斗杀米一石一斗，占原料米的9.1%。从制曲原料来看，神曲的原料中有3种是以蒸、炒、生的小麦等量配合而成；一种是以蒸、炒小麦各为100，生小麦为115的比例配合而成；还有一种神曲原料，其中蒸、炒、生小麦的比例为6∶3∶1。白醪曲的原料是以蒸、炒、生小麦等量配合。两种笨曲则皆用炒过的小麦为原料。此外以粟为原料的粟曲，生粟与蒸粟之比为1∶2。这9种曲都没有单纯用生料。尽管小麦经过蒸、炒，有利于霉菌的繁殖，但是当时酿酒师对此似乎还缺乏明确的认识，以致由于蒸、炒加工，增加了工序的繁复，北宋以后，作麹反而大多只用生料了。

《齐民要术》所介绍的神曲制法，虽有多种，却是大同小异。下面仅举一种，以窥当时神曲制作技艺之一斑，亦足见其大略。

作三斛麦麹法：蒸、炒、生，各一斛。炒麦：黄，莫令焦。生麦：择治甚令精好。种各别磨。磨欲细。磨讫，合和之。

七月取中寅日，使童子著青衣，日未出时，面向杀地，汲水二十斛。勿令人泼水，水长亦可泻却，莫令人用。其和麹之时，面向杀地和之，令使绝强。团麹之人，皆是童子小儿，亦面向杀地，有污秽者不使。不得令人宰近。团麹，当日使讫，不得隔宿。屋用草屋，勿使瓦屋。地须净扫，不得秽恶；勿令湿。画地为阡陌，周成四巷。作"麹人"，各置巷中，假置"麹王"，王者五人。麹饼随阡比肩相布。

布讫，使主人家一人为主，莫令奴客为主。与"王"酒脯之法：湿"麹王"手中为碗，碗中盛酒、脯、汤饼。主人三偏读文，各再拜。

其房欲得板户，密泥涂之，勿令风入。至七日开，当处翻之，还令泥户。至二七日，聚麹，还令涂户，莫使风入。至三七日，出之，盛著瓮中，涂头。至四七日，穿孔，绳贯，日中曝，欲得使干，然后内之。其麹饼，手团二寸半，厚九分。[①]

其工序如下图所示：

由该文可见，制神曲中，除了要做好原料的选择、配比及加工外，还应注意：择时，七月取中寅日；取水，在日未出时，这时的水因尚未被人动过，一般较纯净清洁；选曲房，得在草屋，勿用瓦屋，因为草屋的密闭程度胜于瓦屋，便于保温、保湿、避风；地须净扫，不得秽恶。在制曲时，不得令杂人接近曲房。这些措施表明当时制曲已十分强调曲房的环境卫生和气温、湿度及用水的洁净，以利于霉菌的正常繁殖。制成的原料饼块要按行列比肩相布，即左右相挨近，又必须保持曲块之间有一定的空隙，以利于发酵热量的散发和霉菌的均匀生长。以后每隔七日，分别将曲块翻身、堆聚、盛著瓮中，直到四七（二十八）日，再穿孔、绳贯、日晒。这种对处于培菌过程的曲块调理是有一定道理的，其目的仍然是促使霉菌正常、均匀地繁殖，但是在很大程度上，还是听其自然繁殖。

---

① 见后魏·贾思勰原著，谬启愉校释：《齐民要术校释》第358～359页，农业出版社，1982年。

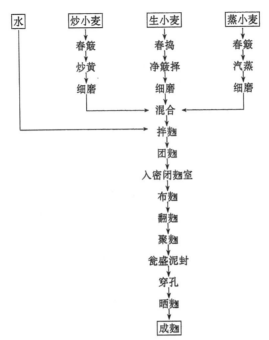

在贾思勰生活的那个时期，神曲大致代表了一批酿酒效能相对较强的酒曲。但这样的命名和分类还不是很严格。其后，在实践中，经过人们有意识地筛选和培殖霉菌，逐渐地使大多数酒曲都具有了较强的酿酒效能，所以神曲原有的权威性逐渐地消退，于是其含义发生了转变。唐代孙思邈的《千金要方》[①] 及其他一些医学著作中，"神"曲则已是指那些专门用于治病的酒曲了。明代宋应星在其《天工开物》中说："凡造神麴，所以入药，乃医家别于酒母者。法起唐时，其麴不通酿用也。"[②] 据此宋应星在"曲蘖"篇里专列一节讲此神曲。

笨曲即粗曲之意，是相对神曲而言，不仅其酿酒效能远较逊弱，而且块型较大，配料单纯，制曲时间也不强求在 7 月的中寅日，制作过程的要求也不像神曲那么严格，总之，较为粗放，故谓笨曲。例如《齐民要求》中介绍的"秦州春酒曲"（秦州在今甘肃天水、陇西、武山一带），其制法是：

> 七月作之，节气早者，望前作；节气晚者，望后作。用小麦不虫者，于大镬釜中炒之。炒法：钉大橛，以绳缓缚长柄匕匙著橛上，缓火微炒。其匕匙如挽棹法，连疾搅之，不得暂停，停则生熟不均。候麦香黄便出，不用过焦。然后簸择，治令净。磨不求细；细者，酒不断；粗，刚强难押。
>
> 预前数日刈艾，择去杂草，曝之令萎，勿使有水露气。溲麴欲刚，洒水欲均。初溲时，手搦不相著者佳。溲讫，聚置经宿，来晨熟捣，作木范之：令饼方一尺，厚二寸。使壮士熟踏之。饼成，刺作孔。竖槌，布艾椽上，卧麴饼艾上，以艾覆之。大率下艾欲厚，上艾稍薄。密闭窗、户。三七日麴成。打破，看饼内干燥，五色衣成，便出曝之；如饼中未燥，五色衣未成，更停三五日，然后出。反复日晒，令极干，然

① 见唐·孙思邈著：《备急千金要方》，江户医学影北宋本，1955 年人民卫生出版社影印。第 104 页中有神曲丸，主明目。

② 明·宋应星：《天工开物》卷十七，崇祯十年初刊本卷下，第 49 页。

后高厨上积之，此麹一斗，杀米七斗。①

由此可见，笨曲的制作在工艺过程上与神曲没什么差别，只是各工序粗放一些。但是其中有两点值得注意："磨不求细；细者酒不断；粗，刚强难押"。指的是粉碎曲料不求细，过细使酒液浑浊，不利压榨分离。这里讲的仅是曲料过细影响以后酒糟与酒液的分离，事实上曲粒过细，还会造成曲块过于粘结，水分不易蒸发，热量也难以散发，以致微生物繁殖时通风不良，培养后便容易引起酸败及发生烧曲现象，将会影响酒质；但若曲粒过粗，曲块中间隙大，水分既难以吃透，又容易蒸发散去，而热量也易散失，使曲坯过早干涸和裂口，影响有益微生物的繁殖。这一道理，当时的酿酒师并不明了，所以《齐民要术》虽认为将曲料的粉碎"唯细为良"，同时又要求捣到"可团便止"，并且是用手团而不是用脚踏，似乎也含有避免过粘的意思。第二点是要求对制成的曲"反复日晒，令极干"。这点的确也是很重要的。曲要晒得很干，并经过一定时间的存放后才能使用，其目的是使制曲时所繁殖的杂菌在长期干燥的环境中陆续死灭、淘汰，可提高曲的质量。

实际上，曲的质量不仅在于它能杀米多少，即酿酒效能，还在于它本身的菌种质量，也就是说好品种的曲才能酿出好酒，神曲酿出的酒未必一定是好酒；笨曲有时也能酿出好酒。例如当今一些著名的黄酒，其麦曲的用量与原料米的百分比都较高，例如：江苏丹阳特产甜黄酒为8％；山东即墨黄酒为13％；浙江绍兴酒约为15％。这些酒除用麦曲外，还要另加酒药或酒母。这些酒用曲量都较《齐民要术》的神曲指标高。由此可见，只以杀米量作为曲好坏的标准是不科学的，即神曲不一定较笨曲好。当然，贾思勰在书中并没有讲神曲较笨曲好，但是使读者极易产生这种误会。总之，这个意义上来说，将酒曲分成神曲、笨曲的分类原则（杀米多少）并不完全可取。所以在宋代《北山酒经》② 中就无"神曲"、"笨曲"的称谓了。

《齐民要求》中介绍的"白醪曲"按酿酒效能似乎介于神曲与笨曲之间；"方饼曲"接近于笨曲；"女曲"接近于神曲。"黄衣"、"黄蒸"都是散曲，贾思勰将它与蘖放在一起另成一篇，是因为黄衣、黄蒸当时主要是用于制豆豉、豆酱及酱曲，而非用于酿酒。蘖主要用于制糖。据缪启愉研究，《齐民要术》内的黄酒和黄酒酿造可分3大类：第一类，利用蒸、炒、生3种小麦混和配制的神曲及其神曲酒类，多是冬酒；白醪酒虽是夏酒，但其所用之曲也是蒸、炒、生3种小麦配制的，故列于神曲篇之后。第二类，单纯用炒小麦的笨曲及其笨曲酒类，多是春夏酒，曲的性能和酒的酿法都不同。"法酒"酿法虽异，但也用笨曲，并且也是春夏酒，故列于笨曲篇之后。第三类是用粟子为原料的白堕曲其及白堕酒。白堕曲属方饼曲，故附于法酒之后。③

宋代吴兴人朱肱所撰的《北山酒经》是继《齐民要术》之后的另一本关于制曲酿酒的专著（图7-3）。它总结了隋唐至北宋时期部分地区（主要是江南）制曲酿酒工艺的经验。全书分上中下篇3个部分。其中篇集中介绍了他所知道的当时13种酒曲的制法。根据制法的特点，朱肱将这13种曲分为罨曲、曝曲和风曲3类。所谓罨曲，即在曲室中，以麦茎、草叶等掩覆成曲饼发霉而成。它包括顿递祠祭曲、香泉曲、香桂曲、杏仁曲等。风曲不罨，而用植物叶子包裹，盛在纸袋中，挂在透风不见日处阴干。它包括瑶泉曲、金波曲、滑台曲、豆花曲等。

---

① 见《齐民要术校释》第387页。
② 宋·朱肱（翼中）撰：《北山酒经》，见《知不足斋丛书》。
③ 见《齐民要术校释》第412页。

酒經上　　　　　　枚菴漫士古歟堂祕册

大隱翁撰

酒之作尚矣儀狄作酒醪杜康秫酒以善釀
得名蓋抑始於此耶酒味甘辛大熱有毒雖可
忘憂然能作疾所謂腐腸爛胃潰髓蒸筋而劉
詞養生論酒所以醉人者麴蘖之故爾麴蘖
氣消皆化為水昔先王詰庶邦庶士無彝酒又
曰祀茲酒言天之命民作酒惟祀而已六彝有
舟所以戒其覆六尊有罍所以禁其淫陶侃劇

酒經上

飲亦自制其限後世以酒為漿不醉反恥豈知
百藥之長黃帝所以治疾耶大率晉人嗜酒孔
羣作書族人今年得秫七百斛不了麴蘖事王
忱三日不飲酒覺形神不復相親至於劉殷稽
阮之徒九不可一日無此要之酣放自肆託於
麴蘖以逃世網未必真得酒中趣爾古之所謂
得全於酒者正不如此是知狂藥自有妙理豈
特澆其磊磈者耶五斗先生棄官而歸耕於東
皋之野浪遊醉鄉沒身不返以謂結繩之政已

知不足齋叢書

图 7-3　《知不足斋丛书》刊本《北山酒经》

曝曲，先罨后风，罨的时间短，风的时间长。它包括玉友曲、白醪曲、小酒曲、真一曲、莲子曲等。在这 13 种曲中，有 5 种以小麦为原料，3 种用大米，4 种为米麦混合，1 种为麦、豆混合。除璐泉曲、莲子曲分别以 60% 和 40% 的熟料与生料掺合外，其余各曲皆用生料。在原料上除小麦外，增加了米，并采用米面合用，特别是麦豆的混合，在过去是少见的。在这 13 种曲中，也普遍地掺入了草药。少者一味，如真一曲、杏仁曲；一般为 4～9 味，最多的达到 16 种草药。对此朱肱议论说："曲之于黍，犹铅之于汞，阴阳相制，变化自然。《春秋纬》曰：麦，阴也；黍，阳也，先渍曲而投黍，是阳得阴而沸。后世曲有用药者，所以治疾也。曲用豆亦佳，神农氏赤小豆饮汁愈酒病。酒有热，得豆为良。"[1] 朱肱用阴阳说的观点来认识酿酒发酵的原理，包括曲中为什么加豆及草药。事实上，制曲中若仅用麦类，因其蛋白质含量少，而不利于微生物的生长。加入一定量的豆类，不仅增加粘着力，并增加了霉菌的营养；加入某些草药，客观上同样起了这种作用，而且能造就酒的某种风味。在曲中加入草药的另一原因大概是受到酿制滋补健身酒的启发，试图通过曲把某些草药的有效成分引入酒中，以达到强身健体的目的。

由于用料、配药更为多样，所以《北山酒经》所记载的制曲工序较之《齐民要术》更为复杂。曲类的增多，从一个角度表明制曲工艺在发展。地区环境、制曲时间的不同，制曲的配料和操作方法的差异，必然使各地生产的酒曲往往有不同的性能，酿制的酒很自然就带有地方的特色，这正是中国酒类丰富的原因所在。《北山酒经》在制曲篇中还未能细致地探讨这些问题。不久后，李保的《续北山酒经》所列的数十种酿酒法就此则作了补充说明。[2]

朱肱所介绍的制曲法中，有几点经验可谓制曲工艺的重要发展。《齐民要术》关于"和

---

① 见《北山酒经》卷上，《知不足斋丛书》本第 4 页。

② 宋·李保：《续北山酒经》，见《说郛三种》卷九十四，第 4296 页。

曲"要求"令使绝强"，即少加水，把曲料和得很硬，很匀透。有的曲要求"微刚"或仅下部"微涅涅"，但都没有说明标准的用水量。事实上，因为各类微生物对水分的要求是不相同的，所以制曲中控制曲料的水分是一个关键。如加水量过多，曲坯容易被压制过紧，不利于有益微生物向曲坯内部滋长，而表面则容易生长毛霉、黑曲霉等；另外，水量过多还会使曲坯升温快，易引起酸败细菌的大量繁殖，使原料受损失，并会降低成品曲的质量。当加水量过少时，曲坯不易粘合，造成散落过多，增加碎曲数量；并因曲坯干得过快，影响有益微生物的充分繁殖，也会影响成品曲的质量。所以一般制曲加水量在 40％左右。朱肱在书中指出："拌时须干湿得所，不可贪水，握得紧，扑得散，是其诀也。"① 欲达到溲曲的这一标准，大约需要在拌曲中加入 38％左右的水分。

朱肱在该书中第一次提出了判定曲的质量标准：作大曲"直须实踏，若虚则不中，造曲水多则糖心；水脉不匀，则心内青黑色；伤热则心红，伤冷则发不透而体重；唯是体轻，心内黄白，或上面有花衣，乃是好曲"。② 这一标准来自经验，是很科学的。若不实踏，势必出现曲坯内有空隙，水多则会在空隙中积水，有益微生物就不能正常生长，干燥后，该部呈灰褐色，曲质很差。"水脉不匀"即曲块干湿不匀，则断面常呈青黑色，曲的质量也不好。"伤热"是由于温度过高，曲块内出现被红霉菌侵蚀而产生的红心；"伤冷"则由于温度过低，霉菌在曲中没有充分繁殖，曲料中营养物质没有被利用而"体重"，这也是质量很差的曲。只有体轻，曲块内呈黄白色，面上有霉菌形成的花衣，才是好曲。对酒曲质量的判定，后人一直沿用这一标准。

（二）"接种"、"用酵"和"传酷"经验的取得

《齐民要术》在介绍"酿粟米炉酒"时说："大率米一石，杀，曲末一斗，春酒糟末一斗，粟米饭五斗。"③ 这里除原料米和粟米及酒曲外，还加入了一斗春酒酒糟的粉末。这显然不仅仅是酒糟的利用，更重要的是引入经过筛选出来的优良菌种。这段文字可以说是微生物连续接种的最早记载。虽然贾思勰仅把它当作经验记载下来，却反映了人们已不自觉地掌握了一项重要技术。在《北山酒经》中，朱肱在介绍玉友曲和白醪曲的制法时，都谈到了："以旧曲末逐个为衣"，"更以曲母遍身糁过为衣"。④ 这是明确而有意识地进行微生物传种接种的举措。这一介绍较之《齐民要术》的记载，不仅是方法上的进步，更重要的是表明这时利用接种已完成从无意识过渡到有意识的进步。正是这种传种的方法，使用于酿酒的霉菌经过鉴别和筛选，终于使我国现用的一些根霉具有特别强的糖化能力。这是 900 多年来，酿酒师世世代代人工连续选种、接种的结果，成为世人称颂的我国古代科技成就之一。

在《齐民要术》（卷九）中〈饼法〉里已提及作"饼酵法"，但是论述不充分。《北山酒经》则比较完整地记述了利用酵母和制作酵母以及"传酷"的方法。表明那时在利用曲蘖的同时，又已相当普遍地附加利用了酵母。其卷上指出："北人不用酵，只用刷案水，谓之信水，然信水非酵也。……凡醖不用酵，即难发酵，来迟则脚不正。只用正发酒醅最良，然则掉

---

① 宋·朱肱：《北山酒经》卷中，《知不足斋丛书》本卷中第 3 页。
② 同①第 2 页。
③ 见后魏·贾思勰原著，缪启愉校释：《齐民要术校释》第 393 页。
④ 宋·朱肱：《北山酒经》卷中，《知不足斋丛书》本卷中第 9～10 页。

（撇）取醅面，绞令稍干，和以曲蘖，挂于衡茅，谓之干酵。"① 在卷中又重复说："北人造酒不用酵（即酵母）。然冬月天寒，酒难得发，多撇了。所以要取醅面，正发醅为酵最妙。其法用酒瓮正发醅，撇取面上浮米糁，控干，用曲末拌令湿匀，透风阴干，谓之'干酵'。"并指出："用酵四时不同，须是体衬天气。天寒用汤（热水）发，天热用水（冷水）发，不在用酵多少也。不然只取正发酒醅二三勺拌和尤捷，酒人谓之传醅，免用酵也。"② 这里明确提出酿酒利用"酵"的必要性，并且指出"酵"可以从正在发酵的醪液表面撇取"浮米糁"，然后再将它"和以曲蘖"制成干酵，留待后用。这说明人们已意识到发酵酒化也可以由这种"正发酒醅"而引起，所以在这时，酿酒工艺过程中又增加了一个合酵的工序。这种制备干酵母的方法至迟应在北宋以前已经发明，而且是在南方发明的。

仅从以上的简单分析，显而易见，《北山酒经》所叙述的制曲技艺已明显高于《齐民要术》所反映的水平。同时也标志中国传统的制曲工艺及曲与酵母结合使用的经验已逐渐趋于成熟。

（三）"红曲"工艺的发明和改进

在唐宋时期，制曲技术中有一项重大成就，即红曲工艺的发明和红曲的使用。红曲又名丹曲，是一种经过发酵作用而得到的透心红的大米。它不仅可用于酿酒，还是烹饪食物的调味品，又是天然的食品染色剂，而且还是治疗腹泻的一种良药，有消食、活血、健脾的功效。

北宋初年陶谷所撰的《清异录》中已有红曲煮肉之句。③ 北宋大文豪苏轼的诗文中至少有两处提到了红曲。"剩与故人寻土物，腊糟红曲寄驼蹄"，"去年举君首藉盘，夜倾闽酒赤如丹"④。说明苏轼不仅饮过红曲酒，还吃过红曲加工的食品。清代文人王文浩在注释苏轼上述诗文时指出："李贺诗云：小糟酒滴真珠红。今闽、广间所酿酒，谓之红酒，其色始类胭脂。"⑤ 李贺是唐代诗人，如果他喝过的珠红酒确是红曲酒，那么红曲的发明和应用至少不晚于唐代。正如注释所说，红曲在清代仍主要在福建、广东及浙南、赣南一带使用，这与红曲的繁殖环境有关。红曲中的主要微生物是红曲霉，它生长缓慢，在自然界中很容易被繁殖迅速的其它霉菌所压制排挤，所以在一般情况下制曲，是很难促成红曲霉的大量繁殖。红曲霉的繁殖需要较高的温度，所以往往在一些曲块内部有时偶然能看到一些小红点，就是它。正如朱肱在《北山酒经》中所说的"伤热心红"。正因为红曲霉具有耐高温、耐酸、耐缺氧的特性，所以只是在较高温度下，在一些酸败的大米中，许多菌类不能正常生长，红曲霉却能迅速繁殖。福建、广东、浙江南部一带正好具备了红曲霉繁殖的自然环境，所以红曲的生产、应用首先出现在这些地区。这就不怪朱肱在《北山酒经》中没有详细地介绍红曲，因为他没有到过福建、广东，也没有生产红曲的实践或观察。据方心芳研究，他认为红曲是由乌衣曲逐步演化而来。乌衣曲是一种流行于福建一带的外黑内红的大米曲。由乌衣曲演进为红曲，也要经历很长一段时间的人工培养和筛选。⑥ 这一培养过程可能在唐代已经完成。

---

① 宋·朱肱：《北山酒经》卷上，《知不足斋丛书》本卷上第6页。
② 同①卷下，第9页。
③ 宋·陶谷：《清异录》，见《惜阴轩丛书》第13函；《说郛三种》（卷61）第953页，上海古籍出版社，1986年。
④ 宋·苏轼诗："八月十日夜看月有怀子由并崔度贤良"，见《苏轼诗集》（卷八）第375页，中华书局，1982年。
⑤ 唐·李贺诗："将进酒"，中华书局刊本《全唐诗》第6册卷393，第4434页，1960年。
⑥ 方心芳："曲蘖酿酒的起源和发展"，《科技史文集》第4辑，上海科技出版社，1980年。

现存文献中最早记载红曲生产工艺的是元代成书的《居家必用事类全书》。在其已集的酒曲类中有"造红曲法"，谓：

凡造红曲皆先造曲母。

造曲母：白糯米一斗，用上等好红曲二斤。先将秫米淘净，蒸熟作饭，用水升合如造酒法，搜和匀下瓮。冬七日；夏三日；春秋五日，不过酒熟为度。入盆中擂为稠糊相似，每粳米一斗只用此母二升，此一料母可造上等红曲一石五斗。

造红曲：白粳米一石五斗，水淘洗浸一宿。次日蒸作八分熟饭，分作十五处。每一处入上项曲二斤，用手如法搓操，要十分匀停了，共并作一堆，冬天以布帛物盖之，上用厚荐（草席）压定，下用草铺作底，全在此时看冷热。如热则烧坏了，若觉大热，便取去覆盖之物，摊开堆面，微觉温，便当急堆起，依元（原）覆盖；如温热得中，勿动。此一夜不可睡，常令照顾。次日日中时，分作三堆，过一时分作五堆，又过一、两时辰，却作一堆。又过一、两时分作十五堆。既分之后，稍觉不热，又并作一堆；候一两时辰觉热又分开，如此数次，第三日用大桶盛新汲井水，以竹箩盛曲作五六分浑蘸湿便提起，蘸尽又总作一堆。似（候）稍热依前散开，作十数处摊开，候三两时又并作一堆，一两时又撒开。第四日将曲分作五七处，装入箩，依上用井花水中蘸，其曲自浮不沉。如半浮半沉，再依前法堆起摊开一日，次日再入新汲水内蘸，自然尽浮。日中晒干，造酒用。①

由上述记载可见，采用熟料接种的方法，工艺上特别注意温度的控制。明代，红曲的生产得到进一步推广和发展。记录当时红曲生产技术较重要的著述有：成书可能在元末明初的，由吴继刻印的《墨娥小录》②、李时珍的《本草纲目》、宋应星的《天工开物》。

主要是辑录江浙一带事物的《墨娥小录》关于红曲的工艺记载如下：

造红曲方：无糠秕舂白粳米，水淘净浸过宿，翌日炊饭，用后项药米乘热打拌，上坞，或一周时或二周时，以热为度。测其热之得中，则准自身肌肉。开坞摊冷，……洒水打拌，聚起，候热摊开，至夜分开摊，第二日聚起，洒水打拌，再聚，热，即摊冷，又聚热，又摊，至夜分开摊。第三日下水，澄过，沥干，倒柳圈内，候收水，作热摊开冷，又聚热，又摊，至夜分开摊。第四日如第三日，第五日下水澄过，沥干，倒柳圈，候收水分，开薄。摊三、四次，若贪睡失误，以至发热，则坏矣。药：每米一石，用曲母四升，磨碎，海明砂一两、黄丹一两、无名异一两。滴醋一大碗，一处调和打拌。③

《本草纲目》的有关记载如下：

其法，白粳米一石五斗，水淘浸一宿，作饭，分作十五处，入曲母三斤，搓揉令匀，并作一处，以帛密覆。热即去帛摊开，觉温急堆起，又密覆。次日日中又作三堆，过一时分作五堆，再一时合作一堆，又过一时分作十五堆，稍温又作一堆，如此数次。第三日，用大桶盛新汲水，以竹箩盛曲作五六分，蘸湿完又作一堆，如前法作一次。第四日，如前又蘸。若曲半沉半浮，再依前法作一次。又蘸。若尽浮则

---

① 元·无名氏撰《居家必用事类全书》已集，台湾中文出版社影印日本宽文十三年（1673）松柏堂和刻本，第248页。
② 关于《墨娥小录》辑录考略可参看郭正谊："明代《墨娥小录》一书中的化学知识"，《化学通报》1978年第4期。
③ 见明·吴继刻印：《墨娥小录》卷三，1959年中国书店影印本卷三，第1～2页。

成矣。取出日干收之。其米过心者谓之生黄，入酒及酢醴中，鲜红可爱。未过心者不甚佳。入药以陈久者良。[①]

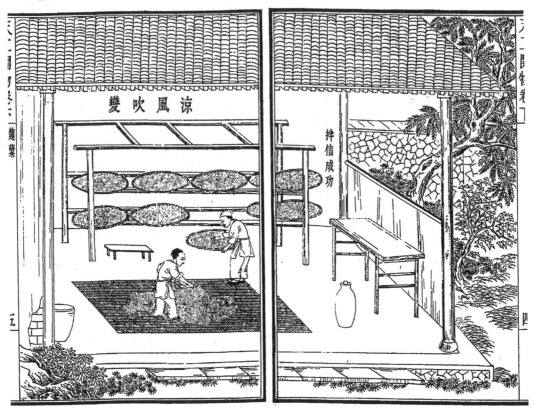

图 7-4　《天工开物》所载制丹曲图
(摘自《喜咏轩丛书》)

《天工开物》记载如下（并参看图 7-4）：

凡丹曲一种，法出近代。其义臭腐神奇，其法气精变化。世间鱼肉最朽腐物，而此物薄施涂抹，能固其质于炎暑之中，经历旬日，蛆蝇不敢近，色味不离初。盖奇药也。凡造法，用籼稻米。不拘早晚，舂杵极其精细，水浸一七日，其气臭恶不可闻，则取入长流河水漂净（必用山河流水，大江者不可用）。漂后恶臭犹不可解，入甑蒸饭则转成香气，其香芬甚。凡蒸此米成饭，初一蒸，半生即止，不及其熟。出离釜中，以冷水一沃，气冷再蒸，则令极熟矣。熟后，数石共积一堆拌信。凡曲信必用绝佳红酒糟为料，每糟一斗，入马蓼自然汁三升，明矾水和化。每曲饭一石，入信二斤，乘饭热时，数人捷手拌匀，初热拌至冷。候视曲信入饭，久复微温，则信至矣。凡饭拌信后，倾入箩内，过矾水一次，然后分散入篾盘，载架乘风后。此风力为政，水火无功。凡曲饭入盘，每盘约载五升。其屋室宜高大，妨（防）瓦上暑气侵逼。室面宜向南，妨（防）西晒。一个时中，翻拌约三次。候视者七日之中，即

---

① 明·李时珍：《本草纲目》卷二十五，1982 年人民卫生出版社刊本第 1547 页。

坐卧盘架之下，眠不敢安，中宵数起。其初时雪白色，经一二日成至黑色，黑转褐，褐转代赭，赭转红，红极复转微黄。目击风中变幻，名曰"生黄曲"。则其价与入物之力，皆倍于凡曲也。凡黑色转褐，褐转红，皆过水一度。红则不复入水。凡造此物，曲工盥手与洗净盘簟，皆令极洁。一毫滓秽，则败乃事也。[①]

由上述资料可见，当时红曲制造技术已很成熟，其中以宋应星的介绍最为翔实、科学。其中有三点尤其值得称道：①用绝佳红酒糟为曲信，表明作者强调了选好最佳的菌种作曲信。这是人工筛选菌种最常见的方法。②用明矾水来维持红曲生长环境所需的酸度，并抑制了杂菌的生长。这是一项惊人的创造。③采用分段加水法，把水份控制在既足以使红曲霉可钻入大米内部，但又不能多至使其在大米内部进行糖化和酒化作用，从而得到色红心实的红曲。这三点加上对温度的严格控制方法足以体现当时酒工的技巧和智慧。

（四）酿酒工艺的发展

《礼记·明堂位》说："夏后氏尚明水，殷尚醴，周尚酒。"[②] 这段话不见得很确切，但是它反映了一个基本事实：随着酿酒技术的提高和酿酒业的发展，人们的口味是向着提高醇度方向而变化。在战国时期，经过重复发酵所得的酎较受欢迎。《礼记·月令》谓："孟夏之月，天子饮酎。"可见天子饮用的是酎，足以表明它是当时最好的酒。宋玉的"楚辞·招魂"中也有"挫糟冻饮，酎清凉些"的话。[③] 在其他文献中，酎也较常出现，在一定程度上反映了酎的发展和受欢迎的程度。传为葛洪所撰《西京杂记》谓："汉制，宗庙八月饮酎，用九酝太牢，皇帝侍祠。以正月旦作酒，八月成，名曰酎，一曰九酝，一名醇酎。"[④] 这里所记的发酵时间达到了8个月，真若如此，不仅醇度由于多次重复发酵而高些，而且还可能是采用了固体醪发酵。

为了提高醇度，汉代时在酿制方法上有一项重要发展。东汉末年曹操为了讨汉献帝的欢心，以奏折的形式介绍了一种"九酝春酒法"，谓：

> 臣县故令南阳郭芝，有九酝春酒法。用曲三十斤，流水五石，腊月二日渍曲，正月冻解，用好稻米漉去曲滓，便酿法饮。曰，譬诸虫虽久多完，三日一酿，满九石米止。臣得法酿之，常善，其上清滓亦可饮。若以九酝苦难饮，增为十酿，差甘易饮，不病。[⑤]

"春酒"，指春酿酒。《四民月令》称正月所酿酒为"春酒"，十月所酿酒为"冬酒"。关于"九酝"，一种解释为原料分九批加入，依次发酵；另一种解释为原料分多批（至少三次）加入，依次发酵。《西京杂记》则认为"九酝"与"酎"是一样的酒。《说文解字》谓："酎，三重醇酒也。"清人段玉裁解释注说，酎为用酒代水再酿造两遍而酿成的酒。"十酿"是相对"九酝"而言的。由此可以认为曹操介绍的这种酿酒法，是在正月酿造，每酿一次，用水五石，用曲30斤，用米9石。三日一批，分几批加入，依次发酵。推算可知，用曲量是较少的，加入的曲主要作菌种用。由于曲中以根霉为主，能在发酵液中不断繁殖，将淀粉分解为麦芽糖，

① 见明·宋应星：《天工开物》卷十七，崇祯十年初刊本卷下，第49～50页。

② 《礼记·明堂位》，见世界书局发行《十三经注疏·礼记正义》卷三十一，参看第263页。

③ 宋玉："楚辞·招魂"，见宋·洪兴祖《楚辞补注》，中华书局，1983年。参看第209页。

④ 东晋·葛洪：《西京杂记》，见《笔记小记大观》第1册，参看卷第一，江苏广陵古籍刻印社，1983年。

⑤ 东汉·曹操："上九酝春酒法奏"，见胡山源编《古今酒事》第123～124页，上海书店，1987年。

酵母菌又将部分麦芽糖转变成乙醇。在整个发酵过程中，不仅用曲量少，而且只加了五石水，用水量也是很少的，可以认为发酵是接近于固体醪发酵。又是重酿，所以酿制出的酒当然比较醇酽，加上根霉糖化能力强，它较之酵母菌又能耐较高的醇度，从而使酒中能保留住部分糖分，故此酒带甜味。方法的最后一句是："若以九酘，苦难饮，增为十酿（投），甜易饮不病。"补充这点很重要，所谓酒"苦"，就像现在称谓的"乾"酒，如乾葡萄酒、乾啤酒，即酒中的糖分都充分地被转化为乙醇，无甜味，会觉得略苦。再投一次米，其中淀粉被根霉分解为糖，同时由于醪液已具有一定的乙醇浓度，抑制了酵母菌的发酵活力，已无法使新生成的糖分继续转化为乙醇，从而可使酒略带甜味。由此可见，在这种制酒法中，人们已掌握了利用根霉在酒度不断提高的环境中，仍能继续繁殖，产生糖化酶的特点，促使发酵醪的糖化能力高于酒化能力，终使酒液具有甜味。正是由于连续投料具有这种优点，所以在汉魏时期得到推广，在晋代已相当普遍。东晋炼丹家葛洪在《抱朴子内篇》中也说："犹一酘之酒，不可以方九酝之醇耳。"[①] 酘，按即投字，用于饮食酿造者。酘酒即将酒再酿之意。所以葛洪讲，只酿一次的酒在醇度上当然不能与九酝之酒相比。在晋代，酒的优劣是以投料多少次来判定的，以近代微生物工程知识来看，这种九酝春酒法可谓近代霉菌深层培养法的雏形。

《齐民要术》介绍了多达 40 种的酿酒法，它们分别被列在某种曲的下面，表示是使用该种曲酿造的。造酒法中大多包括以下内容，首先是关于曲的加工，如碎曲、浸曲，以淘米、用水等酿酒的准备工作，以下再具体介绍作某种酒的方法，工艺过程大同小异。所以下面只举"作三斛麦曲法"一例来作典型说明。

> 造酒法：全饼曲，晒经五日许，日三过以炊帚刷治之，绝令使净。若遇好日，可三日晒。然后细剉，布帆盛，高屋厨上晒经一日，莫使风土秽污。乃平量曲一斗，白中捣令碎。若浸曲一斗，与五升水。浸曲三日，如鱼眼汤沸，酘米。其米绝令精细。淘可二十徧（遍）。酒饭，人狗不令噉。淘米及炊釜中水，为酒之具有所洗浣者，悉用河水佳也。

> 若作秫、黍米酒，一斗曲，杀米二石一斗：第一酘米三斗；停一宿，酘米五斗；又停再宿，酘米一石；又停三宿，酘米三斗。其酒饭，欲得弱炊，炊如食饭法，舒使极冷，然后纳之。

> 若作糯米酒，一斗曲，杀米一石八斗。唯三过酘米毕。其炊饭法，直下馈，不须报蒸。其下馈法：出馈瓮中，取釜下沸汤浇之，仅没饭便止。[②]

其酿酒工序如下图：

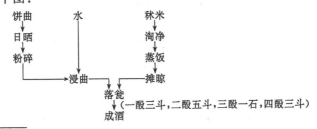

①　东晋·葛洪：《抱朴子内篇·金丹》，参看王明著《抱朴子内篇校释》第 72 页，中华书局，1985 年。

②　参看《齐民要术校释》第 358～360 页。

其他酿酒法的工序大致类同，基本工序是：①将曲晒干，去掉灰尘，处理得极干净。然后研碎成细粉。②浸曲三日，使曲中的霉菌和酵母菌恢复活力，并得到初步的繁殖。发酵作用中会逸出碳酸气，因而产生如鱼眼的气泡。到这时，此醪液可以投饭了。③一切用具必须清洁，避免带入污染物，用水也须洁净，最好是河水。④米要绝令精细，淘洗多遍。秫米、黍米的饭要炊得软熟些，糯米则可以不必蒸，而采用在釜中以沸水浇浸。投入发醪液的饭必须摊放凉后，才可下酘。⑤至于每次酘饭多少，什么时刻酘，要依"曲势"而定。曲势实际上指的是发醪液的发酵能力。即根据曲中糖化酶、酒化酶的活力而定。例如："造神曲黍米酒方：……气味虽正，沸未息者，曲势未尽，宜更酘之；不酘则酒味苦、薄矣。……"① 又例："神曲酒方"中讲："……第四、第五、第六酘，用米多少，皆候曲势强弱加减之，亦无定法。或再宿一酘，三宿一酘，无定准，惟须消化乃酘之。"② 古时酒工判断"曲势"主要依靠他们的操作经验。

贾思勰在他的著述中，进一步强调了酿酒的季节和酿酒用水。"春秋二时酿者，皆得过夏；然桑落时作者，乃胜于春。桑落时稍冷，初浸曲，与春同；及下酿，则茹瓮——止取微暖，勿太厚，太厚则伤热。春则不须，置瓮于砖上。"③ 他认为选择春秋两季酿酒皆好，尤其是桑树落叶的秋季，这时候天气已稍凉，酿造过程中不再存在降温问题，保持微温也较容易。选择酿酒季节，目的是便于酿酒过程的温度控制。关于冬季酿酒，环境温度低，不利于酵母菌的活动，需要采取加温和保温措施。为此贾思勰提出，天很冷时，酒瓮要用茅草或毛毡包裹，利用发酵所产生的热来维持适当的温度。当酿酒瓮中结冰时，要用一个瓦罐，灌上热水，外面再烧热，堵严瓮口，用绳将它吊进酒瓮以提高温度，促进发酵。这种加温的土办法很有趣，体现了酒工的智慧。关于夏季酿酒，则必须采取降温措施，例如把酒瓮浸在冷水中。我国酿酒历来重视水质，贾思勰对此也有很清楚的了解。他说："收水法，河水第一好；远河者取极甘井水，小咸则不佳。"④ 又说："作曲、浸曲、炊、酿，一切悉用河水。无手力之家，乃用甘井水耳。"⑤ 酿酒重视所用的水质是完全符合科学的。因为天然水中或多或少地溶解有多种无机和有机物质，并混杂有某些悬浮物，这些成分对于酿酒过程中的糖化速率、发酵正常与否及酒味的优劣都很有影响。例如水中氯化物如果含量适当，对微生物是一种养分，对酶无刺激作用，并能促进发酵。但含量多到使味觉感到咸苦时，则对微生物便有抑制作用了。所以要"极甘井水，小咸则不佳"。贾思勰所熟悉的黄河流域地下水一般含盐分较高，所以井水往往会带有咸苦味。当然也有少量的泉源井水，其盐分含量较低，味道淡如河水，通常称其为甘井水。一般河水虽然浮游生物较多，但其所含盐分是较低的。尤其是冬季，其中浮游生物也较少，所以冬季的河水可直接用于酿酒作业。其他季节则常用熟水，即煮沸过的冷水。总之，对酿酒用水的水源和水质必须加以慎重的选择和鉴别。贾思勰反复地强调了这点，正说明了他把握住了关键。

在《齐民要术》关于酿酒法的记载中，除对酿酒季节的分析、酿酒温度的控制、酿酒用水的选择外，还有几项技术要领也突出地反映了当时酿酒的工艺水平。①酿酒法大都采用分

① 参看缪启愉著《齐民要术校释》第361页。
② 同①第364页。
③ 同①第363页。
④ 参看缪启愉：《齐民要术校释》第363页。
⑤ 同①第366页。

批投料法，表明此法已经实践检验，被酿酒师普遍认可，的确是较好的酿酒方法。而这项经验发展的关键是对分批投料不是采取定时定量，而是根据曲势来确定。这就排除了曲本身质量或外部环境条件等因素对发酵过程所产生的影响。这显然是一个进步。②介绍了几种制酎酒的方法，接近于固态发酵。例如"稬米酎法"：

> 净治曲如上法。笨曲一斗，杀米六斗；神曲弥胜。用神曲者，随曲杀多少，以意消息。曲，捣作末，下绢篩（意同筛）。计六斗米，用水一斗。从酿多少，率以此加之。
>
> 米必须師（浅白色），净淘，水清乃止，即经宿浸置。明旦，碓捣作粉，稍稍箕簸，取细者如糕粉法。讫，以所量水煮少许稬粉作薄粥。自余粉悉于甑中干蒸，令气好馏，下之，摊令冷，以曲末和之，极令调均。粥温温如人体时，于瓮中和粉，痛抨使均柔，令相著；亦可椎打，如椎曲法。瓣破块，内著瓮中。盆合，泥封。裂则更泥，勿令漏气。
>
> 正月作，至五月大雨后，夜暂开看，有清中饮，还泥封。至七月，好熟。接饮，不押。三年停之，亦不动，一石米，不过一斗糟，悉著瓮底。酒尽出时，冰硬糟脆，欲似石灰。酒色似麻油，甚酽。先能饮好酒一斗者，唯禁得升半。饮三升，大醉。三升不浇，必死。①

这类"酎"的酿造过程中，加水很少，基本上属于固态发酵。发酵时间长达半年或半年以上，酒度较高，以至酒的颜色像麻油一般，浓酽味厚，放三年也不会变质。平时酒量在一斗者，饮此类酒则至多饮升半。这项酿酒工艺表明当时固体发酵又有了进步。近代山东即墨老酒的酿制方法与此相类似。③在用白醪曲酿制白醪的方法中提到了浸渍原料米以酸化米质。方法如下：

> 酿白醪法：取糯米一石，冷水净淘，漉出著瓮中，作鱼眼沸汤浸之。经一宿，米欲绝酢，炊作一馏饭，摊令绝冷。取鱼眼汤沃浸米泔二斗，煎取六升，著瓮中，以竹扫冲之，如茗渤。复取水六斗，细罗曲末一斗，合饭一时内瓮中，和搅令饭散。以毡物裹瓮，并口覆之。经宿米消，取生疏布漉出糟。别炊好糯米一斗作饭，热著酒中为汎，以单布覆瓮。经一宿，汎米消散，酒味备矣。若天冷，停三五日弥善。②

其酿酒工序如下页图所示：

由此可见，白醪是在夏季高温条件下，用白醪曲和原料米速酿而成。这是此酿酒法的一个特点。在此工艺中首次提到了浸渍原料米。浸米的一般目的在于使原料米淀粉颗粒的巨大分子链由于水化作用而展开，便于在常压下经短时间蒸煮能糊化透彻。但在此法中，浸米的目的更在于使米质酸化，并取用浸米的酸浆水作为酿酒的重要配料。酸浆可以调节发酵液的酸度，有利于酵母菌的繁殖，对杂菌还起抑制作用。这是用酸浸大米及酸浆调节发酵醪中酸碱度的最早记载。在该书下篇的"冬米明酒法"和"愈瘧酒法"中也采用了浸米的酸浆水。这种调酸的方法后来在南方许多地区的酿酒中被继承和推广。《北山酒经》就作了较详细的论述。④由于工艺操作不当，酒变酸是易发生的，为此贾思勰介绍了一种当时医治酒发酸的方法："治酒酢法：若十石米酒，炒三升小麦，令甚黑，以绛帛再重为袋，用盛之，周筑令硬如石，

---

① 参看缪启愉著：《齐民要术校释》第 391 页。

② 参看缪启愉《齐民要术校释》第 383 页。

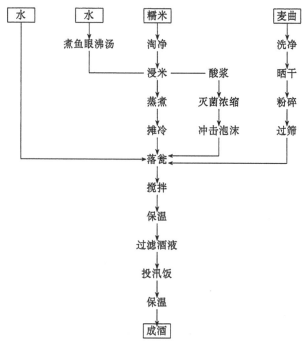

（摘自缪启愉《齐民要术校释》第386页）

安在瓮底。经二七日后，饮之，即迴。"①"迴"即指回复到好的味道。这方法客观上实际主要是利用了炭黑来吸附酒液中的乙酸（醋）成分。

　　贾思勰所收集的资料主要局限在黄河中下游地区，对于我国辽阔的疆域和多民族的文化，遗漏或不全面是肯定的，但是人们不能不承认《齐民要术》关于酿酒的记载，确实反映了汉晋时期中国酿酒技术所呈现的水平。

　　传统的酿酒技艺在唐宋时期的发展，北宋朱肱所著的《北山酒经》是一个集中的写照。《北山酒经》的下卷专论当时的酿造技术。朱肱将酿酒工序大致分为：卧浆、煎浆、汤米、蒸醋糜、酴米、蒸甜糜、投醹、上槽及煮酒等八个主要环节。此外在这些环节中穿插着"淘米"、"用曲"、"合酵"、"酒器"、"收酒"、"火迫酒"等辅助工作或操作。所谓"卧浆"是在三伏天，将小麦煮成粥，让其自然发酵成酸浆。"造酒最在浆，……大法，浆不酸，即不可醖酒"。因为酴米偷酸，全在于浆，卧浆中不得使用生水，以免引进杂菌。"煎浆"是对浆水的进一步加工，根据使用季节，用它来调节酸浆的浓度。古谚云："看米不如看曲，看曲不如看酒，看酒不如看浆。"说明了酸浆在酿酒中的重要作用。"淘米"包括对原料米的拣择和淘洗。该书对米的纯净度极为重视，方法也精细：

　　　　造酒，治糯为先，须令拣择不可有粳米。若旋（随时）拣，实为费力，要须自
　　　种糯谷，即全无粳米，免更拣择。……凡米，不从淘中取净，从拣中取净，缘水只
　　　去得尘土，不能去砂石、鼠粪之类。要须旋舂簸令洁白。走水一淘，大忌久浸，盖
　　　拣簸既净，则淘数少而浆入。但先倾米入箩，约度添水，用把子靠定箩唇，取力直
　　　下，不住手急打干，使水米运转，自然匀净，才水清即住。如此则米已洁净，亦无

――――――――――
　　① 参看缪启愉《齐民要述校释》第409页。

陈气。①

"汤米"则是用温热的酸浆浸泡淘洗过的大米。夏日浸 1～2 日，冬天浸 3～4 日，至米心酸，用手一捏便碎，即可漉出。"蒸醋糜"即是将已经酸浆浸泡过的汤米漉干，放在蒸甑中炊熟。另有所谓的"蒸甜糜"，不同于"蒸醋糜"，被炊熟的原料不是汤米，而是淘洗净的大米。"用曲"显然讲的是怎样正确地使用各种酒曲。②"合酵"中首先介绍了怎样制备干酵，然后再讲酵母的使用方法。"酴米"，即酒母。蒸米成糜后，将其摊开放凉，拌入曲酵，然后放入酒瓮中，让其发酵。"投醹"是指将甜糜根据曲势和气温，分批地加到发醪液中，直到酒熟。在整个过程中，酒器必须洗刷干净。还须检查和作好防渗漏的处理。"上槽"、"收酒"主要是利用适当的器具控制发酵过程的温度等条件，并将酒液从发醪液中压榨出来，二三日后再澄去渣脚。并要求在蜡纸封闭前，务在满装。"煮酒"、"火迫酒"皆是为了防止成品酒的酸败而进行的加热杀菌处理。

朱肱能把酿酒的技术依次有序地划列出来，并把每一操作要点讲解清晰，这在其他相关著作中是少见的。这一特点正体现了这部专著崇高的学术价值，使人们可以清晰、透彻地了解当时酿酒的全过程及每一工序的操作要领。若将朱肱所介绍的酿酒程序与近代绍兴黄酒的酿造方法相比较，不难发现它们是大致相近的。

根据《北山酒经》总结出的酿酒工艺，其流程可示意如下：

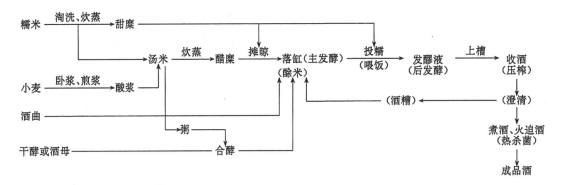

下面则是近代绍兴元红酒的酿造工艺程序：

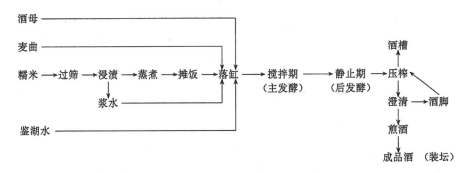

（录自《黄酒酿造》③）

---

① 见《知不足斋丛书》本《北山酒经》卷下第 2 页。

② 见《知不足斋丛书》本《北山酒经》卷下第 3 页及第 5～6 页。

③ 见徐洪顺、周嘉华："黄酒酿造"，黑龙江轻工业研究所出版《酿酒》（黄酒专利），第 69 页。

认真考察《北山酒经》还可以使我们了解到中国古代酿酒技艺的演进历程及朱肱对这些进步的总结。所以这部著作在酿造史的研究中也有重要意义。

《齐民要术》谓："用米亦无定方，准量曲势强弱。"[1]贾思勰在这里提出了曲势的概念，并指出用米的多少由曲势来定。《北山酒经》在"投醹"一段中则具体地发展和阐述了关于曲势的看法。朱肱认为：首先要选择最佳发酵状态的酒母及时投入原料中，不可不及，也不可过；其次还应根据酒母的状况来确定加料的量；第三，根据酒醅即发醪液上泛起的绿色浮沫的状况来确定是补酒曲还是添加饭；第四，要根据不同的季节情况来决定每次的投料量。季节不同，气温则不同，即酿酒的外部环境也不同。在《齐民要术》中，贾思勰极力推崇曹操所推荐的"九酝春酒法"，认为投料次数多为善。但是经过实践，北宋时的朱肱已认识到投料次数和量应根据曲势的状况来掌握，不见得非拘泥于投九次不可，所以在该时期，投料的次数一般在 2~4 次。

朱肱反复强调了酿酒过程中的调酸问题，指出："造酒最在浆，其浆不可才酸便用，须是味重，酴米偷酸，全在于浆。"又说："浆不酸即不可醖酒，盖造酒以浆为祖。"[2]所谓偷酸用现在的科学语言来说，即是通过添加适量的具有一定酸度的浆来调节发醪液的 pH 值，因酵母菌在一定酸性环境中才可以旺盛地繁殖，同时酸性的环境也抑制了某些杂菌的滋生。酸浆的标准不仅要酸，还要味重。鉴于调酸是酿酒过程中一项重要技术环节，所以他总结后指出："造酒看浆是大事，古谚云：'看米不如看曲，看曲不如看酒，看酒不如看浆。'"这项经验当时已成为民谚而在酿酒师间流传。

在调查研究中，朱肱还总结了酿酒过程中发醪液的口味变化："自酸之甘，自甘之辛，酒成焉。"[3]若用现代科学知识来理解，即调节好发醪液的酸度后，根霉菌将淀粉分解为麦芽糖，故酒醅变甜；继之酵母菌又将部分糖类转化为乙醇，故酒醅的辛辣味渐浓；当出现一定程度的辛辣味，即酒度后，酵母菌的繁殖受到抑制，酒化作用停顿下来，这时酒就作成了。朱肱能通过观察和品尝，把发酵的糖化阶段和酒化阶段划分开来，这在当时确属不易。此外，他还提出了判断酒已成熟的标帜："若醅面干如蜂窠眼子，拨扑有酒涌起，即是熟也。"[4]这时也应是发酵的旺盛阶段，冒出的气泡是酒化反应所产生的二氧化碳。

朱肱不仅总结了当时酿酒过程的实践经验，同时也对酿酒过程的机理进行了探讨："酒之名以甘辛为义。金木间隔，以土为媒，自酸之甘，自甘之辛，而酒成矣（原注：酴米所以要酸，投醹所以要甜）。所谓以土之甘，合水作酸，以水之酸，合土作辛，然后知投者所以作辛也。"[5]这段文字可以理解为酒之所以是酒是由于它含有甘、辛两味。金（辛）和木（酸）没有直接联系，通过土（甘）这一媒介却可以把它们联系起来。由酸（木）变甘（土），由甘（土）变辛（金），酒作成了。所以酴米要有酸浆，投醹要有甜味。土中种植出来的谷物，通过水可以作成酸浆，酸浆又可促成谷物变成辛味物质，明白这一道理，就可以作酒了。这里的土既表示土地，谷物滋长的地方，又可表示从土地里收获的谷物，所以甘代表甜味物质，（即稼穑作甘），辛代表酒味物质，酸即酸浆。由此朱肱的上述酿酒机理的表述可用下图示意：

① 参看缪启愉《齐民要术校释》第 393 页。
② 宋·朱肱：《北山酒经》卷下，《知不足斋丛书》本卷下，第 1 页。
③ 同①，卷上第 5 页。
④ 宋·朱肱：《北山酒经》卷下，《知不足斋丛书》本卷下第 14 页。
⑤ 同①卷上第 5 页。

现代酿酒理论关于酒精发酵机理的示意图如下：

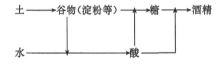

比较两者，可见它们基本一致。

此外朱肱还介绍了当时在酒的压榨过程中采取了防止酸败的措施和成品酒的热杀菌技术。这一技术比法国科学家巴斯德（L. Pasteur，1822～1895）发明的低温杀菌法早了700年。

通过对《北山酒经》的考察，特别是将它所叙述的酿酒工艺流程示意图与近代绍兴元红酒的酿造工艺程序相对照，可以认为黄酒的酿造技术在宋代已很成熟，黄酒酿造程序也基本定型。

比《北山酒经》稍早写成的《东坡酒经》是北宋大文豪苏轼的作品，是他根据实地考察和亲自实践而撰写的一部杂文。内容如下：

> 南方之珉，以糯与杭杂以卉药而为饼。嗅之香，嚼之辣，捣之枵，然而轻。此饼之良者也。吾始取面而起肥之，和之以姜汁，蒸之使十裂，绳穿而风庋之，愈久而益悍。此曲之精者也。米五斗为率，而五分之，为三斗者一，为五升者四。三斗者以酿，五升者以投，三投而止，尚有五升之赢也。始酿以四两之饼，而每投以三两之曲，皆泽以少水，足以解散而匀停也。酿者必瓮按而井泓之，三日而井溢，此吾酒之萌也。酒之始萌也，甚烈而微苦，盖三投而后平也。凡饼烈而曲和，投者必屡尝而增损之，以舌为权衡也。既溢之，三日乃投，九日三投，通十有五日而后定。乃注以斗水。凡水，必熟冷者也。凡酿与投，必寒之而后下，此炎州之令也。既水五日，乃筴得三斗有半，此吾酒之正也。先筴半日，取所谓赢者为粥，米一而水三之。操以饼曲，凡四两，二物并也。投之糟中，熟润而再酿之。五日压得斗有半，此吾酒之少劲者也。劲正合为五斗，又五日而饮，则和而力，严而猛也。筴不旋踵而粥投之，少留则糟枯，中风而酒病也。酿久者，酒醇而丰，速者反是，故吾酒三十日而成也。[①]

他以这简练的数百字，从制曲到酿酒都作了扼要、清晰的介绍。其要点是：①以糯与粳米杂以草药制成草曲（小曲）；②面粉和以姜汁等，制成酒曲（类似于朱肱所讲的"真一曲"）；③三斗米炊熟后，和以四两小曲、三两酒曲和少量水，装入瓮中，中间挖一"井坑"；④三日后瓮中井坑因发酵后产生醪液而满溢，表明此时发酵在激烈进行。口尝味有点苦。这时候可以投饭五升，三日后再投饭五升，九日三投，十五日完成投饭。然后再注入一斗水（必是熟冷水，酿与投饭都必放凉后再投）。再过五日，可以用酒笼漉取酒液三斗半；⑤利用漉后的酒糟，加上五升饭和三倍于饭的水及四两酒曲，再入瓮发酵，五日后，发醪液用酒笼漉取，再

———————————

　　① 宋·苏轼：《东坡酒经》，见清·王文浩辑注本《苏轼文集》第64卷，1986年中华书局刊本第1987页，亦可参看胡山源编《古今酒事》第21页。

得酒一斗半；⑥两次共漉得酒五斗，合在一起，放置五日就可以饮用了。其酿酒操作可示意如下：

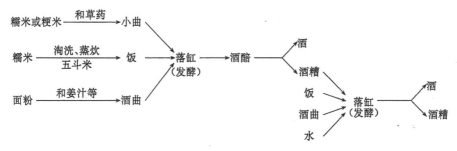

苏轼讲了在酿酒过程应注意的几点事项：①酒药（小曲）以"嗅之香、嚼之辣、揣之枵（空虚的意思），然而轻"者为良。这种判断酒药质量的办法是很科学和切实可行的。②"酒曲放置愈久而益悍"，这一认识也是有道理，《齐民要术》中就已强调要使用陈曲，因为在存放中大部分产酸细菌会死去。③"凡饼烈而曲和，投者必屡尝而增损之"，即在酒药、酒曲都很好的情况下，每次投饭都应先品尝酒醅，根据品尝的结果来确定投饭的量。④"凡水，必熟冷者"，这里明确要求所用的水，必须先煮沸后，放凉后再用，以免由水带入杂菌。⑤"凡酿与投，必寒之而后下"，这里指的是投饭应是在摊凉之后，和前面加水要求是凉开水一样，为的是酿酒过程的温度控制。

《东坡酒经》是对当时南方酿酒工艺的真实写照。所描述的方法与近代江浙一带黄酒的传统工艺也基本相近，产率也相差不远。这就再次表明黄酒酿造工艺在宋代已成熟定型。苏轼的这篇杂文可能是他在被流放岭南时写的，为的是向岭南人民介绍他所熟悉的黄酒酿造工艺，这里也暗示，当时的岭南可能由于自然环境的不同，酿酒的方法和所饮用的酒与当时中原地区和东南沿海一带不尽相同，工艺大概也较原始。

四　中国蒸馏酒的面市和发展及早期蒸酒器的探讨

当今人们习惯称那些以谷物粮食为原料而酿制的蒸馏酒为白酒。但实际上，绝大部分蒸馏酒的颜色并非白色，而是无色透明的，也有的蒸馏酒略带某种色调，例如茅台酒、武陵酒、龙滨酒都微带淡黄。所以白酒这一称谓并不贴切，只是时而久之，人们已习惯这种称呼，也就不必再推敲了。然而白酒这一名词，在史籍中早已出现过，例如长沙马王堆一号汉墓出土的"遗策"中就有"白酒二资"之竹简；[①] 东汉郑玄注释《周礼》中的"昔酒"时说："今之酋久白酒，所谓归醳者也。"[②]《齐民要术》中则有"河东颐白酒法"。[③] 唐宋时期的诗词文献中，白酒这一名词的出现就更多了。这些文献所言的白酒是不是今天我们所指的白酒呢？可以肯定地说，绝大部分不是，只有极少数的尚待进一步研究，有可能是。

①　湖南省博物馆、社科院考古所编，长沙马王堆一号汉墓（上集），第139页，文物出版社，1973年。
②　《周礼·天官冢宰》，1935年国学整理出版社，《十三经注疏·周礼注疏》卷五，第31页。
③　后魏·贾思勰原著，缪启愉校释，《齐民要术校释》卷66第389页，农业出版社，1982年。

（一）关于蒸馏酒（白酒）起源的几种观点

关于蒸馏酒在中国发明、生产的起始年代，一直是学术界长期争论的问题。目前仍没有完全一致的定论，大致有以下几种观点。长期以来较流行的观点是：白酒起始于元代。提出这一观点，并最具影响的是明代嘉靖中撰著《本草纲目》的作者李时珍。他写道："烧酒，非古法也，自元时始创其法，用浓酒和糟入甑，蒸令气上，用器承取滴露。凡酸坏之酒，皆可蒸烧。近时惟以糯米或粳米或黍或秫或大麦蒸熟，和曲酿瓮中七日，以甑蒸取。其清如水，味极浓烈，盖酒露也。"他又说："烧酒，纯阳毒物也。面有细花者为真。与火同性，得火即燃，同乎焰硝。北人四时饮之，南人止暑月饮之。其味辛甘，升扬发散；其气燥热，胜湿祛寒。……"[①] 这里不仅指出烧酒自元时始创，还清楚讲述了烧酒的原料和制法、烧酒的性质和饮用的医用疗效及利弊。立论清楚，所以为后来的许多学者所赞同。第二个观点是始自宋代。早在 1927 年，曹元宇依据宋人苏舜钦的诗句"苦无蒸酒可沾巾"，说："蒸酒，其烧酒乎？"而认为："宋时已知有烧酒矣。"[②] 致力于研究中国食品史的日本学者篠田统在 1976 年又根据宋代田锡在《曲本草》中有如下记载："暹罗酒，以烧酒复烧二次，入珍贵异香。每坛一个，用檀香十数斤，烧烟熏令如漆。然后入酒。蜡封，埋土中二三年，绝去火气，取出用之。有人携之至舶，能饮之人三四杯即醉。有疾病者饮一二杯即愈，且杀虫。予亲见二人饮此酒，打下活虫二寸许，谓之鞋底鱼蛊。"认为这种经"复烧二次"的酒当为蒸馏酒。不过田锡所言是"暹罗酒"（按暹罗即今泰国），中国当时是否有这种酒，有人推测也可能有类似的蒸馏酒。篠田统又提到苏轼《物类相感志》中的一段文字："酒中火焰，以青布拂之自灭。"[③] 认为这种能燃烧的酒也应该是烧酒，即蒸馏酒。还有人提出南宋人宋慈的法医学著作《洗冤集录》中，有五处提到烧酒：卷一"白僵"中有"别以净水一锅，入烧酒一斤，煮白布二方，俟尸软，抬至平处，细细拭净，其伤即见"的话，卷三"尸伤杂记"中有"烧酒醉死者，牙齿动摇欲落，尸软弱不硬，口鼻间有血水流出。烧酒不可以锡器盛炖及过宿，倘为日稍久，饮之则能杀人，其人之面多青暗"的话；卷四"急救方"中有"治蛇虫伤"者，谓："令人口含米醋或烧酒吮伤，以吸拔其毒，随吮随吐，随换酒醋再吮。"卷五"附刊检骨骼"中列有："烧酒、酒糟、米醋、陈酒等物为检骨时应备之物。"卷五"附刊石香秘录"的"检验"项下又有"以烧酒同醋调和噀于上"等等。[④] 这些文字不仅表明宋代已有"烧酒"的称谓（但应指出，唐宋时烧酒的"烧"字，含意与今不完全相同），而且已应用于法医。而 1975 年在河北青龙县发现的一套金代以前之铜制蒸馏器被许多人认为是宋代已能生产烧酒的最有力的证据。[⑤] 第三种观点是烧酒始自唐代。袁翰青持这一观点，[⑥] 其根据是唐代的一些诗文。例如白居易有"荔枝新熟鸡冠色，烧酒初开琥珀香"[⑦] 的诗句；李商隐有"歌从雍门学，酒是蜀城烧"[⑧] 的诗句。雍陶有

---

① 明·李时珍：《本草纲目》卷二十五，人民卫生出版社，第 1567 页，1982 年。

② 曹元宇，中国作酒化学史料，学艺，8（6），1927 年。

③ 宋·苏轼：《物类相感志》，《说郛三种》卷 22，第 1076 页，上海古籍出版社，1988 年。

④ 包启安，白酒的起源及蒸馏的演进，中国白酒协会会刊，1992 年第 5 期。

⑤ 方心芳，关于中国蒸馏酒器的起源，自然科学史研究，6（2），1987，第 131~134 页。

⑥ 袁翰青："酿酒在我国的起源和发展"，见袁氏著中国化学史论文集第 96 页，三联书店，1956 年。

⑦ 唐·白居易《长庆集》卷 18，"荔枝楼对酒诗"。

⑧ 唐·李商隐："碧瓦"，见《全唐诗》卷 539，中华书局印本第八册总第 6158 页，1979 年。

"自到成都烧酒熟，不思身更入长安"[①] 的诗句。唐人李肇在其《国史补》中讲到："酒则有剑南之烧春。"[②] 宋代窦苹在其《酒谱》的"酒之名"中也说："唐人言酒之美者有鄂之富水、荥阳土窟、富春石冻春、剑南烧春、河东乾和……"[③] 唐代人喜欢命名酒为××春，故此有人推测烧春应是一种烧酒。另外李时珍在其《本草纲目》的"葡萄酒"条下写道："葡萄酒有二样：酿成者味佳，有如烧酒法者有大毒。酿者，取汁同曲，如常酿糯米饭法。无汁，用干葡萄末亦可。魏文帝所谓葡萄酿酒，甘于曲米，醉而易醒者也。烧者，取葡萄数十斤，同大曲酿酢，取入甑蒸之，以器承其滴露，红色可爱。古者西域造之，唐时破高昌，始得其法。"[④] 如果葡萄酒酿造有如烧酒法，即"入甑蒸之，以器承其滴露"，应是今白兰地一类的蒸馏酒。李时珍讲唐时破高昌始得其法。如果确实，那么这是唐代已有蒸馏酒的又一证据。第四种观点是蒸馏酒始自东汉。1981 年上海博物馆马承源在第三届考古学年会上宣读了一篇题为"汉代青铜蒸馏器的考查和实验"的论文。[⑤] 据此，上海社科院历史研究所吴德铎于 1986 年 5 月在澳大利亚举行的第四届中国科技史国际学术讨论会上通报了在中国东汉已利用蒸馏器制酒的发现。并在 1988 年发表文章，认为蒸馏酒在东汉已有。[⑥] 他所持中国蒸馏酒始于东汉的观点逐渐为科技史界所注目。1987 年，四川博物馆王有鹏依据四川彭县、新都县出土的东汉酿酒画像砖表示赞同烧酒始于东汉的观点。[⑦]

以上各种观点及其论证究竟如何？哪一种观点更符合历史的客观实际，有必要作一番深入细致的考察和辨析。

（二）白酒起源的史料试析

李时珍在《本草纲目》中关于烧酒的论述，仅就上文所摘引的内容可以归纳为五点：①中国蒸馏酒自元始创。②其法为用浓酒和糟，或用酸坏之酒，或采用糯米、硬米、黍、秫及大麦蒸熟后和曲于瓮中酿 7 日成酒，分别以甑蒸取。即前者以发醪液蒸取；中者以液态的酸坏之酒蒸取；后者以固态的发酵醅蒸取。③原料的多样也表明蒸馏酒的生产已有一段发展的历史。④烧酒与火同性，触火即能燃，这是烧酒的特性，表明酒的乙醇含量应在 40 度以上，否则难以得火即燃；⑤北人四时饮之，南人止暑月饮之，表明南北方都已饮用烧酒，那么烧酒的生产在南北方都已普及。从以上五点，可以确认李时珍讲的烧酒肯定是高酒度的蒸馏酒。在明代烧酒的饮用和生产都已得到普及和一定的发展。须要讨论的问题则在于李时珍是怎样得出"自元时始创其法"的结论？这种说法是否准确？

李时珍在烧酒的"释名"条下，举出了烧酒的两个异名。一是来自《本草纲目》自引的"火酒"，其名主要根据它得火即能燃烧的特性，既客观又形象；二是采自《饮膳正要》的"阿剌吉"。《饮膳正要》是元代蒙族学者忽思慧为蒙古统治者提供的一份营养食品的参考资料，

---

① 唐·雍陶："到蜀后记途中经历"，《全唐诗》卷 518，中华书局刊本第 8 册总第 5915 页，1979 年。

② 唐·李肇：《国史补》卷下，见《津逮秘书》第 10 集，《学津讨原》第 8 集。

③ 宋·窦苹《酒谱》，见《说郛三种》卷六十六，上海古籍出版社刊本第 995 页，1988 年。

④ 明·李时珍《本草纲目》卷二十五，人民卫生出版社校订本第 1568 页，1982 年。

⑤ 马承源"汉代青铜蒸馏器的考查和实验"，参看王有鹏"我国蒸馏酒起源于东汉说"一文。

⑥ 上海文汇报，1988 年 5 月 28 日。

⑦ 王有鹏，我国蒸馏酒起源于东汉说，火的性格、水的外形——中国酒文化研究文集第 19 页，广东人民出版社，1987 年。

于元天历三年（1330）刊印。书中关于"阿剌吉"是这样介绍的："阿剌吉酒，味甘辣，大热，有大毒，主消冷坚积去寒气，用好酒蒸熬取露成阿剌吉。"[1] 这里只讲了酒的性能和制法，并没有讲这种酒始于何时，也没有讲是从那里传入抑或中国早已有之。在忽思慧的眼里，阿剌吉并不新奇，所以才写得这么平淡、简练。从这段文字至少可以判明，忽思慧没有说过"烧酒自元始创"。那么"烧酒，非古法，自元时始创"这句话可能是李时珍自己的观点。为了作进一步分析，必须对阿剌吉这一名词作一些考察。

阿剌吉这一外来语词，从目前的资料来看，可能是元代人首先采用的。袁翰青认为阿剌吉是东南亚 Arrack 一语的音译，指的是利用棕榈汁和稻米合酿而成的一种蒸馏酒。[2] 黄时鉴、吴德铎等认为袁氏的说法并不妥贴，因为言"东南亚"，在地域概念上是不够明确的。他们认为阿剌吉源于阿拉伯语之 Araq。马来语称烧酒为 Araq，其词就源自阿拉伯语本身；波斯语也称烧酒为 Araq，同样源于阿拉伯语。在元朝，与波斯诸国的交往很密切，所以 Araq 作为波斯语传入是很自然的。[3] 人们采用音译而产生"阿剌吉"一词也是正常的，所以在蒙古语中"阿剌吉酒"是类似于原从波斯传入的那种蒸馏酒。

吴德铎认为阿剌吉是个早已风行的阿拉伯语，它是汗的同义词，本来指树汁，后来发展成用植物汁液发酵成的酒，再进一步就成为一切用当地原料所酿制之酒的总称。它既指酿造酒，又指蒸馏酒，没有严格的界限。假若指果汁酿制的酒，例如椰酒，则早在南北朝的史书中就有记载，以后的记载就更多了。[4] 直到宋代，对 Arrack 或 Araq 都是采用意译的方法，所以象椰酒一类的外来酒早已为人们所了解。忽思慧采用音译，"阿剌吉"就使人感到很生疏了，也很好奇，从而留下很深的印象。采用音译，可能会因译者的口音不同，译名也会不一样。但《饮膳正要》所言"阿剌吉"酒既明确言"用好酒蒸熬取露成"，则可肯定为蒸馏酒，并不像吴氏所言既可为酿造酒又可指蒸馏酒，语意不明。

元代至正四年朱德润所写"轧赖机酒赋"的序中谓："至正甲申冬，推官冯时可惠以轧赖机酒，命仆赋之，盖译语谓重酿酒也。"在赋中写道：

  ……法酒人之佳制，造重酿之良方，名曰轧赖机，而色如酊。贮以扎索麻，而气微香。卑洞庭之黄柑，陋列肆之瓜姜。笑灰滓之采石，薄泥封之东阳。观其酿器，扃钥之机。酒候温凉之殊甑，一器而两圈铛，外环而中洼，中实以酒，乃械合之无余。少焉，火炽既盛，鼎沸为汤。包混沌于郁蒸，鼓元气于中央。薰陶渐渍，凝结为炀。潏渤若云蒸而雨滴，霏微如雾融而露热。中涵既竭于连燆，顶溜咸漓于四旁。乃泻之以金盘，盛之以瑶樽。……[5]

赋中介绍的轧赖机应是烧酒。朱德润认为它属重酿酒，色如酊，即酒度较高。从赋中介绍的酿器和工艺看，可以确认轧赖机是一种蒸馏酒。由于这是作赋，故描述中带有浓烈的文学色彩，不可能描述得很具体。

在《饮膳正要》成书之前 30 年，即元大德五年（1301）编成的《居家必用事类全集》中有一段关于南蕃烧酒法的记载"南蕃烧酒法（番名阿里乞）"：

---

① 元·忽思慧：《饮膳正要》卷 3，中国书店据上海涵芬楼本影印，1985 年。
② 袁翰青，酿酒在我国的起源和发展，中国化学史论文集，第 95 页，三联书店。
③ 黄时鉴，阿剌吉与中国烧酒的起始，文史，第 31 辑，1988 年。
④ 吴德铎，阿剌吉与蒸馏酒，辉煌的世界酒文化，第 109 页，成都出版社，1993 年。
⑤ 元·朱德润："轧赖机酒赋"，见《存复斋文集》卷三页 6 下，《四部丛刊续编》第 46 函。

　　　　右件不拘酸甜淡薄，一切味不正之酒，装八分一甏，上斜放一空甏（瓮），二口相对。先于空甏边穴一窍，安以竹管作嘴，下再安一空甏，其口盛（承）住上竹嘴子。向二甏口边，以白磁碗碟片遮掩，令密。或瓦片亦可。以纸筋捣石灰厚封四指。入新大缸内坐定，以纸灰实满，灰内埋烧熟硬木炭火二三斤许，下于甏边。令甏内酒沸，其汗腾上空甏中，就空甏中竹管内部却溜下所盛（承）空甏内。其色甚白，与清水无异。酸者味辛，甜淡者味甘。可得三分之一好酒。此法腊煮等酒皆可烧。①

　　这段文字较清楚地介绍了当时的一种制造烧酒的器具装置及工艺。与《饮膳正要》讲的有所不同：①它直接称烧酒，并冠以南蕃，当传自中国南部或东南亚；②它的番名为阿里乞，而非阿剌吉。阿里乞和阿剌吉是否指同一类蒸馏酒呢？还可进一步研究讨论。《居家必用事类全集》是一种民间日用百科小全书，其初刊本为大德五年。黄时鉴指出上面引用的资料来自明代的司礼监刻本，对于初刊本是否已有此段"南蕃烧酒法"应持慎审的保留。②但这项质疑又嫌缺乏根据。

　　与朱德润同时代的文人许有壬（卒于1364）在"咏酒露次解恕斋韵·序"中写道："世以水火鼎炼酒取露，气烈而清，秋空沉瀣不过也。虽败酒亦可为。其法出西域，由尚方达贵家，今汗漫天下矣。译曰阿剌吉云。"③许有壬称蒸馏酒为酒露，也译曰阿剌吉。酿制方法是以水火鼎炼酒取露，败酒亦可作原料。他认为此法来自西域。首先在宫廷和达官贵族家由权贵所享受，后来流传到民间，于是"汗漫天下"。

　　元人熊梦祥在其《析津志》中也说："葡萄酒，……复有取此酒烧作哈剌吉，尤毒人。"又谓："枣酒，京南真定为之，仍用些少曲蘖，烧作哈剌吉，微烟气甚甘，能饱人。"④这里补充了一点：枣酒也能烧作哈剌吉。

　　明初叶子奇在其《草木子》的"杂制篇"中写道："法酒，用器烧酒之精液取之，名曰哈剌基。酒极浓烈，其清如水，盖酒露也。……盖葡萄酒之精液也，饮之则令人透液而死。二三年宿葡萄酒，饮之有大毒，亦令人死。此皆元朝之法酒，古无有也。"又谓："葡萄酒答剌吉自元朝始。"⑤在这段文字里，叶子奇称蒸馏酒为酒露，又名哈剌基。他说这种哈剌基是元朝之法酒。所谓法酒，即按法定规格酿造的酒，亦称"官法酒"或"官酝"。元朝把哈剌基视为法酒，可见哈剌基受到元朝官廷的重视。我们通常所讲的烧酒，大多是以粮食为原料酿制而成的。而叶子奇这段文字所介绍的，却是由葡萄酒蒸馏制成哈剌基。这种哈剌基在今天通常称为白兰地。叶子奇还明确讲葡萄酒答剌吉自元朝始。

　　比李时珍稍后仅百年的方以智，在他所著的《通雅》中写道："阿剌吉酒，烧酒也。《饮膳正要》：'烧酒之法，自元始有。'无功引：'暹逻国以烧酒复烧，入异香，二三年，人饮三杯即醉。……'宋·窦苹《酒谱》有'榾酒烧春'，升庵特赏烧春之名，余谓是烧酒耳。"⑥在这里，他所言《饮膳正要》烧酒法是专指葡萄烧酒。所以他同意叶子奇的说法，而对李时珍

　　①　《居家必用事类全书》，书目文献出版社据朝鲜刻本影印，第141页。

　　②　黄时鉴，阿剌吉与中国烧酒的起始，文史第31辑，中华书局，1988年。

　　③　元·许有壬：《至正集》卷16，页27上，见《文渊阁四库全书》集部总1211册，台湾商务印书馆，1986年。

　　④　北京图书馆善本组辑，析津志辑佚，第239页，北京古籍出版社，1983年。

　　⑤　明·叶子奇：《草木子》卷3（下），中华书局，1959年。

　　⑥　明·方以智：《通雅》卷39，《文渊阁四库全书》第857册，第743页；又见侯外庐主编《方以智全书》第一册《通雅》第1179页，上海古籍出版社，1988年。

的说法持疑惑态度。由此可见,"烧酒始于元朝"的说法,虽然在明代为某些人所支持,但并没有成为定论。到了清朝,烧酒有了发展,认识也有发展。清人檀萃(1724～1801)所著的《滇海虞衡志》谓:"……盖烧酒名酒露,元初始入中国,中国人无处不饮乎烧酒,见黄酒反攒眉。……"① 他明确地赞同李时珍的观点,同时表示在清代中期,烧酒已遍及大江南北。另一清代文人梁章巨在其《浪迹续谈》中说:"烧酒之名,古无所考,始见白香山(白居易)诗,'烧酒初开琥珀',则系赤色,非如今之白酒也。元人谓之汗酒,李宗表称阿剌吉酒,作诗云:'年深始得汗酒法',以一当十味且浓,则真今之烧酒矣。今人谓之气酒,即汗酒也。今各地皆有烧酒,而以高粱所酿为最正。北方之沛酒、潞酒、汾酒,皆高粱所为。而水味不同,酒力亦因之各判。"② 他指出白居易所说的烧酒非今之烧酒,重申烧酒始创于元朝。这两段文字可以反映出清代人对于烧酒起始的看法,他们大多数是赞同李时珍的观点。

　　分析以上资料,笔者认为:①在元朝,阿剌吉、轧赖机、哈剌基、答剌吉、哈剌吉都是指蒸馏酒。尽管名称文字不同,读音相近,都是对阿剌吉类型的蒸馏酒之不同译写。同时这些译写也表明蒸馏酒的烧制方法主要是由国外传入,人们对它较生疏,一时找不到适当的词,故采用音译。酒露、汗酒、烧酒也都是指蒸馏酒,它们是当时人们对蒸馏酒最初的意译。到了明代,烧酒一词才逐渐流行起来。②在元代,蒸馏酒至少有两类:一类是从西域传入的,由葡萄酒烧制的蒸馏酒,即今日白兰地类型的蒸馏酒,另一类是由粮食发酵原汁酒或酸败之粮食发酵酒经烧取而得的蒸馏酒,即后来所称的烧酒。此外,还有以枣酒、椰酒等果酒烧制的蒸馏酒。其中用葡萄酒烧制者,极浓烈,尤毒人,饮之则令人透液而死。用枣酒烧制者,'微烟气,甚甘,能饱人'。用酸酒烧制者,味辛,用甜酒烧制者味甘。元代尊奉蒸馏酒为法酒,尤以葡萄酒烧制的阿剌吉最为名贵。③制取蒸馏酒,有水火鼎、殊甑、联鬵等多种蒸馏装置。水火鼎无疑源于炼丹家的炼丹房,经改制而成;殊甑之殊表示较特殊,过去没有见过。联鬵的装置虽较简陋粗放,但也较大众化。蒸馏装置的多样化,则表示蒸馏酒的烧制已有一段发展。仔细考查文献可以发现,元代蒸馏酒的制取基本上采用液态的酒醅,即由各种液态的成品酒来蒸馏,至今尚未发现那时的著作中有象李时珍所介绍的、采用固态或半液态酒醅的烧酒法。这表示蒸馏酒的烧制,元代仍处于初期的发展阶段。④在元代,阿剌吉被奉为法酒,这种酒的烧制获得了官方的赞许,因此推广普及较快,很快就由达官贵人家推向民间,并且逐步形成汗漫天下的局面。假若仅用葡萄酒蒸馏阿剌吉,由于受自然条件的局限,不可能发展这么快,所以当是普遍采用粮食发酵原汁酒来作为原料,烧酒才能有迅速的发展。⑤谓"阿剌吉始于元朝",这不是元朝人所讲的,而是明代人所说。明初叶子奇说得很有分寸,他说:"葡萄酒阿剌吉自元朝始。"叶作为元末明初与刘基、宋濂齐名的浙江著名学者,加上他对元朝的掌故十分熟悉,所以他的看法是可信的。到了李时珍,他把《饮膳正要》中葡萄烧酒概括为一切烧酒,于是说:"烧酒,非古法也。自元时始创。"于是清代的众多人都认为烧酒之法始创于元代,当时中国不仅已生产蒸馏酒,并已在相当地域内得到推广和发展。以葡萄烧制的阿剌吉则是从西亚通过西域传进来,人们对这种蒸馏酒的认识的确始于元朝,它的传入在中国酿酒发展史上起了一个里程碑的作用,所以认为元代已生产烧酒的论断是充分的,无可争议的。但谓烧酒创于元代的说法则根据不足。

----

① 清·檀萃:《滇海虞衡志》"志酒第四",商务印书馆《丛书集成》初编·史地类,总第3023册。参看其27页。
② 清·梁章巨:《浪迹续谈》卷四第5页。《笔记小说大观》第33册第144页,江苏广陵古籍刻印社,1984年。

让我们再看看"宋代已有烧酒"的有关论证。

关于宋代田锡（940～1003）著《曲本草》之事，已有学者提出质疑。刘广定列举了以下5点：①《宋史》（卷293）有田锡的传记，没有他去过南海的记载，也没有说他曾写过《曲本草》；②《宋史》卷205和卷207的《艺文志》里并没有《曲本草》一书；③四库全书集部有田锡著的《咸平集》30卷，以及范仲淹为他写的墓志铭、司马光替他写的神道碑文，也都未提及《曲本草》或他游南海诸国的事；④两宋人的笔记里，也未见过有关《曲本草》的论述；⑤最重要的是宋代并没有"暹罗"这名称。暹罗古称"赤土国"，隋炀帝大业三年（670）始通中国。唐及宋初仍称"赤土"。直到宋代，双方似仍无往来，故《宋史》中不见著录。《元史》中有元成宗大德三年及四年（1299、1300）"暹番国"、"罗斛"来朝的记载。① 到了元顺帝至正年间（1341～1368），"暹番"降"罗斛"国，遂称"暹罗"。明洪武四年（1371）始有"暹罗"国入供的记载。② 故知元末明初人陶宗仪所辑《说郛》中所收之《曲本草》不是北宋人田锡的作品，而其成书年代当在元末或明初。我们不能据《曲本草》的记载来断定中国在北宋时期已引入暹罗蒸馏酒。③

刘广定的论述是有说服力的。李时珍在《本草纲目》中引用《曲本草》那段话时，就没有云"田锡曰"，而是写"汪颖曰"。按汪颖，明代江陵人，曾任九江知府。他将明代中期医家卢和的《食物本草》④ 加以整理，编辑成二卷本的《食物八类》。据此线索，笔者确在卢和的《食物本草》中找到了关于暹罗酒的那段话。所以按李时珍的记载，上述暹罗酒的那段话当是出自汪颖—卢和的《食物本草》，而非"田锡"的《曲本草》。

《物类相感志》是一本笔记小说。传说是苏轼的作品，但《宋史》和马临端的《文献通考》都说它是宋僧赞宁所著。⑤ 赞宁和苏轼差不多是同时代的人。方以智的《物理小识》也有："凡酒中火焰，以青布拂之自灭。"的话。⑥ 估计就是摘自《物类相感志》，可惜他没注明，推测方以智也不认为该书是苏轼的作品。这段话实在太简单而含糊了，笔者只能揣度，能燃起火焰的酒，似应是烧酒。

宋慈的《洗冤录集》是我国古代法医学的重要典籍，自序写成于淳祐丁未，即1247年。今存有许多版本，据查，宋慈木《洗冤集录》久已失传，现存最古的版本是元刻《宋提刑洗冤集录》。今由贾静涛点校的《洗冤集录》是以元刻本为主，参考了《仿元本》中有关内容而整理出来的。其中就没有上述有关烧酒的内容。⑦ 又查，1937年商务印书馆发行的《丛书集成初编》本，也没有上述关于烧酒的记载。而嘉庆元年（1796）王又槐增辑、李观澜补辑的《洗冤录集证》中，便出现了上述有关烧酒的记载。⑧ 但这本书已不能算是宋慈所著的《洗冤集录》，它是以《校正本洗冤录》为主体，王又槐增辑、李观澜补辑时又继承了《校正本洗冤录》以后各家成就的法医学书。显然它不能说明宋时已有烧酒，其有关烧酒的内容当然不足

① 明·宋濂《元史》卷20"本纪第二十·成宗三"，中华书局校订本第425页和431页，1974年。
② 清·张廷玉《明史》卷2"本纪第二·太祖二"，中华书局校订本第26页，1974年。
③ 刘广定，再探我国蒸馏酒的时期，第二届科学史研讨会汇刊，台北，1989年。
④ 明·卢和《食物本草》，乾隆四十八年重镌食物本草会纂，金阊书业版。
⑤ 元·马临端《文献通考》卷二百十四，经籍四十一，1988年浙江古籍出版社影印本，第1751页。
⑥ 清·方以智《物理小识》，见商务印书馆《万有文库》第二集第543册。
⑦ 宋·宋慈原著，贾静涛点校：《洗冤集录》，上海科技出版社，1981年。
⑧ 清·王又槐增辑，李观澜补辑：《洗冤录集证》，光绪七年重刊本。

为凭了。

从上述对文献资料的分析，笔者认为宋代已有蒸馏酒生产的结论，仍有待深入研究，以取得充分证据。但近年来对出土文物的研究，特别是对金代蒸馏器的研究已能说明，至迟在北宋后期，一些炼丹家和医药家确实掌握了蒸馏技术，可以制备蒸馏酒了，但这种酒肯定并没有形成社会性的广泛规模生产。

关于唐朝已有烧酒的论说不是很多，但倒也耐人寻味。对于唐诗中出现的"烧酒"一词，许多人认为，我国饮用黄酒自古以来都有暖酒的习俗。饮前，人们往往用热水温酒，或将酒器直接置于火上加热。饮用这种温酒不仅口感较好，而且也不容易上头醉人。那些诗文中的"烧酒"就是指这种经加热后的酒，或是指加热酒的活动。所以仅根据诗文中有"烧酒"一词就认为唐代已有蒸馏酒，论据是很不足的。但是有人又提出：诗人在诗文中也有直接采用暖酒、温酒或热酒一类的词，为什么一定要用烧酒一词呢？尤其是酒有名为"剑南烧春"者，它应是出自剑南的一种酒，为什么要用"烧"字，当然不是为了叫得顺口或好听，推想此酒的酿造工艺或饮用过程必定与"烧"字发生某种联系，这一联系又是什么？上述有关"烧酒"的诗文为什么又多发生在四川？鉴于地理位置使四川在汉族与西南和西部少数民族的文化交流中处于一个特殊的位置上。从历史上看，域外的众多科技文化大都是通过周边少数民族而传入中原的，那么这一情况是否可以推想四川曾是我国较早掌握蒸馏酒技术的地区？在唐宋时期，四川是道教活动盛行的地区，道家炼丹术的发展与蒸馏技术的发明和发展又有密切的关系，那么这里是否曾响起了蒸馏酒技术的先声？值得探讨。总之这些疑问还待今后的深入研究。

《本草纲目》中，在"葡萄酒"条下说："魏文帝所谓葡萄酿酒，甘于曲米，醉而易醒者也。烧者，取葡萄数十斤，同大曲酿酢，取入甑蒸之，以器承其滴露，红色可爱。古者西域造之，唐时破高昌，始得其酒。"[①] 由于这段话表述得不清楚，后人有两种理解：①葡萄酒，古者西域造之，唐时破高昌，始得其法；②葡萄烧酒，古者西域造之，唐时破高昌，始得其法。第二种理解就与李时珍所说"烧酒自元时始创"的话发生了冲突。据查，新、旧《唐书》及《太平御览》等书都没有关于葡萄烧酒的记载，但是有许多关于葡萄酒的记载。据《册府元龟》(卷970)载："……及破高昌，收马乳蒲桃实，于苑中种之，并得其酒法。帝自损益，造酒成，凡八色，芳辛酷烈，味兼缇盎（应作醍醐），既颁赐群臣，京师始识其味。"[②] 这里讲，破高昌时传入的是葡萄酒的酿制法，而不是葡萄烧酒的烧制法。再者，在八九世纪时，即使在西域乃至西亚地区都还尚不能生产葡萄烧酒。所以对李时珍这段话，应以第一种理解为妥。

最后再试探讨烧酒始自东汉说的根据。关于上海博物馆陈列的东汉青铜蒸馏器以及河北青龙出土的金代蒸馏器，我们拟在后文作专题讨论。这里先考察一下四川博物馆收藏的，在1955年和1979年分别出土于彭县和新都的画像砖 (图7-5)。我们先摘录王有鹏的有关介绍："这是笔者想着重述说的，即四川新都县和彭县先后两次出土过两方属于东汉晚期的，雕刻了'酿酒'图像的画像砖，……认为这两方相同图像的画像砖，解释为酿造蒸馏酒的生产图像才符合实际和情理。解放前后，四川农村都有许多酿酒作坊，俗称'烧坊'，即酿烧酒的作坊，

① 明·李时珍《本草纲目》卷二十五，人民卫生出版社刊本第1568页。
② 宋·王钦若等编：《册府元龟》卷970，"外臣部"，中华书局影印本，第11400页，1960年。

图 7-5 四川新都新农乡出土东汉 "酿酒" 画像砖拓片
(摘自中国酒文化研究文集《水的外形，火的性格》)

均用 '天锅蒸馏法' 酿酒。其法是：灶上置一大铁锅，锅上安放一有箅的大木甑，甑上放置一径大于甑径的 '天锅'，这种特制的 '天锅' 底部另焊接一圆盘，（为不至于生锈，均系铜质），盘底有一小导管穿过木甑伸向甑外。蒸煮时，下部沸水之蒸气上升，通过木甑箅上的酒醅层，成为含酒精的蒸气，再上升至天锅底部聚成细珠状，并顺着天锅斜壁流至圆铜盘内，再从圆铜盘底部的小管流至甑外的蒸酒器内。为了加速冷却成露的作用，天锅内的冷水必须勤换，而且还需有人不断搅拌。新都和彭县所出土的酿酒画像砖的图像，同天锅蒸馏法十分相似。画像砖图像中部有一灶，上有一锅，一人正卷袖在锅中搅拌，这正像搅拌天锅内冷水之情景。另外，灶、锅前还有一长方形平案，其上有 3 个似漏斗状器物排列一线，每件漏斗状器物下的导管接在 3 个罐的口内。这也正像酿制蒸馏酒过程中，将头、中、尾酒分导入不同容器内的 "按质摘酒" 手法。若制一般酒，则无需用 3 个漏斗状器物把酒分别导入不同酒罐内，还值得注意的是，画像砖图案上的盛酒器均是小口罐，这种小口小罐便于密闭，以防挥发，加之蒸馏酒的酒度高、饮量少，亦宜用小罐盛。"[①]

但仔细地审看此画像砖拓片，笔者认为王文值得商榷之处颇多：①画中有一灶，上有一锅，但这锅与天锅蒸酒器相去甚远。为什么铁锅之上的有箅的木甑（蒸馏器的关键装置）没有展示出来，这对于画者并不难，只需加上几笔即可；②从画面上看，从事搅拌的人和他操作的铁锅的水平高度之间看不出存在带蒸甑的天锅，假设烧火的炉灶是在地平面下，那么右边那人便不是烧灶的，那又是在做什么？③看不见凝聚蒸气的圆盘，更看不见将酒液收集后引入小口罐的装置。这是又一个很关键的设备，不应该被遗忘；④一般的黄酒也采用小口陶罐盛酒，所以小口陶罐绝不足以证明它盛的必定是烧酒。笔者推测，假若这是一幅描绘酿酒

---

① 王有鹏："我国蒸馏酒起源于东汉说"，载《火的性格，水的外形——中国酒文化研究文集》第 19 页，广东人民出版社，1987 年。

过程的图画，那么它很可能是描绘酿酒工艺最后一道工序：将成品酒加热灭菌后装入贮酒的小口陶罐。画面上操作者正拿着舀酒的水瓢，右边是装置有漏斗的灌酒设备及小口陶罐。总之，这幅画不足作为东汉已有蒸馏酒的根据。

（三）蒸馏技术的早期发展

探讨蒸馏酒的源起，除了必须对文献资料进行认真的研究考证外，还应对古代蒸馏技术和蒸酒器的发展进行必要的考察，这是蒸馏酒问世的最有说服力的证据。蒸馏技术的发展有一个漫长的历史，从蒸馏器到蒸馏酒也需要有一个演进的过程，这一过程不仅与社会经济、科学技术、文化传统诸因素有关，在中国它更与炼丹术、药剂加工及中外文化交流有着密切的关联。兹仅局限于现有的史料作一番初浅的探讨。

1. 从炊蒸到蒸馏

陶器的发明和发展，促成炊煮法逐步地取代了烧烤法，而成为先秦时代烹饪的主要方法。而甑的出现意味着先秦时代的人们开始又掌握了一种新的烹饪方式——炊蒸法。甑的形状像一口敞口的陶罐，底部有许多小孔，将其置于放有水的鬲或釜上，一旦加热鬲和釜，其中产生的水蒸气通过小孔便可蒸熟甑中的食物，所以陶甑就是后世蒸笼的先声。它最早出现在仰韶文化时期。在龙山文化时期又出现一种叫甗的陶制炊器（参看图7-6A）。它是一种有箅的炊器，分两层，上层相当于甑，可以蒸食；下层如鬲，可以煮食，一器可两用，所以它实际上是甑和鬲或釜的套合。后来又有新的发展，例如殷墟妇好墓出土的以青铜铸造的分体甗，可分可合，轻巧灵便（参看图7-6B）。特别是三联甗，能同时蒸熟三大甑的食物。这些文物表明，先秦时代的蒸法已达到相当高的水平。如果从全世界来说，煮食法是人类发明陶器后最普遍的烹饪法，那么蒸食法却是东亚和东南亚地区出现的独特的烹饪法。这种情况的出现可能是因为这些地区都是很早就以稻米为主食。当然，其后面食的加工也部分采用了蒸法，所以常

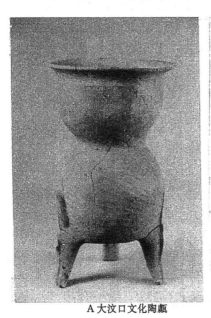

A 大汶口文化陶甗　　　　　　B 商代晚期青铜甗

图 7-6　最早的炊蒸器——甗

（摘自北京大学考古系编《燕园聚珍》）

见的面食制品中最先出现的是蒸成的馒头、包子等，而不是烤出的烙饼。馒头的出现及酵面的产生与酿酒有关，最早的面团发酵技术就是酒酵发面法，这种炊法，据考证大约问世于2世纪前后。而蒸食法的发展为蒸馏技术的出现奠定了技术前提。

　　秦汉之际，中国炼丹术兴起。方士们不可避免地会借鉴生产、生活中的实用技术，把它们适当地引用到炼丹活动中，煮食法与蒸食法及其器具就逐渐演进为升炼和蒸馏技术，成为炼丹家的炼丹手段之一。最典型的例子当然就是从硫化汞中提取汞，就是采用蒸馏技术。当然，若用现代的科技术语，这一提炼过程确切地讲是升华技术。两汉以来，尽管炼丹家采用了蒸馏技术，但是被使用的多数蒸馏器都不够完好，所以丹家并没有因采用蒸馏技术而有重要的发明。唐宋时期是炼丹术最盛的时期，那些"仙丹"不仅未能达到长生不老的目的，反而使食用者因中毒而提前毙命。在声名狼藉的情况下，炼丹术进一步转向制药的功能，这又促使蒸馏技术有了发展。唐代本草学家陈藏器所著的《本草拾遗》中有"甑气水"、"以物承取"的记载。① 南宋吴悮所著《丹房须知》描绘了比较完好的蒸馏水银的装置，表明蒸馏技术日趋成熟。②

　　可能由于炼丹家所用的药品主要是汞、硫、铅等少数几种，最常见的方法又是升华。实验器具大多是陶制或金属制，从无玻璃仪器，从而妨碍了对炼丹过程中化学变化的观察。尽管蒸馏器已较完好，但是蒸馏技术仍用得不多，除了升炼水银所用的石榴罐和抽汞之器外，几乎找不到利用蒸馏技术的更多实例。尤其是由于他们不知收集作为反应产物的气体，因而失去不少获得并了解新物质的机会。在唐宋时期的本草或医方中，固然"九蒸九曝"或"百蒸百曝"的制药方法是常见的，但是这种蒸往往只是用热气或水汽来加热软化药物或萃取药物中某种组分。其中最接近蒸馏酒工艺的算是花露水的制取。唐人冯贽的《云仙杂记》（卷六）"大雅之文"引《好事集》所载："柳宗元得韩愈所寄诗，先以蔷薇露灌手，薰玉蕤香后发读。"③ 又据《册府元龟》记载，五代时后周显德五年（958）占城国王的贡物中有蔷薇水十五瓶，"言出自西域，凡鲜花之衣，以此洒之，则不浣而复，郁烈之香，连岁不歇。"④ 此后传入的蔷薇水就多起来了，例如宋·赵汝适《诸蕃志》谓："蔷薇水，大食国花露也。五代时番使蒲诃散以十五瓶效贡，厥后有至者。今多采花浸水，蒸取其液以代焉。"⑤ 北宋人蔡绦在其《铁围山丛谈》中记述："旧说蔷薇水乃外国采蔷薇花上露水，殆不然，实用白金为甑，采蔷薇花，蒸气成水，则屡采屡蒸，积而为香，此所以不败。"⑥《明实录·太祖实录》记载："洪武六年二月已卯海贾回回以番香阿剌吉为献。阿剌吉者，华言蔷薇露也。"⑦ 这里将阿剌吉与蔷薇露居然混为一谈，究其原因，很可能是"番香阿剌吉"（即这种蔷薇露）的制取方法正与蒸馏烧酒相似，都采用了蒸馏技术。从上述文献可知，蔷薇水一类花露水是从唐代开始传入，唐代

　　① 唐·陈藏器：《本草拾遗》已佚。参看宋·唐慎微等撰：《重修政和经史证类备用本草》（卷五），1957年人民卫生出版社影印张存惠原刻晦明轩本第139页"甑气水"条。

　　② 宋·吴悮：《丹房须知》，见涵芬楼影印《道藏》洞神部众术类，总第588册，第5页。

　　③ 唐·马贽：《云仙杂记》，卷6第7页"大雅之文"，《四部丛刊续编》子部；《丛书集成》初编·文学类，总第2836册。

　　④ 宋·王钦若等编《册府元龟》卷972（外臣部·朝贡五），中华书局影印本第11425页，1960年。

　　⑤ 宋·赵汝适：《诸蕃志》，见《丛书集成》初编·史地类，总第3272册，第31页。

　　⑥ 宋·蔡绦《铁围山丛谈》，上海古籍出版社，1986年，《说郛三种》卷19第359页。

　　⑦ 《明实录·太祖实录》第三册卷七九第2页，台湾中央研究院历史研究所校印本，1963年。

传入的花露水是浸取而成，还是蒸馏而成，尚待考证。但很可能已是蒸馏液，因为在八、九世纪阿拉伯炼金术中已普遍采用了蒸馏术。宋代传入的花露水可以肯定是采用了蒸馏技术，一种是先将蔷薇花用水浸泡，再蒸馏而得；另一种是直接用水蒸汽蒸馏蔷薇花而得。"蔷薇露"可能不同于蔷薇水，陆游在其《老学庵笔记》中写道："寿皇时，禁中供御酒，名蔷薇露。"[①]周密的《武林旧事》记载了当时的诸色名酒54种，蔷薇露名居第一。[②] 由此可见，上述记载中的蔷薇露应是酒，但它是蒸馏而得，还是用蔷薇水与酒勾兑而成的，尚待研究。笔者推测后者的可能性较大。而中国古籍中用蒸馏法制配香水的记载，最翔实具体的当属明初问世之《墨娥小录》（卷十二）中的"取百花香水法"，兹照录如下："采百花头，满甑装之，上以盆合盖，周回络以竹筒，半破，就取蒸下倒流香水贮用，为（谓）之花香，此乃广南真法，极妙。"[③] 这也就是张世南《游宦纪闻》（卷八）中所言"以甑釜蒸煮之"的方法。[④] 但它是直接以水蒸汽蒸馏花头，而免去了先以水浸泡花头的工序，当是更进步的形式。仅从上述蔷薇水等的传入、认识和制造，表明人们对蒸馏技术的认识和掌握，可以说至迟在南宋时，少数人，特别是制药的炼丹家和药剂师已积累了关于蒸馏技术的经验。这是蒸馏酒生产技术在中国得以出现、传播和发展的技术基础。

2. 东汉的青铜蒸馏器

上海博物馆所收藏，东汉时期的以青铜铸造的蒸馏器是国内目前已知的最早期的蒸馏器实物，它的基本形式与汉代的釜甑相似，但有一些特殊部件。其形制如图7-7所示。

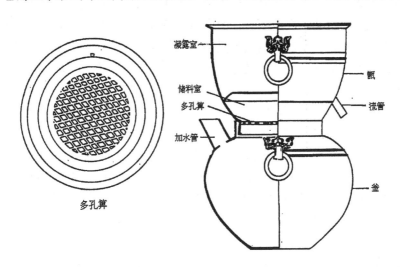

图 7-7　上海博物馆所藏青铜铸造的蒸馏器

（摘自马承源："汉代青铜器的考察和实验"，1983 年）

实测数据如下：通高 53.9 厘米；甑体高 30.6 厘米；口外径 30.55 厘米；口内径 28 厘米；甑下部储料室上缘宽 2.7～2.9 厘米，口径 22.2 厘米；储料室底径 17.7 厘米；甑底高 2.7 厘米；储料室容积约 1900 毫升；储料室上缘至甑上口为凝露室，容积约 7500 毫升；蒸馏液流

① 宋·陆游：《老学庵笔记》（卷七），见《丛书集成》初编·文学类，总第 2766 册。
② 宋·周密：《武林旧事》（卷六），《笔记小说大观》第九册第 183 页，江苏广陵古籍刻印社，1983 年。
③ 明人撰《墨娥小录》卷十二，吴继刻印，中国书店影印本，1959 年。
④ 宋·张世南：《游宦纪闻》，见《笔记小说大观》第 7 册，江苏广陵古籍刻印社，1983 年。

管长 4.4 厘米、径 1.6 厘米。釜体高 26 厘米，颈高 2.9 厘米，内口径 17.4 厘米，腹外径 31.6 厘米，底外径 12.8 厘米，注水管长 6.9 厘米，注水管下端至底部容积约 10 500 毫升。马承源对该蒸馏装置解释说：

> 从图可知，这具蒸馏器是釜甑分离式。它与通常的甑不同的是，在甑内壁的下部有一圈穹形的斜隔层，这斜隔层把甑体分隔为上、下两室。下室可称之为储料室，即用以填装待蒸的物料，储料室底部为多孔箅。储料室斜隔层起积贮蒸馏液的作用。上室可称之为凝露室，蒸馏的气体升至上室，在甑盖和甑壁上冷却凝露而下流，蒸馏液聚于储料室斜隔层的凹陷处，通过小流管导出管外。……甑口有内斜的唇边，加工得相当规矩，以便与盖密合。甑的圈足套于釜口之中，而不是通常甑圈足在釜口之外，这也是为了密封而取得充分的水蒸气。

又说：

> 这器具是否能起实际的蒸馏作用，我们作了几次试验。蒸馏器必须有盖，我们参照上海博物馆所藏一有盖带流甑的顶盖形状，配制了一个能密合于甑口的金属圆顶盖，顶高 10 厘米。……所用的蒸料是上海酒厂提供的酿造七宝大曲的酒醅，由于储料室容积不大，一次装醅 800 克，在 20 分钟时间内出酒 50 毫升，反复进行多次，蒸馏酒液的酒度为 26.6~20.4，若出酒时间延长到 30 分钟，则含酒度降为 15.5~14.7。……以上蒸馏过程都是在室温 13 度的条件下的自然冷却，……，如果室温降低或加以冷却的其它措施，出酒量必然会增加，酒度也会提高。……，我们用酒醅作蒸馏试验，目的不是打算证明它是一具蒸馏器，由于储料室容积仅有 1900 毫升，虽然能顺利地蒸馏出含有一定浓度乙醇的酒，但是对饮酒者来说，这样的蒸馏数量可能是不敷需要的，因此它应是药物或者花露水之类的蒸馏器。由于釜的容水量很大，储料室容积不大，加满一次水可以换蒸三次酒而不会煮干，因此釜上这个流管的加水装置，必定是储料耐蒸馏或难蒸馏，才有此需要。……以上我们从器具的构造特点和实验中证明这是一具真正的蒸馏器，虽然是简单的装置，但蒸馏的效能却是很显著的，……由此我们推断这是一件汉代的蒸馏器，它可能是药用蒸馏器。这件器具的实验表明，在化学领域中，我国在汉代已掌握了蒸馏技术，并设计和铸造出有效的蒸馏器。[①]

马承源的研究是细致、严谨的，他的部分结论，例如"用它来制取蒸馏酒，可能是不敷需要，因此它应是用来蒸馏药物或花露水之类的物质"，极有参考价值。

3. 金代蒸馏器

1975 年在河北省青龙县西山嘴村金代遗址中出土了一具青铜蒸馏器，对于研究中国蒸馏酒的源起又是一件极为重要的实物。[②] 该蒸馏器的结构图和蒸酒流程示意图如图 7-8。由图可见，它是由上下两个分体叠合组成。其各部分的尺寸如附表所列。根据其构造，可以推测其使用时的操作方法可能有两种：①直接蒸煮，即将蒸料和水或黄酒类的酒醅直接放入蒸锅内，而不用箅，再将冷却器套合在甑锅上面，然后开始加热蒸煮。蒸煮中产生的蒸气上升到顶部后冷凝为蒸馏液，顺着输出管流出而被收集。②加箅蒸烧。先在蒸锅内加入一定量的水，然

---

① 马承源："汉代青铜蒸馏器的考察和实验"，1983 年为第三次考古学会撰写的论文。

② 参看承德市避暑山庄博物馆："金代蒸馏器考略"，《考古》1980 年第 5 期第 466 页。

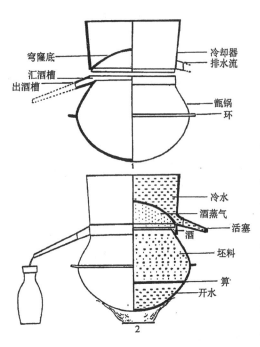

青龙蒸馏器实测表（厘米）

金器高	甑 锅								冷 却 器				
	高	颈高	径		聚液槽		环錾宽	输液流长	高	穹隆顶高	径		排水流长
			口	最大腹	宽	深					口	底	
41.5	26	2.6	28	36	1.2	1	2	20	16	7	31	26	残 2

图 7-8　金代蒸馏器结构及蒸酒流程示意图
1. 蒸馏器构造实测图　2. 蒸馏器复原蒸酒流程示意图

后在相当于甑高三分之一的位置上，加置一个卷帘式的箅，（既可用秫秸，也可用其它漏气的材料制成），再在箅上把蒸料装好，套合上冷却器即可热蒸，同样可以收集到蒸馏液。

从该蒸馏器壁上遗留下的使用痕迹来看，甑锅内壁明显地分成三层，从锅底到高出 6 厘米的下部呈灰黑色；其上约 10 厘米高的中间部呈浅灰色；最上部表面附着有一层薄薄的青铜锈。据此可推测它不仅曾用于直接蒸煮，同时也曾用于加箅蒸烧。

考古工作者曾用该装置以加箅方式进行蒸酒试验，结果出酒顺利，蒸馏速度也快，约 45 分钟可完成一次蒸酒过程，乙醇度虽然不高，出酒量可达一斤。证明该套装置是一件实用有效的小型蒸馏器，它既可以蒸酒，又可以蒸制花露水。

4. 元明时期的蒸酒器及其发展

现存有关元代时期蒸馏酒烧制的最早、最详细的记载，当属上文已转录的《居家必用事类全集》中关于"南蕃烧酒"的记载。日本学者菅间诚之助根据这一记述将其蒸馏器复原试绘出来，如图 7-9 所示。尽管外形和设备可能不完全是这种状况，在原理上它是符合实际的。两甗相对而成的蒸酒器是可以用于生产蒸馏酒，但是使用的原料只能是液态的酒醅。表明当时蒸馏酒的生产还处于初始、试生产的阶段。但器具的这种组合装配，表明当时的酿酒师已明白，蒸馏酒即是蒸馏过程中的馏出液，这种馏出液是产生于醅中，是酒醅中的精华部分。

随着蒸馏酒的普及和生产，蒸馏酒和蒸馏技术也得到发展和完善，据方心芳研究，我国传统的酒蒸馏器可分为两种形式：一为锅式，二为壶式。[①] 如图 7-10 所示的一种是天锅式的蒸馏器，它属于顶上水冷式，蒸馏器主要由天锅、地锅组成。天锅内装冷却水；地锅下釜装水，烧沸后，水蒸气通过地锅箅上装满着固态酒醅的甑桶，将酒醅中的酒精蒸出成乙醇气体上升，在顶部被天锅球形底面所冷却，凝成液体沿锅形底向中央汇集，由一漏斗形导管引出，从而收集到酒液；倘若不用箅子，也可将低酒度的酒液加入地锅，加热蒸馏，也同样可以获得浓度较高的酒液。这种天锅式的蒸馏器在中国西南地区较盛行，与泰国、菲律宾、印度尼西亚传统的生产蒸馏酒的装置较接近。第二种是壶式蒸馏器，如图 7-10 所示。它也属顶上水冷式，但是它顶部的冷凝形式与天锅式的不同，它的冷凝器底部呈拱形，拱形周围有一凹槽，

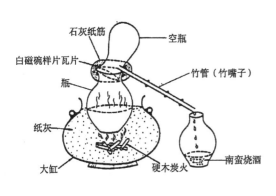

图 7-9　《居家必用事类全集》所描述之蒸馏器
（管间诚之助试绘，摘自《辉煌的世界酒文化》）

图 7-10　中国天锅式蒸馏器
（摘自方心芳"关于中国蒸馏酒的起源"）

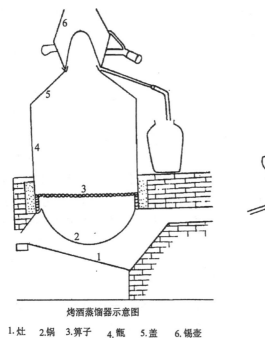

烤酒蒸馏器示意图
1.灶　2.锅　3.箅子　4.甑　5.盖　6.锡壶

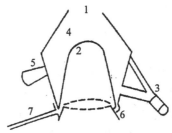

烤酒蒸馏器锡壶示意图
1.壶上口　　　　2.酒气被冷缩处
3.出水口　　　　4.冷却水
5.把手　　　　　6.锡壶坐子
7.酒露流出口

图 7-11　中国壶式蒸馏器
（摘自方心芳："关于中国蒸馏酒的起源"）

冷凝成的酒液汇集于槽，再导引到锅外。这种壶式蒸馏器在结构上似与金代蒸馏器有相承的
联系，它主要在中国北方地区较多地被使用。日本元禄时代（1685，相当于清代康熙时代）的
《本朝食鉴》中介绍的"兰引"蒸馏器，从结构上看与金代的蒸馏器十分相近，所以有人认为
日本的兰引蒸馏器可能又是从中国传去的。

五　中国酒史与医药史中的葡萄酒、蜜酒和滋补酒

我国先民饮用酒的品种是丰富多彩的，除了以粮食为原料的发酵原汁酒（黄酒）及其再加工后的蒸馏酒（俗称白酒或烧酒）外，还有以果品为原料的发酵原汁酒，例如葡萄酒、梨酒、枣酒、黄柑酒、荔枝酒、椰子酒、石榴酒等等，还有以诸花为香料经浸泡等多种加工方法而制成的菊花酒、桂花酒、茉莉酒等露酒，又有用动物乳汁酿制成的乳酒，用蜂蜜酿制成的蜜酒等。这些美酒佳酿展现了先民酒文化的丰富内容，体现了他们在创造美好生活的过程中对大自然的努力追求和勤奋发掘。而这种探索还表现在发展自己的、具有民族特色的医药体系时，也很注意考察各种酒的滋补养生功效和某些酒的治病功能；人们既不断地探讨饮酒的利弊，也刻意钻研各种滋补酒和药酒的配制。因此讲求饮酒的卫生和滋补健身酒的研制居然成了中国传统饮酒文化中的一大特色。

（一）葡萄酒和果酒

葡萄酒是以葡萄为原料，通过酵母菌的作用使其果汁内所含的葡萄糖、果糖转化为乙醇而酿成的酒。葡萄酒在许多人的印象中，似乎在近代才从国外引进。其实不然，我国先民很早就掌握了葡萄的栽培和葡萄酒的酿造。世界上抗病的原生葡萄有 27 种，我国就有 6 种，葡萄属的野生葡萄分布在大江南北，古书曾称之为"葛藟"、"蘡薁"。《诗经·豳风·七月》中就有："六月食郁及薁"的歌句。郁即山楂，薁即山葡萄。[①] 野生葡萄与栽培葡萄在植株形态上无明显差异。明·朱橚的《救荒本草》说："野葡萄，俗名烟黑，生荒野中，今处处有之，茎叶及实俱似家葡萄，但皆细小，实亦稀疏味酸，救荒采葡萄颗紫熟者食之，亦中酿酒饮。"[②] 李时珍的《本草纲目》也说："蘡薁野生林墅间，亦可插植。蔓、叶、花、实与葡萄无异，其实小而圆，色不甚紫也，诗云：'六月食薁'即此。"[③] 可见人们在闹饥荒的时节，曾时常到灌木丛林中去采集它，用以充饥。由于葡萄能自然发酵成酒，所以人们采集它并酿成酒并不是件复杂的事，问题在于用这种野生葡萄酿制成的酒，口味究竟怎样?！这就不得而知。《神农本草经》记载说："蒲萄味甘平，主筋骨湿痹，益气，倍力强志，令人肥健耐饥，忍风寒，久食轻身不老延年。可作酒，生山谷。"陶弘景辑录的《名医别录》说它"生陇西、五原、敦煌。"[④] 这就进一步证实先民很早就知道葡萄可以酿酒了。

葡萄的栽培和利用在地中海沿岸和里海地区至少已有四五千年的历史。根据考古学家的研究，葡萄在两千多年前已广泛地分布在中东、中亚、南高加索和北非广大地区。据新疆地区的民间传说，早在两千年以前，当时鲁番三堡的底开以努斯国的国王曾派使臣到大食国（今阿拉伯国家）以重金购买优秀的葡萄种，在今吐鲁番地区种植，所以《史记·大宛列传》记载："宛左右以蒲陶为酒，富人藏酒万余石，久者数十岁不败。"又说"汉使取其实来，于是天子始种苜蓿、蒲陶（于）肥浇地……"[⑤] 这些汉使即是以公元前 138 年出使西域的张骞为

---

① 参看金启华译注：《诗经全译》第 328 页，江苏古籍出版社，1984 年。

② 见明·朱橚：《救荒本草》卷七，《文渊阁四部丛书》子部三六农家类，台湾商务印书馆影印本第 34 页。

③ 见 1982 年人民卫生出版社印本明·李时珍：《本草纲目》第 1887 页。

④ 见清·黄奭辑：《神农本草经》卷上，中国古籍出版社刊印本第 137 页，1982 年。

⑤ 见 1974 年中华书局校订、标点本汉·司马迁：《史记·大宛列传》（卷 123）第 3173 页。

始。《史记》成书于公元前 91 年的西汉中期，作者司马迁亲身经历了张骞及其以后的使者们出使西域的这段历史，并曾在朝廷中为太史令，所以《史记》的这项记载是可信的。它至少说明两点：①中亚古国大宛（今塔什干一带）等国及新疆地区早在公元前 2 世纪已在广种葡萄，并有酿造葡萄酒的丰富经验。②由于张骞等的努力，使良种葡萄和优质葡萄酒的酿造技术在汉代时传播到了我国中原广大地区。在汉武帝的上林宛就把葡萄列为奇卉异果，收获的葡萄作为珍品供皇家享用。

三国时期，魏文帝曹丕对葡萄和葡萄酒倍加赞赏，他曾对群臣说："且说葡萄，醉酒宿醒，掩露而食，甘而不饴，酸而不脆，冷而寒，味长汁多，除烦解馇。又酿以为酒，甘于麹米，善醉而易醒。道之固以流涎咽唾，况亲食之耶，他方之果，宁有匹之者。"① 掩露即带有露珠之意，所以能"掩露而食"的葡萄，应当是很新鲜的葡萄。依当时的交通条件，不太可能从西域长史、乌孙运来，当是中原地区自产的。据传当时洛阳城外许多地方都种植了葡萄，尤以白马寺佛塔前的葡萄长得格外繁盛，"枝叶繁衍，子实甚大，李林实重七斤，葡萄实伟于枣，味并殊美，冠于中京"。② 据曹丕的话，当时曾采集这类葡萄用来酿酒也是事实。问题是当时葡萄的产地、产量都有限，美味的葡萄鲜吃尚嫌不足，难以大量供用于酿酒，当时皇家贵族饮用的葡萄酒很可能主要仍是依靠从西域运进，昂贵的运费是可以想像的，所以葡萄酒当是很珍贵的。难怪东汉时，扶风孟池送张让葡萄酒一斛，便取得了凉州刺使的职位；③ 据《北齐书》记载：李元忠"曾贡世宗蒲桃一盘，世宗报以百练缣"。④

唐代是中国葡萄、葡萄酒发展的一个重要时期。公元 640 年，唐太宗命侯君集率兵平定了高昌（今吐鲁番）。高昌以盛产葡萄而著称。《册府元龟》、《唐书》和《太平御览》都记载："及破高昌，收马乳蒲桃实于苑中种之，并得其酒法。帝自损益，造酒成，凡有八色，芳辛酷烈，味兼醍盎。既颁赐群臣，京师始识其味。"⑤ 这段记载清楚地叙述了侯君集把马乳葡萄种带回长安，唐太宗把它种植在御苑里；同时学习到其先进的酿葡萄酒法，试酿成功，并曾用这种自酿的上品葡萄酒，赐赏群臣。但这项记载还表明，当时即使在京师，饮用优等葡萄酒实是机会难得。

高昌马奶葡萄（一种优质葡萄品种）引入中原，增加了内地栽培葡萄的品种，同时葡萄的栽培地域有了新的发展。唐人李肇所撰《国史补》还把葡萄列为四川第五大水果。⑥ 葡萄产量高了，葡萄酒当然也就有了普及的可能。当时山西、河北生产的葡萄干和葡萄酒也成为太原府的土贡之一。⑦ 这些史实表明，唐代的葡萄种植和葡萄酒的酿造确实有了很大的进步和扩展。关于这一时期葡萄酒的酿造方法，史料不多。根据《新修本草》的记载："酒，有蒲桃、秫、黍、秔（粳）、粟、麹、蜜等，作酒醴以麹为；而蒲桃、蜜等，独不用麹。"⑧ 表明此时葡萄酒的主要酿制法是依据从高昌传进来的自然发酵法。

---

① 见唐·欧阳洵：《艺文类聚》卷 87，1965 年中华书局刊印本第 1495 页。

② 后魏·杨衒之：《洛阳伽蓝记》卷四，《四部丛刊》三编·史部；《四部备要》史部地理。参看《太平御览》卷 927。

③ 宋·李昉等编纂：《太平御览》卷 922，"果部九"，中华书局影印本第 4 册总第 4308 页，1960 年。

④ 同③。

⑤ 见《太平御览》（卷 972），中华书局影印本第四册，第 4308 页。

⑥ 唐·李肇撰：《唐国史补》，《津逮秘书》第 10 集，《学津讨原》第 8 集。

⑦ 宋·欧阳修、宋祁撰：《新唐书·地理三》（卷 39），中华书局校订标点本第 1003 页，1975 年。

⑧ 唐·苏敬等撰，尚志钧辑校：《唐·新修本草》，安徽科学技术出版社，第 489 页，1981 年。

可能由于原料的珍贵或匮缺，也可能由于传统酿酒工艺对曲的倚重所造成的影响，导致葡萄酒的酿制方法在中原地区传播的过程中逐步发生了歧变。宋代酿酒专家朱肱所介绍的葡萄酒法已是利用曲的酿造法：

　　　酸米入甑蒸，气上。用杏仁五两（去皮尖），蒲萄二斤半（浴过，乾去子、皮），与杏仁同于砂盆内一处用熟浆三斗，逐旋研尽为度。以生绢滤过。其三斗熟浆泼饭软盖良久，出饭摊于案上，依常法候温，入曲搜（溲）拌。[①]

明代人高濂介绍的葡萄酒法则是："用葡萄子，取汁一斗，用曲四两，搅匀，入瓮中，封口，自然成酒，更有异香。"[②]

由此可见，葡萄酒的酿制方法在宋明时代已有三种：一是苏敬记载的自然发酵法，这种方法由于天然酵母菌未经驯化，或常有杂菌引入，发酵过程难以掌握，酿成的酒质量不稳定，未必醇美。朱肱记载的方法是葡萄与粮食的混酿法，这种方法所酿成的葡萄酒，已完全改变了葡萄酒所具有的独特风味，口感也未必好，喝这样的葡萄酒未必比喝纯正的黄酒更好。金人元好问就曾提到：

　　　刘邓州光甫为予言："吾安邑多蒲桃，而人不知有酿酒法。少日，尝与故人许仲祥摘其实并米炊之。酿虽成，而古人所谓甘而不饴，冷而不寒者，固已失之矣。贞祐中，邻里一民家，避寇自山中归，见竹器所贮蒲桃，在空盎上者，枝蒂已干，而汁流盎中，薰然有酒气。饮之，良酒也。盖久而腐败，自然成酒耳。"

于是他慨然叹曰：

　　　世无此酒久矣。予尝见还自西域者云，大食人绞蒲萄浆，封而埋之，未几成酒，愈久者愈佳，有藏至千斛者。其说正与此合。物无大小，显晦自有时，决非偶然者。夫得之数百年之后，而证之数万里之远。[③]

这表明葡萄酒技艺的发展在中国中原地区（或各别地区）曾走过一段弯路。高濂所记录的葡萄汁加曲发酵法，显然比上述两种方法都要好，它以曲代替了天然酵母，便于对发酵过程的控制。近代的葡萄酒酿制法就是采用在葡萄汁中加入经长期筛选和人工培养的酵母来发酵酿成。很可惜，中国古代上述三种葡萄酒法都没有讲到对温度的控制。

元代是中原地区葡萄酒酿造技艺发展的又一个重要时期。蒙古族曾长期在北方寒冷地域中过着游牧生活，由于生活的需要和习俗，喝酒成为蒙族的风尚。入主中原前他们主要喝马奶酒，那是一种将马奶装入皮囊中，待其自然发酵而生成的酒。西征和入主中原后，他们常喝的酒又增加了葡萄酒、米酒、蜜酒。当时蒙族权贵的生活中有三件大事：狩猎、饮宴和征战。重大的决策都是在宴会中议定，宴会当然就离不开喝酒，从而把酒的地位提得很高。其时，他们最推崇的酒是马奶酒——其民族的传统酒以及葡萄酒。据《元史》记载："至元十三年（1276年）九月已亥，享于太庙，常馔外，益野豕、鹿、羊、蒲萄酒。"又记载："十五年冬十日已未，享于太庙，常设牢礼外，益以羊、鹿、豕、蒲萄酒。"祭祖庙时，增加了葡萄酒，反映了他们对葡萄酒的器重。[④]元代在粮食不足时，曾发布过禁酒令，禁用粮食酿酒，但是葡

---

　①　见宋·朱肱：《北山酒经》，《知不足斋丛书》本卷下第19～20页。

　②　见明·高濂：《遵生八笺·饮馔服食笺·醞造类》，1985年中国商业出版社刊印本第127页。

　③　金·元好问："蒲桃酒赋·序"，见胡山源编《古今酒事》第146页，上海书店出版，1987年。

　④　明·宋濂等撰：《元史·世祖本纪》（卷九、卷十），中华书局校订、标点本第185及205页，1974年。

萄酒则不在禁酿之列。因此在此时期，葡萄的栽培和葡萄酒的酿制都有了较大发展。这种发展必然会促进酿酒技艺的进步。最重要的成就要算葡萄烧酒（即今称谓的白兰地酒）的制法被引进中原地区，从而也促进了蒸馏酒在中国的迅速推广。元人忽思慧在其《饮膳正要》中就说："葡萄酒有数等，有西番者，有哈剌火者，有平阳太原者，其味都不及哈剌火者，田地酒最佳。"[①] 李时珍在介绍葡萄酒时说："葡萄酒有二样。酿成者味佳；有如烧酒法者有大毒。酿者，取汁同曲，如常酿糯米饭法。无汁，用干葡萄末亦可。魏文帝所谓葡萄酿酒，甘于曲米，醉而易醒者也。烧者，取葡萄数十斤，用大曲酿酢，取入甑蒸之，以器承其滴露，红色可爱。"[②] 这一介绍十分清楚，当时以葡萄为原料可以制取葡萄酒和葡萄烧酒。前者既可用葡萄汁，又可以干葡萄末代替葡萄汁与曲混合如常酿糯米饭法酿制；后者则是将葡萄酿后入甑蒸馏，以器承其滴露，当是酒度较高的葡萄烧酒无疑。

元明清时期，葡萄酒的酿制虽然有了一定的发展，但由于受到葡萄生长地域条件的限制，葡萄酒的发展不可能象谷物酿酒那样普遍，再者，人们采用上述果粮混酿法而生产的葡萄酒在口味上也难以与传统的黄酒在市场上竞争，这就限制了葡萄酒的生产规模，只在相对很少的一部分人当中享饮。真正让较多的中国人领略到葡萄酒的美味，应该说是到近代时才开始。

1892 年，印尼华侨张弼士在山东烟台创办了中国第一座近代葡萄酒厂——张裕葡萄酿酒公司，结束了我国葡萄酒的手工作坊生产状况。他聘请了外国技师，引进世界上著名的酿酒葡萄的种苗，购置了当时先进的酿酒设备，终于在中国酿造出了可跻身于世界一流的多品种葡萄酒。1915 年张裕公司生产的干白葡萄酒"雷司令"、干红葡萄酒"解百纳"、甜型玫瑰香葡萄酒、"白兰地"、"味美思"都获得了巴拿马国际博览会的金奖。张裕公司生产的葡萄酒不仅为国争了光，同时也为中国葡萄酒、果酒的生产发展作出了表率并积累了新的经验。从此中国葡萄酒、果酒的生产历史揭开了新的一页。

许多水果和葡萄一样都可以酿制酒，对此古人早有认识。根据古籍记载，我国先民曾酿制过枣酒、甘蔗酒、荔枝酒、黄柑酒、椰子酒、梨酒、石榴酒等。例如苏轼在其好友赵德麟家曾品尝过安定郡王（赵德麟的伯父）家酿的黄柑酒，赞不绝口，为此曾赋诗一首。诗之引言写道："安定郡王以黄柑酿酒，谓之洞庭春色，色香味三绝。"诗文赞美黄柑酒，认为它赛过了当时的葡萄酒。[③] 可惜苏轼仅仅只是品尝，并未亲自酿制，所以他不知道这种酒的酿制方法，也就没有记录下来。[④]

南宋初年抗金名将李纲曾被诬流放海南，他饮了当地的椰子酒后，赞美道："酿阴阳之细缊，蓄雨露之清泚。不假曲蘖，作成芳美。流糟粕之精英，杂羔豚之乳髓。何烦九酝，宛同五齐。资达人之噉吮，有君子之多旨。穆生对而欣然，杜康尝而愕尔，谢凉州之葡萄，笑渊明之秫米，气盎盎而春和，色温温而玉粹。"[⑤] 由这段介绍，可知当时酿造椰子酒不需曲蘖，当是采用自然发酵。

南宋人周密在其《癸辛杂识》中曾记载了自然发酵而成的梨酒，其内容如下：

> 仲宾云：向其家有梨园，其树之大者，每株收梨二车。忽一岁盛生，触处皆然，

① 元·忽思慧：《饮膳正要》，上海涵芬楼影印，卷三，第 246 页。
② 明·李时珍：《本草纲目》卷二十五，人民卫生出版社印本第 1568 页，1982 年。
③ 见《苏轼诗集》，清·王文诰辑注，中华书局出版，第六册 1835 页。
④ 参看周嘉华："苏轼笔下的几种酒及其酿造技术"，《自然科学史研究》第七卷第 1 期（1988 年）81～89 页。
⑤ 宋·李纲："椰子酒赋"，见胡山源编《古今酒事》，1987 年上海书店出版，第 142 页。

数倍常年，以此不可售，甚至用以饲猪，其贱可知。有谓山梨者，味极佳，意颇惜之，漫用大瓮，储数百枚，以岳盖而泥其口，意欲久藏，旋取食之，久则忘之。及半岁后，因至园中，忽闻酒气熏人，疑守舍者酿熟，因索之，则无有也。因启观所藏梨，则化之为水，清冷可爱，湛然甘美，真佳醖也。饮之辄醉。回回国葡萄酒，止用葡萄酿之，初不杂以他物。始知梨可酿，前所未闻也。①

明人谢肇淛在其《五杂俎·论酒》中谓："北方有葡萄酒、梨酒、枣酒、马奶酒，南方有蜜酒、树汁酒、椰浆酒。《酉阳杂俎》载有青田酒，此皆不用曲糵，自然而成者，亦能醉人，良可怪也。"②这段记载大概也只是当时果酒生产的部分情况。可见明代时各地生产的果酒，已呈百果齐酿的局面。

（二）露酒和蜜酒

我国古代的先民不仅采用部分果品酿酒，还常采撷某些植物的花、叶甚至根茎配入粮食中同酿，制成过各有独特风味的多种露酒。商代的鬯可以说是最古老的露酒，它是用黑黍为原料添加了郁金香草共同酿成的，必然带有明显的药香味。此后人们正是因为欣赏某种花叶的香味或某种药物的口味而配制了众多的露酒。这里只例举桂酒、竹叶酒作为它们的典型。

在中国古代，被人们称之为桂酒的，至少有两种。一种是由桂花浸制或薰制而成的桂花酒。我国是桂花树的原产地，栽培历史已有 2500 余年。馥郁香甜的桂花深受人们喜爱，约在春秋战国时期，人们已将它浸泡于酒中以成桂酒。屈原的"楚辞·九歌·东皇太一"中就有"蕙肴蒸兮兰藉，奠桂酒兮椒浆"的歌句。③《汉书·礼乐志·郊祀歌》中有"牲茧栗，粢盛香，尊桂酒，宾八乡"的歌句。④可见桂酒已是当时奠祀上天，款待宾客的美酒。历代的文人墨客对它多有赞赏。至明代时仍普遍采用这种薰浸法。明初刘基的《多能鄙事》（卷一）讲解甚明，谓："花香酒法：凡有香之花，木香、荼蘼、桂、菊之类皆可摘下晒干，每清酒一斗，用花头二两，生绢袋盛，悬于酒面，离约一指许，密封瓶口，经宿去花，其酒即作花香，甚美。"⑤另一种桂酒是采用木桂、菌桂、牡桂等泡浸或将谷类与诸桂合曲发酵而成。宋代大文豪苏轼对这种桂酒颇有研究。他不仅喝过，还亲自酿制过。在他的"桂酒颂"并叙中写道：

> 《礼》曰："丧有疾，饮酒食肉，必有草木之滋焉。姜桂之谓也。"古者非丧食，不彻姜桂。《楚辞》曰："奠桂酒兮椒浆。"是桂可以为酒也。《本草》：桂有小毒，而菌桂、牡桂皆无毒，大略皆主温中，利肝肺气，杀三虫，轻身坚骨，养神发色，使常如童子，疗心腹冷疾，为百药先，无所畏。陶隐居云，《仙经》，服三桂，以葱涕合云母，蒸为水。而孙思邈亦云：久服，可行水上。此轻身之效也。吾谪居海上，法当数饮酒以御瘴，而岭南无酒禁。有隐者，以桂酒方授吾，酿成而玉色，香味超然，非人间物也。⑥

据此可以判定苏轼所酿的桂酒，采用的是木桂、菌桂、牡桂等药材。自言方法来自当时

①　南宋·周密：《癸辛杂识》，见 1986 年上海古籍出版社出版《说郛三种》。
②　明·谢肇淛撰：《五杂俎》，见《国学珍本文库》第一集。
③　战国楚·屈原："楚辞·九歌·东皇太上"，见袁梅：《屈原赋译注》第 77 页，齐鲁书社，1984 年。
④　见《汉书·礼乐志》，中华书局校订、标点本第 1052 页，1962 年。
⑤　明·刘基：《多能鄙事》第 3 页，上海荣华书局藏版，1917 年。
⑥　见王文浩辑注《苏轼文集》卷二十，见中华书局刊本第 593 页，1982 年。

南方的一种酿酒秘方。这种酒不仅香美醇厚，还有一定的滋补御瘴的药用功能。但很遗憾，他没有记述下这种桂酒的制法，既言"酿成"，可能是通过了曲的发酵。宋人叶梦得在其《避暑录话》中写道："（苏轼）在惠州作桂酒，尝谓其二子迈、过云，亦一试而止，大抵气味似屠苏酒。……刘禹锡"传信方"有桂浆法。善造者，暑月极快美。凡酒用药，未有不夺其味，况桂之烈。楚人所谓桂酒椒浆者，安知其为美酒，但土俗所尚。今欲因其名以求美，迹过矣。"①由此可知，苏轼在惠州酿制的桂酒，口味与当时的屠苏酒相似。屠苏酒是汉代以后一种较流行的低酒度药用酒，正如窦苹所云："今人元日饮屠苏酒，云可以辟瘟气。"② 桂酒必定象屠苏酒一样，具有浓烈的药味。苏轼后来又继续酿制桂酒时，又写了一首诗："新酿桂酒"③，谓："捣香筛辣入瓶盆，盎盎春黥带雨浑。收拾小山藏社瓮，招呼明月到芳樽。酒材已遗门生致，菜把仍叨地主恩。烂煮葵羹斟桂醑，风流可惜在蛮村。"这种桂醑大约是将木桂等药材合米、酒曲一起入瓮共同发酵酿造。

竹叶酒又叫作竹酒、竹叶青酒。早在西晋时，张华在其"轻薄篇"中，就写道："苍梧竹叶青，宜城九酝酒。"④晋人张协在其"七命"中写道："乃有荆南乌程，豫北竹叶。浮蚁星沸，飞华萍接。元石尝其味，仪氏进其法。倾罍一朝，可以沉湎千日。单醪投川，可使三军告捷。"⑤这里的竹叶青、九酝酒、乌程、竹叶均指当时的名酒。此后众多文人笔下不断提到竹酒、竹叶酒，例如萧纲云："兰羞荐俎，竹酒澄芳。"庾信云："三春竹叶酒，一曲鹍鸡弦。"杜甫诗云："崖密松花熟，山杯竹叶青。"特别是在宋代，许多地方都酿制竹叶酒，其中产于杭州、成都、泉州的竹叶青都很有名。古时，各地的竹叶酒不仅酒基不同，而且酿制方法也各有特色。最初的方法可能只是在酒液中浸泡嫩竹叶以取其淡绿清香的色味。后来在中国医药传统的影响下，人们又添加了其他一些药材。当蒸馏酒大量生产后，人们又改用白酒代替黄酒作酒基来生产竹叶青。近代绍兴生产的竹叶青就是继承了前一种传统；山西汾阳杏花村汾酒厂生产的竹叶青则是发扬后一种传统。《本草纲目》所载的竹叶酒制法是："淡竹叶煎汁，如常酿酒饮。"即将淡竹叶水煎取汁，加入适量米、曲同酿而成。李时珍记载的这种竹叶酒据云有："治诸风热病，清心畅意"之功效。⑥

古代饮用菊花酒也有悠久的历史，更不乏赞颂、歌咏菊花酒的诗文。晋·陶潜云："往燕无遗影，来雁有余声，酒能祛百虑，菊解制颓龄。"⑦唐·郭元震诗云："辟恶茱萸囊，延寿菊花酒。"唐·王维诗云："开轩面场圃，把酒话桑麻，待到重阳日，还来就菊花。"唐·白居易诗云："待到菊黄家酿热，与君一醉一陶然。"宋·陆游诗云："采菊泛觞终觉懒，不妨闲卧下疏帘。"可见菊花酒是人们喜爱的一种美酒。《西京杂记》记载："（汉高祖时）九月九日佩茱萸、食蓬饵、饮菊花酒，令人长寿。"又说："菊花舒时并采茎叶杂黍米酿之，来年九月九日始熟，就饮焉，故谓之菊花酒。"南宋人吴自牧《梦粱录》也记载说："今世人以菊花、茱萸浮于酒

---

① 宋·叶梦得：《避暑录话》，《丛书集成》初编·文学类，总第 2786 册第 3 页。

② 宋·窦苹：《酒谱》，《说郛》（委宛山堂本）卷 95；商务印书馆本，卷 66。

③ 宋·苏轼："新酿桂酒"，见王文浩辑注：《苏轼诗集》卷 38，1982 年中华书局刊本第 2077 页。

④ 见《昭明文选》李善注，中华书局刊本第 497 页，1977 年。

⑤ 晋·张协（景阳）："七命"，见梁·萧统编《昭明文选》（卷三十五），中华书局影印本第 497 页，1977 年。

⑥ 明·李时珍：《本草纲目》（卷二十五），人民卫生出版社刊印本第 1565 页，1982 年。

⑦ 《西京杂记》传为东晋葛洪撰，又有说为汉·（刘歆撰，见《笔记小说大观》第 1 册，江苏广陵古籍刻印社，1984 年。

饮之，盖茱萸名'辟邪翁'，菊花为'延寿客'，故假此两物服之，以消阳九之厄。"①《本草纲目》记载："菊花酒，治头风，明耳目，去痿痹，消百病。用甘菊花煎汁，用曲、米酿酒。"②由以上记载可知菊花酒是人们常饮的一种有一定药效的露酒。其具体制法与竹叶酒相同。

　　明代冯梦祯的《快雪堂漫录》中记有茉莉酒，其制法是采摘茉莉花数十朵，用线系住花蒂，悬在酒瓶中，距酒一指许处，封固瓶口，"旬日香透矣"。③ 这种薰制法与窨制茉莉花茶的方法十分相近。

　　古籍中还记载了椰花酒、菖蒲酒、蔷薇酒等众多以花、叶、根为香料的露酒，其制法也大致相同，这里就不一一赘述。这类露酒不仅风味各异，而且大多有滋补强身的功效，所以人们常把它们并入滋补酒或药酒之列。

　　蜂蜜酒又习称为蜜酒，是以蜂蜜为原料经发酵酿制的酒。因蜜蜂口中含有转化酶可以水解蔗糖，转化它为葡萄糖和果糖的混合物。所以蜂蜜可作为酿酒的原料。古往今来，蜜酒的酿制在欧洲、非洲许多国家都很流行，方法很多，品种缤纷。由于蜜酒中含有人体所需的丰富营养，因而深受欢迎。蜜酒的酿制在中国也有悠久的历史。据传说，蜜酒已见于西周周幽王的宫宴上。这是可能的，因为蜂蜜加水稀释后会自然发酵成酒。但是在史料上笔者尚找不到很充分的证据。古籍中还有不少关于用蜂蜜来腌制果品、加工药品的记载，甚至有用蜂蜜来制醋的记载。例如《齐民要术》（卷八）〈作酢法〉中有"蜜苦酒法：水一石，蜜一斗，搅使调和。密盖瓮口，著日中，二十日可熟也。"④ 出现这种情况，有可能是因为原意用蜂蜜自然发酵制酒，但未能有效地避免杂菌，未能严格控温，结果酿出的蜜酒味道不佳，或竟酿成了醋，所以蜜酒的酿造难度反而较大，未能推广普及，因此有关的史料反而比较少见。对此，苏轼关于蜜酒的研制就是一个很好的说明。元丰三年（1080）苏轼因乌台诗案⑤ 被贬官黄州（今湖北黄冈）。在黄州他不仅躬亲农事，还亲自酿酒。一位来自四川绵竹武都的道士杨世昌路过黄州，苏轼从他那里得知蜜酒的酿造法，并作了酿造蜜酒的试验。对此苏轼作了题为"蜜酒歌"的诗：

　　　　西蜀道士杨世昌，善作蜜酒，绝醇酽。余既得其方，作此歌以遗之：

　　　　真珠为浆玉为醴，六月田夫汗流泚。不如春瓮自生香，蜂为耕耘花作米。一日小
　　沸鱼吐沫，二日眩转清光活，三日开瓮香满城，快泻银瓶不须拨。百钱一斗浓无声，
　　甘露微浊醒醍清，君不见南园采花蜂似雨。天教酿酒醉先生。先生年来穷到骨，问
　　人乞米何曾得，世间万事真悠悠，蜜蜂大胜监河侯。⑥

　　这首诗既描述了蜜酒的酿造过程，又抒发了作者虽穷困但有骨气的痛自节俭的生活情操；不仅赞颂了蜜蜂的辛勤劳动，也赞美了蜜酒的香醇。诗中所描述的"一日小沸鱼吐沫，二日眩转清光活，三日开瓮香满城"，实际上就是他酿制蜜酒的观察记录。

　　关于当时蜜酒的酿制法，曾有流传。南宋人张邦基在其《墨庄漫录》中写道：

　　　　东坡性喜饮，而饮亦不多。在黄州，尝以蜜为酿，又作蜜酒歌，人罕传其法。每

---

① 宋·吴自牧：《梦粱录》，《丛书集成》初编·史地类，总第 3219 册。
② 明·李时珍：《本草纲目》，1982 年人民卫生出版社印本第 1563 页。
③ 明·冯梦祯：《快雪堂漫录》，见王文濡《说库》下册，浙江古籍出版社，1986 年。
④ 见后魏·贾思勰原著，缪启愉校释：《齐民要术校释》第 434 页，农业出版社，1982 年。
⑤ "乌台诗案"是北宋一场有名的文字狱，苏轼因写诗讥讽时政和新法而被下狱，几乎被杀。
⑥ 见清·王文浩辑注：《苏轼诗集》第 4 册，中华书局刊本第 1115 页，1982 年。

蜜用四斤，炼熟，入熟汤相搅，成一斗，入好面曲二两、南方白酒饼子米曲一两半，捣细，生绢袋盛，都置一器中，密封之。大暑中冷下；稍凉温下，天冷即热下。一二日即沸，又数日沸定，酒即清可饮。初全带蜜味，澄之半月，浑是佳酎。方沸时，又炼蜜半斤，冷投之，尤妙。予尝试为之，味甜如醇醴，善饮之人，恐非其好也。①

据此介绍，这种蜜酒的酿造法是可行的，张邦基也成功地酿制了蜜酒。其酿制法虽然并不复杂，但是工艺中对温度控制的要求却是不能疏忽。据今科学研究，温度若超过30℃，蜜水极易酸败变味；若发酵不完全，又往往会有令人不快的口感。因此苏轼在黄州酿制蜜酒并不顺利。《避暑录话》记载了一则后人的评论谓："苏子瞻在黄州作蜜酒，不甚佳，饮者辄暴下，蜜水腐败者尔。尝一试之，后不复作。"②在当时，人们不可能了解微生物在酿造中的作用，虽然凭经验知道，在酿制中容器要洁净，水要熟冷；但对温度稍高易引起蜜水腐败就缺乏了解，重视不够，结果酿出的酒往往变质变酸。苏轼遇到的挫折是可以理解的。

由于苏轼的介绍，"蜜酒方"引起人们的注目。苏轼之后的李保在其《续北山酒经》中，就把"蜜酒方"列为醖酒法之一。③元代宋伯仁也把"杨世昌蜜酒"列入名酒之列。④明代卢和在《食物本草》中说："蜜酒，孙真人曰治风疹风癣。用沙蜜一斤，糯饭一升，面曲五两，熟水五升，同入瓶内，封七日成酒，寻常以蜜入酒代之亦良。"⑤这段记载申明，唐代孙思邈时已采用蜜酒治病，可见蜜酒在唐代早已有之。《唐·新修本草》就指出："酒，有蒲桃、秋、黍、秔、粟、麹、蜜等。作酒醴，以麹为；而蒲桃、蜜等独不用麹。"⑥据推测，蜜酒方当时大概主要在炼丹家或医药家间流传，直到经苏轼宣扬，才在民间传播开来。而且到了明代，蜜酒的酿造，也和其它果酒一样，在酿造中常加入糯饭，而且也常添加酒曲。例如据传为明初人刘基所撰的《多能鄙事》中就记录了三种蜜酒方：

蜜二斤，以水一斗慢火热百沸，鸡羽掠去沫，再热再掠，沫尽为度。桂心、胡椒、良姜、红豆、缩砂仁各等分，为细末。先于器内下药末八钱，次下干面末四两，后下蜜水，用油纸封，箬叶七重密固，冬二七日，春秋十日，夏七日熟。

蜜四斤，水九升，同煮。掠去浮沫，夏候冷，冬微温，入曲末四两，酵一两，脑子一豆大，纸七重掩之，以大针刺十孔，则去纸一重，至七日酒成。用木搁起，勿令近地气。冬日以微火温之，勿冷冻。

沙蜜一斤，炼过；糯米一升蒸饭，以水五升、白曲四两，同入器中密封之。五七日可漉，极醇美。⑦

这样酿造蜜酒既可使之带有黄酒的风味，又可节省蜂蜜。到了近代，人们酿制蜜酒的工

---

① 宋·张邦基：《墨庄漫录》(卷五)，见《笔记小说大观》第7册第94页。

② 宋·叶梦得：《避暑录话》，见《丛书集成》初编·文学类，总第2786册。

③ 宋·李保：《续北山酒经》，见《说郛》(卷九十四)，宛委山堂本；胡山源编《古今酒事》第50~51页。

④ 元·宋伯仁：《酒小史》，见《说郛》(卷九十四)，宛委山宛本；胡山源编《古今酒事》第71页。

⑤ 明·卢和：《食物本草》，乾隆癸卯年金阊书业堂藏本。

⑥ 唐·苏敬等撰，尚志钧辑校：《唐·新修本草》，安徽科技出版社印本第489页，1981年。

⑦ 明·刘基撰：《多能鄙事》(卷一)第3~4页，上海荣华书局藏本，1917年。

序大致固定下来：将 1 公斤的蜂蜜放入清洁的坛中，冲入 2～2.5 公斤的开水，搅拌至蜂蜜完全溶解。待蜜水温度降至 24～26℃时，将麦曲和白酒药各 50～100 克研成细粉，在不断搅拌下加入，然后用木板或厚纸盖好坛口，使发酵醪保温在 27～30℃。夏季经一周，春秋 2～3 周，冬季一个多月，即可完成发酵。再将坛口封好，放在 15～20℃的室内，经过 2～3 个月的后发酵，酒即成。清液可直接饮用，混酒需过滤，贮藏或瓶装均须经加热灭菌处理并密封。① 由此可见这种方法与苏轼当年的方法仍很接近，但要更注意封闭、灭菌、控温等工艺要求。

（三）滋补健身酒和药酒

在远古时期，吃酒常常是酒液与酒糟同食，不仅味道醇香，是一种享受，还能暖身饱肚，更节约了粮食。当时的酒，酒度很低，营养成分却很丰富，适当地饮食后，浑身发热，精神兴奋、舒畅，这种感受很自然地被视为一种治病养生的手段。酒遂成为最早的药物之一。后来，它便从食品中独立出来，或单独使用，或协同其他药物共同饮用，于是与医药建立了密切的联系。繁体的"醫"字，从酉，酉在古汉字中同酒。汉代许慎在《说文解字》中指出："酒，所以治病也，周礼有醫酒。"② 王莽在他的诏书中曾说："夫盐，食肴之将；酒，百药之长，嘉会之好。"③ 这些文字都说明当时酒与医药间存在着密切的联系。正是基于这种认识，具有中国民族特色的药酒和滋补健身酒便应世而生，并获得了较快的发展。

我国现存最早的医学理论著述《黄帝内经·素问》中有一段黄帝与歧伯讨论造酒的对话，即"汤液醪醴论"专章（第十四篇）。歧伯谓："自古圣人之作汤液醪醴以为备耳，夫上古作汤液，故为而弗服也。中古之世，道德稍衰，邪气时至，服之万全。"④ 表明吃醪醴是为了强身，醪醴实际上就是用谷物酿制而成的酒和糟的混合饮料。随着中草药知识的丰富，人们尝试用某些中草药配入酒中，而制得药酒。因为药酒将饮用的酒和治病强身的药融合为一体，并有利于吸收，更增强了疗效。《素问》中提到的鸡矢醴、醪药应是药酒。书中还记载了用蜀椒、干姜、桂心等配制的药酒，谓可以用来治寒痹一类的病。从此，采用酒和药酒来治疗某些疾病便成为中医的一种常用手段。《韩非子·外储说左上》中说："夫药酒用（忠）言，明君圣主之以独知也。"（当作"夫药酒忠言，知者明主之所以独知也"）⑤《史记·仓公列传》（卷一百五）中记载了前汉名医淳于衍讲的一段话："济北王病，召臣意诊其脉。曰，风蹶胸满。即为药酒，尽三石，病已。"像淳于意这样的名医，曾采用药酒治病应是可信的。

中医认为适量饮酒，能通血脉，行药势，暖胃辟寒，因而除常用酒配制药酒外，还配制那些被认为有滋补强身作用的饮料。《神农本草经》指出："药性有宜丸者，宜散者，宜水煮者，宜酒渍者，宜膏煎者，亦有一物兼宜者，亦有不可入汤酒者。并随药性，不得违越。"⑥ 由此可见当时的医师对于酒的"行药势"，不仅当作药引，而且还认识到它是一种有特效的溶剂。其时能认识到这种作用确是难能可贵。现代化学研究表明，酒中的主要成分是乙醇，它是一种良好的非极性有机溶媒，大部分水溶性物质及水难以溶解，需用非极性溶媒溶解的物质，往

---

① 参见黄文诚：《蜂蜜酿酒》第 62 页，农业出版社，1985 年。

② 汉·许慎著：《说文解字》卷十四下"醫"字注，见中华书局影印本第 313 页上，1963 年。

③ 汉·班固撰：《汉书·食货志》卷二十四下，中华书局校订、标点本第 1183 页，1962 年。

④ 参看《黄帝内经·素问》，郭霭春校注语释本第 83～84 页，天津科学技术出版社，1981 年。

⑤ 见《韩非子集释》卷第十一〈外储说左上〉及注，陈奇猷校注，上海人民出版社刊本第 611、612 页，1973 年。

⑥ 清·黄奭辑：《神农本草经》第 342 页，中医古籍出版社，1982 年。

往可溶于乙醇。因此中药里的多种成分，如生物碱、氨基酸、维生素、甙、鞣质、挥发性油、有机酸、树脂、糖类及部分色素等都较易溶于酒中。此外乙醇还有良好的渗透性，易于进入药材组织的细胞中，发挥溶解作用，促进置换、扩散，有利于提高浸出速度和浸出效果。秦汉之际的医人虽然不可能认识到这种机理，但是他们在实践中已深切感受到某些药酒较之水煎制剂有更好的效果。

1973 年于长沙马王堆汉墓出土的帛书《五十二病方》是我国现存较早的方书，在它记载的 283 种药方中，药酒和滋补健身酒很多，反映了它们在当时医方中已占有重要地位。① 此外，马王堆出土的帛书《养生方》、《杂疗方》也记载了先秦时期的几种药酒配方和酿制方法，为研究当时的药酒、补酒提供了珍贵素材。从《养生方》中可辨认的文字中，发现的药酒方有：①用天门冬配合秫米等酿制的药酒，可治"老不起"；②用黍米、稻米等酿制的药酒，也可治"老不起"；③以好酒和麦□（药名，不详）等制成的药酒用作强壮剂；④用石膏、藁本、牛膝等药酿成的药酒；⑤用泽漆、节（药名）、乌喙、黍、稻等酿成的药酒，可作强壮剂。《杂疗方》中也记载了一个药方：用智（药名）和薜荔根制成的醴酒，可作强壮剂。② 从这些记载可以看到当时药酒的制法已有多种，有的是将药物与酿酒原料、酒曲混合发酵；有的采用直接将药物加入酒中配造。这些方法后来都不断在实践中被改进和发展。

有一类药酒曾被用作麻醉剂或蒙汗药，特别值得记叙史籍上曾有记载，例如《列子·汤问篇》讲："鲁公扈、齐婴二人有疾，同请扁鹊求治，……扁鹊遂让二人毒酒，迷死三日，剖胸探心，易而置之，投以神药，既悟如初。二人辞归，……"据传淳于意也能利用麻醉药来辅助手术。东汉名医华佗认为："若疾发结于内，针、药所不能及者，乃令先以酒服麻沸散，既醉无所觉，因刳破腹背，抽割积聚；若在胃肠，则断截湔洗，除去疾秽。既而缝合，缚以神膏。四五日创愈，一月之间皆平复。"③ 由此可见，运用酒和麻醉药酒于外科手术，乃是中国先民在世界医学史上的一项重大贡献。当时的麻醉药酒可能是采用蔓陀萝花、乌头等配制而成。

炼丹术在中国兴起后，许多医士兼通炼丹制药，因此他们大都研究和掌握了一些药酒和补酒的配制。晋代著名炼丹家葛洪虽然写了《酒诫》斥责酗酒，但还是很重视药酒和补酒。他在《肘后备急方》中也收录了不少药酒方。南北朝时的陶弘景则明确指出："大寒凝海，惟酒不冰，明其性热独冠群物，药家多须，以行其势。"④ 唐初名医孙思邈也指出："凡合酒皆薄切药，以绢袋盛药内（纳）酒中，密封头，春夏四五日，秋冬七八日，皆以味足为度，去滓服酒，尽后，其滓捣酒服方寸七，日三。大法：冬宜服酒，至立春宜停。"⑤ 这里介绍的是当时最常见的一种药酒制法——浸取法。在《备急千金要方》中，孙思邈记叙的药酒方竟达 60 多种。唐代时苏敬把葡萄酒也作为补酒列入了药典，谓："葡萄作酒法，总收取子汁酿之，自成酒。"指出它"能消痰破癖"。⑥

宋元时期，中国的医药学进入一个全面发展的时期，药酒的品种继续增加，泡制的技术

---

① 参看马继兴、李学勤："我国现已发现的最古医方"，《文物》，1974 年第 9 期。

② 参看晓茵："长沙马王堆汉墓帛书概述"，《文物》1974 年第 9 期。

③ 见《后汉书·华佗列传》卷 112 下，《四部备要》本第 1031 页。

④ 见尚志钧辑校本《唐·新修本草》第 439 页。

⑤ 见唐·逊思邈：《备急千金要方》卷七第 148 页上，人民卫生出版社影印本，1982 年。

⑥ 见尚志钧辑校本《唐·新修本草》第 439、489 页。

也有较大的进步。许多医书中，药酒方比比皆是，有酒浸的，也有酒酿的，还有酒蒸的。王怀隐等编的《太平圣惠方》中，在"药酒序"里写道："夫酒者谷蘖之精，和养神气，性唯剽悍，功甚变通，能宣利胃肠，善导引药势，今则兼之名草，成彼香醪，莫不采自仙方，备乎药品，疴恙必涤，效验可凭，故存于编简方。"① 此巨典也收录药酒方 60 多种。宋代政和年间编成的《圣济总录》也收录不少药酒方，其中葱豉酒、豆豉酒、萎蕤酒、仙灵脾酒则是以前医书没有提到的，它们不仅能疗疾，还能补虚。其中仙灵脾酒的制法是："将药锉碎，以生绢袋盛，用好酒一斗二升浸，药不令到底，搛灰外煨一复（优）时，取出后冷服之。"② 这种制法应属热浸法，即炼丹术中很讲究的"悬胎煮"，让药物在一定温度条件下被酒浸泡，使药物的有效成分有机会能更好地溶解，而渣滓不混入酒中。这在当时是一种较先进的工艺。

　　自从蒸馏酒问世后，医药家很快发展出了一批用烧酒泡取的药酒，不仅疗效好，而且不易变质失效。这是由于烧酒的乙醇含量高，既对药物的有效成分有更好的萃取作用，又能防止日久腐坏。明清时期，制取药酒和补酒的工艺更趋成熟，对多种药材及药方的研究也积累了更多的经验，《本草纲目》就专门列举了 79 种药酒，其中半数以上是补酒。③ 其他一些医书或本草著作，甚至一些文学作品也不乏药酒和补酒的介绍。在中国传统的养生观念影响下，百姓们在志喜贺吉、庆逢惜别等场合中饮用或惠赠的酒，更大多是各具特色的补酒。饮用补酒在一些地区还形成了风俗，例如，江南一些地方正月里要饮用屠苏酒、椒花酒。屠苏酒是古代一种较流行的补酒。孙思邈就说："屠苏之饮，先从小起，多少自在。一人饮一家无疫，一家饮一里无疫。饮药酒得三朝，还滓置井中，能仍岁饮，可世无病。当家内外有井，皆悉著药避瘟气也。"④ 对于屠苏酒的制法和饮用，《本草纲目》等许多医药典籍都不乏记载。⑤ 又例如，俗云端午节饮雄黄酒除恶辟邪；饮菖蒲酒却瘟；饮蟾蜍酒壮阳增寿。再如我国早有重阳节饮菊花酒的风俗。

　　近代的医药学家继承了祖国传统药酒的精萃，并运用科研手段，对某些药酒进行了临床观察和深入的药理研究，使许多祖传秘方的药酒和滋补健身酒在科学的基础上得以发扬光大。这些药酒和滋补健身酒，或作为一方药剂，或作为某种特殊饮料，倍受人们欢迎，在当今提倡科学饮食——强身健体的潮流中，有着广阔的发展前景。

六　中国酿造史中的特产——醋与酱

　　乙醇浓度低的酒（乙醇浓度不超过 7％）长时间曝露在空气中（最宜温度在 25～35℃之间），在浮游于大气中的醋酸菌的作用下会被氧化成乙酸（醋的主要化学成分），其主要化学反应是：

---

① 宋·王怀隐：《太平圣惠方》，人民卫生出版社铅印本，1958 年。

② 《圣济总录》，人民卫生出版社铅印本，1962 年。

③ 参看人民卫生出版社出版《本草纲目》第 1561～1567 页。

④ 唐·孙思邈：《备急千金要方》卷 9，第 175 页，人民卫生出版社，1982 年。关于屠苏酒的起源，唐·韩谔：《岁华纪丽·元旦·进屠苏》注曰："俗说屠苏乃草庵之名。昔有人居草庵之中，每岁除夜遗闾里一药帖，令囊贮浸井中，至元旦取水，置于酒樽，合家饮之，不病瘟疫。今人得其方，而不知其人姓名，但曰屠苏而已。"

⑤ 《本草纲目》（卷 25）所载"屠苏方"用赤木、桂心、防风、菝葜、蜀椒、桔梗、大黄、乌头、赤小豆等。云："此华佗方也，元旦饮之，辟疫疠一切不正之气。"见 1979 年人民卫生出版社刊本第 1561 页。

$$C_2H_5OH+O_2 \xrightarrow[\text{醋酸菌}]{25\sim35℃} CH_3COOH+H_2O$$

有许多食品放置一段时间后也会变酸。变酸了的食品不一定就是腐坏了，再不能食用。在食品十分宝贵的原始社会，由于储存方式的落后，食品变酸是时常发生的，变酸了的食品仍要吃掉也是常见的事。在品尝中，先民们发现，有些变酸后的食品别有风味。不仅自然界本来就存在的酸味果品颇受欢迎，一些经加工有意让其变酸的食品同样受到青睐。某些民族或某些地区的人们遂养成爱吃某类酸味食品的习俗。例如，有人爱吃淹酸的黄瓜，有人爱吃酸菜；又如今山西的许多人又有爱食醋的嗜好。在中华民族的饮食中，的确有不少酸味的好食品，特别是自古便用于烹饪的重要调味品——醋。西方的一些民族，虽然也爱吃某些酸味食品，但是在他们的调味品中，只有由果酒加工成的果醋，而没有利用粮食酿制的醋。我国的先民用粮食酿制的多种风味的醋应该说是中国人的一项伟大创造。

利用大豆制作豆酱、豆酱油，在中国也已有悠久的历史。酱、酱油也和醋一样是具有中华民族特色而享誉世界的烹饪技术中不可短缺的佐料，它们的发明、发展和传播，无疑也是对人类饮食文化的一大贡献。

（一）醋的演进

1. 历史上与醋相关的名词

在古代文献中，醋或与醋相关的名词很多，例如：醯、酢、醋、苦酒及截等等。它们之间有何关系，有何差别，在考察醋的历史时，首先应搞清楚，才能把问题辨析得准确、清晰。在最初的时候，含有较强酸味汁液的梅子，可以说是中国先民最早的酸味调料。大约在殷代时已利用。《尚书·说命下》有："若作和羹，尔惟盐梅。"[①] 表明周代时人们已将这种酸味汁液加工成梅汁或梅酱用以调味。但是梅是天然果品，产量有限，难以满足人们的需求，于是醯应世而生。《周礼》中说西周天官冢宰下设有"醯人"一职，其下属有"奄二人，女二十人，奚四十人"。[②] 又谓："醯人，掌共五齐七菹。凡醯物，以共祭祀之齐菹。凡醯酱之物，宾客亦如之。王举，则共齐菹醯物六十瓮，共后及世子之酱齐菹，宾客之礼，共醯五十瓮，凡事共醯。"[③] 由此可见在西周的宫廷内，有专门管理醯的生产和供应的官吏——醯人。醯除用于祭祀之外，还供应给王室成员及他们的宾客。看来醯的出现应在周代以前。到周代制醯已成为当时宫廷中一个专业性的部门。《史记·货殖列传》记述："通邑大都，酤一岁千酿，醯酱千坄，浆千儋。……蘖曲盐豉千荅……此安比千乘之家，其大率也。"酤即卖也；坄为长颈大腹的陶瓶（集解，徐广曰，长颈罂。）；儋为容量为一石的陶制大瓮；荅即为瓵，是容量约为六升的陶制容器。这表明在汉初，醯的享用已推广到一般平民百姓，在通邑大都的地方，已有专门生产和经营酱、醯、盐豉的商人，他们的财富不比当时的"千户"（职）差。那么醯为何物？《论语·公冶长》曰："子曰：孰谓微生高直？或乞醯焉；乞诸其邻而与之。（朱熹疏：醯，醋也）"[④] 这里讲的是一件向人乞讨醯物的事。《左传·昭公二十年》谓："水、火、醯、醢、盐、

---

① 见《十三经注疏·尚书正义·说命下》，国学整理社出版，世界书局发行，第63页，1935年。

② 见《十三经注疏·周礼注疏》（卷六）第3、37页，世界书局发行。

③ 见《史记·货殖列传》（卷129）中华书局校订标点本第3274页。

④ 见1936年世界书局印行《四书五经》上册《论语章句集注·公冶长第五》（卷三）第110页。

梅以烹鱼肉。（疏：醢，酢也；醢，肉酱也）"①《仪礼·聘礼》谓："醢、醢百瓮，夹碑十以为列。（疏：醢是酿谷为之，酒之类。……醢是酿肉为之）"② 由以上记载可推测，"醢"在秦汉以前代表一类酸味的汁，包括酸的酱汁和由酒、酒糟加工而成的酸汁。

中国古代文字学者已有确切考证，酢（音 cù）字是"醋"字的本字。古时酬酢（音 zuò）的"酢"，本作"醋"（音 zuò），而酸醋的"醋"，本作"酢"（音 cù）。后来二字互易，以"酢"作为酬酢字，"醋"作酸醋字。例如，西汉人史游的《急就篇》中有"芜荑盐豉醢酢酱"一句。唐人颜师古注曰："醢，酢也，一物二名也。"③《急就篇》又有"酸咸酢淡辨浊清"之句，注曰："大酸谓之酢。"这里的酢是即指酸醋无疑。《仪礼·士虞礼》中有："祝酌授尸，尸以醋主人。"④ 这里的"醋"是回敬、报答之意。在《说文解字》中，"醋"的意思仍是"客酌主人也"。⑤ 所以宋代的史绳祖曾认为："九经（即四书五经：《论语》、《大学》、《中庸》、《孟子》、《易经》、《书经》、《诗经》、《礼记》、《春秋》）中无醋字，止有醢及和用酸而已，至汉方有此字。"⑥ 史绳祖所指的"醋"字是酸醋的"醋"（当时作"酢"），从这一角度来认识，他的判断是可以接受的。所以清代人段玉裁在注释《说文解字》的上段话时便指出："按经多以酢为醋，惟礼经尚仍其旧。后人醋酢互易。"⑦ 其意即：在儒家经典的诸书中，所言酢就是食醋，唯《仪礼》仍保持"醋"的原意，则为"客酬主人"之意。后人醋酢两字互易，醋即今食醋，酢则为"客酌主人"之意。通过上述分析，能否这样认为，在秦汉以前，醢代表一切酸味食品，酢表示为酸味调料，它们之间的区别很模糊，故时有混用。"醋"则是酬答之意。汉魏以后，醢渐少用，酢、醋含义互易，醋遂取代酢而代表食醋，而酢也取代醋成为酬答之意。互易有个过程，所以在很长一段时间里，醋、酢也难免常混用，例如《隋史·酷吏传》中有一句话："宁饮三斗酢，不见崔弘度。"这里的酢仍指食醋，崔弘度是隋代的酷吏。意思是宁肯喝下三斗极难喝进的酸醋，也不愿意见到崔弘度这个残忍的恶棍。又例如在《齐民要术》中，作名词用时，多作"酢"，而醋多作为形容词的"酸"字用。即在混用。但有一点不混淆，无论是醋或酢，当用作酸醋之含义时，都读"cù"音；当作"客酌主人"之意时，都读"zuò"音。

对同一事物，不同地方有不同的称谓，这一现象并不少见。作为某一地区的方言，将酸醋称之为苦酒也就不足怪了。《释名·释饮食》谓："苦酒，淳毒甚者，酢苦也。"⑧ 南朝·陶弘景的《本草经集注》中谓："醋酒为用，无所不入，逾久逾良，亦谓之醢。以有苦味，俗呼苦酒。"⑨ 以上两段文字都指出，苦酒即是醋（酢或醢），它与酒有关，即来自酒，略有苦味。对此《齐民要术》有了更多的介绍。贾思勰介绍了当时他所知的 23 种制醋法，其中前 15 种他都称醋为酢。而后 8 种，他都称谓苦酒。他明确指出称谓"苦酒制法"的内容都是取自

① 见王守谦注释本《左传全译·昭公二十年》第 1303 页，贵州人民出版社，1990 年。
② 见《十三经注疏·仪礼注疏·聘礼第八》（卷二十二），世界书局发行本第 118 页。
③ 汉·史游撰：《急就篇》，见《丛书集成》初编·语文学类，总第 1052 册。
④ 见《十三经注疏·仪礼注疏·士虞礼第十四》（卷四十二），世界书局发行本第 225 页。
⑤ 见 1963 年中华书局印本汉·许慎《说文解字》第 312 页下。
⑥ 宋·史绳祖《学斋佔毕·九经所无之字》，见《丛书集成》初编·总类，第 313 册。
⑦ 清·段玉裁撰《说文解字注》，《四部备要》经部小学；《丛书集成》初编·语文学类，总第 1132 册。
⑧ 汉·刘熙《释名》，《丛书集成》初编·语文学类，总第 1151 册。
⑨ 见尚志钧辑校本《唐·新修本草》第 494 册。

《食经》。① 仔细地考察《齐民要术》就可以发现，苦酒和酢是属于同一类调味品，这点贾思勰十分肯定。而在称谓及行文用语上则多有不同，这是因为关于苦酒的文字均采自《食经》。按苦酒的酿造原料，除麦、秫外，增加了大豆、小豆、黍米、蜜等，而且酿造中一般不用麹，而用酒或酒醅为发酵的催化剂，因此苦酒必有酒味。大概因为酸醋与酒的混合味感是苦，所以有了苦酒的别名。而苦酒的酿造方法又都是液体发酵法，这是当时南方制醋工艺的一个特点。因此又可推测，苦酒大概是当时南方人对酸醋的称谓。

在古代文献中，"截"字也曾代表过醋。《汉书·食货志》有："除米曲木贾，计其利而什分之，以其七入官，其三及醋、截、灰炭给工器薪樵之费。"颜师古注曰："截，酢浆也。"② 《说文解字》也谓："截，酢浆也。"③ "截"字在魏晋以后就很少代表醋了。例如《齐民要术》中，介绍了那么多种醋，却不见有"截"字，在《说文解字》中"酏（yàn），酢浆也"，宋代徐铉注："酏，今俗作酽，非是鱼窆切。"即"酏"字到了宋代，已同"酽"字，其意变为浓、味厚之义。此外醦（chān）、"醯"（xī）等字也曾是醋的名称，皆因是一地一时之称，后人知道采用的不多。

2. 制醋工艺的发展

《周礼》有醯人、醯物，表明当时宫廷中已有专门负责王室用醯的生产供应机构。两汉以后，官府在榷酒的同时，也逐步开始有榷酢和税醋之法而对制醋业进行管制。《齐民要术》把制醋法专列一节，说明制醋工艺在当时众多农业、手工业的技术中已占一席之地，制醋业已初具规模。

《九经》中虽然常有"醯"字出现，但是没有讲述醯的具体制法。东汉崔寔在其《四民月令》中曾曰："四月四日可作醯、酱"，又说"五月五日亦可作酢"。④ 也没有深谈酢的制法。从目前看到的文献，比较集中地介绍了早期制醋方法的是《齐民要术》，它一共介绍了当时的 23 种制醋法。考察这些方法，可以看到当时制醋所用的原料已有粟米、秫米、黍米、大麦、面粉、酒醅、酒、麸皮、酒糟、粟糠、大豆、小豆、小麦、粗米等，与近代相比，除高粱、玉米外，已充分用到。当时曾用蜜酿醋，现已少见。贾思勰记述的前 15 种制酢法大多是当时流行于北方地区的制醋法，他收录自《食经》的 8 种制苦酒法可能是当时南方地区的部分制醋法。前 15 种中有 8 种采用麦𪋻作为糖化和醋发酵的催化剂。此外也有采用笨曲、黄蒸及加入酒糟、酒醅、醋浆的。只有"动酒酢法"较特殊，是利用不中饮的春酒，加水，置日中曝之，经数十天的自然发酵而成醋。麦𪋻即黄衣，又叫女麹，是曲的一种。其制法是：

> 六月中，取小麦，净淘讫，于瓮中以水浸之，令醋（即酸）。漉出，熟蒸之。槌箔上敷席，置麦于上，摊令厚二寸许，预前一日刈苍叶薄覆。无苍叶者，刈胡枲，择去杂草，无令有水露气；⑤ 候麦冷，以胡枲覆之。七日，看黄衣色足，便出曝之，令干。去胡枲而已，慎勿飏簸。齐人喜当风飏去黄衣，此大谬。凡有所造作用麦𪋻者，

---

① 魏晋南北朝时期行世的《食经》有多部，在《隋书·经籍志》中著录的《食经》有刘休《食方》一卷，《太官食经》五卷，《太官食法》十二卷，《黄帝杂饮食忌》二卷，《崔氏食经》四卷，《马琬食经》三卷等。不知贾思勰引用之《食经》为哪部。至于谢讽作撰《食经》其问世年代尚待考。

② 见《汉书·食货志下》，世界书局本第 202 页，1935 年。

③ 汉·许慎：《说文解字》，1963 年中华书局影印本，"十四下·酉部"，第 313 页上。

④ 见东汉·崔寔著，缪启愉辑释：《四民月令辑释》第 47、53 页，农业出版社，1981 年。

⑤ 缪启愉注：苍，秀前之获；胡枲，即枲耳，亦名苍耳。

皆仰其衣为势，今反飏去之，作物必不善矣。①

由上述的制法可以了解到黄衣曲（麦䴷）是一种散曲，即以整粒的麦，让其繁殖出大量的在总体上呈黄色的菌丝体、子囊柄或孢子囊等菌类。由于环境等因素，这些菌类中黄曲霉和醋酸菌、乳酸菌的繁殖有较大优势。在人们最初使用酒曲酿酒中，常使用包括黄衣曲在内的散曲，在实践中逐渐发现散曲，包括黄衣曲，用于酿酒时，掌握不好，酿出的极易是酸酒，也就是当时的醨。随着经验的积累，人们逐渐用块曲酿酒，而着意用散曲制醋作酱。黄蒸也属于散曲，但与黄衣不同，它是由带麸皮的面粉作成的酱麹，它虽然也可用以制醋，但更多的是用于做酱。

贾思勰记述的制醋法大都采用加曲（主要是黄衣曲）直接发酵法。兹举"大酢法"为例：

> 七月七日取水作之。大率麦䴷一斗，勿扬簸；水三斗；粟米熟饭三斗，摊令冷。任瓮大小，依法加之，以满为限。先下麦䴷，次下水，次下饭，直置勿搅之。以绵幕瓮口，拔刀横瓮上。一七日，旦，著井花水一碗。三七日，旦，又著一碗，便熟。常置一瓠瓢于瓮，以挹酢；若用湿器，咸器内瓮中，则坏酢味也。②

由此法可知：①制醋和酿酒一样，曲的选择和使用是十分重要的。制酢法中大多使用麦䴷，说明麦䴷是较好的制醋曲种，即它的霉菌中含有较多的醋酸菌和乳酸菌。在适合的环境中，醋酸菌会产生一种特殊的酶，促进乙醇和大气中的氧起作用而生成乙酸（醋酸）。在具体操作中，该法十分强调"勿扬簸"，即不要把麦䴷上的黄色霉菌扬簸掉，以免影响它的酵解作用和成品的质量。②北方制醋大多选在7月，少数是从5月5日开始，此时正值夏季，气温较适宜发酵制醋。这与酿酒不一样，酿酒多选在秋末桑落之时。③和酿酒一样，制醋的全过程都十分注意器具和用水的洁净。例如上述"大酢法"中就告诫说："若用湿器、咸器内瓮中，则坏酢味也。"又例如"秫米酢法"指出："勿令生水入瓮中。"特别在发酵过程中，容器口都要蒙上一层丝棉，既保持了瓮内空气流通，又防止了灰尘杂物的进入。

贾思勰引自《食经》的8种苦酒制法就与上述北方制酢法不完全一样。"大豆千岁苦酒法"、"小豆千岁苦酒法"、"小麦苦酒法"都未利用任何曲类或醋母，而是直接利用酒或酒醅来催化发酵，或利用酒液的天然氧化，并使醋酸菌大量繁殖而制成醋。"水苦酒法"、"卒成苦酒法"则是加入了女曲即麦䴷和曲来促成发酵制醋。"蜜苦酒法"、"外国苦酒法"和上面的"动酒酢"一样，除水以外，不用任何配料。其实南方米醋也可以不用任何曲类和醋母，单纯用米和水在高温季节酿成，这种酿法，《齐民要术》没有记载。这8种苦酒制法都是采用液体发酵法，这大概是当时南方制醋的一个特点。上述北方制酢法中就有几例是采用固态发酵法，最后采用加水淋醋的方法而获得醋液。

以上23种制醋法，采用了不同的发酵催化剂和不同的工艺，不仅是由于地域的不同和原料的差异，这也反映了当时各地人们仍在通过自己的实践，探索多种制醋的良方。有些方法仍是很不成熟的。例如"卒成苦酒法"，贾思勰对它曾作过试验和品尝，认为"直醋亦不美"。只是在"以粟米饭一斗投之，二七日后，清澄美酽"，③此醋的质量才有所提高，与大醋相差不多。

① 缪启愉校释：《齐民要术校释》第 414 页。
② 缪启愉校释：《齐民要术校释》第 429 页。
③ 见缪启愉校释：《齐民要术校释》第 434 页。

隋、唐、宋时的"食经"或"食谱"，大多仅罗列了一些菜单，没有涉及烹调法，当然也就很少论及制醋法。当时的医药类典籍，例如《备急千金要方》，却有不少地方谈到醋或苦酒，但是这里的醋主要用作药剂的一味或诸味药的调料。本草著作中也介绍过醋，例如《唐·新修本草》谓："醋有数种，此言米醋。若（或）蜜醋、麦醋、曲醋、桃醋、葡萄、大枣、薁莫等诸杂果醋。及糠糟等醋会意者，亦极酸烈，止可唉之，不可入药用也。"① 同样没有详细地介绍制醋法。元代的《居家必用事类》是此后比较集中的介绍制醋工艺的著述。该书在"造诸醋法"条下介绍了十一种制醋法："造七醋法"、"造三黄醋法"、"造小麦醋法"、"造麦黄醋法"、"造大麦醋法"、"造糟醋法"、"造饧糖醋法"、"造千里醋法"、"造麹醋法"、"造糠醋法"及"收藏醋法"。仔细考察这些制醋法，并将其与《齐民要术》所述的制醋法相比较，就可以看到制醋工艺的进步：①在《居家必用事类》中，已不再用酢表示北方的酸醋，苦酒代表南方的食醋，而是直接采用醋来统一称谓。这反映人们对醋这类物质有了更明确的认识。②《齐民要术》中列举了23种制醋法，从分类和命名来看，并不严谨，似没有什么原则可遵循。而《居家必用事类》虽只介绍了11种，命名原则却很清晰，主要依据原料，一目了然。③在具体的酿制工艺上，也可以看到变化。例如《齐民要术》中的"大麦酢法"是这样记述的：

七月七日作。若七日不得作者，必须收藏取七日水，十五日作。除此两日则不成。于屋里近户里边置瓮。大率小麦麰一石，水三石，大麦细造一石——不用作米则利严，是以用造。簸讫，净淘，炊作再馏饭。撣令小暖如人体，下酿，以杷搅之，绵幕瓮口。三日便发。发时数搅，不搅则生白醭，生白醭则不好。以椒子彻底搅之：恐有人发落中，则坏醋。凡醋悉尔；亦去发则还好。六七日，净淘粟米五升，米亦不用过细，炊作再馏饭，亦撣如人体投之，杷搅，绵幕。三四日，看米消，搅而尝之，味甜美则罢；若苦者，更炊二三升粟米投之，以意斟量。二七日可食，三七日好熟。香美淳严，一盏醋，和水一碗，乃可食之。八月中，接取清，别瓮贮之，盆合，泥头，得停数年。未熟时，二日三日，须以冷水浇瓮外，引去热气，勿令生水入瓮中。若用黍、秫米投弥佳，白、苍粟米亦得。②

在《居家必用事类全书》中关于大麦醋法的记叙则是这样的：

大麦仁二斗，内一斗炒令黄色。水浸一宿，炊熟。以六斤白面拌和，于净室内铺席摊匀，楮叶覆盖。七日黄衣上，晒干。更将余者一斗麦仁，炒黄，浸一宿，炊熟，摊温，同和入黄子，捺在缸内，以水六斗匀搅，密盖，三七日可熟。③

相比之下，可以看到后面元人的记述，不仅文字简炼，内容精辟，把工艺要点都讲到，而且还包括了黄衣曲的制造。这是在对工艺技术要领已熟练掌握，对制醋的方法有深切认识的前提下，才能作出这种去伪存真、由繁琐到精练的表述。这种表述的本身就是一种进步。④在《居家必用事类》所介绍的11种制醋法中，诸如"造七醋法"、"造饧糖醋法"、"造千里醋法"等，不仅有自己的工艺特点，而且还是《齐民要术》中所没有的。例如"七醋法"的酿制工艺如下：

假如黄陈仓米五斗，不淘净，浸七宿，每日换水二次，至七日做熟饭，乘热便

---

① 见尚志钧辑校本《唐·新修本草》第494页。
② 见缪启愉校释：《齐民要术校释》第431页。
③ 见元·无名氏撰《居家必用事类全书》，台湾中文出版社影印日本松栢堂刻本第256页。

入瓮，按平封闭，勿令气出。第二日翻转动，至第七日开，再翻转，倾入井花水三担，又封闭一七日，搅一遍，再封二七日，再搅，至三七日即成好醋矣。此法甚简易，尤妙。①

此法未用任何曲和醋母，而是只用米饭和水直接发酵成醋。再如"饧糖造醋法"采用饧糖为原料，其原理和方法与蜂蜜造醋法大致相同，可以说它是"蜜苦酒法"的发展和推广，表明当时已初步理解到具有甜味的糖类物质都是可以用来制醋的。又如"千里醋法"的工艺是："乌梅去核，一斤许以酽醋五升浸一伏时，曝干，再入醋浸，曝干，再浸，以醋尽为度，捣为末，以醋浸蒸饼，和为丸，如鸡头大。欲食，投一二丸于汤中即成醋矣。"② 这是一种以乌梅肉吸附醋质，再与蒸饼一起加工而揉成的固体醋。存放携带方便，食用也简捷。这些新方法，无论在工艺上，还是在人们对制醋工艺原理的认识上，都从一个侧面反映了制醋工艺的进步。⑤在"造三黄醋法"中，投放水仅要求"饭面上约有4指高"，可见用水是很少的，接近于固态发酵。在"造麦黄醋法"中，"用水拌匀，上面可留一拳水，封闭四十九日可熟"，用水同样也是很少的。"造糟醋法"则是："腊糟（冬酒的糟）一石，用水泡粗糠三斗。麦麸二斗和匀，温暖处放，罨盖勤拌捺。待气香尝有醋味，依常法淋之。按四时添减，春秋糠4斗半，麸二斗半；夏即原数；冬用糠五斗，麸三斗，看天气冷暖加减用之。"③ 这方法则已完全是固态发酵法了，醋醅较稠，成醋较浓，只能采用水淋的办法获得醋液。⑥后面这两种造醋法还有一个特点，就是利用了糠或麸作原料，这与酿酒明显不同，酿酒要求原料加工要细造，即以精细为好；而制醋却要求原料糙些，这是因为保存谷物外皮有利于酿醋。糠和麸在固态发酵中能使发酵体更多地接触空气，现代微生物学已探明，醋酸菌在空气充分的环境中繁殖得更快。在工艺过程中，发酵醅要定时杷搅的经验，也符合这个道理。近代著名的江苏镇江香醋就是以酒糟、砻糠为原料，加入成熟的醋醅，采用固态发酵的方法酿成；山西老陈醋也以粟糠为原料，和入粟米、高粱、大麦、豌豆麹制成的醋浆酿成的，亦采用固态发酵法。这两种名醋都可以在《居家必用事类》的制醋法中找到自己的影子。

据传明代刘基所编的《多能鄙事》（卷一）中的诸"造醋法"，内容大多录自《居家必用事类》，没有什么变化和进步。通过以上的比较分析，可以认为中国传统的制醋工艺到元明时期已基本成熟并定型了。

（二）酱和酱油的演进

酱是以谷类、豆类（或配入肉类）为原料，经发酵而酿制成的一类食品或调料。较之酒、醋，其最大的特点是利用自然界的霉菌来分解原料中的淀粉和蛋白质，特别是将各种蛋白质分解为众多种类的氨基酸，因而使制成的酱鲜美可口，别具风味，而且耐贮藏，是便于食用的食品或调料。

在反映先秦时期社会生活的儒家经典《十三经》中，谈到饮食的文字里，常见到"酱"字。例如：《论语·乡党》有"不得其酱不食。"的话。④《礼记·曲礼》谓："脍炙处外，醯酱处内。"

---

① 见《居家必用事类全书》第 255 页。
② 见《居家必用事类全书》第 256 页。
③ 见《居家必用事类全书》第 256 页。
④ 见《十三经注疏·论语注疏·乡党第十》，世界书局发行本第 39 页。

又曰："献熟食者，操酱齐。"①周代宫廷里的酱更是品种多样，可见酱是当时常见的食品，它的酿制在周代应已是较普遍的。

当人们捕获到大量的鱼或动物，或宰杀较大的动物后，其鲜肉不可能一次吃尽，剩下的部分必须保存起来。方法可以有多种，例如晾干成肉脯；用烟熏灼为熏肉；还可以加工成肉酱：将肉切成小块，和盐、曲、饭拌好放在容器中密封起来，过了一段时间，肉酱就成熟了，可随时食用。因为各种食品都可以加工成酱，所以酱具有广泛的内涵。它包括肉酱、鱼酱、果酱、菜酱等。《周礼·天官冢宰·膳夫》谓："凡王之馈食用六谷。……酱用百有二十瓮。"郑玄注曰："酱，谓醯、醢也。"②郑玄认为当时的酱是醯和醢的总称。醯在前面已谈过，它是一类带酸味的酱状食品。醢具体代表各种肉酱。《诗经·大雅·行苇》谓："醓醢以荐，或燔或炙。"醓则是肉汁。这句话的意思是肉酱连同肉汤一齐捧上，烧的、烤的肉肴都有。③《周礼·天官》（卷六）中"醢人"条下郑玄注曰："三臡（麋臡、鹿臡、麇臡）亦醢也，作醢及臡者必先脯乾其肉乃后莝之（铡碎），杂以粱麴及盐，渍以美酒，涂置瓶中，百日则成矣。郑司农云，麋臡麋髓醢，或曰麋臡，酱也，有骨为臡，无骨为醢。"④《说文解字》则明确说："醢，肉酱也。"⑤"酱"字从酉从肉（右上角的"夕"），表明最早的酱大概是利用鱼、肉类动物蛋白质作成的，后来才发展出利用植物蛋白质的豆酱。

菽是我国最古老的作物之一，最初时它是古代豆类的总称，后来逐渐专指大豆而言。先秦时期，人们把菽与粮类并列，而成为五谷之一，所以它也常被用来做饭煮粥充当主食。当人们发现将煮熟的菽和谷饭混在一起贮存时，会发酵成酱。这种酱与肉酱不一样，有着特殊的鲜美味感，从而逐渐发明了豆酱和豆豉。

汉代史游的《急就篇》中有"芜荑盐豉醯酢酱"的话。这里的豉、酱和醯酢一样都属于调味食品。豆酱、豆豉虽然都是豆类经过蒸煮、发酵制成的调味食品，但是它们是稍有差别的。在《齐民要术》里，贾思勰已把它们清楚地区别开来，豆酱法属于作酱法，另外单列"作豉法"一节。下面把它的"作豆酱法"引述如下：

> 十二月、正月为上时，二月为中时，三月为下时。用不津瓮，瓮津则坏酱。尝为菹、酢者，亦不中用。置日中高处石上。夏雨，无令水浸瓮底。以一铁钉，一本作"生缩"铁钉子，背"岁杀"钉著瓮底石下，后虽有妊娠妇人食之，酱亦不坏烂也。

> 用春种乌豆，春豆粒小而均，晚豆粒大而杂。于大甑中燥蒸之。气馏半日许，复贮出更装之，迥在上者居下，不尔，则生熟不多调均也。气馏周遍，以灰覆之，经宿无令火绝。取干牛屎，圆累，令中央空，燃之不烟，势类好炭。若能多收，常用作食，既无灰尘，又不失火，胜于草远矣。暂看：豆黄色黑极熟，乃下，日曝取干。夜则聚、覆，无令润湿。临欲春去皮，更装入甑中蒸，令气馏则下，一日曝之。明旦起，净簸择，满白春之而不碎。若不重馏，碎而难净。簸拣去碎者。作热汤，于大盆中浸豆黄。良久，淘汰，接去黑皮，汤少则添，慎勿易汤；易汤则走失豆味，令酱不美也。漉而蒸之。淘豆汤汁，即煮碎豆作酱，以供旋食。大酱则不用汁。一炊顷，下置净席上，摊令极冷。

---

①　见《十三经注疏·礼记注疏·曲礼上》（卷二），世界书局发行本第 14、16 页。

②　见《十三经注疏·周礼注疏·天官膳夫》（卷四），世界书局本第 21 页。

③　见金启华译注：《诗经全译》第 675 页，江苏古籍出版社，1984 年。

④　见《十三经注疏·周礼注疏·天官醢人》（卷六），世界书局本第 36 页。

⑤　1963 年中华书局影印本《说文解字》第 313 页。

　　　　预前，日曝白盐、黄蒸、草蒿居邺反、麦曲，令极干燥。盐色黄者发酱苦，盐若润湿令酱坏。黄蒸令酱赤美，草蒿令酱芬芳；蒿，揳，簸去草土。曲及黄蒸，各别捣末细箍——马尾罗弥好。大率：豆黄三斗，曲末一斗，黄蒸末一斗，白盐五升，蒿子三指一撮。盐少令酱酢；后虽加盐，无复美味。其用神曲者，一升当笨曲四升，杀多故也。豆黄堆量不概，盐、曲轻量平概。三种量讫，于盆中面向"太岁"和之，向"太岁"，则无蛆虫也。搅令均调，以手痛接，皆令润彻。亦面向"太岁"内著瓮中，手接令坚，以满为限；半则难熟。盆盖，密泥，无令漏气。

　　　　熟便开之，腊月五七日，正月、二月四七日，三月三七日。当纵横裂，周迴离瓮，彻底生衣。悉贮出，搦破块，两瓮分为三瓮。日未出前汲井花水，于盆中以燥盐和之。率一石水，用盐三斗，澄取清汁。又取黄蒸于小盆内减盐汁浸之，接取黄沈，漉去滓。合盐汁泻著瓮中。率十石酱，用黄蒸三斗。盐水多少，亦无定方，酱如薄粥便止：豆干饮水故也。

　　　　仰瓮口曝水。谚曰："萎蕤葵，日干酱。"言其美矣。十日内，每日数度以耙彻底搅之。十日后，每日辄一搅，三十日止。雨即盖瓮，无令水入。水生则虫生。每经雨后，辄须一搅。解后二十日堪食；然要百日始熟耳。①

根据以上这一记载，当时制豆酱的工艺流程大致可描述为：

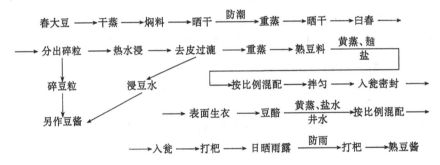

　　　　仔细考察这项工艺操作可以看出作豆酱与酿酒、制醋是不同的。首先豆酱发酵主要采用黄蒸，而酿酒主要采用块曲（大曲或小曲），制醋主要采用黄衣（麦䴷）。黄蒸则是用带麸皮的面粉制作成的酱曲。与用整粒的麦作成的"黄衣"不同。其制法如下："六、七月中，峀生小麦，细磨之。以水溲而蒸之，气馏好熟，便下之，摊令冷。布置，覆盖，成就，一如麦䴷法。亦勿飏之，虑其所损。"②

　　　　由于黄蒸是在一定温度、湿度条件下，在空气中自然繁殖出霉菌的培养胚体。要求的环境条件较酒曲要粗放些。环境条件的不同，繁殖出的霉菌的微生物组成也就不同，从生长的黄衣来看，曲霉的成分较多，特别是能分泌具有较强分解蛋白质能力的酶较多。正是在实践中领悟了这一现象，人们才将黄蒸从早期酒曲（散曲）中分别开来，专用于作酱。大豆与谷类相比，内含较高的蛋白质和脂肪，其发酵过程主要要求微生物具有较强的分解蛋白质的能力，这就是必定要求黄蒸具有这方面的特性。另外，作酱的后期发酵要在高盐分的环境中进行，这就又要求黄蒸中的霉菌在高盐分条件下仍能存活和繁殖，这与酿酒、制醋就大不一样了。酿酒中，要求在弱酸性环境中进行发酵，并切忌水带有咸味。作酱法中还明确指出："盐少令酱酢。"即盐少了，很容易使酱变酸。尽管黄衣与黄蒸在制法上较接近，但在这一性能上差别甚大。此外，在上述工艺操作中，还有几点是颇为科学的：①采用的大豆是春大豆，实际上要求是新鲜的大豆，便于干蒸、熟透；②反复蒸煮大豆，让豆粒熟透，这是作酱和作豉的区别，只有熟透，才便于充分研碎，才能让霉菌深入豆粒内部使之彻底发酵；③两次加曲发酵也是为了让豆粒发酵完全；④在加曲、加盐、加水及整个发酵过程中，十分强调洁净，以免引入杂菌，影响发酵的顺利进行和产品质量。此外还指出"盐色黄者，发酱苦；盐若润湿，令酱坏"。这是因为盐发黄，即盐的成分严重不纯，含有铁盐；盐若润湿，表明含有易潮解的镁盐。它们都会影响酱的味感并令人食之腹泻。

小麦的主要成分是淀粉，它的发酵过程就较豆类简单得多，发酵时间也短些。例如《齐民要术》引自《食经》的"麦酱法"① 如下："小麦一石，渍一宿，炊。卧之，令生黄衣。以水一石六斗，盐三升，煮作卤。澄取八斗，著瓮中。炊小麦投之，搅令调均。覆著日中，十日可食。"

作豆豉对发酵过程更有自己独特的要求，所以制造工艺较之作豆酱更繁复。《齐民要术》中对第一种"作豆豉法"的叙述就用了千余字，② 这里仅将其工艺流程概括如下：

陈豆──→煮熟（勿太烂，捏时觉软即可）$\xrightarrow{\text{漉去水}}$ 摊晾──→翻堆$\xrightarrow[\text{勿令结坨}]{\text{翻四五次}}$ 豆着白衣──→豆生黄衣──→簸掉黄衣

$\xrightarrow[\text{控制含水量}]{\text{水洗、漉干}}$ 入窖踏实──→糠壳覆盖──→后发酵$\xrightarrow[\text{夏10天，冬15天}]{\text{春秋12～13天}}$ 熟豉──→晒干──→贮存、食用。

从该项从工艺可看出，作豆豉既要控制大豆的加热程度，即煮熟而不煮烂；更要控制霉菌的繁殖和适当程度的发酵。所以在入窖前，要把黄皮簸掉，然后用水将其洗净，洗得不够，制品会发霉臭；太过，又伤及豆粒，这些都要避免。再者，豆豉加工是有控制的发酵，得令霉菌分泌的蛋白酶、淀粉酶在大豆中只是部分地分解蛋白质和淀粉，这样才能使其口味与豆酱有明显不同。

豆酱、麦酱（又称面酱）、肉酱、鱼酱、果酱、菜酱及豆豉等由于能够存放，便于食用，因此自古便成为国人菜肴中常见的食品和调味品，其加工制作技艺也就一直流传下来。唐宋至明清，有关饮食的古籍大都载有豆酱及其他各种酱的制法。对比这些记载也可部分地窥见作酱技术的进步。例如唐人韩鄂在其《四时纂要》中关于豆酱的制法如下：

十日酱法：豆黄一斗，净淘三遍，宿浸，漉出，烂蒸。倾下，以面二斗五升相和拌，令面悉裹却豆黄。又再蒸，令面熟，摊却火气，候如人体，以谷叶布地上，置豆黄于其上，摊，又以谷叶布覆之，不得令大厚。三四日，衣上，黄色遍，即晒干收之。

要合酱，每斗面豆黄，用水一斗，盐五升并作盐汤，如人体（温），澄滤，和豆黄入瓮内，密封。七日后搅之。取汉椒（即花椒）三两，绢袋盛，安瓮中，又入熟冷油一斤，酒一升，十日便熟，味如肉酱。③

此方法明显地较《齐民要术》所载的豆酱法要言简意赅。其工艺流程大致是：

---

① 见缪启愉校释《齐民要术校释》第421页。

② 见缪启愉校释：《齐民要术校释》第441～443页。

③ 见唐·韩鄂原编，缪启愉校释：《四时纂要校释》第185页，农业出版社，1981年。

豆黄 —淘净→ 宿浸 —漉出→ 蒸烂 → 拌面 → 再蒸 → 摊开，覆盖 → 黄衣 → 晒干 —加盐汤 加水→ 入瓮 —7天→ 搅拌 —加花椒、冷油及酒→ 发酵 —10天→

成熟。

　　该法以面粉裹上蒸熟的大豆，蒸熟后摊开让它们共同发酵，面粉是霉菌的培养基，将大豆的预加工和生产黄蒸的两个工序并为一个工序。然后再采用这种既是原料又是发酵剂的豆黄直接加盐和水再发酵，不仅省了工序、工时，而且令霉菌更早介入发酵过程，取得更好的效果。在发酵的后阶段又加入冷油、酒及花椒，不仅增加了豆酱的特殊风味和营养，还能使豆酱更耐贮存，因为酒能杀死部分致坏变酸的杂菌，油能够在豆腐与空气间造成人为的隔离层，防止大气中杂菌的侵入。这些工序、方法上的改进，正好说明了酱工们对作酱机理认识的深化。

　　从食用豆酱到食用豆酱油，与饮用酒醪发展到饮用清酒一样，其间经历了一个发展过程，所以豆酱油的出现较豆酱要晚。豆酱油约在汉代出现，当时称为"清酱"。南北朝时又称为"酱清"、"豉汁"；在唐代时亦称为"酱汁"。直到宋代才称之为"酱油"或"豉油"、"豆油"。明代又根据各种制法的特点称为"淋油"、"抽油"、"晒油"等。在《齐民要术》里已多处提到的清酱、"豆酱清"、"酱清"都是指从豆酱中提取出的清液，即今之酱油。

　　可能由于豆酱油的制法基本上与作酱法相同，只是豆酱呈颗粒的稠糊状，而酱油是去滓后的水液状；酱油又是从豆酱中澄撒或漉滤出来的，因此在相当长的一段时间里，人们没有把酱油和酱区分开使用，这就造成很晚才有关于制酱油法的记载。当人们认识到酱油用于烹饪或直接食用较酱有很多优越性后，记载制酱油的方法才在著述中多起来。明清时期文献中涌现出多种制酱油法就是一个体现。

　　《本草纲目》中记载的一种酱油制法如下："豆油法：用大豆三斗，水煮糜，以面 24 斤拌，腌成黄，每 10 斤（黄），入盐 8 斤，井水 40 斤，搅晒成油收取之。"[1] 由此法可见，当时的酱油制法已较成熟。清人顾仲在其所撰《养小录》中介绍了两种酱油制法，进一步表明传统的制酱油法业已成熟。其一是"豆酱油法"：

　　　　黄豆或黑豆，煮烂，入白面连豆汁揉和使硬，或为饼或为窝，青蒿盖住，发黄。磨末，入盐汤，晒成酱。用竹密篦（竹篓）挣缸下半截，贮酱于上，沥下酱油（这种用竹篓过滤取油的方法又名抽油法）。

其二是"秘传造酱油方"：

　　　　好豆渣（指磨碎的大豆）一斗，蒸极熟。好麸皮一斗拌和，罨成黄子。甘草一斤，煎浓汤十五～十六斤，好盐二斤半。同入缸。晒熟，滤去渣（即酱渣）。酱油入瓮，愈久愈鲜，数年不坏。[2]

　　上述的制酱和酱油的技艺都是人们对千余年制酱实践的总结。从这一个侧面又可看到我们的祖先是如何巧妙地利用了自然界的微生物成功地进行了蛋白质和淀粉的分解，制成多种美味食品或调料。这种酿制方法逐渐传至日本、越南、印度尼西亚等东亚国家，成为东亚食品的一大特色。这是我国在应用微生物和生物化学方面一项永垂史册的伟大贡献。

　　① 明·李时珍：《本草纲目》卷二十五，1982 年人民卫生出版社印本第 1552 页。
　　② 清·顾仲：《养小录》，见《丛书集成》初编·应用科学类，总第 1475 册。

七　关于豆腐的源起与豆腐酿制品的发展

大豆是一种含蛋白质丰富的物质，当将它和水磨成汁（豆浆），过滤后除渣，再放入锅里熬煮，在煮到适当的时候，再加入一点盐卤或醋或石膏一类凝固剂，待冷却后，蛋白质胶体凝固，再压出部分水分，就变成了鲜嫩可口的豆腐了。从豆浆到豆腐既是胶体凝聚的过程，又是蛋白质变性的过程。蛋白质分子是由成千上万个氨基酸分子通过肽键而连接起来，形成螺旋状，再折叠成球形体而构成的，有复杂的空间结构。所谓蛋白质变性即是在外界条件影响下，蛋白质巨大分子的空间结构产生变化，但是整个分子不发生裂解，即变性不是变质。这些变性的蛋白质大分子并不影响它被人体吸收和消化。人体能分泌出蛋白酶，将蛋白质分解成各种氨基酸后，再加以吸收。所以将大豆加工成豆腐，是人们食用大豆的一种重要方法和重大进步，因为豆腐中的丰富养分较易被人体消化吸收，所以在国外，例如美国，豆腐已不仅是家庭餐桌上的佳肴，而且还被誉为植物肉。豆腐到了烹饪师或家庭主厨的手中，就又会变出色、香、味、形各有所异的众多菜肴，深受世界人们喜爱。此外将豆腐作进一步的加工而得的豆腐干、豆腐丝、豆腐皮、油炸豆腐泡、烟熏制豆腐干、臭豆腐、豆腐乳等等，也同样深受欢迎。

（一）豆腐的源起

豆腐是举世闻名的中国传统食品，它不仅在中国，同时在世界许多国家都已成为人们喜爱的食品。豆腐为中国人所创造，这是世界公认的。然而关于豆腐的发明年代、过程至今仍有不同的看法，有待进一步继续深入研究。

李乔苹曾认为，周代已有豆腐，其根据是清人汪汲在《事物原会》（1796）中有："豆出浆后秤其渣累数不少，腐乃豆之魂，……孔子不吃。"然而众多学者遍查四书五经和先秦时期诸子百家的文献，不仅不见"孔子不吃豆腐之说"，连豆腐这一名词都未寻见，可见豆腐始于周代的说法是不可信的。后来，李氏自己似乎也放弃了这个观点。[①]

认为豆腐始于汉初，为淮南王刘安所创，是元、明、清三代最盛传的说法。明初叶子奇在其《草木子》说："豆腐始于汉淮南王之术也。"[②]《本草纲目》也写道："豆腐之法，始于汉淮南王刘安。"[③]据曹元宇考证，李时珍、叶子奇的观点可能都是根据南宋大儒朱熹的一首诗："种豆豆苗稀，力竭心已腐，早知淮南术，安坐获泉布。"朱熹在此诗题下的自注中说："盖本草言豆腐为淮南王刘安所作者也。"而后人却把该诗自注的传说当作事实了。再据此诗在清人李光地重编的《朱子全书》中未加收录，表明李氏对此说或有异议。清代汪汲在其《事物原会》中又说：五代人谢绰的《宋拾遗录》说豆腐是刘安所传。但《古今说部丛书》及《说郛》收录的《宋拾遗录》都无此语。因为谢绰生卒时代较早，他的这条记载十分重要，所以应该继续考证研究，目前只能作"存疑"处理。[④]洪光住从制豆腐的原理，包括原料、设备、

<hr>

① 参看李乔苹《中国化学史》上册第220～223页，台湾商务印书馆，1975年再增订台一版。

② 明·叶子奇《草木子》，见中华书局印本，1959年。

③ 明·李时珍：《本草纲目》卷二十五，1982年人民卫生出版社刊本第1532页。

④ 参看曹元宇："豆腐制造源流考"，《中国科技史料》，1981年第4期。

凝固剂等条件考虑，认为西汉人已有了发明豆腐的客观条件。这种可能性在于：当人们在食用过滤后的豆浆时，为了调味而加入食盐或盐卤，为了治病而加入石膏时，无意中发明了豆腐，这是极自然的事。[①] 但客观物质条件的具备并不能作为豆腐发明的充分论据。

根据众多现存的古代文献，包括农家、饮食烹饪、医家、本草医方及杂家等方面的著述，从西汉至唐末，都没有找到有关豆腐的确实记载。最早论及豆腐的著述是生活在五代后期和宋初的陶谷所撰之《清异录》。其中讲道："时戢为青阳丞，洁己勤民，肉味不给，日市豆腐数个，邑人呼豆腐为小宰羊。"[②] 这里，豆腐已成为百姓家菜肴中可与羊肉媲美的常食，表明食用豆腐已在一些地方普及，那么豆腐的发明至迟应在唐末、五代之际，这是目前部分学者的观点。[③]

到了宋代，有关豆腐的记载就多起来了，有寇宗奭等本草学家和医药家的著述，有陆游等文人的诗文游记，还有林洪等烹饪美食行家的介绍，然而多只是只言片语，清楚地记载豆腐具体制法的，却难以找到。到明代的文献中豆腐的记载就较多了些，并表明在豆腐制法的普及中，一方面人们对制造豆腐的技艺像其他传统工艺的传授一样往往采取了某种保密防范措施；另一方面人们对于点制豆腐中的奥秘还是不甚清楚，只有经验的传授，而无科学道理的讲述。《墨娥小录》中介绍说："凡做豆腐，每黄豆一升入绿豆一合，用卤点就煮之，甚是筋韧，秘之又秘。"[④] 这一介绍就很简单，它最后申明，秘之又秘。《本草纲目》的介绍就较翔实：

> 凡黑豆、黄豆及白豆、泥豆、豌豆、绿豆之类皆可为之。造法：水浸，磑碎，滤去渣，煎成，以盐卤汁或山矾叶或酸浆、醋淀，就釜收之。又有入缸内以石膏末收者。大抵得咸、苦、酸、辛之物，皆可收敛尔。其面上凝结者，揭取晾干名曰豆腐皮，入馔甚佳也。[⑤]

原料的多样和凝固剂的广用，表明这时人们对豆腐的制法已进行过相当认真的摸索，只有长期的实践才可能有这样的认识。所以李时珍的介绍可谓对古代豆腐制法的一次总结。

通过制造豆腐的实践，人们还发现在制造豆腐的工艺中稍作一点变化，或利用豆腐作进一步的加工，人们还可以获得豆腐脑、豆腐干、豆腐丝、豆腐皮、油炸豆腐干、烟熏制豆腐干、臭豆腐干、豆腐乳及冻豆腐等等一系列豆制品或豆腐的新花式。这些名目繁多的豆腐制品极大地丰富了人们的菜肴，深受人们欢迎，同时它们的发明再次显示了中国先民的聪明才智。

（二）豆腐乳制品的发展

在豆制品中，豆腐乳是我国特有的传统发酵食品。它也因地域不同，加工方法不同，而有风味各异的繁多品种。利用豆腐为材料，将其加工成豆腐胚（比普通豆腐水分少些），接种上毛霉菌，让其在 30℃ 左右的环境中滋生繁衍 20 小时左右，直待豆腐胚上长出了一层约 1 厘米长的白毛。这白毛通称为毛霉菌丝，它不仅是含有多种营养的混合体（约含有 30% 的蛋白

---

① 洪光住：《中国豆腐》第 12 页，中国商业出版社，1987 年。
② 见宋·陶谷：《清异录》（卷上）"官志门·小羊宰"，《惜阴轩丛书》第 13 函，卷上第六页。
③ 参看袁翰青：《中国化学史论文集》第 284 页，三联书店，1956 年。
④ 明·吴继刻印《墨娥小录》。
⑤ 明·李时珍：《本草纲目》卷二十五，1979 年人民卫生出版社刊印本第 1532 页。

质、多种维生素和矿物质），而且能分泌出大量蛋白酶。这时的豆腐胚就变成了腐乳胚，完成了前发酵过程。再将腐乳胚装入盛有盐和作料的坛中密封，让其在缺氧的环境中进行后发酵。蛋白酶和其他菌类就慢慢渗入腐乳胚中，将蛋白质分解为各种氨基酸并进行产生香味的酯化反应。经过约两个月以上的发酵，口感鲜美、营养丰富的腐乳就制成了。这是一个复杂的、利用微生物对豆腐进行深加工的生物化学过程，据洪光住分析：[①]豆腐乳的起源可能源于下面两种实践：①豆腐干因存放过久而发霉生毛，没有后发酵，只有前发酵工艺，它类似今日所做的臭豆腐干子。其流程如下：

$$
大豆 \longrightarrow 豆腐干 \left< \begin{array}{l} \longrightarrow 生长毛霉 \\ \longrightarrow 浸泡发酵卤汁 \end{array} \right> 烹调 \longrightarrow 豆腐乳成品
$$
（上：油、盐；下：辅料）

②用豆腐胚直接腌制后发酵，而无前发酵过程，它类似今日山西太原发酵厂生产的腐乳。其流程如下：

$$
豆腐胚 \longrightarrow 霉房 \longrightarrow 天然发霉 \longrightarrow 晾花 \xrightarrow{盐} 腌胚 \xrightarrow{各种辅料} 装坛 \longrightarrow 后发酵 \longrightarrow 豆腐乳
$$

后来人们在以上两种工艺的经验基础上，分别完善了前期和后期的发酵过程，提高了产品的质量，保证了产品的成功率。前期发酵主要是把豆腐坯排码在发酵的笼屉里，严格控制好温度（15℃左右）、湿度和清洁卫生条件，保证天然霉菌在其表面充分繁殖生长，即发酵均匀。后期发酵即是将发酵好的豆腐乳胚子从笼屉中取出来，分开粘连的菌丝，压倒菌丝绒毛，依次放入坛中，并在每层上撒一层盐，腌上 3～4 天，再加上盐水和其他配好的佐料：红曲、面曲、黄酒、花椒等，封坛贮藏，让其在坛中继续完成后发酵，在此发酵过程中有中和反应、脂化作用、分解反应等很复杂的生化作用发生。经过 3～6 个月的贮藏，成品就会变得更加芳香、鲜美。

根据古代文献，可以推测豆腐乳的生产当始于明代。明代李日华（1565～1635）在其《蓬栊夜话》中记载："黟县人喜于夏秋间醃腐，令变色生毛，随拭去之。俟稍干，投沸油中灼过，如制徽法，漉出，以他物荃烹之，云有鲥鱼之味。"[②] 这段记载是作者所看到的油炸霉豆腐干。即表明那时人们已利用豆腐干的发霉发酵来对豆腐进行深加工。若改上述工序的油炸为盐水浸泡腌制那么就制成豆腐乳了。腐乳这一名词在明代文献中已出现，但至今尚未能找到有关其具体制法的记载。及至清代，随着豆腐乳的日益普及，关于豆腐乳制造工艺的介绍便逐渐多起来了。例如清初朱彝尊（1629～1709）在其《食宪鸿秘》中就介绍了"建腐乳"、糟腐乳、乳腐等。兹录其中"建腐乳"的加工制作工艺：

如法：豆腐压极干，或绵纸裹入灰收干。切方块排列蒸笼内，每格排好装完，上笼盖，春二、三月，秋九、十月，架放透风处（浙中制法入笼上锅蒸过，乘热置笼于稻草上，周围及顶俱似砻糠埋之，须避风处），五、六日生白毛，毛色渐变黑或青红色，取出，用纸逐块拭去毛翳，勿触损其皮（浙中法以指将毛按实腐上，鲜）。每豆一斗用好酱油三斤，炒盐一斤入酱油内（如无酱油，炒盐五斤），鲜色红曲八两，拣净茴香、花椒、甘草不拘多少，俱为末，与盐、酒搅匀。装腐入罐，酒料加入（浙中，腐出笼后按平白毛，铺在缸盆内，每腐一块撮盐一撮于上，淋尖为度。每一

---

① 参看洪光住：《中国豆腐》第 77 页，中国商业出版社，1987 年。

② 明·李日华：《蓬栊夜话》，见《说郛三种·说郛续》，1986 年上海古籍出版社，1986 年。

层腐一层盐，俟盐自化，取出日晒，夜浸卤内，日晒夜浸收卤尽为度，加酒料入
　　罐），泥头封好，一月可用，若缺一日，尚有腐气未尽，若封固半年，味透愈佳。[①]

朱彝尊，浙江秀水（今嘉兴市）人。他所编撰的《食宪鸿秘》专门介绍了当时各类食品的加工、调配及烹饪的知识。"建腐乳"的内容可能是他录自当时流行的食谱，而括号中的加注是根据他在家乡的见闻而补充的。从这种腐乳的制法来看，已与近代的工艺大致相同了，这表明当时腐乳的制造工艺已很成熟。此外，在清代古籍中有关豆腐乳制作的资料还有很多，说明腐乳在人们的佐餐食品中深受欢迎，而得到迅速发展，已遍及到了大江南北的许多地方。由于各地的自然条件、制作工艺及饮食爱好不同，和酒一样，各地生产的腐乳也是各有特色，其中名声较大的有绍兴豆腐乳、桂林豆腐乳、北京豆腐乳、上海奉贤豆腐乳、四川夹江豆腐乳、广州辣豆腐乳等。

参 考 文 献

原始文献

班固（汉）等撰，颜师古（唐）注. 1962. 后汉书·食货志. 北京：中华书局

北京图书馆善本组辑. 1983. 析津志辑佚. 北京：北京古籍出版社

蔡絛（宋）撰. 1988. 铁围山丛谈，说郛三种本（卷19），上海：上海古籍出版社

曹操（汉）撰. 1974. 上九酝酒法奏，见《全三国文》卷一曹操集，北京：中华书局

窦苹（宋）撰. 1988. 酒谱，见说郛三种本（卷94），上海：上海古籍出版社

范晔（南朝宋）撰. 1974. 后汉书·华陀列传，北京：中华书局

方以智（明）撰. 1933. 物理小识. 万有文库本（第二集第543册），上海：商务印书馆

方以智（明）撰. 1988. 通雅，卷39，见侯外庐主编：《方以智全书》第1册，上海：古籍出版社

冯梦祯（明）撰. 1988. 快雪堂漫录. 见说郛三种本（续卷14），上海：上海古籍出版社

高濂（明）撰. 1985. 遵生八戋. 北京. 中国商业出版社. 书目文献出版社影印《雅尚斋遵生八戋》

葛洪（晋）撰，王明校释. 1985. 抱朴子内篇校释. 北京：中华书局

葛洪（晋）撰. 1984. 西京杂记，笔记小说大观本（第1册）扬州：江苏广陵古籍刻印社

顾仲（清）撰. 1939. 养小录. 丛书集成本（第1475册），上海：商务印书馆

郭霭春校注. 1981. 黄帝内经·素问. 天津：天津科技出版社

韩鄂（唐）撰，缪启愉校释. 1981. 四时纂要校释. 北京：农业出版社

韩非（战国）撰，陈奇猷校注. 1973. 韩非子集释. 上海：上海人民出版社

何良俊（明）撰. 1939. 四友斋丛说，丛书集成本（第2809册），上海：商务印书馆

忽思慧（元）撰. 1985. 饮膳正要，影印涵芬楼本，上海：中国书店

胡山源编. 1987. 古今酒事. 上海书店影印本，上海：上海书店

黄奭（清）辑. 1982. 神农本草经. 北京：北京古籍出版社

嵇含（晋）撰. 1939. 南方草木状. 丛书集成本（第1352册），上海：商务印书馆

贾思勰（北魏）撰，缪启愉校释. 1982. 齐民要术校释，北京：农业出版社

江统（晋）. 1726. 酒诰. 古今图书集成. 食货典，上海：中华书局影印

金启华译注. 1984. 诗经全译. 南京：江苏古籍出版社

李百药（唐）撰. 1972. 北齐书（卷22）. 北京：中华书局

李保（宋）撰. 1988. 续北山酒经，说郛三种本（卷44），上海：古籍出版社

李昉（宋）等撰. 1960. 太平御览·果部. 北京：中华书局

李纲（宋）撰. 1987. 椰子酒赋. 见胡山源编《古今酒事》第142页，上海：上海书店影印

---

① 　清·朱彝尊：《食宪鸿秘》，见1990年上海古籍出版社刊本第85～86页。

李日华（明）撰. 1988. 蓬栊夜话，说郛三种本（卷 26），上海：上海古籍出版社

李时珍（明）撰. 1982. 本草纲目. 北京：人民卫生出版社

李肇（唐）撰. 1988. 国史补，说郛三种本（卷 75）. 上海：上海古籍出版社

梁章巨（清）撰. 1984. 迹续谈，笔记小说大观本（第 33 册），扬州：江苏广陵古籍刻印社

刘安（汉）撰，陈广忠译注. 1990. 淮南子译注. 长春：吉林文史出版社

刘基（明）撰. 1917. 多能鄙事. 上海：荣华书局

刘熙（汉）撰. 1939. 释名. 丛书集成本（第 1151 册），上海：商务印书馆

刘向（汉）辑. 1936. 战国策，四部备要本，上海：中华书局

刘昫（晋）撰. 1975. 旧唐书. 北京：中华书局

刘恂（唐）撰，鲁迅校勘. 1983. 岭表录异. 广州：广东人民出版社

刘祚藩（清）撰. 1939. 粤西偶记. 丛书集成本（第 3122 册），上海：商务印书馆

卢和（明）辑. 1783. 食物本草. 江苏吴县：金阊书业版

陆游（宋）撰. 1939. 老学庵笔记. 丛书集成本（第 2766 册），上海：商务印书馆

吕不韦（秦）撰，陈奇猷校释. 1984. 吕氏春秋校释. 上海：学林出版社

马贽（唐）撰. 1939. 云仙杂记（卷六）. 丛书集成本（第 2836 册），上海：商务印书馆

马端临（元）撰. 1988. 文献通考（卷 214）. 杭州：浙江古籍出版社

欧阳修（宋）、宋祁（宋）撰. 1975. 新唐书（卷 39）. 北京：中华书局

欧阳洵（唐）辑. 1965. 艺文类聚（卷 87）. 北京：中华书局

屈原（战国）撰，袁梅译注. 1984. 屈原赋译注. 济南：齐鲁书社

史游（汉）撰. 1939. 急就篇. 丛书集成本（第 1052 册），上海：商务印书馆

司马迁（汉）撰. 1974. 史记（大宛列传与扁鹊仓公列传）. 北京：中华书局

史绳祖（宋）撰. 1939. 学斋占毕. 丛书集成本（第 313 册），上海：商务印书馆

宋慈（宋）撰，贾静涛点校. 1981. 洗冤录集. 上海：上海科技出版社

宋濂（明）撰. 1974. 元史. 北京：中华书局

宋伯仁（元）撰. 1988. 酒小史. 说郛三种本（卷 94），上海：上海古籍出版社

宋应星（明）撰. 1988. 天工开物，上海：上海古籍出版社

苏敬（唐）等撰，尚志钧辑校. 1981. 唐·新修本草. 合肥：安徽科技出版社

苏轼（宋）撰，王文浩（清）注. 1982. 东坡酒经.《苏轼文集》卷 64. 北京：中华书局

苏轼（宋）撰，王文浩（清）注. 1982. 苏轼诗集. 北京：中华书局

苏轼（宋）撰，［实为赞宁（宋）撰］. 1988. 物类相感志，说郛三种本（卷 22），上海：上海古籍出版社

孙思邈（唐）撰. 1982. 备急千金要方. 北京：人民卫生出版社

唐慎微（宋）等撰. 1957. 重修政和经史证类备用本草. 晦明轩本，北京：人民卫生出版社影印

檀萃（清）撰. 1939. 滇海虞衡志. 丛书集成本（第 3023 册），上海：商务印书馆

田锡（宋）撰. 1988. 麴本草. 说郛三种本（卷 94）. 上海：上海古籍出版社

王夫之（清）撰. 1975. 楚辞通释. 上海：人民出版社

王怀隐（宋）等撰. 1958. 太平圣惠方. 北京：人民卫生出版社

王钦若（宋）等撰. 1960. 册府元龟（卷 970）. 北京：中华书局

王文槐（清）增辑，李观澜（清）补辑. 1881. 洗冤录集证.

魏收（北齐）撰. 1974. 魏书（勿吉国传）. 北京：中华书局

魏征（唐）、令狐德棻（唐）等撰. 1973. 隋书（酷吏传）. 北京：中华书局

吴继（明）刻印. 1959. 墨娥小录. 聚好堂刻本，北京：中国书店影印

吴悞（宋）撰. 丹房须知. 道藏本（洞神部众术类，总第 588 册），上海：函芬楼

吴自牧（宋）撰. 1939. 梦梁录. 丛书集成本（第 3219 册），上海：商务印书馆

许慎（汉）撰，段玉裁（清）注. 1981. 说文解字注. 上海：上海古籍出版社

许有壬（元）撰. 1986. 至正集（卷 16）. 文渊阁四库全书集部总第 1211 册. 台北：台湾商务印书馆

杨雄（汉）撰. 1939. 方言. 丛书集成本（第 1177 册），上海：商务印书馆

叶梦得（宋）撰. 1939. 避暑录话. 丛书集成本（第 2786 册），上海：商务印书馆

叶子奇（明）撰. 1959. 草木子. 北京：中华书局

庾阐（晋）撰. 1987. 断酒赋. 见胡山源辑《古今酒事》第 126 页，上海：上海书店影印

元好问（金）撰. 1987. 蒲萄酒赋. 见胡山源辑《古今酒事》第 146 页，上海：上海书店影印

张璠（晋）撰，黄奭（清）辑. 1823. 汉记，见《知不足斋丛书》

张华（晋）撰. 1977. 轻薄篇. 见萧统（南朝梁）编，李善（唐）注《文选》（卷 35）胡克家（清）刻本，北京：中华书局影印

张协（晋）撰. 1977. 七命. 见萧统（南朝梁）编，李善（唐）注《文选》（卷 35），胡克家（清）刻本，北京：中华书局影印

张邦基（宋）撰. 1984. 墨庄漫录. 见《笔记小说大观》本（第 7 册），扬州：江苏广陵古籍刻印社

张能臣（宋）撰. 1988. 酒名记. 说郛三种本（卷 94），上海：上海古籍出版社

张廷玉（清）等撰. 1974. 明史. 北京：中华书局

赵汝适（宋）撰. 1939. 诸蕃志. 丛书集成本（第 3272 册），上海：商务印书馆

周密（宋）撰. 1988. 癸辛杂识. 说郛三种本（卷 21），上海：上海古籍出版社

周密（宋）撰. 1984. 武林旧事. 笔记小说大观（第 9 册），扬州：江苏广陵古籍刻印社

周履靖（明）撰. 1939. 狂夫酒语. 丛书集成本（第 2163 册），上海：商务印书馆

朱棣（明）撰. 1986. 救荒本草. 文渊阁四库全书本，台北：台湾商务印书馆影印

朱肱（宋）撰. 1988. 北山酒经. 说郛三种本（卷 44），上海：上海古籍出版社

朱德润（元）撰. 1934. 轧赖机酒赋. 见《复存斋文集》（卷三），四部丛刊本，上海：商务印书馆

朱彝尊（清）撰. 1990. 食宪鸿秘. 上海：上海古籍出版社

参考文献

包启安. 1992. 白酒起源及其蒸馏器的演进. 中国白酒协会会刊（第 5 期：59～67）

曹元宇. 1927. 中国作酒化学史料，学艺，8（6）

曹元宇. 1963. 关于唐代有没有蒸馏酒的问题、科学史集刊，(6)：24～28

曹元宇. 1979. 烧酒史料的搜集和分析. 化学通报（第 2 期：68～70）

曹元宇. 1981. 豆腐制造源流考. 中国科技史料，2（4）：69～71

陈騊声著. 1979. 中国微生物工业发展史. 北京：轻工业出版社

承德市避暑山庄博物馆. 1980. 金代蒸馏器考略. 考古（第 5 期：466～471）

方心芳. 1980. 曲蘖酿酒的起源和发展. 科技史文集（第 4 辑：140～149），上海：科学技术出版社

方心芳. 1987. 关于中国蒸馏酒的起源. 自然科学史研究，6（2）：131～134

河北省文物研究所编. 1985. 藁城台西商代遗址. 北京：文物出版社

洪光住著. 1987. 中国的豆腐. 北京：中国商业出版社

黄时鉴. 1988. 阿剌吉与中国烧酒的起始. 文史（第 31 辑：166～168）

黄文诚著. 1985. 蜂蜜酿酒. 北京农业出版社

刘广定. 1989. 再探我国蒸馏酒的时期. 台湾第二届科学史研讨会（台北）汇刊

刘广定. 1995. 元代以前中国蒸馏酒的问题. 中国科技史论文集（编辑委员会编，195～216），台北：联经出版事业公司

马继兴. 1980. 我国最古的药酒酿制方. 药学通报，15（7）

孟乃昌. 1985. 中国蒸馏酒年代考. 中国科技史料，6（6）：31～37

王有鹏. 1987. 我国蒸馏酒起源于东汉说. 见《水的外形，火的性格——酒文化文集》，广州：广东人民出版社

吴德铎. 1991. 烧酒问题初探. 见吴氏著《科技史文集》（第 261～286 页），上海：三联书店分店

吴德铎. 1993. 阿剌吉与蒸馏酒. 见四川省酒类专卖事业管理局编：《辉煌的世界酒文化》，成都：成都出版社

吴其昌. 1937. 甲骨金文中所见殷代农稼情况. 见《张菊生先生七十生辰纪念论文集》，上海：商务印书馆

晓茵. 1974. 长沙马王堆汉墓帛书概述. 文物（第 9 期：40～44）

徐洪顺、周嘉华著. 1987. 黄酒酿造. 哈尔滨：黑龙江省轻工研究所《酿酒》杂志社

袁翰青. 1956. 酿酒在中国的起源和发展. 见袁氏著《中国化学史论文集》，北京：三联书店

周嘉华. 1988. 苏轼笔下的几种酒及其酿造技术. 自然科学史研究，7（1）：81～89

（周嘉华）

第八章 中国古代制糖工艺史

食糖在提高人类的营养和丰富人们的物质生活享受方面都扮演着一个很受欢迎的角色，所以从古至今它始终在农艺、食品加工和轻工业中占有重要地位。在中国古代的医药中它也一直受到重视，广泛被利用着。

中国古代的食糖中，主要的是饴糖和蔗糖。饴糖的主要成分是麦芽糖，它出现较早，是利用风干的麦芽和谷物来酿造的。因为麦芽中含有淀粉糖化酶，在它的作用下，谷物淀粉会部分水解而生成麦芽糖。它的制造工艺，和酿酒相似，都可以说是人类利用生物化学过程的先声。蔗糖当然主要是从甘蔗榨取得到，它的结晶和脱色，都是物理化学过程，因此白砂糖的制作工艺也可属于古代化学工艺的一部分，其中不乏中国先民的贡献。当然，现代蔗糖的主要原料中还有甜菜，但中国古代只把它作为蔬菜，加工甜菜糖的工艺是 20 世纪初才从国外引进的。

此外，中国古代的食糖中还应包括蜂蜜。蜂蜜中含有大量转化糖。因为蜜蜂体内含有转化酶，可以水解蔗糖转化为等量的葡萄糖和果糖的混和物。不过那是从自然界采集来的，养蜂业的兴起似乎也是较晚的事，其加工工艺中也谈不到什么化学过程，因此难以纳入古代化学工艺的范畴。

一 中国古代的饴糖

中国先民尝到香甜的麦芽糖大概很早，而且也绝非是某人一时的发明，而是与酒的发明相似，初时是一种自然发生的事。我们可以设想，在原始社会中，当人们步入农耕为主的时代以后，收获来的谷物越来越多，当时又没有较好的贮藏设备和处所，被雨淋受潮的机会是很多的，于是谷物便会发芽。在谷芽生长的过程中，便自发地会产生出糖化酵素而使谷物中的淀粉水解生成麦芽糖以作为谷芽生长和生根的营养。当时的人们如果不舍得丢弃这种发芽的谷物，仍然取来加工、炊煮食用，就会发现它们变得香甜，更加可口，这就是说，尝到了麦芽糖的味道。于是人们便会逐步总结经验，慢慢优选出了谷芽（蘖），风干后磨碎制成"曲"，像酒曲那样，用它来糖化各种蒸煮熟的稻米、大小麦、黄米、高粱、糯米等等，再经过滤、煎熬就会得到含有丰富麦芽糖的糖食了。这种糖食最初叫做"饧"或"饴"。这个饧字初时读如"唐"，汉世则读如"洋"，其后又改饧声从唐，写为醣，或从米为糖，即成为现在的"糖"字了。[①] 从有关饧的各种文字，可以推断知，在公元前一千年左右，即周代时，甚至殷代时大概就已经出现了制饧的加工制作工艺了，例如战国时成书的《书经·尚书》中的

· ① 参看《辞源》第 3432 页。但今"饧"亦可读作 xíng。

"洪范章"里就已有"稼穑作甘"①的话，意思就是耕作收获的谷物可制作出味甜的饧。

中国古代与"饧"字含义相近或与之相关的字，出现过很多，常见的除"饴"外，还有"餔"、"馓"、"粻餭"、"餹"等。关于"饴"，例如《诗经·大雅》的"绵篇"谈到古公亶父从邠迁歧开创基业时，便歌颂道："周原朊朊，堇荼如饴。"②儒家礼教经典《礼记·内则》谓："妇事舅姑，如事父母，……枣、栗、饴、蜜以甘之。"③再如《山海经·南山经》有"又东三百七十里曰仓者之山，……有木焉，其状如谷而赤理，其汁如漆，其味如饴，其名曰白䓘（音皋）"的话。④《淮南子·说林训》中有"柳下惠见饴曰：'可以养老'，盗跖见饴曰：'可以粘牡'，⑤见物同而用之异"的话。对于"饴"，《说文》谓："饴，米蘗煎也。"汉·杨雄撰《方言》又说："凡饴谓之饧，自关而东，陈、楚、宋、卫之通语也。"⑥是知先秦时人们就熟悉饴饧了。关于"粻餭"，最早见于东汉·王逸的《楚辞章句》⑦里辑录的楚国辞赋家宋玉的"招魂篇"（一说为屈原之作），其中有"粔籹蜜饵，有粻餭些"的词句，⑧《方言》（卷十三）曰："饧谓之餭；饧，谓之粻餭。"晋·郭璞注："即干饴也。"关于"馓"，西汉·史游《急就篇》提到"枣、杏、瓜、棣、馓、饴、饧。"⑨《说文》曰："馓，熬稻粻餭也。"唐人颜师古注："馓之言散也，熬稻米饭使发散。古谓之张皇，亦目其开张而大也。"所以这里的馓就是所谓的"粻餭"，即也是一种麦芽糖甜食。⑩至于"餔"者，汉·刘熙的《释名疏证·饮食·餔》则谓："餔，哺也，如饧而浊，可哺也。"⑪所以它那时已经是《齐民要术》中所描述的那种颜色发黑、含有少许糟饭渣的"餔"（见下文）。

但是若细究起来，饴与饧的含义似乎又稍有区别。东汉郭璞注释《方言》时谓："饧，即干饴也。"《急就篇》颜师古注曰："厚强者曰饧。"可见，饧当是熬煎糖化液汁时火候较充分，冷凝后成为凝重甚至固化了的麦芽糖，若经进一步挽打成白后就成为今人非常熟悉的关东糖了。因此《齐民要术》（卷六）在"养牛马驴骡篇"中的"治马中谷又方"里有"取饧如鸡子大，打碎"的话，⑫表明饧是坚硬的糖块，所以这种干饴也叫"脆饧"。而饴则是煎熬时间较短，浓缩程度较差，因而尚保留较多的水分，是比较柔薄如糖稀的麦芽糖，《释名·释饮食》

① 见《尚书正义·周书洪范》第76页，谓"稼穑作甘，[传]：甘味生于五谷。"《十三经注疏》总第188页，世界书局影印阮刻，1935年。

② 朊朊者言土质肥美，堇草根细如芥，叶如细柳；荼，苦菜也。东汉·郑玄注释："周之原地在歧山之南，朊朊然肥美，其所生菜虽有性苦者，甘如饴也。"见国学整理社出版，世界书局发行《十三经注疏》上册第510页，1935年。

③ 《礼记正义》第233页，《十三经注疏》总第1461页。

④ 白䓘又名蒤苏，《玉篇》指出：草之名。这种作物是秆状作物，汁有甜味，很像甜玉米，甜高粱秆。参看李治寰《中国食糖史稿》第41页，农业出版社，1990年。

⑤ "牡"指门钮，放上饴糖，开门时无声响，便于盗窃。见陈广忠译注《淮南子译注》第815页，吉林文史出版社，1990年。

⑥ 见汉·杨雄《方言》（卷十三）第133页，《丛书集成》初编总第1177册。

⑦ 《楚辞章句》东汉王逸撰注，可参看宋·洪兴祖《楚辞补注》，中华书局，1983年。

⑧ 王逸注曰："粻餭，饧也。言以蜜和米面熬煎作粔籹，蜜饵也。捣黍作饵，又有美饧，众味甘美也。"参看《楚辞注》第208页，中华书局，1983年。

⑨ 见汉·史游《急就篇》第138页，《丛书集成》初编总第1177册；《丛书集成新编》第35册第441页，台湾新文出版公司，1984年。

⑩ "馓"有多解，因馓者原意"张皇"也，有膨胀之意，所以后来"馓"又发展指"米花"、"油炸馓子"食品。

⑪ 汉·刘熙《释名》第127页，《丛书集成》初编总第1153册。

⑫ 见缪启愉《齐民要术校释》第287页，农业出版社，1982年。

中解释"饧"、"饴"这两个字时，也讲得相当清楚，它说："饧，洋也，煮来消烂，洋洋然也；饴，小弱于饧，形怡怡然也。"所以陶弘景说："方家用饴糖，乃云胶饴，皆是湿糖如厚蜜者。"（见《唐·新修本草》）

总之，到了汉代，人们食用麦芽糖制品已经很普遍了。郑玄在注释《诗经·周颂·有瞽》里"箫管备举"和《周礼·春官》里"小师掌教鼓、箫、管、弦、歌"两句中的"箫"字时都说："编小竹管，如今卖饧者所吹者。"[①] 可见东汉时已有沿街吹箫叫卖麦芽糖的小贩，表明饴饧已经成为平民的小食品了。

现存关于饴饧制作工艺的文字记载则出现较晚。最早提到饴饧制作之事的大概是东汉时期崔寔所撰的《四民月令》，但讲的很简单："十月先冰冻，作凉饧，煮暴饴。"[②] 农学史家缪启愉解释过："崔寔所谓'凉饧'犹言'冻饴'是一种较强厚的饧；'暴'是'猝'、'速'的意思，意即速成；又'暴'是暴露，引申为稀薄（见《尔雅·释诂》），所谓'暴饴'即煎熬的时间较短、浓缩度较弱的、速煎成的"薄饴"。"[③] 但《四民月令》未谈及饴饧的制作工艺。至于制饧为何安排在农历十月？李治寰曾作过很好的解释，[④] 他指出，这是家庭自用饴饧的加工月份，原因主要有：①新谷比隔年陈谷出糖率高，故用十月份新收打的谷物；②孟冬和春节是农民的传统节日，祀神祭祖都要用饧；③夏秋日天气，熬出的饧放久易酸易烊，所以要冰冻后开始熬糖。至于商业性熬饧，随产随销，那就不拘时间了。

最早记载熬饧工艺的大概要算东晋（大约）人谢讽所撰的《食经》了。其"作饴法"是："取黍米（按即黄米）一石，炊作黍（按，这里是饭的代称），著盆中。糵末一斗搅和。一宿，则得一斛五斗。煎成饴。"[⑤] 根据这项数字，用糵和黍米的比例是1：10。

后魏人贾思勰所撰的农学全书《齐民要术》中，其卷八里有"黄衣、黄蒸及糵"一节谈到制造糖化糵的工艺；其卷九里有"饧餔"一节，则介绍了"煮白饧法"、"黑饧法"、"琥珀饧法"、"煮餔法"以及利用饧加工制作"白茧糖"、"黄茧糖"的方法，可以说是历代关于饧饴工艺记载中最为翔实的。[⑥] 关于加工糵的技术，它讲解道：

> 八月中作糵。盆中浸小麦，即倾去水，日曝之。一日一度着水，即去之。脚生（按，指小麦种子萌发时最初长出的幼根），布麦于席上，厚二寸许。一日一夜，以水浇之，芽生便止。即散收，令干，勿使饼；饼成则不复任用。此煮白饧糵。若煮黑饧糵，即待芽生青成饼，[⑦] 然后用刀刷[⑧] 取，干之。欲令饧如琥珀色者，以大麦为糵。

再从其中的"煮白饧法"，我们则可以了解到当时制作饴饧的基本概貌。这项记载原文如下：

> 煮白饧法：用白芽散糵[⑨] 佳，其成饼者[⑩] 则不中用。用不渝釜，渝则饧黑。釜

① 见《十三经注疏》上册第595页及797页。
② 参看缪启愉《四民月令辑释·十月》第98页，农业出版社，1981年。
③ 同②。
④ 参看李治寰《中国食糖史稿》第43～44页，农业出版社，1990年。
⑤ 参见《齐民要术》（卷九）"饧餔"。
⑥ 参看缪启愉校释《齐民要术校释》第287页，农业出版社，1982年。以下文字校正、标点和注释并参照缪文。
⑦ 指幼芽继续生长，由白转青。同时根芽相互盘结成一片，所以谓之"成饼"。
⑧ "刀刷"，用刀割裂开来。
⑨ 白芽散糵是指刚长出白芽即收干备用的小麦散糵。
⑩ 成饼者即青芽成饼糵，即芽已成长转青，根芽纠结成片的小麦糵，以此种糵所制出的饧色发黑。

必磨治令白净，勿使有腻气。釜上加甑，以防沸溢。① 干蘖末五升，杀米一石。

米必细酾，② 数十遍净淘，炊为饭。摊去热气，及暖，于盆中以蘖末和之，使均调。卧③ 于酺甑④ 中，勿以手按，拨平而已。以被覆甑，令暖，冬则穰茹。冬须竟日，夏即半日许，看米消减离甑⑤，作鱼眼汤以淋之，令糟上水深一尺许，乃上下水洽讫，向⑥ 一食顷，使拔酺取汁煮之。

每沸，辄益两杓。尤宜缓火，火急则焦气。盆中汁尽，量不复溢，便下甑。一人专以杓扬之，勿令住手，手住则饧黑。量熟，止火。良久，向冷，然后出之。

用粱米、稷米⑦ 者，饧如水精色。

现在我们试将这段文字译为现代汉语：制白麦芽糖法：以用收干的白色嫩小麦芽为好。成饼的已变青色的麦芽则不中用。熬糖的大铁锅必须磨净光白，否则有油腥气。锅上立一个凿去底的缸，将缸沿底泥砌在大铁锅上，以防止熬糖液时因沸腾而漫溢出来。每五升干麦芽可糖化一石米。米必须先充分舂捣，并淘洗数十遍，然后煮成饭，再摊开晾到温热。于是放在大盆中与麦芽末搅合均匀。接着将它们密闭在底边有孔的瓮中，保持相当高的温度使糖化作用顺利进行。瓮下边的孔则事先用塞子堵好。瓮中的饭不要按实，要保持蓬松，只要拨平即可。以盆盖上瓮，再以棉被覆盖保温，冬天则用黍皮、菜叶覆盖捂严。夏天经过半日许，冬天需要经过一天，视瓮中糖饭已经液化而脱离瓮壁下沉，则糖化过程完成，以微沸的热水浇淋，令糖糟上的水有一尺余，于是将液化的糖饭上下搅和调匀，放置约一顿饭的时间，然后拔出瓮孔的塞子，放出糖汁流在一个大盆中，以待煎熬。把部分糖汁舀在铁釜中煎熬，每至微沸，则续补两杓糖水。加热宜用温火，火急则熬出的糖有焦糊的气味。当盆中糖水舀尽，锅中糖液里的水分已经很少时，这时就不会再沸溢出来，便可除下立在锅上的缸。令人继续不住手以杓搅拌，否则将导致糖色发黑。凭经验估量糖已充分熬透，停火，静置冷却后，便凝成硬饧了。用高粱米、小米所制得的饧则洁白如水晶。

《齐民要术·饧餔》所记"黑饧法"中则是以收干的小麦青芽结成团的所谓"饼蘖"来制作，每糖化一石米则需糖曲末一斗，可见已变青的麦芽糖化力减弱，且所得饧颜色发黑。另有"琥珀饧法"，则是用大麦芽末为曲，每一斗亦只可糖化米一石，所得"糖饼"如圆棋子，"内外明澈，色如琥珀（褐黄）。"文中还有一段"煮餔法"，文字虽较简略，但可帮助我们了解"餔"与"饧"的区别。原文谓："煮餔法：用黑饧蘖末一斗六升，杀米一石。卧，煮如〔白

饧〕法。但以蓬子押取汁，以匕匙纥纥搅之，不须扬。"文中的蓬子大概是"蓬草编织成的过滤工具，而孔隙较疏，可以透过一些细饭渣"，[1] 所以饷属于黑饧，且"如饧而浊"。贾氏所引录《食经》中的作饴法，则是用黄米来酿造饴糖。可见那时已利用了大麦和小麦的两种麦芽，被用来糖化的谷物就更是多种多样了。大约是南方和产稻区多用稻米、糯米，北方则多用粳米、小米和高粱。但是应该指出，那时在制造饴饧的工艺中已有了"牵白"的工序，即将熬好的饴饧趁热反复牵打，可使之更加坚韧、细腻洁白。关于"牵白"，在陶弘景撰写的《本草经集注》中就已提到，有了"饴糖，……其凝结及牵白者不入药"的话。[2] 但《齐民要术》没有提到这项工序，大概当时山东地区还没有这样做，而是在江南地区先盛行起来的。

此后，在唐人韩鄂原编《四时纂要》[3] 中对饧的制作工艺也有所记载，所谈大概是渭河及黄河下游一带的情况。讲解更为通俗易懂，资料珍贵：

煎饧法：糯米一斗，拣去硬者，净淘。烂蒸，出置盆中，入少〔许〕汤，拌令匀，如粥状。候冷如人体，下大麦蘖半升—筛碎如曲—入饭中，熟拌，令相入。如着手及黏物，即入半碗汤，洗刮物、手，免令生水入。和拌了，布盖，暖处安；天寒，微火养之。数看，候销（按即消，指淀粉糖化充分，饭粒消化如粥，只剩饭渣），以袋滤之—〔欲〕细，即用绢为袋，粗则用布为袋。然后〔置〕铜银器及（或）石锅中煎，杓扬勿停手，候稠即止。铁锅亦得。

韩氏在这里也未提到"凝强及牵白"的加工处理。

及至五代时，制作饴饧的原料似乎更广泛了，据《政和本草》转引韩保升《蜀本草》，谓："饴即软糖也，北人谓之饧，粳米、粟米[4]、大麻、白术、黄精、枳椇（按指用这些植物的种子）等并堪作之，惟以糯米作者入药。"[5] 不过从制作工艺上看，从汉代以来直到近世，并没有什么实质性的改进，只是利用麦芽糖制作的糖食品种，花样不断翻新，正如《天工开物》所说："饴饧人巧千方以供甘旨。"[6] 例如东北的特产"关东糖"、腊月二十三日祭灶的"糖瓜"、南方的某些"芝麻南糖"、从"一窝丝"（见《天工开物·甘嗜》）发展而来的酥糖等等都是以麦芽糖为中心的名特饴糖小食品。

1933 年黄海化学工业社的李守青曾调查、研究过我国现行的制饴法。调查报告[7] 中对饴糖工艺中的发芽、浸米、蒸米、糖化、过滤、煮饴、搅拌、加工等工序都有详细记载。对饴糖的成分也有分析，兹摘录列出如表 8-1 所示。[8] 由于中国传统制饴工艺实质性的变化不大，因此这些数据对我们了解古代的饴饧成分是有参考价值的。

---

① 参看缪启愉《齐民要术校释》第 550 页。

② 见《唐·新修本草》尚志钧辑复本第 482 页，安徽科学技术出版社，1981 年。

③ 《四时纂要》在我国早已散佚，1960 年时在日本发现了朝鲜 1590 年的重刻本，1961 年由日本山本书店影印出版，1979 年农业出版社又据此影印本整理重印，农学史家缪启愉做了校释。引文参看此《四时纂要校释》第 91 页。

④ 古以粟为黍（黄米）、稷（小米）、粱（谷子）、秫（高粱之粘者）的总称。

⑤ 参看《重修政和经史证类备用本草》人民卫生出版社 1957 年影印晦明轩本第 484 页。

⑥ 《天工开物》崇祯十年刊本上卷第八十，《中国古代版画丛刊》第 3 册总第 808 页，上海古籍出版社，1988 年。

⑦ 李守青：《制饴法之实验》，黄海化学工业社，1934 年。

⑧ 转引自袁翰青《中国化学史论文集》第 138 页，三联书店，1956 年。

表 8-1　饴糖成分的分析结果

成分 品种	麦芽糖（%）	糊　精（%）①	水　分（%）
黄米饴	58	20	22
小米饴	60	27	13
糯米饴	65	23	12
粳米饴	62	22	16

二　中国蔗糖的早期历史

古往今来，甘蔗始终是制糖的最主要的原料，它含蔗糖量高，制糖工艺简单，产品质量也好。

关于甘蔗的发源地及中国甘蔗的源起问题，国内外农史学家都曾作过广泛的探讨，但至今没有一个统一的看法。国外学者多数认为甘蔗源于印度，[②] 或认为源于新几内亚（即今之伊里安岛），然后逐步被带到东南亚各地和印度，[③] 然后再从印度引种到中国。我国一些学者则认为中国也是甘蔗的发源地之一。刘树楷曾对此作过综合评述，[④] 他认为：我国的广东、广西、福建一带温热多雨，谁也不能肯定在远古时代那里就不生长和繁衍甘蔗。因此他倾向于中国是甘蔗的发源地之一的看法。但这样论证似乎不大令人很信服，因为"温热多雨"是甘蔗生长的必要条件，但却不足以说是萌发野生甘蔗的充分条件，因此固然有可能，而不能作为确证的依据。比如甘薯、西红柿，我国各地都可栽植，但并未发源于中国。在这个问题上，李治寰的意见就更加中肯，[⑤] 他曾提出：要搞清楚中国也是甘蔗原产地的问题，借助于历史、考古、文献等只是间接的、辅助的手段，真正的依据还是在于提出我国野生甘蔗原种。据近代调查了解，我国本土确有不少野生甘蔗原种，它们分别出现于岭南、华东和华西，甚至华中地区也有它的踪迹。其中较著名的如"割手密（簋）"（Saccharum spontaneum L.）和"草鞋密（簋）"（Saccharum narenga Hack）等品种，统称"中国种"或"中国竹蔗型种"（S. sinense Roxb emend Jesw.）。[⑥] 现在国际上已有不少科学家认为"中国型蔗种"是世界上四个蔗种之一。[⑦] 但李氏也实事求是地指出，我国自汉代以来南方地区已经栽种的那种粗茎、密节、多汁、高糖分的甘蔗大概就是热带型蔗种。[①] 这种蔗则原产于印度和热带太平洋各岛。这种甘蔗传播到我国大概是从边邻交趾地区逐渐引进的。后世人托名东方朔所著的《神异经》一书中记载："南方荒内有甘蘸之林，……促节多汁，甜如蜜。"所描述的就应是这一型种。东汉杨孚《异物

---

①　糊精是淀粉在糖化酶作用下发生水解而尚未转化成麦芽糖时的中间产物，为黏稠的液体，易溶于热水。

②　例如 G. L. Spencer and G. P. Meade：《Sugar Handbook》8th Edition, John Wiley and Sons, Inc. London (1945)；参看林肇阴：《甘蔗》，科学出版社，1959 年.

③　例如 G. L. Spencer and G. P. Meade：《Cane Sugar Handbook》9th (1963).

④　刘树楷等，古代的中国糖业，甜菜糖业，1983 年第 3 期。

⑤　参看李治寰：《中国食糖史稿》第 64～65 页。

⑥　参看梁家勉："中国甘蔗栽培探源"，《中国古代农业科技》，农业出版社，1980 年。

⑦　见 C. L. Spencer, G. P. Meade：《Cane Sugar Handbook》，9th, p. 10.

志》谓："甘蔗远近皆有，交趾所产特醇好，本末无厚薄，其味甘，围数寸，长丈余。"① 所以这种甘蔗以后便被推广引种。

我国栽培甘蔗已相当悠久。1973 年在长沙马王堆三号汉墓出了大量的帛书，其中有一部医方，② 据考古专家的考证，大约系写成于战国时期。这部医方中有一项"治加"，按"加"即痂，就是今天所说的疥，就用到"庶"，它大概就是甘蔗。不过那是用作疡科药。如果说到吃甘蔗，在战国时，宋玉曾作楚辞名篇《招魂》（一说是屈原之作），其中就有"胹鳖、炮羔，有柘浆些"的词句，③ 这里古写的"柘"是"蔗"字的假借字，"柘浆"就是甘蔗汁。这句话的意思是：煮鳖肉，炙羊羔，再以甘蔗浆汁作饮料。这在当时大概已是很丰盛的美餐了。西汉辞赋家司马相如（前 197～前 117）在其"子虚赋"中当写到云梦（今湘鄂的华容、监利一带）的园圃花草时提到"江蓠蘼芜，诸柘巴苴"，具中江蓠、蘼芜是两种水草，"诸蔗"即甘蔗，"巴苴"即芭蕉，一说是蘘荷（茎叶似姜，根香脆可食）。④ 东汉人服虔的《通俗文》也提到过"荆州竿蔗"。可见在中国南方现今湖北一带地方，在战国时或更早时就已种植和食用甘蔗了。但那时还只是榨取它的浆汁，饮蔗水，还没有发展到制糖。

我国古代对甘蔗的称呼和写法很多。例如宋玉称为"柘"；西汉人张衡⑤、司马相如称为"诸（或诸）蔗"；西汉人刘向"杖铭"中称为"都柘"；⑥《神异经》写为"肝蔗"；服虔写为"竿蔗"；东汉许慎《说文》中则写作"薯蔗"；晋代问世的《凉州异物志》又写作"甘柘"等等。⑦ 唐代僧人慧琳的《一切经音义》⑧ 又提到有"遮咁草"、"芊柘"、"苷蔗"、"籍柘"等写法。因此我们可以大致判断，"甘蔗"，特别是"蔗"，是非汉语的音译。慧琳曾明确说："此既西国语，随作无定体也。"那么西国是哪个国家，他没有说明，在那时总应是邻国吧。是印度吗？但《梵语杂名》⑨ 和唐代时印度僧人僧怛多糵多和波罗瞿那弥捨娑二人合辑的《唐梵两语双对集》⑩ 都把梵文 iksu 音译为"壹乞刍"，意译才是"甘遮"，可见"甘遮"不是印度语的音译；其他邻国中，孟加拉族语称 baō，越南语称 mia，马来语称 těbu。⑪ 所以梵文学家季羡林认为："甘蔗是外国传来的词儿，至于究竟是哪个国家，我现在还无法回答。"⑫ 也曾有人认为甘蔗一词并不是非汉语的音译。清乾隆时文人李调元就是其一，他在其《南越笔记》中曾写道："蔗之名不一，一作肝蔗，蔗之甘在干，在庶也。其首甜而坚实难食；尾淡不可食，故贵在干也。蔗正本少，庶本多，故之曰诸蔗。诸，众也，庶出之谓也；庶出者尤甘，故贵其庶也。曰都蔗者，正出者也。曹子建有都蔗诗，张协有都蔗赋，知其都之美，而不知其诸之

---

① 见《太平御览》卷九十四及《齐民要术》"甘蔗"条引文。
② 见马王堆汉墓帛书整理小组编：《五十二病方》第 109 页，文物出版社，1979 年。
③ 见《楚辞补注》第 208 页。
④ 参看北京大学中国文学史教研室选注《两汉文学史参考资料》第 32 页，中华书局，1962 年。
⑤ 参看梁·萧统《文选》第四卷张衡（张平子）"南都赋"，第 71 页，中华书局，1977 年。
⑥ 见［唐］欧阳询《艺文类聚》（卷六九）第 1210 页，汉·刘向《杖铭》："都柘虽甘，殆不可杖。"上海古籍出版社，1965 年。
⑦ 清·张澍辑《凉州异物志》第 3 页，《丛书集成》初编总第 3024 册。
⑧ 《一切经音义》，见《大正新修大藏经》第 54 卷，第 311～933 页。
⑨ 《梵语杂名》，见《大正新修大藏经》第 54 卷，第 1223～1241 页。
⑩ 《唐梵两语双对集》，见《大正新修大藏经》第 54 卷，第 1241～1243 页。
⑪ 参看李治寰：《中国食糖史稿》第 61 页。
⑫ 季羡林："一张有关印度制糖法传入中国的敦煌残卷"，《历史研究》1982 年第 1 期。

美也。"① 但他的意见似乎有些牵强，因"盰蔗"二字出于《神异经》，近代学者已多认为它是魏晋南北朝时人伪托东方朔之作，因此该两字远非甘蔗的最早文字，不能作为其称谓的起源；而且在汉代以前的人们恐怕对甘蔗也不会有这么深刻全面的了解。此外李氏的意见也无法解释最早出现的"柘"的含义。近年，梁家勉提出了一个新的见解，饶有趣味，他认为：在远古文字出现之前，甘蔗早已出现，当人们尝到它的甜味采来食用时，初未有其字，但已有其音。可以设想，原来其称呼必有其用意，可以是反映它的特征，以音会意。假如联系到原始甘蔗的食用情况，相信会与"咋"（音 zé，咬也，笔者认为当是"嗺"，音 zuō，吮吸也）和"咀（音 jǔ，嚼也）咋（嗺）"的音意有关。"咋（嗺）"与"柘"、"蔗"、"咀"与"诸"、"藷"、"都"在古代以至现代音系，是双声，又是叠韵，读音相近，习惯上往往相通假。根据这一语音去探索，甘蔗在很古以前，可能早就为我们的祖先以谐"咋（嗺）"或"咀嗺"的音，会"嗺"或"咀嗺"的意而作为其专名了。② 这倒确可作为一种颇有见地的新说，供我们进一步探讨。

初时，人们采集来甘蔗以后或生啖（咀嚼），"咋啮其汁"；或榨取其汁，随榨随饮。供饮用的蔗汁就叫蔗浆。据现代制糖厂的分析检验，食用蔗汁中，蔗糖大约占 15%，水分占 80%～85%，还原糖（包括葡萄糖与果糖）大约占 2%，胶状物（如果胶等）约占 0.1%，含氮物质（包括蛋白质、氨基酸、氨基酸酰胺等）约占 0.03%，无机盐约占 0.3%，还有游离的有机酸（如乌头酸、苹果酸、草酸、柠檬酸等）可达 0.5%。③ 所以这种蔗汁只能随榨随吃，不能存放，因为其中的酸会促进蔗糖水解，生成更多的葡萄糖和果糖，而这些还原糖在蔗汁中普遍存在的酵母菌作用下又很容易变成酒和酸，因此搁置稍久，蔗汁就会变质。中国的南方既然至迟在战国时期已经种植甘蔗，当然那里的人早就享食蔗浆了。

其后人们采用了日晒和温火煎熬（加温到 80～90℃）或两者结合，即"煮而曝之"的办法赶掉蔗汁中的大部分水分而得到较稠厚的胶状糖浆，微生物也大部分被杀死，可以保存较长的时间，这种糖稀就叫做蔗饴或蔗饧。晋·陈寿（233～297）在其《三国志》中提到吴国废帝孙亮（243～258）曾"使黄门以银椀并盖，就中藏吏，取交州所献甘蔗饧"。说明那时交州（今越南一部分及广西钦州地区、广东雷州半岛）的蔗饧已是名特产了。蔗饧其实在西汉时就有了。在东汉班固所撰的《汉书》（卷二十二）中载有"郊祀歌"十九首，其中有"泰尊柘浆析朝酲"之句，说吃柘浆可以醒酒。东汉人应劭对这种柘浆有注释："取甘蔗以为饴也。"④ 可见"柘浆"一词到汉代时已是指蔗汁经过煎熬而成的糖膏了。

随着煎熬蔗汁技术的提高，可使水分充分蒸发而又不致焦化。当含水分减到 10% 以下时，那么蔗饧冷却后就会固化凝成糖块，于是被称作"石蜜"，但它绝不是结晶糖。它颜色红褐，所以就是原始的红糖块。关于这种石蜜的记载，最早见于《汉书·南中八郡志》："交趾有甘蔗，围数寸，长丈余，颇似竹，断而食之，甚甘。榨取汁，曝数时成饴，入口消释，彼人谓之石蜜。"⑤ 贾思勰的《齐民要术》（卷第十）中曾援引东汉杨孚所撰《异物志》（卷十）中的一段文字，讲得更明确："甘蔗远近皆有，交趾所产甘蔗特醇好，……榨取汁如饴饧，名之曰

---

① 　清·李调元《南越笔记》第 178～179 页，《丛书集成》初编第 3126 册。
② 　梁家勉："中国甘蔗栽培探源"，参看李治寰《中国食糖史稿》第 61 页。
③ 　参看郑尊法：《糖》第 22～23 页，《万有文库》第 678 册，商务印书馆，1930 年。
④ 　汉·班固《汉书》（卷二十二）第 1063 页，中华书局，1962 年。
⑤ 　见唐·欧阳询：《艺文类聚》第 1501 页，上海古籍出版社，1965 年。

糖，益复珍也。又煎而曝之，既凝，如冰，破如博棋，食之，入口消释，时人谓之'石蜜'者也。"[①] 当时的交趾郡相当于今越南北半部。西晋永兴年间嵇含所撰《南方草木状》对"石蜜"也有类似的记载，[②] 所以南宋·史绳祖所著《学斋占毕》中说："是煎蔗为糖已见于汉。"[③] 这话是对的，这种最早的蔗糖即指蔗饧和石蜜而言。当时西北地区也有了这种石蜜，晋人宋膺所撰（李时珍认为是万震）《凉州异物志》对此就有记载，谓："石蜜之滋，甜于浮萍，非石之类，假石之名，实出甘柘，变而凝轻（原注：甘柘似竹，煮而曝之则凝如石而甚轻）。"[④] 这种石蜜亦称"西极石蜜"，出于西域，所以被视为异物。但至迟到萧齐时期（479～502）我国内地也生产这种粗制红糖了。那时前来我国翻译佛经的伽跋陀罗在广州就看到过这种糖块了。他把此见闻夹写在所译佛经《善见律毗婆沙》中，[⑤] 谓："广州土境有黑石蜜，是甘蔗糖，坚强如石，是名石蜜。"

这里需要说明两点：①在蔗糖石蜜出现以前，人们把蜜蜂在岩洞巢中所酿的蜜称崖蜜，也叫石蜜，两者不可混淆；②以上《凉州异物志》引文中的"浮萍"绝非是水上漂长着的那种浮萍，而是一种糖的名称。李治寰曾指出：南欧及小亚细亚一带有数种灌木经虫咬或刀划，能分泌一种甜汁。西方和阿拉伯人称这种甜汁为 manna；梵语作 amrta；波斯语作 tarangubin，即甘露。[⑥]《隋书·高昌传》说"高昌有草名羊刺，其上生蜜，而味甚佳"，就是这种甘露。唐代时将高昌改为西州，以刺蜜作贡品，陈藏器《本草拾遗》说："刺蜜，胡人呼为'给敦罗'。""给敦罗"是"达郎古宾（tarangubin）"的省略语音。《凉州异物志》所谓"浮萍"，可能就是西域商人对"给敦罗"的谐音。后世元人汪大渊所撰《岛夷志略》说："甘露每岁八、九月下，民间筑净地以盛之，旭日曝则融结如冰，味甚糖霜。"[⑦] 所以西域商人用甘露（浮萍）来比喻石蜜，说石蜜比甘露更加甜，正是用以描述石蜜的珍贵。李氏的这番解释甚是确当。

我国在汉代时，除"石蜜"外，又出现了所谓"沙糖"，这个称谓最早出现于张衡（78～139）的"七辨"中，有"沙糖石蜜，远国贡储"的话。[⑧] 表明当时这种"沙糖"是域外贡进的。及至萧梁时期，陶弘景在其所撰《本草经集注·甘蔗》中又提到它，谓：[⑨]"甘蔗今出江东为胜，庐陵亦有好者。广州一种数年生，皆如大竹，长丈余。取汁以为沙糖，甚益人。"这表明这时广州也能生产这种沙糖了。但这种"沙糖"究竟是怎样的一种糖，曾长期使今人迷惑不解，或误以为是今日常见的那种松散砂粒状的红糖。但实际上它仍然是干固的粗制的红糖。即与石蜜基本上是同一种类的糖，而汉至南北朝期间为什么会把它称之为"沙糖"？由于它原是"远国贡储"的，所以其中有一段历史的缘由，季羡林[⑩]、李治寰[⑪] 等对此考证甚详。他们指出：印度古代有一种用手团成的、比较粗的糖，名叫 guda 或 gula。团时在糖膏中加些

① 见缪启愉《齐民要术校释》第 586 页。
② 晋·嵇含《南方草木状》（卷上）第 3 页，《丛书集成》初编总第 1352 册。
③ 宋·史绳祖《学斋占毕》（卷四）第 68 页，《丛书集成》初编总第 303 册。
④ 见张澍辑《凉州异物志》第 2 页，《丛书集成》初编总第 3024 册。
⑤ 见季羡林："古代印度沙糖的制造和使用"，《历史研究》1984 年第 1 期。
⑥ 参看李治寰《中国食糖史略》第 122～123 页。
⑦ 参看苏继庼：《岛夷志略校释》第 369 页中"麻呵斯离"条，中华书局，1981 年。
⑧ 见《太平御览》第 3805 页，中华书局影印本。
⑨ 见唐·苏敬《新修本草》尚志钧辑校本第 447 页，安徽科学技术出版社，1981 年。
⑩ 参看季羡林："古代印度沙糖的制造和使用"和"一张有关印度制糖法传入中国的敦煌残卷"两文。
⑪ 参看李治寰《中国食糖史略》第 116～118 页。

米（面）粉，并在手上也涂一层粉才去揉糖，很可能涂一次，团一次。guda 或 gula 这个字在唐代《梵语千字文》中则意译为糖，①在《梵语杂名》里则意译为沙糖，音译为遇怒；在《梵语千字文别本》②中则只音译为虞拿。guda 的原意则是"球"。在孟加拉国有个地方叫 Gauda，来源就是 guda，因为此地盛产甘蔗，善制这种"沙糖"。东汉时代，我国进口的那种沙糖，可能就是当年古印度用手团揉成的、名为 guda 的球糖，它当时所以被译名为沙糖，大概是因为它很容易被打碎（因掺有米粉）变成黄色粉末状细沙，以形取名。当时这种糖远从西亚经"丝绸之路"送来我国，作为国际交往的礼品，表明它即使在西亚各国也是很珍贵的。从汉代把进口的这种粗制红糖球（从外观、质地上不完全相同于石蜜）译名为沙糖后，于是佛经的翻译家们对 guda 这个字便"入乡随俗"，既不译成粗制糖，也没译成球糖，而按照中国人的习惯译为"沙糖"。而这种球糖在南朝时广州地区也学会制作了。

三　唐代印度先进蔗糖技术的引进

我国制糖技术到了唐代有了长足的进展，不仅"石蜜"有了新品种（所谓乳糖，详见下文），而且有了脱蜜沙糖，即名符其实的散砂状红糖，这与汲取当时印度的先进制糖法有直接的关系。贞观十九年（645）正月二十四日法师玄奘自印度取佛经回来，并向太宗"献诸国异物"。他在其所撰《大唐西域记·印度总述》中谈到那里的物产时说："至于乳、酪、膏、酥、沙糖、石蜜、……常所餰也。"③因此他带来的各国异物中就包括了那时的印度沙糖和石蜜。其后不久，西域及天竺诸国又纷纷遣使来到东夏，向唐王朝赠送了他们的土特产，介绍了相应的一些技术，其中的"熬糖法"得到了贞观天子的赞赏，于是有遣使赴印度取熬糖法之举。据欧阳修所撰《新唐书》记载："摩揭它，一曰摩伽陀，本中印度属国。……贞观二十一年（647）始遣使者自通于天子，献波罗树，树类白杨。太宗遣使取熬糖法，即诏扬州上诸蔗。榨潘（汁）如其剂，色味愈西域甚远。"④但这段记叙中既未说明所取熬糖法的具体内容，是制石蜜还是沙糖，也没有对其"剂"（调配法）加以解释。但唐代西明寺和尚道宣所撰《京大慈恩寺释玄奘传》却有所说明：在玄奘回国后，天竺王"戒日及僧各遣中使赍诸经宝远献东夏，则是天竺信命自奘而通。……使即西返。又敕王玄策等 20 余人，随往大夏（按大夏是今阿富汗北部地区），并赠绫帛千有余段。王及僧等数各有差，并就菩提寺僧召石蜜匠。乃遣匠二人，僧八人，俱到东夏。寻敕往越州，就甘蔗造之，皆得成就。"⑤该文指出，摩揭陀之王即戒日之女婿，其国有"伽耶城，……又行六里有伽耶山，……山之西南［如来］道成处，……其地所谓菩提寺是也。"可见王玄策是到摩揭陀国请来了制作石蜜的工匠。宋人王溥所撰《唐会要》，对此也有说明："［贞观］二十一年三月十一日，以远夷各贡方物，其草木杂物有异于常者，诏所司详录焉。……摩揭陀国献菩提树，一名波罗，叶似白杨。……西番胡国出石蜜，中国贵之，太宗遣使至摩揭陀国取其法，令扬州煎蔗汁，于中厨自造焉，色味逾西域所

①　《梵语千字文》，见《大正新修大藏经》第 54 卷第 1192 页上。

②　《梵语千字文别本》，见《大正新修大藏经》第 54 卷第 1203～1204 页。

③　见唐·玄奘：《大唐西域记》第 42 页，上海人民出版社，1977 年。

④　宋·欧阳修：《新唐书》（卷 221）第 6239 页，中华书局，1975 年。

⑤　见《续高僧传》卷四《玄奘传》，《大正新修大藏经》第 50 卷 545 页下。

出者。"① 因此可以肯定,太宗时遣使至印度取熬糖法,主要是制作优质石蜜的技术。

当时印度的石蜜与中国汉晋时期的石蜜已有所不同,这在《唐·新修本草》中有明确的说明。《新修本草》是唐王朝的"国家药典",是由太尉长孙无忌领衔,组织了 20 余人进行编纂,"增损旧本,征天下郡县所出药物,并书图之",最后由苏敬等详定,完成于高宗显庆四年(659),即王玄策自摩揭陀国偕印度石蜜工匠来华(贞观二十二年,公元 648 年)后的十一年,对这样一项由太宗遣使引进的先进技术必然得加以记载。所以《新修本草·石蜜》条目中所引《名医别录》文为:"石蜜,味甘,寒,无毒,……出益州(今四川省广大地区)及西戎(今黄河上游、甘肃西北部),煎沙糖为之,可作饼块,黄白色。"② 显然这是中国固有的石蜜。在这段文字之后有"新附",即苏敬所作的补充说明:"云用沙糖、③ 水、牛乳、米粉和煎,乃得成块。西戎来者佳。近江左亦有,殆胜蜀者。云用牛乳汁和沙糖煎之,并作饼,坚重。"

显然,这种石蜜当是印度石蜜匠所传授而在"江左"推广的。所以过去西戎有(可能即由印度传去),"近江左亦有","近"字正是指王玄策自印度归来后那些年,江左即左东,指当时扬州、越州一带(即今江苏、浙江)。这种加牛乳、米粉的石蜜已有些像近世的牛奶糖,当时味道较红糖凝块要香甜醇美、洁白细腻。唐武周皇帝时孟诜撰《食疗本草》时亦作了说明:"石蜜(乳糖)……波斯者良。蜀川者为次,今东吴亦有,并不如波斯。此皆是煎甘蔗汁及牛乳汁。煎则细白耳。"④

由于乳糖石蜜一般只能作为甜食、待客茶食及筵宴礼品,所以只起到糖果的作用,但还不能代替一般的红糖。

至于沙糖,《新修本草·沙糖》条目中也有"新附",苏敬谓:"蜀地、西戎、江东并有,而江东者先劣今优。"这就是说,在高宗永徽和显庆初年时,江东扬、越诸洲的沙糖质量也有了明显的提高,我们相信这也与 10 位印度制糖专家的到来有密切关系,也是汲取了印度沙糖法所取得的成效,因为优质石蜜必然也要以优质沙糖为原料,溶化后再和牛乳煎炼才得到的。但很遗憾,苏敬未对此优质沙糖的形态加以描述。不知仍是固块状的红糖球,还是散松砂粒状的红糖。南宋时著名学者陆游在其《老学庵笔记》(卷六)中引用过南宋制糖局勘定官闻人茂德的一段话,说"沙糖中国本无之,唐太宗时外国贡至,问其使人此何物,云以甘蔗煎汁。用其法煎成,与外国者相等,自此中国方有沙糖。唐以前书传凡言及糖者皆糟耳,如糖蟹、糖姜皆是。"⑤ 如果这话确凿,那么宋代时人们所熟识的砂粒状干散的红糖制造技术也当是由唐太宗时聘来的石蜜匠师一并传授的了,与《新修本草》所记相符,而且可为其注。

那么印度的沙糖制法究竟是怎样的?在本世纪发现的《敦煌残卷》中有一份有关印度沙糖的简要说明(图 8-1),⑥ 大约是我国唐代时期的记载,它向我们揭示当时印度沙糖法中至少有两项先进措施:第一,蔗浆结晶前用"灰"处理;第二,自蔗浆中分出并滤去不能结晶的

---

① 宋·王溥撰:《唐会要》(卷 100)第 1796 页《丛书集成初编》总第 828 册。

② 参看唐·苏敬撰,尚志钧辑校《唐·新修本草》第 447 页,安徽科学技术出版社,1981 年。

③ "沙糖"二字原缺,据《重修政和经史证类本草》补正。

④ 唐·孟诜:《食疗本草》第 45 页,谢海洲等辑校,人民卫生出版社,1984 年。另见"敦煌残卷微缩胶卷"编号 S. 76。

⑤ 见宋·陆游《老学庵笔记》卷六,中华书局刘剑雄等校点本第 80 页及注(22),1979 年,并参看明·陈懋德《泉南杂志》第 9 页,《丛书集成》初编总第 3161 册。

⑥ 见《敦煌遗书总目索引》,卷号 p3303,商务印书馆,1962 年。

糖蜜。于是可得到砂粒状干散的红糖。1982 年季羡林对这份珍贵资料作了一番缜密严谨的考证和勘校。① 其中制沙糖并以"灰"处理的那段文字经勘校后如下：

西天五印度出三般甘蔗：一般苗长八尺，造沙糖多不妙；第二，较一、二尺矩，造好沙糖及造最上然割令（指石蜜，见下文）；第三般亦好。初造之时取甘蔗茎，弃去梢叶，五寸截断，着大木白，牛拽，于瓮中承取，将于十五个铛中煎。旋泻一铛，著箸，捞出汁，置少许［灰］。② 冷定，打。若断者熟也，便成沙糖；又折不熟，又煎。

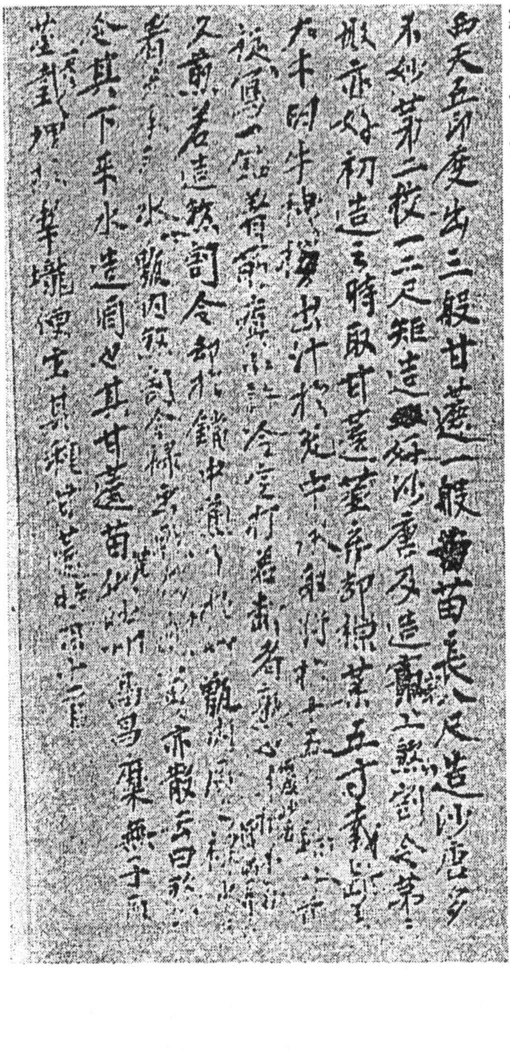

图 8-1　记载印度制糖法的《敦煌残卷》

对这段文字，季羡林已作了一番解释，可以参读。由于文中可能还有错讹及漏脱之字，因此有些地方仍很费解。然而我们以现代的科学知识来分析这段文字，可以看出确有很多值得称道的地方：其一，很注意对甘蔗品种的选择，按其经验，苗长过八尺者不适于熬糖，而矮杆六七尺者是造沙糖与石蜜的良种。而中国唐代以前的制糖业，按陶弘景的记载，以广州为例，是以"斩而食之"的甘蔗作为熬糖的原料，它如大竹，竟长丈余。显然，后来我国就参考、学习了印度的此经验，注意了各品种甘蔗的属性。在明万历十三年（1585）王世懋所撰《闽部疏》便有明确说明："蔗有二种，饴蔗节疏而短小；食蔗节密而长大。"③《天工开物》也着重说明了这项经验，指出："凡甘蔗有二种。产繁闽广间，以竹而大者为果蔗，截断生啖，取汁适口，不可以造糖；似荻而小者为糖蔗，白霜、红砂皆从此出。"④ 其二，在蔗浆冷定前"置少许"石灰（或草木灰）的举措，根据现代的科学制糖原理可知，它对沙糖的质量和产率至关重要。前文已述及，蔗汁中除蔗糖和水外，还有许多成分，虽然含量不算很大，但对制沙糖极不利，如各种有机酸会促使蔗糖水解生成还原糖，尤其在煎熬蔗汁时，这种情况更为严重。而这些还原糖在搁置蔗汁过程中不仅自身不能结晶并生成糖蜜（我国古代称为糖油），而且还妨碍蔗糖的结晶，⑤ 所以用"灰"来中和、沉淀这些游离酸，对砂糖制法是个极大的改进。而

① 季羡林："一张有关印度制糖法传入中国的敦煌残卷"。
② 此句原文为"霞小许"，季羡林参考了后世的《天工开物》和《物理小识》把它勘正为"置少许［灰］"。
③ 明·王世懋：《闽部疏》第 3 页，《丛书集成》初编总第 3161 册。
④ 见《天工开物》崇祯十年刊本卷上第七四。
⑤ 参看曹元宇《中国化学史话》第 219 页，江苏科学技术出版社，1979 年。

且石灰的加入还可使某些有机非糖分、无机盐、泥沙悬浮物沉积或沉淀下来，既可改善蔗汁的味道，又可使蔗汁粘度减小，色泽变清亮，这都有利于蔗糖的析出和质量。[①]

在此份《敦煌残卷》印度制糖法中还介绍了制作名叫"煞割令"的糖，季羡林指出，其原文为"Sarkara"，意译应为"石蜜"，但较过去的石蜜工艺，增加了"分出糖蜜"的重要举措。根据描述，这种"煞割令"实际上就是松散的砂粒状红糖。"制'煞割令'法"说："若造煞割令，却于铛中煎了，于竹甑内盛之。禄（漉）水下，闭门满十五日开却。着瓮承取水。竹甑内煞割令禄（漉）出后，手遂（搓）一处，亦散去，曰煞割令。其下来水，造酒也。"[②] 这段文字中所说"竹甑漉水"就是利用糖体自重的压力进行分蜜，漉出来的液体就是糖蜜，含大量葡萄糖和果糖，正可酿造糖蜜酒；所说"闭门满十五日开却"，就是要让室内温度不要骤然下降，而使糖浆逐渐冷却，徐徐分蜜，至期满十五日糖蜜基本漉尽，而蔗糖的结晶也得以缓慢进行，从而获得较大晶粒；所说"手搓一处亦散去"，就是用手搓就可以把一块糖体捏散成结晶粒体。所以"煞割令"肯定就是名符其实的红砂糖了。这种石蜜可以长期贮存，不易潮解，是当时蔗糖中最重要的一个新糖品种了。当然《残卷》中的这些经验和做法未必在贞观、天徽年间都是由那几位石蜜匠师传授到我国的，很可能是其后又陆续引进的，因为我们现在还不能考证出此《残卷》问世的精确年代。

四　冰糖的出现

我国赵宋时期的"糖霜"就是我们今天所说的冰糖。那时又名糖冰。制作糖霜显然必须能掌握比制作沙糖更高、更丰富的结晶蔗糖的技术，因此它的出现较晚些。最早提及"糖霜"一词的是北宋的两位大文学家，一位是苏东坡（1037～1101），元祐年间他在润州（今江苏镇江）金山寺送别四川遂宁僧人圆宝时曾作诗："涪江与中泠，共此一味水。冰盘荐琥珀，何似糖霜美。"另一位是黄庭坚（1045～1105），元符年间他在戎州（今四川宜宾）收到梓州（今四川三台）雍熙长老馈赠的糖霜后，作诗答谢："远寄蔗霜知有味，胜于崔浩冰晶盐。正宗扫地从谁说，我舌犹能及鼻尖。"

宋人寇宗奭所撰《本草衍义》（卷二十三）也提到："甘蔗今川、广、湖南北、二浙江东西皆有。……石蜜、沙糖、糖霜皆自此出，惟川浙者胜。"[③] 由此可知，北宋时糖霜已是四川涪江流域的名特产了。其质地臻善，外观可与琥珀、水晶媲美。

南宋初年，四川遂宁府（今四川省遂宁县）人王灼于绍兴元年至二十三年间（1131～1153）撰写了著名的《糖霜谱》（图 8-2），[④] 它全面地叙述了我国南宋前的蔗糖史，对糖霜的介绍尤为翔实。其中有关于糖霜制作的内容可归纳摘要如下：

（1）"糖霜"一名"糖冰"。宋代时"福唐（福州）、四明（浙江宁波）、番禺（广东）、广汉（今川甘两省交界的白水江流域及四川涪江流域）、遂宁（四川遂宁县）有之，以遂宁者为冠。四郡所产甚微而碎，色浅味薄，才比遂宁之最下者。"

① 参看［荷］P. Honig 编，陈树功等译《制糖工艺学原理》，轻工业出版社，1958 年。

② 参看李治寰《中国食糖史稿》第 125～126 页。

③ 宋·寇宗奭撰：《本草衍义》，见《道藏》洞神部灵图类，总第 536～550 册。又见《重修政和经史证类备用本草》第 471 页。

④ 宋·王灼：《糖霜谱》，见《楝亭藏书十二种》，扬州书局重刊。

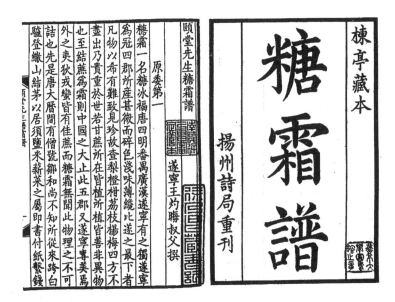

图 8-2　曹栋亭刻本《糖霜谱》

（2）四川涪江流域遂宁地区生产冰糖是从唐代大历年间（766～779）开始的。据传说是由一位姓邹的和尚来到遂宁缴（同"伞"）山传授的。而在此以前未闻有制作糖霜的记载。到了宋代，遂宁郡小溪县（今遂宁县）的伞山一带就已经有 40％的土地、30％的农户种植甘蔗，制作糖霜了。

（3）甘蔗有四个品种，"曰杜蔗，曰西蔗，曰芳蔗（即《政和本草》所谓获蔗），曰红蔗（即所谓的"昆仑蔗"）。红蔗只堪生啖；芳蔗可作沙糖；西蔗可作［糖］霜，色浅（指蔗皮），土人不甚贵；杜蔗紫嫩，味极厚，专用作霜。"

（4）制作冰糖的工艺如下：

　　……收糖水煎，又候九分熟，稠如饧。插竹编瓮中，始正入瓮，簸箕覆之。……糖水入瓮两日后，瓮面如粥文，染指视之如细沙。上元（农历正月十五日）后结成小块或缀竹梢如粟穗，渐次增大如豆，至如指节，甚者成座如假山，俗谓果子结实。至五月春生夏长之气已备，不复增大，乃沥瓮（滤水），过初伏不沥则化为水。霜虽结，糖水尤在。沥瓮者舁出（汲水）糖水，取霜沥干。其竹梢上团枝随长短剪出就沥，沥定，曝烈日中极干。收瓮四周循环连缀生者曰瓮鉴；颗块层出如崖洞间钟乳，但侧生耳。不可遽沥，沥须就瓮曝数日令干硬，徐以铁铲分作数片出之。凡霜一瓮中品色亦自不同，堆叠如假山者为上；团枝次之；瓮鉴次之；小颗块次之，沙脚为下。紫为上，深琥珀次之，浅黄色又次之，浅白为下。不以大小，尤贵墙壁密排，俗号"马齿霜"。面带沙脚者刷去之。亦有大块者，或十斤或二十斤，最异者三十斤，然中藏沙脚，号曰"含凡沙"。

（5）关于糖霜的性质及收藏之法，王灼谓："霜性易销化，畏阴湿及风。遇曝时，风吹无伤也。收藏法：干大小麦铺瓮底，麦上安竹箅，密排笋皮，盛贮绵絮覆箅，簸箕覆瓮。寄远即瓶底著石灰数小块，隔纸盛，厚封瓶口。"

关于遂宁糖霜为异僧传授之事，其实早在北宋时谢采伯的《密斋笔记》（卷三）已有记载，谓：

　　　遂宁冰糖，正字（按，官职名称）刘望之"赋"以为伞子山异僧所授。其法：酢
（榨之误）蔗成浆，贮以瓮缶，列间屋中，阅（越）冬而后发之，成矣。其（《冰糖
赋》）略曰："逮白露之既凝，室人告余其亦霜。猎珊瑚于海底，缀珠琲于枯篁。吸
三危之秋气，陋万蕊之蜂房。碎玲珑于牙齿，韵亢爽于壶觞。①

说明遂宁糖霜在北宋时便已驰名全国，但刘望"冰糖赋"的介绍远不如王灼记录翔实，所以
目前研究宋代糖霜工艺都以《糖霜谱》为据。但对于今天的读者，如果对冰糖制作缺乏实践
经验，那么也很难充分读懂王灼的上述介绍。现援引制糖专家李治寰对《糖霜谱》冰糖制法
的诠释文字，②以作说明："十月至十一月，将甘蔗削皮，截成如钱串般的短节，然后入碾；没
有碾具，也可用舂。将糖水装入表里涂漆的瓮中［贮］，入锅煎煮。初碾和初舂的蔗渣，号曰
'泊'。再将泊在锅灶上蒸，蒸透后上榨，尽取泊中糖水，加入锅中煎煮。将糖水在锅中煎至
七分熟，相当于含糖分 66%～68%，温度约为 105℃时，即撇去浮漂杂质。停歇三日，任其
冷却、沉淀。然后再将澄清蔗汁舀入锅内，留下渣滓。将蔗汁煎煮至九分熟，相当于含糖分
85%～88%，温度约为 114℃～123℃时（根据甘蔗糖汁纯度而定），使它熟稠成糖浆。不能煮
至十分热，太稠了便只结晶成碎冰糖。将若干枝细竹梢排列插于表里涂漆的瓮中，注入糖浆。
瓮上用箕席覆盖。两日之后，以两指捻视糖浆，如呈细砂状，即可结晶成好冰糖。过了春节，
糖浆开始结晶，竹梢初结如谷穗，渐大如豆、如指尖、如假山。到五月，即不再增大。至迟
在初伏之前，就要将瓮中余下的糖水舀出。有的技术没有过关，糖浆不能结晶，尽变成糖水，
但仍可煮制沙糖。将结晶的糖块在烈日下晒干，即成冰糖。结晶糖块的形态极不规则，一瓮
之中，堆叠如假山者为上品，竹梢上的团枝次之，瓮壁四周所结晶的瓮鉴（板块形）又次之，
小颗块又次之，沙脚碎粒为最下。大块冰糖甚至重二三十斤，必须用铁器敲碎。冰糖颜色紫
者为上，深琥珀色次之，黄色又次之，浅白色为下。……当时对冰糖的包装、运输、保管都
很有研究。因为冰糖容易吸潮溶化，怕阴湿、怕风，但在太阳下曝晒时，再大的风吹也不受
伤害。收藏时，用干的大麦或小麦［糠秕］铺瓮底，麦［糠］上安放竹篓（冰糖置其中），用
笋皮排垫周围。装糖后用棉絮覆盖竹篓，再编竹箕覆瓮。如寄远处，用瓦罐盛装，罐底垫石
灰数小块，以吸收潮气。铺纸后再装冰糖，并严密地厚封罐口。"

　　由于遂宁冰糖在唐代是亲友间的馈赠珍品，很有声望，行销远近，所以遂宁的糖房中后
来往往都供奉邹和尚的画像，尊为糖业祖师，伞山还有纪念他的庙宇楞严院。南宋人王象之
所撰《舆地纪胜》第 155 条——"遂宁府仙释邹和尚"，也是叙述邹和尚传授糖霜法的事迹，
看来确有其事。③

　　及至明代，国内外都有了脱色白沙糖，所以往往以洋糖制冰糖，所得即今日的洁白晶莹
的冰糖了。《天工开物·甘嗜》对其时的冰糖有所记载，谓："造冰糖者，将洋糖煎化，蛋清
澄去浮滓。候视火色，将新青竹破成篾片，寸斩，撒入其中，经过一宵，即成天然冰糖。"④

　　最后应指出，到了明代，民间则把新问世的白沙糖也形象地称为糖霜，正如李时珍所说：
"轻白如霜者为糖霜。"而把过去的"糖霜"只称作冰糖，也就是说"糖霜"的含义有了变化。

①　宋·谢采伯：《密斋笔记》第 33 页，见《丛书集成》初编·文学类总第 2872 册。
②　见李治寰：《中国食糖史稿》第 141～142 页。
③　宋·王象之：《舆地纪胜》，台北文海出版社据（清）粤雅堂刻本影印，1971 年。
④　《天工开物》崇祯十年刊本卷上第七八。

但宋应星未能分辨，于是误把宋代《糖霜谱》所描述的"糖霜"误解释为白沙糖，这就必须加以澄清了。

五　中国古代制糖工艺中脱色技术的演进

唐代在蔗糖的结晶技术方面无疑取得了很大进步（包括冰糖），然而可以肯定在制糖工艺中还没有采取脱色的措施，所以《新修本草》中说："沙糖，……榨甘蔗汁煎，成紫色。"唐天宝十二年（753）扬州的鉴真高僧东渡赴日宣讲佛法，曾携带了我国的蔗糖二斤十两赠给东大寺，并把制糖法也介绍到日本。[①] 他送去的沙糖当然是那时扬州地方最好的产品，但据日人田中方雄等所撰《有机制造工业化学》（中卷）的记载，那种送去的沙糖乃是黑糖。即使到了宋代，据政和年间寇宗奭所撰《本草衍义》记载，当时的沙糖仍为黑紫色，他说："沙糖又次石蜜，蔗汁清（因不加牛乳），故费煎炼，致紫黑色。"[②] 所以在孙思邈的《千金要方》（成书于唐永徽二年，公元 652 年）中虽多处提到用"白糖"，那不过是方法较得当而做出的相对较白净的沙糖（干固红糖）而已，并不是后世经脱色的白糖。

在讨论蔗糖脱色技术之前，有必要先说明一下蔗汁被着色的原因。简要地说，蔗汁中的着色物来自两个方面，一方面是来自甘蔗皮。紫色甘蔗的外皮有一种叫做花青苷（anthocyanins）的物质，它能溶于水，在强酸性介质中呈深红色，在强碱性介质中呈紫红色，可使榨出的蔗汁呈暗褐色。因此王灼在其《糖霜谱》中说：杜蔗紫嫩，专用作霜，上等冰糖为紫色。另一方面是在制糖作业的过程中生成的有色物质，例如非糖分中的多酚类物质与铁质（当用铁制釜熬蔗汁时）及与空气中的氧起化学反应而生成深色的化合物；又如葡萄糖、果糖等还原糖在煎熬过程中受热而遭到破坏会生成黑褐色腐植质和有机酸盐类，尤其在 50℃ 以上的温度时，这种反应进行得更为显著；再者，这些还原糖还会与氨基酸及酰胺等含氮物质反应生成高分子量的深棕色物质。[③]

我国对蔗糖进行脱色处理的最早尝试似乎应当算利用鸭蛋清的凝聚澄清法。这种方法是把少许搅打后的鸭蛋清加到甘蔗原汁中，然后加热，这时其中的着色物质及渣滓便与蛋清一起凝聚，飘浮到液面上来，然后撇去，而使蔗汁变得澄清。最早的有关记载见于明弘治十六年（1503）周瑛纂修的《兴化府志》。它记述了福建莆田、仙游等县的造白糖法，其卷十三"山海物考"说："甘蔗……捣其汁煮之则成黑糖，又以黑糖煮之则成白糖。"[④] 其卷十二"货殖志"中则说明了具体方法："白糖每岁正月内炼沙糖为之。取干好沙糖，置大釜中烹炼，用鸭卵连清黄搅之，使查（渣）滓上浮，用铁笊篱撇取干净。……"

明万历年间（1573～1619）任泉州经历的陈懋仁所撰《泉南府志》（卷上）也有记载："造白沙糖用甘蔗汁煮黑糖，烹炼成白。劈鸭卵搅之，使渣上浮。"[⑤]

---

①　参看曹元宇：《中国化学史话》第 218 页。

②　见《重修政和经史证类备用本草》第 471 页"沙糖"条。

③　[荷] P. Honig 编，陈树功等译《制糖工艺学原理》，轻工业出版社出版，1978 年。

④　明·周瑛：《兴化府志》（明弘治十六年），北京大学图书馆善本书库藏本。亦可参看中国社会科学院经济研究所彭泽益编《中国近代手工业史资料》第 1 卷 42 页，中华书局，1962 年。

⑤　明·陈懋仁：《泉南杂志》第 9 页，见《丛书集成》初编第 3161 册。

方以智《物理小识》对此法也作了解释。① 不过清人怀荫布、陈仕、郭赓武于乾隆二十八年所撰《泉州府志》对以上说法提出了一些"更正"："按《泉南杂志》载煮糖法误。……煮冰糖乃以鸭蛋搅之。"② 查《天工开物》，也是说只在造冰糖和兽糖时采用这种方法，它的说法是："造冰糖者，将洋糖煎化，蛋清澄去浮滓。"怀、陈的依据大概就是《天工开物》。不过，笔者认为周瑛、陈懋仁的记载大概不会错，他们都是泉州府的地方官吏，亲身目睹，应当说会是可靠的。而怀、陈所以会如此说，是因为到了明末宋应星所生活的时期，已普遍采用黄泥浆使黑糖脱色，尤其是泉州，更是率先推广这种方法的地区，所以成本较高的蛋清脱色法就只做为造冰糖时进一步精炼白糖的方法了。而在泥浆法以前，鸭蛋清法则是唯一的手段。这种鸭蛋清法始于何时？可能开始于元末或明初，因为元代时马可·波罗还说：福建地区供应宫廷享用的糖（当然是最上等的）仍然很粗；巴比伦人的方法也只是用木灰精。③ 而莆田、仙游诸县又至迟在弘治年间（1488～1505）已采用这种方法，据《兴化府志》载："户部坐派物料，本府白沙糖（指用鸭蛋清净化及黄泥浆脱色，详见下文）三千六百五十三斤，内莆田县该三千四百二十斤，仙游县该二百三十三斤。"并说"莆作业布为大，黑白糖次之。……至大小暑月乃破泥取糖，……用木桶装贮，……九月各处客商皆来贩卖"。说明当时莆田白糖生产规模相当可观，糖户也很多。该《府志》还明确说：该制白糖法"旧出泉出，正统间（1436～1449）莆人有郑立者学得此法，始自为之，今上下习奢，贩卖甚广。"还应指出，古代文人对手工业的技术成就往往很不重视，因此记载一般要远迟于实际应用，所以笔者认为这种净化法始于正统年间或明代初年的估计比较可靠、稳妥，最早应在泉州流行。

这里要附带指出，清代乾隆年间，李调元在其《南越笔记》（卷十五）中谈到广东的糖时，曾说："乌糖者以黑糖烹之成白，又以鸭卵清搅之，使渣上浮，精英下结，其法本唐太宗时贡使所传。……"④ 这话当然是靠不住的，显然他把黑沙糖、石蜜乳糖与结晶白沙糖都混为一谈了。

在我国古代沙糖的脱色技术中成就最大、影响最广的当然是利用黄泥的脱色法。这项技术的发展从偶然的发现到自觉的运用和改进大致可以分为两个阶段。

第一个阶段是泥盖法。由于有关这种方法的文献记载都较粗略，又多有错讹和疏漏，往往不大容易读懂，因此有必要先对此法作一番解说：先将蔗汁加热蒸发，浓缩到粘稠状态（滴到冷水中，便凝成软块），即倾入一个漏斗状的瓦钵中，这种瓦钵上部宽大，下端窄小，并向下开口，过去有很多名称，如瓦器、礶、匰、漏斗、瓦溜等等。事先用稻草或其他栓塞封住其下口。经过二至三天后，钵的下部便被结晶出的沙糖堵塞住。于是拔出塞草，把瓦钵置

---

① 明·方以智：《物理小识》第 134 页，见商务印书馆《万有文库》第 543 册。

② 清·怀荫布、陈仕、郭赓武：《泉州府志》（乾隆二十八年），北京大学图书馆善本书库藏书。

③ 马可·波罗（Marco Polo，1254～1324）是意大利旅行家，在元代至元十二年（1275）到二十九年（1292）期间一直在元政府供职，在其《马可波罗游记》第 81 章"武干市（Un-guen）"中有以下记述："这个地方以大规模的制糖业著名，出产的糖运到汗八里供宫廷使用。在它纳入大汗（指元世祖忽必烈）版图之前，本地人不懂得制造高质量糖的工艺，制糖方法很粗糙，冷却后的糖呈暗褐色的糊状。等到这个城市归入大汗的管辖时，刚好有些巴比伦人来到帝廷，他们精通糖的加工方法，因此被派到这个城市来，向当地人传授用某种木灰精制食糖的方法。"这段文字是近年陈开俊等根据 1926 年出版的曼纽尔·科姆洛夫（Mannel Komroff）的英译本转译的。对文中的"武干市"，译者注称"似今之尤溪"。文中所说的"木灰精"无疑是从木灰浸液中提取到的结晶碳酸钾（以取代唐代时印度制糖法中的石灰）。巴比伦（今伊拉克巴格达以南）人很可能也是从印度学来的这种技术。《游记》新译本由福建科学技术出版社于 1982 年出版。

④ 清·李调元：《南越笔记》第 205～206 页，《丛书集成》初编·史地类，总第 3126 册。

于瓮、釜或锅上，上面再以黄泥饼均匀压上，或用黄土泥密封钵的上口。总之，第一要使黄泥与糖浆接触；第二要压力均匀，不可使糖浆局部下陷。这时黄泥便逐步部分地渗入糖浆中，吸附了其中的各种着色物质并缓缓下沉到钵的底部，又随着糖蜜（明清叫糖油）逐滴落入下面的瓮釜中。这样经过一个相当长的时间，脱色作用便完成。揭去土坯或刮去干土，这时钵中的上层部分便成为上等白沙糖，即所谓"双清"；瓦钵底部仍为黑褐色糖，即所谓"濮尾（贩尾）"。①

关于这种做法，在明末清初人方以智（1611～1671）的《物理小识》中讲得比较清楚。其卷六中有如下记述：

> 糖霜……今盛于闽广。智闻余赓之座师曰："双清"糖霜为上，"濮尾"为下。十月滤蔗，其汁乃凝，入釜煮定，以锐底瓦器穴其下而盛之。置大缸中，俟穴下滴，而上以鲜黄土作饼盖之，下滴久乃尽。其上之滓于是极白，是为"双清"；"次清"，屡滴盖除而余者；近黑则所谓"濮尾"。②

这种做法的源起显然是化学与化学工艺史界很感兴趣的问题。关于此事，清初人刘献廷（字继庄，别号广阳子，1648～1695）所著《广阳杂记》（卷二）中记载了一则传闻：

> 涵斋言：嘉靖以前世无白糖，闽人所熬皆黑糖也。嘉靖中一糖局偶值屋瓦，堕泥于漏斗中，视之，糖之在上者色白如霜雪，异于平日；中则黄糖；下则黑糖也。异之，遂取泥压糖上，百试不爽。白糖自此始见于世。③

按刘继庄19岁后就定居江苏吴江县，历30年，这段记述是听杨涵斋说的，不是实地考察，只能做为参考。因为早在嘉靖以前，前述弘治十四年周瑛所修《兴化府志》中就已记述了这种方法，而且已是当时福建莆田、仙游两县家喻户晓的制白糖法，其记载较之《物理小识》还要详明。其做法是将黑沙糖溶化并加热，先用前文所引的鸭蛋清净化法将糖浆进行初步脱色、净化，在用笊篱除去上浮的渣滓后，接着进行如下处理：

> ［继续加热糖浆］，看火候足，利用两器，上下相乘，上曰圂（音 hùn），下曰窝。圂下尖而有窍；窝内虚而底实。乃以草塞窍。取炼成糖浆置圂中，以物乘（趁）热觉（搅）之。及冷，糖凝定。［拔去草塞］糖油坠入窝中。三月梅雨作，乃用赤泥封之；约半月后，又易封之。则糖油尽抽入窝。至大小暑月，乃破泥取糖，其上者全白，近下者稍黑，遂曝干之。

前文已提及，该文最后指出：该法"彭志曰：旧出泉州，正统间莆人有郑立者学得此法，始自为之。……"李治寰认为这种技术可能是郑和几次下西洋时一些海员从西洋某国学来的。④这种见解值得参考。然而我们再查阅《泉州府志》，则另有别说。在该《府志》的卷十九"货之属"中有如下记述：

> 糖，有黑沙糖，有白沙糖。白沙糖有三种，上白曰清糖；次白曰官糖；又次白曰贩尾。……凡甘蔗汁煮之，为黑糖；盖以溪泥，即成白糖。……盛黑糖者曰礓，下有孔，置于小缸上，上置泥，则下注湿，是为糖水。其清者为洁水，盛（成）冰糖，

---

① 参看郑尊法：《糖》，《万有文库》第678册，商务印书馆，1930年。
② 《物理小识》（卷六）第134页。
③ 明·刘献廷著：《广阳杂记》，《丛书集成》初编·总第2958～2960册。又见中华书局1957年版本第104页。
④ 见李治寰《中国食糖史稿》第137页。

以砧凿其底，而注湿为霜水，不用盖泥。初人不知盖泥法，相传元时南安（属泉州府）有一黄姓，墙塌压糖，去土而糖白，后人遂效之。

这个关于盖泥法的源起传说，与《广阳杂记》所说颇为相似，但时间上则从明朝嘉靖年间提早到了元代。如果这话确实，那么李治寰的推测就有商榷的余地了，而且盖泥法的发明就可能比蛋清净化法还要早些了。总之这个问题还值得进一步考证。不过笔者倾向于认为，盖泥法是我国糖房工匠从偶然事件中受到启示而发明的说法早就广为流传，大致是可以相信的，表明这种方法很可能确为我国古代糖匠自己发明的。

这种盖泥法经过后人的不断效仿，糖匠明确意识到黄泥浆具有脱色的本领，于是改进盖泥法，演变为添加黄泥浆的做法。这一改进不仅使脱色效果更佳，而且大大提高了制糖脱色的效率，再无须从"三月梅月作"直到"大小暑月"才仅制得一圆白糖了，而且质地均匀，皆为上乘精品。这便是黄泥法发展的第二阶段，也就是宋应星在其《天工开物·甘嗜》中所描述的工艺。该书中关于煎熬、脱色与结晶部分的记述如下：

> 每汁一石，下石灰五合于中。凡取汁煎糖，并列三锅如"品"字。先将稠汁聚入一锅，然后逐加稀汁两锅之内。……看水花为火色。其花煎至细嫩，如煮菱沸，以手捻试，粘手则信来矣。此时尚黄黑色。将桶盛贮，凝成黑沙。然后以瓦溜置缸上。其溜上宽下尖，底有一小孔，将草塞住，倾桶中黑沙于内。待黑沙结定，然后去孔中塞草，用黄泥水淋下，其中黑渣入缸内，溜内尽成白霜。[①]

为配合文字说明，书中还附了"澄结糖霜瓦器"图（参看图 8-3），足可以使读者一目了然。值得注意的是宋应星所描述的此项工艺中还明确提到了用石灰对蔗汁进行预处理，前文中笔者已说明，这一举措对改善蔗沙糖的质量意义重大。

据郑尊法所著《糖》一书的记载，宋应星所介绍的方法很长时间为我国糖坊所沿用。在本世纪20年代时，四川内江、资中、资阳、广东汕头、潮州、江西赣江流域及福建漳州、泉州等地糖坊的压榨、煎熬、脱色诸工序与明末的情况仍无多大差异，即使在近年仍保留着这种作坊。[②]

图 8-3 《天工开物》所绘瓦溜—黄泥水使蔗糖脱色
（采自喜咏轩丛书刊本）

在《物理小识》中方以智还提到一种利用白土吸附的脱色法。其原文如下："造白糖法：煮甘蔗汁，以石灰少许投〔入〕，调成赤沙糖。再以竹器盛白土，以赤沙糖淋下锅，炼成白沙

---

① 《天工开物》崇祯十年刊本卷上第七七～七八。

② 参看刘绎如："潮州制蔗糖的方法及糖的加工"，《化学通报》1958 年第 6 期。

糖。劈鸭卵搅之，使渣滓上浮。"[1] 这种白土大概就是高岭土，即一种铝矾土，化学组成是硅酸铝，除具有很好的可塑性，可用作烧瓷原料外，还有很强的吸附活性，因此确是一种很有效的蔗汁脱色剂。现代制糖业中还有应用。不过，在欧美各国似乎很晚才发现铝矾土及铝酸盐具有这种功能。直到 1941 年，W. A. Lande 才提出采用"波罗舍尔"（Porocel，也是一种铝矾土），指出其效果可与骨炭相媲美。同年，B. Heinemann 也提出铝酸钠对糖浆有脱色作用。[2] 而利用含氧化铝物质作糖浆脱色剂的尝试，我国则在 17 世纪已经进行了。不过这种方法在《物理小识》以后的书中未能再找到记载，似乎没有推广。

20 世纪初，西欧的近代蔗糖制造法传入我国，出现了一些新式糖厂，但这些工厂绝大部分操纵在外商手中。例如 1878 年和 1894 年英商在香港建立了"怡和精糖公司"和"太古精糖公司"；1905 年我国官办了"呼兰制糖厂"，同年在哈尔滨中俄合办了"阿什河糖厂"。[3] 于是骨炭脱色法传入我国。它是利用活性炭的吸附活性，仍是目前应用最广的方法。

六　甜菜糖引进的简况

甜菜在我国古代其实早已就栽植和利用了。但主要是食用它那肥大的叶子，它的叶和茎略带有苦味；也常利用其叶和种子作为医药。据说"主治时行壮热，解风时毒。"（《名医别录》）。[4] 这种植物大约是在三世纪时的汉魏时期从西域引进来的，在黄河流域种植。它有很多名字，汉晋时叫恭菜（《名医别录》），五代时叫甜菜（见《日华子本草》），宋代时叫莙荙菜（见《嘉祐本草》）。此后又有牛皮菜、石菜、杓菜、猪瞴菜、光菜等名。[5] 但没有意识过食用其含糖的根部。

据说波斯在两千多年前已经栽种甜菜，但也只是采食它的叶部，或把它充作牲畜饲料。经过几个世纪后才发现它的根比带苦味的叶子要可口得多。这种植物属于藜科，二年生草本，性喜寒冷。居然气候越冷，它的根部含糖分越多。

最早发现甜菜块根里含有糖分的人是 18 世纪时德国矿物化学家马格拉夫（Marggraf，S. A. 1709～1782）。1747 年他在显微镜下检查到甜菜根内糖分的结晶，随即向普鲁士科学院作了报告。于是德国的农学家开始有意识地对它进行高糖定向培育，使它根部的含糖量逐渐增加。[6] 其后，在各国农学家的共同努力下，在 20 世纪初时已使甜菜根部的含糖量从原初的 6%，提高到了 18% 左右。而目前的良种甜菜含糖量已可达 24%，成为某些国家制造食糖的主要原料。[7] 在欧洲，首先研究甜菜的虽然是德国，但最早建造甜菜糖厂的则是俄国，因为它的国土处于较寒冷的地带，耕地不宜种植甘蔗，蔗糖必须从英国进口。于是它在 1800 年建立了世界上第一座甜菜糖厂；另一个则是法国，因为它在 19 世纪初时正处于拿破仑当政时期，与英国对峙，被海上封锁，缺乏盛产于南亚的甘蔗资源，于是也在北方大力推广种植甜菜。以后，德

---

① 《物理小识》（卷六）第 134 页。

② 参看［荷］P. Honig 编，陈树功等译《制糖工艺学原理》。

③ 参看曹元宇《中国化学史话》第 223 页。

④ 见《唐·新修本草》菜部卷第十八，第 469 页"恭菜"条。

⑤ 参看江苏新医学院编：《中药大辞典》下册总第 1815 页，上海人民出版社，1977 年。

⑥ 见胡亚东主编《世界著名科学家传记》第 I 册第 128 页，科学出版社，1992 年。

⑦ 参看李治寰《中国食糖史稿》第 92 页。

国也随之效仿，建造起了甜菜糖厂，并且对其实行优惠的保护政策。[1]于是甜菜糖的研究和生产得到了很快的发展，甜菜种植逐渐向南发展。近年，由北纬高纬度地区向南已发展到接近甘蔗生产区，即由北纬 54 度已向南发展到 33 度地区；到 1970 年时，全世界的甜菜栽种面积已经达到 12 000 万亩，世界甜菜年产量已超过 22 000 万吨，其中大部分产于欧洲。

甜菜块根部榨汁的成分，当然会因甜菜品种、营养状况、生长时土地和气候环境的不同而有所差别；而且随着品种改良和栽培技术的进步而逐渐在提高。郑法尊所撰《糖》（第四章）中指出：在本世纪三十年代时，一般来说，甜菜根含糖量在 12%～16%。他在书中举出了一种甜菜榨汁的成分，兹援引以作参考：

甜菜糖（蔗糖）	转化糖[2]	含氮物	非糖有机物	钾钠盐	其他金属氧化物	磷硫硝硅酸
14.5%	0.16%	0.80%	0.40%	0.25%	0.07%	0.20%

水分则含 83.69%。

在近代的制糖工厂中，从甜菜制造食糖的工序和设备所差无几，生产的工序大致也都是①洗涤；②切片；③榨汁和过滤；④加入生石灰或石灰乳处理，然后通入碳酸气沉淀掉过量的石灰；⑤加热（约 80℃）浓缩；⑥分蜜与结晶。

我国引进作为制糖原料的甜菜的时间，目前一般认为是 1906 年，那年一些俄籍波兰人最早在黑龙江流域试种。并在 1905 年，中俄合作，在哈尔滨南阿什河畔的阿城县着手营建"阿什河甜菜糖厂"。1908 年投产时，每天可生产甜菜糖 21 吨。若以此为据，我国生产甜菜糖的历史，迄今（1993）已有 85 年。不过在 1987 年时，李治寰得到宋湛庆的函告，[3]谓：1896 年河南滑县人郭云升在其所著《救荒简易书》中谓：

> 云（郭云升）在山东省齐河县黄河船中，见奉天海州（今辽宁省海城市）商人，闻其说洋蔓菁（即甜菜）碾汁作糖，为利甚厚，而其渣为用甚大，丰年能饲牛马，荒年可以养人。云喜，细问原委，则曰："奉省海州种洋蔓菁业已二十余年矣，故能言之详且尽也。"

那么，若此说可靠，我国引种制糖甜菜并"碾汁作糖"已有 120 余年之久了。

1905 年以后，日本人也在我国东北地区推广甜菜种植，1916 年在南满成立"制糖株式会社"，并同时在辽宁市建立"奉天糖厂"，在铁岭、范家屯、哈尔滨设分厂。国人自己创建的甜菜糖厂则首推富华公司在 1914 年在哈尔滨北呼兰县开办的"呼兰制糖厂"。此后，1921 年溥益实业公司在济南又建立了"溥益实业公司制糖厂"（1927 年停业）；1921 年，中日合办的济南制糖公司也开始投产。[4]

参 考 文 献

原始文献

陈懋德（明）撰. 1939. 泉南杂志. 丛书集成本（初编，总第 3161 册）

陈仕、郭赓武（清）撰. 泉南府志. 北京大学图书馆善本书库藏

---

① 参看盛诚桂、张宇和：《植物的驯服》，上海科学技术出版社，1979 年。

② 转化糖是葡萄糖和果糖等量混合物，是蔗糖的水解产物。

③ 参看李治寰《中国食糖史稿》第 92～93 页。

④ 据 1936 年《申报年鉴》第 684 页；并可参看郑尊法《糖》第五章第四节。

崔寔（汉）撰，缪启愉校释. 1981. 四民月令. 北京：农业出版社

方以智（清）撰. 1933. 物理小识. 万有文库本（第 543 册），上海：商务印书馆

韩鄂（唐）撰，缪启愉校释. 1979. 四时纂要. 1590 年朝鲜重刻本影印，北京农业出版社

贾思勰（北朝后魏）著，缪启愉校释. 1982. 齐民要术. 北京：农业出版社

寇宗奭（宋）撰. 1926. 本草衍义. 道藏本（洞神部灵图类，总第 536～550 册），上海：涵芬楼

李昉（宋）等撰. 1960. 太平御览. 涵芬楼影印宋本，北京：中华书局

李调元（清）撰. 1939. 南越笔记. 丛书集成本（初编，总第 3126 册）

刘继庄（明）撰，1957，广阳杂记. 北京：中华书局

陆游（宋）撰. 1979. 老学庵笔记. 北京：中华书局

孟诜（唐）撰. 1984. 食疗本草，谢海洲等辑校，北京：人民卫生出版社

宋应星（明）撰. 1988.《中国古代版画丛刊》收录崇祯十年刊本，上海：上海古籍出版社

苏敬（唐）等撰，尚志钧辑复. 1981. 新修本草. 合肥：安徽科学技术出版社

唐慎微（宋）等撰. 1957. 重修政和经史证类备用本草，晦明轩本影印，北京：人民卫生出版社

陶弘景（南朝梁）撰，尚志钧辑复. 1986. 本草经集注. 北京：人民卫生出版社

汪大渊（元）撰，苏继庼校释. 1981. 岛夷志略. 北京：中华书局

王世懋（明）撰. 1939. 闽部疏. 丛书集成本（初编，总第 3161 册）

王灼（宋）撰. 唐霜谱.《楝亭藏书十二种》刻本. 扬州：扬州书局

谢采伯（宋）撰. 1939. 密斋笔记. 丛书集成本（初编，总第 2872 册）

玄奘（唐）撰. 1977. 大唐西域记. 上海：人民出版社

周瑛（明）撰. 1501（明弘治十四年）. 兴化府志. 北京大学图书馆善本书库藏

研究文献

曹元宇著. 1979. 中国化学史话. 南京：江苏科学技术出版社

陈学文. 1965. 中国古代蔗糖工业的发展. 史学月刊（第 3 期：25～28）

荷尼格［荷兰］编，陈树功等译. 1958. 制糖工艺原理. 北京：轻工业出版社

吉敦愉. 1962. 糖和蔗糖的制造在中国起于何时？江汉学报（第 9 期：48～49）

季羡林. 1982. 一张有关印度制糖法传入中国的敦煌残卷. 历史研究（第 1 期）

季羡林. 1984. 古代印度沙糖的制造和使用. 历史研究（第 1 期）

李守青著. 1934. 制饴法之实验. 天津：黄海化学工业社

李治寰著. 1990. 中国食糖史稿. 北京：农业出版社

梁家勉. 1980. 中国甘蔗栽培探源. 见农业出版社编：《中国古代农业科技》，北京：农业出版社

林肇明著. 1959. 甘蔗. 北京：科学出版社

刘树楷、黄云门. 1983. 古代的中国糖业. 甜菜糖业（第 3 期，总第 64 期）

刘树楷、黄云门. 1984. 甘蔗发源何处：中国还是印度？制糖发酵（第 2 期）

刘绎如. 1958. 潮州制蔗糖的方法及糖的加工. 化学通报（第 6 期）

彭泽益编. 1962. 中国近代手工业史资料（第一卷）. 北京：中华书局

吴德铎. 1962. 关于"蔗糖的制造在中国起于何时？"——与吉敦愉先生商榷. 江汉学报（第 11 期：42～44）

袁翰青著. 1956. 中国化学史论文集. 北京：三联书店

赵匡华. 1985. 我国古代蔗糖技术的发展. 中国科技史料，6（5）

郑尊法著. 1933. 糖，万有文库本（第 678 册），上海：商务印书馆

（赵匡华）

第九章　中国古代染色化学史

中国的染色工艺有着悠久的历史，在世界上享有很高的声誉。那些古代的纺织工匠们在为改善人们物质生活，在发展纺织科学技术的同时，也曾不断努力丰富中华民族的精神生活，他们寻求到了许多颜料和植物染料，长期勤奋地钻研色染技术和染色艺术，改善染料的性能和色彩来美化服饰；发明了某些矿物颜料和植物染料的加工工艺，并在纺织品的色染和漂洗过程中逐步利用着越来越多的化学过程，例如利用化学媒染来增加染色的牢度和颜色的艳丽；利用酸或碱来扩展染料的色谱；利用草木灰和石灰水来使丝麻纤维脱胶、棉花脱脂；利用皂荚、猪胰来清洗织物；同时也用一些化学甚至生物化学手段来制造、提取、纯化某些染色原料。因此，在中国古代化学史中，染色化学应占有一个篇章。但是，关于中国的洗染工艺在过去的科学史家的笔下，或略而不谈，或作为纺织科学技术史的一个部分，多只议论其技术问题，往往对其化学内涵的揭示很不充分。本章则试图从这个角度来作一番探讨，希望能成为本丛书中《中国科学技术史·纺织科学技术卷》的一个补充。

一　先秦练染工艺的初步形成

（一）色染技术的初试

我国色染技术的源起，可以追溯到五十万年前北京周口店山顶洞人的时代。在那远古时期，我国先民就已经开始探索着色技术，大概只是出自一种美的追求。他们把穿了孔的石珠、鱼骨、骨管、介壳等用纤维联串起来，并将赭石研成粉末后，把这些装饰品涂染成红色。在距今六七千年前的新石器时代，我们的祖先或者是从美的追求出发，或者出自对某些事物的向往和崇拜，于是相当普遍地利用矿物涂料对陶器施以彩绘。属于黄河中游地区仰韶文化和长江下游地区河姆渡文化的彩陶上已有红、白、黑、褐、橙等多种色彩的纹饰和动、植、器物的图绘。而那时居住在今青海柴达木盆地诺木洪地区的原始部落，居然已经把毛线涂染成黄、红、褐、蓝等颜色，编织出带有彩条的毛巾。[①] 在某些地区还出土过五千年前使用过的、用以研磨矿物颜料的石臼和石杵、[②] 石砚和磨棒，[③] 表明当时已经出现了涂染工艺的萌芽。到了夏代时期，这种技术在中原地区便普遍推广应用到丝、麻编织物和服装的着色和画绘上。

中国最早用于着色的原料当然不过都是一些从自然界采集来的矿物。这是很自然的，因为它们是直观的有色物质，原始人类可以直接从山石间取得，无需经过什么加工处理，只要稍加研磨就可以使用。其中赭石是最主要的红色颜料；白土是常用的白色颜料；石墨和铁锰矿石可作黑色颜料。此外，鲜红的丹砂在个别地区也很早就被利用了。那时以矿物颜料着色，

① 参看吴淑生：《中国染织史》27页，上海人民出版社，1986年。
② 李济："西阴村史前遗存"，北京清华学校研究院印行，1927年。
③ 王兆麟："临潼姜寨遗址发掘有重要收获"，《人民日报》1980年5月27日第4版。

可以肯定只是通过简单的涂染，即把这些矿石研成细粉，用水调和，均匀涂布在器物和编织品上，或描绘形成条纹和图案。显然，矿粉研磨得越细，它的附着力、覆盖力就越强。这种染法叫石染。

到了商周之际，石染工艺的应用就相当普遍了。例如北京故宫博物院收藏的商代玉戈，正反两面都残留有麻布、平纹绢等织物的残痕，并渗有丹砂；[1] 陕西歧山贺家村西周墓出土的丝绸遗物上也有用丹砂染着的痕迹；[2] 又如陕西茹家庄出土的西周绣品上已有石黄颜料。[3]

而在夏商时代，我国先民也开始试用天然植物染料来色染丝麻和帛布。原野上那些姹紫嫣红的野花，各种草木绿叶以及某些草木根、茎经水浸泡后得到的有色浸液都成为人们试用的对象。可以估计，起初大概只是把这些花、叶揉搓成浆状物，以后才逐步知道用热水浸泡，效果更好。但远非所有的有色植物的浆汁和浸液都具有色染的功效，也不是所有的染料植物的色素都能牢固地着附在动、植物的纤维上，所以植物染料的应用在远古的时代要有一个相当长的摸索过程，但人们终于找到了一些，并发明了有效的着色方法。至迟在西周时，人们已经发现了葳草适于染蓝，蒨草可以染红，紫草可以着紫，荩草可以染黄。植物染料问世，染色工艺开始逐步形成。

（二）春秋战国时期的染色工艺

中国古代染色工艺技术的基本形成大约在春秋战国之际，即公元前 500 年左右的时候。当然，一些出土文物表明，在夏商之际已经出现用植物染料着色的迹象，但很原始，也不普遍。及至周代，它便逐步发展终于成为一个手工专业，总结出了比较完整的经验和一套操作工序。染色不仅成为美化服装的手段，而且各种颜色及图案又披上了宗教色彩或被给予了具有哲理的解释，服冠的颜色也成为社会等级的标志。据《周礼》记载，当时为周王室效命而与染色工艺有关的部门竟有七个。在"天官冢宰"[4] 下属中有负责染丝、帛的"染人"[5]，在"地官司徒"[6] 下属有负责春秋敛集植物染草的"掌染草"。[7] 此外，在"冬官"下"设色工五"，即"画"、"缋"、"钟"、"筐"、"㡛（音 mǎng）"，例如"画缋"二官负责杂五色画缋（通"绘"）衣裳之事，即负责为王室的衣服以五色绘画日月星辰，山龙华虫；"钟氏"则专司染鸟羽，"以饰旌旗及王后之车"；"㡛氏"则负责漂洗丝帛（皆见《周礼·冬官·考工记》，[8] 参看《周

---

① 陈娟娟："两件有丝织品花纹印痕的商代文物"，《文物》，1979 年第 12 期。

② 赵承泽等："关于西周丝织品（歧山和朝阳出土）的初步探讨"，《北京纺织》，1979 年第 2 期。

③ 参看陈维稷主编《中国纺织科学技术史》第 77 页，科学出版社，1984 年。

④ 《周礼·天官冢宰》谓："……乃立天官冢宰，使帅其属，而掌邦治，以佐王均邦国。"唐·贾公彦疏："天官冢宰……象天所立之官。冢，大也；宰者，官也；天者统理万物。天子立冢宰使掌邦治，亦所以总御众官使不失职。"见《十三经注疏·周礼注疏卷一》第 1～6 页。国学整理社出版，世界书局发行，1935 年。

⑤ "染人"其职"掌染丝帛"，设"下士二人，府二人，史二人，徒二十人"。按周制，大宰卿、小宰中大夫、宰夫下大夫、上士、中士、旅下士皆为"王之卿"，为"治官之属"，"染人"中的下士即该部门的负责官员。关于府、史、徒之职，贾公彦疏云："宰夫八职云：五曰府，掌官契，以治藏；六曰史，掌官书以赞治；徒者给使役，掌官令以征令。"

⑥ 《周礼·地官司徒》谓："惟王建国，辨方正位，体国经野，设官分职，以为民极，乃立地官司徒，使帅其属而掌邦教，以佐王安扰邦国。（参看《周礼注疏》卷九，第 59 页）。

⑦ 《周礼·地官司徒》谓："掌染草，下士二人，府一人，史二人，徒八人。"关于"掌染草"，贾公彦疏云："其职掌以春秋敛染草之物，亦征敛之官。"（参看《周礼注疏》卷九第 62 页及卷十六第 110 页）。

⑧ 《周礼》六官，因缺《冬官司空》一篇，汉人以《考工记》一篇补之，所以《考工记》又名《冬官考工记》。清人江永认为书中有秦、郑国名，又用齐国语，遂定此书为战国时齐人所作，见卷四十第 280～281 页。

礼注疏》① 卷四十）。另外，为提供设色染绘工艺所需的物料，所牵涉到的部门还有"地官司徒"所辖的"掌蜃"②、"掌炭"③、"职金"④ 等，为数更多。其中的"掌蜃"负责煅烧蛤蚌之壳为灰，"可白器令色白"，又供湅帛之需；"掌炭"之职为"掌灰物、炭物之征令，以时入之"，所言灰物是草木之灰，以供瀚湅之需；"职金"则负责金玉之戒令，因此提供丹砂、白青等颜料亦为其份内之事。总之，当时色染之业已很受周王室的重视，又且分工相当严明，表明练染工艺已形成了一个比较完整的体系和专业。从此，染色工艺技术便成为我国灿烂古代文明中的一个组成部分。对于当时的染色工艺技术，我们可以从几个方面来探讨，或者说可以从以下几方面来加以反映。

　　1. 染色前丝麻的漂洗与精练

　　商周之际供纺织用的纤维包括丝、麻和毛（毛的利用主要在西北地区）。⑤ 采集来的这些原料都不免多少有些污垢和色素，尤其是动物毛上有油脂，蚕丝和麻（大麻、苎麻）缕上附有胶质，更阻碍水溶性染料的上色。所以古代的染工很早就了解到在色染前必须要先进行适当的洗涤和漂白，而且找到了一些原始的脱胶、脱脂的手段。这个工序名曰精练，在古代称为"练"，又作"湅"。《周礼·天官·染人》谓："凡染，春暴（通'曝'）练，夏纁玄，……"明确把练和染联系在一起，"练"已成为染色前必须的准备工序。

　　从《冬官考工记》中我们可以看到当时练丝工序的翔实记载："㡡氏，湅丝，以说水沤其丝七日。去地一尺暴（通'曝'）之。昼暴诸日，夜宿诸井，七日七夜，是谓水湅。"文中"说水沤其丝"是讲以澄清的草木灰水长时浸渍丝缕，⑥ 郑玄注曰："说水，以灰所汄水也。"按"汄（音 jǐ）"的意思是过滤使清。这种灰水可以较水更有效地溶出丝中的胶质或使其膨化。然后"去地一尺曝之"，这是一种原始的脱胶、漂白的举措，用现代的科学语言解释，那是利用阳光中的紫外线和空气的氧化作用促使丝胶氧化而降解，也使丝中原有的部分色素分解。有趣的是此文特意注明曝晒的条件，要丝与地面相距仅一尺，大概是因为考虑到地面风速小，水分蒸发慢，因此蚕丝在较长时间里仍可保持湿润状态，这在当时是经验告诉人们如此脱胶、脱色效果较好，而客观上这有利于丝胶与色素的光化学分解作用的进行。"昼曝诸日，夜宿诸井，七日七夜"，如此曝晒和水浸的工序经七次交替进行，白天光化分解的产物，在晚间就会溶解到井水中去，这样显然有利于丝纤维内部胶质和其他杂质、色素的充分渗出、解溶。但草木灰水精练丝胶的化学作用是比较温和的、缓慢的，应该仍会保留生丝上的部分胶质，这倒会

　　① 本章所引《周礼注疏》、《礼记注疏》、《仪礼注疏》、《尔雅注疏》、《论语注疏》的文字皆见 1935 年国学整理社出版《十三经注疏》。

　　② 掌蜃，《周礼·地官司徒》（《周礼注疏》卷十六第 110 页）谓："掌蜃，掌敛互物蜃物，以共（通"供"）闉圹之蜃（郑玄注：互物，蚌蛤之属；闉犹塞也，将井椁先塞下以蜃［蚌壳灰］御湿也）；祭祀共（供）蜃器（漆尊也，画为蜃形，见《周礼·春官甸人》之蜃（注：饰祭器之属也，蜃可以白器令色白）；共（供）盛之蜃（注：盛犹成（城）也，谓饰墙使白之蜃也，今东莱用蛤谓之义灰）。"

　　③ 郑玄注曰："灰、炭皆山泽之农所出也，灰给瀚练。"见卷十六第 110 页。

　　④ 《周礼·秋官司冠》（《周礼注疏》卷三十四）："职金，上士二人，下士四人，府二人，史四人，胥八人，徒八十人（其中上士、下士为长官。胥者，"掌官叙以治叙"，是一种小吏）。"疏曰："案其职云掌凡金玉之戒令，又云掌受金罚、货罚，亦是刑狱之事。"

　　⑤ 我国种植和利用棉花最早是从海南岛、西南和西北地区开始的，起源时间现不可考，不过从文献记载，秦汉之际海南岛一带已有棉纺织技术，参看《后汉书·南蛮西南夷传》。

　　⑥ 东汉·郑众注"说水"，认为是温水。此处依郑玄注说。见《周礼注疏》卷四十第 281 页。

使它在织造过程中较能经受住摩擦。

关于练帛，就另有一套工序，溶胶作用就比较苛烈了。《考工记·慌氏》记载："涑帛，以栏为灰，渥淳其帛，实诸泽器。淫之以蜃，清其灰而盏之，而挥之，而沃之，而盏之，而涂之，而宿之。明日沃而盏之。昼暴诸日，夜宿诸井，七日七夜，是谓灰涑。"所谓帛，是丝织品的总称，其时已有缟、素、绡、䌷等名目的生帛；将生丝煮缫后所织之物则为熟帛。灰涑帛绸较之涑丝，所用草木灰专用栏（音 liàn）木灰，按栏木，即楝木，是一种落叶乔木，灰中可能含较多的 K_2CO_3。此外，除栏木灰之外，又多了一项蜃灰，即煅烧蛤蚌壳所得之灰，实际上即石灰，苛性较 K_2CO_3 要苛烈得多。这段文字似乎过于简练，语意不清，不大好理解，大概的意思是把丝织成品先在栏木灰中浸透、泡洗，然后放在洁净的容器中。再用水沃浸蜃灰，过滤（"盏"通"漉"）后取其清液以浸渍织物片刻，这时织物上的 K_2CO_3 与石灰水相反应生成一层 $CaCO_3$ 沉淀，因此须拧去灰水，挥甩去上面的 $CaCO_3$，然后再涂布上一层蜃灰，放置过夜。次日清洗后，再依前日工序重复一次。这就是对帛的灰涑。第三日后则依涑丝的水涑规程，"昼暴诸日，夜宿诸井，七日七夜"。在灰涑过程中，苛烈的石灰水和石灰糊使丝胶充分膨化、解脱，便可使染料在织物上顺利上色了。这种对丝和帛分别采取不同的脱胶工序，相当合理，取得这样的实践经验，在遥远的古代肯定不是一时一日可以取得的，所以原始的涑帛工艺可能已发生在殷商或西周早期了。纺织科学技术史家通过对陕西省岐山县贺家墓地西周墓出土生丝和丝织物的显微观察，证明了上述水涑生丝和灰涑帛品的工艺已经达到了相当好的效果。[①]

至于周代时对麻纤维的精练，与丝比较，手段又有所不同。从麻茎杆取得纤维，先要经过剥皮、刮青、沤泡等手续。这些工序的安排次序因麻的品种不同又有些差别，但是不论是哪一种麻，在成缕、成织物以后，于染色之前都还要进一步脱胶，古代时称之为"治"，也就是相当于丝帛的精练。精练方法一般也是通过水洗、灰水煮和机械揉搓交叉处理。其中的碱性水煮是关键环节。商周时期对麻缕、麻布的精练工艺似乎没有像练丝帛那样有详细的记载流传下来，但是我们尚可以从《仪礼·丧服第十一》（见《仪礼注疏》卷三十一）中窥之一二。这部儒家经典有这样一些记载："大功布衰裳，[②] 牡麻绖。（郑玄注曰：'大功布者其锻治之功粗治之。'贾公彦疏：'言大功者，斩衰[②]章传云，冠六升，[③] 不加灰。则此七升，言锻治，可以加灰矣，但粗沽而已。'）"文中的"衰裳"即丧服，"绖"为服丧中束在头上或腰间的麻带。这里的大功，又名"沽功"、粗功，是粗略加工的意思。按上文，大功练治的方法是将麻（这里大概是指牡麻，又名枲麻）用灰水洗，同时加以捶击，以除去杂质、污物和麻胶，并使纤维拆散开变得柔软，是灰水溶胶和机械脱胶相结合的处理法，但手工粗糙，加工操作简短。所以大功布所制作的丧服也称为"大功"，为周代丧服"五服"之一，服期九个月，较齐衰稍细，而较"小功"丧服为粗。

"小功"是与"大功"相对而言，《仪礼·丧服》（《仪礼注疏》卷三十二）记载："小功布衰裳，澡麻带绖。……（郑玄注曰：'澡者，治去莩垢，不绝其本也。'贾公彦疏曰：'小功

---

① 　参看陈维稷主编《纺织科学技术史》第 72～73 页。

②　据《仪礼·丧服》，周代时根据服丧者与死者血统的亲疏、长幼、地位的尊卑等，将丧服定为"五服"，即斩衰、齐衰、大功、小功、缌麻，其中斩衰、齐衰的丧服是不经精练加工的，从大功开始才进行加工。但哀痛越深，穿的麻布越粗。

③　这里的冠指丧服中缠于头上的麻布，按布八十缕为一升，缕数越多，布越精细。

是用功细小精密者也。……谓以枲麻又治去莘垢，使之滑净以其入轻竟故也。'）"由此可见，"小功布"基本上还是以灰水洗，但处理时间较长，加工操作精细，要求达到洁白，但不伤折枲麻纤维。

在周代，贵族的朝服中也有麻布衣，不过此种麻布纤维在织造前要求碱水精练，并且加工精细使麻缕纱线细如丝，当织成后还要进一步经过灰水精练并施以色染，因而在当时也被视为一种华贵的服裳。《诗经·曹风·蜉蝣》中有"蜉蝣之羽，衣裳楚楚，……蜉蝣之翼，采采衣服，……蜉蝣掘阅，麻衣如雪"[①] 的歌句，表明当时已有漂白的麻衣。至于漂白的方法，可能是水洗、灰沤并结合日晒交替进行，与"帺氏"湅丝、湅帛的工艺基本一致，并结合起来。

2. 石染与石绘

商周时期曾进一步利用了更多种类的矿物颜料来进行石染，给丝麻或服装着色。但自采用植物染料以后，这种石染由于其固有的缺点则日趋没落，所以到春秋战国之际，矿物颜料则更多地只用于在衣服上进行彩绘。关于绘饰衣服，《周礼·冬官考工记》有一段记载，先谓：

　　"画缋之事，杂五色，东方谓之青，南方谓之赤，西方谓之白，北方谓之黑，天谓之玄，地谓之黄。青与白相次也，赤与黑次也，玄与黄相次也。青与赤谓之文，赤与白谓之章，白与黑谓之黼，黑与青谓之黻，五彩备谓之绣。"[②]

郑玄注曰："此言画缋（通'绘'）六色所象及布彩之第次，绘以为衣。"表明那时对五色已给予了"五行学说"的解释，并规定了在衣服上绘画时着色的次序，也要遵照五行相胜的原则，例如金（白）胜木（青），故先上青，后上白；水（黑）胜火（赤），故先上赤，后上黑等等。此外还说明了各种颜色搭配所绘文饰的名称，例如青与赤相配合所绘的花饰称之为"文"，赤与白相配合所绘花饰谓之"章"……用五彩合用所成花饰则谓之"绣"。更令人感兴趣的是《考工记》接着又描述了在衣服上彩绘的各种图形及其象征物，其文曰："土以黄，其象方；天时变；火以圜，山以章；水以龙，鸟兽蛇，杂四时五色之位以章之，谓之巧。凡画缋之事，后素功。"综合郑玄与贾公彦的注疏，这段文字的意思是：在衣服上（古代时称上身之衣为"衣"，称下身之衣为"裳"，衣用彩绘，即用颜料绘绣，裳用彩色丝线刺绣。为此，贾公彦疏曰："衣在上，阳，阳主轻浮故画之；裳在下，阴，阴主沉重，故刺之。"）进行彩绘时，以方象征地，上黄色；因"天无形体，天逐四时而化育四时，有四色"，所以应用四时之色（青、赤、白、黑），以象征天；以圜形象征火，赤色；章通獐，山兽也；龙，水物也，所以在衣绘时，或以獐象征山，以龙象征水，或云画山者并画獐，画水者并画龙；至于画鸟兽蛇者是总括代表了生毛鳞有文采者：鸟泛言代表有翼者，兽泛言代表有毛者，蛇泛言代表有鳞者。如此以五色画出鲜明的图案，可谓高手巧工了。文末指出：在画绘时最后着白色（素）彩，"为其易渍污也。"在衣服上绘画是如此复杂的事物，且又色彩鲜明，并还有白色，在那个时代显然用植物染料是绝对办不到的，只可能是利用矿物颜料。在周代时用于石染、石绘的颜料大致有如下一些：

（1）赭石。是一种赤铁矿粉，主要成分是 Fe_2O_3，呈棕红色或棕橙色。它是古代利用最早，也是最容易取得的一种彩绘颜料，但由于色泽较晦暗，自从染工掌握了以茜草染红，以丹砂

---

①　这句歌词的意思是蜉蝣多光泽，就像穿雪白的麻布衣裳。朱熹注："蜉蝣，渠略也，似蛣蜣，身狭而长角，黄黑色。"毛亨注："掘阅，容阅也。"参看金启华译注《诗经全译》第317页，江苏古籍出版社，1984年。

②　《周礼注疏》（卷四十）第280页。

绘红以后，它的地位急剧下降，后来便只限于染制囚犯的红衣，所以囚衣也叫赭衣。《荀子·正论》谓："杀，赭衣而不纯。"唐·杨倞注云："以赤土染衣，故曰赭衣。"[①] 于是赭衣也竟成为囚犯的同义词了。

（2）丹砂。主要成分为 HgS。我国利用丹砂很早，个别地区原始社会的墓葬中已安置此物，这可能是出自一种对太阳、火或血液的崇拜，例如青海乐都柳湾某原始社会墓穴（属新石器时代中期或晚期）中，在一具男尸下便撒有丹砂。[②] 前文已提及，至迟在商周之际，它已被用来涂染麻布、绢绸。由于它来之不易，只可能用来在华贵的织品或器物上进行画绘，为王室、权贵所享用。《考工记》的"钟氏"就是专门负责以研磨的丹砂染鸟羽来装饰旌旗和王后的车。《管子·小称第三十二》中有"丹、青在山，民知而取之"[③] 的话，丹即丹砂，青即青腹（即空青、白青之类），是当时制作绘画、颜料的主要矿物，所以此后"丹青"便泛指绘画的颜料，再后则进一步泛指绘画艺术了，足见丹砂在中国古代绘绣中的地位了。

（3）石黄。石黄包括雌黄与雄黄，黄色成分分别是 As_2S_3 和 As_4S_4，雌黄粉末色黄，雄黄粉末色橙，它们是先秦时期主要的黄色天然矿物颜料。按石黄属红光黄，色相纯正，色牢度好，颜色稳定，所以深受人们喜爱。陕西茹家庄出土的刺绣品残痕上即有石黄，表明至迟在西周时石黄已用于染黄色丝线。[④]

（4）空青。又名青腹，[⑤] 是一种结构疏松的碱式碳酸铜矿石，即孔雀石之类，颜色翠绿，青色成分是 $CuCO_3 \cdot Cu(OH)_2$，很易引起人们的注目。《山海经》中有 17 处提到产青腹。[⑥] 在颜料中它又名石绿，是先秦乃至后代最重要的绿色颜料，色泽鲜艳，性质稳定，《周礼·秋官司寇》记载，"职金"者之职责乃"掌凡金玉锡石、丹、青之戒令"，足见这种颜料在绘绣中的重要。

（5）曾青。即蓝铜矿石，呈翠蓝色。蓝色成分是 $2CuCO_3 \cdot Cu(OH)_2$，又名石青、大青、扁青，是先秦乃至后代主要的蓝色颜料，所以在《山海经》中就曾被着意记载，如〈中山经〉谓："榖山……爽水出焉，而西北流注于榖水，其中多碧绿。"文中"碧"即石青，"绿"即石绿。[⑦]

（6）胡粉。又名糊粉，即铅白，化学成分是碱式碳酸铅 $PbCO_3 \cdot Pb(OH)_2$。它可以说是中国最早的一种人工合成的颜料，据说《墨子》佚文中有"禹造粉"的话，[⑧] 若说夏代之初时已发明造铅白法，似值得怀疑，但谓商周时已制得此物是比较可信的（参看本书第五章第二节）。因为当初铅白往往是"和脂以糊面"，作为化妆品，所以俗名叫胡（糊）粉。

（7）蜃灰。前文已述及，它是煅烧蛤蚌之壳所得之白灰，基本上就是氧化钙（石灰），是周代时常用的帛、麻脱胶剂，也是较廉价的白色涂料，不仅用来画绘织物、祭器，而且已用于涂饰宗庙墙壁，此外还垫墓穴以防潮。《周礼·地官司徒》（《周礼注疏》卷十六）谓"掌

① 见清·王先谦《荀子集解·正论篇》（卷 12）第 218 页，国学整理社《诸子集成》，世界书局，1935 年。

② 青海文物管理处考古队等："青海乐都柳湾原始社会墓葬第一次发掘的初步收获"，《文物》1976 年第 1 期。

③ 见《管子·小称》，上海古籍出版社《诸子百家丛书》本第 109 页，1989 年。

④ 李也真等："有关西周丝织物和刺绣的重要发现"，《文物》1976 年，第 4 期。

⑤ 《汉书·司马相如传》唐·颜师古注："青腹，今之空青。"中华书局 1962 年出版，第 8 册总第 2535 页。

⑥ 见袁珂《山海经校注》名物索引第 36 页，上海古籍出版社，1980 年。

⑦ 参看章鸿钊：《石雅》第 355～362 页，上海古籍出版社，1993 年。

⑧ 见明·李时珍《本草纲目·金石部·粉锡》人民卫生出版社出版第 1 册第 474 页，1979 年。

屡"的职责是"敛互物屡物,以共(通"供")闉圹之屡;祭祀共屡器之屡;共白盛之屡"(参看前文注释),这就足以说明屡灰在当时应用之广泛了,也反映出生产量应该相当可观。

(8)墨。中国最早的墨是研磨石炭(煤)为汁,以书写。这种墨叫石墨,李时珍谓:"石炭,上古以书字,谓之石墨。"[1] 至迟在周代时已开始使用。例如那时有墨刑,即在受刑者的额上刺字,染上黑色以作标志。《尚书·商书伊训》谓:"臣下不匡,其刑墨。"[汉] 孔安国《传》注曰:"臣不正君,服墨刑,凿其额,涅以墨。"[2] "涅"是言涂黑,墨就是石炭,即今天所说的煤。大概在魏晋以后,多通过燃烧漆或松、桐枝干,收集烟炱,然后以鹿胶、牛胶为黏合剂把它黏合起来而成墨。[3] 但据说,1975 年在湖北省云梦县睡虎地秦墓中曾出土有墨块及研墨石砚,似乎把这种墨的发明历史大大提前了。[4] 不过这种墨究竟是用煤粉,抑或是用烟炱粘合起来的,还有待研究。

3. 植物染料的试用

《周礼·地官司徒》(《周礼注疏》卷十六第 110 页)记载了地官司徒所属负责"掌染草"之官员的职责,谓:"掌染草:掌以春秋敛染草之物,以权量授之,以待时而颁之(郑玄注曰:'染草,蓝、茜、橡斗之属。'[5] 又曰:'染草,茅蒐、橐芦、豕首、紫茢之属。')。"染草就是染料植物。在周代以前可能已经开始尝试利用,到了春秋战国时期,应用数量和品种已极大地增加和丰富,基本上取代了石染。其时被利用而有典籍可考的染料植物大概有如下一些:

(1)蓝草。在诸多染料植物中,它是应用得最广的一种。从其叶中提取到的染料叫靛蓝(参看本章附录),其色泽浓艳,牢度好,几千年来一直受到人们的喜爱。而且中国古代利用过的蓝草品种很多,常见者依现代植物学名称有爵床科植物马蓝(*Baphicacanthus cusia* [Nees] Brem)、蓼科植物蓼蓝(*Polygonum tinctorium* Ait,图 9-1[6])、十字花科的菘蓝(*Isatio tinctoria* L.)、草大青(*Isatis indigotica* Fort)、豆科植物木蓝(*Indigotera tinctoria* L.),其中利用最早、最广泛的是蓼蓝和马蓝,初时,蓼蓝即简称蓝草。根据传说,在夏代时我国已开始种植蓝草,并摸索到了它的一些生长习性。[7] 不过这种说法缺乏直接旁证,还值得商榷。《诗经·小雅·采绿》中有"终朝采蓝,不盈一襜"的歌句,讲的就是采撷蓼蓝草;《尔雅·释草》(《尔雅注疏》卷七)又有"葳(音 zhēn),马蓝"的记载,[8] [晋] 郭璞注曰:"今大叶冬

---

① 《本草纲目》(第九卷)第 1 册第 571 页。

② 《尚书·商书伊训》(卷八)第 51 页,《十三经注疏·尚书正义》总第 163 页。

③ 元·陶宗仪《辍耕录二九·墨》云:"上古无墨,竹挺漆而书。中古方以石(按指石炭,即煤)磨汁,或云是"延安石液"(燃石油烟炱,参看宋·沈括《梦溪笔谈二四·杂志一》)至魏晋时始有墨丸,乃漆烟、松煤(炱)夹和为之,所以晋人多用凹砚者欲磨贮潘耳。……唐高丽岁贡松烟墨,用多年老松烟和麋鹿胶造成。至唐末,墨工奚超与其子廷珪迁歙州,始集大成。"

④ 参看中国社会科学院考古研究所编著《新中国的考古发现和研究》第 391 页,文物出版社,1984 年。并参看齐儆《中国的文房四宝》第 31 页,商务印书馆,1991 年。

⑤ 此句注文见《周礼注疏》卷九,是对"掌染草,下士二人,府一人,史二人,徒八人"一段文字的注释。

⑥ 江苏新医学院编《中药大辞典》,上海人民出版社,1977 年。

⑦ 汉·戴德传《夏小正》:"五月启灌蓼蓝,启者,别也,陶而疏之也;灌也者,聚生者也,记时也。"[明] 张尔岐注:"盖蓝之法,先莳于畦,生五六寸许,乃分别栽之,所谓启也。"参看陈维稷《中国纺织科学技术史》第 78 页注。

⑧ 《尔雅》相传是周公所撰,或谓孔子门徒为解释六艺之作,实际上是秦汉间经师缀辑旧文,相增益而成,因此,其内容至迟当为战国以前的记载。

图 9-1　蓼蓝
（染料植物图皆摘自《中药大辞典》）

蓝也。"[宋]邢昺疏曰："今靛者是也。"《礼记·月令》（《礼记正义》卷十六）有"仲夏之月，……令民毋艾（通'刈'）蓝以染（《正义》曰：别种蓝之体初必丛生，若及早栽移则有所伤损，此月蓝既长大，始可分移布散。）"的话，从这些记载则可以判定我国至迟在周代时已经利用靛蓝色素染织物了。但那时以蓝草染蓝的原始工艺过程现在已不大清楚了，因为其上染的化学过程较之其他植物染料要复杂，现在我们所能看到的明代时的记载，即发酵—日晒法肯定是经过很长时间的经验总结演进而来的，周代时肯定要简单而拙劣。为了推测其工艺的原始状况，我们先探讨一下以靛蓝染色的原理。蓝叶中都含有靛质，当浸于水中时很易发酵而分解出原靛素（indican），它是一种白色结晶，属于吲哚衍生物（参看本章附录），可溶于水，所以蓝叶经浸渍约一天后，此原靛素即溶于水中，此时的浸出液呈黄绿色。而在水溶液中受到酶的作用，原靛素便分解成吲哚酚及葡萄糖。前者被空气氧化便生成靛蓝素。靛蓝素属中性物质，不溶于水和稀酸、稀碱中，所以便沉淀下来。如果往浸出液中加入石灰以中和发酵中产生的酸，则可以大大加速空气对原靛素的氧化反应。但这时的沉淀是靛蓝与碳酸钙的混合物。若欲制成靛蓝粉，则可往沉淀中加入酸以中和其碱性并溶解碳酸钙，然后澄清、过滤，再经压榨、烘干即可。纯净的靛蓝素为艳丽的蓝色结晶，但由于它不能溶于水，所以不能直接用来上染，所以中国古代时（大约在汉代）发明了发酵法，将成品靛蓝先还原为可溶性靛白（indigo-white）：

$$靛蓝素 + H_2 = 靛白素$$

靛蓝素　　　　　　　　　　　靛白素

还原反应是利用酒糟的发酵作用来完成的。然后以靛白溶液浸染织物，再经日晒，隐色素靛白便又被氧化，还复成靛蓝，于是实现了染蓝的目的。我们不妨推测，周代时原始的蓝草染蓝工艺大概仅仅是以蓝草的发酵浸取液来上染织物，利用的还只是原靛素，它被织物吸附后，也许再用灰水漂洗一下织物，经日晒而完成染蓝。

（2）茜草。初名茹藘、茅蒐，《尔雅·释草》（《尔雅注疏》卷八）谓："茹藘，茅蒐。"郭璞注曰："今之蒨也，可以染绛。"邢昺疏曰："今染绛蒨也，一名茹藘，一名茅蒐。……陆机云 一名地血，齐人谓之牛蔓。"《诗经》的〈郑风·东门之墠〉中便有"东门之墠，茹藘在阪"，《郑风·出其东门》有"缟衣茹藘"等的歌句。其后它又有蒨草、茜草、地血、牛蔓、红蓝、染绯草等等四十余种别名，也反映了它应用地区的广泛，在我国商周时期它是主要的红色染料。

茜草（Rubia cordifolia）是茜草科多年生攀援草本植物（图 9-2），根部为红黄色，其中所含色素的主要成分是红色的茜素和茜紫素（参看本章附录），[①]春秋两季皆可采收，但以秋季挖到的根较好，既粗壮且含色素丰富，因而呈深红色。采集后晒干贮存，用时切成碎片，以温汤抽提茜素。

在商周时期，红色染料用于公服、祭服、军衣的染制，茜草用量很大，可以推测，当时茜草的栽培与染茜红工艺的经验已经比较成熟了。

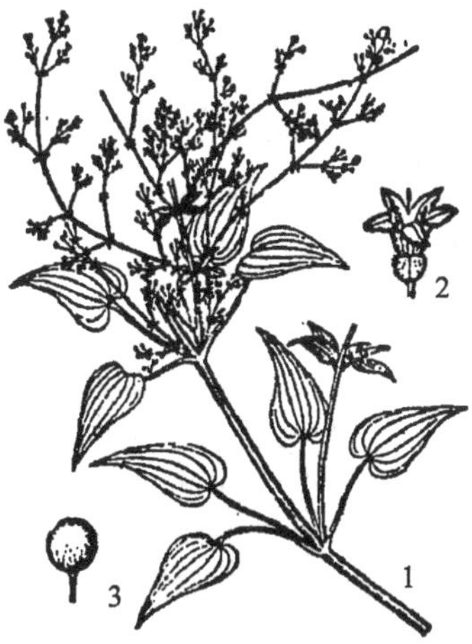

图 9-2　茜草
1. 花果枝；2. 花；3. 果实

（3）蒤。（音 tú）又名虎杖（*Polygonum cuspidatum*），蓼科多年生草本植物，也是一种中国古老的红色染料植物（图 9-3）。《尔雅·释草》（见《尔雅注疏》卷八）谓："蒤，虎杖。"注曰："似红草（按即茜草）而粗大，有细刺，可以染赤。"疏曰："陶［弘景］注本草云，田野甚多，状如大马蓼，茎班（斑）而叶圆是也。"按虎杖根部含羟基蒽醌衍生物，与茜素属同类。[②]其中的大黄醌（4，5-二羟基-2 甲基蒽醌参看本章附录"鼠李"）则可以染毛为黄色，若通过媒染，则可染为红色。[③]

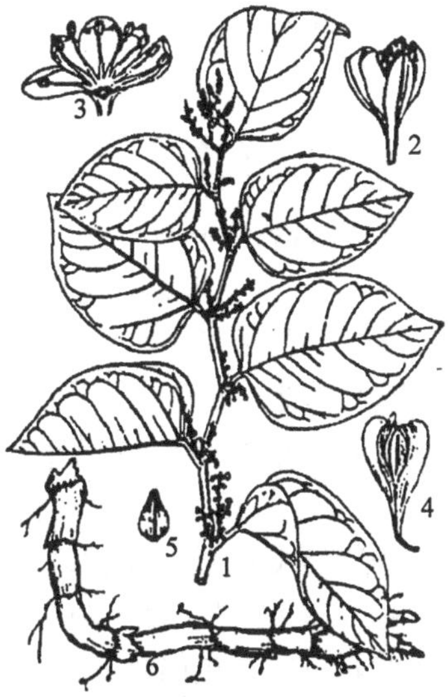

图 9-3　虎杖
1. 花枝；2. 花；3. 花被展开，示雄蕊
4. 包在花被内的果实；5. 果实；
6. 根茎及根

（4）紫草。也是一种非常古老的染料植物，初名藐，《尔雅·释草》（《尔雅注疏》卷八）谓："藐，茈。"注曰："可以染紫，一名茈莀。"疏曰："草根可以染紫之草，《广雅》一名茈莀，本草一名紫丹。"它又名紫芙（《神农本草经》）、地血（《吴普本草》）等。

紫草（*Lithospernum erythrorhizon*）属紫草科多年生草本植物（图 9-4），八九月间茎、叶枯萎时采挖紫草根，根断面呈紫红色，含乙酰紫草醌及紫草醌（参看本章附录）。[④]紫草醌等和茜素相似，若不利用媒染剂，丝、毛、麻纤维都不着色，若利用明矾媒染，便得出紫红色。当时紫草似乎产于齐国（今山东省东部），据说"齐桓公好服紫，一国尽服紫。当是时也，五素不及一紫。"[⑤]由此可窥知春秋时期紫草生产也当颇为可观。

（5）荩草（*Arthraxon hispidus*）。属禾科草本一年生植物（图 9-5），原名菉或绿竹。《诗

① 又可参看江苏新医学院编《中药大辞典》下册第 1568 页，上海人民出版社，1977 年。及［日本］《药学杂志》208：527，1899 年。

② 参看江苏新医学院编《中药大辞典》上册 1329 页，上海人民出版社，1977 年；广州市药检所《农村中草药制剂技术》234 页，1971 年；［日本］《药学杂志》74（3）：224，1954 年。

③ 参看林启寿《中草药成分化学》第 199 页，科学出版社，1977 年。

④ 参看《中药大辞典》下册第 2344 页及中国医学科学院药物研究所等编《中药志》第 1 卷 482 页，人民卫生出版社，1981 年。

⑤ 见《韩非子·外储说左上》，见陈奇猷《韩非子集释》第 657 页，上海人民出版社，1974 年。

图 9-4　紫草

1. 植物全形；2. 花；3. 花冠的

解剖；4. 花冠的上部

图 9-5　荩草

1. 植物全形；2. 无

柄小穗及退化有柄小

穗残留部分

经·卫风·淇奥》有"瞻彼淇奥，绿竹猗猗"的歌句；《楚辞·离骚》有"薋菉葹以盈室兮，判独离而不服"的歌句。[①]《尔雅·释草》（《尔雅注疏》卷八）谓："菉，王刍。"故知又名王刍，此外又名菉草（《说文》）、黄草（《吴普本草》）、蓐、鸱脚莎（《尔雅》郭璞注）。荩草根茎纤细，要采集一钔也非易事。其草茎中含黄色素，主要成分是荩草素（Anthraxin，参看本章附录）[②]，属黄酮类媒染染料，但可直接染毛、丝纤维为黄色，《名医别录》谓："荩草，可以染黄作金色。"《唐·新修本草》谓："荩草叶似竹而细薄，茎亦圆小，……荆襄人煮以染黄，色极鲜好。"

（6）地黄与天名精。先秦利用过的黄色染料植物还很多，地黄与天名精是比较重要，沿用较久的。

地黄在《尔雅·释草》中已有记载，谓："苄，地黄。"（《注疏》卷八），注曰"一名地髓，江东呼苄，苄音户。"此外又名芐、地脉（《名医别录》），属多年草本植物（图 9-6），根茎肥厚肉质，9～11 月采集，其中含地黄苷（Rehmannin，参看本章附录），可以染黄。[③]

天名精（Carpesium abrotanoides）即郑玄所言豕首。[④]《尔雅·释草》（《注疏》卷八）谓："茢薽，豕首。"郭璞注："本草曰彘卢，一名蟾蜍兰，今江东呼豨首。"疏曰："茢薽，药草名，一名豕首，……一名天名精，一名麦句姜，一名虾蟆兰，一名天门精，一名王门精，《别录》一名天蔓精，南人名为地菘。……"它属于多年生草本植物（图 9-7），茎叶之浸取液可深黄。

（7）皂斗。是栎属壳斗科植物栩树（麻栎）的果实，是我国古代主要的黑色染料植物（图 9-8），古代有关栩树及皂斗的记载颇为丰富，别名也极繁多。《尔雅·释木》（《注疏》卷九）谓："栩，杼。"注曰："柞树。"《诗经·唐风·鸨羽》有"肃肃鸨羽，集于苞栩"的歌句，陆机疏云："今柞，栎也，徐州人谓栎为杼，或谓之栩，其子为皂或言皂斗，其壳为汁可以染皂。今京洛及河内言杼斗。"《尔雅·释木》又谓："栎，其实梂。"而郑玄在注解《周礼·地官大司徒之职》中的"其植物宜膏物"一句时谓："皂物，柞栗之属，今世间谓柞实为皂斗。"此外，《诗经·秦风·晨风》有"山有苞栎，隰有六驳"的歌句；《庄子·盗跖》中有"昼拾橡栗，暮栖木上，故命之曰有巢之民"的话，[⑤] 按橡栗就是栎树的果实。总之皂斗又名象斗、橡斗、

①　参看金启华译注《诗经全译》第 123～124 页；宋·洪祖《楚辞补注》第 19 页，中华书局，1983 年；《毛诗正义》卷 312 第 53 页，郑玄笺："绿，王刍也；竹，竹也；猗猗，美盛貌。"

②　参看林启寿编著：《中草药成分化学》第 323 页，科学出版社，1977 年；《中药大辞典》下册第 1612 页。

③　参看中国医学科学院药物研究所编《中草药有效成分的研究》（第一分册）391 页，人民卫生出版社，1972 年。

④　见《周礼注疏》第 110 页郑玄注："染草，茅蒐、橐芦、豕首、紫荆之属。"

⑤　见张耿光《庄子全译》第 541 页，贵州人民出版社，1991 年。

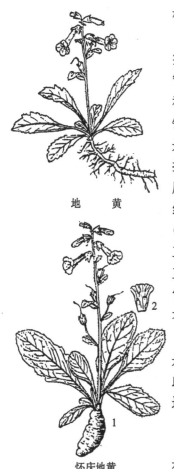

地 黄

怀庆地黄

图9-6 地黄
1.植物全形；2.花冠剖开示雄蕊

橡栗、梂、柞栗等等。①

栩（栎、柞）树为落叶乔木，冬季果实成熟后采收。其果实皂斗含鞣质（单宁）19％～29％，②鞣质是具有多元酚基和羧基的有机化合物，它与亚铁盐或高铁盐相反应都生成深黑色的化合物，都是沉淀色料。所以将皂斗破碎后，用水抽提出其中的鞣质，以绿矾（甚至含铁质及腐殖质的塘泥）为媒染剂即可染黑（最好经日晒）。在先秦时期，以黄铁矿煤石（涅石）煅烧生成的绿矾（又名皂矾）的工艺已经为人们所掌握（参看第六章第三节），那时生产绿矾实际上主要就是用它来媒染皂黑。此外，栩树的树皮中也含有丰富的鞣质，在古代也已开始利用。

及至秦代，因始皇嬴政迷信秦灭周是以秦之"水德"战胜了周之"火德"，因此尊崇黑色，衣服、旌旗皆染黑，因此更进一步推动了染黑技术的进步。

4. 先秦染色的技术成就

（1）关于染色技术的季节性。在《周礼·天官司书》（《周礼注疏》卷八）中对染色的季节，略有提及，谓："染人掌染丝帛。凡染，春暴练，夏纁玄，秋染夏，冬献功，掌凡染事。"③ 把染事的程序依

图9-7 天名精
1.花枝；2.管状花；
3.头状花序

图9-8 麻栎（皂斗）
1.果枝；2.雄花枝；3.果实

四季来安排，各有所主。这是周代染事的一个特色，究其原因，大概主要是由于当时染色技术还较原始所造成的，现在我们依四季试作分析。

冬季气温低，在古代手工作坊里不宜进行水练、色染等湿处理的工作，水冷也降低丝麻脱胶、洗涤漂白过程的效率，所以到了春暖花开，日照情况转好的季节才着手开展染色的准备工作——丝麻精练，这是容易理解的，正如贾公彦的〈疏〉所说："凡染，春曝练者，以春阳时阳气燥达，故曝晒其练。"

至于"夏纁玄"，则需要费一番解释。关于"纁玄"，郑玄注曰："纁玄者，天地之色，以为祭服。石染当及盛暑，热润始湛研之，三月而后可用。染玄则史传缺矣。"对这段解释，贾公彦又进一步作了说明，谓："夏玄纁者，夏暑热润之时，以湛（按音jiàn，浸渍也）丹秫，易

---

① 《本草纲目》（卷三十）："柞木也，实名橡斗，皂斗，……橡斗可以染皂也。"皂斗之别名更详见《中药大辞典》下册2591页"橡实"条。

② 参看《中药大辞典》下册2592页"麻栎"条。

③ 《周礼注疏》（卷八）第54～55页。

可和释，故夏染缥玄，而为祭服也。"在这两段话中，关于"天地之色"本应为"天玄地黄"，而这里谓"玄缥"，贾公彦在其疏中对此特别作了解释，谓："土无正位，托位南方火，火色，与黄共为缥也，凡六冕之服皆玄上缥下，故云为祭服。"所以"缥"是赤与黄的间色——橙红色，玄是黑色，周代礼服六冕[①]皆玄上缥下，即上衣染黑，下裳染橙，以应天地。这种橙色祭服下裳是很讲究的，言用石染法，当然是以丹砂为红色颜料。为制作这种颜料，须将丹砂趁暑热之季浸渍三个月后才能研磨，始成极细颗粒的浆液，因此便应从春末，趁夏季来临之际开始浸渍，使丹砂"易可和释也"。为了制作丹砂颜料，其工艺中要"以朱湛丹秫"。[②] 对于"丹秫"，郑玄注曰："丹秫，赤粟。""赤粟"当然也就是"丹粟"，按"丹粟"是春秋战国时丹砂的别名，[③]《山海经》中提到产丹粟的地区就有 10 处，[④] 例如〈南山经〉谓："英水出焉，西南流入赤水，其中多白玉，多丹粟。"郭璞注曰："［丹粟］，细丹砂如粟也。"而"朱"者，既然"以朱湛丹秫"，那么当是一种液体，更可能是红色，所以很可能是指"朱草"的浸泡液。按"朱草"是一种红色的草，很早就是用作染红的染料植物，而方士们把它附会为瑞草，[⑤]《昭明文选》中汉·东方朔的〈非有先生传〉中就有"甘露既降，朱草萌芽"的话，郑玄注曰："《尚书大传》[⑥]曰：德光地序则朱草生。"我们可以推测，朱草大概就是茜草类植物。至于染黑为何在夏季，郑玄未能作出解释。鉴于当时是以皂斗为黑色染料，而槲栎的果实在秋冬之季才成熟采收，而不是在秋季；而且也须在尚较鲜嫩时抽提其中的鞣质，所以染黑尽可在次年夏季进行。

关于"秋染夏"，关键在正确理解"夏"。郑玄注解说："染夏者，染五色谓之夏者，其色以夏狄为饰。《禹贡》曰：'羽畎夏狄'是其总名，其类有六，曰翚、曰摇、曰鹬、曰鹨、曰鹩、曰鹇，其毛羽五色皆备成章，染者拟以为深浅之度，是以放（通"仿"）而取名焉。"贾公彦复又注释曰："秋染夏者，夏谓五色（泛指多种颜色，犹今言五彩）。至秋气凉，可以染色也。"把这两段解说总括起来，"秋染夏"的含义就很清楚了。所谓"夏"者是"夏狄"的简称，并进一步扩展成五色之义。因为夏狄（即"夏翟［音 dí］"）是羽毛五色的野鸡，《禹贡》所谓的

---

① 六冕：古代帝王、诸侯、卿大夫的礼服。举行吉礼时皆得着冕服，有大裘冕、衮冕、鷩冕、毳冕、希冕、玄冕六种之别，是为六冕，通称冕服。

② 《周礼·冬官考工记》："钟氏染羽，以朱湛丹秫，三月，而炽之"，可见周代时为王室染羽毛"以饰族旗和王后之车"的颜料也用丹砂。对此，郑玄更注之，谓："以朱湛丹秫，三月，而炽。炽之当及盛暑热润，则初以朱湛丹秫当在春日预湛之，至六月之时即染之。"

③ 目前有的学者据《尔雅·释草》："众，秫。"郭璞注："谓粘粟也"及汉·许慎《说文·禾部》："秫，稷之粘者。"于是把"丹秫"解释为红色的粘性谷物，即红色的粘谷子或粘高粱，而把"朱"解释为朱砂，认为这句话的大意是把朱砂与粘性谷物一起浸泡三个月，通过发酵作用，使谷物分散成极细的淀粉粒子，然后炊炽之，淀粉又转化为浆糊，显出很大的粘性，于是朱砂便牢固粘附在羽毛或丝麻上了，所以丹秫是作为一种粘合剂来利用的。（见陈维稷《中国纺织科学技术史》第 84～85 页）这种解释值得商榷，其一，贾公彦在解释"钟氏染羽"中的多次复染"三入为缥"时明确说："三入谓之缥，……此三者皆以丹秫染之"，丹秫显然是红色染料或颜料，怎么可能是谷物；其二，"以朱湛丹秫"，按语意，"朱"应是红色液体，才能去浸渍丹秫，不应是固体朱砂；其三，在先秦时，"丹砂"尚无"朱砂"的别名，梁代陶弘景的《本草经集注》谓："丹砂……即是今朱沙也。"所以"朱砂"一词的出现当在魏晋以后，《周礼》中的"朱"若解释为"丹砂"依据不足；其四，谷物的粘性是由于其中的淀粉经糖化或加热后，水解出糊精。但这类多糖类物质，在暑热之季，又很快会发酵水解变酸或发霉而失去粘性，所以从"春日湛之，至六月之时"，经过三个月后，肯定已经无粘性而腐臭了。

④ 见袁珂校注《山海经校注》第 9 页及"名物索引"第 12 页，上海古籍出版社，1980 年。

⑤ 参看《辞源》第 2 册 1507 页，商务印书馆，1980 年修订本。

⑥ 《尚书大传》，汉文帝时代伏胜所著，东汉·郑玄注。见《丛书集成》初编总第 3569 册；《丛书集成新编》第 106 册，台湾新文丰出版公司出版，1984 年。

"羽畎夏狄"就是指羽山山谷中的五彩野鸡，所以古代时称五色之服为"夏狄（翟）为饰"。而夏翟又是各种色彩野鸡的总名，因底色不同，又可分为六类，即翚雉、鷂雉、鵫雉、鷩雉、鵫雉、鵫雉。① 所以"夏狄之饰"的意思又可引申为彩色不同、色调深浅各异的衣服装饰。总之，"秋染夏"的意思就是在秋高气爽的季节加工丝麻及其纺织品，色染上五颜六色。这显然与染料植物的成熟、采集的季节密切相关，即必须相互配合起来。例如茜草根应在八至九月掘取；蓝草叶应在七至八月收割；其他染草的采集，大多也以秋季为宜。再者，应该注意到有些植物色素在采集下来的植物体内和大气中是不大容易保存的。在初时，采集来以后必须尽快抽提使用，耽搁久置，就会变质，例如原靛蓝素就是这样，所以这就更加使得染色的季节安排与新鲜植物体的采集时间必须要一致起来。及至秦汉以后，染料植物体的保鲜技术和色素的提取工艺有所进步，逐步制作了一些植物染料的成品，于是染色的季节性要求就不那么严格了。

　　（2）复染和套染的采用。所谓复染，即多次重复染色，就是将丝、麻纤维或帛、布织品用同一种染（颜）料反复多次着色，使之逐度加深；所谓套染是指用两种甚或两种以上不同颜色的染料交替染色或混合染色。这样就可以利用有限的几种染料而获得色谱很广阔的色染织物，并弥补天然染料色谱之不足。

　　关于复染，最早的记载见于《尔雅·释器》（《尔雅注疏》卷五），谓："一染谓之縓，再染谓之赬，三染谓之纁。"② 据《仪礼·既夕礼》（《仪礼注疏》卷四十）谓："縓綼緆。"③ 郑玄注曰："一染谓之縓，今红也。"贾公彦亦疏曰："一入赤汁染之，即汉时红。"但［东汉］许慎《说文》却谓："縓，帛黄，亦色丧服。"这是采用复染法染绛色丝绸过程中的"一染"。那么"縓"究竟是浅红，还是黄红色？为什么会有两种说法，其原因可能是所用染料不同。根据《考工记·钟氏》及《周礼·天官染人》的记载，先秦的"红三染"（染縓、赬、纁）是用丹砂染，丹砂无黄色色调，所以其所言縓为淡红；至东汉时，染红已多用茜草和红花，茜草染红略带黄色（茜素的酸色为黄），而红花中则更含大量黄色素，因此以它们染红，"一染"便会显现黄的色调了。至于赬，则为浅赤色，纁指绛（深红）色。

　　商周时期，无论是用矿物颜料还是用当时品种尚有限的植物染料，染色时一般还主要藉助于物理吸附过程，染（颜）料与动植物纤维间的亲和仍比较弱，浸染一次所得色泽都不会深，所以要得到较浓艳的色彩，就必须将已着色的纤维织物，不经拧水而平铺直接晾干，后一次浸染时就可能进一步吸附上一些染料。所以复染是普遍采用的，是必须的。

　　除多次浸染外，当时已掌握用两种或两种以上不同颜色的染料进行套染了。这样便可能得到更为丰富多彩的色调。关于套染的早期实例可以举出《考工记·钟氏》关于色染羽毛的记载："钟氏染羽，以朱湛丹秫，……三入为纁，五入为緅，七入为缁。"④ 緅当是深青黑透红的颜色；缁则是黑色。郑玄注释说："染纁者三入而成，又再染以黑，则为緅，今礼俗文作爵，言为爵头色（赤多黑少）也。又复再染以黑，乃成缁矣。"贾公彦则进一步说明了染法："……

　　① 《尔雅·释鸟第十七》："诸雉，……伊洛而南，素质，五彩皆备成章，曰翚（注：言其毛色光鲜。疏：白质五色为文。）；江淮而南，青质，五色皆备成章曰鷂；南方曰翟（又作溜、鷊，古文畴字）；东方曰鶅（音 zī）；北方曰鵫（音 xī），西方曰鵫（zún）。"

　　② 《尔雅注疏》（卷五）第 35 页。

　　③ 《仪礼注疏》郑玄注曰："饰裳在幅曰綼（按指下裳的边缘），在下曰緆。"

　　④ 《周礼注疏》（卷四十）第 281 页。

三入谓之纁，……此三者皆以丹秫（丹粟、丹砂）染之。此《经》及《尔雅》不言四入及六入，按士冠有朱、纮之文，郑云朱则四入，与（于）是更以纁入赤汁则为朱。……纁若入赤汁则为朱，若不入朱而入黑汁则为绀，若更以此绀入黑则为緅，而此五入为緅是也。……若更以此緅入黑汁即为玄，则六入为玄。……更以此玄入黑汁则名七入为缁矣。"

据《淮南子·俶贞训》云："以涅染缁则黑于涅。"这里的涅即制黑汁的原料。在先秦时期对这种原料可以有两种解释：其一，指石涅，为黑石脂或煤，在古代，它们都叫石墨。所谓黑汁则为加水研磨它们而成的墨汁；[①] 其二，是指涅石，即含煤黄铁矿石（详见下文），黑汁则为煅烧此涅石所得之绿矾与皂斗浸渍液所生成的鞣酸铁溶液。但到春秋战国之时，提到"以涅染黑"时，涅则主要是指第二个含义了。上段文字固然是指"钟氏染羽"而言，但在当时也适用于染丝麻织品，所以郑玄在"钟氏染羽"的注文中特意进一步注释："染布帛者在《天官染人》，此钟氏惟染鸟羽而已。要用朱与［丹］秫则同，彼染祭服［亦］有玄纁，与此不异故也。"这项复染与套染工艺可简要表示如下：

复染与套染	赤汁（丹砂）染	黑汁（涅）染
一入		
二入	纁 赪	
三入	纁	
四入	朱	
五入		绀 緅
六入		玄
七入		缁

谈及先秦时期的套染技术时，很有必要探讨一下茜草染绿的问题。前文已提及，茜草的茎中所含茜草素是很好的黄色染料，可直接染毛、丝，西周时已被利用，这是无异议的。而茜草又名"菉"或"菉竹"，按菉通"绿"（音lù，故菉豆即绿豆），所以现在一些染织史学者认为在先秦已用于染绿，因以得此别名，这个意见有一定道理，可以接受作为一种说法。[②] 但如何染绿，却值得商榷。有学者认为："以铜盐为媒染剂，［茜草］可得鲜艳的绿色"，[③] 而且中国古代有用铜器为染色器皿的，[④] 因此若用生有铜锈（铜绿）的器皿，以茜草染色便可染成绿色，这个意见却显得有些牵强了。在我国古代即使曾用过铜制染色器皿，但其例肯定很少，更罕见于文献记载，但先秦时人们已广泛着绿色衣服，例如《诗经·邶风·绿衣》便有"绿

① 黑石脂又名石墨和石涅，亦可为墨，参看《政和证类备用本草·卷三黑石脂》。又据明·李时珍《本草纲目石部第九卷·石炭》，"石炭即乌金石，上古已书字，谓之石墨，今俗呼为煤炭，煤墨音相近也。"按"涅"的最古老的含义是指河塘中的黑泥，其后又进一步发展、引申泛指黑色涂料、染料以及墨类。所以《荀子·劝学》中有了"白沙在涅，与之俱黑"的话。

② 李时珍在其《本草纲目·草部》（卷十六）中说："茜草，又名黄草、绿竹、蒐草、鳖草。此草绿色，可染黄，故曰黄，曰绿也。蒐、鳖（皆音庚）乃北人呼绿字音转也。"此亦不失为一说。

③ 见陈维稷主编：《中国纺织科学技术史》第82页。

④ 参看史树青："古代科技事物四考"，《文物》，1962年第3期第47页。

兮衣兮，绿衣黄裹，……绿兮衣兮，绿衣黄裳，……绿兮丝兮，女所治兮，……"① 的歌句，所以染绿很普遍；再者，即便使用了生有铜锈的铜皿来染色，但铜锈是难溶于水的碱式碳酸铜，并不会转移、吸附在织物上，所以起不到媒染剂的作用。至于说用石胆为媒染剂，则更无古代典籍的文字记载，也没有从出土织物的染料检验中得到证明（参看下文）。但我们却可以有根据地说，中国古代的纺织品染绿一向是用黄色染料（当然包括茜草素）与靛蓝套染而实现的，因为虽然各种植物的叶、茎中几乎都含有叶绿素，但它不能作为染料，因为它一旦被浸取出来，在空气中便很快被氧化而褪色，所以中国古代几乎没有找到过天然绿色素染料。② 因此直到明末，《天工开物》记载的染绿仍用槐花黄色素与靛蓝套染。所以先秦若以茜草染绿，惟有以套染来实现才能令人信服。而且它可能正是我国古代套染染绿的先声。

（3）关于"正色"与"间色"认识的出现。在周代时，人们已知道颜色有正色和间色之分了。青、黄、朱、白、黑是为"五方正色"。所谓"正色"就是不可能通过其他颜色的混合（或套染）而得到的颜色。而由正色混合（或套染）所得到的紫、绿、橙、绀……诸色则是所谓"间色"。在当时，既然染红、黄、蓝三种颜色的植物染料都已经获得了，那么就可以通过这"三原色"而套染出五颜六色的色彩来了。他们当时居然能正确地把"五方之色"（或叫"五行之色"）确定为正色，显然是经过反复地、普遍地套染试验才能总结出来的经验，这也就表明套染工艺在那时至少已经很广泛地进行了，并不断扩展着新的试探。关于正色和间色之说，最早的记载见于《礼记·玉藻》（《礼记正义》卷二十九），谓"衣正色，裳间色。"郑玄注曰："谓冕服玄上纁下。"对此，[唐] 孔颖达也为此语疏义，谓：

> 正义曰："玄是天色，③ 故为正；纁是地色，赤黄之杂，故为间色。"皇氏云：正谓青、赤、黄、白、黑，五方正色也；不正谓五方间色也，绿、红、碧、紫、骝（音 liú，今作骝）黄是也。青是东方正，绿是东方间，东为木，木色青，木刻（通"剋"）土，土黄，并以所刻为间，或绿色，青黄也。朱是南方正，红是南方间，南为火，火赤刻金，金白，故红色赤白也。白是西方正色，碧是西方间，西为金，金白刻木，故碧色青白也。黑是北方正，紫是北方间，北方水，水色黑，水刻火，火赤，故紫色赤黑也。黄是中央正，骝黄是中央间，中央为土，土刻水，水黑，故骝黄之色黑黄也。"④

据《钦定四库全书总目礼记正义》之前言，谓："……然研究古义之事，好之者终不绝也，为疏义者，初尚存皇侃、熊安生二家。贞观中敕孔颖达等修正义，乃以皇氏为本，以熊氏补所未备。"故以上引文中之皇氏乃皇侃，是南朝梁代人。⑤ 他对正色、间色之论基于五行学说，论述比较完整，当然可能吸收了秦汉以后关于正间色学说发展的成果。但无论如何，关于正色与间色的基本内涵在周代已经明确了。

正由于周代时已知以各正色相互套染而得到各种间色，因此使得当时色染的色谱更加丰

---

① 文中的"裹"指内衣；"裳"指下衣；"治"言纺绩。

② 只在明代以后找到过鼠李之嫩实可以染绿，但使用也不普遍。

③ 玄是天青色，黑深而玄浅。《诗经·豳风·七月》："载玄载黄，我朱孔阳。"《传》："玄，黑而有赤也。"

④ 《礼记正义》（卷二十九）第249页。

⑤ 《二十五史·南史·儒林传》（卷七十一）："皇侃，吴郡人，……少好学，师事贺玚，精力尽通其业，尤明《三礼》、《孝经》、《论语》，为兼国子助教。……撰《礼记讲疏》三十卷，书成奏上，诏付秘阁，顷之召入寿光殿，说《礼记》义。梁武帝善之，加员外散骑侍郎。……所撰《论语义》、《礼记义》见重于世，学者传焉。"

富，以至当时描述服饰间色的字，也急剧繁增，如红、绿、紫、绛、绀、绯、缁、缇、缧、赤、赪、玄、缥、缫、綦等等，不胜枚举。

（4）媒染的肇兴。所谓媒染，用现代的化学语言来说，就是采用某些重金属的盐类，利用它们的水解产物，既可吸附在丝麻棉毛等的纺织物纤维上，又可吸附染料的分子，而使染料牢固地结合在纤维上；而在此过程中又往往同时与染料分子发生化学结合（即化学吸附），而改变其颜色，呈现更加浓艳的色调。

先秦时期已兴起的、以皂斗染黑的工艺，可以肯定属于典型的媒染方法，而且可以说是中国利用媒染的肇端。因为皂斗浸液中的鞣质既不呈现黑色，也仅被各类织物纤维松弛地吸附。其着色过程必然得通过绿矾的介入才能实现。

关于绿矾的使用，这里需要作一些论证。在中国古代，最早的黑色涂料本是黑泥或研磨后的煤浆（即原始墨汁），但它们都不适宜作染料以染皂，因为它们在各类纺织物上的吸附性都较差，或者不上色，或易着水脱色。于是在春秋战国之际发展出了皂斗染黑法，同时出现了染黑利用的"涅石"。这种涅石最早的记载见于《山海经·北山经》（卷三），谓："［贲门之山、孟门之山］其下多黄垩，多涅石。"[①] 对这句话，清人郝懿行云："［涅石］即矾石也。"前文提到《淮南子·俶贞训》有"以涅染缁"的话，［东汉］高诱注云："涅，樊[②]（以后写作焚、礬，今又简化为矾）石也。"如果高诱的注释符合实际，那么我们可以判断：这种涅石色黑，故名涅石；焚之（焙烧）可生成矾，故得名矾石；可以用于制作染皂染料，因此才说它染"缁"。而汉代以后又有很多典籍记载，凡以皂斗类含鞣质的植物染黑，都必以绿矾为媒染剂；而黄铁矿石则是中国传统的制造绿矾的原料，它经焙烧则生成绿矾和硫黄；[③] 经现代矿物学家的调查，了解到黄铁矿又多与煤共生而呈黑色。[④] 因此我们可以作出结论：在春秋战国之际用于与皂斗配合染黑的涅石就是含煤黄铁矿石。因为在用于染皂之前，须先对它进行焙烧，所以至迟到了汉代，便将它更名为樊石了。[⑤]

当然，先秦时人们对皂斗—绿矾染黑技术的认识还相当肤浅，只知皂斗的浸渍液遇到绿矾便生成浓艳的黑汁，可以上染布帛，效果颇佳。至于其间的所谓媒染作用，恐怕还未必意识到。那么当探讨先秦时期的媒染工艺时，以茜草染红和以紫草染紫的工艺就更值得重视了。茜（蒨）中的茜素虽然鲜红艳丽，但它属于媒染染料，如果不利用媒染剂，则它只能使丝、毛、麻的纤维着上黄色色调；至于紫草素，若无媒染剂帮助，甚至不能着色。所以周代时期既然已普遍用茜草染红，齐国又"一国尽服紫"，应该说在这个过程中当时工匠已经有意识地利用矾类作媒染剂了，并且很可能是明矾，这是从一些出土文物上提供的线索。[⑥] 那么古代的染工怎样摸索到用明矾作媒染剂的呢？我们是否可以这样设想一下由于中国古代的医药学家，为

　　① 见袁珂《山海经校注》第 88 及 90 页，上海古籍出版社，1979。

　　② 1955 年群联出版社影印［唐］苏敬等撰《新修本草》、日本元和三年（1617）镌板［日本］源顺撰《和名类聚钞》、［日本］丹波康赖（相当于中国唐代时人）撰《医心方》、1957 年上海卫生出版社影印［日本］森立之重辑《神农本草经》等典籍中，"矾"皆作"樊"。而至《太平御览》，《政类本草》问世，始改"樊"为"礬"。

　　③ 参看明·宋应星《天工开物》第十一卷。

　　④ 参看 А. Г. Бетехтин：《矿物学教程》，丁浩然译，商务印书馆，1953。

　　⑤ 参看赵匡华："中国古代化学中的矾"，《自然科学史研究》第 4 卷，第 2 期，1985；赵匡华："中国古代的矾化学"，《化学通报》1983 年第 12 期。

　　⑥ 可以基本肯定我国在西汉时已用明矾媒染，参看上海纺织学院：《长沙马王堆 1 号汉墓出土纺织品的研究》第 89 页，文物出版社，1980 年。

从矿物、金属取得药物，经常用"煅"的手段来进行加工，如煅礜石而得砒霜，煅铁而得铁落，煅青石、蛤蚌壳而得石灰。[①] 而明矾石 [$KAl_3(SO_4)_2(OH)_6$] 外观与青石相似，若误用它来煅烧石灰，便会偶然地得到明矾，并将它试用作医药。而且人们很快便会发现，一旦将明矾投入汲来的混浊（混有泥沙悬浮物）的井水、河水、池水中时，就会生成絮状的沉淀而将那些杂质一起带下，使水澄清。于是这样做便成为人们净化饮用水的有效、简便的方法。当然，此后染工在漂洗、色染织物时也必然喜欢用这种洁净的水，以利于织品颜色更加纯正明快。于是便会发现，这样做却意外地还能使染料上色格外容易、更加牢固，而且色泽也变得更加美丽、浓艳，于是便发明了染色新工艺：或有意识地往染液中添加明矾，或有意识地规定将待染织品先用明矾水清洗，于是明矾便明确地被意识到是一种媒染剂。其后染工在广泛试探的基础上，又发现了绿矾也有类似的媒染作用，于是把它从染皂作用进一步扩展到其他染料的色染。有的学者认为先秦时期若已用铝盐做媒染剂，可能是来自某些草木灰，并谓椿木灰中大概就含有铝盐。[②③] 这个意见就值得商榷了，因为：第一，我们还没有看到有关椿木灰中含大量铝的测检报告，但从一系列《植物生理学》专著的介绍，[④] 在经检测过的植物中除茶叶外，其干物质中都仅含铝 0.01％左右；第二，即使某些植物中含有较为丰富的铝化合物，但草木一经烧成灰，那么在经过五六百度高温处理后，原来的植物性铝便将完全转化为 Al_2O_3（正方晶系），既不会再溶于水、弱酸和弱碱，也失去了表面活性；既不能再与茜素发生色淀反应，也不再具有牢固附着于丝麻纤维上的性能，所以也就不能再作为媒染剂了。故以草木灰为铝媒染剂的说法是难以令人接受的。

二 秦汉至明清时期染色工艺的大发展

在先秦染色经验的基础上，汉代以后我国传统的染色工艺不断持续地发展，直至明清时期。对这近两千年的染色史，我们可以从多方面来探讨、总结它的进步和成就。其一，色彩的增多，色谱的复杂化。这显然是由于对染色植物的大力发掘和利用、精选以及套染技术、酸碱调色技术的广泛试验所取得的成就；其二，织物色染的效果更加艳丽。这显然与媒染技术的不断进步和媒染剂应用经验的扩展有密切关系；其三，各种染色技术陆续发明，不断推陈出新，在原有的套染及绣花（指以颜料描绘）技术的基础上，又发明了绞缬、夹缬、蜡染及各种印花技术，于是得到了绘染各种图案、花簇的、甚至五彩缤纷的织物；其四，某些植物染料加工技术的进步，使染料更加纯净，颜色更加纯正、浓艳；同时也发明了一些植物染料的贮存法，既可长期收藏又便于长途贩运，因此促进了各地区特产染料和独特染色技术的相互交流，并冲破了某些染色工艺季节性的限制。

---

① 据传"桀臣昆吾作石灰"，见明·罗颀《物原》，《丛书集成》初编总第182册32页。

② 吴淑生《中国染织史》（163页）谓："唐代的《唐本草》里，就有以椿木或柃木灰作媒染剂的记载。"但查《唐·新修本草》无椿木灰可入染用之说，更未讲它可作媒染剂。椿木灰可能是青蒿灰之误。

③ 参看陈维稷主编：《中国纺织科学技术史》第80页。它认为某些草木灰曾作为媒染剂的依据可能来自 [唐]《新修本草》，因它谓："又有青蒿灰，烧蒿作之；柃灰，烧木叶作灰，并入染用。"但这两种灰"入染用"更可能是因为它们的碱性可以调节染料的颜色（参看本章下节）。

④ 例如 [德] K. Mengel，[英] E. A. Kirkby 著《植物营养原理》（张宜春等译，农业出版社，1987年，第581页）讲，高等植物干物质通常含 Al 仅 0.01％～0.02％，只有干茶叶所含 Al 较高，可达 0.2％～0.5％。

（一）染料品种的增加，色谱的扩展

丝麻、布帛的色彩在春秋战国时期，自从有了复染、套染以后已经不少。如前文所说，仅赤红一类就有五六种之多。到了汉代，色谱就更加扩展了。仅以马王堆汉墓出土的染色纺织品为例，经色谱剖析，就有绛、大红、黄、杏黄、褐、翠蓝、湖蓝、宝蓝、叶绿、油绿、绛紫、茄紫、藕荷、古铜等二十余种色彩。[①] 又有人曾对吐鲁番出土的唐代丝织物作过色谱剖析，更包括有二十四种之多的色素，其中红色有银红、水红、猩红、绛红、绛紫；黄色有鹅黄、菊黄、杏黄、金黄、土黄、茶褐；青蓝色有蛋青、天青、翠蓝、宝蓝、赤青、藏青等等。[②] 显然，它们都是采用套染技术或混合染料染成的，表明我国在汉唐之际，套染技术已达到成熟阶段。汉人史游所撰的启蒙读物《急就篇》[③]中有一段形容当时色染的文字，已可窥见其时绢绸色彩缤纷之一斑。其文曰（〔唐〕颜师古注文随附）：

> 郁金半见缃白觮（注：自此以下皆言染缯之色也。郁金染黄也。缃，浅黄也。半见言在黄白之间，其色半出不全成也。白觮谓白素之精者，其光觮觮然也），缥綟绿纨皂紫硟（注：缥，青白色也。綟，苍色也。东海有草，其名曰荩，[④] 以染此色，因名綟。云绿，青黄色也。纨，皂黑色。紫，青赤也。硟，以石辗缯尤光泽也），烝栗绢绀缙红繑（注：烝，栗黄色，若烝〔蒸〕孰〔熟〕之栗也。绢，生白缯似缣而疏者也，一名鲜支。绀，青而赤色也），青绮绫縠靡润鲜（注：青，青色也。绮即今之缯。绫，今之杂小绫也。縠，今梁州白縠。靡润，轻软也。鲜，发明也，言此缯既有文采而又鲜润也），绨络缣练素帛蝉（注：绨，厚缯之滑泽者也，重三斤五两，今谓之平䌷。络，即今之生纻也，一曰今之绵绸是也。缣之言兼也，并丝而织，甚致密也。练者，煮缣而熟之也。素，谓之精白者，即所用写书之素也。帛，总言诸缯也。蝉，谓缯之轻薄者，若蝉翼也。一曰缣已练者呼为素帛，若今言白练者也），绛缇绁䌷丝絮绵（注：绛，赤色也，古谓之纁。缇，黄赤色也。抽引粗茧绪纺而织之曰绁。䌷之尤粗者曰绁。茧滓所抽也。抽引精茧出绪者曰丝。渍茧擘之精者为绵，粗者为絮，今则谓新者为绵，故者为絮。古亦谓绵为缦，缦字或作纩），忯憪囊橐不直钱。

此外，据许慎《说文》所收录对丝绸纺织品色彩的描述专用字，则达 39 个之多。这些文字不仅艺术地表述了汉代丝织物的五光十色，也反映了套色工艺的普遍采用以及染色植物的更广泛试用。

隋唐以后，彩染色谱的衍生更为广泛，色泽更加鲜明富丽。只要从唐代诗人大量描写艳丽衣裙的诗句就可以把我们引入当时姹紫嫣红的服装世界，例如：

> 翡翠黄金缕，绣成歌舞衣（李白）；
>
> 红裙妒杀石榴花（万楚）；
>
> 山石榴花染舞裙（白居易）；
>
> 练丝练丝红蓝染，染为红线红于花（白居易）；

---

① 参看上海纺织科学院：《长沙马王堆一号汉墓出土纺织品的研究》，文物出版社，1980 年。

② 参看武敏："吐鲁番出土丝织物中的唐代印染"，《文物》1973 年第 10 期。

③ 汉·史游：《急就篇》，唐·颜师古注，见商务印书馆《四部丛刊续编》经部及《丛书集成》初编·语文类，总第1052 册。

④ 荩即荩草。

带缬紫葡萄（白居易）；

画裙双凤郁金香（杜牧）。

明代的服饰色彩，仅据《天水冰山录》①所载藉没严嵩财产中的纺织品，在色谱上所反映出的色彩就已达 57 种之多。宋应星《天工开物·彰施第三》②对诸色质料配方和套染，记载之详为中国古籍中之冠。它指出：

大红色——其质红花饼一味，用乌梅水煎出，又用碱水澄数次，或用稻薹灰代碱，功用亦同，澄得多次，色则鲜甚。染房讨便宜者，先染栌木打脚。莲红、桃红、银红、水红诸色——以上质亦红花饼一味，浅深分两加减而成。木红色——用苏木煎水，入明矾、栲子。紫色——苏木为地，青矾尚之。赭黄色——制未详。鹅黄色——黄檗煎水染，靛水盖上。金黄色——芦木煎水染，复用麻薹灰淋碱水漂。茶褐色——莲子壳煎水染，复用青矾水盖。大红官绿色——槐花煎水染，蓝靛盖，浅深皆用明矾。豆绿色——黄檗水染靛水盖。今用小叶苋蓝煎水盖者名草豆绿，色甚鲜。油绿色——槐花薄染，青矾盖。天青色——入靛缸浅染，苏木水盖。蒲（葡）萄青色——入靛砌（缸）深染，苏木水深盖。蛋青色——黄檗水染，然后入靛砌（缸）。翠蓝、天蓝——二色俱靛水分深浅。玄色——靛水染深青，芦木、杨梅皮等分煎水盖。又一法：将蓝芽叶水浸，然后下青矾、栲子同浸，令布帛易朽。月白、草白二色——俱靛水微染。今法用苋蓝煎水，半生半熟染。象牙色——芦木煎水薄染，或用黄土。藕褐色——苏木水薄染，入莲子壳、青矾水薄盖。附染包头青色——此黑不出蓝靛。用栗壳或莲子壳煎煮一日，漉起，然后入铁砂、皂矾，锅内再煮一宵即成深黑色。附染毛青布色法……

清代印染工艺技术和色谱仍有进一步的发展，根据沈寿撰述，张謇所著《雪宦绣谱》③记载，清代末年刺绣所用彩线是以正色五（青、黄、赤、黑、白），间色三（绿、赭、紫）相互套染，"凡为色八十有八"，再通过深浅浓淡的相互结合，则"因其染而别者，凡七百四十有五"。可见其时刺绣之五彩缤纷与浓淡变化已足可与绘画相媲美了。这样的染色效果，除与套染、媒染技术不断进步有关外，当然与更多植物染料的发掘有直接关系。

自汉代以来，植物染料的品种增长极快，而且往往有地方特色，加工方法也常因地制宜，各有所长。重要而普遍利用的至少也有数十种。除前文已述及而从略者外，大致情况如下：

1. 茜草

它是我国利用最早的红色染料植物，在秦汉之际又有过大发展。据《史记·货殖列传》记载："千亩卮（按指栀子，见下文）、茜，其人与千户等。"可见当时茜草染红很受欢迎，十分畅销，栽植茜草营利甚厚。它染红色泽娇艳，染色牢度良好，但略带黄色调。其提取工艺和上染技术在隋唐时期便传入日本。④但自西汉发现、栽植红花以后，它便部分地逐渐为色光鲜艳，色度纯正的红花所取代。

2. 红花

又名红蓝花（*Carthamus tinctorius* L. 图 9-9），系菊科植物。据［晋］张华《博物志》记

---

① 明人撰《天水冰山录》，见《丛书集成》初编·应用科学类总第 1052～1054 页，又见《知不足斋丛书》第十四集。

② 《天工开物》（卷上，第三）第 49～52 页，《中国古代版画丛刊》第 3 册第 743～750 页，上海古籍出版社，1988 年。

③ 民国·沈寿述，张謇著《雪宦绣谱》见《喜咏轩丛书》。

④ ［日本］内田星美：《日本紡織技術の歴史》，第 28 页，1960 年。

图 9-9　红花
1. 花枝；2. 花；3. 果实

载，谓："张骞得种于西域，今魏地亦种之。"①所以从西汉时我国自西北地区开始培植红花，其后逐步扩种于中原广大地区。按红蓝花又名番红花，李时珍对此有所说明："番红花出西番回回地面及天方国，即彼地红蓝花也。元时以入食馔用。张骞得红蓝花种于西域，则此即一种，或方域地气稍有异耳。"（《本草纲目》卷二第 968 页）此外，红蓝花又名燕脂，《本草纲目》也有所说明："按后汉伏无忌的《伏侯古今注》云：'燕脂起自纣，以红蓝花汁凝作之（按：以红蓝花汁调和胡粉而成），调脂饰女面。产于燕地，故曰燕脂。'或作𧞦赦。匈奴人名妻为阏氏，音同燕脂，谓其颜色可爱如燕脂也。"②再者［唐］段公路《北户录》③又有所谓山花燕脂者，谓"山花丛生，端州（今广东省肇庆）山崦间多有之，其叶类兰，其花似蓼，正月开花，土人采含苞卖之，用为胭脂粉，或时染帛，其红不下红蓝。"故此燕脂花似非红蓝花，但也可用于染红。

红花是红色染料植物中染红色光最艳丽的一种。红花花瓣内含两种色素，其一是黄色素（Safforgelb 或 Safflor yellow），约占色素的 30%，它为弱碱性，易溶于水和酸，但无染料价值；其二是红色素，即红花素（Carthamine），含量仅占花中色素的 0.5% 左右，它才是真正的红色染料。④ 红花素原以红花苷的形式存在于红花中，经水及碱水浸渍后便水解成红花素，脱去葡萄糖。红花素属弱酸性含酚基的化合物（参看本章附录），易溶于碱水中，一旦遇酸，又复沉淀析出。因此，可先用水及弱酸（如乌梅水、醋、石榴汁等）处理红花，浸出黄色素后，再以碱性水（草木灰水）溶出红花素。［后魏］贾思勰《齐民要术》（卷第五，种红蓝花、栀子第五十二）记载了当时民间提取红花染料的"杀花法"；⑤《天工开物》则更翔实地叙述了"造红花饼法"和红花素的保藏及其染色法（详见下文）。它可用于多种纤维的直接染红，因此从汉代以后，它成为我国最重要的传统红色染料。

3. 苏枋

苏枋（图 9-10）又称苏枋木，或名苏木（*Caeslpinia sappan* L.），属豆科植物，但为高大乔木，今产于我国两广、云贵、四川及台湾诸省。它最早见于［西晋］嵇含的《南方草木状》，⑥并谓那时已用于提取红色染料，它说："苏枋，树类槐花，黑子，出九真，南人以染绛，渍以大庚之水，则色愈深。"按西晋时，九真郡在今越南中部，文中"大庚"可能指大庚岭，即江西、广东交界处的梅岭。《唐·新修本草》则最早把它引入本草学。⑦又谓："此人用染色者，自南海昆仑来，交州、爱州（今越南河内、清化一带）亦有。"但《本草纲目》谓苏枋原

　　① 晋·张华《博物志》，商务印书馆《丛书集成》初编·自然科学类，总第 1342 册。

　　② 参看王至堂："秦汉时期匈奴族提取植物色素技术考略"，首届中国少数民族科技史国际学术讨论会论文，中国呼和浩特，1992 年；《自然科学史研究》12 卷第 4 期，1993 年。

　　③ 唐·段公路《北户录》见王文濡辑《说库》上册，浙江古籍出版社，1986 年。

　　④ 参看《中药大辞典》上册第 993 页；《中草药有效成分的研究》（第一分册）420 页；［日本］《广川药用植物大事典》324 页，1963 年。

　　⑤ 缪启愉校释本《齐民要术校释》第 263 页，农业出版社，1982 年。

　　⑥ 西晋·嵇含《南方草木状》见《丛书集成》初编第 1352 册。

　　⑦ 见唐·苏敬《唐·新修本草》尚志钧辑校本第 356 页。

产于古苏方国，大约是今印度尼西亚。

苏枋木干中含有苏木隐色素，在空气中被迅速氧化而成
为苏木红素①（又名苏枋素，参看本章附录）。这种色素易溶于
沸热的水，对毛、棉、丝等皆能上染，但必须通过明矾、绿矾
等媒染剂，使它与铝、铁的氧化物螯合产生色淀才能固着于纤
维上。明人［托名刘基］所撰《多能鄙事》以及《天工开物》
都记载了以苏木染色、套染的工艺技术。例如《多能鄙事》中
所载"染小红"、"染枣褐"、"染椒褐"诸法中都用到苏木。其
中"染小红法"是先用槐花（炒令香，碾碎）煎水，加入明矾
后，染绢帛为黄，并着上媒染剂。再于苏木的温热浸液中（更
加黄丹及明矾）浸染，然后"吹于风头令干，勿令日晒，其色
鲜艳。"②

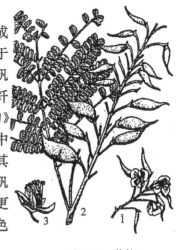

图 9-10　苏枋
1. 花、果枝；2. 果枝；3. 花

4. 紫矿

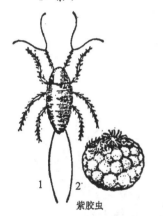

紫胶虫　　　　　紫草茸

图 9-11　紫胶虫及紫矿
1. 雄虫；2. 雌虫

紫矿（古文作紫钟）
是紫胶虫科昆虫紫胶虫（*Laccifer lacca* Kerr.）在树枝上
所分泌的胶质（图 9-11），亦名紫草茸、赤胶、紫梗、紫
胶。李时珍解释说："此物色紫，状如矿石，破开乃红，
故名。"③ 它最早见于晋人张勃所撰《吴录》，④ 呼之为赤
胶，谓："九真移风县（又作居风县），有土赤色如胶。人
视土知其有蚁，因垦发，以木枝插其上，则蚁缘而上，生
漆凝结，如螳螂螵蛸子之状。人折漆以染絮物，其色正
赤，谓之蚁漆赤絮，此即紫矿也。"

《唐·新修本草》则最早将它引入本草学，并谓：
"紫矿麒麟竭……紫色如胶，作赤麖（音 jīng，鹿）皮及
宝钿，因为假色，亦以胶宝物。……紫矿树名渴廪，研
取用之。"⑤ ［北宋］苏颂的《图经本草》则提到："真腊国（今柬埔寨）使人言是蚁运土上于
木端作窠，蚁壤为雾露所霑，即化为紫矿。"⑥ 语中所言的"蚁"当即紫胶虫，至于"雾露所
霑"云云，当是一种误解。总之，在晋代紫矿已用做红色染料。而在宋代又曾用它制作胭脂，
例如［宋］寇宗奭《本草衍义》便提到："紫矿如糖霜（按指冰糖），结于树枝上，累累然紫
黑色，研破则红，今人用造绵胭脂，迩来亦难得。"⑦

5. 麒麟竭

麒麟竭（*Alamus draco* willd）在本草学中称为血竭，最早见于［刘宋］雷敩的《雷公炮炙

---

① 参看［日本］吉冈长雄：《伝统の色》第 143 页，光封推古书院，1973 年；《中药大辞典》上册 1083 页。

② 明·刘基撰《多能鄙事》卷四第 22，上海荣华书局藏版，1917 年。

③ 见《本草纲目·虫部》（第三十九卷）2235 页。

④ 晋·张勃《吴录》，见《说郛》委宛山堂本卷五十九，但文字不全，参看《本草纲目·虫部》引文。

⑤ 见《唐·新修本草》（卷四），尚志钧辑校本第 123～124 页。

⑥ 见宋·苏颂《图经本草》卷第十二"麒麟竭"，胡乃长等辑复本第 348 页，福建科学技术出版社，1988 年。

⑦ 参看《重修政和经史证类备用本草》，影印张存惠晦明轩本第 321 页，人民卫生出版社，1957 年。

图 9-12　麒麟竭
1. 叶；2. 果序；3. 花序

论》。它是棕榈科植物麒麟竭所分泌的树脂，主要成分是一种树脂酯（$C_6H_5CO \cdot CH_2CO \cdot OC_8H_9O$）与血竭树酯鞣醇（Dracoresinotannol, $C_6H_5CO \cdot OC_8H_9O$）的混合物，约含 57%～82%，[①] 由于其外观与紫矿相似，所以《新修本草》误解它与紫矿"大同小异"。《图经本草》的介绍则比较准确，谓："麒麟竭……今出南蕃诸国及广州。木高数丈，婆娑可爱，叶似樱桃而有三角，其脂液从木中流出，滴下如胶饴状，久而坚凝乃成竭，赤作血色，故亦谓之血竭。"[②]

此后《本草纲目》（卷三十四）对它的描述更确切，谓：

> 麒麟竭是树脂，紫矿是虫造。按《［明］一统志》云："血竭树略如没药树，其肌赤色。采法亦于树下掘坎，斧伐其树，脂流于坎，旬日取之。多出大食诸国。"今人试之，以透指甲者为真。独孤滔《丹房鉴源》云："此物以火烧之，有赤汁涌出，久

而灰不变本色者为真也。"[③]

由于麒麟竭内含的红色素不能溶于水，所以只能研成细粉作为红色颜料，用于涂染及画绘。它被用于颜料的时间大抵与紫矿接近。

6. 栀子

山栀（*Gerdenia jasminoides* Ellis，图 9-13）是秦汉以来种植、应用最广的黄色染料植物。它属茜草科栀子属的常青灌木，我国南方江浙、两广、云贵、江西、四川、湘鄂、福建、台湾等广大地区都有栽培。其果实栀子中含有黄酮类栀子素（Gardenin）、藏红花素（Crocin）、藏红花酸（Crocetin）等。[④] 用于染黄的色素为藏红花酸（参看本章附录）。我国古代栽植山栀已有很长的历史，《史记·货殖列传》既有"千亩卮、茜，其人与千户等"的话，说明汉初它已广泛被采用染黄，已有人特意栽种。梁代陶弘景的《本草经集注》谓："栀子处处有之，以七棱者为良，经霜乃取，入染家。"

用栀子的浸液可以直接染丝帛得鲜艳的黄色，上染简易，上色均匀，但耐日晒的能力较差，因此自宋代以后则部分地为光色更为坚牢的槐黄染料所取代。若以胆矾为媒染剂可得嫩黄色，[⑤] 至于中国古代是否曾用铜媒染剂染栀黄，尚有待考证。

图 9-13　山栀
1. 花枝；2. 果实

① 参看江苏新医学院《中药大辞典》上册第 926～927 页；《中药志》Ⅲ，560 页，1960 年。
② 见胡乃长辑复本《图经本草》第 347 页。
③ 现存《道藏》本《丹房鉴源》无此语。
④ 参看江苏新医学院：《中药大辞典》下册第 4084 页；《药学学报》11 卷 5 期 342 页，1964。
⑤ 参看杜燕孙编著《国产植物染料染色法》第 159 页，商务印书馆，1938 年。

7. 黄栌

黄栌（Cotinus coggygria Scop）属漆树科落叶灌木或乔木，圆叶（图9-14），常生于向阳山坡，分布于华北、西南和浙江、陕西，霜季叶变红色。郑玄注《周礼·天官·掌染草》时提到"橐芦"，可能就是它。[唐]陈藏器《本草拾遗》明确讲道："黄栌生商洛山谷，四川界甚有之，叶圆木黄，可以染黄。"[1]《天工开物·施彰》也略有记载。

黄栌干茎中含硫黄菊素（Sulfuretin），又名嫩黄木素（Fisetin 参看本章附录），可以染黄，[2] 用铝、铁矾媒染，可得橙黄、淡黄诸色，但色彩不够坚牢。[3]

8. 姜黄与郁金

姜黄（Curcuma longa L.）与郁金（Carcuma aromatica salisb）都是姜科多年生宿根草本植物，颇相似，但花稍有不同（图9-15），它们的块根呈椭圆形，常分支如姜状，内含姜黄色素（Curcumin，$C_{21}H_{20}O_6$，参看本章附录）约0.3%，[4] 这种色素也存在于茎中，可用沸水浸出，既可直接染棉毛丝等纤维，又可藉矾类媒染而得到各种色调的黄色：明矾媒染得柠檬黄色，胆矾媒染得绿黄色，绿矾媒染得橙黄色。所染得的织物色光鲜嫩，但耐日晒牢度稍差，遇碱水则色光变红。用郁金姜所染出的织物更会散发出郁金的芬芳香气，别具风味，是我国最早的带有花香的植物染料。鉴于早在史游的《急就篇》中已提到"郁金半见缃白䋤"，可见我国至迟在汉代时已用姜黄素染丝帛了。但它被引入本草学似较晚，直到《唐·新修本草》才将它收录。

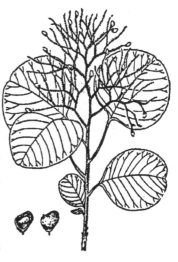

图 9-14 黄栌
1. 果枝；2. 果实

图 9-15 姜黄（左）与郁金（右）
姜黄：1. 根茎及块根；2. 叶；3. 花序
郁金：1. 植株下部；2. 植株上部；3. 花

9. 槐花

槐树（Sophora japonica L.）属豆科植物（图9-16），又名豆槐、白槐、金药树、护房树，其花朵或花蕾内含有黄色槐花素及芸香苷（rutin，主要成分是$C_{27}H_{32}O_{16}$，参看本章附录），花蕾中含量较多，开放后便减少。[5] 因槐花蕾形似米粒，所

----

① 参见《重修政和经史证类备用本草》第359页（人民卫生出版社影印晦明轩本）；《中药大辞典》下册第2031页；《本草纲目·木部·黄栌》（第三十五卷）。

② 参看《中药大辞典》下册2031页。

③ 参看杜燕孙编著《国产植物染料染色法》第217～218页。

④ 参看《中药大辞典》下册第1736页及上册第1316页。

⑤ 参看江苏新医学院编《中药大典》下册2433～2434页。

图 9-16　槐
1. 花枝；2. 花；3. 果实

以又称槐米，"炒过煎水染黄甚鲜"。①

槐黄早在周代时已为人们关注，《周礼·秋官》(《周礼注疏》卷三十五) 有 "外朝之法，……面三槐，三公位焉" 之说，王安石注云："槐华黄，中怀其美，故三公位之。"②《周礼·夏官司爟》又有 "四时变国火，以救时疾" 的话，③ 谓冬取槐、檀之火。《尔雅·释木》(卷十四) 已提到槐有数种："槐，大叶而黑 [名櫰]；守宫槐，叶昼聂宵炕 (注：昼日聂合而夜炕 [张也])；槐小叶曰榎。" 总之记载很早、很多，但直到《图经本草》问世，仍只提到槐实及皮、根的药用价值。关于槐花染黄的记载，最早大约见于 [北宋] 寇宗奭的《本草衍义》，它说道："槐花今染家亦用，收时折其未开花，煮一沸出之。釜中有所澄下稠黄滓，渗漉为饼，染色更鲜明。"④ 所以估计在宋代时槐黄才步入中国染料行列。明代时槐花染料的加工开始分档使用花蕾和花朵，并制作槐花饼以便于贮存，供常年染用之需 (参看下文)。从《天工开物》的记载看，槐黄在明代的黄色染料中至少成为主角之一。

槐黄属于媒染染料，可适用于染棉、毛等纤维。用明矾媒染可得草黄色，如再以靛蓝套染可得官绿；以绿矾媒染则得灰黄。因为槐黄染色色光鲜明，牢度良好，是黄色植物染料的后起之秀。

10. 黄檗

黄檗 (音 bò) 又称黄柏 (*Phellodendron amurense* Rupr)，又名黄波罗、黄柏栗，为芸香科落叶乔木，木高数丈，其叶类似茱萸及椿、楸叶，经冬不凋，干皮外黄，里深黄色 (图 9-17)。其根、茎一名檀桓，在《神农本草经》中已入药用。其茎的内皮中含黄柏素小檗碱 (berberine，参看本章附录)，可用于染黄。⑤ 我国初时是用它上染纸，称为黄纸，目的是防蛀辟蟫 (蠹鱼)。据史载：东晋末桓玄下令废竹简，用黄纸代替，即开始制造这种黄纸。⑥ 而自唐高宗上元三年始，一切诏书，敕用黄纸。⑦ 贾思勰《齐民要术》(卷三) 中便记载有 "染潢及治书法"，所谓 "染潢"、"入潢" 就是指以黄檗汁把纸染成黄色。贾氏曰："染潢，……檗熟后，漉滓捣而煮之，布囊压讫，复捣煮之，凡三捣三煮，添和纯汁者，其省四倍，又弥明净。写书，经夏然后入潢，缝不绽解。"⑧

南朝刘宋时鲍照在其 "拟行路难十九首" 之一的诗歌中则

图 9-17　黄檗
1. 果枝；2. 雄花

① 参看《本草纲目》第三十五卷 "槐" 条。

② 周代时朝廷种三槐九棘，公卿大夫分坐其下，面三槐为三公 (《尚书·周官》："立太师、太傅、太保、兹惟三公，论道经邦，燮理阴阳。") 之位。

③ 相传古代随季节变易，燃烧不同木柴，以防时疫。周代时，冬取槐、檀之火。

④ 《重修政和经史证类备用本草》(卷十二) 第 293 页。

⑤ 参看《中药大辞典》下册 2032 页；[日本]《药学杂志》81：1370，1961。

⑥ 参看后魏贾思勰《齐民要术 (卷三)·杂说第三十》，缪启愉校释本，农业出版社，1982 年，第 163～176 页。

⑦ 见宋·高承《事物纪原卷二·黄敕》："唐高宗上元三年，以制敕施行，既为永式，用白纸多为虫蛀，自今已后，尚书省颁下诸州诸县，并用黄纸。敕用黄纸，自高宗始也。" 见《丛书集成》初编总第 1209 册第 41 页。

曾提到"刭檗染黄丝，黄丝历乱不可治"，①表明我国至迟在五世纪南北朝时已用黄檗染丝了。宋代时，苏颂《图经本草》又提有所谓小檗者（《唐本草》称作子檗、山石榴），谓"木如石榴，皮黄，子赤如枸杞，两头尖，人挫以染黄。"②当是另一种檗木。

11. 地黄

地黄（*Rehmannia glutinosa* [Gaertn] Libosch）又名芐、芑（《名医别录》）、牛奶子（《本草衍义》），是玄参科草本植物，其根中含地黄素（又名地黄苷，Rehmannin，参看本章附录）可以染黄。③关于地黄，前文已提及。《尔雅·释草》中已有记载，又叫做芐和地髓。《神农本草经》已将它列为上品药。东汉崔寔所撰《四民月令》谓："八月，……干地黄做末都。"④按"末都"是酱类。用地黄做酱，仍属药用。直至北朝时，出现染色用，《齐民要术》（卷三）中"杂说第三十"中的"河东染御黄法"就是以地黄染熟绢，叙述甚详：

> 碓捣地黄根令熟，灰汁和之，搅令匀，搦取汁，别器盛。更捣滓使极熟，又以灰汁和之如薄粥，泻入不渝釜⑤中，[用以]煮生绢，数迴转使匀，举看有盛水袋子，便是绢熟，抒出（捞出）着盆中，寻绎（理出头绪）舒张。少时，捩出（取出拧干），净振（将渣滓抖拭干净）去滓，晒极干。以别绢滤白淳（即前以"别器盛"的地黄原汁），和热抒出（舀出），更就盆染之，急舒展令匀。汁冷，捩出曝干，则成矣。……大率三升地黄染得一匹御黄。

不过，自隋唐以后，有关地黄染色的记载便很少了，似乎在染料行列中它逐渐被淘汰。

12. 山矾

山矾（*Symplocos caudata* Wall. ex A. Dc.）为山矾科常绿灌木或小乔木，又名芸香、椗（音定）花、柘（音郑）花、珫（音畅）花、春桂、七里香。⑥关于其叶的染黄应用唯见于《本草纲目》，李时珍谓：

图 9-18　山矾
1. 花枝；2. 果序

> 山矾生江、淮、湖、蜀野中。树之大者，株高丈许，其叶似卮子，叶生不对节，光泽坚强，略有齿，凌冬不凋。三月开花繁白，如雪六出，黄蕊甚芬香。结子大如椒，青黑色，熟则黄色，可食。其叶味涩，人取以染黄及收豆腐，或杂入茗中。

此外，山矾叶上秋间所生白粉，曾用来"辟纸蠹"，[宋] 沈括《梦溪笔谈·辩证一》（卷三）有较详记载："古人藏书辟蠹用芸。芸，香草也，今人谓之七里香者是也。叶类豌豆，作小丛

①　见《鲍氏集》卷八，《四部丛刊》集部，或《四部备要》集部汉魏六朝别集。

②　见《图经本草》胡乃长等辑复本第 315 页。

③　参看《中药大辞典》上册 74 页；《中草药有效成分的研究》（第一分册）391 页。

④　汉·崔寔《四民月令·八月》第 84 页，缪启愉校释本，农业出版社，1981 年。

⑤　"不渝釜"即煮水不致黑污的铁锅，《齐民要术》卷九"醴酪第八十五"有"治釜令不渝法，……以绳急束蒿，斩两头令齐。著水釜中，干牛屎燃釜，汤暖，以蒿三遍净洗。抒却水，乾燃使热。买肥猪肉脂合皮大如手者三四段，以脂处处遍揩拭釜，察有声。复著水痛疏洗，泔汁黑如墨，抒却。更脂拭，疏洗。如是十遍许，汁清无复黑，乃止，则不复渝，煮杏酪、煮地黄染，皆须先治釜，不尔则黑恶。"

⑥　参看《本草纲目·木部》（卷三十六）"山矾"条及新医学院《中药大辞典》上册，187 页。

生，其叶极芬香，秋后叶间微白如粉汗，辟蠹殊验。"①

13. 柘木

图 9-19　柘树
1. 叶枝；2. 雌花枝；3. 果枝；
4. 根及植株下部

柘木［*Cudrania tricus pidata* (Carv.) Bur. 图 9-19］属于桑科落叶灌木或小乔木，其心材呈金黄色，热水浸液可染丝帛为黄。至迟在汉代已作染料应用。崔寔《四民月令·八月》谓："凉风戒寒，趣练缣帛，染彩色。柘，染黄赤，人君所服。"鲍［崇城］刻本《太平御览》中"服"字作"尊"，下有双行小注："黄者中尊，赤者南方，人君之所向也。"② 此后，《本草纲目》（卷三十六）也有记载，谓："柘，其木染黄赤色，谓之柘黄，天子所服。"

14. 荩草

秦汉以后曾继续利用荩草染黄，如《名医别录》谓："荩草可以染黄作金色，生青衣［县］川谷（在益州西），九月、十月采。"③《唐·新修本草》也说："荩草，……荆襄人煮以染黄，色极鲜好。"④

值得注意的是，除染黄外，《汉书》卷十九［上］中的"百官公卿"里有这样一段话："诸侯王，高帝初置（蔡邕云：汉制皇子封为王），金玺盭绶。"在［唐］颜师古的注中曰："［晋］灼曰：盭，草名也（音戾），出琅琊平昌县，似艾，可染绿，因以为绶名也。"按"戾"即莀草，也就是荩草。若晋代时以荩草染绿，那么就可能是以胆矾为媒染剂了，因当时在医药和炼丹术中使用石胆（$CuSO_4 \cdot 5H_2O$）已相当普遍，可能已尝试到了它的媒染作用，不过至今尚缺乏旁证。所以其时的荩草染绿仍可能还是藉助荩草染黄，再加靛蓝染青的套染作用。

15. 靛蓝

前文已经介绍过，它是我国古代历久不衰的蓝色染料，汉代以后农村中长期还曾用蓝草叶直接揉搓取汁，以染蓝。这样染蓝当然受季节的限制，所以元人鲁明善的《农桑衣食撮要》指出应在七月刈蓝，并及时上染："每蓝一担，用甜水一担，将叶根切细，于锅内同煮数百沸，去粗（渣），将汁盛缸内。至第二日，此熟蓝三停内，用生蓝一停，摘叶，于磨盘上手揉三次，用熟汁浇挪，滤粗令净，缸内盛之。"⑤ 待染液变蓝后便直接上染。不过大概从魏晋以后，我国城镇的染匠已开始用蓝草叶制造成品靛蓝，这样就可长期保存和贩运，随时染蓝了。《齐民要术》已翔实记载了造靛法，详见下文。

隋唐以后，靛蓝染色更为普遍，更为发达。唐代设有专业性的造靛作坊，叫做"青作"。明代有官营"靛蓝所"，专门从事靛蓝的大规模生产。《天工开物》对蓝草的种植及造靛法也作了全面性的综述，更提到蓝草有五种，计蓼蓝、苋蓝、茶蓝、马蓝、吴蓝，皆可提取、制造出靛蓝。

---

① 见胡道静校证《梦溪笔谈校证》（上）第 130 页，上海古籍出版社，1987 年。
② 参看《太平御览》，中华书局缩印商务影宋本第 4251 页，1959 年。
③ 见《名医别录》尚志钧辑校本第 263 页，人民卫生出版社。
④ 见《唐·新修本草》尚志钧辑校本第 277 页，安徽科学技术出版社，1981 年。
⑤ 元·鲁明善著《农桑衣食撮要》103 页，农业出版社，1962 年。

16. 鼠李

鼠李（*Rhamnus davurica* Pall，图 9-20）为鼠李科落叶小乔木或开张的大灌木，又名牛李、鼠梓、椑乌槎、红皮绿等等。其根、皮在《神农本草经》中已被收录。今已知其果实中含大黄素（Emodin）、大黄醌（Chrysophanol）、蒽酚及山柰酚（Kaempferol）等。[1] 另外还含有一种绿色素，化学组成为 $C_{42}H_{28}O_{27}$，是一种优良的、天然的、可直接上染的绿色染料，它上染织品，色牢度优良，具有耐光性、耐酸性和耐碱性，国际上称为"中国绿"。[2] 它大概是中国古代应用过的唯一的绿色染料，但其利用似乎相当晚，因为仅明代问世的《本草纲目》才有记载："鼠李生道路边，其实附枝如穗，人采其嫩者取汁，刷染绿色。"

图 9-20 鼠李
1. 花枝；2. 花

17. 含单宁的黑色染料植物

我国最早用于染黑的植物染料就是含单宁的皂斗（橡栗），它与绿矾配合，被做成"黑汁"。到了魏晋时期又开始用"铁落"、"铁浆"类媒染剂代替绿矾，效果也颇佳。铁浆就是以清水长期浸渍金属铁而生成的铁锈胶状浆液；铁落则是煅铁生成的铁锈粉。如《唐·新修本草》所说："锻家烧铁赤沸，砧上锻之，皮甲落者也。"所以它们虽然说并非一物，但从化学成分上看，的确相似，都是 Fe_2O_3。所以《名医别录》谓："铁落是染皂铁浆。""铁落一名铁液，可以染皂。"其后，〔唐〕陈藏器《本草拾遗》也提到："按铁浆取诸铁于器中，以水浸之，经久色青，沫出，即堪染皂者。"〔宋〕元祐中陈承《本草别说》谓："铁浆是以生铁渍水服饵者，旋入新水，日久铁上生黄膏，则力愈胜。"[3]

至于富含单宁的植物，自汉代以后曾被广泛搜集、试染，被利用的不胜枚举，表明我国各地先民针对染黑曾下过很大的功夫，显然这与古代广大百姓一直普遍服黑有直接关系。这类植物或其有关产物主要是如下一些：

（1）五倍子。是倍蚜科昆虫角倍蚜或倍蛋蚜在其寄主盐肤木（或名肤木）、青麸杨、红麸杨等树上形成的虫瘿（图 9-21）。煎之即可将其中的五倍子鞣酸[4] 浸出。按盐肤木，古名樗木，即《山海经第五·中山经·中次六经》所言"橐山，其木多樗，多樗木"中的樗木。[5] 故五倍子原名为"五樗子"，"后人讹为五倍矣"。这种富含鞣质的五倍子，其利用似较晚，最早见于《开宝本草》，但只提到其药用。[6] 至于用来染皂则更晚些，最早记载于〔宋〕冠宗奭的《本草

① 参看江苏新医学院《中药大辞典》下册第 2500 页；《中国药植图鉴》504 页，1960 年。

② 见《Natural Green I in Colour Index》Vol 3，p. 3245 (1977)，A. A. T. C. C.

③ 见李时珍《本草纲目·金石部》（卷八）"铁浆集解"。

④ 参看江苏新医学院《中药大辞典》上册第 392 页。

⑤ 见袁珂校注《山海经校注》第 139 页，对"樗木"，郭璞注云："今蜀中有樗木，七八月中吐穗，穗成，如有盐粉着状，可以酢羹，音备。"并参看《本草纲目·果部·盐肤子》（卷三十二）"集解"所作说明。

⑥ 见《重修政和经史证类备用本草》人民卫生出版社影印晦明轩本 333 页。《本草纲目·虫部·五倍子》（卷三十九）谓："〔颂曰〕五倍子……以蜀中者为胜，生于肤木叶上，其木青黄色，其实青，至熟而黄，九月采子，曝干，染家用之。"但查《政和经史证类备用本草》中所引《图经本草》及胡乃长辑复本《图经本草》皆无"染家用之"四字，故应系李时珍据寇宗奭《本草衍义》添增。

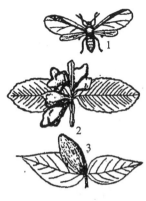

图 9-21　角倍蚜虫与
五倍子

1. 角倍蚜成虫；2. 寄生在叶
上的五倍子（角倍）；3. 寄生在
叶上的五倍子（肚倍）

衍义》，也只简略地说："五倍子今染家亦用。"至明代时五倍子的应用被推广，医药学家又利用它制造出了"百药煎"，即相当纯净的没食子酸，据《本草纲目》记载，当时皮工又利用百药煎"以染皂色，大为时用"[①]（详见下文）。

（2）没食子。又名墨食子（《雷公炮炙论》）、无食子（《药性论》）、无石子（《酉阳杂俎》），是没食子虫蜂科昆虫没食子蜂的幼虫寄生于壳科植物没食子树（Quercus infectoria Oliver）幼枝上所造成的虫瘿（图 9-22）。干燥虫瘿略呈球形，有短柄，直径 1～2.5 厘米，外表灰色或灰褐色，有疣状突起。其中含有极丰富的没食子鞣质（turkish gallotanin，参看本章附录），竟达 50％～70％，另含没食子酸 2％～4％。[②]《唐·新修本草·木部下品》（卷十四）谈及无食子时，谓其出西戎，生于沙碛间，树似柽。唐人段成式《酉阳杂俎》谓："无石子出波斯国，波斯呼为摩贼。树高六七丈，围八九尺，叶似桃叶而长。……子圆如弹丸，初青，熟乃黄白，虫食成孔者正熟，皮无孔者入药用。其树一年生无石子，大如指，长三寸，上有壳，中仁如栗黄，可啖。"[③]又唐人李珣所撰《海药本草》谓："波斯人每食以代果，故番胡呼为没食子。"[④]可见唐代时本草中所言无食子（无石子）者实乃没食子树所结之果实，而非以后用于染皂之虫瘿没食子，而后来又有人发现了这种虫瘿，误将其认为是果实，于是在称呼上发生了混淆。及至宋代初年《开宝本草》已知道了虫瘿"无食子"，谓它"能染须发"，但这种混淆的情况似乎长时间地存在着，甚至延续到《本草纲目》出版，仍然如此。

（3）胡桃。即今言核桃（*Juglans regia* L.），属胡桃科落叶乔木，羽状复叶，果实如青桃状，核仁可供食用。果实青皮中含有 α 和 β-氢化胡

图 9-22　没食子蜂与没食子

1. 成虫；2. 没食子着生于枝叶上

桃叶醌（Hydrojuglon，即 1，4，5-三羟基萘和 1，4，6-三羟基萘），胡桃树皮中则含有焦棓酚单宁（Pyrogallol tannins），都可以与人的皮肤、须发及丝帛中的蛋白质相作用生成黑褐色的色素。[⑤] 因此它自古不仅与绿矾、铁浆配合给纺织品染皂外，还常用于须发的染黑。这项特殊的用途最早见于《开宝本草》，谓："胡桃……外青皮染髭及帛皆黑，其树皮……可染褐，仙方

---

① 见《本草纲目·虫部·五倍子》（卷三十九）"集解"。
② 参看江苏新医学院编《中药大辞典》上册 1169 页。
③ 唐·段成式：《酉阳杂俎》卷十八，中华书局，1981 年，117 页。
④ 参看《重修政和经史证类备用本草·木部下品无食子》人民卫生出版社影印晦明轩本第 346 页及《本草纲目·木部无食子》，人民卫生出版社本第 3 册 2025～2026 页。
⑤ 参看《中药大辞典》下册 1552 页。焦棓酚单宁为焦性儿茶酚型鞣质（Pyrocatechol tanin），水解后生成儿茶酚（即邻苯二酚）。

取青皮压油和詹糖香①涂毛发，色如漆。生北土，云张骞从西域将来，其木春斫，皮中出水承取，沫（抹）头至黑。"②

《图经本草》亦谓："胡桃，……实上青皮染髭及帛皆黑。其木皮中水，春斫取，沫（抹）头至黑。此果本出羌胡。汉张骞使西域还，始得其种，植之秦中，后渐生东土。"

现以《本草纲目·果部》（卷三十）中"胡桃"条目中所收录的"乌髭发"③方为例："胡桃青皮乌髭发；胡桃皮、蝌蚪等分，捣泥涂之，一染即黑。《总录》（按指《圣济总录》）：用青胡桃三枚和皮捣细，入乳汁三盏，于银石器内调匀，搽须发三五次。"

图 9-23　胡桃
1. 雄花枝；2. 果枝；3. 雌花枝；
4. 雌花；5. 雄花；6. 核果

图 9-24　狼把草
1. 植株上部；2. 根；3. 花

（4）狼把草。（*Bidens tripartita* L. 图9-24）原名狼杷草，为菊科一年生草本植物。《尔雅·释草》（《尔雅注疏》卷八）谓："檞（音 jué），乌阶。"郭璞注："即乌杷也，子连相着，状如杷齿，可以染皂。"邢昺疏曰："檞（通"攫"），今俗谓狼杷是也。"按"乌阶"即《本草纲目》中之狼把草，可见它作为染皂植物，利用甚早。根据现代分析，其干草中含鞣质2%。④［唐］陈藏器《本草拾遗》最先将其收录入本草，谓："狼杷草、秋穗子，并染皂。黑人须发，令人不老，生山道旁。"⑤但宋代以后，很少有人再提及用狼杷草染皂，而仅作为"可染须发"（《本草纲目》卷十六）的药材而已。

（5）乌桕。乌桕（*Sapium sebiferum* L. Roxb.）为大戟科落叶乔木（图9-25）。《本草拾遗》最早记载："乌白叶好染皂，子多取压为油，涂头，令白变黑，为灯［油］极明。"⑥其后，诸家本草都未提及乌桕叶染黑。《本草纲目》也只转载《拾遗》的话："桕油涂头，变白为黑。"据现代分析，乌桕的干叶中含鞣质（没食子酚型）5.49%。⑦另据目前调查，⑧直至今日，湖北的偏远山村在农历五、六月份仍然还有乡民用乌桕青叶煎汁媒染黑布的。其染色过程是先用乌桕叶煎汁，浸透白布，平摊于石板上，趁热在布上涂一层河塘里的黑污泥（利用其中的亚铁盐），在阳光下曝晒十余分钟，然后用水清洗掉污泥。如此反复七、八次，即被染成深黑色。⑧

（6）槐子。为豆科植物槐树（*Sophora japonica* L.）的荚实，亦称槐实、槐豆（图9-26），

---

① 詹糖香，香料名，亦作"詹唐"，《政和经史证类备用本草》（卷十二）木部有记载，谓："［唐本注］詹糖树似桔，煎枝为香似沙糖而黑，出交广以南。"

② 见《重修政和经史证类备用本草》（卷二十三）第478页。

③ 《本草纲目》第三册（卷三十）第1803页。

④ 见《中药大辞典》下册1901页。

⑤ 见《重修政和经史证类备用本草》第259页。

⑥ 见《重修政和经史证类备用本草》第354页。

⑦ 参看《中药大辞典》上册第471页。

⑧ 参看北京大学化学系化学史专业硕士研究生袁秋华《中国传统染色工艺社会调查》，1993年。

图 9-25　乌桕
1. 花枝；2. 果枝

很早就被列入本草，《神农本草经》就已将它收录。经现代分析，其中含有 9 种黄酮类和异黄酮类化合物，其中包括有染料木素（genistein）、槐属甙（sophoricoside）、山柰酚糖甙-C（kaempferol glycoside-C）、槐属黄酮甙（sophoraflavonoloside）和芸香甙（rutin）等。其中芸香甙含量很高，幼实中达 46％。[①]《本草拾遗》中有"［槐］子上房七月收之染皂"的话，[②] 表明唐代已用它染黑。但有关记载很少见，大概实际应用不广。其染皂的机理也未见研究报道。根据我们的试验，其种子中含鞣质可染黑。

（7）栗壳、莲子壳和石榴皮。这些都是含有丰富鞣质的植物体（图 9-27）。据《天工开物·施彰》记载，"莲子壳煎水染，复用青矾水盖"，可染茶褐色；又谓"用栗壳或莲子壳煎煮一日，漉起，然后入铁砂、皂矾，锅内再煮一宵即成深黑色"。可见这两种果壳在明代时已被发掘用于染色。既然应用时以铁盐为发色剂和媒染剂，那么它们当含有鞣质。至于石榴皮是直至近代民间仍常利用的染皂原料，经现代分析，其中鞣质含量高达 10.4％～21.3％，含没食子酸 4％。[③]

（8）薯良。薯莨（*Dioscorea cirrhosa* Lour.）是薯蓣科多年生缠绕藤本植物，其块茎名薯良（图 9-28），又名赭魁（《名医别录》）。薯良中含酚类化合物和鞣质，[④] 所以用铁盐媒染，可以染丝织物及皮革为棕黑色。［宋］沈括《梦溪笔谈》谓："今赭魁南中极多，肤黑肌赤，似何首乌。切破，其中赤白理如槟榔，有汁赤如赭，南人以染皮制靴。"[⑤] 所以它至迟在北宋时已用做染皮革的染料。［清］屈天均著《广东新语》又谓："薯莨（良），产北江者良，用必以红，红者多胶液，渔人以染罛罾（苎麻所织大鱼网），使苎麻爽劲，既利水又耐咸潮不易腐。而薯莨（良）胶体本红，见水则黑。……染罛罾使黑，则诸鱼望之而聚云。"[⑥]

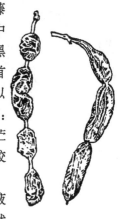

图 9-26　槐子

而在近代，粤人以土丝织成提花纱罗织物作坯绸，而用薯良的胶液多次涂于练熟的坯绸上，晒干，使绸面粘聚上一层黄棕色的胶状物质，然后再用含铁的黑泥涂布于织物表面，于是鞣酸铁将绸的外面胶层染成黑色，外观上颇似涂了一层黑漆，而绸内面仍为棕褐色。这种绸被称为莨纱、或香云纱、薯莨绸、拷纱。其色泽的日晒和水洗的牢度都极佳；又有防水性；易于散发水分，穿着时轻快凉爽，很适合制作炎夏服装。缺点是表面漆状光泽耐磨性嫌差，揉搓后易脱落。[⑦]

（9）鼠尾。据《尔雅·释草》记载："葝，鼠尾。"郭璞注："可以染皂。"可见至迟在晋

① 参看《中药大辞典》下册 2436 页。

② 见《重修政和经史证类备用本草》第 292 页。

③ 参看《中药大辞典》上册 620 页。

④ 参看《中药大辞典》下册 2644 页，《中草药有效成分的研究》（第一分册）445 页；上海药物研究所《中草药有效成分的提取和分离》330 页，上海人民出版社，1972 年。

⑤ 宋·沈括：《梦溪笔谈》卷二十六。参看胡道静《梦溪笔谈校证》上册第 876～877 页，上海古籍出版社，1987 年。

⑥ 清·屈天钧：《广东新语》下册 719 页，中华书局，1985 年。

⑦ 参看《辞海》第 4 册 2723 页"薯良"条，商务印书馆 1980 年缩印本。

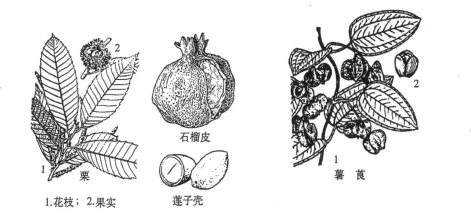

图 9-27 栗栗、莲子壳和石榴皮

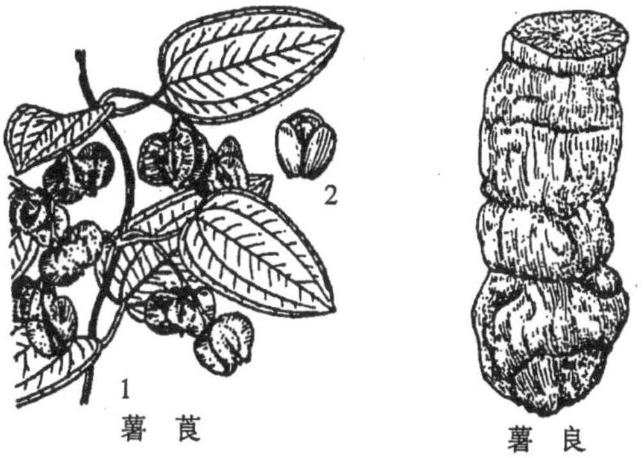

图 9-28 薯莨及薯良
1. 果枝；2. 雄花

代时鼠尾草已经被利用为染黑的草本植物。《名医别录》谓："鼠尾草……一名葝，一名陵翘，生平泽中，四月采叶，七月采花，阴干。"最早将它收录进本草。其后《本草经集注》谓："鼠尾草，……田野甚多，人采作滋染皂。"《本草拾遗》补充说："鼠尾草……紫花，茎叶堪染皂，一名乌草，又名水青。"可见用这种草染皂延续很久。[1] 但到明代时似已渐渐被淘汰。

18. 紫草

紫草是最古老的紫色染料，前文已经述及。秦汉以后继续被广泛使用，一直延续应用到近代。《齐民要术》对其栽植及保贮方法叙述甚详。它是一种媒染染料，以不同金属硫酸盐媒染，可呈现出不同的颜色。染紫需用明矾，色泽美艳牢固。

19. 紫檀

紫檀（*Pterocarpus indicus* Willd.）又名榈木，蔷薇木、紫栴木、胜沉香，是豆科乔木（图 9-29），其心材内外均呈鲜赤色，常分泌出红色的树脂样物质，呈油滴状。紫檀中含紫檀素（pterocarpine）、高紫檀素（homopterocarpin）、安哥拉紫檀素（angolensin）等[2]（参看本章附录）。明代曹昭撰、王佐补《新增格古要论》记载："紫檀木出交趾（今越南北部、中部地区）、广西、湖广，性坚，新者色红，旧者色紫，有蟹爪纹。新者以水温浸之，色能染物。作冠子最妙。近以真者揩粉壁上，果紫。"[3] 按"冠子"是古代贵族妇女戴的帽子，据［后唐］马缟《中华古今注》，"冠子者，秦始皇之制也。

图 9-29 紫檀
1. 果枝；2. 花

---

① 参看《重修政和经史证类备用本草》卷十一，草部下品，第 273 页。
② 参看《中药大辞典》下册 2351 页。
③ 明·曹昭撰、王佐补：《新增格古要论》卷八，北京市中国书店影印明天顺三年刻本，1987 年。

令三妃九嫔当暑戴芙蓉冠子，以碧罗为之。"至明代，冠子的制式、制作材料固然可能有变化，但总还是丝绸纺织品。可见明代时紫檀染紫亦用于丝织物。

除以上列举者之外，中国古代典籍中记载过的染料植物还很多，值得一提的，例如染黄者尚有黄连根、黄楝树皮，荞麦、青茅、红棠木皮、林檎、银杏树皮；染红者尚有棠梨，胭脂草、凤仙花、胭脂树等。

（二）中国古代植物染料的加工及色染工艺中的化学

1. 植物染料成品的制作加工

汉代以前利用植物染料一般只是用热水从新鲜的植物体浸出有效色素直接上染丝麻或织品，这就使染色的季节和特定染料植物的利用地区受到了很大的限制。大约自汉代以后，染工则逐步试着对染料植物中的有效色素进行提取并加工为成品，既可终年随时使用，又可向外地长途贩运，扩大应用地区，因此极大地促进了染色工艺的普及和发展。

蓝靛始终是中国古代应用最广的上蓝染料。至迟在魏晋时应该已经发明了"造靛法"，所以北魏时问世的《齐民要术》（卷五）便得以记录出其详尽而且相当成熟的工艺过程。谓：

> 七月中作坑，令受百束，作麦秆（《集韵》：稻谷穰也）泥泥之，令深（按指泥层厚）五寸，以苫蔽四壁。刈蓝倒竖于坑中，下水，以木石镇压令没。热时一宿，冷时再宿，漉去荄（按指残余的茎叶），内（纳）汁于瓮中。率十石瓮，著石灰一斗五升，急手抨之，一食顷止。澄清，泻去水。别作小坑，贮蓝淀著坑中。候如强粥，还出瓮中，蓝靛成矣。①

李时珍《本草纲目》关于制造蓝靛的叙述更加简明："南人掘地作坑，以蓝浸水一宿，入石灰搅至千下，澄去水，则青黑色。……用染青碧。"② 在这个过程中，蓝草中的水溶性配糖体原靛素（蓝苷，若提纯后为白色针状结晶，参看本章附录）被溶出，在碱性的石灰水中受到酶的作用和空气氧化，变为难溶性的深蓝色靛蓝素而沉积在过量的石灰中，而成粥状。澄清后，分出沉积物，晾干后即得蓝靛（又作蓝淀）成品，可随时使用，不再受季节限制。

自汉代引植红蓝花并用于染色后，受到各地的普遍欢迎，于是促进了红花色素提取工艺的探索。至魏晋时期，这种技术便日臻成熟。《齐民要术》（卷五）记载了当时民间提取红花染料的"杀花法"：

> 摘取［红蓝花］即碓捣使熟，以水淘，布袋绞去黄汁；更捣，以粟饭浆清而醋者（澄清的酸米汤）淘之，又以布袋绞去汁，即收取"染红"，勿弃也。绞讫，著瓮器中，以布盖上，鸡鸣更捣令均，于席上摊而曝干，胜［于］作饼。作饼者，不得干，令花浥郁也。③

在红蓝花中，除含有染红有效色素红花红色素外（carthamin，参看本章附录）外，并含有更多的红花黄色素（safflor yellow）。前者为酸性，不溶于水及酸性介质；而后者为碱性，易溶于酸及水，所以先绞去黄汁，复以酸米汤"淘之"，再绞去黄汁，便基本上除去了红花中的黄色素，而红色素便留在"染红"（红花渣滓）中了。文中并提出，"染红"宜平摊晾干，不宜

---

①　参看缪启愉校释本《齐民要术校释》270～272 页，农业出版社，1982 年。

②　见《本草纲目·草部·蓝淀》（卷十六），第 2 册，总第 1088 页。

③　《齐民要术》，缪启愉校释本第 263 页。

作成饼,作饼则不易干,易发生霉烂变质。但在宋代以后,由于要适应大量存贮、贩运,终于还是促使红花染料成品以红花饼的形式出现。《天工开物》中关于"造红花饼法"①,记载翔实,体现了这一工艺的进步:

> ……采花者必侵晨带露摘取,若日高露旰(疑为旴之讹),其花即已结闭成实,
> 不可采矣。……若入染家用者,必以法成饼,然后用,则黄汁净尽,而真红乃现也。
> ……带露摘红花捣熟,以水淘,布袋绞丢黄汁,又捣以酸粟或水沰清,又淘又绞袋,
> 去汁。以青蒿覆一宿,捏成薄饼,阴干收贮。

文中指出,去黄汁后的红花素,以青蒿覆一宿,再捏成薄饼,令阴干。对这项经验和措施,现已查明,青蒿属菊科植物,具有杀菌防腐的作用,②因此可以防止红花饼在阴干过程中霉变。

另外,在染料成品的加工工艺中,"槐花饼"的制作也很值得一提。由于槐花的收取更具有季节性,必须设法贮存,才能供常年染色之用。元末明初人所撰《墨娥小录》(卷六)③有"采槐花染色法"介绍了槐花的初步加工,谓:"收采槐花之时,择天色晴明日,早起采下,石灰汤内漉过,蒸熟,当日晒干则色黄明,或值雨,若隔夜不干,便不妙。煎汁染色时先炒过碾细。"采用的是加热(蒸熟)灭菌法,防止霉烂。其后,《天工开物·彰施》(卷三)进一步详述了这种染料的加工贮藏法:"……花初试未开者曰槐蕊。……取者张度篚稠其下而承之。④以水煮一沸,漉干,捏成饼入染家用。既放之花,色渐入黄,收用者以石灰少许晒拌而藏之。"⑤其防腐法除加热(水煮一沸)外,更以石灰拌之,使保持干燥,又可起到杀菌的作用。这段文字还表明,当时已知对槐花按初蕾及花朵两个档次分别加工处理。据现代对槐花中黄色槐花素的检测,新鲜花蕾中槐花素含量较丰富,染色力强,但不适宜久贮,所以当时染家便要趁新嫩时采集,立即使用;而花朵含槐花素已较低,当时已知其染着力较差,但可以较长时间地贮存,所以将它采集来后晒干,再加拌石灰,以供其他季节使用。这些措施既简易,又是相当科学的。

2. 植物染料色素的酸碱提纯及酸碱调色

天然植物色素往往是混合物,甚至由不同颜色的多种色素组合而成。为了取得较纯净的某种色素以获得上染色调稳定、纯正的效果,有时可以利用各色素酸碱性不同而在酸性和碱性溶液中溶解性有很大差异,依次以酸碱处理,便可达到基本提纯的目的。中国古代利用的酸性水大致有醋、发酵变酸的米汤或沰水、乌梅水、石榴浆⑥等;利用的碱水则有草木灰浸取液及石灰水。红花素的提纯可算这类工艺的典型。

我们先探讨一下上文中《齐民要术》所记载的"红花杀花法"和"造红花饼法"。它们都是在把红花捣烂后,先用水和酸液—酸米汤(粟米浆而醋者)、酸沰水处理,浸取出黄色素,然后绞去,而使红色素留在余渣中,以待利用。而《齐民要术》(卷五第五十二)中的"作燕脂法",虽也是以红蓝花为原料,也是交替用酸碱处理,但目标是要得到很纯净的红色素,所以用酸碱处理的顺序,与"杀花法"则恰相反,是先用碱性草灰水把黄、红两种色素一起浸

---

①　《天工开物》(卷上)第51~52,崇祯十年刊本,《中国古代版画丛刊》本(第三册)第748~749页。

②　参看《中药大辞典》上册1228页"青蒿"条中的"药理"。

③　《墨娥小录》,中国书店1959年影印明庆隆五年吴氏聚好堂刻本。

④　"篚"同"籅",音yú,即竹筐,江沔之间的方言。此处音采时将竹筐密排在槐树之下承接收集之。

⑤　《天工开物》(卷上)第52,崇祯十年刊本。

⑥　参看唐·韩鄂原编,缪启愉校释《四时纂要校释》第137页,"作燕脂"条,农业出版社,1981年。

取出来，再加入酸（醋石榴）中和，使红色素与米粉一起沉析出来。原文如下：

> 作燕脂法：预烧落藜①、藜、藋及蒿作灰，以汤淋取清汁揉花。布袋绞取淳汁，
> 着瓷碗中。取醋石榴两三个，掣取子，捣破，少着粟饭浆水（极酸者）和之，布绞
> 取滮（汁液），以和花汁。下白米粉，……以净竹箸不腻者，良久痛搅。盖冒（按冒，
> 覆也）至夜，泻去上清汁，至淳处止，倾著帛练角袋子中悬之。明日干浥浥时，捻
> 作小瓣，如半麻子，阴干之则成矣。①

及至《天工开物》问世，更进一步提出，当使用"红花饼"染大红时，还要进一步提纯：②
"大红色，其质红花饼一味，用乌梅水煎出，又用碱水澄数次，或稻藁灰代碱功用亦同，澄得
多次，色则（泽）甚鲜。"这段话所讲的是把红花饼先用酸性乌梅水煎，把其中残余的黄色素
溶出。澄清后，撇去上层黄色清液，再以碱水浸渍红花饼，溶出红花素。放置浸液待澄清后，
收取清液，再加酸处理使红色素沉析出来，这就是宋应星所说："［如此］则黄汁净尽，而真
红乃现也。"如此反复以酸、碱处理多次，最后便得到了很纯净、色泽极鲜艳的红花红色素了。
《墨娥小录》（卷六）中有"收红花染布法"，也是利用此原理提纯红色素，但手续较简略得多。
但指出了染色过程中仍要利用酸使红色素析出，而以胶态红汁来染帛，效果才好：

> ……如日后要染布帛之时，须是隔日（按指先一天）揉碎［红花］饼子，以河
> 水浸，次日仍用袋盛之，再洗去黄水。方用温汤洗一二次，却用莨萁灰汁洗一二次，
> 以此两样红汁，用乌梅泡汤点和加染。……酸水在内点和，候色转红，却将布帛浸
> 在内，于日中晒，至午后撩起，于河水内洗净晒干。

有趣的是，《天工开物》还提出可利用此原理来漂白红帛或从收集来的旧的红帛上回收红
花染料。谓："凡红花染帛之后，若欲退转，但浸湿所染帛，以碱水、稻灰水滴上数十点，其
中一毫收转，仍还原质。所收之水藏于绿豆粉内。放出染红，半滴不耗。染家以为秘诀，不
以告之。"由此也可知，以红花素上染的布帛，有个很大的缺点，即不可以碱性洗涤剂来清洗，
否则会导致掉色。

再者，由于有相当多的植物染料色素具有酸碱指示剂的性质，因此在中国古代的染色工
艺中染工们自觉或不自觉地曾采取酸碱调色的举措。例如栌木中的黄木素在酸性介质中呈淡
黄色，在碱性介质中呈金黄色，所以《天工开物·彰施·诸色质料》指出：

> 象牙色，栌木煎水薄染。
>
> 金黄色，栌木煎水染，复用麻蒌灰淋碱水漂。

表 9-1 中我们列出了一些常见植物染料色素在中性水、酸性水（稀醋）、碱性水（碳酸钾溶
液）中所呈现的不同颜色。这就难怪中国古代常利用的染色素只有十几种，而纺织物的色谱
中居然能产生六七十种颜色，③除了通过套染、利用媒染剂外，利用酸碱调色无疑也是一个重
要因素。

---

① 缪启愉《齐民要术校释》第 268 页有关注释谓："落藜，《说文系传》'藜'字下：'今落帚，或谓落藜，初生可食，
藜之类也。'落藜即藜科的地肤（*Kochia scoparia*（L.）Schrad.），茎枝可作扫帚，故名。而《本草纲目》卷 27：'藜，……
河朔人名落藜。'则落藜就是藜的别名。但下文已经有"藜"，应非贾氏所指。藜是 *Chenopodium album* L. 。"引文见第 263
页。

② 《天工开物·彰施·诸色质料》（卷上）第 49，崇祯十年刊本。

③ 参看赵翰生著《中国古代的纺织与印染》第 88 页，天津教育出版社，1991 年。

表 9-1　各种色素在不同介质中所呈现的颜色

介质性质 ＼ 颜色	色素								
	苏枋	茜素	姜黄	黄栌	槐花	紫草	栀子藏红花酸	虎杖	鼠李
酸　性	橙黄	黄	黄	乳黄	黄	（沉淀）	黄	黄	黄
中　性	橙黄	黄	黄	乳黄	黄	褐黄	黄	黄	黄
碱　性	紫红	红	棕红	金黄	棕红	蓝	黄褐	红	橙
变色 pH 值	8.0	8.0	7.0	9.0	8.0			7.0	8.0

3. 媒染剂与色淀反应的利用

在前文所列举的天然植物染色素中，有些可以直接被牢固地吸附在丝、麻、棉的纤维上，得以直接上染。但更多的染色素则缺乏这种性能，即使着色，颜色也很淡，更易被清洗掉，因此一般都须要借助某种媒介物把色素与纤维牢固地拉在一起，这类物质便叫做媒染剂，因为它们与色素分子和动植纤维间都有很强的亲和性。中国古代利用的媒染剂主要是一些重金属硫酸盐，统称为矾，如绿矾（$FeSO_4 \cdot 7H_2O$）、黄矾（$Fe_2(SO_4)_3 \cdot 9H_2O$）、明矾（$KAl(SO_4)_2 \cdot 12H_2O$）、胆矾（$CuSO_4 \cdot 5H_2O$），近代又增加了铬明矾（$KCr(SO_4)_2 \cdot 12H_2O$）。此外，还可以从一些天然产物，如五倍子、没食子、石榴皮、茶叶中提取到单宁物质，也往往可以稍许起到这种作用。按现代化学知识来解释媒染过程的机理，大致可以分成这样几种类型：其一，有机染料色素的分子中一般都有可以与重金属离子发生络合或螯合作用的基团，如羟基、酚基、羧基、氨基等，称为媒染基团，遇到铁、铝、铜等金属离子时便生成颜色很深的胶状沉淀色料，并可能进一步粘附在织物纤维上；其二，矾类媒染剂是通过自身中金属离子的水解，形成难溶性胶状氢氧化物或碱式盐沉淀而牢固地吸附在纺织品纤维上，而这种胶状沉淀中的金属离子又可进一步与染料色素的媒染基团发生强烈的化学亲和，于是织物便能被牢固地着上颜色；其三，鞣质类媒染剂的分子是比较复杂的，大致可分为两种，一种是缩合鞣质，是黄烷醇衍生物，分子中黄烷醇的 2 位通过碳—碳键与儿茶酚或苯三酚结合；一种是水解鞣质，分子中具有酯键，是由 1 分子葡萄糖与 6~8 个分子没食子酸结合而成的酯类化合物，作为染料的鞣质大多是这类，其结构如下：

所以鞣质既可通过酚基和羧基等亲水基团去和重金属离子螯合，生成深色胶状沉淀色料，又可通过黄烷醇、葡萄糖基团与纤维上的胶质（或蛋白质）相互吸附而粘着在一起，所以它在染色过程中实际上起着媒染与发色的双重作用。当然，第一二两种着色过程往往在同一种染色法中，都可能发生，究竟是以哪一个过程为主，就要视染色的具体步骤了。如果是先将染料与矾类混合、溶解，配成染液再上色，便属于第一类过程，这种步骤被采用得较早，是矾类媒染剂初用时的情况，但事实证明，这种步骤的效果相当差，一般须重复多次；如果先将织物用矾水浸透，再入染料溶液中，那么就属于第二类媒染过程，实践证明，后一种步骤，媒染效果要好得多。

在中国古代的染色工艺中，单宁物质确切地说，几乎只用于染皂，是与绿矾配合使用的，在这当中主要是利用了它的发色作用，实际上并未发挥和利用其媒染功能，[①]因此下文我们进一步讨论媒染剂时，就只局限于矾类了。

关于中国古代的矾化学历史，详见本书第六章。

绿矾的媒染作用主要是用于鞣质染黑。在此过程中它又兼起着发色作用，因为铁离子（高铁或亚铁离子）与单宁化合会生成黑色鞣酸铁。在上染过程中，若先将鞣质溶液与绿矾（或铁浆）混合，制成"黑汁"上染织物，则属于第一类过程（单宁相当于染料色素），这种步骤的采用，始自先秦，一直延续到近代，效果也很好。例如《墨娥小录》（卷六）介绍："染莲子褐：老茶叶晒燥，[②] 煎浓汁，去脚。黑豆壳煎汁，[③] 入绿矾少［许］，和茶叶［浓汁］中，搅匀染物。"又如《天工开物·施彰·诸色质料》谓："藕褐色：苏木水薄染，入莲子壳—青矾水薄盖。""染包头青色：用栗壳或莲子壳煎煮一日，漉起，然后入铁砂皂矾锅内，再煮一宵，即成深黑色［染汁］。"也有依第二类过程上染者，例如《多能鄙事》（卷四）："用皂矾法：先将矾以冷水化开，别作一盆，将所［欲］染帛扭干抖开，入其水内，提转令匀。……入颜色汁内提转染一时许，再扭看，如好便扭出。……"在染皂过程中，由于绿矾也起着发色剂的作用，所以涅石染皂的工艺是比较容易发明的。起初，人们肯定没有意识到它的媒染作用。

由于绿矾水被吸附在织物上后，经过一段时间空气的氧化作用，自身便会转变成棕黄色的 Fe_2O_3，因此它较适合媒染黑色、褐色，对于着染红、黄、绿等鲜嫩的颜色就不大相宜了。在这种情况下就应选用自身无色的明矾，才可得到更纯正的色调。明矾在水溶液中会慢慢水解生成胶状碱式硫酸铝或氢氧化铝，既可物理吸附某些染料分子，又可与含有螯合基团的有机染料分子（例如茜素、紫草素）生成深色沉淀色料，因此自古广泛用做媒染剂。我们可以举出一些古代利用明矾媒剂的实例：《多能鄙事》（卷四）记载：

> 染小红（套染）：以练帛十两为率。用苏木四两，黄丹一两，槐花二两，明矾一两。先将槐花砂令香，碾碎，以净水二升煎一升之上。滤去渣，下明矾末些少，搅匀，下入绢帛。却以沸汤一碗化余矾。入黄绢浸半时许。将苏木以水二碗煎，……

---

① 在中国古代的染色工艺中，单宁物质作为媒染剂的应用，并非绝对没有，只是极为罕见，例如《天工开物·彰施》便记载："染木红色，用苏木煎水，入明矾、楂子。"

② 采集茶叶后，经过杀青、揉捻、干燥、精制等加工过程则为成品绿茶，经现代分析检测，其中含缩合鞣质约10%～20%。参看《中药大辞典》下册1601页。

③ 黑豆皮中含有天车菊甙（Chrysanthemin）和飞燕草素-3-葡萄糖甙（Delphinidin-3-monoglucoside），具有类似单宁的媒染作用。参看《中药大辞典》下册2390页。

去滓，入黄丹在内搅极匀，下入矾了。黄帛提转，令匀浸片时（按指在苏木水中），扭起，将头汁温热（按指槐花水），下染，出绢帛急手提转，浸半时许。可提六七次。扭起，吹于风头令干，勿令日晒，其色鲜艳，甚妙。又法，只以槐花、苏木同煎亦佳。

染明茶褐：用黄栌木五两，剉研碎，白矾二两研细。将黄栌作三次煎。亦将帛先矾了，然后下于颜色汁内染之，临了时，将颜色汁煨热，下绿矾末［于］汁内，搅匀，下帛，常要提转不歇，恐色不匀。其绿矾亦看色深浅渐加。

染荆褐：以荆叶① 五两，白矾二两，皂矾少许。先将荆叶煎浓汁，矾了绢帛，扭干，下汁内。皂矾看深浅渐用之（按此皂矾只作发色剂，不作媒染剂）。②

关于用苏木—槐花—明矾"染小红法"，亦可参看《墨娥小录》（卷六）的记录：

苏木将些少口中嚼尝，味甜者佳，酸则非真，必降真之类，将来槌碎，煎汁，滤去柤（渣之讹）。先以绢帛用槐花煎汁染黄。……却以矾些少煎化，多用水破（遍）浸绢帛，令匀，取出晒干。然后安（按）入苏木汁内，却入已煎下五倍子汤，冲入。看颜色深浅，如未得好，再入些少。

又据《天工开物·彰施》记载："染官绿色：槐花煎水染，蓝靛盖，浅深皆用明矾。"

关于胆矾，它固然是中国古代利用的几种主要的矾之一，但是否曾用于纺织品的媒染却尚待进一步研究，现在还找不到明确的记载。在唐代以前，它叫石胆，肯定未用于染色。它开始被称之为"矾"，似乎最早出现在唐代的炼丹术（黄白术）活动中。唐人撰《太古土兑经》认为可把点金术视为一种染色术，谓"若以银变为金，以色染之法"，又谓"夫变铜以色染之"。③ 而石胆又有点铅、铁为铜（古谓金银铜为金三品）的功能，所以该丹经把"石胆"列为"金属染色术"中的一种点化药剂，于是在此丹经文中就同时出现了"石胆"与"胆子矾"两种称谓。这大概就是中国古代称石胆为矾的缘由，因此"胆矾"称谓的出现并不足以说明它在纺织品色染工艺中也曾作为媒染剂来应用过。

关于矾类的媒染作用，还应补充说明，它们不仅可帮助某些难以上色的染料牢固地吸附在纺织品的纤维上，而且当这些重金属硫酸盐与染料分子发生化学螯合时，往往还使染料的颜色加深（在相同的酸碱介质条件下相比），更加浓艳。例如：

茜素（黄色）　　明矾　　　　茜素铝（深红）

---

① 　在中国古代，紫荆、牡荆都简称为荆，这里大概指紫荆，据报导：紫荆的根、茎、叶中都含有鞣质，参看《中药大辞典》下册 2364 页"紫荆皮"条。

② 　《多能鄙事》（第四）第 22～23 页。

③ 　《太古土兑经》见《道藏》洞神部众术类，总第 600 册，涵芬楼影印本，1926 年。

所以媒染剂的应用不仅扩展了染料的利用范围,而且对同一种染料来说,也扩充了其色谱。表9-2列出了常用的几种矾对某些难以上色的染料的媒染效果。

表 9-2　各种矾对某些媒染染料的媒染效果[①]

染料 媒染剂	苏木素	茜素	姜黄	黄栌素	槐花素	紫草素	栀子 藏红花酸	薯良素	蒐草素	天名精素
明　矾	橙红	深红	柠檬黄	黄	草黄	红紫	艳黄	棕黄	鲜黄	黄
绿　矾	灰褐	黄棕	橙棕	黄	灰黄	紫褐	黝黄	藕褐	灰绿	蓝绿
胆　矾	棕黄	棕红	黄绿		灰黄	紫红	黄绿	棕色		

4. 发酵作用在染料加工中的利用

中国古代,在食品加工工艺中曾广泛利用发酵作用,历史很悠久,经验很丰富,酿酒、造醋、制酪、制酱等等都是利用这种作用,可以说是古代酿造化学中的典范。至于在染色化学中,我们也可以找到很出色的事例。

首先应该提到的是利用蓝靛的染色。因为加工蓝草提取到的成品蓝靛染料是不溶于水、弱酸和弱碱的,所以不能直接上染织物。我国古代染工居然发明了用酒糟等作发酵剂,使蓝靛还原成白色的、可溶于碱性水的靛白,便可制成染液。这个过程叫"发靛"。以它浸透织物后,再经曝晒,藉助空气的氧化作用,使靛白又再氧化恢复成蓝靛,并牢固地结合在纤维上,于是实现了染蓝的目的。[②] 在此过程中,蓝靛发酵还原,会产生出酸来,若在酿制过程中发酵过度,蓝靛会腐坏变质,因此又常用石灰控制其进程。这个过程可以表示如下:

（蓝靛染料成品）　　　　　　　（靛白）　　　　　　　（蓝靛色料）

为了使该发酵过程得以顺利、有效地进行,染工们常常还要往染缸中添加一些草药,控制其还原过程朝靛白的方向进行或防止蓝靛腐坏。由于这项染色技艺绝妙,又须有较丰富的经验,染工师徒往往以秘诀相传授,所以在中国手工艺的"小录"也记载很少,更缺乏翔实叙述。鉴于《齐民要术》中已记载了蓝靛的成品制造,那么当时（五世纪时的中国北方）或许已能利用发酵工艺（或大致相近的过程）进行染蓝了。但很遗憾,《齐民要术》没有作进一步说明。对于这项工艺,我们从明代初年问世的《墨娥小录》（卷六）中可以看到一些端倪。它记载:

> 发靛瓷青药:乌头、草乌、苍术、川（穿）山甲、斑猫、芫花、甘遂、红豆、青娘子、白芷、红娘子、蛮虫,人言（砒霜）、苦参、三赖、砂仁、狗脊、川芎、南星、甘草、半夏、巴豆、当归、天麻、天仙子、人参、附子。右各等分,随靛多少,用药捉（疑为促之讹）之,其靛自发。此方都下染坊常用。

---

① 参看杜燕孙编著《国产植物染料染色法》及赵丰:"《周礼》郑注染草及其工艺的探讨"（未发表）。

② 参看《国产植物染料染色法》第27及41页。近代用靛蓝染色时则用绿矾、锌粉或保险粉（$Na_2S_2O_4$,以锌粉还原Na_2SO_3而制得）为还原剂还原靛蓝为靛白。

靛缸：如靛缸不甚发（按指发酵转变成靛白），入糟（即酒糟）少［许］。或将
坏（按指腐坏），则入石灰些少，此劫药也，或好或不好便见。

这两段话虽然还不够翔实，但对发靛过程中的一些关键举措倒也都提及了。

对于用酒糟发酵还原蓝靛的效果，袁秋华、赵匡华曾进行过模拟试验，证明效果颇
佳。[①]

中国染色工艺中利用发酵作用的另一个杰出范例当算没食子酸（Gallic acid，学名 3，4，5-
三羟基苯甲酸，参看本章附录）的制取。它初时是一种中成药，隐名叫"百药煎"，是五倍子
单宁（葡萄糖的没食子酸酯）发酵水解的产物，为白色针状结晶，遇铁盐生成浓艳的蓝黑色
沉淀色料。明代以后也曾用于染皂，且较用五倍子单宁染黑，效果更佳。在《多能鄙事》（卷
四）已见有关这方面的记载："染青皂法：五倍子、绿矾、百药煎、秦皮各二钱，为末，汤浸
染。"

百药煎大约创制于宋代，出于医药学家之手，宋徽宗时奉敕撰辑的《圣济总录》已记载
"百药煎"可疗"风热牙痛"、"下痢脱肛"；[②] 又宋人吴彦夔的"传信适用方"中则有"川百药
煎"，大概此药最初是定名于五倍子的主要产区之一的四川。[③] 南宋和金元时期的医方中虽然
经常用到它，但我们至今找不到那时有关它的制造法。所以当时的"百药煎"是否已是很纯
正的没食子酸，就难以确定了。而在明代时，陈嘉谟的《本草蒙筌》（成书于嘉靖四十四年，
公元 1565 年）、李梴的《医学入门》（成书于万历三年，1575）和李时珍的《本草纲目》便都
记载了"百药煎"的制取法，而且配方、工序并不相同，表明不是相互传抄，但方法都是以
五倍子为原料经发酵制得，可见当时的制取经验已相当丰富，师出多门，各有独到之处。以
李梴的记载为例：

用五倍子十斤，乌梅、明矾各一斤，酒曲四两。左将水红蓼三斤煎水去渣，入
乌梅煎。不可多水，要得其所。加入五倍［子］粗末，并矾、曲，和匀，如作酒曲
样。入磁器，遮不见风，候生白取出，晒干用。染须者，加绿矾一斤。[④]

文中所言"生白"的结晶就是相当纯净的没食子酸了。陈嘉谟及李时珍所介绍的制法，则另
有别说，并见于《本草纲目·虫部》，谓：

五倍子，……皮工造为百药煎，以染皂色，大为时用。……五药煎修治：［时珍
曰］：用五倍子为粗末。每一斤以真茶一两煎浓汁，入酵糟四两，播烂拌和，器盛，
置糠缸中窨之。待发起如发面状即成矣。捏作饼丸，晒干用。［嘉谟曰］：入药者，五
倍子（鲜者）十斤春细，用瓷缸盛，稻草盖，窨七日夜。取出再捣，入桔梗、甘草
末各二两，又窨一七。仍捣仍窨，满七次，取出捏饼，晒干用。如无鲜者，用干者
水渍为之。[⑤]

---

①　见北京大学化学系袁秋华硕士研究生学位论文《中国古代染色简史及染色化学》（1994 年 5 月）。

②　见《本草纲目》（第四册）总第 2241～2242 页。《圣济总录》又名《政和圣济总录》，共二百卷，成书于 1111～1117
年，为北宋医学巨著，有 1962 年人民卫生出版社铅印本。

③　参看朱晟："我国古代在无机酸、碱和有机酸、生物碱方面的一些成就"《科技史文集》第 3 辑，上海科学技术出
版社，1980 年。

④　明·李梴《医学入门》上海锦章书局石印本，1930 年。参看朱晟："我国古代在无机酸、碱和有机酸、生物碱方面
的一些成就。"

⑤　《本草纲目》（第 4 册）总第 2241 页。

此外，它还另外介绍了两个"百药煎方"。可见当时此物除药用外，也已普遍用于染皂（包括纺织物和须发）了。

（三）中国古代的印染技术[①]

中国古代的染工们，为了美化服饰，曾到自然界中去广泛搜寻天然的矿物颜料和植物染料。在初时可能只是把丝麻或纺织品均匀地涂染上单一的颜色。但很快他们就不满足于此，便又设法在色染的基础上把它们再装饰上各种多色的图案绘画。最早的方式是模仿陶器上的彩绘，利用各种矿物颜料的细粉，以胶质拌和，在均匀着色的纺织物上描绘，这就是《尚书·益稷篇》[②] 上所说的："予欲观古人之象、日月星辰、山龙华虫，……作会（绘）绨绣，以五彩彰施于五色，作服。"按益和稷是传说中辅佐夏禹有功的人，若此文记载属实，那么"五彩彰施"作服在四千年前就应已经实施了。《周礼·考工记》也曾记述在衣服上彩绘各种图形的事，谓："土以黄，其象方，天时变，火以圜，山以獐，水以龙，鸟兽，杂四时五色之位以章之，谓之巧。凡画绘之事，后素功。"关于这段话的意思，我们在本章第一节中已经解释过了。这种以颜料在纺织物上以五彩施行的绘画技艺，就叫做"绣"，即绣的最初含义。对此，《考工记》就有说明，谓："画绘之事，杂五色，……青与赤谓之文，赤与白谓之章，白与黑谓之黼，黑与青谓之黻，五彩备谓之绣。"由于《尚书》、《周礼》都是春秋战国时期才成书的著述，所以它们对于"五彩绘绣作服"兴起时间的记述未必说得十分确切，不过从技术条件上来分析，谓我国大约在四千年前已经产生了这种技艺，这种说法是可以接受的。及至殷周时期，这种技艺应该已经比较普遍了，据文献记载，那时的贵族们很喜欢穿着这类服装，并以象征性的画绘、纹饰来显示、代表其社会地位。这种绘绣织物的方法，虽然因为着色牢度差，在以后便几乎被绮、锦等彩色纺织物和刺绣、印染等技艺所取代，但因它具有特殊的风格，仍一直被人们所欣赏，所以后世历代总着出现少量的这类作品点缀着纺织品的园地。1972 年马王堆一号汉墓出土的文物中有一幅用动植物染料和矿物颜料涂绘的 T 字形帛画，画工以艳丽的色彩在帛上描绘出了天上、人间、地下三个境界，奇虫异兽则在此三个境界中游荡，画面形象丰富，又充满浪漫情趣。这幅涂绘织物成为我国古代印染史上的、罕见的现存珍品。另一种较早取得着彩纺织品的方式是用已着上不同颜色的丝缕交替纺织，制出具有图案布局的纺织品。这种技艺当染色技术及较成熟的纺织技术出现以后，很自然地便会出现，应当是相当早的，可能诞生在三千多年前的殷商时期。但由于现存古籍中缺乏明确记载，而出土的早期纺织品几乎都已朽烂不堪，所以它究竟兴起于何时，现在还难以确切判断。目前出土的有关实物都是商代以后的，最早的也只是春秋战国时的遗物。例如 1979 年在山东淄博市大夫贯战国墓出土的一些衣衾残片中有两色和三色的矩纹锦袖头，色彩瑰丽；1982 年在湖北江陵马山砖厂一号楚墓出土了大批战国时期的丝织品，包括绮、锦、刺绣等，其中有舞人动物纹饰、菱形纹饰、彩条动物几何纹饰、彩色菱形龟子纹饰的花绢带等珍品，织艺精湛，花纹丰富。[③] 不过有关这类丝织品，如绮、绫、锦、缎等的文字记载和解说则较晚。例如汉人刘熙的《释名·释

---

①　由于印染技术与古代化学史关系较少，本书论述从简，推荐参看陈维稷主编《中国纺织科学技术》及陈淑生等著《中国染织史》。

②　见《尚书（卷五）·益稷第五》，《十三经注疏·尚书正义》第 29 页。

③　参见文化部文物局、故宫博物院合编：《1976～1984 年全国出土文物珍品选》图 324～图 343，文物出版社，1987 年。

彩帛》谓："绮，欹也，其纹欹邪不顺经纬之纵横也，有杯文形似杯也，有长命其彩色相间，皆横终幅，此之谓也。"又谓："锦，金也，作之用功重，其价如金，故惟尊者得服之"[①] 按绮者，是素地织纹起花的丝织物；锦则是用联合组织或变杂组织织造的重经或重纬的多彩提花丝织物。再一种早期彩饰织物的技艺则是刺绣，它是用针和彩缕丝线来编织，大约兴起于周代，上文提到的江陵马山砖厂战国墓出土的大批丝织品中便有刺绣品，其中的绣龙风纹绢禅衣缘残片、绢地绣龙凤鸟纹绵衾，图案精美，绣线配有绛、酱、米黄诸色，手艺已相当纯熟，在古代的技术和传艺的条件下，达到这种高度，至少也得有二三百年的经验积累。但绮、锦及刺绣等织品制作工艺复杂，劳作艰辛，工匠须经长期培训，织机更是也要复杂难制，所以成本很高，价格昂贵，在秦汉之际显然只有王侯显贵、豪绅巨贾才能享用，一般百姓难以问津。于是大约在战国以后，我国各族染织工匠便陆续创造出各种印染织物的方法。

中国纺织品的印花技术中最早出现的是型版（或叫凸版）印花。这种方法很简单，就是在平整光滑的木版上画出设计好的图案，然后挖刻，再在图案凸起的部分上涂刷上颜料，最后以押印的方式施压于织物上，便可在织物上印得版型上的图案，与后世的雕板印刷和盖印图章一样。这种技艺起源何时，现在还难作定论，不过汉代时已经相当成熟，所以估计在战国时大概就兴起了。长沙马王堆汉墓出土的织物中有印花敷彩纱和金银色印花纱，就是用型版印花并再附加绘画而成的作品。其中印花敷彩纱是光用凸版印出花卉枝干，再以白、朱红、蓝、黄、黑等色颜料描绘出花瓣、花蕊和绿叶；金银色印花纱更是用三块凸版分三步套印，线条光洁清晰。表明当时凸版印花技巧已相当高超。

图 9-30　唐代蜡染屏风
（摘自吴淑生《中国染织史》）

大约在秦汉之际，我国西南地区的兄弟民族又发明了蜡染技术，在古代叫做"蜡缬"，又叫臈缬。"缬"就是有花饰的丝织品。这种方法是利用蜂蜡或白虫蜡作为防染剂，染工们先用熔化的蜡在白帛、棉布上绘出花卉图案，然后浸入靛缸（主要染蓝，但也有染紫、染红者）染色。染好后，将织物投在汤中煮，蜡质脱去，于是就得到蓝地白花或蓝地浅花的染花织品，风格独特，图案色调饱满，层次丰富，简洁明快，朴实高雅具有浓郁的民族特色（图 9-30）。

在南北朝时，我国大江南北又流行起了"绞缬"和"夹缬"等染花技术，"蜡缬"也在各地普遍盛行起来。"绞缬"是先将待染的织物，预先设计图案，用线沿图案边缘处将织物钉缝，抽紧后，撮取图案所在部位的织物，再用线紧紧结扎成各式各样的小簇花团，如蝴蝶、腊梅、海棠等等。于是在浸染时钉扎部分就难以着色，因此在染完拆线后，缚结部分就形成着色不充分的花朵，很自然地呈现出由浅到深的色晕和色地浅花的图案（图 9-31）。至于"夹缬"的技艺，始于秦汉之际，隋唐时开始盛行，它有一个从低级到高级的发展过程。最初是用两块雕镂着完全相同图案的木花版，把布、帛折叠夹在中间，涂上防染剂（例如含有浓碱的白浆[②]），

①　汉·刘熙：《释名》（第 4 卷）第 131～137 页。《丛书集成》初编·语文学类，总第 1153 册。
②　防染白浆又名灰浆或粉浆，其配制方法，在唐代时大概是用草木灰或石灰与糊料配制而得；在宋代时是用石灰、豆粉及糊料等混合而成。参看陈维稷主编《中国纺织科学技术史》271 页。

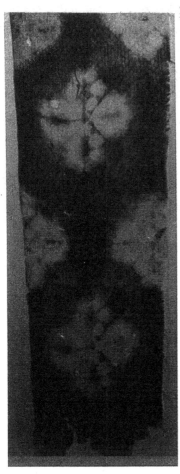

图 9-31 唐代绞缬四瓣花罗

然后取出织物，进行浸染，再洗去白浆，于是便染成有对称图案的印染品（图 9-32）。宋代以后，则采用两块木制框架，紧绷上纱罗织物，而把两片相同的镂空桐油纸花版分别贴在纱、罗上，再把待染织物放在框中，夹紧框，再以防染剂或染液涂刷，于是最后便成为色花白地或白花色地的图案，这种技艺很像近代的蜡纸手动滚压油墨印刷。在此时期的夹缬印花、染花作品中，有的图案纤细流畅，又往往有连续反复的纹样，它们已不是上述技术所能实现的了。据印染纺织史学者的推测，大概这时已能直接用油漆之类作为隔离层，把纹样图案描绘在纱罗上，然后用染料液涂刷，染液中大概添加了胶粉，而成浆状，以防染

图 9-32 唐代夹缬染屏风

液渗化，因此线条细腻，图案轮廓清晰；若依次平移纱罗，连续刷染，那么便可得到呈现连续图案的染织品。这种工艺可称为"筛罗花版"，或简称"罗版"。唐代诗人白居易有"合罗排勘缬"（"排勘缬"的意思是依次移动两页罗花版，版版衔接，印出美丽的颜色花纹图案）的诗句，正是对当时夹缬印花的描述。夹缬也有染二三种颜色的。现在在日本京都市正仓院还保藏着我国唐代制作的夹缬和蜡缬的山水、鹿草木、鸟木石、象纹的屏风，已属艺术文物珍品。

鉴于这部《中国科学技术史》丛书中有《纺织科学技术卷》，将对中国古代的印染技术作系统、完整的介绍，本章对此课题的论述从简。

三 中国古代的洗涤剂

洗涤剂与印染工艺有密切关系，它们的发展是相互呼应的。中国古代洗涤剂的发展中也有很多别具特色、很值得称道的创造发明。而且它的应用则不仅限于丝麻等纤维和纺织品的清洗，当然也包括人身肌肤的清洁，所以它的内容也超出了印染的范畴。

我国中原一带，最早利用的纺织纤维是丝麻，西北地区应用羊毛则极早。为了在丝、帛上染色，就要对生丝预行脱胶；为了在麻、棉的布及毛纺织物上染色，[①]就须要先行脱脂，因为动物毛上总附着有滋润的油脂，而把麻、棉纺成纱缕和布时，常须先以油脂润泽，使其柔

---

① 这里所说的"染色"是指用植物染料着色。因为原始的、以矿物颜料涂抹着色，并不一定须要先对纺织品脱脂。

滑，以便于纺织。所以洗涤剂出现的年代与纺织品染色工艺的肇兴，大致同时起步。关于养蚕织帛和植麻纺布在中国究竟兴起于何时，古代有关的传说很多，如伏羲氏化蚕桑、为绵布；黄帝元妃螺祖、西陵氏之女始教民育蚕制丝，以供衣服。当然，这些说法都不可靠，因为织造丝帛必须经过育蚕、缫丝、纺纱、织造等多道工序，这些工序对远古的人类来说都是相当复杂的，绝不可能是一个人在较短时期中就可能创造出来，肯定要经过相当漫长的岁月，通过多少代人的摸索。根据近年来对出土文物的考察、研究，中国大约在距今四千多年以前，从制作渔猎用编织品网罟和装垫用编织品终于演进出了原始的纺织品。不过最早的那些编、纺织品并不一定经过染色加工；而且最早的着色纺织品又往往是用矿物颜料涂敷的，例如从河南安阳殷墟妇好墓出土的、粘附在铜器上的红色纱、纨就是用丹砂涂染的，因此也未必经过洗涤剂的处理，所以洗涤剂的应用较纺织品的出现要晚一些，大约与植物染料的应用同时开始。

可以肯定，至迟在周代时，我国先民已经用草木灰水促使生丝脱胶；用碱性更强的楝木灰与煅蜃灰（主要成分是氧化钙）的混合浆水来使绸坯脱胶。至于对麻缕的脱胶，那时还只是将麻杆浸泡在塘水中沤烂，通过发酵作用使其胶中的蛋白质遭破坏而溶解；葛丝则是通过沸煮来脱胶。这些工艺在《考工记》中大多已有记载，前文已经提及过了。关于草木灰的脱胶、脱脂作用是原于其中含有大量的碳酸钾，它可以膨化胶质，皂化油脂，而促使它们溶解。一些植物茎叶灰分中的 K_2CO_3 含量（折合成 K_2O）如下，可供参考：[①]

草木灰品种	小麦	玉黍蜀	三叶草	亚麻	荞麦
K_2O（%）	13.6	27.2	27.2	34.1	46.6

如果将草木灰与石灰用水调和成浆，则其中的 K_2CO_3 与 CaO 相互作用生成氢氧化钾溶液，苛性当然更加酷烈，具有了更强的脱胶能力。

中国最早的洗涤剂大概就是草木灰了，因为它制作容易，原料来源广泛，又垂手可得。《礼记·内则》有"冠带垢和灰请漱，衣裳垢和灰请澣"的话，[②] 所言的"灰"即草木灰。《神农本草经》提到"冬灰"，说是冬季时采集来藜科植物或获科植物，烧之而得的灰。初时可能主要用作医药，而其后，《本草经集注》则说它"即今浣衣黄灰耳。烧诸蒿藜积聚炼作（按指浸取、蒸干）用，性烈。又获灰尤烈"。《唐·新本草》又说："冬灰本是藜灰，馀草不真。又有青蒿灰，烧蒿作之；柃灰，烧木叶作；并入染用。"[③] 这里的所谓"染用"，大概就是用作洗涤剂，当然又可能用来对染料进行酸碱调色。

大约在魏晋时期，我国又出现了两种独特的洗涤剂，一种是植物性的皂荚，一种是动物性的猪胰。

皂荚又名皂角（《肘后方》）、悬刀（《外丹本草》），是豆科植物落叶乔木皂荚树（*Gleditsia sinensis* Lam.）的果实（图 9-33），不过皂荚树也不只一种。它的去污（洗脱油脂）作用是由于其中含有丰富的属于皂苷（saponins）类的物质。皂苷是一类较复杂的苷（又叫甙）类化合物，由皂苷配基（gledigenin）与糖、糖醛酸或其他酸缩合而成，在植物界分布很广。由于其分子中的皂苷配基为亲油性的，糖与糖醛酸部分为亲水性的，所以多数皂苷能降低水的表面

---

① 参看北京农业大学娄成后主编《植物生理学》第 187 页，农业出版社，1980 年。
② 见《礼记注疏》（卷二十七）第 234 页，《十三经注疏》本总第 1462 页。
③ 见《唐·新修本草·冬灰》，尚志钧释校本第 140 页。

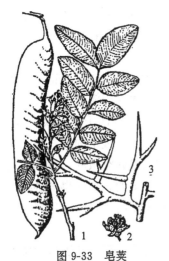

图 9-33　皂荚

1. 花枝及果实；2. 花；3. 棘刺

张力，具有泛起泡沫的性质和乳化剂的作用，所以可以从衣物上脱油脂、去污垢。一些典型的皂苷类物质的化学组成如下页所示。[①]

据分析，皂荚中的皂苷属三萜皂苷，包括皂荚苷（gledinin）和皂荚皂苷（gleditschia saponin），前者的皂苷配基（gledigenin）具有 $C_{29}H_{46}$(OH)COOH 的化学式；后者水解后得皂苷配基（gledischiasapogenin）$C_{27}H_{46}O_8$ 与阿拉伯糖。[②] 它们经水浸出后，都具有很强的起泡和乳化作用，有很好的去污性能，其去污能力不亚于近代的肥皂；又因它是中性物质，不与植物染料相互起化学作用（酸碱反应），所以在洗涤过程中可使染物的颜色保持原貌，对丝毛织物也不苛蚀，这些又都优于肥皂。现在已知至少有七百多种植物中都含有皂苷，当然去垢能力有强弱之别。据《名医别录》记

薯蓣皂苷配基

薯蓣皂苷

膜荚黄芪皂苷甲

甘草酸

剑麻皂苷配基

酸枣仁皂苷 A

$D-glu(Bl→6)>D-glu(Bl→3)$
$D-xyl(Bl→2)$　$L-rha(ul→2)>L-ara-O$

glu：葡萄糖基，xgl：木糖基，rha：鼠李糖基，ara：阿拉伯糖基

载："皂荚，……可为沐药。如猪牙者良。"[③] 可见魏晋时皂荚已用作沐浴时的洗涤剂。至迟到唐代，人们为了沐浴时使用方便，于是把皂荚事先加工磨碎，与米粉、香草及其他草药类物

---

① 参看《中国大百科全书·化学卷》1193～1194 页"皂苷"条，中国大百科全书出版社，1989 年。

② 参看《中药大辞典》上册 1144 页"皂荚"条；［日本］《药学杂志》55：1258，55：1322（1935），48：146（1928）。

③ 见《唐·新修本草》尚志钧辑复本，352 页。

质混合，用水搅和后揉成豆状，晒干，称作"澡豆"，澡者是言沐者所用，豆者言其形。皂荚澡豆是澡豆中的一类。这类皂荚澡豆的配方很多，例如孙思邈《千金要方》（卷六下）中就有："洗面药澡豆方：白芷、白蔹、白术、桃仁、冬瓜仁、杏仁、萎蕤各等分，皂荚倍多。右八味绢筛，洗手面时即用。"① 再者，唐人韩鄂编纂的《四时纂要》也记载了一个经筛选出的澡豆配方，谓：

> 糯米二升，浸捣为粉，曝令极干，若微湿，即损香。　黄明胶（按即牛皮胶）一斤，炙令通起，捣筛，馀者炒作珠子，又捣取，尽须过熟（完全成粉末）。皂角一斤（原注：去皮后称），白芨（用其块茎，内含多量黏液质）、白芷、白敛、白术、藁本、芎藭、细辛、甘松香、零陵香、白檀香十味各一大两，干枸子一升（一名楮子）。右件捣筛，细罗都匀，相合成。澡豆方甚众，此方最佳。李定所传。②

明代李时珍的《本草纲目·木部·肥皂荚》（卷三十五）谓："肥皂荚……十月采荚煮熟，捣烂，和白面及诸香作丸，澡身面，去垢而腻润，胜于皂荚也。"就是这类澡豆的进一步发展。它还特别强调要选用皂荚树中的肥皂荚树所结"状如云实之荚"，而且加工时还得煮熟捣烂，这样确可使其中皂苷充分溶出。

关于猪胰，亦借用其同音"胰"字，所以又写为"猪胰"，通常即指猪的胰脏。但《本草纲目·兽部·豕》（卷五十）谓："胰，……一名肾脂，生两肾中间，似脂非脂，似肉非肉。"所以缪启愉据此认为，猪胰原来并非指猪的胰脏。③ 但猪的胰脏确实自古便用来制作洗涤剂猪胰澡豆。按猪胰中含有多种消化酶，可以分解脂肪、蛋白质和淀粉，所以有去污垢的能力，特别是对衣服上的油迹、血迹、奶渍，清洗格外有效。此外它还有滋润皮肤的功能。我国利用猪胰作洗涤剂的历史很久，从直接使用胰膏到制作猪胰澡豆、胰子（中国传统肥皂），有一个发展过程。《齐民要术》中有一个"合手药法"，④ 首先提到了利用猪胰，但只是把它利用于制作防皮肤皴裂的润肤药，大致制法是：取猪胰一具，先剥去外表的脂肪，清洗去血污，然后"合蒿叶，于酒中痛按，使汁甚滑。白桃仁二七枚，（去黄皮，研碎，酒解，取其汁）。以绵裹丁香、藿香、甘松香、桔核十颗（打碎）。著胰汁中，仍浸置勿出，瓷瓶贮之。夜煮细糠汤净洗面，拭干，以药涂之，令手软滑，冬不皴。"总之是用酒浸取猪胰中的各种酶。而唐人陈藏器的《本草拾遗》则提到"猪胰……又堪合膏，练缯布"。⑤ 这种胰膏就是后来猪油胰子的先声了，表明唐代时它又成为纺织物的洗涤剂。但在此之前，大概在魏晋时期它已经开始被用于制作洗手面的澡豆，是为猪胰澡豆。而在隋唐之际，这类澡豆已经很普遍了，因为在孙思邈的《千金要方》和《千金翼方》中就出现了十四个猪胰澡豆的配方，⑥ 它们都是以猪胰与豆面、米粉、香料、中草药合制而成。例如其一谓：

> 洗手面令白净悦泽澡豆方：白芷、白术、白鲜皮、白蔹、白附子、白茯苓、羌活、萎蕤、括楼子、桃仁、杏仁、菟丝子、商陆、土瓜根、芎藭各一两。猪胰两具，

---

① 见［日本］江户医学影北宋本《备急千金要方》，人民卫生出版社，1955 年加句影印出版，第 131 页。

② 参看缪启愉校释《四时纂要校释》第 254～255 页，农业出版社，1981 年。

③ 参看缪启愉校释《齐民要术校释》第 269 页。

④ 参看缪启愉校释《齐民要术校释》（卷五）第 264 页，农业出版社，1982 年。

⑤ 参看《重修政和经史证类备用本草·兽部下品》，人民卫生出版社影印晦明轩本第 389 页。

⑥ 见孙思邈《备急千金要方》卷六下"七窍病下"，130～133 页，1955 年人民卫生出版社影印［日本］江户医学影北宋本。又孙思邈《备急千金翼方》卷五"妇人一"，64～66 页，1955 年人民卫生出版社影印清翻刻元大德梅溪书院本。

大者，细切。冬瓜仁四合。白豆面一升。面三升（溲猪胰为饼，曝干捣筛）右十九味合捣，筛入面，猪胰拌匀，更捣。每日常用，以浆水洗手面，甚良。

在唐代的诸多澡豆方中，我们可以看到当时也有将皂荚澡豆方与猪胰澡豆方结合而成的配方。如《千金翼方》中的一个"澡豆方"谓：

> 细辛半两，白术三分，括楼二枚，土瓜丝三分，皂荚五挺（炙去皮子）、商陆一两半，冬瓜半升，雀屎半合，菟丝子二合，猪胰一真（具）（去脂），蒿本、防风、白芷、白附子、茯苓、杏仁（去皮尖）、桃仁（去皮尖）各一两，豆末四升，面一升。右一十九味，捣细筛。以面浆煮猪胰一具令烂，取汁和散作饼子，曝之令干，更捣，细罗之，以洗手面甚佳。

在这些"澡豆方"中引入了豆粉，豆中也含有皂苷，更增加了洗涤的效果，而且还含有卵磷脂，又可以增加起泡和乳化力。至于将猪胰研磨成糊状，则可破坏其细胞膜，使其中的消化酶更易渗出。

这两类澡豆方都一直沿用很久。这里顺便说明一下，在澡豆的历史中，科技史界中常常提到晋代裴启的《语林》和刘宋人刘义庆的《世说》，他们都记载了晋朝豪富石崇以"金澡盆盛水，琉璃碗盛澡豆"。但他所用的究竟是哪类澡豆，那就不得而知了。因为当时猪胰澡豆与皂荚澡豆都可能已经问世了。但也可能是既不用猪胰，也不用皂荚制成的较原始的澡豆，《备急千金要方》中就还保留着这类澡豆方。

在元代时，猪胰澡豆即开始向"胰子"过渡。制造胰子的两种关键性的、基本的原料是猪胰和碱（碳酸钾或碳酸钠）。原始的胰子大概只有这两种成分。成书于元代初期的《居家必用事类》[①]（庚集）所记载的"用胰法"就是制造这种"胰子"用于"练绢帛"，谓："以猪胰一具，用灰（按当指草木灰）捣成饼，阴干。用时量帛多寡剪用。"及至明代，这种原始"胰子"有时仅制成"胰子水"用来漂练绢帛，有关的记载见于《多能鄙事》（卷四），谓："练绢法：凡用酽柔柴灰，或豆稭、荞麦秆灰，或笝（窖）中硬柴白炭灰。煮[猪胰]熟透了。……须俟灰火（似为水之讹，按即"胰子水"）滚，下帛。候沸不住，手转。勿过热，过热则烂；勿夹生，夹生则脆。……"

猪胰澡豆到了明清时期便发展成了中国的传统"胰子"，其原料是猪胰、砂糖、碱、猪脂，各取等分，再附加一些香料。制作工艺是先将新鲜猪胰与砂糖共研成糊状，加入天然碱及少量水搅合均匀，再注入熔化的猪脂，勤加搅拌并研磨，最后揉制成球形或压制成块状出售。在此过程中，猪胰经加热和研磨析出消化酶；使猪脂被碱皂化，分解成脂肪酸和甘油，生成肥皂（脂肪酸钾或脂肪酸钠）。在明末及有清一代，我国华北和东北地区所用的化学洗涤剂主要就是胰子。直到清朝末年，北京一地就有胰子店70多家，直到本世纪50年代后期，北京前门外还保留有"合香楼"和"花汉冲"等老字号胰子店，其中的合香楼开设于明崇祯四年（1631）。在清代历史文献中也经常出现胰子和胰子店，如乾隆十三年（1748）潘荣陛所著《帝京岁时记胜》[②]的"皇都品汇"项下，记载有"花汉冲，制兰桂之珍香，……"。道光时（1820～1850）文康所著《儿女英雄传》（第37回）有使用"桂花胰子、玫瑰胰子……"等记

---

① 《居家必用事类全集》（庚集）第166页，书目文献出版社影印朝鲜刻本。
② ［清］潘荣陛《帝京岁时纪胜》第39页，北京出版社，1962年。

载。[1] 直到本世纪五十年代,由于医药上需要的胰岛素和胰酶都得以猪胰为原料,所以胰子便完全被现代肥皂以及化学合成洗涤剂取代。而今年轻人几乎已不知"胰子"为何物了。

现代的、用天然碱(或工业碱)与油脂制造的肥皂是从国外传入我国的。我国近代化学先驱学者徐寿的儿子徐华封约于1890年在上海兴办了广艺公司生产"祥茂"牌肥皂。[2] 所以我国生产肥皂至今才不过100年。

最后,我们试探讨一下我国利用天然碱的历史。天然碱的主要成分是Na_2CO_3,与从草木灰中浸取、结晶出的K_2CO_3性质极为相似。在古代,它本不失为一种资源丰富、价廉易得的洗涤剂。因为在我国的青海、新疆、西藏、内蒙古、宁夏等广大地区的内陆湖都有天然碱产出。例如内蒙古的伊克昭盟有大小湖72个,有的是盐湖,有的就是碱湖,在天寒地冻的时候,碱湖湖面上便析出大块天然碱的雪白晶体,因此取得它并不困难。近代所谓的"口碱"就是内蒙古的天然碱,因是由张家口进关运向内地,故名"口碱"。但我国实际上在很长的时期中却并未去开发这种资源。究竟何时开始利用这种天然碱资源,固然还是一个待考证的问题,但据初步考证,在明代以前的本草、炼丹术著述及洗染、沐浴、制瓷、食品加工中都找不到明确的根据可以肯定利用到这种物质。即使应用过,也大概不过是因为一时与卤咸、芒硝混为一谈了。总之它从没有作为一种独立的、具有特殊性能和专门应用的物质被记录下来。及至明代,似乎一些饮食业中曾利用过它,例如《多能鄙事》(卷二)中介绍到"圆焦油饼"、"经带面"、"托掌面"等的制作时,都提到了"碱"。若根据中国传统食品制作的常识来理解,这种"碱"应该是Na_2CO_3,即天然碱。也是在明代,中国本草中又出现了所谓的"石碱",目前中国科技史界中的一些学者便认为"石碱"即天然碱,"石"者的意思是它属于天然矿物,所以把"天然碱"称为"石碱",以区别于取之于植物灰的植物碱——灰碱。但李时珍的解释却否定了这种看法,在其《本草纲目·上部·石碱》(卷七)中,他写道:

> [时珍曰]石碱,[又名]灰碱、花碱。[3] 状如石,类碱,故亦得碱名。出山东济宁诸处。彼人采蒿蓼之属,开窖浸水,漉起晒干烧灰,以原水淋汁。每百引,入粉面二三斤,久则凝如石。连汁货之四方,浣衣发面,甚获利也。

那么,显然这种碱仍是从蒿蓼草灰中浸取出的碳酸钾,只不过混入了面粉,"凝淀"成石,所以才叫"石碱"。[4] 那么《多能鄙事》中所记载的碱也就未必是Na_2CO_3了。

我们估计,我国大概至迟是在清代初期在西部和西北的碱湖地区开始较大规模地采集天然碱,并开始向中原地区运销。因为我们看到了迈雅尔(W. F. Mayer)在同治四年(1867)所著《中国和日本的通商口岸(Treaty Ports of China and Japan)》(480页)中写道:

> ……这种东西叫做番碱(Fan-Kien)或胰子,由此间(天津)运往南方,每年运出数量约为七千担至一万担。这是产于蒙古边境和张家口附近的一种动物碱,用骆驼运来,每一骆驼运两大块,每块重二百斤。这种东西不过是外国肥皂最粗劣的代

① 参看何端生:"我国古代的洗涤剂",《中国科技史料》1983年第2期。

② 参看杨根编《徐寿和中国近代化学史》348页,科学技术文献出版社,1986年。此外,天津人宋则久在光绪二十九年(1903)又创办了天津造胰公司,资本五千元,手工生产肥皂,厂址设天津黄姑庵东老公所胡同。参看彭泽益编《中国近代手工业史资料》(第二卷)第387~388页,中华书局,1962年。

③ 最早见于北宋徽宗时编成的《圣济总录》,见《本草纲目·上部·石碱》。

④ 参看《中药大辞典》上册590页。

替品。……从熬碱作坊发出的一种恶臭令人很不舒服。在郊外这种作坊为数甚多。[①]

这种番碱看来是内蒙古地区用天然碱与羊脂熬炼而成的肥皂，而非中原地区传统的胰子。在1864年，口外生产这种肥皂的规模已相当可观，应该说至少有百年的历史了，所以我们对利用天然碱的历史作了上述比较保守的估计。

附录

表 9-3　中国古代一些常用植物染料所含色素的化学结构与性质一览表[*]

染料植物	染料色素	化学结构式	性　　质
蓝　草 （包括蓼蓝、菘蓝、木蓝、马蓝等）	原靛素		存在于蓝草叶中，为白色针状结晶，分解后成靛蓝素及葡萄糖
	靛蓝素		为靛蓝的主色素，深蓝色而有金属光泽的菱形结晶，不溶于水、酒精、醚、稀酸、稀碱，发生水解还原作用时变成靛白素
	靛白素 （靛蓝素的隐色素）		无色结晶，溶于水和稀碱液中，经空气氧化后又转变成靛蓝素
苏　枋	巴西木红素 （Brasilein，又名苏枋素、红木素）		存在于苏枋木中，红褐色片状结晶，有黄绿色金属光泽，可溶于水及酸，呈橙黄色，不溶于醇、醚、酮等，遇碱液变为紫红色，用明矾、绿矾媒染皆呈深红色
	苏木酚 （Sappanin）		

① 参看彭泽益编《中国近代手工业史资料》第二卷第63页，中华书局，1962年。

续表

染料植物	染料色素	化学结构式	性　质
茜　草	茜　素 （Alizarin）		茜草根中的主色素，为红色针状结晶，易溶于水、醇或醚中，在水及酸中呈黄色，在碱性介质中呈红色。用明矾媒染呈深红色，绿矾媒染呈黄棕色
	茜紫素 （Purpurin）		亦存在茜草根中
红　花	红花素 （Carthamidin）		为红色而有绿色光泽的针状结晶，不溶于水及酸中，易溶于碱液。在碱水中呈橙红色，遇酸则沉淀。此色素可直接上染，无需媒染剂
姜黄与 郁金	姜黄素 （Curcumin）		为橙色棱柱状的结晶，可溶于水、酸、醚中，呈黄色，显绿色荧光，遇碱变棕红色，用明矾媒染呈柠檬黄色，绿矾媒染呈浅橙棕色，胆矾媒染呈黄绿色
黄　檗	黄檗素 （Berberin， 又名小檗碱）		它是中国古代植物染料中唯一的碱性色素，可在弱酸性染液中染毛或丝。它是黄色针状结晶，难溶于冷水，溶于热水及热酒精，呈黄色
黄　栌	嫩黄木素 （Sulturetin， 又名硫磺菊素）		存在于黄栌木干中，为黄色针状结晶，溶于水、酸，呈黄色，遇碱变为金黄色，用明矾、绿矾媒染皆呈黄色

续表

染料植物	染料色素	化学结构式	性　质
地　黄	地黄苷 (Rehmannin) 又名地黄宁	R：益母苷	
栀　子	栀子素 (Gardenin)		
	藏红花素 (Crocin)		溶于水、酒精,呈深黄色,在酸中无变化,在弱碱液中变为黄褐色
	藏红花酸 (Crocetin)		
虎　杖	大黄素 (Emodin)		本身为黄色结晶,可以染毛为黄。利用明矾可以媒染呈红色

染料植物	染料色素	化学结构式	性　质
鼠李	大黄素	见　上	
	大黄醌 (Chrysophanic acid)		
槐花	槐花素		
	芸香苷 (Rutin)		
茜草	茜草素 (Anthraxin)		
	木犀草素 (Luteolin)		

染料植物	染料色素	化学结构式	性　质
紫　草	乙酰紫草醌 (Acetylshikonin)		
	紫草醌 (Shikonin)		
紫　檀	紫檀素 (Ptercarpine)		
	高紫檀素 (Homoptercarpine)		
	安哥拉紫檀素 (Angolensin)		
紫　矿 (紫草茸)	虫漆酸 (Laccaic acid)		

续表

染料植物	染料色素	化学结构式	性　质
没食子	没食子单宁 （Turkish gallotannin）		
	没食子酸 （Gallic acid, 中药百药煎）		
胡　桃	α-氢化胡桃叶醌		存在于胡桃叶中

* 参看：（1）江苏新医学院编，中药大辞典（上、下册及附编），上海人民出版社。

（2）杜燕孙编著，国产植物染料染色法，商务印书馆，1938年。

（3）中国医学科学院药物研究所编，中草药有效成分的研究（第一分册），人民卫生出版社，1972年。

（4）林启寿著，中草药成品化学，科学出版社，1977年。

参 考 文 献

原 始 文 献

崔寔（汉）撰，缪启愉校释. 1981. 四民月令. 北京：农业出版社

郭璞（晋）注，邢昺（宋）疏. 1935. 尔雅注疏. 阮刻十三经注疏本（国学整理社编辑），上海：世界书局

韩鄂（唐）编，缪启愉校释. 1981. 四时纂要校释. 北京：农业出版社

贾思勰（北朝后魏）撰，缪启愉校释. 1982. 齐民要术. 北京：农业出版社

李时珍（明）著，尚志钧校订. 1957. 本草纲目. 北京：人民卫生出版社

刘基（明，托名）撰. 1917. 多能鄙事. 上海：华荣书局

鲁明善（元）撰，王毓瑚校注. 1962. 农桑衣食撮要. 北京：农业出版社

墨娥小录（元、明时人撰，疑为陶宗仪）. 1959. 明隆庆五年吴继聚好堂刻本影印，北京：中国书店

沈寿述，张謇著. 雪宦绣谱. 陶湘（民国）辑：喜咏轩丛书本

授时通考（清人撰，名氏不详）. 1963. 北京：农业出版社

宋应星（明）撰，钟广言注释. 1976. 天工开物. 广州：广东人民出版社

苏敬（唐）等编撰，尚志钧辑校. 1981. 新修本草. 合肥：安徽科学技术出版社

苏颂（宋）撰，胡乃长等辑复. 1988. 图经本草. 福州：福建科学技术出版社

唐慎微（宋）撰，曹孝忠、张存惠（宋）校订增补. 1957. 重修政和经史证类备用本草. 晦明轩刊本影印，北京：人民卫
　生出版社

天水冰山录（明人撰，名氏不详）. 1939. 丛书集成本（初编，总第1052～1054册），上海：商务印书馆

郑玄（汉）注，贾公彦（唐）疏. 1935. 周礼注疏. 阮刻十三经注疏本（国学整理社编辑），上海：世界书局

研究文献

陈维稷主编. 1984. 中国纺织科学技术史. 北京：科学出版社

杜燕孙著. 1938. 国产植物染料染色法. 上海：商务印书馆

何端生. 1983. 我国古代的洗涤剂，中国科技史料（第2期）

黄维馥编著. 1962. 中国印染史话. 北京：中华书局

江苏新医学院编. 1980. 中药大辞典. 上海：上海人民出版社

李乔苹著. 1975. 中国化学史（上册第八章）. 台北：台湾商务印书馆

林君寿编者. 1977. 中草药成分研究. 北京：科学出版社

上海纺织学院编. 1980. 长沙马王堆1号汉墓出土纺织品的研究. 北京：文物出版社

武敏. 1973. 吐鲁番出土丝织物中的唐代印染. 文物（第10期）

吴淑生、田自秉著. 1986. 中国染织史. 上海：上海人民出版社

赵翰生编著. 1991. 中国古代的纺织与印染. 任继愈主编：《中国文化史丛书》第73册，天津：天津教育出版社

赵匡华. 1985. 中国古代化学中的矾. 自然科学史研究，4（2）

中国医学科学院药物研究所编. 1972. 中草药有效成分的研究（第一分册），北京：人民卫生出版社

（赵匡华）

索　引

书　名　索　引

人 名 索 引

后　记

关于这部《中国科学技术史》的编纂源起、宗旨和意义，卢嘉锡先生在前言中已作了全面、系统的介绍和论述；关于《化学卷》的写作思想，我们在"绪论"一章中也已作了交待，这里都无需再饶舌赘述了。

5年前，即1991年初，中国科学院自然科学史研究所的几位领导同志倡议海内科学史界的同道通力合作，完成这部庞大的科学史丛书，并热情地邀请我们承担起撰写《化学卷》的任务。我们既意识到责无旁贷，又惶恐学识浅薄，难以胜任，但这也的确是我们多年来的夙愿，就当作一种压力和鞭策，我们接受了下来。于是从那时起我们便投身到这个大集体中，集中全力来完成这项使命。五度寒暑，四易书稿，当我们今天交上了这部手稿（它仍然只能说是一部初稿）的时候，感到应该首先对科学史所的领导和编委会诸公的远见卓识、辛勤筹划和广交五湖四海的博大胸怀表示深切的钦敬。相信这部丛书的组织编纂与出版流传必将极大地推动我国科学史研究的发展，促进今后同道间的进一步团结协作，因此他们为弘扬中国古代科技文明，为我国科学史研究事业的继往开来，并为使科学史研究中固有的好传统、好学风的继承和发扬，实实在在地做了件具有历史意义的大事。我们认为，这部丛书的问世很可能成为我国科学史研究发展中的一个里程碑。在我们的撰写过程中，不断得到编委会在精神上的鼓励，经验上的帮助和指导，经济上的支持，因此，我们更应在此对他们表示衷心的铭感。

中国古代的化学史涉及面颇广，时间跨越又有着几千年，若仅以我们个人的研究心得是不可能把它描述、剖析清楚的。在我们的化学史研究生涯中以及在撰写这部《化学卷》的过程中都不断地从良师益友的著述中汲取营养和知识，咀嚼、品尝着他们的耕耘果实，因此，当我们奉上这部厚厚的书稿时，必须申明它也是师友们共同浇灌的成果。令我们深感遗憾的是，近几年中，曾给予过我们敦促教海或经常一起切磋学业的师长、学友曹元宇先生、朱晟先生、方心芳先生、孟乃昌先生、袁翰青先生、王祖陶先生先后谢世，此时此刻已不及当面向他们表达衷心的谢忱，让我们在此向他们致以深切的感念。在撰写这部书稿的过程中，郭正谊教授、华觉明教授、韩汝玢教授、尚振海教授都亲切地给予了我们许多指教和无私的援助，使我们感念不已；而张惠珍、陈荣、曾敬民、周卫荣、张清建、赵宇彤、刘尊文、袁秋华诸位同学的硕士研究生论文则极大地充实了这部《化学卷》的内容，并使之增添了特色，我们也应在此志之以谢。

在中国科学技术史的研究领域中，化学史的研究相对来说是较薄弱的，研究队伍是较小的，许多方面、许多课题还有待发掘和深入探讨，某些研究成果和结论还是相当初步的、不成熟的。相信不久的将来，本书中的一些内容肯定会得到补充、修正，甚至会遭到否定，对此，我们不会感到沮丧，而会感到欣慰，也更是我们十分期望的。当然，即使是以目前化学史研究所达到的水平来考核，由于我们学识所限及调查研究不充分，本书中谬误与不妥之处也势必难免，恳望海内外学者不吝赐教，给予明示斧正。

赵匡华　周嘉华　谨识
1995年4月

总　跋

　　凡是听到编著《中国科学技术史》计划的人士，都称道这是一个宏大的学术工程和文化工程。确实，要完成一部 30 卷本、2000 余万字的学术专著，不论是在科学史界，还是在科学界都是一件大事。经过同仁们十年的艰辛努力，现在这一宏大的工程终于完成，本书得以与大家见面了。此时此刻，我们在兴奋、激动之余，脑海中思绪万千，感到有很多话要说，又不知从何说起。

　　可以说，这一宏大的工程凝聚着几代人的关切和期望，经历过曲折的历程。早在 1956 年，中国自然科学史研究委员会曾专门召开会议，讨论有关的编写问题，但由于三年困难、"四清"、"文革"，这个计划尚未实施就夭折了。1975 年，邓小平同志主持国务院工作时，中国自然科学史研究室演变为自然科学史研究所，并恢复工作，这个打算又被提到议事日程，专门为此开会讨论，而年底的"反右倾翻案风"，又使打算落空。打倒"四人帮"后，自然科学史研究所再次提出编著《中国科学技术史丛书》的计划，被列入中国科学院哲学社会科学部的重点项目，作了一些安排和分工，也编写和出版了几部著作，如《中国科学技术史稿》、《中国天文学史》、《中国古代地理学史》、《中国古代生物学史》、《中国古代建筑技术史》、《中国古桥技术史》、《中国纺织科学技术史（古代部分）》等，但因没有统一的组织协调，《丛书》计划又半途而废。1978 年，中国社会科学院成立，自然科学史研究所划归中国科学院，仍一如既往为实现这一工程而努力。80 年代初期，在《中国科学技术史稿》完成之后，自然科学史研究所科学技术通史研究室就曾制订编著断代体多卷本《中国科学技术史》的计划，并被列入中国科学院重点课题，但由于种种原因而未能实施。1987 年，科学技术通史研究室又一次提出了编著系列性《中国科学技术史丛书》（现定名《中国科学技术史》）的设想和计划。经广泛征询，反复论证，多方协商，周祥筹备，1991 年终于在中国科学院、院基础局、院计划局、院出版委领导的支持下，列为中国科学院重点项目，落实了经费，使这一工程得以全面实施。我们的老院长、副委员长卢嘉锡慨然出任本书总主编，自始至终关心这一工程的实施。

　　我们不会忘记，这一工程在筹备和实施过程中，一直得到科学界和科学史界前辈们的鼓励和支持。他们在百忙之中，或致书，或出席论证会，或出任顾问，提出了许多宝贵的意见和建议。特别是他们关心科学事业，热爱科学事业的精神，更是一种无形的力量，激励着我们克服重重困难，为完成肩负的重任而奋斗。

　　我们不会忘记，作为这一工程的发起和组织单位的自然科学史研究所，历届领导都予以高度重视和大力支持。他们把这一工程作为研究所的第一大事，在人力、物力、时间等方面都给予必要的保证，对实施过程进行督促，帮助解决所遇到的问题。所图书馆、办公室、科研处、行政处以及全所的同仁，也都给予热情的支持和帮助。

　　这样一个宏大的工程，单靠一个单位的力量是不可能完成的。在实施过程中，我们得到了北京大学、中国人民解放军军事科学院、中国科学院上海硅酸盐研究所、中国水利水电科学研究院铁道部大桥管理局、北京科技大学、复旦大学、东南大学、大连海事大学、武汉交通科技大学、中国社会科学院考古研究所、温州大学等单位的大力支持，他们为本单位参加编撰人员提供了种种方便，保证了编著任务的完成。

为了保证这一宏大工程得以顺利进行，中国科学院基础局还指派了李满园、刘佩华二位同志与自然科学史研究所领导（陈美东、王渝生先后参加）及科研处负责人（周嘉华参加）组成协调小组，负责协调、监督工作。他们花了大量心血，提出了很多建议和意见，协助解决了不少困难，为本工程的完成做出了重要贡献。

在本工程进行的关键时刻，我们遇到了经费方面的严重困难。对此国家自然科学基金委员会给予了大力资助，促成了本工程的顺利完成。

要完成这样一个宏大的工程，离不开出版社的通力合作。科学出版社的领导为出版好本书，在克服经费困难的同时，组织精干的专门编辑班子，以最好的纸张，最好的印刷出版本书。编辑们不辞辛劳，对书稿进行认真地编辑加工，并提出了很多很好的修改意见。因此，本书能够以高水平的编辑，高质量的印刷，精美的装帧，奉献给读者。

我们还要提到的是，这一宏大工程，从设想的提出，意见的征询，可行性的论证，规划的制订，组织分工，到规划的实施，中国科学院自然科学史研究所科技通史研究室的全体同仁，特别是杜石然先生，做了大量的工作，作出了巨大的贡献。参加本书编撰和组织工作的全体人员，在长达10年的时间内，同心协力，兢兢业业，无私奉献，付出了大量的心血和精力。他们的敬业精神和道德学风，是值得赞扬和敬佩的。

在此，我们谨对关心、支持、参与本书编撰的人士表示衷心的感谢，对已离我们而去的顾问和编写人员表达我们深切的哀思。

要将本书编写成一部高水平的学术著作，是参与编撰人员的共识，为此还形成了共同的质量要求：

1. 学术性。要求有史有论，史论结合，同时把本学科的内史和外史结合起来。通过史论结合，内外史结合，尽可能地总结中国科学技术发展的经验和教训，尽可能把中国有关的科技成就和科技事件，放在世界范围内进行考察，通过中外对比，阐明中国历史上科学技术在世界上的地位和作用。整部著作都要求言之有据，言之成理，经得起时间的考验。

2. 可读性。要求尽量地做到深入浅出，力争文字生动流畅。

3. 总结性。要求容纳古今中外的研究成果，特别是吸收国内外最新的研究成果，以及最新的考古文物发现，使本书充分地反应国内外现有的研究水平，对近百年来有关中国科学技术史的研究作一次总结。

4. 准确性。要求所征引的史料和史实准确有据，所得的结论真实可信。

5. 系统性。要求每卷既有自己的系统，整部著作又形成一个统一的系统。

在编写过程中，大家都是朝着这一方向努力的。当然，要圆满地完成这些要求，难度很大，在目前的条件下也难以完全做到。至于做得如何，那只有请广大读者来评定了。编写这样一部大型著作，缺陷和错讹在所难免，我们殷切地期待着各界人士能够给予批评指正，并提出宝贵意见。

《中国科学技术史》编委会

1997 年 7 月